流量测量实用手册

毛新业　张晋宾　孙立军　等　编著

中国电力出版社
CHINA ELECTRIC POWER PRESS

内 容 提 要

本手册详细系统介绍了流量测量基础知识，各类流量仪表的测量原理、设计选型、适用条件和使用注意事项，流量测量误差分析和流量试验装置，国内外流量标准规范，典型流体流量测量技术等内容。

本手册共分11章，内容包括绪论、流体的性质、流体动力学基础、流量测量误差与不确定度、节流装置、基于速度一面积法的流量仪表、新型流量仪表、其他流量仪表、流量试验装置、流量测量标准规范、典型流体的流量测量等。本手册大量采用工程技术人员易于接受的图表形式进行叙述，通俗易懂，实用性强，具有较高的参考价值。

本手册可供从事流量测量技术及装置的研究、设计、生产、检测、安装、运行等各行业工作的技术人员使用，特别适用于电厂热工检测设计、安装、调试及生产检修人员使用，也可供高等院校相关师生参考。

图书在版编目（CIP）数据

流量测量实用手册/毛新业等编著. —北京：中国电力出版社，2017.8
ISBN 978-7-5198-0722-1

Ⅰ.①流… Ⅱ.①毛… Ⅲ.①流体—流量测量—技术手册 Ⅳ.①TB126-62

中国版本图书馆CIP数据核字（2017）第096043号

出版发行：中国电力出版社
地　　址：北京市东城区北京站西街19号（邮政编码100005）
网　　址：http://www.cepp.sgcc.com.cn
责任编辑：刘汝青（010-63412382）
责任校对：李　楠
装帧设计：张俊霞　赵姗姗
责任印制：蔺义舟

印　　刷：三河市万龙印装有限公司
版　　次：2017年8月第一版
印　　次：2017年8月北京第一次印刷
开　　本：787毫米×1092毫米　16开本
印　　张：35.25
字　　数：868千字
印　　数：0001-2000册
定　　价：178.00元

版权专有　侵权必究

本书如有印装质量问题，我社发行部负责退换

前　言

当前，我国正处于经济发展方式从粗放型向集约型转型的关键期，节约资源和保护环境是我国的一项基本国策。流量测量在物流贸易结算、能源计量、环境保护及过程控制中都得到了广泛应用，所检测的流量已成为经济效益、资源利用、生产工况、产品效能与质量的重要衡量指标之一，流量测量在国民经济各行业及日常生活中正发挥着越来越重要的作用。

所谓“流量测量”，是指为确定物质在单位时间内通过管道或通道（江、河、渠）等对象的横截面的量值而实施的过程。由于影响测量的因素较多，流量测量的原理、类型也多样繁杂。可以说，现在还没有一种十全十美的流量仪表可以用于所有的流量测量场合。各种流量仪表都有各自的优点，也同时存在着各自的使用局限性。因此，如何科学合理地选用适当的流量测量技术，如何正确安装、使用流量仪表，始终是业界面临的一个重要课题。

目前，国内出版发行了不少流量测量的专业书籍，但对流量测量涉及的基础工业管流及国内外技术标准等内容，介绍得还不够充分，特别是过程工业流量测量仪表及其应用相关的资料较欠缺。经济建设的需求及业内专业人士的鼓励，促使我们编写这样一本专业实用手册。

这本实用手册的特点有以下几个方面：

（1）基础性。流量仪表的选择与使用同流体的性质及流体流动状态密切相关，因此本手册较详细地介绍了流体力学的基础知识及工业管流的特点。流量仪表的质量与准确度在一定程度上与流量试验装置有关，本手册也对其做了重点介绍。

（2）专业性。重点介绍了流量测量相关的国内外标准。标准是以大量试验数据及实践经验为基础建立的技术文件，可使制造有法可依，用户有法可循。

（3）针对性。为便于技术人员使用，本手册结合生产过程及流量测量的特点，有针对性地介绍了节流装置选型及设计计算、典型流体流量测量仪表设计比选及安装应用等，涉及范围包括蒸汽流量测量、气体流量测量、液体流量测量、固体流量测量、两相流（气固、液固、气液）流量测量等。

（4）实用性。较为全面、系统地介绍了差压式（包括标准节流装置、非标准节流装置）、容积式、涡轮式、浮子式等经典流量仪表，科里奥利、电磁式、超声波、涡街、热式等新型流量仪表，以及明渠流量测量仪表等；重点介绍了各种流量测量仪表的特点、选型及应用，特别详细介绍了过程工业常用的流量测量技术（包括流量仪表选型、计算、安装及应用等），如速度—面积法、蒸汽流量测量，并通过应用实例进行说明。

（5）全面性。一是全面介绍了流量测量的基础知识，包括流体的性质、流体力学基础、流量测量误差与不确定度计算等。二是所涉及的流量测量技术较为全面，既包括封闭管流，也包括明渠流测量；既包括经典流量测量技术，也包括新型（如电磁、热式）和新兴（如光学、声纳、微波）流量测量技术。三是全过程系统地介绍了流量测量技术，从流量测量基础，到流量测量仪表设计选用、安装、误差分析、故障查找，再到流量标准装置及校验等。四是较为全面地介绍了国内外主流的流量测量标准，如 ISO（包括 ISO/TC30、ISO/TC113、ISO/TC28、ISO/TC112、ISO/TC115、ISO/TC117、ISO/TC118 等）、IEC、AGA、API、ASME、ASTM、ISA、OIML 等国际标准，GB、JB、DL 等国家标准或行业标准。

本手册第一章、第十章和第十一章由张晋宾撰写；第二章、第三章和第四章由孙立军撰写；第五章～第九章由毛新业撰写（其中电磁流量计由张志撰写，涡街流量计由刘杨撰写）。全书由毛新业、张晋宾统稿和审核。

在本手册的编写过程中，得到了社会各界人士的大力支持，他们有龚德君先生、蔡武昌教授、童复来女士、马中元先生、刘忠海先生、Mr. David Dunn（美）、王自和先生，还有以下各位朋友的帮助，他们是朱家顺、刘中杰、魏武。特此表示衷心感谢！

本手册对各行业从事流量测量技术及装置的研究、生产、教学、设计、检测、安装、运行等工作的相关技术人员均有参考价值，特别适于各类电厂热工检测设计、安装、调试及生产检修人员使用。

限于编著者水平，疏漏与不足之处在所难免，欢迎读者提出宝贵意见。

编著者

2017 年 4 月 25 日

目　录

第一章

绪　　论

第一节　发　展　历　史

一、概念

所谓“流量”，在《现代汉语词典》中的释义为：“流体在单位时间内通过河、渠或管道某处横断面的量”，在国际标准化组织（ISO）发布的国际标准 ISO 4006：1991《Measurement of fluid flow in closed conduits - Vocabulary and symbols》（封闭管道中流体流量的测量　术语和符号）中将“flow - rate”（流量）定义为“流经管道横截面的流体数量与该量通过该截面所花费的时间之比”；所谓“measurement”（测量），在国际电工委员会（IEC）于2010年发布的国际标准 IEC 60050 - 112《International Electrotechnical Vocabulary - Part 112：Quantities and units》（国际电工术语—第112部分：量和单位）中定义为“用试验方法获得一个或多个值，且可合理地赋予一个量的过程”；国家标准 GB/T 17212—1998/IEC 902：1987《工业过程测量和控制　术语和定义》中定义为“以确定量值为目的的一组操作”。

流量测量是研究物质量变的科学，质量互变规律是事物联系发展的基本规律，因此其测量对象并不限于传统意义上的、较为常见的管道流体，凡需掌握物质量变的地方就会遇到流量测量。

由此综合可得出流量测量的定义，“流量测量”即为确定物质在单位时间内通过江、河、渠或管道等对象的横断面（横截面）的量值而实施的过程。

二、流量测量发展回顾

流量测量技术的应用虽然在当今日常生活（如居民家中的水表、气表等）和工业生产中司空见惯，大家对其都习以为常，但正如罗马不是一天建成的，流量测量技术也是在为满足测量新物质的流量、新工况下原有物质的流量、更高的准确度或性能等众多要求下逐渐演变进步而发展完善的。

人类历史上最早的流量测量可追溯到古代的城市供水系统和水利工程。公元前5000年，早期的闪族人已开始用原始的方法测量从底格里斯河和幼发拉底河引来的古渡槽水量。早在4000多年前，古罗马人就开始采用横截面法测量从导水槽到每一住户或浴池的用水量，用以管理水量的分配。公元前1000年左右，古埃及用堰法测量尼罗河的流量。公元前250年，由李冰父子领导修筑的著名的都江堰水利工程，掌握并利用了在一定水头下通过一定流量的“堰流原理”，应用石人（见图1 - 1）作为水尺来观察岷江内江的进水量（据《华阳国志·蜀志》记载，石人“水竭不至足，盛不没肩”，由此证实，古人是以石人的肩和脚作为岷江水尺刻度），采用宝瓶口水位来观测渠道的进水量大小。

图 1-1 古都江堰石人（水尺）

17 世纪初，意大利的 Benedetto Castelli 和 Evangelista Tonicelli 已发现流量等于流速乘以截面积，以及孔板出口流量随其压差的平方根而变化的规律。

18 世纪初，意大利 Giovanni Poleni 对孔板规格和出口流量的关系进行了进一步研究。几乎就在同时，瑞士 Daniel Bernoulli 发现了伯努利定律（也称伯努利方程），由此奠定了差压式流量计的理论基础。1732 年，法国 Henri Pitot 研制出最早的皮托管，并用它来测量塞纳河的河水流速。1797 年，意大利 Giovani B. Venturi 对文丘里管测量流量进行了研究，但一直到 1887 年，才由美国工程师 Clemens Herschel 应用文丘里管制成了测量水流量的实用测量装置。1790 年，德国工程师 Reinhard Woltman 研制出第一款叶片式涡轮流量计，用于测量河渠流速。1815 年，英国工程师 Samuel Clegg 发明首款水封转筒式容积式气体流量计。1832 年，英国 Michael Faraday 尝试利用其发现的法拉第电磁感应定律测量泰晤士河的水流量。1835 年，法国 Gaspar Gustav de Coriolis 发现了科里奥利效应，奠定了近一个半世纪后才出现的高准确度直接测量质量流量的科里奥利质量流量计理论基础。1843 年，英国人 William Richards 发明了膜式容积式流量计，随后 Thomas Glover 对此进行改进，形成了 Glover 双膜、滑阀式膜式干气表。在 19 世纪中叶，伦敦开始采用容积式流量计作为商业计量用途。20 世纪初，转子流量计开始应用。

20 世纪初期到中期，特别是第二次世界大战后，随着国际经济和科学技术的迅猛发展，原有的流量测量原理逐渐走向成熟，人们不再将思路局限在原有的测量方法上，而是开始了新的探索。例如，在 20 世纪 30 年代，开始研究用声波测量液体或气体流速的方法来测量液体或气体流量。到 1955 年，采用声循环法用于测量航空燃料流量的马克森流量计问世。

20 世纪后半叶，过程工业、能量计量、城市公用事业、国防工业、航空航天、环保等对流量测量的需求急剧增长，促使流量测量技术及仪表飞速发展，涌现出了系列齐全的涡街、电磁、激光、超声波、热式、科里奥利式等众多新型测量原理的流量测量仪表。例如，1952 年荷兰 Tobin meter 公司推出全球首款商用电磁流量计；1963 年日本东京计器（Tokyo Keiki）首次推出工业用超声波流量计；1969 年涡街流量计开始投入工业应用；1977 年美国高准（Micro Motion）公司推出全球第一款商用科里奥利流量计，随后德国恩德斯豪斯（Endress＋Hauser）、科隆（Krohne）等也相继推出了各自的商用科里奥利流量计。另外，20 世纪 70 年代美国斯亚乐仪器仪表（Sierra Instruments）、FCI（Fluid Components International）、Kurz Instruments 等公司分别推出了商用热式流量计或流量开关。

我国近代流量测量技术的研发、生产和应用水平远远落后于当时的世界先进水平。早期所需的流量测量仪表均从国外进口，直到 20 世纪 30 年代中期光华精密机械厂（上海光华仪表有限公司前身）才开始生产家用水表，50 年代有了新成仪表厂（上海自动化仪表股份有限公司前身）所开发的文丘里管流量计，60 年代开始生产涡轮、电磁等流量计。特别是 1978 年我国实施改革开放后，国内流量测量的研发、生产和应用得到快速发展，流量测量技术水平得以迅速提高。至今我国已形成了一个具有相当规模、系列齐全的从事流量测量技术与仪表研究、开发和生产的产业链。据统计，我国具备一定规模的从事流量仪表研究和生产的单位就有数百家之多。

三、流量测量发展趋势

在高准确度及可靠性需求、降低采购成本及运行维护费用等动力推动下，21世纪初期流量测量技术发展趋势如下。

1. 原有测量技术的升级改进

以科里奥利质量流量计为例，传统测量管径不超过DN50，不适宜用于夹带气体的液体流量测量。现在GE Sensing、Endress+Hauser、KROHNE、Micro Motion等公司可提供DN200～DN400以上的产品。特别是德国KROHNE公司于2012年6月14日发布了世界上第一款具有先进的夹带气体管理功能（EGM）的全新双弯管科里奥利质量流量计OPTIMASS 6400（见图1-2），解决了混合有气体的液体流量测量的难题，且适用温度范围宽（−200～+400℃），压力可高达20MPa，可用于液体、气体流量的测量或计量。

2. 新兴测量技术的涌现

随着科技进步和市场需求，涌现出了许多新兴流量测量技术，代表性的有光学流量计和声纳流量计。

图1-2　OPTIMASS 6400质量流量计

光学流量计的主要检测方法有多普勒效应法和传播时间法。其中，激光多普勒式光学流量计的工作原理是基于当激光束照射到流动的流体介质颗粒时，将会发生与流体颗粒流动速度成比例的波长变化（即多普勒频移效应）的激光散射，通过测量其波长变化进而可推导出流体流量。传播时间式光学流量计是基于光闪烁技术来测量流量的，即当流体介质颗粒流过激光束时，引起激光散射并产生脉冲信号，通过测量两个光检测器之间信号传输的时间，就可推导出流体颗粒的流速。光学流量计具有量程比宽（达1000∶1），适应低流速（最低为0.1m/s），流量测量不受被测介质温度、湿度、压力、导热性和构成成分等的限制，测量准确度和性能不受管道振动和噪声的影响等显著优点，故光学流量计特别适用于具有流速变化幅度大、输送管道管径范围宽（如烟囱、烟道、排放管或其他受限空间）的火炬气、生物气和气体污染物排放等的测量，在电力、环保、石油、化工等领域应用前景广泛。

声纳流量计是一种基于声纳测速技术的传感器。它不同于超声波流量计，不受管垢、管道衬胶、流体磁性等的影响，可实现灰浆、污水、硫酸、气/液等单相和多相流的非侵入式、高准确度、高性能和高可靠的流量测量。例如，美国CiDRA公司生产的SONARtrac®声纳式流量监视装置，它不仅可以利用声纳传感器阵列（见图1-3）通过检测流体湍流涡旋穿过传感器阵列的相位和频率来测量单相流（如循环水）和多相流（如高浓度灰浆）的体积流量，而且也可以通过检测流体中声波穿过传感器阵列的传播速度，并基于所测声速与流体夹带气体量的比例关系，实现气液两相流体中所夹带气体量的在线实时测量，且所夹带气体量的测量范围较宽（0～20%）。由于是非侵入式动态测量流体流动湍流，不存在漂移和磨损，故产品不需多次标定，现场维护量小。

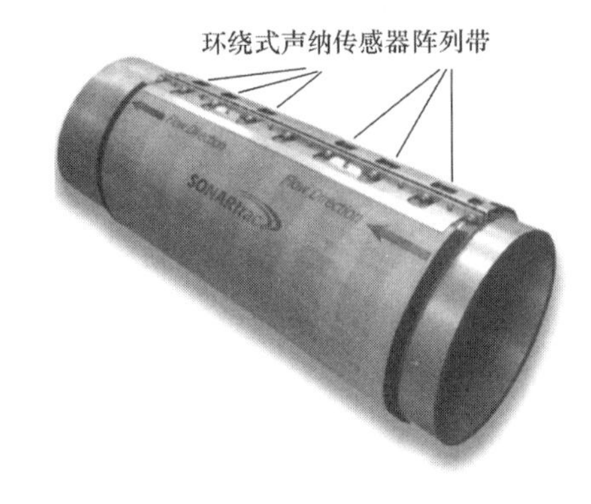

图 1-3 SONARtrac® 环绕式声纳传感带

3. 从经典测量仪表向新型测量仪表迁移

通常来讲，流量仪表/传感器中的差压式（包括孔板、文丘里、喷嘴、均速管、楔形、道尔管等）、容积式、涡轮式、转子式等均采用传统流量测量原理，属经典流量技术仪表。20 世纪下半叶推出或开始工业应用的科里奥利、电磁式、超声波、涡街、热式等属于新技术型流量仪表。相比较而言，新技术型流量传感器测量准确度较高，无活动部件，不存在磨损问题，且常为非插入式，无压力损失，更节能，更可靠，因而成为流量仪表制造商和研发机构的主要关注点和研发投入点，并且其市场占有率也在逐年提高。以科里奥利质量流量计为例，据美国 Marketsand Markets 发布的研究报告预测，科里奥利质量流量计全球销售额从 2014 年到 2019 年将会以 11.04%的年累积增长率的速度递增，到 2019 年预计将会从 2014 年的 11.45 亿美元增加到约 19.32 亿美元。

此外，依托现代 MEMS（微机电系统）加工技术、半导体微电子技术、信息处理、智能和通信技术的发展，新一代的流量传感器大多集成有数字信号处理和通信等微处理器芯片，使其具备了自诊断、数据智能处理、人机对话等功能，实现了流量传感器的智能化、多功能化、信息化和微型化。

随着科学技术的进步和人类需求的不断增长，流量测量技术还在持续向前发展。据称现在市场上已有数百种流量计，现场使用中许多棘手的流量测量难题都可望在不远的将来得以全面解决。

第二节 流量测量在过程工业中的作用

流量、压力和温度是电力、石油、化工等过程工业中最为重要的三大检测参数。过程工业中主系统和辅助系统的连续运行离不开原料、中间产品、成品、副产品或废料等物料的输送或处理，因而对上述对象的流量监视、控制和管理是必可不少的。可以说，流量测量与控制处于过程工业非常核心的位置。以下以发电生产为例，作详细阐述说明。

电力系统由发电、输电、变电、配电和用电等环节组成。发电是电力系统的龙头，而火力发电是发电的重要形式，且是最为复杂的生产系统。从火电厂与周围环境的输入输出关系看，燃料供应、辅助原材料供应（如循环水、原水、石灰、石灰石、氨或氨水、酸碱化学药剂等）、热能、副产品的输出（如飞灰、炉渣、石膏等）、废料渣/废气/废液的排放等都离不开流量的测量。以燃料为例，现代火电厂的燃料主要有煤、泥炭、油页岩、固体生物质、工业或生活废物等固体燃料，重油、轻油、废液等液体燃料，天然气、液化气、煤气、生物质气、工业生产废气等气体燃料。无论采用哪种燃料，火电厂都要对入厂的燃料量进行计量。入厂燃料计量是火电厂重要的关口表之一，是电力企业重要的经济贸易核算依据。

从发电工艺流程看，各种水系统（包括凝结水系统、给水系统、循环水系统、工业水系统等）、蒸汽系统（包括主蒸汽系统、辅助蒸汽系统等）、油系统（包括汽轮机润滑油、控制油系统，燃料油系统等）、锅炉风系统、锅炉烟气系统、制粉/送粉系统、发电机氢油水系统等，也都离不开各种介质流量的测量、监视、控制和保护。以直流锅炉给水系统为例，给水量是需要重点监控的一个过程量。为了维持锅炉蒸汽温度稳定，锅炉的给水量和燃料量必须保持一定的比例（即燃水比），调节燃水比是直流锅炉蒸汽温度调节的基本手段，是确保最终蒸汽温度维持在额定值的最佳措施。此外，当给水量过低时，会造成锅炉受热面（如省煤器、水冷壁、过热器等）超温，进而引起受热面的泄漏、干锅或爆管，造成安全事故。因此，当检测到给水量流量过低时，锅炉需紧急跳闸，停止锅炉运行。

从控制系统功能看，在常规火电厂主要系统中，需监视的主要流量信号有送风量、热二次风总风量、热二次风分风量、排烟量、火检冷却风量、吹灰蒸汽流量、给煤量、燃油供油和回油流量、燃气供气量、磨煤机入口一次风风量、磨煤机入口二次风风量、磨煤机入口冷炉烟流量（风扇磨）、双进双出钢球磨容量风流量、省煤器入口给水流量、过热器减温水流量、再热器减温水流量、直流锅炉循环水流量、冷再热蒸汽等向辅助蒸汽的供汽量、主蒸汽流量、给水泵汽轮机进汽流量、凝结水流量、凝结水或给水再循环水流量、凝结水补水量、循环水量、给水泵入口流量、发电机定子冷却水流量、供热蒸汽流量、SCR（选择性催化还原法）脱硝氨气流量、SCR 稀释风机出口流量、SNCR（选择性非催化还原法）脱硝稀释水流量、SNCR 尿素溶液流量、尿素溶解水量、锅炉补给水阴床/阳床/混床入口水流量、除盐水量、酸/碱计量、酸/碱喷射器入口除盐水流量、反渗透脱盐系统过滤器进水流量、反渗透膜组件产水流量、浓水或生水流量、反洗水流量、工业废水流量、工业污水排放量、各种工业水量、消防水量、各类泵/风机出口流量等。

需调节的主要流量信号有送风量、热二次风总风量、热二次风分风量、给煤量、燃油供油和回油流量、燃气供气量、磨煤机入口一次风风量、磨煤机入口二次风风量、磨煤机入口冷炉烟流量（风扇磨）、双进双出钢球磨容量风流量、省煤器入口给水流量、再热器减温水流量、直流锅炉循环水流量、主蒸汽流量、给水泵汽轮机进汽流量、凝结水流量、凝结水或给水再循环水流量、凝结水补水量、给水泵入口流量、供热蒸汽流量、SCR 脱硝氨气流量、SCR 稀释风机出口流量、SNCR 尿素溶液流量等。

需保护或连锁的主要流量信号有送风量、吹灰蒸汽流量、给煤量、磨煤机入口一次风风量、磨煤机入口二次风风量、磨煤机入口冷炉烟流量（风扇磨）、省煤器入口给水流量、再热器减温水流量、发电机定子冷却水流量、SNCR 脱硝稀释水流量、SNCR 尿素溶液流量、尿素溶解水量等。

由此可见，流量测量贯穿于发电生产的各个过程，遍布于发电厂主要工艺系统、辅助工艺系统的各个部分，任何一个生产环节都离不开流量测量。此外，流量测量的准确与否对发电厂生产的安全、经济、节能降耗、可靠运行等具有重大影响，特别是高参数、大容量、环保型发电机组的发展，带来压力容器与压力管道的数量增多、压力等级提升，脱硫、脱硝、污染物零排放所需的化学危险品用量的出现或增多，从而使生产面临的危险更大，对流量测量及准确性的要求也越来越苛刻。

综合而言，流量的测量和监控已成为过程工业安全、经济、可靠运行的重要保障手段，对外能源或产品（如煤炭、柴油、天然气、蒸汽、热量、冷量、氢气、氧气等）计量不可或缺的工具，HSE（健康、安全和环境）保护控制的重要依据，其对于过程工业的重要性和作用无论怎么强调，都不为过。

第三节 流量测量仪表分类

随着科学技术的发展和工业技术的进步，对流量检测的要求也越来越高，工业流量测量变得十分复杂，用一种流量测量方法根本不可能满足所有的流量测量任务。当今，已投入使用的流量仪表种类有上百种之多，且新型测量原理的流量仪表又层出不穷，因而流量仪表是众多过程仪表中最纷繁多样的仪表。

流量测量仪表种类繁多，其测量原理、结构特性、适用范围、使用方法等各不相同，其分类至今在全球学术界和工业界还没有统一的规定。根据不同的原则，有不同的分类方法，下面着重介绍一些主要的分类方法。

一、按测量介质的流道类型分类

根据承载被测介质的流道是否封闭来分类，分为封闭管道流量计和敞开流道（明渠）流量计。值得提醒的是，对于封闭管道，如被测管段中流体并未充满整个管道的横截面，即非满管状态，则也应视为明渠流量测量。

对于封闭管道流量仪表分类，在英国标准学会 BSI 发布的英国标准 BS 7405：1991 “Guide to Selection and application of flowmeters for the measurement of fluid flow in closed conduits”（用于封闭管道中流体流量测量的流量表的选择和应用指南）中，按测量方法和结构将流量仪表分为 10 类，详见表 1 - 1。

表 1 - 1　　封闭管道流量计 BSI 分类一览表

类别序号	类别名称	流量仪表技术
第 1 类	常规差压类	锐边同心孔板（包括角接取压、D 和 $D/2$ 取压、法兰取压）； 文丘里管（包括经典文丘里管和文丘里—喷嘴）； 流量喷嘴（包括 ISA 喷嘴和长径喷嘴）
第 2 类	其他差压类	环形孔板； 偏心孔板； 圆缺孔板； 整体（或一体化）孔板； 异类管（Gentile tube）； 弹性加载孔径流量表（Spring loaded aperture meters）； 弯管流量计； 线性电阻流量计； 道尔管； 专有流量喷嘴； 多孔平均皮托管（均速管）； 楔式流量计； 皮托管； 可变面积流量计； 靶式流量计； 声速喷嘴； 锥形入口孔板； 1/4 圆孔板

续表

类别序号	类别名称	流量仪表技术
第 3 类	容积类	往复活塞式； 滑片式； 圆盘式旋转流量计； 双转子或三转子式； 罗茨式流量计； 膜片式流量表； 旋转活塞式； 椭圆齿轮式； 螺旋转子流量计； 液体计量泵式； 湿式气体流量计； 波纹管流量计
第 4 类	旋转涡轮类	轴向涡轮流量计； 机械螺旋流量计； 无轴承涡轮流量计； 螺旋桨式流量计； 插入式涡轮流量计； 双转子涡轮流量计； 多孔喷射或叶片式流量计； 佩尔顿轮式； 杯形流量计
第 5 类	流体振荡类	涡街流量计； 旋涡流量计； 插入式旋涡流量计； 流体振荡式； 流体折转式流量计
第 6 类	电磁类	交流电磁流量计； 直流电磁流量计； 速度探头式
第 7 类	超声波类	传播时间式； 回鸣式（环鸣式或声环式）（sing - around）； 反射式； 多普勒式； 长波声音式
第 8 类	直接和间接质量流量类	间接式； 角动量涡轮式； 并列文丘里式； 陀螺式； 驱动角动量式； 科里奥利式； 惠斯通电桥式

续表

类别序号	类别名称	流量仪表技术
第9类	热式类	热耗式（热散式）； 热线膜风速计； 热剖面式（热分布式）； 量热热网格式
第10类	其他类	互相关流量计； 核磁共振式； 气体电离式； 激光风速计； 示踪插入计（tracer injection meters）； 称重式； 速度—面积式

在ISO国际标准化组织ISO 4006：1991国际标准中，根据测量原理不同，将封闭管道流量仪表分为差压法、临界流量测量、速度—面积法、示踪法、电磁法、称重法、容积法、不稳定性法、可变面积法、超声法、其他方法等共11类。封闭管道流量计国际标准化组织ISO分类详见表1-2。

表1-2　　封闭管道流量计ISO分类一览表

类别序号	类别名称	流量仪表技术
第1类	差压类	同心孔板（包括直角边缘孔板、锥形入口孔板、1/4圆孔板）； 偏心孔板； 圆缺孔板； ISA 1932喷嘴； 长径喷嘴； 经典文丘里管； 文丘里喷嘴； 截尾文丘里管
第2类	临界流量测量	声速喷嘴； 声速文丘里喷嘴（包括喇叭口喉部文丘里喷嘴、圆筒形喉部文丘里喷嘴）
第3类	速度—面积法	旋桨式流速计； 皮托管
第4类	示踪法	稀释法（包括恒定速率注入法、积算法）； 渡越时间法
第5类	电磁法	电磁流量计
第6类	称重法	静态称重法； 动态称重法

续表

类别序号	类别名称	流量仪表技术
第7类	容积法	静态容积测量法； 动态容积测量法
第8类	不稳定性法	射流流量计； 章动流量计； 旋涡流量计（包括涡街流量计、旋涡进动流量计）
第9类	可变面积法	恒定压头流量计； 可变压头流量计； 浮子流量计； 锥塞式流量计； 盘塞式流量计； 闸门式流量计； 弹性加载可变压头流量计
第10类	超声法	超声流量计（包括夹装式流量计、单声道斜束式流量计、多声道斜束式流量计、传播时间式超声流量计、声束偏转式流量计、相移式流量计）
第11类	其他方法	互相关流量计； 多普勒流量计； 涡轮流量计

按照测量方法和结构不同，通常将敞开流道（明渠）流量计分为堰式、槽式、流速—面积法、标记法、超声式、电磁式等6类，有时也将堰式和槽式合称为水位—流量式。敞开流道（明渠）流量计分类详见表1-3。

表1-3　敞开流道（明渠）流量计分类一览表

类别序号	类别名称	流量仪表技术
第1类	堰式	折顶堰； 薄壁堰； 宽顶堰； 复式断面堰； 三角堰； 最低能损堰（MEL）
第2类	槽式	巴歇尔量水槽（Parshall）； P-B槽（Palmer-Bowlus）； 割喉槽（Cutthroat）； HS/H/HL槽； Khafagi槽； 蒙大纳槽； RBC槽； 梯形槽； 文丘里槽

续表

类别序号	类别名称	流量仪表技术
第 3 类	流速—面积法	超声流速计＋水位计； 电磁流速计＋水位计； 旋桨（或旋环）流速计＋水位计
第 4 类	标记法	示踪法； 相关法； 混合稀释法
第 5 类	超声式	传播时间式； 多普勒式
第 6 类	电磁式	潜水式； 非满管式

二、按流量测量值类型分类

按流量测量值类型来分，有两种分类方法。

1. 按瞬时或累积流量分类

按瞬时或累积流量分类，可分为瞬时流量计和累积流量计。流量是瞬时流量和累积流量的统称。瞬时流量是指单位时间内流过管道横截面或明渠横截面的流体量。在不会引起误解时，常将瞬时流量简称为流量。累积流量是指在一段时间内流体流过管道横截面或明渠横截面的流体量，也称为总量。

流量计输出信号或示值为瞬时流量的仪表称为瞬时流量计或简称为流量计，流量计输出信号或示值为累积流量的仪表称为累积流量计或总量表。随着技术的发展，两者的界限已不是十分严格，有的瞬时流量计可配备累积流量的功能，有的累积流量计也可配备输出瞬时流量的信号装置。

在过程工业中，绝大部分监控场合应用的都是瞬时流量计，只有一部分用于计量或总量计算目的的才会用到累积流量计。

2. 按流量值呈现形式分类

按流量值呈现形式分类，可分为体积流量计和质量流量计。体积流量 q_V 是指流体数量用体积来表示的流量；质量流量 q_m 是指流体数量用质量来表示的流量。

（1）体积流量计的输出信号为体积流量值，电磁流量计、涡轮流量计、涡街流量计、超声流量计、容积式流量计等都属于体积流量计。

（2）质量流量计是指其输出信号为质量流量值的流量计，又可细分为直接式质量流量计和间接式质量流量计。

1）直接式质量流量计检测件的输出信号直接反映流体的质量流量，其代表性种类如下。

a）差压式质量流量计：利用孔板或文丘里管和定量泵组合起来的直接测量质量流量的仪表。利用涡街流量计上下游差压与质量流量成正比，差压波动频率与质量流量成反比而直接测量质量流量的差压式涡街质量流量计。

b）热式质量流量计：利用流体与热源（流体中外加热的物体或仪表测量管管壁外加热

体）之间热量交换的关系直接测量质量流量的仪表。

c）双涡轮式质量流量计：在传感器内安装两个叶片角不同的叶轮，用弹簧将它们连接成一个整体，它与平均流速成比例转动，两个叶轮间旋转一个偏移角所需要的时间 t 与管道中流体的质量流量成正比，由此测出时间 t 即可得出质量流量。

d）科里奥利质量流量计：利用流体在振动管中流动时产生与质量流量成正比的科里奥利力原理而制成的质量流量计。

2）间接式质量流量计，也称为推导式质量流量计。间接式质量流量计的检测元件并不直接输出质量流量，而是通过与密度计组合或多种检测件的组合而求得质量流量。即为体积流量计和测量密度仪表组合而成。

三、按测量原理分类

按流量测量所依据的物理原理，可将流量仪表细分为以下各类。

（1）力学原理类。包括利用伯努利原理的差压式、浮子式；利用动量定理的可动管式、冲量式；应用牛顿第二定律的直接质量式；应用流体阻力原理的靶式；应用动量守恒原理的叶轮式；应用流体振动原理的涡街式、旋进式、振荡射流式；应用动压原理的皮托管式、均速管式；应用分割流体体积原理的容积式等。

（2）热学原理类。应用热学原理的热分布式、热散效应式、冷却效应式等。

（3）声学原理类。利用声学原理的超声式、声纳式、冲击波式等。

（4）电学原理类。利用电学原理的电磁式、电容式、电感式、电阻式等。

（5）光学原理类。利用光学原理的激光式、光电式等。

（6）原子物理类。利用原子物理原理的核磁共振式、核辐射式等。

（7）其他原理类。如标记原理（示踪原理）、相关原理等。

四、按结构和测量方法分类

按流量表的结构或测量方法分类，是国际上大多数专家或学者所采用的流量仪表分类法。

国外多数机构或流量生产厂商（如 ABB）将流量仪表分为速度式（包括电磁式、涡街式、旋涡式、涡轮式、超声式等），推导式（包括孔板、喷嘴、文丘里、锲式、流量管、皮托管等在内的差压式、转子流量计、靶式等），容积式（也称直接式，包括往复活塞式、椭圆齿轮式、摆盘式、旋转叶片式等），质量流量式（包括科里奥利式、热式等）四种。

国外也有的专家将流量仪表按压头型、面积型、质量流量型、电气型、容积型分为五类。压头型包括流量孔板、文丘里管、流量喷嘴、弯管、皮托管、楔式等；面积型包括旋转式流量计、可变面积式、动叶式、活塞式等；质量流量型包括涡轮质量流量计（如角动量式、电气式）、热式（包括加热管式和插入探头式）、科里奥利式等；电气型包括电磁式、超声式（包括多普勒式、时间差式）、激光多普勒风量计、涡街式、固体流量测量技术等；容积型包括摆盘式、振荡活塞式、椭圆齿轮式、膜盒式气表等。

国内大体上按测量方法和结构将常用流量仪表分为容积法、速度法、直接质量流量法、间接质量流量法四类，详见图 1－4。

此外，有时也按插入安装结构形式，单独分出插入式流量计。插入式流量计又可细分为点流速计型和径流速计型。点流速计型插入式流量计包括插入式涡街、涡轮、电磁、靶式、皮托文丘里管、皮托静压管、Cole 氏可逆皮托管、S 形皮托管等。径流速计型插入式流量计

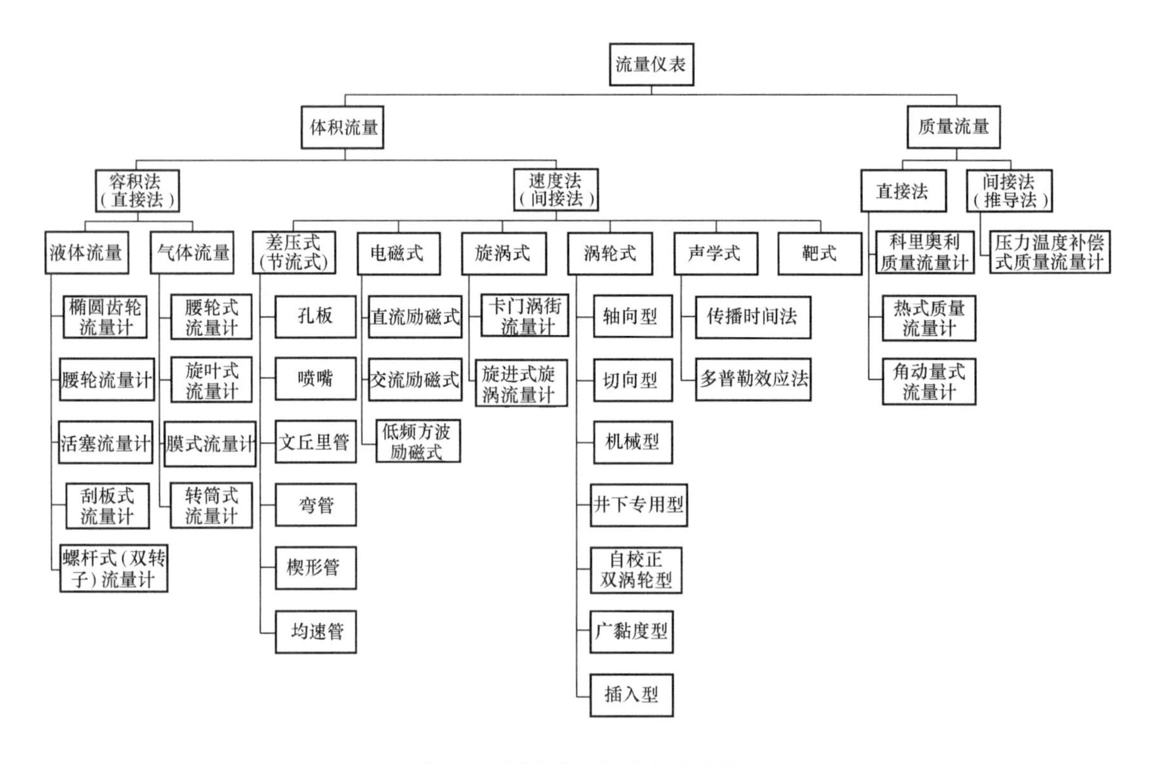

图 1-4　国内常用流量仪表分类

包括差压式均速管流量计、热式均速管流量计、涡街流量计、超声流量计等。

第四节　常用技术术语

本节列举了流体力学、不确定度、基本流量测量、常用流量测量装置及技术等方面的一些常用专业术语，以方便读者准确掌握、理解和查阅。

一、流体力学

1. 速度分布（velocity distribution）

在流道横截面上流体速度轴向矢量的分布模式。

（1）充分发展的速度分布（fully developed velocity distribution）。一种一经形成则从流体流动的一个横截面到另一个横截面不会发生变化的速度分布。它通常是在足够长的流道直管段末端形成。

（2）规则速度分布（regular velocity distribution）。非常近似于充分发展的速度分布，并可进行精确的流量测量的速度分布。

（3）流动剖面（flow profile）。速度分布的图解表示法。

2. 总压（total pressure）

表压与动压之和。

（1）表压（gauge pressure）。

流体的绝对静压与在测量地点和时间的大气压力之间的差值。

(2) 流体单元动压 (dynamic pressure of fluid element)。

对于管道中的单元流束，流体的动能全部等熵转化为压力能所产生的高于静压的压力增加。对于不可压缩流体其动压为$\frac{1}{2}\rho v^2$。其中，ρ为流体密度；v为流体的局部速度。

3. 滞止压力 (stagnation pressure)

表征流体动能全部转化为压力能的能量状态的压力，其值等于绝对静压与动压之和。

4. 雷诺数 (Re，Reynolds number)

表示流体惯性力与黏性力之比的无量纲参数，其计算式为

$$Re=\frac{ul}{\nu} \tag{1-1}$$

式中 Re——雷诺数；

u——通过规定面积的流体平均轴向流速；

l——在其内产生流动的系统的特征尺寸；

ν——流体的运动黏度。

5. 马赫数 (Ma，Mach number)

用于表征流体惯性力与弹性力之比的无量纲参数，在所考虑的温度和压力下，表示为流体平均轴向流速与流体中声速之比。其计算式为

$$Ma=\frac{u}{c} \tag{1-2}$$

式中 Ma——马赫数；

u——通过规定面积的流体平均轴向流速；

c——流体中的声速。

6. 斯特劳哈尔数 (Sr，Strouhal number)

由具有特征尺寸l的某物体所产生的旋涡分离频率f与流体速度v相联系的无量纲参数。其计算式为

$$Sr=\frac{fl}{v} \tag{1-3}$$

式中 Sr——斯特劳哈尔数；

f——旋涡分离频率；

l——产生流动的系统的特征尺寸；

v——流体的局部速度。

7. 水力直径 (hydraulic diameter)

流道四倍的湿横截面面积与湿圆周长度之比。

8. 旋涡流 (swirling flow)

具有轴向和圆周速度分量的流动。

9. 稳定流 (steady flow)

速度、压力、密度和温度等诸参数不会随时间显著变化以致影响所需测量准确度的流动，也称为定常流。

10. 不稳定流 (unsteady flow)

可能是层流或紊流的流动。在该流动中，速度、压力、密度和温度等诸多参数是随时间

波动的，也称为非定常流。

11. 层流（laminar flow）

与惯性所产生的力相比，黏性所产生的力占优势的流动。

12. 紊流（turbulent flow）

与黏性所产生的力相比，惯性所产生的力占优势的流动，也称为湍流。

13. 转变流（transition flow）

介于层流和紊流之间的流动。

14. 多相流（multiphase flow）

两种或两种以上不同相的流体一起流动。只有两相流体一起流动时，又称为两相流。

15. 临界流（critical flow）

流体流经适当的差压装置，其下游与上游的绝对压力之比小于临界值的流动。当临界流上游流体状态（压力、温度和速度分布）不变时，低于此临界值则质量流量保持恒定。

16. 附壁效应（coanda effect）

当流束附着到靠近它的固体表面处时所产生的效应。

二、不确定度

1. 校准（calibration）

在规定条件下确立由测量装置所指示的值与采用适用于被测量流量的测量标准器所获得的相应已知值之间关系的一组操作。

2. 溯源性（traceability）

测量结果可以通过连续的比较链将其与适当的标准器（通常是国际标准器或国家标准器）联系起来的一种特性。

3. 测量的（绝对）误差（absolute error of measurement）

测量结果减去被测量的（约定）真值。

4. 剔除值（outlier）

表现出与数集的剩余不一致的观测值。

5. 疏忽误差（spurious errors）

使测量值无效的误差。通常这些误差起因于诸如记录的一个或多个有效数字不正确或者仪表的误动作。

6. 随机误差（random error）

同一测量值在多次测量过程中以不可预计的方式变化的测量误差的一个分量。

7. 系统误差（systematic error）

同一测量值在多次测量过程中保持不变或以可预计的方式变化的测量误差的一个分量。

8. 不确定度（uncertainty）

表征被测量的真值处在某个量值范围内的一种估计。

（1）随机不确定度（random uncertainty）。

与随机误差有关的不确定度分量，它对平均值的影响可以通过多次测量予以减小。

（2）系统不确定度（systematic uncertainty）。

与系统误差有关的不确定度分量，它对平均值的影响不能通过多次测量来减小。

9. 准确度（accuracy）

被测量的测量结果与（约定）真值间的一致程度。准确度的定量表示应采用不确定度。好的准确度意味着小的随机误差和系统误差。

10. 精密度（precision）

在规定条件下，对同一被测对象重复测量所得示值间的一致程度。

11. 重复性（repeatability）

在一组重复性测量条件下的测量精密度。

三、基本流量测量术语

1. 一次装置（primary device）

产生能确定流量信号的装置。根据所采用的原理，一次装置可在管道内部或外部。

2. 二次装置（secondary device）

接受来自一次装置的信号并显示、记录、转换或传送该信号以得到流量值的装置。

3. 最大流量（maximum flow - rate）

对应于流量范围上限的流量值。这是在某个限定的和预定的时间间隔内要求装置给出信息的最高流量值，而该信息误差不超过最大容许误差。

4. 最小流量（minimum flow - rate）

对应于流量范围下限的流量值。

5. 流量范围（flow - rate range）

由最大流量和最小流量所限定的范围，在该范围内仪表的示值误差不超过最大允许误差。

6. 公称流量（nominal flow - rate）

定义为最大流量的一半的流量值。在公称流量下，装置应能在正常使用条件下运行，亦即在连续和间断条件下都能运行而不超过最大允许误差。

7. 满刻度流量（full scale flow - rate）

对应于最大输出信号的流量。

8. 一次装置压力损失（pressure loss caused by a primary device）

由于管道中存在一次装置而产生的不可恢复的压力损失。

9. 工作条件（working conditions）

流经装置并符合一次装置规范的被测流体物理性质的瞬时值。

（1）工作温度（working temperature）。

流经一次装置并符合一次装置规范的被测流体的温度。

（2）工作压力（working pressure）。

流经一次装置并符合一次装置规范的被测流体的绝对静压。

10. 安装条件（installation conditions）

允许使用流量测量装置的一般物理环境（包括外界条件、流体状态、流体物理性质的数值范围、管路及其相应配件的几何配置等）。

11. 直管段（straight length）

轴线是笔直的且内部横截面面积和横截面形状为恒定的一段管道。横截面形状通常为圆形或矩形，但也可为环形或任何其他有规则的形状。

12. 非直管段（irregularity）

使管道不同于直管段或者使管壁粗糙度发生相当大的变化的任何部件或结构。

13. 流动调整器、整直器（flow conditioner，straightener）

安装在管道中以减少为达到规则速度分布所需直管段的装置。

14. 旋涡消除器（swirl reducer）

安装在管道中以消除或减小切向速度分量的装置。

15. 流量稳定器（flow stabilizer）

安装在测量系统中保证稳定流量的装置。

16. 基准状态（base conditions）

用于修正所测体积量而规定的温度和压力标准状态。

在基准温度下，其气压小于或等于大气压的流体流量基准条件为：国际标准化组织取值为压力 101.325kPa（14.696psia），温度 15℃（59℉）；美国国家标准规定取值为 101.325kPa（14.696psia），温度 15.56℃（60℉）。

在基准温度下，其气压大于大气压的流体流量基准条件为：其基准压力通常取值为在基准温度下的该流体的平衡气压。

四、常用流量测量装置及技术术语

1. 差压装置（differential pressure device）

插入管道以产生差压的装置。测量此差压，并连同已知的流体条件和装置与管道的几何尺寸，即可计算出流量。

2. 差压装置的一次装置（primary device of a differential pressure device）

差压装置和将其安装在中间的管道并包括其取压口的组合。

3. 节流孔或喉部（orifice，throat）

差压装置的一次装置中横截面面积最小的开孔。

4. 直径比 β（diameter ratio）

差压装置的一次装置的节流孔（或喉部）直径与一次装置上游管道的内径之比。

5. 取压口（pressure tappings，pressure taps）

（1）角接取压口（corner pressure tappings）。

在节流装置（如孔板）两侧钻出的一对或几对管壁取压口，取压口轴线与节流装置的相应端面之间的间隔等于取压口自身直径之半，因此取压孔穿透管壁处与节流装置的端面齐平。

（2）法兰取压口（flange pressure tappings）。

在节流装置（如孔板）两侧钻出的一对或几对管壁取压口，其轴线分别距节流装置上游端面和下游端面为 25.4mm。

（3）缩流取压口（vena contracta pressure tappings）。

在节流装置（如孔板）两侧钻出的一对或几对管壁取压口，上游取压口位于距节流装置上游端面 1D 处（D 为管道内径）；而下游取压口则在最小静压的横截面上，因此是位于节流装置下游处，与节流装置上游端面的距离随直径比而变化。

（4）D 和 $D/2$ 取压口（D and $D/2$ pressure tappings）。

在节流装置（如孔板）两侧钻出的一对或几对管壁取压口，上游取压口分别位于距节流

装置的上游端面 $1D$ 和 $0.5D$ 处。

6. 均压环（piezometer ring）

将设置在同一个横截面上的两个或多个取压口连接起来的压力平衡包容腔体。二次装置可以与其相连。均压环可以在管道或一次装置之外，或与管道或一次装置组成一体。

7. 夹持环（carrier ring）

孔板或喷嘴可以装进其中或两者之间的单只环或一对环。该整个组件被装在管道法兰中，并与管轴同心。

8. 临界流量测量（critical flow measurement）

采用适当的差压装置以产生临界流（在喉部中为声速）的流量测量方法。如已知一次装置上游的流体条件以及装置和管道的几何特性，就能计算出不受下游条件影响的流量。如声速喷嘴等。

9. 速度—面积法（velocity - area method）

测量管道某横截面上多个局部流速并通过在该整个横截面上的速度分布的积分来推算流量的方法。如均速管流量计等。

10. 示踪法（tracer method）

利用在流体中注入并检测示踪物（例如化学物质或放射性物质）的办法测量流量的方法。

11. 电磁法（electromagnetic method）

建立垂直于流体流动方向的磁场，并由磁场中导电流体运动所产生的感应电势来推算流量的流量测量方法。如电磁流量计。

12. 称重法（weighing method）

流体间断或者是连续流入设置在衡器上的称重容器或罐中。通过测量在实测时间内所收集的流体质量得出流量。

13. 容积法（volumetric method）

由在一段实测时间内流体在校准测量容器中所占有的体积变化来推算出流量的测量方法。

14. 不稳定性法（instability method）

借助于一种活动部件的阻流体故意使流体流动产生某种不稳定性的方法。该不稳定性具有与流速有关的规则频率，并由传感元件所测量。如射流流量计、旋涡流量计等。

15. 可变面积法（variable - area method）

可变面积法是流体通过两个元件之间的间隙（一般是环形间隙，但并非总是环形的）流动的方法。这些元件被设计得使流体动力以间隙横截面积随流量的增大而增大的方式使一个元件克服某种阻力（重力或弹性力）的作用作相对于另一元件的运动。仪表的读数是可动元件从“零流量”开始的位移的度量，或是可变面积两边的差压的度量。如浮子流量计等。

16. 超声法（ultrasonic method）

测量流体流动对超声束（或脉冲）的作用并与流量有关的流量测量方法。如传播时间式超声流量计等。

17. 互相关法（cross - correlation method）

相隔已知距离的两个信号被流动流体扰动所调制的流量测量方法。用一只相关仪比较这些信号，鉴别出两只接收器之间扰动所通过的时间，并由此计算出流量。互相关的原理可以适用于多种注入式信号或原有信号（例如超声、热量和放射性信号）。

参 考 文 献

[1] E. L. Upp，Paul J. LaNas. Fluid flow measurement：a practical guide to accurate flow measurement. Woburn：Butterworth - Heinemann，2002.

[2] E. John Finnermore，Joseph B. Franzini. Fluid Mechanics with Engineering Applications. McGraw - Hill Companies，Inc，2002.

[3] 张晋宾. 流量测量仪表及其发展趋势. 传感器，2012，10：26 - 27.

[4] 蔡武昌，孙淮清，纪纲. 流量测量方法和仪表的选用. 北京：化学工业出版社，2001.

第二章

流 体 的 性 质

第一节 密 度

一、密度、相对密度、比体积

流体和自然界的其他物体一样，具有质量。密度表征流体在空间某点的质量密集程度。均质流体的密度等于其质量和体积的比值，即

$$\rho = \frac{m}{V} \tag{2-1}$$

式中 ρ——密度，kg/m^3；

V——均质流体的体积，m^3；

m——均质流体的质量，kg。

工程中常用到流体相对密度（旧称比重），是指某种均质流体的质量与相同体积4℃蒸馏水质量之比，也即两者密度之比，是一个无量纲数，以d表示。用下标w代表4℃蒸馏水的相应物理量，则流体相对密度为

$$d = \frac{m}{m_w} = \frac{\rho}{\rho_w} \tag{2-2}$$

由于4℃蒸馏水的密度为$\rho_w = 1000kg/m^3$，所以流体密度与相对密度的关系为

$$\rho = 1000d(kg/m^3) \tag{2-3}$$

工程中液体相对密度，也有用15.6℃蒸馏水作为参考物质；气体相对密度也常用同温同压下的空气作为参考。

流体比体积（旧称比容）是密度的倒数，即单位质量流体所占有的体积，以v表示，即

$$v = \frac{1}{\rho}(m^3/kg) \tag{2-4}$$

二、液体的密度

标准大气压下，当压力不变时，液体的密度计算公式为

$$\rho = \rho_{20}[1 - \alpha_V(t - 20)] \tag{2-5}$$

式中 ρ——温度t时液体的密度，kg/m^3；

ρ_{20}——20℃时液体的密度，kg/m^3；

α_V——液体的温度膨胀系数，$℃^{-1}$。

当温度不变时，液体的密度计算公式为

$$\rho = \rho_0[1 - \kappa_T(p_0 - p)] \tag{2-6}$$

式中 ρ——压力为 p 时液体的密度，kg/m³；

ρ_0——压力为 p_0 时液体的密度，kg/m³；

κ_T——液体的体积压缩系数，MPa^{-1}。

通常压力变化对液体密度的影响很小，在5MPa以下可以忽略不计，但对于碳氢化合物（如原油），压力对密度的影响，即使在较低的压力下，一般也应考虑压力修正。液体的温度膨胀系数 α_V 和体积压缩系数 κ_T 见本章“压缩性和膨胀性”。

三、气体的密度

对于空气、氧气、氢气、二氧化碳等普通气体，常用理想气体状态方程，通过测量压力和温度的方法间接测量工况条件下的气体密度，即

$$\rho=\rho_n\frac{T_n}{p_n}\frac{p}{T} \tag{2-7}$$

式中 ρ_n——标准状态（293.15K、101.325kPa）下气体密度，kg/m³；

p_n——标准状态下气体绝对压力，101.325kPa；

T_n——标准状态下气体热力学温度，293.15K；

p——工况条件下实测气体绝对压力，kPa；

T——工况条件下实测热力学温度，K。

常用气体在压强不大于20MPa、温度不低于253K的条件下，适用于理想气体状态方程。而对于高压低温时的实际气体，不能用理想气体定律。通常在理想气体计算公式中增加一个偏离理想气体的校正系数——气体压缩系数予以修正。其密度计算公式为

$$\rho=\rho_n\frac{T_n}{p_n}\frac{p}{T}\frac{Z_n}{Z} \tag{2-8}$$

式中 Z_n——标准状态下气体的压缩系数；

Z——工况条件下气体的压缩系数。

四、蒸汽的密度

工程上最常涉及的不能作为理想气体采用式（2-7）进行密度计算的气体是蒸汽，它通常分为饱和蒸汽和过热蒸汽两种状态。

气液两相共存并且保持平衡的状态称为饱和状态。这时的蒸汽和液体分别叫做饱和蒸汽和饱和液体，其参数称为饱和参数，如饱和压力、饱和温度等。饱和压力和饱和温度总是相互对应的，即一定的饱和压力对应着一定的饱和温度。图2-1给出了水蒸气的饱和压力 p_s 与饱和温度 T_s 的关系。

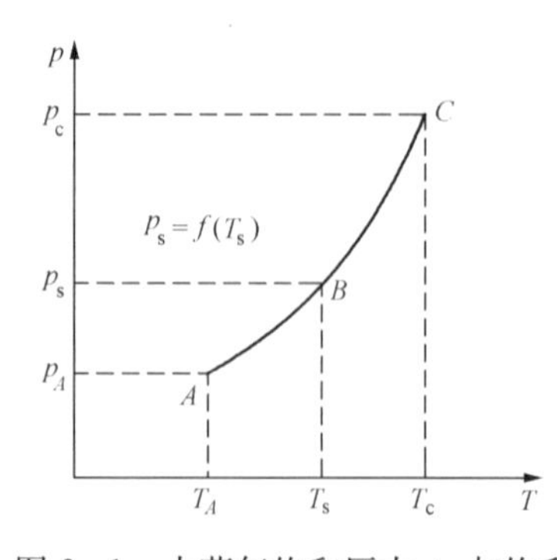

图2-1 水蒸气饱和压力 p_s 与饱和温度 T_s 的关系

图中 C 点称为临界点。对应的温度为临界温度 T_c。当温度超过临界温度（即 $T>T_c$）时，液态水不可能存在，只能是气态的水蒸气。与临界温度对应的压力称为临界压力 p_c。临界温度和临界压力是最高的饱和温度和饱和压力。水的临界参数为 $T_c=647.30K=374.15℃$，$p_c=22136865Pa=225.65kgf/cm^2$，$v_c=0.00326m^3/kg$。图2-1中 A 点称为三相点。当压力低于 P_A 时液态水不可能存在，而只有水蒸气和冰。P_A 称为三相点压力。与之相对应的温度为三相点温度 T_A。三相点压力和三相点温度是最低的饱

和压力与饱和温度。水的三相点参数为：$T_A=273.16\text{K}=0.01℃$，$P_A=610.9668\text{Pa}=0.006228\text{kgf/cm}^2=4.58\text{mmHg}$。

由于饱和蒸汽的压力和温度是互相一一对应的，因此饱和蒸汽的密度既可以由压力计算也可以由温度计算，即

$$\rho=f(p) \quad 或 \quad \rho=f(t) \tag{2-9}$$

而过热蒸汽则必须同时测量压力 p 和温度 t，才能求出其密度，即

$$\rho=f(p,t) \tag{2-10}$$

工程上，式（2-9）和式（2-10）经常采用数表的形式给出。

五、湿气体的密度

有些气体常与水蒸气混合成为湿气体。湿气体中水蒸气含量用湿度表示。单位体积的湿气体中含有的水蒸气质量，称为湿气体的绝对湿度，单位为 kg/m^3。其数值就是，在湿气体的温度 t 和湿气体中水蒸气分压力 p_v 状态下的水蒸气密度 ρ_v。对于未饱和湿气体，可根据 t 和 p_v 在蒸汽表中查得 ρ_v。对于饱和湿气体，其绝对湿度就是温度 t 对应的饱和水蒸气密度 ρ_s，它是湿气体在该温度条件下所具有的最大湿度。

绝对湿度不便于说明湿气体所具有的吸收水蒸气能力的大小，因此常用相对湿度来说明湿气体吸收水蒸气的能力及其潮湿程度。湿气体中所包含的水蒸气质量与同温度条件下最大可能包含的水蒸气质量之比，称为湿气体的相对湿度 φ，它是一个无量纲数。对于理想气体，也常用一定温度和压力条件下湿气体中水蒸气的分压 p_v 与同一温度和压力下饱和水蒸气分压 p_s 之比，表示相对湿度。相对湿度的计算式为

$$\varphi=\frac{\rho_v}{\rho_s}=\frac{p_v}{p_s} \tag{2-11}$$

式中 ρ_v——水蒸气密度，kg/m^3；

ρ_s——温度为 t 时水蒸气饱和密度，kg/m^3；

p_v——湿气体中水蒸气的分压力，Pa；

p_s——温度为 t 时水蒸气的饱和压力，Pa。

常用的湿空气密度计算公式为

$$\rho=\rho_a+\rho_v \tag{2-12}$$

$$\rho_a=\rho_n\frac{p-\varphi p_s(t)}{p_n}\frac{T_nZ_n}{TZ} \tag{2-13}$$

$$\rho_v=\varphi\rho_s \tag{2-14}$$

式中 ρ_a、ρ_v——湿气体中干部分和水蒸气密度，kg/m^3；

ρ_n——标准状态下气体密度，kg/m^3；

ρ_s——饱和水蒸气密度，kg/m^3；

p_n、T_n——标准状态下压力、温度，MPa、K；

Z_n——标准状态下气体压缩系数；

p——湿空气压力，MPa。

取标准状态 $p_n=0.101325\text{MPa}$，$T_n=273.15\text{K}$，忽略压缩系数的影响，则可导出湿空气密度近似计算式

$$\rho=2695.780903\times\frac{[p-\varphi p_s(t)]}{T}\times\rho_n+\varphi\rho_s \tag{2-15}$$

第二节 压缩性和膨胀性

流体在外力作用下，其体积、密度可以改变的性质，称为流体的可压缩性，简称压缩性。流体在温度改变时，其体积、密度可以改变的性质，则称为流体的热膨胀性，简称膨胀性。

一、气体压缩性和膨胀性的方程表示

常用气体的压缩性和膨胀性可以用理想气体状态方程反映，即

$$pV = mR_{g}T \tag{2-16}$$

或写成

$$pv = R_{g}T \tag{2-17}$$

$$\frac{p}{\rho} = R_{g}T \tag{2-18}$$

式中 R_g——因气体种类而异的气体常数，其数值可根据气体的摩尔质量 M 确定。

$$R_{g} = \frac{\text{摩尔气体常数}\,R}{\text{气体的摩尔质量}\,M} = \frac{8314}{M}[\mathrm{J/(kg \cdot K)}] \tag{2-19}$$

前面所述式（2-8）正是利用理想气体状态方程间接测量普通气体的密度。

二、流体压缩性和膨胀性的系数表示

常用体积压缩系数和温度膨胀系数来直观表达流体压缩性和膨胀性的数量大小。

1. 体积压缩系数

在温度为 T、压力为 p 时，流体的体积为 V；当温度不变，压力增加到 $p+\Delta p$ 时，流体体积减少到 $V-\Delta V$。体积相对变化量 $-\frac{\Delta V}{V}$ 与 Δp 比值的极限称为流体的等温压缩率，也被称为体积压缩系数，用 κ_T 表示，即

$$\kappa_{T} = \lim_{\Delta p \to 0} \frac{-\Delta V/V}{\Delta p} = \lim_{\Delta p \to 0}\left(-\frac{1}{V}\frac{\Delta V}{\Delta p}\right) = -\frac{1}{V}\frac{\mathrm{d}V}{\mathrm{d}p} \tag{2-20}$$

流体等温压缩率的物理意义是，当温度不变时，每增加单位压力所产生的流体体积相对变化率，单位为 Pa^{-1}。

将理想气体状态方程式（2-16）代入式（2-20），可得

$$\kappa_{T} = -\frac{1}{V}\frac{\mathrm{d}}{\mathrm{d}p}\left(\frac{mR_{g}T}{p}\right) = -\frac{mR_{g}T}{V}\left(-\frac{1}{p^{2}}\right) = \frac{1}{p} \tag{2-21}$$

由式（2-21）可见，κ_T 与 p 成反比。在气体状态方程适用的范围内，压力越高，气体的等温压缩率越小，压缩越困难；反之，压力越低，气体比较容易压缩，而液体是不易被压缩的。

2. 温度膨胀系数

在温度为 T、压力为 p 时，流体的体积为 V；当压力不变，温度增加到 $T+\Delta T$ 时，流体体积膨胀到 $V+\Delta V$。体积相对变化量 $\frac{\Delta V}{V}$ 与 ΔT 比值的极限称为流体的体膨胀系数，也被称为温度膨胀系数，用 α_V 表示，即

$$\alpha_{V} = \lim_{\Delta T \to 0} \frac{\Delta V/V}{\Delta T} = \lim_{\Delta T \to 0}\left(\frac{\Delta V}{\Delta T \cdot V}\right) = \frac{1}{V}\frac{\mathrm{d}V}{\mathrm{d}T} \tag{2-22}$$

体膨胀系数的物理意义是，当压力不变时，每增加单位温度所产生的流体体积相对变化率，单位为 K^{-1}或$℃^{-1}$。

将理想气体状态方程式（2-16）代入式（2-22），可得

$$\alpha_V = \frac{1}{V}\frac{\mathrm{d}V}{\mathrm{d}T} = \frac{1}{V}\frac{\mathrm{d}}{\mathrm{d}T}\left(\frac{mR_g T}{p}\right) = \frac{mR_g}{Vp} = \frac{1}{T} \tag{2-23}$$

由式（2-23）可见，α_V 与 T 成反比。在气体状态方程适用的范围内，温度越低，气体的体膨胀系数越大。在 $T=273\mathrm{K}$ 时，$\alpha_V = \frac{1}{273}$（K^{-1}）。α_V 可由实验测定，对一切气体，它都近似等于 1/273。这就是盖-吕萨克（Gay-Lussac）定律，当压力不变时，温度每升高1℃，一定质量气体的体积增加它在 0℃时体积的 1/273。此定律仅对理想气体严格成立。

不同温度、压力条件下，水的体膨胀系数在常温常压下，其数值的数量级为 1/10000，液体中溶解有少量气体时，其体膨胀系数会稍大些。一些常用液体的温度膨胀系数如表 2-1 所示。

表 2-1　　常用液体的温度膨胀系数

液体	温度（K）	$\alpha_V \cdot 10^3$（K^{-1}）
润滑油	300	0.7
乙二醇	300	0.65
甘油	300	0.48
氟利昂	300	2.75
水银	300	0.181
饱和水	300	0.276

3. 体积模量

在工程中，也常用体积模量表示流体的压缩性。体积模量是体积压缩系数 κ_T 的倒数，用 K 表示，即

$$K = \frac{1}{\kappa_T} = \lim_{\Delta p \to 0}\left(\frac{\Delta p}{-\Delta V/V}\right) = -V\lim_{\Delta p \to 0}\left(\frac{\Delta p}{\Delta V}\right) = -V\frac{\mathrm{d}p}{\mathrm{d}V} \tag{2-24}$$

K 的单位为 Pa，它的物理意义是，当温度不变时，每产生一个单位体积相对变化率所需的压力变化量。K 可以很方便地表示流体可压缩性的大小，K 越大（κ_T 越小）表示流体越不容易压缩。

三、可压缩流体和不可压缩流体

可压缩性是流体的基本属性，如常温下的水，当压力增大一个大气压（1.013×10^5 Pa）时，体积仅缩小约 1/20000。其他液体的压缩性与水接近，因而可以认为大多数液体是很难压缩的。对于气体，若可用理想气体状态方程描述，则当气压由一个大气压变化至 1.1 大气压时，密度的增加率为 0.1，可见气体的可压缩性比液体大得多。

在工程计算中，为便于处理问题，流体常按不可压缩流体处理。规定体积压缩系数和温度膨胀系数都为零的流体为不可压缩流体。其密度、相对密度均为常数。

通常液体均可按不可压缩流体处理，所得结果与实际情况比较接近。但是，当遇到液体压缩性起关键作用的水击现象、液压冲击、水中爆炸波的传播等问题时，就必须按可压缩流体分析。

气体可压缩性比较大，因而气体平衡和运动的大多数问题需按可压缩流体处理。但是在气流低速运动的情况下（一般指小于100m/s），当压力变化不大时，常常可以忽略压缩性的影响，按不可压缩流体处理，所得结果与实际情况比较接近。在工业中，为减小压损，管道中气体流速一般不大于40m/s（火电厂一次风、烟气流速通常为10～25m/s），由此带来的流量影响不超过0.2%。实践证明，不可压缩流体模型虽然实际并不存在，但却有很大的理论和实用价值。

第三节　黏　　度

流体不能承受剪切力，在很小的剪切力作用下，流体会连续不断地变形。当流体微团之间或流体与固体壁面之间有相对运动时，流体内部会产生摩擦力，从而抵抗流体的变形。但不同流体在相同剪切力作用下，其变形速度不同，即不同流体抵抗剪切力的能力不同。流体运动时内部产生摩擦力（切应力）的这种性质称为流体的黏性。黏性是流体的基本属性，所有流体都具有黏性。

一、黏性产生的原因

黏性因为流体内摩擦力作用而产生。从流体分子的微观运动考虑，黏性由分子间的相互引力以及分子不规则热运动所产生的动量交换共同构成。

一方面，当流体微团之间相对运动时，破坏了原有的平衡状态，使相邻分子间的距离加大，分子间的引力将阻止这种运动，即快速运动的分子层将带动速度较慢的分子层，而慢速运动的分子层将阻碍快速运动的分子层。这种分子间引力的宏观表现就是内摩擦力或黏性。

另一方面，分子不停地做随机热运动，因此在流体运动的同时，将存在一定数量的分子在不同速度的层与层之间做迁移运动，从而引起动量交换。当快速层的流体分子进入慢速层时，将较大的动量带入慢速层，使慢速层分子加速；反之，当慢速层的分子进入快速层时，动量交换使快速层分子减速。这样，分子间动量交换形成了相互间的牵制力，其宏观表现也是内摩擦力或黏性。

二、牛顿内摩擦定律

如图2-2所示，在固定的水平底面上，装有厚度为δ的薄层液体，液面上放有面积为A的平板。施加推力F，使平板以速度v运动。由于流体与平板壁面之间的附着力，紧贴上平板的流体以速度v与上平板一起运动，而紧贴底面的液体黏附于下板而静止不动。可以设想，流体以无数紧密相贴的薄层形式做平行运动，由于黏性的作用，这些薄层间存在着速度差异，内摩擦力就产生在这些有相对运动的薄层之间。液流横截面上出现如图2-3所示的非线性速度分布，当间隙δ很小时，液体层的速度近似成线性分布。

不同速度的流体层之间互相滑动，在层与层之间产生内部摩擦力（切应力）τ。这种切应力作为流体内力，总是大小相等、方向相反地成对出现，并分别作用在紧邻两层流体上。如果取液体外边界的上平板为分离体，则液体的切应力就表现为阻止上平板运动的摩擦力。

由于平板做匀速运动，因此推动平板的力F与液体的摩擦阻力F'大小相等。牛顿通过实验得知，外力 F 的大小与平板面积 A 及上平板运动速度 v 成正比，与两板之间的液层厚度 δ 成反比，并且与液体种类有关。总结出流体对上平板摩擦力的表达式为

$$F=\mu A\frac{v}{\delta} \tag{2-25}$$

式中 F——外力或内摩擦力，N；

A——平板与液层的接触面积，m^2；

v——平板运动速度，m/s；

δ——液层厚度，m；

μ——与液体种类有关的系数，称为动力黏度，Pa·s。

单位面积上所受的力称为应力，可以通过摩擦切应力的形式表达，即

$$\tau=\frac{F}{A}=\mu\frac{v}{\delta} \tag{2-26}$$

式中 τ——摩擦切应力，N/m^2；

v/δ——沿速度的垂直方向的速度变化率，称为速度梯度。

一般情况下，流体流动速度不按直线变化，如图 2-3 所示，将式（2-26）中的速度梯度推广为微分形式，可得

$$\tau=\pm\mu\frac{dv}{dy} \tag{2-27}$$

式中 dv/dy——液层间的速度变化率，即速度梯度。

式（2-27）中引入“±”，是考虑到速度梯度可正可负，当 $dv/dy>0$ 时，式中取“+”；当 $dv/dy<0$ 时，取“-”，以保证切应力为正值。式（2-27）被称为牛顿内摩擦定律。可见 $dv/dy=0$ 时，即流体内部无相对运动时，摩擦切应力和内摩擦力为零，也说明静止流体内部没有内摩擦力，不显示黏性。

牛顿内摩擦定律表明，流体中的切应力与速度梯度成正比，比例系数 μ 即为与流体种类相关的动力黏度。流体运动所产生的内摩擦力与沿接触面法线方向的速度梯度成正比，与接触面的面积成正比，与流体的黏性有关，而与接触面上的正压力无关。

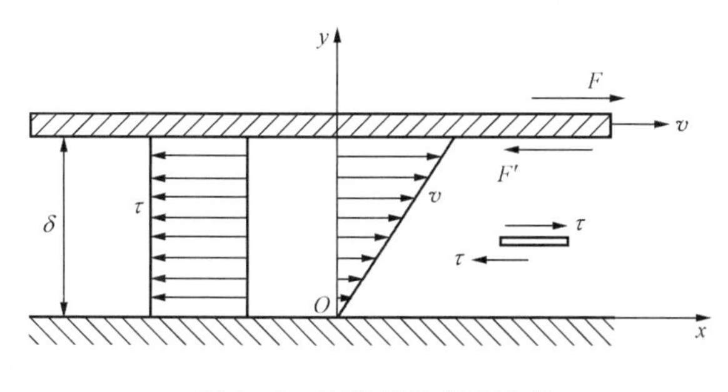

图 2-2 流体黏性实验示意

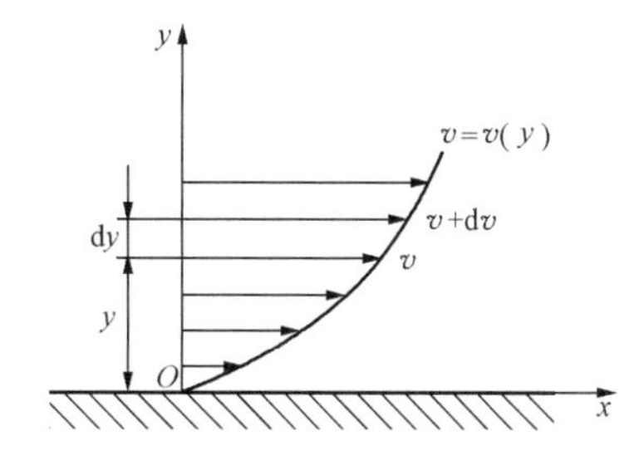

图 2-3 流体速度的非线性分布示意

牛顿内摩擦定律适用于空气、水、石油等绝大多数机械工业中常用的流体。凡是符合切应力与速度梯度成正比的，如图 2-4（a）所示，可以用一条通过原点而非坐标轴的直线所表示的流体，称为牛顿流体。

不适合牛顿内摩擦定律的流体，称为非牛顿流体，有塑性流体、假塑性流体、胀塑性流

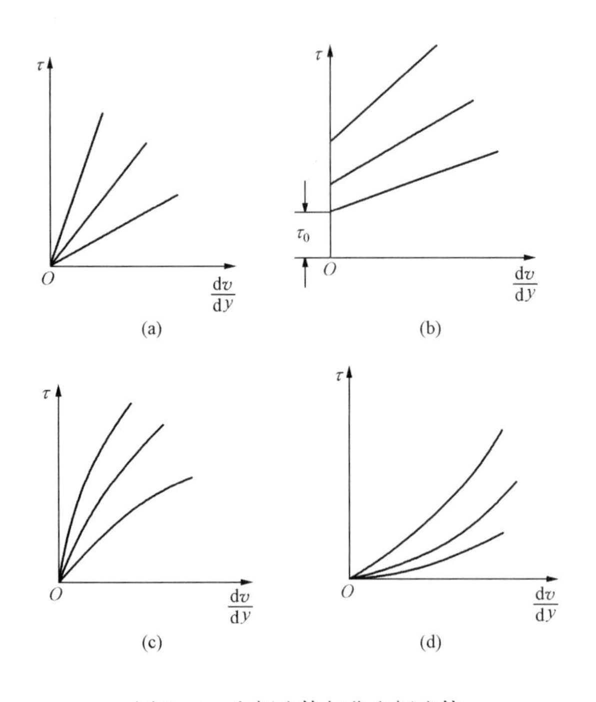

图 2-4　牛顿流体与非牛顿流体

（a）牛顿流体；（b）塑性流体；（c）假塑性流体；（d）胀塑性流体

体三种类型，见图 2-4（b）～（d）。本书仅讨论牛顿流体。

三、流体的黏度

通常以黏度表示和衡量流体黏性的大小。常用黏度主要有动力黏度、运动黏度。

1. *动力黏度*

从牛顿内摩擦定律可知，动力黏度 μ 表示单位速度梯度情况下的切应力，它反映了流体内摩擦力的大小，代表了流体黏性的大小，因此也称为绝对黏度。其数学表达式为

$$\mu=\frac{\tau}{\mathrm{d}v/\mathrm{d}y} \tag{2-28}$$

由量纲分析可知，μ 的量纲为

$$[\mu]=\frac{F/L^2}{L/(tL)}=Ft/L^2$$

可见，其量纲中含有动力学量纲，因此被称为动力黏度，其单位是 $\mathrm{N\cdot s/m^2}$ 或 $\mathrm{Pa\cdot s}$。

2. *运动黏度*

在流体力学中常出现动力黏度 μ 与同温同压下流体密度 ρ 的比值，为了简化，将其定义为运动黏度，用 ν 表示，即

$$\nu=\frac{\mu}{\rho} \tag{2-29}$$

运动黏度 ν 的量纲为

$$[\nu]=\frac{[\mu]}{[\rho]}=\frac{Ft/L^2}{M/L^3}=\frac{ML/t^2\cdot t/L^2}{M/L^3}=L^2/t$$

可见其量纲中仅含有运动学量纲，因此被称为运动黏度，其单位是 $\mathrm{m^2/s}$。

四、黏度的变化规律

当流体温度和压力发生变化时，流体黏度也会发生变化。由于液体和气体的分子结构、运动机理不同，导致它们的黏度变化规律也不同。

通常液体分子间距较小，分子引力较大，因此其黏度大小主要由分子引力决定。当温度升高时，液体膨胀，分子间距增大，分子引力减小，因此黏度降低。反之，当温度降低时，液体黏度增大。由于气体分子间距比较大，而且分子运动比较剧烈，影响气体黏度大小的主要因素不是分子引力，而是分子热运动所产生的动量交换。当温度升高时，气体动力黏度与运动黏度增大。在 101325Pa 压力条件下，水和空气的黏度—温度关系如表 2-2 和表 2-3 所示。一些常用气体和液体的动力黏度 μ 和运动黏度 ν 随温度变化的曲线如图 2-5 和图 2-6 所示。

表 2-2 水的黏度—温度关系（101325Pa 压力）

温度(℃)	$\mu\times10^3$(Pa·s)	$\nu\times10^6$(m^2/s)	温度（℃）	$\mu\times10^3$(Pa·s)	$\nu\times10^6$(m^2/s)
0	1.792	1.792	40	0.656	0.661
5	1.519	1.519	45	0.599	0.605
10	1.308	1.308	50	0.549	0.556
15	1.140	1.141	60	0.469	0.477
20	1.005	1.007	70	0.406	0.415
25	0.894	0.897	80	0.357	0.367
30	0.801	0.804	90	0.317	0.328
35	0.723	0.727	100	0.284	0.296

表 2-3 空气的黏度—温度关系（101325Pa 压力）

温度(℃)	$\mu\times10^6$(Pa·s)	$\nu\times10^6$(m^2/s)	温度（℃）	$\mu\times10^6$(Pa·s)	$\nu\times10^6$(m^2/s)
0	17.09	13.20	260	28.06	42.40
20	18.08	15.00	280	28.77	45.10
40	19.04	16.90	300	29.46	48.10
60	19.97	18.80	320	30.14	50.70
80	20.88	20.90	340	30.80	53.50
100	21.75	23.00	360	31.46	56.50
120	22.60	25.20	380	32.12	59.50
140	23.44	27.40	400	32.77	62.50
160	24.25	29.80	420	33.40	65.60
180	25.05	32.20	440	34.02	68.80
200	25.82	34.60	460	34.63	72.00
220	26.58	37.10	480	35.23	75.20
240	27.33	39.70	500	35.83	78.50

通常情况下，压力对流体黏度影响很小，可认为黏度仅随温度变化而变化。但在高压作用下，气体和液体的黏度均随压力的增大而增大。

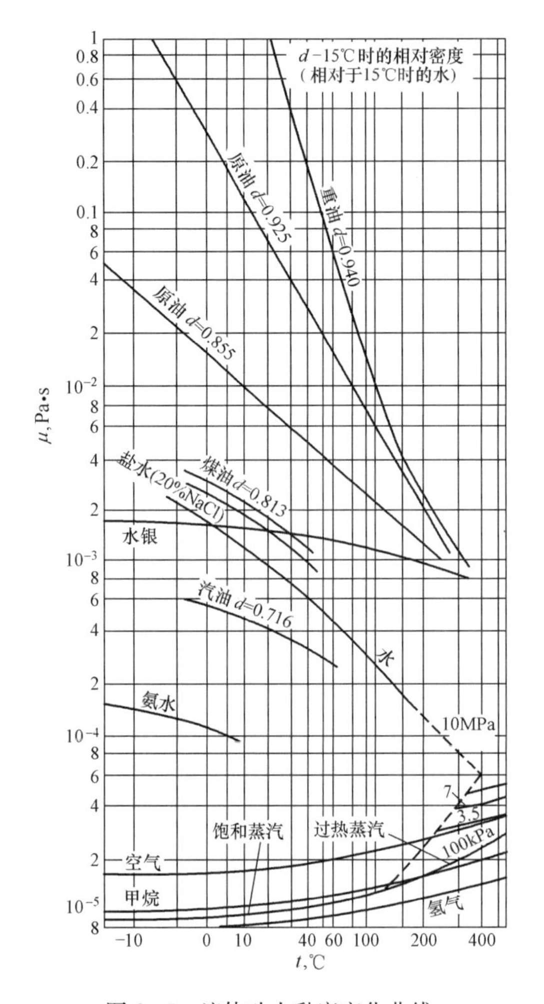

图 2-5　流体动力黏度变化曲线

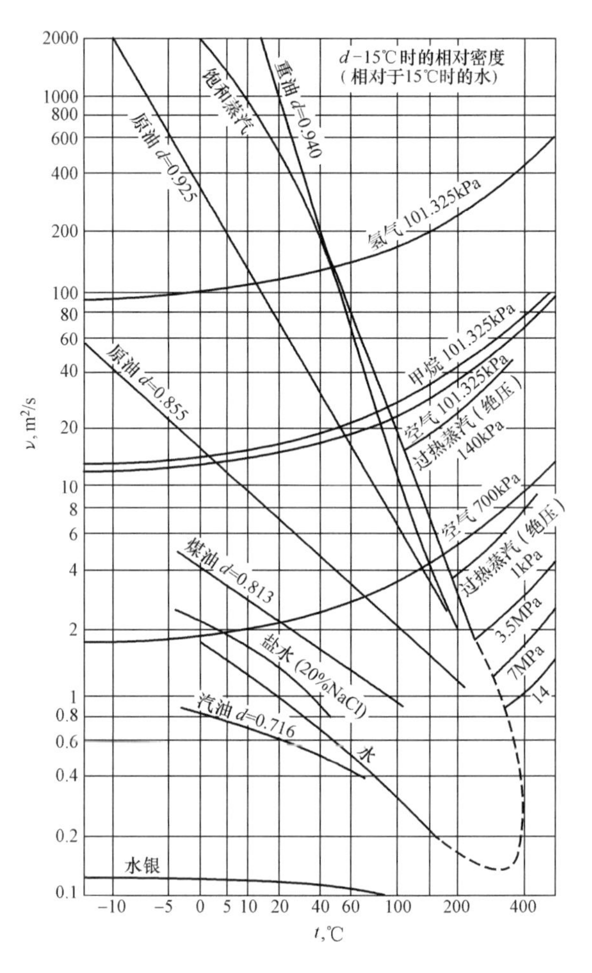

图 2-6　流体运动黏度变化曲线

水的动力黏度 μ 随温度变化的近似经验公式为

$$\mu = \mu_0/(1 + 0.0337t + 0.000221t^2) \tag{2-30}$$

式中　μ_0——水在 0 ℃的动力黏度，Pa・s；

t——水的摄氏温度，℃。

液体黏度计算的安德雷德（Andrade）公式为

$$\mu = A\mathrm{e}^{B/T} \tag{2-31}$$

式中　A，B——常数。

已知两个温度下的黏度，可求得 A、B 的值，即

$$B = \frac{T_1 T_2 \ln(\mu_1/\mu_2)}{T_2 - T_1}$$

$$A = \frac{\mu_1}{\exp(B/T_1)}$$

应用式（2-31）可求得第三个温度下的黏度。

气体黏度与压力的关系为 $\mu_p = F\mu_1$，其中 μ_p 为 p 压力条件下的气体黏度，μ_1 为一个大气压下的气体黏度，F 为气体压力修正系数。图 2-7 中横坐标 p_r 为气体的对比压力，其

值等于气体所处实际状态下的绝对压力 p 与其临界压力 p_c 的比值，是无量纲参数；T_r 为气体的对比温度，其值等于气体所处实际状态下的绝对温度 T 与其临界温度 T_c 的比值，也是无量纲参数。计算时，p 和 p_c 的单位需保持统一；T 和 T_c 的单位取热力学温度 K。

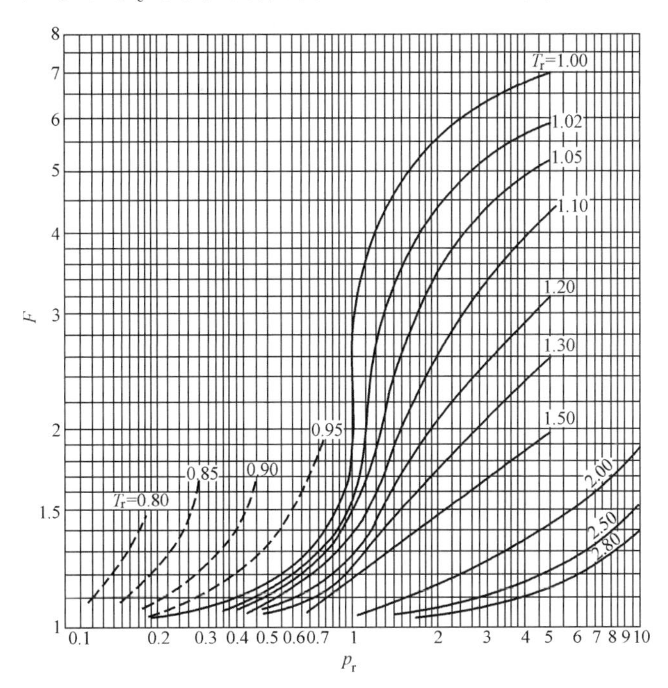

图 2-7 气体黏度压力修正系数

五、黏性流体和理想流体

自然界中的流体都是有黏性的，由于黏性的存在，使流体运动的研究变得非常复杂。为了便于进行理论分析，在流体力学中提出了非黏性流体的概念。所谓非黏性流体，就是忽略了黏性的流体，也称为理想流体。而把具有黏性的真实流体称为黏性流体或实际流体。研究非黏性流体的运动，可以大大简化理论分析的过程，容易得出一些结果。如果在实际流动中，黏性的影响可以忽略，则上述结果可以直接加以应用。如果黏性的影响必须考虑，则可以专门对黏性的作用进行理论分析或实验研究，然后再对上述结果加以修正和补充，使实际问题得到解决。这是流体力学中处理复杂问题的一种方法。

第四节 比热容与绝热指数

一、比热容

比热容是物质的重要热力学性质之一。使单位质量物体温度升高 1K 所需要的热量称为该物体的比热容。气体在升温过程中所需要的热量或降温过程中所释放的热量与它所处的过程条件相关，最常见的过程是升温或降温时维持物体的体积不变或压力不变，与这两个过程相应的比热容分别称为比定容热容 c_V 或比定压热容 c_p，其单位为 J/（kg·K）。

二、绝热指数

如果流体工质在状态变化的某一过程中不与外界发生热量交换，则该过程被称为绝热过程。当气流通过差压式流量计的节流装置时，气体所经历的热力学过程，可近似为绝热过程。其状态参数的变化符合绝热过程状态方程，即

$$pv^{\gamma} = 常数 \tag{2-32}$$

式中　γ——绝热指数，也称为等熵指数，或比热容比。

当被测气体服从理想气体定律时，绝热指数可用该种气体的比定压热容 c_p 与比定容热容 c_V 之比表示，即

$$\gamma = \frac{c_p}{c_V} \tag{2-33}$$

用差压流量计测量气体流量时，为了求出气体的膨胀修正系数，就需要知道气体的绝热指数。绝热指数 γ 与气体种类及其温度、压力等有关。几种常用气体绝热指数随温度变化而变化的情况如图 2-8 所示。一般可认为，单原子气体 γ 为 1.67，双原子气体 γ 为 1.40，多原子气体 γ 为 1.29。

由于流量计算中，膨胀修正系数 ε 对绝热指数的变化不十分敏感，因此可以用理想气体的绝热指数公式代替实际气体的公式。

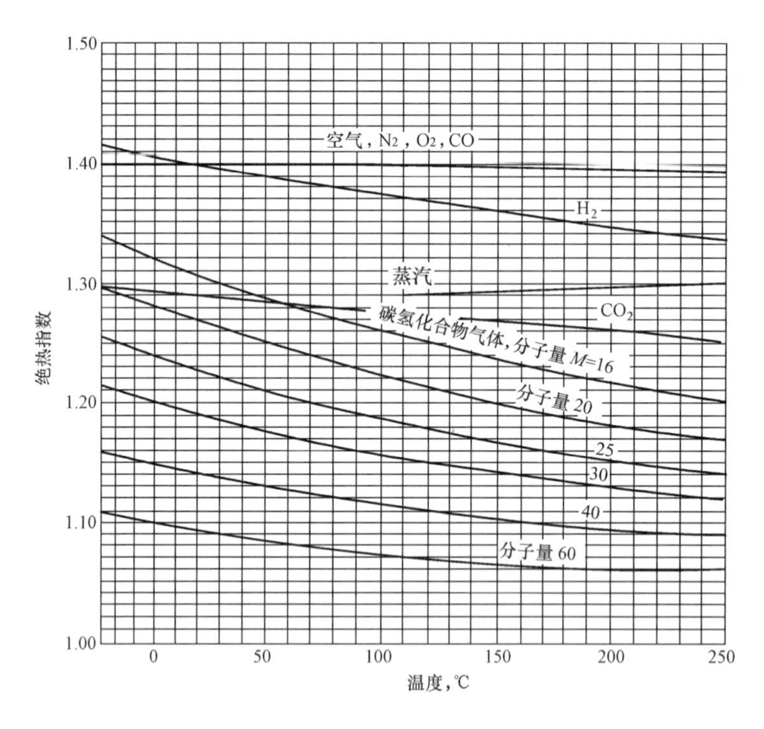

图 2-8　常用气体绝热指数随温度变化的曲线

第五节　两相流基本参数

一、两相流的概念

两相流动是指固体、液体、气体三个相中的任何两个相组合在一起，具有相间界面的流动体系。可以由气体—液体、液体—固体或固体—气体组合构成，是自然界和工业应用中一

种常见的流体流动现象。例如，液体沸腾、蒸汽冷凝等，都是一些普通的两相或多相流动体系。

两相流动体系可以是一种物质的两个相状态，也可以是两种物质的两相状态。因此，可以分为单组分两相流动和双组分两相流动。单组分两相流动是由同一种化学成分的物质的两种相态混合在一起的流动体系。例如水及其蒸汽构成的汽—水两相流动体系。双组分两相流动是指化学成分不同的两种物质同处于一个系统内的流体流动。例如空气—水构成的气水两相流动体系。广义上，实际中还有一些双组分流动，是由彼此互不混合的两种液体构成，例如油—水两相流动。

双组分两相流动与单组分两相流动定义虽有一些差异，但其流动所遵守的基本守恒方程和数学模型是相同的。在不涉及相变的情况下，可将它们按同一种物理现象处理。

流体在加热过程中会发生相变而形成两相流动。沸腾是一种很常见的物理现象，在沸腾过程中必然伴随有两相流动。这一过程中的许多两相流动特征，如流动不稳定性、空泡的分布特性、阻力特性等，对水冷核反应堆、蒸汽锅炉、蒸馏塔、制冷设备和各种换热器等的工作过程都有重要影响。气体和液体都是流体，当它们单独流动时，其流动规律基本相同。但是，它们共同流动与单独流动有许多不同之处。这使得单相流中的许多准则和关系式不能直接用来描述两相流。

二、气相介质含量

气相介质含量，表示两相流中气相所占的份额，它有以下几种表示方法。

1. 质量含气率

质量含气率是指单位时间内，流过通道某一截面的两相流体总质量 M 中气相所占的比例份额。

$$x=\frac{M''}{M}=\frac{M''}{M''+M'} \tag{2-34}$$

式中 M''、M'——气相、液相的质量流量，kg/s。

$$1-x=\frac{M'}{M}=\frac{M'}{M''+M'} \tag{2-35}$$

式中 x——质量含气率。

2. 热力学含气率

在有热量输入的两相流系统中，经常使用热力学含气率的概念。热力学含气率，在有些文献中也称热平衡含气率，它是由热平衡方程定义的含气率，可根据加入通道的热量算出气相的含量。有热平衡方程

$$h=h'+(h''-h')x$$

$$x=\frac{h-h'}{h''-h'} \tag{2-36}$$

式中 h——流道某截面上两相流体的焓值；

h'——饱和水的焓；

h''——饱和汽的焓。

在欠热沸腾的情况下，两相流体的焓 h 小于饱和水的焓 h'，$x<0$。对于过热蒸汽，$h>h''$，此时 $x>1$。因此热力学含气率可以小于零，也可以大于 1，这是它与质量含气率的主要差别。

3. 容积含气率

容积含气率是指单位时间，流过通道某一截面的两相流总容积中，气相所占的比例份额。其表达式为

$$\beta=\frac{V''}{V}=\frac{V''}{V'+V''} \tag{2-37}$$

式中 V''、V'——气相和液相介质的容积流量。

而容积含液率为

$$1-\beta=\frac{V'}{V} \tag{2-38}$$

根据公式可导出质量含气率 x 与 β 的关系，即

$$x=\frac{M''}{M''+M'}=\frac{\beta\rho''}{\beta\rho''+(1-\beta)\rho'}$$

$$\beta=\frac{x/\rho''}{x/\rho''+(1-x)/\rho'} \tag{2-39}$$

式中 ρ''、ρ'——气相、液相密度。

4. 截面含气率

截面含气率也称为空泡份额，是指两相流中某一截面上，气相所占截面与总流道截面之比。其表达式为

$$\alpha=\frac{A''}{A}=\frac{A''}{A'+A''} \tag{2-40}$$

式中 A''、A'——气相、液相所占的流道截面积。

同样地，截面含液率为

$$1-\alpha=\frac{A'}{A} \tag{2-41}$$

如果两相流体中气相速度 w'' 等于液相速度 w'，亦即两相之间没有相对滑动时，则 $\alpha=\beta$，否则两值不等。在两相流系统中，由于两相的密度不同，其受力情况也不同，因此都不同程度地存在滑动。两相之间滑动的大小用滑速比 S 来表示，$S=w''/w'$。

三、两相流的流量和流速

两相流的流量和流速的表达形式较多，有各相的流量和流速、两相混合物的流量和流速，还定义了一些折算流量和流速。这使得两相流的流量和流速的表达形式很复杂，容易混淆，下面分别给出一些主要的定义和表达式。

1. 质量流量与质量流速

两相流的总质量流量为 M，它表示单位时间流过任一流道横截面的气液混合物的总质量，单位为 kg/s。每一相的质量流量与总质量流量的关系为

$$M=M'+M'' \tag{2-42}$$

流道单位横截面通过的质量流量，称为质量流速，或质量流密度，单位为 kg/（m^2·s），用 G 表示为

$$G=\frac{M}{A} \tag{2-43}$$

每一相的质量流速与总质量流速的关系为

$$G=G'+G'' \tag{2-44}$$

$$\left.\begin{aligned}G' &= M'/A \\ G'' &= M''/A\end{aligned}\right\} \tag{2-45}$$

2. 容积流量、相速度和折算速度

（1）容积流量。

两相流的总容积流量 V，定义为单位时间内流经通道任一流通横截面的气液混合物的容积，单位为 m^3/s。总容积流量为每一相容积流量之和，即

$$V = V' + V'' \tag{2-46}$$

$$V' = \frac{M'}{\rho'} \tag{2-47}$$

$$V'' = \frac{M''}{\rho''} \tag{2-48}$$

（2）各相的平均速度。

液相的真实平均速度定义为

$$w' = \frac{V'}{A'} = \frac{M'}{\rho' A'} = \frac{G'}{\rho'(1-\alpha)} \tag{2-49}$$

气相的真实平均速度为

$$w'' = \frac{V''}{A''} = \frac{M''}{\rho'' A''} = \frac{G''}{\rho'' \alpha} \tag{2-50}$$

3. 漂移速度和漂移通量

在解决两相流动问题时，经常要用到漂移速度和漂移通量的概念。漂移速度是指各相的真实速度与两相混合物平均速度的差值。气相漂移速度为

$$w_{gm} = w'' - j \tag{2-51}$$

$$j = \frac{V}{A} = \frac{V'}{A} + \frac{V''}{A} = j_g + j_f$$

式中 j——两相混合物的平均速度，又称为折算速度；

j_g——气相折算速度，m/s；

j_f——液相折算速度，m/s。

液相漂移速度为

$$w_{fm} = w' - j \tag{2-52}$$

漂移通量表示各相相对于平均速度 j 运动的截面所流过的体积通量。气相漂移通量为

$$j_{gm} = \frac{A''}{A}(w'' - j) = j_g - \alpha \cdot j \tag{2-53}$$

液相漂移通量为

$$\begin{aligned} j_{fm} &= \frac{A'}{A}(w' - j) = (1-\alpha)(w' - j) \\ &= j_f - (1-\alpha)j = \alpha \cdot j - j_g \end{aligned} \tag{2-54}$$

由式（2-53）和式（2-54）可以看出

$$j_{gm} = - j_{fm} \tag{2-55}$$

即气相漂移通量与液相漂移通量大小相等，方向相反。

4. 滑速比

由于气体和液体的流速不同，在两相之间存在相对速度 w_{xd} 且

$$w_{xd}=w''-w' \tag{2-56}$$

相对速度又称为滑移速度。

气体的速度与液体的速度之比称为滑速比 S，且

$$S=\frac{w''}{w'}=\frac{\dfrac{(\rho w)x}{\rho''\alpha}}{\dfrac{(\rho w)(1-x)}{\rho'(1-\alpha)}}=\left(\frac{x}{1-x}\right)\left(\frac{\rho'}{\rho''}\right)\left(\frac{1-\alpha}{\alpha}\right) \tag{2-57}$$

当气体的真实速度大于液体的真实速度时，$w_{xd}>0$，$S>1$；反之，$w_{xd}<0$，$S<1$；当两者的速度相等时，$w_{xd}=0$，$S=1$。

影响 S 值的因素非常多，无法直接从流动参数计算来确定，目前多是根据实验得到的经验公式确定。当两相流体垂直上升流动时，由于浮力的作用，$w''>w'$，$S>1$，则 $\beta>\alpha$；下降流动时一般 $w''<w'$，$S<1$，则 $\alpha>\beta$。

四、两相介质密度及比体积

1. 两相介质密度

（1）两相介质的流动密度。

两相介质的流动密度 ρ_m，是指单位时间内流过流道某一横截面的两相介质质量和体积之比。

$$\rho_m=\frac{M}{V}=\frac{M}{Aj}=\frac{\dfrac{M}{A}}{w_0+\left(1-\dfrac{\rho''}{\rho'}\right)j_g}=\frac{\rho'}{1+\left(1-\dfrac{\rho''}{\rho'}\right)\dfrac{j_g}{w_0}} \tag{2-58}$$

$$w_0=\frac{M}{\rho'\cdot A}=\frac{\rho''}{\rho'}j_g+j_f$$

$$j=j_f+j_g=w_0+\left(1-\frac{\rho''}{\rho'}\right)j_g$$

式中　w_0——循环速度，是指与两相混合物总质量流量 M 相等的液相介质流过同一截面的通道时的速度。

还可以写成

$$\rho_m=\frac{M}{V}=\frac{V''\rho''+V'\rho'}{V}=\beta\rho''+(1-\beta)\rho' \tag{2-59}$$

流动密度是以流过通道某一截面的两相介质的质量与体积之比得到的，它反映了两相介质在流动中的密度。流动密度与两相介质的流动参数直接相关，所以常用来计算两相介质在流动过程中的压降和其他一些问题。

（2）两相介质的真实密度。

两相介质的真实密度是根据密度的定义（即单位体积内两相介质的质量）而得到的，它反映了存在于流道中的两相介质的实际密度，用它可以计算存在于流道当中两相介质的质量。

在绝热的两相流通道中取微小长度 ΔL，则在该微小长度中流道的体积为 $A\Delta L$，在这段管长中两相介质的质量为

$$\rho''A''\Delta L+\rho'A'\Delta L=\rho''\alpha A\Delta L+\rho'(1-\alpha)A\Delta L \tag{2-60}$$

真实密度为

$$\rho_0 = \frac{\rho''\alpha A\Delta L + \rho'(1-\alpha)A\Delta L}{A\Delta L} = \alpha\rho'' + (1-\alpha)\rho' \tag{2-61}$$

当两相介质的流动速度相等时，$S=1$，则 $\beta=\alpha$。由式（2-59）和式（2-61）可以看出，$\rho_0=\rho_m$，即两相介质的真实密度和流动密度相等。

2. 两相介质的比体积

两相介质的比体积定义为单位时间内流过流道某一横截面的两相介质体积和质量之比，即

$$\begin{aligned} v_m &= \frac{V}{M} = \frac{V''+V'}{M} = \frac{1}{\rho_m} \\ &= xv'' + (1-x)v' \end{aligned} \tag{2-62}$$

从式（2-62）可以看出，v_m是 ρ_m的倒数。

参 考 文 献

[1] 苏彦勋，梁国伟，盛健．流量计量与测试．第2版．北京：中国计量出版社，2007.
[2] 张也影．流体力学．第2版．北京：高等教育出版社，1999.
[3] A Picard，R S Davis，M Glaser，et al. Revised formula for the density of moistair (CIPM-2007)．Metrologia，2008，45：149-155.
[4] 朱聿，王士杰. 考虑增强因子和压缩因子的湿空气湿度和密度计算. 中国纺织大学学报，1987，13（4）：33-39.
[5] 周西华，王继仁，洪林. 湿空气密度的快速准确测算方法. 矿业安全与环保，2005，32（4）：49-50.
[6] 孙淮清，王建中. 流量测量节流装置设计手册. 北京：化学工业出版社，2005.
[7] 刘战国，周齐国，余岚. 饱和水蒸气密度与压力及温度的回归方程. 暖通空调，2001，31（4）：100-101.
[8] 王森，纪纲. 仪表常用数据手册．第2版．北京：化学工业出版社，2006.
[9] 于萍．工程流体力学．北京：科学出版社，2008.
[10] 孔珑．工程流体力学．北京：中国电力出版社，2007.
[11] 罗惕乾，程兆雪，谢永曜．流体力学．第3版．北京：机械工业出版社，2007.
[12] 王池，王自和，张宝珠，等．流量测量技术全书．北京：化学工业出版社，2012.
[13] 阎昌琪．气液两相流．第2版．哈尔滨：哈尔滨工程大学出版社，2010.
[14] 周云龙，洪文鹏，孙斌．多相流体力学理论及其应用．北京：科学出版社，2008.
[15] 林宗虎．气液固多相流测量．北京：中国计量出版社，1988.

第三章

流体动力学基础

第一节 流动基本方程

一、描述流体运动的基本概念

1. 流场、流线、流管和迹线

流动空间中充满连续不断的流体质点，而每个质点都具有一定的物理量，因而流体流动空间必然形成物理量连续分布的场，例如速度场、压力场、密度场、温度场等，或统称为流场。

因为流体是连续介质，质点紧密相连，在运动过程中，一定的空间点可能被无数质点前出后进地依次占据，所以大多数情况下，无须关心某一质点的运动历程，只要能够找到整个流场中物理量的变化规律，则此流场的运动性质及流场中流体与固体边界的相互作用都是可以解决的。这种着眼于任何时刻物理量在场上的分布规律的流体运动描述方法，称为欧拉（Euler）法。

流线可以形象地描绘出流场内的流动状态。它是流场中一系列假想的曲线，在每一瞬时，流线上任一点的切线方向，与流经该点的流体质点的速度方向一致，如图 3-1（a）所示，绕过翼型流动的流线如图 3-1（b）所示。由于任一瞬时，在空间任一点流体的流速的方向是唯一的，所以各条流线不会相交。

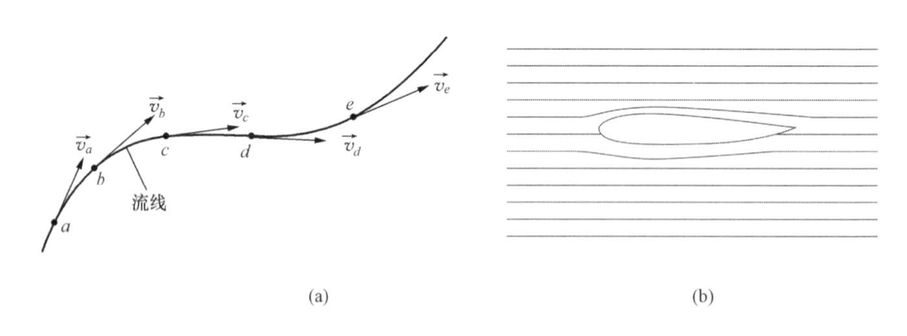

图 3-1 流线

（a）流线上各质点的速度方向；（b）绕过翼型的流线

在流场内作一有流体流过的封闭曲线，通过此封闭曲线上各点的流线所构成的管状表面，称为流管，如图 3-2 所示。因为每一流体质点的运动方向都沿着该点流线的切线方向，所以流管内的流体不会流出管外，管外流体也不会流入管内。由此可见，流管内的流束就像在真实的管子内流动一样。截面为无穷小的流束称为微元流束，即流线。

流体质点的运动轨迹，称为迹线，是该流体质点在不同时刻的运动位置的连线。通过迹线可以看出，流体质点的运动途径在流场中是如何变化的。

流线是指某一时刻的，而迹线是指某一质点的。如果是定常流动，流线的形状始终不变，因此任意质点必定沿某一确定的流线运动，其迹线和流线相重合。但是，在非定常流动的情况下，任意质点总有其确定的迹线，而流场内通过任意一点的流线，在不同时刻可能有不同的形状，因而不一定存在始终和迹线相重合的流线。

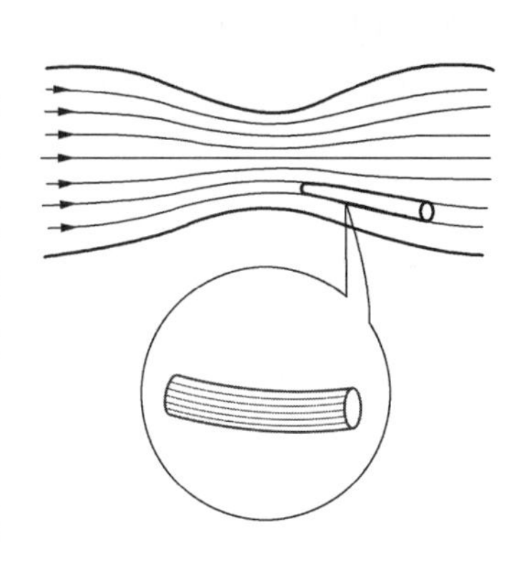

图 3-2　流线和流管

2. 缓变流和急变流

在很多实际问题中，如流体在管道或渠道中流动，常把整个管子或渠道中的流体看成总的流束，如图 3-3 所示。流束内流线间夹角很小，流线曲率半径很大，接近平行直线的流动，称为缓变流，其流动加速度很小。如图 3-3 中所示直管道部分的流动。相反，将那种流线不平行、流动加速度大的流动，称为急变流。如图 3-3 中所示弯管、阀门部分的流动。

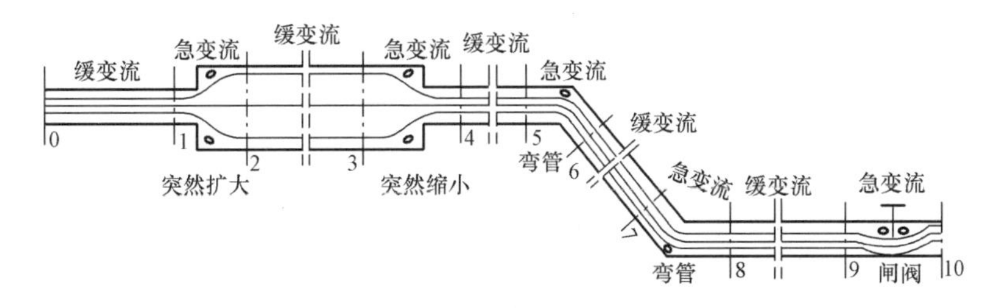

图 3-3　缓变流与急变流示意

3. 定常流动和非定常流动

流动参数不随时间变化的流动，称为定常流动，即 $u=u(x, y, z)$，流体运动参数只是空间坐标的函数；而流动参数随时间变化，是该点的位置和时间的函数，$u=u(x, y, z, t)$，流线的形状可随时间而变，这种流动称为非定常流动。

在实际问题中遇到整个流动随时间的变化并不显著，或可以忽略其变化的情况，这时可以近似认为流场不随时间而变化，按照定常流动处理。在定常流动的情况下，流线和迹线重合，流体的各流层不相混合，只作相对滑动。

4. 流量、总量、平均流速

单位时间内通过流束某一有效断面的流体体积、质量分别称为该有效断面的体积流量、质量流量。如以 dA 表示微元流束的有效断面面积，u 表示断面的速度，则通过此微元断面的流量为

体积流量
$$dq_V = u dA \tag{3-1}$$

质量流量
$$dq_m = \rho u dA \tag{3-2}$$

工程中，流体常在管道或渠道中流动，因此常将管道和渠道中的流体称为总的流束，简称总流。总流的流量则为式（3-1）和式（3-2）对总流有效断面面积 A 的积分，即

体积流量
$$q_V = \int_A u dA \tag{3-3}$$

质量流量
$$q_m = \int_A \rho u dA \tag{3-4}$$

在工程中，流量是单位时间内流过管道横截面或渠道横断面的流体量，为简化计算引入平均流速 $\bar{u}=q_V/A$，则流量计算式为

体积流量 $$q_V=\frac{\Delta V}{\Delta t}=\bar{u}A \tag{3-5}$$

质量流量 $$q_m=\frac{\Delta m}{\Delta t}=\rho\bar{u}A \tag{3-6}$$

如果是定常流动，式（3-5）和式（3-6）中的时间 Δt 可以取任意单位时间。如果是非定常流，则 Δt 应足够短，以至于可以认为在该段时间内流动是稳定的。因此，流量是瞬时的概念，是瞬时流量的简称。

在一段时间内，流过管道横截面或渠道横断面的流体总量，称为“累积流量”，简称“总量”。其数值为流量对时间的积分，即

体积总量 $$V=\int_{t_1}^{t_2}q_V\mathrm{d}t \tag{3-7}$$

质量总量 $$m=\int_{t_1}^{t_2}q_m\mathrm{d}t \tag{3-8}$$

在 SI 单位制中，体积流量单位为 m^3/s，质量流量单位为 kg/s。

二、定常流动的连续性方程

在工程流体力学中，认为流体是由无数流体微团连续分布而组成的连续介质，表征流体属性的密度、黏度、速度、压力等物理量是连续变化的。连续性方程是质量守恒定律在流体力学中的具体数学表达，也称为质量守恒方程。

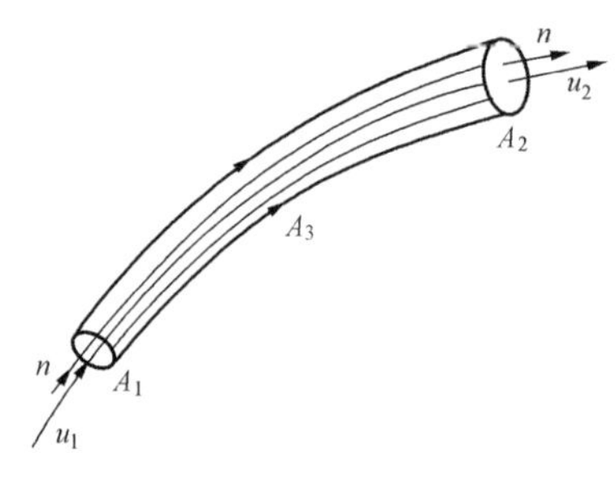

图 3-4　连续性方程

如图 3-4 所示，在一细流管内取与流管垂直的两个截面 A_1 和 A_2，与细流管组成封闭曲面，流体从 A_1 端进入，从 A_2 端流出。由于流体作定常流动，流体内各点的密度均不随时间变化，因此封闭曲面内的质量不会变化，即在同一段时间 Δt 中，从 A_1 流入封闭曲面的流体质量与从 A_2 流出的流体质量相等。只要选取的流管截面积足够小，则流管任一截面上各点的物理量都可视为均匀的。设截面 A_1 和 A_2 处的流速分别为 u_1 和 u_2，流体密度分别是 ρ_1 和 ρ_2，在 Δt 时间内流入封闭曲面的流体质量为

$$m_1=\rho_1(u_1\Delta t)A_1$$

同样时间内从封闭曲面内流出的流体质量为

$$m_2=\rho_2(u_2\Delta t)A_2$$

对于定常流动，$m_1=m_2$，因此有

$$\rho_1A_1u_1=\rho_2A_2u_2$$

上述关系式对于管流中任意两个与流管垂直的截面都是正确的，因此，一般可写成

$$\rho Au=\text{常量} \tag{3-9}$$

式（3-9）说明：在定常流动中，细流管各垂直截面上的质量流量相等。式（3-9）称为定常流动的连续性方程，也称为质量流量守恒定律。

对于不可压缩的流体，ρ 为常量，则由式（3-9）又可得出

$$Au=\text{常量} \tag{3-10}$$

式（3-10）说明：在不可压缩流体的定常流动中，单位时间内通过同一流管的任一截面的流体体积相同。此关系也称为体积流量守恒定律。

$$q_V = 常量 \tag{3-11}$$

在实际应用中，流体常在有固体边界的管道或渠道中流动，如果一切流动参数均以过流断面上的平均值计算，上述连续性方程可以适用。上述结论在日常生活中常可见到，如在河道宽的地方水流比较缓慢，河道窄的地方水流比较急速。

三、伯努利方程

1. 理想流体伯努利方程

伯努利（D. Bernoulli）方程是理想不可压缩流体作定常流动的动力学方程。利用功能关系分析理想不可压缩流体在重力场中作定常流动时压力和流速的关系。

如图 3-5 所示，在流场中取一细流管，设在某时刻 t，流管中一段流体处在 a_1a_2 位置，经过很短的时间 Δt，这段流体到达 b_1b_2 位置，由于是定常流动，空间各点的压力、流速等物理量均不随时间变化，因此从截面 b_1 到 a_2 这一段流体的运动状态在流动过程中没有变化，即这段流体的动能和重力势能是不变的，实际上只需考虑 a_1b_1 和 a_2b_2 这两段流体的机械能的改变。由流体的连续性方程，这两段流体的质量相等，均为 m，设 a_1b_1 和 a_2b_2 两段流体在重力场中的高度分别为 h_1 和 h_2，速度分别是 u_1 和 u_2，压力分别为 p_1 和 p_2，密度分别为 ρ_1 和 ρ_2，这两段流体机械能的增量为

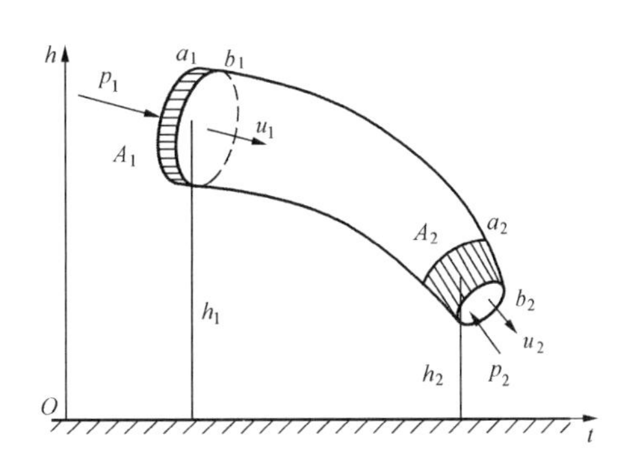

图 3-5　伯努利方程

$$E_2 - E_1 = \left(\frac{1}{2}mu_2^2 + mgh_2\right) - \left(\frac{1}{2}mu_1^2 + mgh_1\right)$$

$$= m\left[\left(\frac{1}{2}u_2^2 + gh_2\right) - \left(\frac{1}{2}u_1^2 + gh_1\right)\right] \tag{3-12}$$

对理想流体来说，内摩擦力为零，这段流体从 a_1a_2 流到 b_1b_2 过程中，后方的流体推动它前进，压力 p_1 做正功，而前方的流体阻碍它前进，压力 p_2 做负功，外力的总功为

$$W = (p_1A_1u_1 - p_2A_2u_2)\Delta t \tag{3-13}$$

由于 a_1b_1 和 a_2b_2 两段流体体积相等

$$A_1u_1\Delta t = A_2u_2\Delta t = \Delta V \tag{3-14}$$

故可得

$$W = (p_1 - p_2)\Delta V \tag{3-15}$$

根据功能原理，这段流体机械能的增量等于外力所做的功，即

$$W = E_2 - E_1$$

将式（3-12）和式（3-13）代入上式，并考虑流体的不可压缩性，a_1b_1 与 a_2b_2 处的流体密度均为 ρ，$m=\rho\Delta V$ 得

$$(p_1 - p_2)\Delta V = \rho\Delta V\left[\left(\frac{1}{2}u_2^2 + gh_2\right) - \left(\frac{1}{2}u_1^2 + gh_1\right)\right]$$

即
$$p_1+\frac{1}{2}\rho u_1^2+\rho gh_1=p_2+\frac{1}{2}\rho u_2^2+\rho gh_2 \tag{3-16}$$
考虑到所取横截面 A_1、A_2 的任意性，上述关系式还可写成一般形式，即
$$p+\frac{1}{2}\rho u^2+\rho gh=常量 \tag{3-17}$$
式（3-16）或式（3-17）称为伯努利方程。式（3-16）和式（3-17）给出了作定常流动的理想不可压缩流体中，同一流管的任一截面上压力、流速和高度所满足的关系。伯努利方程实质上是能量守恒定律在理想不可压缩流体定常流动中的具体表现。由于 ρ 表示单位体积的流体质量，故 $\frac{1}{2}\rho u^2$ 和 ρgh 分别相当于单位体积的流体所具有的动能和势能，而外力对单位体积流体所做的功为
$$\frac{pA\Delta l}{A\Delta l}=p$$
其中 $\Delta l=u\Delta t$，因此压力 p 可视为单位体积流体所具有的静压能。所以式（3-17）又可称为理想不可压缩流体定常流动的能量方程。

流管高度差的影响可以略去时，式（3-17）中的 ρgh 项可以删去，简化成
$$p+\frac{1}{2}\rho u^2=常量 \tag{3-18}$$
式（3-18）表明，流速大处压力小，流速小处压力大。结合连续性方程，可得到这样的结论：流管截面积小处流速大，压力小；截面积大处流速小，压力大。

2. 黏性流体伯努利方程

根据能量守恒，可将伯努利方程从理想流体推广到黏性流体。

黏性流体在运动时会引起能量消耗，机械能转变为热能。根据能量守恒定律，对于重力作用下的不可压缩流体定常流动，在运动过程中，单位质量流体的静压能、动能、势能及损失的能量之和，应等于在运动之初的单位质量流体的静压能、动能、势能之和，即
$$p_1+\frac{1}{2}\rho u_1^2+\rho gh_1=p_2+\frac{1}{2}\rho u_2^2+\rho gh_2+\rho gh'_w \tag{3-19}$$
式中 gh'_w——单位质量黏性流体沿着细流管从 1 点到 2 点流动时，克服摩擦阻力所做的功。

在实际工程中，管路或渠道中的流体流动，都是有限断面的总流。在所研究的两个过流断面处，当流动为缓变流时，流线具有很大的曲率半径，即流动具有很小的惯性力，可认为质量力仅有重力作用。若以平均流速 $\bar{u}$ 计算单位时间内通过过流断面的流体动能，则重力作用下不可压缩黏性流体定常流动的伯努利方程为
$$p_1+\frac{1}{2}\alpha_1\rho\bar{u}_1^2+\rho gh_1=p_2+\frac{1}{2}\alpha_2\rho\bar{u}_2^2+\rho gh_2+\rho gh'_w \tag{3-20}$$
式中 α_1、α_2——过流断面 1 和 2 上的动能修正系数。

黏性流体总流伯努利方程［即式（3-20）］中每一项的能量含义与细流管伯努利方程［即式（3-19）］相同，流动中为了克服黏性摩擦阻力，总流的单位质量机械能沿流程不断减小。

总流伯努利能量方程是在一定条件下导出的，应用时需要满足以下限制条件：①流动定常；②流体上作用的质量力只有重力；③流体不可压缩；④建立伯努利方程的两个过流断面上，流动必须是缓变流，但不必顾及在这两个缓变流之间有无急变流存在；⑤α 与断面流速

分布有关，因此受流态影响。对圆管，层流 $\alpha=2$，湍流 $\alpha\approx1.01\sim1.15$，常用 $\alpha\approx1.03\sim1.06$；对一般工业管道，$\alpha\approx1.05\sim1.1$，可取 $\alpha\approx1$。

四、动量方程

定常、不可压缩、一维流动情况下的动量方程，在工程中应用广泛。

定常不可压一维流的流管如图 3-6 所示，取流管中的流体作为分析对象。为了简化，设断面 A_1 各处 $\bar{u}_1$ 相同且均与面元垂直，断面 A_2 各处 $\bar{u}_2$ 也相同且与面元垂直。经 dt 时间，该段流体两端面分别经位移 $\bar{u}_1 dt$、$\bar{u}_2 dt$ 从初位置 1 和 2 到达新位置 $1'$ 和 $2'$，系统动量增量 dP 等于 $t+dt$ 时刻流体 $1'22'$ 的动量减去 t 时刻流体 $11'2$ 的动量。不可压缩流体作定常流动时，无论由哪部分流体占据 $1'\sim2$ 区域，动量都是相同的，故 dP 等于 $t+dt$ 时刻在 $2\sim2'$ 部位的流体与 t 时刻在 $1\sim1'$ 部位的流体之间的动量差，即

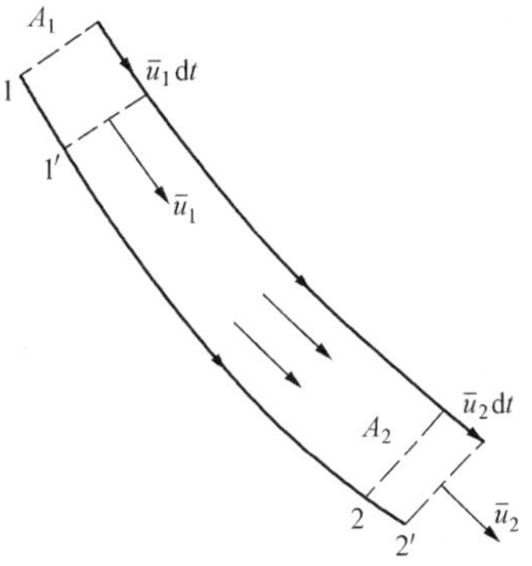

$$dP=\beta_2\rho A_2\bar{u}_2 dt\bar{u}_2-\beta_1\rho A_1\bar{u}_1 dt\bar{u}_1$$

图 3-6　动量方程

参考流管的质量流量

$$q_m=\rho A_2\bar{u}_2=\rho A_1\bar{u}_1$$

可得

$$dP=q_m(\beta_2\bar{u}_2-\beta_1\bar{u}_1)dt$$

根据质点系动量定理，此项增量由流管流体所受合外力 $\sum\boldsymbol{F}$ 提供的冲量引起，即

$$\sum\boldsymbol{F}dt=q_m(u_2-u_1)dt$$

可得

$$\sum\boldsymbol{F}=q_m(\beta_2\bar{u}_2-\beta_1\bar{u}_1)\tag{3-21}$$

这就是理想不可压缩流体定常一维流动时动量方程的形式。

动量方程（3-21）是个矢量方程，它也可以用以下三个分量方程表示，即

$$\left.\begin{aligned}\sum\boldsymbol{F}_x&=q_m(\beta_2\bar{u}_{2x}-\beta_1\bar{u}_{1x})\\\sum\boldsymbol{F}_y&=q_m(\beta_2\bar{u}_{2y}-\beta_1\bar{u}_{1y})\\\sum\boldsymbol{F}_z&=q_m(\beta_2\bar{u}_{2z}-\beta_1\bar{u}_{1z})\end{aligned}\right\}\tag{3-22}$$

式中　β——动量修正系数。

用断面平均流速代替实际流速计算动量时会引起误差，用 β 进行修正。

合外力 $\sum\boldsymbol{F}$ 中包括流管两端面 1、2 外的流体施加的压力之和 $\boldsymbol{F}_{12}$，流管侧面外的流体施加的压力之和 $\boldsymbol{F}_s$ 以及流管内流体所受的重力 $\boldsymbol{G}$。

应用动量方程解决问题时，注意以下几点：

（1）动量方程是一个矢量方程，经常使用分量形式。注意外力、速度的方向，它们与坐标方向一致时为正，反之为负。

（2）动量方程中 $\sum\boldsymbol{F}$ 是指外界作用在流体上的力，而实际问题要求流体作用在固体上的力，计算时注意研究对象。

（3）动量修正系数。对圆管，层流 $\beta=1.33$，湍流 $\beta=1.005\sim1.05$；对一般工业管道，$\beta=1.02\sim1.05$，计算精度要求不高时，为计算方便，常取 $\beta=1$。

第二节　雷诺实验和雷诺相似准则

一、层流和湍流两种流动状态

英国物理学家雷诺（Osborne Reynolds）在1883年发表的论著中，通过实验证实了流体在管道中流动时存在层流和湍流两种完全不同的流动状态。雷诺实验装置如图3-7所示。

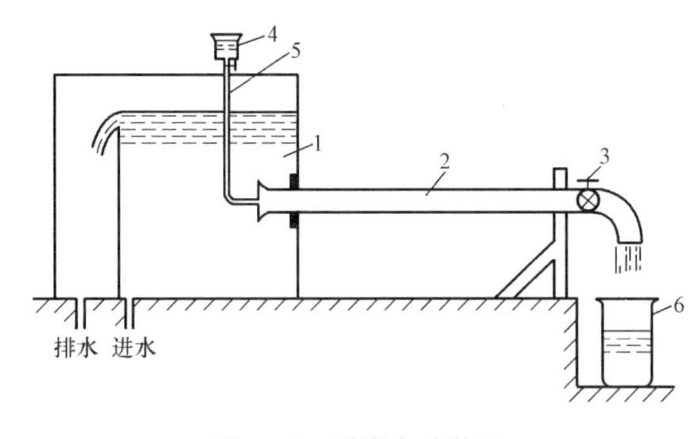

图3-7　雷诺实验装置
1—水箱；2—玻璃管；3—阀门；4—颜色水瓶；5—细管；6—量筒

利用溢流管保持水箱中液位恒定。当管道2中的水流速度较低时，开启颜色水瓶下方的阀门，可以看到颜色水在管中呈现出一条沿管轴直线流动的流束，且颜色水放在管道2内的任何位置，流束都能呈直线状，并不与无色流体流束相混，如图3-8（a）所示。这说明管内液体沿轴向流动的过程中，流束之间或流层之间彼此不相掺混，流体质点之间没有径向交换运动，都保持各自的流线运动，这种流动状态称为层流。

当管道2中的水流速度增大到某一数值u_c'时，颜色液体的流束开始抖动、分散，处于不稳定状态，如图3-8（b）所示，这是一种由层流变成湍流的过渡状态。如果流速再稍增加，则颜色水不再保持完整形状或流束动荡状态，流束在进口段的一定距离内消失，破裂成一种紊乱的流动状态，与周围的流体相混，质点流动杂乱无章、瞬息万变，如图3-8（c）所示。这说明此时管中流体质点的流动不仅在轴向上，而且在径向上均有不规则的脉动现象，表明流体质点有大量的交换混杂，这流动状态称为湍流（或紊流）。由层流过渡到湍流的流速极限值u_c'，称为上临界流速。继续增大流速，流动紊乱程度将进一步增加。

如果管内流速自高于上临界的流速逐渐降低，当流速降低到比上临界流速u_c'更低的一个流速值u_c时，处于湍流状态的流动便会稳定地转变为层流状态，颜色水又恢复直线状态。u_c称为下临界流速。

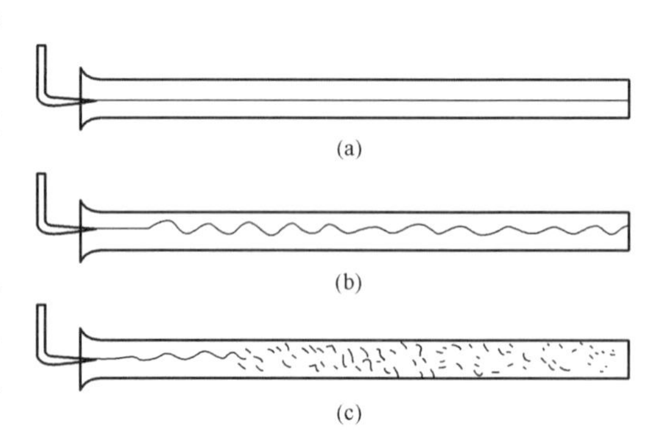

图3-8　雷诺实验显示的流动状态
（a）层流；（b）层流至湍流的过渡状态；（c）湍流

由雷诺实验可以看出，黏性流体存在层流和湍流两种流动状态。当流速超过上临界流速u_c'时，层流转变为湍流；当流速低于下临界流速u_c时，湍流转变为层流；当流速介于上、下临界流速之间时，流体流动状态可能是层流，也可能是湍流，与实验的起始状态有无扰动等因素有关。

以上是圆管中的水流动实验。但对其他任何边界形状，任何流体（液体和气体）的流动，都可以发现有这样两种流动状态——层流和湍流。

二、临界雷诺数

实验发现，临界流速随流体黏度、密度及管道内径的变化而变化，因此仅靠临界流速不足以判别流体的流动状态。雷诺用不同内径 D 的管道，采用不同黏度 ν 的流体介质重复上述实验，显示出发生湍流的临界流速 u'_c 总是与无量纲组合$\frac{uD}{\nu}$的一定数值相对应。后人把这无量纲的组合参数命名为“雷诺数”，记作

$$Re_D = \frac{uD}{\nu} \tag{3-23}$$

式中　Re_D——管道雷诺数；

u——来流速度，m/s；

D——管道内径，m；

ν——运动黏度，m^2/s。

对应于上临界流速，有上临界雷诺数

$$Re'_c = \frac{u'_c D}{\nu} \tag{3-24}$$

对应于下临界流速，有下临界雷诺数

$$Re_c = \frac{u_c D}{\nu} \tag{3-25}$$

于是判别流体流动状态，只需计算出对应于该流动的雷诺数 Re（对于圆管中的流动 $Re=\frac{uD}{\nu}$），将此雷诺数与临界雷诺数相比较：如果 $Re<Re_c$，流动只可能是层流；如果$Re>Re'_c$，流动只可能是湍流；如果 $Re_c<Re<Re'_c$，两种流动状态都可能，在这种状态下的层流是很不稳定的，稍有扰动，就会变成湍流。因此，在实际计算中，只要是 $Re>Re_c$ 就按湍流计算，因为湍流时流动阻力较大。所以，工程计算中遵循下列方法判别流动状态。

如果 $Re<Re_c$，按层流计算；如果 $Re>Re_c$，按湍流计算。根据实验测定，圆管内流动的下临界雷诺数为

$$Re_c = 2320 \tag{3-26}$$

工程计算中，一般管道直径单位为 mm，往往已知体积流量 q_V(单位为 m^3/h) 或质量流量 q_m（单位为 kg/h)，而非流速 u，在此情况下，雷诺数可用以下实用公式计算

$$Re_D = 0.354\frac{q_m}{D\mu}$$

$$Re_D = 0.354\frac{q_V}{D\nu} \tag{3-27}$$

其中，μ、ν 的单位分别为 Pa·s 和 m^2/s。

三、水力直径

上述讨论是对圆管而言的。异形断面管道，可用过流断面面积 A 与过流断面上流体与固体接触周长 S（湿周）之比的 4 倍，作为特征尺寸。这种特征尺寸称为水力直径，或当量直径，用 d_e表示。

$$d_e = 4\frac{A}{S} \tag{3-28}$$

此时雷诺数的形式为 $Re=\frac{ud_e}{\nu}$。

水力直径的大小，直接影响流体在管道中的流通能力。水力直径大，说明流体与管壁接触少，阻力小，通流能力大，当通流截面积相同时，一般圆形管道比其他形状管道的水力直径大。

根据实验，几种异形管道层流、湍流的判别标准 Re_c 如表 3-1 所示。

表 3-1　　异形管道的雷诺数和临界雷诺数

管道断面形状	边长为 a 的正方形	边长为 a 的正三角形	缝宽为 δ 的同心缝隙	外圆直径为 D、内圆直径为 d 的偏心缝隙
$Re=\frac{u}{\nu}d_e$	$\frac{u}{\nu}a$	$\frac{u}{\nu}\frac{a}{\sqrt{3}}$	$\frac{u}{\nu}2\delta$	$\frac{u}{\nu}(D-d)$
Re_c	2070	1930	1100	1000

四、层流和湍流的形成原因

雷诺数代表惯性力与黏性力之比，当 Re 不超过其临界值时，黏性力是支配流动的主要因素。流体质点受到黏性力的作用，只可能沿运动方向降低或加快速度，而不会偏离其原来的运动方向，因此流动呈现层流状态，质点不发生各向混杂。

当 Re 超过其临界值时，惯性力成为支配流动的主要因素。沿流动方向的黏性力对质点的束缚作用降低，质点向其他方向运动的自由度增大，因而容易偏离其原来的运动方向，形成无规则的脉动混杂，甚至产生可见尺度的涡旋，这就是湍流。

如果 Re 处于上下临界值之间，虽然有可能是湍流也有可能是层流。但实践证明这种情况下的层流往往是不稳定的。在遇到外界干扰和振动时，原来的流线有微许起伏波动，如图 3-9（a）所示那样，左面成波峰，右面成波谷形状。按照伯努利方程分析，波峰上侧流道断面变窄，流速增大，压力降低，波峰下侧流道断面变宽，速度减小，压力增大。于是流线两侧的压力差会使波峰更加隆起，同理使波谷更加凹陷，如图 3-9（b）所示。与此同时，在流线的每一侧也会产生从高压部位流向低压部位的所谓二次流，其流动方向如图 3-9（c）中的箭头所示，其作用是波谷处受吸力，而波峰处有惯性作用。结果流线会被扭曲，继续发展下去，流线终将被冲断，形成如图 3-9（d）所示的脉动旋涡。旋涡生成后，旋转切向与主流方向一致的一侧，流速增大，压强降低；而另一侧则相反，流速减小，压强增大。此压强差对旋涡形成升力或沉力，使旋涡（脉动旋涡或旋团）迁移到相邻流层，从而产生新的扰动，又将产生新的旋涡，如此发展下去，原来不稳定的层流就转变为湍流。这就是雷诺数介于上下临界值之间时，出现湍流的机会比出现层流的机会更多的一种原因，也是对层流如何变成湍流的一种形象性的解释。

形成旋涡并不一定能实现迁移而转变为湍流。只有当惯性力（升力或沉力）的作用，比黏性阻力作用大到一定程度时，旋涡才能迁移、掺混和发展，使层流变为湍流。雷诺数正是表征惯性力与黏性力的比值，这就是雷诺数作为判别流态的力学实质。

五、力学相似和雷诺相似准则

流体流动结构非常复杂，实验是解决流动问题的重要方法。为使模型流动表现出原型流动的主要现象和特性，并能从模型流动预测原型流动的结果，必须使模型流动与原型流动保持力学相似，即模型流动与原型流动在对应点上的对应物理量都具有一定的比例关系。力学

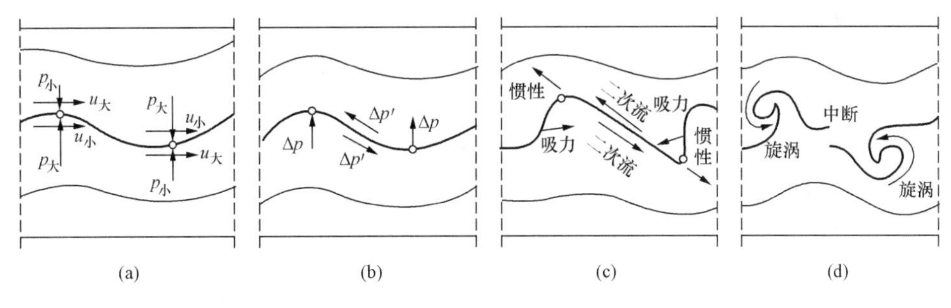

图 3-9 旋涡形成过程

(a) 微许起伏的流线；(b) 流线起伏加剧；(c) 扭曲的流线；(d) 形成脉动旋涡

相似包括以下三个方面：

(1) 几何相似。是指模型流动与原型流动有相似的边界形状，一切对应的线性尺寸成比例，对应角相等。严格来讲，模型和原型表面粗糙度也应具有相同的线性比例尺，但实际往往只能近似做到。几何相似是力学相似的前提，只有在几何相似的流动中，才可能存在相对应的点。

(2) 运动相似。是指模型流动与原型流动的流线几何相似，而且对应点上的速度方向相同，大小成比例。

(3) 动力相似。是指模型流动与原型流动受同种外力作用，而且对应点上力的方向相同，大小成比例。动力相似是流动相似的主导因素，只有动力相似才能保证运动相似，达到力学相似。

对不可压缩流体的定常流动，如果模型流动和原型流动力学相似，则它们的弗劳德数 Fr、欧拉数 Eu、雷诺数 Re 必须各自相等，即

$$\left.\begin{aligned} Fr_{\mathrm{m}} &= \frac{u_{\mathrm{m}}^2}{g_{\mathrm{m}} l_{\mathrm{m}}} = \frac{u_{\mathrm{p}}^2}{g_{\mathrm{p}} l_{\mathrm{p}}} = Fr_{\mathrm{p}} \\ Eu_{\mathrm{m}} &= \frac{p_{\mathrm{m}}}{\rho_{\mathrm{m}} u_{\mathrm{m}}^2} = \frac{p_{\mathrm{p}}}{\rho_{\mathrm{p}} u_{\mathrm{p}}^2} = Eu_{\mathrm{p}} \\ Re_{\mathrm{m}} &= \frac{u_{\mathrm{m}} l_{\mathrm{m}}}{\nu_{\mathrm{m}}} = \frac{u_{\mathrm{p}} l_{\mathrm{p}}}{\nu_{\mathrm{p}}} = Re_{\mathrm{p}} \end{aligned}\right\} \tag{3-29}$$

其中，下标 m 表示模型，p 表示原型。

式 (3-29) 称为不可压缩流体定常流动的力学相似准则。弗劳德数代表惯性力与重力之比，雷诺数代表惯性力与黏性力之比。通常很难实现全面的力学相似。实际工程应用中，针对某一个具体的问题，惯性力、重力、黏性力不一定具有相同的重要性。常根据所要研究的问题，保证主要方面不失真，而有意识地放弃次要因素，即常用的近似模型法。

管中有压流动是压差作用下克服管道摩擦而产生的流动，黏性力决定压差的大小及管内流动的性质，此时重力是次要因素，因此雷诺数相等是主要相似准则。

不同流体密度、黏度、流速或管径条件下的两种流动，如果雷诺数相同，那么它们或者同为层流或者同为湍流；而且这两种流动的流速场分布、压力场分布等动力学性质也是相似的，这就是雷诺相似准则。即对雷诺数相等的流动，可认为流动是相似的。这就极大地方便了流量仪表的研究、实验、校准和使用。流量仪表在某种介质条件下得到的实验结果可以利用雷诺相似准则应用到另一种介质流动条件下，通常气体流量计采用空气，液体流量计采用

水或油进行实验研究和校准。

但是，当雷诺数增大到一定界限时，黏性力的影响相对减弱，此时继续提高雷诺数，也不再对流动现象和流动性能产生影响，此时虽然雷诺数不同，但黏性效果却是一样的，此现象称为自动模型化。产生此现象的雷诺数范围称为自动模型区，如圆管流动的阻力平方区。雷诺数处在自动模型区时，雷诺相似准则失去判别相似的作用，即不满足雷诺数相等也会自动出现黏性力相似。如果是管中流动，或气体流动，其重力也不必考虑，则仅需考虑代表压力和惯性力之比的欧拉相似准则。因此，欧拉相似准则多应用于自动模型区的管中流动、风洞实验及气体绕流等。

第三节　管道中的流体流动

一、管道进口段黏性流体流动

当黏性流体流经固体壁面时，在固体壁面与流体主流之间有一个流速变化的区域，在高速流中这个区域是个薄层，称为边界层。边界层中流体的流动状态也有层流与湍流之分。边界层的厚度沿流动方向逐渐增长，而且湍流边界层比层流边界层增长得快。

如图 3-10 所示，假设黏性流体从一个大容器中经过圆弧形进口流进圆管。可认为，在进口处流速分布是均匀的。进入管内后，由于管壁的影响，靠近壁面的流动受到阻滞，流速降低，形成边界层。通过管道的流量是一定的，而边界层的厚度逐渐增大，以致未受管壁影响的中心部分的流速必将加快。这种不断改变速度分布的流动一直发展到边界层在管轴处相交，成为充分发展的流动为止。边界层相交以前的管段称为管道进口段（或称起始段），其长度以 L^* 表示。进口段的流动是速度分布不断变化的非均匀流动，进口段以后的流动则是各个截面速度分布均相同的均匀流动。

当流动的雷诺数低于临界值时，整个进口段的流动为层流，如图 3-10（a）所示。根据实验，它的进口段长度为

$$L^* \approx 0.058dRe \tag{3-30}$$

当 $Re=2000$ 时，$L^*=116d$。若不断提高管道进口处的流速，使雷诺数超过临界值，则进口段内某处的边界层即由层流转变为湍流，如图 3-10（b）所示。随着雷诺数的增大，转变位置向着进口移动。由于湍流边界层厚度的增长比层流边界层的快，因此湍流的进口段要短些，而且它的长度很少依赖于雷诺数的大小，而与来流受扰动的程度有关。扰动越大，进口段长度越短。湍流进口段长度 $L^*=(25\sim40)d$。

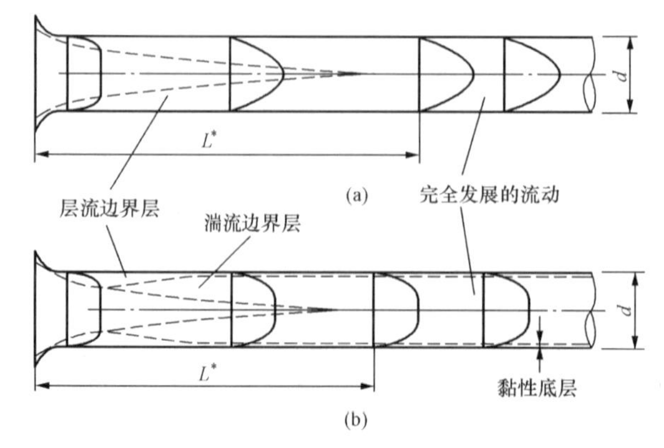

图 3-10　圆管进口段的黏性流体流动
（a）层流边界层进口段；（b）湍流边界层进口段

二、圆管中的黏性湍流流动

1. 湍流流动时均速度和脉动速度

由雷诺实验可知，当流动由层流转变为湍流后，流体质点作复杂的无规律运动。如果把与水的密度相同的粒子放入水中，便可看到这些小粒子从管道进

口到管道出口将描绘出非常复杂的轨迹，而且不同瞬时通过空间同一点的粒子轨迹也是不断变化的，而表征流体流动特征的速度、压强等也在随时变化。所以说，这种瞬息变化的湍流流动从微观上看是非定常流动。用热线测速仪测出的管道中某点的瞬时轴向速度 u_{xi} 随时间 t 的变化如图 3-11 所示。在时间间隔 Δt 内轴向速度的平均值称为时均速度，用 u_x 表示，即

$$u_x = \frac{1}{\Delta t}\int_0^{\Delta t} u_{xi}\,\mathrm{d}t$$

如图 3-11 所示，时均速度等于瞬时速度曲线在 Δt 间隔中的平均高度。只要能够测绘出瞬时速度随时间的变化曲线，不论这种曲线的形状多么复杂，都可以用求积仪量出在 Δt 间隔中曲线下的面积，从而按上式求出时均速度 u_x。对于等截面管道流量不变的流动来讲，只要所取的时间间隔 Δt 不过短，则时均速度 u_x 便为常数。显然，瞬时速度

$$u_{xi} = u_x + u'_x$$

式中　u'_x——瞬时速度与时均速度之差，称为脉动速度，它的时均值等于零。

在湍流流动中，流体质点的速度不仅沿轴向在时均速度附近有脉动，而且在垂直于管轴的截面内也有脉动，其脉动速度的水平与铅直分量，通常用 u'_y 与 u'_z 表示。用热线测速仪同样可测出脉动速度 u'_y 与 u'_z，随时间 t 的变化曲线，其曲线形状与图 3-11所示的曲线相类似，同样它们的时均值也都等于零。

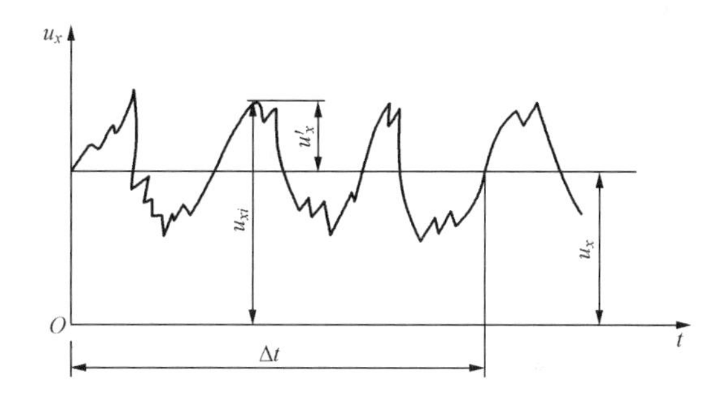

图 3-11　瞬时轴向速度与时均速度

相类似的，在湍流流动中，流体的压强也处于脉动状态，瞬时压强也可表示为时均压强与脉动压强之和，即

$$p_i = p + p'$$

在湍流流动中流体的瞬时速度和瞬时压强都是随时变化的，因此，如果应用湍流的瞬时速度和瞬时压强去研究湍流运动，问题将极其复杂，而且从工程应用的角度看，一般也没有这种必要。例如研究管道内的流体流动，关心的是流体主流的速度分布、压强分布以及能量损失等，而并不关心其中的每个流体质点如何运动。所谓流体主流的速度和压强，指的正是时均速度和时均压强，而普通测速管（例如动压管等）和普通测压计（例如压强表、液柱式测压计等）所能够测量的，也正是速度和压强的时间平均值。所以，通常情况下都是用流动参数的时均值去描述和研究流体的湍流流动，这样便使问题的研究大为简化。但是，对于湍流机理的研究和某些工程应用问题却不能这样处理，而必须考虑湍流中流体质点复杂的脉动运动。

空间各点的时均速度不随时间改变的湍流流动也称为定常流动或准定常流动，确切地讲，是时均定常流动。

2. 圆管中湍流的速度分布和沿程损失

(1) 圆管中湍流的区划：黏性底层、水力光滑与水力粗糙。

图 3-12 为圆管中平均流速相等时层流与湍流的速度分布示意，可见湍流的速度（指时均速度，下同）分布不同于层流。由于湍流中横向脉动在流层间进行的动量交换，致使管流

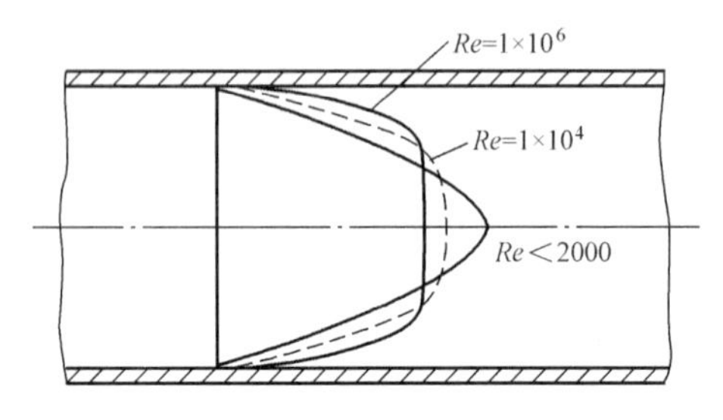

图 3-12　圆管中湍流、层流的速度剖面

中间部分的速度比较均匀，速度分布比较平坦，速度梯度较小；由于靠近管壁湍流脉动受到限制，黏滞力的作用增强，在紧贴管壁很薄的流层中湍流脉动消失，黏滞力的阻滞作用使流速急剧下降，速度分布比较陡峭，速度梯度大。这一流体薄层称为黏性底层。可见，湍流流动可以分为三部分，即紧靠壁面的黏性底层部分、湍流充分发展的中间部分，以及由黏性底层到湍流充分发展的过渡部分。过渡部分很薄，一般不单独考虑，而把它和中间部分合在一起统称为湍流部分。

黏性底层的厚度 δ 很薄，通常只有几分之一毫米。但是，它对湍流流动的能量损失以及流体与壁面间的换热等物理现象却有着重要的影响。这种影响与管道壁面的粗糙程度直接有关。把管壁的粗糙凸出部分的平均高度 ε 称为管壁的绝对粗糙度，而把绝对粗糙度 ε 与管径 d 的比值 ε/d 称为管壁的相对粗糙度。

当 $\delta>\varepsilon$ 时，黏性底层完全淹没了管壁的粗糙凸出部分，如图 3-13（a）所示。这时黏性底层以外的湍流区域完全感受不到管壁粗糙度的影响，流体好像在完全光滑的管子中流动一样。这种管内流动称为“水力光滑”，这种管道简称“光滑管”。

当 $\delta<\varepsilon$ 时，管壁的粗糙凸出部分有一部分或大部分暴露在湍流区中，如图 3-13（b）所示。这时，流体流过凸出部分，将产生旋涡，造成新的能量损失，管壁粗糙度将对流动产生影响。这种管内流动称为“水力粗糙”，这种管道简称“粗糙管”。

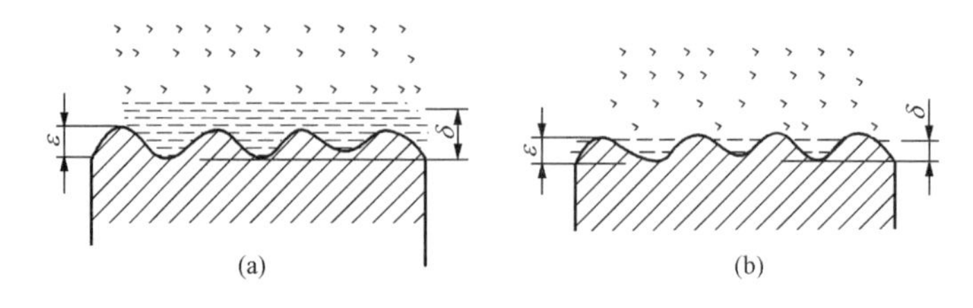

图 3-13　水力光滑和水力粗糙

（a）水力光滑；（b）水力粗糙

实验证明，黏性底层的厚度 δ 随着雷诺数 Re 的改变而变化。因此，同样一根管子流动的雷诺数不同，便会处于“水力光滑”或“水力粗糙”这两种不同的流动。计算黏性底层厚度 δ 的半经验公式为

$$\delta=\frac{34.2d}{Re^{0.875}}(\mathrm{mm}) \tag{3-31}$$

或

$$\delta=\frac{32.8d}{Re\lambda^{1/2}}(\mathrm{mm}) \tag{3-32}$$

式中　d——管道直径，mm；

Re——雷诺数；

λ——沿程损失系数。

由上述分析可知，管壁粗糙度对流动能量损失的影响只有在流动处于水力粗糙状态时才会显现出来。

（2）圆管中湍流的速度分布。

首先讨论湍流流过光滑平壁面的情况。为了便于导出近似的速度分布公式，假设在整个区域内切向应力 $\tau=\tau_w=$常数。当从壁面起算的距离 $y\leqslant\delta$ 时，黏性底层中的切向应力可表示为

$$\tau=\mu\frac{u_x}{y}\ \text{或}\ \frac{\tau}{\rho}=\nu\frac{u_x}{y} \tag{3-33}$$

令

$$u_*=(\tau_w/\rho)^{1/2} \tag{3-34}$$

u_* 具有速度的量纲，故称为切向应力速度，也称摩擦速度。将式 $\tau_w=\frac{\lambda}{8}\rho u^2$ 代入式（3-34），得

$$u_*=(\lambda/8)^{1/2}u \tag{3-35}$$

在假设切向应力为常数的条件下，切向应力速度也为常数。将式（3-34）代入式（3-33），得

$$\frac{u_x}{u_*}=\frac{yu_*}{\nu}\quad(y\leqslant\delta) \tag{3-36}$$

当 $y>\delta$ 时，湍流部分的切向应力值可表示为 $\tau=\rho l^2\left(\frac{\mathrm{d}u_x}{\mathrm{d}y}\right)^2$。

普朗特根据观察进一步假设，混合长不受黏性影响，并与离壁面的距离 y 成正比，即 $l=ky$。代入上式，并结合式（3-34）可得　$\frac{\mathrm{d}u_x}{u_*}=\frac{1}{k}\frac{\mathrm{d}y}{y}$

积分得

$$\frac{u_x}{u_*}=\frac{1}{k}\ln y+C \tag{3-37}$$

假设黏性底层与湍流分界处的流速用 u_{xb} 表示，即当 $y=\delta$ 时，$u_x=u_{xb}$，则由式（3-36）得

$$\delta=\frac{u_{xb}}{u_*}\frac{\nu}{u_*}$$

由式（3-37）得

$$C=\frac{u_{xb}}{u_*}-\frac{1}{k}\ln\delta$$

将 C 和 δ 代入式（3-37），得

$$\frac{u_x}{u_*}=\frac{1}{k}\ln\frac{yu_*}{\nu}+\frac{u_{xb}}{u_*}-\frac{1}{k}\ln\frac{u_{xb}}{u_*}$$

或

$$\frac{u_x}{u_*}=\frac{1}{k}\ln\frac{yu_*}{\nu}+C_1 \tag{3-38}$$

在高雷诺数时，式（3-37）和式（3-38）与观察的结果十分符合。尼古拉兹（J. Nikuradse）由水力光滑管实验得出 $k=0.40$、$C_1=5.5$，代入式（3-38），并把自然对数换算成以 10 为底的对数，得

$$\frac{u_x}{u_*}=5.75\lg\frac{yu_*}{\nu}+5.5 \tag{3-39}$$

当 $y=r_0$（圆管的内半径）时，由式（3-39）可得管轴处的最大流速和 y 处的流速为

$$\left.\begin{aligned}u_{x\max}&=u_*\left(5.75\lg\frac{r_0u_*}{\nu}+5.5\right)\\ u_x&=u_{x\max}+\frac{u_*}{k}\ln\frac{y}{r_0}\end{aligned}\right\} \tag{3-40}$$

于是，平均流速为

$$u=\frac{q_V}{\pi r_0^2}=\frac{2}{r_0^2}\int_0^{r_0}u_x(r_0-y)\mathrm{d}y$$

$$=2\int_0^1\left(u_{x\max}+\frac{u_*}{k}\ln\frac{y}{r_0}\right)\left(1-\frac{y}{r_0}\right)\mathrm{d}\left(\frac{y}{r_0}\right)$$

$$=u_{x\max}-3.75u_*$$

将式（3-40）代入，并引用式（3-35）得

$$u=u_*\left(5.75\lg\frac{r_0u_*}{\nu}+1.75\right)=u_*\left(5.75\lg\frac{Re\lambda^{1/2}}{4\times2^{1/2}}+1.75\right) \tag{3-41}$$

在 $y=\delta$ 处，即在式（3-36）和式（3-39）代表的直线和曲线的交点上 $\delta u_*/\nu=11.6$，再引用式（3-35），便可导出计算黏性底层厚度 δ 的半经验公式（3-32）。

对于湍流流过粗糙壁面的情况，式（3-37）仍然适用。根据尼古拉兹水力粗糙管实验得出

$$\frac{u_x}{u_*}=5.75\lg\frac{y}{\varepsilon}+8.48 \tag{3-42}$$

按照由速度的对数规律求湍流光滑管最大和平均流速同样的方法，可得湍流粗糙管的最大流速和平均流速为

$$u_{x\max}=u_*\left(5.75\lg\frac{r_0}{\varepsilon}+8.5\right) \tag{3-43}$$

$$u=u_*\left(5.75\lg\frac{r_0}{\varepsilon}+4.75\right) \tag{3-44}$$

三、非圆形断面管中的流动

在实际工程，特别是热能工程中，用来输送流体的管道并非全是采用圆形断面。按工程需要，也常选用非圆形截面管，如同心环形断面、椭圆形断面、矩形断面等。如在输送烟气、空气的管道中大多采用矩形截面管。

当流体沿非圆形管道作均匀流动时，其沿程损失的计算公式和雷诺数计算形式与沿圆管流动时完全相同。但是其中圆管直径 d 用非圆断面的当量直径 d_e 代替。即

$$Re=\frac{ud_e}{\nu}$$

$$h_f=\lambda\frac{L}{d_e}\frac{u^2}{2g}$$

上述公式在湍流光滑管范围内使用，席勒（Schile）和尼古拉兹用实验结果说明了它的正确性，压头损失 Δp，流量 q_V 都可以采用圆管的计算方法。

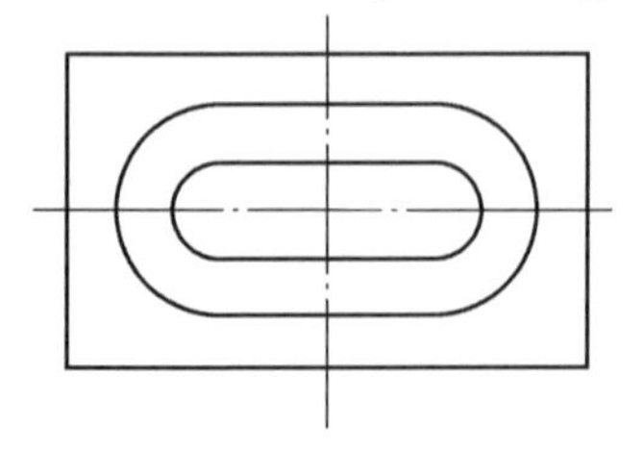

图 3-14　矩形截面管内的等速线

当截面形状越接近圆形时，用 d_e 计算的结果误差越小，反之则越大。这是由于沿壁面切应力分布不均匀造成的。由图 3-14 所示矩形截面管内的等速线可以看出，管道角上的速度小于中心处的速度，因此造成切应力由中心向角部逐渐减小的趋势。所以，用当量直径 d_e 为参数进行计算时，矩形截面管的长边与短边相差不应太大，通常其比值不应大于 8，否则将造成较

大的误差。

在湍流情况下非圆管道中的流动计算只能借助于实验来确定。在层流运动状态下，可以用类似于圆管层流的研究方法，借助于边界条件，采用数学推演得到。下面列出几种非圆形截面管道中层流运动的流速分布和流量计算公式。

（1）圆环形断面，如图 3-15（a）所示。为避免当量直径 d_e 计算时误差过大，大直径至少要大于小直径的 3 倍。

当量直径 d_e 为

$$d_e = \frac{4(\pi r_2^2 - \pi r_1^2)}{2\pi r_1 + 2\pi r_2} = 2(r_2 - r_1)$$

流速分布规律　　$r_1 \leqslant r \leqslant r_2$

$$u(r) = -\frac{\Delta p}{4\mu l}\left(r^2 - \frac{r_2^2 - r_1^2}{\ln\frac{r_2}{r_1}}\ln r - \frac{r_1^2\ln r_2 - r_2^2\ln r_1}{\ln\frac{r_2}{r_1}}\right) \tag{3-45}$$

流量计算公式

$$q_V = \frac{\pi\Delta p}{8\mu l}\left[r_2^4 - r_1^4 - \frac{(r_2^2 - r_1^2)^2}{\ln\frac{r_2}{r_1}}\right] \tag{3-46}$$

式中　r_1、r_2——圆环形断面内、外半径；

l——管道长度；

Δp——压差。

（2）椭圆形断面，如图 3-15（b）所示。

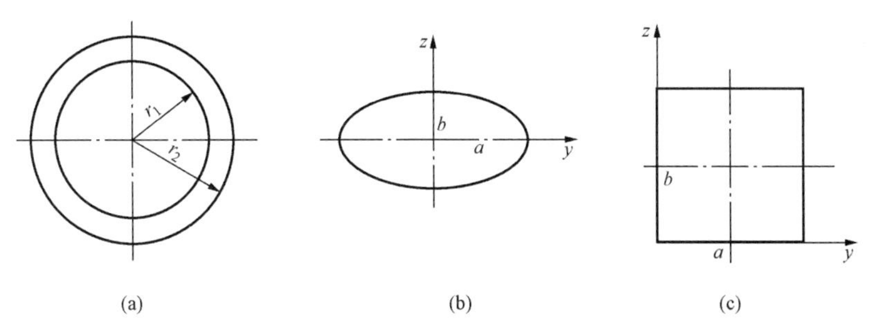

图 3-15　非圆形管道截面

（a）环形断面；（b）椭圆形断面；（c）矩形断面

当量直径 $d_e = \dfrac{4\pi ab}{\pi\left[1.5(a+b) - \sqrt{ab}\right]} = \dfrac{4ab}{1.5(a+b) - \sqrt{ab}}$

流速分布规律

$$u(y,z) = \frac{\Delta p a^2 b^2}{2\mu l(a^2 + b^2)}\left(1 - \frac{y^2}{a^2} - \frac{z^2}{b^2}\right) \tag{3-47}$$

流量公式

$$q_V = \frac{\pi\Delta p}{4\mu l}\frac{a^3 b^3}{a^2 + b^2} \tag{3-48}$$

式中　a——椭圆长半轴；

b——椭圆短半轴。

(3) 矩形断面，如图 3-15（c）所示。

当量直径
$$d_e=\frac{4ab}{2(a+b)}=\frac{2ab}{a+b}$$

流速分布规律

$$u(y,z)=-\frac{\Delta p}{2\mu l}y(y-a)+\sum_{m=1}^{\infty}\sin\left(\frac{m\pi y}{a}\right)\left(A_m\cosh\frac{m\pi z}{a}+B_m\sinh\frac{m\pi z}{a}\right) \quad (3-49)$$

其中

$$A_m=\frac{a^2\Delta p}{\mu m^3\pi^3 l}[\cos(m\pi)-1]$$

$$B_m=-\frac{A_m\left[\cosh\left(\frac{mb}{a}\pi\right)-1\right]}{\sinh\left(\frac{mb}{a}\pi\right)}$$

流量公式为

$$q_V=\frac{\Delta p}{24\mu l}ab(a^2+b^2)-\frac{8\Delta p}{\pi^5\mu l}\sum_{n=1}^{\infty}\frac{1}{(2n-1)^5}\left[a^4\tanh\left(\frac{2n-1}{2a}\pi b\right)+b^4\tanh\left(\frac{2n-1}{2b}\pi a\right)\right] \quad (3-50)$$

式中 a——矩形长边；

b——矩形短边。

计算常采用下面近似公式。

$$q_V=\frac{ab^3\Delta p}{12\mu l}\left(1-\frac{192b}{\pi^5 a}\tanh\frac{\pi a}{2b}\right)$$

或者

$$q_V=f\left(\frac{a}{b}\right)\frac{a^2b^2\Delta p}{64\mu l} \quad (3-51)$$

式（3-51）中 $f\left(\frac{a}{b}\right)$可由表 3-2 查得。

表 3-2　$f\left(\frac{a}{b}\right)$与$\frac{a}{b}$的关系

$\frac{a}{b}$	1.0	1.2	1.5	2	3	4	5	10
$f\left(\frac{a}{b}\right)$	2.25	2.2	2.08	1.83	1.4	1.12	0.93	0.5

四、二次流

二次流是当流体流动时，存在有使流体流动产生偏离其主流方向的力（如离心力、重力等）或边界条件（如弯曲管道、流体沿凹凸不平的边壁流动等），就会产生偏离流体主流方向的流动或移动，这就是二次流。

在黏性流体的管流中，典型的二次流是管道在逐渐转弯时所形成的双旋流现象，如图 3-16所示的圆管弯头，对理想流动来说，在流体转弯过程，即流线发生弯曲时，由于受离心力的作用，转弯外侧的流体将具有比较高的压力，形成向流线曲率中心方向，即 AB 方向的顺压梯度。作用在流体微团上的压力增量产生向心力与微团上的离心力达到平衡。而在黏性流动中，速度是不均匀的，靠近壁面处速度比较小。如在转弯的外侧管壁附近，速度降低，将使离心力减小，因而使 A 点附近的管壁压力低于对应理想流体的值。而在管流中心区的大部分范围，黏性流体的速度与对应理想流体的速度差不多，因而压力也是接近的。外侧相对减小了的压力，将引起流体从管中心向外侧的附加流动。与此同时，还将引起流体沿管壁从外侧向内侧的流动，故形成一对双旋流，也就是二次流。

二次流的能量来自主流，因黏性作用而耗散转换为热量。因而黏性流体在转弯过程中，除了摩擦损失和分离损失外，还会有二次流引起的能量损失。

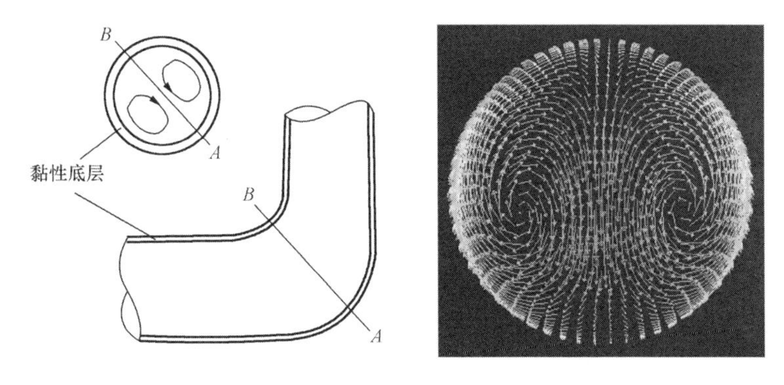

图 3-16　圆管弯头中的二次流

第四节　流 动 的 阻 力

流体流动的能量损失与流体的运动状态和流动边界条件有密切关系。根据流动边界条件，能量损失分为沿程能量损失和局部能量损失两种形式。

一、沿程阻力与沿程损失

当束缚流体流动的固体边壁沿程不变、流动为均匀流时，流层与流层之间或质点之间只存在沿程不变的切应力，称为沿程阻力。沿程阻力做功引起的能量损失称为沿程能量损失。由于沿程损失沿管路长度均匀分布，因此沿程能量损失的大小与管路长度成正比。在管路中单位重量水流的沿程能量损失称为沿程水头损失，以 h_{f} 表示。

沿程损失与管道内径成反比，与管段的长度、速度水头成正比。用达西公式表示，即

$$h_{\mathrm{f}}=\lambda\frac{L}{d}\frac{u^2}{2g} \tag{3-52}$$

式中　λ——沿程阻力系数；

L——管道长度，m；

d——管道直径，m；

g——重力加速度；

u——管道断面平均流速度，m/s。

二、局部阻力与局部损失

当流体流经固体边壁沿程突然变化处（也就是急变流处），由固体边界的突然变化造成

过流断面上流速分布的急剧变化，从而在较短范围内集中产生的阻力称为局部阻力。由局部阻力做功引起的能量损失称为局部能量损失。当流体流经管道入口、剧扩管、剧缩管、弯头、闸阀、三通等阻力件时，都存在局部能量损失。在这些阻力件处单位重量水流的局部能量损失称为局部水头损失，以 h_j 表示。

局部损失与管长无关，只与局部管件有关，即

$$h_j = \zeta \frac{u^2}{2g} \tag{3-53}$$

式中　ζ——局部阻力系数。

对于气体管路以及流体的密度或容重沿程发生改变的管路，其能量损失一般用压强损失来表示。

沿程压强损失为

$$p_f = \lambda \frac{L}{d} \frac{\rho u^2}{2} \tag{3-54}$$

局部压强损失为

$$p_f = \zeta \frac{\rho u^2}{2} \tag{3-55}$$

式中　ρ——流体的密度，kg/m^3。

如图 3-17 所示，从水箱侧壁上引出的管道，其中口 ab、bc、cd、de、ef、fg 段为直管段，而 a 点、b 点、c 点、d 点、e 点和 f 点分别为管道入口、缩放管、180°弯头、突然扩大、突然缩小和阀门。为了测量损失，可在管道装设一系列的测压管。连接各测压管的水面可得相应的测压管水头线（测压管水面高度再加上相应的流速水头为各点总水头，其连线为该管道的总水头线）。图 3-17 中的 ab、bc、cd、de、ef、fg 段对应的总水头的降低值就是每段的沿程水头损失。整个管路的沿程水头损失等于各管段的沿程水头损失之和。

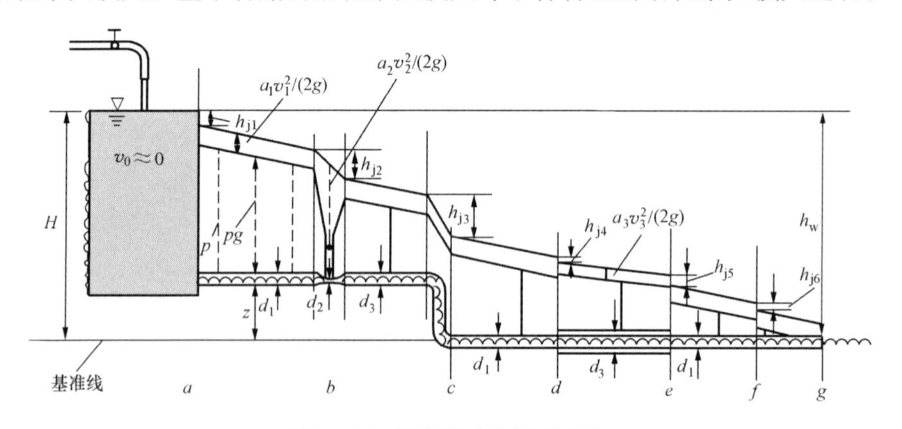

图 3-17　沿程阻力与沿程损失

当水流经过管件，即图 3-17 中的 a 点、b 点、c 点、d 点、e 点和 f 点处时，由于水流运动边界条件发生了急剧改变，引起流速分布迅速改组，水流质点相互碰撞和掺混，并伴随有旋涡区产生，形成局部水头损失。整个管路上的局部水头损失等于各管件的局部水头损失之和。

单位重量液体在整个管路上的总水头损失应等于各管段的沿程水头损失与各管件的局部水头损失的总和，即

$$\sum h_{\mathrm{w}} = \sum h_{\mathrm{f}} + \sum h_{\mathrm{j}} \tag{3-56}$$

三、沿程阻力系数

确定沿程阻力系数 λ 是计算沿程损失的主要问题。沿程阻力系数 λ 的确定方法如下。

1. 尼古拉兹实验

为弄清沿程阻力系数 λ 随壁面相对粗糙度 Δ/d 和雷诺数 Re 的变化关系，尼古拉兹用人工方法制出了 6 种$\left(\Delta/d\text{ 在}\frac{1}{30}\sim\frac{1}{1014}\text{范围}\right)$人工粗糙管进行了阻力实验。实验通过调节流量，改变管中的速度，对应于每一个速度，测出管段的沿程损失，然后利用达西公式计算出沿程阻力系数 λ。绘制了如图 3-18 所示的实验结果。实验结果分为以下五个区域：

（1）层流区。

图 3-18 中区域Ⅰ（直线 ab），$Re \leqslant 2320$，该区为层流区。在该区，6 种不同粗糙度管道的实验点（λ—Re）几乎都落在直线 ab 上。这说明管壁的相对粗糙度 Δ/d 对沿程阻力系数 λ 没有影响，λ 只与 Re 有关。实验证明：$\lambda=64/Re$，与理论推导完全一致。

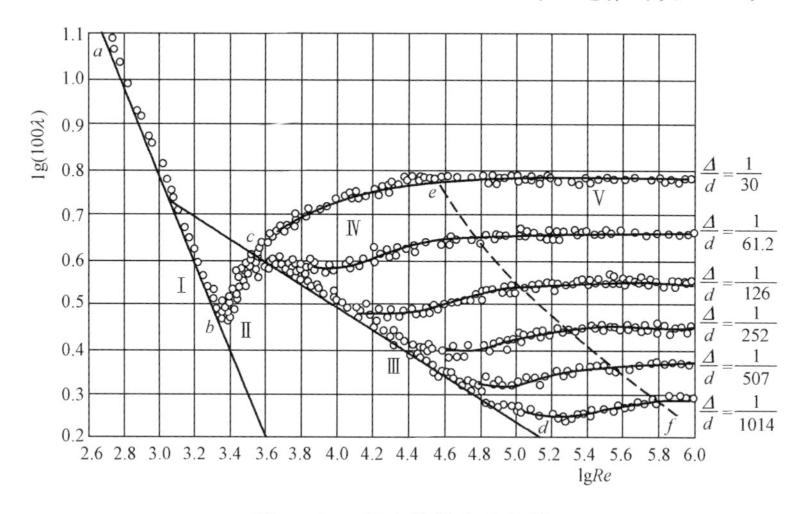

图 3-18　尼古拉兹实验曲线

（2）第一过渡区。

图 3-18 中区域Ⅱ（b 点到 c 点曲线带），$2320 < Re < 4000$，为层流向湍流过渡的不稳定区，称为第一过渡区。在该区域，实验点集中在稍宽的曲线带 bc 上。该区的流态极不稳定，时而层流，时而湍流，实验点分散，无明显规律。该区没有总结出 λ 的计算公式。如果流动恰好处于这一区域，可按水力光滑区计算 λ。

（3）水力光滑区。

图 3-18 中Ⅲ区（直线 cd），$400 \leqslant Re < 26.98(d/\Delta)^{8/7}$，该区称为水力光滑区。在该区，各种不同相对粗糙度的管流实验点都落在直线 cd 上，这说明管壁的相对粗糙度 Δ/d 对沿程阻力系数 λ 没有影响，沿程阻力系数 λ 只与雷诺数 Re 有关。这是因为尽管管道中的流动都变成了湍流，但管道内的层流底层厚度 δ 都大于管壁粗糙度 Δ，壁面粗糙度对中部的湍流已

没有了影响。

当 $4\times10^3<Re<1\times10^5$，可按布拉休斯公式计算 λ，即

$$\lambda = 0.3164Re^{-0.25} \tag{3-57}$$

当 $1\times10^5<Re<3\times10^6$，可按尼古拉兹公式计算 λ，即

$$\lambda = 0.0032 + 0.221Re^{-0.237} \tag{3-58}$$

湍流光滑管的沿程损失系数也可按照卡门-普朗特公式计算，即

$$\frac{1}{\sqrt{\lambda}} = 2\lg(Re\sqrt{\lambda}) - 0.8$$

（4）第二过渡区。

图 3-18 中Ⅳ区（直线 cd 与虚线 ef 之间），$26.98\ (d/\Delta)^{8/7}\leqslant Re<4160\ [d/(2\Delta)]^{0.85}$，该区为水力光滑到水力粗糙的过渡区，称为第二过渡区。在该区域，随雷诺数 Re 的增大，层流底层逐渐变薄，已不能遮盖壁面的粗糙峰，原先的水力光滑管变为水力粗糙管，壁面的相对粗糙度对中部的湍流产生了影响，使得不同粗糙度的实验点分别落在不同的曲线上。这说明 λ 与相对粗糙度 Δ/d 和雷诺数 Re 均有关，即 $\lambda=f(Re,\ \Delta/d)$。

在该区域，λ 的计算公式很多，但较精确也最常用的是柯列布鲁克-怀特公式，即

$$\frac{1}{\sqrt{\lambda}} = -2\lg\left(\frac{\Delta}{3.7d} + \frac{2.51}{Re\sqrt{\lambda}}\right) \tag{3-59}$$

应该指出，式（3-59）适用于 $Re>4000$ 的流动，但因公式中的 λ 是以隐函数出现的，计算时比较麻烦。故一般采用式（3-60）计算，即

$$\frac{1}{\sqrt{\lambda}} = 1.14 - 2\lg\left(\frac{\Delta}{d} + \frac{21.25}{Re^{0.9}}\right) \tag{3-60}$$

该区 λ 的计算也可以按罗巴耶夫公式进行，即

$$\lambda = 1.42\left[\lg\left(Re\frac{d}{\Delta}\right)\right]^{-2} \tag{3-61}$$

（5）阻力平方区。

图中Ⅴ区（虚线 ef 以右区域），$Re\geqslant4160\ [d/(2\Delta)]^{0.85}$，称为阻力平方区，又称水力粗糙区。在该区域，层流底层已变得非常薄，流动为完全湍流粗糙管区，即使增加雷诺数也不会再有新的凸峰对流动产生影响，流动损失主要决定于脉动运动，黏性的影响可以忽略不计。因此，沿程阻力系数 λ 与 Re 无关，只与相对粗糙度 Δ/d 有关。该区域内流动的能量损失与流速的平方成正比，所以称为阻力平方区。对同一条管道，λ 等于常数。λ 的计算公式为

$$\frac{1}{\sqrt{\lambda}} = 2\lg\frac{d}{2\Delta} + 1.74 \quad 或 \quad \lambda = \left(1.14 + 2\lg\frac{d}{\Delta}\right)^{-2} \tag{3-62}$$

式（3-62）称为尼古拉兹粗糙管公式。

由于实验曲线是用人工方法把均匀的砂粒黏贴在管道内壁的情况下得到的，而工业管道内壁的粗糙度是不均匀的，是高低不平的。所以，尼古拉兹实验曲线应用于工业管道时，必须用实验的方法确定工业管道与人工粗糙管等值的绝对粗糙度（或称为当量粗糙度）Δ。表 3-3为各种常用工业管道的当量粗糙度 Δ 值。

表 3-3 各种工业管道、壁面的当量粗糙度

管道种类	Δ（mm）	管道种类	Δ（mm）
新铸铁管	0.2～0.8	橡胶软管	0.2～0.3
旧铸铁管	0.5～1.5	干净玻璃管及聚乙烯硬管	0.001～0.002
新无缝钢管	0.01～0.08	纯水泥壁面	0.25～1.25
涂油钢管	0.1～0.2	混凝土槽	0.8～9.0
普通镀锌钢管	0.3～0.4	水泥浆砖砌体	0.8～6.0
精制镀锌钢管	0.25	水泥勾缝普通块石砌体	6.0～17.0
锈蚀旧钢管	0.5～0.8	石砌渠道（干砌，中等质量）	25～45
钢板焊制管	0.35	土渠	4.0～11
拉丝钢管	0.001～0.002	卵石河床（d=70～80mm）	30～60

2. 莫迪图

前面介绍的很多沿程阻力系数 λ 的计算公式，应用时需先判别流动所处的区域，然后才能用相应的公式计算，有时还要采用试算的办法，使用时比较烦琐。为此，莫迪对各种工业管道进行了大量实验，并将实验结果绘制成图 3-19 所示的曲线，称为莫迪图。莫迪图表示了沿程阻力系数 λ 与相对粗糙度 Δ/d 和雷诺数 Re 之间的关系，因此只要知道 Δ/d 和 Re，就可直接从图 3-19 中查出 λ 值，方便且准确。莫迪图与尼古拉兹实验曲线类似，但莫迪图更符合实际。

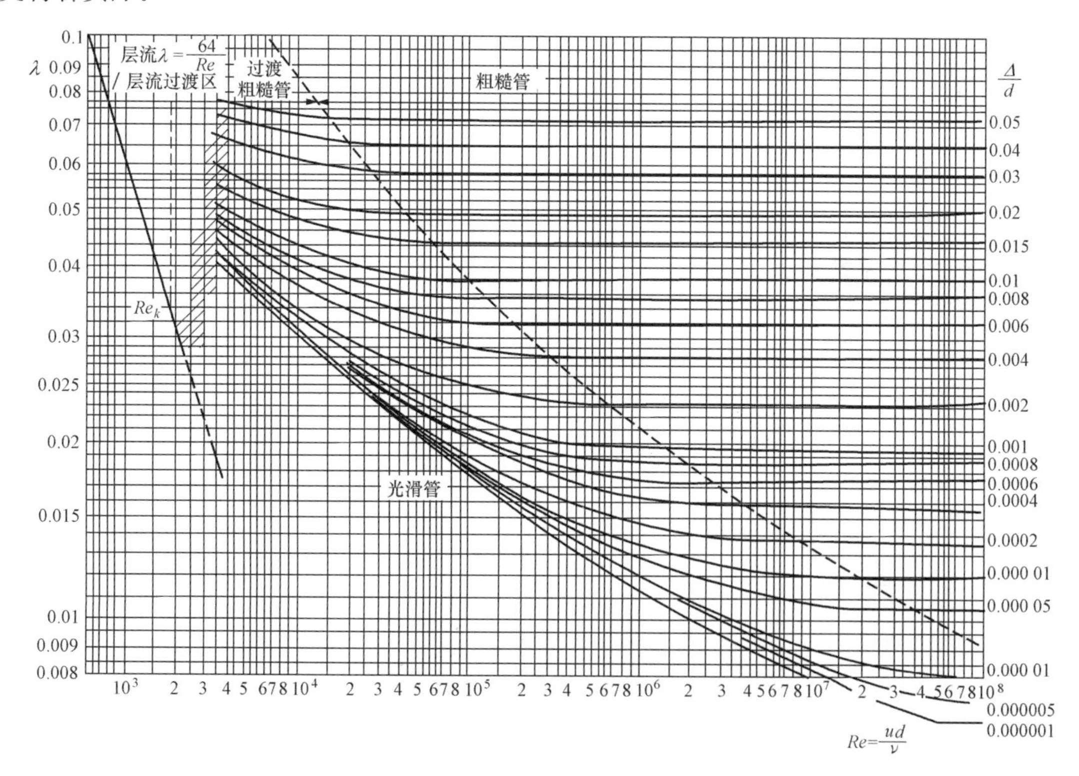

图 3-19 莫迪图

3. 沿程阻力系数λ的常用计算式

下面给出一些常用的λ计算公式。在精度要求不高的工程计算中，下列公式一般能满足要求。

（1）层流状态下λ的计算。

水在层流状态下，λ按$\lambda=64/Re$计算。

液压系统中，考虑各种因素的影响，采用下列公式，即

金属管：
$$\lambda=\frac{75}{Re} \tag{3-63}$$

软管：
$$\lambda=\frac{75\sim80}{Re} \tag{3-64}$$

弯软管：
$$\lambda=\frac{180}{Re} \tag{3-65}$$

（2）湍流状态下λ的计算。

新钢管：
$$\lambda=K_1K_2\frac{0.0121}{d^{0.226}} \tag{3-66}$$

新铸铁管：
$$\lambda=K_1K_2\frac{0.0143}{d^{0.284}}$$

旧钢管和旧铸铁管：
$$\lambda=\frac{0.021}{d^{0.3}}$$

式中　K_1——实际工作条件下与实验室条件下管道敷设质量差异系数$K_1=1.15$。

K_2——管道接头使λ增大的系数，焊接或套环式管接头钢管，$K_2=1.18$；钟口式接头铸铁管，$K_2=1$；无接头，$K_2=1$。

油在铜管或铝管中作湍流时可采用式（3-67）计算，即

$$\lambda=\frac{0.021}{\sqrt[4]{Re}} \tag{3-67}$$

水在钢管或铸铁管中作湍流时，可取$\lambda=0.02\sim0.03$。

四、局部阻力系数

1. 局部阻力成因

当流体流经阻力件时，由于边界形状、大小急剧变化，流速大小和方向发生较大变化，流体的压力等运动要素也发生较大变化，高速质点必然要流向低速处，压力大的质点必然向压力低处运动，使主流脱离边界而产生旋涡。由于流体是不可压缩的，必然要产生能量转换。旋涡的形成、旋转、分离，加速了流体质点的摩擦、碰撞，使流体的部分机械能转化为热能，在局部区段产生集中的能量消耗。

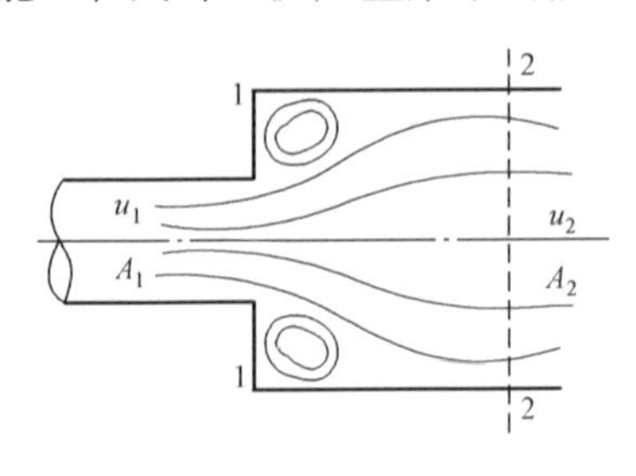

图3-20　流体在剧扩管中的流动

如图3-20所示，流体流经剧扩管，由断面为A_1的小管道流入断面为A_2的大管道。由于惯性，流体不会突然扩大流入拐角，而是离开小管道后逐渐扩大，并在拐角处形成涡流。拐角处涡流的旋转必然要消耗能量（主要变成热能而散失）。另外，小管道内流体的流速高，必然与大管道内低流速流体产生碰撞，从而产生损失。

2. 常见局部装置阻力系数

由于局部区段的边界条件各种各样，流体的流动很复杂，目前计算局部阻力系数时还没有理论公式。实践证明，局部阻力系数只与局部装置的结构有关，而与雷诺数无关，因为一般流动的雷诺数 Re 多已大到使 ζ 不再随 Re 变化的程度。除少数管件可用理论分析方法求得外，大部分 ζ 都由实验测定。表 3-4 给出了常见局部装置的局部阻力系数实验结果或计算公式。

表 3-4　　局部阻力系数实验值和计算公式

类型：断面突然缩小

公式：$\zeta_2=0.5\left(1-\dfrac{A_2}{A_1}\right)$

A_2/A_1	0.01	0.1	0.2	0.3	0.4	0.5	0.6	0.7	0.8	0.9	1
ζ_2（实测）	0.5	0.47	0.45	0.38	0.34	0.3	0.25	0.2	0.15	0.09	0

类型：圆弯管

$$\zeta=\left[0.131+0.16\left(\frac{d}{R}\right)^{3.5}\right]\frac{\theta}{90^\circ}$$

d/R	0.4	0.5	0.6	0.8	1.0*	1.2	1.4	1.6	1.8
ζ	0.138	0.145	0.158	0.206	0.291	0.44	0.661	0.974	1.408

类型：折弯管

$$\zeta=0.946\left[\sin\left(\frac{\theta}{2}\right)\right]^2+2.047\left[\sin\left(\frac{\theta}{2}\right)\right]^4$$

类型：直流三通

流向	直流	汇合流	分流	转弯流	转弯流
	②→③ ②←③	②→←③ ↓①	②←→③ ↑①	②→①	③→①
ζ	0.7	3	1.5	1.5	1.5

类型：闸阀

开启度（%）	10	20	40	50	60	80	90	100
ζ	60	16	3.2	1.8	1.1	0.3	0.18	0.1

类型：止回阀

α	15°	20°	25°	30°	40°	45°	50°	55°	60°	70°*
ζ	90	62	42	30	14	9.5	6.6	4.6	3.2	1.7

类型：球阀

开启度（%）	10	20	40	50	60	80	90	100
ζ	85	24	7.5	5.7	4.8	4.1	4.0	3.9

续表

<table>
<tr><th>类型</th><th>示意图</th><th colspan="9">局部阻力系数计算公式或数值</th></tr>
<tr><td rowspan="3">带滤网底阀</td><td rowspan="3">d</td><td colspan="9">无底阀时 ζ=2～3（带滤网）</td></tr>
<tr><td>d（mm）</td><td>40</td><td>50</td><td>75</td><td>100</td><td>150</td><td>200</td><td>250</td><td>300</td></tr>
<tr><td>ζ</td><td>12</td><td>10</td><td>8.5</td><td>7.6</td><td>6.0</td><td>5.2</td><td>4.4</td><td>3.7</td></tr>
<tr><td rowspan="3">异径管</td><td rowspan="3">u
u α</td><td colspan="9">当水由大头流向小头时 ζ=0.1</td></tr>
<tr><td>α</td><td colspan="2">7°以下</td><td colspan="2">10°～15°</td><td colspan="2">20°～30°</td><td colspan="2">45°～55°</td></tr>
<tr><td>ζ</td><td colspan="2">0.2</td><td colspan="2">0.5</td><td colspan="2">0.6～0.7</td><td colspan="2">0.8～0.9</td></tr>
<tr><td>分支管</td><td colspan="10">分流 1.0
汇流 1.5
0.5
3.0</td></tr>
<tr><td>过滤网</td><td></td><td colspan="9">$\zeta=(0.0675\sim1.575)\dfrac{A}{A_0}$
式中 A——吸口面积；
A_0——网口有效过流面积</td></tr>
</table>

* 指常用值。

五、管路的水力计算

1. 管路计算的基本公式

管路能量损失公式为

$$h_w=\sum h_f+\sum h_j$$

$$h_f=\lambda\frac{1}{d}\frac{u^2}{2g}\qquad h_j=\zeta\frac{u^2}{2g}\tag{3-68}$$

式中 h_f——沿程阻力损失；

h_j——局部阻力损失；

ζ——局部损失系数，由实验确定；

λ——沿程损失系数，由实验确定。

2. 管路计算

（1）简单管路。

简单管路就是管路直径不变，没有支管分出的管路，管路能量损失公式为

$$h_w=\left(\lambda\frac{l}{d}+\sum\zeta\right)\frac{u^2}{2g}\tag{3-69}$$

（2）串联管路。

串联管路即由几段不同管径的简单管路串联而成，如图 3-21 所示。它有以下两个特点：

1）它的总能量损失等于各简单管路的能量损失之和，即

$$
\begin{aligned}
h_w &= h_{w1} + h_{w2} + \cdots + h_{wn} \\
&= \left(\lambda_1 \frac{l_1}{d_1} + \sum \zeta_1\right)\frac{u_1^2}{2g} + \\
&\quad \left(\lambda_2 \frac{l_2}{d_2} + \sum \zeta_2\right)\frac{u_2^2}{2g} + \cdots + \\
&\quad \left(\lambda_n \frac{l_n}{d_{n1}} + \sum \zeta_n\right)\frac{u_n^2}{2g}
\end{aligned} \tag{3-70}
$$

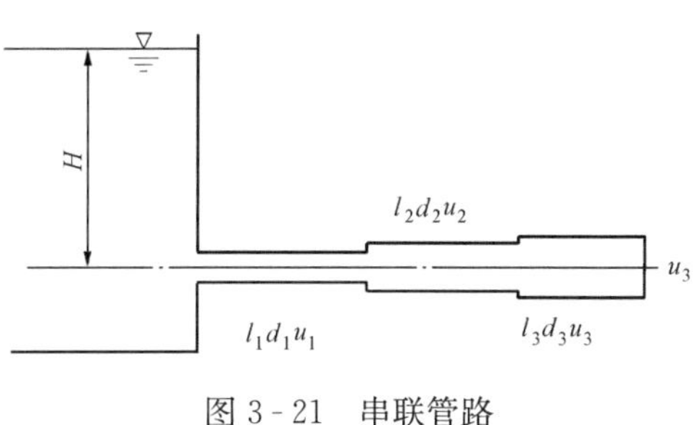

图 3-21　串联管路

2）串联管路的总流量沿流程不变，即

$$
\begin{cases}
q_V = q_{V1} = q_{V2} = \cdots = q_{Vn} = \text{const} \\
u_1A_1 = u_2A_2 = \cdots = u_nA_n = \text{const}
\end{cases} \tag{3-71}
$$

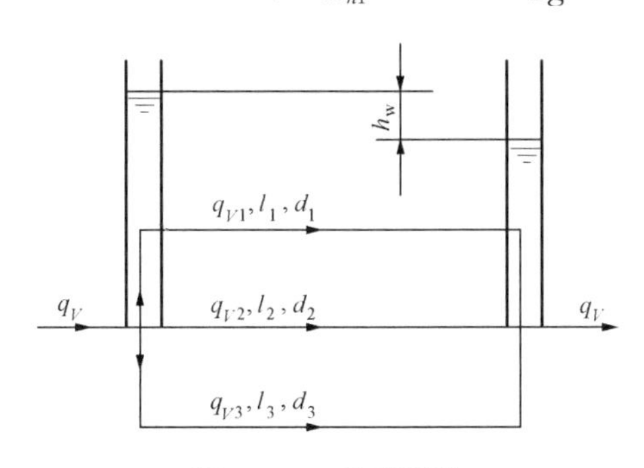

图 3-22　并联管路

（3）并联管路。

几条简单管路或串联管路的入口端与出口端分别连接在一起，这样的管路就称为并联管路，如图 3-22 所示。

1）并联管路中各支管的能量损失相等，即

$$h_{w1} = h_{w2} = h_{w3} = h_w$$

对图 3-22 而言，则有

$$
\begin{aligned}
\left(\lambda_1 \frac{l_1}{d_1} + \sum \zeta_1\right)\frac{u_1^2}{2g} &= \left(\lambda_2 \frac{l_2}{d_2} + \sum \zeta_2\right)\frac{u_2^2}{2g} \\
&= \left(\lambda_3 \frac{l_3}{d_3} + \sum \zeta_3\right)\frac{u_3^2}{2g}
\end{aligned} \tag{3-72}
$$

2）并联管路的总流量等于各支管分流量之和，即

$$
\begin{aligned}
q_V &= q_{V1} + q_{V2} + q_{V3} \\
uA &= u_1A_1 + u_2A_2 + u_3A_3
\end{aligned} \tag{3-73}
$$

第五节　边　界　层

一、边界层的概念

对于黏性流体运动，人们试图寻求它们的近似解。但解释不了黏性流体中的许多现象，似乎不能略去黏性项，而不略去一些项，又难以对方程求解。直到 1904 年，普朗特对大 Re 流动中的黏性力作用问题做了变革性的分析，提出了边界层概念，对黏性流体运动的分析、研究、计算才有了突破。

普朗特认为，像空气和水那样微小黏性的流体，运动的全部摩擦损失都发生在紧靠固体边界的薄层内，这个薄层称为边界层。而边界层以外的流动可看成是无摩阻流动，可作为理想流体处理。可见，引入边界层概念之后，微黏流体的广大流场被划分为两个区域，即边界层和外流区。

显然，在边界层内，沿壁面法向的流速梯度很大，μ 值虽小，仍有足够大的 $\mu \dfrac{\partial u_x}{\partial y}$ 值影

响运动。所以，对于此层，必须考虑黏性力作用；而边界层以外的外流区$\dfrac{\partial u_x}{\partial y}$不大，且 μ 值很小，则 $\mu\dfrac{\partial u_x}{\partial y}$值更小。所以，作为合理的近似，完全可以略去黏性力对外流区的影响，把微黏流体作为理想流体看待，应用理想流体理论求解。

二、边界层厚度

过去分析常认为边界层有明确的外边界，但实际并非如此。因为在边界层内，对于给定断面，速度从 0 变到外流速度 U 是逐步发展的过程。所以，理论上不存在清晰而明确的厚度。但不确定边界层厚度，难以作进一步分析，为此给出了一些边界层厚度的定义，主要有名义厚度 δ、位移厚度 δ_1、动量厚度 δ_2 及能量厚度 δ_3。

1. 名义厚度 δ

通常将 $u_x=0.99U$ 处的 y 值定义为名义厚度，即

$$\delta = y\,|_{u_x=0.99U} \tag{3-74}$$

式中 U——外流速度，如图 3-23 所示。

名义厚度 δ 为边界层实际厚度的有效量度，在一定程度上能反映出边壁阻滞作用的大小及影响范围，即认为 $y\geqslant\delta$ 后，边壁的阻滞作用对流动已不再有显著影响。可见 δ 能大致描绘出流体减速层的范围。规定系数为 0.99，这里主观因素很大，不过为了形象地说明边界层，通常还是绘出这一厚度。

2. 位移厚度 δ_1

位移厚度也称排挤厚度，图 3-24 为位移厚度形成的示意图。U 为不可压缩流体均匀来流速度。由于平板的存在而形成边界层，造成边界层内流体减速，显然，为了保证通过1—1断面高度为 H 的均匀来流在单位宽度内的流量，在 2—2 断面必须逐步向上方移动（或排挤）一个厚度 δ_1，从而满足质量守恒定律。因此，有

$$\rho UH = \int_0^h \rho u_x \mathrm{d}y + \rho U(H-h) + \rho U\delta_1$$

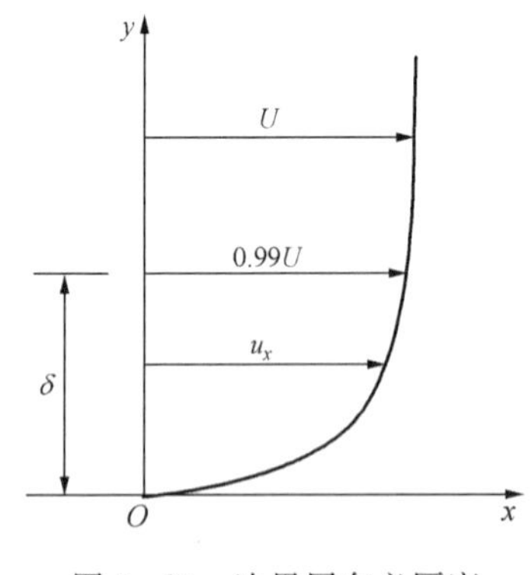

图 3-23　边界层名义厚度

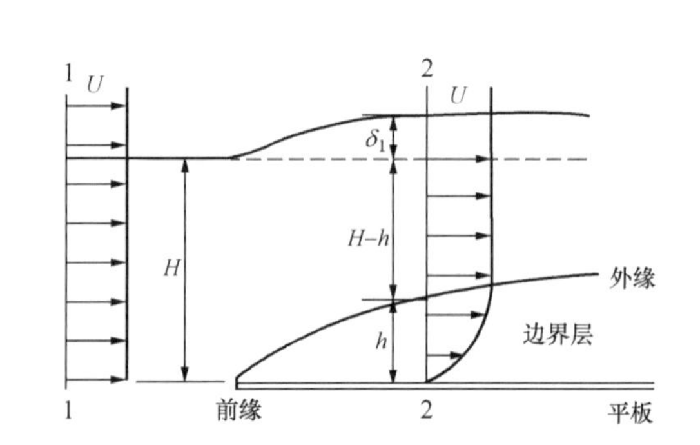

图 3-24　边界层位移厚度形成

于是得

$$\delta_1 = \int_0^h \left(1-\frac{u_x}{U}\right)\mathrm{d}y$$

由于 $y\to\infty$时，$u_x/U=1$，则得出一般定义式，即

$$\delta_1 = \int_0^{\infty} \left(1 - \frac{u_x}{U}\right) dy \tag{3-75}$$

3. 动量厚度 δ_2

图 3-24 表明，通过 1—1 和 2—2 断面的质量是相等的。但是，由于两断面流速分布图形不同，因而动量不等。为此，需对 2—2 断面补充厚度为 δ_2 的势流动量 $\rho U^2 \delta_2$，从而满足动量守恒定律，因此有

$$\rho U^2 H = \int_0^h \rho u_x^2 dy + \rho U^2 (H - h) + \rho U^2 \delta_2$$

于是得

$$\delta_2 = \int_0^h \frac{u_x}{U}\left(1 - \frac{u_x}{U}\right) dy$$

则一般定义式为

$$\delta_2 = \int_0^{\infty} \frac{u_x}{U}\left(1 - \frac{u_x}{U}\right) dy \tag{3-76}$$

4. 能量厚度 δ_3

同理，依据能量守恒定律，可导出能量厚度，即

$$\delta_3 = \int_0^{\infty} \frac{u_x}{U}\left(1 - \frac{u_x^2}{U^2}\right) dy \tag{3-77}$$

上述边界层厚度均取决于速度分布图的形状。δ_1、δ_2 和 δ_3 并非代表边界层的实际厚度，可分别从质量、动量和能量守恒角度去理解它们的含义。位移厚度 δ_1 和动量厚度 δ_2 将出现在边界层动量方程中，而能量厚度 δ_3 则出现在边界层能量方程中。

三、边界层内流动的特点

通过研究与自由来流相平行的平板上的流动，能对边界层的基本特征作出描述。

首先，由图 3-24 可见，速度为 U 的均匀来流在平板上方流过时，由于受到平板的阻滞作用，来流速度降低，可见边界层为一减速流体薄层。随着沿板长距离的增加，平板的阻滞作用向外传递、扩展，边界层沿程也越来越厚。

其次，由于流体黏附在平板表面上，速度从 0 沿薄层横向迅速增至外流速度 U，显然边界层内速度的横向变化率很大，黏性力的作用可观。因此，在分析边界层内流动时，把黏性力及惯性力视为同一数量级均加以考虑。

此外，由图 3-25 可见，随着边界层沿程发展，层内流态也沿程变化，历经层流、过渡区，最后达到湍流状态。而且，在过渡区和湍流边界层下面还有更薄的一层，称为黏性底层。由于边界层内的流态也有层流与湍流之分，所以在分析和计算中应分别考虑。

最后，考察图 3-26 中的一段边界层可见，在短距离 AD 内，边界层厚度由 AB 增至 CD，就要求有流体从外流区穿过边界层的外边界（或称外缘）流入（如 q_2），可见边界层外表面不是流面（三维）或流线（二维）。且通过输送，使得质量、能量、动量也进入边界层，正因为有质量、能量和动量流入边界层，才

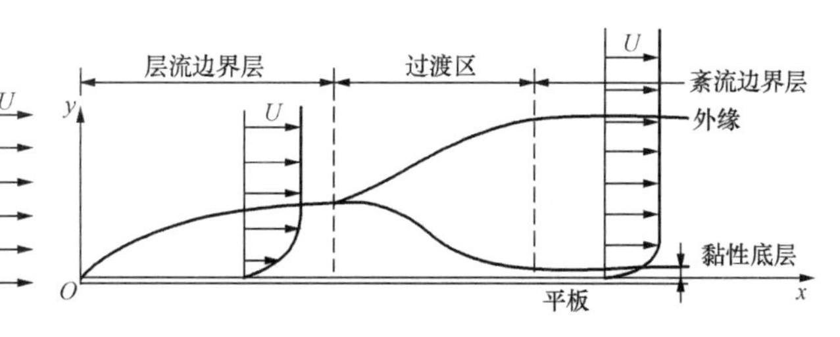

图 3-25　边界层的沿程发展及层内流态变化

得以维持层内流体向前运动。

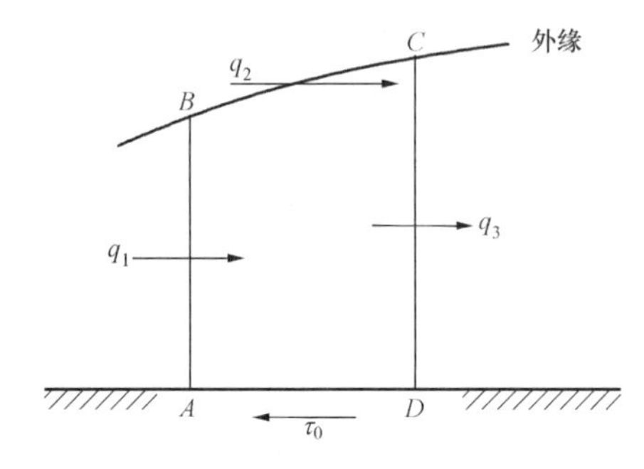

图 3-26　流体（质量、动量和能量）从外流区穿过外缘流入边界层

综上所述，可将边界层特征归纳如下：

（1）边界层为一减速流体薄层，边界层厚度沿流向增加；

（2）在边界层内黏性力和惯性力属于同一数量级，均应考虑；

（3）边界层内也会出现层流及湍流流态，故有层流边界层及湍流边界层；

（4）边界层外表面不是流面，所以有质量、能量和动量随流体由外流区流进边界层内，边界层厚度的增加率应满足质量、能量和动量守恒定律。

四、边界层分离

边界层分离是指边界层流动脱离物体表面的现象。发生分离的条件是存在逆压区，即存在$\frac{\mathrm{d}p}{\mathrm{d}x}>0$的区域。由恒定层流边界层微分方程

$$u_x\frac{\partial u_x}{\partial x}+u_y\frac{\partial u_x}{\partial y}=-\frac{1}{\rho}\frac{\mathrm{d}p}{\mathrm{d}x}+\nu\frac{\partial^2 u_x}{\partial y^2} \tag{3-78}$$

可知，边界层内的流动受压强梯度力$\left(-\frac{1}{\rho}\frac{\mathrm{d}p}{\mathrm{d}x}\right)$和黏性力$\left(\nu\frac{\partial^2 u_x}{\partial y^2}\right)$的作用，而黏性力是以摩阻力的形式表现出来的。在顺压区，即$\frac{\mathrm{d}p}{\mathrm{d}x}<0$区域，尽管始终存在着摩阻力对流动的阻滞作用，且这一作用试图使层内流体减速，但由于有顺压梯度力作用，仍可使流动沿程加速，流动仍能沿壁面前进，不会发生脱离物体表面的现象，即不会分离；在逆压区，此时摩阻力和逆压梯度力的作用都使流体减速，于是流动沿程越流越慢，最后出现反向流动，反向流动排挤主流就使主流脱离物体表面产生分离形象，如图 3-27 所示。图中 S 为分离点，SA 为主流与回流的分界线。

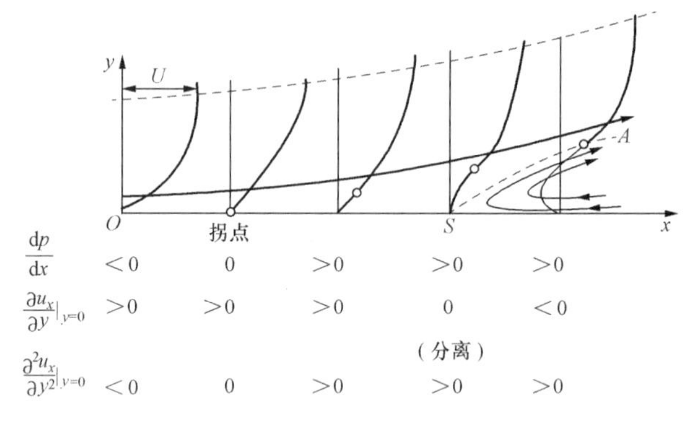

图 3-27　边界层内速度分布的沿程变化及边界层分离

在分离点之前，由于流体质点都向前流动，所以在物面上有$\left(\frac{\partial u_x}{\partial y}\right)_{y=0}>0$；而在分离点之后，由于流体质点都向后流动，所以在物面上有$\left(\frac{\partial u_x}{\partial y}\right)_{y=0}<0$；则在分离点处必有

$$\left(\frac{\partial u_x}{\partial y}\right)_{y=0}=0 \tag{3-79}$$

从边界层方程出发，利用在物体表面上 $y=0$，$u_x=u_y=0$ 的条件，可以得

$$\mu\left(\frac{\partial^2 u_x}{\partial y^2}\right)_{y=0}=\frac{\mathrm{d}p}{\mathrm{d}x} \tag{3-80}$$

式（3-80）表明，在物体表面附近，速度分布图的曲率只依赖于压强梯度。随着压强梯度$\frac{\mathrm{d}p}{\mathrm{d}x}$的变号，速度剖面的曲率也将改变它的符号。在顺压区，因$\frac{\mathrm{d}p}{\mathrm{d}x}<0$，则$\left(\frac{\partial^2 u_x}{\partial y^2}\right)_{y=0}<0$为凸曲线；在$\frac{\mathrm{d}p}{\mathrm{d}x}=0$处，则$\left(\frac{\partial^2 u_x}{\partial y^2}\right)_{y=0}=0$为拐点；在逆压区，因$\frac{\mathrm{d}p}{\mathrm{d}x}>0$，则$\left(\frac{\partial^2 u_x}{\partial y^2}\right)_{y=0}>0$为凹曲线。图3-27绘出边界层内速度分布的沿程变化，由此可以看出分离发生的过程。

边界层发生分离后，不能由外部势流区直接定出$\frac{\mathrm{d}p}{\mathrm{d}x}$，即$-\frac{1}{\rho}\frac{\mathrm{d}p}{\mathrm{d}x}=U\frac{\mathrm{d}U}{\mathrm{d}x}$不再适用。此时，首先要借助于某些假设或通过实测物面压强分布来得到$\frac{\mathrm{d}p}{\mathrm{d}x}$。其次，边界层分离后，边界层厚度$\delta$显著加大，因此将$\delta$作为小量看待只近似地得到满足。此外，由于边界层分离而加大了绕流阻力。分离后的流动部分，普朗特边界层方程不再适用。

第六节 卡 门 涡 街

一、卡门涡街的形成原因

当流体流经圆柱时，在柱体表面上要产生边界层，如图3-28所示，而边界层的厚度是逐渐增大的。按非黏性流体的运动规律可知，流体流经柱体前驻点A后速度逐渐增加，压力逐渐减小，当达到B点时速度最大，压力最小。经B点以后则相反，这时速度逐渐减小，压力逐渐增加，到最后速度和压力分别恢复到来流时的速度u和压力p。由于边界层很薄，因此边界层中的压力可以认为等于边界层界面上外界的压力，因此在边界层内的速度、压力变化的趋势与边界层外表面流体的速度、压力变化趋势一样。

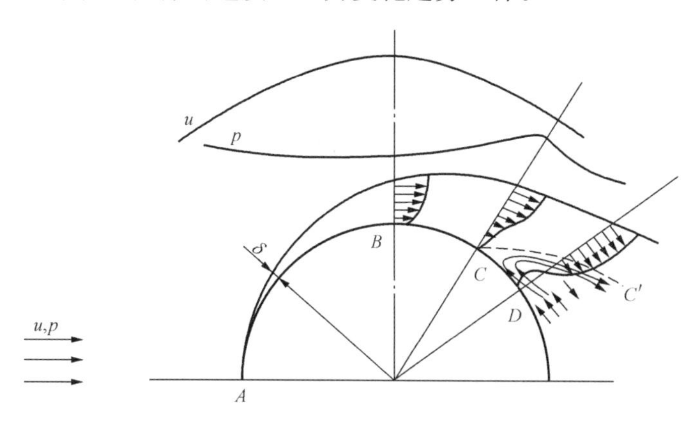

图3-28 圆柱绕流

根据以上所述，现分析边界层内的流体流动情况。边界层内的流体按黏性流体考虑。当流体由A到B时，由于黏滞力的作用要消耗能量，这时压能中一部分能量消耗在摩擦损失上，另一部分能量将转化为动能。但为了能维持边界层内的速度增长，则在降压增速的区域里靠边界层外流体通过动量交换输送一些能量来维持。所以在A到B时，边界层内的流动是稳定的。但当B点以后，边界层外的流体流动变为增压减速流动，这时边界层外流体的动能要转化为压能，使速度不断下降。由于是减速，因此它已不可能补充能量给边界层内流体，以减缓由于能量消耗而引起急剧降速的趋势。这样，在边界层内流体的动能转化了一部分能量为压能以后，由于还要继续克服摩擦阻力，因而余下的能量要保持边界层外边界上速度减缓程度已不可能。但是边界层外边界上的速度变化已经确定，因此边界层内的流体运动速度必然受到很大的影响，速度将被大幅度减小。尤其是靠近壁面部分，由于受到壁面影响，流体速度减小得更快。当达到 C 点后，为克服摩擦力所消耗的能量和为了增压转化出的能量已使壁面附近流体的动能消耗尽了，这时靠近柱体表面的一部分流体便停滞下来，进而产生了倒流的现象，如图 3-28 中 C 点以后的 D 点情况，形成了一个边界层的分离面 C—C'。在这个区域内，流体的运动极不稳定，不断地形成一个个涡旋。一方面这些涡旋不断地被流动流体带走，另一方面又不断地卷进一些具有较大能量的流体，以补充被带走的部分流体。在这种情况下，流体已不再贴着物体表面流动，而是从物体表面上分离出去，造成了边界层脱离现象。

因此，流体绕曲面运动时很容易造成边界层脱离，尤其是被绕的物体外形不是良好的流线型的情况下更是如此。由于边界层脱离使物体后面所形成的涡旋不断将有用的机械能消耗为无用的摩擦热，致使涡旋区的压力降低，使它小于物体前部的压力和涡旋区外的压力。从这一现象可以知道，流体在绕过物体时除有摩擦力外，还有前后的压力差，其压力的方向与流动方向一致。这说明流体运动时要克服两个阻力：一个是由边界层内所产生的摩擦阻力，另一个是由边界层脱离而产生的前后压差，称涡旋阻力。物体只有在克服了这两类阻力后才能前进。反过来说，流体流过物体时，流体的能量将一部分消耗在边界层内的摩擦力上，一部分消耗在涡旋阻力上。涡旋阻力也称为形状阻力，因为涡旋阻力的大小与物体的形状有关。例如，流线型的物体，涡旋阻力就小。

根据实验观察，当流体绕过圆柱体（或具有不良好外形的物体）时，由于边界层脱离的不稳定性，使物体后面的涡旋有一定的释放规律，并且在一定条件下所产生的涡旋成队列状排列。同时，当雷诺数较高时（如 $Re=ud/\nu\geqslant 60$），这些脱离的涡旋的释放是上下交替的，有一定的释放频率。这种情况下的涡流被称为涡街（也称为卡门涡街），或称为涡列，如图 3-29 所示。

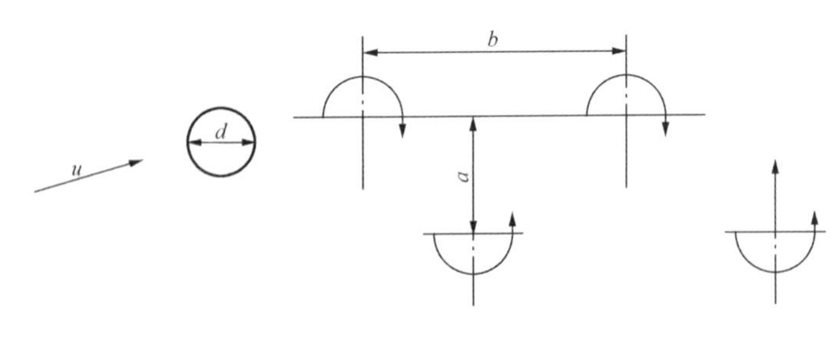

图 3-29 卡门涡街

二、卡门涡街的释放频率

卡门涡街的释放频率与流体流动的速度及物体的直径有关，可用式（3-81）表示，即

$$f_{\mathrm{k}} = St\,\frac{u}{d} \tag{3-81}$$

式中 f_{k}——卡门涡街的释放频率，1/s；

u——未受干扰的流体速度，m/s；

d——物体的直径，m；

St——系数，称为斯特罗哈数，它的数值范围为0.14～0.27。

St是雷诺数的函数，即

$$St = f\left(\frac{1}{Re}\right) \tag{3-82}$$

当$Re=ud/\nu=1\times10^2\sim1\times10^5$范围时，绕流圆柱的$St$值在0.2左右。

卡门涡脱离圆柱体向下释放时，会产生交替变换方向的横向推力，这是由于卡门涡在圆柱体两侧释放时是相互交替的。例如一个涡旋由柱体的一侧脱离往下游释放的一个瞬间，柱体的另一侧正在边界层处逐步为释放一个涡旋做准备。一旦做准备的一侧也释放了一个涡旋后，与此同时，原释放过一个涡旋的一侧又逐步为释放一个涡旋做准备。由于是交替释放，因此圆柱体两侧释放涡旋处的绕流情况不同，压力也不同，这就造成了一个与绕流方向垂直的横向推力。这个推力与涡旋释放直接有关，也是一个交替变换方向的力，其交换频率与涡旋释放频率一致。横向推力的方向是正在释放涡旋的一侧指向刚释放完毕的一侧。横向推力的交变频率很高，每秒可达几百次。这种方向交变的横向推力常引起圆柱体的振动。如果横向推力的交变频率与圆柱体的固有频率相同，则将引起圆柱体的共振现象，严重时就造成破坏。

第七节 水 击 现 象

受外界原因影响，管中液流有时会发生速度突然变化，例如水泵突然启动或停止，换向阀突然变换工位，水轮机或液压油缸突然变化负载等。管中液流突然变速必然引起管中压强突然升高或降低，速度变化过程越快，则瞬时升降的压强就越大，这种现象称为管中水击或液压冲击。水击现象中所产生的瞬时压强，称为水击压强，它的大小与速度变化过程的快慢及流动质量和动量的大小有关，轻微时只表现为噪声和振动，严重时甚至能使管道破裂。

一、水击的物理过程

下面以连接在水池上的排水管道为例分析水击的全过程。设水管长度为L，直径为d，截面积为A，管道内水的正常流速为u，忽略摩擦损失，但考虑水的可压缩性和管道变形。$t=0$时水管末端的闸阀突然关闭，紧贴阀门上游的一层流体的流速突变为零，而这层流体受后面流来的未变流速的流体的压缩，其压强突变了p_h（称为水击压强），净水头便由高度H变为$H+h$；管道受压变形截面积扩大了δA。这种压缩必然一层一层地向上游传播，形成压缩波（压强波的一种），其传播速度以c表示，如图3-30（a）所示。当$t=L/c$时，压缩波到达管道入口，整个管道内流体处于静止状态，并处在压强$p+p_h$（或水头$H+h$）的作用之下，流体的动能转变为流体压缩和管道变形的弹性能。

管内流体压强为$p+p_h$，而管道入口以外的压强为p，又出现了不平衡的条件，管道内的流体仍不能保持静止状态，流体便从入口端开始以u的速度倒流入池内。倒流使管内流体的压强降低到p（或水头H），原先被压缩的流体得到膨胀，管道截面积恢复到A。这种压强的降低也是一层一层地向下游传播，形成膨胀波（压强波的一种），其传播的速度也是c，如图3-30（b）所示。当$t=2L/c$时，膨胀波传播到阀门，这时整个管道内的流体以u的速度往池内倒流，压强恢复到正常。

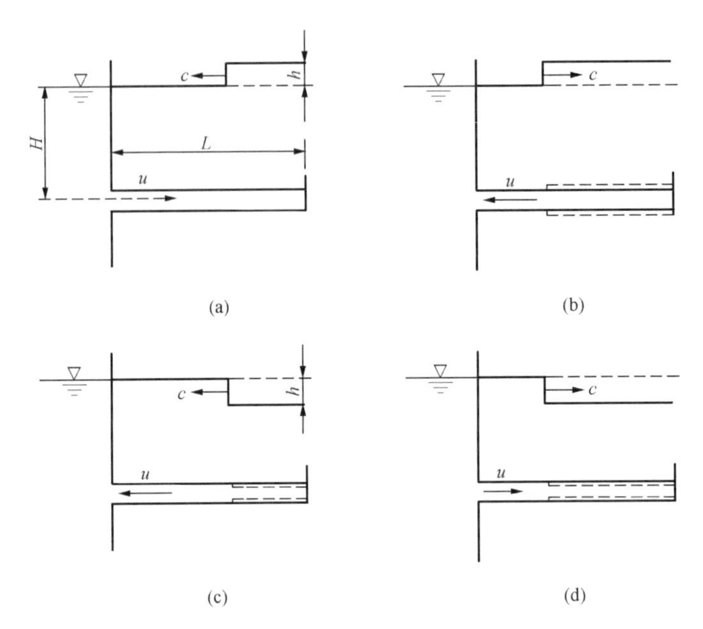

图 3-30 阀门突然关闭时水击现象的全过程

(a) $0 \leqslant t \leqslant L/c$；(b) $L/c \leqslant t \leqslant 2L/c$；(c) $2L/c \leqslant t \leqslant 3L/c$；(d) $3L/c \leqslant t \leqslant 4L/c$

由于阀门是关闭的，所以流体的继续倒流，必然引起阀门左边压强的降低，直到靠近阀门的一层流体停止倒流，这时压强降低到 $p-p_{\mathrm{h}}$（或水头 $H-h$）。低压使流体更加膨胀，管道收缩。该膨胀波也是一层一层地以速度 c 向上游传播，膨胀波所到之处倒流停止，如图 3-30（c）所示。当 $t=3L/c$ 时，膨胀波传播到管道入口，这时整个管道内的流体再次处于静止状，而压强为 $p-p_{\mathrm{h}}$。

由于管道内的流体压强为 $p-p_{\mathrm{h}}$，而管道入口以外流体的压强为 p，又出现不平衡的条件，管道内的流体仍不能保持静止状态，流体便从入口端开始以 u 的速度再次流入，其压强又上升到 p，原先膨胀的流体得到压缩，压缩波以速度 c 向下游传播，如图 3-30（d）所示。当 $t=4L/c$ 时，传播到阀门，这时整个管道内流体的流动状态恢复到阀门关闭前的状态，完成一个循环。

这样，每经过 $4L/c$，便重复一次水击的全过程，流体中的压缩波与膨胀波往复传播；与它们的传播相适应，管道也在一胀一缩地振动。如此循环往复，形成轰轰的振动声。由于实际流体有黏性，流体和管材并不是完全弹性体，因此它们在压缩、膨胀和变形的全过程中都要消耗能量，以致所引起的波动和振动的强度将逐渐衰减，直到完全消失。图 3-31 所示为上述情况下闸阀处的压强随时间的变化。

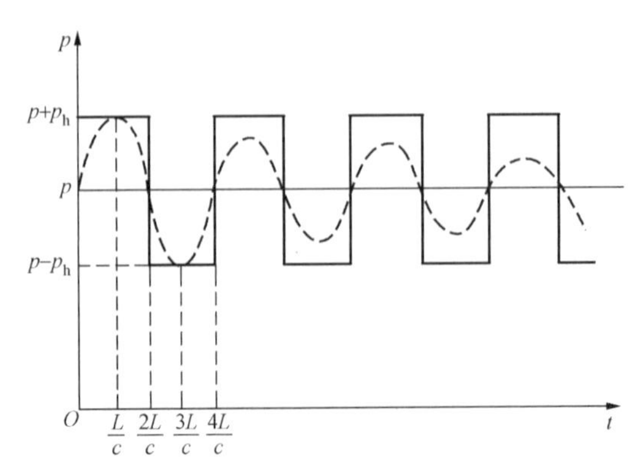

图 3-31 闸阀处的压强随时间的变化

二、水击压强

假如流体正在流动的管道阀门突然关闭，经过 δ_t 的时间后，压缩波向左传播 $c\delta_t$ 的距离，如图 3-32 所示。在该管段内，原来以

速度 u 向右流动的流体的流速变为零，原来为 p 的压强升高到 $p+p_h$，管道的截面积则由 A 扩大到 $A+\delta A$，作用在该管段内流体上诸力沿管道的合力为

$$-(p+p_h)A+pA=-p_hA$$

因此可以认为，新增环面上的力是相互平衡的。该管段内流体的质量应等于该管段内原有流体的质量加上上游补充进来的流体质量，即

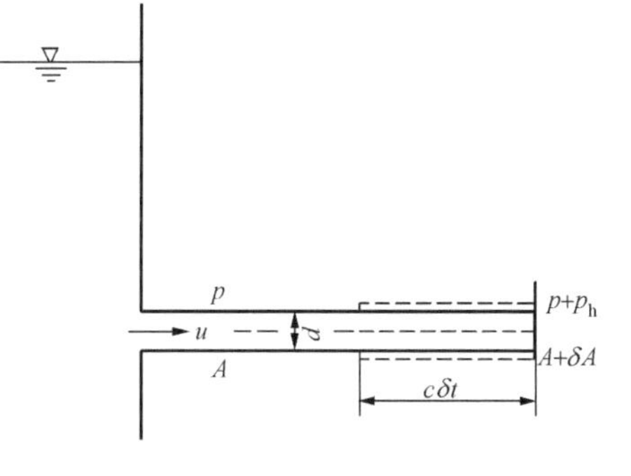

图 3-32 水击压强的计算

$$\rho c\delta tA+\rho u\delta tA=\rho A(c+u)\delta t$$

式中 ρ——正常流动时流体的密度。

根据动量方程有

$$-p_hA=\rho A(c+u)\delta t(0-u)/\delta t$$
$$=-\rho A(c+u)u$$

即
$$p_h=\rho(c+u)u \tag{3-83}$$

$u\ll c$，故式（3-83）简化为

$$p_h=\rho cu \tag{3-84}$$

假设压缩波在水管中的传播速度 $c=1000\text{m/s}$，管内的流速 $u=1\text{m/s}$，当阀门突然关闭时，水击压强 $p_h\approx1\times10^6\text{Pa}$，相当于 9.87 个标准大气压，可见水击所引起的压强增量是相当可观的。

牛顿关于压强波在无界水中的传播速度为 $c_0\approx1420\text{m/s}$。

三、直接水击和间接水击

前面讨论了阀门突然关闭。实际上，阀门不可能突然完全关闭，而是在一定时间内逐渐关闭。这样管内的流体也是由 u 逐渐变到 0，压强也是由 p 逐渐增高到 $p+p_h$，如图 3-33 中的斜线 1、2 所示。如果将阀门在一定时间内的逐渐关闭视为在相同时间内的无数个连续的微小突然关闭，则与之对应的自然是无数个连续的微小速度降低和微小压强增高。每个微小压强增高都将形成一道微弱压缩波，以波速 c 向上游传播；当该波到达管道入口时，又反射为膨胀波，以波速 c 传播回来。显然第一道膨胀波到达阀门的时间应为 $2L/c$，这样阀门的关闭将形成无数道向上游传播的微弱压缩波阵，它们将在管道入口反射为向下游传播的膨胀波阵，并与后来的微弱压缩波相交；当它们到达阀门时，还将反射为压强更低的膨胀波。这类水击波的计算是相当复杂的。

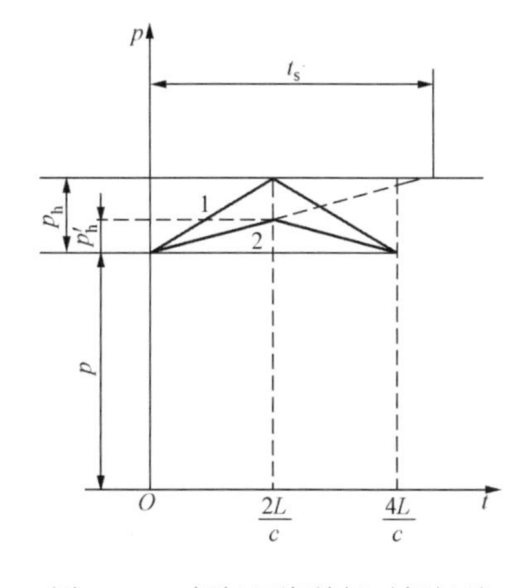

图 3-33 阀门逐渐关闭时阀门处的压强变化

阀门关闭的时间 $t<2L/c$，即第一道反射的膨胀波尚未到达阀门时，阀门已经完全关闭，阀门处将产生最大的水击压强 p_h，这种水击称为直接水击。阀门关闭的时间 $t>2L/c$，即反射的膨胀波陆续到达阀门时，阀门还没完全关闭，阀门处的压强将达不到最大水击压强 p_h，这种压强称为间接水击。图 3-33 中的 p_h' 代表的便是间接水击压强，阀门关闭时间 t 比 $2L/c$ 大得越多，阀门处的间接水击压强越低。

减弱水击的措施有以下三点：

（1）避免直接水击，在可能时尽量延长间接水击时

的阀门关闭时间；

(2) 采用过载保护，在可能产生水击的管道中设置蓄能器、调压塔或安全阀等以缓冲水击压强；

(3) 可能时减低管内流速，缩短管长，使用弹性好的管道等。

第八节　气穴和气蚀

一、气穴

在标准大气压强作用下，将水加热到100℃时，水就会沸腾，从液体内部逸出大量蒸汽，形成气化。但在高原上烧水，由于高原气压低，水温还没有达到100℃水就沸腾。可见，形成气化取决于温度和压强两个因素。在给定的温度条件下，水开始气化的临界压强（绝对压强）称为水的气化压强，以 p_v 表示。不同温度下，气化压强是不同的，其值可通过实验测定。水在不同温度的气化压强值见表3-5。

表3-5　不同温度时水的气化压强值

温度（℃）	0	5	10	20	30	40	50	60	70	80	90	100
气化压强 p_v（m水柱）	0.06	0.09	0.12	0.24	0.43	0.75	1.24	2.03	3.18	4.83	7.15	10.33

当水流某处的动水压强降低到相应水温的气化压强时，水就开始气化成蒸汽。例如通过文丘里流量计的水流，在喉管处因断面缩小，流速增大，动能也增大。由能量转化与守恒原理可知，喉管处的压强和势能会减小，当该处流速增加到很大，以致使压强降到该水温的气化压强时，水流内部便产生汽化。同时，没有被水溶解的许多人们肉眼看不到的微小空气（气核），在低压下也不断膨胀逸出。蒸汽和空气在这些低压区聚集，形成气泡，这种现象称为气穴（空穴），如图3-34所示。

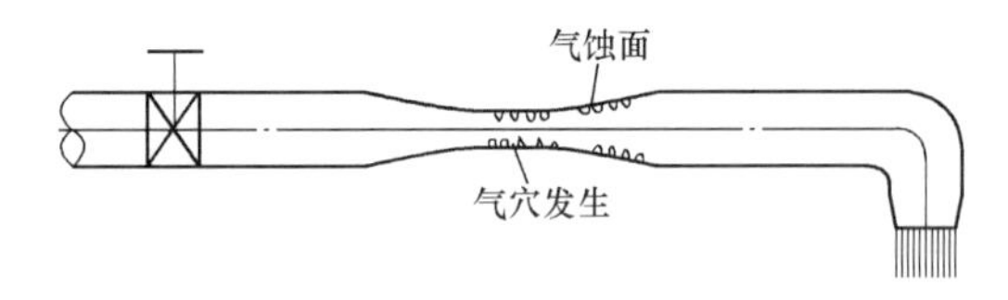

图3-34　文丘里流量计的气穴现象

气泡产生后随着水流向前运动，进入下游的高压区，在高压区内，气泡内外受压失去平衡，外压促使气泡骤然溃灭。气泡溃灭过程，时间极短，因此产生了巨大的冲击力，冲击水力机械或管壁等固体表面，久而久之，便引起材料疲劳破坏。

1. 基本概念

(1) 空气的分离压。在一定温度时，当液体压力低于某一数值时，溶解在液体中的空气会迅速分离出来，产生大量气泡——空穴，该压力称为空气分离压。

(2) 饱和蒸汽压。当液体压力低于一定数值时，液体本身便迅速气化，产生大量蒸汽时所对应的压力。

2. 气穴产生的原因

(1) 液体流过节流口、阀口或管道狭缝时，速度升高，压力降低。

(2) 液压泵吸液管道较小，吸液高度过大，阻力增大，压力降低。

（3）液压泵转速过高，吸液不充分，压力降低。

3. 气穴的危害性

（1）由气穴现象产生的大量气泡，有的会聚集在管道的最高处或通流的狭窄处形成气塞，使液流不畅，甚至堵塞，使系统不能正常工作。

（2）系统容积效率降低，使系统性能，特别是动态性能变坏。

（3）会使材料遭受破坏，降低液压元件的使用寿命。

4. 可能产生气穴的部位和预防措施

（1）产生气穴的部位。

泵的吸液口、液体流经节流部位、突然启闭的阀门、带大惯性负载的液压缸，以及液压马达在运转中突然停止或换向时等，都将产生气穴现象。

（2）预防措施。

1）减小流经节流口及缝隙处的压力降，一般希望节流口和缝隙前后压力 $p_1/p_2<3.5$。

2）正确设计管路，限制泵的吸液口离液面高度。

3）提高管道的密封性能，防止空气渗入。

4）提高零件的机械强度和降低零件的表面粗糙度，采用抗腐蚀能力强的金属材料。

二、气蚀

当低压区形成的气泡进入高压部位，气泡在压力作用下溃灭，由于该过程时间极短，气泡周围的液体加速向气泡中心冲击，液体质点高速碰撞，产生局部高温，温度可高达1149℃，冲击压力高达几百兆帕。在高温高压下，液压油局部氧化、变黑，产生噪声和振动，如果气泡在金属壁面上溃灭，会加速金属氧化、剥落，长时间会形成麻点、小坑，这种现象称为气蚀。

第九节　气体的一维流动

一、声速和马赫数

1. 声速

声速是微弱扰动波在介质中的传播速度。例如弹拨琴弦振动了空气，空气的压强、密度发生了微弱变化，这种状态变化在空气中形成一种不平衡的扰动，扰动又以波的形式迅速外传。人耳所能接收的振动频率有一定的范围，声速概念是把它作为压强、密度状态变化在流体中的传播过程看待，介质中的扰动传播速度皆称声速。

决定声速大小的压强随密度变化的规律与热力学过程有关。微弱扰动波在传播过程中引起的压强、密度和温度的增加量都很小，流体与周围介质没有热交换，黏性摩擦力的影响很小，可以忽略，即微弱压力扰动的传播过程可视为等熵过程。

对等熵方程式 $p/\rho^{\gamma}=c$，两边取对数后再求微分，得

$$\frac{\mathrm{d}p}{\mathrm{d}\rho}=\gamma\frac{p}{\rho}=\gamma RT$$

结合微分形式的声速公式 $c=\sqrt{\frac{\mathrm{d}p}{\mathrm{d}\rho}}$

得出

$$c=\sqrt{\gamma RT} \tag{3-85}$$

式（3-85）为声速计算公式，表明声波的传播速度与气体的常数 γ、R 有关，也与温度 T 有关。通常流场中各点的温度分布是不均匀的，某一地点的声速与该处温度有关，因此由式（3-85）求得的声速又称当地声速。

对于空气，等熵指数 $\gamma=1.4$、气体常数 $R=287\text{J/(kg·K)}$，空气中的声速 c 为

$$c=\sqrt{\gamma RT}=\sqrt{1.4\times287\times T}=20.1\sqrt{T}$$

在不同温度下，空气中的声速列于表 3-6 中。

表 3-6　　空气中的声速

海拔(km)	30	20	10	2	0
空气温度(℃)	−46.5	−56.5	−49.9	2	15
声速(m/s)	303	295	299	332	340

2. 马赫数

马赫数是气体动力学中非常重要的一个无量纲数，它指气体在空间某点的流速与当地声速之比，用 Ma 表示，即

$$Ma=\frac{u}{c} \tag{3-86}$$

对于完全气体来说

$$Ma=\frac{u}{\sqrt{\gamma RT}}=\frac{u}{\sqrt{\gamma\dfrac{p}{\rho}}} \tag{3-87}$$

由 $Ma^2=\dfrac{u^2}{\gamma RT}$ 可以看出，马赫数实际上表征的是气体宏观运动动能与气体内部分子动能的比值。当马赫数很小，即 $u\ll c$ 时，气体宏观运动动能只占气体分子热运动动能很小的一部分。因此，流速的改变对热力学状态的影响可以忽略不计。当马赫数很大时，气体宏观运动动能对改变热力学状态影响较大，此时便不可忽略流速的改变对热力学状态的影响。总之，气体的可压缩性与马赫数的大小有密切的关系。所以在气体动力学中用马赫数大小划分气体流动的速度范围，有以下几种情况：①$Ma\approx0$，即 $u\ll c$，不可压缩流动；②$Ma<1$，即 $u<c$，亚声速流动；③$Ma=1$，即 $u=c$，声速流动；④$Ma>1$，即 $u>c$，超声速流动；⑤$Ma\gg1$，即 $u\gg c$，高超声速流动。

另外，一般将 $Ma=0.8\sim1.2$ 称为跨声速流动，超声速流动和亚声速流动有着本质差别，而跨声速流动兼有亚声速流动和超声速流动，因而是更复杂的混合流动。

二、一元气体的流动特性

描述可压缩气体一元流动的基本方程是连续性方程、运动方程和能量方程。

1. 连续性方程

设气体在管道内作一元恒定流动，由质量守恒定律，气体通过任一过流断面的质量流量应相等，即

$$\rho uA=C$$

对上式两边取对数并求微分，可得微分形式的连续性方程，即

$$\frac{d\rho}{\rho}+\frac{\mathrm{d}u}{u}+\frac{\mathrm{d}A}{A}=0 \tag{3-88}$$

式（3-88）表示一元恒定气流沿流管的密度、流速和过流断面的面积三者相对变化量的代数和必须等于零。

2. 运动方程

在圆管中取一如图3-35所示的流体微段，应用牛顿第二定律 $\sum F = ma$，得

$$pA - (p + \mathrm{d}p)A - \tau_0 \pi D \mathrm{d}x = \rho A \mathrm{d}x \frac{\mathrm{d}u}{\mathrm{d}t}$$

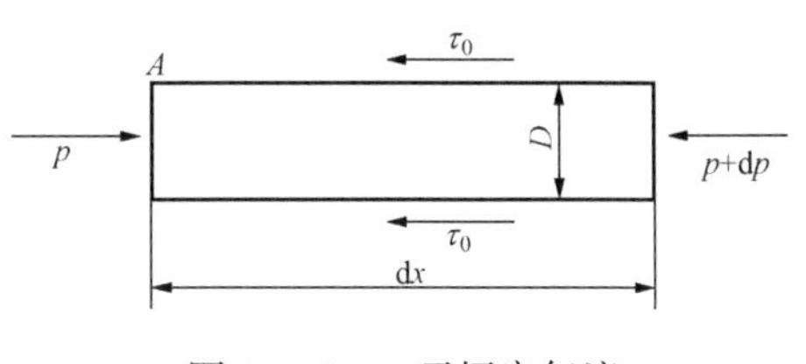

图3-35　一元恒定气流

对一元圆管内的恒定气流，有

$$\tau_0 = \frac{\lambda}{8}\rho u^2,\quad \frac{\mathrm{d}u}{\mathrm{d}t} = u\frac{\mathrm{d}u}{\mathrm{d}x},\quad A = \frac{1}{4}\pi D^2$$

代入上式，并简化得运动方程为

$$\frac{\mathrm{d}u}{u} + \frac{\mathrm{d}p}{\rho u^2} + \frac{\lambda}{2D}\mathrm{d}x = 0 \tag{3-89}$$

对理想气体，则 $\tau=0$，得运动方程

$$\frac{\mathrm{d}u}{u} + \frac{\mathrm{d}p}{\rho u^2} = 0 \quad 或 \quad \frac{\mathrm{d}p}{\rho} + \mathrm{d}\left(\frac{u^2}{2}\right) = 0 \tag{3-90}$$

3. 能量方程

对不可压缩流体的一元恒定流动，单位质量流体的机械能等于位能、压能和动能三者之和，即

$$zg + \frac{p}{\rho} + \frac{u^2}{2} = \mathrm{C} \tag{3-91}$$

在可压缩等熵气流中，单位质量气体的位能相对于压能和动能很小，可以忽略。而考虑能量转换中有热能参与，故应加入单位质量气体的内能 e 这一项。

对一元恒定等熵气流，流动中的能量守恒应表示为单位质量气体的内能、压能和动能这三者之和为一常数，即

$$e + \frac{p}{\rho} + \frac{u^2}{2} = \mathrm{C} \tag{3-92}$$

式中　e，p/ρ，$u^2/2$——单位质量气体所具有的内能、压能和动能。

方程式（3-92）的物理意义是沿流管单位质量气体的总能量守恒。这里所指的能量包括机械能（即动能和压能），也包括热能（即内能）。

可将等熵气流的基本方程写成

$$\frac{u^2}{2} + \left\{\begin{array}{l} e + \dfrac{p}{\rho} \\ h \\ c_p T \\ \dfrac{\gamma}{\gamma - 1}RT \\ \dfrac{\gamma}{\gamma - 1}\dfrac{p}{\rho} \\ \dfrac{c^2}{\gamma - 1} \end{array}\right\} = \mathrm{C} \tag{3-93}$$

式（3-93）实际上是6个方程，大括号表示并列关系，可以从中任取一项。这6种形式统称为基本方程式，它们具有同等效用，多种形式是为了适应不同需要。

因为气体基本方程式中包括机械能和热能，尽管实际流体有摩擦，会造成沿流管上机械能的降低和损耗，但只要所讨论的系统与外界不发生热交换，则损耗的机械能仍以热能的形式存在于系统中，虽然机械能有所降低，但热能却有所增加，总能量并不改变。因此，气体基本方程式既适用于理想气体可逆绝热流动（即等熵气流），也同样适用于实际流体的不可逆绝热流动。

使用气体基本方程式，不必区分理想或实际流体，但却要注意是否绝热。在绝热条件下，气流基本方程式才适用，绝热是能量方程的唯一限制条件。

三、气体一元流动的临界压力比

气体一元流动的临界压力比为

$$\beta=\frac{p_c}{p_0}=\left(\frac{2}{\gamma+1}\right)^{\frac{\gamma}{\gamma-1}} \tag{3-94}$$

式中 β——临界压力比，其值与气体性质有关；

p_c——临界压力；

p_0——工质出口流速为0时的喷管出口压力，即定熵滞止压力。

从式（3-94）可知，对无摩擦的绝热流动，临界压力比取决于等熵指数γ。在设计或选择喷管时，临界压力比很重要，是确定喷管外形的依据。气体的临界压力比见表3-7。

表3-7　气体的临界压力比

气体种类	γ	β	气体种类	γ	β
单原子气体	1.67	0.487	过热蒸汽	1.3	0.546
双原子气体	1.4	0.528	饱和蒸汽	1.135	0.577
多原子气体	1.3	0.546	湿蒸汽	$1.035+0.1x$	

注　x为干度。

第十节　两　相　流

一、垂直上升管中的气液两相流流动型式

在垂直不加热管道中，如果流道的截面积不变，含气率不变，则流型沿管长不发生变化。流动型式大致可分为下列几种，如图3-36所示。

1. 泡状流

这种流型的主要特征是气相不连续，即气相以小气泡形式不连续地分布在连续的液体流中。泡状流的气泡大多数是圆球形的，在管子中部气泡的密度较大。在泡状流刚形成时，气泡很小，而在泡状流的末端气泡可能较大，这种流动型式主要出现在低含气率区。

2. 弹状流

这种流型的特征是大的气泡和大的液体块相间出现。气泡与壁面被液膜隔开，气泡的长度变化相当大，而且在流动着的大气泡尾部常常出现许多小气泡。由于液体块和气泡互相尾随着出现，造成了流道内很大的密度差和流体的可压缩性，所以在这种流动型式下，容易出

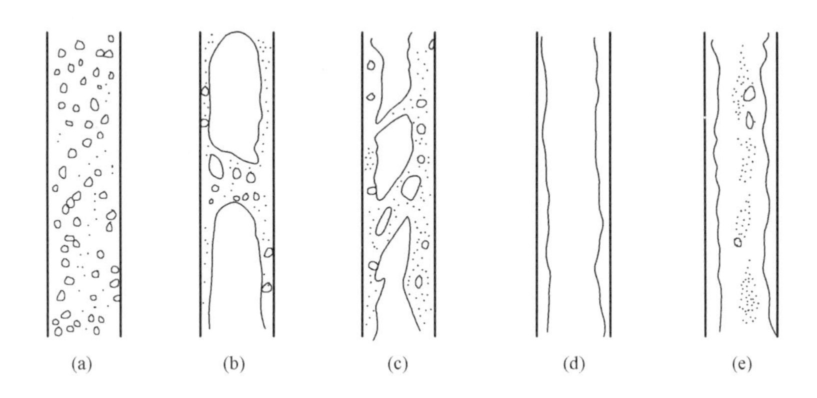

图 3-36 垂直上升不加热管中的流型

(a) 泡状流；(b) 弹状流；(c) 乳沫状流；(d) 环状流；(e) 细束环状流

现流动不稳定性，即流量随时间发生变化。弹状流存在的范围较小，当压力在 10MPa 以上时，观察不到弹状流动。

3. 乳沫状流

当管道中气相介质比上述情况再增加时，便形成了乳沫状流。乳沫状流是由于大气泡破裂所形成的，破裂后的气泡形状很不规则，有许多小气泡掺杂在液流中。这种流动的特征是振荡型的，液相在通道中交替上下运动，像煮沸的乳液一样。

4. 环状流

当气相含量比乳沫状流还高时，搅混现象逐渐消失，块状液流被击碎，形成气相轴心，从而产生了环状流。环状流的特征是液相沿管壁周围连续流动，中心则是连续的气体流。在液膜和气相核心流之间，存在着一个波动的交界面。由于波的作用可能造成液膜的破裂，使液滴进入气相核心流中；气相核心流中的液滴在一定条件下也能返回到壁面的液膜中来。这种流动型式在两相流中所占的范围最大，是一种最典型的流动型式。

5. 细束环状流

这种流型和环状流很接近，只是在气芯中液体弥散相的浓度足以使小液滴连成串向上流动，犹如细束。

二、垂直下降管中的气液两相流流动型式

在垂直管中气液两相流一起向下流动时的流型如图 3-37 所示，这些流型由空气—水混合物试验得出。在气液相做下降流动时的泡状流型和上升流动时的泡状流型不同。前者的气泡集中在管子核心部分，而后者则散布在整个管子截面上。

如果液相流量不变而使气相流量增大，则气泡将聚集成气弹。下降流动时的弹状流型比上升流动时的稳定。下降流动时的环状流动有几种流型，在气相及液相流量小时，有一层液膜沿管壁下流，核心部分为气相，这称为下降液膜流型；当液相流量增大，气相将进入液膜，这称为带气泡的下降液膜流型；当气液两相流量都增大时，会出现块状流型；在气相流量较高时，能发展为核心部分为雾状流动、壁面有液膜的雾式环状流型。

三、水平管中的气液两相流流动型式

水平流动与垂直流动的流型不一样。主要由于重力的影响使液体趋向管道底部流动，而气体则由于浮力的作用趋向于在管子的顶部流动，这造成了流动不对称性，使流动型式复杂

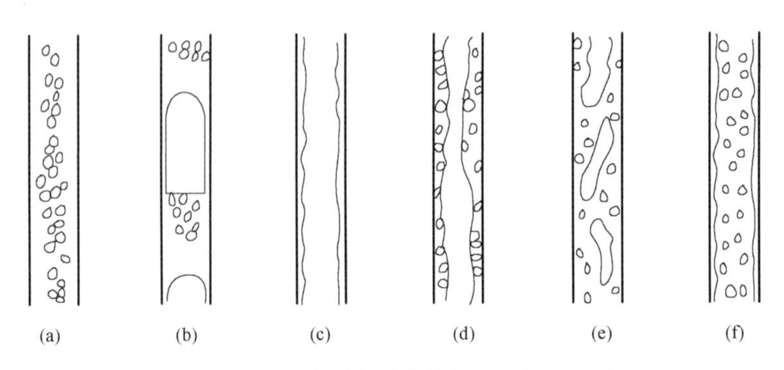

图3-37　垂直下降管中的气液两相流流型
(a) 泡状流；(b) 弹状流；(c) 下降液膜流；(d) 带气泡的下降液膜流；(e) 块状流；(f) 雾式环状流

化，如图3-38所示。

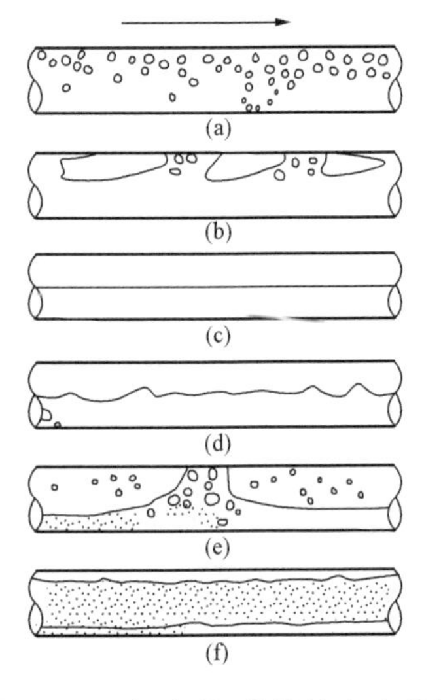

图3-38　水平不加热管的流动型式
(a) 泡状流；(b) 塞状流；(c) 分层流；(d) 波状流；(e) 弹状流；(f) 环状流

1. 泡状流

这种流型与垂直流动的泡状流相似，只是气泡趋向于在管道上部流动，而在通道的下部液体多、气体少。气泡的分布与流体的流动速度有很大关系，流速越低，气泡的分布越不均匀。

2. 塞状流

当泡状流中的气泡进一步增加时，气泡聚结长大而形成大气塞。这种塞状气泡一般都比较长，有点相似于垂直流动中的弹状流，在大气塞的后面，还会出现一些小气泡。

3. 分层流

这种流型出现在液相和气相的流速都比较低的情况下，是重力分离效应的极端情况。这时，气相在通道的上部流动，液相在通道的下部流动，两者之间有一个比较光滑的交界面。

4. 波状流

当分层流动中气体的流速增加到足够高时，在气相和液相的交界面上产生了一个扰动波。这个扰动波沿着流动方向传播，像波浪一样，所以称为波状流。

5. 弹状流

如果气相速度比波状流的速度更高，这些波最终会碰到流道的顶部表面而形成气弹，所以称为弹状流。此时，许多大的气弹在通道上部高速运动，而底部则是波状液流的底层。

6. 环状流

这种流型与垂直流动的环状流很相似，气相在通道中心流动，而液相贴在通道的壁面上流动。然而，由于重力的影响，周向液膜厚度不均匀，管道底部的液膜比顶部厚。这种流型出现在气相流速比较高的区域里，当壁面较粗糙时，液膜还可能不连续。

四、倾斜管中的气液两相流流动型式

现有的有关气液两相流流型的试验资料大多针对垂直管和水平管。而实际换热设备中和管路中不一定都是严格的水平管和竖直管，在实际工业设备中倾斜布置的管子为数不少，例如，空气冷却凝结器的大倾角管子、铺设在海底的小倾角管道，以及锅炉中的各种倾斜管等，但至今相关的试验资料很少。

五、流型之间的过渡

流动型式之间的过渡是确定流型的基础，不同流型之间的过渡不是突变的，而是比较模糊的一个过程，这方面的研究目前还不完善，有些界限还没有真正弄清，大致有以下几种类型：

1. 泡状流—弹状流过渡

这一转变是由于气泡的聚结引起的，气泡的碰撞聚结过程引起气泡的长大，并最终使泡状流过渡到弹状流。

2. 水平管中分层流动的出现范围

当气水混合物的速度很低时，由于重力分离作用，将产生分层流动。随着气相速度的提高，则分界面出现波浪和撕碎的现象，速度再高则转入弹状流动。

3. 弹状流—乳沫状流过渡

这个过渡可以与淹没过程建立联系。在淹没所对应的流动工况下，上升的气流破坏了液膜，使平稳的气液交界面遭到破坏，从而破坏了稳定的弹状流型。

4. 环状流—细束环状流过渡

乳沫状流向环状流的过渡可用流向反转表示。流向反转只与气相流量有关，而与液相流量无关。因为环状流动型式是液相在壁面气相的中心，且两者同时向上流动。所以用流向反转表示乳沫状流的过渡比较恰当。

5. 环状流—细束环状流过渡

这个过渡不太容易分辨，沃利斯（Wallis）曾提出了一个近似表达式，当满足此公式时，就是这个过渡的开始。

六、气固两相流

气固两相流的流动不仅受到气固两相的物性、各相的含量、流速、压力变化以及管道形状和布置方式的影响，还受到固体颗粒尺寸的影响。

1. 垂直上升气固两相流

如图 3-39 所示，垂直上升气固两相流可以分为以下两类：

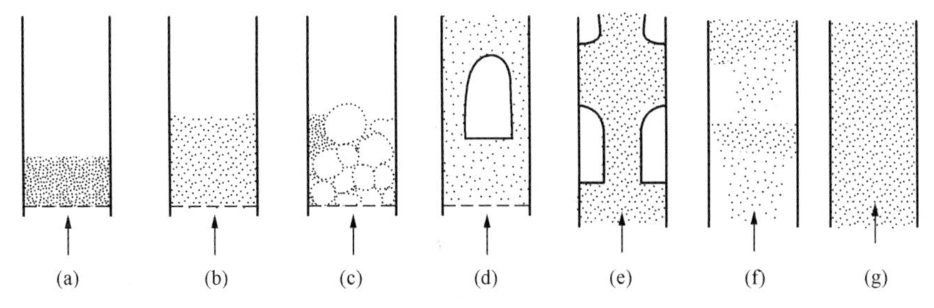

图 3-39　垂直上升气固两相流的流动结构

(a) 固定床流动结构；(b) 临界流化床流动结构；(c) 聚式流化床流动结构；
(d) 对称弹状流动结构；(e) 不对称弹状流动结构；
(f) 平端部弹状流动结构；(g) 散布状流动结构

（1）流化床。固体颗粒堆置在能使气体自下而上流过的床身上形成床层。当气体自下而上流入床层而流速又较低时，床层中的固体颗粒是静止的，为固定床流动工况。随着流速增加，流体在床层两端的压力降也将增大，当压力降与床层物料的重量相等时，部分颗粒向上移动，造成床层膨胀，空隙加大。由于此时固体颗粒在气流作用下处于类似流体的运动状态，即流化床。

由固定床工况刚转变为流化床工况的流动状态称为临界流化工况。此时的流化床称为临界流化床。临界流化床的床层均匀而平稳。随着气体速度进一步提高，床层的均匀和平稳状态受到破坏。在床层内，除了部分均匀疏松的处于临界流化工况的气固两相物料外，还有许多大小不一的气泡。这种流化床称为鼓泡汽化床或聚式流化床。在聚式流化床中，气泡上升运动产生的空缺固体颗粒进行填补。这种强烈的气固两相的相互作用，使固体颗粒时上时下、忽左忽右地强烈脉动。因此，床层中的传质和传热过程进行得十分迅速。

在一定的固体颗粒尺寸、固体颗粒浓度和气体流速下，处于流化床工况下的气固两相流会出现尺寸较大的气泡，形成具有圆弧形顶部的气弹，这种流动结构称为对称弹状流动结构；当气泡直径长大到接近通道横截面宽度时，会出现平端部的气弹，形成固体颗粒群被气泡隔成几段的流动结构。此时，固体颗粒群成活塞状向上运动，达到某一高度后崩裂，颗粒雨淋而下，这种现象称为腾涌，是一种不稳定的流动工况，这种流动结构称为平端部弹状流动结构。

在圆端部弹状流动结构与平端部弹状流动结构之间，在一定工况下还会出现带不对称的圆端部弹状流动结构的气固两相流流动工况，此时在气固两相流中沿通道截面宽度上会出现单个或两个不对称的气弹，这种流动结构称为不对称弹状流动结构。具有对称弹状流动结构或不对称弹状流动结构的气固两相流也都具有不稳定流动的特性。

随着床层内气体速度的增大，气体携带的固体颗粒增多。当气体流速超过一定极限速度，使全部固体颗粒均能随气体流动时，称为散布状流动结构，这种流动结构即为气力输送的流动工况。

（2）气力输送工况。气力输送工况的垂直上升气固两相流一般均为散布状流动结构。

2. 水平管中的气固两相流

水平管中的气固两相流主要用于以水平管道气力输送固体颗粒的场合。在垂直上升管道中，只要上升气流对固体颗粒的作用力等于固体颗粒的重量时，固体颗粒就能处于悬浮状态。在水平管道中的气固两相流，由于重力的作用方向是和气流流动方向相垂直的，因此要靠水平气流对固体颗粒产生的上举力克服固体颗粒重力后才能使固体颗粒处于悬浮状态。因而，要求固体颗粒较细、浓度较小及水平气流流速较高时才能得到水平管中的悬浮流动。

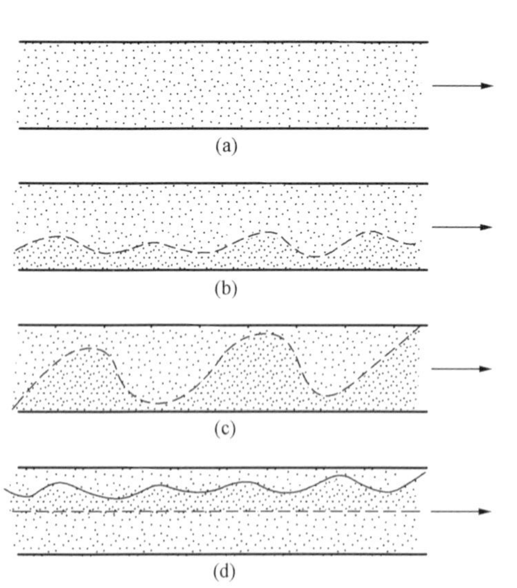

图 3-40 水平管中气固两相流的流动结构
（a）散布状流动结构；
（b）带固体颗粒丘的不对称散布状流动结构；
（c）固体颗粒间断流动的带移动床流动结构；
（d）带固定床的流动结构

图 3-40 是水平管道中的气固两相流的流动结构示意图，可有以下四种情况：

(1) 当气流流速较高时，气固两相流呈悬浮的散布状流动结构，但在管子下部固体颗粒密些；

(2) 当流速降低时，在管子底部出现固体颗粒丘，而管子上部仍为散布状流动的不对称散布状流动结构；

(3) 当气流流速进一步降低时，固体颗粒丘高度增大，开始堵塞管道，形成固体颗粒间断流动的带移动床流动结构；

(4) 当继续降低气流速度时，会出现管子底部固体颗粒完全停滞不动，仅有少量气固两相混合物在管子顶部掠过的带固定床的流动结构。

七、液固两相流

液固两相流在工程中的典型例子为水力输送。水力输送广泛见于动力、化工、造纸及建筑等工业。在这些工业中，用水力沿管道输送的有各种固体颗粒，如烟煤、泥煤、矿料、矿石、盐类等；也有用水和各种细颗粒混合成浆状输送物进行输送的，如水煤浆、纸浆及建筑材料浆等。其他像火力发电厂锅炉的水力除渣管道中流动的水渣混合物也属液固两相流范畴。

液固两相流的流动结构与气固两相流的相似。当然，在液固两相流中出现这些流动结构的具体工作参数和气固两相流不同。

第十一节 计算流体动力学

一、计算流体动力学的含义

计算流体力学（Computational Fluid Dynamics，CFD）是通过计算机数值计算和图像显示，对包含有流体流动和热传导等相关物理现象的系统所做的分析，它是一种集流体力学、数值计算方法及计算机图形学于一体的计算机模拟技术。CFD 的基本思想是把原来在时间域及空间域中连续分布的物理量的场，如速度场、压力场、温度场等，用有限个具有一定代数关系的离散点的集合来表示。通过一定方式建立关于这些离散点上场变量之间关系的代数方程组，进而求得流场中场变量的近似值。

CFD 技术是在流动基本方程如质量守恒方程、动量守恒方程、能量守恒方程和标量输运方程的控制下对流动状态的数值模拟。通过这种数值模拟，可以获得流场中各个位置上基本物理量如速度、压力、密度、温度、浓度等的定量分布，以及这些物理量随时间的变化情况，确定旋涡分布特性、空化特性和脱流区等。

CFD 技术为理论提供依据，帮助加深对实验结果的理解和解释，甚至发现新现象等方面，扮演了一个非常有价值的角色。CFD 方法与传统的理论分析方法、实验测量方法组成了研究流体流动问题的完整的体系，如图 3-41 所示。

二、利用 CFD 进行流动分析的步骤

采用 CFD 的方法对流体流动进行数值模拟，通常包括如下步骤。

(1) 建立反映工程问题或物理问题本质的数学模型。需要建立反映问题各个量之间关系的微分方程及相应的定解条件，这是数值模拟的出发点。没有正确完善的数学模型，数值模拟就毫无意义。流体的基本控制方程通常包括质量守恒方程、动量守恒方程、能量守恒方程，以及这些方程相应的定解条件。

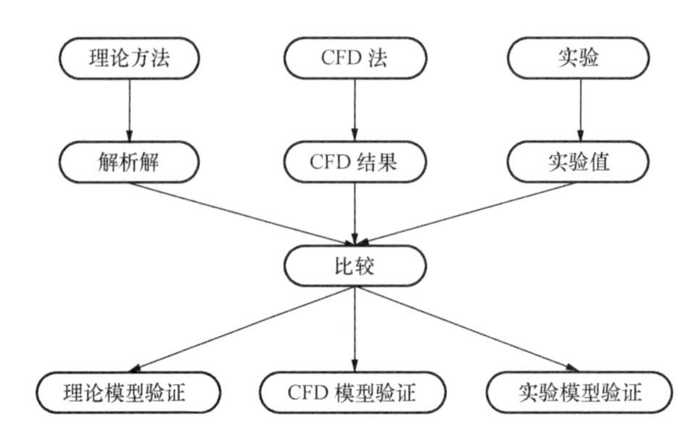

图 3-41 传统理论分析方法、CFD 方法和实验测量方法之间的关系

(2) 寻求高效率、高准确度的计算方法。即建立针对控制方程的数值离散化方法，如有限差分法、有限元法、有限体积法等。这里的计算方法不仅包括微分方程的离散化方法及求解方法，还包括贴体坐标的建立、边界条件的处理等。这些内容，是 CFD 方法的核心。

(3) 编制程序和进行计算。这部分工作包括计算网格划分、初始条件和边界条件的输入、控制参数的设定等。这是整个工作中花时间最多的部分。由于求解的问题比较复杂，比如 Navier - Stokes 方程就是一个十分复杂的非线性方程，数值求解方法在理论上不是绝对完善的，所以需要通过实验加以验证。正是从这个意义上讲，数值模拟又称为数值试验。

(4) 显示计算结果。计算结果一般通过图表等方式显示，这对检查和判断分析质量和结果有重要参考意义。

以上步骤构成了 CFD 数值模拟的全过程。其中数学模型的建立是理论研究的课题，一般由理论工作者完成。

三、计算流体动力学的特点

(1) 优点。CFD 方法的长处是适应性强，应用面广。首先，流动问题的控制方程一般是非线性的，自变量多，计算域的几何形状和边界条件复杂，很难求得解析解；而用 CFD 方法则有可能找出满足工程需要的数值解。其次，可利用计算机进行各种数值试验，例如，选择不同流动参数进行物理方程中各项有效性和敏感性试验，从而进行方案比较。再者，它不受物理模型和实验模型的限制，省钱省时，有较多的灵活性，能给出详细和完整的资料，很容易模拟特殊尺寸、高温、有毒、易燃等真实条件和实验中只能接近而无法达到的理想条件。

(2) 局限性。CFD 也存在一定的局限性。首先，数值解法是一种离散近似的计算方法，依赖于物理上合理、数学上适用、适合于在计算机上进行计算的离散的有限数学模型，且最终结果不能提供任何形式的解析表达式，只是有限个离散点上的数值解，并有一定的计算误差；其次，它不像物理模型实验那样一开始就能给出流动现象并定性地描述，往往需要由原体观测或物理模型试验提供某些流动参数，并需要对建立的数学模型进行验证；再者，程序的编制及资料的收集、整理与正确利用，在很大程度上依赖于经验与技巧。此外，因数值处理方法等原因有可能导致计算结果的不真实，例如产生数值黏性和频散等伪物理效应。此外 CFD 因涉及大量数值计算，因此常需要较高的计算机软硬件配置。

CFD 有自己的原理、方法和特点，数值计算与理论分析、实验观测相互联系、相互促进，但不能完全替代，三者各有各的适用场合。在实际工作中，需要注意三者的有机结合，争取做到取长补短。

四、计算流体动力学在流量计领域的应用

近十多年来，CFD 有了很大的发展，替代了经典流体力学中的一些近似计算法和图解法；过去的一些典型教学实验，如 Reynolds 实验，现在完全可以借助 CFD 手段在计算机上实现。所有涉及流体流动、热交换、分子输运等现象的问题，几乎都可以通过计算流体力学的方法进行分析和模拟。CFD 不仅作为一个研究工具，而且还作为设计工具在水利工程、土木工程、环境工程、食品工程、海洋结构工程，以及工业制造等领域发挥作用。

过去，针对流量计的研究主要借助于基本的理论分析和大量的物理模型试验。近年来，CFD 在流量计工业设计领域的应用研究日渐增多，已被成功用于涡轮流量计、超声流量计、涡街流量计、浮子流量计、孔板流量计、文丘里管等的研究中。用 CFD 计算，得到以下图例。

（1）均速管流量传感器速度场，如图 3-42 所示。

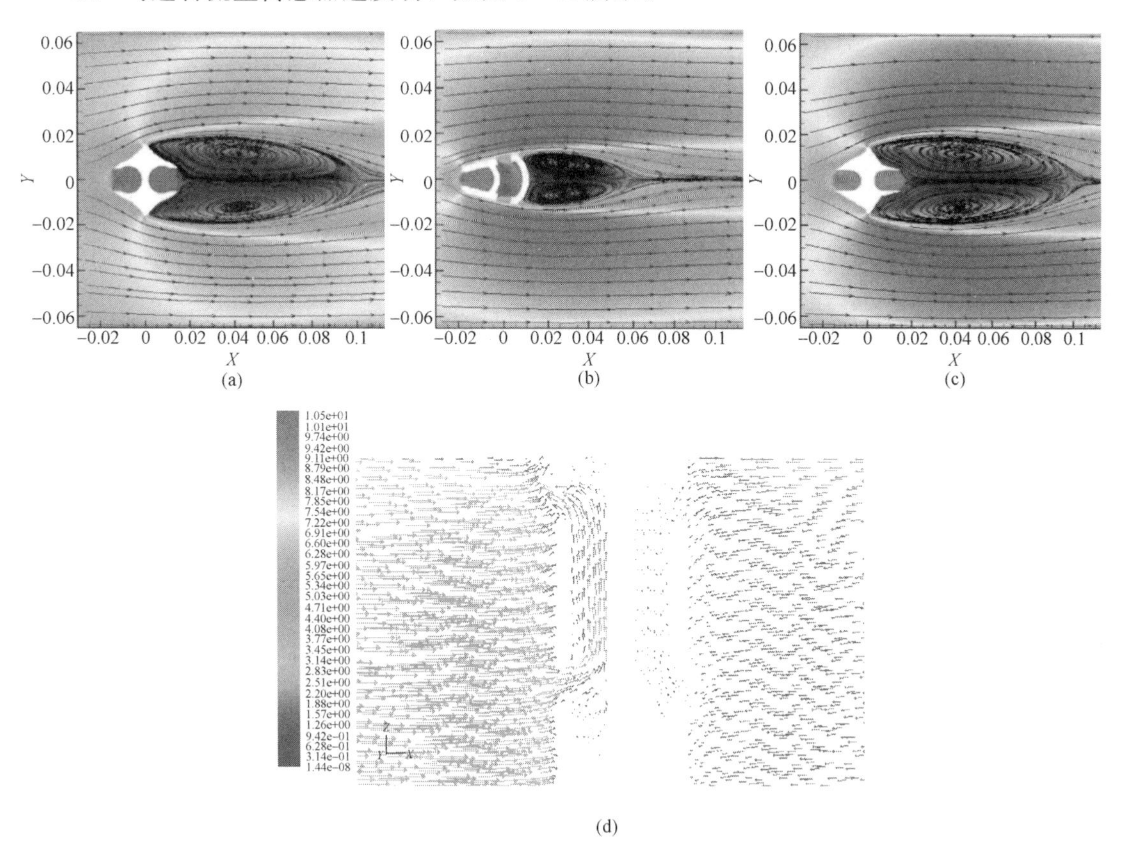

图 3-42　气体流速 5m/s 时均速管流量传感器速度场云图

（a）德尔塔巴均速管；（b）子弹头形均速管；（c）导流翼形均速管；

（d）检测杆内流体速度分布

（2）电厂二次风风量测量问题，可利用 CFD 仿真，分析管道截面流速分布。

（3）针对管路阻流件下游非充分发展流动状态下的流量测量问题，可利用 CFD 仿真，分析阻流件下游不同位置的流速分布，预测流量计测量性能，或优化流量传感器结构。例如，弯头是管路中常用的连接件，用CFD仿真分析，获得200 mm管径90°单弯头（弯径比$R/D=1$）下游，截面平均水流速度为2m/s时，不同位置的管道截面轴向流速分布，如图3-43所示。由图3-43可见，即使在弯头下游25D长度位置，流动仍处于非充分发展状态。

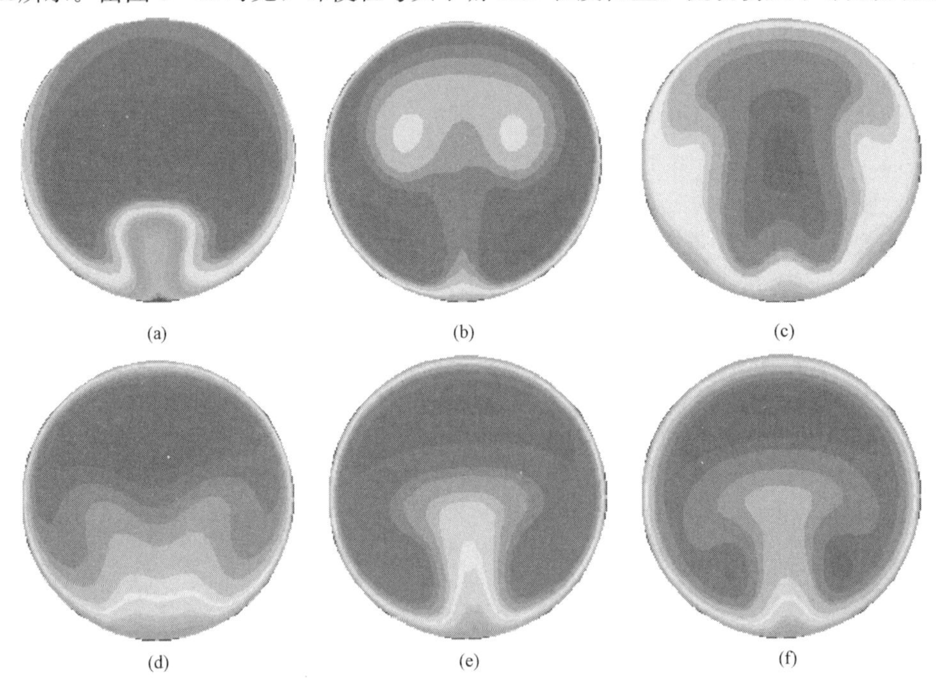

图3-43　90°单弯头下游不同位置的管道截面流速分布

(a) 0D；(b) 5D；(c) 10D；(d) 15D；(e) 20D；(f) 25D

(4) 蝶阀是工业管路系统中的常用设备，也是典型的阻流件之一。双偏心蝶阀全开状态的计算机仿真模型如图3-44所示。用CFD仿真分析，获得管径D为1m的全开蝶阀下游，截面平均水流速度为1m/s时，不同位置的管道截面上x、y、z三个方向的流速分布，如图3-45所示。

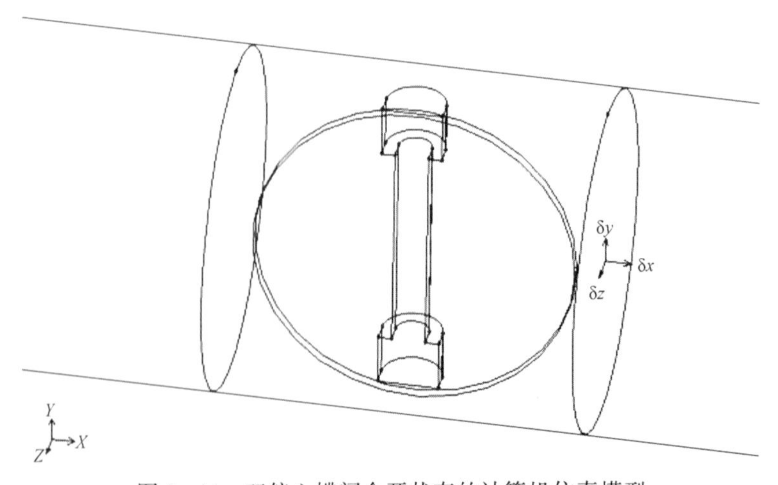

图3-44　双偏心蝶阀全开状态的计算机仿真模型

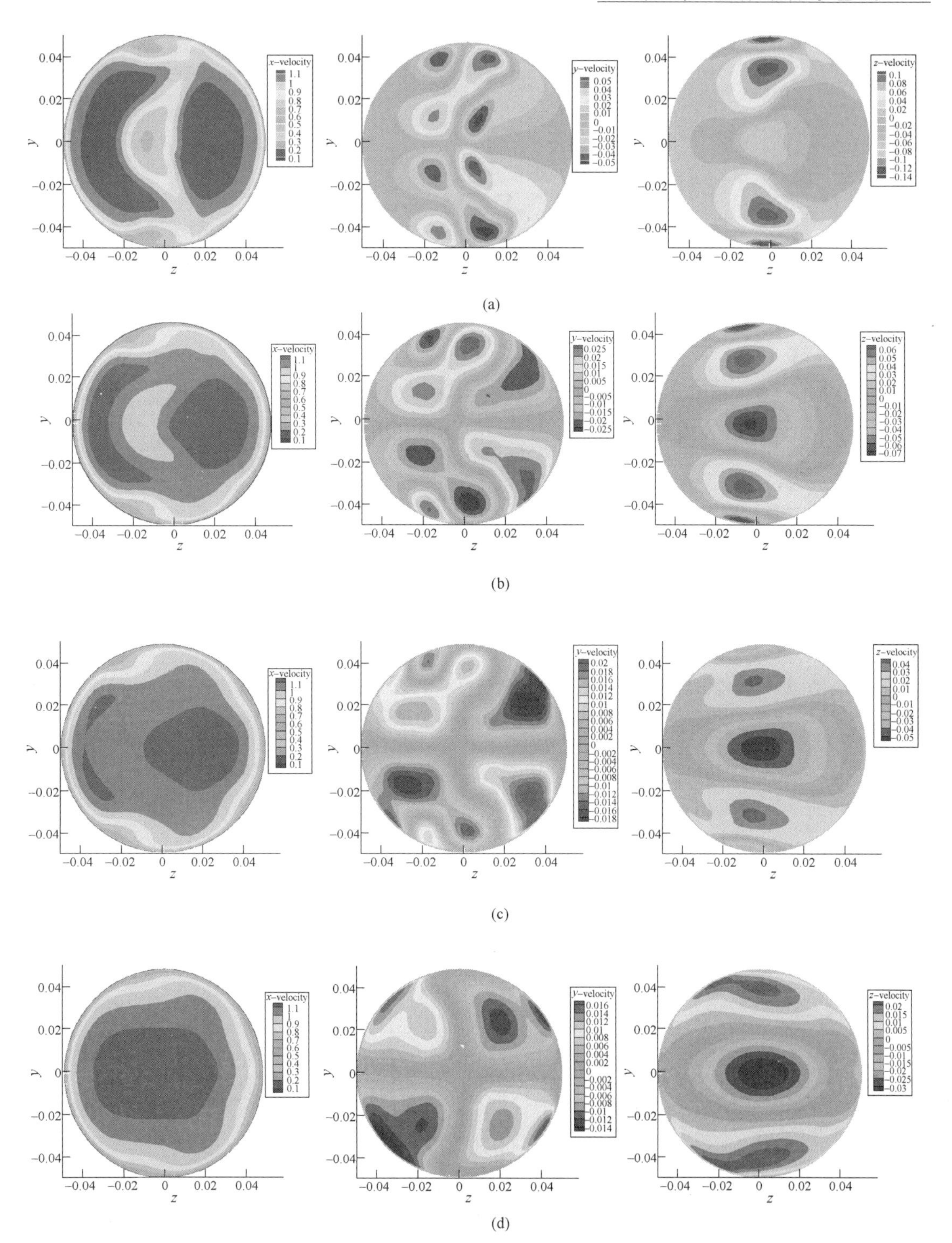

图 3-45 全开蝶阀下游不同位置的管道截面上 x、y、z 三个方向流速分布（一）

（a）全开蝶阀下游 1D 位置管道截面；（b）全开蝶阀下游 3D 位置管道截面；

（c）全开蝶阀下游 5D 位置管道截面；（d）全开蝶阀下游 10D 位置管道截面

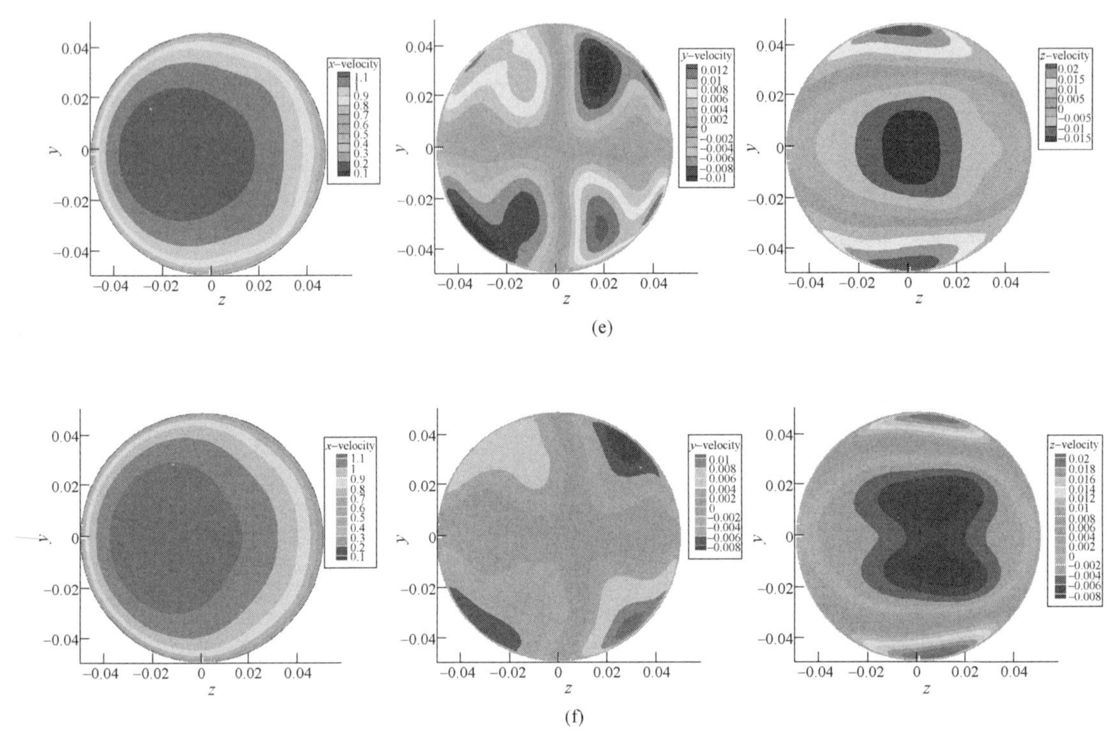

图 3-45 全开蝶阀下游不同位置的管道截面上 x、y、z 三个方向流速分布（二）
（e）全开蝶阀下游 15D 位置管道截面；（f）全开蝶阀下游 20D 位置管道截面

（5）双偏心蝶阀开度 20°（蝶阀从全关状态顺时针旋转 20°）的计算机仿真模型，如图 3-46所示。用 CFD 仿真分析，获得管径 D 为 1m、开度 20°的蝶阀下游、截面平均水流速度为 1m/s 时，不同位置的管道截面上 x、y、z 三个方向的流速分布，如图 3-47 所示。

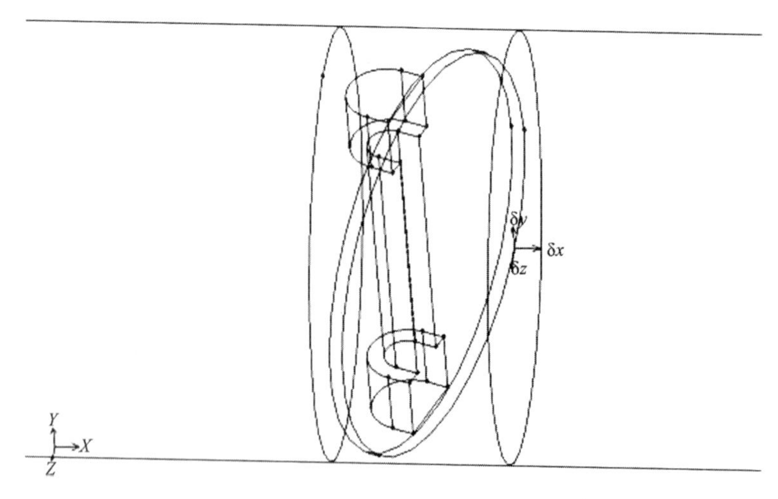

图 3-46 双偏心蝶阀开度 20°的计算机仿真模型

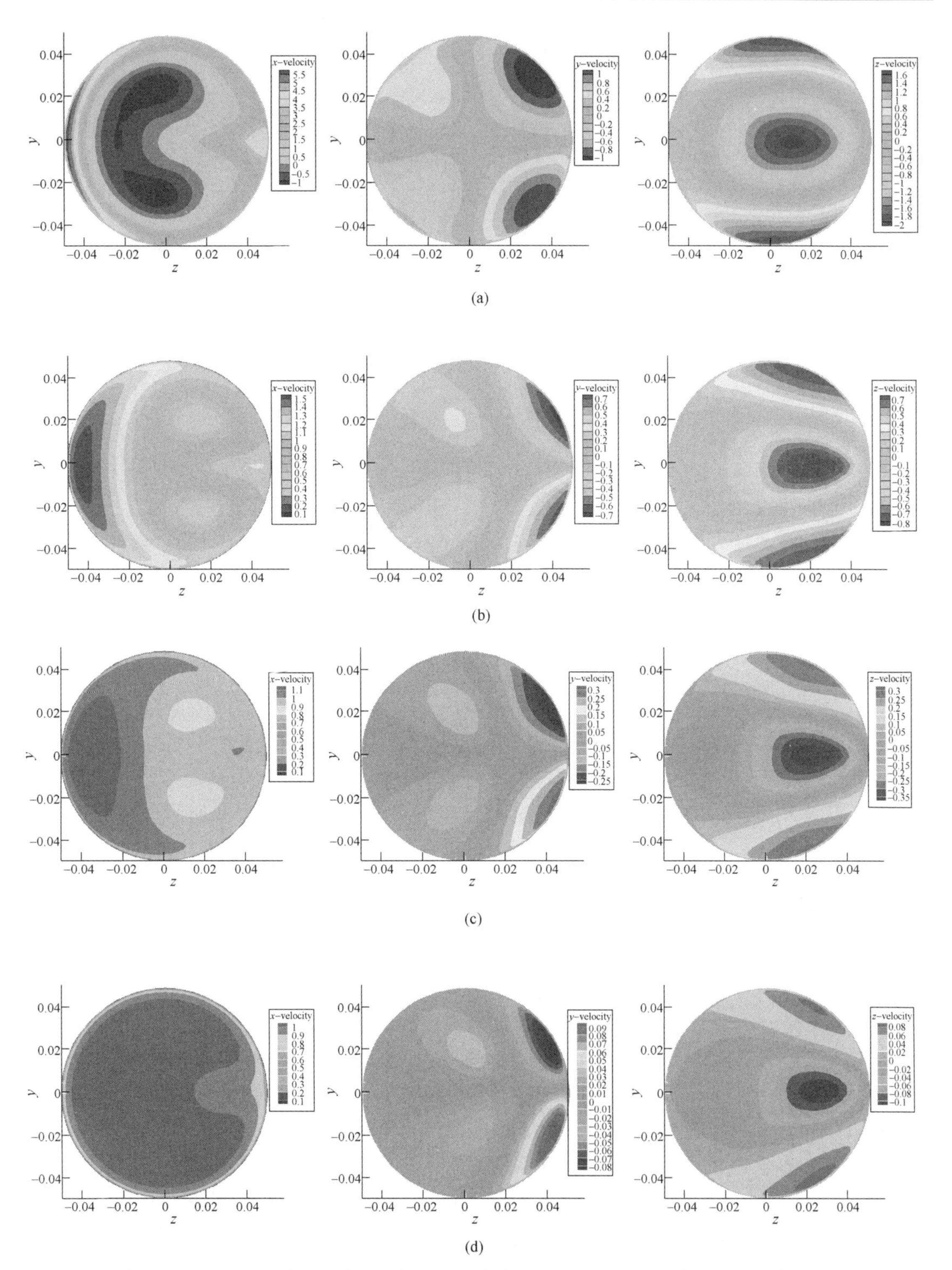

图 3-47　开度 20°蝶阀下游不同位置的管道截面上 x、y、z 三个方向流速分布（一）
(a) 开度 20°的蝶阀下游 1D 位置管道截面；(b) 开度 20°的蝶阀下游 3D 位置管道截面；
(c) 开度 20°的蝶阀下游 5D 位置管道截面；(d) 开度 20°的蝶阀下游 10D 位置管道截面

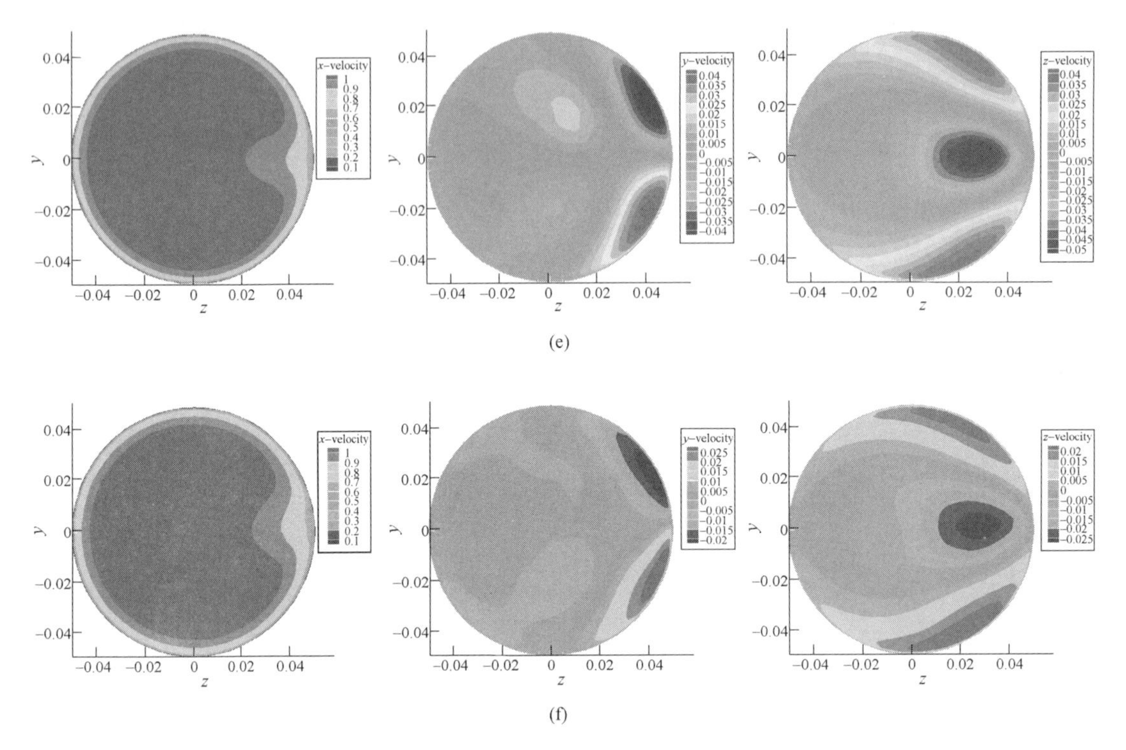

图 3-47　开度 20°蝶阀下游不同位置的管道截面上 x、y、z 三个方向流速分布（二）

（e）开度 20°的蝶阀下游 15D 位置管道截面；（f）开度 20°的蝶阀下游 20D 位置管道截面

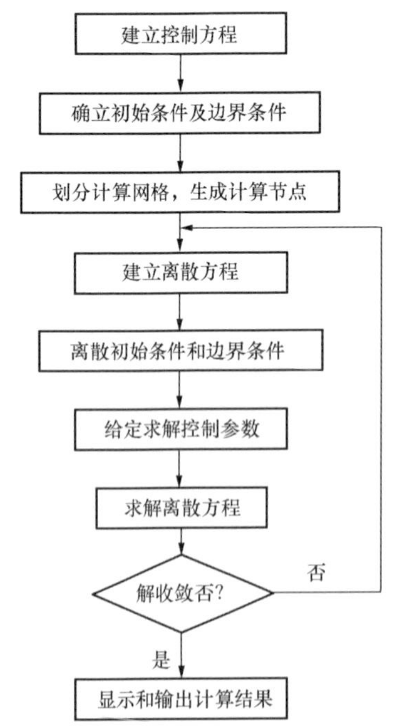

图 3-48　CFD 工作流程图

从以上案例可知，通过 CFD 技术可以在试验研究前，对装置、仪表做一个较全面的分析，从而节约了试验研究投资与时间，虽然它目前还不能准确到可以取代试验测试，但至少可以为试验研究定性地指明方向。所以，CFD 正越来越成为研究流量计特性，优化流量计结构和预测流量计性能的重要工具之一。

五、CFD 的求解过程

无论是借助商用软件完成 CFD 计算，还是自己直接编写程序，均需通过以下基本工作过程完成。

无论是流动问题、传热问题，还是污染物的运移问题，无论是稳态问题，还是瞬态问题，其求解过程都可用图 3-48 表示。

如果所求解的问题是瞬态问题，则可将图 3-48 的过程理解为一个时间步的计算过程，循环这一过程求解下个时间步的解。下面对各求解步骤做一简单介绍。

1. 建立控制方程

建立控制方程，是求解任何问题前都必须首先进行的。一般来讲，这一步比较简单。因为对于一般的流体流动而言，如对于水流在水轮机内的流动分析问题，若假定没有热交换发生，则可直接将连续方程与动量方程作为控制方程使用。当然，由于水轮机内的流动大多是处于湍流范围，因此一般情况下，需要增加湍流方程。

2. 确定初始条件及边界条件

初始条件及边界条件是控制方程有确定解的前提，控制方程与相应的初始条件、边界条件的组合构成对一个物理过程完整的数学描述。

初始条件是所研究对象在过程开始时刻各个求解变量的空间分布情况。对于瞬态问题，必须给定初始条件。对于稳态问题，不需要初始条件。

边界条件是在求解区域的边界上所求解的变量或其导数随地点和时间的变化规律。对于任何问题，都需要给定边界条件。例如，在锥管内的流动，在锥管进口断面上，可给定速度、压力沿半径方向的分布；而在管壁上，对速度取无滑移边界条件。

对于初始条件和边界条件的处理，直接影响计算结果的精度。

3. 划分计算网格

采用数值方法求解控制方程时，都是想办法将控制方程在空间区域上进行离散，然后求解得到离散方程组。要想在空间域上离散控制方程，必须使用网格。现已发展出多种对各种区域进行离散以生成网格的方法，统称为网格生成技术。

不同问题采用不同数值解法时，所需要的网格形式是有一定区别的，但生成网格的方法基本是一致的。目前，网格分结构网格和非结构网格两大类。结构网格在空间上比较规范，如对一个四边形区域，网格往往是成行成列分布的，行线和列线比较明显；而对于非结构网格，在空间分布上则没有明显的行线和列线。

对于二维问题，常用的网格单元有三角形和四边形等形式；对于三维问题，常用的网格单元有四面体、六面体、三棱体等形式。在整个计算域上，网格通过节点联系在一起。

目前各种 CFD 软件都配有专用的网格生成工具，如 Fluent 使用 GAMBIT 作为前处理软件。多数 CFD 软件可接收采用其他 CAD 或 CFD/FEM 软件产生的网格模型。如 Fluent 可以接收 ANSYS 所生成的网格。

当然，若问题不是特别复杂，用户也可自行编程生成网格。

4. 建立离散方程

对于在求解域内所建立的偏微分方程，理论上是有真解（或称精确解或解析解）的。但由于所处理问题自身的复杂性，一般很难获得方程的真解。因此，就需要通过数值方法把计算域内有限数量位置（网格节点或网格中心点）上的因变量值当作基本未知量处理，从而建立一组关于这些未知量的代数方程组，然后通过求解代数方程组得到这些节点值，而计算域内其他位置上的值则根据节点位置上的值确定。

由于所引入的因变量在节点之间的分布假设及推导离散化方程的方法不同，就形成了有限差分法、有限元法、有限体积法等不同类型的离散化方法。

在同一种离散化方法中，如在有限体积法中，对控制方程中的对流项所采用的离散格式不同，也将导致最终有不同形式的离散方程。

对于瞬态问题，除了在空间域上的离散外，还要涉及在时间域上的离散。离散后，将要涉及使用何种时间积分方案的问题。

5. 离散方程初始条件和边界条件

前面所给定的初始条件和边界条件是连续性的。如在静止壁面上速度为 0，现在需要针对所生成的网格，将连续型的初始条件和边界条件转化为特定节点上的值，如静止壁面上共有 90 个节点，则这些节点上的速度值应均设为 0。这样，连同上述在各节点处所建立的离散控制方程，才能对方程组进行求解。

在商用 CFD 软件中，往往在前处理阶段完成了网格划分后，直接在边界上指定初始条件和边界条件，然后由前处理软件自动将这些初始条件和边界条件按离散的方式分配到相应的节点上去。

6. 给定求解控制参数

在离散空间上建立了离散化的代数方程组，并施加离散化的初始条件和边界条件后，还需要给定流体的物理参数和湍流模型的经验系数等。此外，还要给定迭代计算的控制精度、瞬态问题的时间步长和输出频率等。

在 CFD 的理论中，这些参数并不值得去探讨和研究，但在实际计算时，它们对计算的精度和效率有着重要的影响。

7. 求解离散方程

在进行了上述设置后，生成了具有定解条件的代数方程组。对于这些方程组，数学上已有相应的解法，如线性方程组可采用 Gauss 消去法或 Gauss - Seidel 迭代法求解，而对非线性方程组，可采用 Newton - Raphson 方法。在商用 CFD 软件中，往往提供多种不同的解法，以适应不同类型的问题。这部分内容，属于求解器设置的范畴。

8. 判断解的收敛性

对于稳态问题的解，或是瞬态问题在某个特定时间步上的解，往往要通过多次迭代才能得到。有时，因网格形式或网格大小、对流项的离散插值格式等原因，可能导致解的发散。对于瞬态问题，若采用显式格式进行时间域上的积分，当时间步长过大时，也可能造成解的振荡或发散。因此，在迭代过程中，要对解的收敛性随时进行监视，并在系统达到指定精度后，结束迭代过程。

9. 显示和输出计算结果

通过上述求解过程得出了各计算节点上的解后，需要通过适当的手段将整个计算域上的结果表示出来。这时，可用以下方式表示计算结果：

（1）线值图，是指在二维或三维空间上，将横坐标取为空间长度或时间历程，将纵坐标取为某一物理量，然后用光滑曲线或曲面在坐标系内绘制出某一物理量沿空间或时间的变化情况。

（2）矢量图，是直接给出二维或三维空间里矢量（如速度）的方向及大小，一般用不同颜色和长度的箭头表示速度矢量，矢量图可以比较容易地让用户发现其中存在的旋涡区。

（3）等值线图，是用不同颜色的线条表示相等物理量（如温度）的一条线。

（4）流线图，是用不同颜色线条表示质点运动轨迹。

（5）云图，是使用渲染的方式，将流场某个截面上的物理量（如压力或温度）用连续变化的颜色块表示其分布。

现在的商用 CFD 软件均提供了上述各表示方式，用户也可以自己编写后处理程序进行结果显示。

六、CFD 软件结构

所有的商用 CFD 软件均包括前处理器、求解器、后处理器三个基本环节。

1. 前处理器

前处理器（preprocessor）用于完成前处理工作。前处理环节是向 CFD 软件输入所求问题的相关数据，该过程一般是借助与求解器相对应的对话框等图形界面来完成的。在前处理阶段需要用户进行以下工作：①定义所求问题的几何计算域；②将计算域划分成多个互不重叠的子区域，形成由单元组成的网格；③对所要研究的物理和化学现象进行抽象，选择相应的控制方程；④定义流体的属性参数；⑤为计算域边界处的单元指定边界条件；⑥对于瞬态问题，指定初始条件。

流动问题的解是在单元内部的节点上定义的，解的精度由网格中单元的数量所决定。一般来讲，单元越多，尺寸越小，所得到的解的精度越高，但所需要的计算机内存资源及 CPU 时间也相应增加。为了提高计算精度，在物理量梯度较大的区域，以及我们感兴趣的区域，往往要加密计算网格。在前处理阶段生成计算网格时，关键是要把握好计算精度与计算成本之间的平衡。

目前在使用商用 CFD 软件进行 CFD 计算时，有 50%以上的时间花在几何区域的定义及计算网格的生成上。可以使用 CFD 软件自身的前处理器生成几何模型，也可以借用其他商用 CFD 或 CAD/CAE 软件（如 PATRAN、ANSYS、I - DEAS、Pro/ENGINEER）提供的几何模型。此外，指定流体参数的任务也在前处理阶段进行。

2. 求解器

求解器（solver）的核心是数值求解方案。常用的数值求解方案包括有限差分、有限元、谱方法和有限体积法等。总体上讲，这些方法的求解过程大致相同，包括以下步骤：①借助简单函数近似待求的流动变量；②将该近似关系代入连续型的控制方程中，形成离散方程组；③求解代数方程组。

各种数值求解方案的主要差别在于流动变量被近似的方式及相应的离散化过程。有限体积法是目前商用 CFD 软件广泛采用的方法。

3. 后处理器

后处理的目的是有效地观察和分析流动计算结果。随着计算机图形功能的提高，目前的 CFD 软件均配备了后处理器（postprocessor），提供了较为完善的后处理功能，包括：①计算域的几何模型及网格显示；②矢量图（如速度矢量线）；③等值线图；④填充型的等值线图（云图）；⑤散点图；⑥粒子轨迹图；⑦图像处理功能（平移、缩放、旋转等）。

借助后处理功能，还可动态模拟流动效果，直观地了解 CFD 的计算结果。

七、常用 CFD 商用软件——Fluent 简介

一般认为 CFD 技术是从 20 世纪 60 年代中后期逐渐形成和发展起来的。最早的商用 CFD 软件 PHOENICS 诞生于 1981 年。以后推出的商用 CFD 软件，广泛使用的有 PHOENICS、CFX、STAR - CD、FIDIP、Fluent 等。

Fluent 是由美国 Fluent 公司于 1983 年推出的商用 CFD 软件，是目前功能全面、适用性广、国内使用比较多的 CFD 软件之一。它具有丰富的物理模型、先进的数值方法以及强大的前后处理功能。

Fluent 软件的设计基于 CFD 软件群的思想。针对各种复杂流动物理现象，提供了丰富的物理模型。用户可以选择使用不同的模型、离散格式和数值计算方法，以期在特定的领域内使计算速度、稳定性和精度等方面达到最佳组合，从而高效率地解决各个领域的复杂流动计算问题。

在网格划分方面，Fluent 软件支持非结构化网格、混合网格、动网格及滑动网格等技术。Fluent 中包含了非耦合隐式算法、耦合显式算法和耦合隐式算法三种算法，从而使其能适用于从低速不可压流动、跨声速流动，至超声速和高超声速流动等多种流动情况的模拟。在湍流模型方面，Fluent 一直处于 CFD 商业软件的领先地位。它不仅包含有经过大量实验验证的 Laminar 模型，Spalart - Allmaras 模型、k - ε 模型、k - ω 模型，也有针对各向异性湍流的雷诺应力模型（RSM）。高版本的 Fluent 软件还包含了大涡模拟模型（LES），并开发了分离涡模型（DES）。Fluent 软件的后处理功能也很强大，能够以动画、图形、曲线以及具体数字报告的方式对计算结果进行处理和分析。

目前，Fluent 软件主要包括 Fluent（解算器）、GAMBIT（几何结构建立和网格生成前处理程序）、TGrid（从已有的边界网格生成体网格）、Filters（转换其他程序生成的网格，用于 Fluent 计算）。在 Fluent 中，边界条件设置、求解流场、后处理等工作都能通过图形界面交互完成，比较方便。

参 考 文 献

[1] 孔珑．工程流体力学. 第 3 版．北京：中国电力出版社，2007.
[2] 于萍．工程流体力学．北京：科学出版社，2008.
[3] 张也影．流体力学. 第 2 版．北京：高等教育出版社，1999.
[4] 周光坰，严宗毅，许世雄，等．流体力学. 第 2 版．北京：高等教育出版社，2000.
[5] 赵汉中．工程流体力学．武汉：华中科技大学出版社，2011.
[6] 王惠民，王泽，张淑君．流体力学．南京：河海大学出版社，2010.
[7] 潘炳玉．流体力学泵与风机．北京：化学工业出版社，2010.
[8] 李福宝．李勤．流体力学．北京：冶金工业出版社，2010.
[9] 张书征．矿山流体机械．北京：煤炭工业出版社，2011.
[10] 陈卓如．工程流体力学．北京：高等教育出版社，2004.
[11] 朱一锟．流体力学基础．北京：北京航空航天大学出版社，1990.
[12] 孔珑．流体力学．北京：高等教育出版社，2000.
[13] 华绍曾，杨学宁．实用流体阻力手册．北京：国防工业出版社，1985.
[14] 钱锡俊，陈弘．泵和压缩机. 第 2 版．北京：中国石油大学出版社，2007.
[15] 阎昌琪．气液两相流．哈尔滨：哈尔滨工程大学出版社，2010.
[16] Hetsroni G. Handbook of Multiphase System. Hemisphere Publishing Corporation，1982.
[17] 林宗虎．气液两相流及沸腾传热．西安：西安交通大学出版社，1987.
[18] 周雪漪．计算水力学．北京：清华大学出版社，1995.
[19] 陶文铨．数值传热学. 第 2 版．西安：西安交通大学出版社，2001.

[20] 郭鸿志. 传输过程数值模拟 . 北京：冶金工业出版社，1998.
[21] 王福军. 计算流体动力学分析——CFD 软件原理与应用 . 北京：清华大学出版社，2004.
[22] 中国人民解放军总装备部军事训练教材编辑工作委员会 . 计算流体力学及应用 . 北京：国防工业出版社，2003.

第四章

流量测量误差与不确定度

第一节　概　　述

流量测量结果是否可信或测量的质量如何，是人们极其关心的问题。完整的测量结果应包括测量不确定度，它使人们能够了解测量量值的可信程度。测量误差和测量不确定度是两个不同的概念，测量误差只能表示测量结果的量值与真值或参考值的偏差，不能从统计学上表示测量结果的可信程度。国家计量技术规范 JJF 1059.1—2012《测量不确定度评定与表示》的依据是国际标准 ISO/IEC Guide 98-3：2008《测量不确定度 第3部分：测量不确定度表示指南》（简称 GUM），在评定和表示测量不确定度的方法，以及包括术语和使用符号，均采用国际标准的规范。

第二节　术语及概念

一、关于概率与统计的术语及其概念

1. 随机变量

可以取指定的一个具有概率分布的值集中的任意值的变量。

只能取孤立值的随机变量称为“离散随机变量”，能在一个有限或无限区间内取任意值的随机变量称为“连续随机变量”。

2. 概率

概率是一个0和1之间隶属于随机事件的实数。事件A的概率用 $P_r(A)$ 或 $p(A)$ 表示。

它与在相当长的一段时间内事件发生的相对频率有关，或与事件发生的可信程度有关，可信度高时概率接近1。

（1）在对某一个被测量重复测量时，可以得到一系列数据，这些数据称为观测值或测得值。测得值是随机变量，它们分散在某个区间内，概率是测得值在区间内出现的相对频率，即可能性大小的度量；这是测量不确定度A类评定的理论基础。由于测量的不完善或人们对被测量及其影响量的认识不足，概率也可以是测得值落在某个区间内的可信度的大小。对于那些不知道其大小的系统误差，可以认为是以一定的概率落在区间的某个位置，认为也属于随机变量。即系统误差落在该区间内的可信程度也可以用概率表征。这是测量不确定度B类评定的理论基础。

（2）在经典概率论与统计学中，“概率”称为“置信概率”“置信水平”。在 GUM 中将 p 称为“包含概率”。

（3）在概率论中，期望与标准偏差是表征概率分布的两个参数；由于实际测量只能进行有限次，所以在 GUM 中，用算术平均值作为期望的最佳估计，用标准不确定度作为标准偏差的估计。

（4）在概率论中具有一定置信概率的区间（a，b）称为置信区间，在 GUM 中称为“包含区间”。在概率论中通常用置信因子 k 乘以标准偏差 σ 得到置信区间的半宽度（$k\sigma$）。在 GUM 中用合成标准不确定度 u_c 乘以包含因子 k 获得扩展不确定度 U，即 $U=ku_c$，U 是包含区间的半宽度。区间的两个界限 a 和 b 分别称为区间的下限和上限，在概率论中区间的上、下限称为置信限。

（5）被测量的值 x 落在（a，b）区间内的概率可以用 $p(a\leqslant x\leqslant b)$ 表示，概率简写为 p，其值在 0～1 之间，$0\leqslant p\leqslant 1$。

3. 概率分布

给出了随机变量取任意给定值或取值于某给定集合的概率的函数称为随机变量的概率分布。随机变量在整个集合中取值的概率等于 1。一个概率分布可以采用分布函数或概率密度函数的形式表示。

（1）分布函数。

对于每个 x 值给出了随机变量 $X\leqslant x$ 的概率的一个函数称分布函数，用 $F(x)$ 表示，即

$$F(x) = P_r(X \leqslant x) \tag{4-1}$$

（2）概率密度函数。

分布函数的导数（当导数存在时）称为（连续随机变量的）概率密度函数，用 $p(x)$ 表示，即

$$p(x) = \mathrm{d}F(x)/\mathrm{d}x \tag{4-2}$$

$p(x)\mathrm{d}x$ 称为“概率元素”，即 $p(x)\mathrm{d}x=P_r(x<X<x+\mathrm{d}x)$

概率分布是单位区间内测得值出现的概率随测得值大小的分布情况。如图 4-1 所示，横坐标为测得值 x，纵坐标为概率密度函数 $p(x)$。

若已知某个量的概率密度函数 $p(x)$，则测得值 x 落在区间（a，b）内的概率 p 可用概率密度函数 $p(x)$ 从区间下限 a 到区间上限 b 的积分计算得到，即

$$p(a \leqslant X \leqslant b) = \int_a^b p(x)\mathrm{d}x \tag{4-3}$$

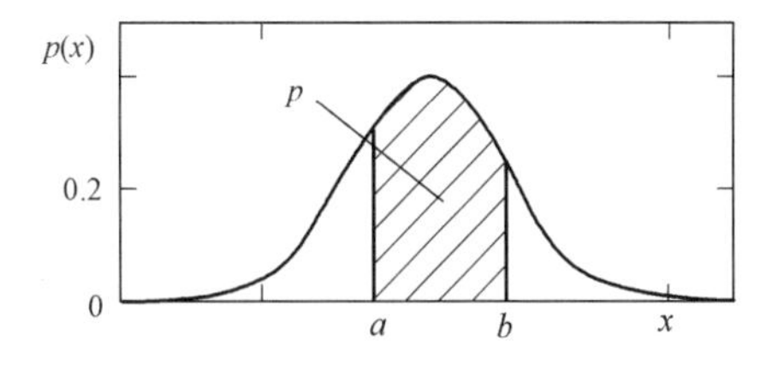

图 4-1　概率分布曲线

概率 p 是概率分布曲线以下在区间（a，b）内包含的面积（见图 4-1）。当 $p=0.9$ 时，表明被测量值有 90% 的可能性落在该区间内，该区间包含了概率分布下总面积的 90%。

4. 期望

期望又称概率分布或随机变量的均值或期望值。常用符号 $E(X)$ 或 μ 表示。

（1）离散随机变量 x 的期望是无穷多个离散值 x_i 与其相应概率 p_i 的乘积之和，设被测量 x 取值 x_i 时的概率为 p_i，被测量 X 的期望 $E(X)$ 用式（4-4）表示。即，期望是无穷多

次测量的平均值。

$$\mu = E(X) = \sum_{i=1}^{\infty} p_i x_i \tag{4-4}$$

（2）概率密度函数为 $p(x)$ 的连续随机变量 X 的期望 $E(X)$ 可用式（4-5）表示，即

$$\mu = E(X) = \int_{-\infty}^{+\infty} xp(x)\mathrm{d}x \tag{4-5}$$

（3）因为实际不可能进行无穷多次测量，所以期望只能通过数学运算得到，而有限次测量中不可得到。

（4）期望是概率分布曲线与横坐标轴所构成面积的重心所在的横坐标，所以期望是决定概率分布曲线位置的量。对于单峰、对称的概率分布来说，期望值在分布曲线峰顶对应的横坐标。

5. 标准偏差

（1）标准偏差是无穷多次测量的随机误差平方的算术平均值的正平方根值的极限，如式（4-6）所示。

$$\sigma = \lim_{n \to \infty} \sqrt{\frac{\sum_{i=1}^{n} (x_i - \mu)^2}{n}} \tag{4-6}$$

（2）μ 和 σ 对正态分布函数曲线的影响见图 4-2。

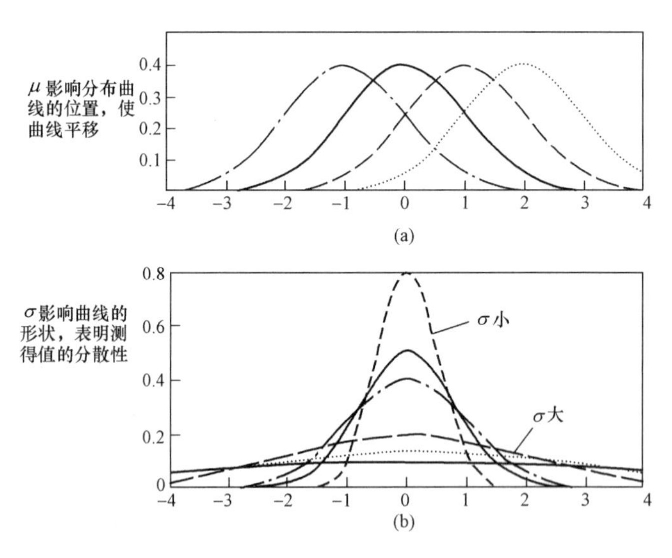

图 4-2 μ 和 σ 对正态分布函数曲线的影响

（a）μ 对正态分布函数曲线的影响；（b）σ 对正态分布函数曲线的影响

（3）由图 4-2 可见，标准偏差是表明测得值分散性的参数，σ 小表明测得值比较集中，σ 大表明测得值比较分散。

（4）标准偏差 σ 是无穷多次测量时的极限值，所以又称总体标准偏差。

期望和标准偏差是表征概率分布的两个特征参数。理想情况下，以期望表示被测量的测量结果的值，以标准偏差表示测得值的分散性。

期望和标准偏差都以无穷多次测量的理想情况定义，因此都是概念性术语，无法由测量直接得到。

6. 算术平均值——期望的最佳估计值

数值的和除以数值的个数称为算术平均值。

在相同条件下对被测量 x 进行有限次独立重复测量，得到一系列测得值 x_1，x_2，…，x_n，其算术平均值 $\overline{X}$ 为

$$\overline{X}=\frac{1}{n}\sum_{i=1}^{n}x_i \tag{4-7}$$

一系列测得值的算术平均值是其期望的最佳估计值。即当测量次数足够多时，随机变量 x 的若干独立测得值的平均值以无限接近于 1 的概率接近其期望 μ。算术平均值是有限次测量的平均值，所以是由样本构成的统计量。即使在同一条件下对同一量进行多组测量，每组的平均值都不相同，说明算术平均值本身也是随机变量。由于有限次测量时的算术平均值是其期望的最佳估计值，因此，通常用算术平均值作为测量结果的值。

7. 实验标准偏差——有限次测量时标准偏差的估计值

实际工作中不可能测量无穷多次，因此无法得到总体标准偏差 σ。用有限次测量的数据得到标准偏差的估计值称为实验标准偏差，用符号 s 表示。

在相同条件下，对被测量 x 做 n 次独立重复测量，每次测得值为 x_i，测量次数为 n，则实验标准偏差可按以下方法估计。

（1）贝塞尔公式法。

由有限次独立重复测量的一系列观测值计算算术平均值，代入式（4-8）得到单个测得值的实验标准偏差，即

$$s(x_k)=\sqrt{\frac{\sum_{i=1}^{n}(x_i-\overline{x})^2}{n-1}} \tag{4-8}$$

式中　n——测量次数；

$\overline{x}$——n 次测量的算术平均值；

$x_i-\overline{x}$——残差；

$n-1$——自由度 ν；

$s(x_k)$——单个测得值的实验标准偏差。

（2）极差法。

从有限次独立重复测量的一系列观测值中找出最大值 x_{max} 和最小值 x_{min}，得到极差 $R=(x_{max}-x_{min})$；根据测量次数 n 查表 4-1 得到极差系数 C 的值，代入式（4-9）得到实验标准偏差

$$s(x_k)=R/C=(x_{max}-x_{min})/C \tag{4-9}$$

表 4-1　　极差系数 C 值

n	2	3	4	5	6	7	8	9
C	1.13	1.69	2.06	2.33	2.53	2.7	2.85	2.97
ν	0.9	1.8	2.7	3.6	4.5	5.3	6.0	6.8

贝塞尔公式法是一种基本方法，但随着 n 的减小，其估计的不确定度增大，例如 $n=9$ 时，由这种方法估计的标准偏差具有的不确定度为 25%，而 $n=3$ 时标准偏差估计值的不确定度达 50%，因此使用时测量次数不宜太少。

当测量次数较少时，极差法的自由度接近贝塞尔公式法，即估计的标准偏差的不确定度仅略大于贝塞尔公式法，而极差法的最大优点是使用起来比较简便，因此通常在测量次数较少（例如 $n\leqslant6$）时使用。但当数据的概率分布偏离正态分布时，仍应以贝塞尔公式法的结果为准。

8. 算术平均值的实验标准偏差

若单个测得值的实验标准偏差为 $s(x_k)$，则算术平均值的实验标准偏差 $s(\bar{x})$ 由式（4-10）计算得到，即

$$s(\bar{x})=\frac{s(x_k)}{\sqrt{n}} \tag{4-10}$$

算术平均值的实验标准偏差 $s(\bar{x})$ 与测量次数 n 的关系如表 4-2 所示。

表 4-2　$s(\bar{x})/s(x_k)$ 与测量次数 n 的关系

n	2	3	4	6	8	10	14	16	18	20	30	40
$s(\bar{x})/s(x_k)$	0.7	0.6	0.5	0.4	0.35	0.31	0.27	0.25	0.24	0.22	0.18	0.10

由此可见，有限次测量的算术平均值的实验标准偏差与$\sqrt{n}$成反比。测量次数增加，$s(\bar{x})$减小，即算术平均值的分散性减小。尤其在 6 次以内时，多测量 1 次对标准偏差的减小有明显的效果。因为多次测量平均时，可使正负误差相互抵消，所以一般要用多次测量的算术平均值作为测量结果的值，在对测量要求高或重复性差时更要适当增加测量次数，以减小测量的 A 类标准不确定度。但当 $n>20$ 时，随着 n 的增加，$s(\bar{x})$ 的减小变得缓慢，而测量次数的增加意味着测量时间和测量成本的增加。因此一般情况下，n 为 3～20 次。

9. 自由度

自由度：在方差计算中，总和的项数减去总和中受约束的项数。

（1）在重复性条件下，通过 n 次独立测量确定一个被测量的估计值时，所得的样本方差为 $(\nu_1^2+\nu_2{}^2+\cdots+\nu_i^2+\nu_n^2)/(n-1)$，其中，$\nu_i$ 为残差，是各测得值与算术平均值之差 $\nu_i=x_i-\bar{x}$。由贝塞尔公式估计的实验标准偏差是被测量残差的统计平均值。和的项数即为残差的个数 n，被测量只有 1 个，即和的受约束的项数为 1。由此可得自由度 $\nu=n-1$。即，由贝塞尔公式估计标准偏差时，n 较大时残差和接近于零，因此 n 个残差中任何一个残差可以从另外 $n-1$ 个残差中推算出来，独立的残差项只有 $n-1$ 个，故自由度为 $n-1$。被测量只有 1 个时，为了估计被测量，只需测量 1 次，但为了提高测量的可信度而多测了 $n-1$ 次，多测的次数可以酌情规定，称为自由度。

（2）当用测量所得的 n 组数据按最小二乘法拟合的校准曲线确定 t 个被测量时，则自由度 $\nu=n-t$；如果另有 r 个约束条件，则自由度为 $\nu=n-(t+r)$。

（3）自由度反映了实验标准偏差的可靠程度。用贝塞尔公式估计实验标准偏差 s 时，s 的相对标准偏差约为$\sigma(s)/s=1/\sqrt{2\nu}$。若测量次数为 10，则 $\nu=9$，表明估计的 s 的相对标准偏差约为 0.24，可靠程度达 76%。所以，在给出标准偏差的估计值时，最好同时给出其自

由度，自由度越大，表明估计值的可信度越高。

（4）合成标准不确定度 $u_c(y)$ 的自由度，称为有效自由度，用符号 ν_{eff} 表示，它说明了所评定的合成标准不确定度的可靠程度，并可用于在评定扩展不确定度 U_p 时求得包含因子 k_p。

10．相关

两个或几个随机变量间的相互关系称相关性。如果 X 和 Y 是两个随机变量，其中一个量的变化会导致另一个量的变化，则这两个量是相关的。如 $Y=X_1X_2$ 中 $X_2=bX_1$，则 X_2 随 X_1 变化而变化，说明输入量 X_2 与 X_1 是相关的。

如果被测量 Y 是 X_1 和 X_2 的函数，$Y=f(X_1, X_2)$。若 X_1 与 X_2 本来是不相关的量，但对 X_1 和 X_2 都进行了温度修正，修正值都是根据同一个温度计测得的值确定的，则它们的修正值就相关了，经修正后的 X_1 和 X_2 也就相关了。

11．独立

如果两个随机变量的联合概率分布是它们每个概率分布的乘积，那么这两个随机变量是统计独立的。

相关与独立的关系如下：

（1）如果两个随机变量是独立的，那么它们的协方差和相关系数等于零。也就是说，独立的两个量一定不相关。

（2）不相关并不一定独立，即相关系数为零时两个随机变量不一定独立。

（3）只有在两个随机变量均为正态分布时，不相关必定独立。

12．协方差

协方差是两个随机变量相互依赖性的一种度量。

两个随机变量 X 和 Y 的协方差是各自的随机误差乘积的期望，用符号 $V(X, Y)$ 表示，即

$$V(X,Y)=V(Y,X)=E[(X-\mu_X)(Y-\mu_Y)]$$

$$V(X,Y)=V(Y,X)=\int_{-\infty}^{\infty}\int_{-\infty}^{\infty}(X-\mu_X)(Y-\mu_Y)p(X,Y)\mathrm{d}X\mathrm{d}Y$$

式中　$p(X, Y)$——两个连续变量的联合概率密度函数。

协方差是在无限多次测量条件下的理想概念。

有限次测量时两个随机变量 X 和 Y 的单个估计值 x 与 y 的协方差估计值用 $s(x, y)$ 表示。$s(x, y)$ 可由 X 和 Y 的 n 对独立同时观测值 x_i 和 y_i 获得，按式（4-11）计算，即

$$s(x,y)=\frac{1}{n-1}\sum_{i=1}^{n}(x_i-\overline{X})(y_i-\overline{Y}) \tag{4-11}$$

其中

$$\overline{X}=\frac{1}{n}\sum_{i=1}^{n}x_i,\ \overline{Y}=\frac{1}{n}\sum_{i=1}^{n}y_i$$

有限次测量时两个随机变量 X 和 Y 各自的算术平均值的协方差估计值可用 $s(\bar{x}, \bar{y})$ 表示，由式（4-12）给出，即

$$s(\bar{x},\bar{y})=\frac{s(x,y)}{n}\text{或}s(\bar{x},\bar{y})=\frac{1}{n(n-1)}\sum_{i=1}^{n}(x_i-\overline{X})(y_i-\overline{Y}) \tag{4-12}$$

13．相关系数

相关系数是两个随机变量之间相关程度的度量，它定义为两个随机变量间的协方差除以

它们各自的方差乘积的正平方根，用$\rho(X, Y)$表示，即

$$\rho(X, Y)=\rho(Y, X)=\frac{V(X, Y)}{\sqrt{V(Y, Y)V(X, X)}}=\frac{V(X, Y)}{\sigma_x\sigma_y}\quad(-1\leqslant\rho\leqslant 1)$$

（1）相关系数是［－1，＋1］间的一个纯数字。它表示两个量的相关程度。相关系数为零，表示两个量不相关。相关系数为正数，表明X与Y正相关，即随X增大Y也增大。相关系数为负数，表明X与Y负相关，即随X增大Y变小。相关系数为＋1，表明X与Y正强相关，相关系数为－1，表明X与Y负强相关。有时两个随机事件之间表面上没有确定的函数关系，只有内在的联系，而且这种联系又可能是随机的，这也是相关，相关系数说明了它们之间联系的松紧程度。

（2）相关系数是一个纯数字，通常比协方差更有用。

（3）相关系数的估计值$r(x, y)$。测量不可能无穷多次，因此无法得到理想的相关系数。根据有限次测量数据，相关系数的估计值$r(x, y)$可用式（4-13）求得，即

$$r(x, y)=\frac{\sum_{i=1}^{n}(x_i-\overline{X})(y_i-\overline{Y})}{\sqrt{\sum_{i=1}^{n}(x_i-\overline{X})^2+\sum_{i=1}^{n}(y_i-\overline{Y})^2}}=\frac{\sum_{i=1}^{n}(x_i-\overline{X})(y_i-\overline{Y})}{(n-1)s(x)s(y)}\quad[-1\leqslant r(x, y)\leqslant 1]\tag{4-13}$$

式中　$s(x)$，$s(y)$——x和y的实验标准偏差。

（4）协方差估计值$s(x, y)$与相关系数估计值$r(x, y)$的关系。

由式（4-11）和式（4-13）可推导得

$$s(x,y)=r(x, y)s(x)s(y)\text{或}r(x,y)=\frac{s(x,y)}{s(x)s(y)}\tag{4-14}$$

（5）相关系数的近似估计：如果输入估计值x_i和x_j是相关的，并且如果x_i变化δ_i，使x_j产生δ_j的变化，则x_i与x_j相应的相关系数可由式（4-15）近似估计，即

$$r(x_i,x_j)\approx u(x_i)\delta_j/[u(x_j)\delta_i]\tag{4-15}$$

式（4-15）可用作相关系数经验估计。如果两者的相关系数已知，那么此式也可用于计算由一个输入估计值变化而引起另一个变化的近似值。

14. 正态分布

正态分布的分布曲线形状如图4-3所示。一个连续随机变量X的正态分布的概率密度函数$p(x)$为

$$p(x)=\frac{1}{\sigma\sqrt{2\pi}}e^{\frac{-(x-\mu)^2}{2\sigma^2}}\quad(-\infty<x<+\infty)\tag{4-16}$$

式中　μ——X的期望；

σ——标准偏差。

（1）正态分布的特点。

1）单峰：概率分布曲线在均值μ处具有一个极大值。

2）对称分布：正态分布以$x=\mu$为其对称轴，

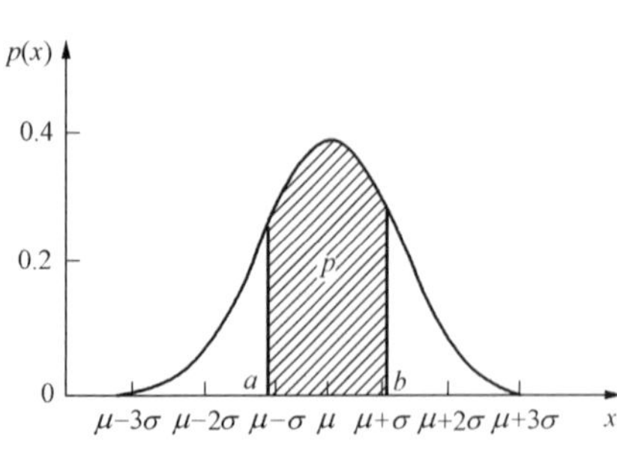

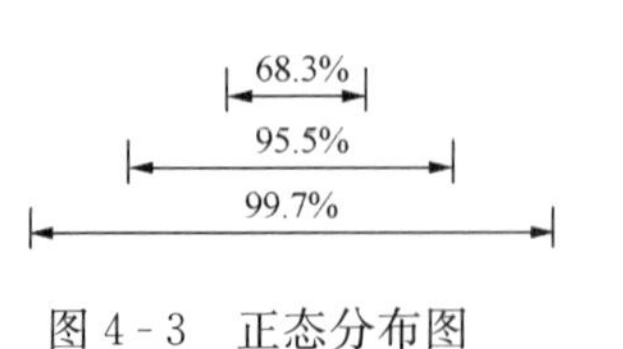

图4-3　正态分布图

分布曲线在均值 μ 的两侧是对称的。

3）当 $x\to\infty$或 $x\to-\infty$时，概率分布曲线以 x 轴为渐近线。

4）概率分布曲线在离均值等距离（即 $x=\mu\pm\sigma$）处两边各有一个拐点。

5）分布曲线与 x 轴所围成面积为 1，即各种样本值出现概率的总和。

6）μ 为位置参数，σ 为形状参数。μ，σ 能完全表达正态分布的形态，所以常用简略符合 $X\sim N$（μ，σ^2）表示正态分布。当 $\mu=0$，$\sigma^2=1$ 时，$X\sim N$（0，1）称为标准正态分布。

（2）正态分布的概率计算。

测得值落在（a，b）区间内的概率为

$$p(a\leqslant X\leqslant b)=\int_a^b p(x)\mathrm{d}x=\frac{1}{\sigma\sqrt{2\pi}}\int_a^b \mathrm{e}^{\frac{-(x-\mu)^2}{2\sigma^2}}\mathrm{d}x=\varphi(u_2)-\varphi(u_1) \qquad (4-17)$$

定义 $u=(x-\mu)/\sigma$，$\phi(z)=\dfrac{1}{\sqrt{2\pi}}\displaystyle\int_{-\infty}^{z}\mathrm{e}^{\frac{-u^2}{2}}\mathrm{d}u$ 为标准正态分布函数，即

$$p(a\leqslant X\leqslant b)=\phi(\frac{b-\mu}{\sigma})-\phi(\frac{a-\mu}{\sigma})$$

为计算方便，表 4-3 列出了部分标准正态分布函数值。

表 4-3　　标准正态分布函数

z	1.0	2.0	2.58	3.0
$\phi(z)$	0.84134	0.97725	0.99506	0.99865

令 $\delta=x-\mu$，设$|\delta|\leqslant3\sigma$，计算测得值 x 落在（$\mu-3\sigma$，$\mu+3\sigma$）区间内的概率。

由 $u=\delta/\sigma=\pm3$，$u_1=z_1=-3$，$u_2=z_2=3$，按式（4-17）计算概率，有

$$\begin{aligned}p(|x-\mu|\leqslant3\sigma)&=\phi(3)-\phi(-3)=2\phi(3)-1\\&=2\times0.99865-1=0.9973\end{aligned}$$

同样，设$|\delta|\leqslant2\sigma$ 时，$p(|x-\mu|\leqslant2\sigma)=\phi(2)-\phi(-2)=2\phi(2)-1=2\times0.97725-1=0.9545$

由此可见，区间（-3σ，3σ）在正态分布曲线下包含的面积占概率分布总面积的 99.73%。区间（-2σ，2σ）在正态分布曲线下包含的面积占概率分布总面积的 95.45%；即，当 $k=2$ 时，概率为 95.45%；当 $k=3$ 时，概率为 99.73%。

所以，在不确定度评定中，若输出量的概率分布接近正态分布，当包含因子 $k=2$ 时，测得值落在包含区间的概率约为 95%；当包含因子 $k=3$ 时，包含概率约为 99%。

15. t 分布

t 分布是连续随机变量 t 的概率分布。如果随机变量 X 是期望值为 μ 的正态分布，则变量$\dfrac{\overline{X}-\mu}{s(\overline{X})}$的分布为 t 分布。

$\overline{X}$ 是对随机变量 X 进行 n 次独立重复测量所得各测得值 x_i 的算术平均值，s 是 n 次测量的单个测得值的实验标准偏差，$s(\overline{X})=s/\sqrt{n}$是算术平均值的实验标准偏差，其自由度为 $\nu=n-1$。算术平均值与其期望之差与算术平均值的实验标准偏差之比为新的随机变量 t，该随机变量服从 t 分布，t 分布是两个随机变量之商的概率分布。

随机变量 t 为

$$t=\frac{\overline{X}-\mu}{s(x_i)/\sqrt{n}}=\frac{\overline{X}-\mu}{s(\overline{X})}$$

该随机变量服从自由度为 $n-1$、方差为 $s^2(x)/n$ 的 t 分布，可写成 $t_\nu[\overline{X}-\mu, s^2(x)/n]$。

t 分布的概率密度函数为

$$p(t)=\frac{\Gamma\left(\frac{\nu+1}{2}\right)}{\sqrt{\nu\pi}\Gamma(\nu/2)}\left(1+\frac{t^2}{\nu}\right)^{-(\nu+1)/2} \qquad (-\infty\leqslant t\leqslant+\infty)$$

其中，Γ 是伽马函数，$\Gamma(z)=\int_0^\infty t^{z-1}e^{-t}dt$，$z>0$。

ν 是 $s(\overline{X})$ 的自由度，为正整数。

t 分布是期望值为零的概率分布。当 $n\to\infty$ 时，t 分布趋近于 $\mu=0$ 且 $\sigma=1$ 的正态分布。t 分布如图 4-4 所示。

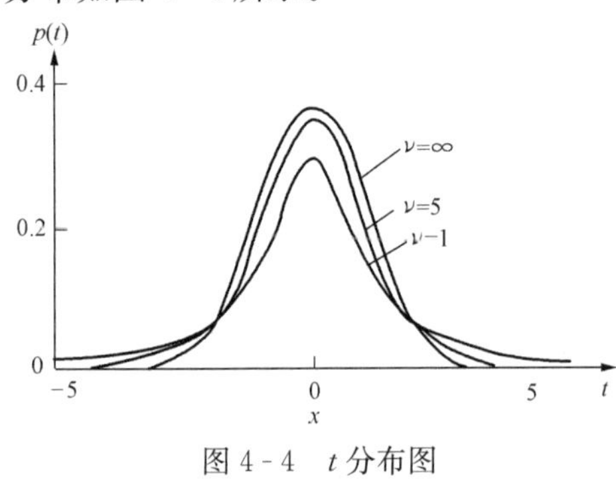

图 4-4　t 分布图

（1）由随机变量 t 的定义可见，当随机变量 X 是期望值为 μ 的正态分布时，$\overline{X}$ 以概率 p 落在 $\mu\pm ts(\overline{X})$ 区间内。所以 $ts(\overline{X})$ 为算术平均值的包含区间的半宽度，t 为其包含因子，它与自由度 ν 和包含概率 p 有关。所以，当用算术平均值作为被测量的最佳估计值时，为获得扩展不确定度 U_p，可根据要求的概率 p 和自由度 ν 查 t 分布的 t 值表得到 $t_p(\nu)$，该 $t_p(\nu)$ 值即包含因子 k_p。

（2）t 分布是一个对称分布，当变量为 $(\overline{X}-\mu)/s(\overline{X})$ 时，即 $t_\nu[\overline{X}-\mu, s^2(x)/n]$ 的 t 分布峰值对应的横坐标值为零。当变量为 $\overline{X}/s(\overline{X})$ 或变量为 $y/u_c(y)$ 时，即 $t_\nu(\overline{X}, s^2/n)$ 或 $t_{\nu_{eff}}[y, (U_p/k_p)^2]$ 时，t 分布峰值对应的横坐标值偏离零值，t 分布曲线发生平移现象；同时，对于不同的自由度时，t 分布的形状发生缩放现象（见图 4-4），所以后者又称“缩放平移 t 分布”或称“缩放位移 t 分布”。

（3）对测量过程进行核查时可以用 t 检验判定测量过程是否存在不可允许的系统误差，又称平均值检验，当满足式（4-18）时，可判断为测量过程的平均值受控。

$$t=\frac{\overline{X}-X_c}{s(\overline{X})}\leqslant t_p(\nu) \qquad (4-18)$$

式中　X_c——过程参数，由较长时间试验积累的数据得到的平均值；

$\overline{X}$——检查时测得的一组数据的算术平均值；

$s(\overline{X})$——$\overline{X}$ 的实验标准偏差。

$t_p(\nu)$ 值可根据 $s(\overline{X})$ 的自由度 ν 和要求的概率 p 查 t 分布的 t 值表得到，部分 t 值见表 4-4。

表 4-4　t 分布的 $t_p(\nu)$ 值（t 值）表

ν		4	5	6	7	8	9	10	12	14	16	18	20	30	40	60	∞
p	0.99	4.60	4.03	3.71	3.50	3.36	3.25	3.17	3.06	2.98	2.92	2.88	2.84	2.75	2.70	2.66	2.58
	0.95	2.78	2.57	2.45	2.36	2.31	2.26	2.23	2.18	2.14	2.12	2.10	2.09	2.04	2.02	2.00	1.96

16. 均匀分布

均匀分布为等概率分布，又称矩形分布，如图 4 - 5 所示。均匀分布的概率密度函数为

$$p(x)=\begin{cases}\dfrac{1}{a_{+}-a_{-}} & a_{-}\leqslant x\leqslant a_{+}\\ 0 & x>a_{+}\text{或}x<a_{-}\end{cases} \tag{4-19}$$

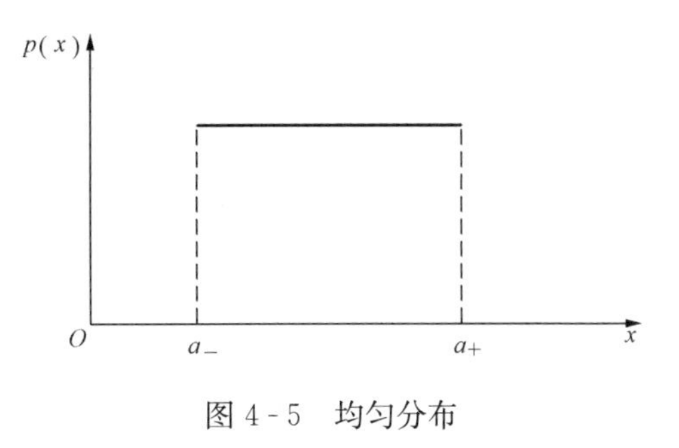

图 4 - 5　均匀分布

均匀分布的期望值为

$$\begin{aligned}E(x)&=\int_{-\infty}^{+\infty}xp(x)\mathrm{d}x\\&=\frac{1}{a_{+}-a_{-}}\int_{a_{-}}^{a_{+}}x\mathrm{d}x=\frac{a_{-}+a_{+}}{2}\end{aligned}$$

均匀分布的方差为

$$\begin{aligned}\sigma^{2}(x)&=E(X^{2})-[E(X)]^{2}\\&=\int_{-\infty}^{+\infty}x^{2}p(x)\mathrm{d}x-\left[\int_{-\infty}^{+\infty}xp(x)\mathrm{d}x\right]^{2}\\&=\int_{-\infty}^{+\infty}\frac{x^{2}}{a_{+}-a_{-}}\mathrm{d}x-\left(\frac{a_{+}+a_{-}}{2}\right)^{2}\\&=\frac{(a_{+}-a_{-})^{2}}{12}\end{aligned}$$

均匀分布的标准偏差为

$$\sigma(x)=\frac{a_{+}-a_{-}}{\sqrt{12}}$$

式中　a_{+}、a_{-}——均匀分布的置信区间的上限和下限。

当对称分布时，可用 a 表示均匀分布的区间半宽度，即 $a=(a_{+}-a_{-})/2$，则

$$\sigma(x)=a/\sqrt{3}$$

二、计量术语

1. 测量结果

与其他有用的相关信息一起赋予被测量的一组量值。

（1）测量结果由赋予被测量的值及有关其可信程度的信息组成。

赋予被测量的值是由测量得到的作为结果的值，测量得到的仅是被测量的估计值，其可信程度由测量不确定度定量表示。因此，测量结果通常表示为被测量的估计值及其测量不确定度，不确定度的相关信息包括取用的包含因子、包含概率，必要时还要给出不确定度的自由度。

（2）如果认为测量不确定度可以忽略不计，则测量结果可用一个测得的量值单独表示。若用多次测量的平均值作为测量结果的值，可以减小由随机影响引入的测量不确定度。

（3）对于间接测量，被测量的估计值由各直接测量的输入量的量值经计算获得，其中各直接测量的量值的不确定度都会对被测量的估计值的不确定度有贡献。

2. 测量误差

测得的量值减去参考量值，简称误差。

（1）测量误差的概念在以下两种情况下均可使用：①如果参考量值是唯一的真值或范围可忽略的一组真值表征，由于真值是未知的，测量误差也就是未知的，此时测量误差是一个概念性的术语；②当参考量值是约定量值或计量标准所复现的量值时，由测得值与参考量值之差可以得到测量误差，此时参考量值存在不确定度，获得的是测量误差的估计值。

（2）理想的测量误差是测得值偏离真值的程度，而实际上，测量误差的估计值是测得值偏离参考量值的程度。通常测量误差指绝对误差，但需要时可用相对误差表示。给出测量误差时必须注明误差值的符号，当测量值大于参考值时为正号，反之为负号。

（3）测量误差包括系统误差和随机误差两类不同性质的误差，如图 4-6 所示。

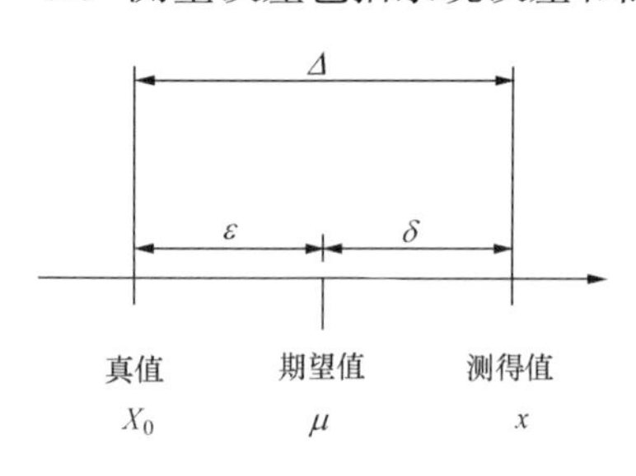

图 4-6　测量误差

Δ—测量误差，它是测得值与真值之差；
δ—测量的随机误差，它是测得值与期望值之差；
ε—测量的系统误差，它是期望值与真值之差

系统误差是在重复测量中保持恒定不变或按可预见的方式变化的测量误差的分量。它是在重复性条件下，对同一被测量进行无穷多次测量所得结果的平均值与参考量值之差。系统误差的参考量值是真值时，系统误差是一个概念性的术语。当用测量不确定度可忽略不计的测量标准的标准值，或给定的约定值作为参考量值时，可得到系统误差的估计值。由系统误差估计值可以求得修正值或修正因子，当已经获得系统误差估计值时，可对测得值进行修正。但由于参考量值是有不确定度的，因此系统误差估计值是有不确定度的，由系统误差估计值得到的修正值也是有不确定度的。另外，系统误差的来源可以是已知的或未知的，对已知的来源，可以从测量方法上采取各种措施予以减小或消除。

随机误差是在重复测量中按不可预见的方式变化的测量误差的分量。它是测得值与在重复性条件下对同一被测量进行无穷多次测量所得结果的平均值之差。一组重复测量的随机误差形成一种分布，该分布可以用期望和方差描述。随机误差是由影响量的随机时空变化所引入的，它们导致重复测量中数据的分散性。测量值的重复性就是由于所有影响测得值的影响量不能完全保持恒定而引起的。

（4）测量仪器的特性用“最大允许误差”“准确度等级”等表示。

（5）测量误差不应与测量中产生的错误和过失相混淆。测量中的过错常称为“粗大误差”或“过失误差”。

3. 测量精密度

在规定条件下，对同一或类似被测对象重复测量所得示值或测得值间的一致程度。规定的测量条件可以是重复性测量条件、复现性测量条件或期间精密度测量条件。精密度用于定义测量重复性、测量复现性或期间精密度。测量精密度只与测量的随机误差有关，而与系统误差无关。

4. 测量重复性

在一组重复性测量条件下的测量精密度，简称重复性。重复性测量条件是指相同的测量程序、相同的操作者、相同的测量系统、相同操作条件和相同地点并在短时间内对同一被测对象重复测量的一组测量条件。重复性用测得值的实验标准偏差定量表示。

5. 测量复现性

在复现性测量条件下的测量精密度，简称复现性。

复现性测量条件是指不同地点、不同操作者、不同测量系统、对同一或类似被测对象重复测量的一组测量条件。复现性测量条件还可能包括不同的测量原理、测量方法、测量时间等，不同的测量系统可以采用不同的测量程序。测量时可以改变这些条件中的一项或多项，在定量给出复现性时应说明改变和未变的测量条件及实际改变到什么程度。复现性也可以用在复现性测量条件下测得值的实验标准偏差定量表示。

6. 测量不确定度

根据所用到的信息，表征赋予被测量值分散性的非负参数，简称不确定度。

（1）赋予被测量的量值就是通过测量给出的被测量的估计值。测量不确定度是一个说明给出的被测量估计值分散性的参数，也就是说明测量结果的值的不可确定程度和可信程度的参数，它可以通过评定定量得到。例如，当得到测量结果为 $q_V=100\text{m}^3/\text{h}$、$U=1\text{m}^3/\text{h}(k=2)$，就可以知道被测量在（100±1）$\text{m}^3/\text{h}$ 区间内，包含区间表明了测量结果的不可确定的范围，由于取 $k=2$，所以在该区间内的包含概率约为 95%。这样就比仅给 $100\text{m}^3/\text{h}$ 给出了更多的可信度信息。

（2）测量结果的值是通过测量给出的被测量的最佳估计值。测得值具有分散性。分散性有两种情况：①由于各种随机性因素的影响，每次测量的测得值不是同一个值，而是以一定概率分布分散在某个区间内的许多值；②虽然有时存在着一个系统性因素的影响，引起的系统误差实际上恒定不变，但由于不能完全知道其值，也只能根据现有的认识，认为这种带有系统误差的测得值是以一定概率可能存在于某个区间内的某个位置，也就是以某种概率分布存在于某个区间内，这种概率分布也具有分散性。测量不确定度说明测得值的分散性，不说明测得值是否接近真值。

（3）测量不确定度用标准偏差表示，因为在概率论中标准偏差是表征随机变量或概率分布分散性的特征参数。实际用标准偏差的估计值表示测量不确定度。估计的标准偏差是一个正值，因此不确定度是一个非负的参数。

（4）通常测量不确定度由多个分量组成，用标准偏差表示的不确定度分量按评定方法分为两类：①一些分量的标准偏差估计值可用一系列测量数据的统计分析估算，用实验标准偏差表征；②另一些分量用基于经验或有关信息的假定的概率分布估算，也可用估计的标准偏差表征。不确定度来源包括随机影响和系统影响。

（5）规定测量不确定度也可用标准偏差的倍数或说明了包含概率的区间半宽度表示。测量不确定度包括标准不确定度、合成标准不确定度和扩展不确定度，用于不同场合对测量结果定量描述。

7. 标准不确定度

标准不确定度是以标准偏差表示的测量不确定度，全称为标准测量不确定度。

（1）标准不确定度用符号 u 表示。是指由标准偏差的估计值表示的测量不确定度，表征测得值的分散性。

（2）被测量估计值的不确定度往往是由许多来源引起的，对每个输入量评定的标准不确定度，用 u_i 表示。

（3）标准不确定度有两类评定方法：A 类评定和 B 类评定。

A类评定是对在规定测量条件下测得的量值用统计分析的方法进行测量不确定度分量评定。A类评定得到的标准不确定度用实验标准偏差定量表征。B类评定用不同于测量不确定度A类评定的方法进行评定。评定基于的有关信息包括权威机构发布的量值、有证标准物质的量值、校准证书、仪器的漂移、经检定的测量仪器的准确度等级、根据人员经验推断的极限值等。B类评定得到的标准不确定度用估计的标准偏差定量表征。

(4) A类评定的标准不确定度及B类评定的标准不确定度与"随机"及"系统"两种性质无对应关系。

8. 合成标准不确定度

由在一个测量模型中各输入量的标准不确定度获得的输出量的标准不确定度。即，由各标准不确定度分量合成得到的标准不确定度。

合成的方法称为测量不确定度传播律。在测量模型中若输入量间相关，则计算合成标准不确定度时必须考虑协方差，合成标准不确定度是这些输入量的方差与协方差的适当和的正平方根值。合成标准不确定度用符号 u_c 表示。合成标准不确定度仍然是标准偏差，它是输出量概率分布的标准偏差估计值，表征了输出量估计值的分散性。合成标准不确定度的自由度称为有效自由度，用 ν_{eff} 表示，它表明所评定的 u_c 的可靠程度。合成标准不确定度也可用相对形式表示，输出量的合成标准不确定度除以输出量的估计值 [$u_c(y)$ /$|y|$] 称相对合成标准不确定度，用符号 u_r 表示。

9. 扩展不确定度

扩展不确定度是合成标准不确定度与一个大于1的数字因子的乘积。

(1) 扩展不确定度用符号 U 表示，是合成标准不确定度扩展了 k 倍得到的，即 $U=ku_c$。k 是大于1的数字因子，其大小取决于测量模型中输出量的概率分布及所取的包含概率。

(2) 扩展不确定度是被测量值的包含区间的半宽度，即可以期望该区间包含了被测量值分布的大部分。扩展不确定度的示意如图4-7所示。图中横坐标是被测量值 Y，纵坐标是被测量值的概率密度函数，y 是被测量的最佳估计值，U 是扩展不确定度，[$y-U$，$y+U$] 为被测量值的包含区间，扩展不确定度就是该区间的半宽度，包含区间在概率分布曲线下所包含的面积就是包含概率 p。α 称显著性水平 ($\alpha=1-p$)，表示被测量值落在包含区间外的概率。

(3) 若输出量近似正态分布，且 u_c 的有效自由度较大，则取 $U=2u_c$ 时，表征了被测量值 Y 在 ($y-2u_c$，$y+2u_c$) 区间内包含概率约为95%；而 U 为 $3u_c$ 时，表征了被测量值 Y 在 ($y-3u_c$，$y+3u_c$) 区间内包含概率约为99%以上。

(4) 扩展不确定度也可以用相对形式表示，例如：用 $U(y)$ /$|y|$ 表示相对扩展不确定度，必要时也可用符号 $U_r(y)$、U_r 表示。

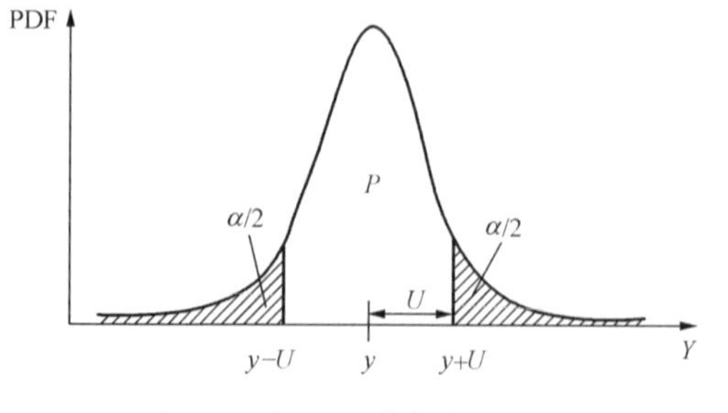

图4-7 扩展不确定度示意图

(5) 说明具有包含概率为 p 的扩展不确定度时，可以用 U_p 表示，例如 U_{95} 表明了包含概率为95%的包含区间的半宽度。

(6) 由于 U 是表示包含区间的半宽度，而 u_c 是用标准偏差表示的，都是非负的参数，因此 U 和 u_c 单独定量表示时，数值前都不必加正负号，如 $U=0.05$m/s，不应写成

$U=\pm0.05\mathrm{m/s}$；$u_c=1\%$，不应写成 $u_c=\pm1\%$。由于 u_c 是标准偏差，而不是标准偏差的倍数，因此不应写成 $u_c=1\%$（$k=1$）。

10. 包含因子

为求得扩展不确定度，与合成标准不确定度相乘的大于 1 的数。包含因子用符号 k 表示，$k=U/u_c$。当用于表示包含概率为 p 的包含因子时用符号 k_p 表示，$k_p=U_p/u_c$。一般 k 在 2～3 范围内。在概率论和统计学术语中，与标准偏差相乘的因子称为“置信因子”，也用符号 k 表示。

11. 包含区间

基于可获得的信息确定的包含被测量一组值的区间，被测量值以一定概率落在该区间内。包含区间可由扩展不确定度导出，例如若被测量的最佳估计值为 y，在获得扩展不确定度 U 后，则包含区间为（$y-U$，$y+U$）。包含区间不一定以所选的测得值为中心。如果测得值的概率分布为对称分布，则包含区间以最佳估计值为中心。

12. 包含概率

在规定的包含区间内包含被测量一组值的概率。包含概率用符号 p 表示。$p=1-\alpha$，α 为显著性水平。包含概率表明测量结果的取值区间包含了概率分布下总面积的百分数；表明了测量结果的可信程度。而显著性水平表明测量值落在区间外的部分占概率分布总面积的百分数。包含概率可以用 0～1 之间的数表示，也可以用百分数表示。例如包含概率为 0.95 或 95%。

13. 测量模型

指测量中涉及的所有已知量间的数学关系。如果测量模型为 $Y=f(X_1,\ \cdots,\ X_N)$，其中 Y 称测量模型的输出量，X_1，…，X_N 称测量模型的输入量。输入量的估计值用 x_i 表示，输出量的估计值用 y 表示，则测量模型可以写成 $y=f(x_1,\ \cdots,\ x_N)$。在测量模型中，由输入量的已知量值计算得到输出量的估计值时，输出量与输入量之间的函数关系称为测量函数，测量函数用算法符号 f 表示。

14. 仪器的测量不确定度

由所用的测量仪器或测量系统引起的测量不确定度的分量。用某台测量仪器或测量系统对被测量进行测量可以得到被测量的估计值，仪器的不确定度是被测量估计值的测量不确定度的一个分量，通常它可能是一个主要分量。

仪器的测量不确定度的大小是测量仪器或测量系统自身计量特性所决定的。对于原级计量标准通常是通过不确定度分析和评定得到其测量不确定度。对于一般的测量仪器或测量系统，仪器的不确定度可以通过计量标准对测量仪器的校准得到。此外，对于检定合格的测量仪器，可在仪器说明书中查到仪器的有关信息，如仪器的最大允许误差等计量特性，然后按 B 类评定得到仪器的标准不确定度。

不要把仪器的最大允许误差或仪器的示值误差直接称为仪器的不确定度。

第三节　使用皮托管和速度—面积法测量封闭管道中流量的误差评定

这部分仅以 ISO 3966《Measurement of fluid flow in closed conduits — Velocity area method using Pitot static tubes》中的误差评定为例，说明流量测量误差评定的一般过程，关于各个误差分项的深入分析，可参考标准的相关部分。

一、皮托管测量局部流速的误差

（一）随机误差

1. 差压测量误差

由于差压表、差压表和皮托管之间的引压管，以及操作者的同时影响，差压测量受到随机误差 $\delta_{\Delta p}$的影响。这一项误差中，不包括一些干扰因素的影响，如波动的影响，这些干扰因素的影响，下面会单独列出。

2. 由于流速缓慢波动产生的误差

如果测量时间不够长，没法对流速的缓慢波动做出正确的积分，就会产生随机误差 δ_f。随着在一个点上的测量次数和测量持续时间的增加，这项误差会减小。

3. 密度误差

由于温度、压力测量的不准确，以及流体的洁净程度，密度测量存在误差 δ_ρ。这项误差主要受流体特性及其所处状态的影响。

4. 可压缩性校正计算的误差

在计算可压缩性（1－ε）的校正系数时，存在随机误差 δ_ε。

（二）系统误差

1. 皮托管标定误差

皮托管系数标定的误差，影响测得的速度值，引入系统误差 e_c。

2. 湍流引起的误差

这项误差随着流体流动湍流程度的增加而增加，而且总是正值，即测得流速总是大于实际流速。虽然这项误差 e_t 随流量不同、测量位置不同而变化，但是在同一点、同一流速时，流速测得值的误差是相同的。

3. 横向速度梯度引起的误差

这项误差 e_g 依赖于皮托管直径。

4. 管道阻塞引起的误差

这项误差 e_b 随着皮托管及其支撑对管道阻塞的增加而增加。它总是正值。

5. 皮托管与流体流动方向不平行引入的误差

这项误差 e_φ 随倾斜角度的增加而增加，并且与皮托管类型有关。在一定的倾斜范围内，这项误差总是正值。

6. 由于总压和静压取压孔之间的压力损失引入的误差

这项误差随取压孔之间距离的增加而增加，且随管道粗糙度的增加而增加。这项误差总是正值。

二、流量测量误差

（一）随机误差

1. 局部流速测量误差

各点局部流速测量的误差并非真正是随机的，因为它们与测量所在的管道横截面位置有一定的关系。但是每个测量的误差是不同的，而且引起每个误差的主要原因，在本质上是随机的。所以，对流量测量引起的总体误差 δ_{vt}可以认为是随机的。

2. 由图解积分技术的图引入的误差

如果采用图解积分技术，在绘制速度剖面和估计中央部分曲线下方面积时，引入误差

δ_i，这项误差在本质上是随机的，误差大小依赖于操作者和速度分布的形状。

3. 估计幂指数 m 引入的误差

如果通过图形方法计算幂指数 m，则误差 δ_m 本质上是随机的。

4. 由于定位皮托管位置引入的误差

如果由于各个皮托管位置引入的误差彼此相互独立，即没有大的共同的系统性的误差出现，则它们的整体影响是对流量测量引入了一个随机误差 δ_l。

（二）系统误差

1. 管道尺寸测量引起的误差

尽管流量测量的管道截面面积是通过多次测量管道尺寸取平均得到的，但是在流量计算时仍存在系统误差 e_A。

2. 由于数字或算数积分技术产生的误差

数字或算数积分技术是近似或假定一个速度分布。对于假定的速度分布，就在流量计算中引入了系统误差 e_i。

3. 由于测量点个数引入的误差

如果速度分布曲线不是很光滑，那可能是测量点个数不够多，不足以准确地画出曲线。因此会产生系统误差 e_p。

三、标准偏差的定义

如果变量 X 的几次测量之间，每次都与其他的测量相独立，则 n 次测量值 X_i 的分布的标准偏差的估计 σ_X 为

$$\sigma_X = \left[\frac{\sum_{i=1}^{i=n}(\overline{X}-X_i)^2}{n-1}\right]^{1/2}$$

式中　$\overline{X}$——变量 X 的 n 次测量值的算数平均值；

X_i——变量 X 的第 i 次测量获得的数值；

n——变量 X 的总测量次数。

为了简便，σ_X 通常被认为是 X 的标准偏差。

如果不能重复测量变量 X，或测量次数很少，那么直接计算基于统计基础的标准偏差可能会不可靠。而且如果可以估计测量值的最大范围，则标准偏差可以认为是最大范围的 1/4（即，就像不确定度估计值的 1/2 高于或低于被采用的 X 数值。）

如果多个独立的变量 X_1，X_2，…，X_k 可用来计算流量，则流量 q_V 可以认为是这些变量的一个函数 $q_V = f(X_1, X_2, \cdots, X_k)$。

如果变量 X_1，X_2，…，X_k 的标准偏差是 σ_1，σ_2，…，σ_k，则流量的标准偏差 σ_{q_V} 定义为

$$\sigma_{q_V} = \left[\left(\frac{\partial q_V}{\partial X_1}\sigma_1\right)^2 + \left(\frac{\partial q_V}{\partial X_2}\sigma_2\right)^2 + \cdots + \left(\frac{\partial q_V}{\partial X_k}\sigma_k\right)^2\right]^{1/2}$$

式中　$\frac{\partial q_V}{\partial X_1}$，$\frac{\partial q_V}{\partial X_2}$，…，$\frac{\partial q_V}{\partial X_k}$——偏微分。

四、误差限的定义

一个变量的一次测量的误差限定义为该变量标准偏差的 2 倍。一般需要计算并引用此误

差限。

如果通过合成给出误差限的各个误差分项，彼此相互独立，数值小且个数比较多，它们服从高斯分布，则有 0.95 的概率，真实的误差小于误差限。

如果已经估计流量测量值 q_V 的标准偏差 σ_{q_V}，则流量的误差限 δ_{q_V} 为

$$\delta_{q_V} = \pm 2\sigma_{q_V}$$

相对误差限 δ'_{q_V} 定义为

$$\delta'_{q_V} = \frac{\delta_{q_V}}{q_V} = \pm 2\frac{\sigma_{q_V}}{q_V}$$

流量测量结果应该以下列形式之中的一种给出：

（1）流量$=q_V \pm \delta_{q_V}$（95%的置信水平）。

（2）流量$=q_V(1 \pm \delta'_{q_V})$（95%的置信水平）。

（3）流量$=q_V$，误差限$\pm(100\delta'_{q_V}\%)$（95%的置信水平）。

五、标准偏差计算

1. 局部流速测量标准偏差

通过合成各项误差的标准偏差，可以得出局部流速测量值 v 的标准偏差 σ_v。虽然已经把系统误差和随机误差区别开来，但是每个系统误差分项可能取值的概率分布在本质上是高斯分布。由于随机误差和系统误差实际都是随机性的，而且通过计算系统误差分项的标准偏差的数值，可以得到系统误差分项的标准偏差，所以可以将随机误差和系统误差进行合成处理。这样，一个确定的系统误差分项的标准偏差为$\pm \nu_{max}/2$，其中 ν 为该分项的不确定度。

局部流速测量值的变化系数，是各项变化系数的平方和的平方根。这样，置信水平为95%的局部流速测量值为

$$v\left\{1 \pm 2\left[\frac{1}{4}\left(\frac{\sigma_{\Delta p}}{\Delta p}\right)^2 + \left(\frac{\sigma_f}{v}\right)^2 + \frac{1}{4}\left(\frac{\sigma_\rho}{\rho}\right)^2 + \left(\frac{\sigma_\varepsilon}{v}\right)^2 + \left(\frac{\sigma_c}{v}\right)^2 + \left(\frac{\sigma_t}{v}\right)^2 + \left(\frac{\sigma_g}{v}\right)^2 + \left(\frac{\sigma_\varphi}{v}\right)^2 + \left(\frac{\sigma_b}{v}\right)^2 + \left(\frac{\sigma_\xi}{v}\right)^2\right]^{1/2}\right\} = v\left(1 \pm 2\frac{\sigma_v}{v}\right)$$

式中 $\sigma_{\Delta p}$——差压误差引起的标准偏差；

σ_ρ——密度误差引起的标准偏差；

σ_f——缓慢的流速波动引起的标准偏差；

σ_ε——可压缩性引起的标准偏差；

σ_c——皮托管标定引起的标准偏差；

σ_t——高频的流速波动和湍流引起的标准偏差；

σ_g——速度梯度引起的标准偏差；

σ_φ——皮托管与流动方向倾斜引起的标准偏差；

σ_b——管道阻塞校正的不确定度引起的标准偏差；

σ_ξ——压头损失引起的标准偏差。

2. 流量测量的标准偏差

因为每个系统误差分项可能取值的概率分布在本质上是高斯分布，为了估计流量测量的标准偏差，所有的误差项都可以按照随机误差处理，可以采用与局部流速相同的处理方式，

得到系统误差分项的标准偏差。

流量测量值的变化系数，是各项变化系数的平方和的平方根。这样，置信水平为 95% 的流量测量值为

$$q_V\left\{1\pm2\left[\left(\frac{\sigma_v}{v}\right)^2+\left(\frac{\sigma_{\mathrm{i}}}{q_V}\right)^2+\left(\frac{\sigma_m}{q_V}\right)^2+\left(\frac{\sigma_l}{q_V}\right)^2+\cdots+\left(\frac{\sigma_A}{A}\right)^2+\left(\frac{\sigma_{\mathrm{p}}}{q_V}\right)^2\right]^{1/2}\right\}=q_V\left(1\pm2\frac{\sigma_{q_V}}{q_V}\right)$$

式中　σ_v——局部流速测量值的标准偏差；

σ_{i}——积分技术的使用引起的标准偏差；

σ_m——与估计幂指数 m 的数值有关的标准偏差；

σ_l——由于确定皮托管的安装位置引起的标准偏差；

σ_A——由测量横截面面积估计值引起的标准偏差；

σ_{p}——由速度测量点的个数引起的标偏差。

六、皮托管流量测量不确定度计算实例

用户应根据每个具体应用的情况，估计每项误差的数值。下面的计算实例，是基于标准状况下流量测量过程中各项误差的估计值。各项的取值仅用于说明计算过程，不要将它们视为典型数值。

1. 局部流速测量误差

差压测量的标准偏差：测量采用性能良好的工业仪表，可假定标准偏差为$\frac{\sigma_{\Delta p}}{\Delta p}=0.004$；

密度值计算引起的标准偏差：$\frac{\sigma_\rho}{\rho}=0.002$；

缓慢流速波动引起的标准偏差：如果波动幅度为 $a=0.01v_{\mathrm{t}}$，可假定标准偏差为$\frac{\sigma_{\mathrm{f}}}{v}=0.001$；

可压缩性校正引入的标准偏差：$\frac{\sigma_\varepsilon}{v}=0.001$；

标定引入的标准偏差：$\frac{\sigma_{\mathrm{c}}}{v}=0.002$；

高频波动和湍流引起的标准偏差：$\frac{\sigma_{\mathrm{t}}}{v}=0.005$；

速度梯度引入的标准偏差：对于一个直径为 1/50 管道直径的皮托管，标准偏差为$\frac{\sigma_{\mathrm{g}}}{v}=0.0015$；

由于阻塞影响引起的标准偏差：$\frac{\sigma_{\mathrm{b}}}{v}=0.0025$；

皮托管倾斜引起的标准偏差：对于方向偏差 3°，标准偏差为$\frac{\sigma_\varphi}{v}=0.0015$；

压头损失引入的标准偏差：假设 $d/D=0.02$，且 $\lambda=0.05$，标准偏差可近似为$\frac{\sigma_\xi}{\Delta p}=0.002$。

因此，局部流速测量的标准偏差为

$$\frac{\sigma_v}{v}=\sqrt{\left(\frac{1}{4}\times 16\right)+\left(\frac{1}{4}\times 4\right)+1+1+4+25+2.25+6.25+2.25+4}\times 10^{-3}$$
$$\approx 0.007$$

2. 流量测量误差

由上述方法计算得到的局部流速测量标准偏差：$\frac{\sigma_v}{v}=0.007$；

由于积分技术引起的标准偏差：对于经过认定的最小测量点数，标准偏差可能不大于：$\frac{\sigma_\mathrm{i}}{q_V}=0.001$；

由于估计幂指数 m 的数值引入的标准偏差：$\frac{\sigma_m}{q_V}=0.0005$；

由于确定皮托管的位置引入的标准偏差：可假设标准偏差为$\frac{\sigma_l}{q_V}=0.0005$；

由于管道面积的标准偏差：$\frac{\sigma_A}{A}=0.002$；

由于测量点数不够引起的标准偏差：如果遵循标准给定的流动条件，可假设标准偏差为$\frac{\sigma_\mathrm{p}}{q_V}=0.001$。

因此，流量测量的标准偏差为

$$\frac{\sigma_{q_V}}{q_V}=\sqrt{49+1+0.25+0.25+4+1}\times 10^{-3}\approx 0.0074$$

置信水平为95%的流量测量误差限可以确定为

$$\delta'_{q_V}=\pm 2\frac{\sigma_{q_V}}{q_V}$$

即
$$\delta'_{q_V}\approx\pm 1.5\%$$

第四节　标准表法气体流量装置不确定度评定

流量计检定时可以采用一台标准表与一台被检表比较，也可用两台以上并联的标准表与一台被检表进行比较。其数学模型为

$$Q=\frac{p_\mathrm{s}T_\mathrm{t}}{p_\mathrm{t}T_\mathrm{s}}\times\frac{1}{K}\times N$$

式中　Q——被校表的累计体积流量，$\mathrm{m^3}$；

p_s——标准表前压力，Pa；

p_t——被校表前压力，Pa；

T_s——标准表后温度，K；

T_t——被校表后温度，K；

K——标准表仪表系数，$1/\mathrm{m^3}$；

N——标准表脉冲个数。

由此可见，标准表法气体流量标准装置合成不确定度主要包括检定标准表所用标准装置

的不确定度、脉冲采集的不确定度、标准表的不确定度、标准表前压力和表后温度的不确定度，以及被校表前压力和表后温度的不确定度。

合成相对不确定度公式为

$$u_c^2 = \sum_{i=1}^{n} c_{ri}^2(x_i)u^2(x_i)$$

式中　　u_c——合成不确定度；

$c_r(x_i)=\frac{x_i}{f}\frac{\partial f}{\partial x_i}$——相对灵敏度，也是 x_i 的相对不确定度在 u_c 中所占的比例（权重）。

P_s、T_t 和 N 不确定度分量的相对灵敏度均为 1，P_t、T_s 和 K 不确定度分量的相对灵敏度均为−1。

对于标准装置溯源，检定标准表的流量标准装置扩展不确定度为 $U(V_s)=0.2\%$（$k=2$），因此不确定度为 $u(V_s)=0.1\%$。

标准流量计的不确定度，根据 JJG 643—2003《标准表法流量标准装置检定规程》可知，其不确定度由两部分组成：①仪表系数定点测量的重复性不确定度 $u(K_r)$，其值为各流量点仪表系数 K 的标准不确定度的最大值；②线性内插引入的不确定度 $u(K_l)$，其值为两相邻流量点仪表系数之差的 1/2，按均匀分布为

$$u(K_l) = u\left[K_{li(i,i+1)}\right]_{\max} = \left[\frac{|K_{i+1}-K_i|}{\sqrt{3}(K_{i+1}+K_i)}\right]_{\max}$$

其中定点使用标准流量计 $u(K_l)=0$。设装置所选的标准流量计为 1.0 级气体涡轮流量计，测试见表 4-5，仪表系数定点测量的重复性不确定度为 $u(K_r)=0.074$，由线性内插引入的不确定度为 $u(K_l)=0.167\%$。

表 4-5　　气体涡轮流量计测试数据

流量点 (m^3/h)	仪表系数 (1/L)	平均值 (1/L)	重复性 (%)	线性内插 (%)	线性度 (%)
26.313	3.6103	3.6104	0.0058	0.141	0.3729
	3.6102				
	3.6106				
101.931	3.5952	3.5928	0.0602	0.019	
	3.5922				
	3.591				
264.137	3.5966	3.5952	0.0558	0.024	
	3.5929				
	3.5961				
327.568	3.5987	3.5982	0.0158	0.034	
	3.5984				
	3.5976				
404.859	3.5951	3.5940	0.0579	0.035	
	3.5953				
	3.5916				

续表

流量点 (m^3/h)	仪表系数 (1/L)	平均值 (1/L)	重复性 (%)	线性内插 (%)	线性度 (%)
568.157	3.5896	3.5896	0.0153	0.008	0.3729
	3.5891				
	3.5902				
668.039	3.5883	3.5886	0.0085	0.167	
	3.5889				
	3.5887				
804.475	3.6101	3.6095	0.0158	0.024	
	3.609				
	3.6093				
947.965	3.614	3.6125	0.0368	0.024	
	3.6117				
	3.6117				
1075.169	3.6159	3.6155	0.0100	0.105	
	3.6154				
	3.6152				
1247.605	3.6028	3.6024	0.0192	0.035	
	3.6028				
	3.6016				
1342.691	3.6086	3.6067	0.0735		
	3.6079				
	3.6037				

温度测量不确定度，装置所选的温度变送器最大误差为±0.5℃，设实验室气体温度为20℃，按均匀分布，温度测量不确定度为

$$u(T)=\frac{0.5}{\sqrt{3}\times(273+20)}\times 100\%=0.099\%$$

压力测量的不确定度，装置所选的压力变送器最大误差为±0.075%，按均匀分布，压力测量不确定度为

$$u(P)=\frac{0.075\%}{\sqrt{3}}=0.043\%$$

脉冲采集不确定度，装置经检验后控制器对控制器脉冲采集的最大偏差为±0.02%，按均匀分布，脉冲采样不确定度为

$$u(N)=\frac{0.02\%}{\sqrt{3}}=0.012\%$$

按上述方法计算，流量装置不确定度见表4-6。由表4-6数据可知，定点使用时不确

定度优于0.4%（$k=2$），非定点使用时不确定度优于0.5%（$k=2$）。

表4-6　　标准表法气体流量标准装置不确定度

序号	符号	来源	输入量的标准不确定度 $u(x_i)$(%)		相对灵敏度系数 $c_r(x_i)$
			非定点	定点	
1	V_s	标准装置溯源	0.1	0.1	1
2	K_r	标准表仪表系数重复性	0.074	0.074	−1
3	K_l	标准表内插仪表系数	0.167	0	−1
4	T_s	标准表处温度测量	0.099	0.099	−1
5	T_t	被校表处温度测量	0.099	0.099	1
6	p_s	标准表处压力测量	0.043	0.043	1
7	p_t	被校表处压力测量	0.043	0.043	−1
8	N	脉冲采集	0.012	0.012	1

注　1. 非定点使用时合成标准不确定度为0.26%，扩展标准不确定度为0.52%，$k=2$；

2. 定点使用时合成标准不确定度为0.20%，扩展标准不确定度为0.40%，$k=2$。

参　考　文　献

[1] 叶德培．测量不确定度理解、评定与应用．北京：中国质检出版社，2013.

[2] [澳] 莱斯·柯卡普，鲍伯·弗伦克尔，著．曾翔君等，译．测量不确定度导论．西安：西安交通大学出版社，2011.

[3] 中国计量测试学会压力专业委员会．压力测量不确定度评定．北京：中国计量出版社，2006.

[4] 倪育才．实用测量不确定度评定. 第2版．北京：中国计量出版社，2004.

第五章

节 流 装 置

第一节 概 述

近百余年以来，在工业生产过程的测量与控制所采用的流量仪表中，最为广泛的是差压式节流装置，它几乎不受流体的限制，可测所有的流体（液体、气体、蒸汽，甚至两相流）。在20世纪70年代以前，节流装置取得了流量仪表市场占70%以上的骄人业绩，在当今所用的十余种不同原理的流量仪表中，它的装机量也是名列前茅，使用经验最丰富，研究成果最广泛、最深入，且已将这些宝贵的经验、研究成果，以标准（或规程）的形式确定下来，使人们可按此生产与应用，有法可依，有据可查。随着科学、技术的发展，虽然节流装置也在不断创新，以应对流量测量新的要求与课题，但由于原理的限制，近三四十年以来，在不少领域中已被新型流量仪表所取代，虽然这个过程比较缓慢，市场占用率总趋势还是下降的。在流量仪表家族中，节流装置当前仍处于重要、不可忽视的地位。

一、发展历史

1738年，丹尼尔·伯努利（Daniel Bernoulli）发表了经典名著《水力学》，确定了流体在流动过程中动能与位能的转换关系，奠定了差压式流量仪表的理论基础。1797年文丘里（Venturi）发表了由他本人命名的《文丘里流量计》论文，但直到1887年才由赫歇尔（C. Herschel）确定了文丘里管的相关尺寸及如何取差压，并建立了差压与流量的关系，并推出了产品。1913年，希克斯坦（E. O. Hickstein）首次发表了孔板的论文，并确定了相关的数据。1847年，费劳德（Froude）首先提出用喷嘴测量流量的研究报告，到1930年德国才根据ISA（国际标准化组织ISO的前身）将其几何形式标准化。为提高蒸汽流量的准确度，贝特络（Beitler）与比恩（Bean）于1948年提出了在喉部测取低压的ASME长颈喷嘴，至今仍是火电厂测蒸汽流量的主力。

（1）国际标准化组织（ISO）将百年来积累的科学测试数据、使用经验，归纳总结撰写了孔板节流装置的国际标准（ISO 5167：1980），其特点是：

1）采纳了米勒（R. W. Miller）、多德尔（Dowdell）和陈（Chen）的研究成果，确定了可以根据孔板的几何形状、尺寸预估其流出系数的大小，开启无须通过实流标定确定系数的历程，省略了烦琐程序。

2）采纳了斯托尔兹（J. Stolz）的建议，将孔板两种取压方式（法兰角接取压，D - $D/2$取压）分别所建立的标准（R-541、R-781）合二而一，大为简化了应用程序。

（2）为取得孔板更加符合实际，更为准确的计算方式，自1980年到1992年，欧美学者们又在 11 个有资质、不同介质的试验室中，对孔板进行了大量的科学测试，取得了 16376 个可靠数据，于 2003 年，再次修改了 ISO 5167，发布了新标准 ISO 5167-2：2003，新标准的主要特点是：

1）对孔板前、后安装直管段的长度进行了调整，令其更符合实际情况；

2）为减轻孔板对前直管安装长度过长的要求，建议采用流动调整器（Flow Conditioners）；

3）对孔板流出系数的确定，由 R-G 公式取代原来的 Stolz 公式，偏差置信概率为 95%；

4）采用新公式计算孔板的可膨胀系数 ε；

5）修订了孔板同轴度、平面度及孔板上游管道粗糙度的限制要求。

以上简要介绍了标准节流装置百余年来的发展过程，说明了一个新理念由提出到成为产品，并在工业生产中推广应用，需经历艰苦不懈的努力。

二、分类

流量节流装置是通过管道中流通面积的变化，所产生的压差（见图 5-1）平方根与流量成正比，通过测差压可求流量值的一种仪表，基本上可分为两大类。

（1）标准节流装置。是指 ISO 5167 及 ISO 9300 所列的节流装置（孔板、喷嘴、文丘里管），这两个国际标准建立在数以万计的测试数据之上，且对这三种标准节流装置的结构形式、相关尺寸、适用流体、流动状况、安装应用条件等都做了严格的规定。按照这个标准生产与使用，只需测量标准节流装置的几何尺寸，使用中符合所规定的技术要求，如流体的物性、流动的状况，无须实流标定就可以估算流量值及不确定度的大小（这种方法也称为干标），目前仅有很少的流量仪表可以做到。

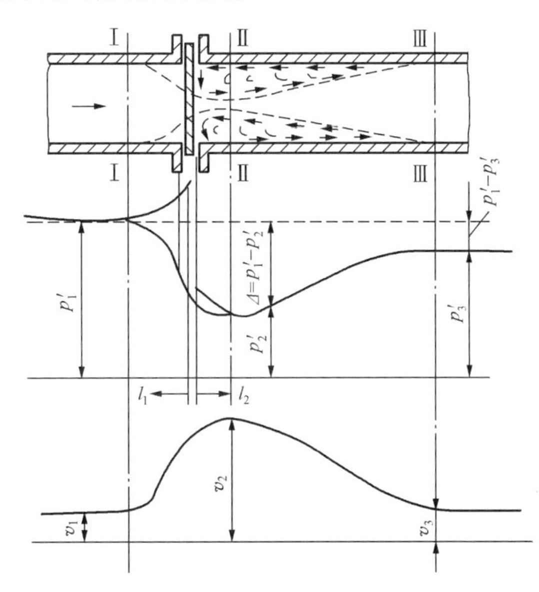

图 5-1　流经孔板前后的流速及压力分布

（2）非标准节流装置。由于科学、技术的不断发展对流量测量提出了不少新课题，上述标准节流装置无法满足。为解决这些问题，涌现出大量的非标准节流装置，它们的结构形式、相关尺寸形形色色，一时还难以规范化，目前还不可能将有限的测试数据归纳整理形成标准。因此，它们必须通过实流标定得到流量系数，确定输出差压与流量的关系。

第二节　标准节流装置

一、原理

1. 基本方程

节流装置千变万化，结构各异，但万变不离其宗，其原理基本为以下两个方程所涵盖。

（1）连续性方程。连续性方程是质量守恒定律应用于运动流体的一种数学表达式。适用于理想流体及实际流体。

封闭管道的连续性方程如下：

1）可压缩流体非定常流动：

$$\rho_1 v_1 A_1 = \rho_2 v_2 A_2 = q_m(t) \tag{5-1}$$

2）可压缩流体定常流动：

$$\rho_1 v_1 A_1 = \rho_2 v_2 A_2 = q_m = \text{常数} \tag{5-2}$$

3）不可压缩流体定常流动：

$$v_1 A_1 = v_2 A_2 = q_V = \text{常数} \tag{5-3}$$

式中　A——流道的断面面积；

v——流道断面上的平均流速；

ρ——流道断面上流体的平均密度；

$q_m(t)$——随时间变化的质量流量；

q_m、q_V——不随时间变化的质量流量和体积流量；

脚标 1、2——不同断面。

（2）伯努利方程。伯努利方程是能量守恒定律应用于运动流体的一种数学表达式。在符合不可压缩实际流体、定常流、缓变流等条件下，在管道中的两个截面上的伯努利方程如下所示。

1）不可压缩流体的伯努利方程：

$$z_1 + \frac{p_1}{\rho_1} + k_1 \frac{v_1^2}{2} = z_2 + \frac{p_2}{\rho_2} + k_2 \frac{v_2^2}{2} + \xi \frac{v_2^2}{2} \tag{5-4}$$

式中　z、$\frac{p}{\rho}$、$k\frac{v^2}{2}$——单位质量流体在流过断面上的位能、压力能及动能的平均值。

式（5-4）中的系数 k_1、k_2 称为能量系数，这里要引入一个缓变流（亦称渐变流）概念，它指流体流动的方向与管道中轴线 O—O 的夹角很小，曲率也小，流线接近于直线。否则为急变流，例如弯头、变径管等阻力件后的流动。工业中要求流量测量的截面应选择在缓变流截面上，如图 5-2 中的 1、3、5 可作为计算流通截面，2、4、6 则不行。由于限制了流通截面的选取，在工业上能量系数一般可取为 1，可以忽略能量系数的影响。

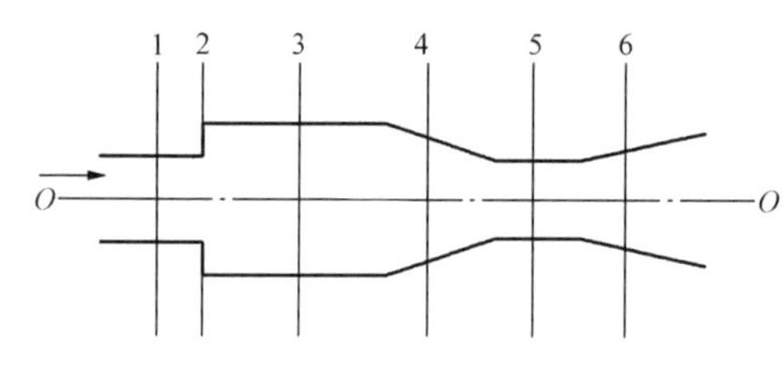

图 5-2　流通截面的选取

式（5-4）中的 ξ 为摩阻系数，取决于流体流经的管道或仪表的结构及流体的特性，它将造成不可恢复的压损。

2）压缩流体的伯努利方程［当气体流速较高（马赫数 $Ma>0.2$）时，不能忽略气体的可压缩性］：

$$\frac{v_1^2}{2} + \frac{\kappa}{\kappa-1}\frac{p_1}{\rho_1} = \frac{v_2^2}{2} + \frac{\kappa}{\kappa-1}\frac{p_2}{\rho_2} \tag{5-5}$$

式中　κ——等熵指数。

其余符号同式（5-4）。

2. 流量方程式

由上述伯努利方程和连续性方程推导。

（1）不可压缩流体流量方程式：

$$q_V = \frac{C}{\sqrt{1-\beta^4}} A_0 \sqrt{\frac{2}{\rho_1}\Delta p} \tag{5-6}$$

$$q_m = q_V \rho_1 = \frac{C}{\sqrt{1-\beta^4}} A_0 \sqrt{2\rho_1 \Delta p} \tag{5-7}$$

$$\beta^2 = \frac{A_0}{A_1}$$

式中　A_0——孔板开孔面积；

A_1——管道横截面积；

Δp——节流装置取压处的静压差；

C——流出系数。

（2）可压缩流体流量方程式。如流体流速较高，流动过程中流体的密度不能视为常数，除上述两个方程外，还需采用绝热过程方程，得到的计算公式较为复杂。为便于工程计算，将所有与压缩性有关的因素全由膨胀性系数 ε 代表，取得了与式（5－7）较类似的流量方程式，即

$$q_m = \frac{C}{\sqrt{1-\beta^4}} \varepsilon A_0 \sqrt{2\rho_1 \Delta p} \tag{5-8}$$

式（5－8）中的膨胀系数 ε 的计算式为

$$\varepsilon = \left\{ \sqrt{\frac{1-\mu^2 m^2}{1-\mu^2 m^2 \left(\frac{p_2}{p_1}\right)^{\frac{2}{\kappa}}}} \sqrt{\frac{\frac{\kappa}{\kappa-1}\left(\frac{p_2}{p_1}\right)^{\frac{2}{\kappa}}\left[1-\left(\frac{p_2}{p_1}\right)^{\frac{\kappa-1}{\kappa}}\right]}{\left(1-\frac{p_2}{p_1}\right)}} \right\} \tag{5-9}$$

$$\mu = \frac{A_2}{A_0}$$

式中　p_1、p_2——Ⅰ—Ⅰ、Ⅱ—Ⅱ截面管轴中心的静压；

m——截面比，$m=\frac{A_0}{A_1}$；

A_0——孔板开孔面积；

A_1——管道横截面面积；

μ——流束收缩系数；

A_2——流束收缩最小截面处面积；

ε——膨胀系数，对于喷嘴和文丘里管，可由理论计算式计算，孔板需由经验公式求得。

3. 流量方程式参数说明

（1）直径比 β：说明节流的大小。它是影响节流装置技术性能、测量准确度的重要参数，对 d、D 的测量应力求准确，国际标准要求误差应在 0.05％以内。

（2）密度 ρ：流体的密度，反映输出差压的大小。工程中常用的是分别测流体的温度 T 及压力 p 换算密度值，如工艺流程中温度、压力变化较大，应实时在线测量，及时修正。

（3）差压 Δp：节流件前后的压力差。通过它计算流量值，其误差不仅取决于变送器的准确度，还取决于一些附件（导压管、取压孔、安装位置、仪表阀门等）的可靠性。近年来，推出的一体化差压流量计，不仅使仪表结构紧凑，而且也弱化了附件的影响。但要说明的是，在恶劣的工况下，如粉尘、高温、辐射、振动等，差压变送器还应远离节流装置，一

体化不可能完全取代附件。

(4) 流出系数 C：实际流量与理论流量之比。在计算流量值时，有些参数不符合现场的条件或无法估计影响的大小，所以计算的流量值与实测流量值会有差异，可以通过流出系数予以修正。标准节流装置通过了大量的测试数据，规定了许多条款，如按标准执行，流出系数接近于 1，非标准节流装置则必须由实流标定确定流出系数。

(5) 膨胀系数 ε。流体通过节流件如发生密度变化，应由膨胀系数予以修正，一般在低静压、高差压（密度高、流速大）时，所引起的误差，应予修正；当 $\Delta p/p<0.04$ 时，ε 对流量的影响很小，如对准确度无过高要求，可以忽略。

4. 标准节流装置流出系数

(1) 孔板。ISO 5167 - 2：2003 规定由 R/G 公式（Reader - Hawis/Gallagher）取代 Stolz 计算式。

R/G 公式为

$$C=0.5961+0.0261\beta^2-0.216\beta^8+0.000521\left(\frac{10^6\beta}{Re_D}\right)^{0.7}+(0.0188+0.0063A)\beta^{3.5}\left(\frac{10^6}{Re_D}\right)^{0.3}+(0.043+0.080e^{-10L_1}-0.123e^{-7L_1})(1-0.11A)\frac{\beta^4}{1-\beta^4}-0.031(M_2'-0.8M_2'^{1.1})\beta^{1.3} \tag{5-10}$$

$$A=\left(\frac{19000\beta}{Re_D}\right)^{0.8}$$

$$M_2'=\frac{2L_2'}{1-\beta}$$

式中 β——直径比，d/D；

Re_D——雷诺数；

L_1——l_1/D，孔板上游端面至上游取压口的距离除以管道直径；

L_2'——l_2'/D，孔板下游端面至下游取压口的距离除以管道直径。

(2) ISO 1932 喷嘴的流出系数：

$$C=0.9900-0.2262\beta^{4.1}-(0.00175\beta^2-0.0033\beta^{4.15})\left(\frac{10^6}{Re_D}\right)^{1.15} \tag{5-11}$$

(3) 长径喷嘴的流出系数：

$$C=0.9965-0.00653\beta^{0.5}\left(\frac{10^6}{Re_D}\right)^{0.5} \tag{5-12}$$

(4) 文丘里喷嘴的流出系数：

$$C=0.9858-0.196\beta^{4.5} \tag{5-13}$$

(5) 经典文丘里管的流出系数 C：

粗铸收缩段： $C=0.984$ (5 - 14)

机械加工收缩段： $C=0.995$ (5 - 15)

粗焊铁板收缩段： $C=0.985$ (5 - 16)

孔板、喷嘴、文丘里喷嘴和经典文丘里管流出系数公式的使用条件及其不确定度如表 5 - 1所示。

表 5-1　　　　**各类节流装置公式的使用条件**

节流件名称	管道内径（mm）	孔径（mm）	直径比 β	管道雷诺数 Re_D	不确定度 E_C（%）	不确定度 E_ε（%）	管壁粗糙度 Ra/D	备注
角接取压孔板 D-$D/2$ 取压孔板	$50 \leqslant D \leqslant 1000$	$d \geqslant 12.5$	$0.1 \leqslant \beta \leqslant 0.75$	$0.1 \leqslant \beta \leqslant 0.56$ $Re_D \geqslant 5000$ $\beta > 0.56$ $Re_D \geqslant 16000\beta^2$	$0.1 \leqslant \beta \leqslant 0.2$ $(0.7-\beta)\%$ $0.2 \leqslant \beta \leqslant 0.6$ 0.5% $0.6 \leqslant \beta \leqslant 0.75$ $(1.667\beta-0.5)\%$ 若 $\beta > 0.5$，$Re_D < 10^4$ 再算术相加 $+0.5\%$	$3.5\dfrac{\Delta p}{\kappa p_1}$	$Ra/D \leqslant (0.26 \sim 15) \times 10^{-4}$	$E_C D < 71.12$mm 再算术相加 $0.9(0.75-\beta)\left(2.8-\dfrac{D}{25.4}\right)\%$（$D$：mm）不确定度
法兰取压孔板	$50 \leqslant D \leqslant 1000$	$d \geqslant 12.5$	$0.1 \leqslant \beta \leqslant 0.75$	$Re \geqslant 5000$ $Re_D \geqslant 170\beta^2 D$ （D：mm）				
ISA1932 喷嘴	$50 \leqslant D \leqslant 500$		$0.3 \leqslant \beta \leqslant 0.8$	$0.3 \leqslant \beta < 0.44$ $7 \times 10^4 \leqslant Re_D \leqslant 10^7$ $0.44 \leqslant \beta \leqslant 0.80$ $2 \times 10^4 \leqslant Re_D \leqslant 10^7$	$\beta \leqslant 0.6$ 0.8% $\beta > 0.6$ $(2\beta-0.4)\%$	$2\dfrac{\Delta p}{p_1}$	$Ra/D \leqslant (1.2 \sim 8) \times 10^{-4}$	
长径喷嘴	$50 \leqslant D \leqslant 630$		$0.2 \leqslant \beta \leqslant 0.8$	$10^4 \leqslant Re_D \leqslant 10^7$	2.0%	$2\dfrac{\Delta p}{p_1}$	$Ra/D \leqslant 3.2 \times 10^{-4}$	
经典文丘里 粗铸收缩段 机械加工收缩段 粗焊铁板收缩段	$100 \leqslant D \leqslant 800$ $50 \leqslant D \leqslant 250$ $200 \leqslant D \leqslant 1200$		$0.3 \leqslant \beta \leqslant 0.75$ $0.4 \leqslant \beta \leqslant 0.75$ $0.4 \leqslant \beta \leqslant 0.7$	$2 \times 10^3 \leqslant Re_D \leqslant 2 \times 10^5$ $2 \times 10^2 \leqslant Re_D \leqslant 1 \times 10^5$ $2 \times 10^5 \leqslant Re_D \leqslant 2 \times 10^5$	0.7% 1% 1.5%	$(4+100\beta^5) \times \dfrac{\Delta p}{p_1}$	$Ra/D < 3.2 \times 10^{-4}$	
文丘里喷嘴	$65 \leqslant D \leqslant 500$	$d \geqslant 50$	$0.316 \leqslant \beta \leqslant 0.775$	$1.5 \times 10^5 \leqslant Re_D \leqslant 2 \times 10^8$	$(1.2+1.5\beta^4)\%$	$(4+100\beta^8) \times \dfrac{\Delta p}{p_1}$	$Ra/D \leqslant (1.2 \sim 8) \times 10^{-4}$	
1/4 圈孔板	$25 \leqslant D \leqslant 500$	$d \geqslant 15$	$0.245 \leqslant \beta \leqslant 0.6$	$Re_D > 250$ $Re_D \leqslant 10^5\beta$	$\beta > 0.316$ 2% $\beta \leqslant 0.316$ 2.5%	$4\dfrac{\Delta p}{p_1}\%$		
锥形入口孔板	$25 \leqslant D \leqslant 500$	$d > 6$	$0.1 \leqslant \beta \leqslant 0.316$	$80 \leqslant Re_D \leqslant 2 \times 10^5\beta$	2%	$33(1-\varepsilon)\%$		
偏心孔板	$100 \leqslant D \leqslant 1000$	$d \geqslant 50$	$0.46 \leqslant \beta \leqslant 0.84$	$2 \times 10^5\beta^2 \leqslant Re_D \leqslant 10^6\beta$	$\beta \leqslant 0.75$ 1% $\beta > 0.75$ 2%	$4\dfrac{\Delta p}{p_1}\%$		
圆缺孔板	$150 \leqslant D \leqslant 350$		$0.35 \leqslant \beta \leqslant 0.75$	$10^4 \leqslant Re_D \leqslant 10^5$	1.5%	$4\dfrac{\Delta p}{p_1}\%$		

二、标准节流装置的结构和技术要求

1. 标准孔板

标准孔板（见图 5-3）两端平整且相互平行，其开孔圆筒部分长度 $e=0.005D\sim0.02D$（D 为管道内径），孔板厚度 $E=e\sim0.05D$，在孔板上任何点测得的 E（或 e）之差都不大于 $0.001D$。当 $E>e$ 时，开孔的下游侧应做成 $45°\pm15°$。上游开孔边缘应为直角，边缘应无卷口，无毛边，边缘圆角半径不大于 $0.0004d$（d 为开孔直径），节流孔直径 d 应不小于 12.5mm，d 的任意单侧值与平均值之差不超过直径的 0.05%。

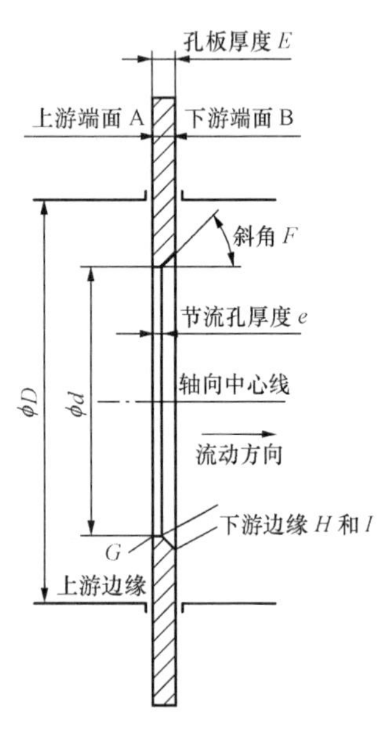

图 5-3　标准孔板

2. 标准喷嘴

标准喷嘴有 ISA1932 喷嘴和长径喷嘴两种，如图 5-4（a）和（b）所示。

（1）ISA1932 喷嘴。

喷嘴由入口平面部分、收缩部分、喉部和保护槽四部分组成。

平面部分 A 由直径为 $1.5d$、与喷嘴轴线同心的圆周和直径为 D 的管道内圆所限定的平面部分组成。收缩部分由圆弧 B 和 C 组成。圆弧 B 的半径为 R_1，当 $\beta<0.50$ 时，$R_1=0.2d\pm0.02d$；当 $\beta\geqslant0.50$ 时，$R_1=0.2d\pm0.006d$。圆弧 B 的圆心距平面部分 A 为 $0.2d$，距喷嘴轴线为 $0.75d$。圆弧 B 应与平面部分 A 相切。圆弧 C 的半径为 R_2，当 $\beta<0.50$ 时，$R_2=\dfrac{d}{3}\pm0.03d$；$\beta\geqslant0.50$ 时，$R_2=\dfrac{d}{3}\pm0.01d$。圆弧 C 的圆心距离喷嘴轴线为 $\dfrac{d}{2}+\dfrac{d}{3}=\dfrac{5d}{6}$，距离平面部分 A 为 $a=\dfrac{12+\sqrt{39}}{60}d=0.3041d$。圆弧 C 分别与圆弧 B 及喉部 E 相切。

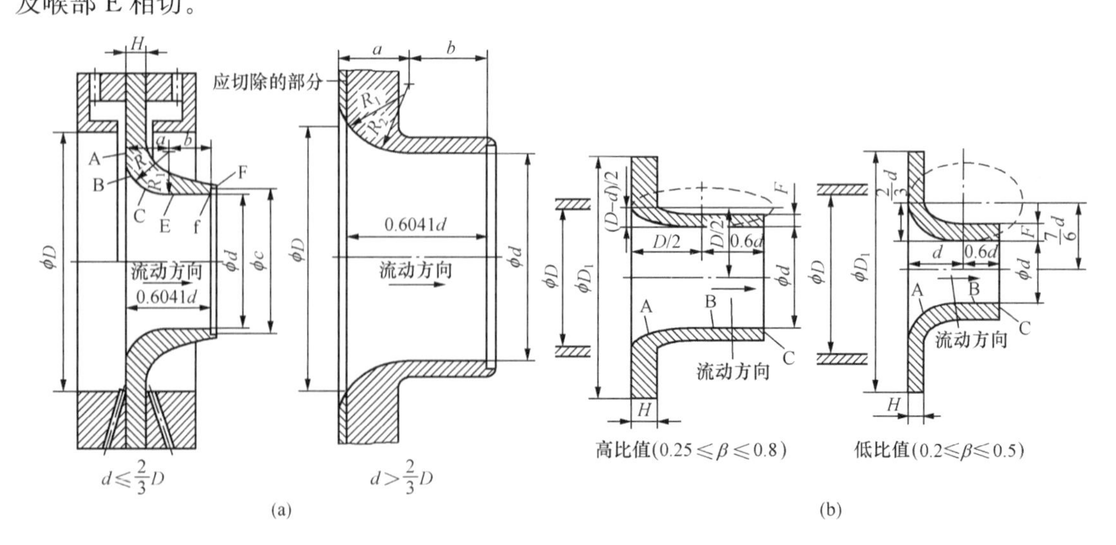

图 5-4　标准喷嘴

（a）ISA1932 喷嘴；（b）长径喷嘴

入口收缩部分（圆弧 B 和 C）垂直于轴线的同一平面上，两个直径彼此相差不超过直径平均值的 0.1%。

喉部 E 的直径为 d，长度 $b=0.3d$。喉部应为圆筒形，喉部直径任何值与直径平均值之差不超过直径平均值的 0.05%。保护槽 F 的直径 c 至少等于 $1.06d$，轴向长度不大于 $0.03d$。保护槽的高度为$\frac{c-d}{2}$，并且与其轴向长度之比不大于 1.2。

出口边缘 f 应锐利。当 $0.3<\beta\leqslant 2/3$ 时，喷嘴总长度（不包括保护槽 F 的长度）$=0.6041d$；当 $2/3<\beta\leqslant 0.80$ 时，喷嘴总长度$=\left[0.4041+\left(\frac{0.75}{\beta}-\frac{0.25}{\beta^2}-0.5225\right)^{1/2}\right]d$。

(5-17)

（2）长径喷嘴。长径喷嘴有高比值喷嘴（$0.25\leqslant\beta\leqslant 0.80$）和低比值喷嘴（$0.20\leqslant\beta\leqslant 0.50$）两种，当 β 值介于 0.25 与 0.5 时，可采用任意一种结构形式的喷嘴。

1）高比值喷嘴。喷嘴由入口收缩部分 A、圆筒形喉部 B 和下游端平面 C 组成，收缩段 A 的曲面形状为 1/4 椭圆，椭圆圆心距喷嘴的轴线为 $D/2$，椭圆的长轴平行于喷嘴的轴线，长半轴为 $D/2$，短半轴为$\frac{D-d}{2}$。收缩段廓形在垂直于喷嘴轴线的同一平面内，两个直径彼此相差为直径平均值的 0.1%。喉部 B 的直径为 d，长度为 $0.6d$。任意截面上任意直径与直径平均值之差为直径平均值的 0.05%。喷嘴外表面到管道内壁之间的距离应不小于 3mm。喷嘴厚度 H 应不小于 3mm，并不大于 $0.15D$。喉部壁厚 F 应不小于 3mm，$D<65$mm 时，F 应不小于 2mm。喷嘴内表面粗糙度应为 $Ra\leqslant 10^{-4}d$。

2）低比值喷嘴。收缩段 A 具有 1/4 椭圆的形状，椭圆的圆心到喷嘴轴线的距离为$\frac{d}{2}+\frac{2}{3}d=\frac{7}{6}d$，椭圆的长轴平行于喷嘴轴线，长轴半径等于 d，短轴半径等于$\frac{2}{3}d$，其余应满足与高比值喷嘴相同的规定。

三、取压装置

1. 标准孔板

孔板的取压装置有法兰取压、D-$D/2$ 取压与角接取压三种。取压装置见图 5-5。

（1）法兰取压口。上游取压口的间距 l_1 名义上等于 25.4mm，从孔板上游端面量起；下游取压口的间距 l_2 名义上等于 25.4mm，从孔板下游端面量起。当 $\beta>0.60$、$D<150$mm 时，l_1 和 l_2 均应为（25.4±0.5)mm；当 $\beta\leqslant 0.60$ 或 $\beta>0.6$ 但 150mm$\leqslant d\leqslant$1000mm 时，l_1 和 l_2 均应为（25.4±1）mm，取压口轴线应与管道轴线相交成直角。取压口穿透处为圆形，其边缘应与管壁内表面平齐，并尽可能锐利。取压口直径应小于 $0.13D$，并小于 13mm。从管道内壁量起，在至少 2.5 倍取压口直径的长度范围内，取压口应为圆筒形。

（2）D-$D/2$ 取压口。上游取压口的间距 l_1 名义上等于 D，但允许在 $(0.9\sim1.1)D$ 内。下游取压口的间距 l_2 名义上等于 $0.5D$，当 $\beta\leqslant 0.60$ 时，$l_2=(0.48\sim0.52)D$；$\beta>0.60$ 时，$l_2=(0.49\sim0.51)D$。间距 l_1、l_2 均自孔板的上游端面量起。

（3）角接取压口。角接取压口有单独钻孔取压口和环隙取压口两种形式。取压口可位于管道上、管道法兰上或夹持环。取压口轴线与孔板各相应端面之间的间距等于取压口直径之半或取压口环隙宽度之半。取压口出口边缘与孔板端面平齐。

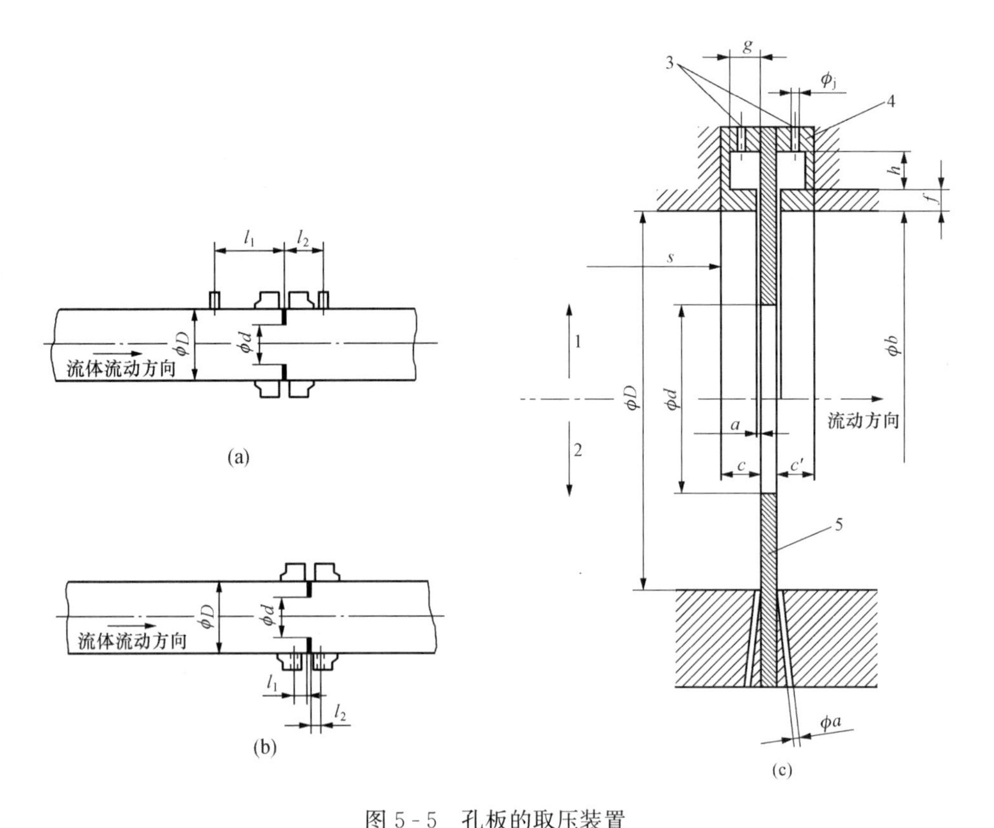

图 5-5 孔板的取压装置

(a) D-$D/2$ 取压口；(b) 法兰取压口；(c) 角接取压口

1—带环隙的夹持环；2—单独钻孔取压口；3—取压口；4—夹持环；5—孔板

f—环隙厚度；c—上游夹持环长度；c'—下游夹持环长度；b—夹持环直径；a—环隙宽度或单个取压口的直径；s—上游台阶到夹持环的距离；g、h—环室的尺寸；ϕ_j—环室取压口直径

2. 标准喷嘴

(1) ISA1932 喷嘴。上游取压口采用角接取压方式，下游取压口可按角接取压口设置，也可设置于较远下游处。当 $\beta \leqslant 0.67$ 时，取压口轴线与喷嘴平面部分 A 之间的距离应小于或等于 $0.15D$；当 $\beta > 0.67$ 时，该距离应小于或等于 $0.2D$。取压口结构可按孔板取压口要求设计。

(2) 长径喷嘴。长径喷嘴的取压装置为 D-$D/2$ 取压方式，上游取压口的轴线距喷嘴平面部分的距离为 $1D^{+0.2D}_{-0.1D}$，下游取压口的轴线距喷嘴入口平面部分的距离为 $0.5D \pm 0.01D$，当 $\beta < 0.3188$ 时，下游取压口的轴线距喷嘴入口平面 $1.6d^{-0}_{-0.02D}$。

3. 经典文丘里管

经典文丘里管的轴向截面见图 5-6。经典文丘里管由入口圆筒段 A、圆锥收缩段 B、圆筒形喉部 C 和圆锥扩散段 E 组成。A、B、C 三段加工有粗铸、机加工、铁板焊接三种形式，对尺寸和取压口的位置，略有差异，分别介绍如下：

经典文丘里管的取压装置，上游取压口和喉部取压口应做成几个单独的管壁取压口形式，用均压环把几个单独管壁取压口连接起来。当 $d \geqslant 33.3$mm 时，取压口的直径为 4～10mm，上游取压口的直径应不大于 $0.1D$，喉部取压口的直径应不大于 $0.13d$；当 $d \leqslant$

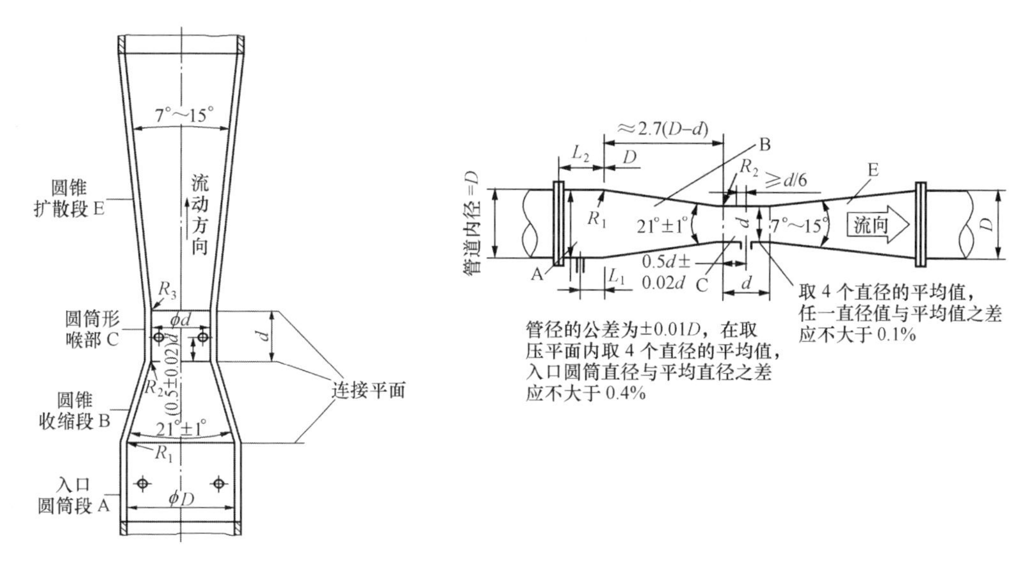

图 5-6　经典文丘里管

33.3mm 时，喉部取压口的直径为 0.1d～0.13d，上游取压口的直径为 0.1d～0.1D。

对于具有粗糙收缩段的经典文丘里管，上游取压口轴线距圆筒段 A 和收缩段 B 的相交平面之间的距离应为：当 100mm＜D＜150mm 时，为 0.5D±0.25D；当 150mm＜D＜800mm 时，为 0.5D－0.25D。

对于具有机械加工收缩段和具有粗焊铁板收缩段的经典文丘里管，上游取压口轴线距圆筒段 A 和收缩段 B 的相交平面之间的距离应为 0.5D±0.05D。

对于全部形式的经典文丘里管，喉部取压口轴线距收缩段 B 和喉部 C 的相交平面之间的距离均为 0.5d±0.02d。上下游均压环的横截面面积应分别等于或大于上下游侧管壁取压口总面积的 1/2。

四、标准节流装置的安装要求

安装应保证节流装置得以正常工作的流动条件，如流体充满管道、充分发展流速分布、定常流等。

节流装置的组成与安装如图 5-7 所示。

节流装置应包含节流件，取压装置，上、下游测量管；阻力件是指节流件上、下游的非直管段的工艺管配件，如阀门、弯头、变径管、支管等。

（一）测量管

测量管（见图 5-8）是节流件上、下游直管段的一部分，由于它的尺寸及进入其中的流体流动状态，对节流件的测量有较大的影响，对其结构及安装有必要做如下规定：

1. 内径 D

（1）上游取压口前 0～0.5D 范围内三个内径的平均值，其中两个为 0 及 0.5D 截面，另一个为 0～0.5D 之间任意截面；

（2）如颈部为焊接，其中一个截面应处于焊接平面内；

（3）如有夹持环，0.5D 值应从上游边缘计算，测 4 个直径，取其平均值。

2. 直线度、圆度及内表面

（1）节流件上下游的测量管要求与直线的偏差在 0.4%以内，可以目测。

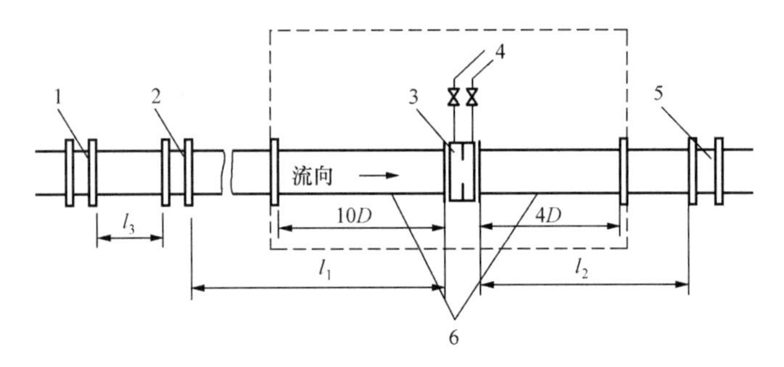

图 5-7 节流装置的安装示意

1—节流件上游侧第二个局部阻流件；2—节流件上游侧第一个局部阻流件；3—节流件和取压装置；4—差压信号管路；5—节流件下游侧第一个局部阻流件；6—节流件前后的测量管

l_1—节流件上游侧的直管段；l_2—节流件下游侧的直管段；

l_3—节流件上游侧第一个局部阻流件和第二个局部阻流件之间的直管段

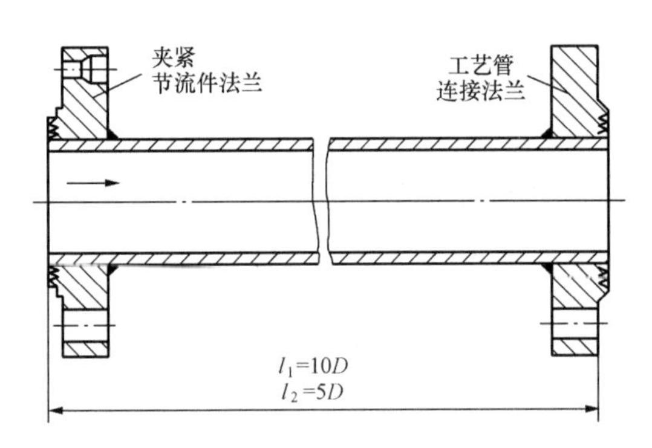

图 5-8 测量管

(2) 标准节流装置上游 2D 范围内要求一定的圆度，在此范围内任意截面所测直径与平均值之差不得超过 0.3%，而下游管道内径与平均值之差可允许在 3%以内。对于标准文丘里管而言，圆度要求可以宽松一些，上游任意截面所测直径 D 与平均直径之差允许达到 1%；下游没有太严格要求，但应保证内径不小于文丘里管扩张段直径的 90%。

(3) 内表面的粗糙度 K（K 为均匀等效绝对粗糙度）要求，不允许有凸起物、凹槽、积污、焊缝，具体要求如表 5-2 所示。

表 5-2　　常用管壁等效均匀粗糙度 K 值　　mm

材　料	条　件	K	Ra
黄铜、紫铜、铝、塑料、玻璃	光滑、无沉积物	<0.03	<0.01
钢	新的、不锈钢管	<0.03	<0.01
	新的、冷拔无缝管	≤0.03	<0.01
	新的、热拉无缝管	≤0.10	≤0.03
	新的、轧制无缝管	≤0.10	≤0.03
	新的、纵向焊接管	≤0.10	≤0.03
	新的、螺旋焊接管	0.10	0.03
	轻微锈蚀	0.10～0.20	0.03～0.06
	锈蚀	0.20～0.30	0.06～0.10
	结皮	0.50～2	0.15～0.6
	严重结皮	>2	>0.6
	新的、涂覆沥青	0.03～0.05	0.01～0.015
	一般的、涂覆沥青	0.10～0.20	0.03～0.06
	镀锌管	0.13	0.04

续表

材　料	条　件	K	Ra
铸铁	新的	0.25	0.08
	锈蚀	1.0～1.5	0.3～0.5
	结皮	>1.5	>0.5
	新的、涂覆	0.03～0.05	0.01～0.015
石棉水泥	新的有涂层的和无涂层的	<0.03	<0.01
	一般的、无涂层的	0.05	0.015

注　表中的 Ra 为偏离被测轮廓平均线的偏差，$Ra=K/\pi$。

（4）喷嘴。

1）ISA1932 喷嘴上游直管段在 $10D$ 范围内，其内径表面粗糙度见表 5-3。

表 5-3　　ISA1932 喷嘴上游管道相对粗糙度上限值

β	≤0.35	0.36	0.38	0.40	0.42	0.44	0.46	0.48	0.50	0.60	0.70	0.77	0.80
$10^4Ra/D$	8.0	5.9	4.3	3.4	2.8	2.4	2.1	1.9	1.8	1.4	1.3	1.2	1.2

注　本表数据是在 $Re_D \leqslant 1\times10^6$ 情况下得到的，更高雷诺数时，要求有严格的管道粗糙度限值。

2）长径喷嘴。长径喷嘴的 C 值是在管道内表面粗糙度为 $Ra/D \leqslant 3.2\times10^{-4}$ 下进行的。

（5）经典文丘里管。在上游取压口前 $2.5D$ 范围内，要求管道内表面相对粗糙度 $Ra/D \leqslant 3.2\times10^{-4}$。

如粗糙度增大，会使其流出系数加大，当 β 值较大时，这种趋势更显著。

（二）安装直管段长度

节流装置安装在两段恒定截面的圆形直管段之间，中间不允许存在支管或其他物体（见图 5-7）。节流装置上游侧和下游侧直管段可分为三段：①l_1 节流件至上游侧阻力件 2 之间的长度；②l_2 节流件至下游侧阻力件 5 之间的长度；③l_3 上游阻力件 1 与阻力件 2 之间的长度。

节流装置上下游要求的直管段长度与节流装置形式、上下游阻力件类型及节流装置的直径比 β 均有关。在安装了标准所要求的直管段长度后，可以认为节流装置已处于标准流动状态——充分发展紊流、无旋涡（旋涡角应小于 2°）。

（1）孔板与阻流件之间所要求的直管段长度见表 5-4。

1）表 5-4 中所列为必要的长度，使用时应更长一些，科研及校准应为规定的 2 倍数值，如达不到表 5-4 中所必需的长度，应附加不确定度值。

2）表 5-4 所列数值闸阀为全开，如闸阀未全开，应附加不确定度值。

3）表 5-4 中所列数值阻力件上游为充分发展管流，如达不到，则应附加不确定度值。

4）直管段长度大于表 5-4 中所列数值时，无须在流出系数再附加不确定值。

（2）喷嘴所要求的安装直管段长度，见表 5-5。

应用条件附加说明参考孔板所述，在此不再赘述。

（3）经典文丘里管所要求的直管长度，见表 5-6。

表 5-4　孔板与阻流件之间所要求的直管段长度（无流动调整器情况下，数值以管径 D 的倍数表示）

直径比 β	孔板的上游侧（入口）																								孔板的下游侧（出口）	
	单个 90°弯头；在任一平面上两个 90°弯头（$S>30D$）①		同一平面上两个 90°弯头；S 形结构（$30D\geqslant S>10D$）①		同一平面上两个 90°弯头：S 形结构（$10D\geqslant S$）①		互成垂直平面上两个 90°弯头（$30D\geqslant S\geqslant 5D$）①		互成垂直平面上两个 90°弯头（$5D>S$）①,②		带或不带延伸部分的单个 90°三通斜接 90°弯头		单个 45°弯头；同一平面上两个 45°弯头（$S\geqslant 2D$）①		同心渐缩管（在 $1.5D\sim 3D$ 长度内由 $2D$ 变为 D）		同心渐扩管（在 $D\sim 2D$ 长度内由 $0.5D$ 变为 D）		全孔球阀或闸阀全开		突然对称收缩管		温度计插套或套管③直径 $\leqslant 0.03D$④		阻流件（第 2～11 列）和密度计套管	
1	2		3		4		5		6		7		8		9		10		11		12		13		14	
—	A⑤	B⑥	A⑤	B⑥	A⑤	B⑥	A⑤	B⑥	A⑤	B⑥	A⑤	B⑥	A⑤	B⑥	A⑤	B⑥	A⑤	B⑥	A⑤	B⑥	A⑤	B⑥	A⑤	B⑥	A⑤	B⑥
≤0.20	6	3	10	⑦	10	⑦	19	18	34	17	3	⑦	7	⑦	5	⑦	6	⑦	12	6	30	15	5	3	4	2
0.40	16	3	10	⑦	10	⑦	44	18	50	25	9	3	30	⑦	5	⑦	12	8	12	6	30	15	5	3	6	3
0.50	22	9	18	10	22	10	44	18	75	34	19	9	30	18	8	5	20	9	12	6	30	15	5	3	6	3
0.60	42	13	30	18	42	18	44	18	65⑧	25	29	18	30	18	9	5	26	11	14	7	30	15	5	3	7	3.5
0.67	44	20	44	18	44	20	44	20	60	18	36	18	44	18	12	6	28	14	18	9	30	15	5	3	7	3.5
0.75	44	20	44	18	44	22	44	20	75	18	44	18	44	18	13	8	36	18	24	12	30	15	5	3	8	4

注　1. 最短直管段长度是孔板的上下游各种阻流件与孔板之间要求的长度，该直管段长度是从最靠近（或仅有）的弯头或三通的曲面部分下游末端或渐缩管或渐扩管的曲面或锥管部分下游末端测量起。

2. 本表中列举的长度，其大多数弯头的曲率半径等于 $1.5D$。

① S 是两个弯头分隔的间距，从上游弯头曲面部分的下游端到下游弯头曲面部分的上游端测量起。

② 如上游安装条件较差，尽可能采用流动调整器。

③ 温度计套管或插孔的安装不改变其他阻流件要求的最小上游直管段长度。

④ 若 A 列和 B 列分别增加到 20 和 10 时，则可安装温度计套管或插孔的直径为 $0.03D\sim 0.13D$，但是不推荐采用这种安装。

⑤ 各种阻流件中 A 列的长度相应于“零附加不确定度”。

⑥ 各种阻流件中 B 列的长度相应于“0.5%附加不确定度”。

⑦ A 列中给出零附加不确定度的直管段长度；对于 B 列需要的直管段长度，不能采用更短直管段长度的数据。

⑧ 若 $S<2D$，当 $Re_D>2\times 10^6$时，要求 $95D$。

表 5-5　喷嘴和文丘里喷嘴所要求的直管段长度（无流动调整器，数值以管径 D 倍数表示）

直径比 β①	节流件的上游侧（入口）																				节流件的下游侧（出口）	
	单个 90°弯头或三通（仅从一个支管流出）		同一平面上两个或多个 90°弯头		不同平面上两个或多个 90°弯头		渐缩管（在 1.5D～3D 长度内由 2D 变为 D）		渐扩管（在 D～2D 长度内由 0.5D 变为 D）		球阀全开		全孔球阀或闸阀全开		突然对称收缩管		温度计套管或插孔② 直径 ≤0.03D		温度计套管或插孔② 直径在 0.03D ～ 0.13D 之间		阻流件（第 2～8 列）	
1	2		3		4		5		6		7		8		9		10		11		12	
—	A③	B④	A③	B④	A③	B④	A③	B④	A③	B④	A③	B④	A③	B④	A③	B④	A③	B④	A③	B④	A③	B④
0.20	10	6	14	7	34	17	5	⑤	16	8	18	9	12	6	30	15	5	3	20	10	4	2
0.25	10	6	14	7	34	17	5	⑤	16	8	18	9	12	6	30	15	5	3	20	10	4	2
0.30	10	6	16	8	34	17	5	⑤	16	8	18	9	12	6	30	15	5	3	20	10	5	2.5
0.35	12	6	16	8	36	18	5	⑤	16	8	18	9	12	6	30	15	5	3	20	10	5	2.5
0.40	14	7	18	9	36	18	5	⑤	16	8	20	10	12	6	30	15	5	3	20	10	6	3
0.45	14	7	18	9	38	19	5	⑤	17	9	20	10	12	6	30	15	5	3	20	10	6	3
0.50	14	7	20	10	40	20	6	5	18	9	22	11	12	6	30	15	5	3	20	10	6	3
0.55	16	8	22	11	44	22	8	5	20	10	24	12	14	7	30	15	5	3	20	10	6	3
0.60	18	9	26	13	48	24	9	5	22	11	26	13	14	7	30	15	5	3	20	10	7	3.5
0.65	22	11	32	16	54	27	11	6	25	13	28	14	16	8	30	15	5	3	20	10	7	3.5
0.70	28	14	36	18	62	31	14	7	30	15	32	16	20	10	30	15	5	3	20	10	7	3.5
0.75	36	18	42	21	70	35	22	11	38	19	36	18	24	12	30	15	5	3	20	10	8	4
0.80	46	23	50	25	80	40	30	15	54	27	44	22	30	15	30	15	5	3	20	10	8	4

注　最短直管段长度是节流件上游或下游各种阻流件与节流件之间要求的长度数值，全部直管段长度是从节流件的上游端面测量起。

① 对于某些类型节流件，不是全部 β 值皆适用的。

② 温度计套管或插孔的安装不会改变其他阻流件需要的最短上游直管段长度。

③ A 列为“零附加不确定度”的长度值。

④ B 列为“0.5%附加不确定度”的长度值。

⑤ A 列中给出零附加不确定度的直管段长度；对于 B 列需要的直管段长度，不能采用更短直管段长度的数据。

应用条件附加说明参考孔板所述，在此不再赘述。

有关直管段长度的规定可参照孔板的有关规定执行。

表 5 - 6　　经典文丘里管所要求的直管段长度（数值以管径 D 倍数表示）

直径比 β	单个 90°弯头①		同一平面或不同平面上的两个或多个 90°弯头①		渐缩管（在 2.3D 长度内由 1.33D 变为 D）		渐扩管（在 2.5D 长度内由 0.67D 变为 D）		渐缩管（在 3.5D 长度内由 3D 变为 D）		渐扩管（在 D 长度内由 0.75D 变为 D）		全孔球阀或闸阀全开	
1	2		3		4		5		6		7		8	
—	A②	B③	A②	B③	A②	B③	A②	B③	A②	B③	A②	B③	A②	B③
0.30	8	3	8	3	4	④	4	④	2.5	④	2.5	④	2.5	④
0.40	8	3	8	3	4	④	4	④	2.5	④	2.5	④	2.5	④
0.50	9	3	10	3	4	④	5	4	5.5	2.5	2.5	④	3.5	2.5
0.60	10	3	10	3	4	④	6	4	8.5	2.5	3.5	2.5	4.5	2.5
0.70	14	3	18	3	4	④	7	5	10.5	2.5	5.5	3.5	5.5	3.5
0.75	16	8	22	8	4	④	7	6	11.5	3.5	6.5	4.5	5.5	3.5

注　1. 最短直管段长度是经典文丘里管上游各阻流件与经典文丘里管之间要求的长度，全部直管段长度是从最靠近（或仅有）的弯头或三通的曲面部分下游末端或渐缩管或渐扩管的曲面或锥管部分下游末端测量起，它直至经典文丘里管上游取压口的平面处。

2. 若温度计套管或插孔安装于经典文丘里管的上游，必须不大于 0.13D，并设置在文丘里管上游取压口的上游至少 4D 处。

3. 对于下游直管段长度，各种阻流件或其他干扰件（如表中所示）或密度计套管设置于喉部取压口平面下游至少 4 倍数喉径处，并不影响测量的准确度。

① 弯头的曲率半径应大于或等于直径。

② 各种阻流件的 A 列为“零附加不确定度”的长度值。

③ 各种阻流件的 B 列为“0.5%附加不确定度”的长度值。

④ A 列中给出零附加不确定度的直管段长度；对于 B 列需要的直管段长度，不能采用更短直管段长度的数据。

（4）关于流动调整器。

从上述表 5 - 4～表 5 - 6 可见，如确保较高的流量准确度（0.5%～1%），采用标准节流装置就应有 ISO5167—2003 标准所要求的安装直管段长度。在工业现代化、大型化导致管径日益增大、场地日益紧缺的矛盾下很难满足，火电厂尤为突出。因此，ISO/TC30 技术委员会多年来一直推荐采用如图 5 - 9 所示的流动调整器。如管束（AGA - ASME、ISO、AGA、ASME）、板孔（三菱）以及两者的组合（赞克，斯普伦克尔）。其中，组合式效果最好，但压损却是前两种的数倍。板孔结构简单，易于加工、安装，压损也不大，有较大发展潜力。在阻力件与节流装置之间安装流动调整器，可以较大地缩短节流装置所必需的直管段长度。然而，流动调整器却并未得到预期的推广应用，这是由于流动调整器（如管束）本身就需要 2D～4D 的长度，其次它与流量仪表间的长度又要求 4D～5D，总共约 10D，对于不少现场极不现实。

另外，流动调整器还有以下缺点，如：①增加了成本，一套流动调整器的制造、安装成本不亚于一台节流装置；②增加了安装维护工作量，如流体中含有的固相物、凝析物会沉积在管道的下方，必须及时清除；③造成额外的压力损失，增大运行费用。

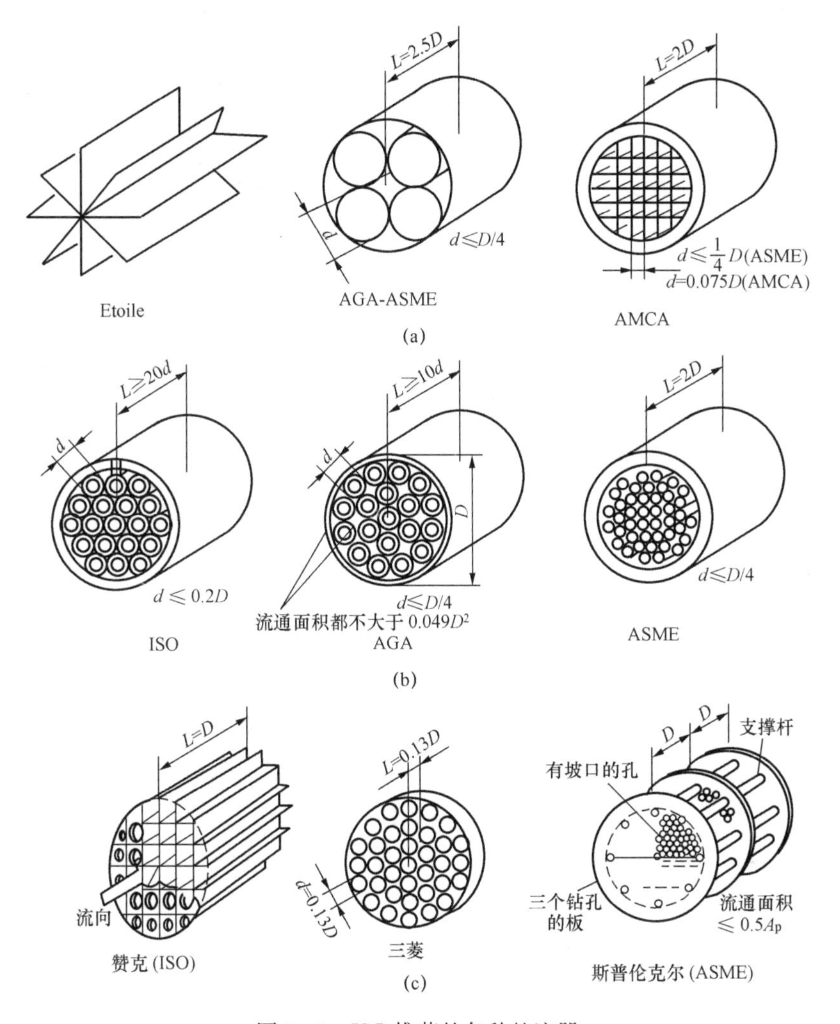

图 5-9 ISO 推荐的各种整流器

(a) 旋涡；(b) 旋涡和中等程度的畸变；(c) 旋涡和畸变

目前，已开发推出了不少新型的节流装置，它们无须标准节流装置那么长的安装直管段长度，仍可取得不低于0.5%～1%的准确度。因此这里仅简单介绍一下流动调整器，并不推荐火电厂采用ISO/TC 30推荐的上述流动调整器。

（三）节流件夹持环

1. 法兰取压

法兰取压孔板夹持环（见图 5-10）是测量管法兰上的取压器件，取压孔的间距是取压孔轴线与孔板端面的距离。设计取压孔位置时，应先考虑垫圈（或密封圈）的距离。上游取压孔距离 l_1 是从孔板上游端面测算，为25.4mm；下游测压孔距离 l_2 也为25.4mm，是从孔板下游端面测算的。l_1、l_2 的公差，当 $D<150$mm 时，为±0.5mm；当 150mm$\leqslant D \leqslant$1000mm 时，可扩大至±1.0mm。

对取压孔的要求是：取压孔轴线应与管道轴线垂直；外缘为圆形，边缘与管道齐平，不允许有毛边、卷口，取压孔直径应小于4mm；倒圆不得大于取压孔直径的1/10；上下游取

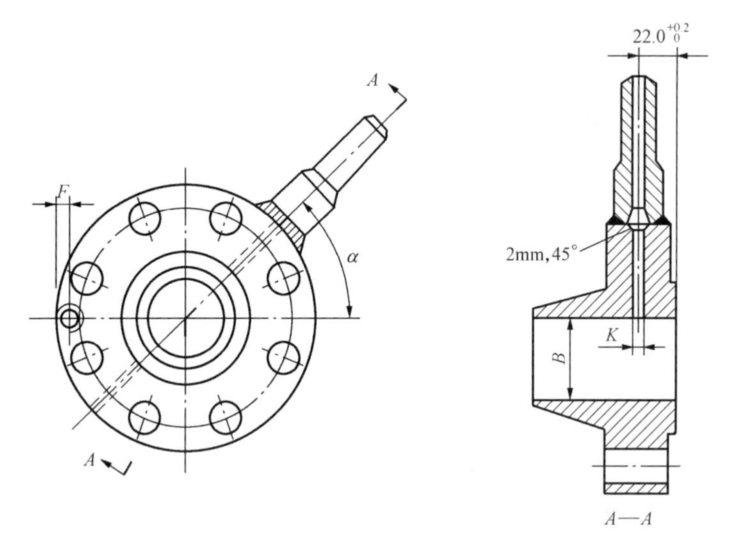

图 5-10　法兰取压孔板夹持环

压孔直径应相等，取压孔的深度 h 从测量管内壁量应为取压孔径 d 的 2.5 倍，且为圆形；取压孔周围（特别是上游）不允许有焊渣等凸起物。

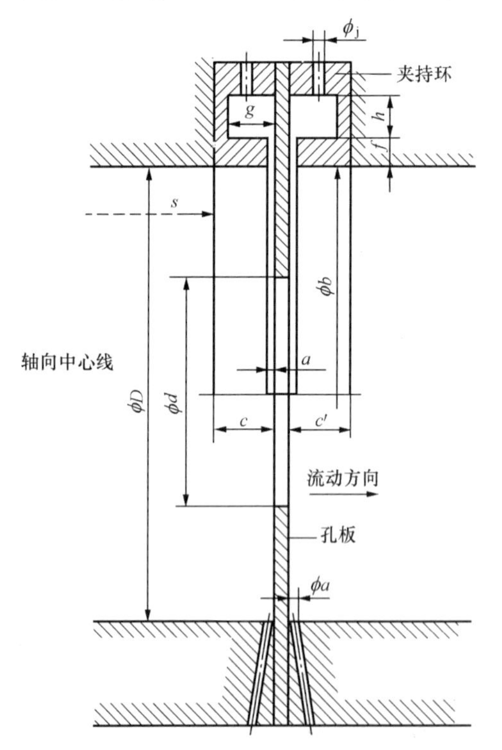

图 5-11　角接取压孔板夹持环

a —环隙宽度（或单独取压口直径）；f —环隙厚度；c —夹持环长度（上游）；c'—夹持环长度（下游）；b —夹持环直径；s—上游台阶到夹持环的距离；g、h—环室尺寸；ϕ_j—取压口直径

2. 角接取压孔夹持环

角接取压孔板夹持环（见图 5-11）可以是单独钻孔取压器件或者是环隙取压器件。

（1）单独钻孔取压孔板夹持环。规定上游侧静压由前夹紧环（或上游测量管法兰）取出，下游侧静压由后夹紧环（或下游测量管法兰）取出。

1）取压孔轴线应尽可能与测量管轴线垂直。如在同一上游或下游取压孔平面上有几个单独取压孔时，其轴线应互成相等角度。单独钻孔取压孔的直径应满足第 3）项的要求。

2）取压孔轴线与孔板各相应端面之间的间距等于取压孔直径的 1/2。取压孔出口边缘与孔板端面平齐，并满足第 1）项的要求。

3）上下游侧取压孔直径 a 的尺寸应相同，其值应符合以下规定：

当 $\beta \leqslant 0.65$ 时，$0.005D \leqslant a \leqslant 0.03D$；

当 $\beta > 0.65$ 时，$0.01D \leqslant a \leqslant 0.02D$。

对任何 β 值，其实际尺寸应为 1mm≤

$a \leqslant 10\text{mm}$。

当可能析出凝析液时，其实际尺寸应为 $4\text{mm} \leqslant a \leqslant 10\text{mm}$。

4）从测量管内壁量起，在至少 2.5 倍取压孔直径的长度范围内，取压孔应呈圆筒形。

5）夹紧环的内径 b 必须大于或等于测量管直径 D，以保证它不致突入测量管内，并必须满足式（5-18）的要求，即

$$\frac{b-D}{D}\frac{c(\text{或}\ c')}{D} \times 100 \leqslant \frac{0.1}{0.1+2.3\beta^4} \tag{5-18}$$

其中，c 和 c' 为上游夹紧环和下游夹紧环长度（见图 5-11），其值不大于 $0.5D$。此外，b 值应在式（5-19）所示极限值之内，即

$$D \leqslant b \leqslant 1.04D$$

6）所有可能与被测流体接触的夹紧环的表面应清洁，较为光滑。

7）在夹紧环上，与二次装置连接的取压孔，在穿透管壁处为圆形，其直径 j 在 4～10mm 之间，并满足关于取压孔的加工技术要求。

8）上游夹紧环和下游夹紧环长度不必彼此相等，但两者均应符合上述要求。

9）夹紧环可看作是节流件的一部分，长度 s 是从夹紧环所形成的凹槽的上游边缘算起的，如图 5-11 所示。

（2）环室取压孔板夹持环。孔板上游侧静压由前环室取出，下游侧静压由后环室取出。

1）前环室长度 c 和后环室长度 c' 不得大于 $0.5D$。

2）夹紧环内径 b 应符合上述 5）、4）项的要求。环隙厚度 f 应大于环隙宽度 a 的 2 倍，环腔横截面积 gh 大于此环隙与管道内部开孔总面积之和的1/2。

3）前后环室与孔板上下游侧端面形成的前后环腔，通过沿环室开孔的全圆周上的连续环隙，按等角距配置不少于 4 个断续环隙，与测量管相通。每个断续环隙面积不少于 12mm^2，环隙宽度 a 应符合下列规定：

当 $\beta \leqslant 0.65$ 时，$0.005D \leqslant a \leqslant 0.03D$；$\beta > 0.65$ 时，$0.01D \leqslant a \leqslant 0.02D$。

a 值应为 4～10mm。

4）环腔与导压管之间的取压孔应为圆孔，长度不少于 2.5 倍取压孔直径。

（四）节流件的安装

1. 孔板、喷嘴和文丘里喷嘴

（1）节流件的垂直度。节流件应垂直于管道轴线，允许偏差为 $1°$ 以内，由于节流件安装在环室、夹持环之间，在安装环室、夹持环、法兰端面时，必须保证端面与节流件开孔的垂直度。只有这样，才有可能保证节流件安装后垂直于管道轴线。

（2）节流件的同轴度。

1）孔板。节流件应与管道或夹持环同轴。其偏心率 e_c 与取压管平行分量 e_{cl} 及垂直分量 e_{cn} 如满足式（5-19）、式（5-20）的要求，流出系数的不确定度无附加值。

$$e_{cl} \leqslant \frac{0.0025D}{0.1+2.3\beta^4} \tag{5-19}$$

$$e_{cn} \leqslant \frac{0.005D}{0.1+2.3\beta^4} \tag{5-20}$$

如 e_{cl} 在以下范围内，则流出系数应算术相加 0.3% 的附加不确定度，即

$$\frac{0.0025D}{0.1+2.3\beta^4} \leqslant e_{c1} \leqslant \frac{0.005D}{0.1+2.3\beta^4} \tag{5-21}$$

如果 e_{c1} 和 e_{cn} 在式（5－22）范围内，则无须给出任何附加不确定度，即

$$e_{c1} \text{ 或 } e_{cn} > \frac{0.005D}{0.1+2.3\beta^4} \tag{5-22}$$

由式（5－22）可见，e_c 值随 β 的增大而减小，在中小口径及大的 β 值时，安装的偏心率的要求是很严格的。e_c 的实际检验很困难，应由各连接件的配合公差来保证，即节流件与取压装置、取压装置与法兰、法兰与测量管等之间的配合公差保证。

2）喷嘴和文丘里喷嘴。节流件应与管道或夹持环同轴。上下游侧喷嘴喉部轴线与管道轴线之间的距离按式（5－23）的要求，即

$$e_x \leqslant \frac{0.005D}{0.1+2.3\beta^4} \tag{5-23}$$

如果

$$e_x > \frac{0.005D}{0.1+2.3\beta^4} \tag{5-24}$$

则应附加不确定度。

（3）节流件前后测量管的安装。离节流件 $2D$ 之外，节流件与第一个上游阻流件之间的测量管，可由一段或多段不同截面的管子组成。在 $2D$～$10D$ 之间，管子之间的台阶（直径之差）不超过 $0.3\%D$，则流出系数无附加不确定度。为此，与管子相连的法兰需要配合镗孔，亦可采用销钉定位与自动定心的垫圈等，以确保同心度。

在节流件上游 $10D$ 之外，只要任何两管段间的台阶不超过直径平均值的 2%，则流出系数无附加不确定度。如果在形成台阶处的上游管径大于下游管径，则容许的管道内部突变（台阶）值可以从 2%增到 6%，即在台阶两边的管段，在上游侧的管径可以是 $1.06D$，其下游侧的管径是 $1.0D$；或者上游侧管径为 $1.0D$，而其下游侧的管径为 $0.94D$。

当管径之间的台阶高度 $\frac{\Delta D}{D}$ 超出上述规定，但符合式（5－25）和式（5－26）时，则流出系数 C 的不确定度应算术相加 0.2%的附加不确定度，即

$$\frac{\Delta D}{D} < 0.002\left(\frac{S/D+0.4}{0.1+2.3\beta^4}\right) \tag{5-25}$$

和

$$\frac{\Delta D}{D} < 0.05 \tag{5-26}$$

式中　S——上游取压口到台阶的距离。如使用夹持环，则 S 是从夹持环的环形凹槽的上游边缘到台阶的距离。

在离节流件上游侧端面至少 $2D$ 长度的下游测量管上，下游管道内径与上游测量管的内径平均值之差，应不超过内径平均值的 3%。节流件安装时应注意装配和夹紧的方法，以保证节流件安装位置正确。当节流件在法兰之间时，应允许自由膨胀以避免翘曲和弯扭。如使用垫圈，垫圈应没有任何部位突入管道内。当采用角接取压装置时，垫圈也不得挡住取压口或槽。如节流件与夹持环之间使用垫圈时，垫圈不应突入夹持环内。

2. 经典文丘里管的安装

（1）测量管的圆度。从经典文丘里管的入口圆筒段上游端面量起，在至少 $2D$ 长度范围内测量管的内径应是圆柱形的。连接经典文丘里管平均直径 D 与入口圆筒段 A 的直径之差，

不超过管道直径平均值的1%。上游管道在2D长度范围内，在垂直管道轴线的截面上测量直径，任何一个直径与直径平均值之差不应超过直径平均值的2%。紧靠经典文丘里管下游的管道内径不必精确测量，但应保证管道内径不小于经典文丘里管的扩散段末端直径的90%。在一般情况下，经典文丘里管的下游可以使用与经典文丘里管具有相同公称通径的管道。

（2）经典文丘里管的准直。在上游测量管与入口圆筒段A的连接平面上，上游测量管轴线与经典文丘里管轴线之间的偏移距离 e_x 应小于 $0.005D$。另外，$e_x+\Delta D/2$ 应小于 $0.0075D$，ΔD 为上游测量管与经典文丘里管入口圆筒段A的直径偏差。上游测量管轴线与经典文丘里管轴线的夹角应小于1°。

第三节　非标准节流装置

随着科学技术的发展，不少新课题被提出，标准节流装置无法解决这些问题。为此，几十年来又开发了许多新型（也可称为非标准）节流装置。它们大部分仅适用于某一领域，且未定型，缺乏深入的测试研究，使用前都应通过实流标定，才可能取得较高的准确度，对它们的应用及推广也应实事求是，切勿过分夸大其技术性能，否则产生负面影响，推广效果将适得其反。

一、低雷诺数用节流装置

标准节流装置的流出系数只有当雷诺数 $Re_D\geqslant 1\times 10^4$ 才趋于常数，因此，不适用于管径小、流速低、介质黏性大的情况。针对低雷诺数的情况可适用的节流装置有以下几种。

（1）1/4圆孔板（见图5-12）。与标准孔板相比，仅孔口形状不同，它有一个与轴线垂直的端面，半径 r 由1/4圆构成入口截面及类似喷嘴的出口，选用它时应注意如下事项：

1）取压方式：当 $D<40\text{mm}$ 时，只能采用角接取压；当 $D>40\text{mm}$ 时，角接与法兰取压方式均可选用。

2）β 范围：$0.245\leqslant\beta\leqslant 0.6$。

3）雷诺数范围：$Re_{D\min}\leqslant Re_D\leqslant 10^5\beta$

$$Re_{D\min}=1000\beta+9.4\times 10^6\ (\beta-0.24)^8 \tag{5-27}$$

4）最小管径：一般情况下，最小管径为25mm，如上游侧内表面十分粗糙（严重锈蚀、涂覆沥青，等等），则应提高到100mm。

5）流出系数 C 与 β 值有关，可用式（5-28）计算，即

$$C=0.73823+0.3309\beta-1.1615\beta^2+1.5084\beta^3 \tag{5-28}$$

不确定度 $\delta c/c$ 为±（2.0%～2.5%）。

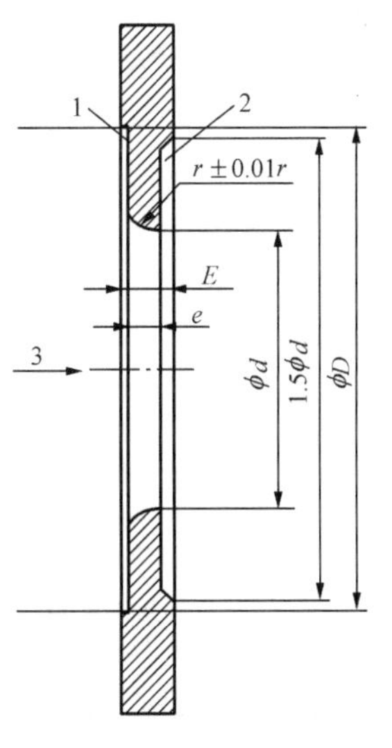

图5-12　1/4圆孔板
1—上游端面A；2—下游端面B；3—流向

（2）锥形入口孔板。结构形式见图5-13，入口为45°锥角，取压方式仅用角接取压。

1）流出系数 C：在使用范围内 $C=0.732\pm 0.002$。

2）使用条件：$d>6\text{mm}$，$D\leqslant 500\text{mm}$；$0.1\leqslant\beta\leqslant 0.316$；$80\leqslant Re_D\leqslant 2\times 10^5\beta$。

3）最小管径 $D_{\min}$ 一般为25mm，严重锈蚀管道，限制提高至100～200mm。

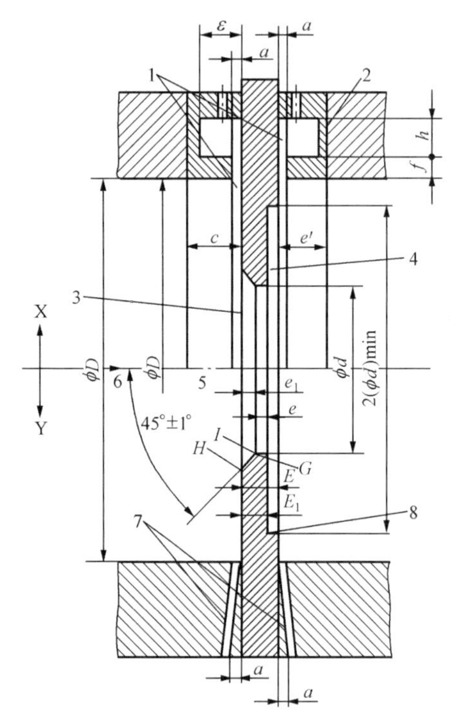

图 5-13　锥形入口孔板

1—环隙；2—夹持环；
3—上游端面 A；4—下游端面 B；
5—轴线；6—流向；7—取压口；8—孔板
X—带环隙的夹持环；Y—单独取压口

（3）双重孔板。如图 5-14 所示，由两块孔板组成，取压方式为角接取压，两块孔板的间距为 $0.5D$，选用时应注意两块孔板之间有无积污物。

1）流出系数：

$$C=\left[1-\left(\frac{d}{D}\right)^{4}\right]^{\frac{1}{2}}\times\left[0.6836+0.243\left(\frac{d}{D}\right)^{3.64}\right] \tag{5-29}$$

2）雷诺数范围：$2.5\times10^{3}\leqslant Re_{D}\leqslant4\times10^{5}$。

3）管径范围：$40\text{mm}\leqslant D\leqslant100\text{mm}$（仅适用于较小管径）；$12.7\leqslant d\leqslant70.5\text{mm}$

4）β 值范围：$0.1\leqslant\left(\frac{d}{D}\right)^{2}\leqslant0.5$。

二、新型结构喷嘴

（1）ASME 喉部取压喷嘴。从节能减排提高火电厂能源测量准确度出发，美国 ASME 推荐采用喉部取压喷嘴（见图 5-15），用于测量水及水蒸气，在 β 值小于 0.5 的条件下，测量准确度可达到 ±0.25%，而 ISA1932 喷嘴准确度为 ±0.6%，长径喷嘴仅为 ±2%。

ASME 喷嘴节流装置（见图 5-16）由上下游测量管及喷嘴节流件三部分组成，上游测量管长不小于 $20D$，下游不小于 $10D$，上游测量管在喷嘴前 $16D$ 安装了管式流动调整器，测量管内径的管壁应光滑，无锈蚀、水垢，管内径偏差限制在 0.2% 以内，不同截面偏差限制在 1% 以内，下游截面偏差限制要求可比上游放宽约 1 倍。

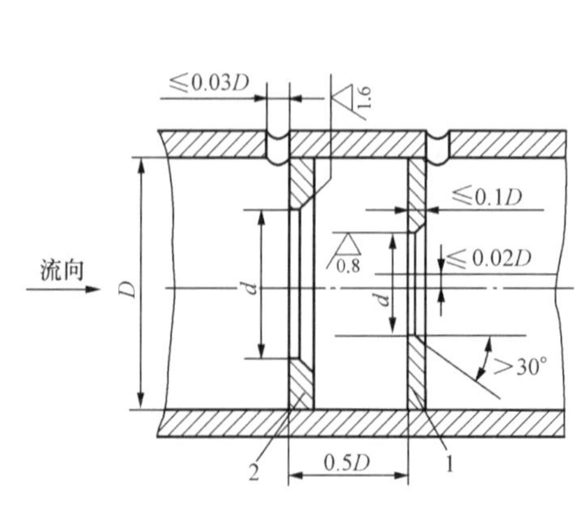

图 5-14　双重孔板

1—主孔板；2—辅孔板

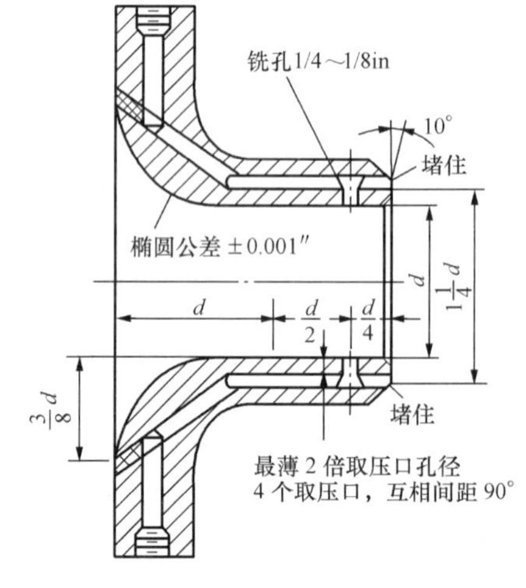

图 5-15　ASME 喷嘴

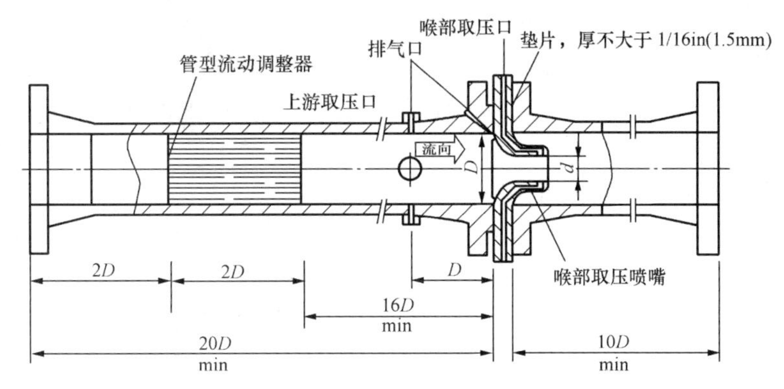

注：不允许有阻碍物，如热电偶套管、垫圈等。

图 5-16　ASME 喷嘴节流装置安装图

（2）文丘里喷嘴。为减小压损可采取文丘里喷嘴（见图 5-17）形式，即在喷嘴的出口安装一个扩张角不大于 10°的扩张段，这样处理后，可减小压损 70%以上，值得重视。特别需要强调的是，喷嘴出口与扩张段的结合一定要光滑，否则不仅会提高压力损失，还会增加测量误差。

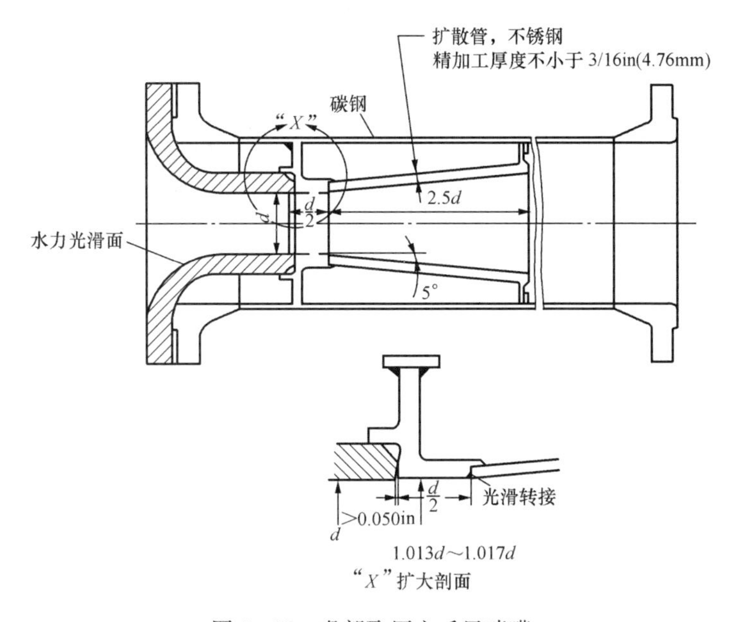

图 5-17　喉部取压文丘里喷嘴

1）焊接结构。如应用于火电厂测高压高温蒸汽或给水，为防止机组运行时法兰密封漏气，不少火电厂直接采用焊接结构形式。

2）流出系数 C：在雷诺数 Re_D 较大范围内（1×10^6～50×10^6），流出系数变化很小，为 0.9972～1.0001，十分稳定。

（3）“文丘里”喷嘴。

近年来在我国学术交流会上曾推出一种称为“文丘里”喷嘴的新型节流装置，并称在风洞中进行了标定。但由于风洞的流场与仪表应用时的流场差异很大，这种标定有什么意义呢？另外，在结构上与上述文丘里喷嘴比较，它的前收缩角较大，与直管段相接时又无圆弧过渡，由于流体的惯性，将会产生旋涡，难以保证必要的准确度。这种“文丘里”喷嘴去掉了扩张段，就不是文丘里了，并且还加大了压损。确切地说，它只是一个较粗糙的钣金焊接喷嘴。

三、用于脏污介质的节流装置

在工业生产过程中，常见不少含有固相物质或凝析物的两相流体，由于标准节流装置如孔板、喷嘴在其后通道突然扩大，形成了回流区，这些物质（未必都是脏污物）将会沉积于此，久而久之，不仅会改变通道的截面，甚至严重时会堵塞通道，影响流体的正常流动。为此，推出了圆缺孔板、偏心孔板、楔形流量计等产品。

（1）圆缺孔板。其结构形式如图 5 - 18 所示。

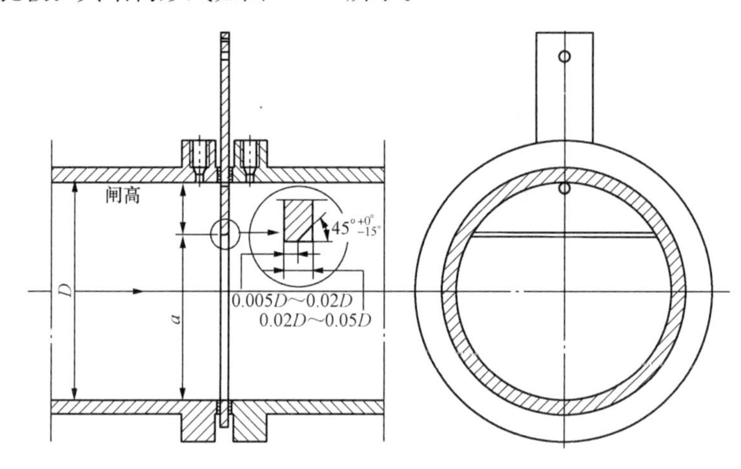

图 5 - 18　圆缺孔板

1）取压方式：法兰取压。

2）结构：开孔的圆弧部分应与管道的圆心同心。

3）选用条件：100mm≤D≤350mm 时，0.3≤β≤0.8，Re_D 应大于 80D。

4）β 值计算（$\beta=\sqrt{m}$，m=开孔面积/管道面积，开孔的相对高度 $n=a/D$，a 为圆缺高度）

$$\beta=\left(\frac{1}{\pi}\right)^{1/2}\left\{\arccos\left(1-\frac{2a}{D}\right)-2\left(1-\frac{2a}{D}\right)\left[\frac{a}{D}-\left(\frac{a}{D}\right)^{2}\right]^{\frac{1}{2}}\right\}^{\frac{1}{2}} \tag{5-30}$$

5）安装要求：只能用于水平管道，如被测介质中含有固体，缺口应置于下方；如液体中有气体析出，缺口应置于上方。

（2）偏心孔板。其结构形式如图 5 - 19 所示。

1）取压方式：角接取压。

2）β 值确定：

$$\beta=d_P/D$$

式中　d_P——偏心孔直径；

D——管道内径。

3）流出系数：

$$C=0.9355-1.689\beta+3.0428\beta^2-1.8\beta^3 \tag{5-31}$$

4）流出系数 C 值不确定度：β≤0.75 时，为 1%；β>0.75 时，为 2%。

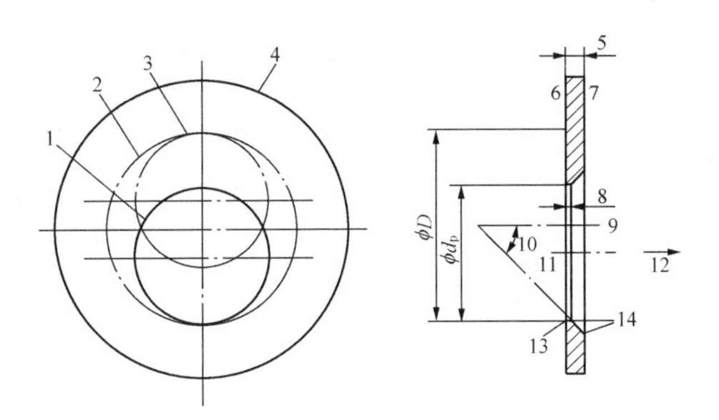

图 5-19　偏心孔板

1—孔板开孔；2—管道内径；3—孔板开孔另一位置；4—孔板外径；5—孔板厚度 E；6—上游端面 A；7—下游端面 B；8—孔板开孔厚度 e；9—孔板轴线；10—斜角 F；11—孔板开孔轴线；12—流向；13—上游边缘 G；14—下游边缘 H、I

5）使用范围：

$$d \geqslant 50\text{mm}$$

$$100\text{mm} \leqslant D \leqslant 1000\text{mm}$$

$$0.46 \leqslant \beta \leqslant 0.84,\quad 0.136 \leqslant C\beta^2\ (1-\beta^4)^{-0.5} \leqslant 0.423$$

$$2 \times 10^5 \beta^2 \leqslant Re_D \leqslant 1 \times 10^6 \beta$$

（3）楔形流量计。其结构形式如图 5-20 所示。

20 世纪 80 年代初期由美国 Taylor 公司开发推向市场，节流件为一个 90°的楔形件，在其前后测差压。是当前这类节流型装置测脏污流体较成功的一种，结构有分体型及一体化两种。

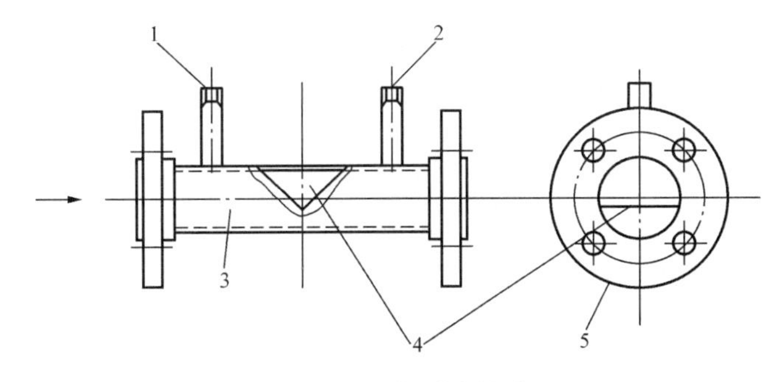

图 5-20　楔形流量计

1—高压取压口；2—低压取压口；3—测量管；4—楔形件；5—法兰

楔形流量计上游要求安装直管段长度见表 5-7。

表 5-7　　楔形流量计上游安装直管段长度（内径 D 的倍数）

楔高比 H/D	90°弯头	T 形三通	球阀	闸阀（全开）
0.2	6	6	10	5
0.3	8	8	12	6
0.4	12	12	14	8
0.5	14	14	16	10

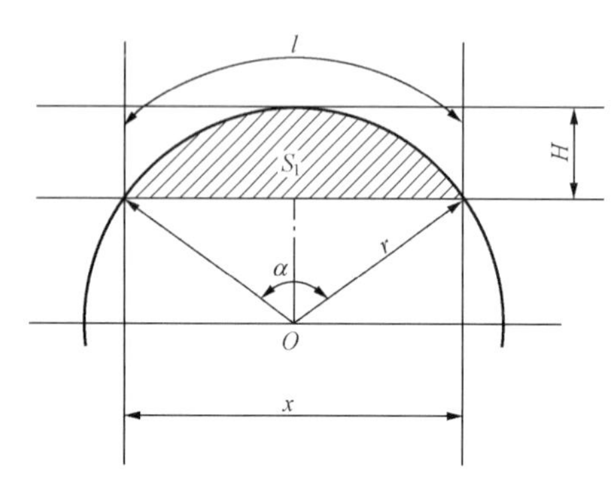

图 5-21　弓形面积

1）安装：一般应水平安装；也允许垂直安装，但要求流体自下而上流动。

2）变送器，分体型在楔形体上下游等距离有两个法兰；直接安装隔膜密封式差压变送器，无取压接头，较其他节流装置的优越之处在于将被测脏污流体与变送器隔离，因此不易堵塞。

3）参数 H/D，相当于节流装置的 β 值，以衡量节流的大小，H 是流体通过部分弓形面积 S_1（见图 5-21）的高度。

4）适用雷诺数较宽，Re_D 为 $300\sim1\times10^6$，既可测重油、渣油黏稠流体，又可测水蒸气。

5）口径：$25\text{mm}\leqslant D\leqslant300\text{mm}$。

6）工况：压力小于 6.4MPa，温度小于 200℃。

四、低压损节流装置

当流体流过流量仪表时，都会产生一定的压损，其大小取决于仪表的结构和流体的密度和流速。压损将消耗流体的动能，也就是消耗推动流体流动机械（泵、风机）的能量。自 20 世纪 70 年代开始，节约能源已成为全球关注的课题，国内外流量界相继推出了一些低压损的流量仪表。对节流装置来说，文丘里管压损最小，但其扩张段过长，不仅耗费大量金属，制造、运输、安装都不方便。低压损节流装置的特点是既保持文丘里管低压损的优点，又尽量减小它的长度，较典型有以下几种。

（1）道尔管。其结构形式如图 5-22 所示。

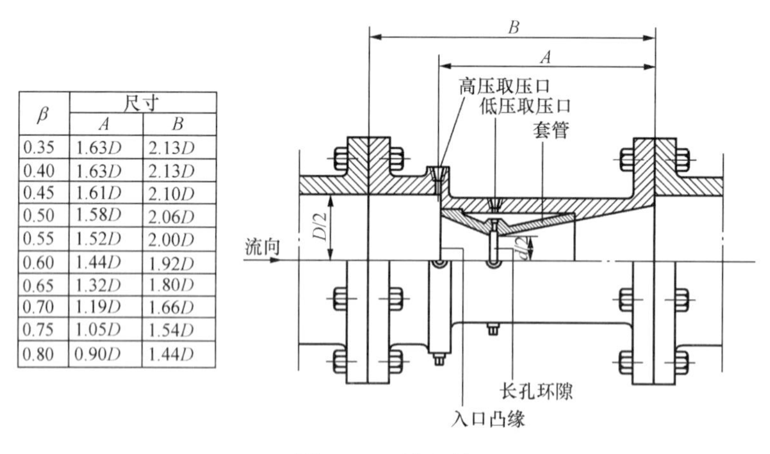

β	尺寸	
	A	B
0.35	1.63D	2.13D
0.40	1.63D	2.13D
0.45	1.61D	2.10D
0.50	1.58D	2.06D
0.55	1.52D	2.00D
0.60	1.44D	1.92D
0.65	1.32D	1.80D
0.70	1.19D	1.66D
0.75	1.05D	1.54D
0.80	0.90D	1.44D

图 5-22　道尔管

1）结构：总长 B 随 β 值而变，最长为 $2.13D$，最短仅 $1.44D$，它的出口直径小于管径 D，喉部长度仅为 $0.03d\sim0.1d$，入口圆锥角为 40°～50°，出口锥角为 12°～17°，这样做的目的都是为了减小长度，适当牺牲一点恢复压力。

2）道尔管产生的差压在相同流量下较文丘里管大，在高 β 值（>0.55）时，压力损失小于文丘里管。

3）受上游流动干扰较大，要求上游直管段长度比文丘里管还要长一些。

4）由于喉部有槽，不适合测含有固体杂质的流体。

（2）低压损管（罗洛斯 Lo-Loss 管）。其结构形式如图 5-23 所示。

1）结构：收缩段为圆弧形 $R=d/3$，急剧收缩至喉部，扩张段部分扩张角为 10°～12°。

2）在 β 值相同情况下，产生的差压值较高。

3）流出系数 C：当 β 值为 0.35 时，为 0.89；当 β 值为 0.85 时，为 0.69，近于线性。

4）进口收缩段为圆弧形，加工困难，有可能是推出 30 余年并未全面推广的原因。

5）压力损失与道尔管相近。

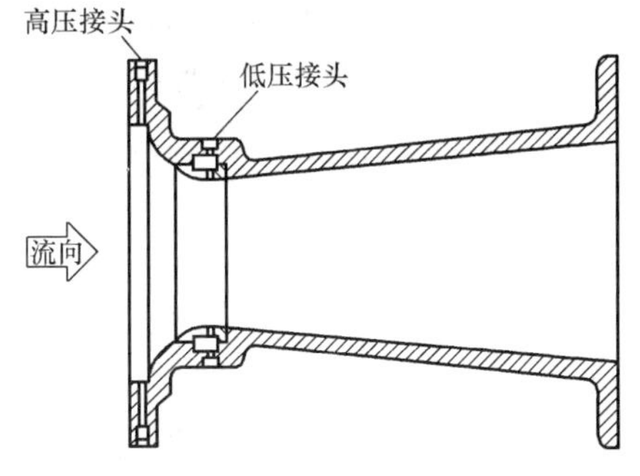

图 5-23　低压损管

（3）机翼流量计。

火电厂的进风管多采用矩形截面，一次风管边长多为 2～3m（目前已达 5～6m），采用标准文丘里管则长度将达到 10m 以上，且不说给制造、运输、安装带来困难，现场也没有足够的空间来安装这样的庞然大物。如果在矩形管道中安装一个（或多个对称机翼），则可能在较短的距离将扩张角控制在 10°～12°以内，不仅结构紧凑，而且便于安装运输，曾在相当长一段时间内，成为火电厂风量测量的首选仪表。

1）原理。机翼流量计原理如图 5-24 所示。它仍属于节流装置，节流件就是对称机翼，而机翼进口部分有导流加速作用，可缓解气流的横向流动，减少涡流的尺寸，所以它对前直管长度的要求仅约 $3D_h$（当量直径），比标准节流装置低很多，很有实用价值。

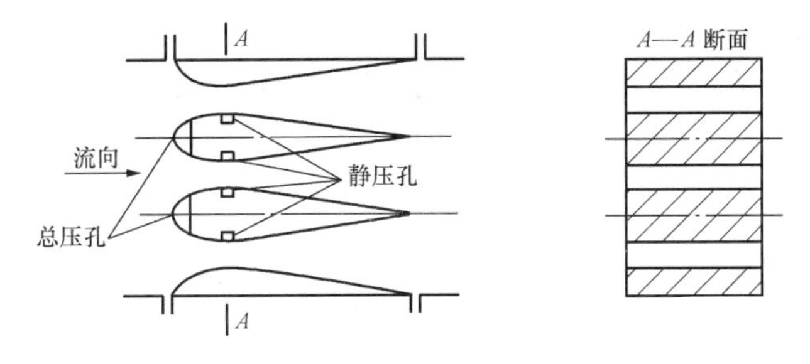

图 5-24　机翼流量计原理

2）计算公式。为减少压损，火电厂进风管道风速一般小于 25m/s，流体密度 ρ 可视为常数，流量的计算式为

$$q_V = NK\alpha A_1(\Delta p/\rho)^{1/2} \tag{5-32}$$

$$\alpha = A_2/A_1$$

式中　q_V——容积流量，m^3/h；

ρ——流体密度，kg/m^3；

Δp——输出差压，Pa；

K——流量系数；

α——阻塞比，α 值选择以 0.3～0.5 较合适，太小则通道面积小，可得到较高输出差压，但压损较大，反之选择太大，节流效果不明显，输出差压太小；

A_2——流量计喉部最小通道面积，m^2；

A_1——管道截面，m^2；

Δp——差压值，建议选择在 400～1000Pa。

如单位按以上确定，系数 N 为 5.09×10^3。

3）结构，如图 5-25 所示。

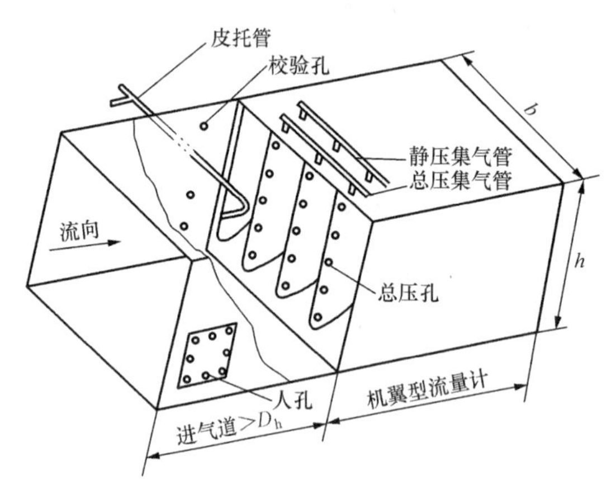

图 5-25　机翼流量计结构及校验简图

a）机翼型面。型面由三段组成，前缘为一曲率半径为 r 的圆弧，中段曲线由方程 $y^2=cx$ 所描述，后段为便于加工为直线，三段应平滑相接，不允许有拐点、凸凹面。

b）总静压孔数量及位置。

总压孔：每个机翼前缘正对流向有一组总压孔，各孔相距 0.2～0.3m，不少于 8～12 个孔，孔径 3～4mm，汇总后传至机翼流量外的总压汇管，接入差压变送器高压端。在整个横截面上，总压孔不少于 30 个。

静压孔：在机翼最大厚度，也就是通道最窄处，此处流速最高，静压最低，考虑流体的惯性，可在最窄处下游 5～10mm 处安排静压孔（孔径 2～3mm），各孔间距 0.15～0.2m，所测静压汇总于 50mm×60mm 方槽静压汇管中，汇总后再传至流量计外的静压汇管，接入差压变送器低压端。

c）校验孔。由于机翼流量计一般尺寸都十分庞大，矩形边长约 2～3m，国内外都没有这个大口径的方管气体流量试验室可校验它的流量系数，只有在现场采用速度面积法进行校验。因此，在机翼前方约 0.5m 处，按 ISO 3966 规定，应有一排不少于 6 个便于安装皮托管的校验座。

第四节　其他差压流量仪表

一、弯管流量计

上述所介绍的节流装置是通过改变流动截面获取差压的，而弯管流量计是改变流体流动方向以获得差压Δp（见图 5-26）。通过测差压获知流量的仪表，按管道截面形状分为圆管、方管两种；按流动方向，有 90°及 180°（亦称 V 型）两种。

1. 原理

研究表明，流体通过弯头，由于惯性，将产生旋涡、二次流，并形成了外侧的压力大于内侧压力的差压Δp，其平方根与流量 q_V 成正比；差压的大小取决于曲径比 R/D（R 为弯头的曲率，D 为内径）、流体密度 ρ 及流速。

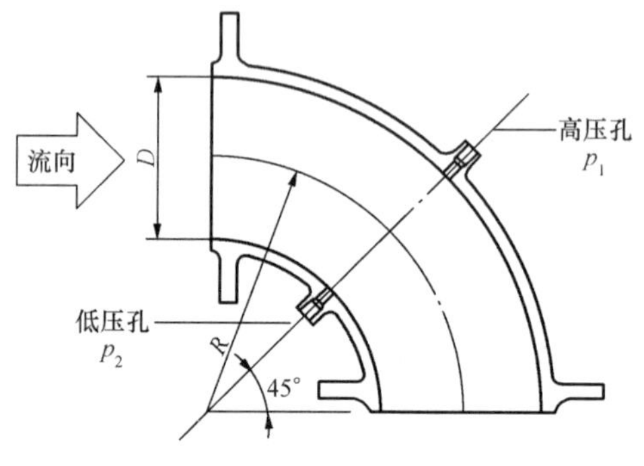

图 5-26　弯管流量计原理图

弯管流量计流量的计算公式为

$$q_V = C\alpha\pi D^2/4(R/D)^{1/2} \times (\Delta p/\rho)^{1/2} \tag{5-33}$$

式中　q_V——容积流量，m^3/h；

C——实验修正系数，其值等于流量校验值/流量理论值；

α——流量系数，取决于结构的曲径比 R/D 及雷诺数 Re_D（见图 5-27），由图 5-27 可见 R/D 取 1.7～1.9 时，α 在 $Re_D>2\times10^5$ 时，基本不变，有利于提高测量准确度；

ρ——流体密度，kg/m^3。

2. 特点

管道中没有附加物，几乎免于维护，可以利用工艺管道上的 90°弯头做流量计，没有附加压力损失，永久压损可忽略；可适用于各种流体，如气体、液体、蒸汽，甚至脏污流体，由于管道中无可动部件及节流件，工作可靠；流速范围宽（液体 0.2～5.5m/s，气体 5～160m/s），适用口径可小至 10mm，大至 2m。过去认为弯管流量只适用于现场有 90°弯头的场合，目前开发了一种可以安装在直管道上的 V 型弯管流量计（见图5-28），可供选择。

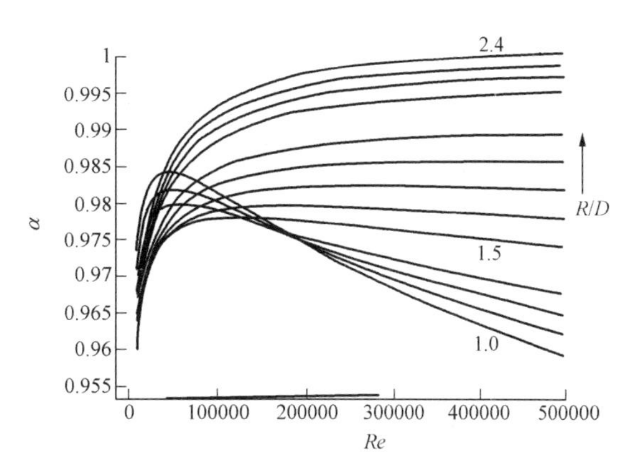

图 5-27　曲径比与雷诺数关系

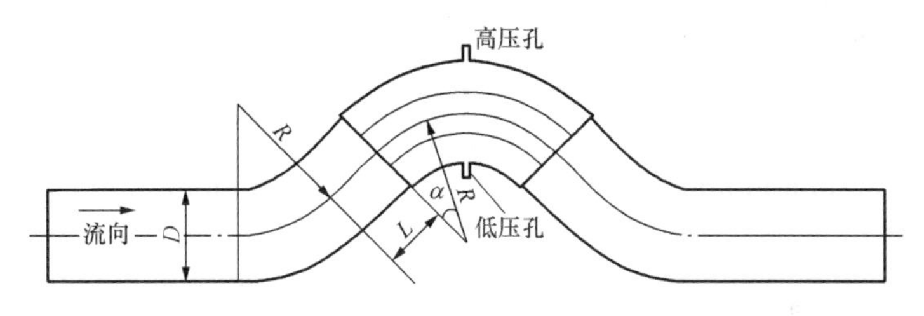

图 5-28　V 型流量计

不足之处：测气体时，由于介质密度小，输出差压较低；弯管中流速分布较复杂，准确度与取压口的位置、大小及管内粗糙度有密切关系。我国一些厂家经多年研究测试，据称准确度已可达±1%。

3. 安装

弯管流量计的轴线应与前后管道轴线相吻合，如偏角达 5°以上，就可能会带来±1%以上的附加误差；前后直管段的管径应与弯管流量计内径相吻合，为缓解这个要求，弯管流量计前后各安装了不小于 0.5D 的直管段。

对前后直管段长度要求比标准节流装置略低，为前 10D，后 3D（D 为管道内径）。

二、进口流量管

火电厂的一次风管径已达 5～6m，而前直管道长度不足 1D～2D；由于管壁薄，为加强刚性，管道内还有不少支持杆，风量测量难以保证必要的准确度，如果能确保管道自风机进口到锅炉间不漏气，可以考虑在风机进口处用流量管测风量，不仅简而易行，且可保证有较高的流量测量准确度。

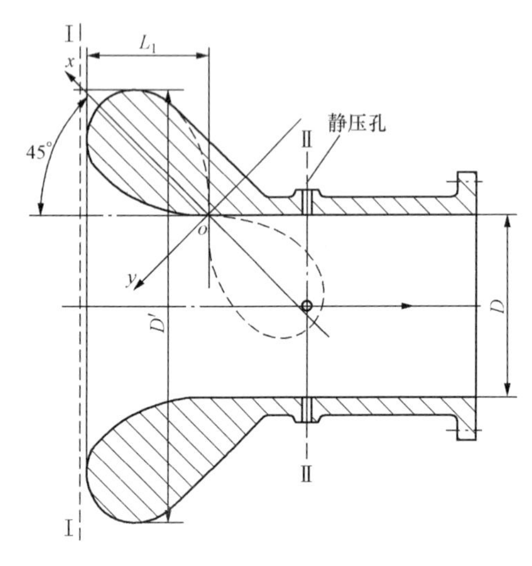

图 5-29　进口流量管测量原理

1. 原理

如图 5-29 所示，在进口测量管吸入口前无障碍物的前提下，空气从较大的空间吸入，通过测量管渐缩型器加速到直管段处流速已稳定，在此截面测取压力 p_2，p_1 取自大气，由于流速为零可视为总压 p_1，其压力差Δp 为 p_1-p_2。

流量管截面Ⅱ上的流速

$$v_2=[2(p_1-p_2)/\rho]^{1/2} \tag{5-34}$$

流量

$$q_V'=\frac{\pi D^2}{4}[2(p_1-p_2)/\rho]^{1/2} \tag{5-35}$$

考虑附面层及气体压缩性的影响，实际流量 q_V应比 q_V' 小一点。

$$q_V=\alpha\varepsilon\frac{\pi D^2}{4}(2\Delta p/\rho)^{1/2} \tag{5-36}$$

式中　α——进口流量管的流量系数；

ε——气体的膨胀修正系数，当$\Delta p/p_1<0.05$ 时，可忽略不计；

ρ——流体密度，kg/m^3。

2. 进口型面

进口型面有多种设计，如直线、双圆弧、三圆弧等，本书推荐采用双扭线（见图 5-30），其特点可令吸入的流体平滑进入圆柱段不产生分离，流量系数稳定，效果较好。

3. 双扭线公式

如图 5-30 所示，双扭线公式为

$$r^2=a^2\cos\theta \tag{5-37}$$

当 $\theta=0$ 时，$r=a$；$\theta=45°$时，$r=0$。

设计时参数选定：$a=(0.6\sim0.8)D$。

扭线进口长度：$L_1=(0.7\sim0.9)D$。

进口最大直径：$D'=(1.85\sim2.13)D$。

静压测孔距型面出口：$(0.25\sim0.3)D$。

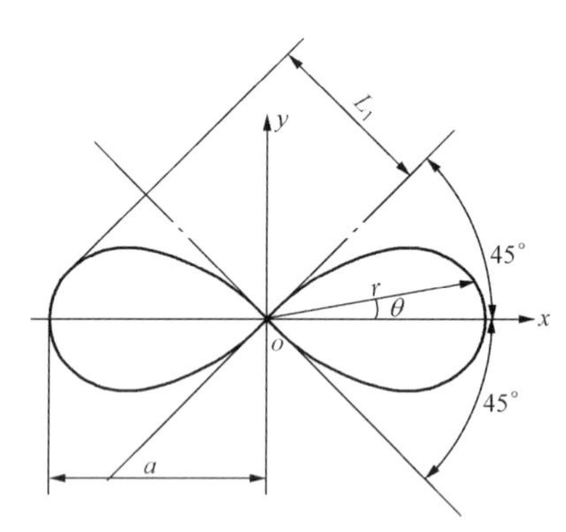

图 5-30　双扭线型线

4. 安装注意事项

应保证进口管道轴线前沿 10D，侧向 4D 以上不存在任何干扰流动的障碍物，型面加工内表面光滑，无焊缝焊渣，与直管段接合处管径一致，不允许有凸起及凹陷。

5. 其他供参考的进口测量管

表 5-8 提供各种形式的进口测量管，以喷嘴的形式最好，它可以在雷诺数大于1.5×10^4后，流量系数稳定在 0.95～0.98，非常接近于 1。

吸入式端头节流件的结构形式如表 5-8 所示，(a)、(b)、(c) 为简易型；(d) 为低压损型；(a)、(b)、(d)、(f) 为高差压型。从表 5-8 可知，(e) 型特性最好，压损几乎为零，流量系数为 1；其次为（c）型，特性虽略逊于（e）型，但加工简易。

表 5-8　　吸入式端头节流件

结构形式简图	名称	压损与差压的比值$\frac{\Delta p_{loss}}{\Delta p}$	总差压与差压的比值$\frac{\Delta p_{tot}}{\Delta p}$
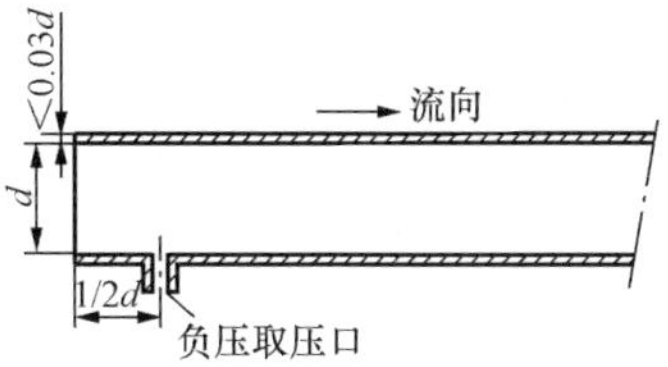	（a）平口吸入口	0.25	0.50
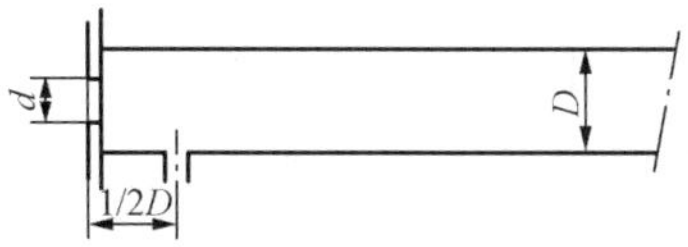	（b）孔板吸入口	0.16	0.52
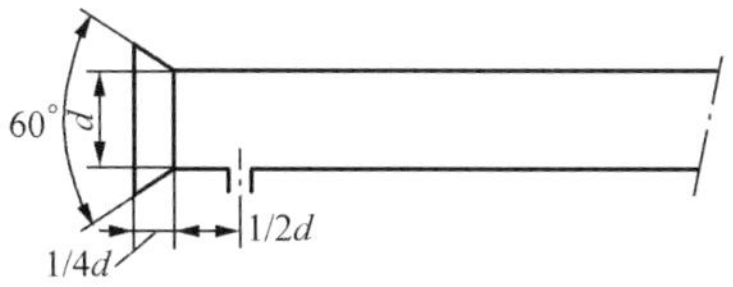	（c）锥管吸入口	0.002	0.92
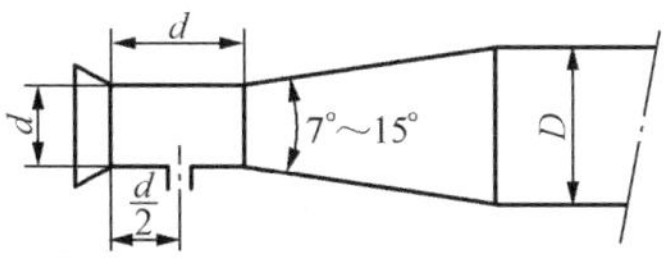	（d）带扩散管的锥管吸入口	$\left(\frac{\Delta p_{loss}}{\Delta p}\right)\left(1-\frac{d^4}{D^4}\right)$	$\frac{\Delta p_{loss}}{\Delta p}+0.92\frac{d^4}{D^4}$
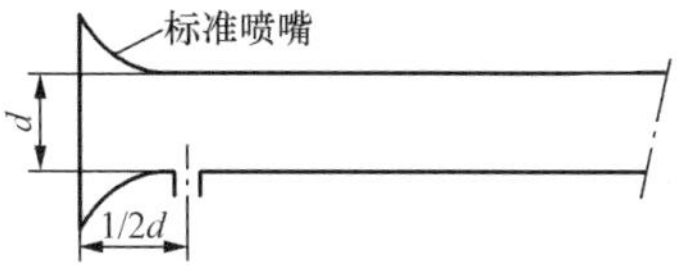	（e）喷嘴吸入口	0	1.0
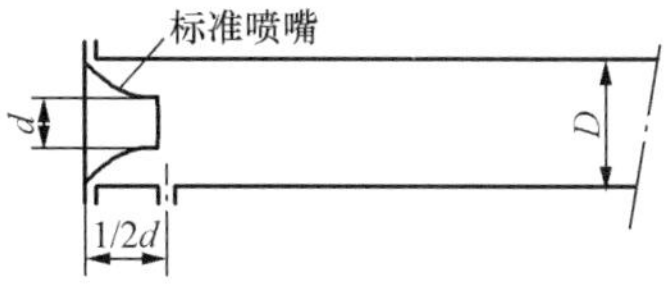	（f）鼓形喷嘴的吸入口	$\left(1-\frac{d^4}{D^4}\right)^2$	$\frac{\Delta p_{loss}}{\Delta p}+\frac{d^4}{D^4}$

第五节　临界流流量计

临界流流量计的作用原理应不属于节流装置的范畴，它不是通过节流产生与流量成正比的差压的仪表，而是当上下游的差压达到某一临界值后，就会在其喉部达到声速，仅通过温度可知声速大小，从而求得流量。这种流量计原理清晰明确，结构简单，影响因素少，准确度可达 0.2%，常作为流量标准表用于气体流量校验装置。

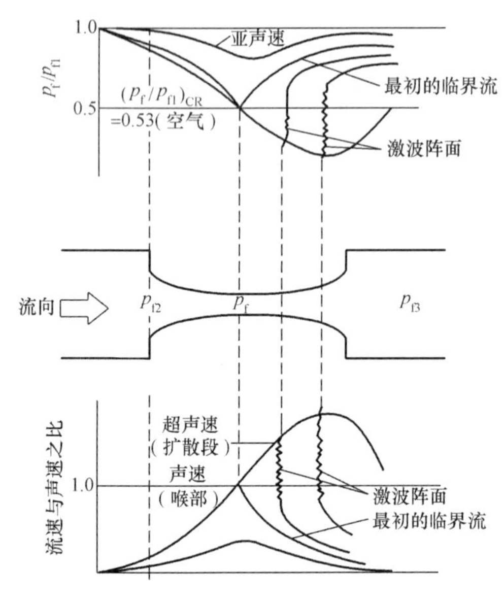

图 5-31　气流流过文丘里喷嘴的情况

一、原理

由图 5-31 可见，若入口压力 p_{f1} 不变，令下游压力 p_{f3} 不断下降，将会出现以下四种情况：

(1) 亚声速流动：当压力比 p_f/p_{f1} 大于临界值 $(p_f/p_{f1})_{CR}$ 时，流动处于亚声速状态。

(2) 喉部流速达到声速：当下游压力降至临界值时，喉部的流速将达到声速，通过喉部后在扩压段中将减速至亚声速。

(3) 超声速流动：继续降低下游压力，如果喉部后的截面为扩张段，虽不会改变喉部压力比，喉部流动仍为声速的状态，但在扩张段中，流速将会继续增大，成为超声速，并形成激波，气流通过激波为非等熵过程，会有能量损失，流速重归亚声速。

(4) 激波阵面下移：再继续降低下游压力，激波阵面位置持续下移，直到扩张段中不再发生激波。

临界流的特点是：当喉部达到声速后，由于下游的变化是用气体为载体并以声速向上传播的，而喉部气流是声速向下流动，下游任何变化也达不到喉部，流量就不再受压力变化的影响了。

二、流量方程式

1. 理想条件

完全气体；气体压缩性系数为 1；比热容比与温度、压力无关，一维流，等熵流。

方程式由伯努利方程、连续性方程、状态方程及绝热等方程推导得出。

设 $r=p_2/p_1$，为压力比；$\beta=d/D$，为直径比，得

$$q_{mi}=A_2\left[2p_1\rho_1\frac{\kappa}{\kappa-1}(1-r^{\frac{\kappa-1}{\kappa}})r^{2/\kappa}/(1-\beta^4r^{2/\kappa})\right]^{1/2} \tag{5-38}$$

式中　A_2——流过的断面积；

ρ_1——流体的平均密度；

p_1——静压，

q_{mi}——理想条件下的质量流量；

κ——气体等熵指数，如为理想气体，$\kappa=\gamma$；

γ——比热容比，$\gamma=c_p/c_V$；

脚标 1——文丘里喷嘴上游入口处断面参数；

脚标 2——喷嘴喉部断面参数。

由式 (5-38) 可见，如上游状态不变，q_{mi} 将随压力比 r 减少而增大，当 r 减小到临界压力比 r^* 时，q_{mi} 将达到最大值（临界值），即使 r 持续减小，流量不再改变。

临界流量 q_{mi} 为

$$q_{mi}=C_i^*A^*p_0/\left[\left(\frac{R}{M}\right)T_0\right]^{1/2} \tag{5-39}$$

C_i^* 为理想条件下的临界流函数，计算式为

$$C_i^* = \left[r \left(\frac{2}{r+1} \right)^{\frac{r+1}{r-1}} \right]^{1/2} \tag{5-40}$$

式中　A^*——喷嘴喉部面积，m^2；

R——通用气体常数，$R=8314.4J/(kmol \cdot K)$；

T_0——喷嘴入口处气体的绝对滞止温度，K；

M——分子量。

2. 实际工况条件

流量方程式为

$$q_m = A^* CC^* p_0 / \left[\left(\frac{R}{M} \right) T_0 \right]^{1/2} \tag{5-41}$$

$$或\ q_m = A^* CC_R (p_0 \rho_0)^{1/2} \tag{5-42}$$

$$C_R = C^* \sqrt{Z}$$

式中　p_0、ρ_0——入口处流体的滞止压力、滞止密度；

q_m——工况条件下的质量流量；

C、C_R——流出系数，临界流系数；

C^*——临界流函数；

Z——气体压缩性系数。

3. 流出系数 C

定义为 C=实际流量/理论流量，即 q_m/q_{mi}。

理论流量是在理想条件下，按一维、等熵流的流量方程推导得出的；但实用中往往与假设的条件不符合，所以实际流量应在流量标准装置通过检验得到。

按照 ISO 9300 标准，流出系数 C 取决于

$$C = \frac{q_m [(R/M)T_0]^{1/2}}{A^* C^* p_0} \tag{5-43}$$

在一定安装条件下，C 值的大小仅取决于雷诺数、喷嘴的结构、直径比 β 及直径 D，实测 $A^* p_0 T_0$ 可得较高准确度，而与流体物性有关的 C^* 较困难，混合气体尤为突出，因此成为影响喷嘴测量准确度的关键，通过大量的测试研究得知，准确地测量喷嘴尺寸所计算的流出系数已很接近标定装置所得的数值，意味着可以与标准节流装置一样实现干标定。

(1) 理论计算。用一维等熵流推导的流出系数与实际值的偏差主要受以下三个因素的影响：

1) 声速面的弯曲数。喷嘴喉部靠近壁面的流动相当复杂，在离心力的作用下，壁面附近流动处于过膨胀状态，而核心部分流动为欠膨胀状态，实际上声速面为一个曲面，其形状主要受喉部型面相对曲率半径 $\bar{r}$ ($\bar{r}=2r_c/d$，d 为喉径) 与等熵指数 κ 的影响。研究表明，声速面弯曲变越大，流出系数偏离 1 也越大。

2) 黏性。实际流体都有黏性，因此会使壁面产生附面层，它将降低管道的流动能力，按照流体力学通常的处理方式，用边界层位移厚度 δ^* 来处理，δ^* 的大小与喉部的雷诺数有关，$\delta^* = bdRe_d^{-c}$，其中 b、c 为常数。

3) 温度。理论与实践都证明了，喉部附近的热传导率最大。当壁面温度 T_w 低于气流

的恢复温度 T_r 时，气流会通过管壁散失热量，气流总温降低，喉部流动能力增大；反之，如 $T_w > T_r$，流通能力减小。

以上是三个主要影响因素，除此而外，入口处气流的流速、流场畸变、气流在壁面上的分离、转折点等都会对流出系数 C 产生影响。

（2）实流校准。

1）圆环喉部文丘里喷嘴：实流标定在不同原理的气体标准流量试验室进行，如 pVTt 法、Mt 法等，在 ISO 9300 制定之初，NEL T. J. Brain 和 J. Reid 在英国 NEL 用两组文丘里喷嘴进行了测试，分别在 NEL 的 Mt 装置上进行，流出系数的不确定度为 0.2%～0.3%（置信度水平 95%），Re_d 范围为 $1\times10^6 \sim 1\times10^7$，$\beta$ 值范围为 0.1～0.4。

2）圆筒喉部文丘里喷嘴：在法国巴黎大学流体力学实验室，由 Fortier 教授领导下进行。

4. 结构类型

可以分为标准型与非标准型两大类。标准型为 ISO 9300 所规定的类型，只有圆环喉部文丘里喷嘴及圆筒喉部文丘里喷嘴。主要区别在于前者喉部无直段，而后者有 $1d$ 的直段，其余结构类型均为非标准型。

（1）圆环喉部文丘里喷嘴。

1）结构：如图 5-32 所示，入口收缩段是一个喇叭形曲面，曲率半径 r_c 为 $1.8d \sim 2.2d$（d 为喉部直径），并延伸至最小断面（喉部），与下游圆锥形扩散段相切，喉部无长度为一圆环。扩散段为圆锥形，扩散半角为 2.5°～6°之间，长度至少应大于 $1d$。

2）特性：

流出系数 C：$C = a - bRe_d^{-n}$ （5-44）

其中，$a=0.9959$，$b=1.525$，指数 $n=0.5$。

使用范围：$2.1\times10^4 < Re_d < 3.2\times10^7$。

相对不确定度：0.3%（95%置信度）。

3）安装要求：为消除上游阻力件的影响，在距文丘里喷嘴进口不少于 $5D$ 处安装流动调整器，压力计距进口 $(1\pm0.1)D$ 处安装，温度计距进口 $(2\pm0.2)D$ 处安装，为不影响压力测量，温度传感器直径应小于 $0.04D$，两个安装点应错开，角度大于 60°。

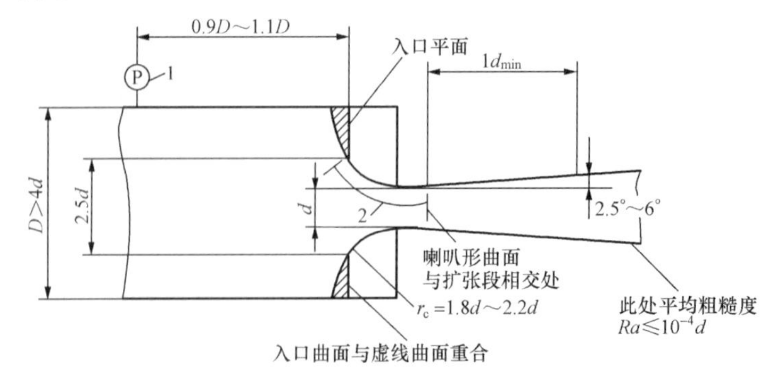

图 5-32　圆环喉部文丘里喷嘴示意

1—压力表；2—此处轮廓的表面粗糙度 Ra 不超过 $15\times10^{-5}d$，其曲面偏差不能大于 $\pm0.001d$

（2）圆筒喉部文丘里喷嘴。

1）结构。如图5-33所示，圆管喉部文丘里喷嘴与圆环喉部文丘里喷嘴的主要不同之处在于喉部有一个长$1d$的直筒。入口收缩段轮廓为半径r_c（等于喉径d），下游圆锥扩散半角为3°～4°，长度至少为1倍喉径。

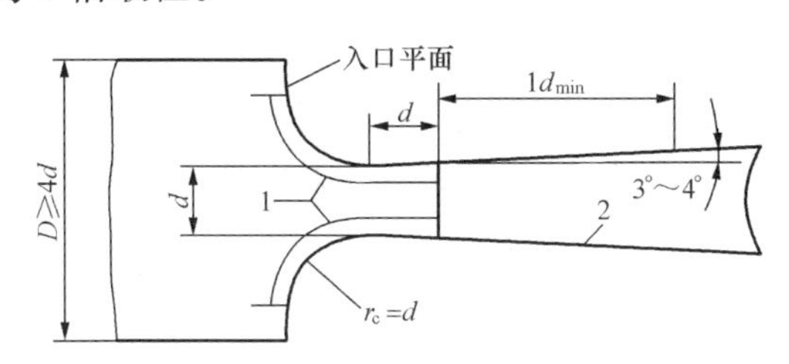

图5-33　圆筒喉部文丘里喷嘴示意

1—此处轮廓的表面粗糙度Ra不超过$15\times10^{-6}d$，其喇叭形曲面及圆柱形的偏差不能大于$\pm0.001d$；

2—在圆锥扩散段轮廓的表面粗糙度Ra不超过$1\times10^{-4}d$

2）主要技术特性：

流出系数C：$C=a-bRe_d^{-n}$　　(5-45)

其中，$a=0.9976$，$b=1.388$，指数$n=0.2$。

使用范围：$3.5\times10^5<Re_d<1.1\times10^7$。

相对不确定度：0.3%（95%置信度）。

3）安装要求：同圆环喉部文丘里喷嘴。

5．主要特点

1990年ISO首次颁布ISO 9300《临界流文丘里喷嘴测量气体流量》，临界流文丘里喷嘴（亦称声速文丘里喷嘴或声速文丘里）在气体流量测量中，作为气体流量传递标准，获得广泛的应用。它的主要特点如下：

（1）仪表工作的理论基础较清楚，可以用一个半经验公式表示。在气体原始标准试验室中校准得到的流出系数可推广到不同操作条件，而不降低计量精度。

（2）仪表具有高达0.2%的准确度。

（3）仪表的流量特性——质量流量与入口滞止压力为线性关系，与亚声速的差压式流量计相比，范围宽得多，没有流体脉动引入的差压平均值的误差。特别是它不是在流速（幅值与方向）剧烈变化处测量信号（其信号为静压而不是差压），信号的检测精度大为提高。

（4）仪表的测量信号仅取决于节流件上游侧的流体参数，不受下游侧流体参数的影响。

（5）仪表无可动部件，坚固耐用，结构简单，便于复制与检验，属半永久性，可作为流量传递标准，这点很重要。

（6）仪表的测量范围（压力、温度和流量）几乎不受限制。

（7）用它作为流量传递标准建立的气体流量标准装置，在同样的流量测量范围及精度等级下，装置的体积和价格等都要小得多，造价低廉，经济实用。

（8）采取内部流场测试法（即测量喷嘴节流流道的流体运动要素，用气体动力学方法确定流量值），可以解决高压气体大流量测量的实流校准难题。

（9）在节流件直径比β值较小时，可用测管壁静压代替滞止压力。

（10）应用出口扩压管，总的压力损失可被限制在上游压力的5%～10%。

（11）流体在上游与喉部之间有很大的能量转换，因而抗上游干扰能力强。

第六节　抗上游干扰的新型节流装置

对绝大多数流量仪表（容积式、科式可除外）来说，流速分布对准确度有举足轻重的影响。国际、国内行业标准为此都明确规定了流量仪表应前有 30D、后有 5D 的直管段长度（D 为管内径），但现场从工艺角度出发会有各种阻力件（弯头、阀门、变径管、歧管等），其出口流速分布十分复杂，实际应用难以达到厂家标明的准确度。

近年来，因节能环保对流量测量准确度提出了更高的要求，而现场又难以提供大多数流量仪表所要求的安装直管长度，因此迫切需求一种要求直管不高而又可取得较高准确度的新型节流装置。近十年来，业界研发、推出了不少这类仪表，简要介绍如下。

一、多孔孔板

多年来 ISO/TC30 不断推荐采用流动调整器，以缩短节流装置所需要的直管段长度，但由于其本身及现场的问题，难以推广。在实用中长度逐渐缩短后，干脆将流动调整器与节流件合二为一，成为一体，也取得了不菲的效果，近年来出现了以下几种统称为多孔孔板的新型节流装置。

1. 调整孔板（conditioner orifice）

2002 年由美国 Rosemount Co. 首先推出，称为调整孔板（见图 5 - 34），它十分类似于 AGA - ASME 流动调整器，该公司称其有以下特点：

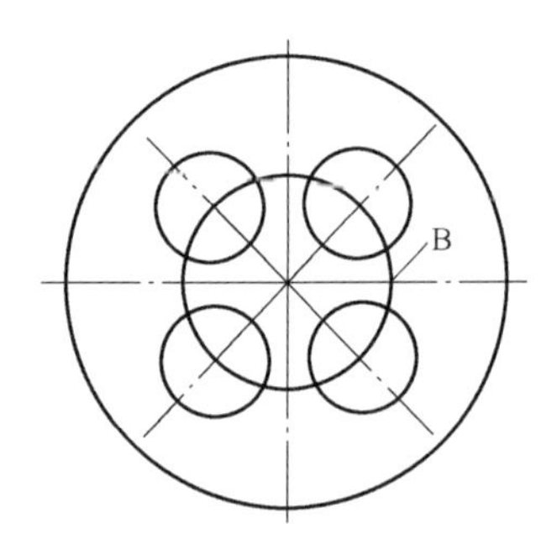

图 5 - 34　调整孔板

（1）上下游各仅需 2D 直管段长度，即可取得±1%的准确度（D 为管径）。

（2）为了加快标准化的进程及减少库存，β 值仅选用了 0.4 及 0.65 两种。

（3）适用于所有的流体、气体、液体、蒸汽，甚至包含有固体颗粒的流体，不易滞留。

（4）孔板计算公式与标准孔板类似，只是 β 值称为当量 β_D，其计算式为

$$\beta_D = \sum_{i=1}^{n} d_i / D \tag{5 - 46}$$

式中　n——多孔的数量；

d_i——每个单孔的直径。

（5）调整孔板的板厚较标准孔板约大 20%，以确保在高密度、高流速流体作用下不变形。

（6）同心度要求严格，加工、安装时，4 个节流孔的圆心应处于圆 B 的圆周上，而圆 B 的圆心应与管边轴线同心，不同心度不得大于 1/32D，否则将会带来 5%的误差。

2. 平衡流量计

2004 年由美国宇航局所属 A＋Flowtex 公司推出，原名为 balanced flowmeter，译名为平衡流量计，该公司称在前后直管段长度仅 0.5D 情况下可取得±0.5%准确度。

（1）结构加工特点。如图 5 - 35（b）所示，平衡流量计的节流孔多达 17 个，其圆心处于三个同心圆上，中间的孔较大，二圆次之，外圆最小，有时为简化结构，去掉最外圆的 8

个小孔，保留次圆的 8 孔（甚至简化至 6 个孔）及中间的大孔，因此孔的数量大小、孔间间距可以有许多的组合。

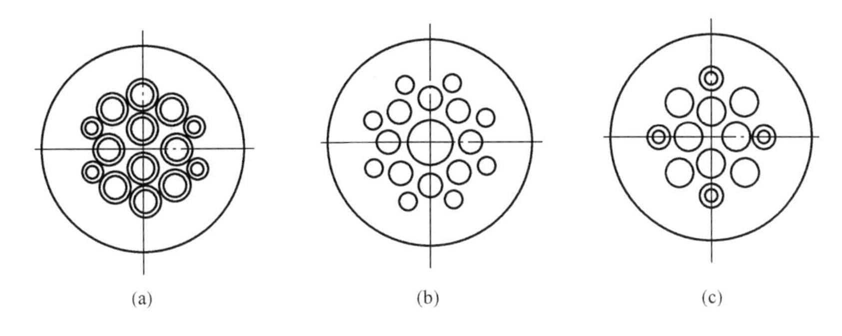

图 5-35　多孔整流节流装置
(a) A 型；(b) B 型；(c) C 型

节流孔迎向流体一面有倒角，以减少压损（如加工成圆弧压损会更小，但难以保证加工的重复性）。

(2) 平衡流量计的转角对称性。平衡流量计的节流孔，除中间一个外，外圆为 6～8 个，厂家强调其转角对称性较好，它仅需转 45°（8 孔）或 60°（6 孔），即可重复原来的状态，以适应管内的流速分布，而调整孔板需转 90°，但实测技术特性相差无几。

(3) 对直管段长度的表述，业内一般是指节流件至上游阻力件出口的距离，而不是平衡流量计上游法兰与阻力件之间的距离，平衡流量计节流件上游带有长达 5D 以上的直管段长度，它是要占现场直管段长度的，其表述仅需 0.5D 安装长度误导了用户。

3. 整流式节流装置

国内某公司也研发了一种节流装置［见图 5-35 (a)、(c)］，并在第三方实验室进行了流出系数、前直管段长度等测试，测试数据（见表 5-9）表明，由该公司研发的多孔整流式节流装置技术性能与平衡流量计难分伯仲。

(1) 名称：该装置的节流件是一个按一定规律布局的多孔孔板，其功能集节流与整流于一体，故称“多孔整流式节流装置”。

(2) 实验设备：为某航天部门的水流量实验室，实验设备流量不确定度为 0.05%。

(3) β 值的确定：建议 β 值取 0.50～0.65 之间，β 值过大强度减弱，β 值过小压损太大。

(4) 三种结构性能对比。在前直管段长度约为 30D 的条件下，对三种结构的多孔节流装置进行了流出系数的重复性、不确定度、线性度进行了对比，数据表明 A 型［见图 5-35 (a)］的各项技术指标优于 B 型［见图 5-35 (b)］及 C 型［见图 5-35 (c)］。因此，重点对 A 型多孔整流节流装置进行了不同前直管长度的测试。相关数据见表 5-9。

表 5-9　　三种结构多孔整流式节流装置试验数据对比（直管段长度 30D）

孔板类型	A	B	C
β	0.60317	0.60123	0.60305
雷诺数范围	$3.6\times10^4\sim4.5\times10^5$	$3.4\times10^4\sim4.5\times10^5$	$3.6\times10^4\sim3.6\times10^5$
平均流出系数 C	0.6416	0.6516	0.6385

续表

孔板类型	A	B	C
流出系数重复性（%）	0.11	0.19	0.2
流出系数不确定度（%）	0.1266	0.1412	0.2062
流出系数线性（%）	0.2015	0.8837	0.3298

（5）前直管段长度：将A型整流节流装置进行三种直管段长度（30D、5D、2D）测试，阻力件为90°弯头，测试数据如表5-9所示。数据表明：A型节流件在前直管段仅2D时，流出系数与基准（30D）的流出系数之间的相对误差可控制在±1%以内；而当前直管段长度达到5D时，与基准流出系数之间相对误差即可小于±0.3%，说明其整流效果较好，适用于直管段不长而又要求较高准确度的现场。

二、环形通道流量仪表

美国McCrometer公司于1986年推出的内锥流量计（亦称V形内锥流量计），在21世纪初我国曾掀起了一股“内锥热”，在业内引起不少争议。内锥流量计的技术特点应通过测试数据给予评价，优点要肯定，缺点也需进行改进。国内也的确提出了一些改进产品（如槽道、梭式、内文丘里、塔式等）。具体介绍如下。

（一）内锥式流量计

1. 环形孔板的启发

孔板使用中存在以下不足：流体急剧磨损孔板的上游边缘，长期准确度并不高；要求前直管段又太长；压损太大；不宜测脏污流体等。优化改进工作一直在进行。Howell于1939年提出了环形孔板（见图5-36）的设想，即置一圈板于中心，形成环形通道，令流体从中心收缩改为在管壁收缩。研究、测试表明，环形孔板所形成的环形通道具有整流作用，对仪表上游的阻力件不敏感，在上游直管段不长的情况，仍能保持较高的准确度，但其压损仍较大，且边缘易磨损。

2. 原理

20世纪80年代中期，美国McCrometer公司将节流件改为内锥，推出了内锥式流量计（见图5-37），它不仅具有环形孔板对直管段要求不高仍能保持较高准确度的优点，还具有边缘不易磨损、可保持长期准确度、脏污流体难以滞留而易被冲刷等优点，特别适用于测量高炉、焦炉煤气等湿气体的流量。

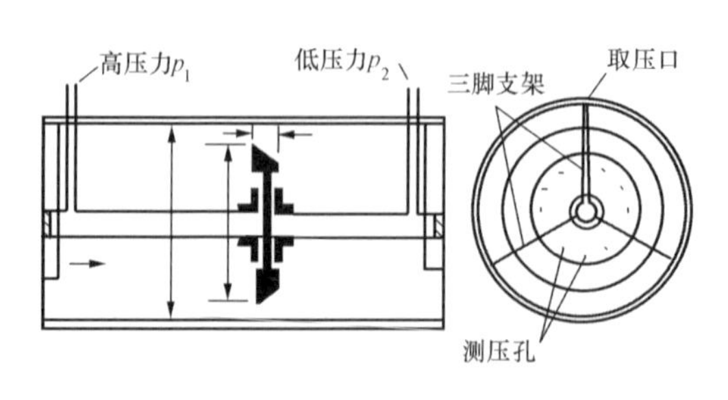

图5-36　环形孔板

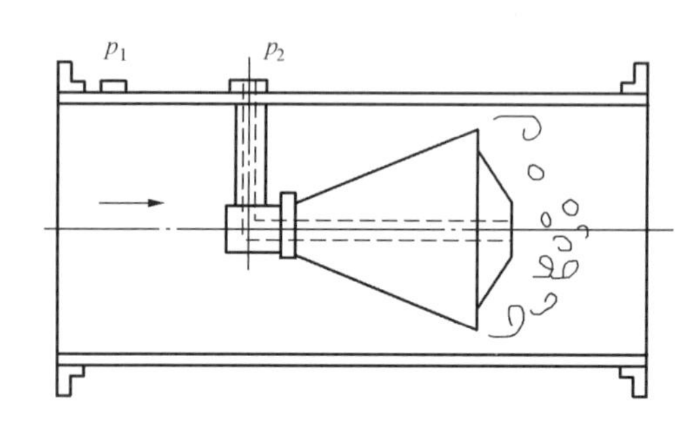

图5-37　内锥式流量计

内锥流量计的前锥体与管壁形成的逐渐收缩的环形通道（国内亦有称为边壁收缩），迫使流体加速、降压，在流体力学试验中证明是可以减小，甚至消除上游由阻力件带来的旋涡；而内锥的最大直径与管壁形成的最窄环形通道的作用类似于流动调整器的管束（或板孔），具有消除旋涡、改善流动方向的作用。

3. 实流测试

（1）结构参数的选定。天津大学对内锥流量计的特性及影响因素进行了系统的测试研究。

测试条件：上游具有 30D 直管长度（D 内径），介质为空气；流量基准：±1%气体涡轮流量计，内锥流量计的样机；β 值为 0.5、0.65、0.85 三种；前锥角为 40°、45°、50°三种；后锥角为 120°、130°、140°三种，共组合为 27 种不同参数样机。

实流测试结果见表 5-10。

表 5-10　　内锥流量计结构对流出系数的影响

前锥角	后锥角	β=0.5		β=0.65		β=0.85	
		C	Ea	C	Ea	C	Ea
40°	120° 130° 140°	0.8733	5.5%	0.8515	2.11%	0.7322	7.4%
45°		0.8606	1.84%	0.8421	2.0%	0.7178	0.72%
50°		0.8516	1.00%	0.8249	2.2%	0.7042	6.4%
Ea 平均值			2.7%		2.1%		7%

1）β 值的影响。随着 β 值的增大，流出系数 C 有减小的趋势。β 值处于 0.5～0.65 之间时，流出系数的分散度 Ea（原文定义为误差）较小，为 2%～3%；而当 β=0.85 时，流出系数 C 的分散性可达 7%以上。

2）前锥角的影响。较大的前锥角可减小雷诺数 Re 对流出系数 C 的影响。随着前锥角的增大，流出系数有减小的趋势。

3）后锥角的影响。后锥角对流出系数影响不大（表 5-10 中略去相关数据），也可能是所选三种后锥角相差无几。普遍的规律是流出系数随后锥角增大有减小的趋势。

内锥流量计的 β 值选取 0.5～0.65 较合适，当 β 值选用 0.5 时，宜选取较大的前锥角。β 不宜采用 0.85，如前所述，选用过大的 β，虽可减小压损，但已失去整流作用。

（2）上游阻力件的影响。

内锥流量计自 20 世纪 80 年代问世以来，其安装条件（即不受上游阻力件的影响，而能维持较高的准确度）是最受业界关注的热点，自 1993 年以来，国外 Stephen. A. Ifft，J. S. Shen，S. N. Singh，Darin George 及国内天津大学张涛、徐英等人对内锥流量计的特性进行了一系列的测试，取得了以下成果。

1）弯头的影响。

内锥流量计样机 β 值选用 0.45、0.65、0.85 三种。内径为 100mm。阻力件弯头为三种：90°单弯头；90°双弯头处于同一平面；90°双弯头处于相互垂直平面，双弯头之间无直管道。阻力件（弯头）与内锥流量计之间的距离为 0、1D、2D、5D 四种。如此排列组合共进行了 35 种类型的测试，测试介质为水。测试结论为：如需保持±1%的准确度，当内锥流量计 $\beta=0.45\sim0.55$ 时，上游应不少于 $2D$ 直管段；当 $\beta=0.65$ 时，直管段应不少于 $3D\sim5D$；当 $\beta=0.85$ 时，直管段应不少于 $10D$。

2）阀门开度的影响。

S. A. Ifft 研究测试了阀门开度及与仪表间距对内锥流量计流出系数的影响。当 β 值等于 0.643 时，阀门开度为 25%，上游直径仅 $5D$，流出系数误差为 5.53%；当 β 值等于 0.77 时，误差可达 8%。数据说明：当阀门仅打开 25%时，直管段长度不应小于 $10D$。

3）加工、安装的影响。

当前研究、测试的样机，尺寸都较小，如果内径在 300mm 以上，加工、安装就难以保证。天津科特公司对内径 100～800mm 的内锥流量计，在水流量试验室进行了测试，结果列于表 5-11 中，当口径小于 150mm 时，流出系数分散度小于±1.5%；当内径大于 200mm 时，分散度将大于±3%。

表 5-11　　内锥流量计流出系数分散度

管径（mm）	β_V	流出系数 c 范围	分散度（%）
100	0.47	0.8633～0.8752	1.375
150	0.60	0.8275～0.8400	1.51
200	0.55	0.8165～0.8428	3.18
600	0.43	0.7867～0.8314	5.68
800	0.44	0.8209～0.8600	4.76

4）永久压损的评估。

有文章认为，内锥流量计在尾锥后仅形成高频、低幅“噪声信号”，因而压损小应大力推广。对此，天津大学采用稳态时间法对内锥 RSM 模型（$\beta=0.65$，前锥角 45°，后锥角 130°）进行了仿真试验，得到了内锥附近的流线图（见图 5-38），从图 5-38 可见流体在内锥尾部显现了一个较大的旋涡区，必将产生较大的永久压损，根据实测拟合内锥流量计永久压损 Δp_e 的公式为

$$\Delta p_e / \Delta p = 1.3\beta \sim 1.25\beta \tag{5-47}$$

式中　Δp——输出压差。

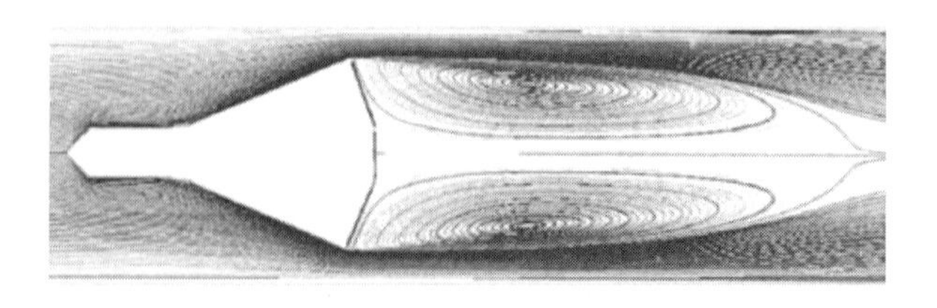

图 5-38　内锥附近的流线图（仿真）

将其与其他节流装置的压损随 β 变化绘于图 5-39。由图 5-39 可见，内锥流量计的永久压损仅次于孔板，而大于其他节流装置。

5）小结。

a）内锥流量计确具有无须较长直管段而可维持较高准确度的优点，但并非某些宣传所说的长直管段仅需 0～3D。根据现场不同情况及内锥的 β 值，前直管段长度应有 3D～10D。

b）内锥流量计的压损仅次于孔板，并非节能仪表，如采用较大的 β 值（如 β=0.85），研究表明，它几乎失去抗上游扰动的作用。所以，整流效果与压损是相互制约，不可兼得。

c）内锥式流量计的优点要充分肯定，但要实事求是，它并不那么完美，还有些不足之处（如悬臂支承立柱易产生振动，压损较大，尾锥后取压孔易于堵塞，等等）。

（二）槽道流量计

1. 结构简介

主要结构如图 5-40 所示，有 A、B 两种形式。节流件为流线纺锤体，沿管道轴线安装，中部具有一段较长的等直径段，与测量管内壁之间形成均匀的环形通道。如测清洁流体采用图 5-40（b）的形式，一般情况采用结构较简单的图 5-40（a）的形式。

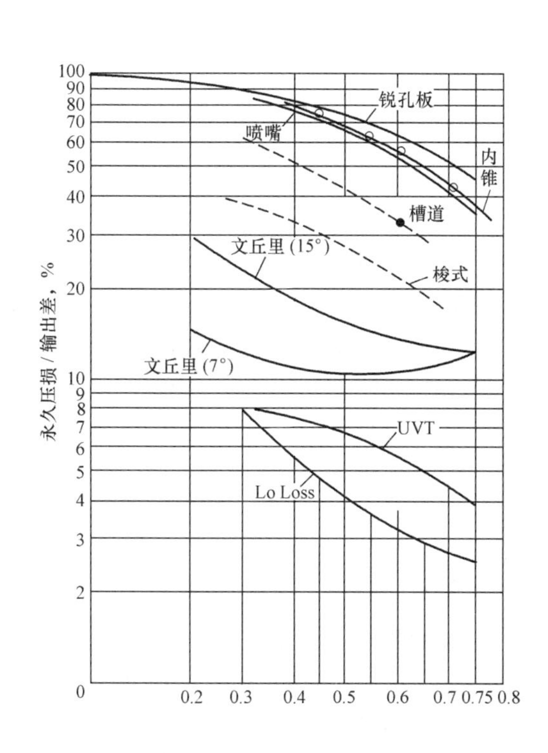

图 5-39　各种节流装置的压损与 β 值的关系

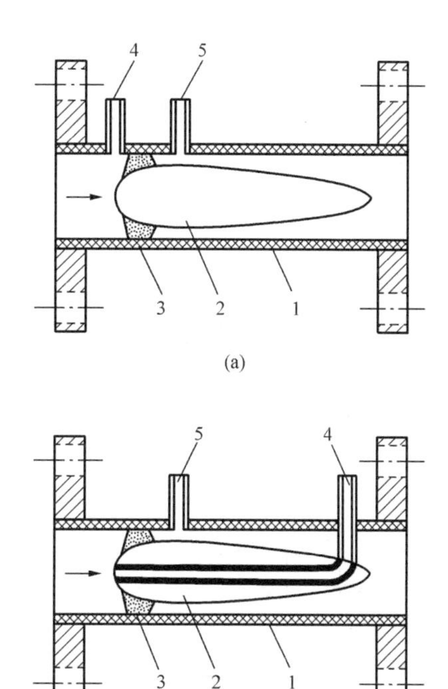

图 5-40　槽道流量计

（a）形式 A；（b）形式 B

1—测量管；2—纺锤体；3—导流片；

4—高压管；5—低压管

流量计的入口有 4 片导流片，既可改善流场，又起固定纺锤体的作用。由于具有较长的环形通道，也具有无须较长直管段就能取得较高准确度的特点。此外，由于纺锤体的流线型外形，不会产生旋涡，在相同的 β 值下，其压损可小于内锥流量计。

2. 技术性能

胜利油田对 DN50、DN100 的两种槽道流量计在气体流量试验室进行了性能测试，流量计的不确定度优于±0.5%，重复性小于 0.1%。

3. 直管段影响

(1) 弯头：在槽道流量计上游 $1D \sim 8D$ 处安装了 2～4 个 90°弯头，测试表明，要维持较高准确度（0.5%～1%），槽道流量计前直管段长度不得小于 $5D$。

(2) 阀门：在槽道流量计上游 $6D$ 处，安装了蝶阀，测试阀门开度对其准确度的影响。测试表明，要维持较高准确度±0.5%，阀门开度不得小于 50%，前直管段不得小于 $6D$。另外还建议在正常工作时，阀门开度最好大于 80%。

4. 压损测试

由于槽道流量计的节流件为流线形纺锤体，不会产生旋涡，压损应比孔板、内锥小。测试表明：在 $Re \geqslant 1.6 \times 10^5$ 时，其压损比 $p_e/\Delta p$ 为 0.33，而孔板为 62%，内锥为 55%。

5. 小结

槽道流量计的抗扰流性不亚于内锥，而力学结构牢固，压损小的性能优于内锥。据介绍：槽道流量计在内径仅 50mm 时，纺锤体即达 200mm，四倍于内径，仪表的长度将达 5.5～7 倍内径。在管径较大时，就显得十分笨重。

（三）梭式流量计

1. 简介

如图 5-41 所示，节流件为梭体，由前后两个锥体组成，前锥角为 45°～60°，后锥角为 20°～30°，中间有较短的直管段。支柱为三个，相距 120°，剖面为对称翼形，将梭体固定在仪表内壁上。高压取自前端管壁或前锥体中央；低压取自梭体的直管段部分，两个支柱之间及环形通道最窄处。

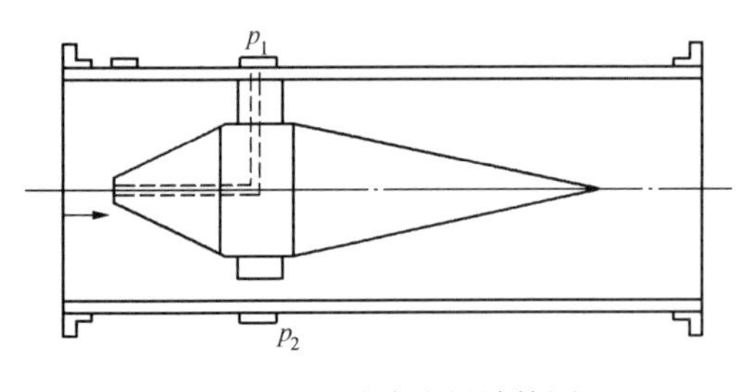

图 5-41　梭式流量计简图

2. 实流测试（天津润泰 2007 年测试）

测试样机内径 100mm，$\beta=0.64$，测试介质为水。测试结果为：流出系数误差±0.3%，重复性 0.1%，量程比 15∶1。

永久压损 $\Delta p_e/\Delta p=0.205$。

测试表明：梭式流量计技术性能较好，特别是永久压损相同的 β 下，约为槽道流量计的 2/3、内锥流量计的 1/3。

梭体紧凑，仪表总长仅为内径的 2.5～3 倍，结构牢固。

（四）内文丘里管流量计

从图 5-42 可见，内文丘里管流量计的节流件比内锥流量计多了一个圆柱，处于前后锥体之间，设计者认为这样有助于改善流出系数的稳定性，支承固定节流件的方法借用了环形孔板固定的方式，比内锥流量计单臂立柱牢固可靠，不易产生振动。有文献表明：流出系数的误差为±0.5%，量程比为 10∶1。

三、推广、选用新型节流装置的注意事项

(1) 严重的教训。近七八年以来我国流量业界自行研发了不少新型节流装置，成绩斐然。生产厂家应在推广应用过程中虚心听取用户的意见，负责任地认真逐一解决，使产品日

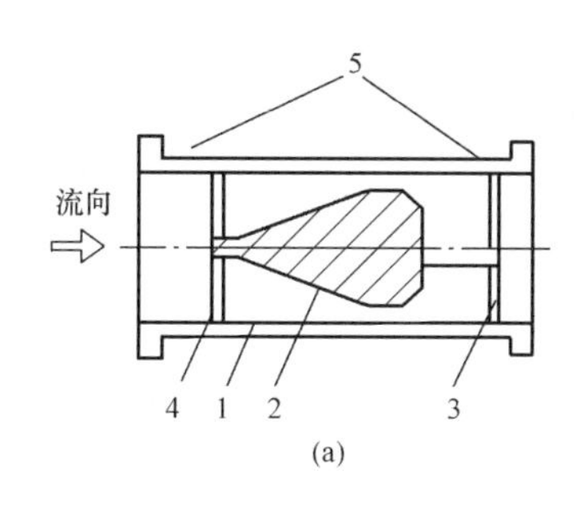

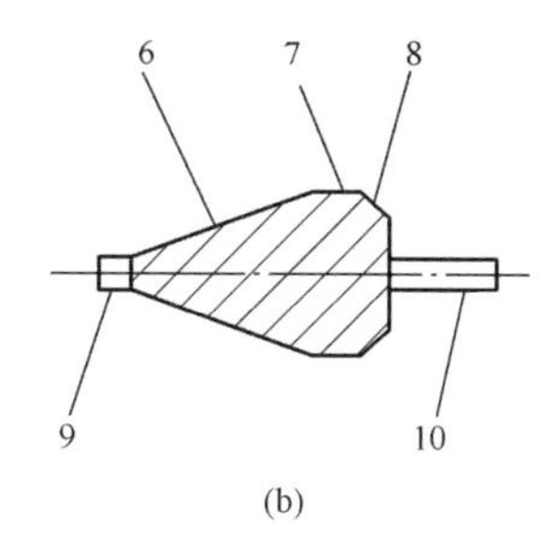

图 5 - 42 内文丘里管流量计

(a) 内文丘里管结构示意图；(b) 特型芯体结构示意图

1—测量管；2—特型芯体；3—后支承环；4—前支承环；5—取压接头；6—前圆锥面；7—中圆柱面；8—后圆锥面；9—前支承轴；10—后支承轴

益完善。在条件尚不成熟时，切忌忽视产品的改进。国内曾因急于盲目全面推广，结果发生了机毁人亡的严重事故。

(2) 用数据验证理论。新的理念是创新的萌芽，理念是否正确必须通过试验数据去验证。仅停留在理念上的炒作，无益于产品的改进与推广应用。

(3) 阻力件试验室。流量仪表的安装长度与准确度密切相关，这已成为选用中的难题，而厂商应通过试验、测试提供相关数据。为此，迫切需要建立一个阻力件流量性能试验室，用数据公正地说明安装长度对某类仪表准确度的影响。

(4) 标准化。在研发、改进流量仪表的过程中，必须用试验数据来验证各种设想。在这个过程中将积累成千上万的数据，即人们所说的“软实力”。在此基础上归纳、整理、总结、提高，撰写成标准，使生产厂家有数可依，使用者有据可查。标准是测试数据的升华与提高，而一个切实可行的标准也必须建立在大量严谨可靠的测试数据上。

第七节 节流装置的误差分析

一、流量测量的不确定度

1. 节流装置不确定度分析公式

节流式差压流量计的流量方程为

$$q_m = CE\varepsilon \frac{\pi}{4} d^2 \sqrt{2\Delta p \rho} \tag{5-48}$$

在推导流量不确定度时，可认为 q_m 由式 (5 - 48) 中的 C、ε、d、D、Δp、ρ 各物理量所决定。

$$\frac{\delta q_m}{q_m} = \left[\left(\frac{\delta C}{C}\right)^2 + \left(\frac{\delta E}{E}\right)^2 + \left(\frac{\delta \varepsilon}{\varepsilon}\right)^2 + \left(2\,\frac{\delta d}{d}\right)^2 + \frac{1}{4}\left(\frac{\delta \Delta p}{\Delta p}\right)^2 + \frac{1}{4}\left(\frac{\delta \rho}{\rho}\right)^2 \right]^{1/2} \tag{5-49}$$

式中 $\frac{\delta q_m}{q_m}$、$\frac{\delta C}{C}$、$\frac{\delta E}{E}$、…——q_m、C、E、…的相对不确定度。

考虑到 $E=(1-\beta^4)^{-1/2}$，$\beta=d/D$，则

$$\frac{\delta E}{E}=\frac{1}{E}\left(\frac{\delta E}{\delta d}\delta d+\frac{\delta E}{\delta D}\delta D\right)=\frac{2\beta^4}{1-\beta^4}\left(\frac{\delta d}{d}-\frac{\delta D}{D}\right) \tag{5-50}$$

根据误差合成原理，可得

$$\frac{\delta q_m}{q_m}=\left[\left(\frac{\delta C}{C}\right)^2+\left(\frac{\delta \varepsilon}{\varepsilon}\right)^2+\left(\frac{2\beta^4}{1-\beta^4}\right)^2\left(\frac{\delta D}{D}\right)^2+\left(\frac{2}{1-\beta^4}\right)^2\left(\frac{\delta d}{d}\right)^2+\frac{1}{4}\left(\frac{\delta \Delta p}{\Delta p}\right)^2+\frac{1}{4}\left(\frac{\delta \rho}{\rho}\right)^2\right]^{1/2} \tag{5-51}$$

$$Eq_m=\left[E_C^2+E_\varepsilon^2+\left(\frac{2\beta^4}{1-\beta^4}\right)^2E_D^2+\left(\frac{2}{1-\beta^4}\right)^2E_d^2+\frac{1}{4}E_{\Delta p}^2+\frac{1}{4}E_\rho^2\right]^{1/2} \tag{5-52}$$

$$Eq_m=\frac{\delta q_m}{q_m}\quad E_C=\frac{\delta C}{C}\quad E_\varepsilon=\frac{\delta \varepsilon}{\varepsilon}\quad \cdots$$

不确定度定义为一个数值范围，测量值在这个范围的置信水平为95%。

不确定度可用绝对值或相对值形式表示，流量测量的结果可用下列任何一种形式给出，即

$$流量=q\pm\delta q$$

$$流量=q(1\pm U'_q)$$

$$流量=q[其不确定度在(100U'_q)\%以内]$$

$$U'_q=\frac{\delta q}{q} \tag{5-53}$$

2. 式（5-52）中各不确定度的分量估算

（1）E_C、E_ε 的估算。

节流装置的结构、制造及安装均应符合标准GB/T 2624或ISO 5167的要求，各参数（d、D、β、Re_D 及 K/D）均在规定范围内且无误差时，流出系数 E_C 及可膨胀性系数 E_ε 如表5-1所示。

如节流装置用实际流体校准，则 E_C、E_ε 由试验值确定。

（2）E_D、E_d 的估算。

1）E_D 的估算。D 是节流件上游侧在工作温度下的管道内径，但是一般只能得到20℃下所测量的管道内径 D_{20}，因此管道内径的误差应由温度影响和量具误差两者确定。

温度影响可由式（5-54）确定，即

$$D=D_{20}[1+\lambda_D(t-20)] \tag{5-54}$$

$$\frac{\delta D}{D}=\left[\left(\frac{\delta D'}{D}\right)^2+\left(\frac{\delta D''}{D}\right)^2\right]^{1/2} \tag{5-55}$$

式中 $\frac{\delta D'}{D}$——温度影响的测量相对不确定度；

$\frac{\delta D''}{D}$——量具误差影响的测量相对不确定度。

$$\frac{\delta D'}{D}\approx\frac{\delta D_{20}}{D_{20}} \tag{5-56}$$

$\frac{\delta D''}{D}$ 根据量具准确度级别而定，$\frac{\delta D}{D}$ 的估算值约为0.1%。若 D_{20} 为管径的公称值，则 $\frac{\delta D}{D}\approx 0.5\%\sim1.5\%$。

2）E_d的估算。E_d的估算方法与E_D类似，$\frac{\delta d}{d}$的估算值约为0.05%。

（3）$E_{\Delta p}$、E_ρ 的估算。

1）$E_{\Delta p}$差压计的准确度以引用误差表示，$E_{\Delta p}$的估算式为

$$E_{\Delta p} = Ee\Delta p/\Delta p_{\mathrm{i}}(\%) \tag{5-57}$$

式中　Ee——差压计的准确度等级；

Δp——差压计的测量上限值，Pa；

Δp_{i}——差压计测量点的差压值，Pa。

差压计的误差应包括差压变送器及其显示仪表（或工控系统终端）的误差，由于技术的进步，这类误差已可达到千分之几，相对于一次表（节流装置），特别是安装条件达不到标准的要求要小得多，对整个装置准确度的影响很小。

2）E_ρ 被测流体密度ρ 的误差，取决于状态参考数 p、t 及流体的组分，如组分确定密度δ 的误差应取决于压力、温度的误差，即

$$\left(\frac{\delta_\rho}{\rho}\right)=\left[\left(\frac{\delta_p}{p}\right)^2+\left(\frac{\delta_t}{t}\right)^2\right]^{\frac{1}{2}} \tag{5-58}$$

表5-12列举了各种状态参数对密度误差的影响。

如密度直接由密度计测量，则误差取决于密度计的误差，但在流程工业中较为罕见。

表5-12　　　　密度误差表

（a）液体的$\frac{\sigma_{\rho_1}}{\rho_1}$值（包括查表误差）	测温条件$\frac{\sigma_{t_1}}{t_1}$		$\frac{\sigma_{\rho_1}}{\rho_1}$
	0		±0.03
	±1		±0.03
	±5		±0.03
水蒸气的$\frac{\sigma_{\rho_1}}{\rho_1}$值（包括查表误差）	测压条件$\frac{\sigma_{p_1}}{p_1}$	测温条件$\frac{\sigma_{t_1}}{t_1}$	$\frac{\sigma_{\rho_1}}{\rho_1}$
	0	0	±0.02
	±1	±1	±0.5
	±5	±5	±3.0
	±1	±5	±1.5
	±5	±1	±2.5
气体的$\frac{\sigma_{\rho_1}}{\rho_1}$值（包括查表误差）	测压条件$\frac{\sigma_{p_1}}{p_1}$	测温条件$\frac{\sigma_{t_1}}{t_1}$	$\frac{\sigma_{\rho_1}}{\rho_1}$
	0	0	±0.05
	±1	±1	±1.5

续表

气体的$\frac{\sigma_{\rho_1}}{\rho_1}$值（包括查表误差）	测压条件$\frac{\sigma_{p_1}}{p_1}$	测温条件$\frac{\sigma_{t_1}}{t_1}$	$\frac{\sigma_{\rho_1}}{\rho_1}$
	±1	±5	±5.5
	±5	±1	±5.5

二、偏离标准规定的附加误差

1. 对偏离标准时附加误差的说明

标准节流装置应按照 ISO 5167 或 GB/T 2624 设计、制造、安装和使用，这时差压信号与流量的关系及其测量误差应为最小。但在现场应用时，往往会发生偏离标准的情况，由此所引起的测量误差应予以修正或重新估算。这里收录了 BS1042、VDI2040 等有关资料，说明如下。

（1）用流出系数的偏差来衡量偏离标准流量值，偏差修正式为

$$C_b = Cb \tag{5-59}$$

式中 C_b——修正后的流出系数；

C——标准流出系数；

b——修正系数。

（2）流出系数修正后，应在流出系数的不确定度 δ_a 上加一个附加不确定度 δ_b，不确定度与附加不确定度有几何相加和算术相加两种相加法。

几何相加为

$$\delta = \sqrt{\delta_a^2 + \delta_b^2} \tag{5-60}$$

算术相加为

$$\delta = |\delta_a| + |\delta_b| \tag{5-61}$$

凡通过试验校验的，可采用几何相加。若校验不充分，为了可靠，应采取算术相加。

（3）若由于试验根据不足，不能提供确切的 b 值，只能提供修正系数的倾向，无论 $b>1$ 还是 $b<1$，可根据修正系数的倾向估计其流出系数的增大或减小。若使用者需准确确定，则必须进行实流校验。

（4）某些不符合标准规定的项目，其修正系数 b 值没有明确的方向性，即 b 可能大于 1 亦可能小于 1，就只能增加附加误差。

（5）偏离标准条件的情况非常复杂，不仅一个条件偏离，而在现场有可能几个条件同时偏离，这些条件的相关性如何，如何处理，目前尚无较多试验依据，此时应慎重处理。

（6）偏离标准所进行的修正是无奈之举，应尽可能地按标准执行。但要注意：现场往往难以保证实验室条件，会有偏离。

（7）节流装置的测量特性决定于它的几何相似性，使用中几何形状难免发生变化又难以发现。因此对节流装置的定期检查是非常必要的，在流体介质条件比较恶劣时尤为突出。

（8）偏离标准是现场的使用条件不符合标准条件，有些偏离还可修正，如温度、压力补偿，有的（如节流件变形、流动状况等）就只能定性估计了。

2. 偏离标准规定各种因素产生的附加误差

偏离标准规定各种因素产生的附加误差如表 5-13 所示。

表 5-13　　偏离标准规定要求的附加误差

原因		节流装置名称	β	附加误差值或影响
制造中的问题	①孔板圆筒喉部太厚	标准孔板	0.2	偏离正确厚度 2 倍，误差-1%
	②孔板厚度太厚	角接取压标准孔板	<0.7	偏离正确厚度 2 倍，误差$<1\%$
	③偏离取压口位置	角接取压标准孔板	<0.67	偏离角接取压口位置 $0.05D$，误差-0.1% 偏离角接取压口位置 $0.5D$，误差-1.2%
		喷嘴	<0.6	偏离角接取压口位置 $0.05D$，误差-0.5% 偏离角接取压口位置 $0.5D$，误差-2.6%
		径距取压标准孔板	0.7	下游取压口偏离下游 $0.1D$，误差-1% 下游取压口偏离上游 $0.1D$，误差 1%
	④取压孔尺寸过大	法兰取压标准孔板		正误差
	⑤取压孔口有毛刺	所有节流装置		误差从-30%～30%
	⑥支座环直径太小	角接取压标准孔板 喷嘴	0.7 0.75	有 10%不一致，误差从-2%～5% 有 10%不一致，误差从-6%～1%
	⑦支座与法兰间的垫片内孔过小	标准孔板和喷嘴		误差从-60%～60%
	⑧装置位置不同心	标准孔板和喷嘴	0.8	偏心率 $0.015D$，误差-1%～1% 最大$<5\%$
	⑨进口圆锥角收敛不正确	文丘里管		用 $12°$角代替 $15°$角，误差 2%
	⑩出口扩散角不正确	文丘里管		若不正确影响压力损失
	⑪圆锥与喉部的半径不正确	文丘里管		若不正确，高于 1.5%
	⑫节流件上游面粗糙	标准孔板	0.5	粗糙增加是负误差 用水试验 $Re_D=20000$ $\frac{d}{\text{粗糙度}}=80$，误差-3% 用水试验 $Re_D=20000$ $\frac{d}{\text{粗糙度}}=620$，误差-2%
	⑬粗糙度超过规定	文丘里管		正误差

续表

类别	原因	节流装置名称	β	附加误差值或影响
使用中的问题	①孔板变形	标准孔板		不可预见
	②节流件上游有外来沉积物	标准孔板		负误差，对较高 β 值，误差增加更大
	③节流件孔径有外来物	标准孔板		正误差，对较高 β 值，误差增加更大
	④脉动流	所有节流装置		通常正误差，误差很大
	⑤过低管道雷诺数	法兰取压标准孔板	0.3	当 Re_D=1000，误差−7.5% Re_D=250，误差−17%
			0.6	当 Re_D=1000，误差−19% Re_D=250，误差−26%
		角接或径距取压标准孔板	0.3	当 Re_D=1000，误差−2.5% Re_D=100，误差−14%
			0.6	当 Re_D=1000，误差−20% Re_D=200，误差−25%
阻流件后上游直管段太短	①单个 90°弯头	所有节流装置		误差随取压口面和直管段长度而变
	②同一平面的两个 90°弯头	角接取压标准孔板	0.55 0.75	直管段长度>4D，误差<0.5% 直管段长度>4D，误差<3%
	③不同平面的三个 90°弯头	角接取压标准孔板	0.75	直管段长度>4D，误差<−5%
	④全开球阀	角接取压标准孔板	0.55 0.75	直管段长度>4D，误差<1.5% 直管段长度>8D，误差<5%
		法兰取压和径距取压标准孔板	<0.75	直管段长度>6D，误差<2%
	⑤渐扩管（在 1.8D 长度内，由 0.5D 变到 D）	角接取压标准孔板	0.4 0.7	无直管段长度，误差−10% 无直管段长度，误差−50%
	⑥渐缩管（在 1D 长度内，由 1.25D 变到 D）	角接取压标准孔板	0.4 0.7	无直管段长度，误差−0.5%～0.5% 无直管段长度，误差 2%
	⑦温度计套管	标准孔板		套管直径>0.04D 和直管段长度<15D，误差<2%
阻流件后下游直管段太短	①单个 90°弯头	角接取压标准孔板		随取压口面而变
	②同一平面两个 90°弯头	角接取压标准孔板	0.55 0.75	直管段长度>1D，误差<−2% 直管段长度>1D，误差<−3%
	③不同平面的三个 90°弯头	角接取压标准孔板	0.55 0.75	直管段长度>1D，误差<−2% 直管段长度>1D，误差<−2.5%
	④全开球阀	角接取压标准孔板	0.55 0.75	直管段长度>1D，误差<−0.5% 直管段长度>1D，误差<−1%
	⑤节流装置与渐缩管（在 1D 长度内，由 1D 变到 0.5D）之间无下游直管段长度	角接取压标准孔板	<0.4	误差 1%

3. 节流装置结构不符合标准

（1）孔板开孔直角入口边缘锐利度，造成的原因可能是制造质量、流体的腐蚀，特别是长期使用后流体的冲刷、磨损，所以孔板的长期准确度若不经常维护则难以维持。

标准规定 $r_k/d \leqslant 0.0004$（其中，r_k是开孔边缘圆弧半径，d 是开孔直径），由此可见孔径 d 越小，影响越大，据有关资料估计，当管道内径为 100mm 时，孔径 d 为 30～85mm，r_k为 0.1mm 时，流出系数误差可达 0.6%～2.5%；r_k为 0.25mm 时，流出系数误差可达 1.9%～3.8%。当管道内径为 50mm 时，孔径 d 为 15～35mm，r_k为 0.1mm，流出系数误差可达 1.9%～3.6%；r_k为 0.25mm 时，为 3.9%～6%。以上数据表明，r_k对孔板测量准确度，特别是小孔径时，影响十分严重，而在实际应用中，要保持 r_k不被冲刷、腐蚀，也是不可能的。

（2）节流件厚度 E。孔板的厚度 E 应小于或等于 $0.05D$，如大于 $0.05D$ 应用修正系数 b_E进行修正，但当 $\beta \leqslant 0.5$ 时，即使厚度 E 大于 1 倍，也无须修正。

（3）偏离取压口位置等，表 5 - 13 中已有介绍，不再赘述。

4. 使用中的问题

标准孔板在使用过程中，会发生很多难以预料的情况，如在压力的作用下变形、节流件上游有沉积物、节流孔中有残留物、脉动流、雷诺数太低等，误差可高达百分之几到百分之十几，如偏离标准的要求太多，引起的误差太大，就失去测量的意义了。

5. 安装中的问题

安装中，如节流件与管道不同心，环室有台阶，取压口前有凸起物，焊渣、边缘有毛刺，取压孔轴线不垂直于管道轴线等，将引入附加的误差达 0.5%以上。

6. 上下游直管段太短

表 5 - 13 中已有介绍，上下游直管段太短的附加误差也将达到 0.5%～5%以上，这个因素往往受现场条件的制约，难以改变，管径越大越突出。

三、误差分析后的思考

（1）研究课题最多，测试数据最全面、最完善。经典节流装置问世已有百年历史，在使用中发现存在不少问题，为此曾进行了认真的测试研究，企图改善它的性能，可以认为，它是流量仪表中，研究最为彻底、最为成熟的一种仪表。

（2）研究测试表明，虽然进行了大量的研究测试，也将这些成果总结归纳为标准，但存在的许多问题并未解决，如孔板的边缘磨损，低雷诺数误差过大，容易积垢，压损过大，对前直管长度安装长度要求过高，等等，现场条件无法完全满足标准的要求，从表 5 - 13 可见，研究仅仅表明这些影响程度的大小，评估大约附加多少误差，而对增加其准确度却无能为力。

（3）新型节流装置应运而生，由于经典节流装置使用经验丰富、研究最全面，因而可以针对它使用中的问题，研发一些新型的节流装置，在某些领域中取代经典节流装置，在研发、推行、使用过程中，应继承经典节流装置一丝不苟的严谨科学态度。

参　考　文　献

[1] Thomas Stauss. Flow Handbook. Endress+Hauser，2004.

[2] R. W. Miller. Flow Measurement Engineering Handbook，1983.
[3] 孙淮清，王建中. 流量测量节流装置设计手册. 北京：化学工业出版社，2000.
[4] 王池，王自和，张宝珠，等. 流量测量技术全书. 北京：化学工业出版社，2012.
[5] Emerson Co. Conditioning Orifice Plate Technology；Taking the Standard to a New Level of Capability. Emerson Technical Note，1595 - 2 - 01 - AA，July，2004.
[6] 李少峰，薛贵军，高精度弯管流量计的理论与试验. 2012 年全国流量测量学术交流会论文集，成都.
[7] 孟宪举，李少峰. V 型弯管流量计的理论与 CFD 试验研究. 2010 年全国流量测量学术交流会论文集.
[8] 孙延祚. 从节能降耗看推广 VNZ 流量计的必要性. 工业计量，2005，16 - 19.
[9] 毛新业. 用测试数据评估环形通道流量仪表. 世界仪表与自动化，2009，(1).
[10] 于杰. 多孔平衡节流装置应用特点及工程改造. 医药工程设计，2008，29 (5).
[11] 熊兆洪，王德国. 气体槽道流量计的实验测试与评价. 工业计量，2008 (2).
[12] 毛新业. 矩形大管道的流量测量. 自动化仪表，2000 (3).
[13] 李连科，王汉卿. 内文丘里管流量计. 仪器仪表学报. 2001，556 - 559.
[14] Casey. Hodges. New differential producing meters-Ideas，Implement，and issues. 15th FLOMEKO，Taipe，2010.

第六章

基于速度—面积法的流量仪表

第一节　概　　述

一、历史悠久、长盛不衰

采用速度—面积法测量流量已有三百余年的悠久历史，至今仍不断发展，常用于现代化工程中，如火电、钢铁、冶金、空调、化工等行业的风量测量。要了解它的原理，首先要明确流量的定义；流量是单位时间内通过某一通道（封闭的管道或开口的渠、堰）截面的流体容积（或质量）。不言而喻，这里包含了流速及面积两个重要元素，缺一不可。

1790 年沃尔特曼就基于这种原理，采用叶轮式流速计测量汉普鲁古河流的流量，至今各地水文站仍沿用这种方法，用一种称为“铅鱼”的叶轮流速计，测量河流断面中多点的流速用以推算河流的流量。

即使进入了 21 世纪，这种测量方法仍常被采用，如超临界参数的火电厂用多点流速计（主要为差压型，也有热式）来测风量等。至今似还未有更好的方法可以取代，并非有些人认为的是一种不成熟的方法。恰恰相反，它经历了三百多年实践应用的考验，证明了它经久不衰的价值，而且有近十个国际标准予以确认，成为一种有据可查、有法可依的流量测量方法，得到国际流量业界的广泛、充分肯定。

二、分类、命名

流量仪表多按原理分类，这样易认识到仪表的本质。遗憾的是这类仪表在我国近几十年的技术资料或专业书刊中，常按安装方式归于插入式流量仪表，这是不妥当的。由于插入安装方式的仪表未必采用速度—面积法，如靶式、插入式孔板，甚至超声等，而采用速度—面积法原理的流量仪表也未必一定采用插入安装方式，如近年来韩国开发的 MPA 流量计、小口径的均速管流量计等都采用了法兰安装，但却用的是速度—面积法原理。而最主要的是这样的分类，难以了解仪表的本质，常被误认将一个速度计插入到管道中就是流量计了，忽视了管道中的流速分布及管道流通面积测量的重要性，造成了多年对用户的误导。因此，本书强调应以其原理速度—面积法进行分类较为妥当，英文为 flowmeter in velocity area method，简称 VAF，以便于读者清晰地了解这类仪表的本质。

第二节　测　量　原　理

一、通用公式

流量 q_V（q_m）定义为：单位时间 t 内通过某个通道截面 A 的流体容积 V（m^3）或质量

m（kg），前者称为容积流量 q_V，后者称为质量流量 q_m。容积流量的计算式为

$$q_V = V/t = vA \tag{6-1}$$

经式（6-1）的转化，容积流量 q_V 即可表示为通过某截面 A 的流速与其面积的乘积。而质量流量 q_m 可表示为：$q_m = \rho q_V = \rho v A$。

液体的密度变化较小；而对于气体的密度，当流速小于 40m/s 时，也可视为不可压缩，但当温度 T、压力 p 变化较大时仍应修正。

由于工艺的要求，在工业管道中必然会存在大量的阻力件（如弯头、阀门、变径管、歧管等），且组合万千。因此，式（6-1）中的流速 v 在流经某截面时不可能等于常数将呈现如图 6-1 所示的复杂状况。它十分明确说明了仅测一点流速不可能准确测量流量。

在此情况下，流量 q_V 的计算式只能由式（6-2）表示（见图 6-2），即

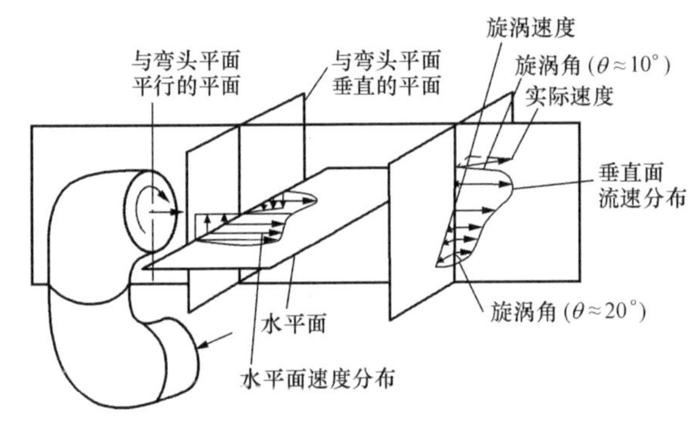

图 6-1　在双弯头后不同平面的速度分布

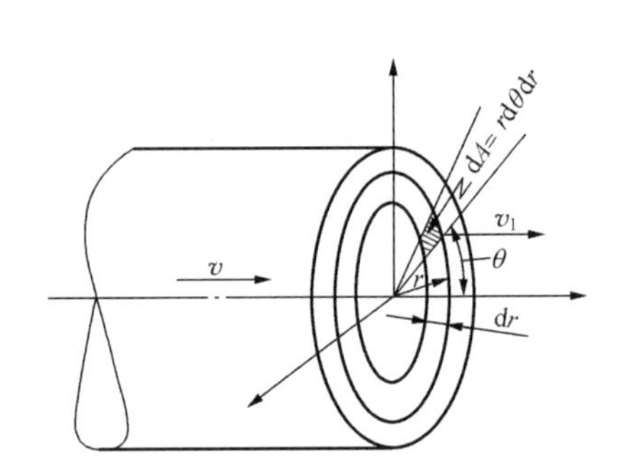

图 6-2　圆管中的流量

$$q_V = \int_0^A v_i \mathrm{d}A = \int_0^R \int_0^{2\pi} v_i r \mathrm{d}\theta \mathrm{d}r \tag{6-2}$$

式中　r——测点的径向距离；

θ——测点与水平线间的夹角。

二、充分发展紊流

实际流体都具有黏性，在黏性的作用下，流动快的流体将促进相邻的流体加速；反之，流动慢的流体会抑制相邻流体减速，而邻近管壁的流体流速将从零逐渐增大到管道中心的流速。只要能提供约 $30D$（D 为管道直径）以上长度的等截面直管段，在管道中的流体在黏性的作用下，其流速分布将形成一种固定的形式，不再变化（见图 6-3），如雷诺数 $Re_d > 4\times10^3$，为充分发展紊流；$Re_d < 2\times10^3$ 为充分发展层流（见图 6-4）。充分发展紊流被国际标准化组织确定为安装流量仪表的标准流速分布。流速分布与雷诺数及管内壁粗糙度有关，只要有足够的直管段长度，即可获得充分发展紊流。

1. 充分发展紊流的数学模型

早在 1932 年，尼库拉兹（Nikuradse）就对光滑圆管内的充分发展紊流流速分布进行了详细的测试，雷诺数范围从 4×10^3 至 3.2×10^6。之后几十年来，不少科学家又进行了测试，如 Preston（1954），Coles（1956），Smith（1958），Patel（1965），Lindley（1970），Au（1972），等等。他们用测试数据对充分发展紊流描述的数字模型都很相似，仅系数略有差异。而其中以尼库拉兹的公式最为简明，即

$$v_i = v_{\max}\,(y/R)^{\frac{1}{n}} \tag{6-3}$$

式中　v_i——管道测量截面上某一点的流速；

v_{max}——管道中心点最大的流速；

y——该测点至管壁的最短距离；

R——管道半径；

n——指数，其大小取决于雷诺数 Re_d，$n=1.66\log Re_d$。

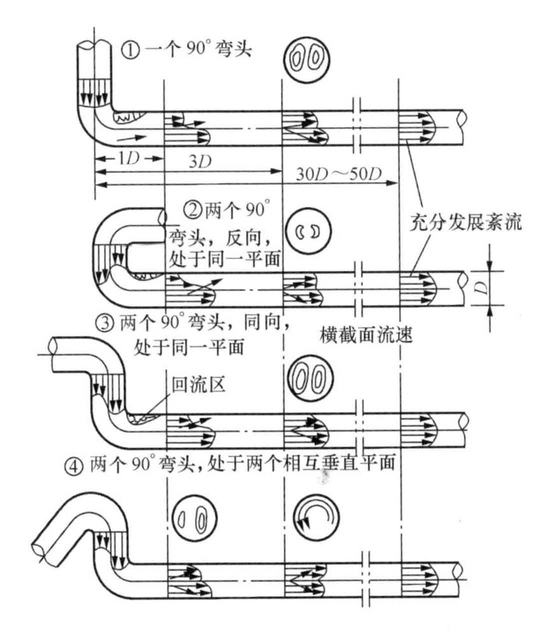

图 6-3　上游为弯管的管内流速分布

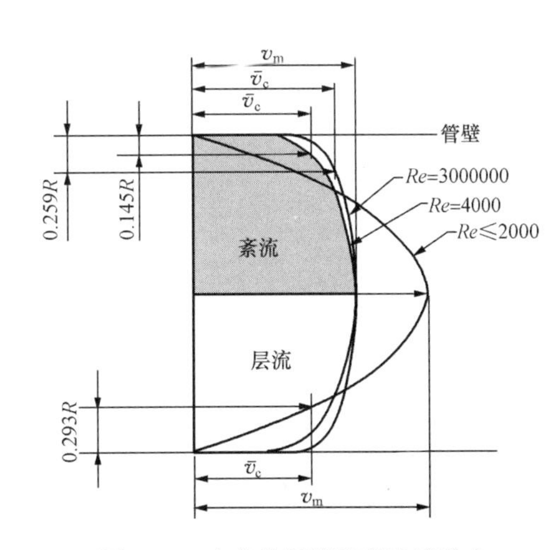

图 6-4　充分发展管流的速度分布

2. 充分发展紊流的平均流速点

如果管道中的流体形成了充分发展紊流，则将对称于轴线，式（6-2）将简化为

$$q_V = \int_o^R 2\pi v_i(r) r \mathrm{d}r \qquad (6-4)$$

根据式（6-3）和式（6-4），并简化可得

$$q_V = 2\pi v_{max} n^2 R^2 / [(n+1)(2n+1)] \qquad (6-5)$$

如管道中存在平均流速 v_c，乘以截面积 πR^2 即为流量 q_V，即

$$q_V = v_c A = v_c \pi R^2 \qquad (6-6)$$

将式（6-6）代入式（6-5），即

$$v_c / v_{max} = 2n^2 / [(n+1)(2n+1)] \qquad (6-7)$$

在充分发展紊流条件下，在管道中的流速自管壁为零到中心最大流速 v_{max}，总可找到一个点，该处的流速为平均流速 v_c。

$$v_c / v_{max} = (y_c / R)^{\frac{1}{n}} = 2n^2 / [(n+1)(2n+1)] \qquad (6-8)$$

$$y_c = R\{2n^2 / [(2n+1)(n+1)]\}^n \qquad (6-9)$$

式（6-9）说明在充分发展紊流条件下，在管道中某点 y_c 所测的流速为平均流速 v_c，用它乘以截面积即等于流量。但必须提醒读者，这种看来十分简捷的方法，在实际应用中却会面临不少问题，效果并不理想。这是因为：首先式（6-9）来自于尼库拉兹的数学模型，它在描述实际光滑管充分发展紊流时，并不是完全吻合的；其次，这个公式中的 n 并不是一个常数，它还取决于雷诺数 Re_d 及管壁粗糙度，当 Re_d 的变化范围为 $4\times10^3\sim3.2\times10^6$ 时，平均流速点 y_c/R 的变化为 0.2453～0.2367（约 3.6%以上）。在使用过程中，由于腐蚀积垢等原因，管壁粗糙度及管道内径 R 都可能变化。而要特别强调的一点是，在现场，特别是大口径管道情况下，很难提供实现充分发展紊流所需的 $30D$ 以上的直管段长度。所以，这种方法虽然简单、可靠、成本低、压损小，但是却无法要求它具有较高的准确度。根据 ISO 7145的评估，即使直管段长度达 $30D$ 以上，准确度也只能达到±3%。

三、速度—面积法原理

1. 测单点流速求流量

如果安装直管段有 $30D\sim50D$，管道内流速分布为充分发展紊流，可以采用，但现场已很难提供。

2. 测直线上多点流速求流量

从式（6-4）可见，如管流形成充分发展紊流后，测量截面上的流速虽不等于常数，但其流速分布的等速线将是对称于轴线的同心圆，仅测同心圆上的一点流速即可反映整个圆环上的流速。如果这些测点位于一条直线上，贯穿整个管道就可反映整个截面的流速，以此可推算流量，见图 6-5。

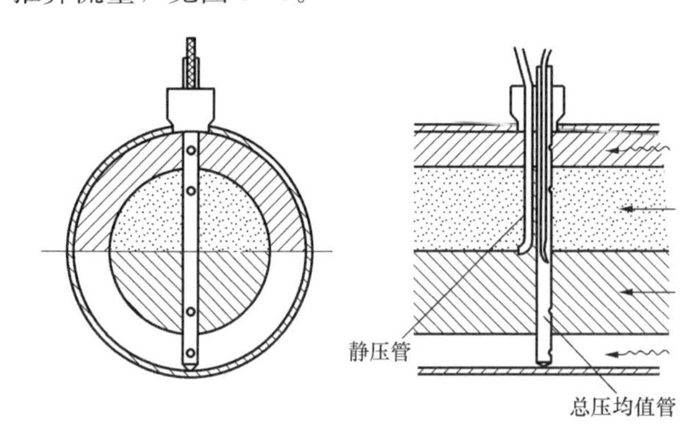

图 6-5　测直线上多点流速求流量

20 世纪 60 年代末，按此原理研发的均速管流量计，至今仍因其结构简单、可以采取插入方式、在线安装拆卸、维修简便、压损小等优点，几十年以来，在流量市场上占有不可低估的一席之地，特别是大口径管道，备受欢迎，但其准确度并非厂商所讲的那么高。

测量流速方法过去多采用压差法，近一二十年，热式流量计也开始进入了这一领域。

3. 测截面速度分布求流量

现代工业管道的口径随着工程规模的日益增大而增大，火电厂一、二次风管已达 5～6m，而场地却要求不断压缩，所以当前管径较大时（如 $D>200$mm）已很难见到充分发展紊流，在火电行业尤为突出。采用上述两种方法，即仅测管道中一点，或直线上多点流速，很难取得较高的流量准确度，甚至难以取得输出差压正比于流量的规律。

在这种情况下测流量只能按式（6-2）进行，即将管道中的测量截面 A 划为成许多单元面积 A_i，并“认为”通过该单元面积的流速 v_i 是相等的，这种假设只有在单元面积无穷小时，才有可能。也就意味着，单元面积越多，流速测点越多，才可能取得较高的流量准确度。然而这么做在实际工程应用中难以实施，只有将测量截面 A 划分为有限数量的单元面积 A_i，然后测流过 A_i 的流速 v_i，再按式（6-10）测流量 q_V。这就是速度—面积法测流量的基本原理。

$$q_V=\sum_{i=1}^{n}A_iv_i \qquad (6-10)$$

采用速度—面积法测流量，还应注意以下几点：

(1) 通过测量截面的流体应是单相、稳定、不可压缩的，气体流速不超过 50m/s；

(2) 测量截面上的温度基本一致；

(3) 通过测量截面的流速方向应基本一致，不允许有旋涡、回流。

四、流速测量

速度—面积法无论是采用单点，还是多点，都必须首先测流速。通过截面上各点的流速来推算流量。流速计是这种方法最主要的基本元件。测流体流速的方法主要有差压式、热式、叶轮、热线风速计及多普勒激光测速仪。当前工业现场采用最多的是差压法；其次是热式；叶轮多用于水文，测河流的流量；热线风速仪、激光测速仪，多用于试验室。而流速的基准，国内外当前仍采用经典的皮托管。

(一) 差压流速计

1. 伯努利方程

不可压缩流体，忽略流体高度及压损的影响，伯努利方程可简化为

$$p_1 + \rho v_1^2/2 = p_2 + \rho v_2^2/2 \tag{6-11}$$

如 $v_i=0$，即流体完全滞止，动能 $\rho v_1^2/2$ 完全转换为位能 p。此时的压力 p 称为流体的总压，以 p^* 表示。只要测差压$\Delta p=p^*-p$（注：此处 p 为静压），就可算出流速，即

$$v=\sqrt{\frac{2\Delta p}{\rho}} \tag{6-12}$$

对于可压缩流体来说，要考虑当流速增大后，密度 ρ 不是一个常数，会给流速测量带来影响，其大小可由式（6-13）评估（式中 κ 为等熵指数），即

$$p^* = p+\frac{1}{2}\rho v^2(1+\varepsilon)=p+\frac{1}{2}\rho v^2\left(1+\frac{Ma^2}{4}+\frac{2-\kappa}{24}Ma^4+\cdots\right) \tag{6-13}$$

可压缩性系数 ε 与马赫数 Ma 的关系见表 6-1。

表 6-1　可压缩性系数 ε 与马赫数 Ma 的关系

Ma	0.1	0.2	0.3	0.4	0.5	0.6	0.7	0.8
ε	0.0025	0.010	0.0225	0.04	0.0625	0.09324	0.1085	0.1703

工业管道中气体流速一般小于 40m/s；火电厂则小于 25～30m/s；相当于马赫数 Ma 为 0.1，可压缩性的影响仅不到 0.003，完全可以忽略不计。

2. 流体绕圆柱体的流动

在工程中，如直接采用皮托管测管道截面的流速分布来确定流量，在结构、安装上存在诸多不便，实际应用中多采用圆柱形结构流速计。深入探讨流体流过圆柱体时其上的压力分布规律，以便正确确定测压孔的位置是十分必要的。

(1) 理想流体绕圆柱体流动。

将一无限长半径为 r_0 的圆柱体置于直匀流中，如图 6-6 所示，流体在圆柱体前是均匀的，不受任何干扰。流线为一组平行直线，接近柱体时，由于受到阻碍，流线弯曲，绕过柱体最大横向尺寸后，流线又合拢，经一段距离后才又恢复为一组平行线。

在柱体表面的流速 v 绝对值为

$$v=2v_\infty\sin\theta \tag{6-14}$$

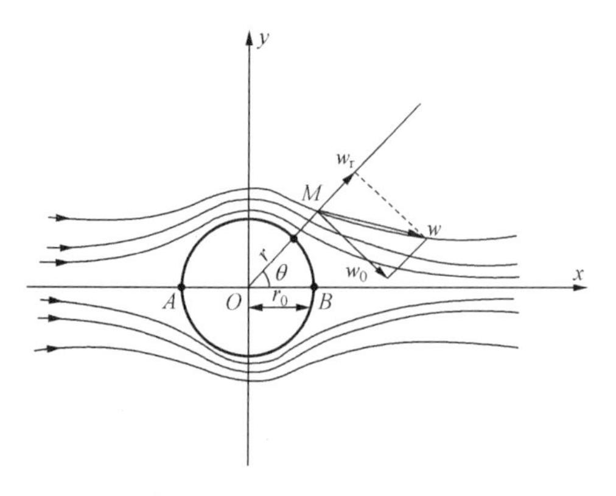

图 6-6　理想流体绕圆柱体的流动

式中　v_∞——前方未受干扰的流速。

将它代入伯努利方程，则可得

$$p_S = p + \frac{1}{2}\rho v_\infty{}^2(1 - 4\sin^2\theta) \quad (6-15)$$

式中　p_S——圆柱表面的压力；

p——静压；

θ——圆柱表面与圆柱水平轴线的夹角。

（2）实际流体绕圆柱体流动。

由于实际流体有黏性，在绕圆柱体流动过程中，在柱体的表面会产生附面层。在前点 A 处，流速全部滞止，压力为总压 p^*。随着向后流动，附面层将逐渐增厚，流体绕圆柱体前半圆周时，沿流向流速是增大的。附面层虽增厚，但可以依靠从主流补充能量，仍是稳定的。但到后半周时，主流变成增压减速，附面层无法从主流得到补充能量，通过一段距离后将脱开柱体，在圆柱体后形成了旋涡区，引起了在圆柱体上的压力分布发生变化，这种变化还与流体的雷诺数有密切的关系（见图 6-7）。

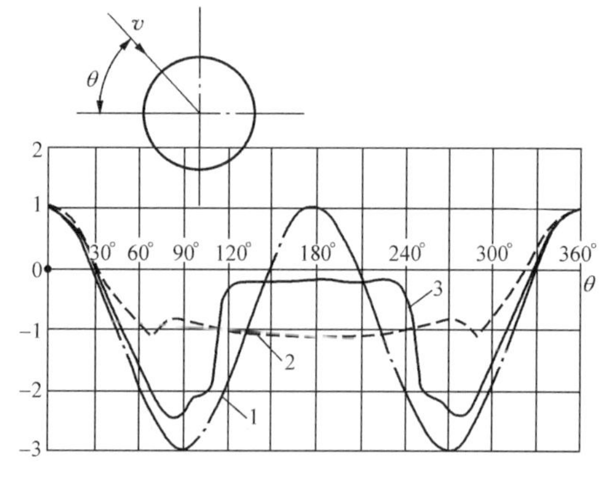

图 6-7　流体沿圆柱面的压力分布

1—理论曲线；2—低 Re_d 数绕流；3—超临界绕流

（3）圆柱体上总、静压取压点位置。

从理论及实测两个方面充分了解流体绕圆柱体的压力分布，特别是用极坐标绘制，会给人以清晰、直觉的感受，有利于合理、正确地选择总、静压孔的位置。圆管上的压力分布图见图 6-8。

1）总压孔的位置，毫无争议，应置前驻点 A，因为只有这点，流速才能全部滞止为总压。

2）静压孔的位置，可以有三种考虑：

其一，流速系数为 1，可不标定。从图 6-8 可见，在圆柱体 B 点上的压力就等于流体的静压 p，在这点测取静压，无须标定流速系数应等于 1，按式（6-14）求解，θ 角应为 30°，菲克亥尔摩（Fechheimer）即按此选择了取压点，并认为减少了直管段长度的要求。在此强调指出，这仅是理论上的推论，由于流体的黏性，经实测此点确实存在，但并非±30°，还应大一些。而且从极坐标图 6-8 可看出，这个点的范围十分狭窄，仅 1°～2°。实际应用的现场，由于直管长度很短，无法保证气流的流向。只要气流偏斜 4°～5°，将会造成很大的误差，这是不可取的！

其二，静压值最低。为减小管道的压损，火电厂选择的管道都倾向于大一些，一次风的流速往往低于 20m/s，输出差压有时低至几十帕斯卡。如考虑选择静压值最低的（±70°～±80°）地方取压，在相同流速下可获得较大的输出差压。但从图 6-8 可见，在这个地区，压力变化很大，气流方向稍有偏斜，就会引起较大误差，应当慎重。

其三，压力值最稳定的地区。由图 6-8 可见，在 180°（即 C 点）±60°较大的范围内，压力值相当稳定，且低于流体静压值约 50%，在这个区域安排静压孔，即使实际流体流向偏斜较大也不会带来较大的误差。

上述三种情况各有利弊，但前两种所确定的静压孔位置，要取得较好的效果，都要求现场比较理想，直管段较长，才可能保证流向不偏斜，在实际应用时难以实现，不太可能取得必要的准确度。而最后一种所确定的位置，约有 120°的稳定区域。静压孔可以考虑安排在 180°（单孔）或 180°±30°（双孔）。

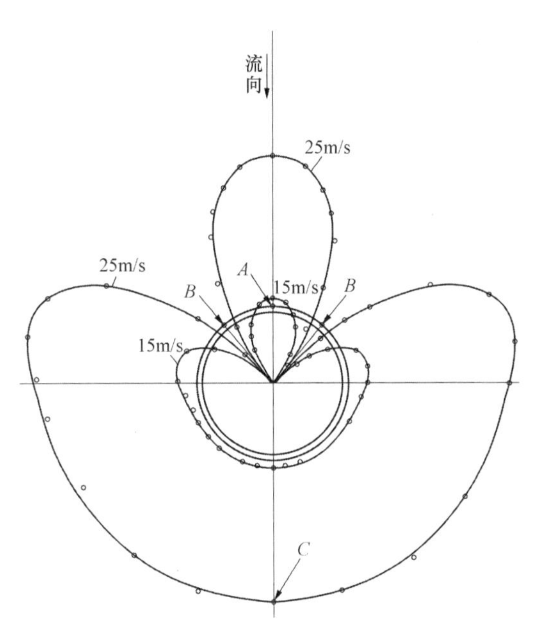

图 6-8　圆管上的压力分布图（极坐标）

注：2010 年 12 月 24 日测于广州建筑研究院。

3. 总压测量

总压是当流体等熵流动时滞止的压力。

测量总压的总压管如图 6-9 所示，这是最简单的两种，图 6-9（a）是一种管口正对流向的 L 形弯管，另一管口与压力计相连；图 6-9（b）是直接在端头封闭的圆柱体上，总压孔正对流体测总压，后者更为简捷。

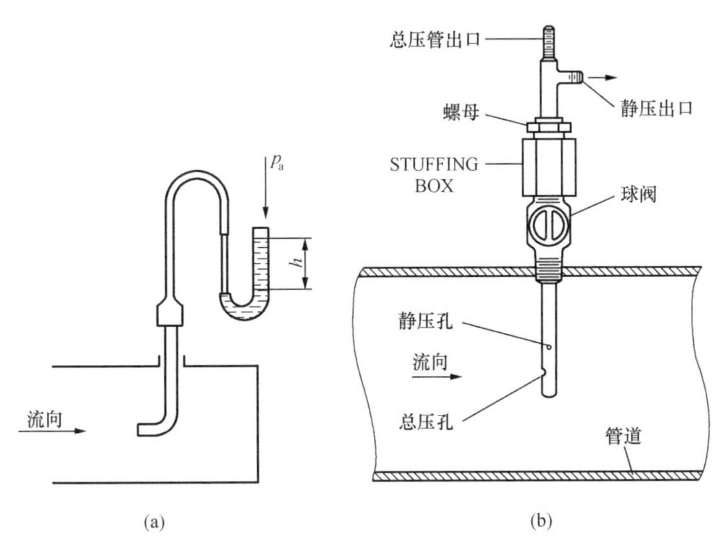

图 6-9　最简单的总压管

（a）弯头总压管；（b）圆柱体总压管

在实际应用时，管道内的气流方向较为复杂或不断变化，很难保证总压孔正对流向。因此，在设计总压孔时，应对气流方向不敏感较好，即当气流方向偏离总压孔轴线时，总压孔仍能正确测量出总压值，习惯上采用压力误差与速度头 $\rho v^2/2$ 之比为 1%时的角度，为不敏感偏角 α_p，希望 α_p越大越好。

图 6-10 给出了各种 L 型总压管的偏角特性，由图 6-10 可见，带整流套管（有的文献

称基尔管）的，不敏感偏角 α_p 可达 40°，但结构较复杂；而头部加工成内锪孔的总压孔，α_p 也可达到 20°，但结构简单，较实用。图 6-11 给出了位于圆柱体上总压孔的偏角特性，由图 6-11 可见带整流罩的（Ⅱ）不敏感偏角 α_p 最大，可达 40°，但结构复杂，而带内锪孔的（Ⅲ）α_p 可达 25°，也较实用。

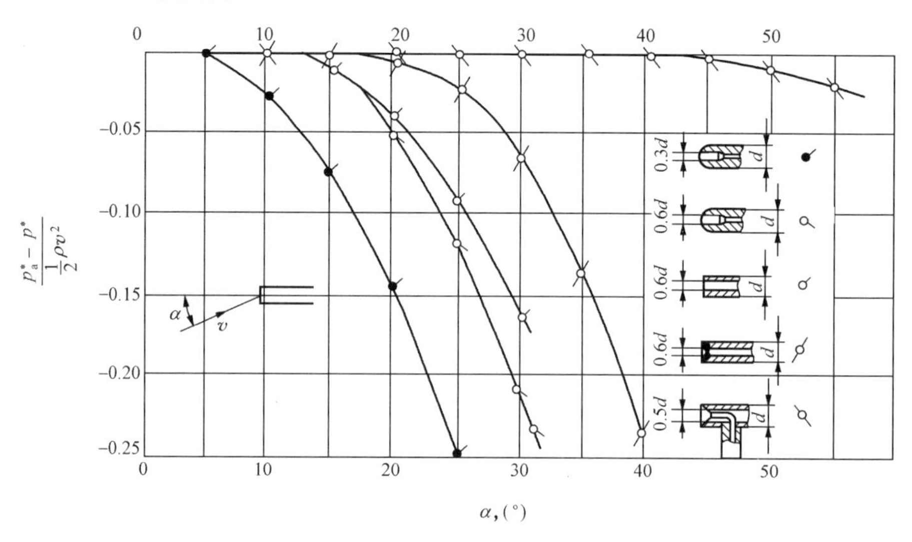

图 6-10　不同类型总压管对气流偏斜的敏感性

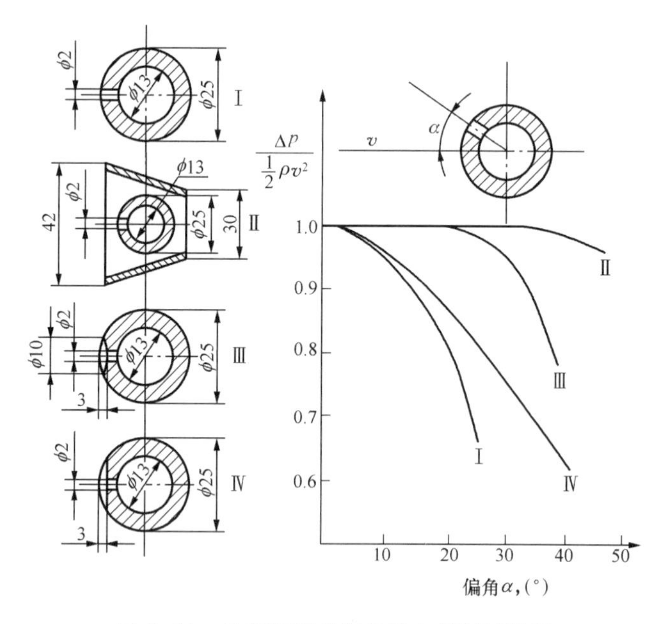

图 6-11　总压孔形状以及流向偏斜特性图

笔者建议一切应从实用出发。不要过分地追求较大的不敏感偏角，而采用结构复杂的整流管、整流罩。在风洞中标定时，它们确实显示了较好的特性，但在实际应用时，它们不仅有整流作用，还有干扰局部流动的副作用。因此，总压孔既要考虑较大的不敏感偏角，还要考虑结构，应力求简捷、实用。

4. 静压测量

流体流动的静压严格来说是测与流体相同流速运动物体上某点的压力，确切说是不包含流体流速部分的压力。实际应用时，采用以下两种方法：

(1) 管道的壁面（管道壁面或流线体表面）取静压。

一般认为，这样的钻孔测静压，未干扰流体流动，所测的应是真实的静压，其实不然。如图 6 - 12 所示，原来壁面平静的流动，变成了孔内复杂的流动，静压孔越大，流速越高越明显。理论上讲，静压孔径 d 越小越好，实用中建议不要大于 1mm，如静压孔大于 1mm，孔的深度 H 应为孔径 d 的两倍，即 $H/d \geqslant 2$。

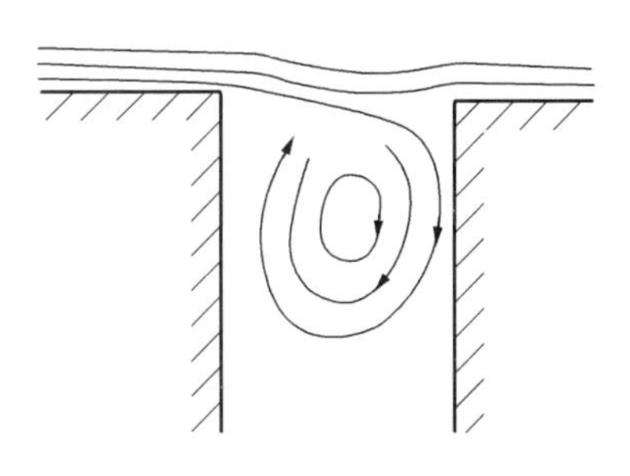

图 6 - 12　壁面静压孔的实际流动

静压孔应垂直于壁面，孔的边缘宜平滑，任何倾斜、倒角、圆角及凹凸都将会带来不同程度的测量误差（见图 6 - 13）。

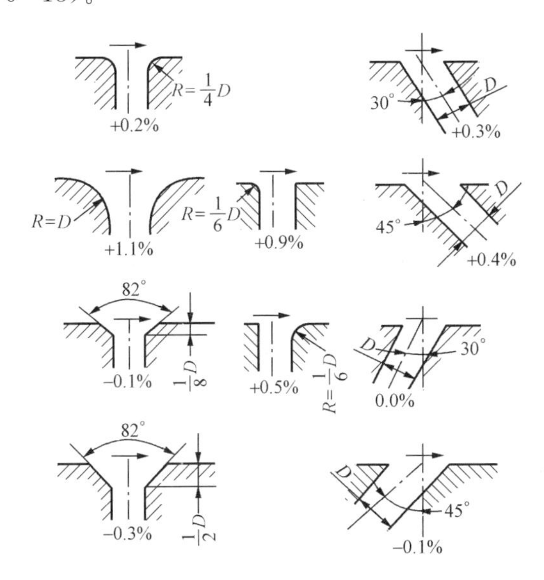

图 6 - 13　静压孔口倾斜及倒角对测量的影响

(2) 用静压导管测流动流体中的静压。

如果不是位流，壁面的静压并不能准确代表整个截面的静压，必须在流体中安放如图 6 - 14 (a)所示的静压测管，测流体中的静压值。静压孔应处于距前端 $3d \sim 8d$ 的距离，距支杆 $8d \sim 20d$ 的距离，这个距离对静压测量的影响示于图 6 - 14 (b) 中。此外，静压孔在导管上开孔的数量、形式，对不敏感角度也有影响，示于图 6 - 15 中。

(3) 具有套管的静压管。

图 6 - 14 所示的静压测量方法对流向较为敏感，当偏角大于 10°时，就可能产生 1%的误差。

在流动情况比较复杂、难以确定气流方向又需要准确测量静压时，可采取如图 6 - 16 所示的带套管的静压管，对气流的不敏感角可达 ±30°。

在实际应用中，除特殊需求，在结构上还是应力求简单，因为套管的不敏感特性角是在风洞试验得到的，现场流动情况很复杂，套管虽有整流效果，但也有干扰流场的弊病，选用时应慎重。

(二) 热式流速计（本章只介绍浸入式）

温度为 T_0 的流体以速度 v 通过温度为 T_1 的物体。如 $T_1 > T_0$，将带走物体上的热量，使其温度下降至 T_2，温差 ΔT（即 $T_1 - T_2$）正比于质量流速 ρv（ρ 为流体的密度）。

热式流速计可采用以下两种方法，两种方法所用传感器相同，仅测量电路有区别。

(1) 温差法。如图 6 - 17 所示，在管道中安放 A、B 两个热电阻，热电阻 A 置于流动的流体中，热电阻 B "隐藏" 在管道中，屏蔽了流体流速的大小。两个热电阻同时由恒功率加热器加温至 T_1，高于流体温度 T_0。当流速 v 为零时，A、B 两个热电阻温度相等，阻值相

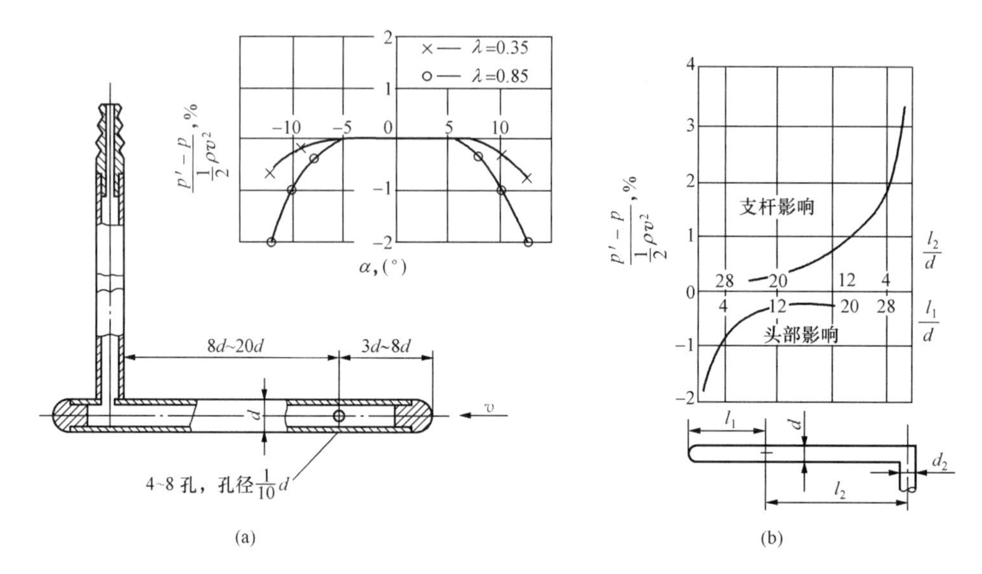

图 6-14　直角型（L 型）静压管

（a）结构图；（b）几何尺寸的影响

注：p'—实测静压；p—流体静压。

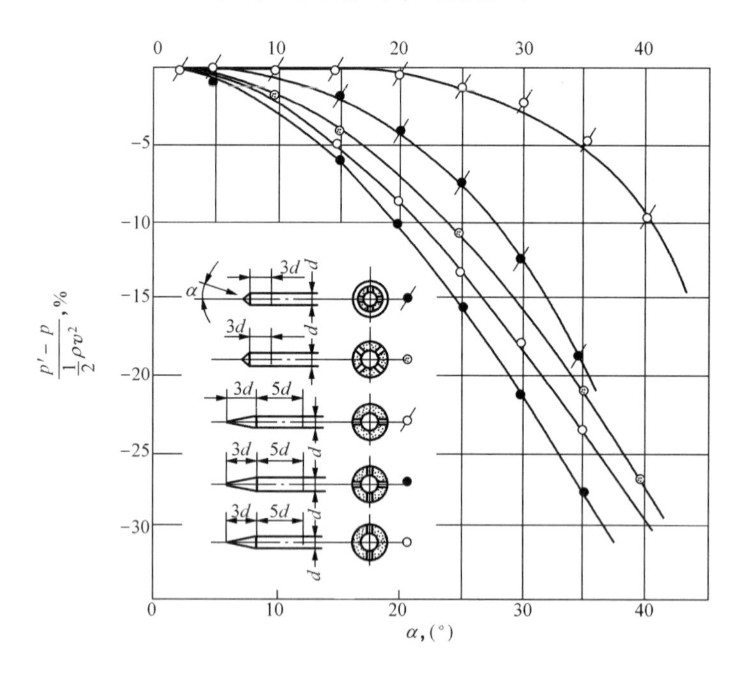

图 6-15　不同位置、数量静压管对气流偏斜的敏感性

等，无输出；如流体流速为 v 时，则将带走热电阻 A 上的热量，令其温度下降，阻值升高，测量电桥产生输出，其大小正比于质量流速 ρv。

（2）恒温（功率消耗）法。这种方法始终维持两个热电阻的温度相等，当流速为 v 时，A 热电阻被带走的热量由加热器补充，流速高被带走的热量多，与补充所耗的功率值成正比。通过测量补充的功率大小，即可知质量流速 ρv 的大小。

这两种方法各有利弊，比较如表 6-2 所示。

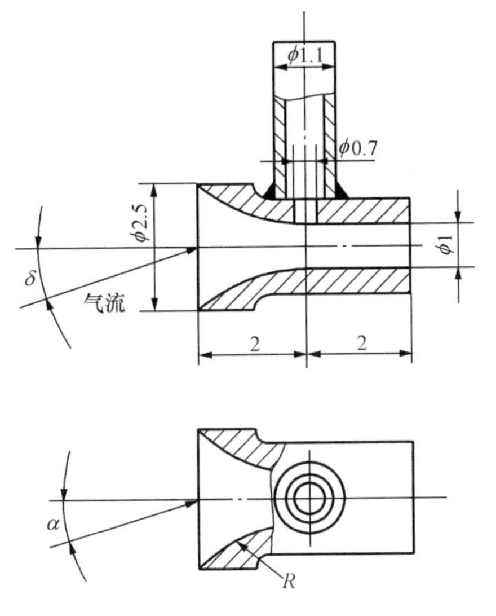

图 6-16　带套管的静压管

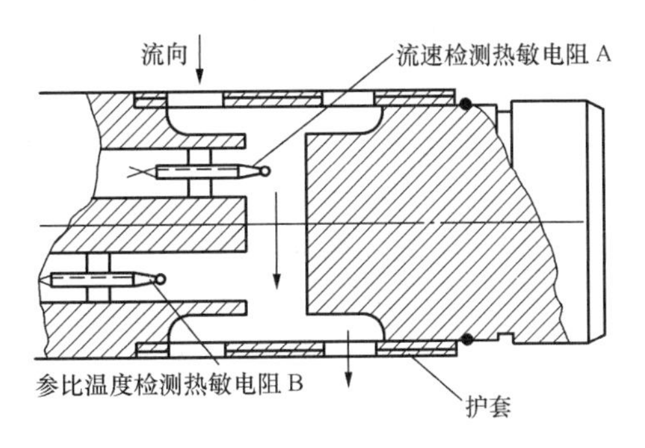

图 6-17　浸入式热式流量传感器

表 6-2　　**温差法和功率消耗法性能比较**

比较项	温差法（定功率测量法）	功率消耗法（恒温差测量法）
响应速度	响应慢。从实际温度变化获得，因测量管和检测元件质量的热惯性，降低了响应速度	响应快。温度分布没有变化，不受检测元件等质量热掼性影响
检测元件温度	处于较高温度。因温度变化微小，必须提高检测元件温度，具有较大的检测灵敏性	温度低。因温度差可设定在最低限度，检测元件能设定在较低温度
时效变化—长期稳定性	变化大，稳定性差。检测元件处于较高温度，绝缘恶化，易发生灵敏度偏移和零点漂移方面的问题	变化小，稳定性好。检测元件常维持在较低温度，绝缘材料性能及零点稳定
环境温度影响	影响大	影响小。保持环境温度和检测元件温度差恒定，环境温度对灵敏度影响小
能否用于液体	不能用于液体	气体、液体均可用
适用流速	仅适用高流速 信号（温度） 流速	仅适用低流速 信号（功耗） 流速

第三节　点 速 流 量 计

点速流量计是指通过测量通道截面上一点流速来推算流量的仪表。

一、标准皮托管

自 1732 年法国汉瑞·皮托（Henri Pitot）发明了以他的名字命名的皮托管，至今已有近 300 年的历史。后经不断改进，国际标准化组织于 1977 年首次发布标准 ISO 3966，其中推荐了三种类型的标准皮托管。由于它的性能可靠，准确度高，不少国家（含中国）将它定为标准流速计，用它来确定其他流速计的流速系数。近几十年，也推出了不少新型的流速计，如均速管、多点流速计，无论结构如何变化，都是建立在皮托管的测速原理之上，逐渐发展完善的。

1. 结构的主要特点

(1) 形状。由互成 90°的端部及支杆两部分组成，横截面为圆形，端部长度不小于端部直径 d 的 15～25 倍。为减小阻塞作用，改变流速、干扰流速分布，端部直径 d 与管道内径 D 之比应为 $d/D<0.02$。

(2) 端部前沿形状如图 6-18 所示。ISO 3966 推荐有三种：①半圆形（AMCA 型）；②圆锥形（CETIAT 型）；③1/4 椭圆形（NPL 型）。这三种类型特点各有千秋，我国的流速基准采用的是 NPL 型。

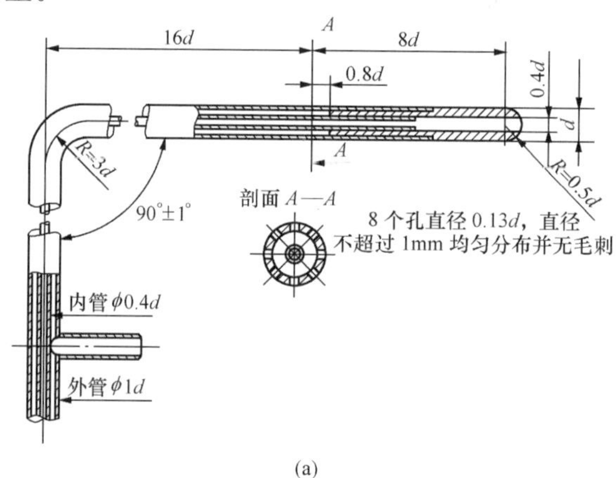

(a)

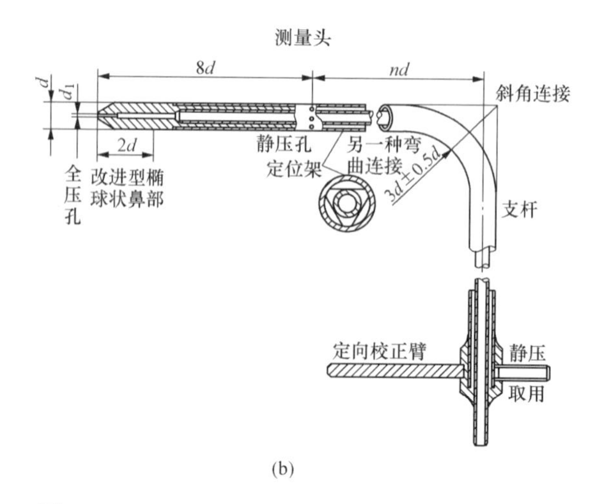

(b)

图 6-18 ISO 3966 推荐的三种标准皮托管（一）

(a) AMCA 型；(b) NPL 型

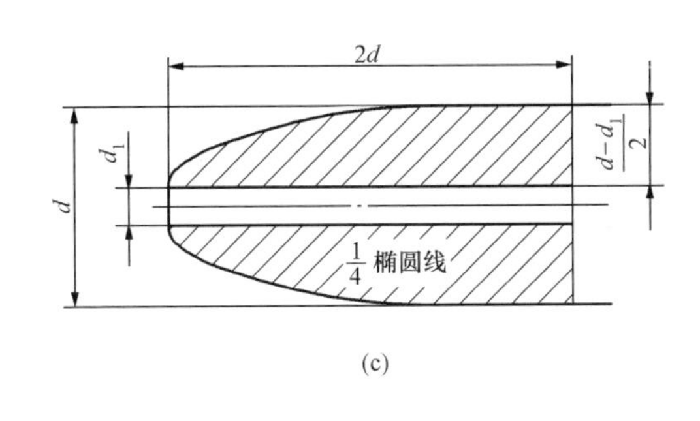

(c)

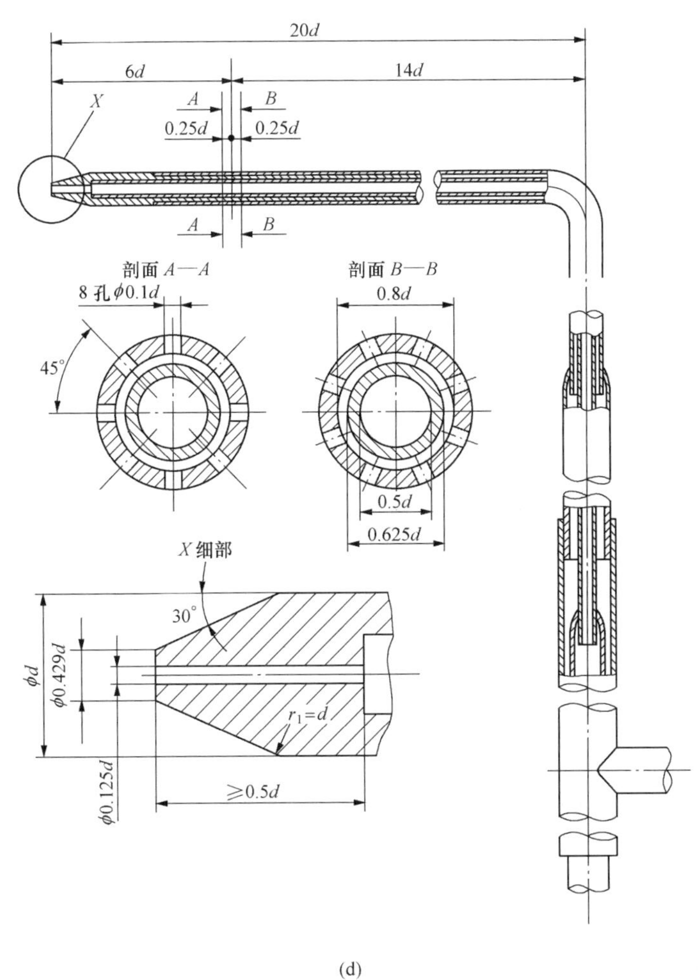

(d)

图 6-18　ISO 3966 推荐的三种标准皮托管（二）

(c) NPL 型椭圆头部断面图；(d) CETIAT 型

2. 使用条件

(1) 用于单相、牛顿流体，为避免气体可压缩性影响，流速应低于 0.2*Ma*（马赫数）。

(2) 虽然所推荐的三种皮托管，对气流偏斜的不敏感角 α 均为 10°，但为提高准确度，要求流体流向的偏斜角应在 3°以内。

3. 在火电厂中的应用

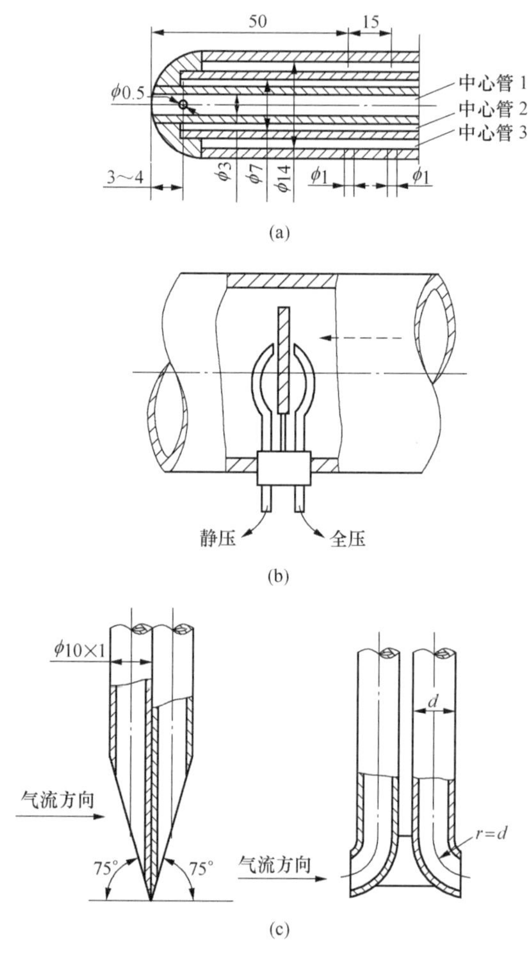

图 6-19　三种防堵动压测量管

(a) 吸气式；(b) 遮板式；(c) 背靠背式

在火电厂的运行过程中，采用标准皮托管测流量是不现实的，这是由于它的应用条件比较苛刻，静压孔很小易堵塞；火电厂直管段长度很小，流速分布复杂，需按速度—面积法在测量截面测几十点流速换算为流量，过程太烦琐。

但也并非毫无关系，在火电厂建成后投运前的调试和试运阶段，往往要采用标准皮托管进行现场流量标定或性能测试，用它来确定火电厂流量仪表的流量系数。由于要确保标准皮托管正对流向，还需采用一种三孔（或五孔）测压管来确定流速方向，才能确保流速测量的准确度。有关介绍见本章第五、第八节。

二、防堵动压管

在火电厂运行的气流（一次风、二次风）往往都含有较高的粉尘，采用一般差压流速计测流量，易于堵塞。以下介绍三种防堵动压测量管。

1. 吸（吹）气动压管

如图 6-19（a）所示，吸（吹）气动压管由三层套管组成，中心管 1 与外面管道中流体相通，但头部有 ϕ0.5 小孔与管 2 相连，由于 0.5mm 小孔处于前端，又距被测气流相近，可认为管 2 所测为总压，而静压孔处于管 3 周围，大小为 1mm，可安排 2 组。由于中心管 1 始终有清洁气体通过，所以不易堵塞。这种结构过于复杂，总静压太小，现在采用不多。当前多采用正压吹扫，吹扫时关闭流速计差压信号通向变送器管路，吹扫间隔时间及持续时间可设定由计算机控制。

2. 遮板式动压管

遮板式动压管如图 6-19（b）所示，该形式的动压管效果似不太理想，遮板干扰流动，实际应用不多。

3. 背靠背动压管

背靠背动压管如图 6-19（c）所示，这种形式的动压管应安装在水平管道上，垂直于管道轴线安装，允许粉尘进来积累到一定程度，由于粉尘的自重脱落漏至主管道，被主管道气流吹走，目前应用较多。

这三种形式的动压管流速系数都必须进行标定，准确度与前面所述标准皮托管相差较大，但较实用。

三、测管

测管（见图 6-20）是我国近十年推出的一种防堵测速计，据称取得了专利，具有自主知识产权。其实由图 6-20 可知，它就是背靠背动压管，只不过将静压处于套管的底部，曾在我国冶金、钢铁行业中应用。

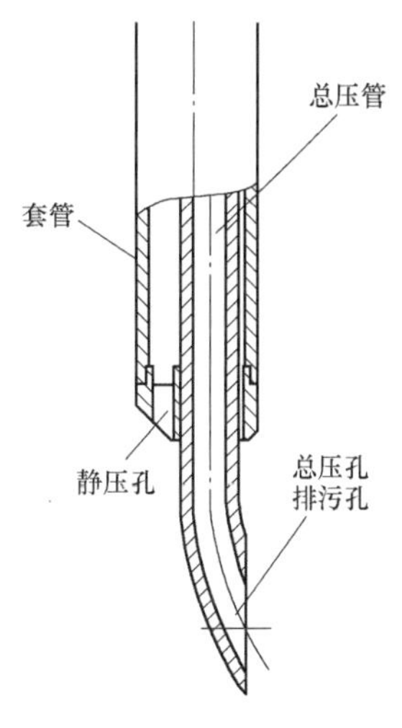

图 6-20　测管头部结构

1. 技术特点

考虑到阻力件对管道内流速分布的影响，研发测管的公司在西南某气体流量试验室进行了同一平面双 90°弯头的流速分布测试（见图 6-21），取得了一些数据，说明了双弯头后的流场有别于充分发展紊流，这是一个进步。

由于这个试验的阻力件仅仅是双弯头，组合是在同一平面，其上游是 24D 的直管段长度，且风洞的出口为直匀流，现场显然不可能提供这样理想的流场。所以，它的推广价值是十分有限的。至于到现场标定其他流量计，就更不现实了。

2. 安装

如图 6-22 所示，为了顺利排污，它必须安装在水平管道上方±50°的范围内，为了较充分地反映管内流速分布，在这范围内不同半径安放了三个测管。为了防止压力均值带来的误差，分别采用了三个差压变送器，花了如此大的代价，也仅仅只能在测量截面约 1/4 的地区，测三点流速，不可能充分反映复杂现场整个截面的流速分布。

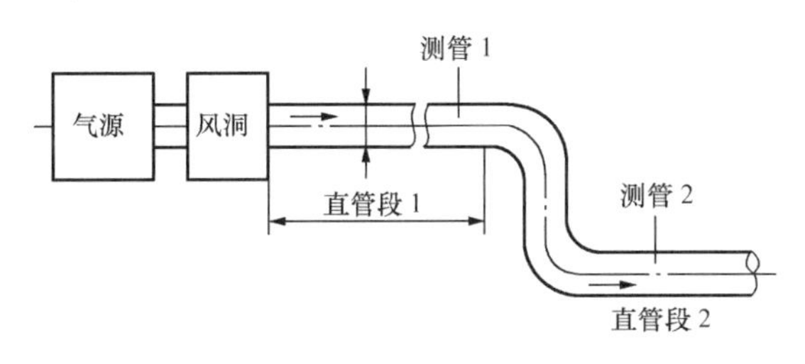

图 6-21　测管在双弯头试验中的布局

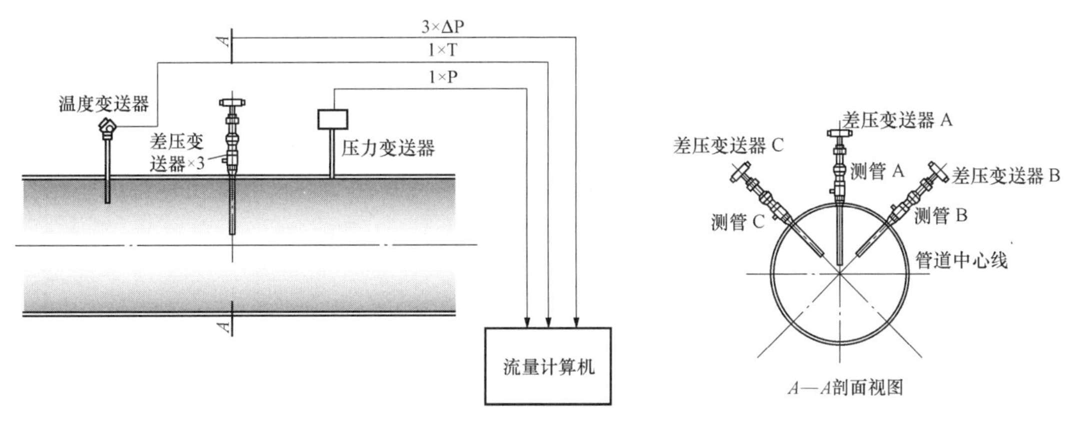

图 6-22　测管流量计应用系统

3. 性价比

为了测一个流量，投入了五台变送器，三根测管，一台流量计算机，价格不菲，简单的测试很难涵盖复杂的现场，因此也不可能取得较高的准确度。

四、双文丘里管

采用皮托管测流速求流量的方法，特别是当流体密度小、流速低的情况下，输出差压太小，很难准确测量。以空气为例，如在大气情况下，温度为20℃，流速为5m/s，输出差压仅15Pa；流速为10m/s，输出差压也只有60Pa。如测温度更高的一次或二次风，密度更小，输出差压会更低。因此，流量界一直希望研发一种流速不高而输出差压较大的流速计。

1. 原理

从式（6-13）可知，在被测流速 v 不变的情况下，要增大输出差压Δp，由于能量不变，无法增大总压 p^*，只有减小静压 p，其方法就是在流速计的内部设法增大局部流速，在流速最高的地方静压最低，如在此处测静压可获得较大的输出差压。

2. 结构

1971年，美国 Foxboro 公司首先按上述设想推出了如图6-23（a）所示的单皮托文丘里管，并得到 ASME 的认可。1977年，Hayward 更进一步推出如图6-23（b）的双皮托文丘里管，内文里管的出口置于外文丘里管流速最高、压力最低的地方，因此可获得较大的进出口差压，使内文丘里管获得更大差压。1981年，美国 Taylar 公司曾在中国展出这个产品。曾有人还推出过三皮托文丘里管，由于结构复杂，尺寸又小，还要考虑附面层的影响，效果并不理想。

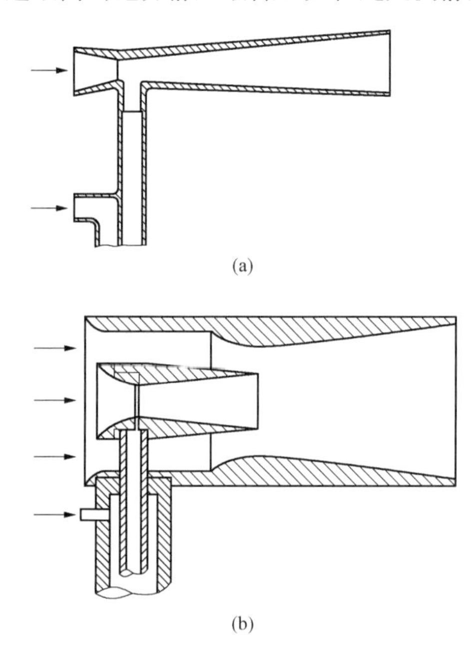

图6-23　ASME推荐的两种皮托文丘里管
（a）单皮托文丘里管；（b）双皮托文丘里管

3. 法兰安装双文丘里管流量计（图6-24）

（1）根据上述原理，我国曾推出了一种复式双文丘里管流量计。它将双文里管前后用三个支柱固定在管道上，将原来的插入式安装改为法兰安装（见图6-24），且称在风洞中标定。

研究表明，在风洞中的直匀流所标定的流量系数如用于充分发展紊流将带来10%的误差。何况大口径管道的现场，连充分发展紊流都无法提供，更不用说提供直匀流，所以这种标定仅是流速标定。如直接用于流量计，误差就可能不止10%了。

（2）技术分析 。

1）结构。这种法兰连接的复式双文丘里管流量计，优点是安装强度提高了，但也增加了生产、安装成本、维修的难度。同时，也仅仅只能测管道中央较小一个地区的流速分布，无助于提高流量准确度。

2）风洞是研究航空航天必不可少的试验设备，它提供的是直匀流，可以标定流速计，但不能标定流量计。首先在流量计应用的现场不可能提供直匀流，其次还要考虑阻塞的影响，切勿认为在风洞里标定可以提高流量计的技术含量，这是两码事。

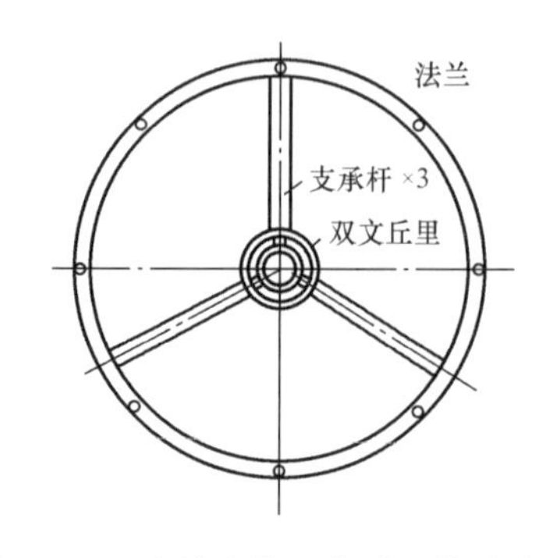

图6-24　法兰安装双文丘里管示意图

（3）发展前景。

1）在流体密度小、流速低的情况下，采用双文丘里管确实可以获得较高的输出。根据测试，它的输出差压Δp与流速的平方成正比，即当流速低时，它的放大效果并不突出；而流速高时，它的放大效果很突出，却仅是锦上添花而已，可有可无。现在超低差压变送器（<15Pa）已面世多年，双文丘里管作为流量计的价值就不大了。

2）结构较复杂，加工尺寸，内外文丘里管的相对位置，对输出差压都有很大影响，特别在低流速段重复性较差。

五、插入式涡轮、涡街、电磁流量计

近四十余年，工程用的管径日益增大，将各种流速型流量计作为测量头（见图 6-25），以插入安装方式组成流速计，以测量管道中某点的流速推算流量，是一种成本低、维护简便，甚至可在不断流情况下进行安装的流量计，深受用户的欢迎。

但要强调的是，它应安装在前直管段较长的测量截面上，以保证必要的准确度。

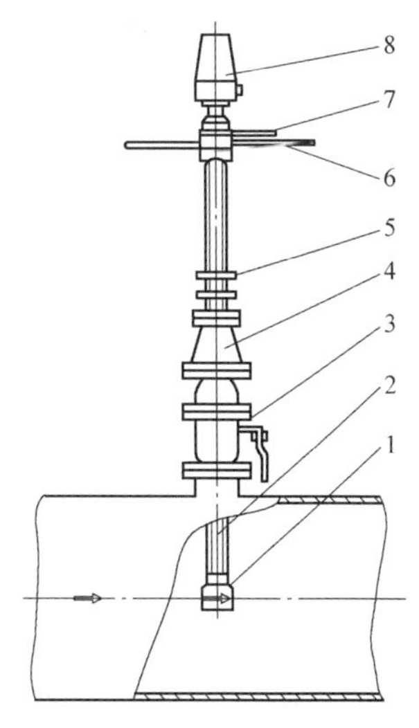

图 6-25　插入式流量计

1—测量头；2—插入杆；3—球阀；4—密封架；5—锁紧件；6—手柄；7—流向指针；8—变送器

1. 原理

这一类流量计的测量头，其工作原理在有关章节已详细介绍，由于它们都能反映流体流速大小，将其结构缩小在此处是作为流速计应用的。

（1）仪表前直管段长度。由于仅测管道中一点流速推算流量，要取得一定的准确度，管道内流速分布必须有一定规律。为此，ISO 7145 要求在不同阻力件下，上游必须具有所要求的最小直管段长度（见表 6-3）。

表 6-3　最小直管段长度

测量横截面上游的阻力件形式	最小上游直管段长度①	
	在平均流速点 Y_c 上测量	在管道轴线上测量
90°弯头或 T 形接头	50	25
同一平面内几个 90°弯头	50	25
非同一平面内几个 90°弯头	80	50
变径收缩管（18°～36°）	30	10
变径扩张管（14°～28°）	55	25
全开蝶阀	45	25
全开旋塞阀	35	15

① 表中所列长度为管内径的倍数。

（2）标定。既然测量头是一个流速计，其流速系数应在风洞中标定。为了减小阻塞的影响，测量头的迎风横截面积 α 与风洞试验段面积 A 之比，按 ISO 3966 规定，α/A 应小于 0.02。再次强调，所标定的只是流速系数 K_v，不是流量系数。

（3）测量头在管道中的位置。

1）如直管段长度达到表 6-3 中的要求，仪表所处截面的流速分布则应为充分发展紊流。在插入深度为 $(0.242\pm0.013)R$ 处地方的流速，为平均流速 v_c，乘以截面积 A 即等于流量 q_V，但此位置还取决于雷诺数 Re 及管壁粗糙度 Ra。

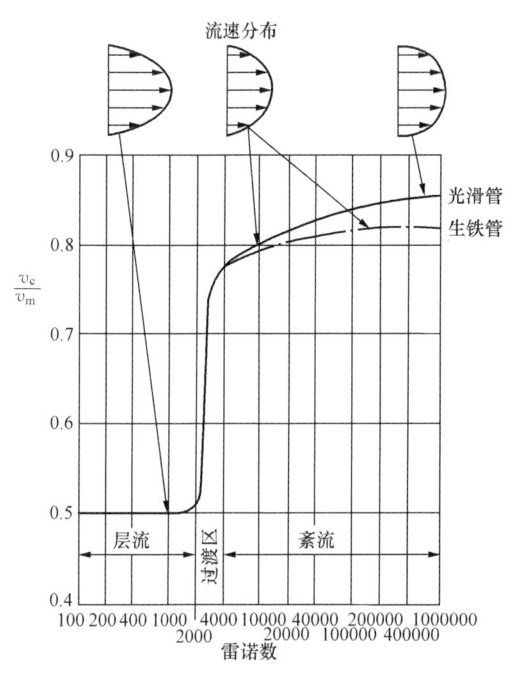

图 6-26　v_c/v_m 随 Re 变化图

2）在平均流速点处的速度分布变化较大，安装稍有偏差将引起流速测量误差，而在管道的中心，流速分布变化较为平坦，安装偏差不致引起流速测量太大的误差，在这里的流速为最大流速 v_{max}，它与平均流速之比 v_c/v_{max}（见图 6-26）取决于雷诺数及管壁粗糙度。用户多选用这个位置，在计算时应用测位系数 α 予以修正，α 也可以用数学式计算，即

$$\alpha=\left[1-\frac{0.72}{\lg\left(0.2703\frac{Ra}{D}+\frac{5.74}{Re_D^{\ 0.9}}\right)}\right]^{-1} \tag{6-16}$$

α 系数有的文献中称速度分布系数，它是因测点位置引起的，以测位系数命名较明确。

α 系数的大小取决于管内壁粗糙度 Ra 及雷诺数 Re_D，举例说明：如 $Ra/D=0.001$，Re_D 从 2×10^4 变到 3×10^5，α 约变化 2.8%；如 Re_D 为 3×10^5，Ra/D 自 0.001 变为 0.002，α 将变化 1.4%左右。

2. 横截面积的测量

在实际应用时，往往现场管道已安装好，无法直接测量内径来计算横截面，常采用测外径周长 l 减去壁厚 e 进行计算，即

$$A=\frac{\pi}{4}\left(\frac{l-\Delta l}{\pi}-2e\right)^2 \tag{6-17}$$

式中　Δl——外圆中因焊缝等突起物而增加的周长量，应予以修正。

$$\Delta l=\frac{8}{3}a\ (a/D)^{1/2} \tag{6-18}$$

式中　a——突起物的高度，如突起物高度较高，即 $a/D>0.01$，则不宜采取这个方法。

3. 优缺点

（1）优点：①结构简单，体积小，质量轻，成本低；②安装、维护简便，可不断流进行安装，拆卸；③压力损失小，减小运行费用；④同一种大小的测量头，只要改变插入杆的长度，可在较大范围的管径应用。

（2）缺点：①插入式流量计虽适用于大口径管道，但现场很难提供足够长的直管段；②由于影响准确度因素较多，准确度仅达 3%～4%，不宜用于贸易核算计量；③插入杆较长时产生振动，工作不可靠，插入式涡街尤为突出。

六、热式流量计（本节限于介绍浸入、测单点流速的热式流量计）

在火电厂中目前测风量主要仍是采用差压式，但差压式存在两个缺点：①低速性能差，当流速低于 5m/s 时，输出差压不到 15Pa，一般差压变送器很难准确测量；②易于堵塞，流体中难免有粉尘堵塞测量孔。

对于差压式的这两个缺点，热式均可弥补，热式可以反映的流速低至 0.1m/s，且不存在堵塞问题。

热式流量计的工作原理本章第二节已作过介绍，这里不再赘述，生产浸入式的厂家，国外有 KURZ（美）、FCL（美）、Sierra（美）、E+H（德）、ABB，国内有奈士德、北方大河等。

1. 主要技术特点

（1）灵敏度高，量程比大，流速范围为 0.1～100m/s；

（2）目前可测流体温度可高达 450～500℃；

（3）对流向不敏感；

（4）热敏元件长期工作后易被粉尘或凝析物污染，引起灵敏度下降，现也采用了定期吹扫，以维持灵敏度不变；

（5）流量测量准确度主要取决于管内的流速分布；

（6）为保证仪表长期可靠工作，在二次表上采取了智能编程。

2. 流速分布的影响

为对用户负责，FCI 公司公布了仪表前后直管段长度对流量测量准确度的影响。试验样机内径为 150mm，阻力件采用了双弯头、阀门、扩张变径管、收缩变径管四种。前三种在不安装整流器情况下，上游直管段长度为 $1D$、$3D$、$5D$、$7D$、$19D$ 时准确度依次为 20%、15%、8%、6%、1%。所以一般要求前直管长度为 $15D$～$20D$，下游直管段长度为 $2D$。如安装了 FCI 公司提供的整流器，上游直管段长度可减至 $9D$。收缩变径管有改善流场的作用，在保证 1%的准确度时，不安装整流器则上游直管段长度可减至 $10D$～$15D$，安装整流器则仅需 $6D$，下游为 $1D$。

3. 单点热式流量计在火电厂中的应用

（1）流速分布的影响。火电厂的风道管径一次风可达 5～6m，直管段长度仅 $1D$～$2D$（甚至没有），流速分布十分复杂，也没有可能安装 FCI 的整流器，因此在火电厂不宜采用测单点的热式流量计，否则，其流量准确度无法反映正常的工况，测量毫无意义。

（2）对流向不敏感未必是优点。热式流量计的热敏探头确实对流向不敏感，但对流量测量来说未必是优点。流量的定义是单位时间正向通过某一通道截面流体的体积或质量，热式的敏感元件反映的只是流速的大小，并未反映来自哪个方向的流速，如果有旋涡，流体反向或横向通过热敏元件，这不能说明是流量。所以，通过流速测流量还应考虑（或应反映）流速方向，否则给出的可能是虚假输出。

七、影响准确度的因素

1. 充分发展紊流

由于仅测一点流速来推算流量，管道中的流速分布应有一定规律，所以点速流量计前直管段应符合表 6-3 的要求，管道内为充分发展紊流，以下分析按此条件进行。

（1）测量头。也就是流量计的敏感元件（或称传感器），在这类仪表中，它仅测取管道中很小面积上的流速，所以只是作为流速计使用的。

由上所述，可以有各种原理，如差压、涡轮、涡街、热式、电磁等。凡可测流速 v 大小的都可以成为这类流量计。它的流速系数 K_v 应该在风洞中标定取得。对于不同原理的流量计，K_v 的性质是不同的。如：

1）输出脉冲、频率 f 信号的涡轮、涡街，K_v 的计算式为

$$K_v = f/v \tag{6-19}$$

2）输出电压 E 的插入式电磁流量计，应在水洞或水槽中标定，K_v 的计算式为

$$K_v = E/v \tag{6-20}$$

3）热式浸入流量计，输出电流 I 反映流速，K_v 的计算式为

$$K_v = I/v \tag{6-21}$$

4）差压式采用差压变送器，输出电流 I 大小反映流速大小，K_v 的计算式为

$$K_v = I/v \tag{6-22}$$

（2）阻塞系数 β 及阻塞率 S。实际上测量截面 A 由于插入式流量计的插入杆及测量头要占有一定截面，流通截面会减小为 A'，而且还会干扰流场。阻塞系数 $\beta = A'/A$。阻塞率 $S = A_S/A$。

$$A_S = \pi d^2/4 + hB \tag{6-23}$$

式中 A_S——插入式流量计测量头的迎风截面积；

d——测量头外径；

h——插入杆深入管道的深度；

B——插入杆的宽度。

$$S = (\pi d^2/4 + hB)\left(\frac{\pi D^2}{4}\right)^{-1} \tag{6-24}$$

阻塞率的影响为：

当 $S < 0.02$ 时，影响较小可忽略，$\beta \approx 1$。

当 $0.02 < S \leqslant 0.06$ 时，$\beta = 1 - 0.125S$。（6-25）

当 $S > 0.06$ 时，影响较大。由于测试数据不足，当前还无法定量评估其影响，应进行实流标定。

（3）测量位置。如流速分布为充分发展紊流，测点处于平均流速点（0.242 ± 0.013）R 处，可不修正；由于平均流速点速度梯度较管道中心大，流速不易测准，测量头多置于管道中心位置，此处流速为最大流速 v_{max}，需用测点修正系数修正，其大小可以通过式（6-16）求得，还可参考图 6-26。

（4）速度分布系数。实际上，现场多不可能达到充分发展紊流，但此处分析的前提是充分发展紊流，因此直管段长度应不小于 $15D$，接近充分发展紊流，不存在旋涡，才可能进行讨论。

（5）内径 D。点速流量计实际上只是一个流速计，要成为流量计必须插入管道才能成为流量计。在计算流量时 D 也是一个不可忽略重要参数，它的误差对流量准确度的影响比变送器要大 2～4 倍，但实际应用中却往往忽略了，从未认真测量。按 ISO 7145 中的相关规定，应测量管道中的四个直径（相互之间角度大致相等），取其平均值，如两个相邻直径长度之差大于 0.5%，则实测直径数应加倍至 8 个。

(6) 速度梯度。如果传感器位于平均流速点，由于此处速度梯度较大，相关研究表示测量结果将偏高；如处于管道中心，在充分发展紊流条件下，速度梯度可以忽略，也不存在修正问题。

2. 非充分发展紊流

ISO 7145 对点速流量计的影响因素做出了上述分析，条件是充分发展紊流，但实际应用现场，多为非充分发展管流，国内有文献提出了以下公式，对此进行了分析（差压传感器），即

$$q_V = \alpha\beta\gamma K_c A(2\Delta p/\rho)^{1/2} \tag{6-26}$$

式中 α——流速分布系数，如传感器处于中心，需用式（6-16）修正，如处于平均流速点上，则等于 1；

β——阻塞系数；

γ——干扰系数，相当于上述的流速分布系数。

干扰系数 γ 在相关文献中并未提出解决办法。而且有矛盾，在非充分发展紊流条件下，就不存在流速分布系数 α；如是充分发展紊流，就不存在干扰系数 γ。

点速流量计过于简单，不可能在非充分发展紊流条件下准确地测量流量。

八、点速流量计的准确度估算

1. 误差的传递

流量 q_V 是一些独立参数 X_1、X_2、…、X_n 的综合推导量，如 σ_{X_1}、σ_{X_2}、…、σ_{X_n} 是对各独立参数标准偏差的估计值，根据误差传递理论，流量的标准偏差 σ_{q_V} 应为

$$\sigma_{q_V} = \left[\left(\frac{\partial q_V}{\partial X_1}\sigma_{X_1}\right)^2 + \left(\frac{\partial q_V}{\partial X_2}\sigma_{X_2}\right)^2 + \cdots + \left(\frac{\partial q_V}{\partial X_n}\sigma_{X_n}\right)^2\right]^{1/2} \tag{6-27}$$

流量仪表的准确度即计量术语中的不确定度 e，在 95% 的置信度范围内，应是该参数标准偏差 σ 的 2 倍，即

$$e_{q_V} = \pm 2\sigma_{q_V} \tag{6-28}$$

2. 准确度的估算（处于充分发展紊流条件）

(1) 测量头位于平均流速点处。

由上所述，当插入式流量计测量头位于截面平均流速点处时，影响准确度的因素有速度分布、截面积、阻塞率、速度梯度、流速，其流量的准确度为

$$e_{q_V} = \pm 2\left[\left(\frac{\sigma_v}{v}\right)^2 + \left(\frac{\sigma_A}{A}\right)^2 + \left(\frac{\sigma_S}{S}\right)^2 + \left(\frac{dv}{dy}\sigma_{y_1}\right)^2 + \left(\frac{dv}{dy}\sigma_{y_2}\right)^2 + \left(\frac{\sigma_{v_0}}{v_0}\right)^2\right]^{1/2} \tag{6-29}$$

式中 $\frac{\sigma_v}{v}$——由于速度分布的原因，所测的流速不是平均流速点的流速而引起的标准误差，它与直管段长度 L 有关，当 L 达到表 6-3 要求时，$\frac{\sigma_v}{v}$ 取 0.007～0.01，当 $L=8D$ 时，$\frac{\sigma_v}{v}$ 取 0.08～0.1，当 $L=15D$ 时，$\frac{\sigma_v}{v}$ 取 0.05～0.08；

$\frac{\sigma_A}{A}$——截面积测量的标准偏差，按常规测量，取 0.008～0.015；

$\frac{\sigma_S}{S}$——因阻塞而引起的标准偏差，一般为 0.0025～0.0075，此处取 0.005；

σ_{y_1}——因速度梯度影响产生的标准偏差，它与速度梯度有关，根据资料，$\frac{dv}{dy}=0.64$，$\sigma_{y_1}=0.067$；

σ_{y_2}——因测量头位置安装不准产生的标准偏差，$\sigma_{y_2}=0.01$；

$\frac{\sigma_{v_0}}{v_0}$——传感器的速度标准偏差，取 0.008～0.01。

将以上各项代入式（6-29），在 L 达到表 6-3 要求时，有

$$e_{q_V}=\pm 2\sigma_{q_V}=\pm 2\times[7^2+8^2+5^2+(0.64\times 6.7)^2+(0.64\times 10)^2+8^2]^{1/2}\times 10^{-3}$$
$$=\pm 3.2\%\approx\pm 3\%$$

当 $L=15D$ 时，$\frac{\sigma_v}{v}$为 5%～8%，$e_{q_V}=\pm 5\%\sim\pm 8\%$；

当 $L=8D$ 时，$\frac{\sigma_v}{v}$为 8%～10%，$e_{q_V}=\pm 8\%\sim\pm 10\%$。

（2）当测量头位于管道中心处。

此时，没有由于速度梯度产生的误差 σ_{y_1}、σ_{y_2} 两项标准误差，但位于中心所测的是最大流速 v_m，应用系数$\frac{v_c}{v_m}$修正（见图 6-26），由此而产生的标准误差为$\frac{\sigma_v}{v}$，取为 0.01，将有关数据代入式（6-29），在 L 达到表 6-3 要求时，$e_{q_V}=\pm 3.1\%\approx\pm 3\%$。

3. 评估的准确度仅供参考

本处对插入式流量计的准确度进行了量的评估，估计了各种影响因素的大小，虽有一定的依据，且就低不就高，仅供参考。如今后实用中减小了某些因素的偏差，总的准确度当然可能提高。但要说达到±1%，目前还是不可能的。

4. 流速分布是决定性因素

当直管段长度 L 达到表 6-3 的要求时，管内流动为充分发展紊流，流速分布带来的偏差$\frac{\sigma_v}{v}$仅取决雷诺数 Re 及粗糙度 Ra，$\frac{\sigma_v}{v}$大致为 0.007～0.01，与其他因素的偏差接近，其他偏差仍将起作用。而当 L 达不到表 6-3 的要求时，$\frac{\sigma_v}{v}$将可能达到 0.05～0.15，大于其他偏差近 10 倍，平方后大于 100 倍，成为影响准确度的决定性因素。它说明了即使生产厂家将测量头的准确度提高得再高，由于使用条件达不到要求，对提高流量准确度将无济于事，难以奏效。

5. 流量仪表的准确度必须考虑应用条件

流量仪表只有应用于工业现场才体现其价值，因此在确认其各种技术指标，特别是准确度时，不能回避、脱离现场的应用条件，否则毫无意义。这种以测点速来确定流量的仪表，即使生产厂家在出厂前认真进行了标定也只能确定流速的准确度为±1%。而实用条件千变万化，实验室不可能进行全面的模拟，现场的条件也难满足如表 6-3 所示的直管的要求，流量准确度能达到±5%已属不易。

6. ISO 7145 已被撤销

随着工业现代化工艺管道直径日益增大，前直管段长度达到 $5D$～$10D$ 都有困难，ISO 7145 已失去了现场应用它所必备的应用条件，火电厂风量测量尤为突出。而厂商在推荐这

类仪表时，往往有意回避现场因达不到所需安装条件而带来误差很大的问题，只强调它在风洞中标定的流速精确度以误导用户。

实际上，这种按 ISO 7145 标准测单点流速推算流量的仪表在实际应用中不仅准确度很低，而且如存在旋涡甚至连测量规律都得不到。面对现实，ISO/TC 30 不是修改，而是于 2003 年 3 月 25 日撤销了 ISO 7145，说明伴随工业的现代化、大型化，它作为测量仪表已没有存在的价值。

第四节　径 速 流 量 计

一、概述

1. 背景

上节所介绍点速流量计，虽简而易行，但影响测量准确度的因素太多，即使是处于充分发展紊流条件下，其流速分布还受到管壁粗糙度及雷诺数的影响，准确度在较理想的条件下，按 ISO 7145 的评估，也只能达到±3%～±4%；其次，在结构上测量头处于插入杆端部悬臂安装，在气流的冲击下，易产生振动，对于流体振荡式的流量计，如涡街流量计，极易产生故障，这种案例已有多起。所以需要一种仍以插入形式安装，便于安装维修，而又可较充分反映管内流速分布的流量计。在此背景下，产生了测管道内多点流速来推算流量的径速流量计。

2. 梳状总压管

如图 6 - 27 所示，梳状总压管有三种形式，主要是测管道中的总压，以反映流速及流速分布，而静压多取自于管壁。

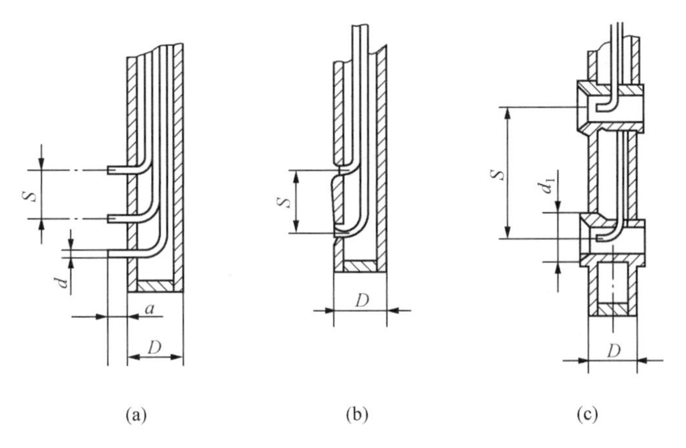

图 6 - 27　梳状总压管

(a) 凸嘴型；(b) 凹窝型；(c) 带套型

这种多点流速计必须有一个宽度 D，如迎流向的宽度较小，在气流的冲击下易产生令人难以忍受的高频噪声。梳状总压管曾成功用于风洞，测各点的流速及流速分布。

因风洞中的流向基本一致，不致产生啸叫，用于工业管流中，由于流向的偏斜，则需慎用。

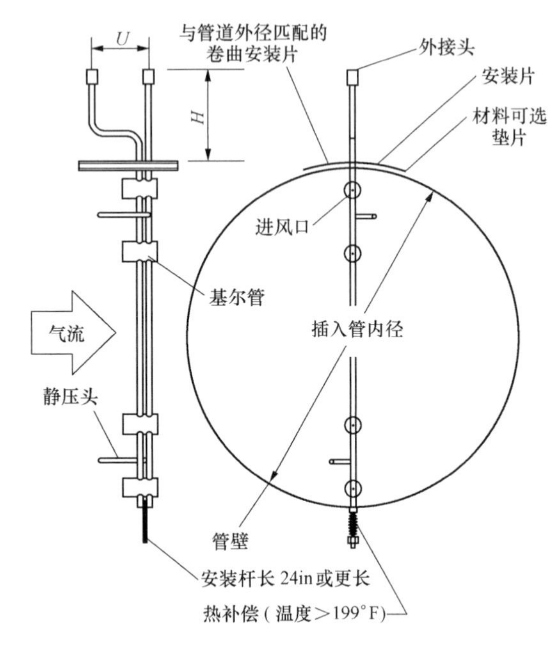

图 6-28　皮托管平均流速计

3. 皮托管平均流速计

图 6-28 所示的插入式多点流速流量计，是一个较典型的按皮托管原理测多点流速又取其平均值的流量计。

总压汇管上有 4 个总压孔，为了减小流向对总压准确度的影响，每个总压孔外部配有导流的基尔管。如果管内流速不等，所测的 4 个总压值也不相等，在汇管内平均后，输出至变送器；静压汇管上安装了 2 个静压管，完全按皮托管要求设计，所测静压在汇管中平均后输出至变送器低压端。这个设计考虑得还是很周到，基本上按经典皮托管设计。但是它的结构比较复杂，成本较高，由于现场流场情况复杂，基尔管整流作用可能不大，而干扰作用却不小；静压测量如气流偏斜较大，误差也不小，安装在管道上需要开一个较大的孔，并不是一个理想、实用的产品。

4. 命名

这类流量计在原理上仍基于皮托管测速原理，只是在径向多测了一些总压、静压，以充分反映径向的流速分布，而这些总压、静压都分别在其汇管平均后输出，所以国外学术界普遍称其为“averaging pitot tube”。这类产品自 20 世纪 70 年代初进入中国，是美国 Dieterich 公司的 Annubar，国内直译为阿牛巴；20 世纪 80 年代美国 Veris 公司的 Verabar 产品进入中国，又被称为威力巴；近年来德国 I-A 公司的 Itabar、Systec 公司的 Deltabar 相继进入中国，分别称为依特巴、德尔塔巴。1984 年，按其均速原理、插入特点命名为“均速管流量计”。

二、均速管流量计原理

均速管流量计按速度—面积法原理设计。如果测量截面前直管段足够长，在测量截面上的流速分布为（或接近）充分发展紊流，只要流速分布的等速线为同心圆，则不再考虑是否受管壁粗糙度及雷诺数变化的影响。将测量截面分成多个半圆环及两个半圆（见图 6-29），为速度—面积法的单元面积，在其中所测流速为这个单元面积的平均流速，这样的测量减少了单点测流速计算流量的影响因素，又保持了安装维护简便、成本低、压损小等许多优点。

1. 总压孔

（1）位置与数量。

怎样确定总压孔的位置，用多少点的流速值来逼近流速分布方程的积分值，这实际上是一个近似积分的问题。选择的方法较多，如：等面积法，是将测量截面分成一些等面积的同心圆环（中心为圆）；等流量法，是指各单元面积的流量相等；线性对数法，较充分地反映管内流速分布；切比雪夫法，从近似计算角度出发，选点合理；高斯法，从微积分计算考虑。

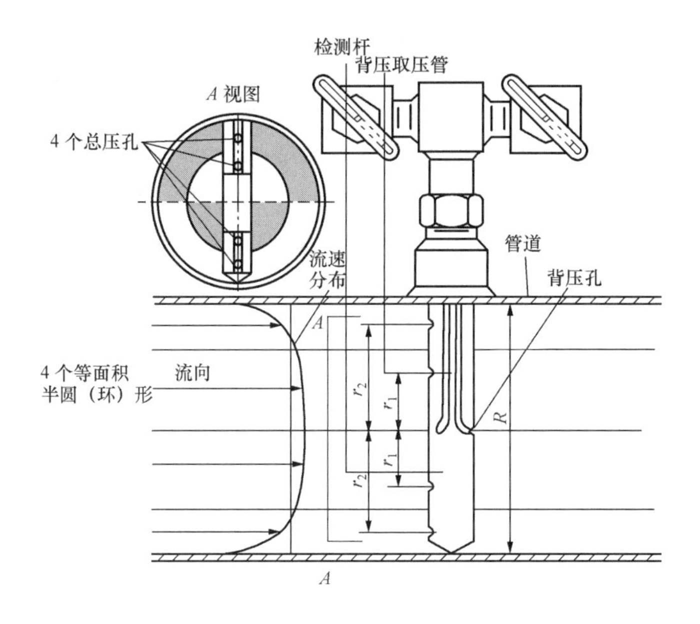

图 6-29　均速管流量计原理

从充分发展紊流的数学模型式（6-3）可知，虽然流速分布与雷诺数 Re 有关，但这种误差较点速流量计要小得多，以 Re 为 4×10^3 与 3.2×10^6 相比较，雷诺数相差近千倍，带来的误差仅 0.2%，而且这是一种系统误差，还可以通过修正系数减小。

等面积法从近似计算角度看，就是中间矩形法，用一根折线来代替流速分布曲线。假设各圆环中心的流速是相等的，也未考虑流速分布在靠近管壁处由于存在附面层有急剧的变化（雷诺数越高越突出），将会引起较大的误差，考虑因素较简单，现已很少使用。

美国 Dieterich 公司较早研发、推出了均速管，总压孔选点采用了切比雪夫法，效果较好，切比雪夫法是在积分区间内确定 N 个点 x_i （$i=1$，2，…，N），乘以相等的权，这种选点方式较等面积法更为准确。按切比雪夫法确定总压孔除了图 6-30 所示的两对外，还有三对、四对（其总压孔位置见表 6-4）。从近似计算的角度来说，选两对总压孔误差仅 0.0042，相对其他误差可以忽略，但此处要提醒读者，其前提是测量截面为理想的充分发展紊流，这在现场往往是很难做到的。所以均速管总压孔数很有必要增加到三对至五对，对于大管道尤为重要。

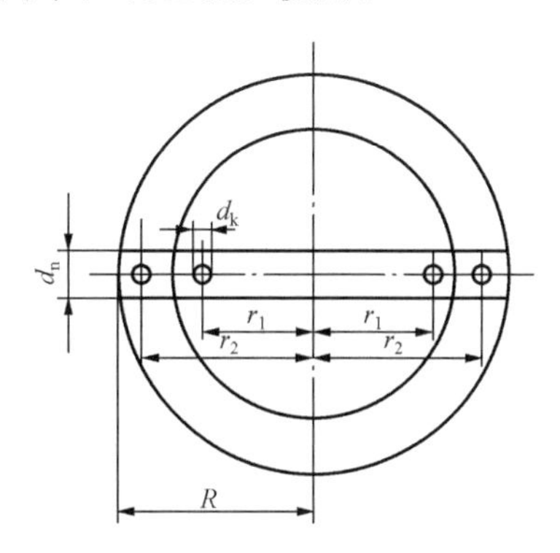

图 6-30　均速管总压孔的位置与数量

表 6-4　　按切比雪夫法所确定的三对、四对总压孔位置

总压孔数	r_1/R	r_2/R	r_3/R	r_4/R
三对	±0.3827	±0.7071	±0.9239	
四对	±0.3204	±0.6373	±0.7706	±0.9472

自1932年尼库拉兹提出十分简捷的充分发展紊流数学模型后，几十年来不少学者仍锲而不舍地对充分发展紊流进行测试研究，较为一致的意见是尼库拉兹的数学模型有两处与实际情况有较大差异，一处是管道中心处，另一处是管壁处，因此一切建立在尼库拉兹数学模型的设计都应予以修正。有的学者提出，将圆管中的充分发展紊流分为黏性底层、缓冲层、重叠层及尾迹区四个区域，并分别用不同的数学模型去描述，这种学院派的意见不太符合工程设计的简捷要求，未被采用。而类似的方案，则提出分为中心区、管壁区及中间区三个区。中间区的流速分布符合下式规律，即

$$v = a_0 + a_1(r/R)^2 + a_2(r/R)^4 + a_3(r/R)^6 \tag{6-30}$$

式中 a_0、a_1、a_2、a_3——系数；

r——测点距离管道中心的距离；

R——管道半径。

式（6-30）的特点是，如用切比雪夫近似积分法所确定的总压孔位置，在系数a_0、a_1、a_2、a_3任何值下都可不变，这就消除了雷诺数的影响；不仅如此，在管道中心$\partial v/\partial y=0$处也符合实际情况。不足之处是在近壁处不太符合，则采用对数方程确定总压孔的位置。这种方法比较全面地考虑了各种情况，称为对数—切比雪夫法。还有一种方法也是将圆管中的速度分布分段处理，在近壁及中心区分别用两个对数方程描述，这种方法即使在非充分发展紊流条件下，也能较准确地反映所测的流量值，这种方法称为线性—对数法，也是ISO 3966所推荐的。这两种选点法的测点位置如表6-5所示。

近十多年以来，均速管多用于管径大于1m的管道，总压孔多为10点，孔的位置按线性—对数法。

表6-5　两种选点法的测点位置

选点法	r_1/R	r_2/R	r_3/R	r_4/R	r_5/R
线性—对数法	0.277	0.566	0.695	0.847	0.962
对数—切比雪夫法	0.2866	0.5700	0.6892	0.8472	0.9622

注　r—测点至管道中心的距离；R—管道半径。

（2）总压孔的大小与形状。

对于均速管上的总压孔，使用中多采用比较简捷的如图6-31所示的方式。

研究表明，对气流偏斜的不敏感斜角将随d/D的加大而增加，$d/D=0.4\sim0.7$时，α可达$10^\circ\sim15^\circ$，但这样做，使强度大大削弱。为增大不敏感斜角α，可采取如图6-11的内锪孔形式，而d/D一般不应大于0.6，目前所见均速管总压孔大小多为3～8mm，为避免端部对总压测量的影响，l/D应大于1.5。

2. 静压孔

（1）位置。流体流过圆柱体上的压力分布，在前面已充分讨论了，从理论上讲，在均速管检测杆上可以找到一个点，在该点上所测压力即静压，但这个区域应较为宽阔，否则气流稍有偏斜就会造成较大误差，所以静压孔一般安排在检测杆背向一侧$\pm60^\circ$的区域（见图6-8）。此区内压力基本不变，且低于流体静压50%。对于输出差压较低的均速管是有利的。

（2）数量。静压孔最早的设计，与总压孔一一对应，后来认为，均速管应处于没有横向

流动的位流中，也就是说在整个截面上，静压应是相等的，仅需测一点静压，无须安排太多的静压孔。观察近年来推出的不少新型均速管，从工艺、防堵和应用出发，由于现场很难达到真正的位流，仍安排了较多的静压孔，但静压孔的孔径不宜大于 3mm。

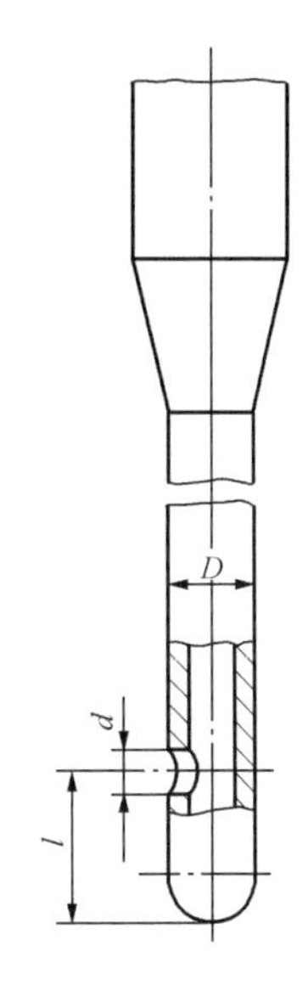

图 6-31　圆柱形总压探针

3. 计算公式

20 世纪 70 年代初期，在美国 Dieterich Standard 公司的均速管技术资料中，所提的计算公式中，其修正系数达 10 个之多，过于烦琐。如气体的密度设定为标准状态（$t=15℃$，$p=101325\text{Pa}$），当气体温度压力不同时要进行修正，其实大可不必。在计算密度时，可直接按气体的实际状态的压力 p、温度 t 进行计算；又如液柱压力计的海平面高度修正，现在都用差压变送器，也无须这项修正；气体压缩性系数 Y_a 是应考虑的。此外，原公式中的流量系数 K 是在充分发展紊流条件下校验得出的，可用 K_c 代表，当前现场的直管段长度多不足 $30D$，在采用均速管时应加一个流速分布影响系数 K_f 进行修正。K_f 是在现场用速度—面积法标定得出（参见 ISO 7194）；因此，均速管的计算公式经过删减补充，最后可确定为

气体：

$$q_V = F_N K_c K_f Y_a D^2 [\Delta p/\rho]^{1/2} \tag{6-31}$$

$$q_m = F_N K_c K_f Y_a D^2 [\Delta p \rho]^{1/2} \tag{6-32}$$

液体：

$$q_V = F_N K_c K_f D^2 [\Delta p/\rho]^{1/2} \tag{6-33}$$

$$q_m = F_N K_c K_f D^2 [\Delta p \rho]^{1/2} \tag{6-34}$$

式中　q_V——容积流量，m^3/h；

q_m——质量流量，kg/h；

F_N——单位系数，取决公式中各参数所取的单位，在本式中为 $3.9986\times10^3\approx4\times10^3$；

K_c——在充分发展紊流条件下，在流量标准实验室标定后得出，无量纲；

K_f——在非充分发展紊流条件下，在现场采用速度—面积法校验得出；

D——管道内径，m；

Δp——均速管输出差压，Pa；

ρ——流体密度，kg/m^3；

Y_a——压缩性系数，无量纲。

三、均速管的检测杆

均速管问世四十余年以来，生产厂家不断创新、研发检测杆的形状，推出了十余种形式。以下介绍一些主要的型号。

1. 圆形

早期的均速管检测杆截面是如图 6-32 所示的圆形，最早为图 6-32（a）所示。圆管内有两个相隔的总压腔及低压腔，总压孔与静压孔数目相等，一一对应。后来认为既然均速管应工作在充分发展紊流中，在测量截面上应为没有横向流动的位流，在整个截面只需测一点静压（如处于管道背流向一侧，应比实际静压还低 50%），则改进为如图 6-32（b）所示的结构，低压只测一点。位于检测杆中间背流向一侧，用一根细管引至均速管低压端，省去了检测杆内的低压腔。

使用多年后，随着现场中管道日益增大，使用的雷诺数 Re_d 也增大至 1×10^6 以上，发现圆截面均速管的流量系数 K 在 $Re_d<1\times10^5\sim1.1\times10^6$ 这个范围内极不稳定。测试研究表明：当 $Re_d<1\times10^5$ 时，流体分离点在 78°；当 $Re_d>1.1\times10^6$ 后，由于紊流度加大，能量交换强烈，分离点将推后至 130°；在 $1\times10^5<Re_d<1.1\times10^6$ 范围内时，分离点不确定，处于 78°与 130°之间［见图 6-33（b）］。这种现象称为“阻力危机”，它使得在圆柱体上的压力分布有较大变化，引起流量系数 K 约有 ±10% 的变化，由此也会带来 ±10% 的误差。为了防止“阻力危机”现象，有必要将圆形截面改变为固定分离点的菱形截面［见图 6-33（a）］。

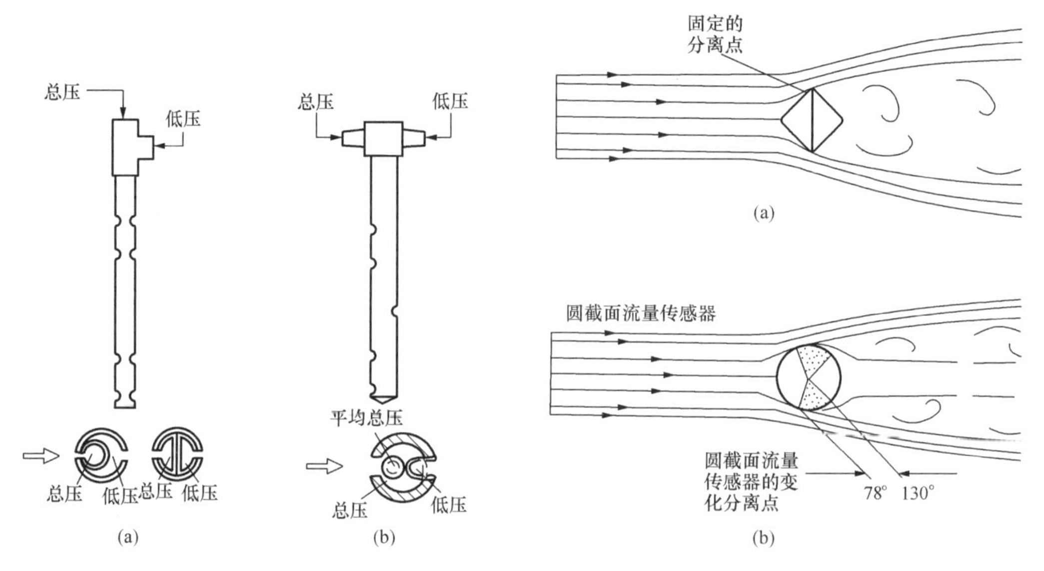

图 6-32　两种圆截面均速管流量计

（a）管 A；（b）管 B

图 6-33　均速管流量计分离点示意图

（a）菱形；（b）圆形

2. 菱形-Ⅰ

1978 年由美国 Dieterich Standard 公司推出，由于认为均速管应用于位流，仅测一点低压可以代表整个截面，低压测点仅一点，处于背向流速一侧，由一根内径 3～4mm 的细管，经检测杆内传至均速管低压接头，在结构上省去了一个低压腔［见图 6-34（a）］。随后英国 TFL 公司曾推出一种类似的产品，译名为托巴管［见图 6-34（b）］，这种均速管仍采用厚壁圆管，仅在中间一段（即低压点附近）铣为菱形，使分离点固定。这样做，固然节省了一点加工成本，却会在托巴管背面，因截面形状不同，引起压力分布差异，造成横向流动，未必值得。至于检测内部的“二次平衡结构”，即均速管早期采用的总压引出管（见图 6-29），使用证明效果并不明显，反而带来易于堵塞的弊端，在后来的结构中，都切去了这根“盲肠”。

3. 菱形-Ⅱ

（1）组合式。

上述菱形-Ⅰ型均速管在使用十多年后，发现背向一侧仅测一点背压，从原理上说，现场未必是位流，测量截面上的静压实际并不完全相等，仅测一点不足以反映整个截面的状况。另外，使用中发现，静压管由一根细管传至低压接头，易于堵塞。因此，美国 Dieterich Standard 公司于 1984 又推出了称为 Probar（普洛巴）均速管。这种均速管由三个型材（一个菱形、两个三角形）组成（见图 6 - 35），普洛巴均速管的总压孔及背压孔数量相等，为 3～5 对，一一对应。两个三角型材分别组成高压腔与低压腔。

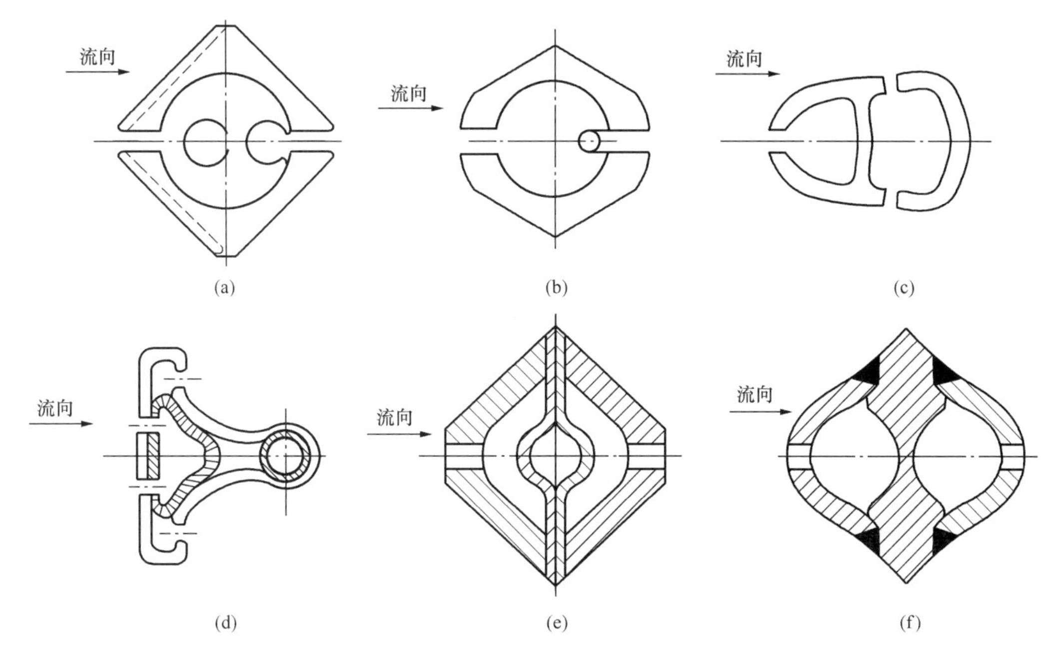

图 6 - 34　各种均速管截面形状

（a）菱形 - Ⅰ型；（b）托巴型；（c）弹头形；（d）T 形；（e）Itabar（依特巴）；（f）Deltabar（德尔塔巴）

由于型材加工过程中，难免会有较大的公差，当温度变化时，过盈易发生泄漏，太紧组合时，将产生较大的初始应力，削弱了强度。

（2）一体化。

德国 Intra - Automation（简称 IA 公司）及 Systec 公司，针对 Probar 的弊病，相继推出了菱形一体化结构，分别称为 Itabar［依特巴，见图 6 - 34（e）］、Deltabar［德尔塔巴，见图 6 - 34（f）］。该结构的特点是用中隔板将菱形检测杆分为高、低压两个空腔，总静压孔也是一一对应的，数目相等且孔径较大达 8mm，据称这样做不易堵塞或易于吹扫。

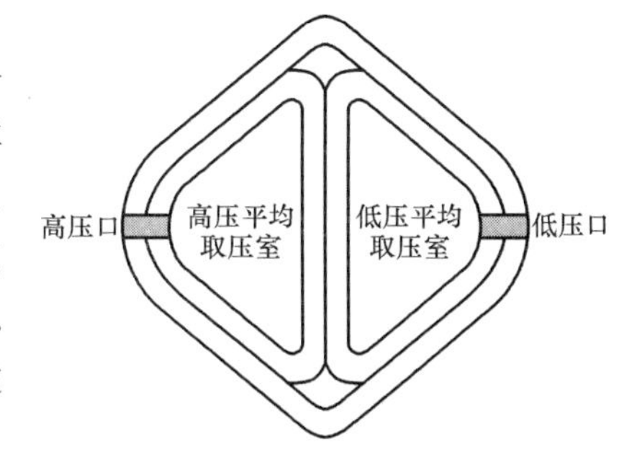

图 6 - 35　组合式菱形均速管

这两家德国的产品结构上很相近，强度较好，输出信号较大。另外，还根据用户提出的流体特点，采用了十余种加工材料，如耐高温的 Inconel 合金，抗腐蚀的 Ti50、PVDF 等。

4. 机翼椭圆形（Preso）

设计这种截面形状的目的，都是为了减少迎风阻力，以降低永久压损。其实均速管的永久压损一般仅几十帕斯卡，甚至仅几帕斯卡，完全可忽略不计，不必小题大做。这类截面的均速管低压多取自两侧，使输出差压已很低的均速管得不偿失。但事物均有两面性，如测蒸汽，由于密度大、流速高，可以有较大输出，从安全考虑需尽量较少阻力。所以美国 Emerson 公司就推出了翼形剖面结构，专门用来测蒸汽流量。

5. 弹头形

1992 年由美国 Veris 公司推出［见图 6-34（c）］，称为 Verabar（威力巴），据称这种截面的均速管其流量系数可以在一种较大的雷诺数范围内保持不变；另外是在弹头的头部做了粗糙度的处理，处理后加大了紊流度，令分离点后延，可保证头部的附面层为紊流附面层，以提高流量系数的稳定。

但这样的处理对准确度的影响估算约千分之一二，相对于其他因素是微不足道的。而弹头形的低压点设在弹头两侧，不仅输出差压减小了 30%以上，而且这里的压力变化较大，不够稳定，并非有利的选择。

6. T 形

2001 年由美国 Dieterich Standard 公司（已加入 Emerson 集团）推出［见图 6-34（d）］。截面似英文字母 T，简称 T 形结构。其特点是正对流向有两排密集的总压孔，孔径不到 2mm（或取压槽），背流向一侧采用了两排背压孔，认为这样的设计可获得“更多”的速度分布，利于提高准确度。其实，在介绍均速管原理时，已反复强调这种测径向流速分布来推算流量的仪表，前提是应用在充分发展紊流上，流速分布是同心圆才有可能以线代面，否则再多的点也无济于事。另外，总低压孔太小易于堵塞，所有的特殊防堵设计都是言过其实。至于说其准确度可达到±0.7%，恐怕令人难以置信。

四、均速管的主要型号与材料

1. 主要型号

尽管国内外均速管的检测杆形形色色，名称五花八门，但根据现场的应用条件，结构形式大同小异，归纳起来，主要有以下五种形式。

（1）小管径（用于 $15\text{mm}<D<60\text{mm}$）。由于工艺管道很小，采用螺纹或法兰连接（见图 6-36）。均速管的主要的优点是结构简单，安装维护简便，若采用这种方式连接，优势荡然无存。而管径如此小可选用的流量计就十分多了。如文丘里管，还可以省去插入的均速

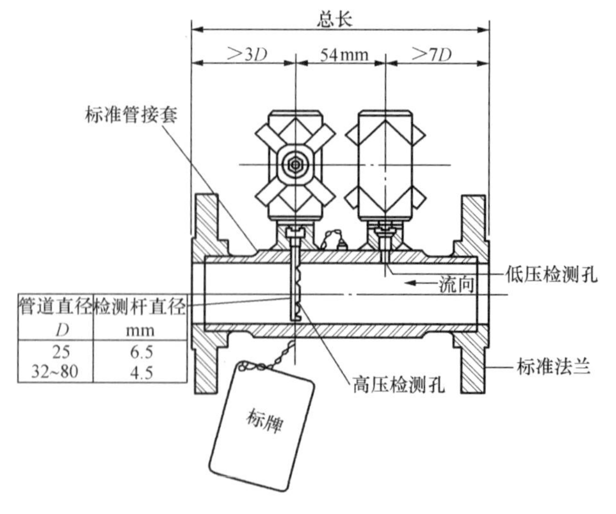

管道直径 D	检测杆直径 mm
25	6.5
32~80	4.5

图 6-36　小管径均速管

管。厂家宣传无非是体现产品的口径覆盖面较宽，而用户在选型时则应从性价比来考虑。

有的公司，如德国的I-A公司Itabar系列、美国Emerson公司Probar系列，则不推荐这种产品。

（2）常规型号（卡套式连接，见图6-37）。该型号的结构特点是均速管采用卡套式接头固定在工艺管道上，管径范围大于50mm，小于1.5m，是均速管应用于中小压力、温度较低的一种型号。常用于测气体、液体，耐压最高可达4MPa，最高温度达200℃。当流速较高、流体密度较大时，为安装可靠，可采用双支撑结构，即除了卡套式结头外还伸出管道，在另一端安装一个支撑接头。

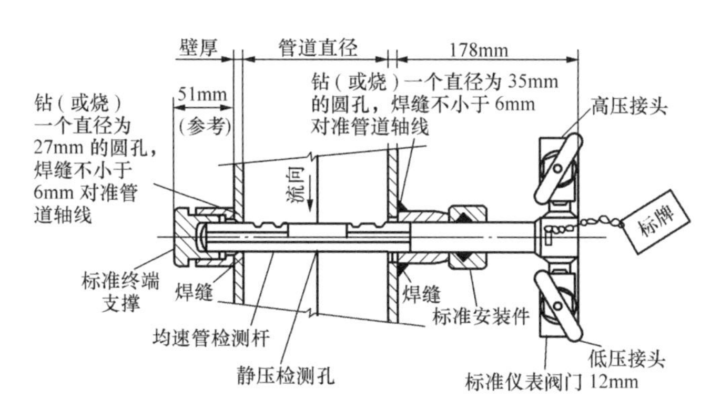

图6-37　常规卡套均速管

（3）法兰连接（见图6-38）。该型号的结构特点是采用法兰将均速管固定在管道上，管径范围大于50mm，小于2.5m。连接牢固、可靠，检测杆可适当加粗以增加强度。除可测气体、液体外，还可以测蒸汽，耐压最高可达10MPa，温度最高可达500℃。Itabar采用了耐热合金钢，最高耐热温度可达1150℃。但是要注意，厂家给出的耐温耐压极限值，选型时不可同时选用，高压时应低温，或高温时应低压。

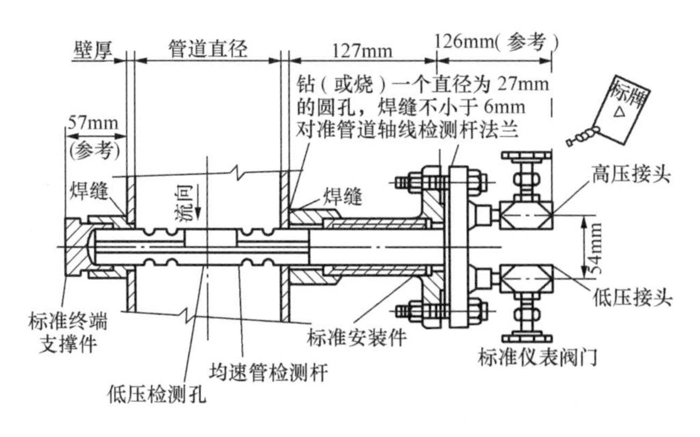

图6-38　法兰连接均速管

（4）不断流进行装卸（见图6-39）。某些流程工业，工艺要求若断流将造成巨大经济损失，必须连续作业。如流量仪表发生故障，难以维护，而均速管可以在不断流情况下，进行安装、拆卸。

这种类型的均速管有一个阀门（一般多为球阀）。需要维护时，可抽出均速管关上阀门。维修后，再打开阀门插入。

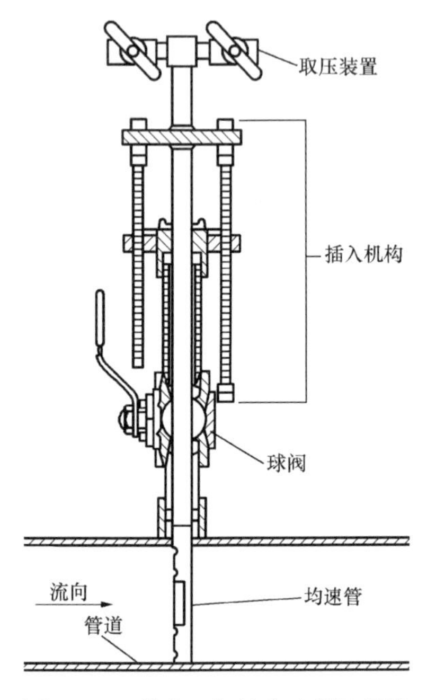

图 6-39　带截止阀的均速管流量计

需要强调的是，这种均速管的高度为管径的 3 倍多，此外，还要考虑管外是否有足够的空间进行装拆。应用的工况应是低压低温，压力不超过 1MPa，温度低于 100℃，流体不应有毒、有害，才可考虑选用。

（5）烟气测量。是节能环保的一项重要测试项目，管道一般在 1～2m 以上，特别适宜采用均速管这种类型的流量计。德国 I-A 公司专门设计适用于烟气测量流量的均速管，由于烟气测量的特点是管道大、粉尘多、压力较低，所以在结构上采用了两端支撑，适当加大了高压腔、低压腔的空间，可以自动清洗，最高可承受压力为 1.6MPa，温度可高达 1000℃。

（6）蒸汽测量。一般生产均速管的厂商都可提供相应型号的产品，由于蒸汽属高温、高压工况，流速也较高，安全是首要考虑的问题，有的厂商，如 Emerson 公司，采用对称机翼剖面以减小流体的冲击力；也有的公司（如德国 I-A 公司），不采用型材做检测杆，而采取整体加工方式，以加大强度。

由于蒸汽测量多为高温、高压，管径不是太大，要求测量准确度较高，目前较多还是采用喷嘴，不仅准确度高，而且也比较安全，当然压损会大一些。

（7）一体化均速管。如图 6-40 所示，这种结构将均速管的输出差压，与流体的压力、温度等参数，通过三阀组直接与差压、压力、温度变送器相连，节约了场地，去除了传压管路泄漏的故障隐患，通过流量计算机运算后，可以直接得到质量流量。这是近 20 年来，差压式流量仪表结构的一个发展趋势。但是不少现场工况比较恶劣，如粉尘较大，有较强的振动，高温高压，电气干扰强烈，为可靠工作，变送器还必须远离这个地区，只得通过传压管路分开安装。一体化虽然优点不少，但不可能完全取代分离安装结构。

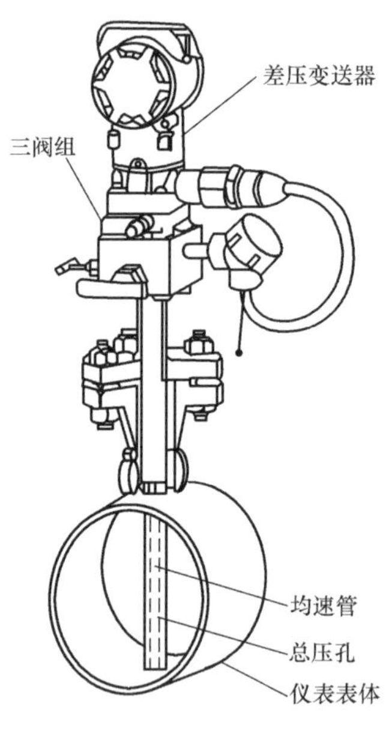

图 6-40　一体化均速管流量计

2. 主要材料

比较近年来国内外的均速管，在机加工及型号上，我国的产品质量较接近于国外；但在材料的种类上，我国产品较为单一，多选用标准不锈钢 316SS。

国外厂家，特别是德国公司的产品（如 Itabar、Deltabar），可选用的材料可达 10 余种，简介如下：

（1）一般情况，选用 316SS。

（2）高抗腐蚀的情况，选用合金钢 C4（组成 NiMo16Cr16Ti）。

（3）耐高温选用耐热合金钢 Inconel 600（组成 Ni 73%，

Cr 15%，Ti 7.5%，Fe 7%，等)。可耐高温达 1175℃，但价格很贵。

(4) 耐高温还可选用耐热合金钢 Incoloy 800（组成 Ni 32%，Cr 20%，其余为 Fe)。价格适中，耐温也可达 900℃。

(5) 用于海水抗腐蚀，选用 Ti50。有很好的机加工性能，可抗海水腐蚀。

(6) 烟气测量，选用抗硫化物腐蚀的 PVDF（聚偏二氟乙烯)。

(7) 测高压蒸汽，选用铬锰合金（16Mo3，10CrMo44，10CrMoVNB91)。

五、误差分析

根据误差理论，由均速管所测的流量 q_V，由独立变量 K、D、Y_a、Δp、ρ 等参数组成 q_V 的不确定度 e_{q_V}，在置信度为 95%的前提下是标准偏差 σ_{q_V} 的 2 倍。

$$e_{q_V}=\pm 2\sigma_{q_V}$$

相对不确定度

$$E_{q_V}=e_{q_V}/q_V=\pm 2\sigma_{q_V}/q_V \tag{6-35}$$

根据均速管计算式（6-31)，其标准偏差 σ_{q_V} 为

$$\sigma_{q_V}=[(\sigma_{K_c}/K_c)^2+(\sigma_{K_f}/K_f)^2+4(\sigma_D/D)^2+(\sigma_{Y_a}/Y_a)^2+\frac{1}{4}(\sigma_{\Delta p}/\Delta p)^2+\frac{1}{4}(\sigma_\rho/\rho)^2]^{1/2} \tag{6-36}$$

式中　σ_{K_c}，σ_{K_f}，σ_D，σ_{Y_a}，$\sigma_{\Delta p}$，σ_ρ——对应各参数在测量条件下标准偏差的估计，这个估计应有根有据，切忌主观褒贬。

1. 在充分发展条件下

计算公式为

$$q_{Vc}=4\times 10^3 K_c D^2 Y_a(\Delta p/\rho)^{1/2} \tag{6-37}$$

(1) 对计算公式各参数的标准误差做如下说明：

1) 流量系数 K_c。现各厂家公布的流量系数 K_c 是在标准流量试验室中进行得出的，管径只有 300～600mm，然后外推至管径 1～2m。

2) 雷诺数范围。厂家检验的雷诺数范围是 $1\times 10^5\sim 1.2\times 10^6$，比较窄，实际上在雷诺数小于 1×10^4时，流量系数较小，并不像厂商所公布的变化不大。

3) 校验装置的不确定度。现在所公布的均速管流量系数，应包含所处校验装置的流量不确定度，厂家公布的仅仅是均速管的重复性，不是准确度。

4) 管道内径 D 的误差。按 ISO 3966 规定，管内径应直接测量，在测量截面上应测不少于 4 个直径（相距角度基本相等)，取其平均值 $\overline{D}$，如 $|(\overline{D}-D_i)/\overline{D}|>0.5\%$，则测量直径数应加倍，这样所得的直径误差可控制在 0.3%之内，如果采用软尺测外径周长求外径，再减壁厚 e 所得内径 D，误差将达 1%。实际应用时，大多采取后一种方法。

(2) 计算。

按较理想的情况估算。

$$\sigma_{K_c}/K_c=0.7,\sigma_D/D=0.3,\sigma_{Y_a}/Y_a=0.15,\sigma_{\Delta p}/\Delta p=0.5,\sigma_\rho/\rho=0.3。$$

$$\sigma_{q_V}=[(0.7)^2+4\times(0.3)^2+(0.15)^2+\frac{1}{4}\times(0.5)^2+\frac{1}{4}\times(0.3)^2]^{1/2}=0.978$$

$$e_{q_V}=\pm 2\sigma_{q_V}=1.957\approx 2$$

按测外径周长确定内径 D 的方法，$\sigma_D=0.6$。

$$\sigma_{q_V}=[(0.7)^2+4\times(0.6)^2+(0.15)^2+\frac{1}{4}\times(0.5)^2+\frac{1}{4}\times(0.3)^2]^{1/2}=1.427$$

$$e_{q_V} = \pm 2\sigma_{q_V} = 2.85 \approx 3$$

D 的准确测量常被忽略，实际上 D 的误差对流量准确度的影响，比均速管检测杆的形状对流量准确度的影响大得多!

2. 在非充分发展紊流条件下

从原理可知，均速管只能工作在充分发展紊流中，这时测量截面的流速分布为对称于轴线的同心圆，只需测直径几点的流速，就可能充分反映整个截面的流速分布。

但是，随着工程规模扩大，实际上现在均速管十之八九是工作在非充分发展紊流中，对此应面对现实，探讨为此所发生的问题。

早在 1983 年，国际标准化组织就公布了 ISO 7194，它是在非充分发展紊流条件下的速度—面积法，虽然如此，其中仍强调采用流动调整器，以改善流动情况，特别是减小（或消除旋涡），要求在测量平面的流向偏离轴向不得大于 20°，否则难以估算误差的大小。

按上节计算公式求得的流量为 q_{Vc}，如为非充分发展紊流，需增加一个非充分发展紊流流量系数 K_f，可以通过 ISO 7194 现场标定得出流量为 q_V。用式（6 - 38）求 K_f，即

$$K_f = q_V / q_{Vc} \tag{6 - 38}$$

ISO 7194 通过测试说明，如果在测量平面中采用 4 个半径，流量的不确定度为 14%；采用 6 个半径，不确定度为 7%；采用 8 个半径，不确定度为 5%。

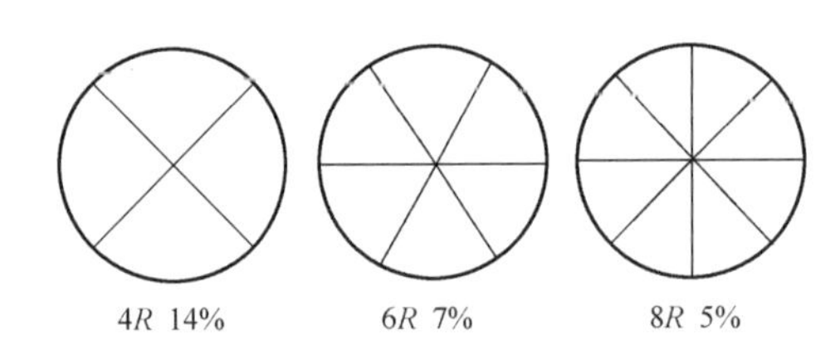

图 6 - 41　多点流速计插入数量与准确度

L. A. Salami 的研究进一步表明：增加每个半径点上的测点数无助于提高准确度。提高准确度的关键在于增加半径数，但增加太多又会加大阻塞比；一般以 8 个半径（4 个直径）为限。图6 - 41说明在非充分发展紊流条件下，采用均速管，较好的情况下，准确度也仅能达到 5%。

均速管在非充分发展紊流下工作的误差分析，由于流场系数 K_f较其他因素大得多，可以毫不夸张地说，误差主要取决于流场的不对称及旋涡，不确定度应在 5%以上。

六、小结

近年来，据 Reed Research 集团对全球流量仪表早期（2008 年）的市场调查表明，在常用的 20 种流量仪表中，均速管销售量的排序处于 8～9 位，但它的使用效果确有不少值得商榷之处。

1. 影响均速管测量准确度的因素

（1）检测杆的形状。均速管流量计问世四十余年以来，厂家对均速管检测杆形状的研发不少于 20 种。但是这种流量计应用是否可靠，并不完全取决于检测杆形状，还取决于现场应用因素。例如，说头部形状所形成的高压区，具有本质防堵的作用，可以说，在实际应用中还未出现过无须吹扫就可以解决堵塞的均速管；归根结底，要用好均速管还要取决于管道，管道的长度与内径的准确测量对准确度的影响绝不亚于检测杆的形状。这个问题，长期被人们忽略了。

（2）管道的长度。均速管前的直管道长度就是要保证它应安装在充分发展紊流中，但厂商在说明书中都大大缩短了所需长度，普遍只要求 10D 左右，这样显然达不到所宣称的准

确度。在误差分析中，已经做了量化，在充分发展紊流条件下，可达到的准确度只有±3%，非充分发展紊流条件，最好情况也只能达到5%。

（3）管道内径。管道是均速管成为流量计必不可少的搭档，但它往往被忽视，仅被认为只是一个工艺管道，而不是仪表的一部分。在误差分析中，可以看到，检测杆所影响的是输出差压，$\sigma_{\Delta p}$对流量准确度σ_{q_V}的影响，与管道内径误差σ_D的影响比较仅为其1/4，如果不精确测量内径D，对流量准确度的影响，将是举足轻重的。

2. 注意事项

综上所述，让我们认识到，运用均速管的基本条件被忽视了。例如，它必须工作在充分发展紊流中（前直管长度应不少于30D），插入均速管的管道应视为仪表的一部分，因为它参与了流量运算，内径应准确测量，厂商所公布的数据是在条件理想的试验室较小的范围中进行的，而在实际应用的现场，条件并不是那么理想，直管段长度不足，等等。这些数据及应用的条件无根据地扩大和优化了。

客观来说，均速管在实际应用中达不到厂商所宣传的效果。

3. 均速管适用的领域

（1）均速管的特点。均速管从原理上来讲，只是通过管道直径上的流速大小推算流量，在非充分发展紊流条件下要求它准确测量是不现实的，但它有可能反映流量的变化规律。为此，W. Rahmeyer与C. L. Britton对此进行了较详细的测试，阻力件为闸阀及弯头，管道为150、300mm两种管道。测试表明：在非充分发展紊流条件下，前直管长度为8D，流量的偏差虽为±（5%～8%），而重复性可控制在1%以内。

（2）均速管的定位。均速管较适用于大管径，小于100mm的管径一般没有必要选用。

均速管主要应用于大口径的现场，十之八九为非充分发展紊流，此外，不少情况是技术改造，难以准确测量管道内径，不太可能具有较高准确度，不宜用于计量。

均速管的重复性较好，作为检测仪表，较适用于控制系统。

均速管结构简单，无可动部件，工作可靠，也较适用于监测仪表。

七、热式多点速流量计

热式多点速流量计（见图6-42）是近一二十年推出的一种基于传热原理，通过流速来推算流量的传感器，其原理在前面点速流量计中已介绍，不再赘述。

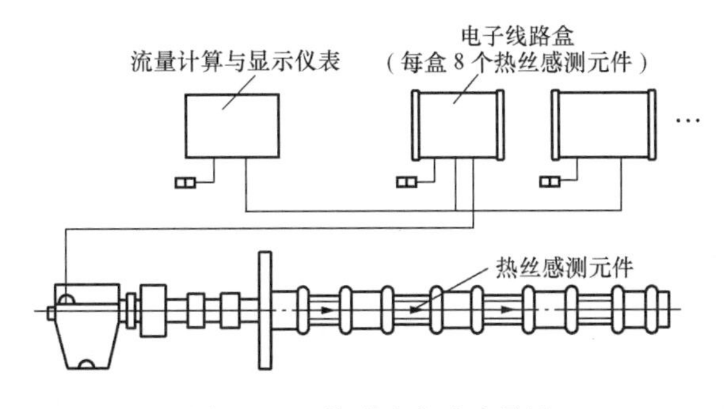

图6-42　热式多点速流量计

此处所采用的热式流量计是将多个热敏元件按速度—面积法安置在中空的管件中，每个热敏元件感受流速大小后，引起电阻变化接入电路，经放大输出电信号，组成一个独立的测量单元，不似差压均速管，各点总静压在管内分别均衡后，仅输出一个均衡后的总压及静压。因为热式多点速流量计没有均衡这个过程，再称它为热式均速管就不妥了。它的标定也是独立的，每个热敏电阻都应在流速标定设备中标定得到热电阻与流速的特性曲线进入计算。看来比较烦琐，但它省去了一个总压静压在均衡过程中的误差源。此外，它的低速性能好，特性曲线不仅与流速有关，还与密度 ρ 有关。所以无须经温度压力补偿，直接可测得质量流量，这些优点都弥补了差压式均速管的不足。

第五节　截面多点速流量计

一、概述

1. 背景

上述的点速流量计或径速流量计方法虽简而易行，但实际使用效果很差，其原因在于随着工程流道的日益增大，无法提供它们必需的不少于 $30D$ 的直管段长度安装条件。另外，也没有其他更好的方法可以取代，现实必须面对，无法回避。国际标准化组织于1983年即公布了 ISO 7194，即当圆管中存在旋涡及非对称流动时，采用皮托管的速度—面积法测量流量。

2. ISO 7194 的测量截面

虽然 ISO 7194 可以应用于流速分布不对称，且存在旋涡的流量测量，但千万不要认为它可以无所限制地用于一切流速分布不对称，且存在旋涡的测量截面。要取得一定的准确度，还应具有以下条件。

（1）由于旋涡对流量测量的影响很大，应尽力避开，测量截面应选择在产生旋涡阻力件的上游；实在无法避开，局部流速的方向与轴线的夹角也不允许大于20°。

（2）流速分布的不对称指数 $\overline{Y}$ 不得大于0.15。

$$\overline{Y}=\frac{\sigma_{v_i}}{\overline{v}} \qquad (6-39)$$

式中　$\overline{Y}$——局部流速 v_i 的标准偏差 σ_{v_i} 与平均流速 $\overline{v}$ 之比；

v_i——各点局部流速的轴向分量。

$$\sigma_{v_i}=\sqrt{\frac{\sum_{i=1}^{n}(\overline{v}-v_i)^2}{n-1}} \qquad (6-40)$$

（3）流体单相。

（4）采用差压式流速计。

（5）流体流动马赫数小于0.25。

3. 流动调整器（flow conditioners）

有效地进行流量测量（方法或仪表）必须具备一定的条件，但实际工艺所确定的现场并不会因此改变以符合这些条件时，ISO 7194 推荐采用五种流动调整器（见图6-43），其中 Etoile 及 AMCA 调整器易于加工，成本低，压损仅0.25个速度头[$v^2/(2g)$]，主要作用可以消除旋涡，但对改善流速不对称性效果较差。

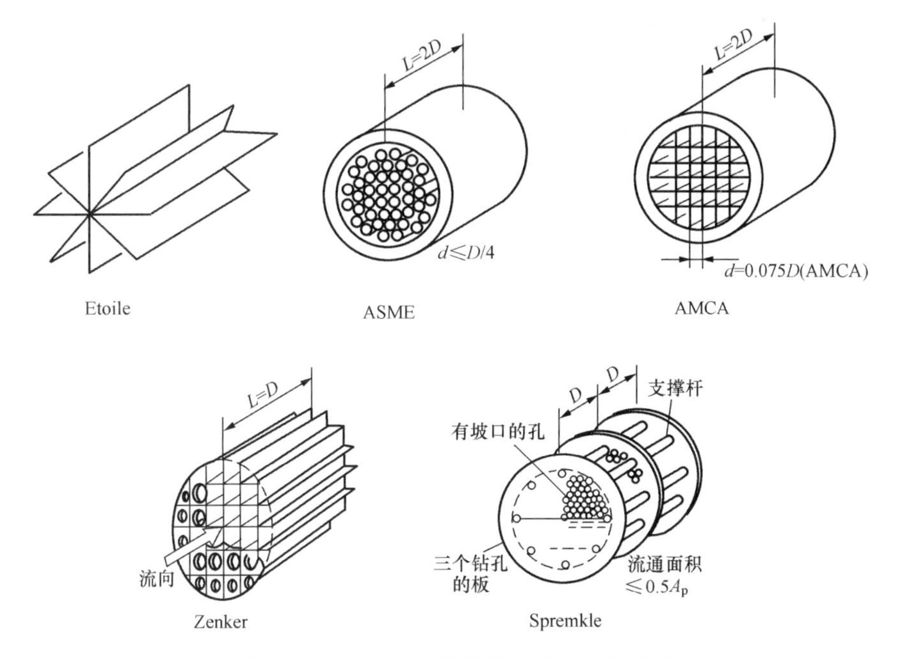

图 6-43　ISO 7194 推荐的五种流动调整器

二、局部流速测量

1. 流向测量

测量流速之前，首先要了解局部流速的方向，用皮托—静压管测流速，其总压孔的轴线应与流向一致，这样才能反映流速 v 的大小，而不包含其分量 $v_2=v\cos\theta$。特别是存在旋涡的情况，如果旋涡角大于 20°，这种测量意义就不大了，因为我们关心的只是轴向流速 v_1（也就是垂直于测量截面的流速，见图 6-44），它才能计算流量，而平行于测量截面的流速 v_2 与流量没有多大关系。

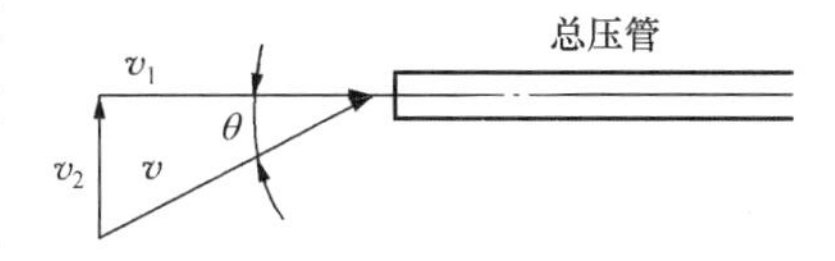

图 6-44　流速的轴向分量

2. 测定流向的探头

ISO 7194 推荐了一种楔形流向探头［见图 6-45（a)］，楔形角约 60°，在其两侧有两个测压孔，所测压力分别通向差压变送器的两端。当差压相等时，楔形探头的中轴线 O—O 即流动的方向，但这样虽然可以确定流向，操作起来十分烦琐，还要另外再插入皮托—静压管对准所确定的方向测流速大小，不如组成一体，在中轴线 O—O 上，钻孔直接测总压，这就形成了如图 6-45（b）所示的复合局部流速探头，但它也只能反映二元的流动，实际流动是三元的，要测量三元流动状况应采用五孔探头（在本章第八节中介绍）。

3. 局部流速的数量与位置

（1）圆管。

ISO 7194 仅提出了圆管中的测点数目及相应的位置，除中心点必测之外，测点形成的半径数不得少于 6 个，相距均为 60°，每个半径上测点不得少于 5 点，共 31 点。这些测点应落在下列五个区域内：$0<(r/R)^2\leqslant0.2$；$0.2<(r/R)^2\leqslant0.4$；$0.4<(r/R)^2\leqslant0.6$；$0.6<(r/$

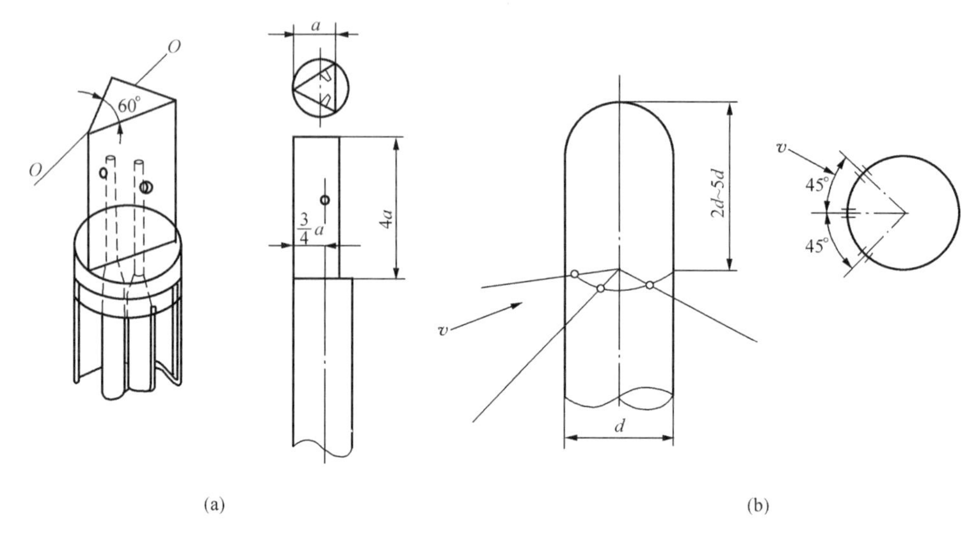

图 6-45　流速流向探头

(a) 楔形；(b) 圆形

$R)^2 \leqslant 0.8$；$0.8 < (r/R)^2 \leqslant 1.0$。

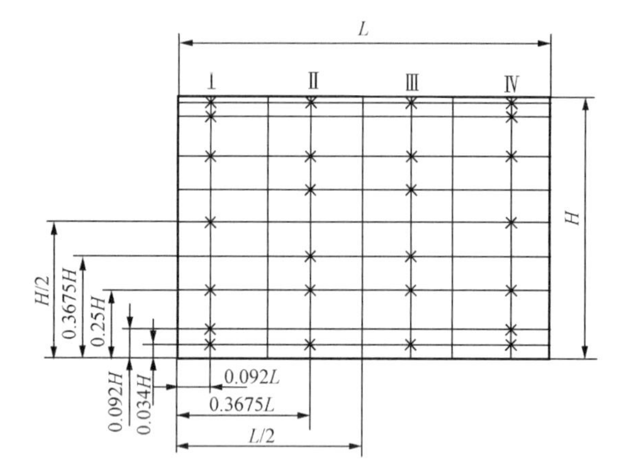

图 6-46　矩形管道对数—线性法测点位置

ISO 7194 还强调，如需提高测量准确度，可以增加测点的数目，并提出增加半径数比增加半径上的测点更为有效。例如：总共 48 点，可以采取 6 个半径，每个半径上为 8 个测点，不如采取 8 个半径数，每个半径上为 6 个测点，后者比前者对提高准确度更为有效。

(2) 矩形管。

参见 ISO 3966—1977，有两种方法。

1) 对数—线性法。

矩形管上的测点如图 6-46 所示，位于平行于管边平行线的交点上，共 26 点，考虑在边界上流速变化较大，测点密集一些，但加权系数低于中心区，测点的位置及加权系数见表 6-6。

表 6-6　　矩形管道对数—线性法（26 点）测点位置及其加权系数

h/H \ l/L	Ⅰ	Ⅱ	Ⅲ	Ⅳ
	0.092	0.3675	0.6325	0.908
0.034	2	3	3	2
0.092	2			2
0.250	5	3	3	5
0.3675		6	6	
0.500	6			6

续表

h/H \ l/L	Ⅰ	Ⅱ	Ⅲ	Ⅳ
	0.092	0.3675	0.6325	0.908
0.6325		6	6	
0.750	5	3	3	5
0.908	2			2
0.966	2	3	3	2

平均流速 $\overline{v}$ 的计算式为

$$\overline{v}=\sum K_i v_i/\sum K_i \tag{6-41}$$

$$\sum K_i=96 \tag{6-42}$$

式中　K_i——各点的加权系数；

v_i——各点的流速。

2）对数—切比雪夫法。

选择平行于矩形短边的数目（e），至少应有5个横向直线，每根直线安置的测点 f 至少应有5个点（见图6-47，实例 $e=6$，$f=5$）。

e、f 测点位置按表6-7的规定，不考虑加权系数，计算较简单，平均流速 $\overline{v}$ 即各测点局部流速的算术平均值。

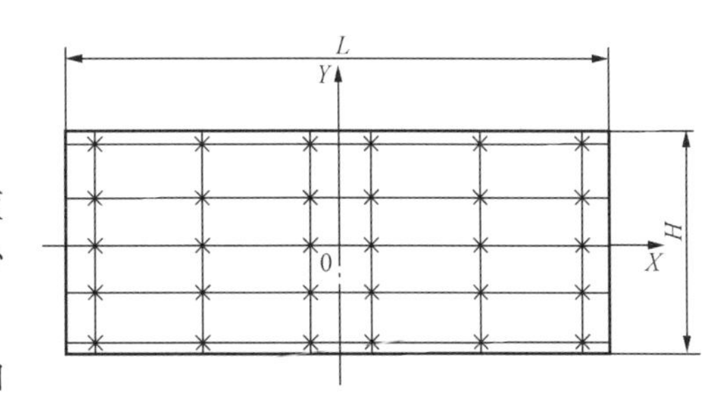

图6-47　矩形管道对数—切比雪夫法测点位置

表6-7　矩形管道对数—切比雪夫法测点位置

e 或 f	X_i/L 或 Y_i/H 的值			
5	0	±0.212	±0.426	
6	±0.063	±0.265	±0.439	
7	0	±0.134	±0.297	±0.447

三、测量仪器

1. 皮托—静压管

前第三节点速测量已介绍，不再赘述。采用这种流速计比较成熟，有相应的国际标准为依据，但操作过于烦琐，不适用于流程工业，仅适用于现场标定（或试验室），以确定现场应用多点流速计的流量系数。

2. 多支均速管

在测量截面上插入多支均速管，将每支均速管所测总压汇成一个平均总压输出；同理，将各支均速管所测静压汇成一个平均静压输出，分别接入差压变送器的高低压端，无须依次测截面上各点流速，在线即时测量出管道的流量。

3. 多点流速计

由上所述，采用差压式均速管测整个截面上的流量最终是以整个截面的平均总压（或静

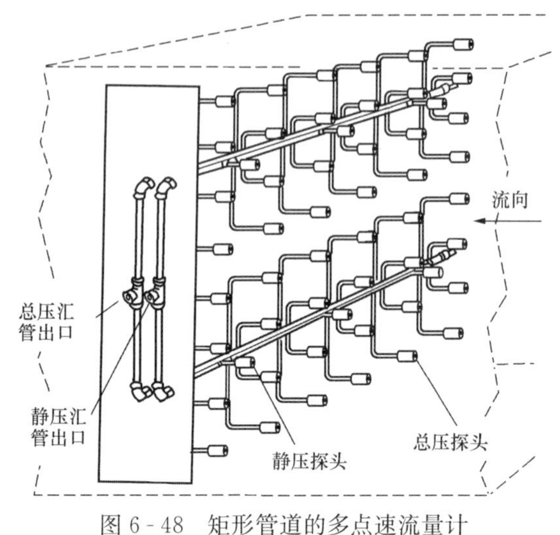

图 6-48 矩形管道的多点速流量计

压）输出的，没有必要反映某一点的流速，因此，总、静压无须一一对应。如果测量截面上没有旋涡（或旋涡很弱），则横截面上基本可视为位流，静压可视为常数（或变化很小），静压测点可以大大减少，这样做的好处是减小了阻塞比。反之，如果旋涡很强烈，这种测量误差已很大，就失去了测量的意义。根据上述观点所推出的多点速流量计如图 6-48 所示，整个截面静压测点仅 6 个，而总压测点高达 48 个，为了提高总、静压的测量准确度，减少气流偏斜引起的误差，总静压测量头都加了整流套。

4. 热式多点速流量计

如图 6-49 所示，将多支热式多点速流量计插入圆管（或矩形）管道中，形成矩阵，较充分反映整个截面上的流速分布。

热式流速计长期以测单点流速形式测管道中流量，由于大管径中流速分布复杂，效果并不太理想。现以多点形式进入大管径流量测量领域时间不长，但由于其低速性能，特别优越，可以有效准确测量低至 0.1m/s 的流速，已在这个领域崭露头角，弥补了差压或流速计低速性能差的不足。

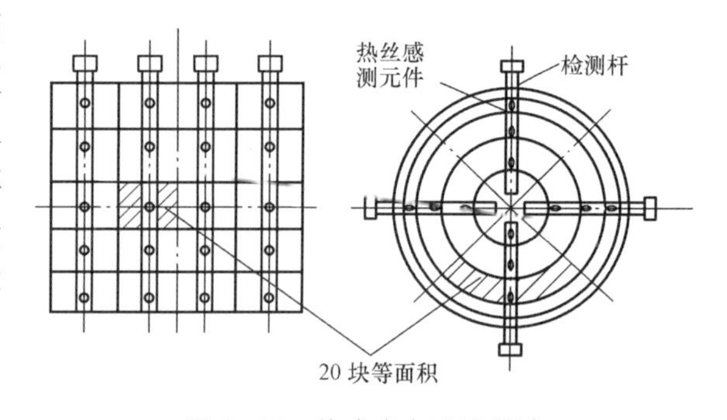

图 6-49 热式多点速流量计

四、流量准确度的分析

在非充分发展紊流状态下采用速度—面积法影响流量测量准确度的因素主要有以下几个：

（1）压力脉动与紊流度这两个因素在 ISO 7194 中提到，同时也提出了一些解决办法，这主要是因采用液柱式压力计，读数难以确定引入的误差。目前测差压都采用准确度高的差压变送器，已不存在这个问题，可以不予考虑。

（2）流速不对称是非充分发展紊流特有的表现形式，可以通过增加截面上流速的测点来提高准确度，也有相关的标准、检定规程予以确定。

（3）旋涡这是非充分发展紊流的第二特征，对流量准确度的影响与所采用的仪器及方法有关。对目前常用的皮托—静压管及热式来说，这方面的研究资料虽较少，但旋涡是非充分发展紊流条件下流量测量产生误差的主要因素，仍是可以肯定的，至今尚无较好的解决方法。此外，还可以明确的是，旋涡角越大，误差也越大。在旋涡角小于 20°的情况下，流量的不确定度估计为 5%；若大于 20°，不确定度的估计值就不太可信了。

在现场存在旋涡的条件下，若要提高流量准确度，就只有消除它或减少它的尺度。

第六节　大管道气体流量测量系统

一、背景

长期以来，我国有相当多的流量仪表生产厂家，对管流的复杂性认识不足（或有意回避），将管道内复杂的流动主观地简单化、理想化，认为只需测管道中一点（或局部）的流速就可以准确确定流量。在初步认识到现场流动的复杂性后，推出了测径向多点流速的流量计（如在测量截面插入多支均速管），也曾风行一时，而均速管这类仪表的应用条件应是充分发展紊流，所以效果并不理想。工业现场（特别是火电厂）管内流动十之八九是非充分发展紊流，流速分布不仅极不对称，且有旋涡，不用说采用点速流量计、径向多点速流量计，即使测截面多点流速也难以准确测量流量，下面用实例予以说明。

1. 实例

某电厂二次风布局如图 6-50 所示，二次风管为 1.0m×0.9m 的矩形管，垂直向下，处于两个 90°弯头之间，在距上弯头 3.475m 处安置测量截面，在 1.0m 边上插入三支均速管，如图 6-50 所示，每支上有总、静压孔各 10 个（见图 6-51），前后一一对应，整个截面上共 30 个流速测点。测试发现：在流量值处于 40%～80%阶段，也就是锅炉正常工作区域内，流量增大时，均速管的输出差压反而减小，在一个 1.0m×0.9m 的截面上插入了三支均速管共 30 个测点，应属比较密集的布局，为什么会有这种反常的现象呢？

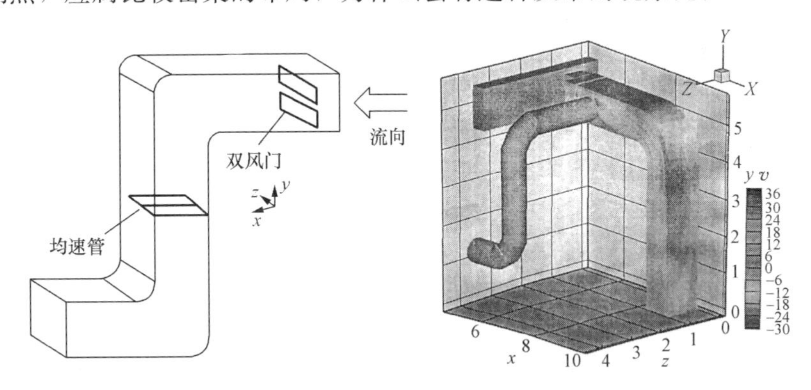

图 6-50　某电厂二次风管道布局

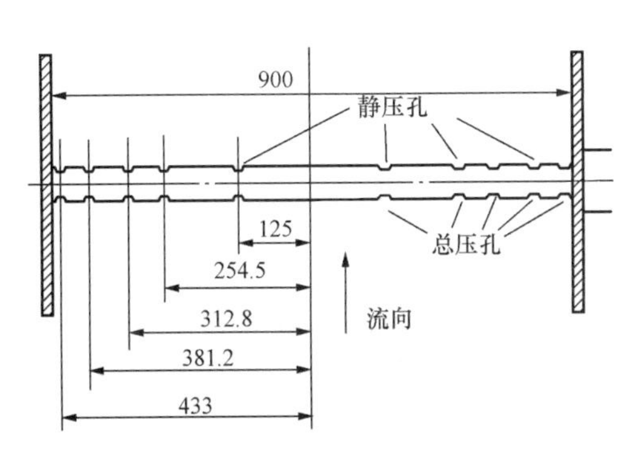

图 6-51　均速管总静压孔数目及位置

这是因为：

(1) 控制二次风的风门是百叶窗式［见图 6-52 (a)］且向一个方向开启，在未完全开启时，会产生旋涡，旋涡的大小、强度将随风门的开启程度（也就是流量大小）发生变化。

(2) 三支均速管距弯头的距离约 3.5D，距离较短不足以消除旋涡。当流量处于 40%～80%范围内，旋涡的强度较大，到达均速管时还未消失，由于均速管的结构前后一一对应，如存在旋涡，总压孔成了静压孔，而静压孔反倒成了总压孔，因此流量增大，输出反而减小；当流量大于80%时，百叶窗式风门接近全开状态，旋涡尺度较小，在到达均速管之前已消失，输出差压又可正比于流量。

（3）如百叶窗式风门改为如图6-52（b）所示相向开放的风门，则产生旋涡的可能性较小，甚至有可能改善流动状况。此外，控制风量的风门（或阀门）应尽可能安排在测量截面的后面。

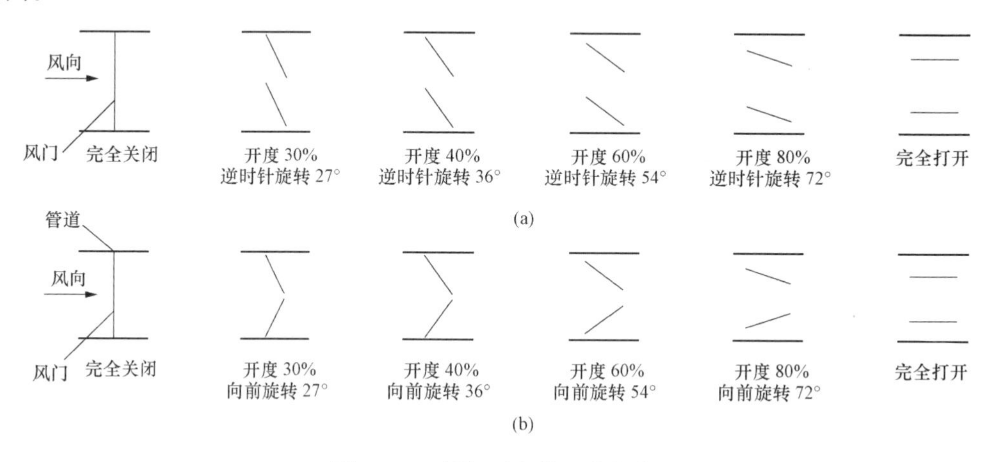

图6-52 风门开启的两种方式

（a）一侧开启；（b）相向开启

近年来，业界对现场多为非充分发展紊流已有所认识，但大多数仍仅限于认识到它的流速分布不对称性，忽视了旋涡的存在。然而旋涡的影响，不仅是准确度降低的问题，就连流量测量的基本规律也不存在了，所以，要准确地测量流量，绝对不允许旋涡通过流量计。

2. 火电厂风量测量的重要性及特点

我国火力发电中，由于风量测量不准确等原因，导致锅炉热效率与国外先进水平有较大差距。根据有关资料估计，当前风量测量准确度仅为8%～10%，如采取多项措施，组成风量测量系统，可将风量测量准确度提高到2%～3%，并进一步提高锅炉热效率。

火电厂风量测量的特点如下：

（1）管道形状多为矩形，管道边长可达5～6m，组合复杂且直管段极短，往往不足$2D$～$3D$，流速分布极其复杂，且随负荷不断变化（见图6-53），不可能存在固定不变的平均流速点，更难以用数学方程进行描述。

（2）管道内存在旋涡，其大小、强度及位置将随流量不断变化。

（3）流速低，由于管道中的压损与流速大小按几何级数增长，为减少压损，一次风的流速多在15m/s以下，如采用差压式流速计，输出差压仅15～60Pa。

（4）气体中多含有粉尘，采用差压式多点流速计易发生堵塞；采用热式多点流速计，虽不堵塞，粉尘黏附在热敏电阻上也会导致其灵敏度下降。

（5）由于流速分布复杂，必须在测量截面上测取较多点上的流速，才能较正确地反映流速分布，取得必要的流量准确度。由于每一点流速的大小、流体物性、加权系数等均不相同，计算比较复杂。

二、风量测量系统的组成

针对上述问题，采取以下措施逐一解决。

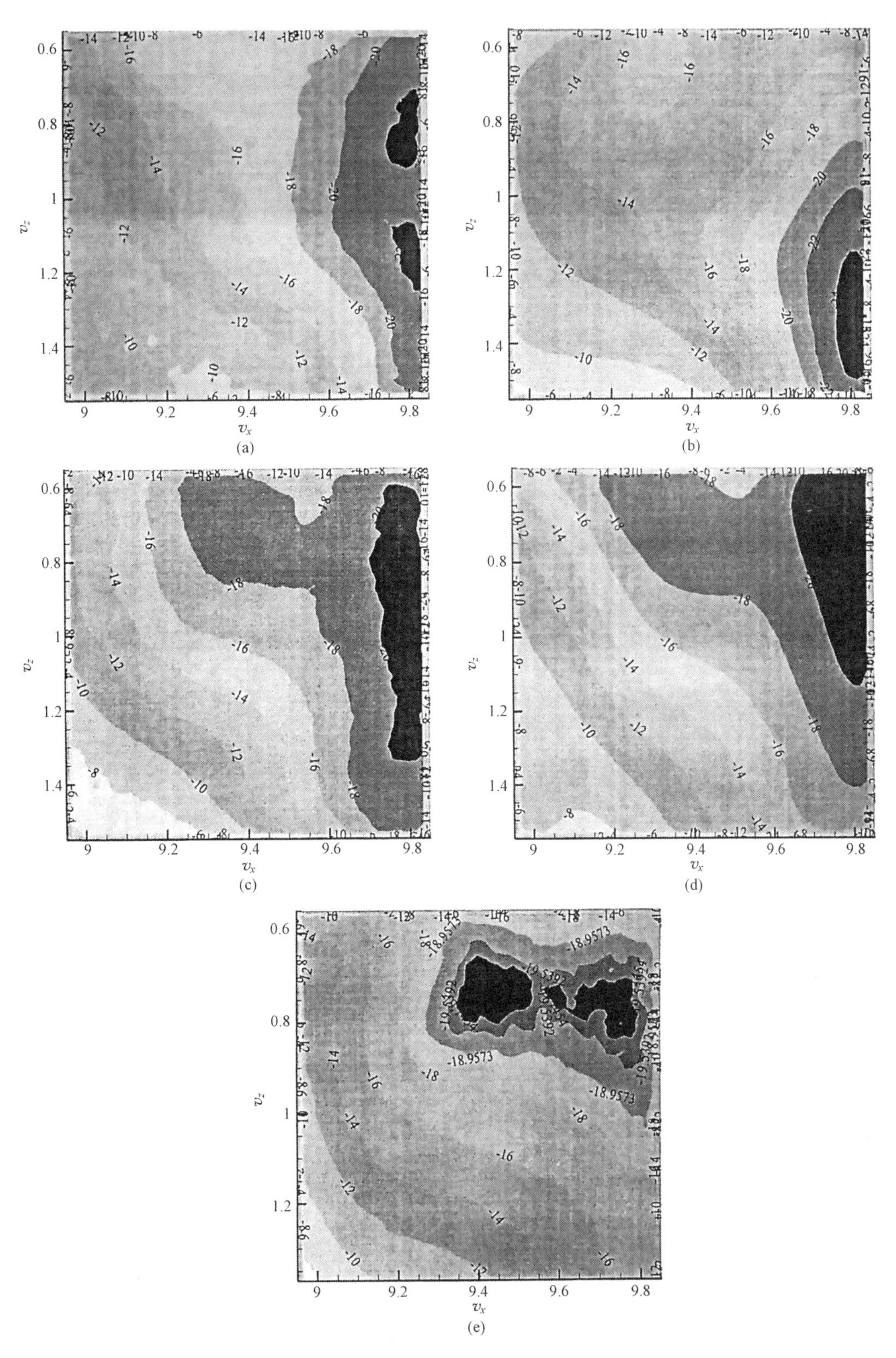

图 6-53　随风门开度不同管道内流速（沿管道轴线垂直向下的风速）分布的变化

(a) 风门开度 30%；(b) 风门开度 40%；(c) 风门开度 60%；(d) 风门开度 80%；(e) 风门开度 100%

1. 整流器

上述案例已十分明确地告诉我们，如测量截面上存在旋涡，则难以测量流量，而工艺留给流量测量的条件却很苛刻，又无法避开，则只有安装如图 6-54 所示的整流器来消除（或弱化）旋涡。ISO 7194 虽推荐了五种整流器，其中 Etoile 及 AMCA 主要用于消除（或弱化）旋涡，压力损失也不到一个速度头，但是它的长度要求 $2D$，在火电厂仍难以实施。近年来在火电厂已成功应用如图 6-54 所示的整流器，单元孔的形状有圆形、蜂窝形、方形及三角形。工艺最简单的应属圆形，但各圆之间形成的狭窄空间，流通性能较差；三角形的尖角部也成为流动的死角；当前行之有效的应属蜂窝形，其次为方形，蜂窝形流通性能最好，几乎没有死角，但制造稍难一点，方形工艺性好，易于制造，但流动性能略逊于蜂窝形。几何尺寸的安排建议单元孔的特征尺寸 a 为10～30mm。

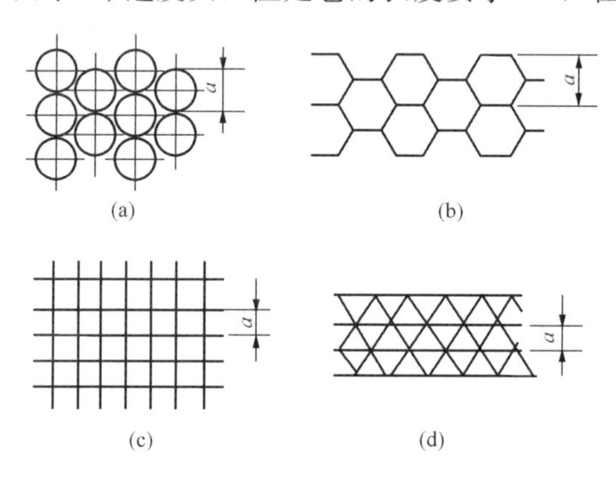

图 6-54　各种形状的整流器

（a）圆形；（b）蜂窝形；（c）方形；（d）三角形

a/D 之比可为几十分之一到几百分之一，单元孔小而密集，整流效果固然好，但压损会较大，维修也会频繁一些；整流器的长度 l 与单元孔 a 之比推荐为 1/5～1/10，显然数值越小，整流效果越好，由于 l 较小，几乎不占火电厂风管直管段长度，很有实用价值。图 6-55 是国外某公司生产的圆管和矩形管的蜂窝形整流器，已成功应用于上百家火电厂。

图 6-55　蜂窝形整流器

如何在较短的直管段长度上也可以准确测量流量是近二三十年国内外流量业界所关注的课题，上述格栅式整流器虽行之有效，但存在价格贵及维修工作量（清除粉尘积累）较大的不足，业内人士注意到流体在加速过程中有消除（或弱化）旋涡的现象，可以用来改变流场，这种案例已较多地应用到流量计上，如美国 Veris 公司的艾伯特流量计、涡街流量计等。火电厂管径太大，无法照搬，建议采用如图 6-56 所示的弧形收缩板，它既可改善流场，还可以加大流速，使差压式流速计在相同的前管段流速下输出较大的差压，当然也要付出一点压损的代价。

2. 多点流速计

前面已介绍的多点流速计（如均速管），原则上都可应用于大管道气体流量测量系统，具体分析一下，火电厂的管径多大于 1m，一般工况下应用时的雷诺数已远远大于1.1×10^{6}，也就是说超越了“阻力危机”的上限，完全无须采用成本较高、横截面各异的均速管，横截面可直接采用圆管。此外，也可以将总静压检测杆分为两根，而无须采用在一根上分隔为两个的复杂结构，这就是美国某公司推出的多点流速计（见图 6-57）。

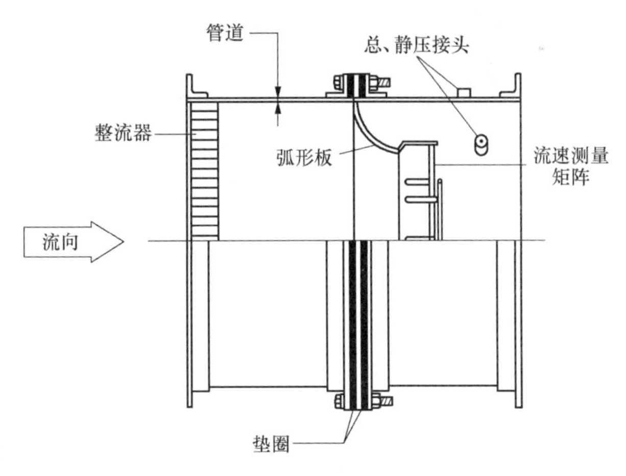

图 6-56　弧形收缩段应用于流量测量

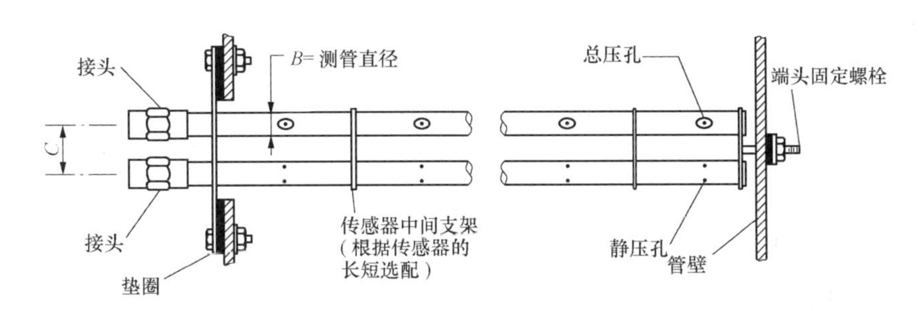

图 6-57　多点流速计

为减小气流偏斜的敏感，将多点流速计的总压孔加工成内锪孔（见图 6-11 的Ⅲ），静压孔处于静压检测杆近流向±30°处，该公司认为这两点即圆管上的静压（见图 6-8），无须标定，流速系数就等于 1。但从图 6-8 也可见，圆管上等于静压点的区域十分窄，气流稍有偏斜就会带来很大的误差，现场的情况却不是那么理想，未必可取得较好的效果。

此外，这款多点流速计的总、静压数是一一对应的，即在整个截面上总、静压测点完全相等，如果经整流器的气流为位流，整个截面上的静压相差不大，无须那么多静压测点，可以少安排一些以减小阻塞比，仍可以达到准确测量的目的。此外，所有的总、静压都是分别均衡后由总、静压汇管与差压变送器相连，无须测每一点流速，总、静压测点也没有必要一一对应，这样可以减少静压测点，增加总压测点，有助于提高准确度。

热式多点流速计（见图 6-42 和图 6-49）问世时间不长，但其低速性能优异备受瞩目，可以考虑与差压式多点流速计同时使用，以弥补差压式低速性能差的不足。

3. 微差压变送器

由于火电厂为减少压损，特别是一次风的大管道其中风速多设在 15m/s 以下，输出差压仅几十帕斯卡，常用的工业差压变送器，最低差压值也有几百帕斯卡，由于输出差压太小，再加上零点漂移，往往造成停机。为此，美国某公司推出了量程低至 13Pa 的超微差压变送器，由计算机进行控制，定期诊断差压、温度、压力等参数的反常现象，定期使微差压变送器自动归零，在执行过程中保证维持其信号正常传送，使流速测量准确、稳定、可靠。

4. 防堵措施

火电厂管道中的气体，不可避免地含有粉尘及湿气，采用差压式流速计都难以回避开粉尘及湿气堵塞问题。不少生产厂家所宣传的本质防堵都主观地夸大了所谓高压区的防堵作用，为此有以下两种解决方案：

（1）结构上防堵。几十年以来，差压式流速计从结构上防堵，也是提出了不少方案，如前所述的背靠式流速计（见图6-19），测管（见图6-20），这都是单点的。近十年来，我国东南地区推出了一种多点的背靠式流速计（见图6-58），一度风行一时，与前两种单点背靠式比较，它不仅可测截面上多点流速，较充分地反映了截面的复杂流速分布，还在测压孔中安置了一个振动棒，在气流的作用下振动，机械地清除粉尘，但使用几年后，发现了一些问题，主要有：

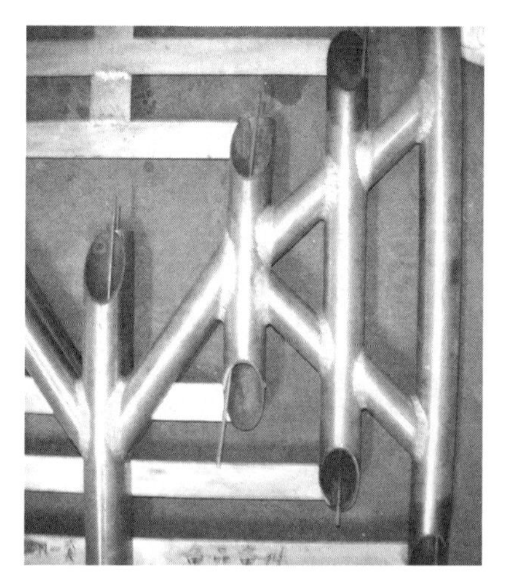

图6-58　背靠式多点流速计

1）整体结构。由于体积庞大，难以运输，生产厂家只提供管件到火电厂后组装。

2）振动棒结构不牢固，工作一段时间易于折断，会造成安全隐患，而又难以维修。

3）安装必须垂直向下安装，如此庞大的结构最多也只有13～16个测点，不能充分反映大管道中复杂的流速分布。

4）阻塞比达到了40%以上，严重地改变了管道中的流速分布及流量值。

（2）反吹装置。这是目前普遍采用的较先进的一种防堵方法，可使差压流速计长期可靠地工作在含有粉尘的风管内。

它是由计算机控制的，定时导入高压气体通入到差压流速计检测杆内，将粉尘吹回到管道中，清扫的周期（1～24次/天），以及每次吹扫持续的时间（30～120s），均可视现场实际工况进行设定。

5. 流量计算机

此处的流量计算机应是整个流量测量系统的神经中枢、指挥中心，一般具有以下功能：

（1）运算。将不同变送器传来的差压、温度、压力信号进行补偿、修正，计算得出在工况下及标准状态下的容积流量、质量流量。

（2）量程调整。根据流速计输出的差压值，对差压变送器量程进行调整，令其工作于最佳的量程范围。

（3）定期诊断。定期诊断各参数（压力、温度、差压）是否正常，定期令差压变送器自动归零，防止零点漂移。

（4）根据现场气流中粉尘的含量，对反吹装置的吹扫间隔时间、持续时间进行调整，定期发出指令，打开、关闭相关阀门，执行吹扫任务。

（5）输出标准的4～20mA信号，具有与DCS系统联系的远程通信功能，流量计算机可以根据需要设计各种型号，具有不同功能。

第七节　大管道风量测量的校验

一、校验的必要性

上述的各种差压式流速计，所测差压的平方根虽与流量成正比，但据此计算的流速并非管道中的平均流速，也就是说用它乘以管道截面积，并不等于流量，这是因为：

（1）流速计各点所测的高、低压，并非该点流速真实的总、静压，因为总压孔未必正对流向，仅部分流体的动能进入总压孔，滞止后的总压（此处称高压）将低于流体的总压；而为获取较大的差压，低压孔往往取自流速计背流向一侧，其低压值往往低于真实静压的50%。

（2）流速计的阻塞作用。所插入的多支流速计会形成一定的迎风截面，将减小测量截面的流通面积，增大气体的流速。流速计的横截面过小，则刚性不足；而太大，又会加大阻塞；流速计数量太少，测点不足，不能充分反映管道中的流速分布，太多同样会加大阻塞效果。研究表明，阻塞系数应控制在2%～6%较为合理。实际上都远远超过了6%，如图6-58所示的背靠式多点速流量计则尤为突出。

（3）有限测点无法反映管道中的流速分布。火电厂进风管径大而直管道又很短，流速分布十分复杂，有限的测点无法充分、真实地反映管道中的流速分布。实际应用时，只能要求所检测、计算的流量稳定，然后再用流量系数进行修正以得到真实的流量值，这个流量系数的取得必须通过现场实流校验。

二、检验的实施

大管道气体流量仪表都属于速度型，即其所测流量值与所处管道截面的流场（速度分布）密切有关，流量系数必须在相同的流场中校验，才可以传递以保证必要的准确度。目前国内外校验的方法主要有以下三种。

1. 风洞

可以提供直匀流，是研究物体在运动过程中受力大小的高科技试验设备，也可以研究固定物体在风力作用下的受力情况。对流量仪表来说，可以校验测点流速来推算流量仪表的流速系数，如皮托管、双文丘里、测管、插入式涡街、涡轮等。需要强调指出，在风洞校验所得到的是流速系数，并不是流量系数。由于现场不可能提供直匀流，且流速分布十分复杂，流场有很大的差异，用风洞进行流量校验，毫无意义。

2. 充分发展紊流

由于流量仪表（容积、科氏除外）的准确度与流场密切相关，所以国际标准化组织（ISO/TC30）及国内计量监督部门都明确规定了流量仪表的安装前直管段，应长达约30D以获得充分发展紊流。校验的实验室也应如此，这样校验所得的流量系数用于现场才可能有较高的流量准确度。但这对管道大至数米的火电厂已失去意义，即使不惜代价建立了如此庞大的试验室，火电厂也没有足够的场地提供充分发展紊流。况且，火电厂多为矩形截面管道，长与宽的组合成百上千，试验室难以提供。

因此，对火电厂来说，要准确测量风量，现实唯一的方法就是在现场进行实流校验。

3. 现场校验

（1）JJG 835《速度—面积法流量装置检定规程》。

我国曾于1993年公布了JJG 835《速度—面积法流量装置检定规程》，编写时参考了ISO 7145及ISO 3966、ISO 3354。这几个标准都只能应用于充分发展紊流，要求测量截面前应具有30D~50D的直管段长度，而实际应用现场对大管道来说十之八九是非充分发展紊流，因此该规程脱离实际现场应用条件难以执行。

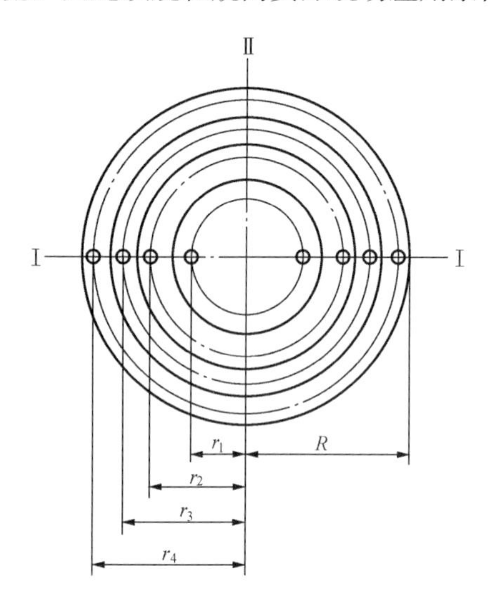

图6-59　圆形截面测点分布

（2）ISO 7194。该规程为非充分发展紊流下的速度—面积法有关内容，前面已详细介绍，不再赘述。

（3）GB 10184《电站锅炉性能试验规程》，这个规程适用于火电厂现场校验。

1）圆形截面。

a）将圆形截面分为N个等面积的同心圆环，再将每个圆环分成相等面积的两部分。测点即位于新分成的两个同心圆环分界线与轴线Ⅰ的交点上（见图6-59）。

测点距圆管道截面中心的位置按下式求得，即

$$r_i = R\sqrt{\frac{2i-1}{2N}} \tag{6-43}$$

式中　r_i——测点距圆截面中心的距离，mm；

R——圆形截面半径，mm；

i——从圆截面中心起算的测点序号；

N——圆形截面所需划分的等面积圆环数。

b）当圆截面直径D<400mm时，可在一根直径上测量（如图6-59的Ⅰ－Ⅰ、Ⅱ－Ⅱ）；若D>400mm，则应在相互垂直的两条直径上同时测量，测点增加一倍。

c）圆形截面直径D上测点的数目见表6-8的规定。

表6-8　　圆管上的流速点数

管道直径D（mm）	300	400	600	D>600mm时，D每增加200mm
等面积圆环数N	3	4	5	N增加1
测点总数	6	8	20	测点数增加4

2）矩形截面。

a）用经纬线将矩形截面划分为若干等面积接近于正方形的单元面积，各单元面积对角线的交点，即为测点（见图6-60）。

b）测点排数的规定见表6-9的规定。

表6-9　　矩形管上的测点数

边长L（mm）	≤500	500~1000（不含500，含1000）	1000~1500（不含1000）	>1500
测点排数N	3	4	5	L每增加500mm，测点排数N增加1

c）对于较大的矩形截面，可适当减少测点的排数，但每个单元面积的边长不应大

于1m。

3）单一代表点。

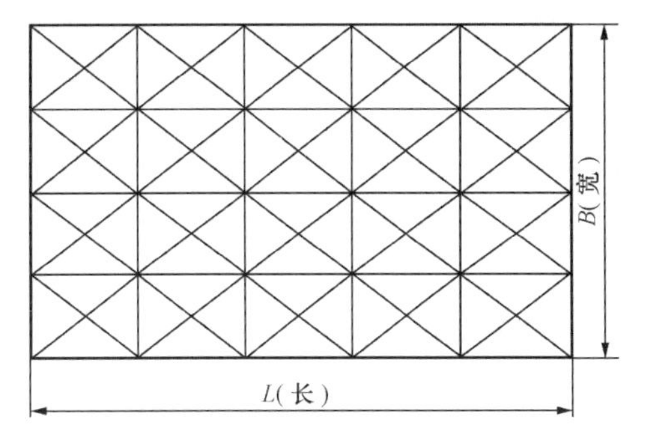

图6-60　矩形截面测点分布

a）代表点的确定应在预备性（或正式）测试之前进行。

b）按上述等面积划分测点后，在各测点上测量流速及相关参数（温度、压力、密度、浓度等），按式（6-44）求得该参数的速度加权平均值，其他参数同理。

$$v_{pi} = \frac{\sum_{i=1}^{n} v_i x_i}{\sum_{i=1}^{n} x_i} \tag{6-44}$$

式中　v_{pi}——速度加权平均值；

x_i——各测点测参数的加权值；

v_i——各测点实测的流速值，m/s。

c）在测量截面内找出 v_i 与 v_{pi} 相等的测点，该点即代表点 x_{pi}。

d）代表点的修正系数。若按上述方法不能找到与 x_{pi} 相等的测点，则可选与 x_{pi} 相近的 x_D 测点为代表点，再按下式求修正系数 K，即

$$K = x_{pi}/x_D \tag{6-45}$$

测试时按修正后的代表点测量值，即

$$x = Kx_D \tag{6-46}$$

式中　x——测量截面修正后的代表点测量值；

x_D——代表点的实测值；

K——代表点被测参数的修正系数。

e）适用截面。在测量截面取一个代表点，仅适用较小管道且流场流速分布较为均匀的现场，这种情况在火电厂目前已很少。较多的情况是流速分布是随负载改变的（见图6-53），单一的代表点只适用于某一负载情况。

4）多代表点测量方法。对于较大的管道，流速分布较复杂，将整个测量截面按速度场、被测参数分布场或按测孔分布情况，划分为多个测量区，每个测量区再按上述方法划分多个单元面积，再按上述方法求出每个测量区的代表点，整个截面的测量值为各代表点被测参数的算术平均值，即

$$\overline{x} = \frac{\sum_{i=1}^{n} k_i x_{Di}}{N} \tag{6-47}$$

式中　$\overline{x}$——整个截面的计算值；

x_{Di}——各代表点的实测值；

k_i——各测量区内按式（6-45）求得的修正系数；

N——测量区的数目。

5）代表点的意义。采用速度—面积法测流量是管径太大，直管段又短，流场极其复杂情况下，不得不采用的方法，代表点的意义在于通过一次烦琐的测量后，找到一个（或多

个）代表点，以简化测试，但需要提醒的是流场不仅复杂，而且随负载变化。建议充分考虑计算机强大的储存运算功能进行运算。

第八节 火电厂风量测量新技术

下面介绍几种提高火电厂风量测量准确度的新技术，供参考。

一、三维热标技术

长期以来，新建火电厂投运前，电科院对流量的调试仅限于一维冷态测量，而火电厂运行时磨煤机入口一次风温度可达400℃以上，前、后直管段长度仅1*D*左右，实际在工作状态下（热风），无论是流速分布还是温度场（影响密度）都有很大的差异，仅采用一维冷态标定与实际运行会有较大的差异，准确度较低。国外某公司现已采用三维热态标定，并曾对我国东北某电厂的3号炉A磨煤机入口风量进行热态三维标定。相关参数为：磨煤机一次热风，压力12.5kPa，温度400℃，最大流量53.8m^3/s，前直管段1.4m；后直管段1m，管道尺寸1200mm×2000mm×6mm（长×宽×壁厚）。其结果与我国电科院原来的冷态标定进行比较，从表6-10中可以看出，热态三维标定提高了风量测量的准确度，三维测试系统由3D检测探头、测试仪器及终端手持器三部分组成。

表6-10　对磨煤机进口风量采用不同方法标定的误差

标定方式	3号炉A磨煤机	3号炉B磨煤机	3号炉D磨煤机	3号炉E磨煤机	4号炉E磨煤机
AM热态三维	1.22%	−7.95%	−4.39%	−0.65%	3.59%
冷态一维	−26.4%	−29%	−13%	−23%	−23%

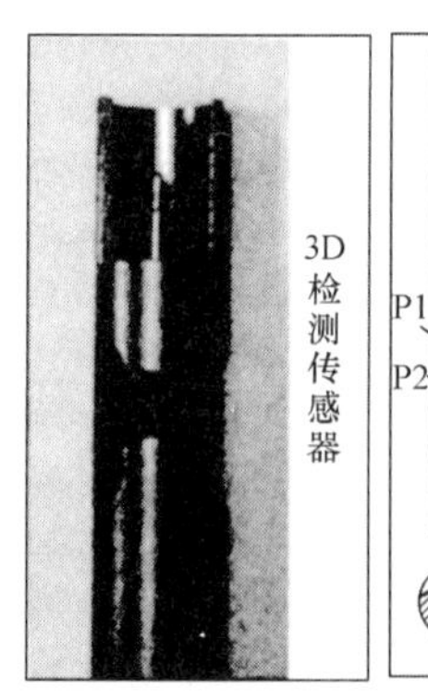

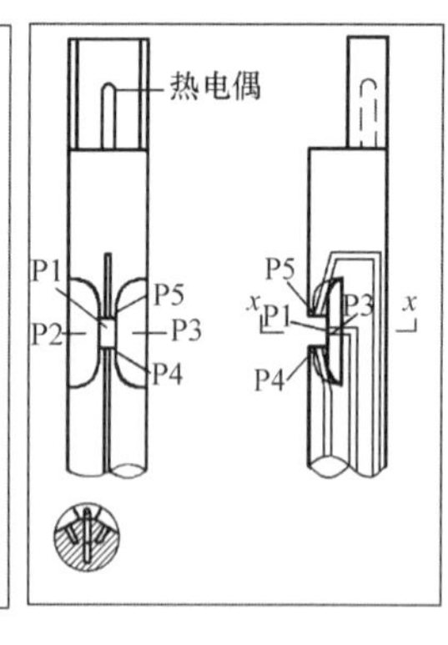

图6-61　三维检测传感器

P1—正中心的压力孔；P2、P3—两个侧面的孔，检测偏摇气流（YAW）；P4、P5—位于P1上下用来检测螺距气

（1）3*D*检测探头。如图6-61所示，3*D*检测探头端部由P1、P2、P3、P4、P5五个测试孔及一个温度传感器组成，其中位于中央的P1是总压孔，P2、P3是测量气流方向的静压孔，位于P1孔的两侧坡面上，P4、P5位于P1的上下方，检验过程中，转动探头，当$p_2=p_3$时，说明气流处于P1、P4、P5平面，再根据p_4、p_5的差值来修正p_1的大小。温度传感器也是必要的，在热流情况下整个测量截面，温度并非是一个常数，相差可达30℃，因此密度也是不等的，如不修正将会有差压误差。

（2）变送单元。测试仪器中，内置高精度的压力、差压变送器多达26个，它们将所测信号转换为4～20mA标准信号传送到微处理器，进行相关的校正补偿及平方根计算。

（3）操作存储单元。终端手持器和测试仪器中的计算机进行数据通信，将测量的数据通过手持器上的显示器显示出来，测试人员通过数据分析判定数据是否有效，如有效则予以保存，手持器还可以将所有测试数据，汇同个人计算机存储的数据自动生成数据表格及三维立体图形，给测试人员以十分直观的感受。

二、火电厂一、二次风模拟测试

（1）充分认识流场的复杂性。火电厂一、二次风复杂的流动情况不仅仅取决于上游的一二个阻力件，还与这个阻力件上游的流动情况有关（也就是上游的阻力件形式及组合）。那种仅做一个阻力件的流场分布测试，就宣称解决了非充分发展紊流中提高流量测量准确度的，急于求成的做法，已在现场被证明难以取得较高的准确度。

（2）模拟测试。现在火电厂的一、二次风管管径已达5～6m，要长时间在现场进行测试很不现实，而建立等尺寸的试验室也没有可能。但实验流体力学有一个几何相似准则，可以将火电厂的相关部件按比例缩小进行测试，在一定的条件下，测试结果将接近于实际情况。航空器、桥梁等的气动测试都遵循这一原则进行测试。这个缩小的比例当然不能太大，以1/5较合适。

（3）测试的条件。国外某公司已开展这项测试多年，因而能掌握火电厂风量测试的第一手资料，精确测量风量。测试的条件至少应有以下几点：

1）气源：能为模拟测试设备提供足够的风量（在模拟设备管径下达到必要的流速）及风压。

2）调速设备：可以无级调节风机的流量。

3）标准流量计：准确度不低于0.5%～1%，可考虑多台并联。

4）数据采集系统：对所测数据进行分析补偿、修正计算和储存。

5）各种流速、流向探头：如皮托管、二维流向探头、三维流向探头，它们应在有资质的风洞中进行标定。

（4）可能性。我国有数以千计的火电厂机组，相同类型的部件也将在数百以上，做这样的测试投资是不小，但分摊在每个部件上就微不足道了，就更不用说准确测量风量后所带来的节能减排，增加锅炉燃烧效率的经济效益了。

三、锅炉燃烧管理系统

全面准确测量风量，可促进提高锅炉燃烧效率。锅炉的热效率是火电厂净效率的重要组成部分，由于锅炉燃烧是碳与氧（空气）的化学反应，燃料、空气应有一个恰当的比例，提高锅炉热效率的关键在于提高风量测量的准确度。长期以来，业界主要是设法提高一、二次风量的测量准确度，忽视了具体执行燃烧过程的燃烧器的风煤比是否合理，总的风煤比合理是提高锅炉热效率的必要条件，但不是充分条件（在每个燃烧器中有的风煤比也许过大了，也有的可能不足，但总的风煤比可能是合理的），所以风量的准确测量不仅局限于总一、二次风，必须落实到每个燃烧器，才有可能保证提高锅炉热效率。

国外某公司推出的锅炉燃烧管理系统（CCMS），这个系统包括了以下子系统：①风量检测系统（CAMS），其功能包括对一、二次风及含氧量的准确测量；②燃烧器内部风量检测（IBAM）；③在线煤粉流量检测（Pf－FLO）；④烟气分析检测系统（CO/ZrO_2）；⑤烟囱排气流量检测系统。

上述系统检测的数据传至主机控制系统（DCS、FCS）通过智能模糊神经网络系统运算出最佳的风煤比，开启燃烧器风、煤调节阀，实现锅炉每个燃烧器的最佳燃烧控制。图6-62所示为采用CCMS系统后，锅炉内每个燃烧器喷出火焰的均衡状态。

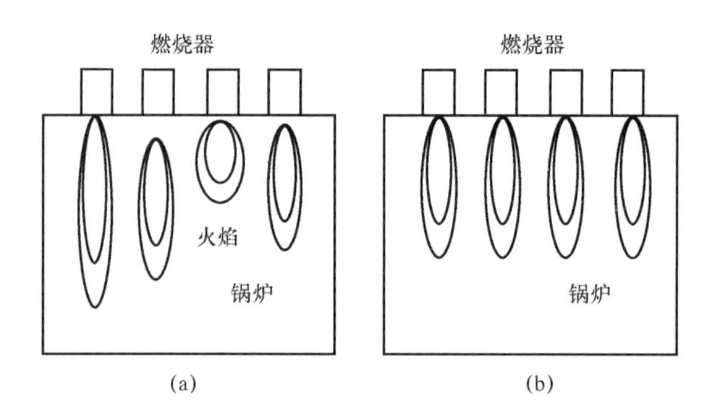

图 6-62 锅炉燃烧器改造前后火焰情况对比
(a) 改造前；(b) 改造后

第九节 小　　结

一、流量的基本定义

容积流量 q_V 可表示为通过某截面 A 的流速与其面积的乘积。只要能测通道的面积 A 与流速 v 就可知容积流量 q_V，这就是速度—面积法。这是一种历史悠久、最基本的溯源方法，其主要特点为：

(1) 可以解决各种通道、流体的流量测量问题；

(2) 由于中小管道已有成熟仪表，多用于大管道流量测量；

(3) 结构多采用插入型式；

(4) 结构简单，安装维修简便；

(5) 受现场安装影响，一般准确度较低，但重复性较好。

二、选型注意事项

(1) 应重视面积 A 的测量。面积 A 是计算流量的重要因素，面积 A 的误差对流量准确度的影响较大，应准确测量，不可忽视。

1) 面积的大小。从理论上说，无论大小都可采用这种方法。在实际应用时，选型考虑测量截面的周长可大至几米、几十米甚至几百米；而周长（或管径）小于 0.1m 时，速度—面积法已无优势，则无须再考虑采用这种方法。

2) 截面的形状。应力求规则以便准确测量，在水文中测江河流量时应选择较规则的河道，或人工制造较规则的通道，如槽。工业中，多为规则的圆形（或矩形）管道。

(2) 流速测量。

1) 流速分布。采用速度—面积法测流量是在通道的某一截面测一点、数点或几十点流速推算流量，该截面上的流速是否有规律，是取得必要测量准确度的关键。在工业中，若使流速有规律，首先要求测量截面前应有 $30D \sim 50D$ 的直管段长度，在现场很难保证。如此，应采用流动调整器，可以在较短的距离改善流速分布。

2) 流速大小。如采用差压流速计，最低流速可为 5～6m/s；而采用热式流速计，流速下限可达 0.05m/s。流速的上限不取决于流速计，而是受压损的制约，气体不大于 40m/s，液体不大于 5～6m/s。如气体流速大于 40m/s，应考虑可压缩性修正，流量计算公式中需加入压缩性系数。

一般来说，在工业现场管道中任何截面的流速大小都是不相等的，而且随负荷变化，如果前直管段很短且存在旋涡，很难准确测量流量。

3）流速方向。根据流量的定义，通过测量截面的流速，其方向应垂直于截面（即平行于通道轴向），采用速度—面积法亦应如此，计入流量的只是轴向流速 v_1，而不应包含平行于测量截面的流速 v_2。但如果前直管段很短，甚至存在旋涡，则流速方向将不平行于轴向，且会引入较大误差。因此，要求流速方向与轴向的夹角不得大于 20°。

采用流向探头（见图 6-45）了解管道中流体的流向，如达不到上述要求，则应采取整流措施。

a）安装网格式整流器（见图 6-54 和图 6-55）。

b）安装弧形板（见图 6-56）。流体在加速过程中可以消除旋涡（至少可减小它的尺度），所以采用收缩段、弧形板可改善流场。

4）流速计。

a）点速流量计。由于 ISO 7145 已于 2003 年撤销，通过测管道中一点流速推算流量的仪表，严格说都不能再称为测量仪表，只能用于监控。这类仪表如增加为多点，则产生阻塞比过大的问题（见图 6-58）。

b）径速流量计（见图 6-37～图 6-40 和图 6-57）。在前直管段大于 $7D$～$8D$ 的情况下，可以考虑应用于工控，即要求准确度不太高，而要求重复性较好的场合。

c）截面多点速流量计。目前主要有差压及热式两种方法，各有利弊。差压法不能有效测取流速小于 5m/s 的气体流量；而热式虽可测更低流速的流量，但目前还较少看到类似的产品，价格也较高。截面多点速流量计在整个测量截面上，安排了十几到几十个流速测点，充分反映了流速分布不均衡、变化的情况，是目前较完善的。

5）流速的脉动。在直管段长度较短、非充分发展紊流的条件下，流体的紊流度及流速的脉动较大，将会使所测流量值偏高 2%～3%。

6）单相。差压、热式两种方法都只能用于单相流体，热式如采用速度—面积法，只能用于干燥气体。

三、校验

（1）流速计应在有资质的风洞中进行标定其流速系数，阻塞比不大于 0.02～0.06；小于 0.02，可不修正。

（2）流速计的校验因与所处的流场密切相关，工业现场不可能具有风洞那样的直匀流，所以在风洞中标定毫无意义。目前国内流量业界有人一直努力建立直匀流与充分发展紊流之间的关系，认为流量计可以在风洞中标定后通过修正用于工业管道，似有些道理，但实际上现代工业很难提供足够长的直管段，十之八九都是非充分发展紊流，这种努力就没有多大价值了。

（3）现场校验。由于工业现场流场千变万化，难以模拟，较大的管道多采用现场校验。

（4）现场热式校验。现场设备在实际应用中的工况（流场、温度场）与冷态是有区别的，现场热式校验是必要的。

四、合理选择安装点

因前直管段长度对流量仪表测量的影响比后直管段长度大得多，如有可能，尽量将流量仪表安装在阀门、弯头等阻力件的前方。

五、工艺的配合

工艺适当的配合可以减轻仪表的压力，如将单向的风门改为对开的风门，前者破坏流场，后者将会减小旋涡，改善流场。

六、应用领域

点速流量计、径速流量计主要用于工控、监测，不宜用于计量。这类仪表结构较简单，要求测量截面流速分布应有一定规律，现场多无法满足，因此准确度较低，不宜用于计量；但重复性较好，适用于工控及监测系统。而面速流量计，则充分反映了管道中的流速分布，再加上现场的热式校验，可以较大地提高流量测量准确度。

参 考 文 献

[1] 郑洽馀，鲁钟琪．流体力学．北京：机械工业出版社，1979.
[2] 叶大均．热力机械测试技术．北京：机械工业出版社，1980.
[3] 钱翼稷．空气动力学．北京：北京航空航天大学出版社，2004.
[4] W. Kaufmann．工程流体力学．北京：科学技术出版社，1954.
[5] M. E. ДЕЙЧ．工程气体动力学．北京：电力工业出版社，1955.
[6] R. W. Miller．Fiow Measurement Engineering．McGRAW - Hill Book Co.，1983.
[7] 陈克诚．流体力学试验技术．北京：机械工业出版社，1983.
[8] 毛新业．探询插入式流量计的精确度．世界仪表与自动化，2002，(10).
[9] 毛新业．均速管流量计．北京：计量出版社，1984.
[10] 毛新业．节能仪表——均速管流量计．流程自动化，2005，(11).
[11] 毛新业．什么是影响均速管流量计精确度的主要因素．世界仪表与自动化，2004.
[12] 毛新业．均速管流量计——一种简便节能的流量仪表．Control Engineering China，2004.
[13] 毛新业．均速管流量计的应用与发展．自动化仪表，1996，(1).
[14] 一种准确的风量测量系统．中国专利．201120403667.8.
[15] 电厂锅炉燃烧气流检测管理系统．Air Monitor Co.，2000.
[16] 熊玉亭，苏中地．风洞校验均速管的速度分布修正系数研究．中国计量学院学报，2010.
[17] 周国祥，王京安．用 FJPE 型测管对非充分发展管流的试验研究．计量学报，2008.
[18] 刘建华，陈光会．复式双文丘里管在大管径气体流量测量的应用．第五届全国石油和化工仪表及自动化技术研讨会论文集，231 - 237.
[19] 刘建华，牟仲稀．亚声速复式双文丘里管在电力、冶金行业气体流量测量的应用．工业计量，2011，(4)：41 - 44.
[20] ISO 3966．Measurement of fluid in closed condits—Velocity aera method using pitot static tubes.

[21] ISO 7194. Measurement of unsymmetrical fiuid flow in closed conduits.
[22] Rahmeyer. W，Britton. C. L. Development of an Averaging Type Pitot - probe for Discharge Measurement. 27th International Instrument Symposium，Part Ⅱ，U. S. A，1981.
[23] E. Ower. The Measurement of Air Flow. Programme Press，1977.
[24] 毛新业. 取样流量仪表的原理、应用与发展. 2012 年全国流量测量学术交流会论文集，334 - 341.
[25] 毛新业. 大管道气体流量检测仪表. 电力设备，2008，(12).
[26] 毛新业. 提高火电风量测量准确度、促进节能减排. 火电热工自动化，2010，(1).
[27] 毛新业. 先进、高效、准确的三维现场校验技术. 工业计量，2011，(4)：8 - 11.
[28] 毛新业. 准确测量风量，提高火电锅炉燃烧效率. 2012 电站锅炉优化运行技术研讨会论文集，177 - 183.
[29] 蔡武昌，应启戛. 新型流量检测仪表. 北京：化学工业出版社，2006.

第七章

新 型 流 量 仪 表

据“Flow Research”网评估，在近10年内，各类流量仪表年市场增长率从高到低排名依次为超声波流量计、科氏流量计、电磁流量计、热式流量计、涡街流量计，这几种流量仪表的推出、发展可追溯到20世纪80年代，年增长率一直处于上升势头，本书将这些流量仪表归类为新型流量仪表。

第一节 超 声 波 流 量 计

一、概述

早在1931年吕特根（Ruttgen）就提出了用声学原理测量的理念，直到1955年美国才首先推出了马克森超声流量计（Maxson Flowmeter），用于测量航空燃料，开启了超声波流量计的实用阶段。通过实际应用，它的独特优越性引起了人们的高度关注，相继推出了时差、声束偏移、多普勒等多种方案。1964年采用声环法的超声流量计成功用于自来水的贸易结算，它可以安装在管道外侧，做成便携式的，无须在管道内安装任何检测件即可进行流量测量，令人耳目一新。真正有突破性进展是在20世纪70年代后，伴随着集成电路的飞速发展，可以采用高性能工作稳定的PLL回路（锁相环路）技术，这极大地推动了超声流量计的应用。

由于液体的声阻比气体小得多，所以液体超声波流量计较气体早二三十年成功推向市场。进入21世纪，由于对多声道（3～5道）频差法、时差法超声流量计的改进，气体超声流量计准确度可达到±0.5%，成为不少国家进行天然气贸易核算的首选计量仪表。

二、超声波基础知识

人们可听到的声音频率范围为16Hz～20kHz，而超声波流量计常用频率为100kHz～2MHz，是人类所听不到的。超声波的特点是具有很强的方向性、穿透性及折射能力。利用这些特点，可以准确地测量管道中（或通道，如渠、堰、河流，等等）中的流速，以此推算流量。

（1）声速。在不同介质中，声阻的不同（气体最大，液体次之，固体最小）会影响超声波在其中的传播速度。由于超声波流量计是通过测量管道中的流速来推算流量的，流体的声速会影响流量的测量准确度。

（2）声衰减。超声波在空气中的传播，除因扩散引起的衰减外，空气的黏性、热传导及分子的吸收，也会导致衰减。确定衰减系数 α 的计算式为

$$\alpha = \frac{\omega^2}{2c^3}\left(\frac{4}{3}\ \frac{\mu}{\rho} + \frac{\gamma - 1}{\gamma} - \frac{k}{\rho c_V}\right) \tag{7-1}$$

式中　μ——黏性系数；

k——热传导系数；

γ——等熵指数；

c_V——比定容热容；

ω——角频率，$\omega=2\pi f$；

ρ——密度；

c——声速。

在20℃时，按式（7-1）确定的空气衰减系数为 $\alpha\approx1.32\times10^{-11}f^2(\mathrm{m}^{-1})$；水为 $\alpha\approx8\times10^{-15}f^2$（式中 f 为超声波频率）。

用 x 代表衰减距离，其意义是 $1/\alpha$ 位移幅度衰减到1/e（e是自然对数）的距离，则空气为 $x\approx10^{11}/1.32f^2(\mathrm{m})$；水为 $x\approx10^{15}/8f^2(\mathrm{m})$。

由以上计算结果可以看出，空气与水相比，其声衰减将随频率的增大急剧增大，说明气体（含空气）不利于高频声传播，如频率500kHz，衰减太大；但也并非传播频率越低越好，因过低则换能器会受介质不均匀、杂质等因素的影响，方向性会变差，两者是相互制约的。所以，液体超声流量计频率范围为0.5～5MHz，而气体超声流量计频率范围取40～200kHz。

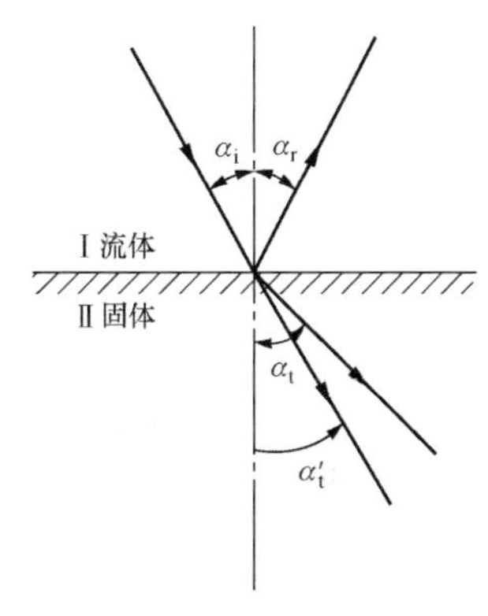

图7-1　声波向不同媒质的分界面倾斜入射

（3）特性阻抗与声反射、折射、散射。

1）特性阻抗 z。反映了介质的声特性，大小等于介质的密度与其声速的乘积，气体、液体、固体的特性阻抗之比大致为 $1:3\times10^3:8\times10^4$，相差很大。它决定了超声波由一个介质进入另一个介质的能力。

2）声反射。表示声能入射某一介质的反射能力，根据斯奈尔（Snell）定律确定，入射角 α_i 等于反射角 α_r，如图7-1所示。

3）声折射。声能从流体Ⅰ（见图7-1）进入固体Ⅱ，流体只有纵波，而固体除纵波外还有横波，分界面法线的纵波入射角为 α_i，反射角为 α_r，折射角为 α_t，横波折射角为 α_t'。介质Ⅰ、Ⅱ的纵波速度为 c_1、c_2，横波速度为 c_2'。此外，要说明的是，如高频声波（>2MHz），在入射到含有气泡的和固体颗粒的液体上，还会发生散射现象。

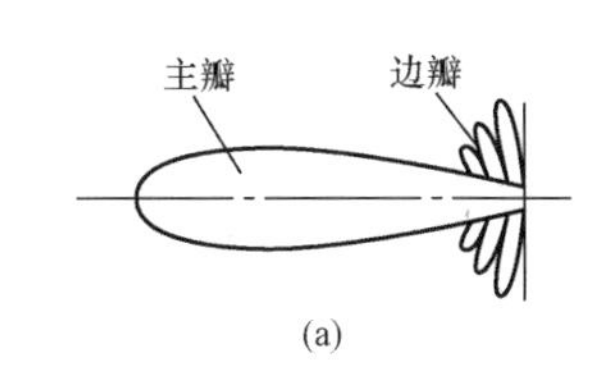

(a)

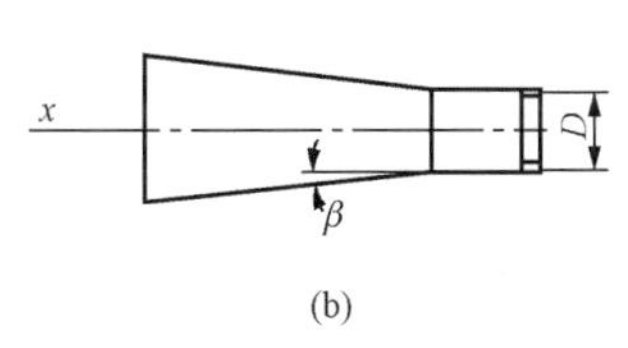

(b)

图7-2　超声换能器的指向性图

（a）实际的；（b）理想的

（4）超声波换能器的指向性（见图7-2）。超声波换能器的指向性可由式（7-2）表达，即

$$\sin\beta=1.22\frac{\lambda}{D} \tag{7-2}$$

式中　β——指向性半角；

λ——波长；

D——圆形辐射面直径。

介质为气体的超声换能器 β 角一般取3°～7°；液体取2°～10°，要求超声换能器的指向性狭窄，以使声能集中，取

得较大的信噪比。

三、超声波量计的分类与构成

（一）分类

近二十多年来，超声流量计发展迅速，种类也较多，但比较成熟、应用较普遍的有五种，如表 7-1 所示。

表 7-1　利用超声原理测量流速、流量的主要方法

方法	原理	检测量	应用公式
时差法	顺/逆流声速的变化	时间差	$\Delta t=2vL\cos\theta/c^2$
相差法	顺/逆流声速的变化	相位差	$\Delta\varphi\approx2\omega Lv/c^2$
频差法	顺/逆流声速的变化	频率差	$\Delta f=2v\cos\theta/L$
多普勒法	多普勒效应	多普勒频移量	$f_d=2v\cos\theta\cdot f_t/c$
声束偏移法	声束偏移	声信号幅度变化量	$y=D\tan\gamma$，$\tan\gamma=\mu/c$

注　表中公式符号为：Δt：时间差；$\Delta\varphi$：相位差；D：管内径；θ：声道角；c：声速；Δf：频率差；f_t：初始频率；f_d：多普勒频移频率；v：流体流速；γ：偏移角；μ：声速偏移量；ω：$\omega=2\pi f$，角频率；L：声程长度或声程。

（1）表 7-1 所列的前三种方法（时差法、相差法、频差法），是测量超声波在顺流与逆流传播速度之差，仅通过不同的检测量来反映。所以，它们都是流速检测器，而反映的仅是通过声道的平均流速。其流量准确度也取决于管内的流速分布。由于现在工业现场多为非充分发展紊流，流速分布很复杂，要提高准确度，需通过多声道来解决，见图 7-3。

图 7-3　全数字化的多声道气体超声波流量计

（2）多普勒法是向流体中的散射体发射声波（散射体是与被测流体按同一流速运动的固体粒子或气泡），所产生的频移 f_d 与流速 v 有关，即

$$v=\frac{c}{2\cos\theta\cdot f_t}f_d \tag{7-3}$$

这种方法也只能检测声束范围内的流速，意味着与管道内流速分布有关，此外它适用于测流体内含有较多“杂质”的流量，如气液两相流等。

（3）声束偏移法（见图 7-4）是超声传感器垂直于管道轴线发射超声波。在流体内的声束被流体推移一个距离 y，$y=D\mu/c$，理论上偏移距离 y 与管道内流速 v 成正比，可通过测 y 推算 v，从而得出流量 q_V 大小，但由于声速 $c\gg v$，y 非常小，很难准确测量，现已很少使用。

（二）构成

超声波流量计主要由换能器及传感器两部分组成。

1. 换能器

换能器是一种电声转换器件，由 PZT（锆钛酸铅）、PVDF（聚偏氟乙烯）等压电材料组成，表 7-2 和表 7-3 分别是这些材料的物理特性及物理常数。

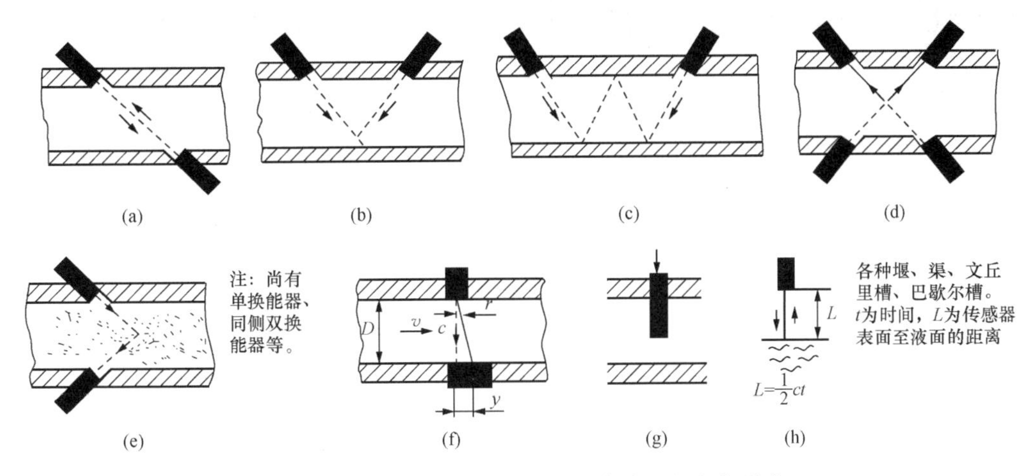

图 7-4　超声流量计工作原理及传感器的安装形式

(a) 声波传播速度变化（包括时差法、频差法、相差法）Z 式（单声道、多声道）；(b) 声波传播速度变化（包括时差法、频差法、相差法）V 式；(c) 声波传播速度变化（包括时差法、频差法、相差法）W 式；(d) 声波传播速度变化（包括时差法、频差法、相差法）X 式；(e) 多普勒法；(f) 声速偏移法；(g) 噪声法；(h) 液位测量和堰、槽等的结合法

表 7-2　　压电材料物理特性

压电材料	密度（$\times10^3$kg/m^3）	声速（m/s）	特性阻抗（$\times10^6$Pa·s/m）	居里温度（℃）
PZT-4	7.5	4400	33.0	328
PZT-5	7.75	4350	33.7	365
PVDF	1.80	2100	3.78	—
石英	2.65	5250	15.3	576

表 7-3　　压电材料物理常数

压电材料	切向	弹性模量（$\times10^6$Pa）	相对介电常数 $\varepsilon/\varepsilon_0$	压电常数		耦合系数
				d（$\times10^{-12}$C/N）	g（$\times10^{-3}$V·m/N）	
PZT	Z	83.3	1200	110	10	30
PVDF	Z	3.0	13	20	174	19
石英	X	77.2	4.5	2	50	10

(1) 选用压电元件时应注意：①表面平整，无缺损，色泽均匀，无电击痕迹；②材料的厚向耦合系数，压电常数 d、g 以较高为宜，机械品质因数及介电系数适当；③从被测介质、管径、仪表技术性能的要求，选择频率的大小。

(2) 工作频率：换能器工作的频率与所测介质有关，测液体流量多用 PZT 材料，工作频率为 0.5～5MHz；测气体流量则低得多，为 40～200kHz，用于明渠多选 60kHz 左右。

(3) 匹配层：在声辐射面上加一层（或双层）1/4 波长的匹配层，可有效提高发射与接收效率。匹配层的材料采用低密度、低声速的高分子材料，如氟塑料、聚乙烯等。

当换能器不直接与被测介质接触，而是通过固体界面（如金属管道）时，需要通过耦合介质（油脂、甘油、硅脂等）与声导体实现声耦合，甚至将它们焊在一起，以提高声传效率。

（4）设计、选用换能器结构应注意：①足够的灵敏度及良好的声束指向性；②信号波形畸变小，无杂波；脉冲信号前沿陡峭；③耐腐蚀，抗高温，抗振动；④足够的机械强度及密封性；⑤安装、拆卸简便。

图 7-5 和图 7-6 分别为几种液体、气体超声流量换能器示意图。

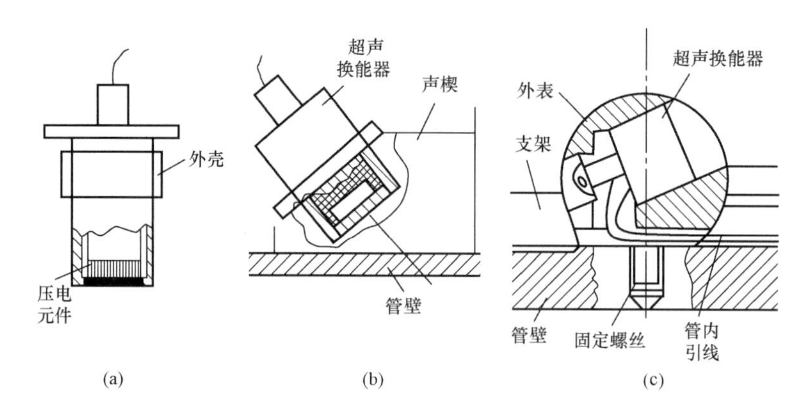

图 7-5　几种液体超声流量换能器

（a）插入式；（b）声楔式；（c）内置式

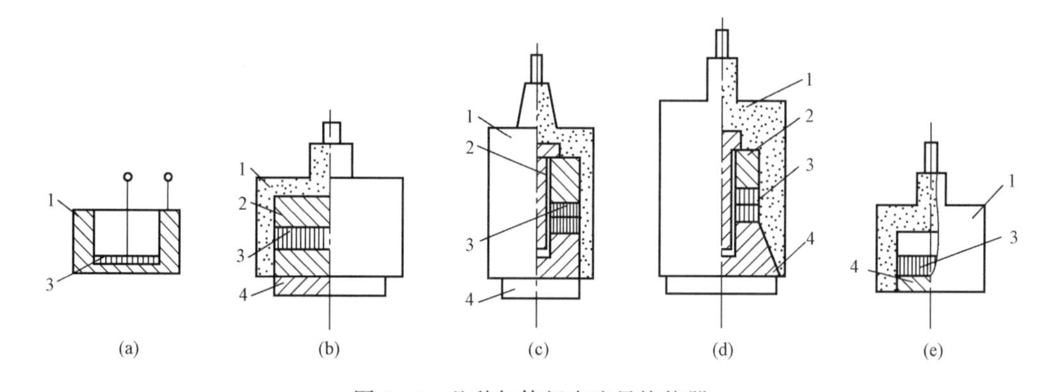

图 7-6　几种气体超声流量换能器

（a）弯曲式；（b）郎之万式；（c）夹心式（圆柱形）；（d）夹心式（喇叭形）；（e）圆片式

1—外壳；2—金属体；3—压电元件或晶堆；4—声匹配层

2. 传感器

（1）声道。由于超声流量计只能检测声道中的流速分布，当超声流量计的前直管段较短、流经流量计的管内流速分布十分复杂时，单声道无法充分反映整个截面的流速分布，难以取得较高的准确度。因此，为提高测量准确度，可以采用多声道，见图 7-7。

（2）侵入式与外夹式。侵入式是穿透管壁将换能器置于管道内，令其直接与流体接触，声道可多样化，安装位置精确，有可能取得较高的测量准确度。外夹式，也即非侵入式，是将换能器安装在已有的管道上（见图 7-8），超声波通过声楔（塑料，或金属）进入流体，经对面的管壁反射，通过声楔为下游换能器所接收，从上游换能器 1 到下游换能器 2 为顺

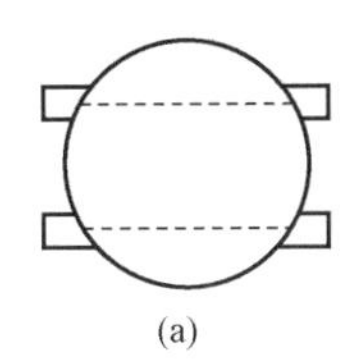
(a)

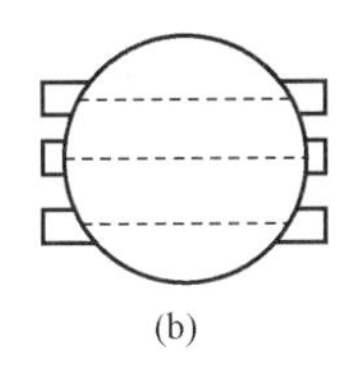
(b)

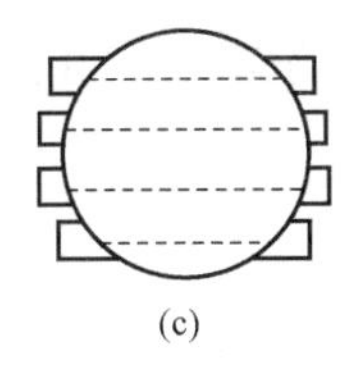
(c)

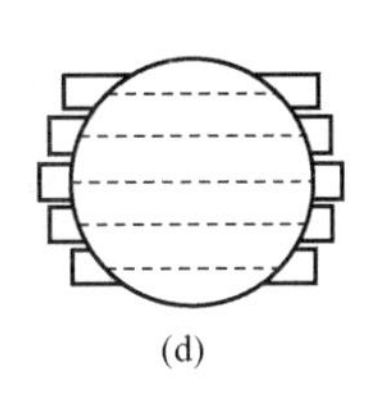
(d)

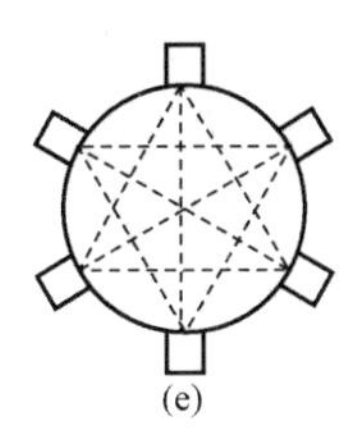
(e)

图 7-7 超声波流量计多声道布局

(a) 2 对探头—2 声道；(b) 3 对探头—3 声道；(c) 4 对探头—4 声道；(d) 5 对探头—5 声道；(e) 6 对探头—18 声道

向，反之则为逆向。

外夹式的独特之处在于不破坏管壁，这个优点是插入式流量计（差压、热式）无法比拟的。

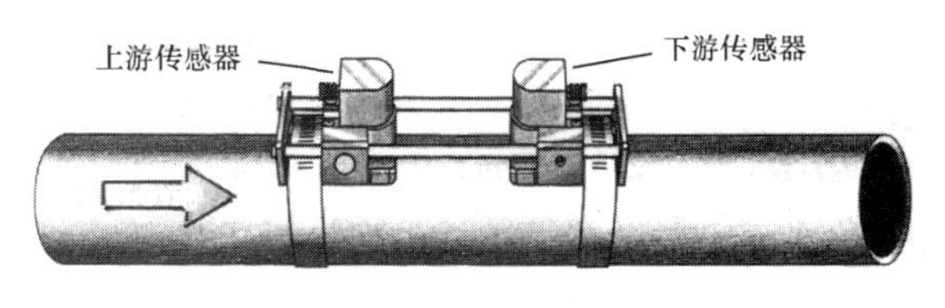

图 7-8 外夹式超声波流量计

（3）不同超声流量传感器的适用范围。

1）外夹式。换能器安装在管道外，不接触管道内的流体，不干扰流场，不受流体压力的影响。特别适用于中高压封闭管道，强腐蚀、有毒、有害流体，放射性流体的测量及临时的监测，但由于受管壁及安装位置的影响，准确度约为±2%，次于侵入式多声道。

2）侵入式。安装可以很精确，可采取多声道弥补管内流速分布带来的影响，准确度可达±0.5%。

3）内置式。用于管壁不允许打孔的场合，如混凝土管。

四、气体超声波流量计

1. 原理

气体超声波流量计多采用时差法，如图 7-9 所示。

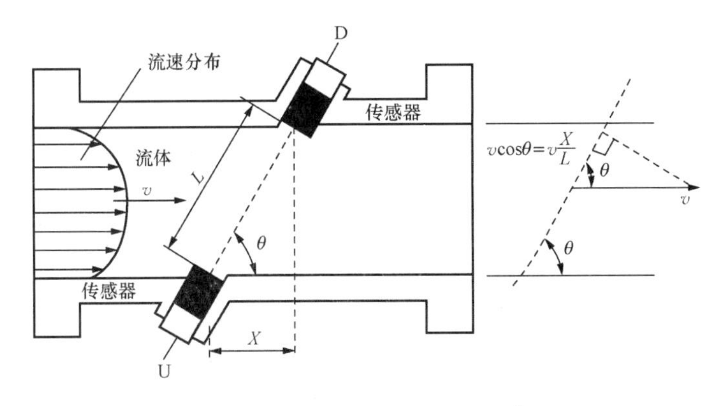

图 7-9 时差法工作原理图

在管道上游的换能器 U 以声速 c 发射超声波到达下游换能器 D 的时间 t_{ud} 为

$$t_{ud} = L/(c + v_i \cos\theta) \tag{7-4}$$

式中 L——声程；

θ——发射角。

由于顺流，因此式（7-4）中相应加上流体流速的轴向流速 $v_i\cos\theta$，同理从下游换能器D返回的到达上游换能器U的时间 t_{du} 由于逆流，相应减去流体的轴向流速，即

$$t_{du}=L/(c-v_i\cos\theta) \tag{7-5}$$

解上面两个公式，可得到

$$v=\frac{L}{2\cos\theta}\frac{t_{du}-t_{ud}}{t_{du}t_{ud}} \tag{7-6}$$

说明了用时差法测管道中的轴向流速 v 与声速无关，但所测的流速 v 仅仅是声道上的轴向流速，它并不是管道截面流速的平均值 v^*，也就是说 vA 并不等于 $v^*A=q_V$。如果管内流速分布很复杂，单声道的测量准确度较低。

在充分发展紊流条件下，管道中的流速分布如图7-10所示，具有一定的规律，可以通过系数来修正。由于充分发展紊流下流速分布与雷诺数 Re_D 有关，所以修正系数 K_d 如图7-10所示，取决于 Re_D。但流程工业中，往往不可能提供较长的直管段，以保证超声流量计安装在充分发展紊流中，为了提高超声流量计的测量准确度，多采用多声道，全面“扫描”整个测量截面的流速分布。除了 K_d 系数外，还有调整系数 F，它与上游的阻力件形式数量组合有关，必须通过大量的测试获得。

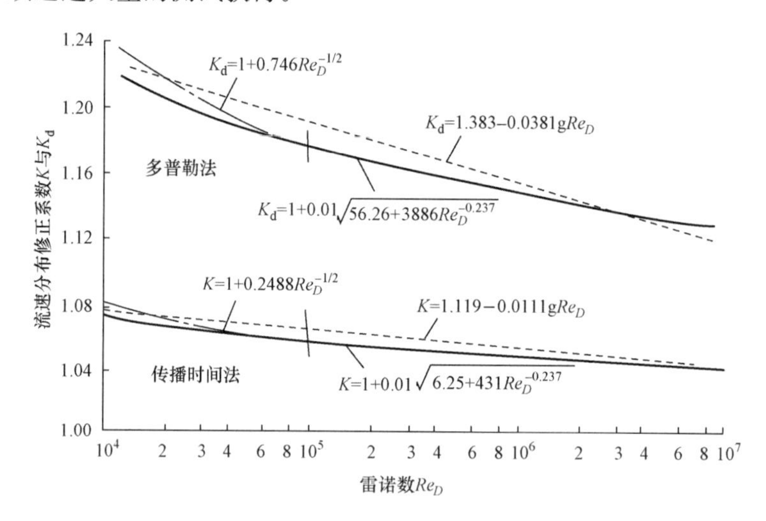

图7-10　雷诺数与校正因子 K 的关系

通过修正系数 K_d 修正 v，令其接近平均流速 $v^*=K_dv$

单声道
$$q_V=\frac{L}{2\cos\theta}\frac{t_{du}-t_{ud}}{t_{du}t_{ud}}K_dA \tag{7-7}$$

多声道
$$q_V=\left(\frac{L}{2\cos\theta}\frac{t_{du}-t_{ud}}{t_{du}t_{ud}}K_dA\right)F \tag{7-8}$$

式中　K_d——在充分发展紊流条件下的速度分布校正系数；

A——管道截面积；

F——在非充分发展紊流下的调整系数。

2. 构成及性能应用

（1）主要构成。气体超声流量计主要由换能器、传感器及转换器三部分组成。

1）传感器。根据流场及对准确度的要求，有单声道及多声道的选择。单声道多采用V

形，不仅可延长一倍声道，还可在双倍声道中消除涡流的影响，如要求高准确度可选用多声道，换能器呈矩阵布局。传感器在较短直管道，不符合安装要求时，可考虑在进口选用板孔整流器，如测可燃气体，还应考虑防爆。

2）转换器。转换器由微处理器、控制单元、发射单元、接收单元、显示单元等组成（见图7-11）。微处理器系统中央控制单元和数据处理单元在软件的支持下控制工作程序，并进行数据处理，完成各种运算、补偿、诊断、定标等工作。

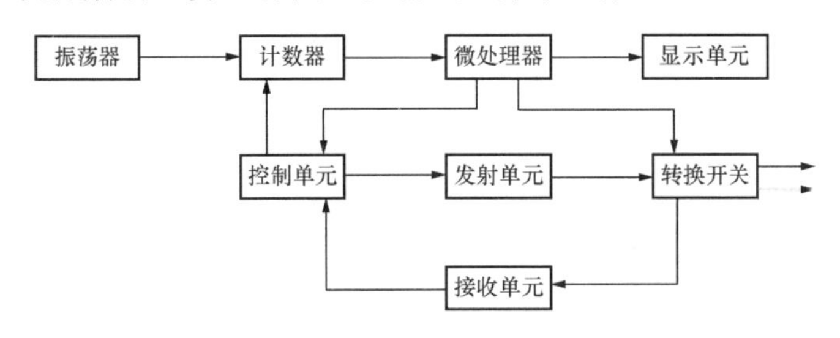

图7-11　时差法超声流量计转换器构成

（2）技术性能（供参考）。

技术性能包括：①管径，50～3000mm（计量级100～600mm）；②量程比可达300∶1，最小分辨率可达0.001m/s；③声道，1～6；④准确度，±0.5%（夹装式±2%）；⑤重复性，0.2%；⑥压力上限，42MPa；⑦温度上限，85℃（测过热蒸汽可达450℃）；⑧数据接口，RS485/RS232；⑨响应时间，1s；⑩直管段，上游10D，下游3D；⑪压力损失，约10Pa；⑫功耗，10～15W；⑬防护等级，IP65。

上述技术参数仅供参考，因厂家不同，使用目的、应用环境等因素影响，均有差异，用户采用时，需向生产厂商了解具体情况。

（3）特点。

从以上技术参数可看出，气体超声波流量计具有不少独特技术性能，如：①量程比可达300∶1，差压式一般只有3∶1，涡街、涡轮只有10∶1；②准确度可达±0.5%；③压损几乎可以忽略；④对直管段长度的要求，也仅为上游10D，下游3D；⑤可以在不断流、带压状态下装卸换能器；⑥可进行双向流、脉动流测量；⑦不受沉没物、湿气的影响；⑧换能器轻巧，安装空间小，安装维护方便。

超声流量计（特别是气体超声波流量计）的问世，以其独特的优点受人瞩目，当前大力推广的障碍，还是价格偏高，相信随着微电子计算机技术的发展，生产成本将会逐渐降低，会得以大力推广。

（4）标定。

1）实流标定。虽然国际标准AGA9号报告认为采用超声波计量天然气允许误差为±0.7%（如D<300mm，允许误差为±1%），国外不少先进生产厂家的产品都可以达到这个要求，但不少天然气供应商仍希望通过实流标定进一步提高仪表的准确度。

由于气体的成分会影响声速，为提高测量准确度，最好选择实流标定，我国成都的华阳天然气试验站，采用Mt法做原始基准标定声速喷嘴，可达到±0.2%的准确度；再用声速喷嘴作为标准表来校验超声波气体流量计，标定后准确度不低于±0.5%。

2）干法校验。鉴于过去50多年来对孔板流量计进行干标取得了不少经验，这些经验可以借鉴，其方法简述如下：①几何尺寸的测定，精确测量流量计内部的几何尺寸是干标的基础；②功能测试，将换能器安装在传感器上，接通电路，对流量计的功能进行测试；③组态调整，测试、调整声道角度、声程；④声速计算，通过计算机相关软件，计算不同组分下气体的声速；⑤声程标定，两种不同压力下的纯气体（如氮气）的声程，取其平均值。

3）影响干法校验不确定度的因素有四点：①流速分布校正系数。如为单声道，不确定度范围为1%；如为三声道，为0.4%；如为五声道，为0.3%；如为六声道，约为0.25%。②流量传感器的几何尺寸。声程不确定度约5.25mm，声道角不确定为0.05°，管径不确定度为0.125mm，所有因素结合起来，由于几何尺寸产生的不确度为0.27%，按均方根误差计算不确度范围为0.18%。③时间测量。传播时间不确度范围在10ns以内，在正常测量范围内影响较小，但在低流速情况下影响较大。④仪表总的不确定度。流速分布校正系数$K=\pm0.3\%$，表体尺寸为±0.18%；按均方根误差表示为$(0.3^2+0.18^2)^{1/2}=0.35\%$，这个数值与世界级校验设备确定的范围（0.25%～0.3%）相差无几。气体超声流量计实施干标技术后，可以节约巨额的试验室投资及标定的烦琐程序，都是一件十分有意义的工作。

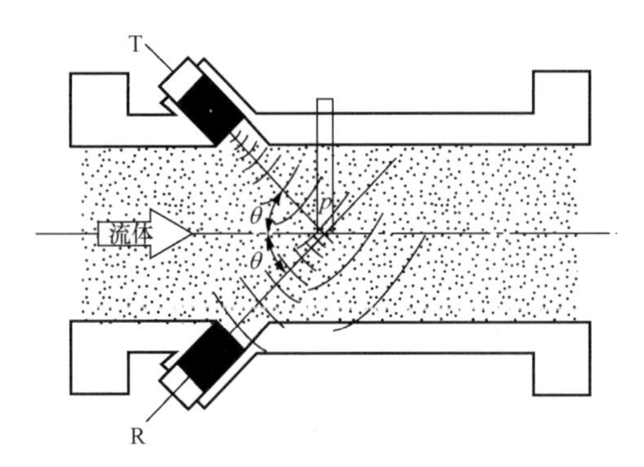

图7-12　多普勒超声流量计位移原理

五、多普勒超声流量计

根据多普勒效应而研发的一种流量仪表，当前已成为测量工业用水、污水、含粉尘气体流量的重要仪表，换能器多安装在管道外，不进入管道与流体相接触，管径自12mm至5000mm；准确度为±1%～±5%，重复性为0.5%～1%。

1. 原理

多普勒超声流量计位移原理见图7-12，发射器T发射一定频率的超声波至流体中的杂质（固体颗粒或液体中的气泡）上，将产生散射波为换能器R所接受，散射波的频率变化与杂质的移动速度成正比，即

$$f_d = 2v\cos\theta \cdot f_t / c \tag{7-9}$$

式中　f_d——多普勒频移；

c——声速；

v——杂质的移动速度，认同为流体的速度；

θ——发射与接收波与x轴（即流向）的夹角；

f_t——发射频率。

设换能器T、R的发射方向与管道轴线的夹角为θ，R所接受的频率为f_r，则有

$$f_r = \frac{c + v\cos\theta}{c - v\cos\theta} f_t \tag{7-10}$$

由于声速c较流体流速v大得多，所以式（7-10）化简为

$$f_r = \left(1 + \frac{2v\cos\theta}{c}\right) f_t \tag{7-11}$$

多普勒频移

$$f_d = f_r - f_t = \frac{2v\cos\theta}{c} f_t \tag{7-12}$$

$$v = \frac{c}{2\cos\theta f_t} f_d \tag{7-13}$$

通过测 f_d 可以测量杂质 P 的速度 v_p，并认为就是流体的速度 v_0，但实际上因存在滑移现象，v_p 与 v_0 并不完全相等；其次，由于管道中测量截面的流速并不是一个常数，杂质在贴近管壁及中央时速度是完全不相同的；再者，如果前直管段不够长，流速分布不是充分发展紊流，则将是更为复杂的状态。由于超声波频率信号是进行高速的数据采集，可以获得统计学意义的管道平均流速值，但终究仍与平均流速值 v 相差甚远，所以多普勒法较时差法的准确度差得多。

补偿系数 K：为提高准确度，弥补由多普勒频移 f_d 所测的流速 v_p 不是管道中的平均流速 v_0，取 $K=v_0/v_p$。K 与雷诺数 Re 有关，当 $Re=10^5\sim10^7$ 时，K 约为 0.85～0.88。

需要强调的是，补偿系数 K 仅适用于充分发展紊流。

补偿后流量公式为

$$q_V = AKv = \frac{AKc}{2\cos\theta f_t} f_d \tag{7-14}$$

式中　q_V——容积流量；

A——流量计横截面积。

2. 构成及基本技术性能

(1) 构成。单频率多普勒超声流量计构成如图 7-13 所示，它由一对带声楔的换能器（发射与接收）及标准管段组成，换能器插在管道中，由发射器 T 发射超声波到管内流体杂质上，产生了多普勒频移到接收换能器 R 上，信号经放大与 f_t 混频，检波、放大，得到与接收频率 f_r 与发射频率 f_t 的差值，即多普勒频移 f_d。

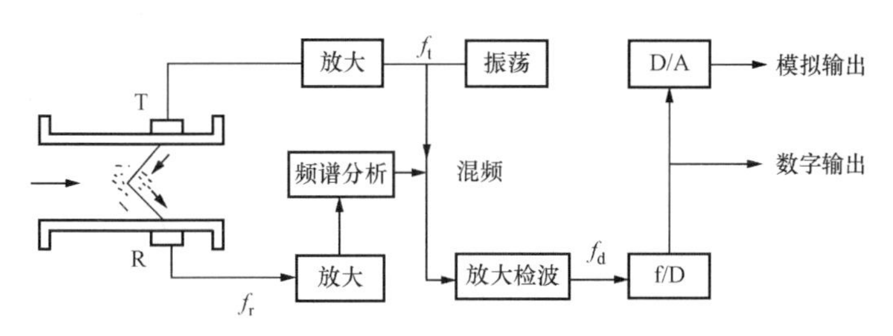

图 7-13　单频多普勒超声流量计构成

(2) 主要技术性能见表 7-4。

表 7-4　　单、双频多普勒流量计的技术性能

技术指标		固定双频多普勒	单频多普勒
流速范围 (m/s)		0.06～10	0.02～10
准确度 (%)		±1	±2
管径 (mm)		12～5000	13～7600
环境温度 (℃)	传感器	−40～122	−40～122
	变送器	−20～60	−20～60
输出信号 (mA DC)		4～20	4～20
通信接口		RS-232 串口	

（3）特点。

1）没有零点漂移。由于 f_d正比于 v，在流体静止时，不产生多普勒频移。因此，变送器显示单元不出现零点漂移。

2）不受声信号幅度变化影响。声信号在流体中传播时会衰减，受扰动而起伏。尽管幅度变化，但发射和接收频率却不受影响。双频率多普勒法更具有抗干扰噪声的能力。

3）分辨力好。由于发射频率 f_t选择较高，对于所测流速可以得到较高的 f_d，因此分辨力较好。例如 f_t 为 2MHz，θ 角为 60°，v 为 1m/s 时，f_d 约为 1.33kHz，1Hz 约为 0.7mm/s。

4）双频多普勒超声流量计测量准确度已达 1%。虽仍不及时差法，但其价格相对较低。

5）测量与流体声速无关。

（4）应用注意事项。

1）流体中微粒子浓度。由于多普勒法是利用气泡和微粒子所反射的声信号工作的，因此若流体不含有气泡和微粒子，则无法工作。实际上不含有微粒子和气泡的液体很少。以含有最低限度悬浮粒子百万分之三十以上的流体均可作为测量对象。

2）保证直管段长度。直管段长度上游侧至少为 15D（D 为直径），下游侧为 5D 以上。管内流场状态决定补偿系数，否则误差较大。

传感器不应安装在以下情况：管道未充满；液体自上向下流动；离弯头太近；管内有沉淀物堆积。对于水平放置的管线，传感器不应安装在管的上侧或下侧。

3）声耦合要好。对于非侵入式传感器安装部位的管壁面应平坦、光滑，定位准确。

超声传感器与管壁之间的声耦合（声接触）是通过油脂完成的。油脂多为硅油、硅脂、凡士林、机油等。耦合层不能含有空气、固体物。

4）对于流量测量准确度要求不高的场所，如准确度为±5%，仪表不必经校验即可使用。若经过标定使用，准确度会好一些。

5）管内径应精确测量。

六、其他超声流量计

1. 液体超声流量计

原理多采用时差法及多普勒法，前者用于洁净液体，后者多用于有杂质（有固体颗粒及气泡）的液体。由于电磁流量计许多性能也较优越，超声波多用于测量电导率低于 1×10^{-4}S/cm（如石油、丙酮、纯水、苯、液氨、甲醇）的液体。

时差式液体超声流量计主要技术性能见表 7-5。

表 7-5　时差式液体超声流量计主要技术参数

技术性能	夹装（含便携）	插入式	管段式
管径（mm）	25～5000	18000	2000
流速范围（m/s）	0.01～12	0.01～12	0.01～12
准确度（%）	1.5	1	0.5
重复性（%）	1	1	0.3
灵敏度（mm/s）	0.3	0.3	0.3

续表

技术性能	夹装（含便携）	插入式	管段式
耐压（MPa）	—	2	1.2
温度上限（℃）	<150	<150	<150

2. 明渠（堰、渠、半满管）超声流量计

（1）原理。

测量明渠的流量，主要是测一定位置液体的液位，通过一定关系推算流量。本书第八章第四节将会介绍，不再赘述，这里只介绍如何采用超声波来测量液位，推算流量。

目前国内外的明渠超声流量计多采用超声回波法（见图 7-14），由换能器向液面垂直发射超声脉冲，声波遇液面后返回，被同一换能器所接收，信息经放大后，由电路检测出发射与回波返回的时间间隔 t，则换能器到达液面的长度 l 为

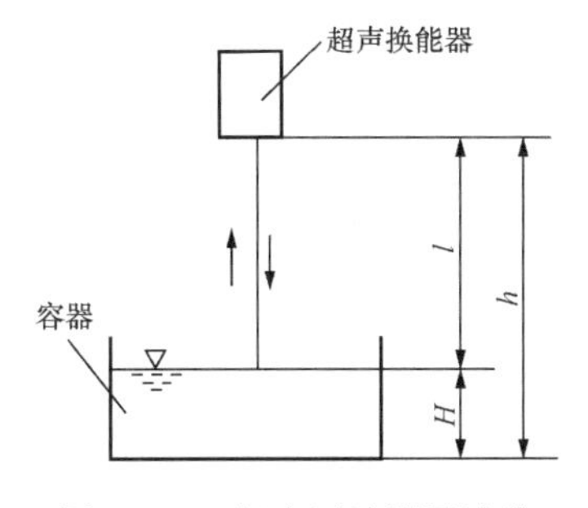

图 7-14　超声回波测量液位

$$l = ct/2 \tag{7-15}$$

$$c = 331.4 + 0.6T$$

式中　c——空气中的声速，m/s；

T——摄氏温度，℃；

331.4——0℃时的空气声速，m/s。

从图 7-14 可知液位 $H=h-l$。

（2）技术性能（供参考）。

技术性能包括：①工作频率，50～200kHz；②量程，0.2～10m；③液位准确度，±0.5%FS；流量准确度为 2%～5%。

七、选用注意事项（有关数据仅供参考，以厂家最新技术资料为准）

1. 应用概况

（1）传播时间法。多用于较清洁的气体和液体，如液体多用于供水、工厂的排水（应较洁净，没有固体杂质）、集中供热循环热水、烃液、液化天然气、非导电清洁化学液体。测气体近十年已有较大的进步，多用于测天然气及蒸汽。对于液体测量，在许多场合下，可以选用电磁流量计。超声波流量计用于测气体及油品，具有难以取代的优势。

（2）多普勒法。主要用于测量含有固体颗粒及少量气泡的液体，由于这些颗粒（或气泡）的流速未必等同于流体的速度，且未必是管道内的平均流速，因此，准确度若未标定一般较差。

2. 测量原理的选择

选择用何种原理的液体超声波流量计（USF），主要的判断因素是液体的洁净程度、杂质的含量及准确度的要求。表 7-6 给出了液体 USF 基本适用条件。

表 7-6　　液体 USF 基本适用条件

<table>
<tr><th>条件</th><th colspan="2">传播时间法</th><th>多普勒法</th></tr>
<tr><td>适用液体</td><td colspan="2">水（江河水、海水、自来水、集中供热循环热水、纯水等），油类（纯净燃油、润滑油等），化学试剂，药液等</td><td>含杂质多的水（下水、污水、雨水等），浆类（泥浆、矿浆、纸浆、化工料浆等），油类（非净燃油、重油、原油等）</td></tr>
<tr><td>适用悬浮颗粒含量</td><td colspan="2">体积含量小于1%（包括气泡）时不影响测量准确度</td><td>浊度大于50～100mg/L</td></tr>
<tr><td rowspan="4">仪表基本误差</td><td>带测量管段式</td><td rowspan="2">±（0.5%～1%）R</td><td rowspan="4">±（3%～10%）FS
固体粒子含量基本不变时±（0.5%～3%）FS</td></tr>
<tr><td>湿式大口径多声道</td></tr>
<tr><td>湿式小口径单声道</td><td rowspan="2">±1.5%FS～±3%R</td></tr>
<tr><td>夹装式（范围度 20∶1）</td></tr>
<tr><td>重复性误差</td><td colspan="2">0.1%～0.3%</td><td>1%</td></tr>
<tr><td>信号传输电缆长度</td><td colspan="2">100～300m</td><td>＜30m</td></tr>
<tr><td>价格</td><td colspan="2">较高</td><td>一般较低</td></tr>
</table>

此外，还要考虑如下三点：

（1）外夹式仪表还应考虑管壁的材料与厚度、锈蚀状况、衬里材料及厚度；

（2）现场安装换能器的超声波流量计，应考虑选择合适的换能器；

（3）大管径传播时间法，应考虑准确度的等级，选用声道数，声道越多越准确，价格也越贵。

3. 影响测量准确度的因素

（1）流速分布。超声波流量计如单声道所测的仅仅是超声波声程上的流速，犹如差压均速管仅测直线上的流速分布，不是整个截面上的流速，所以不能准确测出流量值。其中的修正系数，也只能是在前直段不小于 $15D$、管内流动接近于充分发展紊流时，才有意义，如果前直管段长度小于 $15D$，修正无助于提高准确度，只有采用多声道（相当于在管道中多插入几支多点流速计）才能充分反映管内流速分布，以此达到提高准确度的目的。

（2）流动脉动或不稳定。当流动为脉动流、不稳定或流体未充满整个管道时，超声波流量计都会有较大误差。因此，为保证流量的稳定，可在超声流量计前安装滤波器、阻尼器，以清除流动的脉动及不稳定性，以提高流量测量准确度。

（3）多相流。由于声波在不同密度的流体中传播的速度有很大的差异，所以当超声波流量计测多相流体时，传输时间会有很大的变化，将会带来很大的误差；由于它对流体的密度十分敏感，可用于监测管道中的流体是否混入其他杂质。

（4）噪声。噪声对超声波流量计的影响，可以归纳为两个方面：①降低了信号的信噪比，严重时它将使接收换能器接收不到计量的超声波，计量为零；②导致接收到的是噪声波，出现很大的流量测量误差。研究发现噪声来源于工艺管道中的阀门，高速气体冲击管道中的弯头、接头，插入到管道中的探头（如热电偶等）、整流器，等等。减少噪声的负面影响，可通过加大有用信号处理能力，或弱化噪声源头两种方式进行，噪声的影响也类似于阻力件的影响，上游噪声影响大于下游噪声影响。

4. 声道数与直管段长度

(1) 多普勒法从原理上讲，准确度受不少因素的影响，采用多声道，或加长前直管段长度，于事无补，所以当前多采取单声道，且直管段长度也仅为 $3D$～$5D$，将其定位在准确度较低的流量仪表。

(2) 外夹便携式超声波流量计也只有单声道。

(3) 传播时间法采用多少声道主要的依据是对测量准确度的要求，以及是否有足够的上游直管段长度，一般要求上游为 $10D$，下游为 $5D$，如达不到，则可选择多声道（见图 7-15），或考虑安装流动调整器。

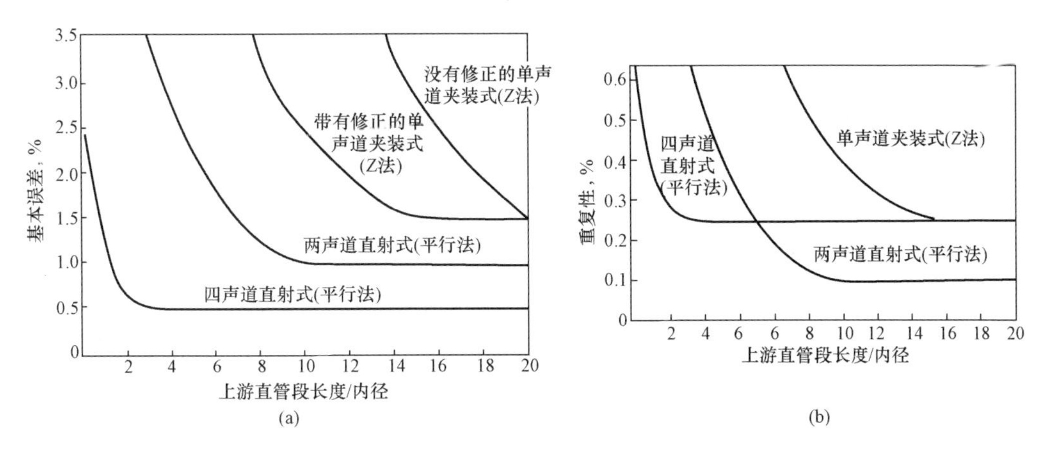

图 7-15　超声波流量计基本误差与声道及上游直管段的关系

（a）上游直管段与基本误差关系；（b）上游直管段与重复性关系

在不同的上游阻力件情况下，采用单声道或双声道要求的直管段长度有明显的差异，采用双声道可缩短至上游 $10D$，下游 $5D$（见表 7-7），如现场仍无法满足，则建议采用更多的声道，以获得必要的准确度。

表 7-7　　上下游直管段长度要求示例　　DN 的倍数

阻力件	单声道最短长度例一①		单声道最短长度例二②		双声道最短长度③	
	上游	下游	上游	下游	上游	下游
同心渐缩管	10	5	15	5	无要求	无要求
同心渐扩管	30	5	—	—	—	—
1 个 90°圆角弯管	10	5	20	5	10	5
T 形管	50	10	—	—	—	—
2 个 90°圆角弯管	—	—	25	5	10	5
2 个 90°直角弯管	—	—	40	5	10	5
全开闸阀	—	—	20	5	—	—
各类阀（包括控制阀）	30	10	50	5	15	5
泵	50	无要求	—	—	—	—

① 国家计量标准。

② Westinghouse 公司样本。

③ Krohne 公司样本。

5. 换能器的选择

选择换能器应考虑的因素包括结构、适用工况（温度、压力）、管道条件（材质、形状、管径、长度等）及安装条件。曾认为的气体超声波流量计因固体与气体界面间传播效率很低而不宜采用外夹式已被否定。美国GE公司已推出CTF878外夹式气体超声波流量计，只是准确度为±2%，有的厂家宣称外夹式可达±0.5%，当前似无可能。

这里提供一个换能器与管道的适用选择供参考（见表7-8），由于技术的进步，用户应以现在厂家的技术选型样本为准。

表7-8　　换能器管道适用范围

类型		适用管道条件	不适用管道条件	适用声道设置方法
夹装式（干式）		（1）管道材料：质密导声，如钢、铜等金属、塑料等； （2）形状：圆管； （3）衬里材料：不厚的漆、沥青、灰浆、塑料和橡胶等	（1）管道材料：质疏导声不良，如铸铁、陶瓷、混凝土等； （2）锈蚀严重凸凹不平、衬里过厚、衬里或锈层与管内壁有间隙的管道	单声道：Z法、V法 双声道：X法、2V法
直射式（湿式）	现场安装的插入管壁式	（1）材料：金属、塑料、混凝土等，用于混凝土管时必须预制安装钢管段或安装钢板（用于矩形管道时）； （2）形状：圆形或矩形管道； （3）管外应有安装空间	管外没有安装空间的管道	单声道：Z法、V法 双声道：平行法 四声道：平行法 八声道：平行法
	内装式	（1）材料：同现场安装的插入管壁式； （2）形状：圆形或矩形管道； （3）管外没有安装空间的管道		单声道：Z法、V法 双声道：平行法 四声道：平行法 八声道：平行法
	带管段的插入管壁式	（1）材料：凡是能安装管段的； （2）形状：圆管； （3）必须能切断管道安装	（1）不能切开管线安装管段的管道； （2）与管段内径不同的管道	单声道：Z法、V法 双声道：X法、平行法

6. 流体的物性及流动的特性

（1）传播时间法对流体物性的要求应为均匀、单相，流动应为紊流。因此，用于测高黏度液体时应特别注意。外夹式对流体压力无限制，而浸入式应考虑管道的强度及密封问题，换能器的耐温上限，目前测蒸汽上限已可达450℃，浸入式换能器不能用于腐蚀、结晶脏污流体。

（2）多普勒法要求液体必须含有一定的“杂质”（气泡和颗粒），含量按体积比不少于0.5%。

7. 安装

（1）位置与流向。应优先考虑水平位置，若必须垂直安装，则流体应自下而上；若必须自上而下，则应考虑下游有足够的背压，以防止出现非满管流动。

（2）单向与双向。从原理上讲应不存在问题，从安装上考虑两侧直管段都应具有足够的长度。

（3）管道条件。外夹式安装换能器的表面应处理干净，避免存在锈蚀、粒状物，避开焊缝。

（4）直管段长度。按表7-7具有足够的直管段长度。

（5）防止声干扰。要尽力避免有声干扰，如远离高压阀门的开闭所产生的声干扰。

八、故障处理

现将超声波流量计（限于传播时间法）常见故障及处理意见列于表7-9，供参考。

表7-9　　超声波流量计常见故障及处理意见

故障现象	原因	处理方法
接收信号幅度小，仪表不能正常工作	流体：液体中含悬浮固体颗粒较多	（1）泵中进水处泥沙沉积过多，刚启泵时产生的现象，待正常后再测； （2）需经沉淀后再测，或改选频率适合的换能器
	管道： （1）衬里或结垢较厚； （2）管壁材质问题	（1）进行清除，或把换能器移至能保证仪表正常的位置，也可改选频率适合的换能器； （2）一般不能测量
	夹装式换能器及其安装： （1）换能器自身衰减； （2）换能器间距离 L 值不准确； （3）安装位置不准确； （4）因松动或外力而位移； （5）与管壁耦合不良	（1）更换； （2）重新准确计算； （3）重新准确安装； （4）复位后夹具锁紧； （5）重新涂耦合剂
	转换器： 未做好增益调节	调大增益
接收信号有间断	流体： 有较大固体颗粒、杂物、水生物或气泡混入	（1）过滤、沉淀、清除或消气； （2）水泵轴承漏气产生气泡，应密封水泵轴承
接收信号时高时低	流体： 悬浮固体颗粒含量变化大（发生在泵进水处泥沙沉积过多，启泵后开始一段时间）	待稳定后再测

续表

故障现象	原因	处理方法
噪声过大，仪表不能正常工作	转换器： （1）噪声干扰； （2）仪表自身抗干扰性能差	（1）调小增益，良好接地或避开干扰源； （2）选用抗干扰能力强的仪表
有接收信号，但无流量显示	转换器： （1）声程门全关或设定不对； （2）硬件故障	（1）重新正确设定； （2）与制造厂联系
正向流量显示“—”号	接线： 上、下游换能器的电缆位置接反	正确连接
流量显示变化太大	流体： （1）因刚启泵流动不稳； （2）因直管段长度太短引起流动不稳	（1）正常现象，待稳定后再测； （2）满足直管段长度要求或在换能器上游装流动调整器
	夹装式换能器： （1）安装位置不正确或产生滑移； （2）与管壁耦合不良	（1）正确安装后锁紧夹具； （2）重新涂耦合剂
	转换器： 同“噪声过大，仪表不能正常工作”	同“噪声过大，仪表不能正常工作”
溢出	流体： （1）同“流量显示变化太大”； （2）实际流量超过设定的最大流量	（1）同“流量显示变化太大”； （2）重新正确设定最大流量
流量显示正确，但累计脉冲输出错误	转换器： 单位体积脉冲设定不正确	重新正确设定
流量显示误差较大	流体： （1）流速变小超出修正范围； （2）温度变化范围太大	（1）正常现象； （2）修正
	管道： （1）直管长度不足； （2）结垢变厚； （3）泥沙沉积管底	（1）满足直管长度要求，或在换能器上游装流动调整器，或采用多声道测量； （2）按结垢厚度重新定标； （3）定标修正或清理
	夹装式换能器： L 值不准确，安装不正确或产生位移	重新计算 L 值，正确安装后锁紧夹具
	转换器： （1）定标参数误差较大； （2）噪声干扰	（1）用准确参数重新定标； （2）调小增益，良好接地或避开干扰源

续表

故障现象	原因	处理方法
流体停止时流量显示不为零	流体： 有对流或泄漏	仪表正常
	转换器： （1）噪声干扰； （2）没有设定零流阈值或阈值设定太小	（1）调小增益，良好接地或避开干扰源； （2）重新设定

第二节　科里奥利质量流量计

一、概述

流量仪表中绝大多数都属于速度型，所测的是容积流量。而在生产过程的检测控制，最合理、最准确、最理想的是用质量流量。长期以来人们一直在寻求一种方法，可以直接检测流体的质量流量。

20 世纪 50 年代，德克尔（M. M. Decker）根据动量矩原理，推出了如图 7 - 16 的陀螺质量流量计，使被测流体通过旋转的管道产生扭矩，其大小与通过的质量流量成正比，测扭矩可知质量流量，但实际应用机械转动的摩阻及机械性滞阻比流体所产生的扭矩大得多，达不到实用的目的，但启发了人们用旋转体测质量流量的思路。

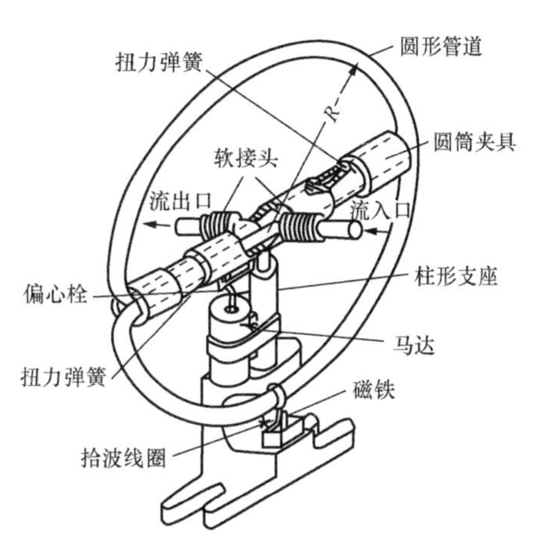

图 7 - 16　振动式陀螺质量流量计

杰姆斯·E·史密斯（美）一直企图通过科里奥利力来测质量流量，终于于 1974 年首次推出了以科里奥利命名的质量流量计（Coriolis mass flowmeter，CMF），由于它具有不受流速分布的影响，不要求前直管段长度，以及准确度可达到±0.2%以上等的优点，成为近十余年以来发展速度仅次于气体超声波流量计的流量仪表。

二、原理

科里奥利力除准确测量流体质量流量外，还可准确测量流体密度及流体的组成。

1. 科里奥利力

如图 7 - 17 所示，当质量为 m 的质点以速度 v 在对 P 轴作角速度 ω 旋转的管道中移动时，质点将产生两个分量的加速度及其力。

（1）法向加速度，即向心加速度 a_r，大小等于 $\omega^2 r$，方向朝向它围绕旋转的 P 轴；

（2）切向加速度，即科里奥利加速度，大小等于 $2\omega v$，方向与 a_r 垂直。由于复合运动，在质点 m 的 a_t 方向上作用着科里奥利力 $F_c=2\omega v_m$，而管道将对质点 m 作用一个反作用力大小为 $-F_c=-2\omega v_m$。

当密度为 ρ 的流体在旋转管道中以速度 v 流动时，任一长度 Δx 管道都将有一个切向科

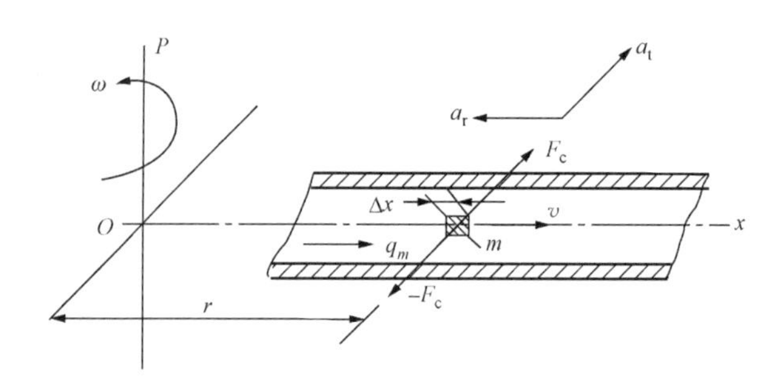

图 7 - 17　科里奥利力

里奥利力作用在上面，其大小为

$$\Delta F_c = 2\omega v\rho A\Delta x \tag{7-16}$$

式中　A——管道的内截面积；

ρ——流体的密度。

由于质量流量为

$$\delta_m = v\rho A \tag{7-17}$$

因此

$$\Delta F_c = 2\omega\Delta x\delta_m \tag{7-18}$$

因此，只要能测量旋转管道中流动流体所产生的科里奥利力的大小，就可知管中流体的质量流量，这是 CMF 的基本原理。

要测量一个旋转运动中产生的科里奥利力十分困难，至今为止的 CMF 都是通过管道的振动来代替管道的旋转，通过测管道挠曲的大小来测科里奥利力。

2. 传感器工作原理

现用如图 7 - 18 所示的双管式科氏质量流量传感器来说明它的测量原理。它由一对平行的弹性 U 形弯管 TT′、一个安置于中心点的激励单元 E、一对关于中心点对称的测量元件 BB′三部分组成。当其工作时，激励单元 E 使 U 形弯管处于一阶弯曲谐振状态，TT′作互动反向的同步振动，而有质量流量通过 TT′弯管时，就会产生“科氏效应”，使 TT′在主振动的基础上，诱导出二阶弯曲副振动。由于科氏效应与流经 U 形弯管的质量流量 q_m 成正比，

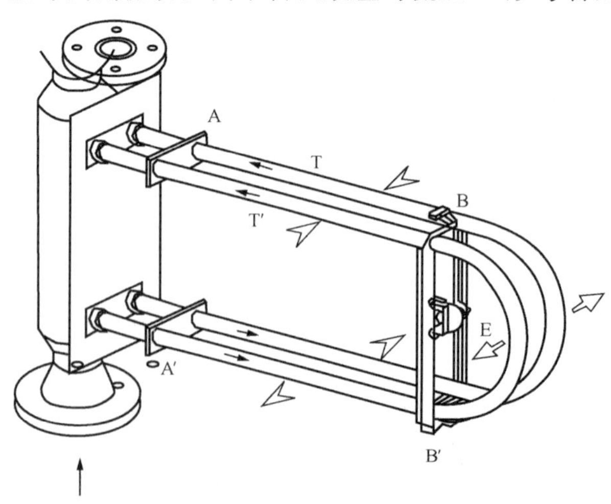

图 7 - 18　U 形管式谐振式质量流量传感器示意图

B′B—测量元件；E—激励单元　←—流体流动方向　⇦主振动　≪副振动

通过 BB′测量元件，检测出弯管的“合成振动”大小，就可知质量流量 q_m。

此外，当测量管中充满流体，传感器谐振敏感结构的整体质量与测量管内的流体质量密切相关，而测量过程中测量管本身的体积、质量都是固定不变的，因此，谐振敏感结构的固有频率与测量管内流体的质量密切相关，通过 BB′测量元件所测的测量管的谐振频率也可精确测量流体的密度 ρ。

测出质量流量 q_m，流体的密度 ρ，即可知容积流量 q_V，通过一定时间的累积，也可测得总量 Q。

对于双相流，如已知是哪两种流体组成（如原油与水），尚不能判定各自的比例，只要两者物理不相容，可通过体积守恒、质量守恒解算出各自的质量流量及容积流量。

3. 流体密度 ρ 的测量

基于图 7 - 18 所示的谐振式传感器的结构及其工作原理，测量管弹性系统的等效刚度 k 可以描述为

$$k = k(E,\mu,L,R_c,R_f,h) = E \cdot k_0(\mu,L,R_c,R_f,h) \tag{7-19}$$

式中　$k(\cdot)$——描述弹性系统等效刚度的函数；

E——测量管材料的弹性模量，Pa；

μ——测量管材料的泊松比；

R_c——U 形测量管圆弧部分的中轴线半径，m；

L——U 形测量管直段工作部分的长度，m；

R_f——测量管的内半径，m；

h——测量管的壁厚，m；

下标 0——空管状态。

测量管弹性系统的等效质量 m 可以描述为

$$m = m(\rho_m,L,R_c,R_f,h) = \rho_m \times m_0(L,R_c,R_f,h) \tag{7-20}$$

式中　$m(\cdot)$——描述弹性系统等效质量的函数；

ρ_m——测量管材料的密度，kg/m^3。

流体流过测量管引起的附加等效质量 m_f 可以描述为

$$m_f = m_f(\rho_f,L,R_c,R_f) = \rho_f \times m_{f0}(L,R_c,R_f) \tag{7-21}$$

式中　$m_f(\cdot)$——描述流体流过测量管引起的附加等效质量的函数；

ρ_f——流体密度，kg/m^3。

于是，在流体充满测量管的情况下，系统实测的固有频率 w_f 为

$$\omega_f = \sqrt{\frac{k}{m+m_f}} = \sqrt{\frac{E \times k_0(\mu,L,R_c,R_f,h)}{\rho_m \times m_0(L,R_c,R_f,h) + \rho_f \times m_{f0}(L,R_c,R_f)}}\,(\text{rad/s}) \tag{7-22}$$

式（7 - 22）描述了系统的固有频率与测量管结构参数、材料参数和流体密度的函数关系，揭示了谐振式直接质量流量传感器同时实现流体密度测量的机理。

由式（7 - 22）可知，当测量管没有流体时（即空管），有如下关系，即

$$\omega_0^2 = \frac{k}{m} \tag{7-23}$$

而当测量管内充满流体时，有如下关系，即

$$\omega_f^2 = \frac{k}{m+m_f} \tag{7-24}$$

结合式（7-20）～式（7-24），可得

$$\rho_{\mathrm{f}} = K_{\mathrm{D}}\left(\frac{\omega_0^2}{\omega_{\mathrm{f}}^2} - 1\right) \tag{7-25}$$

式中 K_{D}——与测量管材料参数、几何参数有关的系数，$\mathrm{kg/m^3}$。

4. 双组分流体的测量

一般情况下，当被测流体是两种不互溶混合液时（如油和水），可以对双组分流体各自的质量流量与体积流量进行测量。

基于体积守恒与质量守恒的关系，考虑在全部测量管内的情况，有

$$V = V_1 + V_2 \tag{7-26}$$

$$V\rho_{\mathrm{f}} = V_1\rho_1 + V_2\rho_2 \tag{7-27}$$

式中 V_1，V_2——在全部测量管内体积 V 中，密度为 ρ_1、ρ_2 的流体所占的体积，$\mathrm{m^3}$；

ρ_1，ρ_2——组成双组分流体的组分 1 和组分 2 的密度，为已知设定值，$\mathrm{kg/m^3}$；

ρ_{f}——实测的混合组分流体密度，$\mathrm{kg/m^3}$。

由式（7-26）、式（7-27）可得，密度为 ρ_1 的组分 1 和密度为 ρ_2 的组分 2 在总的流体体积中各自占有的比例为

$$R_{V_1} = \frac{V_1}{V} = \frac{\rho_{\mathrm{f}} - \rho_2}{\rho_1 - \rho_2} \tag{7-28}$$

$$R_{V_2} = \frac{V_2}{V} = \frac{\rho_{\mathrm{f}} - \rho_1}{\rho_2 - \rho_1} \tag{7-29}$$

流体组分 1 与组分 2 在总的质量中各自占有的比例为

$$R_{m_1} = \frac{V_1\rho_1}{V\rho_{\mathrm{f}}} = \frac{\rho_{\mathrm{f}} - \rho_2}{\rho_1 - \rho_2} \times \frac{\rho_1}{\rho_{\mathrm{f}}} \tag{7-30}$$

$$R_{m_2} = \frac{V_2\rho_2}{V\rho_{\mathrm{f}}} = \frac{\rho_{\mathrm{f}} - \rho_1}{\rho_2 - \rho_1} \times \frac{\rho_2}{\rho_{\mathrm{f}}} \tag{7-31}$$

由式（7-30）与式（7-31）可得，组分 1 和组分 2 的质量流量分别为

$$q_{m_1} = \frac{\rho_{\mathrm{f}} - \rho_2}{\rho_1 - \rho_2} \times \frac{\rho_1}{\rho_{\mathrm{f}}} \times q_m \tag{7-32}$$

$$q_{m_2} = \frac{\rho_{\mathrm{f}} - \rho_1}{\rho_2 - \rho_1} \times \frac{\rho_2}{\rho_{\mathrm{f}}} \times q_m \tag{7-33}$$

式中 q_m——质量流量传感器实测得到的双组分流体的质量流量，$\mathrm{kg/s}$。

组分 1 和组分 2 的体积流量分别为

$$q_{V_1} = \frac{\rho_{\mathrm{f}} - \rho_2}{\rho_1 - \rho_2} \times \frac{1}{\rho_{\mathrm{f}}} \times q_m \tag{7-34}$$

$$q_{V_2} = \frac{\rho_{\mathrm{f}} - \rho_1}{\rho_2 - \rho_1} \times \frac{1}{\rho_{\mathrm{f}}} \times q_m \tag{7-35}$$

利用式（7-32）～式（7-35）就可以计算出某一时间段内流过质量流量计的双组分流体各自的质量和各自的体积量。

在有些工业生产过程中，尽管被测双组分流体不发生化学反应，但会发生物理上的互溶现象，即两种组分的体积之和大于混合液的体积，这时上述模型不再成立。

三、传感器结构

1. 典型弹性弯管结构

（1）结构形式。CMF 所用的弹性弯管多采用精密合金材料。结构上也会有许多种形式，其一阶弯曲振动与由于科式效应诱导出来的二阶弯曲振动形式不完全相同，所对应的固有频率也不同。反映在 CMF 的具体工作模式、灵敏度、线性工作范围、动态响应特点、应用特点方面均有差异。大多数 CMF 的弹性弯管结构可视为由直线段与圆弧段组合而成。图 7-19 给出了有限元模型所规范的基本单元结构，图 7-20 给出了质量流量传感器中常用的四种典型弯管结构。为便于分析和比较，选择相同长度的弯管结构，其中管的弹性模量为 194.5GPa，密度为 7850kg/m³，泊松比为 0.32，管截面平均半径为 8mm，壁厚为 2mm，总长为 1000mm，表 7-10 给出了上述四种典型结构的其他几何参数及一、二阶弯曲固有频率。

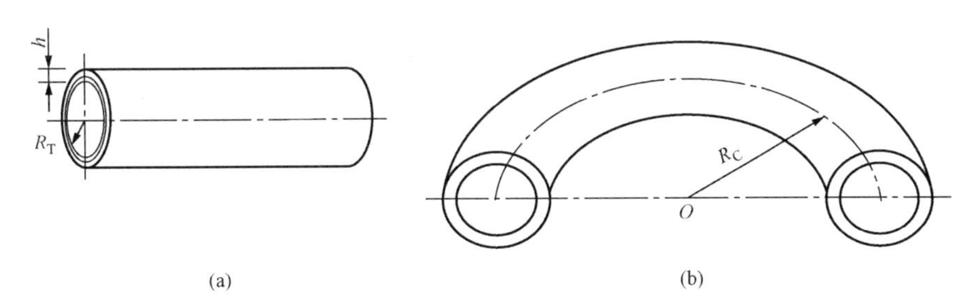

图 7-19　弹性弯管基本单元：直段和圆弧段

（a）直线形单元；（b）圆弧形单元

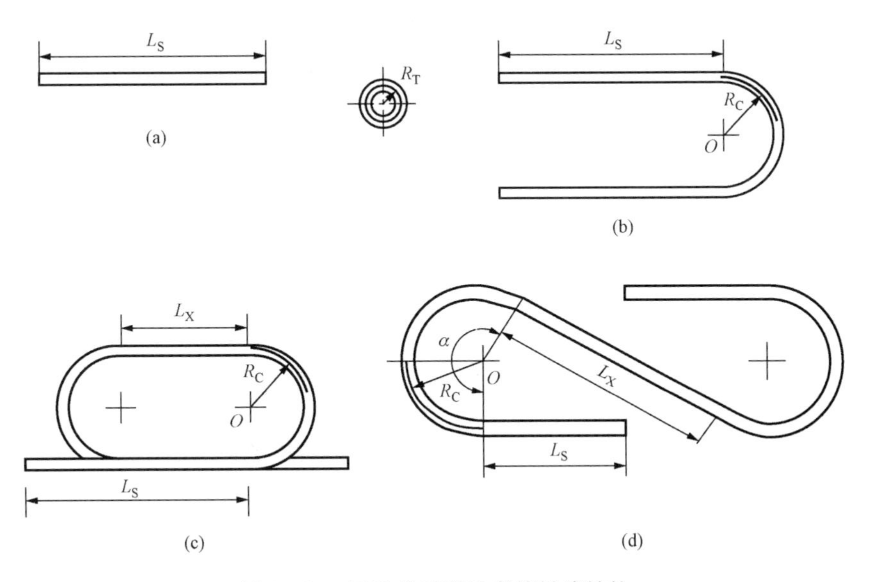

图 7-20　四种典型弹性弯管敏感结构

（a）直管；（b）U 形管；（c）双环管；（d）S 形管

表 7-10　几种典型结构的几何参数及相应的一、二阶弯曲振动的固有频率　Hz

结构类型	几 何 参 数	一阶	二阶
直管	1000mm	101	278

续表

结构类型	几 何 参 数	一阶	二阶
U形管	直段：311.5mm，半圆段半径：120mm	68	171
双环管	端部直段：190mm，中部直段：130mm，半圆段半径：78mm	82	134
S形管	端部直段：135mm，中部直段：234mm，半圆段半径：68mm	115	135

（2）特性比较。由仿真计算可得出以下结论：

1）一阶弯曲主振动刚度，由小到大顺序依次为：U形管、双环管、直管、S形管；

2）二阶弯曲副振动刚度由小到大顺序为：双环管、S形管、U形管、直管；

3）容易实现传感器闭环自动系统由易到难的顺序依次为：U形管、双环管、直管、S形管；

4）传感器检测灵敏度由大到小顺序依次为：双环管、S形管、U形管、直管。

综合上述分析：双环管传感器是比较理想的结构，但其空间结构及加工工艺都要求较高。

计算结果还表明，为提高传感器的敏感物理机制，在设计传感器结构时是双半圆，再加上一定的直段；其次，若要提高弹性弯管一阶弯曲主振动的刚度，在设计几何结构时，可选择中心点的“反对称”形式，如S形管；反之，选择对称形式，如U形管、双环管。而对于二阶弯曲副振度刚度，其结论正好与上述结论相反。

2. 分类

CMF发展至今已有三十几种系列产品，研发者为提高CMF产品的准确度、稳定性、灵敏度的性能，为增加测量管的精度、改善应力分布、降低疲劳损坏、加强抗振动干扰能力进行了不懈的努力，设计了多种形状与结构（见图7-21），以下就针对图中所列的传感器形式进行分析，说明其特点，供选型者参考。

（1）测量管形状。

1）弯曲形。最先问世的是U形管，现已开发的弯曲形有Ω、B、S等字形及圆环、长圆环等形状。弯曲形较直形可降低刚性，激励易产生振动，或者说可采用更厚一点的管壁，承受更高的压力，更耐腐蚀，但也更易积存固体残杂，带来附加误差。此外，从外形上比较，采用弯管测量管的CMF较直管要大得多，激励频率为40～450Hz。

2）直管形。不易积存流体中的固相物，便于清洗、维护，垂直安装时尤为突出，流量传感器轻巧，但刚性较大，管壁相对弯曲形薄些，测量值易受腐蚀的影响，激励频率为600～1200Hz。

（2）测量管数量，一台CMF所拥有的测量管数，激励、检测科里奥利力均为独立的。

1）单管。初期产品多为单管，易受外界振动干扰。

2）双管。可降低外界振动的干扰，容易实现相位差测量，当前多采用双管形式。

3）多管。为适应管径日益增大趋势，已有四管并联产品。

（3）双管连接方式。

1）并联。流体经上游的分流器分成两路进入并联的测量管，分别独立测量流量后，经集流器合为一体进入下游管道。并联型为较多的型号所采用，如图7-21中的（a）、（d）、（f）、（h）～（p）所示。这种并联方式还有一个好处，是可以由较小管径的测量管（如

图 7-21　各厂家不同类型的科里奥利流量计测量管

(a) Micro Motion；(b) Micro Motion；(c) Micro Motion；(d) Exac；(e) Foxboro；(f) K-Flow；(g) Krohne；(h) Krohne；(i) Smith；(j) Schlumberger；(k) Heinrich's；(l) Rheonik；(m) Endress+Hauser；(n) Fiseher & Porter；(o) Danfoss；(p) Bailey；(q) Schlumberger

100、120mm）并联后，可以与管径 200、250mm 的工艺管径相连，提升了科氏流量计的管径上限。据了解，德国 E+H 公司已开发了管径为 400mm 的 CMF，实际上是并联了 4 根直径为 100mm 的测量管。

2）串联。两个测量管串联，所测流量相同，如图 7-21 中的（b）、（e）、（g）、（n）所示，适用于双切变敏感流体。

（4）测量管与工艺管之间的流动方向。

1）平行。测量管中流体的流动与工艺管道的流动方向平行，减小流体阻力，降低压力损失，被较多型号所采用，如图 7-21 中的（b）、（d）、（f）、（g）、（j）～（m）、（o）～（q）。

2）垂直。测量管流体的流动与工艺管垂直。由于流动传感器整体不在工艺管道振动干扰的平面内，所以抗管道振动的干扰能力强，如图 7-21 中的（a）、（e）、（h）、（i）、（n）所示。

四、测量电路

由图 7-18 可见，由 BB′测量元件所测的信号 $S_B S_B'$，可通过检测它们之间的相位差 $\varphi_{BB'}$ 直接解算质量流量 q_m，或通过它们的“差”信号与“和”信号的幅值比 R_a 解算 q_m，关于流体密度，则可通过 S_B、S_B'的频率来获得。

1. 相位差检测

通常采用模拟比较器进行过零点检测实现相位差检测。但如果应用现场存在各种振动及电磁干扰，造成了较大的噪声分量，影响了相位差检测的准确度，则必须采用模拟滤波器，因其阶数有限，效果较差。而采用数字信号处理较为有效。利用 DSP 对信号波形进行实时的时域分析，可有效计算出两路信号过零点的时间差与相位差。

为了排除干扰，提高信噪比，选定的滤波器通带应大于传感器的工作频率范围 55～120Hz，滤波器的过渡带应足够陡峭，通过对现有滤波器的分析比较，设计了有限冲击响应带通滤波器，其结构框图如图 7-22 所示。

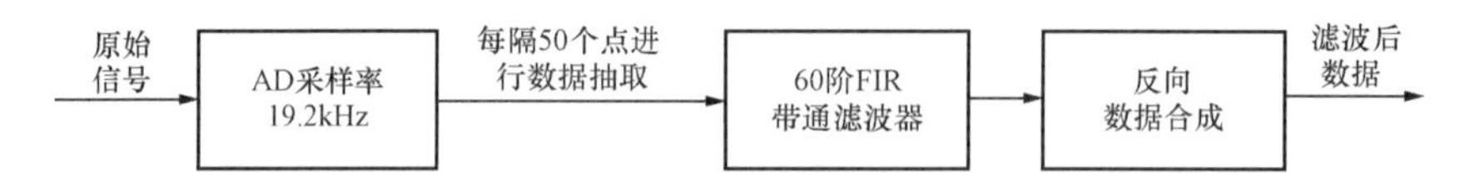

图 7-22　改进的滤波算法结构

改进的 FIR 滤波器保留了传统 FIR 滤波器的优点，而计算量乘法运算由原来的 3000 次减为 61 次，加法运算由 3000 次减为 60 次，它不仅提高了信噪比，并使两路信号相移相同，有效地保证了相位差测量的准确性。为了满足系统的实时性，系统必须在两次采样的时间间隔内，完成两路数据的滤波，曲线拟合，以及过拐点、相位差和频率的计算，由于系统采样时间间隔为 52.08μs（1/19200Hz），DSP（以 TMS320VC33）为例，运算速度每个指令周期为 17ns，完成一次采样、滤波等计算所需的指令周期为 17ns×2000＝34μs，完全可以在采样时间间隔完成所有的计算，保证了系统的实时性。

2. 幅值比的检测方法一

图 7-23 为一种检测幅值比的原理电路。其中 u_{i1} 和 u_{i2} 是质量流量传感器输出的两路信号。单片机通过对两路信号的幅值检测算出传感器幅值比，求出流体的质量流量。

上述两路幅值检测部件的对称性越好，系统的准确度就越高。但是由于器件的原因难免会有不对称，所以在幅值测量及幅值比测量过程中，应按以下步骤进行：

1）用幅值检测 1 检测输入信号 u_{i1} 的幅值，记为 A_{11}；用幅值检测 2 检测输入信号 u_{i2} 的幅值，记为 A_{22}。

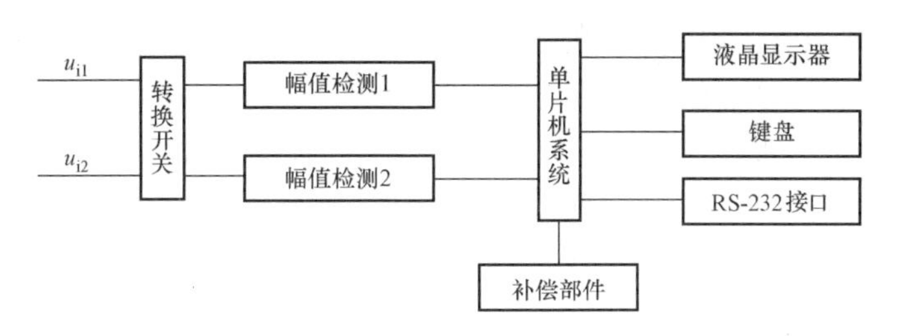

图 7-23　信号检测系统总体设计图

2）用幅值检测 2 检测输入信号 u_{i1} 的幅值，记为 A_{12}；用幅值检测 1 检测输入信号 u_{i2} 的幅值，记为 A_{21}。

3）$B_1=A_{11}+A_{12}$，$B_2=A_{21}+A_{22}$，用 $C=B_1/B_2$ 作为输入信号的幅值比。

从上述分析可知：传感器输出的两路正弦信号，其中一路是基准参考信号，在整个工作过程中会有微小的漂移，不会有大幅度的变化；另一路的输出和质量流量存在函数关系，所以利用这两路信号的比值解算也可以消除某些环境因素引起的误差，如电源波动等。同时，检测周期信号的幅值比还具有较好的实时性和连续性。

图 7-24 为周期信号幅值检测的原理电路。利用二极管正向导通、反向截止的特性对交流信号进行整流，利用电容的保持特性获取信号幅值。

3. 幅值比的检测方法二

（1）检测原理。科氏质量流量传感器两路信号和与差分别为 $x_s(t)$、$x_c(t)$。图 7-25 给出了检测两路同频率周期信号幅值比的原理结构图。设计思想是：首先对 $x_s(t)$、$x_c(t)$ 进行整流，经整流后产生半波正弦脉冲串。将这些脉冲串分别供给积分器，并保持积分器接近平衡，在给定的计算机采样周期结束时，幅值较大的脉冲数量与幅值较小的脉冲数量之比，可粗略看成信号幅值之比。同时，积分器在采样周期结束时的失衡信息提供了精确计算所需的附加信息。

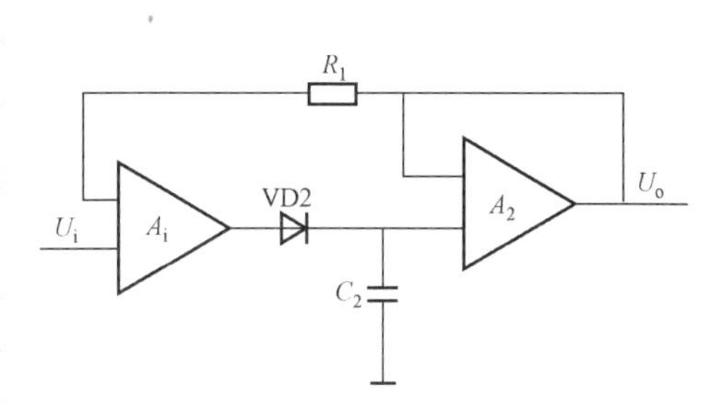

图 7-24　周期信号幅值检测电路

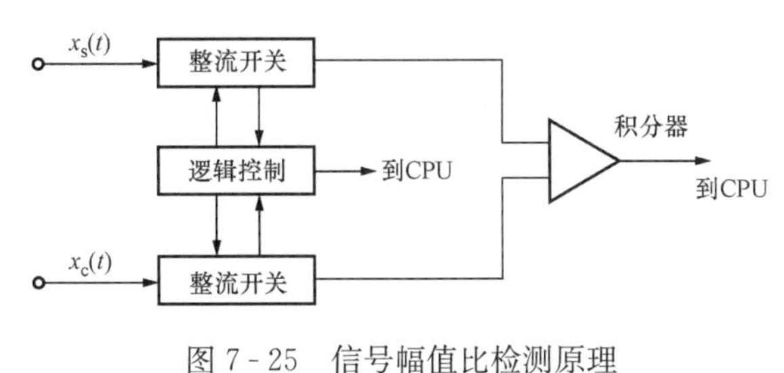

图 7-25　信号幅值比检测原理

（2）该方案的优点。

1）把幅值的测量转换成时间间隔的测量和两个直流电信号的 A/D 转换，以提高准确度。

2）不要求两路信号精确同相位；可抑制某些非严格正弦波、相位误差，随机干扰。

3）可进行连续测量，实时性好。

（3）在设计硬件和软件时还应考虑以下两个问题：

1）小流量测量问题。由于这时反映质量流量的两路信号的差 $S_B-S_{B'}$ 很长时间也难达到预定参数值。为了保证系统的实时性和准确度，可采用软件定时中断的技术，规定某一时间到达后，不再等待强行发出复位信号；然后利用上一次的采样信息和本次的采样信息进行解算。为提高动态解算品质，积分预定值与软件定时器时间参数值均采用动态确定法，即每一个测量周期内，这两个参数都可以根据信号的实际变化情况而被赋予 CPU。

2）测量零位误差问题。可采用数字自校零技术。在发出测量时间控制信号以前，安插一校零阶段，检测出积分器模拟输出偏差电压；进入测量阶段后，用该误差电压去补偿正在发生影响的误差因素，使最终结果中不再包含零点偏差值。

4. 密度的测量

通过传感器的主振动频率实现对流经 CMF 流体的密度测量，通常有频率法与周期法。

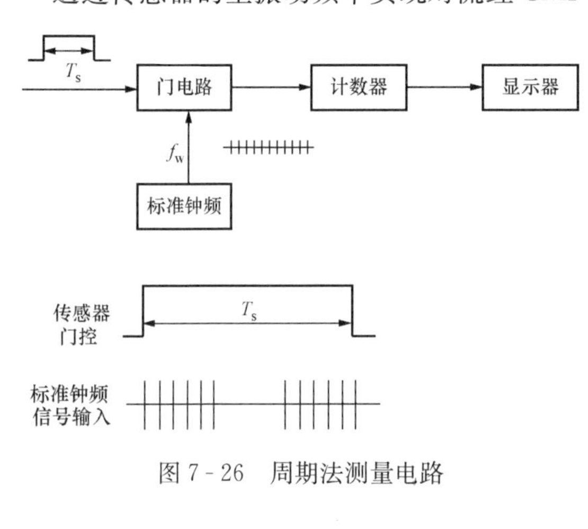

图 7-26　周期法测量电路

（1）频率法。是测量 1s 内出现的频率数。由于计数器不能计算周期的分数值。因此，如门控时间为 1s，则传感器误差为 ±1Hz，如传感器频率为 80Hz 或 1kHz，采用这种方法测密度的误差将为±1.25%或±0.1%，这个误差值对高精度的 CMF 显然是无法接受的，如要提高准确度就必须采用延长测量时间的周期法。如对于频率为 1kHz 的传感器，测量时间延长到 100Hz，则可取得密度测量准确度为 ±0.001%。由于常规的 CMF 输出频率为 80～1kHz，所以不宜采用频率法。

（2）周期法。是测量重复信号完成一个循环所需要的时间。周期是频率的倒数，测量电路如图 7-26 所示。它用传感器的输出作为门控信号。

如采用 12MHz 标准频率信号作为输入端，传感器的输出为 1kHz，则计数器在每一个输入脉冲周期内对时钟脉冲所计脉冲数为 $12\times10^6/(1\times10^3)=12000$，也就是说，当测量周期为输入脉冲周期 1ms 时，测量周期的相对误差为 1/12000≈0.00833%，而只要把门控时间延长到 8.33ms 时，相对误差就可达到 0.001%。这个准确度对于热工测量来说是相当高的了。

5. 二组分流体测量

上述密度测量所测是流经 CMF 的流体综合（合成的）密度。如果流体中有两种成分，且已知每一个成分的密度，则可确定每个成分的质量或体积流量。

从理论上讲，CMF 可以测任何多成分流体的平均密度，包括两相流，但对于气液两相流，由于敏感元件的结构限制，测量结果尚不太理想。

以下分不相混合的两种流体（见本节原理部分）和物理融合的流体两种情况分别说明：两种流体能完全融合（如酒精与水），流体总的体积不等同于在测量条件下两个个别体积之和。其质量百分比作为密度的函数，通常是从测试数据所得的表格中查取的（如图 7-27 所示，是酒精与水的浓度和密度曲线）。图 7-27 是 20℃下的水与酒精（乙烷基）的混合，100%的酒精密度为 789.34kg/m^3，100%水密度为 998.23kg/m^3，混合后密度关系呈非线性。

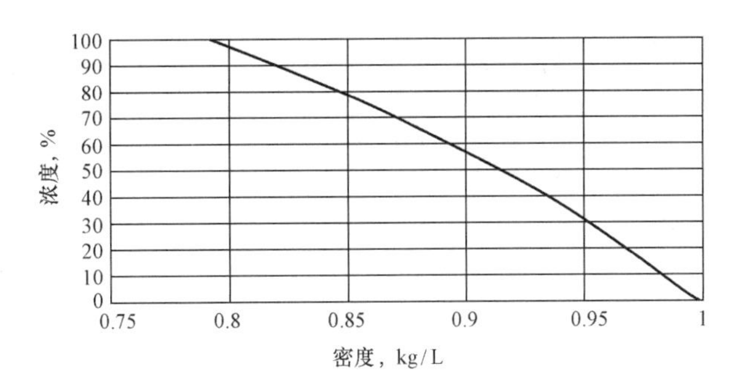

图 7-27　酒精与水的浓度和密度关系曲线

五、应用领域、特点及选用

1. *应用概况*

科氏质量流量计（CMF），主要用于测流体的质量流量，也可以准确地测流体的密度，利用以上这两点可以延伸测双组分混合液各成分的比例，包含质量流量及容积流量。应用最多的是需要精确计量总量或控制流量。密度的准确测量是 CMF 的另一个重要计量领域，常被用于对某些流体品质的质量指标控制。

20 世纪末，CMF 的应用领域还扩展到了测量液体的黏度，利用科氏质量流量计的压损与黏度的函数关系加上差压变送器进行在线检测，由于 CMF 可测黏度的范围很宽，可用于极低黏度的液化石油气，也可用于高黏度的原油、沥青液，用于测量高黏度液体的可占总额的 50%以上。CMF 甚至可用于非牛顿流体、液固双相流。

早期科氏质量流量计仅用于液体，随后即扩大至高压气体，到了 20 世纪 90 年代中期以后，才扩展到测量中低压气体流量。

2. *优点*

（1）谐振式传感器，具有如下优越性：

1）输出为数字信号，便于与计算机相连，远距离传输；

2）传感器工作为闭环系统，敏感元件处于谐振状态，其输出自动跟踪输入；

3）传感器的固有谐振特性，令其具有很高的灵敏性与分辨率；

4）相对于谐振敏感结构的振动能量，传感器的功耗极小，有利于抗干扰。

（2）准确度可高达±0.2%，不受流体密度、黏度、压力等因素的影响。

（3）多功能。除直接测质量流量外，可同步测流体的密度（由此推算容积流量），双组分液体各占的比例，以及物理相溶性、双组分液体的比例。

（4）可测多种流体。除洁净流体外，还可测高黏度液体、液固两相流、含微量气体的气液两相流，以及有较高密度的中高压气体。

（5）测量管内无阻力件及活动件。

（6）对上游流速分布不敏感，没有上、下游直管段长度安装要求。

3. *缺点*

（1）零点漂移。零点不稳定带来的漂移，影响其准确度的进一步提高。

（2）不能测低密度介质流量。如低压气体，或液体中含气量较高。

（3）对外界的振动干扰较敏感。由于本身采用谐振原理，外界的振动干扰会减小信噪比。

（4）管径不能太大。由于管径较大时，增大了传感器的刚性，激振需要的功率太大，目前传感器的管径，做到了120mm，可通过分流管、汇管，将传感器并联，工艺管径可达250mm（两个并联），甚至400mm（四根并联）。

（5）测量管内壁的腐蚀或积垢，改变其谐振频率，影响测量准确度。

（6）压力损失较大，有些型号压损可为同管径容积式的2倍。

（7）相同口径下，体积与重量都大于其他流量仪表。

（8）价格较贵，约为相同口径的电磁流量计的5倍。

4. 选用要点

（1）准确度。CMF的零点漂移较大，它应包含在准确度以内，而厂家往往将它与准确度分开表述，用户应特别注意在低量程时，零点漂移对准确度的影响会更大。CMF的基本误差大致为±0.15%～±0.5%；重复性大致为0.05%～0.1%。

（2）量程比。如果仅从仪表的输出信号来说"量程比"可以很大，按流量仪表量程比的定义来说，应为在保证一定准确度的前提下，可测流量的范围，所以涉及量程比必须说明准确度，举例来说，Micro Motion公司D系列CMF，准确度为±0.36%时，量程比为10∶1；而准确度降至±0.58%R时，量程比就可扩大一倍到20∶1。

（3）压力损失。CMF的压力损失较大，选型时应重视，为获得较高的准确度，当上所述选择CMF口径时，应尽可能使其工作在流量范围的高端，通常所选CMF的口径都会小于工艺管道，这样其压损也会大一些。

CMF的压损与黏度及流量成正比（见图7-28 D150型，口径40/50mm），μ=1mPa·s的相当于水在常温下的黏度，当液体黏度为500mPa·s时，其压损相当于水的10倍。

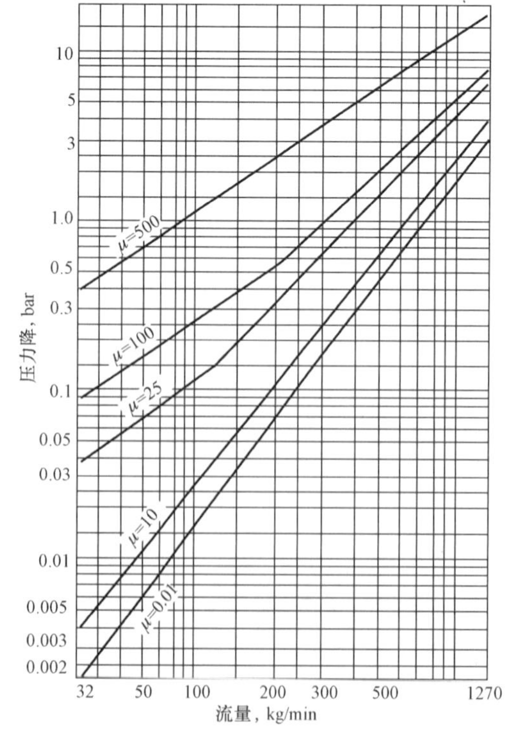

图7-28 不同黏度流体流量与压降

高黏度时，液体在仪表中的流动为层流，压力降Δp与流量q_m呈线性关系（即$\Delta p=kq_m^n$），k为系数，此时$n=1$；中黏度时呈折线，因其小流量时流动为层流，中高流量段为层流向紊流的过渡流动，此时n为1～2；低黏度时，流动为紊流，基本上为平方关系，即$n=2$。

对于改造项目，要使CMF取代其他压损小的流量仪表，如涡轮、涡街、电磁、超声时，必须核算泵的扬程足以弥补CMF所增加的压力损失。

（4）测气体流量。由于CMF是通过检测传感器的副振动大小求得质量流量，而副振动大小又取决于流体的密度与流速；流速过大会引起较大的压力损失，应有一定的限制，因此要求被测流体应具有较高的密度，对气体来说应有较高的压力，下面举例说明：

如 Micro Motion 的 DS-100 型（口径 25mm）的 CMF，要达到额定流量 455kg/min 时，气体密度应达到 100kg/m³，绝对压力应为 7.6MPa，流速为 154.5m/s；即使额定小流量 68kg/min，流速也要达到 23m/s。

从准确度上来看，用 CMF 测低压气体流量将远低于测量液体，Elite 公司的产品表明同一产品测液体准确度可达±0.1%+零点漂移，而测低压气体准确度仅为±1%～±2%。

（5）含有气体的液体。用 CMF 可测含有气体的液体，但仅限于含有极小量的气体，例如：Danfoss 公司的试验表明，当被测液体中含有 0.3%（体积比）的气体时，对准确度的影响可忽略，而当含气量达 5%时，流量测量误差可达 10%。当然含气量对准确度的影响，由于各产品传感器的结构及信息处理的不同，会有所差异，但在厂家未有具体说明时，最好对液体先进行脱气处理，以确保取得较高的准确度。

（6）含有固体的液体。各类型的科氏质量流量计都不介意被测液体中含有少量的固体，但当固体含量增加时，就应认真对待，以下分两种情况介绍：

1）软固体。当被测液体中含有较多的软固体（无磨蚀性的固体），应避免选用比工艺管道小得多的 CMF，以防止堵塞，最好选用单管型或双管型的串联型，因双管并联型前的分流器易黏上软固体，改变分流值，造成测量值误差。

2）磨蚀性固体。防止堵塞或由于对分流器磨蚀不均匀改变均匀的分流值产生误差，最好采用单管型或双管型串联型发送器。此外应尽可能选用测量管壁相对较厚的 CMF，减轻磨蚀的影响。

（7）压力影响。研究表明：在中高压力下（$p\geqslant1.5$MPa），流体的压力对 CMF 的影响是不可忽视的。由于测量管的刚性在流体压力增大时会变硬，在相同的变形条件下，流量将增大；同时压力也会引起测量管尺寸的变化。意大利的 Furio Cascetta 的一份研究报告中列举了对一台型号为 DN80 的 CMF 试验情况，在标准情况下（$t=20$℃，$p=0.2$MPa）进行了标定，然后分别在 2、2.8MPa 下进行测试，数据表明，在 $p=2$MPa 时，误差为 1.57%，而在 $p=2.8$MPa 时，误差达到了 4.56%。虽然这仅是一个个例，但足以提醒人们压力对 CMF 测量准确度的影响，对 CMF 压力影响的自补偿问题，已引起厂家的重视。

（8）温度影响。被测流体温度增加时，CMF 的测量管刚性减小，由于 q_m 正比于刚度，因此也将随之减小，目前的 CMF 产品都考虑了温度补偿问题，但尚不够完美，有待改进。

（9）流动状况。

1）流速分布。CMF 对流速分布不敏感，所以无上、下直管段长度安装要求，这是其他流量仪表无法相争的优点。

2）脉动流。CMF 可以测脉动流的流量，只是应注意的是当脉动流的频率与测量管的振动频率相近时，会引起共振，影响 CMF 的性能，在选型时应特别注意厂家的技术资料，或采用减振器，避开这种情况。

（10）振动干扰。CMF 是通过谐振原理测流量的。如何防止外来的振动干扰，增大信噪比，提高准确度，是研发 CMF 的厂家面临的一个重要课题，归纳起来，有以下四个方面：

1）产品结构设计。研发者都在自己的产品上采用了各种措施，抑制外来的振动干扰，如 D 系列［见图 7-21（l）］和 m-point［见图 7-21（m）］的支撑是刚性很好的圆筒，而 MFS-1000 则选用了一个不锈钢桥架，看似笨重却很好地抑制了外来的振动干扰。

2）制造厂家向用户说明所生产的 CMF 的工作频率范围，一般弯管式为 80～100Hz，直管多为700～1100Hz，使用时应采取措施设法避开，无法避开则改选其他型号。

3）安装时仪表的进口和出口应有夹持和支撑，轴向管接头应与CMF接头尺寸相等，以防止安装时有太大的应力，附加在CMF测量管上。

4）安装CMF地点附近有强烈的振动源无法去除时，可考虑采用柔性软管隔振，但应注意软管不能直接与测量管相连。

六、安装、应用中的注意事项

（1）形式多样，安装千差万别。由于要满足用户的各种要求，CMF的传感器有很多种类型（如图7-21所示），差别较大，如口径为80mm的CMF，轻者仅45kg，而重者可达200kg；安装要求也千差万别，如有的型号可直接与工艺管相连，有的却要另设置支撑架；为隔离管道振动，有的传感器与管道之间要求采用柔性连接，而柔性管与传感器之间又要求有一段支撑件分别固定刚性直管，所以用户在安装前必须要按CMF制造厂家的技术说明书要求进行。

为充分发挥CMF的准确度高的优势，根据用户的要求与现场的可能，可在传感器上游安装过滤器、气体分离器等附件。

如希望在线校准，则应考虑相应的引流接口、阀门等。

（2）流量传感器的安装方位。为避免流量传感器中有残留的固态沉积物，结垢、滞留的气体，影响测量准确度，传感器安装在自下而上的垂直管道较好，但对于非直形管道的CMF来说，安装在水平还是垂直管道取决于应用条件与管道振动的状况。

（3）截止阀与控制阀的安装。为确保调零时没有流动，在CMF上下游都应安装截止阀，控制阀尽可能安装在CMF的下游。CMF在工作时应保证处于高压状态，防止流体发生气蚀等现象。

（4）脉动与振动。为防止产生共振现象，用户必须向生产CMF的厂家了解传感器的谐振频率，以防止外界的机械振动、流体的脉动频率接近CMF的谐振频率，也可以向CMF生产厂咨询是否需要采取以下措施，如设置脉动衰减器、柔性连接、特殊的传感器夹装固定设备等。

（5）防止CMF间相互影响。如将多台CMF并联安装在同一台架上，各测量管的振动会发生相互影响，产生共振，用户安装时应避免这种情况发生，预先采取防范措施：错开相近传感器的共振频率；加大各CMF的安装距离，避免安装在一个台架上；各自设置独立的支撑架；流量传感器异向安装；设置防震材料；等等。

（6）管道的应力。安装CMF时，旋紧螺钉要均匀，勿使CMF产生初应力，如在布局时预先接入与CMF同样长度的短管可以防止（或减弱）这种影响。

在使用过程中，如流体工况（温度、压力）变化较大，CMF会受到管边轴向力或扭曲力从而影响测量性能，预置固定支架可减弱这种影响。

（7）强磨蚀浆液。如测这类流体，最好采用直管垂直安装，减弱磨损不均的影响。此外，内壁结垢也会影响性能，除了定期清洗外，还应缩短检定周期。

（8）零点漂移与调零。对于零点漂移的原因及防止，前面已介绍了不少，不再赘述，这里强调的是不仅满足于出厂前的调零，而且还应在现场使用条件下进行调零。

七、故障的原因与排除对策

CMF在应用过程中，最常见的是由于各种原因引起的零点漂移，表7-11列出了一些零点漂移现象、分析产生的原因及建议排除的对策。

表 7-11　　　　常见零点漂移的不同现象、形成原因和对策

现象	原因	对策
零点慢慢移动，且各次漂移状况相同	停流后液体中微小气泡积聚于测量管上部，或浆液中悬浮固体分离沉淀	停流后立即调零，使调零时流体分布状态与流动时相近。调零完成后出现的零漂可忽略。若考虑零漂后的信号输出，提高小信号切除值
零点大幅漂移，且各次漂移差别很大。驱动增益上升，严重时超过规定值而饱和	停流时气泡滞留在测量管内，特别是弯曲形测量管容易发生	（1）勿使进入气泡； （2）偶尔发生漂移可忽视，不必每次调零； （3）提高管道静压，使气泡变小达到零点
零点漂移量大，很多情况下无法调零	测量管内壁黏附流体内沉积物	清洗或加热熔融清除
因流体温度的零漂，同一口径 CMF 温度值越小，零漂越大	液体温度变化	（1）以实际使用测量时温度调零； （2）停流时温度变化形成的零漂，不予处理； （3）测量温度相差 11℃时再调零
零点不稳定，但移动量很小	管道有振动	很多情况不产生测量误差，可不予处理
温度变动形成应力变化，传感器前后机械原因形成应力变化	流量传感器所受的应力变化	（1）出入口中任何一处换装柔性连接管； （2）若出入口设置橡胶软管，在传感器和软管之间，置 2 个以上支撑点
零点漂移	液体密度与原调零时密度有差别	密度相差 $\pm 0.1g/cm^3$ 以内，影响测量值很小，超过此值即以最终实际液体调零
压力变化造成液体微量流动	停流时管道中滞留气体因压力变化而膨胀或收缩，使液体移动	（1）手动截止阀装在邻近流量传感器之前，关阀使处于完全零流状态； （2）在管系适当场所设置排气口，消除气腔

第三节　电 磁 流 量 计

一、概述

电磁流量计（见图 7-29）由电磁流量传感器（以下简称传感器）与电磁流量转换器（以下简称转换器）配套组成。广泛适用于电力、石油化工、钢铁冶金、给水排水等生产过程流量测量和控制中。

图 7-29　电磁流量计

1832 年法拉第在泰晤士河滑铁卢桥的两岸，选择水流方向垂直于磁场方向的地方放下两个电极，来测量河水的流速，开启了世界上第一次电磁流量计的应用。直到 1950 年，荷兰人首先在挖泥船上使用电磁流量计测量泥浆流量，使电磁流量计在工业生产中得到了应用。20 世纪 60 年代初，希克里夫（J. A Shercliff）与柯林（Kolin）等人用权重函数的理论揭示了产生感应电动势的微观特性，使得电磁流量计有了系统的基础理论。20 世纪 60 年代后，随着对三维权重函数的深入研究，出现了依据权重分布磁场设计的电磁流量计，改善了测量对流速的不敏感性。同时，这一时期集成电路的高速发展，出现了低频矩形波励磁的新技术，抑制了直流磁场信号中的极化干扰和降低交流磁场中信号所含电磁感应干扰信号的优点，提高了流量计的零点稳定性、灵敏度和测量精度，降低了功率消耗，解决了互换性问题等。

20 世纪 80 年代以来，电磁流量计采用单片机，用数字的处理方法等措施使电磁流量计的测量精度不断提高，并可充分利用计算机具有信息储存、分时处理、运算和控制能力。附加双向测量、空管检测、多量程自动切换、人机对话、与上位机通信、自诊断等功能。

使用领域也在不断扩大，如能测量低电导率的电容式电磁流量计、用于自流排水的非满管道电磁流量计、用于明渠测量的潜水电磁流量计、能测量流道中点流速的电磁流速计，等等。

二、测量基础

1. 测量原理

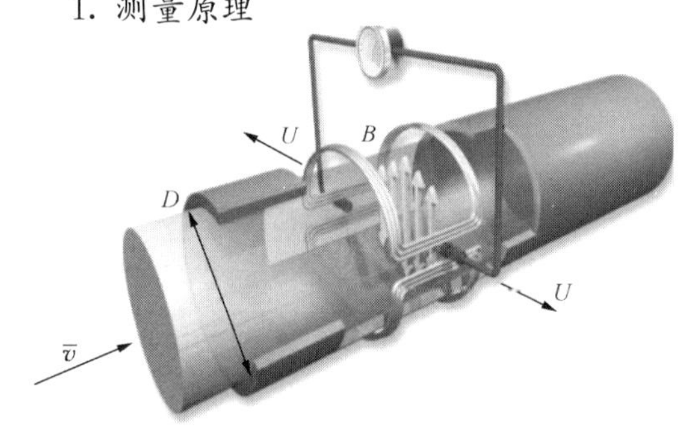

图 7-30　电磁流量计测量原理

电磁流量计的测量原理如图 7-30 所示，依据法拉第电磁感应定律，当导体在磁场中运动时，将感应生成一个感应电压（感应电动势）U。在采用导电流体流速电磁感应的测量方法中，流体介质相当于运动中的导体，流体流动的方向与电磁场方向垂直，由此产生的感应电压与流体流速成正比。

在恒定的交变磁场（B）中，流体产生的感应电压（U）被安装于管道直径相对两侧的两个测量电极检测，感应电压与磁场强度、电极距离（D）和平均流速（v）成正比。由于磁场强度和电极距离是常数，则信号电压与平均流速成正比。由流量计算公式可以看出，信号电压与平均流速呈线性正比。相互之间的关系及流量计算式为

$$U \propto B \times D \times v \tag{7-36}$$

$$U \propto q_V \tag{7-37}$$

$$q_V = (\pi/4) \times D^2 \times v \tag{7-38}$$

式中　U——信号电压；

B——磁场强度；

D——电极间距（通常指电磁流量计公称通径）；

v——流体平均流速；

q_V——瞬时流量。

2. 与测量原理相关的三个重要概念

（1）只能测量导电介质（即导电液体）。

常规电磁流量计对流体介质电导率限制条件是电导率大于或等于 5μS/cm（水大于 20μS/cm），电容式电磁流量计对流体介质电导率限制条件是电导率大于 0.05μS/cm（低电导率流体）。不能测量非导电介质，如气体、油类，若流体介质中含有大量气体，会产生测量严重波动。

（2）产生规定的磁场强度及变化方式。

励磁电流流经测量管上下励磁线圈产生工作磁场，若励磁线圈短路，流量计不能正常工作，励磁电流的稳定性直接影响电磁流量计的稳定性及测量精度。测量导管必须为非导磁材料，保证工作磁场能够穿过测量导管。

（3）实际测量值为流体流速。

电磁流量计实际测量的是流体介质的流速大小，因此电磁流量计属于速度式流量计的范畴。

3. 与测量相关的常用工程换算

依据流量计算式（7－38），流速 v →流量 q_V 换算公式为

$$q_V = 0.00282744D^2 v(\mathrm{m^3/h}) \tag{7-39}$$

$$q_V = 0.0007854D^2 v(\mathrm{L/s}) \tag{7-40}$$

式中　D——仪表公称通径，mm；

v——管道内流体流速，m/s。

三、电磁流量计的优点

电磁流量计以其独特的优点在流程工业界得到了广泛的应用，成为液体流量测量的首选仪表。电磁流量计由传感器、转换器、电缆连接线三部分组成。传感器与转换器安装在一起称为一体型电磁流量计（见图 7－31），此时电缆连接线很短，在流量计壳体内实现传感器与转换器之间的内部电气连接；传感器与转换器分别安装称为分离型电磁流量计（见图 7－32），此时电缆连接线较长，通过传感器的接线盒实现传感器与转换器之间的外部电气连接。电磁流量计有以下优点：

图 7－31　一体型电磁流量计

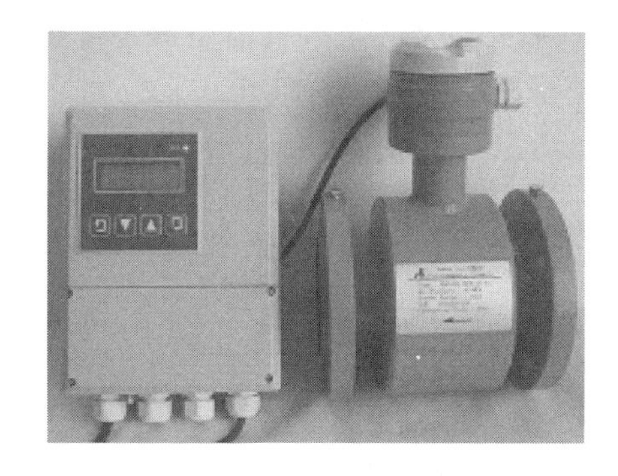

图 7－32　分离型电磁流量计

（1）结构简单，零部件少。电磁流量计结构简单、零部件少，无活动部件和阻碍被测介质流动的节流部件，不会发生堵塞问题。因此特别适用于测量液固两相介质，譬如带有悬浮物、固体颗粒、纤维等的或黏度较大的导电性浆液。因测量管是直通管，故不会残留介质，并便于清洗和消毒。电磁流量计因无节流件，几乎无压力损失，常规产品仅消耗 10～20W 的电功率，节能效果十分突出。

（2）适应性好。电磁流量计是一种测量体积流量的仪表，能够在两个流动方向上进行线性流量显示和体积流量的累计，测量几乎不受压力、密度、温度、黏度、流场（流动剖面），以及在一定范围内电导率变化的影响。因此，只需用水作为试验介质进行校准（或检定），而不需要附加修正就可用来测量其他导电性液体，这是其他流量计不具备的优点。

（3）量程范围宽、线性好。由于从原理上讲，电磁流量计的测量是线性的，所以测量范围很宽，同一口径传感器，满量程流速（流量）在0.3～15m/s的范围内可以任意设定，每个量程又可从0到100%线性测量。除去量程下限的1%～2%的不可测量区，可测范围度仍达1500∶1以上。其测量可涵盖紊流和层流状态两种速度分布。

（4）测量准确度高。测量准确度可达指示值的±0.2%～±0.5%。因此，既可作工业生产过程检测用，又可作贸易结算的计量仪表用。由于是完全的电信号拾取，所以测量反应速度快，动态响应可达0.2s，可测脉动流量和快速累积总量。具有统一的电流、频率信号和数字通信信号，可远传输出、指示、记录和控制。

（5）耐腐蚀性能好。由于传感器的测量导管具有橡胶、氟塑料或工业陶瓷等材料衬里，可测量腐蚀性流体。与被测介质接触部分只有电极和接地环。因此，能够方便地通过选择合适的接液材料，以便适应不同的腐蚀性介质。

（6）安装要求低。由于磁场占有测量导管的整个横截面，过程流体流过测量导管时，流场中每个移动的体积单元量对电信号的贡献以权重函数关系呈现，最终反映为管道内的平均流速所对应的信号电压，因此传感器前后的直管段要求比其他流量计短。同时，传感器的安装可以是水平的、垂直的，或任意角度的（但流体最好由下向上流动）。

但电磁流量计也有不足之处，如：不能测量气体、蒸汽和含有大量气泡的液体；不能测量石油、石油制品以及有机溶剂等非导电的液体。受衬里材料和电气绝缘材料的温度限制，目前工业电磁流量计还不能测量高温流体介质。

四、电磁流量传感器

典型电磁流量传感器基本结构与产品外形如图7-33所示。传感器由导管、衬里、电极、励磁线圈、磁路、外壳及接线盒组成。传感器作为体现电磁流量计测量系统的基础载体，起到了流量测量的初级部件作用。它应满足以下条件：

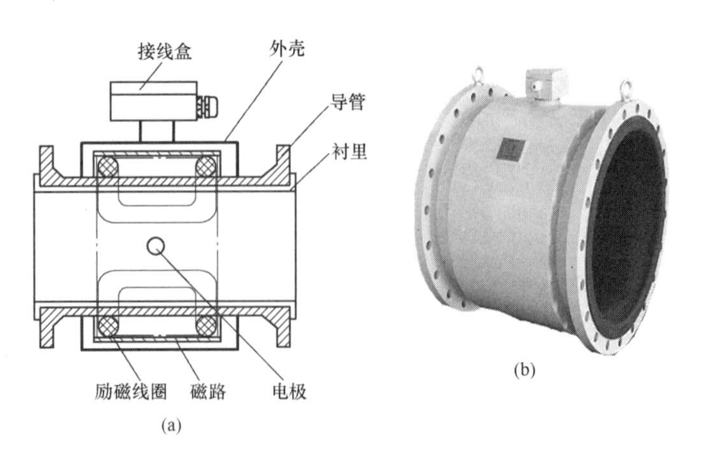

图7-33　电磁流量传感器基本结构与产品外形

（a）基本结构；（b）产品外形

（1）按照测量原理将流量线性地变换成电压信号。

（2）将不可避免的各种干扰抑制到最小范围之内，尽量提高输出信号中的信噪比。

（3）结构和构造上，满足安装现场的环境条件，如温度、湿度、大气（防爆）、振动等要求；满足电气条件，如绝缘性、耐压、耐击穿性；满足测量介质的物理化学性能，如导电性、腐蚀性、流体温度、压力、磨损性等的要求。

1. 传感器结构形式

典型的传感器结构形式大致由以下四部分组成。

（1）测量导管组件。

依据测量原理，励磁线圈所产生的交变磁场必须穿透导管与过程流体，因此金属测量管为非导磁材料；又由于导电性过程流体在磁场中产生的感应信号电压不能被短路，所以在测量电极的一定远处，导管内部需要电绝缘性衬里材料，典型的衬里材料包括软（硬）橡胶、聚丙烯、聚氨酯和含氟聚合物（如PFA、PTFE和F46等）。测量导管组件的功能包括：①介质的流通途径；②与工艺管道连接；③检出感应电势；④承受额定工作压力，如满足PED承压设备指令（Pressure Equipment Directive PED 97/23/EC）要求；⑤承受各种介质的腐蚀、磨损及高温条件。

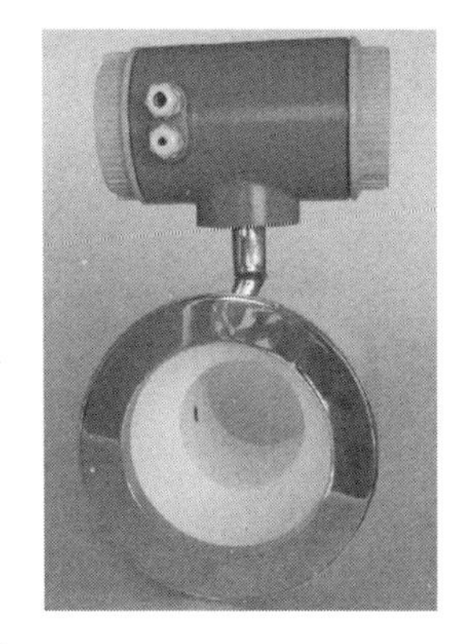

图7-34　电磁流量计——陶瓷测量导管

陶瓷材料制作的测量导管是测量导管组件的特例，因此，陶瓷测量导管（见图7-34）同时兼顾有导管与衬里的作用。与常规测量导管组件相比，陶瓷测量导管具有以下优点：①测量导管采用高新技术陶瓷材料制造，耐真空；②特殊设计的测量导管，优化流场的带有圆锥形进出口，能够减少因安装带来的测量误差；③陶瓷测量管内表面光滑，在噪声应用中能够稳定测量；④对温度冲击不敏感，优越的长期稳定性和准确度保证；⑤高耐磨性，适用于浆液流体测量应用；⑥改进的安全性设计，适用于卫生要求的流体测量应用；⑦优良的耐化学性和耐磨性，完全满足化学工业的应用要求。

高度稳定的形式和陶瓷的热膨胀系数低，可以保证高的测量精度和长期稳定性，即使是所测液体处于较高的温度。此外，陶瓷测量管的锥形具有整流作用，可显著减少安装直管段不足带来的测量误差。

（2）工作磁场。

工作磁场由励磁线圈、磁轭、极靴等组成。工作磁场由通电励磁线圈产生，产生磁场所需要的励磁方式及能量由转换器通过励磁电缆供给，磁路及磁场形状由励磁线圈、磁轭及极靴的结构确定。

（3）信号检出部分。

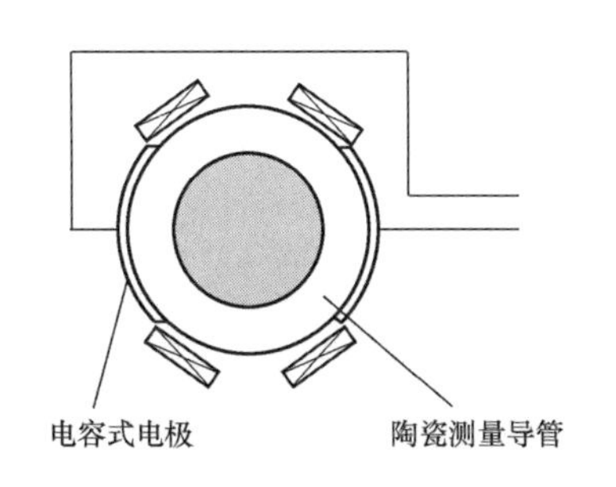

图7-35　电磁流量计——电容式电极

信号检出部分包括电极、电极引出线、屏蔽罩、接地线和接线端子（接线盒内）等零部件，所检出的流量感应电压通过信号电缆传送至转换器。电极由于与过程流体直接接触，所以必须要有耐蚀性及良好的电气信号传输能力。如图7-35所示的电容式电极可以实现非接触信号的检测，是信号检出部分的一种特例。因其具有电极与被测流体不接触的特点，从根本上解决了电极表面附着、腐蚀、摩擦、液体渗漏等问题，另外可测量低电导率液体的流量，拓展了电磁流量计的适用范围。

（4）壳体及接线盒。

壳体及接线盒起到与外界隔离、保护仪表的作用，外壳用于防护环境对线圈及电极的侵害，也可以一定程度地屏蔽外界磁场的干扰。对有些低频矩形波励磁方式的传感器，外壳应用导磁材料同时起到磁轭作用。

2. 传感器的过程连接类型

传感器的过程连接类型主要有法兰型、夹装型和卫生型等。法兰型电磁流量计产品外形及传感器的过程连接如图 7-36 所示，法兰型是电磁流量计传感器最常见的过程连接类型，法兰连接类型可适合各种口径和压力等级的应用场合，并且符合 GB、EN、ASME、ISO、JIS 等标准。常规法兰型电磁流量计传感器的公称通径范围为 DN15～DN3000。

(a)

(b)

图 7-36　法兰型电磁流量计的过程连接

（a）DN1000 PN6；（b）DN25 PN160

夹装型电磁流量计产品外形如图 7-37（a）所示，传感器的过程连接如图 7-37（b）和（c）所示，通过螺栓将传感器连接于管道夹持法兰之间。夹装型电磁流量计没有本体法兰，成本较低，传感器的公称通径范围为 DN15～DN300，也能够适应各种标准的管道。夹装型电磁流量计传感器的衬里材料通常采用聚丙烯和含氟聚合物（如 PFA、PTFE 和 F46）以及陶瓷等。

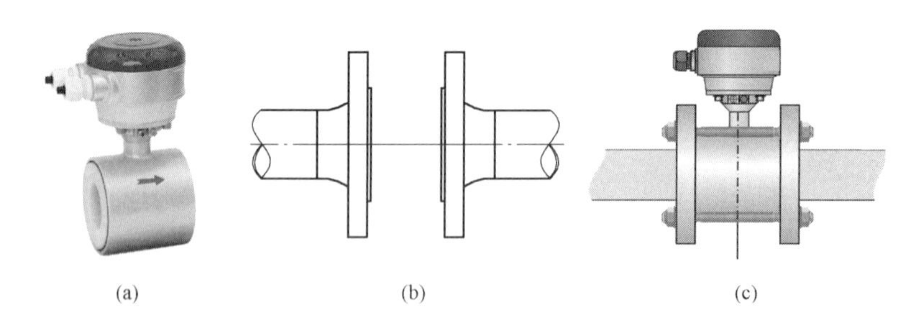

(a)　(b)　(c)

图 7-37　夹装型电磁流量计

（a）产品外形；（b）管道与夹持法兰；（c）过程连接

卫生型电磁流量计产品外形如图 7-38 所示。需要使用化学过程（CIP）和蒸汽（SIP）清洁和消毒。这种产品所用的材料不允许释放任何外来颗粒进入处理液，并且必须获得 FDA 批准和适合于食品工业。

五、电磁流量转换器

图 7-38　卫生型电磁流量计产品外形

电磁流量转换器（也称信号转换器）有两个主要功能：①为传感器提供产生工作磁场所需的励磁线圈电流，即为传感器提供所需的能量；②将传感器电极上产生的与流量成正比的感应电压信号进行信号调理、采集和运算，并转换为需要的显示值或各类输出信号。

通常传感器的信号电压幅度在微伏至毫伏范围，也易于受到噪声和干扰电压的影响。转换器将信号放大、整形和滤波后，转换为数字量并去除噪声和干扰电压的影响，然后计算流速和流量等。转换器还可以提供自诊断或报警信息等，如空管检测、励磁开路等。作为信号远传，转换器还可以输出模拟信号、脉冲信号和状态开关信号等。另外，作为备选功能，转换器可以具备诸如 HART®、Field FOUNDATION™和 PROFIBUS®现场总线接口，数字化地传输测量值和详细的自诊断信息。转换器的这些模拟和数字接口是模块化的，可以相互组合，因此很容易集成到系统环境中。

典型转换器的功能原理框图如图 7-39 所示。

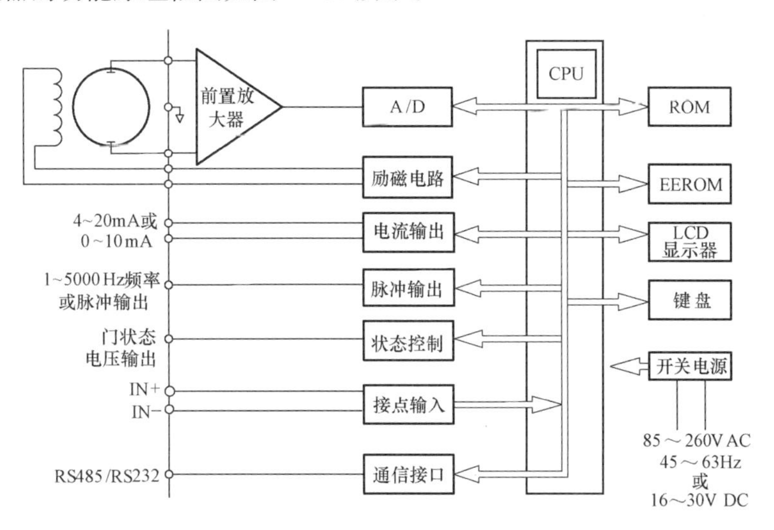

图 7-39　典型转换器的功能原理框图

传感器励磁线圈电流的励磁方式，可分为交流励磁（工频交流正弦波励磁）、矩形方波励磁和高频调制的方波励磁等，各种励磁方式和波形见表 7-12。

交流励磁方式是用工频电源直接对线圈励磁，这种方式的响应性好，不大受低频同相干扰的影响；但因为存在电磁感应，而容易引起零点变动。

方波励磁方式，则是由转换器产生的、频率为工频频率偶数分之一的方形脉冲电流（通常为 6.25Hz），对传感器励磁线圈励磁。这种方式使用与工频干扰的周期同步采样，所以零点性能稳定，并且流量计的电功率消耗低；但响应性差，抗直流噪声不好；由于电极极化原因，测量浆液介质流体容易发生输出跳动。

表 7-12　　各种励磁方式和波形

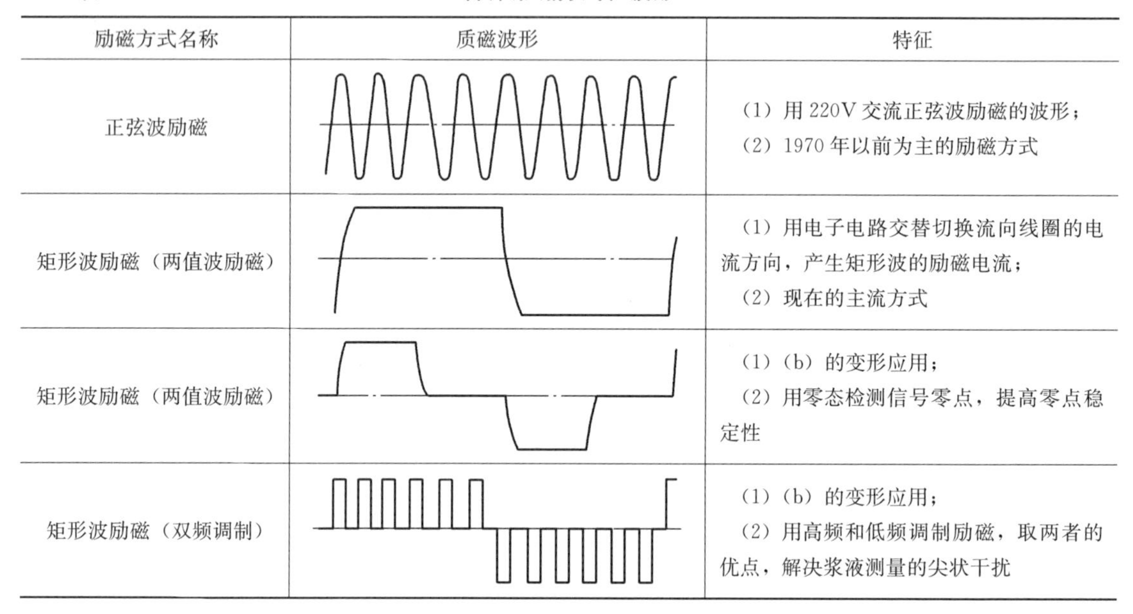

励磁方式名称	质磁波形	特征
正弦波励磁		（1）用 220V 交流正弦波励磁的波形； （2）1970 年以前为主的励磁方式
矩形波励磁（两值波励磁）		（1）用电子电路交替切换流向线圈的电流方向，产生矩形波的励磁电流； （2）现在的主流方式
矩形波励磁（两值波励磁）		（1）（b）的变形应用； （2）用零态检测信号零点，提高零点稳定性
矩形波励磁（双频调制）		（1）（b）的变形应用； （2）用高频和低频调制励磁，取两者的优点，解决浆液测量的尖状干扰

双频励磁方式则是用高频（80～200Hz）对 6.25Hz 方波调制，因此它具有低频方波的优点，零点稳定，功率损耗低，也提高了测量的响应性和抗直流噪声，利于测量浆液流体稳定性的提高。当然，双频励磁的电路较复杂，调试相对麻烦些。

六、电磁流量计的设计选型

1. 电磁流量计的应用概况

在仪表设计选型、安装、调试和维护的整个过程中，应尽量保证仪表正常运行所需要的基本条件，使仪表在良好的工作状态运行。

电磁流量计应用领域非常广泛，按照应用场合有大口径（DN700～DN3000）、中口径（DN200～DN600）、小口径（DN15～DN150）和微小口径（DN3～DN10）之分。

2. 电磁流量计的准确度和功能

市场上常规的电磁流量计性能有较大差别，有些精度高、功能多，有些精度低、功能简单。电磁流量计的准确度等级及与其对应的基本误差限见表 7-13。准确度高、低的产品价格相差较大。应按需选用，如仅为控制目的，只需可靠性和重复性优良就可以，无须选用高精度而昂贵的仪表。

表 7-13　　电磁流量计的准确度等级及对应的基本误差

准确度等级	0.2	(0.25)	(0.3)	0.5	1.0	1.5	2.5
基本误差限	±0.2%	(±0.25%)	(±0.3%)	(±0.5%)	(±1.0%)	(±1.5%)	(±2.5%)

注　括号内的数值不推荐优先采用。

现在电磁流量计所标明的准确度，主要采用示值的基本误差，已很少采用满量程误差。另外，要了解保证产品的准确度，需要哪些严格的参比条件，如温度、前后直管段长度等。

市场上常规的电磁流量计功能差异也很大，最简单的就只是测量单向流量，只输出模拟信号或脉冲信号等，这种价格较低；而多功能仪表价格不菲，功能有测双向流量、量程切换、上下限流量报警、空管和电源切断报警、小信号切除、流量显示和总量计算、自动核对和故障自诊断、与上位机通信和运动组态等，应按需选用。

3. 保证电磁流量计正常工作和测量精度的必要条件

(1) 被测流体介质必须具有导电性，且电导率是均匀的；如果流体的电导率不是均匀的，电极上获得的信号将出现不稳定的干扰，造成很大的测量偏差。

(2) 被测流体介质必须充满管道，以保证测量精度。在液体充满管道流动时，液体的流速分布成轴对称流动，感应电动势与平均流速成正比。

(3) 电磁流量计测量系统必须良好接地（或接液），以保证测量系统正常可靠地工作。

(4) 电磁流量计应满足其前后直管长度要求，以保证充分稳定的轴对称流速分布。

(5) 电磁流量计应避免受强电磁场干扰，以保证测量不受外界电磁场干扰。

4. 一般选型原则

(1) 口径的确定。

电磁流量计能够连续测量较宽流量范围的流量，在规定流量（流速）范围（0.3～10m/s）内，可任意调整测量量程。一般情况下，选择电磁流量计口径等于工艺管道口径，可以满足工况需求，而且安装方便，没有压力损失。

流量、流速与口径三者关系见式（7-39）和式（7-40）。依据工艺需要或改善测量条件，也可以选择电磁流量计口径与工艺管道口径不同。

1) 在有些工况条件下，例如流体介质可能在传感器中造成沉积物，且流速偏低时，为使电磁流量计工作在合适的流速范围，在工艺流量较稳定，且允许一定的压力损失的情况下，可选择电磁流量计口径小于工艺管道口径。在电磁流量计前后加异径管，使得传感器测量导管内局部流速提高，使之不易附着沉积物。将电磁流量计垂直安装或安装在V形弯管处，易于消除过多的沉积物。

2) 对于大口径工艺管道，在电磁流量计前后加异径管，选择口径较小的电磁流量计，其一，可降低流量计购置与安装费用；其二，使得传感器测量导管内局部流速提高，运行在线性较好的流速范围。

3) 如果工艺管道内流速太高，如流速大于5m/s，可以考虑选择口径较大的电磁流量计，在电磁流量计前后加异径管，使得传感器测量导管内局部流速降低，降低衬里与电极的磨损，延长电磁流量计使用寿命。

4) 为了保证测量准确度，当加装异径管时，扩张管的中心锥角应不大于15°，且异径管接头的上游侧及下游侧至少应有5倍工艺管径的直管段；而收缩管中心锥角可为30°～60°。

(2) 推荐使用流速。

1) 从准确性、经济性和耐用性方面考虑，电磁流量计口径不大于DN600时，推荐使用的流速范围为1～5m/s。在这个范围内，电磁流量计测量精度高、线性好，压损较小，流体介质对电磁流量计衬里和电极的磨损也较小。当电磁流量计口径大于DN600时，推荐使用的流速范围为0.5～1.5m/s。在这个范围内，压损较小。

2) 对于含有固体颗粒的流体介质（如矿浆等磨耗性强的流体），推荐使用的流速范围为1～3m/s。这样的选择有助于避免流速过高造成悬浮固体颗粒对电磁流量计衬里和电极的过度磨损。

3) 对于在管道中可能造成沉积物的流体介质（易于黏附、堆积、结垢等物质的流体），推荐使用的流速范围为 2～5m/s，在压损允许的情况下，选用比管道直径小的电磁流量计，并且加装异径管，提高传感器测量导管内局部流速，加大冲刷效果。

（3）与流体接触零部件材料的选择。

传感器与流体接触的零部件有衬里（或绝缘材料制成的测量管）、电极、接地环和密封垫片，受衬里材料、电极密封和磁场的温度适应性和限制条件的影响，电磁流量计不宜用于 180°以上的高温流体测量。选择电磁流量计的电极材料和衬里材料时，根据被测流体介质的腐蚀性程度、磨损性及温度选定合适的材料。

1）衬里材料。

对于工业用水、废污水及弱酸碱，常用衬里材料有氟塑料、聚氨酯橡胶、氯丁橡胶和陶瓷等。采用 99.99%高纯氧化铝陶瓷制成的衬里仅限于中小口径传感器，氯丁橡胶和聚氨酯橡胶用于非腐蚀性或弱腐蚀性液体，价格最低。

对含有矿石颗粒的矿浆应用，应选用耐磨性较好的陶瓷衬里或聚氨酯橡胶衬里，同时建议传感器装置在垂直管道上，使管道磨损均匀，消除水平安装时下半部局部磨损严重的缺点，也可以在传感器进口端加进口保护环（或进口保护法兰），减少测量导管进口处的衬里磨损程度，以延长使用期。衬里材质选择表见表 7-14。

表 7-14　　衬里材质选择

衬里材料	主要性能	适用范围
氯丁橡胶 Neoprene	耐磨性好，有极好的弹性，高扯断力，耐一般低浓度酸碱盐介质的腐蚀，不耐氧化性介质的腐蚀。适应的介质温度不高于 80℃（或不高于 120℃）	用于非腐蚀性或弱腐蚀性液体，如工业用水、废污水及弱酸碱
聚氨酯橡胶 Polyurethane	有极好的耐磨耗性，但耐酸碱的腐蚀性较差。适应的介质温度不高于 80℃	适用于中性强磨损的矿浆、煤浆、泥浆
聚四氟乙烯 PTFE	它是化学性能最稳定的一种材料，能耐沸腾的盐酸、硫酸、硝酸和王水，浓碱和各种有机溶剂，不耐三氟化氯、高温二氟化氧。具有优良的耐化学腐蚀性，但耐磨性，抗负压性差。适应的介质温度不高于 180℃	适用于浓酸、碱等强腐蚀性介质，卫生类介质
聚全氟乙丙烯 PFA	化学稳定性、电绝缘性、润滑性、不黏性和不燃性与 PTFE 相仿。耐化学腐蚀性能稍低于 PTFE，而耐磨性优于 PTFE，且加金属网的 PFA 与测量管有较强结合力，改善了抗负压性能，耐真空。适应的介质温度不高于 120℃	适用于盐酸、硫酸、王水和强氧化剂等，卫生类介质
聚氟合乙烯 F46	整体性能低于 PFA，但价格低廉。也可以作为聚氯丁橡胶的替代品，适用于 DN50 以下口径的流量计。适应的介质温度不高于 80℃	适用于盐酸、硫酸、王水和强氧化剂等，卫生类介质

2）电极材料。

耐腐性是选择电极材料首先考虑的因素，其次还应考虑是否会发生钝化等表面效应和所形成的噪声。

电磁流量计对电极的耐腐蚀性要求很高，常用金属材料有含钼耐酸钢1Cr18Ni12Mo2Ti、哈氏合金（耐蚀镍基合金）B和C、钛、钽、铂铱合金，几乎可覆盖全部化学液体。此外，还有适用于浆液等的低噪声电极，导电橡胶电极、导电氟塑料电极和多孔性陶瓷电极，或包覆这些材料的金属电极（如不锈钢涂覆碳化钨电极），电极材质选择见表7-15。有时需做必要的实验，最好的实验是接近实际应用条件的现场挂片。

表7-15　　电极材质选择

材质	耐腐蚀性能
316L	对于硝酸、室温下5%浓度以下的硫酸，沸腾的磷酸、碱溶液；在一定压力下的亚硫酸、海水、醋酸等介质有较强的耐蚀性。耐硫酸、氯化物的腐蚀比SUS304好。耐高浓度的碱，不耐盐酸
哈氏合金B	耐沸点下所有浓度的盐酸、硫酸、氢氟酸、有机酸等非氧化性酸，碱、非氯化性盐液。耐氧化、还原等介质，耐干氯气，不耐湿氯气
哈氏合金C	耐氧化性酸，如硝酸、混酸或铬酸与硫酸的混合物，以及氧化性盐类、海水等。耐盐酸、碱和氢氧化物
钛	能耐海水、各种氯化物和次氯酸盐、氧化性酸（包括发烟硝酸）、有机酸、碱等的腐蚀，不耐较纯的还原性酸（如硫酸、盐酸）的腐蚀，但若酸中含有氧化剂时则腐蚀大为降低（如硝酸和含有Fe、Cu离子的介质）。耐氯化物和次氯酸、湿氯、氧化性酸、碱，不耐干氯
钽	具有优良的耐腐蚀性，和玻璃很相似，除了氢氟酸、浓硫酸外，几乎能耐一切化学介质（包括沸点的盐酸、硝酸和175℃以下的硫酸）的腐蚀，能耐除了氢氟酸、氟、发烟硫酸碱以外的化学介质。不耐碱腐蚀
铂铱合金	几乎可覆盖全部化学液体
不锈钢涂覆碳化物	用于无腐蚀性，但磨损性强的流体介质

虽然选择电极材料的耐腐蚀性是重要的因素，但有时电极材料对被测介质有很好的耐腐蚀性，却不一定就是适用的材料，还要考虑到应用中防止发生电极表面效应。电极表面效应分为材料外表面化学反应、电化学和极化现象，以及电极的催化剂（触媒作用）三个方面。

电极与被测介质接触后，产生化学反应效应，电极表面形成钝化膜或氧化层，对耐腐蚀性能可能起到积极维护作用。但也有可能增加表面接触电阻，如钽与水接触就会被氧化，生成绝缘层。对于防止或减轻电极表面效应的流体介质与电极材料匹配，尚无充足的资料可查。

3）接地环材料。

工艺管道为塑料管道或衬绝缘衬里的金属管时，需安装接地环（接地法兰），以便电磁流量计取得参考电位（0V），通常选用304SS做接地环，允许有少许腐蚀，但要定期更换。因接地环尺寸大，从经济上考虑较少采用哈氏合金、钽、钛、铂铱合金等贵重金属做接地环，可考虑选择电磁流量计加装与测量电极材料相同的接地电极（安装于测量导管内），由接地电极取得参考电位，避免因电极材料与接地环材料不同，造成不同的腐蚀速率，产生电极与接地之间的极化电位差，影响信号测量。

(4) 液体电导率。

使用电磁流量计的前提是被测液体必须是导电的，被测量液体的电导率有一定范围的规定值，不能低于阈值（即下限值，如 5×10^{-6} S/cm）。通用型电磁流量计的阈值在 $5\times10^{-6}\sim1\times10^{-4}$ S/cm 的范围内，视产品厂家或规格型号而异。

低电导率液体的部分游离离子摩擦电极产生流动噪声，引起输出值抖动。当液体电导率低于阈值时，电磁流量计会产生测量误差，甚至不能使用；当液体电导率超过阈值时，即使电导率发生变化也可以测量，由于转换器具有高输入阻抗，因此测量精度变化不大。

非接触电容耦合大面积电极的仪表则可测电导率低至 5×10^{-8} S/cm 的液体。

当选用分离型电磁流量计时，能够适应的电导率下限，还取决于转换器的输入阻抗大小，以及传感器和转换器之间流量信号电缆长度及其分布电容，制造厂使用说明书中通常规定电导率相对应的信号线长度。

高导电液体（如液态金属）感应会出现集肤效应而减弱电动势，因此，被测液体的电导率有一定的上限限制范围。电导率的上限以非电子导电的介质为限。

工业用水、低度蒸馏水及酸、碱、盐液使用不存在问题。

石油制品和有机溶剂电导率过低就不能使用。根据使用经验，实际应用的液体电导率最好要比仪表制造厂规定的阈值至少大一个数量级。因为，制造厂仪表规定的下限值是在各种使用条件较好状态下可测量的最低值，流体介质电导率阈值在 $5\times10^{-6}\sim5\times10^{-7}$ S/cm 时，建议选用电容式电磁流量计。

5. 其他选型注意事项

(1) 测量介质中含有气泡。

流体中混入成泡状流的微小气泡（5%以内的体积含量）且是均匀混在液体中，电磁流量计仍可正常工作，但测得的是含气泡体积的混合体积流量，测量精度会降低。如所含气泡太多，盖住测量电极，输出呈现晃动就难以正常测量了。

(2) 固液双相流体（浆液型）的测量。

电磁流量计可以测量这类流体的体积流量。分以下两种情况：

1) 固体在载体液中一起流动，如固形物为非铁磁性颗粒或纤维，含量小于 14%时，测量误差可在 3%以内。

2) 固体含量较高的流体中，固体和液体两者之间有相对滑动，使用单相液体（水）校准的电磁流量计用于这种流体测量时，会产生附加误差。

这时如使用频率较低的矩形励磁电磁流量计，会产生尖峰状浆液噪声现象。浆液内可能会有较大颗粒的固形物擦过电极表面，使流量信号不稳定，因此需要考虑选用高频励磁，或交流励磁或双频激磁。它们都具有较强抑制浆液噪声能力。

(3) 含有铁磁性物质流体介质的测量。

这时除了需要考虑上述的固形物含量及浆液噪声影响因素外，还需要考虑含有铁磁性物质流体介质对工作磁场产生的影响。工作磁场强度随流体中铁磁性物质的不同含量而变化，同时产生误差。选择交流励磁，并在磁路中设置磁通检测线圈给予补偿，可减小铁磁体的影响，提高测量准确度。

(4) 附着和沉淀。

若测量流体易在管壁附着和有沉淀物质，会减小测量导管实际的流通面积，直接影响测量精度。

对测量电极而言，若附着于电极上物质的电导率比液体电导率高，则感应信号将被短路；若附着物是非导电物质，则感应信号将被减弱或断路。无论哪种情况，都因使仪表的测量精度降低，不被允许。

可以考虑采取以下措施：

1）选用电容式电磁流量计，直接避免因电极表面附着产生的影响，但若附着物为高电导率，电磁流量计同样不能工作。

2）从避免或减少电极被附着物污染的角度，选用不易附着的锥形或半球形突出电极、可更换式电极、刮刀式清垢电极等，刮刀式电极可在传感器外定期手动清除沉垢。也可采用热熔或电化学的方法来清洗电极，清洗电极时断开测量电路，让电极间短时间内流过低压（交流或直流）大电流，融化并清除电极上的附着物。

3）直流清洗。用于清洗测量管内部的导电沉积物，这些沉积物会影响仪表精度。直流清洗采用电解原理，电解过程中的电子流使得堆积粒子远离电极。注意传感器使用钽电极时，勿用直流清洗。

清洗电极时，只可在管道中充满液体时进行，但电极清洗功能不可用于易燃易爆介质，也不能同时使用空管检测和电极清洗功能。

4）从安装的角度考虑，易产生附着的场所可提高流速以达到自清扫的目的，还可以采取较方便的易清洗的管道连接，可不装配带清洗功能的传感器。

七、安装与电气连接

1. 安装场所与位置

电磁流量计安装场所的选择建议如图 7 - 40（a）～（r）所示。为了使电磁流量计稳定可靠地工作，应注意以下要求：

（1）电磁流量计测量管内必须充满流体介质（即不允许有空管或不满管现象）。

（2）电磁流量计的电极轴线应近似水平。

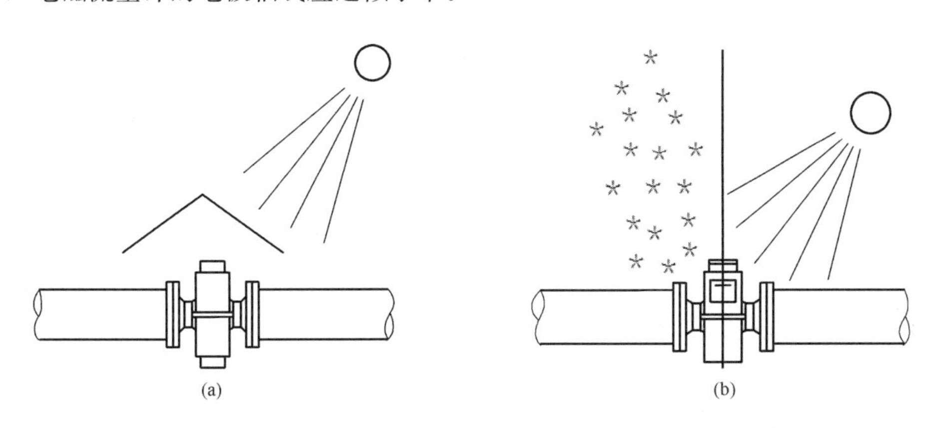

图 7 - 40　电磁流量计安装场所选择建议（一）

（a）防止暴晒；（b）防止温差过大

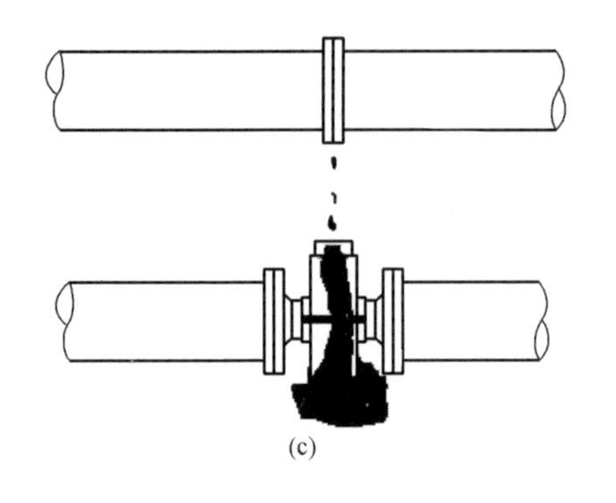

(c)

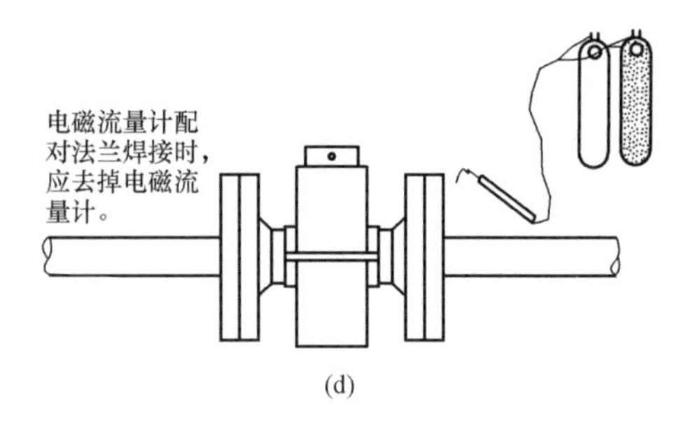

(d)

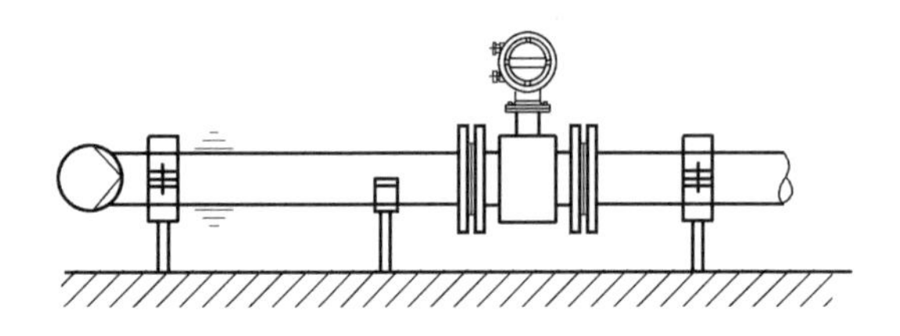

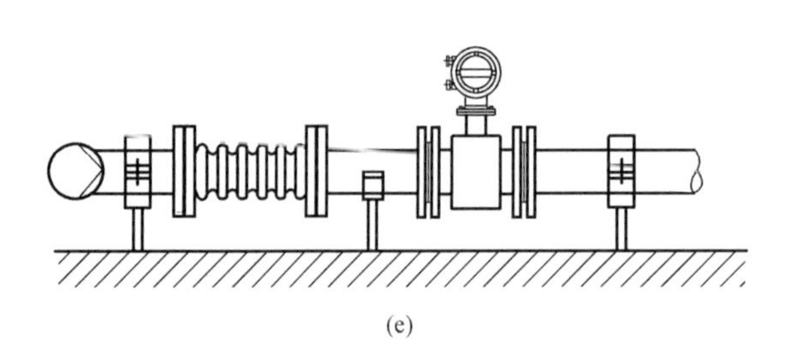

(e)

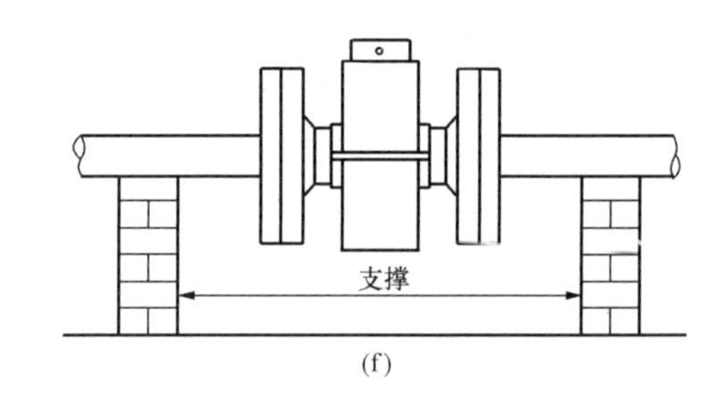

(f)

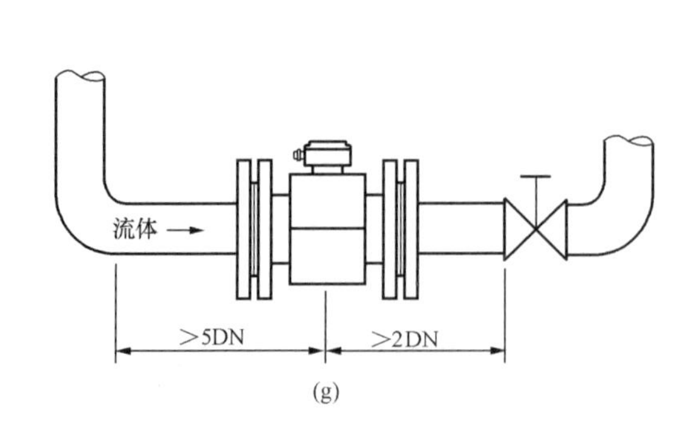

(g)

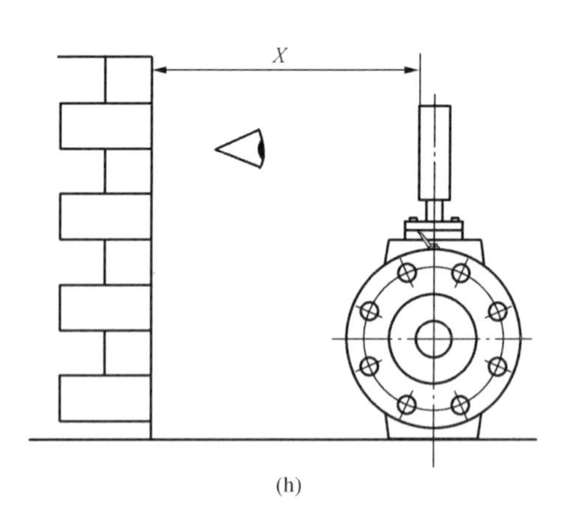

(h)

图 7-40 电磁流量计安装场所选择建议（二）

（c）防止滴漏；（d）远离火焰；（e）避开强振动；（f）合理支撑，传感器不能作为荷重支撑点；（g）保证上、下游直管段长度；（h）安装位置应方便操作和读数

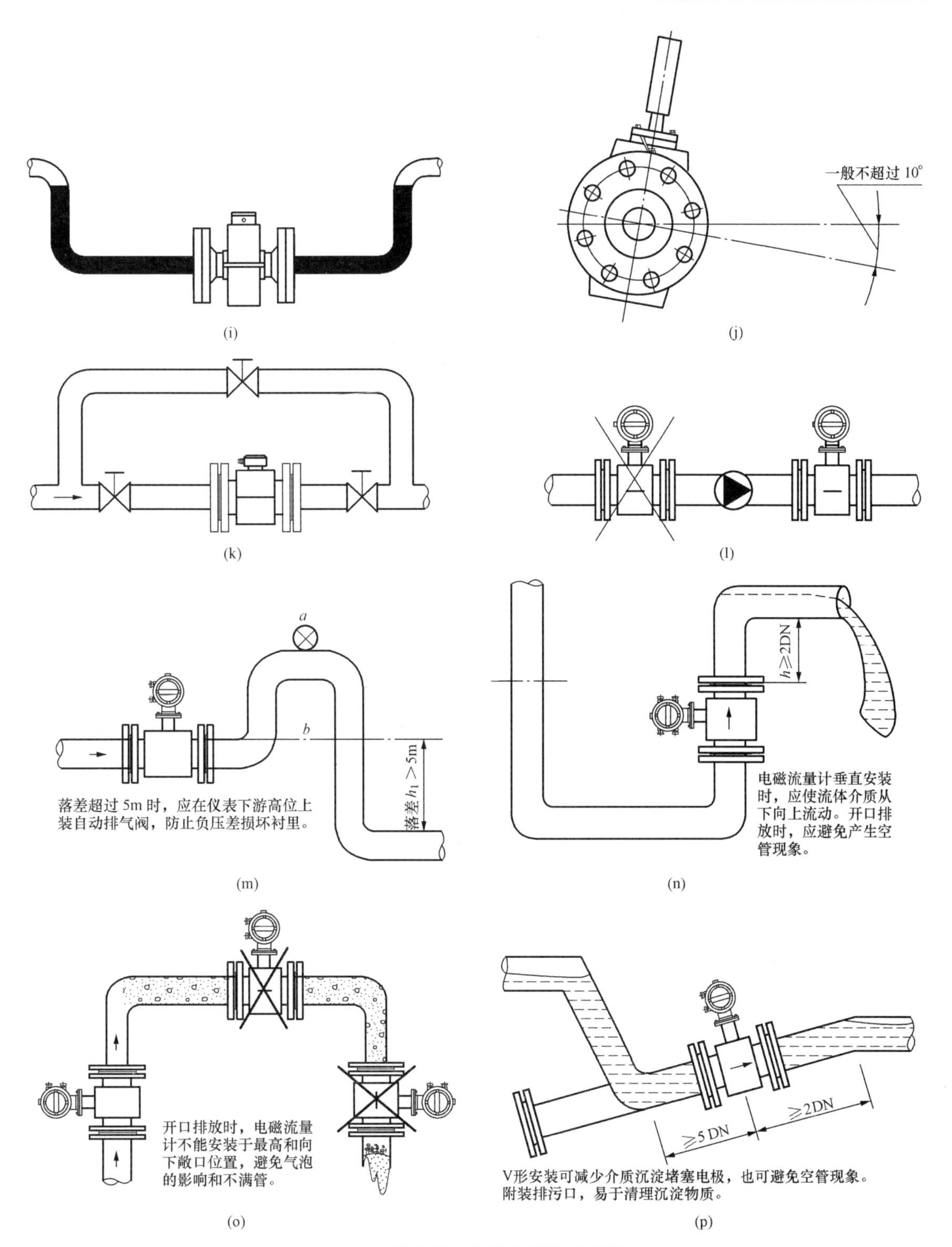

图 7-40　电磁流量计安装场所选择建议（三）

(i) 流体介质应充满管道；(j) 电极轴线应近似水平；(k) 安装旁路管，便于维护；(l) 避免负压，流量计不能安装在泵入口处；(m) 落差超过 5m；(n) 垂直安装方式及流向；(o) 避免气泡与直接向下敞口；(p) 测量易沉淀流体介质安装方式

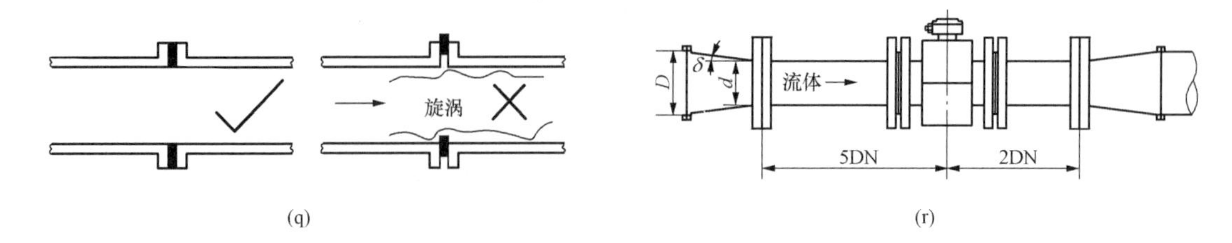

(q)　　(r)

图 7-40　电磁流量计安装场所选择建议（四）

(q) 垫圈应对中安装，避免产生涡流；(r) 异径管安装

(3) 电磁流量计（从电极轴线起测量）的入口上游直管段最少为 5D 长，出口的下游直管段为 2D 长。

(4) 被测流体流动方向应与电磁流量计的流向标志所指方向一致。

(5) 为了安装、维护和保养的方便，应在管道法兰附近确保有足够的操作与维护空间。

(6) 当管道直径与电磁流量计通径不一致时，可在电磁流量计前后直管段两端安装渐扩管或渐缩管。

(7) 电磁流量计安装场所应避免有强磁场及强振动源。在电磁流量计的两边管道上应有固定支座。

(8) 分体安装的电磁流量计转换器应安装在通风、干燥场所，应避免雨水淋浇、积水受淹，以防仪表的电气元件受潮，造成绝缘性能下降及损坏。

2. 接地（接液）要求

为了使电磁流量计稳定可靠地工作，保证其测量精度不受外界电磁场的干扰，电磁流量计应有良好的单独接地（接液），主要接地（接液）方式如图 7-41 (a) ～ (d) 所示。若连接电磁流量计的管道内涂有绝缘层或是非金属管道，电磁流量计应加装接地（液）环，不同介质也需要选用不同材质的接地环材质。为了满足防腐要求，接地环材质一般与传感器测量电极的材质相同。当电极材料为贵重金属材料时，为了降低电磁流量计成本，也可选用加装接地电极（与测量电极同材质）。各类接地环示意如图 7-42 所示。

(1) 普通接地环，起到接地（接液）作用。

(2) 保护接地环，用于保护传感器的 PTFE 衬里翻边不受损伤，也起到接地（接液）作用。

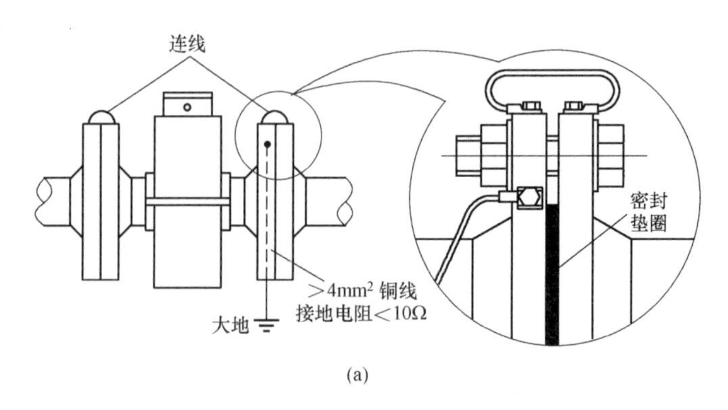

(a)

图 7-41　电磁流量计主要接地方式（一）

(a) 金属管道接地（接液）

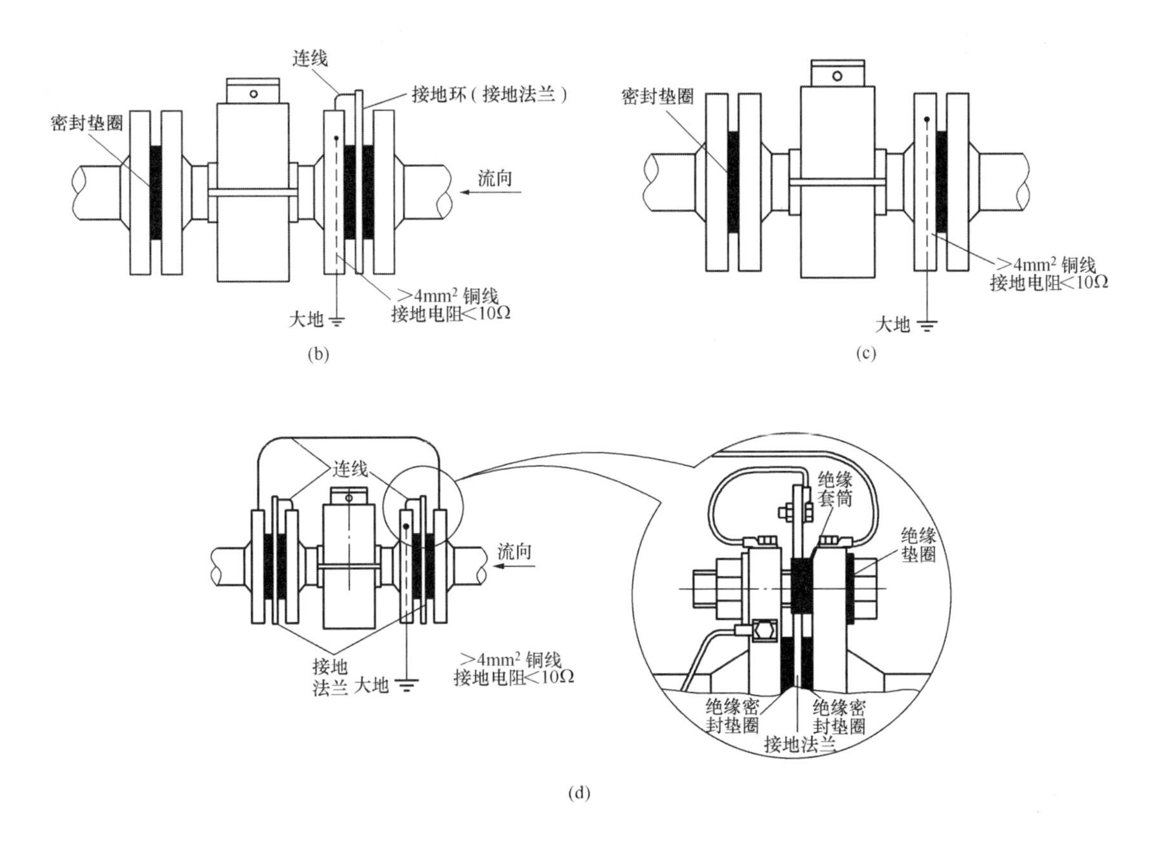

图 7-41　电磁流量计主要接地方式（二）

（b）非金属管道接地（接液），传感器无接地电极；（c）非金属管道接地（接液），传感器装有接地电极；（d）具有阴极保护的管道接地（接液）

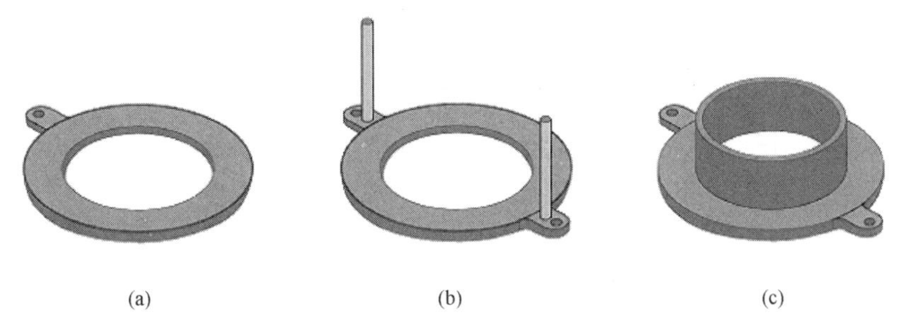

图 7-42　各类接地环示意

（a）普通接地环；（b）保护接地环；（c）进口保护接地环

（3）进口保护环，适用于磨损性介质，用于保护传感器入口端部衬里，延长流量计寿命，也能起到接地（接液）作用。

八、现场应用注意事项

1. 测量精度与误差曲线

制造厂所给出的电磁流量计测量精度与误差曲线均指参比工作条件下的技术指标，应注意这与实际应用工况条件是有所区别的。依据 JB/T 9248—2015《电磁流量计》产品行业标准，以及国家质量监督检验检疫总局 JJG 1033—2007《电磁流量计检定规程》，电磁流量计检定的参比工作条件是：环境温度：20℃±2℃；相对湿度：60%～70%；供电电源：交流电压 220V±10%，电源频率（50±2.5）Hz；外界磁场、机械振动和噪声：应小到对流量计的影响可以忽略不计；电导率：检定用液体的电导率应在 50～500μS/cm 的范围内；液体温度：检定用液体的温度范围应在 4～35℃的范围内，在每个流量点的每次检定规程中，液体温度的变化应不超过±0.5℃；安装条件：上游直管段长度大于 10*D*；下游直管段长度大于 5*D*；预热时间：大于 15min。

（1）测量精度。

现在大多数制造厂家采用示值的百分数表示仪表的测量精度（或称基本误差限）。如 0.3 级的电磁流量计，其测量精度为±0.3%，不少制造厂都有本厂的实流校验规程。

（2）误差曲线。

测量精度可用误差曲线直观地表示，制造厂给出的误差曲线表示电磁流量计在其测量范围内线性度变化的趋势，与给出的准确度指标是相对应的（误差曲线如图 7-43 所示）。以某制造商的电磁流量计为例，准确度为：示值的±0.3%（流速不小于 1m/s），或±3mm/s（流速小于 1m/s）。

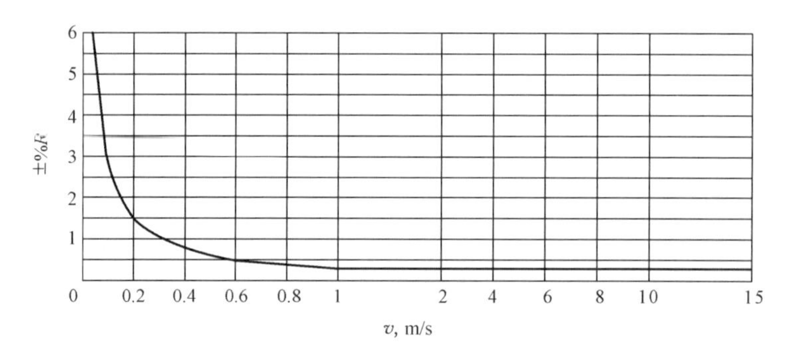

图 7-43　误差曲线

显然，曲线在 1m/s 处存在一拐点，当流速小于 1m/s 时，误差用±3mm/s 的测速误差表示，如折算成相对误差，则随流速的减小而增大，在 0.5m/s 时，电磁流量计允许±0.6%R的误差；在 0.3m/s 时，流量计允许±1.0%R 的误差。

（3）工况条件。

电磁流量计在工况条件下，因各种因素的影响，测量精度可能与制造厂在参比条件下给出的实流校验精度有所区别。如按照行业标准，温度每变化 10℃，测量精度变化不应大于仪表基本误差限的 1/2，当温度变化 20℃时，±0.3%的测量精度可能会变为±0.6%。

因此在电磁流量计运行过程中，应考虑到噪声干扰、安装条件的限制、环境温度、湿度变化等因素对流量计测量精度的影响，通常 0.5 级电磁流量计实际达到 1 级，已属不易。

2. 测量量程与系统零点

（1）测量量程。

电磁流量计的流量范围比较宽，对应的流速范围为 0～10m/s，有些厂家的电磁流量计给出的参数为 0～15m/s。从理论上讲，改变量程不会影响电磁流量计的测量精度和线性，但选择合适的量程有助于提高 4～20mA 模拟输出信号单位分辨率。如果 100m^3/h 量程能够满足要求，就不要选择 $200m^3/h$ 量程，否则模拟输出信号单位分辨率将降低 50%。

（2）系统零点。

正常运行情况下，电磁流量计的系统零点随着系统的长期运行，因元器件老化、励磁线包绝缘强度降低、测量电极极化与污染、系统接地电阻（电位）增加等因素，会造成系统零点的变化与漂移，因此应定期检查电磁流量计的系统零点，进行调整与维护。制造厂有必要给出的误差曲线，不仅说明电磁流量计存在系统零点，更说明电磁流量计的非线性，在整个测量范围内的测量精度。

3. 信号基准与直流噪声

（1）信号基准。

为了有效地拾取两个测量电极上感应的毫伏级流量信号，并抑制干扰信号，流量信号以差动方式由传感器传输到转换器的差动放大器信号输入端，把“零电阻”的流体介质“地”作为差动放大器的信号地端。当存在接地回路地电流、电极极化电压、励磁回路与电极测量回路间的静电耦合电压等共模干扰时，只要差动放大器的工作参数对称，共模干扰不会影响到放大器对流量信号的放大。

因此要充分认识到电磁流量计系统接地的重要性，有的制造厂为了更加明确地说明接地的区别，把作为流量信号基准的地称为接液地（接液部件：接地电极或接地环等），把物理地称为大地。接液地不仅要求接地电阻尽量小，而且还要具有良好的稳定性与可靠性。

（2）直流噪声。

如果电磁流量计输出波动较大，主要的影响因素是测量信号中叠加的直流噪声。如果流体介质地与大地良好，造成直流噪声的原因是电极上存在的极化电压。电极与电解质流体介质之间，因液体中发生正负离子的定向移动，产生一定的电场，因此形成电极与接液地之间漂移的极化电压。极化电压以共模干扰形式叠加于流量信号中，阻塞差动放大器，使流量信号不能放大，电磁流量计不能完成正常的信号采样，或因其漂移变动，造成流量信号的波动。因此，要求接液材质与测量电极材质一致，即使产生极化电压，因材质一样产生极化电压的电位也一样，使电极与测量基准之间的共模电压为最小。

4. 超声波流量计在线标定电磁流量计

ABB 公司提供的 CalMaster 的装置，是一种电磁流量计的专家评估系统，能够对 Kent 公司制造的电磁流量计进行在线评估，根据产品出厂时的历史参数记录与在线时产品运行状态参数对比，给出电磁流量计与原出厂时实流标定的测量精度相比，存在多大的可能误差。采用超声波流量计在线比对的方法，可以定性评估电磁流量计运行状态是否良好，排除电磁流量计可能存在较大测量误差的情况。

实施超声波流量计在线标定电磁流量计的条件是，它的测量精度应高于电磁流量计的测量精度。

5. 泵流量不能判别电磁流量计是否准确

用户在使用电磁流量计的过程中，经常有以泵流量大小评定电磁流量计是否准确的现象。但是，泵流量不能判别电磁流量计是否准确。

（1）泵铭牌规定的流量值和扬程值，应是代表泵能力的标称值，实际工况下，泵流量因扬程、效率、功率和管网负荷等变化而变化。

（2）C 级泵流量可能达到±8%的允许误差。

(3) 多台泵并联运行，汇入总管的流量不一定等于各泵流量的总和。

6. 测量电极污染防护

电极的污染对电磁流量计测量精度影响程度如何，由于以下原因而很难定量给出：

(1) 在流体介质可能造成沉积物而污染电极时，应在设计和安装方面，选择合适的流速（选定管道口径）和安装方式，避免造成过多的沉积物。

(2) 电极污染物理上表现为电极测量回路的信号输入阻抗增加或减少，只要阻抗不超过某一界限，对电磁流量计测量不会有副作用。高输入阻抗（$1\times10^{11}\Omega$）差动放大器设计参数，能够避免因电极污染（阻抗增加）的影响。

7. 系统防雷

直接雷击、雷电静电感应和电磁感应是造成仪表损坏的主要因素。仪表防雷的目的是保护仪表不被雷击电波损坏。

在产品设计时，已对电磁流量计的防雷考虑了一些防护措施。如电源部分加装瞬态抑制二极管或放电管，电源、信号输入/输出电气隔离，数字通信接口采用抗雷击器件，传感器与转换器之间的信号连接电缆采用三重屏蔽，要求流量计系统良好接地等。但是，在雷电频繁与强烈的地区，应采取以下措施：

(1) 电源输入端加装 1∶1 变压器和避雷器，避免电源被击穿。

(2) 信号模拟输出加装避雷器。

(3) 电磁流量计系统接地一定要良好，且保证接液地与大地良好连接，避免管线和流体介质传导的雷击。

第四节　涡 街 流 量 计

一、概述

1878 年斯特劳哈尔（Strouhal）发现并发表了关于流体振动频率与流速关系的文章，而将这一理论进一步深入实验研究是近代力学的奠基人之一美籍匈牙利科学家冯·卡门（Theodore von Kármán）。卡门发现并论证了在圆柱形阻挡体后面产生的旋涡中，只有当旋涡是反对称排列，而且仅在两列旋涡的相邻距离与同一列旋涡间隔的距离达到一定比值时，才是稳定的。人们将这种状态下产生的旋涡命名为卡尔曼涡旋（Karman Vortex Street），即卡门涡街。

开始人们对旋涡现象的研究主要是为了防灾，例如桥梁、高塔、桅杆、缆绳等在风中遭到破坏，锅炉换热器中的管排、管道中的测温套管的折断等大多与旋涡共振有关。直到 1950 年美国科学家罗什科（Roshko）提出了运用卡门涡街原理测量风速的可能性并进行了相关实验。

1967 年日本学者土屋喜一和山崎弘郎根据卡门涡街原理，在圆管中垂直地放置一根圆柱体，在圆柱体下游放置了可绕固定轴转动的金属小旗。流体流动时，卡门涡街的作用使小旗左右摆动，以此检测旋涡分离频率信号，从而计算出管道内流体流量。

20 世纪 70 年代是涡街流量计进入高速发展的时代，各种新型的旋涡检测方法和新产品也开始缤纷面世。进入 80 年代，涡街流量计的研发强势如初，老产品在不断改良进步，新研发产品也层出不穷。此时，美国 Fisher Controls 公司研制出双发生体应力式涡街流量传感器；德国 E+H 公司和英国肯特公司运用压电检测技术分别成功开发出检测元件内插式和检测元件后置式的涡街流量传感器；日本东京计装株式会社成功开发出光电式涡街流量传感器；等等。

近几年随着传感器技术和电子技术的突飞猛进，特别是2000年以后，涡街流量计的设计制造水平日趋成熟，涡街流量计的使用精度和抗震性在逐步提高，口径已达到350mm，基本能够满足各种大中型工厂、企业检测控制计量使用。

二、涡街流量计测量基本原理

1. 涡街流量计工作原理

（1）卡门涡街的产生与现象。

为说明卡门涡街的产生，先来了解黏性流体绕流圆柱体的流动。如图7-44（a）所示，当流体速度很低时，流体在前驻点 P 处速度为零，继续沿圆柱左右两侧流动，在圆柱阻挡体前半部分速度逐渐增大，压力下降，后半部分速度下降，压力升高，到后驻点 A 处时速度又为零，此时的流动与理想流体绕流圆柱体相同，无旋涡产生。

随着来流速度增加，圆柱体后半部分的压力梯度增大，引起流体附面层的分离，如图7-44（b）所示，当来流的雷诺数 Re 达到40左右时，由于圆柱体后半部附面层中的流体微团受到更大的阻滞，就在附面层的分离点 F 处产生一对旋转方向相反的对称旋涡。

如图7-44（c）所示，当雷诺数 Re 达到一定范围时，稳定的卡门旋涡开始产生，这时旋涡脱落频率与流体流速成正比。

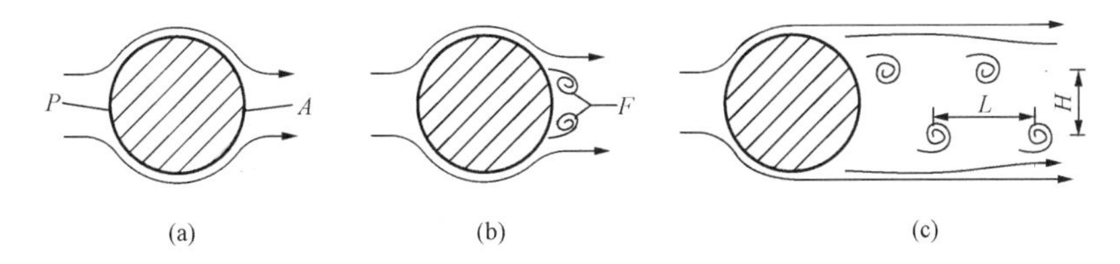

图7-44　卡门涡街示意

（a）低速；（b）中速；（c）高速

事实上并非在任何条件下产生的涡街都是稳定的，冯·卡门在理论上证明产生稳定的涡街条件是旋涡发生体两侧旋涡之间的距离 H 与单侧中相邻旋涡之间距离 L［如图7-44（c）所示］之间的关系必须满足

$$\sinh\left(\frac{H\pi}{L}\right)=1 \tag{7-41}$$

$$\text{或}\frac{H}{L}=0.281 \tag{7-42}$$

时所产生的旋涡才是稳定的，此时产生的旋涡为卡门旋涡，即卡门涡街。

（2）涡街流量计测量原理。

涡街流量计正是利用了卡门涡街原理来测量流体流速的，在此以压电式涡街为例进行说明：如图7-45所示，在圆形管道中放入一根或多根三角形或其他形状的阻挡体，

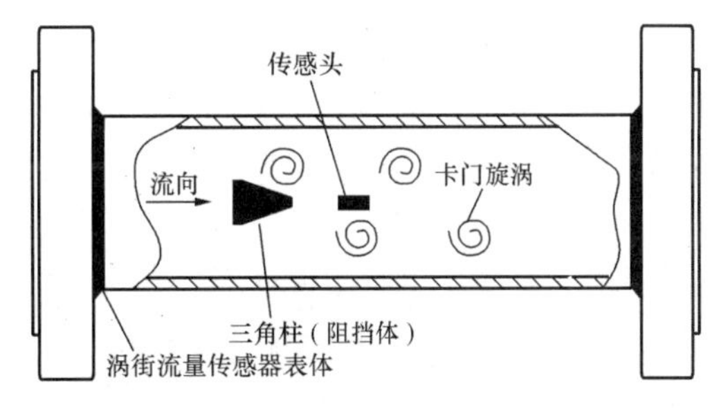

图7-45　涡街流量传感器测量原理

当流体流速达到一定范围时，在阻挡体的后面将会连续分离出稳定的卡门旋涡，此时旋涡的分离频率与流体流速成正比。由于两列旋涡是交替运动的，因此会在传感头两侧产生交替变化的压力，这种交变力作用在传感头左右两侧时，也同时作用到传感头内部的压电晶体，从而使受到压力变化的压电晶体产生与旋涡频率变化相同的电荷频率变化，通过专用的电路将电荷变化频率检测出来后，就可以根据式（7-44）和式（7-47）计算出表体内流体的流速和流量。

根据卡门涡街原理，有如下关系式，即

$$m=1-\frac{2}{\pi}\left[\frac{d}{D}\sqrt{1-(d/D)^2}+\arcsin\left(\frac{d}{D}\right)\right] \tag{7-43}$$

$$f=\frac{Sr\cdot u_1}{d}=\frac{Sr\cdot u}{m\cdot d} \tag{7-44}$$

$$q_V=\frac{\pi\cdot D^2\cdot u}{4}=\frac{\pi\cdot D^2\cdot m\cdot d\cdot f}{4Sr} \tag{7-45}$$

$$K=\frac{f}{q_V}=\left(\frac{\pi D^2 md}{4Sr}\right)^{-1} \tag{7-46}$$

式中 m——旋涡发生体两侧弓形面积与管道横截面面积之比（无量纲）；
D——表体通径，m；
d——旋涡发生体迎面宽度，m；
f——旋涡的发生频率，Hz；
u_1——旋涡发生体两侧平均流速，m/s；
Sr——斯特劳哈尔数，无量纲；
u——被测介质来流的平均速度，m/s；
q_V——瞬时体积流量，m^3/s；
K——流量计的仪表系数，$1/m^3$。

由式（7-46）得出

$$Q_V=3600\times\frac{f}{K} \tag{7-47}$$

$$Q_m=3600\times\rho\frac{f}{K} \tag{7-48}$$

式中 Q_V——瞬时工况体积流量，m^3/h；
Q_m——瞬时工况质量流量，kg/h；
ρ——流体密度，kg/m^3。

（3）涡街的仪表系数 K。

由式（7-46）可以看出，不同口径的涡街流量传感器，其传感器平均系数（即平均仪表系数）的实际意义是：单位体积流量的流体流过某一口径的涡街流量传感器时所产生的旋涡个数。平均仪表系数的大小只与涡街流量传感器几何尺寸即涡街口径、阻挡体宽度与斯特劳哈尔数 Sr 有关，也就是说，对于一台口径、阻挡体几何尺寸已经确定的涡街流量计，它的仪表系数在一定的流速范围内是定值。

由式（7-46）可以看出，某一口径结构固定的涡街流量计，斯特劳哈尔数 Sr 是影响仪表系数数值大小的唯一因素，从实验可知，在雷诺数 Re 为 $2\times10^4\sim7\times10^6$ 范围内，流体速

度 u 与旋涡脱落频率是呈线性关系的，也就是说对于非流线型发生体，在这个范围内它的斯特劳哈尔数 Sr 是常数，并约等于 0.2，当雷诺数更大时，发生体周围的边界层将变成紊流不稳定。

涡街流量传感器平均系数目前还不能实现干标，每台流量计出厂前都要在标准装置上进行校准标定。如需较宽量程比，还要进行多点系数修正。

2. 涡街流量计功能特点

涡街流量传感器结构如图 7-46 所示，其表体内只有阻挡体与传感头两个部件，没有任何机械可动部件，结构简单，使涡街流量计具有如下许多优点：

(1) 输出信号为数字频率方式，测量精度高。

由涡街流量传感器的测量原理可知，测量流量的大小是与卡门旋涡分离频率成正比的，只要测量出旋涡个数，就可以准确计算出流过传感器的流量。而旋涡个数的测量是纯数字信号，不存在测量数值上的误差，优于其他模拟类流量信号传感器。

(2) 结构简单测量时无机械运动部件。

如图 7-46 所示，涡街流量计内部结构非常简单，只有阻挡体与传感头两个部件，无任何机械可动零件，这让涡街流量传感器可长期可靠工作，无须维护。

(3) 适合作为贸易结算表计使用。

由于具有测量精度高、易于维护的特点，正适合作为贸易结算仪表。同时，由于正常情况下，旋涡分离频率是稳定的，只有当传感器发生异常或工况发生变化时，旋涡分离频率才会有很大的变化，因此，通过观察涡街流量传感器频率变化范围的大小，极易判断传感器是否发生故障，而模拟类流量计的零点偏移或模拟转换误差却不易被发现。

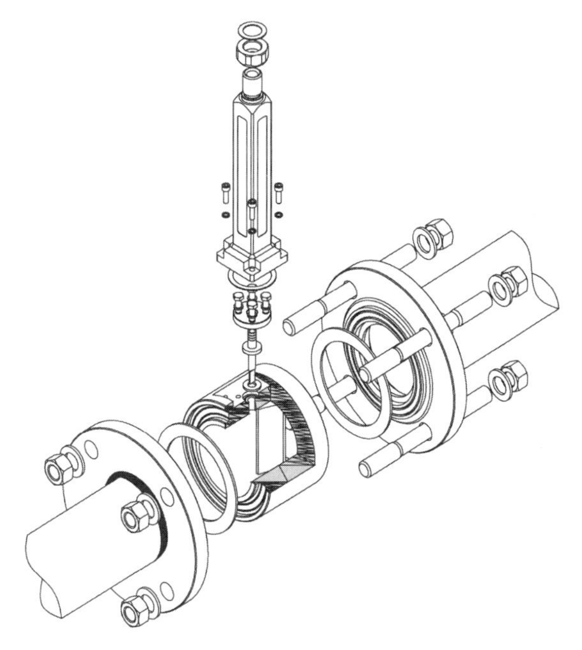

图 7-46　涡街流量传感器结构

(4) 量程比适中，压力损失小。

随着技术水平的提高，智能涡街流量计可测量程比可达 40∶1，普通传感器量程比也能达到 10∶1。在所有流量计种类中，相同工况涡街流量计压损相对较小，一般情况下，随流体密度和流速的增加而增大，常温常压下空气最大 70m/s 流速时，约为 7.5kPa；水最大 10m/s 流速时约为 120kPa。

(5) 测量小流量时抗震性较差。

虽然智能涡街流量计在结构和软件上已经使用了许多解决振动的技术措施，但目前尚不能彻底解决涡街流量计的抗振问题，只能在不同程度上减小振动对涡街测量下限的影响。

(6) 对测量脏污介质适应性差。

脏污介质容易沉积在旋涡发生体表面和表体内壁，使发生体与内径形状和尺寸发生变化，从而使仪表系数发生改变。传感器元件表面出现此现象，也会降低传感器灵敏度，造成小流量测量不稳定。

3. 涡街流量计主要类型

目前涡街流量计的种类很多，各个流量计厂家分类方法也不统一。如图 7-47 所示，涡街流量计按外形结构主要分为卡装型涡街、不断流传感头可拆型涡街、法兰连接型涡街、内变径型涡街、温压补偿型涡街、插入型涡街等。为了从测量本质上区分涡街流量计的特点，下面主要以测量卡门涡街的方法进行分类。

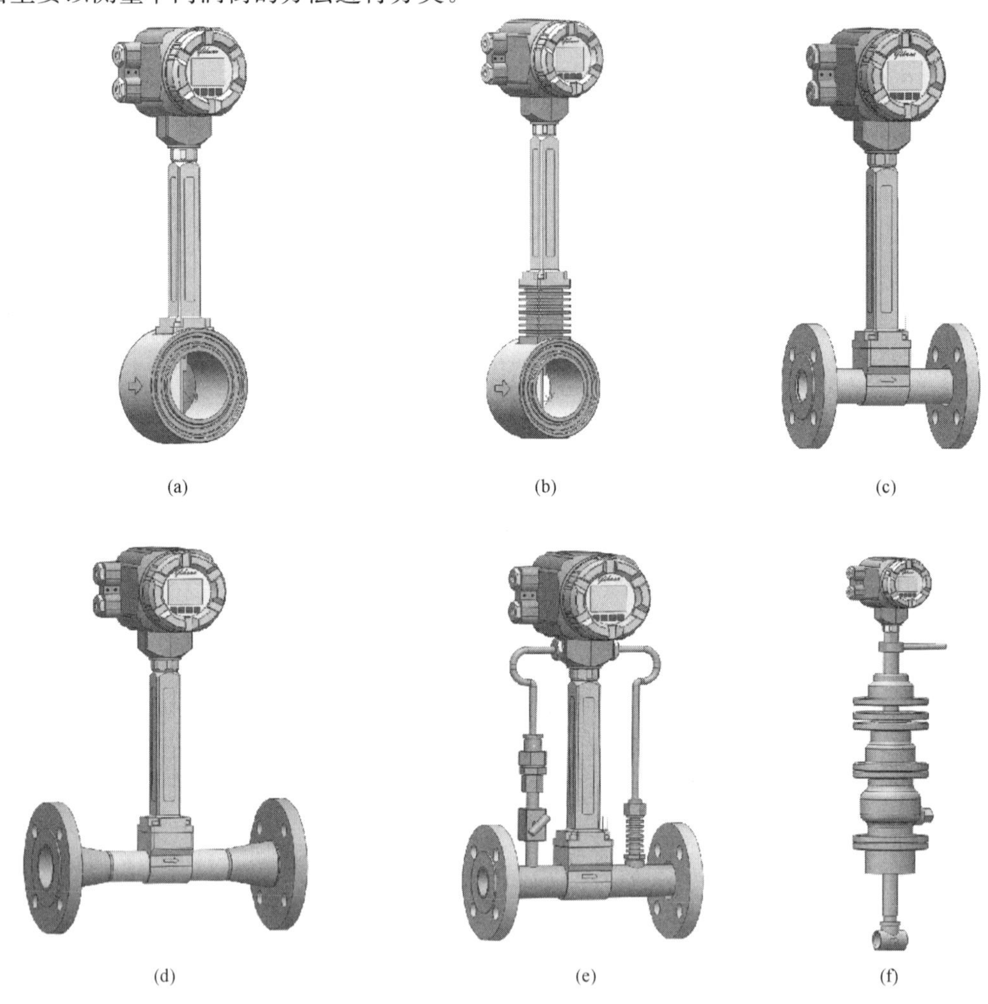

图 7-47　涡街流量计外形类型

(a) 卡装型涡街；(b) 不断流传感头可拆型涡街；(c) 法兰连接型涡街；(d) 内变径型涡街；(e) 温压补偿型涡街；(f) 插入型涡街

(1) 应力式涡街流量计。

压电式传感头具有外形结构及加工制造工艺简单的特点，是目前应用应力原理测量卡门旋涡使用最广泛的涡街流量计传感头。应力式传感头测量原理如图 7-45 所示，交替的卡门旋涡会在压电传感头两侧垂直于流向方向产生交替变化的力，这种交替变化的力使传感头沿受力方向发生微弱变形，从而使内部的压电晶体由于变形而产生电荷，其电荷的变化频率与应力变化频率相等，通过电荷放大电路转换成相应的频率脉冲或电流信号输出。

（2）电容式涡街流量计。

电容式传感头实质上也是应用应力原理来进行旋涡测量的，如图 7 - 48 所示，交替的卡门旋涡会产生交替变化的力 p，使传感头沿受力方向发生微弱变形，从而使传感头极板间距发生改变，因为极板间距的不断变化，致使极板间电容 C 不断改变，其变化频率与旋涡频率一致，通过对电容频率的测量就可以得到旋涡频率，从而计算出流体的流速。电容式传感头的优点是可以直接测量 400℃高温介质，缺点是对传感头材料及制作加工工艺要求很高，否则使用效果并不理想。

（3）热敏式涡街流量计。

卡门旋涡引起沿垂直于流速方向的局部流体发生交替流向改变，从而冲刷位于阻挡体中心的热敏电阻，使其温度交替下降引起电阻值的交替变化，利用电桥原理，通过对电阻值的变化频率的检测就可以得到卡门旋涡的变化频率（见图 7 - 49）。热敏式涡街流量计具有优良的抗振特性和低流速测量特性，但由于热敏电阻温度变化具有很大的延迟性，所以不适合频率较高的场合使用。

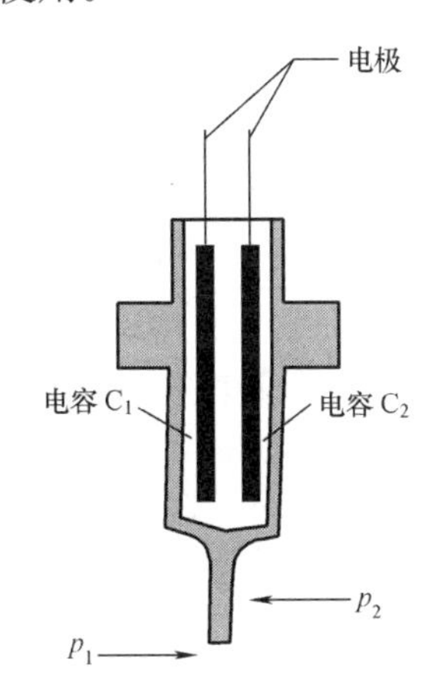

图 7 - 48　电容式涡街流量传感器测量原理

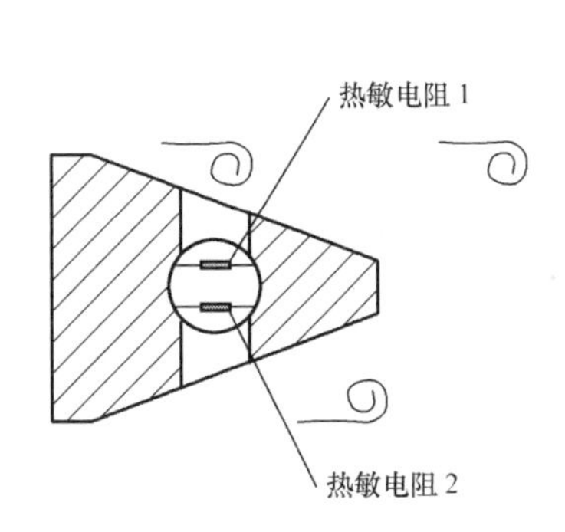

图 7 - 49　热敏式涡街流量传感器测量原理

（4）超声式涡街流量计。

如图 7 - 50 所示，在旋涡发生体下游安装一对超声波探头，由超声波探头发射高频、连续的声束信号，当旋涡通过声束时，每一对旋涡方向相反的旋涡对声波产生一个周期的调制作用，受调制声波被接收探头转换成电信号，经放大、检波、整形后得旋涡信号。超声波式涡街流量计具有较好的抗振特性，但目前受技术水平的限制，只能测量不含气泡的液体流体。

（5）磁电式涡街流量计。

在旋涡发生体后安装一个与表体绝缘的信号电极，并使电极处在一个磁感应强度为 B 的永久磁场中，流体流过三角柱后产生的旋涡沿磁力线垂直方向交替振动并切割磁力线，从而产生交变的感应电动势，其变化频率与旋涡变化频率相当，电极感应到交变电动势后通过转换器放大整形后输出（见图 7 - 51）。其特点是受管道振动影响较小，缺点是只能测量导电液体。

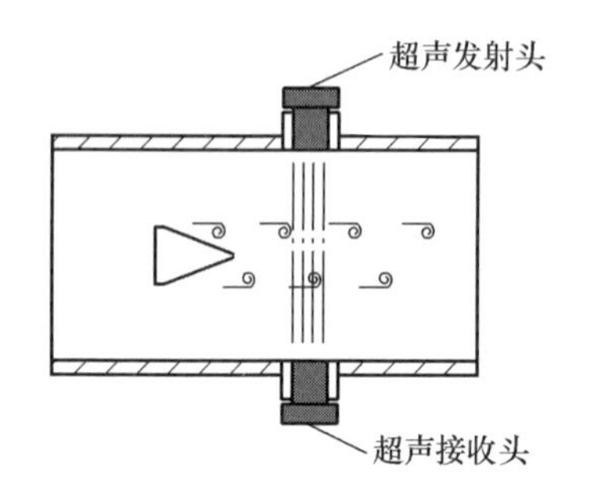

图 7-50 超声式涡街流量传感器测量原理

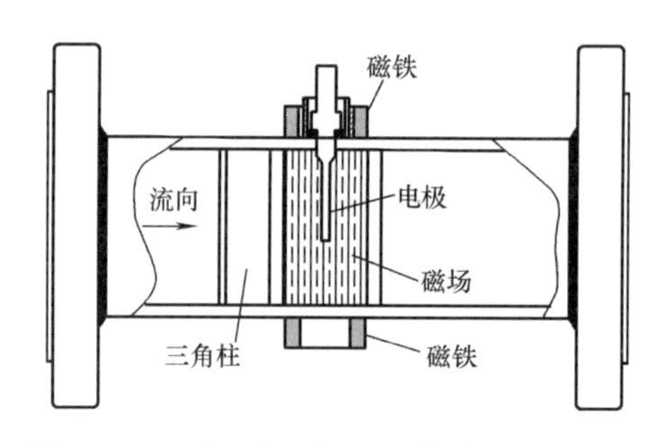

图 7-51 磁电式涡街流量传感器测量原理

（6）其他方式。

涡街流量计其他类型还有光电式涡街流量计、升力式涡街质量流量计、差压式涡街质量流量计等。

4. 主要技术参数

国内外主流厂家涡街流量计技术水平参数汇总如下。

（1）可测介质：各种液体、气体、蒸汽等单相流介质；

（2）口径范围：管道式涡街可达 DN10～DN500，插入式涡街可达 DN200～DN2000；

（3）可测介质温度：最大范围－200～450℃，常用范围－40～350℃；

（4）可测介质压力：最大范围－0.1～10MPa，常用范围－0.1～4MPa；

（5）准确度等级：液体最高准确度 0.5 级，气体最高准确度 1.0 级；

（6）雷诺数范围：2×10^4～7×10^6；

（7）流速范围：不同口径的涡街流量计流量范围会有所不同，在雷诺数范围满足的情况下，液体最大范围约 0.2～12m/s，液体常用范围约 0.5～7m/s，气体最大范围约 2～90m/s，气体常用范围约 5～60m/s；

（8）工作电压：12V DC，24V DC，3.6V 锂电；

（9）输出信号：4～20mA 电流输出，脉冲输出，RS485 串口通信、HART 协议通信；

（10）防护等级：IP65、IP66、IP67、IP68；

（11）防爆等级：本安型、隔爆型。

5. 涡街流量计通信功能

涡街流量计一般具有标准串口或 HART 协议两种通信方式，其中 RS485 串口通信方式比较常用。这种采用标准 MODBUS 串口通信协议的通信方式具有传输距离远、抗干扰强、最多可并联 256 台设备的优点。HART 协议通信是在现有 4～20mA 模拟信号传输线上叠加数字信号的通信方式，属于模拟系统向数字系统转变过程中的过渡性产品。两种通信方式各有特点：

（1）HART 通信线与信号线并用节省线缆材料，通信时通用命令部分与返回数据实现了高度的标准统一，但由于流量计需要采集设置的参数比较多，各个厂家的参数设置内容并不相同，若要设置或回传所有参数，必须要使用专用手操器或编写专用命令软件包，使用比较麻烦。

（2）标准 MODBUS 串口通信协议方式只要定义好参数地址，就可以设置回传或所有参数，因此工业流量计采用标准 MODBUS 串口通信协议的通信方式还是比较方便的。

三、选型方法及注意事项

涡街流量计仍然属于速度类流量计，因此在选型时仍要遵循速度类流量计选型的基本准则。

1. 与选型相关的参数解释

（1）仪表系数 K：仪表系数是指单位体积的被测流体流过某一特定口径涡街流量计时产生的卡门旋涡个数。对于口径结构固定的涡街流量计，其仪表系数是固定的，单位为 1/L 或 $1/m^3$。

（2）瞬时流量：瞬时流量是指单位时间内流过管道某一截面的流体的量。

（3）工况压力：工况压力是指流体在管道内正常流量下的工作压力。

（4）工况温度：工况温度是指流体在管道内正常流量下的工作温度。

（5）介质密度：单位体积的某种物质的质量，符号为 ρ，单位为 kg/m^3。

（6）介质黏度：介质黏度是指流体对流动形变的阻抗能力。

（7）雷诺数：雷诺数是表征流体黏滞力与惯性力之间关系的无量纲数。

（8）振动强度：振动强度是指物体振动速度的均方根值，即振动速度的有效值，它反映了包含各次谐波能量的总振动能量的大小，其表达式为

$$v_{\rm ims}=\sqrt{\frac{1}{T}\int_0^T v^2(t)\,dt} \tag{7-49}$$

式中　T——所测信号的长度，s；

$v(t)$——物体的振动速度，mm/s。

若试验中所测得的信号为离散信号，则式（7-49）可以写为

$$v_{\rm ims}=\sqrt{\frac{1}{N}\sum_{n=0}^{N-1}v^2(n)} \tag{7-50}$$

2. 涡街流量计选型基本方法

由于影响流量仪表应用的因素有很多，正确选用并非易事，因此应对涡街流量计使用要求、流体特性、安装维护、安装环境、经济性等综合考虑，进行选用。

在涡街选型时，要特别注意安装位置是否具有较大振动强度，因为振动源是涡街最大的干扰，这也是涡街流量计最大的缺点。

（1）涡街流量计适用气体、蒸汽、液体等多种介质的测量，测量精度高，适合多种工业现场的使用。

（2）涡街流量计的测量范围较宽，但由于涡街流量计下限流量的测量容易受管道振动的影响，因此应将管道内的常用流量控制在涡街流量计可测范围的中上部，尽可能采用缩径，提高流经仪表的流速，而且缩径有利于改善流场，减少仪表前直管段长度。扩径容易出现空穴现象，扩径比不宜过大。

（3）很多涡街流量计标称可测介质最高温度能达到 450℃，但实际上 450℃的传感器只能对管道介质瞬间的高温进行保护，如果涡街流量计长期工作在最高温度，则会减少涡街传感器的使用寿命。因此，使用涡街流量计时，管道内介质最高工作温度应低于传感器额定上限温度。

（4）涡街流量计长期稳定性好，比较适合贸易结算。

（5）涡街流量计的安装位置应远离振动源。一般工业生产中振动频率大多在几赫兹到几

千赫兹之间，与涡街流量计的旋涡分离频率相近。这将对涡街流量计的测量造成影响。

（6）涡街流量计的价格较适中，压力损失小，且长期稳定性好，便于维护，可以节省大笔能源损耗及后期维护费用。

3. 测量介质选择

涡街流量计对于气体、液体、蒸汽等介质普遍适用，但仍有一些特殊的介质不适合使用涡街流量计测量，如：

（1）含有粉尘和固体颗粒或悬浮物较多的流体。

涡街流量计是通过传感器检测流体的旋涡分离频率来测量流量的，当介质中含有杂质时，杂质会堵塞传感头与表体之间的缝隙，影响传感头对旋涡频率的测量。

（2）工况状态运动黏度过大的介质。

涡街流量计的测量范围主要受雷诺数影响，雷诺数范围一般为 $2\times10^4\sim7\times10^6$，雷诺数计算公式为

$$Re = 0.354\times\frac{Q_V}{D\nu} \tag{7-51}$$

式中 Q_V——流体的工况体积流量，m^3/h；

D——管道内径，mm；

ν——流体的运动黏度，m^2/s，$1m^2/s=10^6mm^2/s=10^6cSt$。

$$\nu = \frac{\mu}{\rho} \tag{7-52}$$

式中 μ——流体的动力黏度，Pa·s；

ρ——流体的密度，kg/m^3。

由式（7-51）可见，涡街流量计的下限受流体运动黏度的影响较大。以 DN100 的涡街流量计为例，流体为液体，测量 0.5m/s 流速时，运动黏度应小于 2.5cSt；流体为气体，测量 5m/s 流速时，运动黏度应小于 25cSt，不同管径及流量下限时，计算结果也会有所不同。

涡街流量计不适用于高黏度油类（如重油）和低密度气体（如氢气等）运动黏度均相对较高的流体。高黏度油类只有长期处于高温状态，低密度气体也只有在高压状态时，才能保证涡街流量计下限流量的测量。另外，为了避免管道散热对流体温度的影响，在测量高黏度油类时，应对管道及涡街流量计进行保温。

（3）易结晶的介质。

一些液态流体是由固体经过高温加热融化而成的，如硫黄。这类流体如果保温不好，会在管道内凝固形成结晶，结晶物质会附着在管壁甚至堵塞涡街传感器，影响测量。

（4）混相流体。

1）涡街流量计可用于含分散、均匀的微小气泡，但容积含气体率应小于 10%的气液两相流；如超出 2%则应对仪表系数进行修正。

2）可用于含分散、均匀的固体微料，含量（质量分数）不大于 2%的气固两相流。

3）可用于互不溶解的液液（如油—水）两相分流，但流速需大于 0.5m/s，否则会受含量影响。

（5）不宜测量腐蚀性的介质。

4. 介质温度选择

涡街传感器的适应温度分为低温型、中温型、高温型等。可根据介质温度选择对应温度

等级，在保证性能的前提下减少成本支出。但测量介质为蒸汽时，建议选择温度等级相对较高的传感器型号。由于蒸汽可能会在管道内（尤其是大管径）形成不均匀的高温蒸汽团，会严重降低涡街传感头的使用寿命。

另外，涡街流量计的选择不仅要考虑被测介质的温度，还要考虑检修吹扫介质的温度。如在检修用过高温度的蒸汽吹扫管线时，就有可能损坏涡街传感头。

5. 材质与介质压力选择

涡街流量计的材质有碳钢、铸造不锈钢、锻造不锈钢几种。其中，碳钢材质耐腐蚀性差，且只适合测量常温常压的介质，否则容易产生泄漏；铸造不锈钢材质耐压一般不超过1.6MPa；锻造不锈钢材质耐压较高，且法兰压力等级可根据介质压力选配，选型时应注意。

6. 信号输出选择

涡街流量计一般具有电池供电无输出、脉冲输出信号、两线制4～20mA电流模拟信号、三线制4～20mA电流模拟信号、RS485串口通信输出、HART协议通信输出信号等可供选择。可根据现场能源需求、现场环境等进行选配。

（1）现场方便查看，可以选择电池供电无输出现场显示型；对于安装在高处、地下等不方便查看的位置，应选用带有输出信号的涡街流量计。

（2）要求仪表能耗低时，可以选择二线制4～20mA电流模拟信号。

（3）仪表安装现场与控制观测中心之间不方便布线时，可选用RS485通信输出加配RTU无线传输模块，进行无线信号传输。如供热公司安装站点较多，安装环境不集中，多使用此种传输方式。

（4）另外，安装在地面以下或某些危险场合时，建议使用仪表放大器与传感器分离的形式。

7. 防护等级选择

涡街流量计常用的IP防护等级有IP65、IP67、IP68等。IP65代表防止灰尘侵入及阻止喷水的防护；IP67代表防止灰尘侵入及短暂淹没的防护；IP68代表防止灰尘侵入及持续淹没的防护。一般情况下，应根据涡街流量计的安装位置选择合适的IP防护等级。

（1）安装在室内，选用IP65即可；

（2）安装在室外地面以上的位置，选用IP65以上的防护等级；

（3）安装在井中或地面以下的沟渠中，应选用IP68及分离型放大器，防止下雨后雨水浸泡，损坏放大器；

（4）一些易燃易爆场合应选用防爆型涡街流量计。

8. 其他注意事项

（1）涡街流量计不适宜测量脉动流。

涡街流量计可准确测量定常流，但管路系统中如有罗茨式鼓风机、往复式水泵等动力机械设备，将会产生脉动流，如脉动频率处在涡街频率带内，将是测量误差的主要来源，脉动严重时甚至不能形成卡门涡街。

（2）涡街流量计的软件算法严重影响仪表测量精度。

现在的涡街流量计很多具有软件补偿算法，可以显示补偿后的质量流量、标况体积流量等，并输出模拟信号。若软件算法精度不高，则会对涡街流量计计量的精度造成较大影响。如蒸汽密度、气体压缩系数，都是影响计算精度的关键参数。因此，选型时一定要了解涡街流量计的软件计算方式，避免因计算带来的精度误差。

四、安装注意事项

1. 安装位置选择

（1）远离振动源。

一般工业生产中振动频率大多在几赫兹到几千赫兹之间，涡街流量计的旋涡分离频率正好也在这个范围内。因此，涡街流量计的安装位置应尽量远离振动源。若无法避免，应对管道进行加固，如增加支撑等。

（2）远离变频干扰。

常用的变频器的输出频率一般在几赫兹到几百赫兹之间，也在涡街流量计旋涡分离频率的范围内，同样会对涡街流量计的测量造成影响。因此，涡街流量计的安装位置应远离变频设备。

（3）远离蒸汽锅炉出口。

热电厂中经锅炉加热后的高温高压蒸汽，经过减温减压器向管道内喷水进行减温减压处理后再对外输送。这个过程由于无法迅速达到降温的均匀性，会在管道内部（尤其是大管径）形成不均匀的高温蒸汽团，这种高温蒸汽团如果直接进入仪表测量，不仅会对涡街传感器造成损伤，而且会影响测量精度。

（4）保证足够的直管段。

安装位置应选在保证后直管段长度，并且前直管段最长的位置。图 7－52 所示为各种管路情况下流量计前、后直管段最小长度要求。

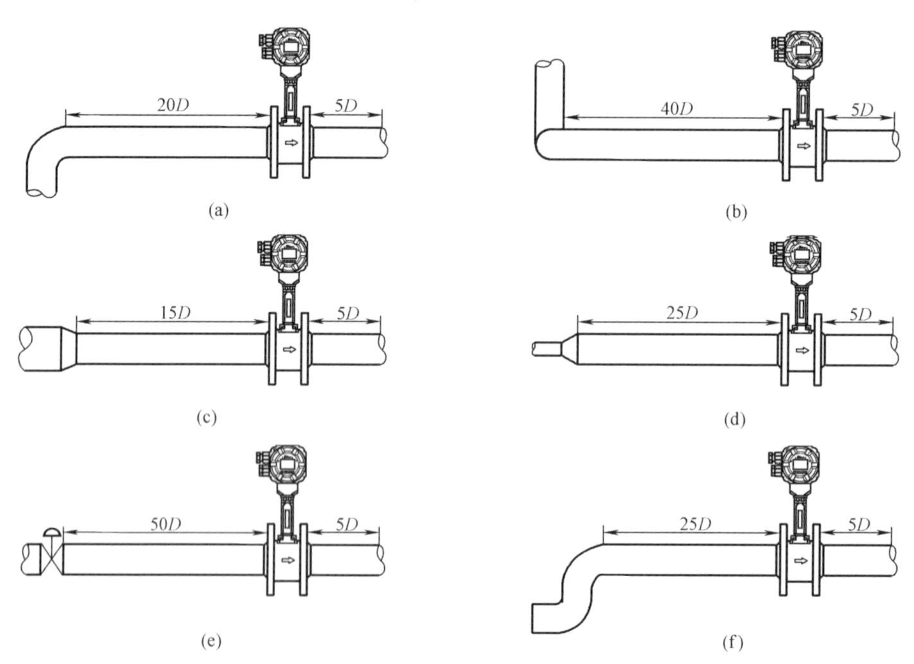

图 7－52　涡街流量计最小直管段长度

（a）一个 90°弯头；（b）不同平面两个 90°弯头；（c）同心缩径；（d）同心扩径；（e）前端安装截止阀；（f）同一平面两个 90°弯头

（5）水平、垂直管道的安装。

涡街流量计应尽量选择水平管道进行安装。若只能安装在垂直管道上，测量液体时，流向应选择为自下而上，否则会产生大量气泡，严重影响仪表测量的精度和稳定性。

测量含有少量积液的气体时，应将流量计安装管段抬高，避免在涡街流量计处聚集液体；测量含有少量气泡的液体时，应将涡街流量计安装管段降低，避免在涡街流量计处聚集气泡；测量蒸汽或者高温气体时，阻挡体应与竖直方向成45°，避免因放大器过热，影响精度或损坏放大器。涡街流量计安装位置见图7－53。

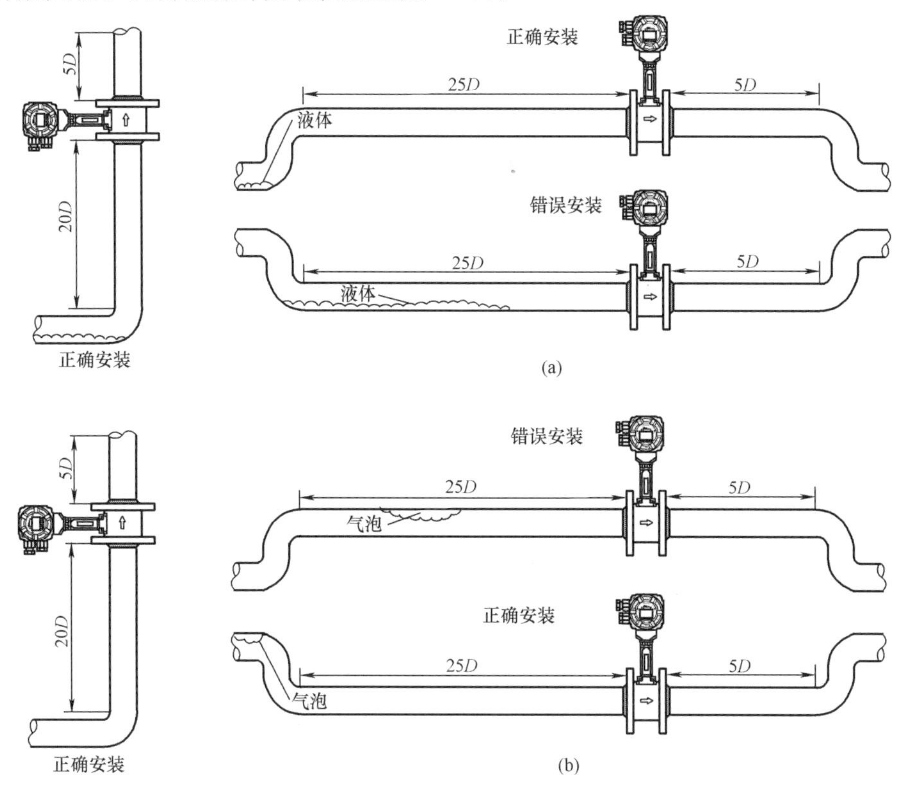

图7－53　涡街流量计安装位置

（a）含液气体安装位置选择；（b）含气泡液体安装位置选择

（6）涡街流量计应尽量安装在地面以上，有充裕空间，方便安装及后期维护。

2. 安装电源选择注意事项

安装电源应根据涡街流量计说明书中的要求选配。需要注意的是，要选择电源供电稳定，电源波纹尽量小或者没有波纹的直流电源，不可使用照明、变频等强电力设备电源。

在使用涡街流量计前，建议先用万用表测量电压，再用示波器观察电源信号波纹，波纹不应超过使用说明书中规定的范围。

3. 安装环境选择

（1）环境温度：避免安装在温度变化很大的场所，如受到设备的热辐射时，必须有隔热通风的措施。

（2）大气条件：避免安装在腐蚀性气体的环境中，如无法避免则应采取通风措施。

（3）机械振动或冲击：安装应选择在振动或冲击小的地方，否则应加设管道支撑。

（4）尽量避开强电力设备、高频变频设备、强电源开关设备。

（5）室外安装应做好遮阳、防雨措施。

4. 焊接与配管

（1）焊接前应彻底清理所有焊接部位，清除所有结疤、油污等后才开始焊接，并确保焊接质量，无缝隙、沙眼等。

（2）涡街流量计的仪表安装点上下游配管的内径 D 应与仪表内径 D_n 一致，其差异应满足：$0.97D_n \leqslant D \leqslant 1.03D_n$；传感器应与管道同心，同轴度 $X \leqslant 0.03D_n$。具体如图7-54所示。

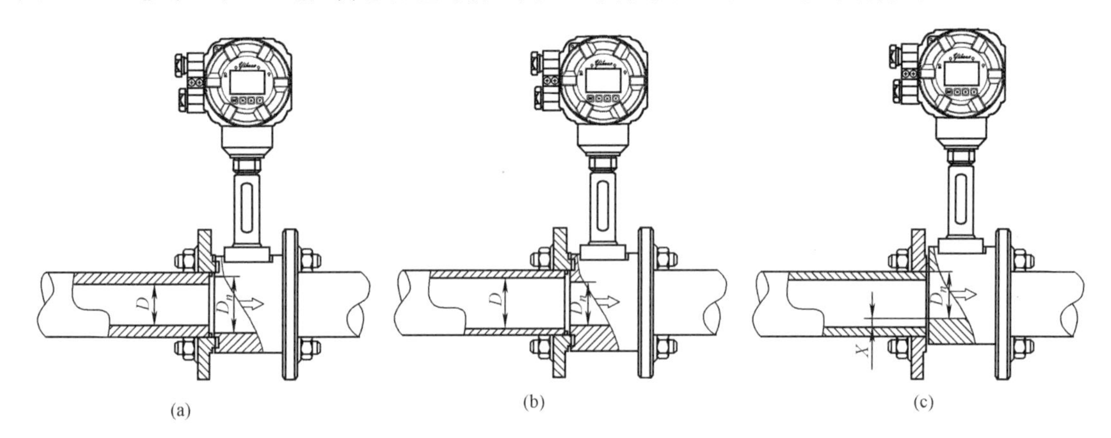

图 7-54 涡街流量计与管道的尺寸及位置

（a）管道内径小于表体内径时，应满足 $D \geqslant 0.97D_n$；（b）管道内径大于表体内径时，应满足 $D \leqslant 1.03D_n$；（c）管道内径与表体内径偏心时，应满足 $X \leqslant 0.03D_n$

（3）涡街流量计配对法兰只能在管道外壁进行焊接，避免在管道内壁焊接时对管道内径尺寸的影响，改变介质流场，影响测量精度。满管式涡街流量计应确保管道配对法兰端面与管道轴线垂直；插入式涡街流量计应确保连接法兰端面与管道轴线的平行。具体的安装形式如图 7-55 所示。

5. 螺栓安装注意事项

（1）螺栓的选择。

应根据法兰的孔径及厚度选择螺栓。螺栓的长度在保证安装长度前提下尽量缩短螺栓长度。

（2）螺栓的安装。

要拧紧管道的连接螺栓，保证没有渗透，但施加的压力不能大于所规定的最大工作压力，当部件处于受压状态时，不要再拧法兰的安装螺栓。

表体初装完成以后，当测量介质为蒸汽或其他高温介质时，在管道内充满介质后，应对法兰螺栓进行重新紧固。

6. 线缆连接注意事项

（1）电气安装应采用屏蔽电缆或低噪声电缆连接，其线上电阻及距离不应超过涡街流量计使用说明书中的规定。

（2）拔线时，应注意不要将铜线残渣落入仪表壳体内。

（3）接线时，应将整股线芯全部插入对应的接线端子内，避免单根线芯外露，造成

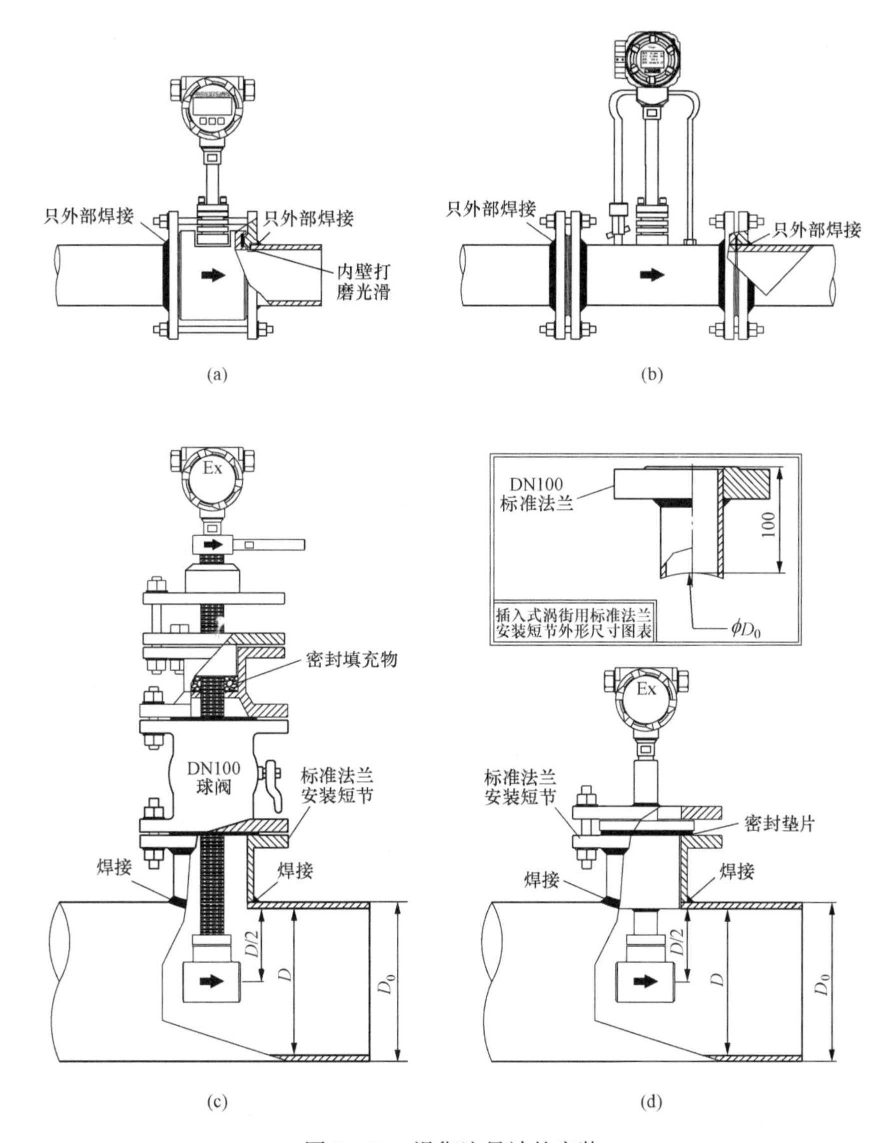

图 7－55　涡街流量计的安装

（a）LUGB 型法兰卡装型涡街流量计安装图；（b）LUGB 型法兰连接型涡街流量计安装图；
（c）LUCB 型不断流拆装插入式涡街流量计安装图；（d）LUCB 型断流拆装插入式涡街流量计安装图

短路。

（4）线缆屏蔽层应与表壳可靠连接，连接好后，应将仪表出线嘴锁紧，拧紧表壳，并保证密封，尤其是潮湿、有毒气体及防爆场合。

（5）布线时应远离动力线等强功率电源线，尽量用单独金属套管保护。

7. 调试注意事项

涡街流量计出厂时应已调好零点，但如工况条件变化，发现仪表运行不正常时，要重新对仪表进行零点调试。调零时，应保证流体充满管道并稳定后再进行。

涡街流量计放大器分为模拟型、数字智能型两种。其中，模拟型放大器用手动调整灵敏度电位器进行调零；数字智能型放大器是通过软件自动识别来设定零点，使调零点更适合流体情况，使用效果上优于模拟型放大器。

8. 温压补偿型涡街安装注意事项

对于温压补偿一体化型涡街流量计，为了避免高温或水击将压力传感器损坏，在管道内充满流体前，务必将表体上的压力阀门关闭。当管道内充满流体且达到工作温度、压力后，再缓慢开启阀门。

9. 保温注意事项

表体初装完成以后，当测量介质为蒸汽或其他高温介质时，应对管道进行保温，避免因为环境温度过高而损坏放大器。保温时，应避免将涡街流量传感器、压力传感器、温度传感器同时保温，防止水汽进入传感器造成短路。北方地区由于冬天温度低，某些室外安装的涡街流量计，会将压力部分的冷凝圈进行保温，防止冷凝水结冰。但不可对自伴热式冷凝罐保温，因其长期处于饱和状态，不会产生结冰现象，若保温反而会使冷凝罐内温度过高而无法冷凝成水，损坏压力传感器。

10. 接地注意事项

涡街流量计安装时表体应单独可靠接地，并远离照明、变频等强电力设备，切不可与之共地。若现场管道不具备接地条件，应单独做一根可靠地线与流量计外壳接地端相连。接地时，应遵循“一点接地”原则，接地电阻应小于5Ω。

11. 垫片注意事项

为防止泄漏，安装流量计时要使用密封垫，视介质压力大小、温度高低，可采用硬橡胶、塑料、石棉、石墨以及铝、紫铜等材料，密封垫要平整光洁，内径开口要圆、整齐，不允许有毛边。如图7-56所示，密封垫内径可比传感器内径大1～2mm，以确保不凸入管道内。要特别注意可伸缩的软性垫圈（如橡胶和塑料垫圈）要避免受挤压变形后并伸入管道内的可能。

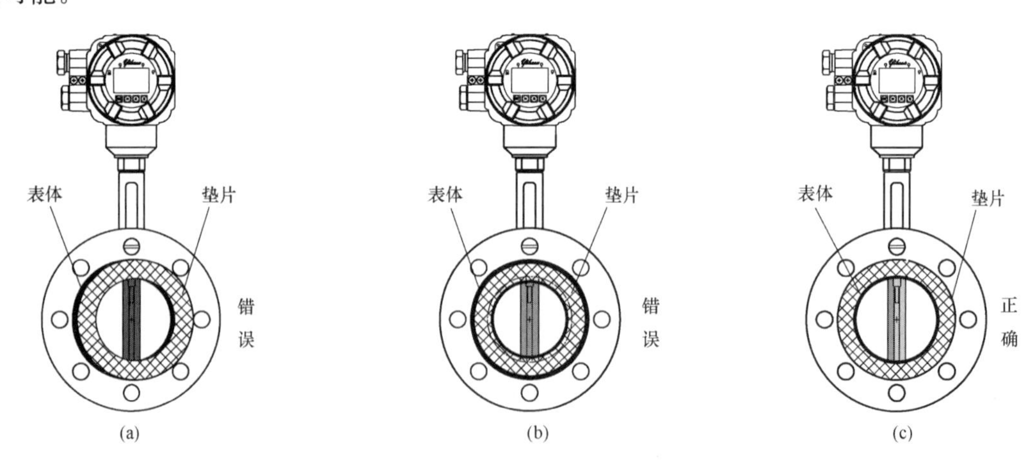

图7-56　垫片的位置

（a）密封垫片与表体偏心；（b）密封垫片内径比表体内径小；（c）密封垫片内径比表体内径大1～2mm

12. 配套压力变送器、铂电阻的安装

为不干扰流场，压力测孔及铂电阻都应设置在涡街流量计的下游。

具体安装位置可参照JJG 1033—2007《涡街流量计检定规程》。通常，测压孔处于涡街流量计下游的$3D$～$5D$之间的地方，铂电阻的测温孔处于涡街流量计下游的$6D$～$8D$之间的地方，且测压孔应在测温孔上游位置，如图 7 - 57 所示。

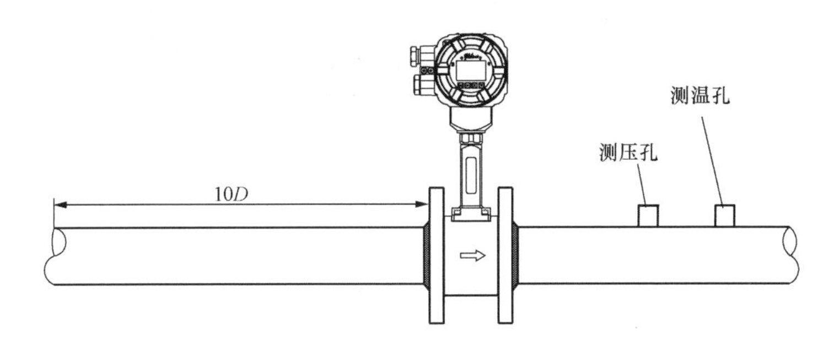

图 7 - 57　测压及测温孔安装位置

13. 分离型涡街流量计注意事项

（1）分离型涡街流量计应注意传感器与转换器之间需采用屏蔽电缆或低噪声电缆连接，其距离不应超过涡街流量计使用说明书中的规定。

（2）传感器与转换器均需接地，且转换器外壳接地点应与传感器“同地”。

（3）涡街流量计安装位置在井中或地面以下的沟渠中时，应选用 IP68 防护等级，并在转接表壳内灌胶密封，防止表壳进水造成短路。

五、常见故障及排除

1. 设备整体振动

设备振动会严重影响涡街流量计的测量，一般会出现显示输出信号不稳定、误差较大的现象，严重时甚至会影响旋涡信号的产生。应消除、减小振动源，或采取隔振措施。

（1）振动如由水泵产生，水泵上应设置隔振垫，以减小振动。

（2）在间断式供水系统中，容易产生气水混合流，扩大水泵传递给管道的振动，沿程管道标高应低于最终用户点，并在管道上设置排气阀。

（3）弯头、管径变化等因素，容易产生管道振动。应尽量减小弯头、变径的数量，同时加大转弯角度。

（4）由于活动的伸缩节容易与管道形成共振，加大振动，因此，在管道安装完毕后，应将伸缩节用螺栓固定。

（5）流量计安装时，应对管道进行固定，如增加支撑，并调整好支撑的位置及刚度。另外，可以采用管道减振器或液压式阻尼器。

（6）高处管道安装。高处管道容易受高处气流影响加强振动，因此，涡街流量计不建议在高处管道上安装。

（7）振动无法避免时，应更换涡街流量计的安装位置。

2. 介质静态时有流量显示

（1）管道振动引起。检测方法可以用手感觉管道振动，可按前述消除振动。

（2）流量计接地不好或外部电动机干扰等因素。检查电缆线的连接，测试线缆屏蔽层是否与表壳可靠连接，并重新接线；检查仪表接地，测量接地电阻，如接地电阻过大，应重新进行接地。

（3）供电电源不稳定。测量电源，先后用万用表及示波器测量电源电压，电压应稳定且符合技术参数要求；然后分别测试电源正负极之间以及负极对仪表外壳之间的信号，观察示波器波形，波纹波动范围应符合技术参数的要求。不符合时，应更换电源。

（4）放大器灵敏度过高或产生自激。更换仪表放大器或重新调整放大器灵敏度。首先，关闭仪表上下游的阀门，保证管道内流量静止，再按照涡街说明书中方法重新调整仪表零点；若仪表放大器为智能型，观察显示的流量，如果低于可测范围且稳定，可设置小信号切除进行清除。

3. 管道有流量时涡街无显示

（1）仪表参数设置错误。检查仪表参数设置，并按照出厂数据重新设置。

（2）若管道内流量低于仪表可测下限，提高流量至可测范围再观察仪表显示输出是否正常；若此流量即为常用流量，则属于选型不当，需缩径并更换小口径的流量计。

（3）传感器信号线、电源输出线未连接好。检查传感器信号线、电源线有无脱落，是否可靠连接，并重新接线。

（4）供电电源不稳定。参照本部分第 2 项中第（3）款。

（5）测量含有杂质或易结晶的介质，不宜采用涡街流量计，更换其他流量计。

（6）流量计本身器件损坏。在表端直接测量输出信号，若无输出信号，则为仪表问题，可以更换仪表放大器，若仍无显示输出，须更换新的流量计。

4. 补偿型涡街流量显示误差大

（1）仪表参数设置错误。检查仪表参数设置，并按照出厂数据重新设置。

（2）压力传感器、铂电阻连接不正确。检查压力传感器及铂电阻信号线是否正确连接，并重新接线。

（3）压力测管针型阀未打开。检查压力传感器针型阀门是否打开，并重新关闭再打开，注意应缓慢开启阀门。

（4）测蒸汽时，根据仪表显示的温度、压力，判断是否为蒸汽状态，若偏离过热或饱和区域，则介质可能含有水珠，影响测量精度。此时，应加强管道保温设施。

（5）压力传感器损坏。测量压力传感器输出信号是否正常，若不正常，更换新的传感器。

（6）铂电阻损坏。测量铂电阻阻值是否正常，注意三线制铂电阻还应测量两根同色的信号线是否导通，若不正常，应更换铂电阻。

（7）仪表放大器故障。可更换一套放大器，若恢复正常，则原放大器损坏。

（8）仪表经长期使用，仪表系数偏离。应重新对仪表进行检定，确保仪表准确测量。

5. 电流输出与 DCS 显示数值对不上

（1）DCS 设置错误。检查 DCS 设置，确保与仪表设置对应。

（2）供电电压过低。参照本部分第 2 项中第（3）款。

（3）DCS 采样电阻阻值偏差。使用高精度万用表，测量 DCS 采样电阻阻值，若采样电阻损坏或阻值精度差，应更换高精度的采样电阻。

（4）传输距离过长，线上电阻太大。测量线缆上的导线电阻，若阻值超过仪表说明书的要求，应更换低阻值粗线径的线缆。

6. 管道接地不好有干扰

涡街流量计安装时，应保证良好的接地，且应远离强电力设备，若无法避免，应采取多点接地的方法，每隔 5m 进行接地，且每个接地电阻小于 1Ω。

7. 变频器干扰

变频器的干扰主要为电磁干扰。抑制和消除干扰源、切断干扰对系统的耦合通道、降低系统对干扰信号的敏感性。具体措施在工程上可采用隔离、滤波、屏蔽、接地等方法。

（1）隔离：在变频调速转动系统中，通常是在电源和放大器电路之间的电源线上采用隔离变压器以免传导干扰，电源隔离变压器可应用噪声隔离变压器。

（2）滤波：为减少对电源的干扰，可在变频器输入侧设置输入滤波器。若线路中有敏感电子设备，可在电源线上设置电源噪声滤波器，以免传导干扰。

（3）屏蔽：屏蔽干扰源是抑制干扰的最有效的方法。通常变频器本身用铁壳屏蔽，不让其电磁干扰泄漏。输出线最好是用钢管屏蔽，特别是以外部信号控制变频器时，要求信号线尽可能短（一般为 20m 以内），且信号线采用双芯屏蔽，并与主电路及控制回路完全分离，不能放于同一配管或线槽内，周围电子敏感设备线路也要求屏蔽。为使屏蔽有效，屏蔽罩必须可靠接地。

（4）接地：变频器的接地方式有多点接地、一点接地及经母线接地等几种形式，要根据具体情况采用。涡街流量计也要进行可靠接地。

8. 放大器反复重启

（1）电源电压低，不稳定，波纹较大。检查电缆线的连接，测试线缆屏蔽层是否与表壳可靠连接，并重新接线；测量供电电源，参照本部分第 2 项中第（3）款。

（2）管道接地不好。检查仪表接地，测量接地电阻，如接地电阻过大，应重新进行接地。

（3）仪表放大器故障。可更换一套放大器，若恢复正常，则原放大器损坏。

9. 显示、输出不稳定

（1）可能是管道振动引起。具体可参照本部分第 1 项。

（2）直管段长度不够。测量直管段长度如不符合要求，应重新选择合适的位置安装。

（3）流量不在涡街可测范围内。调整流量至可测范围，再观察仪表显示输出是否正常稳定；若此流量即为常用流量，则属于选型不当，需变径或更换其他类型流量计。

（4）流量计与流量调节控制系统产生系统振荡。将调节控制系统的阀门开度控制器打到手动挡，当把阀门开到一定值，如果流量显示比较稳定或稍有些波动，那说明存在系统振荡。应重新调整 PID 参数。

（5）仪表接地不良。检查线缆屏蔽层是否与仪表外壳可靠连接，若不是，重新连接好；检查仪表接地，测量接地电阻，若接地电阻过大，应重新进行接地。

（6）存在两相介质。观察介质工况压力、温度，根据介质特性判断是否存在两相介质。若为液体产生气泡，需在流量计上游加装消气器；若为液体产生凝固、结晶等，应将仪表传感器清理后重新安装，并对管道进行保温处理；若介质本身含有杂质颗粒，应在流量计上游加装过滤器。

（7）放大器灵敏度过高或过低。按照涡街说明书的步骤，重新调整仪表的灵敏度，若无法解决，重新更换放大器。

（8）流量计堪安装不同心、管道内有异物或密封圈伸入管道，形成扰动。用眼观察涡街流量计与管道是否同心；管道内是否有异物，并进行清理；检查法兰密封垫尺寸及安装是否符合要求，如不符合，更换合适垫片，按要求重新安装。

第五节　热式质量流量计

一、概述

热式质量流量计是一种基于流体流动与热源间的热量交换成正比，通过测交换后的温差（或功率）的流量仪表（thermal mass flowmeter，简称 TMF)，当前这类仪表按流体与热源之间的传热方式可分为两大类：

(1) 热分布式。热源处于管道外面的上游、下游，通过管道外壁与流体进行热交换，这一类仪表多用于测量较小的流量，管径也较小。

(2) 浸入式。热源浸入在流体中（仅限于干燥气体)，流体与热源直接接触进行传热，多用于较大的管径。这种原理按安装方式又分接入式及插入式两种类型，前者用法兰螺纹连接用于中小管径，后者多用于大管径。

利用这种原理测流量还是近五六十年的事，20 世纪 50 年代，美国宇航局（NASA）为保证给宇航员定量供氧，开发了热分布式流量计。因其在测微小流量时显示的优越性，用途逐渐扩展到半导体制造工业。随着现代工业的不断大型化，准确测量大管径气体流量成为急待解决的课题，而长期应用的差压式流速计，在低流速中受到输出小、误差大的制约，正好由浸入热式的灵敏度高所弥补，逐渐进入这一领域，有关内容在第六章已有介绍。本章重点介绍热分布式。

二、原理

1. 热分布式

如图 7 - 58 所示，在薄壁测量管 3 上缠绕了两组电热丝，其作用既是加热元件又是检测元件。它们与另外两个电阻 7、7′组成惠斯通电桥，电桥由恒流电源供给恒定的热量，热量通过线圈绝缘层、管壁、流体边界层将热量传给管内的流体（边界层内的热传递可视为热传导方式)。当管内流体处于静止状态时，流速、流量均为零，测量管上的温度分布如图 7 - 58 下图的虚线所示，相对于测量管中心是对称的。由线圈绕组 2 与电阻 7、7′所组成的惠斯通电桥处于平衡状态，电桥无输出；当管内流体流动，即有流量发生时，流体会将上游的部分

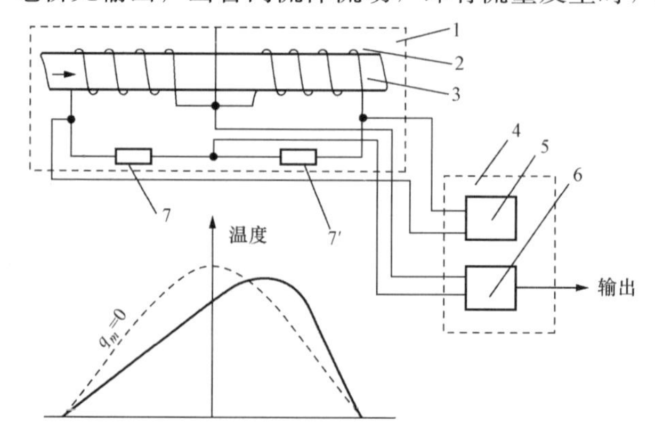

图 7 - 58　热分布式 TMF 工作原理

1—流量传感器；2—绕组；3—测量管；4—转换器；5—恒流电源；6—放大器；7、7′—电阻

热量带给了下游，打破了平衡状态，下游绕组温度升高，测量管上的温度分布如图 7-58 的实线所示，由电桥测出两组线圈电阻值的变化，据此求得两组绕组平均的温度差 ΔT。按式（7-53）可求质量流量 q_m，即

$$q_m = k\frac{A}{c_p}\Delta T \tag{7-53}$$

式中　c_p——被测气体的比定压热容；

A——测量管绕组（加热系统）与周围环境之间的热传导系数；

k——仪表系数。

式（7-53）所示的热传导系数，由于测量管很薄，并具有较高的热传导率，仪表制成后不再变化，A 的数值主要取决于流体边界层中的热传导。在应用于某一特定的流体时，A 与 c_p 均可视为常数，管内的质量流量 q_m 仅取决于绕组的平均温度差 ΔT，如图 7-59 中的 Oa 段，它为仪表的正常测量范围，在此范围内仪表出口处带走的热量极小，可以忽略不计。但超过 a 点后，流量继续增大，则将带走部分热量，使 $q_m = f$（ΔT）特性线呈非线性关系，流量再继续加大，越过 b 点将有大量热量被带走，q_m 加大，ΔT 反而下降，超出了仪表测量范围，所以，仅 Oa 段是热分布式 TMF 的工作范围。

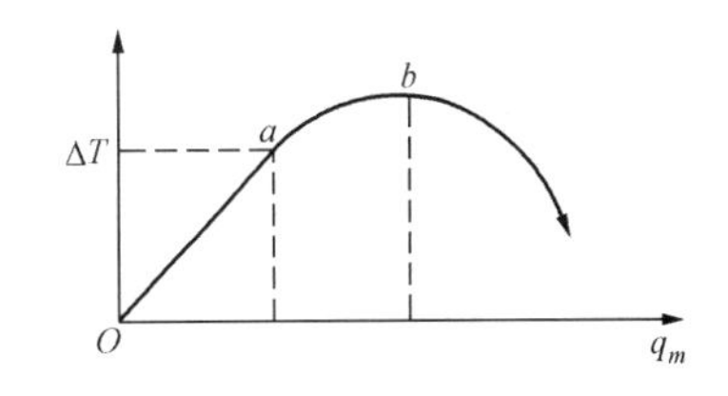

图 7-59　质量流量与绕组温度关系

2. 浸入式（只能用于干燥气体）

（1）温差法。如图 7-60 所示，将两个作为温度传感器的热电阻 R1、R2，分别安置在被测气流中，其中热电阻 R1 通过其电阻值测得气流的温度 T_1，另一个热电阻 R2 被屏蔽，不受流量影响，电阻 R1、R2 经恒功率加热器加热后令其温度至 T_v，高于气流的温度，气体不流动（即流量 q_m 为零）时，T_v 不变，随着气体流动，流量 q_m 增加，带走热电阻 R1 的热量越多，令 R1 的温度 T_v 下降，测得温差 $\Delta T = T_v - T_1$ 就可知流量 q_m 的大小，这种方法称温差法，其温差与流体流速 v 的关系按式（7-54）所示金氏定律。

$$H/L = \Delta T[\lambda + 2(\pi\lambda c_V \rho v d)^{1/2}] \tag{7-54}$$

式中　H/L——单位长度的热散失率，J/(m·h)；

ΔT——热丝高于流体的温度，K；

λ——流体热导率，J/（h·m·K）；

c_V——流体比定容热容，J/（kg·K）；

ρ——密度，kg/m^3；

v——流体流速，m/h；

d——热丝直径，m。

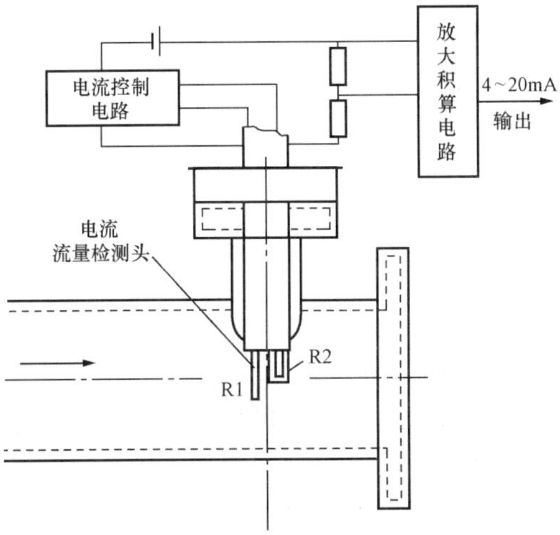

图 7-60　浸入型 TMF 原理

（2）恒温法。浸入到流体中的两支热电阻被加热到相同的温度，一支 R2 被屏蔽无法感受流体的流速；另一支 R1 暴露在流体中，因流体流速带走了热量使温度下降，再由电路补充热量令其始终保持相同的温度，补充的功率与流体的质量流速成正比，测得补充的功率可知质

量流量 q_m，补充功率 P 与温差 ΔT 的关系为

$$P=[B+C(\rho v)^K]\Delta T \tag{7-55}$$

$$P/\Delta T=D+E{q_m}^K \tag{7-56}$$

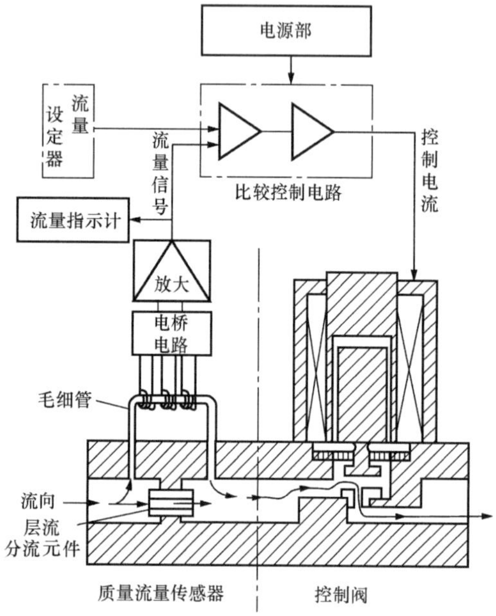

式中　B、C、K——常数，K 的数值在 1/3～1/2 的范围内。

E 与所测气体的物性，如热导率、比热容、黏度等有关，如气体成分及物性恒定应为常数，仅系数 D 是与实际流动有关的常数，由实流标定确定。

这两种方法的性能比较见第六章第二节。

三、结构

1. 热分布式

（1）毛细管分流型。图 7-61 是一个毛细管型 TMF 与控制阀组成一体的控制器。如图 7-61 所示，被测气体的一小部分分流进入了上方测量管，而大部分分流经层流分流元件，测量毛细管内径为 0.2～0.8mm，材料可为不锈钢、镍、镍铜合金，长度/内径比为 50～100。测量管外的缠绕加热有多种方式，可见表7-16。

图 7-61　毛细管型 TMF 控制器示意

表 7-16　测量管加热方式

方式	感应加热+热电偶	绕组电阻丝		
结构	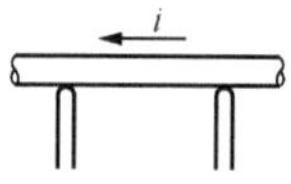	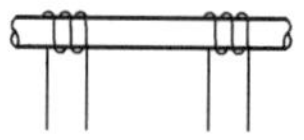	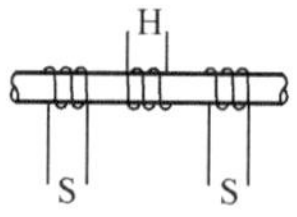	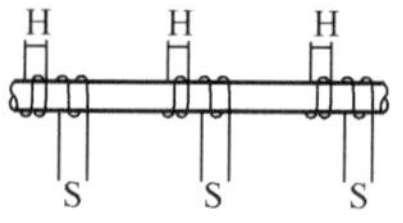
检测元件	热电偶	热电阻丝	热电阻丝 S	热电阻丝 S
加热方式	测量管焦耳热	自己加热	中间绕组加热 H	加热电阻丝 H
特征	能做到传感器部性能相同 加热电功率大 价格贵	灵敏度好 加热电功率小 价格低	灵敏度最好 线性度好	响应时间短 热功率消耗测量法适用 保持温度恒定

（2）气体细管型。图 7-62 所示是用于气体的细管型 TMF，外径 4mm 的薄壁管外绕具有加热检测双重功能的电阻丝，测量管装在铝制的等温体内，促使内部温度均匀。铝合金外壳可减少外部气流的干扰，两组电阻丝与两个电阻组成电桥后，将电线接出至仪表外，测量管材质可为不锈钢、镍、镍铜合金，这种细管 TMF 测空气的最大流量为 1～2.5L/h，扩大量程可采用分流法，分流比可高达 1∶1000～10000，但分流法准确度较低。

（3）液体 TMF。用于测液体微小流量的 TMF，设定流速低，而且加热温度也很小，图 7-63 所示为 Bronkhorst HI-TEC 公司推出的 TMF 示意图，π 字形测量管中央加热高约

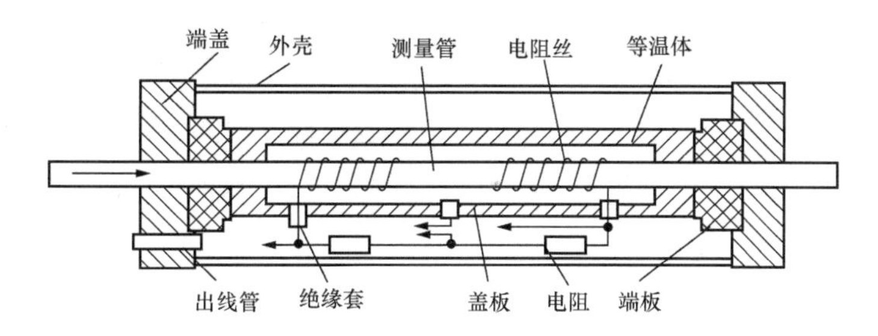

图 7-62　气体用细管型 TMF 传感器结构

1℃，流入点流出点间保持同一温度，中间设置了千余点由热电偶组成的热电堆，无流动时上下游温度相等无输出，有流动时，流体将热量带入下游，上下游产生温差 ΔT，其大小正比于质量流量 q_m，测温差 ΔT 可得 q_m。

（4）薄膜型。除了上述的热分布细管型 TMF 外，还有新推出的薄膜型，两者在应用及结构上有较大差别，薄膜型将 MEMS 技术成功应用于微流量的测量上，除了具有已述的细管式 TMF 的特点外，更有检测元件小、热容量小、响应快、灵敏度高等许多优点，但其长期稳定性还有待进一步提高。

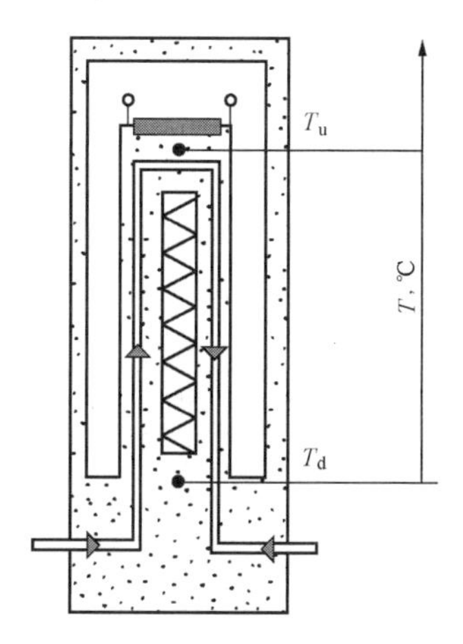

图 7-63　液体用 TMF 结构示意

1）结构与原理。

薄膜型 TMF 检测元件如图 7-64 所示，基片仅 1.7mm×1.7mm×0.5mm，硅基片中央有一个深为 200μm 的空腔，上覆厚约 1μm 的氮化硅膜，在上面还设置了加热电阻 R_h，上、下游温度检测电阻 R_u、R_d，靠边设置了温度检测电阻 R_t。

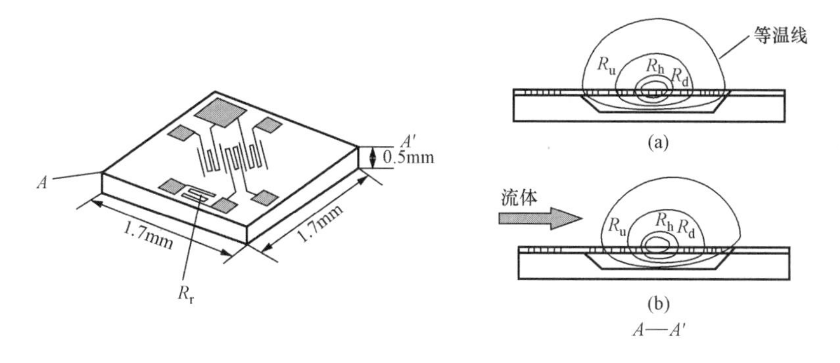

图 7-64　微流量检测件基片
（a）无气流时；（b）有气流通过时

如图 7-64（a）所示，加热电阻 R_h 令其温度高于 R_t 所测的流体温度。无流动时，硅基片上的等温线是对称的；有流动时，改变了对称性［见图 7-64（b）］，上游侧温度下降，下游侧温度上升，通过检测电阻 R_u、R_d 测其温差 ΔT，可知质量流量 q_m 大小。

薄膜型 TMF 的基本结构检测件安装位置示于图 7-65 中。检测元件置于流速分布较稳定的收缩中段，前面安装了多道金属网，起到整流器的作用，保证在中段具有良好的流速分

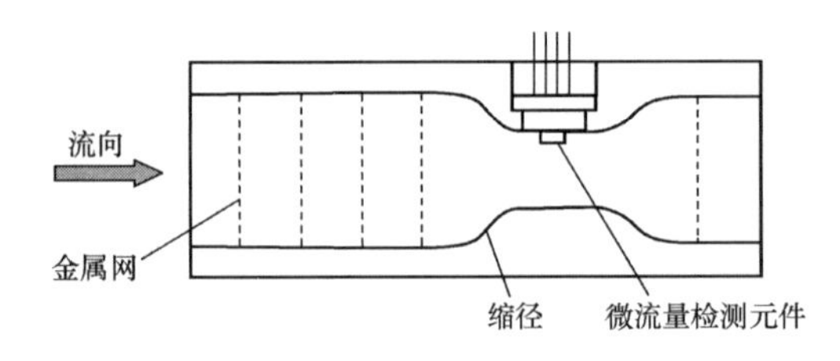

图 7-65 薄膜型 TMF 流通通道结构示意

布，收缩可以进一步改善流场，加大流速，提高测量的灵敏度。

薄膜型 TMF 应在流量标准装置上进行实流校准，它在原理上属于热分布式，而结构上近于浸入式。

2）MEMS 技术 TMF 类型。

由于微电子技术近年来的快速发展，MEMS 日益完善，优点突出，大量应用于热式流量计中，见表 7-17。

表 7-17　　MEMS 技术热式流量传感器组成类型

项目	要素	类　型
流速检测元件	组成	①元件型（加热兼温度检测）；②元件型（2 组加热兼温度检测）；③元件型（1 件加热，2 件温度检测）；④元件型（4 组加热兼温度检测）
	加热体材质	金属薄膜（白金、坡莫合金、镍等），多晶硅，热敏电阻，二极管，三极管，……
	温度检测件材质	金属薄膜（白金、坡莫合金、镍等），多晶硅，热敏电阻，热电堆，二极管，三极管，热电体，SAW-振荡器，……
支持体	结构	膜片、桥、悬臂梁
	材质	氮化硅、氧化硅、氮化硅和氧化硅积层，多孔硅，硅，……
	制作方式	深显微机械加工，表面显微机械加工
空腔	开口方法	正面蚀刻，背面蚀刻
	隔热方式	充气，真空
动作原理	检测件温度差，加热件电功率（1 元件型），加热件电功率差（2 元件型），渡越时间型（time of flight），Sigma Delta 调制器	

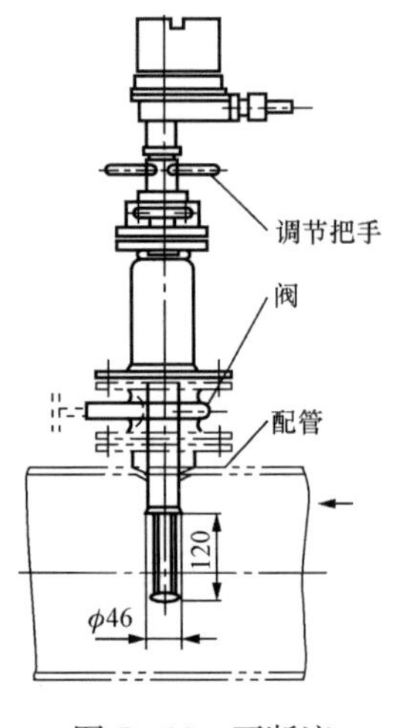

图 7-66 不断流取出型检测件

2. 浸入式

传感器直接与流体相接触，目前只能用于测干燥气体流量，原理按热消散（或冷却）效应测流量，结构上有以下两种：

（1）插入式。多用于较大管道最大口径可至数米，热式传感器在管道中，有单点、多点（或排列成矩阵）多种方式，通过测管道中多点流速以推算流量，其结构及在管道中的测点安排，详见第六章第二节表 6-2，本处不再赘述。

下面仅介绍一种不断流可进行安装、拆卸的 TMF（见图 7-66）。这种 TMF 结构上有一个球阀，进行安装、拆卸时打开，上面有一个调节把手用以调节热式传感器插入管道中的位置。这种方式的优点是可不断流进行安装拆卸，缺点是受流速分布影响，当前直管段较短时，准确度很差。

（2）管段接入式。多用于中、小管径。如图 7-67 所示，流量传感器由热式检测头与测量管组成一体。与工艺管道的联结采取螺纹或法兰方式。

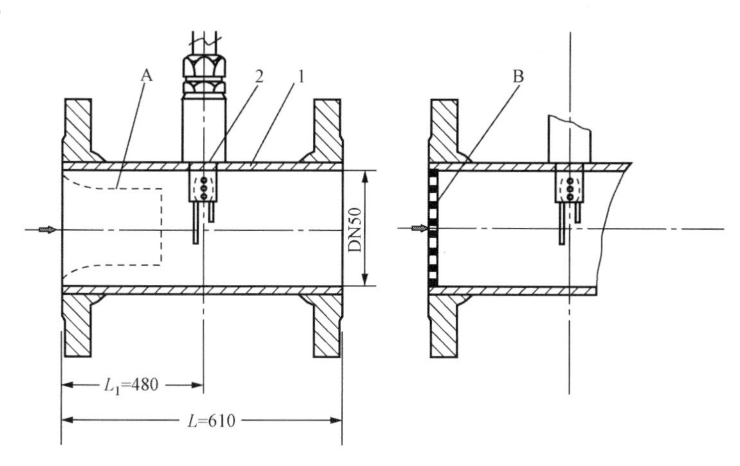

图 7-67 管段接入型金氏定律 TMF

1—（表体）测量管；2—流量检测头

A—喷嘴；B—多孔流动调整板

为了提高测量准确度，在结构上长度比一般的要求长了许多，如图 7-67 所示，口径仅 50mm 的 TMF，长度可达 610mm，除了增加长度以改善流速分布外，还可在进口处安装缩径管、网格、多孔板等整流措施；尽力改善流速分布，以提高测量准确度。美国 FCI 公司与 VORTAB 联合开发了一款 TMF，其独特之处是在热式检测头的上游安装了一种片状整流器（称为 Vortabs），并申请了专利（见图 7-68）。Vortabs 片状整流器对改善流速分布，减小、抑制旋涡都有较好的效果，而且压损较低，Vortabs 片状整流器为许多流动调整器所不及，但这种调整器多用于中小口径，对于像火电厂大至几米的风管道就难以选用了。

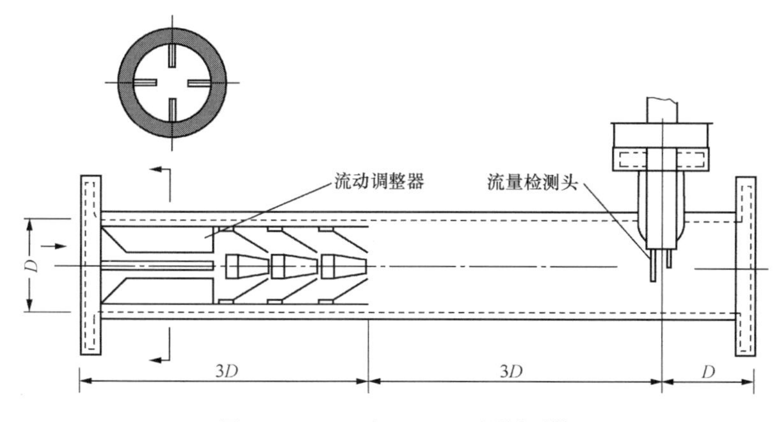

图 7-68 FCI/VORTAB 测量系统

四、应用领域及特点

1. 应用领域

(1) TMF 当前主要用于测气体的流量，也有用于测微小的液体流量。

热分布式 TMF 的口径均较小，名义管径范围为 4～25mm，气体流量范围为 0.005～10L/min，流速范围为 0.1～2m/s；液体流量范围为 0.01～10g/min。

浸入式 TMF 可测气体流量范围较大，为 2～60m/s，插入式主要用于大管径，由于受流速分布的影响，准确度很难高于±5%。

（2）热分布式 TMF 较多应用于半导体工业的外延扩散；石油化工微型反应装置；镀膜工艺，光导纤维制造；热处理淬火炉等各种场合对氢、氧、氨、燃气的流量控制，以及阀门制造中对泄漏量的监测等。在气体色谱仪及气体分析仪器上，用于监控取样流量的大小。TMF 还用一个用途，就是采用分流方式，取代节流装置的二次表、差压变送器，测量较大的流量，受分流因素的影响，准确度就很差了。

（3）近 20 年以来，插入式 TMF 进入了环境保护及流程工业，例如：对燃煤锅炉煤/气配比的监控；以及对烟囱排出 SO_2、NO_x废气的监测，由于这些废气的排放流速较低，粉尘又较高，差压式流量计多处于劣势，而插入式 TMF 正好发挥其低速灵敏度高、不易堵塞的特点，迅速进入这一领域。

（4）液体微小流体 TMF 多应用于试验室。

2. 特点

（1）可测流体极低的流速。气体热分布式流速范围为 0.02～2m/s；浸入式偏高一点，为 0.2～60m/s。

（2）无活动部件。工作可靠，压损小，一般非分流型压损约 10kPa，带层流分流元件虽会有压损，但由于流速极低，压损也不大；分流型的压损主要取决于节流装置。

（3）组成简单，工作可靠，与推导式间接质量流量计相比，没有温度、压力传感器和计算单元，既简单又可靠。

（4）标定简化。热分布式 TMF 用于测 H_2、N_2、O_2、CO、NO 等接近理想气体的双原子气体，可以直接用空气代为标定，差别不到 2%，如标定 Ar、He 等单原子气体，需乘以系数 1.4。

（5）气体比热容会随压力、温度变化，但变化量不大。

1）压力变化。气体压力变化会影响比定压热容，考虑这个因素，在校准时的压力应尽可能接近工作状态下的工况，表 7-18 中所列是 4 种气体当压力变化时 c_p值的变化值，由所列数值可见，低压时变化仅 1%～2%。

表 7-18　　不同压力变化范围 c_p 值变化量

压力变化范围（MPa）	c_p 变化约值（%）			
	氢气 H_2	空气	氧气 O_2	甲烷 CH_4
0～1	+0.1	+2	+1	+2
4～10	+1.6	+16	+18	+31

2）温度。温度的影响不太大，一般为 0.5～1.5%/(10K)，目前已可做到 0.1～0.3/(10K)。

（6）响应时间。TMF 的响应时间相对于其他流量仪表较长，一般为 1～3s，较快可做到 0.3s，薄膜式竟可做到数十毫秒，若要用于工控系统，一定要了解清楚。

（7）测量准确度受气体组分的影响，因不同气体的比定压热容 c_p 不同，会对准确度产生影响。

（8）对于小流量来说，因对热敏元件加热会引起被测流体温度升高。

（9）只能测洁净流体，如被测气体中有粉尘、凝析物，将会沉积在热敏元件上，形成积垢，影响测量灵敏度、准确度；而对于细管型 TMF，更易形成堵塞，以致无法使用。

（10）不能测脉动流。测脉动流所需的条件，是检测元件及测量电路足够灵敏，能迅速地响应脉动，否则会导致较大的附加误差，通常输出值偏大，附加误差大小取决于脉动的辐值与频率。

（11）黏性。气体的黏性变化对 TMF 影响不大，但对于黏性太大的流体（>500mPa·s）采用 TMF 将受到限制。

五、选型要点

1. 流体的种类与物性

TMF 通常只能用于测清洁单相流体。热分布式 TMF 测气体，不仅要求洁净，还要求干燥，不允许有湿气；而浸入式 TMF 测气体，洁净度可适当放宽一点，如烟气，但仍不能测湿气，厂家对洁净度要求应予说明。测液体的 TMF 不允许液体有固相结垢及凝析物，也不允许出现气泡，这些都将较大影响仪表的技术性能。

2. 气体流量值的换算

（1）同一气体不同工况的流量换算。

热分布式 TMF 制造厂通常用空气或氮气在略高于常压的室温工况条件下校准。若实际使用工况有异，可通过实用条件下比定压热容换算，以提高准确度。

同一气体在工业流程中压力温度变化一般不大，比定压热容 c_p 可视为常数。表 7-19 中列举空气和氢气两种代表性气体 c_p 值。空气温度在 300K，压力从 0.1MPa 增至 0.4MPa 时，c_p 值仅相差 0.45%；压力在 0.1MPa 时，温度从 300K 增至 400K 时，c_p 值仅变化 0.8%。但是若使用时，气体温度和压力与校准时相差很大，尤其在高压范围段，则 c_p 值的变化不容忽视，应将查得的 c_p 值按式（7-57）换算修正。

表 7-19　空气和氢气的比定压热容　cal/(g·K)

气体种类	压力(bar) / 温度(K)	0.01	1	4	10	40	60	70	80	100
空气	300	0.2402	0.2405	0.2416	0.2439	0.2553		0.2668		0.2776
	400	0.2422	0.2424	0.2430	0.2441	0.2497		0.2550		0.2559
氢气	300		3.418		3.425	3.444	3.454		3.464	3.474
	400		3.458		3.461	3.470	3.476		3.482	3.488

注　1. 1cal/(g·K)＝4186.8J/(kg·K)；

2. 压力单位为巴（bar），1bar＝0.101325MPa。

$$q_m' = \frac{c_p}{c_p'} q_m \tag{7-57}$$

式中　q_m——仪表校准的质量流量，但常以标准状态体积流量表征，L/h；

q_m'——使用时的质量流量，标准状态，L/h；

c_p——校准时的气体摩尔比定压热容，J/(mol·K)；

c_p'——使用时的摩尔比定压热容，J/(mol·K)。

（2）不同气体的流量换算。

热分布式 TMF 除了用实验方法取得不同气体的换算系数外，也可以如下文所述按实际校准气体（一般为空气或氮气）的比定压热容等参数与待测气体的参数进行换算。

金氏定律 TMF 的转换系数因仪表结构、检测元件形状和所测气体而异，所以一般只能用实际使用气体对仪表逐台实流校准或提供实验所得换算系数。

若热分布式 TMF 待测量气体不是校准的气体，可按式（7-58）换算，即

$$q_{m_2} = Cq_{m_1} = \frac{c_{p_1}\rho_1 N_2}{c_{p_2}\rho_2 N_1} q_{m_1} \tag{7-58}$$

$$C = (c_{p_1}\rho_1 N_2)/(c_{p_2}\rho_2 N_1)$$

式中 q_{m_1}, q_{m_2} ——校准气体和待测气体的质量流量；

C ——转换系数；

c_{p_1}, c_{p_2} ——校准气体和待测气体的比定压热容；

ρ_1, ρ_2 ——校准气体和待测气体的密度；

N_1, N_2 ——校准气体和待测气体与气体分子的原子数有关的系数。

单原子气体（Ar，He）：$N=1.03$；

双原子气体（N_2，O_2，CO，空气）：$N=1.00$；

三原子气体（CO_2，SO_2，N_2O）：$N=0.94$；

多原子气体（NH_3，CH_4，PH_3）：$N=0.88$。

在实际应用中，若按上列 N 值计算会出现误差，应按表 7-20 中的 N 值计算。

表 7-20　主要气体转换系数

气体名称	分子式	气体密度 ρ(kg/m³)	气体比定压热容 c_p[cal/(g·K)]	与气体有关的系数 N	转换系数 C	气体名称	分子式	气体密度 ρ(kg/m³)	气体比定压热容 c_p[cal/(g·K)]	与气体有关的系数 N	转换系数 C
氮气	N_2	1.145	0.2486	1.00	1.00	氯化氢	HCl	1.439	0.1907	1.000	1.00
氢气	H_2	0.0818	3.445	1.00	1.01	氨气	NH_3	0.695	0.4994	0.951	0.78
氧气	O_2	1.309	0.2193	0.988	0.98	一氧化碳	CO	1.149	0.2479	1.001	1.00
硅烷	SiH_4	1.313	0.3184	0.925	0.63	二氧化碳	CO_2	1.804	0.2012	0.893	0.70
乙硅烷	Si_2H_6	2.544	0.3106	0.888	0.32	氧化氮	NO	1.227	0.2377	1.014	0.99
二氯氢硅	SiH_2Cl_2	4.131	0.1337	0.895	0.45	二氧化硫	SO_2	2.622	0.1487	0.849	0.62
四氟化硅	SiF_4	4.257	0.1687	0.984	0.39	硫化氢	H_2S	1.395	0.2398	0.881	0.75
砷化三氢	AsH_3	3.186	0.118	0.885	0.67	氧化亚氮	N_2O	1.799	0.2103	0.944	0.71
三氟化硼	BF_3	2.773	0.1781	0.920	0.53	甲烷	CH_4	0.658	0.5313	0.983	0.80
乙硼烷	B_2H_6	1.129	0.4884	0.717	0.37	乙炔	C_2H_2	1.072	0.4007	1.056	0.70
三氯化硼	BCl_3	4.793	0.1277	0.989	0.46	乙烯	C_2H_4	1.153	0.3698	0.914	0.61
氟利昂(Freon)-14	CF_4	3.603	0.1661	0.925	0.44	乙烷	C_2H_6	1.235	0.4171	0.905	0.50
氯气	Cl_2	2.90	0.1141	0.918	0.79	丙烯	C_3H_6	1.73	0.3610	0.922	0.42
氟化氢	HF	0.818	0.3482	1.001	1.00	丙烷	C_3H_8	1.812	0.3966	0.884	0.35
溴化氢	HBr	3.309	0.0860	1.04	1.04						

注　1cal/(g·K)=4186.8J/(kg·K)。

（3）多组分气体的转换系数。

多组分气体即混合气体，最好以实际使用气体校准仪表，但这往往不易办到，则可采取求取混合气体转换系数 C_{mix} 实施换算的方法。C_{mix} 按式（7-59）以各单一气体的转换系数和所占体积比率计算，即

$$C_{mix}=\frac{V_1}{C_1}+\frac{V_2}{C_2}+\frac{V_3}{C_3}+\cdots+\frac{V_n}{C_n} \tag{7-59}$$

式中　V_1，V_2，V_3，…，V_n——各单一气体所占体积比率；

C_1，C_2，C_3，…，C_n——各单一气体的转换系数。

准确测量混合气体流量的前提是组分及其体积占有率保持不变，若有变动必将引起附加误差。空气虽然是以氧气、氮气为主的混合气体，但氧气、氮气作用于 TMF 的有关物理性质相近，换算系数非常接近，常视为单一气体。

多组分气体的转换系数在应用中常遇到的混合气体有燃烧烟道气、天然气及城市煤气。烟道气的组分主要是 N_2、CO_2、NO 和 SO_2 等；天然气主要是 CH_4（75%～95%）、C_2H_6 和 C_3H_8（2%～15%）、N_2（1%～10%）、微量 CO 和 H_2S 等；城市煤气主要是 H_2（20%～60%）、CO（5%～30%）、CH_4（5%～30%）以及 N_2（10%～40%）、CO_2（3%～6%）等。它们组分的变化会明显影响测量值，选用前要做好影响的评估。城市煤气测量时必须干燥，若含有水汽则误差很大，因此在使用上受到制约。

3. 仪表性能

（1）流量、流速范围。TMF 的流量应以单位时间流过的质量来表示，而在测量气体时，习惯上常以标准状态下单位时间流过的体积来衡量流量的大小，流速则以标准状态下单位时间流经的距离来表示。TMF 热分布式口径范围国内目前做到 4～25mm，流量范围最小为 1～25L/h，最大为 25×10^3～40×10^3L/h，流速范围最小为 0.02～0.05m/s，最大为 4～20m/s，而浸入式 TMF 管径范围为 20～150mm，流量最小范围为 3～200m³/h，最大为 100～4000m³/h；流速范围一般为 2～65m/s。插入式，则管径可达 0.5～3m，可测流量在 1×10^6m³/h 以上，流速范围为 0.5～60m/s。

（2）准确度、重复性。TMF 具有中等测量准确度，热分布式及浸入式基本误差为（±2%～±2.5%）FS，重复性则在（0.2%～0.5%）FS 之间；插入式的 TMF，除了仪表本身的误差外，主要的误差源是管内的流速分布，现场多为没有规律的非充分发展紊流，若测点是单点和少数的几点，测量误差估计应在±5%以上。

（3）响应时间。一般较长，时间常数可达 2～5s，不能用于控制系统，但薄膜型 TMF 响应时间可短至几十毫秒。

（4）流体温度。一般流体温度为 50℃，范围较宽可做到－10～120℃，特殊情况下，如测窑炉、烟道的尾气，也可做到高达 550℃，加热源高于流体温度仅数十摄氏度。

环境温度对 TMF 测量准确度影响不太大，但若温度变化太大也会有些影响，并视气体种类而异，如空气、氮气、氧气、氢气影响较小，影响较大的如甲烷，在压力为 0.1MPa、温度自 300K 升至 400K 时，比定压热容会增加 11.1%。一般来说，环境温度对 TMF 的影响量大致为（±0.5%～±1.5%）/(10K)。

（5）压力损失、很小，热分布式约 10kPa，浸入式、插入式仅数十帕斯卡。

六、安装与应用

1. 应用条件

(1) 成分稳定。由于 TMF 与被测流体的比定压热容有密切的关系，成分易变的气体，如天然气会带来较大的误差。

(2) 不能测气液两相流体。

1) 气体必须是干燥的，如含有液体即或是湿度较大也会引入较大误差；

2) 气体的工况不能近于临界点，以免液化产生相变；

3) 液体不能含有气泡，或易产生相变的流体。

(3) 测量易汽化的液体时，应考虑由于 TMF 的加热引起液体汽化，必要时可采用制冷元件，即负加热方式。

(4) 安装过滤器。如被测气体中含有较大的粉尘或烟雾，应考虑在 TMF 前安装过滤器。

2. 安装

(1) 传感器安装方位。由于 TMF 对流速的灵敏度异常高，所以在测低流速时，有些传感器（见图 7-62）不宜垂直安装，以免因对流引入误差。只要不是在很低的流速下，水平、垂直安装都允许。

(2) 前直管段长度。

1) 热分布式。细管（特别是毛细管）传感器本身的 L/D 比已足够长，所以不再有直管段长度安装要求，然而若进口为小管突然扩大至大管，流体会分离，会产生旋涡进入 TMF，恶化流速分布，降低测量准确度。

2) 浸入式、插入式。这种情况基本上属于用速度—面积法测流量的范畴，对流速分布有较高要求，厂家的说明书上应予说明，表 7-21 就列出美国 Sierra 公司的 TMF 安装长度要求。表 7-21 所列安装的多孔调整板可改善流场，但会带来较大的压损。

表 7-21　浸入式 TMF 直管段长度要求

上游扰流件	直管段长度要求（D 为管内径）		上游扰流件	直管段长度要求（D 为管内径）	
	无流动调整板	内装流动调整板		无流动调整板	内装流动调整板
控制阀	$\geqslant 45D$	$\geqslant 3D$	渐扩管	$\geqslant(10\sim45)D$	$\geqslant 3D$
90°弯管式 T 形接管	$\geqslant 15D$	$\geqslant 1D$	渐缩管	$\geqslant 15D$	$\geqslant 1D$

注　摘自 Sierra 公司 760UHP 型样本和 780UHP 型样本。

其次要说明的是，表 7-21 所列数据只是针对某一种型号而言的。明确地说，如果 TMF 的测点仅一点或少量的几点，要取得较高的准确度，必须有较长的（$>20D$）的直管段，测点多达几十点，排成矩阵，则安装长度可减少，有关内容可参见第六章。

(3) 振动。对其影响不大，仅插入式 TMF，应防止振动对检测杆的影响。

七、校验

TMF 必须逐台进行实流校验，由于其特性与流体成分有关，校验的流体最好是采用实际应用的流体，这当然很不现实。目前被验气体多用空气或氮气，液体常用水代替，然后做必要的换算。

TMF 的校验，根据口径流量范围可分为以下三种情况：

（1）细管（或毛细管）微小流量，可采用皂膜气体流量标准装置，最小容积为10mL，分度为1mL，可校流量为0.5mL/min。中小管径还可以采用Mt法，用钢瓶称重法进行校验。

（2）中等口径（25～200mm），可以用一般的流量标准装置进行校验。

（3）大口径（插入式管径可大至数米），目前很少有大于1m的口径的气体流量标准装置，其次由于流速分布影响较大，标准装置不可能模拟各种现场的流场，所以，对这类TMF的校验，是对每个热式传感元件在风洞中进行流速校验，这时的TMF只是多点流速计。

参　考　文　献

[1] 蔡武昌，高克成，等．新型流量检测仪表．北京：化学工业出版社，2006.

[2] 王池，王自和，张宝珠，等．流量测量技术全书．北京：化学工业出版社，2012.

[3] 陈桂生．超声换能器设计．北京：海洋出版社，1984.

[4] 袁易全．超声换能器．南京：南京大学出版社，1992.

[5] 美国天然气协会．用多声道超声流量计测量天然气流量．AGA9号报告．1998.

[6] 中国石油天然气集团公司计量所．油气计量标准译文集：第一集．1999.

[7] 袁易全，陈思忠．近代超声原理与应用．南京：南京大学出版社，1996.

[8] 姜天任，吴淑珍．频差法超声流量计．应用声学，1982，(1)：27-32.

[9] 毛新业．气体超声波流量计．世界仪表与自动化，2003.

[10] 岳思民．快速发展的时差超声流量计．流程工业，2011，(24)：46-48.

[11] Boyes. Walt. Utrasonic Flowmeters Move to the Mainstream. control Magazine，2004.

[12] K. J. Zanker. The Transit Time Ultrasonic Multi-Path Gas Meter NSFMW. 2003.

[13] E. loy Upp，paul J. Lanasa. Fluid Flow Measurement-A Practical Guide to Accurate Flow Measurement Ed2. 2002.

[14] M. M. Decken. The qyroscopic mass flowmeter. Cont Enq，1960：139.

[15] 蔡武昌，应启戛．新型流量检测仪表．北京：化学工业出版社，2006.

[16] 川田裕郎．流量测量手册．北京：计量出版社，1982.

[17] 樊尚青，周浩敏．信号与测试技术．北京：北京航空航天出版社，2002.

[18] 樊尚春，刘广建．谐振式科里奥利质量流量计．北京：北京航空航天大学学报，2000，(12)：653-655.

[19] 樊尚春．传感器技术及应用．北京：北京航空航天大学出版社，2004.

[20] 蔡武昌，马中元，瞿国芳，王松良．电磁流量计．北京：中国石化出版社，2004.

[21] 开封仪表厂．E-mag电磁流量计使用说明书.

[22] ABB Ltd. CalMaster Operating Instructions.

[23] 蔡武昌，孙淮清．流量测量方法和仪表选用．北京：化学工业出版社，2001.

[24] 纪纲．流量测量仪表应用技巧．北京：化学工业出版社，2003.

[25] 贾月梅，赵秋霞，赵广慧．流体力学．北京：国防工业出版社，2006.

[26] 天津市亿环自动化仪表技术有限公司．涡街流量传感器选型使用手册.

[27] 日本计量机械工业联合会. 流量计测 A to Z. 东京：工业技术社，1995.
[28] John G. Olin. Flow Monitors For continuoas Emissions Monitoring systems (CEMS) the effect of Non - uniform Floal . Sierra Instrvments.
[29] 蔡武昌. 热式液体质量流量仪表. 石油化工自动化，2000，(4)：67 - 68.
[30] Thomas stauss Flow Handbook，Endress＋Hauser，2004.
[31] Baker. R. C. Flow measurment handbook：industrial design. Operating prinating principles，performance，and applications. Cambridge University Press，2000.

第八章

其他流量仪表

第一节 涡轮流量计

一、概述

涡轮流量计（turbine flowmeters，简称 TUF）是一种速度式流量仪表，以动量矩守恒为基本原理。流体冲击涡轮叶片，令其旋转，旋转的速度与流量成正比，测转速大小可知流量。通过二次表进行计数，显示瞬时流量及累积流量，也可转换为标准信号远传至控制系统。

早在 1886 年美国就发布了第一个 TUF 的专利，约 30 年后才有产品用于飞机的燃油流量测量，直到 20 世纪 50 年代因喷气航空发动机火箭发动机急需一种高精确度、轻便、反应快速的流量计，才得以快速发展，并已广泛用于石油、化工、国防、科研部门。

按叶轮相对于流向，可分为切向、轴向两种方式：切向是流体以切向推动叶轮流动，类似水车；而轴向流向平行于涡轮的旋转轴，似航空发动机涡轮。

通常涡轮流量计由以下几部分组成：①整流器，消除流动中的旋涡，改善流体流动状况；②仪表管段、上下游直管段及配管；③传感器，包括涡轮及将涡轮转动转换为电信号的装置，统称为涡轮传感器；④前置放大器，将传感器传来的电信号放大、整形，转换为标准的输出信号；⑤显示器，显示为流量或总量。

由于涡轮流量计的准确度可高达±0.5%，可承受较高的压力，在 20 世纪 60～90 年代期间，曾广泛用于石油、石化、天然气的计量及作为标准表用于流量标准试验室。但由于涡轮长期高速运转，轴承易于磨损，增加了维修量，降低了准确度。20 世纪 90 年代后气体超声波流量计有了突破性的发展，在天然气干线（特别是大于 200mm 口径的管线上）逐渐取代了涡轮，但超声波流量计价格不菲，制约了它扩大市场的步伐。有些领域如试验室等，由于它不是长期运行，涡轮流量计作为标准表仍有较大的市场竞争优势。

二、原理与特性

1. 原理

为便于叙述原理，涡轮流量计变送器的结构可简化为图 8-1 所示。当被测流体经过涡轮变送器时，流体的动能作用在涡轮的螺旋叶片上，推动它旋转，根据动量矩理论，涡轮转子的运动方程可表示为

$$J\frac{\mathrm{d}\omega}{\mathrm{d}t}=T_{\mathrm{d}}-T_{\mathrm{f}} \qquad (8-1)$$

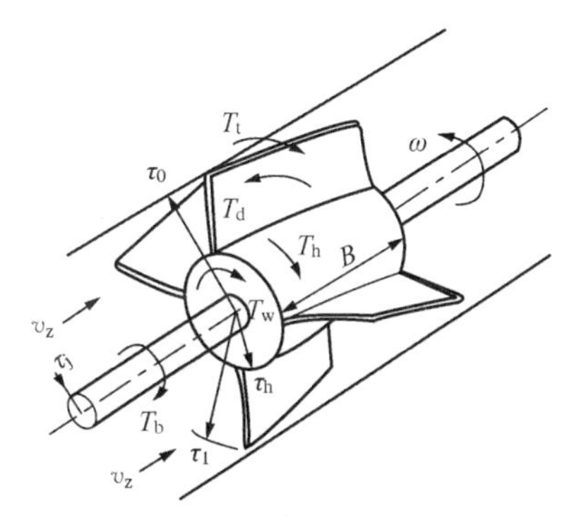

图 8-1 涡轮流量计测量原理

式中 J——转子的惯性矩；

ω——转子的旋转角速度；

T_d——使涡轮旋转的驱动力矩；

T_f——涡轮转子旋转时需要克服的阻力矩。

T_f 包括以下阻力矩：①流经叶片上的流体黏性阻力矩 T_i；②轴承阻力矩 T_b；③轮壳端部摩擦阻力矩 T_w；④顶隙阻力矩 T_t；⑤作用在轮壳的液体黏性摩擦阻力矩 T_h。

在平衡状态，即涡轮处于匀速旋转时，则 $d\omega/dt=0$。

式（8-1）将成为

$$T_d = T_f = T_i + T_b + T_w + T_t + T_h \tag{8-2}$$

式（8-2）说明了涡轮匀速旋转时，由流体动能产生的转子旋转力矩全部用于克服各种阻力矩，过多则转子将加速；不足则会降速。无论是驱动力矩还是阻力矩，都与被测流体的流速（即流量）成一定的函数关系。当流速（流量）发生变化时，转子的转速将随之发生变化。转子的转动力矩的函数关系与涡轮流量计的具体结构参数，被测流体的物理性质（如密度、黏度）有关。

检测涡轮转子的转速 ω 可知流量 q_V 大小；检测多为非接触方式，如磁式、光电式、光纤式等方法，通过转子上的叶片划过检测器的次数转变为各种脉冲信号 f，其关系表示为

$$q_V = f/k_0 \tag{8-3}$$

$$f = \frac{\omega}{2\pi} N_2 \tag{8-4}$$

式中 ω——转子转速；

N_2——转子上的叶片数；

f——脉冲数；

k_0——仪表常数，取决于涡轮的结构、流动参数的系数，通过实流标定得出。

2. 一般特性

典型的涡轮流量计特性曲线如图 8-2 所示，要点如下：

（1）高精度区域 b：在这个区域内，流量系数 k 的分散度控制在±0.2%以内，由图 8-2 可见，可使用的流量范围将减少许多。

（2）正常使用区域 c：过分地追求高精确度将使应用的范围减少，正常使用范围将准确度要求降低，流量系数 k 的分散度控制在±0.5%～±1%范围内，但要注意不能令仪表长期

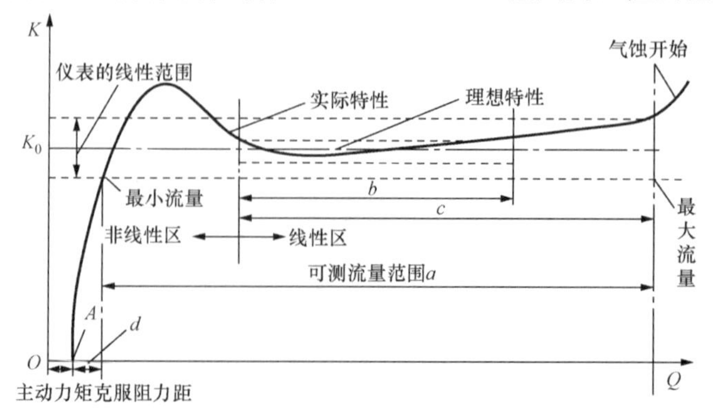

图 8-2 涡轮流量计特性曲线

工作在扩大的范围内。因为这一段仪表叶轮处于高速旋转状态，易于磨损。

（3）可测工作区域 a：如图 8-2 所示，这一段中仪表常数有较大的变化，误差较大，但工作范围最大，可以应用在要求准确度不高，而要求测量范围较宽的场合。

（4）低工作区 d：所谓低工作区，是指仪表在流体动能的冲击下，叶轮产生旋转有输出，但输出与流量的关系比较复杂，从计量的角度来说是不可用的。

（5）启动区：当流体开始流入而流速很低时，其动能不足以克服各种阻力矩，此时叶轮不旋转，无信号输出，当逐渐加大流量至 A 点，主动力矩克服了阻力矩，叶轮开始旋转，才有输出信号。

（6）“驼峰”现象：绝大多数涡轮流量计的特性曲线在低速区都会出现“驼峰”现象，这是由于涡轮叶片后缘流动边界层由层流转换到紊流所引起的，如削去叶片的后缘，可以不仅去掉“驼峰”现象，还将提高涡轮流量计的技术性能。

（7）气体涡轮流量计的特性曲线（见图 8-2），只是还要考虑到温度、压力的影响，实际流量 q_V 与标准条件下的流量 q_{V0} 的关系如下

$$q_V = q_{V0}\frac{T}{T_0}\frac{p_0}{p} \tag{8-5}$$

式中　q_V，T，p——工况下的实际流量、温度、压力；

q_{V0}，T_0，p_0——标准状况下的流量、温度、压力。

（8）准确度、重复性：液体涡轮流量计的准确度可达±0.5%，重复性可达 0.05%；气体涡轮流量计的准确度可达±1%，重复性为 0.1%。

三、典型结构

涡轮流量计典型结构如图 8-3 所示。由壳体，前、后导向件，止推片，叶轮，信号检出器，轴承所组成，其作用分述如下。

（1）叶轮。将进入仪表的流体动能转换为驱动力矩的重要部件，对仪表的性能影响举足轻重。叶轮的形式从表面来区分有平板及扭曲两种（见图 8-4）。扭曲的叶片是按流体的运动方向设计的，因而阻力小，效率高，加工成本较平板高许多；而平板则仅仅与流向形成一个夹角 β，加工简

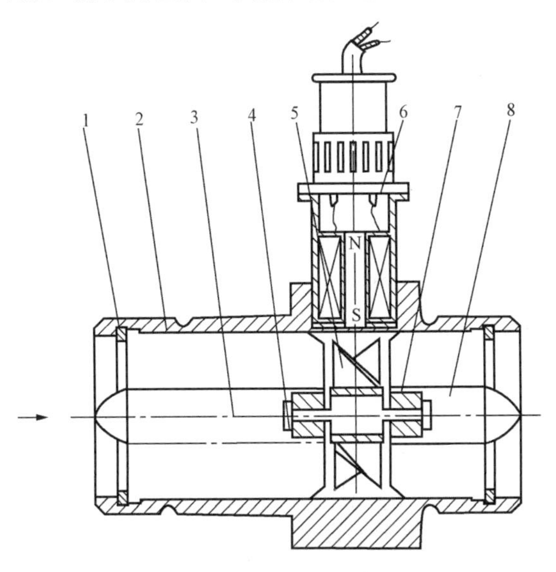

图 8-3　涡轮流量计变送器结构

1—紧固件；2—壳体；3—前导向件；4—止推片；5—叶轮；6—磁电感应式信号检出器；7—轴承；8—后导向件

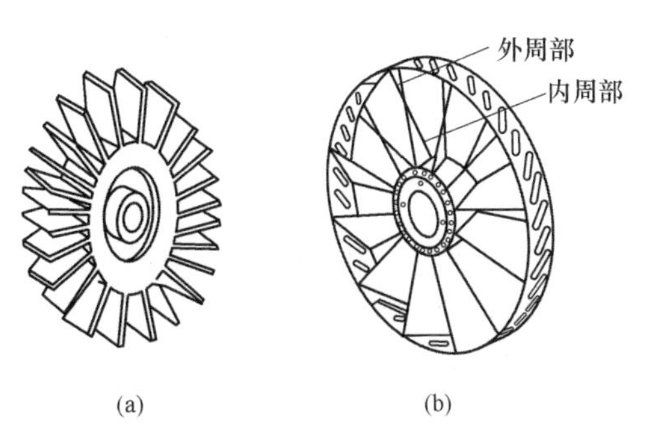

图 8-4　叶片的形状与护环

（a）平板形片；（b）螺旋形片

单，成本低。由于叶轮旋转时，在不同的半径上，流体的切入角是不同的，因而效率较低。气体与液体涡轮的区别在于，气体叶轮的轮毂较大，令气体在较大的半径上推动叶轮，转换为较大的力矩。

为增加叶轮的刚性，可在叶轮的外缘加一个护环［见图 8-4（b)］。由于检测涡轮流量计的转速，一般是按叶片通过某一地点的次数给出一个脉冲信号，因此加了护环后，可以在两个叶片之间的护环上开孔（或缝），由于孔数大于叶片数，可以提高检测的分辨率，同时也有利于与各种信号接收器的匹配。

（2）轴承。由于叶轮高速旋转，最易损坏的部件为轴承，它几乎决定了涡轮流量计的耐久性和可靠性。在实际应用时，流体难免会混入一些固相，易造成轴承的磨损，一般轴承采用特别耐磨的碳化钨等硬质合金制造。为了延长轴承的寿命，应避免叶轮的转速过高，在选型时最好将仪表常用流量定在被选涡轮流量计最大流量的 70%左右。

气体涡轮流量计的叶轮转速更高，轴承的工作条件更为严峻，一般应考虑带护罩的球轴承，并应加入仪表油予以润滑，对于含有粉尘的气体，则应考虑选用密封型球轴承。

（3）导向件。为提高涡轮流量计的技术性能，应保证进入流量计的流体方向平行于轴向，所以前面应安装导向件；流体通过叶轮后不再平行于轴向，成为旋转的流向将影响后面的工艺部件（如仪表、阀门等），应再加一个后导向件，将旋转的流动“梳理”一下成为平行于轴向的流动。

（4）信号检测器。通过非直接接触方式，检测叶轮的转速，安装在仪表壳体之外，并将所测的脉冲信号传至放大器，放大器与信号检测器可装成一体，也可分开安装。

四、各种功能的涡轮流量计

1. 自校正（双转子）涡轮流量计

在壳体内装有主涡轮、辅涡轮两个涡轮（见图 8-5），在工况下可自行调整保持、接近标定条件下的准确度。

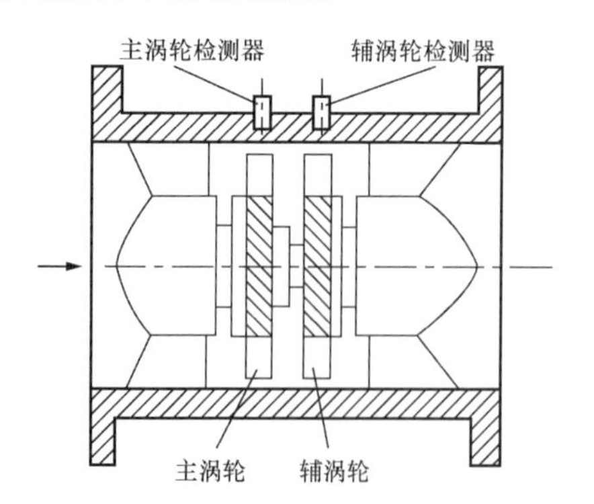

图 8-5　自校正双涡轮流量计结构示意

（1）概述。

一般涡轮流量计长期运行后，难免产生积垢，轴承磨损，内部间隙、配合变化，以及介质的工况（温度、压力、黏度、密度）发生物性的变化，或安装条件不同，达不到标准所要求的前直管段长度等。总之，运行条件偏离了标定时的标准情况，测量准确度将因此不得不降低。而自校正涡轮流量计就是通过主涡轮后的辅涡轮，感受主涡轮后流体出口角的变化，做出相应的变化，通过两个涡轮分别检测出的信号，进行适当的计算，即可达到自动校正流量、提高准确度的目的。这种校正是通过对标定准确度的“记忆功能”实现的，换句话说，具有在现场工作时复现标定准确度的功能，具有不受条件影响保持高准确度的功能，所以特别适用于作为标准表与被校流量计进行比对，校检其他流量仪表。

（2）原理。

在一定流量范围内及流体标准物性条件下，流量与涡轮的转速成正比，流体沿轴向方向进入主涡轮而通过主涡轮后，流动方向将偏离轴向，以 θ 角离开主涡轮，在标定情况下，这

个 θ 角取决于流量与流体的标准物性。如果流体的流动状况、物性偏离了标准状况，将产生误差，同时流体出口角 θ 也会发生变化。辅涡轮的作用就是用来感受 θ 角的变化，θ 角的变化将引起辅涡轮的变化，其大小反映了流量值偏离标准值（误差）。主涡轮与辅涡轮分别由两个转速检测器检测其转速，而输出是用辅涡轮的转速修正了主涡轮的转速后的参数，即是扣除（或补充叠加）偏离标准值后的数值，令其更为接近标准状态下的输出值，提高了应用状态下的准确度。

（3）结构特点。

如图 8-5 所示安装了两个沿轴向前后两个涡轮，信号检测有两个独立的转速检测器，分别检测出转速后，放大送入智能微处理数字显示仪。

在结构设计中，核心是叶片安装角的大小，根据分析要求主涡轮安装角 β 大于辅涡轮安装角 γ，而 γ 角又必须大于主涡轮流体出口角 θ，要令辅涡轮出口角 θ_s 远小于主涡轮流体出口角，基本上形成 $\beta>\gamma>\theta>\theta_s$ 的关系。辅涡轮只起修正作用，转速较小，约为主涡轮转速的 1/5。令安装角 $\gamma<\beta$ 虽然可以做到这点，但太小又无法保证校正作用，因此应令 $\gamma>\theta$。

应保证主、辅涡轮叶片叶顶半径、叶根半径与轮毂半径均相等，简言之，保证主、辅涡轮流动面积相等。为充分接受主涡轮流动变化的信息，两者的距离应尽可能靠近，轴距仅 1.5～8mm 的范围内。

2. 涡轮质量流量计

涡轮流量计是一种动量守恒原理的速度式流量计量仪表，由于构造较简单、准确度高，广泛用于石油、化工、天然气、冶金等行业，作为物流核算的计量仪表，但所测的只是容积流量。对于气体而言，如天然气受温度、压力影响很大则必须按质量流量进行核算，要求涡轮流量计应测出质量流量。目前，有直接法与间接法两种方法。

（1）间接法。

这种方法与绝大部分速度型流量仪表一样。在常规涡轮流量计上附加温度与压力传感器，进行温度、压力补偿，其原理框图如图 8-6 所示。这里压力传感器的压力孔要求安置在距进口 $1/2D$～$2/3D$ 的地方，孔径不得大于 3mm；温度传感器位于涡轮出口后 $2D$ 以内。

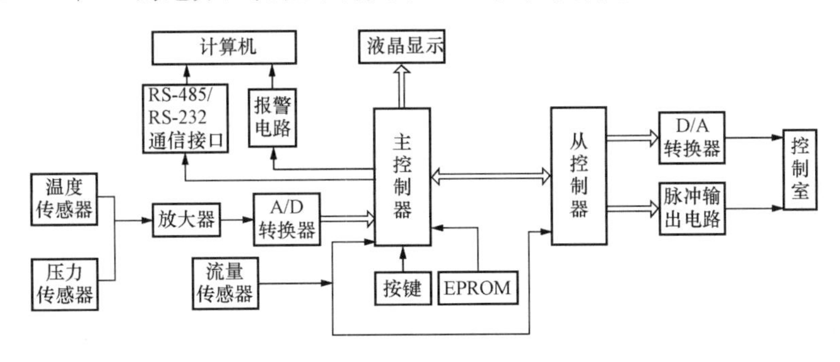

图 8-6　流量积算仪原理框图

（2）直接法。

上述间接法采用温度压力补偿是一种常见的方法，但该方法既费成本，结构也较复杂，准确度也不高。下面介绍一种直接测出质量流量的涡轮流量计。

1）原理。把涡轮的叶轮既作为一个速度传感器，又作为一个动量传感器。

叶轮在流体轴向流动的推动下旋转，其转速与流量成正比，测转速可知容积流量，同时涡轮在工作时，流体又在叶轮叶片上施加了一个轴向力，这个力的大小与涡轮的动量成正比；通过测转速及轴向力的大小，可以直接得到质量流量，其数学关系表达为

$$v_1 = E_0 + E_1 U_1(t) \tag{8-6}$$

式中 v_1——流体的平均流速，m/s；

E_0——零偏差；

E_1——校正常数；

$U_1(t)$——输出的电压信号。

作用在叶轮上的轴向力，通过力传感器转换为与其成正比的电压信号，而轴向力又与流体的动量成正比，输出电压的关系可表示为

$$\rho v_1^2 = D_0 + D_1 U_2(t) \tag{8-7}$$

式中 ρv_1^2——流体的动量，kg·m²/s²；

D_0——零偏差；

D_1——校正常数；

$U_2(t)$——输出电压信号。

通过仪表流体的质量流量 q_m 为

$$q_m = A\rho v_1 \tag{8-8}$$

式中 q_m——质量流量，kg/s；

ρ——流体密度，kg/m³；

A——仪表进口横截面积，m²。

2）系统组成。系统基本组成如图 8-7 所示，介绍一种实现涡轮质量流量计的电路系统实例。系统采用性能较好的 8031 单片机，具有显示瞬时、累积流量及打印等功能。

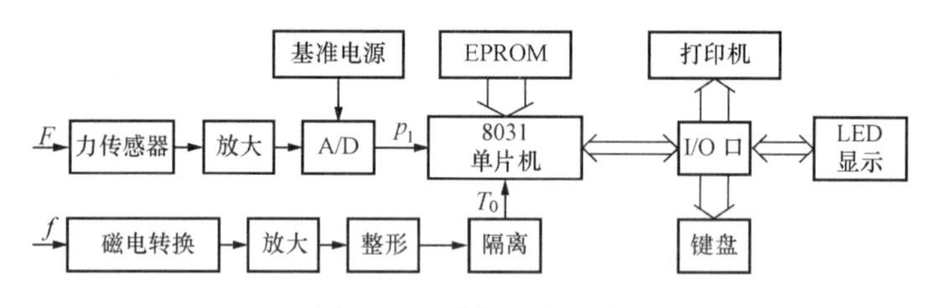

图 8-7 系统基本组成

a）频率测量电路。通过磁电转换器将涡轮叶片的转速转换为频率信号，按图 8-7 所示，经电压比较器整形、电耦合管隔离和电平转换后接入单片机 8031 的 T_0端。

b）轴向力测量电路。因轴向力较小，从力传感器检测出的电压信号首先应放大再输入至 A/D 转换器，才能与其电压信号（0～200mV）相匹配。

3. *动力涡轮流量计*

具有主、辅涡轮的动力涡轮流量计如图 8-8 所示，此处辅涡轮的作用是像喷气式航空发动机的涡轮一样，给主涡轮提供旋转的动力，因无须感受主涡轮出口角的变化，距主涡轮较远。主涡轮在其自身的轴承上旋转，大大降低了作用在主涡轮上的阻力矩，不仅提高了精确度而且极大地提高了量程比，液体涡轮可达 400∶1，而气体涡轮甚至可达 1000∶1，仪表重复性度可达 0.01%。

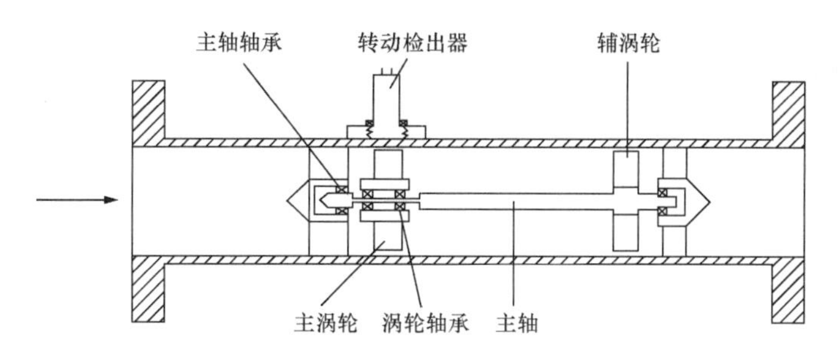

图 8-8　动力涡轮流量计结构示意

4. 冲击式流量计

冲击式流量计（见图 8-9）的流体与叶轮方向成切向，类似于水轮机，利用水的射流冲击涡轮叶片，令其转动达到计量的目的，这种流量计需要较大的冲击力，仅用于测液体流量。在结构上，其壳体多采用不锈钢，而转子采用较轻的聚四氟乙烯（PTFE）制成。为便于检测信号，在叶片的顶部嵌入了磁铁，如流量计口径为 6mm，可测流量范围为 0.003～0.25m^3/h，量程比可达 30∶1 至 50∶1，线性度为±1%，最高耐压可达 20MPa，温度最高可达到 110℃。

5. 插入式涡轮流量计

随着工业的现代化，日益迫切需要解决大管径流量测量问题，简而易行的办法就是将速度型仪表（差压、热式、涡轮、涡街、电磁等）做成测量头（一般直径不大于 50mm），加一个如图 8-10 所示的安装杆，将测量头伸入到大管道中，通过测管道中某一点的流速推算流量。

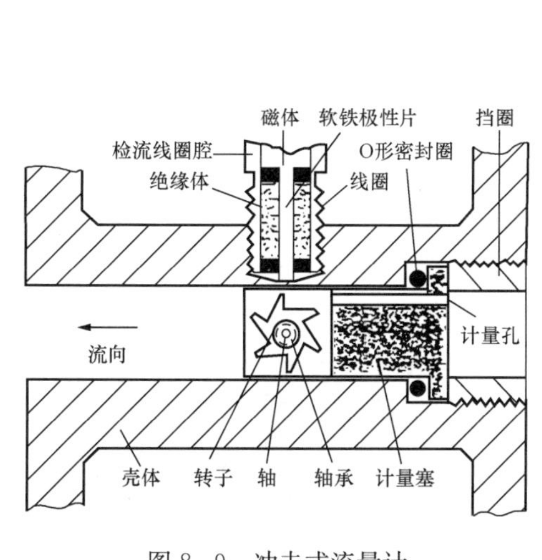

图 8-9　冲击式流量计

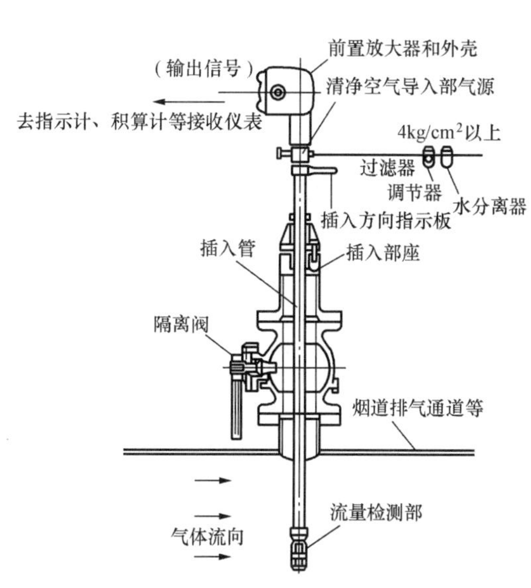

图 8-10　插入型涡轮流量计

这里要特别强调的是，要用好这种仪表，要求前直管段长度应不小于 20D～30D（D 为管径），否则无法保证必要的准确度，而大管径要求如此长的直管段长也十分不现实，因此这种仪表的准确度很难超过±5%，已失去了检测特别是计量的目的。但是由于这种方法简而易行，仍可用于具有一定前直管段安装长度，要求准确度不高工况的监测。

五、检测信号方法

检测涡轮流量计叶轮转数的方法。这里所介绍的几种都是非接触式、较成熟的方法，它们都是在仪表壳体外部安装不同原理的传感器。通过电路转换为各种脉冲，经放大后，由显示器读出流量值。

1. 磁式

如图 8-11 所示，在仪表壳体外安装了一个磁感应线圈作为传感器，如涡轮叶片为铁磁物质，每经过磁感应线圈将会改变磁场，给出一个脉冲信号。为了减轻叶轮的重量及制造成本，现在不少叶轮采用非铁磁物质的塑料树脂制成，则需在叶片的端部将磁铁封装在叶片中，甚至可采用塑料磁铁，这是一种全部磁化的叶轮，不仅成本低，而且不会因流体浸透而腐蚀磁铁。

2. 光电式

如图 8-12 所示，在叶轮的两边设置了发光源、受光器。光源发射光束经叶轮到达受光器，由于叶轮旋转光束受到遮断，从受光器接受的光脉冲来检测叶轮转速测得流量。因此，仪表的壳体应采用透明或半透明的材质（如聚氯乙烯、丙烯、聚碳酸酯、聚砜、乙烯树脂等）。为了获得足够的光通量，仪表壳体不能太厚，因此这种检测方式只适用于低压常温的流体。由于叶轮无须封入磁钢，可以做得十分轻巧，特别适用于测微小流量。

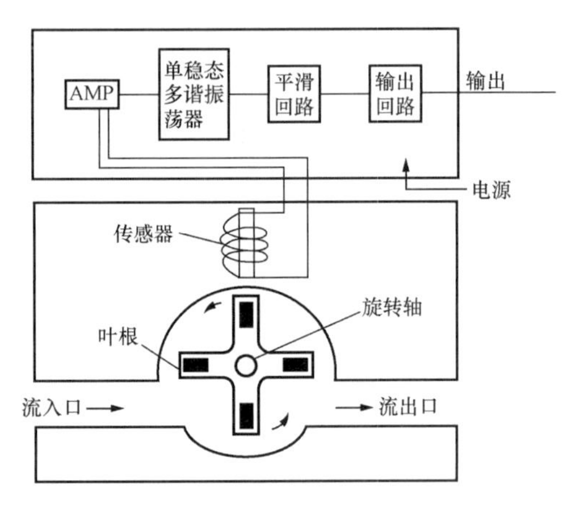

图 8-11　磁式的构造

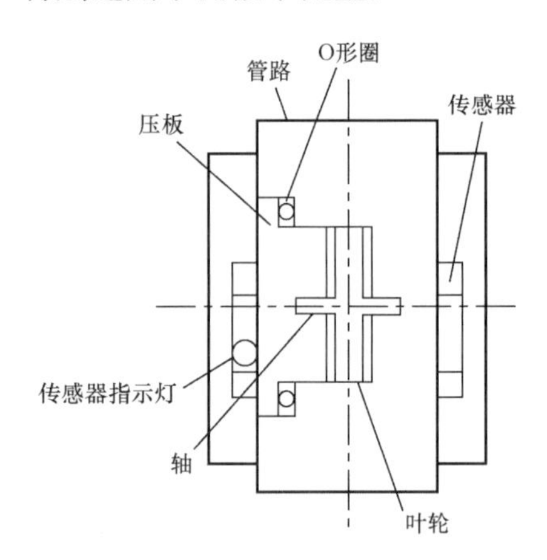

图 8-12　光电式的构造

3. 光纤式

如图 8-13 所示，光纤式的原理类似于光电式，都是由于叶轮遮断光路给出脉冲信号，光纤式是通过光纤将光源传至投光器，将光束通过叶轮投射到受光器上，投光器与受光器均由棱镜、透镜组成。受光器将接收到的光脉冲信号通过光纤传至放大器及显示仪表。

光电式、光纤式的优点在于，仪表都可以做得很轻巧，采用非铁磁物质做，可以应用在磁干扰较强烈的现场，耐蚀性强、耐药性好，而且用塑料材质做仪表零件，可以大大降低生产成本。

六、选型注意事项

1. 准确度

有较高的准确度是其优势，一般来说，液体涡轮流量计的准确度，国外产品可达

±0.15%R～±0.2%R；而国内产品可达±0.5%R；气体涡轮流量计，国外产品可达±0.5%R～±1.0%R，而国内也可达±1.0%R～±1.5%R，以上的准确度相应的量程比不得超过10∶1。

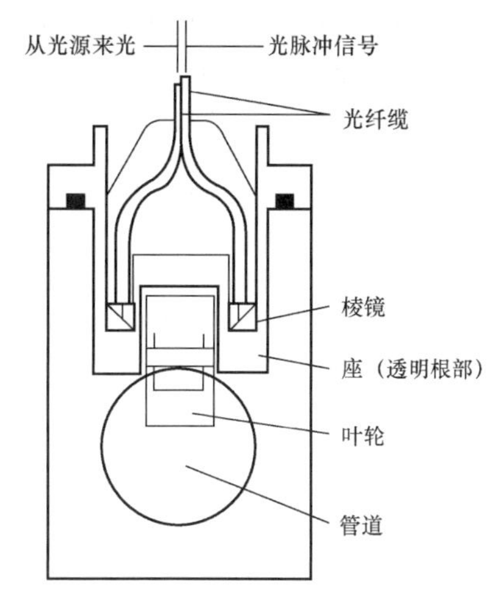

图8-13　光纤式的构造

由图8-2所示涡轮流量计的特性曲线可知，准确度与量程比密切相关，缩小量程比，可取得较高的准确度，若定点使用，可获得更高的准确度，这样认定的前提是涡轮流量计的重复性是很好的，对于将其作为标准流量装置的标准表，校验其他流量仪表特别重要。

影响流量仪表准确度的因素很多，如黏度受温度的影响；密度受压力、温度的影响；系数的长期稳定性，管道内的流速分布等。当使用条件与校验条件有差别时，准确度必然会下降。为维持较高的准确度，可根据应用条件来修正仪表系数。当然，最有效的办法是进行现场条件下的在线校验。如用车载的标准体积管，就是一个可移动的校验装置。

一般来说，绝大多数情况，现场应用条件都无法与标准校验装置相比，会产生附加误差，厂家使用说明书中列举的仪表准确度都是标准装置校验得出的，为基本误差，实际应用时应附加条件差异所产生的误差。

2. 量程比

涡轮流量计的量程比不仅与准确度密切相关，还与使用期限、状况有关。因为长期高速运行会增加轴承的磨损导致准确度的下降，应控制在最大流量时，叶轮转速不宜太高。

（1）使用状况可分为两种：①连续工作，每天工作超过8h，最大流量应选仪表上限流量较低处，将实际流量乘以1.4作为上限流量；②间歇工作，每天工作不超过8h，最大流量可选仪表上限较高处，仪表实际流量乘以1.3作为上限流量。

（2）使用口径。若仪表口径与工艺管道不一致，可通过异径管连接，对于流速偏低的工艺管道，通常以最小流量乘以0.8作为流量范围的下限流量。有些情况要求测量准确度高，显示仪具有分段线性化功能，当传感器下限流量值不能满足最小流量值时，应要求生产厂在最小流量处增加校验点以扩展量程比，又不降低准确度。

3. 准确度等级

按需选定，切忌盲目追求高准确度等级，涡轮流量计的准确度是与其售价紧密相连的，高准确度必然昂贵，所以应按需选用。如大口径输油（输气）管线，涉及贸易核算经济利益，有必要选用高准确度流量仪表；对于输送量不大或仅作为监测，则选择中等准确度就可以了。

4. 对流体的要求

要求所测流体基本洁净、单相、低黏度，一般流体如水、空气、氧、氢，石化类如汽油、轻油、轻柴油、乙烯、聚乙烯、苯乙烯、液化气、二氧化碳、天然气，化学溶剂类如氨水、甲醇、盐水，有机液体有酒精、乙醚、苯、甲苯等，无机液如甲醛、苛性纳、二硫化碳等。

5. 对液体黏度的要求

当流体黏度增大时，仪表系数线性区将变窄，下限流量将增大，当黏度增大到一定程度时，线性区将完全丧失，对于这种现象，螺旋叶片要比直叶片好得多，意味着所测流体黏度变化较大时，如工况温度会有较大变化，应尽可能选用螺旋叶片，以保证必要的准确度。

涡轮流量计出厂多采用水介质进行标定，如准确度定为 0.5 级，所测液体的黏度为 $5\times10^{-6}m^2/s$ 时，可不必考虑黏度的影响；如黏度高于 $5\times10^{-6}m^2/s$ 时，可用相近黏度的液体进行标度修正。如果厂家能提供不同黏度对仪表系数的特性曲线［见图 8 - 14（a)］就能便于用户更好地使用涡轮流量计。将图 8 - 14（a）输出频率除以运动黏度，可以得到更为简洁通用的黏性修正曲线［见图 8 - 14（b)］。

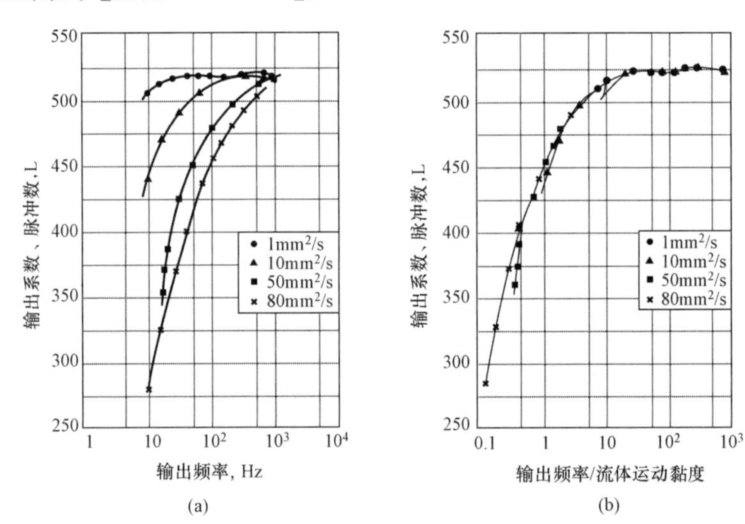

图 8 - 14　流体黏度的影响

（a）不同黏度对仪表系数的特性曲线；（b）简洁通用的黏性修正曲线

6. 对气体密度的要求

气体密度对涡轮流量计的影响主要表现在低流量区域，当密度增大时，使特性曲线直线部分向下限流量区扩展，流量测量量程比扩大，改善线性度，若涡轮流量计在常压空气中标定，而使用时的压力往往高于常压，其下限流量 $q_{V\min}$ 可由下式计算，即

$$q_{V\min}=q_{Va\min}\left(\frac{p_a}{p}\cdot\frac{1}{d}\right)^{\frac{1}{2}} \tag{8-9}$$

式中　$q_{V\min}$，$q_{Va\min}$——工况下的最低流量及在标准大气压下的最低流量值，m^3/h；

p、p_a——工况下的压力及标准大气压的压力（101325Pa），Pa；

d——被测介质相对密度 ρ_a/ρ，无量纲。

7. 不宜采用涡轮流量计的工况和现场

（1）含固相杂质较多的流体，如循环冷却水、河水、排污水、燃油、尾气。

（2）流量急剧变化的工况，如锅炉供水；有空气锤的场所，管路有阀门频繁快速打开或关闭。

（3）直管段长度严重不足。要求在 $15D\sim20D$ 以上。

（4）电磁干扰严重。在附近存在严重的电磁干扰，如触点继电器、电焊机、电动机附近。

(5) 腐蚀性、磨蚀性介质慎重选用。

8. 经济性

涡轮流量计是属于精确度较高的精密仪表，选用它除了一次性的购置费外，还要考虑为维持它的正常运行所需的辅助设备，如消气器、过滤器，装拆所必需的旁路支管、阀门。由于可动部件易磨损，需经常维修及定期校验，所增加的费用，在选型时都应考虑。

七、安装要求

1. 安装现场

涡轮流量计应安装在便于维护、管道无振动、无强电磁干扰、无热辐射、无太多粉尘、较干燥的场地，图 8-15 所示为液体涡轮流量计的典型管路安装系统，图 8-15 中所列的附件，可因地制宜视被测对象而定。

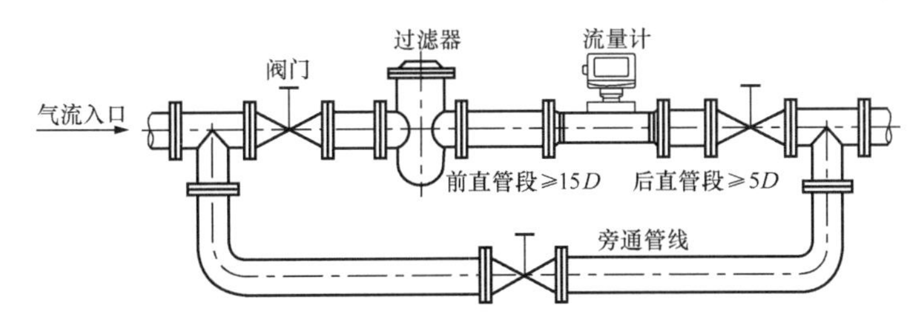

图 8-15　涡轮流量计安装示意

(1) 直管段长度。涡轮流量计对管内流速分布的不对称性及旋涡是相当敏感的，因此要求进入的流体流动应为充分发展紊流。为此，根据上游阻力件对流场的干扰情况，配置必要的直管段长度。若对上游阻力件的配置或影响不明显，一般要求安装直管段不少于 $20D$（前 $15D$，后 $5D$），如无法满足，则要求应在仪表上游安装流动调整器（或称整流器），表 8-1 给出了涡轮流量计在不同上游阻力件的条件下，为保证必要的准确度所要求安装的最短直管段长度。

表 8-1　涡轮流量计所要求的最短直管段长度

上游侧阻流件类型	单个 90°弯头	在同一平面上的两个 90°弯头	在不同平面上的两个 90 °弯头	同心渐缩管	全开阀门	半开阀门	下游侧长度
L/D	20	25	40	15	20	50	5

注　L—直管段长度；D—管道内径。

(2) 阻力件干扰。按 ISO 9951 标准规定，气体涡轮流量计应按图 8-16 要求进行安装其上游阻力件，分两种：低水平干扰［空间双弯头，见图 8-16 (a)］及高水平干扰［空间双弯头加半开阀门，见图 8-16 (b)］。阻力件与涡轮流量计的直管长度仅 $2D$（D 为内径），管内流速分布情况极为复杂，国外的涡轮流量计在这种恶劣情况下能获得较高准确度，多因在仪表进口安装有与仪表传感器组成一体的专利整流器。

2. 连接管道

(1) 水平安装的传感器要求管道不应有目测可觉察的倾斜（一般在 5°以内），垂直安装

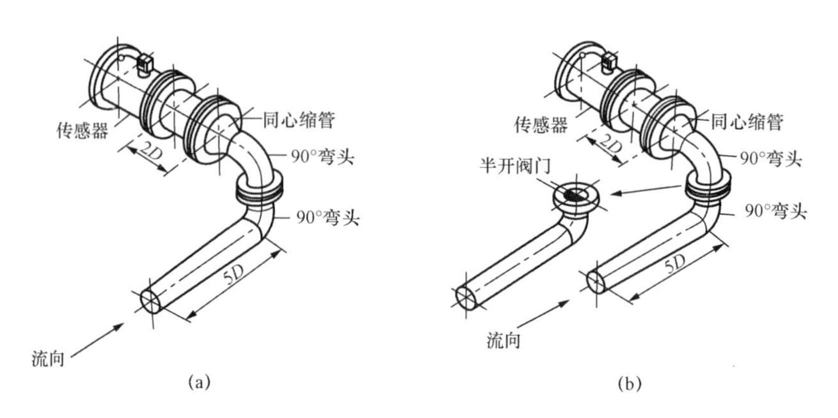

图 8 - 16　ISO 9951 规定的干扰要求

(a) 低水平干扰；(b) 高水平干扰

的传感器管道垂直度偏差也应小于 5°。

(2) 需连续运行不能停流的场所，应装旁通管和可靠的截止阀（见图 8 - 15），测量时要确保旁通管无泄漏。

(3) 在新铺设管道内安装传感器的位置，应先接入一段短管代替传感器，待“扫线”工作完毕，确认管道内清扫干净后，再接入传感器。

(4) 若流体含杂质，则应在传感器上游侧装过滤器。对于工况不能间断的，应并联安装两套过滤器，轮流清除杂质，或选用自动清洗型过滤器。若被测液体含有气体，则应在传感器上游侧装消气器。

(5) 若传感器安装位置处于管线的低点，为防止流体中杂质沉淀滞留，应在其后的管线装排放阀，定期排放沉淀杂质。

被测流体若为易气化的液体，为防止发生气穴，传感器的出口端压力应高于式（8 - 10）计算的最低压力 p_{min}，即

$$p_{min}=2\Delta p+1.25p \tag{8-10}$$

式中　p_{min}——最低压力，Pa；

Δp——传感器最大流量时压力损失，Pa；

p——被测流体最高使用温度时饱和蒸汽压力，Pa。

(6) 流量调节阀应装在传感器下游，上游侧的截止阀测量时应全开，且这些阀门都不得产生振动和向外泄漏。如流程可能产生逆向流，应加止回阀。

(7) 传感器应与管道同心，密封垫圈不得凸入管路。液体传感器不应装在水平管线的最高点，以免管线内聚集的气体停留在传感器处。

(8) 传感器前后管道应支撑牢靠，不产生振动。对易冷凝的流体，要对传感器及其前后管道进行保温。

3. 电气连接

除机械式涡轮流量计及就地显示式外，涡轮流量计传感器都将电信号经传输电缆送至显示仪表。

(1) 安装显示仪表前要核对各项参数，如：①传感器的输出特性（输出脉冲的频率范围、幅值、脉宽等）与显示仪表输入特征是否相配；②按照传感器的仪表系数，设定显示仪

表的参数；③核对传感器电源和线制，以及阻抗匹配；④本质安全防爆型流量传感器还应核对安全栅型号规格。

（2）传感器的前置放大器如装在现场，还要考虑防电磁干扰，如装在室外，还应采取防雨淋等措施。

（3）传输电缆的路径不应与动力电源线平行，也不要敷设在动力电源线集中的区域，以避免电磁干扰。

（4）防爆涡轮流量计电缆线的连接和安全栅的使用等都必须严格遵守防爆电器的有关标准。

（5）模拟运行，检查电气部分安装的完好性。电气连接完成后，取下传感器的检测头并做好检测头安装标记，以便复原。用铁片靠在检测头下方快速移动，显示仪表的累积计数显示应连续增加，可认为电气部分完好。

（6）质量流量显示仪表，还应检查密度计、压力变送器、温度变送器电路的完好性。

八、使用注意事项

1. 投入运行的启闭顺序

在接上电源、流体还未流动时，要确认前置放大器无脉冲信号输出。启闭顺序如下：

（1）把旁路阀全开，接着把涡轮流量计下游的阀慢慢打开。

（2）慢慢放开上游部分的阀，至全开之后，慢慢关闭旁路阀，以较小流量运行一段时间（如10min）。

（3）加大下游阀开度，调节到所需正常流量。若无旁路阀的操作时，徐徐打开上游阀，再慢慢打开下游阀。

2. 低温和高温流体的运行

（1）低温流体管道在通流前要排净管道中的水分和油分，以防止轴承冻住和损坏叶片。

（2）通流后先以很小流量运行15min，再渐渐升高至正常流量。

（3）停流时也要缓慢进行，使管道温度与环境温度逐渐接近。高温流体运行与此相类似。

3. 其他注意事项

（1）启闭阀应尽可能平缓，如采用自动控制启闭，最好用“两段开启，两段关闭”方式，防止流体突然冲击叶轮，甚至发生水锤现象，损坏叶轮。

（2）核查流量传感器下游压力。如管道压力不高，要观察运行初期最大流量下传感器下游压力是否大于式（8-10）的 p_{min}，否则应采取措施以防止产生气穴。

（3）传感器长期使用因轴承磨损等原因，仪表系数会发生变化，应定期进行离线或在线校验。

（4）如输送成品油管线更换油品或停用时，需定期进行扫线清管工作。扫线清管所用流体的流向、流量、压力和温度等均应符合TUF的规定。

（5）为保证TUF长期正常工作，要加强仪表的运行检查。监测叶轮旋转情况，如听到异常声音，用示波器监测检测线圈输出波形，如有异常波形，应及时卸下检查传感器内部零件。

（6）有润滑油或清洗液注入口的传感器，应按说明书要求定期注入润滑油或清洗液，维护叶轮良好运行。

（7）检查显示仪表工作状况（拨向“自校”挡），评估显示仪表读数，如怀疑有不正常现象应及时检查。

（8）保持过滤器畅通，定期排放消气器中的气体等。

九、维护及故障处理

（1）轴承。涡轮流量计中轴承是易损零件，一般应一年更换一次。轴承磨损首先会出现低流量特性发生异常。

（2）支架。涡轮流量计的支架与仪表的特性有关，安装时决不允许弯曲，使仪表受到内应力，更换支架重装仪表时应再次进行校验。

（3）叶片。涡轮叶片检修后重新组装时应对涡轮进行去磁处理。

（4）电气。传感器线圈在使用过程中性能可能变差，应检查线圈的导通阻抗和绝缘阻抗是否有异常。

涡轮流量计常见故障、发生的原因，及排除方法见表 8-2。

表 8-2　　涡轮流量计故障现象、原因及处理方法

故障现象	可能原因	消除方法
流体正常流动时无显示，总量计数器字数不增加	①检查电源线、保险丝、功能选择开关和信号线有无断路或接触不良。 ②检查显示仪内部印刷板，接触件等有无接触不良。 ③检查检测线圈。 ④检查传感器内部故障，上述①～③项检查后仍存在故障，说明故障在传感器内部，可检查叶轮是否碰传感器内壁，有无异物卡住，轴和轴承有无杂物卡住或断裂现象	①用欧姆表排查故障点。 ②印刷板故障检查可采用替换“备用板”法，换下故障板再作细致检查。 ③做好检测线圈在传感器表体上位置标记，旋下检测头，用铁片在检测头下快速移动，若计数器字数不增加，则应检查线圈有无断线和焊点脱焊。 ④去除异物，并清洗或更换损坏零件，复原后气吹或手拨动叶轮，应无摩擦声，更换轴承等零件后应重新校验，求得新的仪表系数
未作减小流量操作，但流量显示却逐渐下降	按下列顺序检查： ①过滤器是否堵塞，若过滤器压差增大，说明杂物已堵塞。 ②流量传感器管段上的阀门出现阀芯松动，阀门开度自动减少。 ③传感器叶轮受杂物阻碍或轴承间隙进入异物，阻力增加而减速	①清除过滤器。 ②从阀门手轮是否调节有效判断，确认后再修理或更换。 ③卸下传感器进行清除，必要时重新校验
流体不流动，流量显示不为零，或显示值不稳	①传输线屏蔽接地不良，外界干扰信号混入显示仪输入端。 ②管道振动，叶轮随之抖动，产生误信号。 ③截止阀关闭不严泄漏所致，实际上仪表显示泄漏量。 ④显示仪内部线路板之间或电子元件变质损坏，产生的干扰	①检查屏蔽层，显示仪端子是否接地良好。 ②加固管线，或在传感器前后加装支架防止振动。 ③检修或更换阀。 ④采取“短路法”或逐项逐个检查，判断干扰源，查出故障点

续表

故障现象	可能原因	消除方法
显示仪示值与经验评估值差异显著	①传感器流通通道内部受流体腐蚀、磨损严重，杂物阻碍使叶轮旋转失常，仪表系数变化；叶片受腐蚀或冲击，顶端变形，影响正常切割磁力线，检测线圈输出信号失常，仪表系数变化；流体温度过高或过低，轴与轴承膨胀或收缩，间隙变化过大导致叶轮旋转失常，仪表系数变化。 ②传感器背压不足，出现气穴，影响叶轮旋转。 ③管道流动方面的原因，如未装止回阀出现逆向流动，旁通阀未关严，有泄漏；传感器上游出现较大流速分布畸变（如因上游阀未全开引起的）或出现脉动；液体受温度引起的黏度变化较大等。 ④显示仪表内部故障。 ⑤检测器中永磁材料元件时效失磁，磁性减弱到一定程度也会影响测量值。 ⑥传感器流过的实际流量已超出该传感器规定的流量范围	①～④查出故障原因，针对具体原因寻找对策。 ⑤更换失磁元件。 ⑥更换合适的传感器

第二节　浮子流量计

一、概述

浮子流量计是以浮子在锥形管中随流量变化而升降，以改变浮子与锥形管之间的流动面积，所得到的压力差，正好托起浮子，从浮子在锥形管中的位置（即高度），可知流量大小的仪表，亦称转子流量计。美国与日本常称之为变面积流量计（variable area flowmeter，简称 VAF）。

远在 19 世纪 60 年代就提出了浮子流量计的设想，20 世纪初出现了商品。

浮子流量计的主要特点是生产成本很低（直读式）；可测极小的流量；要求垂直安装，对安装直管段长度基本无要求。主要类型从制造材料上可分为玻璃管浮子流量计和金属管浮子流量计两大类，玻璃管浮子流量计一般耐压较低，就地读数、成本低，只能测透明的介质；而金属管浮子流量计则可以承受较高的压力，通过变送器将浮子的位置（即流量）转换为电信号，不仅可远传，而且还可承受较高的温度和压力，当然生产成本相对玻璃管类也会高一些。

二、原理

1. 工作原理

浮子流量计主要由一只自下而上扩大的垂直锥管与一个沿锥管上、下移动的浮子所组成。原理如图 8 - 17 所示，流体自下而上通过由锥管与浮子之间的环形通道面积时，浮子的

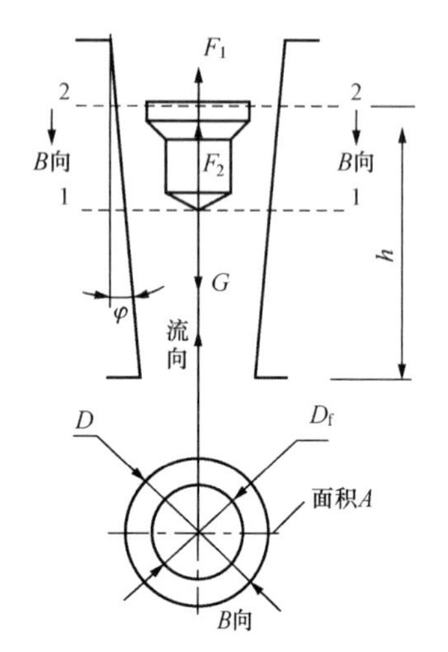

图 8-17 浮子流量计工作原理

上、下两端所形成的压力差形成了浮力，托起浮子。当流量增大时，通过环形通道的压损增大，使浮子上下的压差增大，浮子上升到某一高度，形成较大的环形通道，压差下降至所产生的浮力与浮子的重量相等，浮子便稳定在这个高度上；反之，流量减小所产生的压差下降，浮子必须下降，差压所产生的浮力与其重量相等。所以浮子在锥管中的位置直接反映了流量的大小。

浮子流量计的体积流量 q_V 的计算公式为

$$q_V = a\pi(D_f h \tan\varphi + h^2 \tan^2\varphi)\left[\frac{2gV_f(\rho_f - \rho)}{\rho A_f}\right]^{\frac{1}{2}} \tag{8-11}$$

式中 a——浮子流量计的流量系数；

h——浮子的高度；

D_f——零刻度时锥管的内径；

φ——锥管的锥角；

V_f——浮子的体积，m^3；

ρ_f——浮子的密度，kg/m^3；

ρ——流体的密度，kg/m^3；

A_f——浮子最大迎流面积。

流量 q_V 与浮子的高度 h 之间为近似的线性关系，如需较大流量量程时，为取得必要的环形通道面积，只有减少 φ 角，势必造成加长锥管的长度。早期金属管浮子流量计口径、长度不一，大流量时长度可达 500～600mm，制造、使用都不方便，现在已采取多种方式线性化，长度一般为 250mm。

对于玻璃管浮子流量计，h 与 q_V 的关系可直接刻在流量计上，也可以制成标牌贴在侧面，调试时还可以稍调整。

还有一种孔板浮子流量计（见图 8-18），将浮子做成锥形，而外管为直管，内嵌一孔板，由孔板与锥形浮子形成环形通道，这样做便于加工，原理不变，只是浮子要做得较长一些。

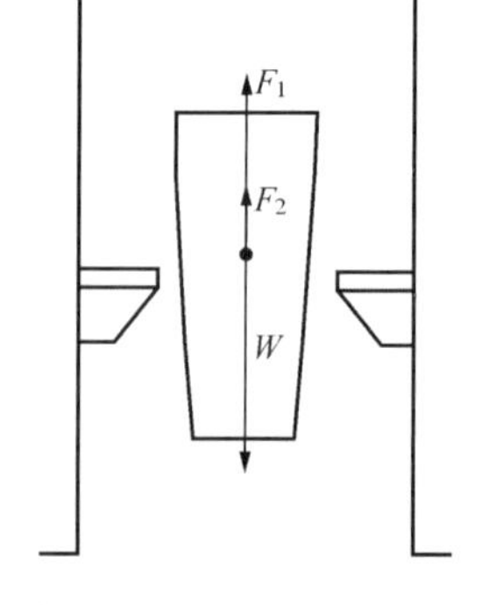

图 8-18 孔板浮子流量计

2. 流量值换算

由式（8-11）可知，对于不同的流体，由于密度 ρ 不同，对应的 q_V 与 h 也将随之改变，不能适用原来的流量刻度。原则上，浮子流量计应该用实流进行标定，如此要求，制造厂难以一一满足，而根据用户的实用流体进行修正却是可行的。用户在订货时应说明流体的种类，要求厂商提供相应的读数标准，通常采用以下一种刻度。

（1）对应于标准状态下（t=20℃，p=101325Pa）水或空气的刻度；

（2）对应于标准状态下工作液体（或气体）的刻度；

（3）对应于工况条件下的温度、压力，工作液体（或气体）的刻度。

3. 量程换算

如果浮子流量计的浮子形状不变，改变它的材料（即密度 ρ_f），即可改变其量程。设标定时用的浮子材料为 ρ_{f0}，应用时浮子采用同外形不同材料密度为 ρ_f，则改变浮子后的流量 q_V 为

$$q_V = q_{V0}\sqrt{\frac{\rho_f - \rho_0}{\rho_{f0} - \rho_0}} \tag{8-12}$$

式中　q_{V0}，ρ_{f0}，ρ_0——标定时的流量、浮子材料密度、流体密度；

q_V，ρ_f——使用时的流量、浮子材料密度。

三、结构

1．玻璃管

通过在锥形玻璃管（或流量刻度标牌）及管内的浮子位置直接读出流量值，用来测量较清澈流体的流量。价格便宜，读数直观，使用方便，多用于做小流量的指示仪。

由于玻璃的强度低，如果浮子无导向结构，容易击碎玻璃管，所以浮子中可加工一个孔，以便导向杆穿过［见图 8-19（a）］。而从加强玻璃本身强度出发，也可用透明的工程塑料代替，这种材料有聚苯乙烯、聚碳酸酯、有机玻璃等，聚苯乙烯还具有耐氟气、氢氟酸腐蚀等特点，而玻璃则不具备。

玻璃锥管的内壁，除了光滑圆锥面外，还可做成有三个导向棱筋的，这样不仅可加强强度还可以起导向作用，令浮子更贴近管壁，易于读数。

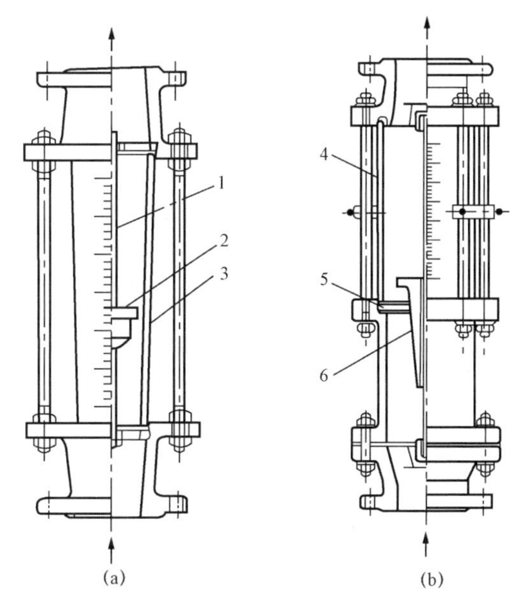

图 8-19　玻璃管浮子流量计

（a）带导杆透明管直接指示型；（b）浮子透明直管直接指示型

1—导杆；2—浮子；3—锥形管；4—透明直管；5—孔板；6—浮塞

2．金属管

测量管采用金属制成，虽不能直接读数，但它扩大了玻璃管型的应用领域，令其可应用在较高的温度、压力工况，以及不透明介质。牢固耐用，可靠性高，既可以就地读数也可以远传，更适用于工业自控系统。由于不能直接读数，通常在浮子中嵌入磁钢，以磁耦合方式，将浮子的位置信息传至管外，为确保信息无误传出，测量锥管采用不导磁的不锈钢、钛钢制造。

（1）结构。

1）直接指示型［见图 8-20（a）］：在浮子上安置了一根移动导杆，其上端到达处于浮子流量计上部的透明直管，通过它可了解导杆的位置，也就是浮子的位置，这是最简单的一种直读式金属浮子流量计，浮子中无须嵌入磁钢。

2）间接远传型［见图 8-20（b）］：浮子中嵌入磁钢，通过磁耦合将浮子的位置信息传至转换指示部分，既可以通过指针就地显示浮子的位置（即流量的大小），也可以放大，转换为标准信号 0～10mA 或 4～20mA 远传至控制部分或计算机。

3）不同安装方式。

从原理可知，浮子流量计测量锥管必须垂直安装，流体自下而上，但为适应现场的需

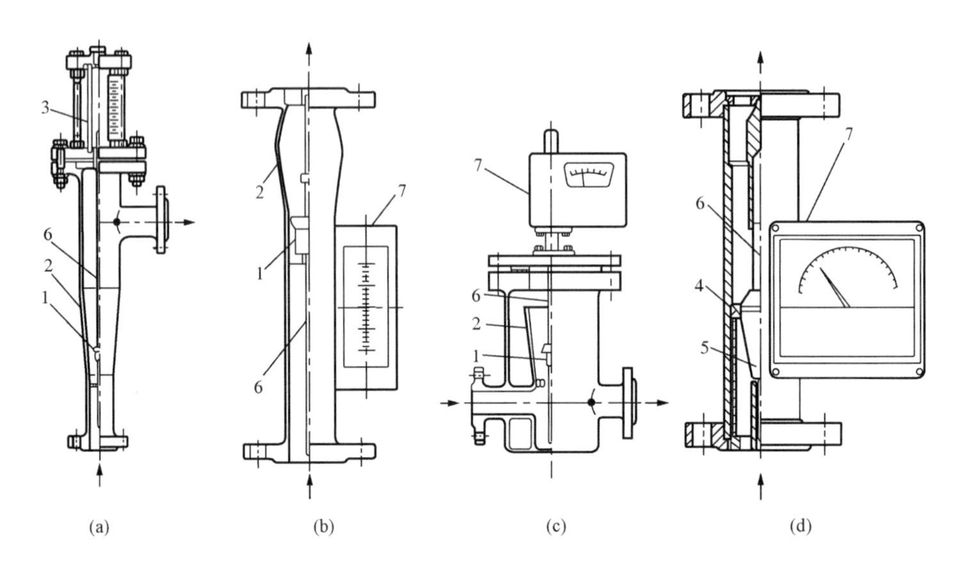

图 8-20　金属管浮子流量计

(a) 金属管直接指示型；(b) 直通式金属管间接指示型；

(c) 水平管道安装金属管间接指示远传型；(d) 浮塞金属管间接指示远传型

1—浮子；2—锥形管；3—透明直管；4—孔板；5—浮塞；6—移动导杆；7—转换指示表

要，也推出了 90°直角型，以及水平型浮子流量计。

a) 直角型（见图 8-21）：流体下进侧出，特别适合安装在 90°转角处，流体的流动状态与垂直安装方式没有区别，仅仅是流体在出口处转了 90°，流量计完全可以稳定工作。

b) 水平型（见图 8-22）：一种适用于水平管道的金属管浮子流量计，流体自入口直管进入内直管，流体自下而上流动，内直管则与前面所介绍的金属管没有区别。流体由锥管上

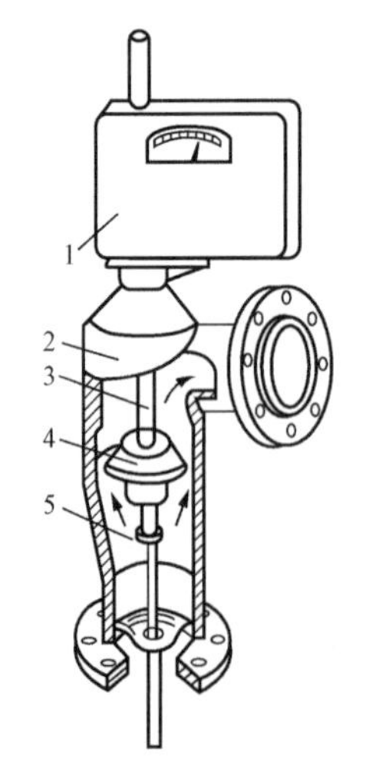

图 8-21　半电子式智能化指示器

1—转换部分；2—传感部分；

3—导杆；4—浮子；5—锥形管部分

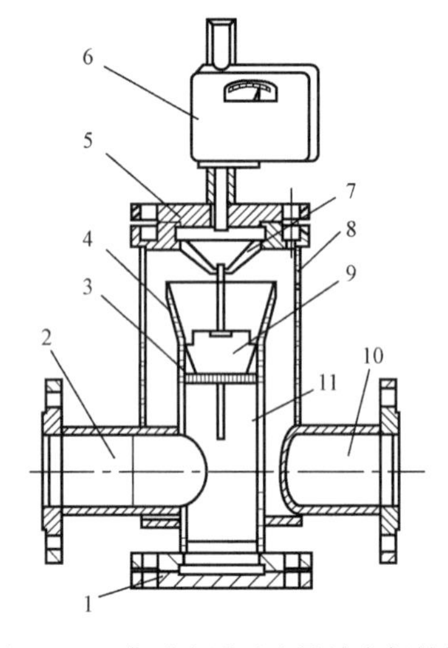

图 8-22　水平式浮子流量计内部结构

1—底部凸缘；2—入口直管；3—整流器；4—锥管；

5—顶部盖板；6—指示器；7—支撑架；8—外直管；

9—浮子；10—出口直管；11—内直管

沿流入外直管内环腔，再经出口直管流出。由于流体的流动，由水平立即转入垂直，锥管长

度又不可能做得太长，因此作用在浮子上的力就不是均衡的，必须在其下方安装一个多孔整流器（见图 8-23），以改善作用在浮子上的浮力，注意这种多孔整流器上的整流孔不是对称的。

4）孔板浮子型［见图 8-20（d）］：为直管中安装了孔板，浮子成锥体，与孔板形成可变面积通道，通过浮子中的磁钢将浮子位置信息通过磁耦合传至仪表外，可直读也可放大为标准信号后远传。

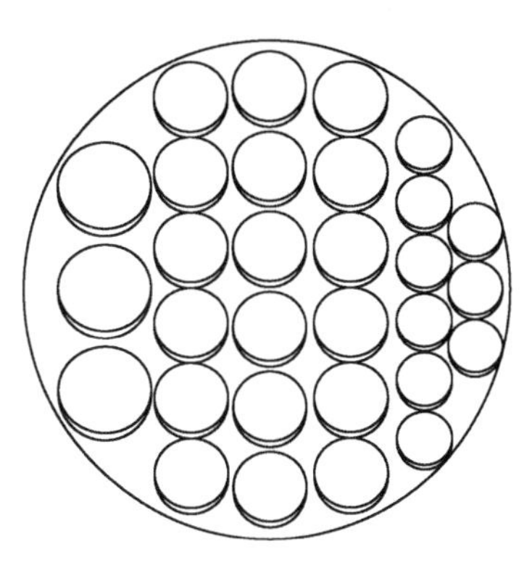

图 8-23　片状多孔整流器示意

（2）转换显示：通过浮子中嵌入的磁钢，用磁耦合方式，将浮子的位置（即流量）传至指示部分，可以就地指示，也可以在此基础上进行机电转换为标准电信号。目前电远传配有多种数字信号，符合 HART、FF、PROFIBUS 等协议，输出到计算机 DCS、FCS、PLC 等控制系统，进行流量测量及过程控制。如现场是易燃易爆场地，为安全考虑，也可以采取气远传方式，输出为 0.02～0.1MPa 气压信号，下面介绍几种较典型的转换方式。

1）四连杆机构（见图 8-24）：将流体通过锥管时，浮子的高度通过磁钢耦合传至平衡杆，通过四连杆机构的修正后，使指针得以指示流量大小。

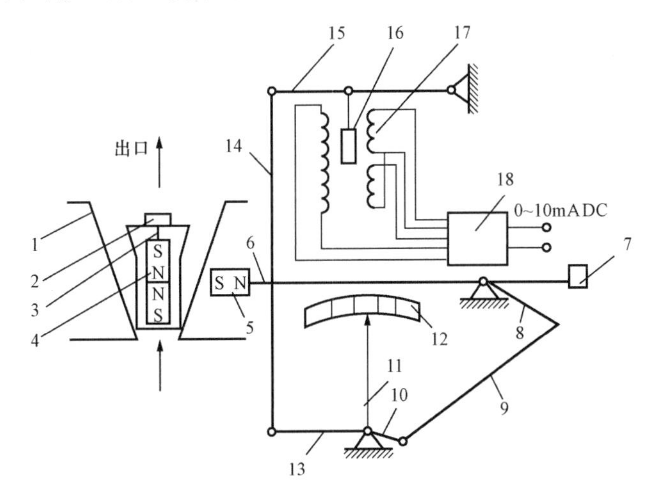

图 8-24　采用四连杆机构的指示器

1—锥管；2—浮子；3—连杆；4，5—磁钢；6—平衡杆；7—平衡锤；8～10—四连杆机构；11—指针；12—刻度盘；13～15—第二套四连杆机构；16—铁芯；17—差动变压器；18—电转换单元

如需远传，再通过第二套四连杆机构的传动，带动差动变压器中铁芯位移。令差动变压器产生差动电势，经电转换单元输出标准电信号远传显示调节。

2）全电子式智能化（见图 8-25）：由于四连杆机械结构存在机械摩擦，产生回差，影响测量准确度，为提高指示器性能，采用磁敏元件直接与嵌入浮子中的磁钢耦合，然后通过单片机处理，由于不存在机械的部分没有回差，构成了全电子式智能化指示器，提高了技术性能。

3）半电子式智能化（见图 8-26）：由于磁敏元件耐温有限，上述全电子式智能化不适

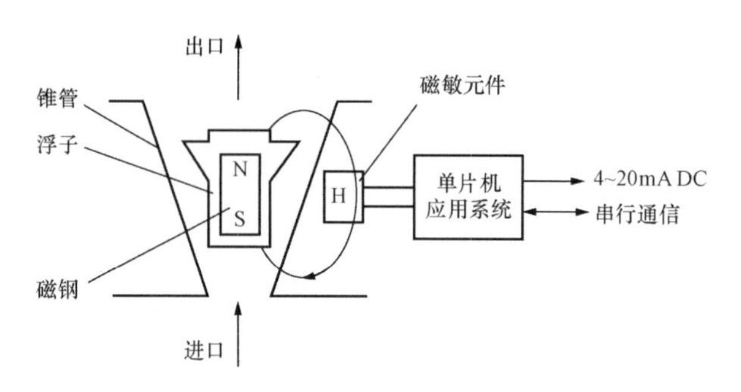

图 8-25　全电子式智能化指示器

用于温度较高的现场，因而出现了介于机械式与全电子式之间的半电子式智能化指示器。

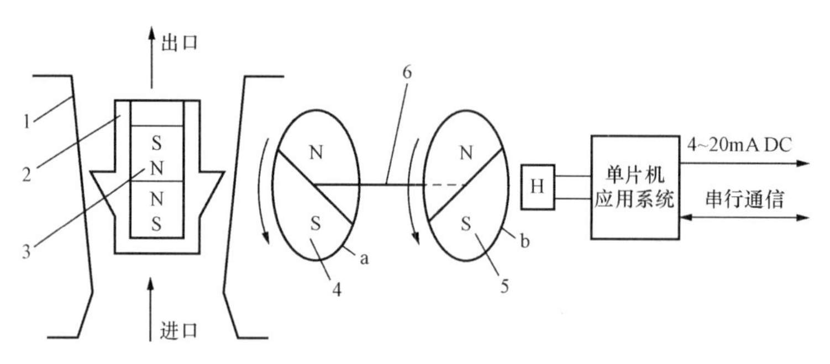

图 8-26　半电子式智能化指示器

1—锥管；2—浮子；3～5—磁钢；6—转轴

a，b—磁敏元件

其特点是：在浮子流量计外进行磁耦合的磁敏元件不是一个，而是一对，通过转轴联系在一起，磁敏元件 a 通过磁耦合得到浮子位置的信息后产生转动，然后通过转轴，将转动信息传给磁敏元件 b，磁敏元件 b 远离温度高的浮子流量计，将从磁敏元件 a 得到的转动信号传给单片机应用系统进行放大处理，这种指示器充分考虑到了现场实际应用特点，应用效果较好。

3. 微小流量

测量微小流量也是流量测量中的一个难题，从上述原理可知，减小浮子的重量及流通面积就有可能降低测量下限，这也是其他原理流量测量仪表所不及的。当然，也有一些难度，如要传出浮子位置的讯号，浮子就不能做得太轻太小，目前已成功制造出小至 0.3～3L/h 的金属管浮子流量计。

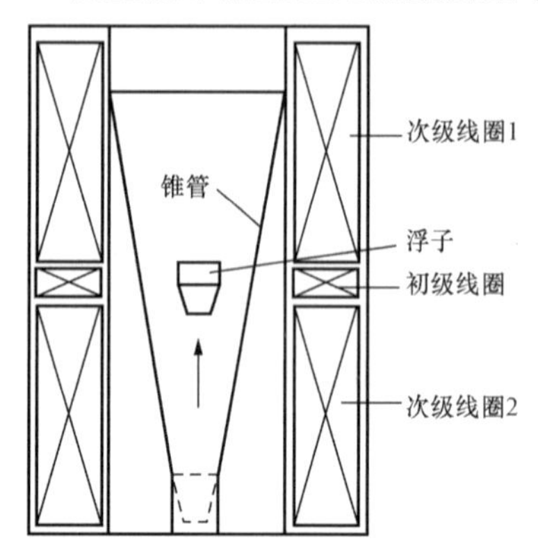

图 8-27　浮子位移检测原理结构

图 8-27 表明了这种微小浮子流量计的原理图。它具有体积小、重量轻、行程短的特点，所以尽量避免采用机械结构所产生的摩擦力，以提高其灵敏度，降低测量下限。图 8-27 为基于差动变压器原理的浮子位移检测器，在锥管外安置了一组差动变压器，初级线圈接入电源后，次级线圈的互感由于浮子的位置而发生变化，输出电压随之变化，通过测试标定建立输出电压与流量的关系，其主

要技术参数为：测量准确度±2.5%～±4%；介质：水 20℃，量程 3～100L/h；空气 20℃，0.1013MPa，量程 50～3400L/h；量程比 10∶1；介质温度范围－80～150℃，最大压力 13MPa；输出信号 4～20mA。

四、特点与应用

1. 特点

（1）适用于小口径、低流速。常用的浮子流量计口径为 4～100mm，最小口径可达 1～4mm，特别适用于测量小流量。以液体为例，口径小于 10mm 的玻璃浮子流量计，流速可低至 0.1m/s，金属管浮子流量计口径一般大于 15mm，流速为 0.5～1.5m/s。

（2）可用于测低雷诺数流体，较其他流量计可测流速更低的流量。

（3）结构简单，价格低廉，就地读数场合使用方便。玻璃型易碎，不适合用于流程工业现场。

（4）压力损失很小，玻璃管浮子流量计压损一般为 2～3kPa，金属管类一般为 4～15kPa，所测流量较低、压力损失很小，不致影响工艺流程，无须特别关注。

（5）对上游安装直管段长度要求很小（$2D$～$3D$）。

（6）量程比较大，一般可做到 10∶1，如有特殊要求还可扩展。如已有的双函道浮子流量计量程比可扩大至 750∶1。

（7）不适用于高流速、大管径。目前金属管型最大管径可做到 150mm，如果流速较高，浮子在锥管中位置不稳定，可以采取扩张管连接以降低通过浮子流量计中的流速（但受最大管径限制）。

（8）标定介质与使用介质不同时，必须做流量示值修正。一般出厂标定液体采用水，气体采用空气。

2. 应用概况

多用于对准确度要求不高的监控场合，这些场合只要求流量保持在一定的范围内就可以，如大型机械冷却水保护系统，多数情况只要采取流量上限、下限报警即可。浮子流量计约 90%应用于准确要求不高，但必须工作可靠的场合。

带信号远传的金属浮子流量计在流程工业中常作为检测仪表用于流量或原料配比的控制。

五、选型注意事项

1. 类型与结构

（1）介质洁净，浮子流量计要求被测介质为单相、洁净流体。若多相、液体中含固相，气体中含液相，将因密度改变影响准确度，此外，固相使用一段时间后，会黏附在浮子及仪表内壁上，缩小了环形通道的大小，带来百分之几的误差，对于小口径浮子流量计，尤为突出。

（2）用途。若单纯只用于指示流量大小，首先考虑廉价的玻璃浮子流量计，若温度、压力较高需选用金属管浮子流量计，若不仅读数，还要求远传流量信号，应选用带远传功能的金属浮子流量计，广泛应用于电力、石化、化工、冶金、医药、市政工程、污水处理等行业。

（3）安全。若工业现场选用玻璃浮子流量计，应考虑加透明的防护罩，以防意外破碎。

（4）防爆。若使用环境有防爆要求，现场又有控制仪表的气源，最好选用气远传金属浮子流量计；若无法采用气远传，必须采用电远传时，应采取防爆措施。

（5）不透明液体。若测不透明液体，首先选用金属型，如选用玻璃型也应是带棱筋的，以便读数。

（6）高黏度液体。当流体为高黏度或易析出结晶，或凝固液体，流体温度高于环境温度时，应选用带夹套的有保温作用的金属型浮子流量计。

2. 测量范围

只适用于测中、小流量。玻璃管型最大口径仅100mm，金属型也只有150mm，在选择时应注意以下几点：

（1）同一口径流量范围可不同。决定浮子流量计流量范围的不仅仅是口径大小，还取决于浮子的形状材料及锥管的角度，所以可根据以上因素，灵活考虑选择较合适的浮子及锥管。

（2）流体。要注意使用的流体与被校流体是否相同；如不同，必须进行刻度换算。

（3）常用流量，准确度按满量程的误差计算，使用时常用流量最好选择在满量程的50%～80%较宜。

3. 黏度的影响

测试数据表明：浮子流量计的流量系数 a 与浮子的几何形状及雷诺数 Re 有关，在浮子几何形状确定后，只有当雷诺数大于某一界限 Re_k 后，流量系数才会趋于常数，当使用 $Re<Re_k$ 时，流量系数将随雷诺数变化，使用中必须考虑流量系数随 Re 变化的影响。图8-28表明了这种影响，下面分别进行讨论。

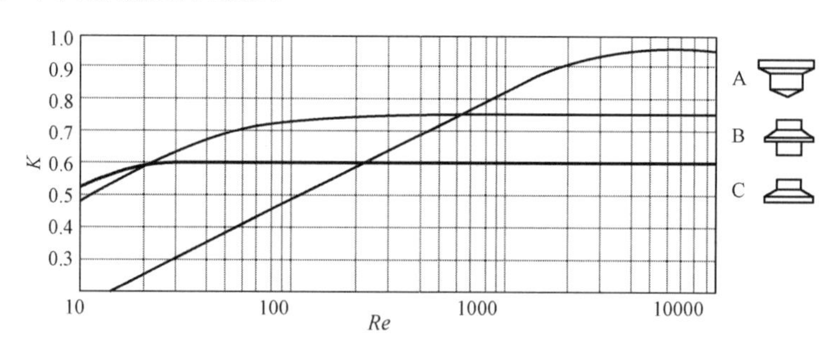

图8-28　流量系数与雷诺数的关系

（1）A型浮子。A型浮子的界限 Re_k 较大，6000左右。流量系数较大，约为0.96，且不够稳定。多用于流量较小的玻璃浮子流量计中，而正处于流量系数变化的范围内，应用中应考虑黏度带来的影响。

（2）B型浮子。界限雷诺数小至300，即在较小的雷诺数，流量系数已趋于常数，但流量系数较小仅为0.76。

（3）C型浮子。界限雷诺数更小，为40，流量系数也仅有0.61，B、C型两种浮子多用于金属浮子流量计。

在实际应用中，情况比较复杂，有时不得不应用在雷诺数小于界限 Re_k 的情况，也就是说流量系数 a 尚未等于常数，当被测介质的黏性变化时，就会产生测量误差，即使介质未变，温度变化就会导致黏性变化，即雷诺数变化。如介质为水，当温度自5℃上升到40℃时，运动黏度将从 $1.52\times10^{-6}m^2/s$ 降至 $0.66\times10^{-6}m^2/s$，对于小口径（15～40mm）的玻璃浮子流量计来说，由温度引起黏度的变化，对测量误差的影响可高达1%/℃，在应用时必须考虑黏度的修正。

六、安装

（1）管道的连接。绝大部分的浮子流量计都应垂直安装在没有振动的管道上，不应有明显的倾斜，流体自下而上，倾斜角不大于5°。为便于不断流进行维护，仪表多装有如图8-29所示的旁路，一般无直管段长度要求。如高精度测量，有些厂家要求仪表前需有$2D$～$5D$安装直管段长度。

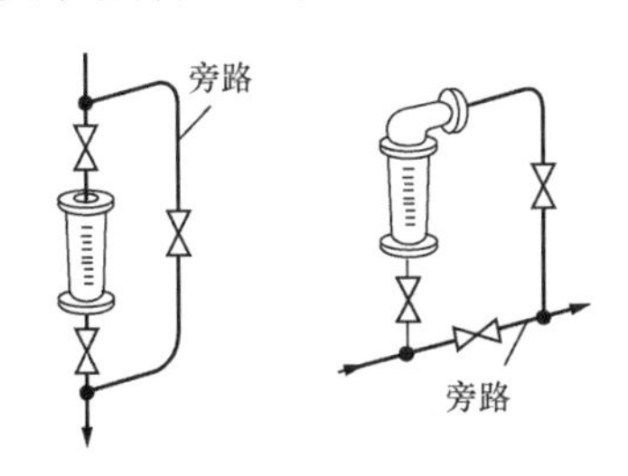

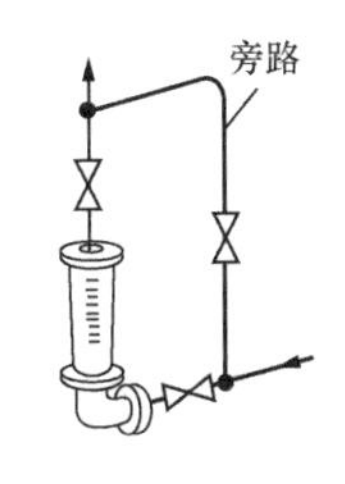

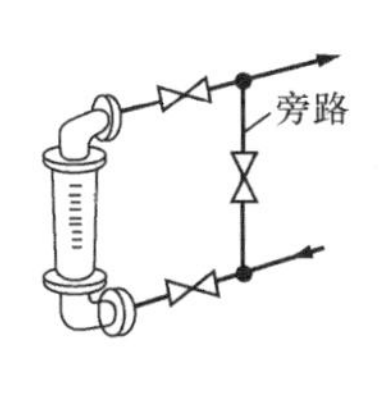

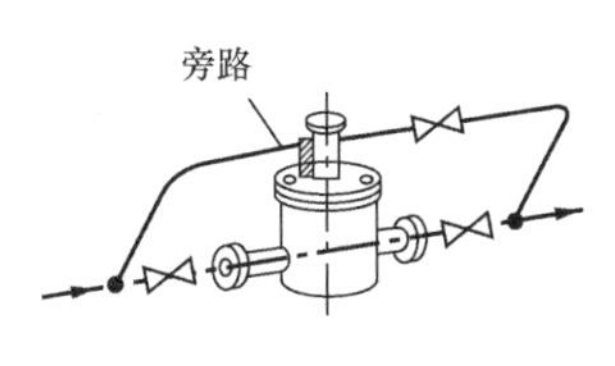

图8-29　管道连接示例

（2）用于脏污流体。应在仪表的上游安装过滤器，管道中经常有从管道内剥离下来的铁磁性物质，采用如图8-30所示的磁钢过滤器，压损小，效果好，但应注意及时清洗。

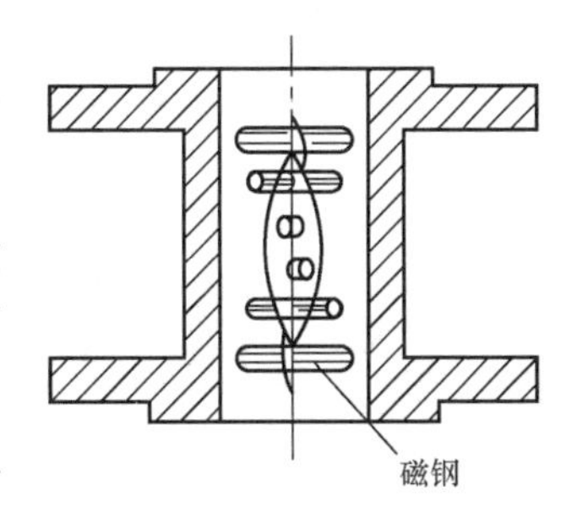

图8-30　磁钢过滤器

要保持浮子及锥管的清洁，特别是小口径玻璃浮子流量计，脏物附在浮子上及玻璃管都会影响准确度及读数，因此有必要经常用清洁水按图8-31方式连接进行清洗。

（3）脉动流。浮子流量计不能用于脉动流，若属于流体本身由于泵、阀所引起的脉动，应改变仪表的安装位置或安装缓冲器予以弥补；若属于仪表本身的振荡，由于气体压力过低，管路中的阀门引起流体流动不稳定时，应尽量调整管路的布局，改善流动状况，或选用带有阻尼附件的浮子流量计。

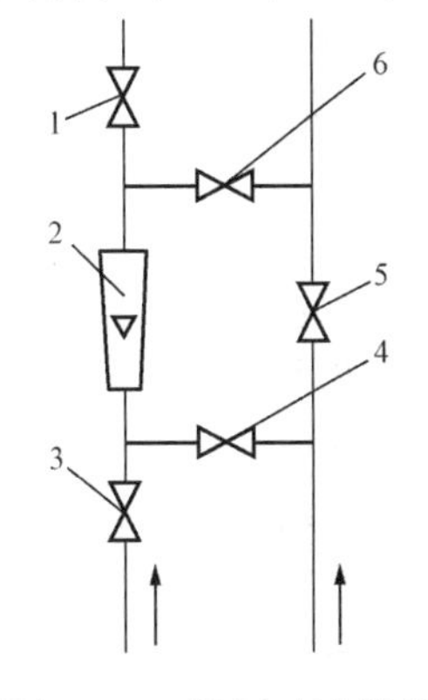

图8-31　设置冲洗管线

1、3—冲洗阀；2—浮子流量计；4、6—工作阀；5—旁路阀

（4）扩大量程比。若量程比超过了10∶1，可以采用多台不同流量范围的浮子流量计串联使用，串联应用的好处在于使用方便，但串联压损较大。

当然，也可以在一个锥管中放两个不同形状或材质的浮子，以适应不同流量，但这种安排会降低测量准确度。

（5）排尽液体中的气体。应用角型金属管浮子流量计时，应注意排尽引伸套管中的空气，否则将会带来较大的误差，对于小口径仪表，尤为重要。

（6）流量值的换算。若应用时的流体不是出厂时标定所用流体，必须进行流量值换算。前面已有说明，不再重复。

（7）校验。浮子流量计的校验，液体常用标准表法、容积法、称重法，气体多用钟罩法、皂膜法。

由于浮子流量计成本低，销售量大，多数应用在准确度要求不太高的监测场合，目前国内外已采取了干标方法，即严格控制锥形管及浮子的尺寸及重量，即可确定流量值，以降低成本。只有准确度要求高的情况，才进行实流校验。

七、故障及处理

常见故障及应采取的处理方法可见表 8-3。

表 8-3　浮子流量计故障分析及处理方法

故障现象	原　因	处　理　方　法
实际流量与指示值不一致	由于腐蚀，浮子质量、体积、最大直径变化，锥形管内径尺寸变化	换耐腐蚀材料。若浮子尺寸与调换前相同，要按新质量、密度换算或重新标定；若尺寸也不同则必须重新标定。浮子最大直径圆柱面磨损使表面粗糙，影响测量值，应换新浮子。 工程塑料制成或包衬的浮子，可能产生溶胀，最大直径和体积变化，换用合适材料的浮子
	浮子、锥形管附着水垢污脏等异物层	清洗，防止损伤锥形管内表面和浮子最大直径圆柱面，保持原有光洁度
	液体物性变化	使用时与设计的液体密度、黏度等物性不一致，按变化后物性参数修正或评定流量值
	气体、蒸汽、压缩性流体温度、压力变化	温度、压力等运行条件变化对流量测量值影响颇灵敏，按新条件作换算修正
	流动脉动，气体压力急剧变化，指示值波动	管道系统必须设置缓冲装置，或者改用有阻尼机构的仪表
	液体中混入气泡，气体中混入液滴	清除气泡或液滴
	用于液体时仪表内部死角滞留气体，影响浮子部件浮力	对小流量仪表及运行在低流量时影响显著，必须排除气体
流量变动而浮子或指针移动呆滞	浮子和导向轴间有微粒等异物或导向轴弯曲等原因卡住	拆卸检查，清洗去除异物或附着层，校直导向轴。导向轴弯曲原因大多是电磁阀快速启闭，浮子急剧升降冲击所致，改变运作方式
	带磁耦合浮子组件磁铁四周附着铁粉或颗粒	拆卸清除。运行初期利用旁路管充分冲洗管道。为防止长期使用管道可能产生铁锈，在表前装磁钢过滤器
	指示部分连杆或指针卡住	手动与磁铁耦合连接的运动连杆卡住，旋转轴与轴承间有异物阻碍运动，应清除或换零件
	工程塑料浮子、锥形管或塑料衬里溶胀，或热膨胀卡住	换耐腐蚀材料的新零件。较高温度介质尽量不用塑料，改用耐腐蚀金属材料的零件
	磁耦合的磁铁磁性下降	卸下仪表，用手上下移动浮子；若不跟随或跟随不稳定则需换新零件或充磁。为防止磁性减弱，禁止两耦合件相互撞击

第三节　容积式流量计

一、概述

容积式流量仪表是采用定容积器件连续测量流体总量的仪表，也称为定排量流量计(positive displacement flowmeter，简称PDF)，1825年就出现了如图8-32所示的翻斗式流量计。近200年来，虽然结构类型发展很快，已有一二十余种，但基本原理没有变化，过去是纯机械的仪表，进入20世纪中期后，电子技术进入了PDF领域，使其功能增加不少，既可以测总量也可以测瞬时流量；既可就地读数也可以远传量值。

PDF的主要特点是无须安装直管段长度，以及准确度较高，所以石油类的贸易结算，多采用它作为计量器具。

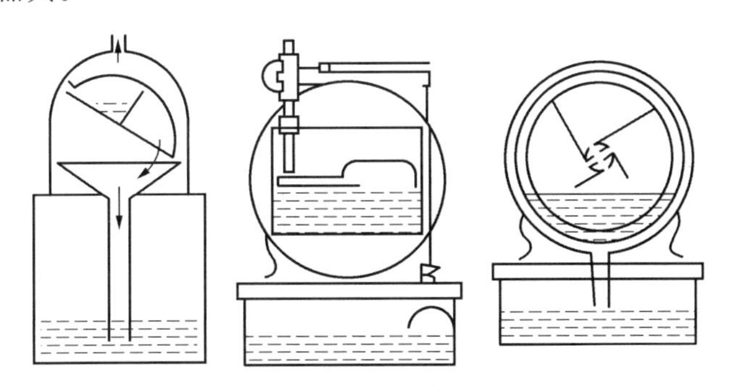

图8-32　早期的容积式流量计

二、原理

如图8-33所示，容积流量计(PDF)的壳体与运动元件构成的空间，称计量室。在流体的作用下，不断运动(旋转或直线往复)分割流体为定体积单元，然后逐次排放，根据排放的次数及计量室的容积就可知被测流体的累积量(也称总量)，若要知瞬时流量，则需测转速或往复运动的时间。

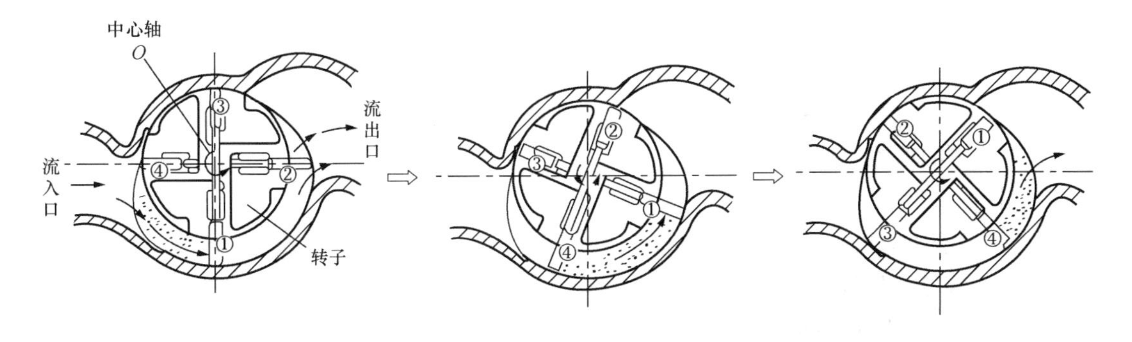

图8-33　容积式流量计的动作原理

1. 理论公式

PDF的计算公式比较简捷，总量Q为

$$Q = kn \tag{8-13}$$

式中　Q——总量；

k——仪表常数；

n——分割流体的次数（旋转或往复）。

瞬时流量 q_V 为

$$q_V = k\omega \tag{8-14}$$

式中　q_V——瞬时流量；

k——仪表常数；

ω——机构的转速（或单位时间往复次数）。

2. 实际流量

$$q_V = q_{V0} + \Delta q_{V0} + \Delta q_V \tag{8-15}$$

式中　q_V——实际流量；

Δq_{V0}——附面作用带过的流量；

q_{V0}——理论流量；

Δq_V——因压力差所引起的缝隙泄漏量。

（1）因附面作用引起的泄漏量 Δq_{V0}。

PDF 工作时，转子（或刮板）以与转速成正比的线速度划过计量室内壁时，转子与内壁所形成的缝隙，动、静两个壁面对流动的流体都产生附面效应。转子带动流体 U_{ms} 速度向前运动，而固体的内壁则抑制流体运动，这个泄漏量与流量 q_{V0} 成正比，即

$$\Delta q_{V0} = c_0 q_{V0} \tag{8-16}$$

式中　c_0——常数，取决于仪表结构及流体的黏度等因素，液体高于气体。

（2）因压力差引起的泄漏量 Δq_V。

PDF 的工作必须在转子（刮板）前后具有压力差，以克服摩擦力矩才可能工作，而因有压力差及缝隙则必然产生泄漏。泄漏的量与流体的黏度成反比，黏度大泄漏量将减小，反之会加大，同时与流量成正比。

$$\Delta q_V = f\left(\frac{1}{\eta} \cdot q_0\right) \tag{8-17}$$

式中　η——黏度。

3. 误差分析

（1）黏度。黏度是引起 PDF 误差最主要的因素。

PDF 示值的误差 E 可表示为

$$E = E_0 - \Delta Q/Q \tag{8-18}$$

式中　E——示值的误差；

E_0——零泄漏示值误差；

ΔQ——时间段的泄漏量；

Q——实际总量。

当黏度小于 10mPa・s 时，可以根据差压 Δp 与流量的平方成正比的关系，得到如下的表达式，即

$$E = E_0 - k_T \tag{8-19}$$

式中　k_T——仪表常数，取决于仪表的结构。

图 8-34（a）给出了误差与黏度的关系和适用范围，图中的阴影部分是推荐的最佳适用范围。

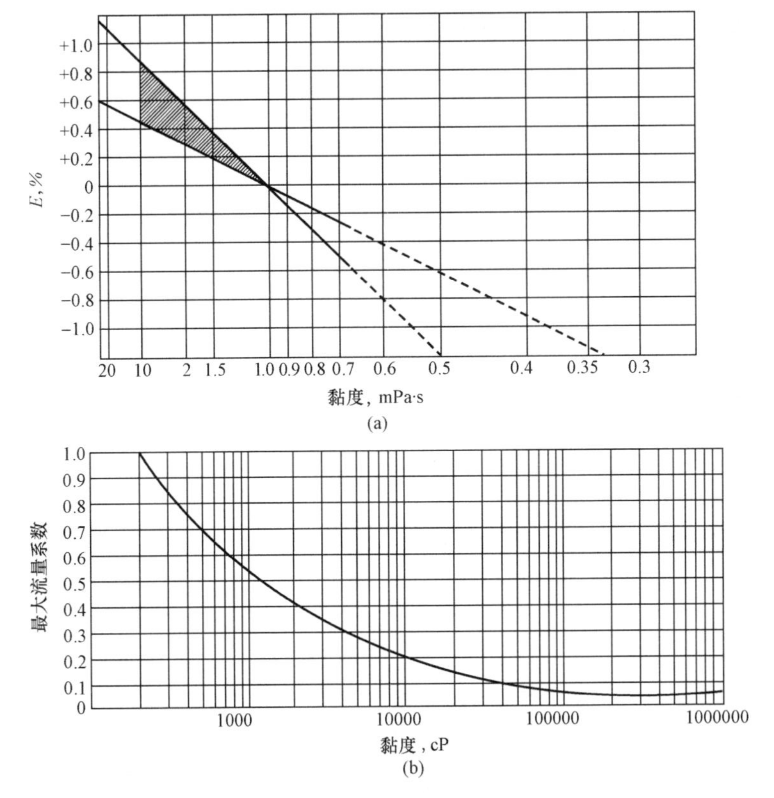

图 8-34 容积式流量计误差及最大流量系数与黏度的关系（$1cP=1\times10^{-3}Pa\cdot s$）

（a）误差与黏度的关系；（b）容积式流量计最大流量系数与黏度的关系

当用 PDF 测量黏度大于 200mPa·s 的液体时，由于因此引起的压力损失太大而受到限制，最大流量将随黏度增加而减小，图 8-34（b）给出了 PDF 最大流量系数随液体黏度增加而减少的典型图例。

PDF 的量程比还会受到黏度的影响，其一是黏度增加引起压损加大，从而限制了最大流量值，但由于黏度增加会使泄漏减小，可使测量的流量下限降低，从而保持量程比不变，使测量范围向低流量移动了一段。改进测量部分的构件，减小启动所需的压力差，可有效降低 PDF 的测量下限。

气体的黏度一般都较低，其缝隙泄漏量基本上完全处于紊流状态。

（2）温度对黏度的影响。

1）液体。当温度上升时，液体黏度变小，其关系可表示为

$$\eta = Ae^{B/T} \tag{8-20}$$

式中 η——动力黏度；

T——绝对温度，K；

A、B——液体常数。

2）气体。温度对气体黏度的影响与液体相反，温度上升时，黏度上升，可表示为

$$\eta = aT^{n} \tag{8-21}$$

式中　a、n——系数，取决于气体的特性。

（3）压力对气体黏度的影响。

压力增加会提高气体的黏度，其关系可表示为

$$\eta_p = F\eta_1 \tag{8-22}$$

式中　η_p——气压为 p 时的黏度；

η_1——大气压下的黏度；

F——气压修正系数。

（4）膨胀系数大。

温度变化会改变 PDF 计量室的体积，为减少这部分的影响，计量室应尽可能选择相同的材料，或膨胀系数相近的材料。

三、结构

容积式流量计的分类原则有多种，如按密封方法、适用流体、测量元件的结构等。本书按测量元件进行分类，逐一介绍如下。

1. 转子式

在 PDF 中，转子式应用最为普遍，较有代表的品种有椭圆齿轮、腰轮式、圆齿轮式、卵轮式及螺杆式等，具体如图 8-35 所示。

（1）椭圆齿轮。如图 8-35（a）Ⅰ所示，两个椭圆齿轮紧密接触相互作用，由于进口的压力 p_1大于出口压力 p_2，在压力差 p_1-p_2的作用下，下齿轮产生逆时针的旋转为主动轮，并带动上齿轮顺时针旋转至图8-35（a）Ⅱ的位置，两齿轮在气压作用下均产生旋转至图8-35（a）Ⅲ的位置，上齿轮成主动轮，带动下齿轮旋转至图 8-35（a）Ⅳ的位置，再继续旋转至图 8-35（a）Ⅰ的位置，完成了一次循环，排出了由齿轮与壳壁所形成的四个新月形空腔体积的容积流量，此空腔的容积是确定的，只要记下旋转的次数即可知流量的大小，该流量为总量 Q；欲知瞬时流量，只要加上计时器，记下时间间隔 t 除以这段时间的总量 Q 即为瞬时流量 q_V。

（2）腰轮式。作用原理与上述椭圆齿轮相同，这里将其结构作为范例，详细介绍如下：

结构简图如图 8-35（b）所示，分为测量与积算两大部分，如需精确测量，在附件中按需可加入温度、压力补偿器，发讯器及高温散热片等元件，分述如下：

1）计量室。由一对腰轮与壳体组成，两个腰轮即罗茨（Roots）轮，是互为共轭曲线的转子，与腰轮同轴安装有驱动齿轮，相互带动。根据流体的腐蚀性大小，计量室壳体、腰轮的材料可选用铸铁、铸钢、不锈钢制成，目前也有采用耐磨塑料的。

2）传动机构。包括磁性联轴器、减速机构、变速机构，由齿轮组成。

3）积算器、指示器。有较多的种类，如指针及数字显示，计数器具有的功能包括：可复位、不可复位、瞬时流量指示、带打印机、设定部等，按用户需求配制。

4）补偿器。温度、压力补偿器，对温度或压力变化自动补偿修正流量读数。

5）发讯器。有接触式、非接触式多种形式。

（3）圆齿轮式、卵轮式。如图 8-35（c）和（d）所示，与椭圆齿轮、腰轮原理相同，仅结构有差异。

（4）螺杆式［见图 8-35（e）］。上速各种结构的 PDF 在运行中会有较大的噪声和振动，这是新推出的螺杆式（也称螺旋齿轮式）流量计，转子是一对互动的四叶斜齿轮，啮合系数

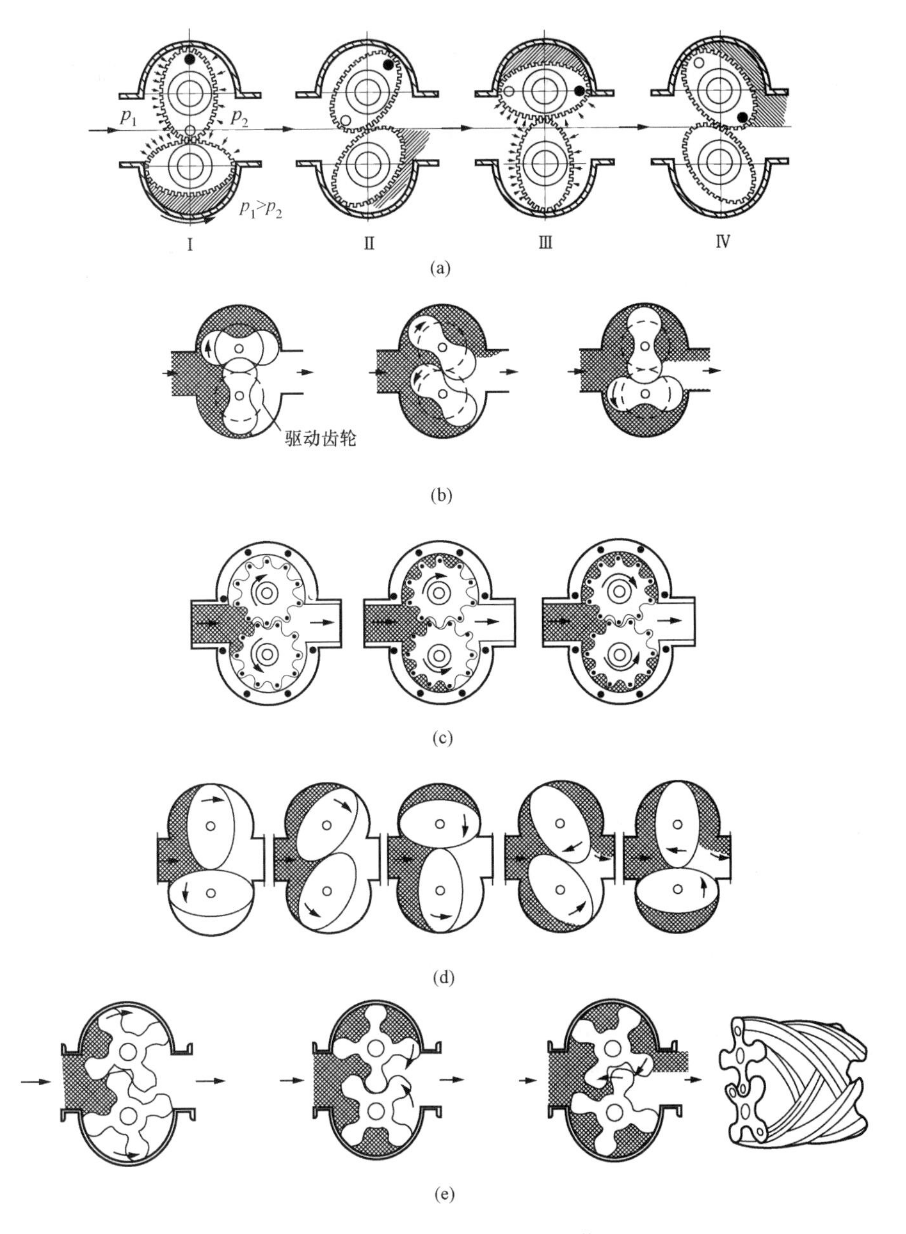

图 8-35　几种转子式 PDF 的工作过程

(a) 椭圆齿轮；(b) 腰轮式；(c) 圆齿轮式；(d) 卵轮式；(e) 螺杆式

大于 1.0 就可以互动，只要计量室进出口有压差就可推动转子旋转，工作时的振动和噪声都较小，且其排量相当于上述四种 PDF 腔体的 8 倍，效率较高。

2. 旋转叶片式

如图 8-36 所示，旋转叶片式利用流量计前后的压力差推动叶片带动转子旋转，通过流量计实测部分的等截面计量腔完成对流量的计量，也称为刮板流量计。按其密封方式可分为以下两种：

(1) 弹性刮板。刮板前端与腔壁弹性接触，如流体中含有少量泥沙，杂质仍可通过，不

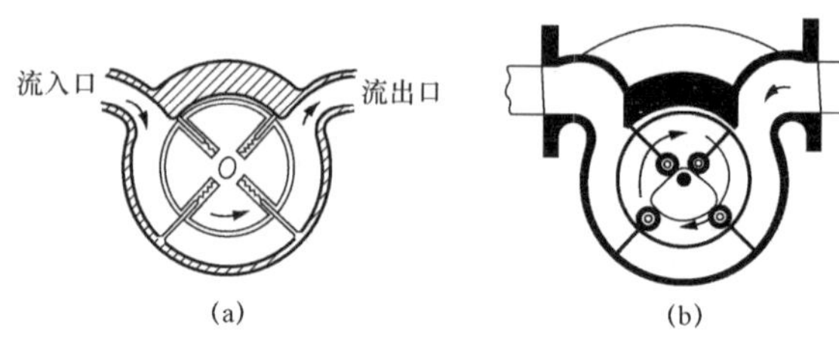

图 8-36　刮板式工作原理
(a) 凹线式；(b) 凸轮式

影响工作。

(2) 刚性刮板。刮板前端与腔壁仅有极小的间隙，只能用于洁净的流体。

由于刮板的运行方式，流体通过后流动不受干扰，不会产生涡流与振动，噪声也较转子式小得多。国内生产口径，刚性类为 50～300mm，弹性类最大为 100mm。

3. 活塞式

(1) 旋转活塞。

如图 8-37 所示，旋转活塞安装在由两个同心圆组成的计量室内，活塞上有一个切口槽，插入隔板。

其工作过程为：在位置 a 时，假定由活塞与仪表壳体所形成的计量室已充满了液体，液体从入口进入活塞内腔并推动活塞向箭头方向旋转，活塞内腔右侧液体从出口排出；在 b 位置时，活塞已转至左侧，V_1 液体从出口排出，同时液体继续进入活塞内腔左侧；在位置 c 时，活塞内腔已完全充满了液体，继续进入活塞外左侧空间，并推动活塞旋转，活塞外右侧液体继续从出口排出；位置 d 活塞内腔液体 V_2 从出口排出，又回到位置 a，完成一个循环，排出的液体的体积为 V_1+V_2。

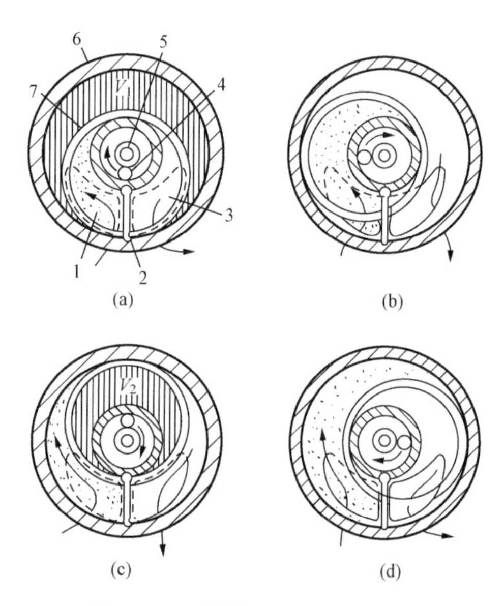

图 8-37　旋转活塞式工作原理
(工作顺序 a→b→c→d)
(a) 位置 a；(b) 位置 b；(c) 位置 c；(d) 位置 d
1—液体入口；2—隔板；3—液体出口；4—活塞轴；5—计量室轴；6—计量室；7—旋转活塞

旋转活塞 PDF 测量元件易于拆卸清洗，常被定位为卫生型仪表，多用于要求洁净的食品、乳类行业，也有用于测石油产品，口径范围为 15～100mm。

(2) 往复式。

如图 8-38 所示，往复式 PDF 在流体的推动下，活塞作直线往复运动，活塞缸就是计量室，活塞运动使液体进入活塞缸，流入时应打开流量计活塞缸进口，排出时打开流量计出口，它的结构有些类似活塞式航空发动机，有星形排列，也可以横向排列，理论上流量 Q 取决于活塞缸数 n、缸内径 D 及活塞行程 L，即 $Q=nDL$。

往复式活塞 PDF 具有较高的准确度，也带来较大的压力损失，准确度可高达 0.15%R～0.3%R，流量可达 60L/min，多用于贸易计量。

4. 圆盘式

如图 8-39 所示，圆盘式 PDF 因其计量室中有一个带有中心球的圆盘，圆盘不仅在计量室中转动，还进行上下的摆动，称为章动（Nutation）运动，也称为章动流量计。与其他 PDF 相比较，黏度对测量准确度影响较大，准确度不高，我国曾用它测过石油制品，现在已较少采用。

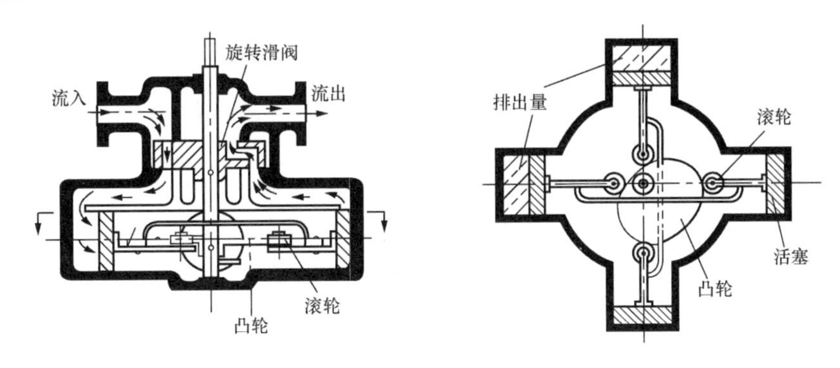

图 8-38　往复活塞式工作原理

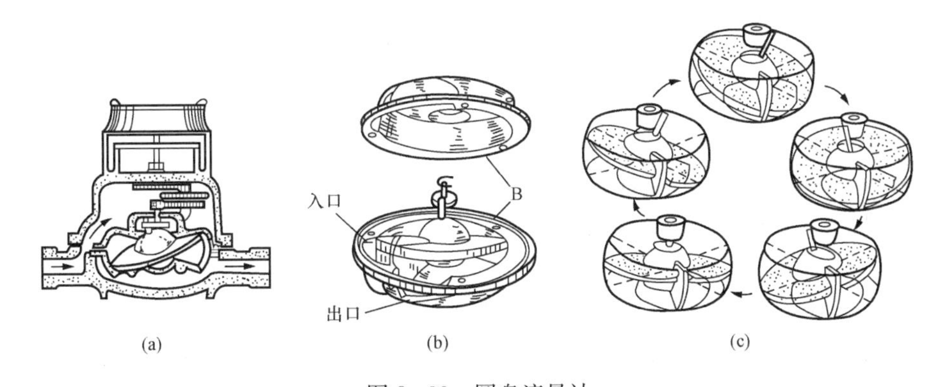

图 8-39　圆盘流量计

(a) 圆盘流量计结构；(b) 圆盘与双圆锥计量室；(c) 圆盘流量计工作原理

5. 转筒式

如图 8-40 所示，转筒式 PDF 用于测气体流量，由于转筒约一半浸于液体中（水或低黏度油）进行密封，也称为湿式气表。流量计壳体内装有 4～5 个滚筒，使用前应充满密封液，使用时气体由位于中央的进口进入 A 腔，A 腔充气后浮出液面，推动滚筒顺时针旋转。B 腔中已充满气体运行至出口处排气，C、D 腔处于逐步排出位置。E 腔中的液体已将气体全部挤出，如此周而复始，其理论流量转一圈等于 5 个腔体容积之和。因准确度高，常用于实验室，做标准表，准确度可达 0.5%，量程比为 16：1。

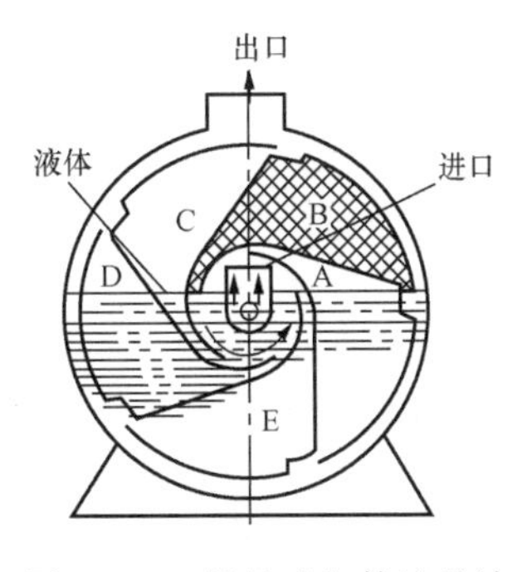

图 8-40　转筒式气体流量计

6. 膜式

膜式气表无密封液，与上述转筒式相比，也称为干式气表，通过滑阀控制气体的进出，滑阀往返运动一次即为计量室的容积，由于其量程比可达到 100：1，而准确度仅±2%R～±3%R，常被选用为家用煤气表。

四、特点

(1) 准确度高，基本误差一般可达到±0.5%R，特殊可做到±0.2%R 或更高。

（2）无须安装直管段长度，管道内的流速分布与测量准确度无关，不要求安装直管段长度，这是绝大多数流量仪表无法达到的，在实际应用中很有意义。

（3）特别适用于高黏度流体的流量测量。

（4）量程比较宽。一般可达到 10∶1，特殊的可达 30∶1，膜式甚至可达 100∶1。

（5）无须外接能源，仪表的动作依靠流体的动能。

（6）直读流量。可直接了解一段时间内流体的总量，无须换算。

（7）结构复杂、笨重，体积庞大，口径一般在 200mm 以下。

（8）对介质要求较高。只适用于洁净、单相流体，若流体中含有固体杂质，上游必须安装过滤器，既增加压损，又加大了维护工作量，如测含有气体的液体，必须在仪表前安装气体分离器。

（9）工况要求。不适用于高温、高压工况，温度过高，仪表的零件将膨胀变形，温度太低材料变脆，很易出现故障，适用温度范围为－30～160℃，压力不大于 10MPa。

（10）易出故障，由于有转动件，配合又要求严格，易被卡住，影响工艺流程进行，所以一般要求安装旁路，当出现故障时，可关闭仪表通道，令流体从旁路通过。

（11）有振动、噪声。有相当大一部分 PDF（如椭圆齿轮、腰轮式、卵轮式、活塞式等）在测量中易产生脉动，引起管道振动，较大口径还会产生噪声。

五、选型注意事项

1. 流体的特性

流体的特性对选择流量仪表至关重要，有时可以“一票否决”，如电磁流量计不能测气体、油品的流量，对容积式流量计来说，则不能测含有杂质的流体流量。下面逐一介绍流体特型对选用 PDF 的影响。

（1）流体的温度与压力。

1）压力。不同结构的 PDF 所承受的压力是不相同的，说明书注明的压力只是常温下所能承受的最大压力。应视为极限值，如果温度升高较大，应降低压力等级，产品说明书应强调这一点。此外，急剧关闭或打开阀门所产生的水锤效应，其冲击力将远远大于工作压力，如可能发生这一问题，选择压力等级时应选用较大的安全系数，确保不发生事故。

2）温度。温度的变化因计量室材料的热胀冷缩会改变转动件与壳体间的间隙，变小则将卡住无法工作，变大会加大测量误差，特别是温度变化较大，或转动件与壳体采用不同材料时，会加剧上述故障。温度变化还将改变流体的黏度，改变测量空腔大小，配合间隙这些都会加大测量误差，所以精密的 PDF 会采取温度补偿措施，以提高测量准确度。

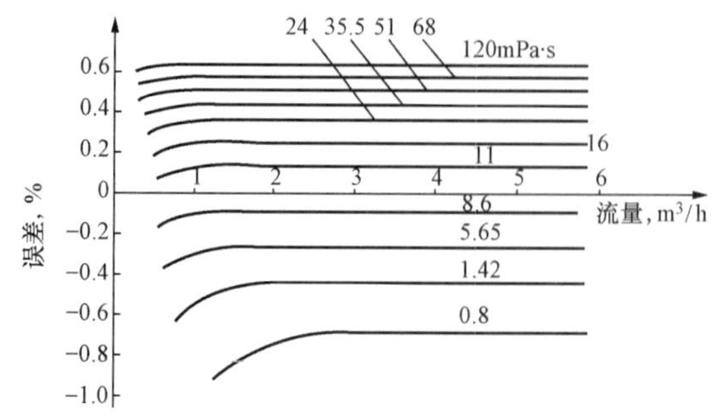

图 8－41　腰轮流量计黏度与误差

（2）黏度。各种气体的黏度比较接近，对 PDF 测量影响很小，可以忽略不计。

液体黏度相差较大，PDF 比较适用于黏度较高的液体，对 PDF 的影响有以下三个方面：

1）测量误差。PDF 与许多流量计的不同之处在于黏度增加时，不仅不会降低准确度，反而会改善性能，减少泄漏量，提高准确度。图 8－41 给出了腰轮 PDF 的不同黏性特性曲线，它表明最适合的黏度为8.6～11mPa·s。黏度大于51mPa·s后，对PDF准确度影响很小，黏度在0.8～11mPa·s的范围内误差负向约0.7%，精确度达0.2级的PDF黏度变化不能太大。

校准时所用的液体黏度应与实用时接近，如做不到应予以校正。

2）压力损失。PDF的压力损失将随液体黏度增加而上升，压力损失Δp与流量q的关系可表示为：$\Delta p=kq^n$，黏度在5mPa·s以下时，$n=2$；黏度在500mPa·s以上时$n=1$。

为了减小压力损失，高黏度PDF常采用增加间隙的办法，当然这样做将会有增加泄漏，降低准确度的负面影响。

3）流量范围。由于受压力损失的制约，限制压损的措施就是当黏度增加时，用降低PDF流量测量的上限，而适当下调流量测量的下限，予以弥补。粗略估计，如黏度增加10倍时，测量下限可为原下限值的1/10～1/3。

(3) 腐蚀性。根据流体的腐蚀性选择仪表的材质，如对于各种石油制品，腐蚀性不大的流体，可选铸钢或铸铁；对于轻微腐蚀性的化学液体，可用铜合金；对水、高温水、原油、沥青、制药、食品，要求洁净的行业，可选用不锈钢。流体腐蚀较强，不宜选用PDF测流量。

(4) 压缩性。通常液体压缩性很小可以忽略不计，但如要求高精度测量时，则不容忽视，API标准1101所列油易压缩性系数大致为$5\times10^{-4}\sim20\times10^{-4}$MPa。举例来说，重油的压力如从0.5MPa上升至6MPa约10倍时，容积将减小0.45%。

气体有很大的压缩性，一般都认为体积与压力成反比，可以直接换算，但在高压条件下，体积缩小与压力增高不成比例。变化率有减小趋势，要准确计算应采用压缩系数。

2. 准确度、重复性

大部分PDF如测液体，基本准确度可达到±0.5%R，高准确度可以做到±0.1%R～±0.2%R，极个别厂家称可做到±0.05%R。用户选择时应了解它是在什么条件、流量范围有多大实现的，再决定选用。测气体的PDF准确度会低一点，大部分可以做到±1%R～±1.5%R（如腰轮），较高也可达±0.5%R（如转筒）。

说明书上的技术参数都是在试验室较理想的条件下得出的，这是基本误差。在实际应用中，必然会带来附加的误差。所以，实用中的误差应是基本误差与附加误差的合成，应尽量改善应用条件，减少附加误差，提高测量准确度。

重复性一般为基本误差的20%～50%。

3. 量程比与准确度

大部分PDF的流量量程比为10∶1～20∶1，也有个别的可以做到100∶1（如膜式家用煤气表但准确度较低，仅±2%～±2.5%）。所以，量程比与准确度是相互制约的，同一类型的PDF（如转子PDF）测液体时，准确度可高达±0.2%R，而量程比仅5∶1，如若将量程比扩大到10∶1，准确度将降为±0.5%R，简单地说，一台PDF在整个测量范围内，只有一小段可以做到较高准确度。

4. 使用寿命

使用寿命为仪表保持良好技术性能的时间。PDF的使用寿命与黏度、使用连续还是间断、最大流量等因素有关。为了较长时间地保持良好的技术状况，如连续使用，建议降低使用的最大流量，只选择厂家公布的最大流量的80%。若制造厂未按介质类别与使用特点明示流量范围，则建议参照下述原则：

（1）连续使用条件下，以中等黏度有润滑性油品上限流量为100%，用于无润滑性低黏度的液体（如汽油），上限流量应定为70%～80%；用于高黏度液体定为75%～85%；而用于水质液体则只能为40%～60%。

（2）间歇使用条件下，如中等黏度有润滑性液体大流量上限为100%，连续使用则只能为80%；高或低黏度液体使用均为50%～60%。

5. 脉动

大部分PDF，如椭圆、腰轮、旋转活塞等，由于转动不等速，在工作时都会使流动产生脉动；在流量较大时甚至产生较大的噪声和机械振动，仅少数的PDF如螺杆式、刮板式、膜式运行平稳。若现场有些仪表或设备不允许产生噪声（如超声）、振动（如涡街、科氏），则应慎用PDF或采取降低脉动、减少噪声、减少振动措施。

6. 压力损失

PDF是依靠流体的动能推动测量元件得以运行，因此会消耗流体的能量，与其他流量仪表比较，在相同口径下，PDF压损要大得多，如测液体，黏度为0.1～5mPa·s，压力损失可达20～100kPa，低压气体PDF，腰轮压力损失可达200～500Pa，膜式为130～400Pa。

在选择PDF时，要注意工艺条件是否能接受较大的压力损失，如流体本身压强较低，或是过度的压降会导致液体产生气蚀，持续气蚀会导致损坏测量元件，则应慎重。

7. 输出信号

传统PDF输出为脉冲信号，采用机械式计数器记录脉冲信号就可了解流量的总量，这种方式比较落后，大多数PDF已不采用。现在多附加一个脉冲发生器，将脉冲信号转换为电子脉冲信号，有利于与二次仪表联用，显示仪表的全部功能，如远传、控制执行机构、显示瞬时流量及总量。与二次仪表联用后，可能会加长响应时间，由原来的几十毫秒加长到几秒，较长的响应时间不利于调节系统。

8. 气体PDF的选用

用于气体流体测量多采用以下型号：

（1）膜式。膜式PDF多用于煤气、天然气和石油气等燃气的总量测量，特别是价格低廉，工作可靠，准确度可达±2%，多用于燃气计量。

（2）湿气。即转筒式PDF，特点是准确度高可达±0.2%，量程比大，性能稳定，但操作需有一定技能，多用于实验室作为气体流量的标准表，或其他需要高精度计量的场所。

（3）腰轮。适用于各种中小气体流量测量，准确度可达±1%R～±2%R，口径DN50～DN300，工作压力最大可达10MPa，一般为1～1.6MPa。工作时有噪声及振动，安装底座应牢固、可靠。使用中流量不允许迅速变化（如快速开、闭阀门），导致产生较大的惯性力，易损坏转子。

（4）旋叶式。各种技术参数较腰轮都略胜一筹，但口径最大只有50～80mm，准确度可达±1%～±1.5%。量程比20∶1，最主要的是工作平稳，无振动与噪声，改善工作环境也是选型中的重要因素。

六、安装

1. 安装场所应注意的事项

（1）温、湿度。安装场所周围温度范围为－15～50℃，湿度为10%～90%。

（2）隔热。在阳光直射地安装 PDF，应采取遮阳、隔热措施，以避免温度过分升高。

（3）防尘、防水、防腐蚀。PDF 的机械零件如积算器、减速齿轮都应避免粉尘、潮湿及腐蚀性气体的侵蚀，如无法避免，可采取用洁净空气吹扫的方法。

（4）避开强烈振动、冲击的场所。

（5）安装地点应留有足够的空间进行维护。

2. 仪表与管道的连接

PDF 的安装要尽可能做到横平竖直，避免倾斜安装，绝大多数结构都要求水平安装（见图 8-42），过滤器应装在仪表的前方，需给维修预留足够（约 1m）的空间。

由于 PDF 的维修较频繁，为了不影响工艺正常运行，都要求安装旁路。

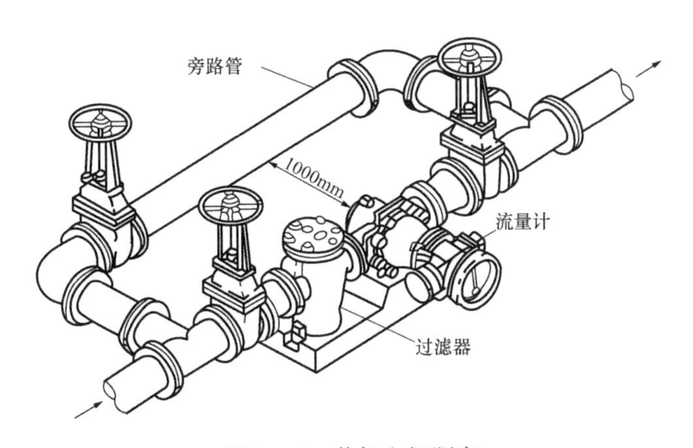

图 8-42　装卸空间距离

PDF 只能单向测量，安装时应按仪表注明的流向进行，仪表的下游应安装止回阀，防止流体回流损坏仪表。

安装时，为使流量计不受管道膨胀、收缩、变形、振动的影响，安装时切忌使管线经受较大的应力；如上下游连接法兰不平行、管道不同心等情况，用螺钉强行连接，造成 PDF 经受较大因安装不当的应力、变形，将影响仪表的正常运行，带来较大的误差。

3. 防止多相流

PDF 的特点是有活动计量件，而且与壳体之间的间隙很小，当流体中有固相颗粒纤维进入时，易造成转子齿轮卡死或过度磨损，必须定期清洗。测气相时，应考虑设沉渣器，测液体则应设气体分离器。

4. 减轻脉动、冲击过载活动

泵的类型是产生脉动流的主要因素，尽可能采用脉动流较小的离心泵或高位槽，但它们的压头都较小。往复泵出口压头高，易产生脉动流及过载冲击，若无法避免，则应在管道中，仪表前安装缓冲罐、膨胀室、安全阀等保护设备。过载运行会给 PDF 带来极大的危害，如工艺中可能发生这种情况，应在下游安装限流孔板、定量阀、流量控制器等设备。

5. 现场校验

PDF 使用一段时间后，因磨损变形，准确度会降低，采取定期现场校准可弥补这个问题，在安装时应考虑有旁路安装现场校验设备，这种设备多用车载标准体积管。

七、应用及故障排除

1. 清洗管道

安装仪表前，无论是新建还是已用管道都应进行实流冲洗，以确保管道中没有残留的焊渣、积垢，清洗时应先关闭仪表前后的截止阀，让流体从旁路流过，如无旁路则在仪表位置安装临时短管。

2. 排气

测量液体的PDF，不允许管道中存在气体，否则气体通过活动测量元件时，会引起加速运转，损伤轴及轴承。在开始运转时，流量应由小逐渐增大，让空气慢慢排出。

3. 旁路管线切换

流体从旁路切入仪表时，开、闭阀门要缓慢，防止产生水锤损坏仪表，旁路管切换顺序（如图8-43所示）推荐如下：①慢启阀门A，让液体先通过旁路一段时间；②打开B阀；③打开C阀；④关闭A阀。

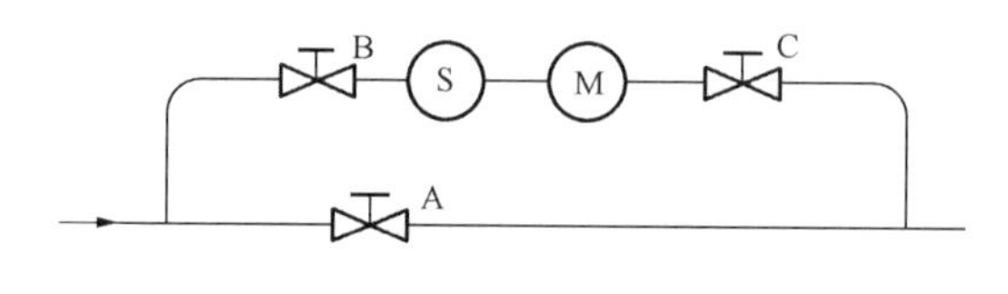

图8-43　旁路管切换顺序

A、B、C—阀门；S—过滤器；M—仪表

所有开启，关闭都应缓慢进行，关闭时，逆上述程序进行。

4. 检查过滤器

新管线启动时，管线内残留的残渣很可能破坏过滤器，试运行后，必须检查过滤网是否完好，同时要记录无污物时在常用流量下过滤器的压力损失。过滤器是否损坏与压力损失密切相关，过滤网破损，失去过滤能力，压损将减小；过滤网严重被污物堵塞，压损将加大。

5. 润滑油

气体用PDF要正常运行，在启用前必须加润滑油，日常运行时也应经常检查润滑油的存量，以保证PDF可靠工作。

6. 高黏度液体

PDF可以测高黏度液体，但一般情况下这种液体应加温后，流动才正常。当仪表停用后，残留在PDF中的液体将变稠，甚至近似凝固，再次启用时，应先加热PDF，令残留的液体降低黏度，排出仪表再开始正常运行，以免损坏活动测量元件。

7. 避免流量急剧变化

使用气体腰轮流量计要注意避免流量急剧变化，因转子惯性力太大，会导致损坏转子。用于控制系统时，如下游控制阀突然关闭造成截流，而转子一时又停不下来，就会产生气体压缩效应，令下游压力升高，产生倒流错误信号。

8. 常见PDF故障、原因及排除措施

常见PDF故障、原因及排除措施见表8-4。

表 8-4　　容积式流量计常见故障、原因及排除措施

故障现象	原因	排除措施
计量室转子卡死	①管道中有杂物进入计量室； ②被测流体凝固； ③出现水击或过载，使转子与驱动齿轮连接的销子损坏； ④驱动齿轮轴承磨损过大，造成转子相互碰撞卡死	①拆洗流量计，清洗过滤器和管道； ②融解流体； ③改装管网系统，消除水击和过载，修理流量计； ④修复轴承、驱动齿轮或转子，如果损坏严重，需更换新的流量计
转子运转正常但计数器不计数	①计量室密封输出部分损坏，磁钢退磁，异物卡死磁联轴器； ②表头（计数器）挂轮松脱； ③回零和累积计数器损坏； ④指针松动	①拆开清洗或重新充磁； ②重新装紧和调整； ③拆下计数器检修； ④装紧指针
计量不准确	①温度偏差大，自动温度补偿器失灵； ②被测介质黏度改变； ③维修时表头上挂轮挂反； ④系统旁通阀未关紧，有泄漏； ⑤实际流量超过规定范围； ⑥指示转动部不灵或转子与壳体相碰； ⑦流量有大的脉动； ⑧被测介质中混有气体	①检查和修理； ②按使用介质重新调校，或按介质重选新表； ③将挂轮装正确； ④关紧旁通阀； ⑤更换其他流量计，或使运行流量在规定范围内； ⑥正确安装或更换转子、轴承、驱动齿轮； ⑦设法减小流量脉动； ⑧加装气体分离器
流量计噪声太大	①转子与驱动齿轮的销子折断转子相碰； ②使用不当，流量过载太大； ③系统中进入气体或系统发生振动； ④轴承损坏； ⑤使用时间长，超过流量计使用寿命	①拆下更换转子，刮尽转子上被碰伤斑痕； ②在流量计下游处加装限流装置； ③检修系统，消除振动； ④更换轴承，检查过滤器，减少轴承磨损； ⑤更换新的流量计
流量计发生渗漏	①压力超过流量计上限，使流量计外壳变形而渗漏； ②橡胶密封件老化； ③机械密封渗漏	①降压或更换仪表； ②更换密封件； ③更换磨损机械零件或橡胶件
指针时停时走，示值不稳定	指示系统连接松动或不灵活	消除连接部分松动

第四节　明 渠 流 量 计

一、概述

公元前一千多年，古埃及人就用堰法测尼罗河的流量；我国著名的都江堰水力工程在宝瓶口也是通过槽的水位来测流量的大小。人类进行流量测量最早始于明渠，明渠就是具有自由表面的水道，如江河、溪流、排灌渠道（工厂的排水亦多采用明渠）。

1. 特点

（1）变化的通道。天然的河道横断面和纵断面都是变化的，人工渠道的横断面虽在一定的范围内可以是规则的，但纵断面沿流程仍是变化的。其次是流动的状况，有些河段可能较均匀，有些就可能没有规律，因此必须要考虑选择什么断面来进行流量测量。

（2）多样的水质。有的明渠中的水质含有泥沙，有的明渠是排污水道，水流上还有些漂浮物，等等，这些因素都决定了选用什么测量方法、测量仪器和设施。

（3）原来的流速分布。靠边界的流速小，中间流速高，沿水深方向水面流速较底部大，流速最大处位于中间偏上的位置［见图 8-44（c）］，具有一定的规律。

2. 主要测量方法

（1）槽（flume）。如图 8-44（a）所示，将渠的通道断面一段缩小为喉部，因喉部断面缩小，加大了流速，迫使上游水位升高，以取得增加流速所需的动能，测量抬高的水位可得流量值。

（2）堰（weirs）。如图 8-44（b）所示，在渠的通道中置一挡板，为维持流动迫使水位不断上升，直到流经堰缺口的流量与渠道原流量相等，上游即稳定在某一水位，测得水位高度可知流量。

（3）速度—面积法（velocity-area method）。如图 8-44（c）所示，此法是明渠测流量最基本、最经典的方法，适用于特大的流量（江、河），通过测某一断面的平均流速乘以该截面的面积可得流量。测流速可用转子式（旋桨或旋杯）流速计、声学流速计、电磁流速计等方法；而测截面积可用水尺、超声水位计及多种水位传感器测出水深，计算面积。这种方法也可称为速度水位法。

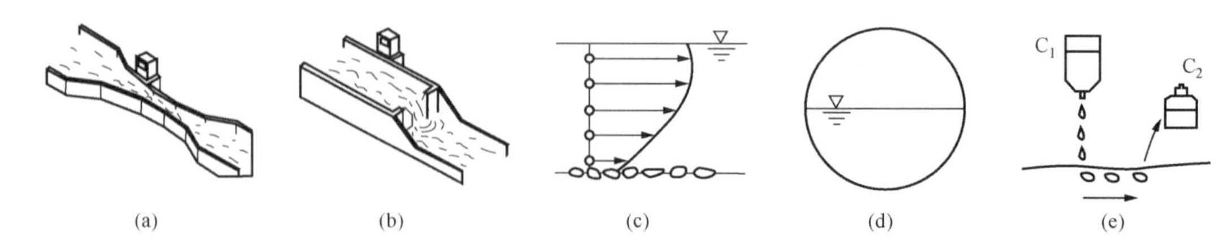

图 8-44　明渠流量计的主要方法

（a）槽；（b）堰；（c）速度—面积法；（d）非满管；（e）稀释法

（4）非满管流动（partially filled pipes flow），也称自由表面流动（free-surface flow）。由于现代的工业及居民的排水已多用管道，而排水的过程往往是没有压力的，因此常见这种非满管流动［见图 8-44（d）］。其特点是流量不仅取决于管内的流速，还与流动过程中的液位有关（也就相当于流动面积），因此测量非满管流动，往往是流量计与液位计的组合。

（5）稀释法（tracer methods）。如图 8-44（e）所示，这种方法是在河道的上游，释放加入一种已知浓度的化学指示剂，在一定距离的下游断面取水样，测定其稀释的程度。它应与流量成正比，可据此推算流量的大小。这种方法简而易行，但准确度较低。

明渠流量计广泛应用于城市的供水渠、排水渠，火电厂的冷却水、引水及排水，污水治理的流入及排放，工矿企业的废水排放，以及水利工程、农业灌溉的水渠流量测量。

本节重点介绍前面所提到的工业引水及排水的流量测量方法及相关仪表，后者有关大型水利工程、农业灌溉用的流量测量仪表及方法，内容丰富，已超出本书范围，读者可参阅有关书籍和资料。

二、槽

1. 巴歇尔槽

1922 年，F. L. Parshall（美）对文丘里管水槽进行了改进，由于它具有准确度高、压损小、适用性强，且水流中的杂质不易泄积等优点，1929 年被命名为 Parshall flume（巴歇尔槽）。

（1）构造与类型。

如图 8-45 所示，由矩形喉道断面 L、进口收缩段 L_1、出口扩散段 L_2 三段组成，喉道断面两侧平行，底坡向下倾斜，坡度为 3∶8；进口收缩段（L_1）要求底面水平，两侧边墙与底部垂直，与轴线成 1∶5 的比值收缩；出口扩散段 L_2 两侧与底面垂直与轴线对称，扩散比为 1∶6，出口段底面向上倾斜有 1∶6 的逆坡，上游水位测点位于 2/3 收缩段 L_1 处，下游水位测点位于喉道末端上游 5cm 处，均用连接管与测水井相连，水位零点高度与槽底高度相等。

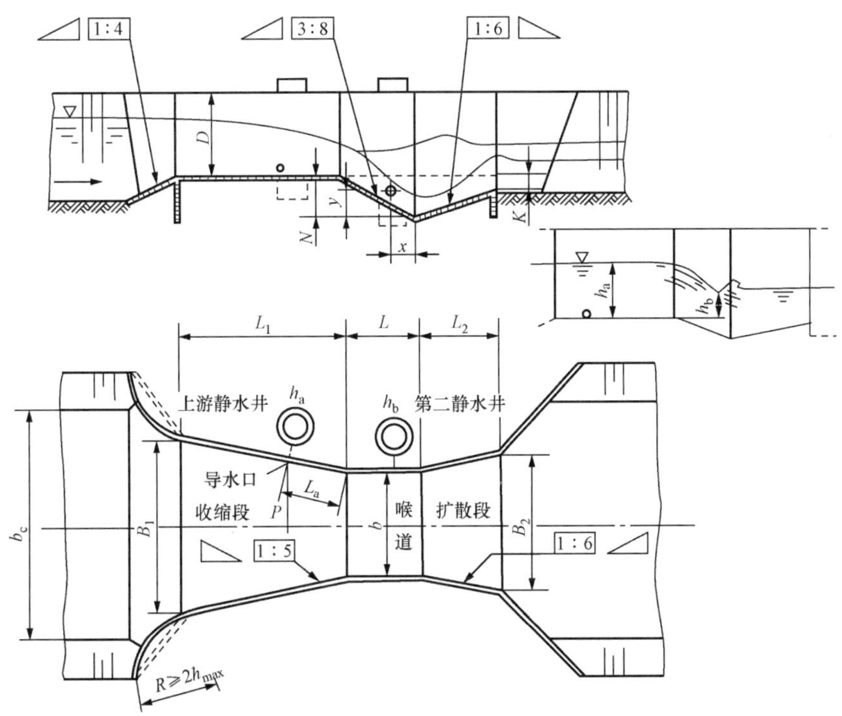

图 8-45　巴歇尔槽

巴歇尔槽共22个型号，以喉道宽度划分为三种，即标准型、大型与特大型（略），具体尺寸见表8-5。

表8-5　　巴歇尔槽各部位尺寸　　m

类别	序号	喉道段					进口段			出口段			边墙高
		b	L	x	y	N	B_1	L_1	L_a	B_2	L_2	K	D
(1)	(2)	(3)	(4)	(5)	(6)	(7)	(8)	(9)	(10)	(11)	(12)	(13)	(14)
标准型	1	0.25	0.60	0.05	0.75	0.23	0.78	1.325	0.900	0.55	0.92	0.08	0.80
	2	0.30	0.60	0.05	0.75	0.23	0.84	1.350	0.920	0.60	0.92	0.08	0.95
	3	0.45	0.60	0.05	0.75	0.23	1.02	1.425	0.967	0.75	0.92	0.08	0.95
	4	0.60	0.60	0.05	0.75	0.23	1.20	1.500	1.020	0.90	0.92	0.08	0.95
	5	0.75	0.60	0.05	0.75	0.23	1.38	1.575	1.074	1.05	0.92	0.08	0.95
	6	0.90	0.60	0.05	0.75	0.23	1.56	1.650	1.121	1.20	0.92	0.08	0.95
	7	1.00	0.60	0.05	0.75	0.23	1.68	1.705	1.161	1.30	0.92	0.08	1.00
	8	1.20	0.60	0.05	0.75	0.23	1.92	1.800	1.227	1.50	0.92	0.08	1.00
	9	1.50	0.60	0.05	0.75	0.23	2.28	1.950	1.329	1.80	0.92	0.08	1.00
	10	1.80	0.60	0.05	0.75	0.23	2.64	2.100	1.427	2.10	0.92	0.08	1.00
	11	2.10	0.60	0.05	0.75	0.23	3.00	2.250	1.534	2.40	0.92	0.08	1.00
	12	2.40	0.60	0.05	0.75	0.23	3.36	2.400	1.636	2.70	0.92	0.08	1.00
大型	13	3.05	0.91	0.305	0.23	0.343	4.76	4.27	1.83	3.66	1.83	0.152	1.22
	14	3.66	0.91	0.305	0.23	0.343	5.61	4.88	2.03	4.47	2.44	0.152	1.52
	15	4.57	1.22	0.305	0.23	0.457	7.62	7.62	2.34	5.59	3.05	0.229	1.83
	16	6.10	1.83	0.305	0.23	0.686	9.14	7.62	2.84	7.32	3.66	0.305	2.13
	17	7.62	1.83	0.305	0.23	0.686	10.107	7.62	3.45	8.94	3.96	0.305	2.13
	18	9.14	1.83	0.305	0.23	0.686	12.31	7.93	3.86	10.107	4.27	0.305	2.13
	19	12.19	1.83	0.305	0.23	0.686	15.48	8.23	4.88	13.82	4.88	0.305	2.13
	20	15.24	1.83	0.305	0.23	0.686	18.53	8.23	5.89	17.27	6.10	0.305	2.13

（2）流量计算。

1）标准型。可以在自由流和淹没流条件下使用。

当$h_L/h<0.7$时，为自由流；当$0.95>h_L/h>0.7$时，为淹没流，自由流计算公式为

$$Q=0.372b\left(\frac{h}{0.305}\right)^{1.569b^{0.026}} \tag{8-23}$$

淹没流计算公式为

$$Q_S=Q-\Delta Q \tag{8-24}$$

$$\Delta Q=\left\{0.07\left[\frac{h}{\left(\frac{1.8^{1.8}}{K^{1.8}}-2.45\right)\times 0.305}\right]^{4.57-3.14K}+0.007\right\}b^{0.816} \tag{8-25}$$

$$K = h_L / h$$

式中　Q——自由流量，m^3/s；

b——喉道宽度，m；

h——上游水位，m；

h_L——下游水位，m；

Q_S——淹没流流量，m^3/s；

ΔQ——改正值，因淹没减小的流量；

K——淹没度。

2）大型槽流量计算（略）。

2. 无喉段槽

特点是：结构简单、制造简易成本低，适用于自由流及淹没流，广泛用于灌溉系统。

（1）构造。如图 8-46 所示，无喉段槽由矩形喉口、上游收缩段、下游扩张段三部分组成。上游收缩段收缩比为 1∶3，下游出口段扩张比为 1∶6；进出口宽度 B 相等，自进口端至出口端长度范围内槽底是水平的。进出口的底板与行进渠槽底以斜面相连，翼墙长度按翼墙与渠槽轴线在平面上的交角确定，该交角一般为 45°～90°，不得小于 45°。上、下游水位测点距进口、出口槽长 1/9 处，水位零点与槽底相齐。

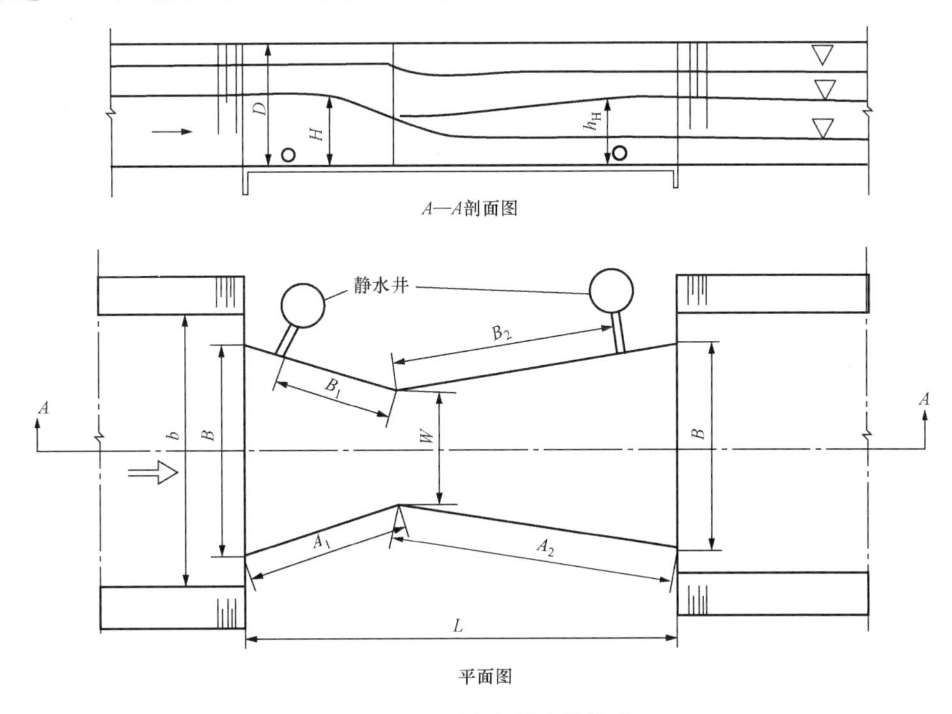

图 8-46　无喉段量水槽构造

无喉段槽主要尺寸为喉宽 W、槽长 L 及喉部侧墙转角。喉宽与槽长是两个相关的变数，两者的比值允许范围为 0.10～0.60，推荐范围为 0.10～0.40，在此范围内，测量准确度较高，喉部的侧墙转角上游应为 1∶3，下游为 1∶6。

标准的无喉段槽有 10 个相关尺寸列于表 8-6。

表8-6　　无喉段槽各部尺寸　　m

槽型 (m×m)	喉宽	槽长	上游侧墙长度	下游侧墙长度	上游水尺位置	下游水尺位置	进、出口宽度	上游护坦长度	下游护坦长度
$W\times L$	W	L	A_1	A_2	B_1	B_2	B	D_1	D_2
0.2×0.90	0.20	0.90	0.316	0.608	0.211	0.507	0.40	0.60	0.80
0.40×1.35	0.40	1.35	0.474	0.913	0.316	0.760	0.70	0.80	1.20
0.60×1.80	0.60	1.80	0.632	1.217	0.422	1.014	1.00	1.00	1.60
0.80×1.80	0.80	1.80	0.632	1.217	0.422	1.014	1.20	1.20	2.00
1.00×2.70	1.00	2.70	0.950	1.825	0.632	1.521	1.60	1.40	2.40
1.20×2.70	1.20	2.70	0.950	1.825	0.632	1.521	1.80	1.60	2.80
1.40×3.60	1.40	3.60	1.265	2.433	0.843	2.028	2.00	1.80	3.20
1.60×3.60	1.60	3.60	1.265	2.433	0.843	2.028	2.20	2.00	3.60
1.80×3.60	1.80	3.60	1.265	2.433	0.843	2.028	2.40	2.20	4.00
2.00×3.60	2.00	3.60	1.265	2.433	0.843	2.028	2.60	2.40	4.40

（2）计算分以下两种水流形态，以淹没度 S_t 来划分，$S_t=0.0524L+0.6105$。当 $h_H/H<S_t$ 为自由流；$h_H/H>S_t$ 为淹没流，H 为喉部上游的水位，h_H 是喉部下游的水位（见图 8-46）。

1）自由流计算公式为

$$Q=C_1H^{n_1} \tag{8-26}$$

$$C_1=K_1W^{1.025} \tag{8-27}$$

式中　Q——过槽流量，m^3/s；

H——槽上游水位，m；

C_1——自由流系数；

n_1——自由流指数；

K_1——自由流槽长系数；

W——喉宽。

n_1、K_1 均为槽长的函数，计算公式为

$$n_1=0.0422L^2-0.2805L+2.0135 \tag{8-28}$$

$$K_1=7.1687-5.5861L+2.0552L^2-0.2488L^3 \tag{8-29}$$

2）淹没流计算公式为

$$Q=\frac{C_2\,(H-h_H)^{n_1}}{(\lg S_t)^{n_2}} \tag{8-30}$$

$$C_2=K_2W^{1.025} \tag{8-31}$$

$$n_2=0.0268L^2-0.1623L+1.5799 \tag{8-32}$$

$$K_2=3.7836-2.6233L+0.8745L^2-0.0978L^3 \tag{8-33}$$

式中　C_2——淹没流系数；

n_2——淹没流指数；

K_2——淹没流槽长系数；

h_H——下游水位；

S_t——淹没度。

无喉段量水槽系数和指数见表8-7。

表8-7　无喉段量水槽系数和指数

序号	$W\times L$ (m×m)	自由流			淹没流			
		C_1	n_1	K_1	C_2	n_2	K_2	S_t
1	0.20×0.90	0.696	1.80	3.65	0.397	1.46	2.08	0.65
2	0.40×1.35	1.042	1.71	2.68	0.598	1.40	1.53	0.70
3	0.60×1.80	1.40	1.64	2.36	0.79	1.38	1.33	0.70
4	0.80×1.80	1.88	1.64	2.36	1.06	1.36	1.38	0.70
5	1.00×2.70	2.16	1.57	2.16	1.17	1.34	1.17	0.75
6	1.20×2.70	2.60	1.57	2.16	1.41	1.34	1.11	0.75
7	1.40×3.60	2.95	1.55	2.09	1.57	1.34	1.11	0.80
8	1.60×3.60	3.38	1.55	2.09	1.80	1.34	1.11	0.80
9	1.80×3.60	3.82	1.55	2.09	2.03	1.34	1.11	0.80
10	2.00×3.60	4.24	1.55	2.09	2.25	1.34	1.11	0.80

（3）设计。

1）坡降。坡降较大时，槽应选用自由流形式，这样观测计算均简易。如果坡降较小，上游渠道的壅水高度又受到一定限制，槽则可选用淹没流形式，但淹没度一般不应超过90%。

2）喉宽W，坎高D。喉宽W应为渠道水面宽度的1/2～1/3，然后确定槽型$W\times L$，根据已知流量Q及喉宽W，计算出上、下水位H及h_H，比较淹没度S_t，如较满意，即可确定坎高D等其他尺寸，否则应重新选定计算。

3. 抛物线形无喉槽

抛物线形无喉槽是上述巴歇尔槽及无喉槽的改进，具有结构简单，准确度高，壅水高度小，过泥沙、漂浮物能力强，施工量小，与U形渠道衔接平顺等优点。适用于比降1/300～1/1200、底弧直径小于80cm的小型U形渠道，只适用于自由流流态。

（1）构造。抛物线形喉口式量水槽由进口渐缩段、抛物线喉口、出口渐扩段及水尺四部分组成，如图8-47所示。

（2）流量计算（略）。

（3）设计。

1）确定收缩比ε。根据设计资料（流量Q、水深、渠床糙率、渠道半径等），选择适当的收缩比ε是设计的关键。对于糙率n为0.015混凝土渠道，当比降i为1/200～1/600时，ε应选0.65～0.7；当i为1/600～1/1000时，ε选0.5～0.65；当i为1/1000～1/1200时，ε选0.4～0.5。

2）临界淹没度。计算抛物形状系数p、堰前水深等，如临界淹没度接近0.88，则所选收缩比可认为合适，否则应重新计算。

4. U形长喉道槽

U形长喉道槽是我国对ISO的U形喉道槽进行结构改进的一种槽型。我国学者对其确

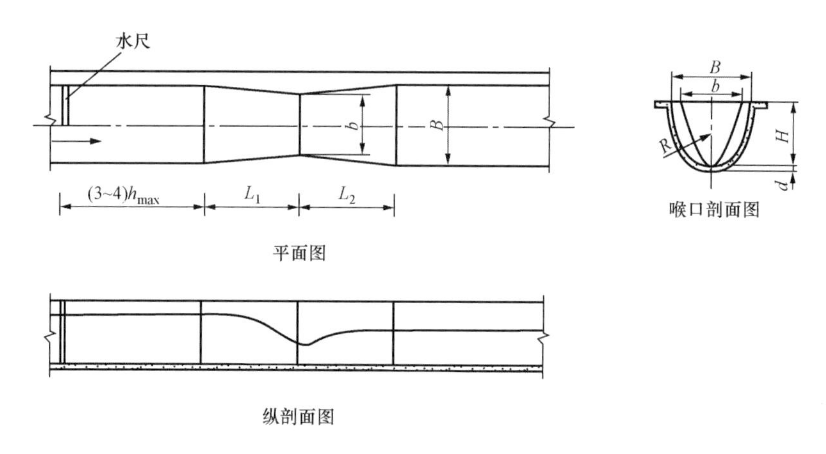

图 8-47 抛物线形喉口式量水槽

定了流量系数，提出了新的计算公式，简化了计算过程。适用于底弧直径小于 0.8m、断面两壁外倾角 α 为 0～15°、比降为 1/200～1/1500 的小型槽，只适用于自由流态。

(1) 构造。如图 8-48 所示，由进/出口渐变段、U 形长喉道段及水尺四部分组成，U 形长喉道底部为半圆形，两侧壁与渠底垂直，结构关系如下：

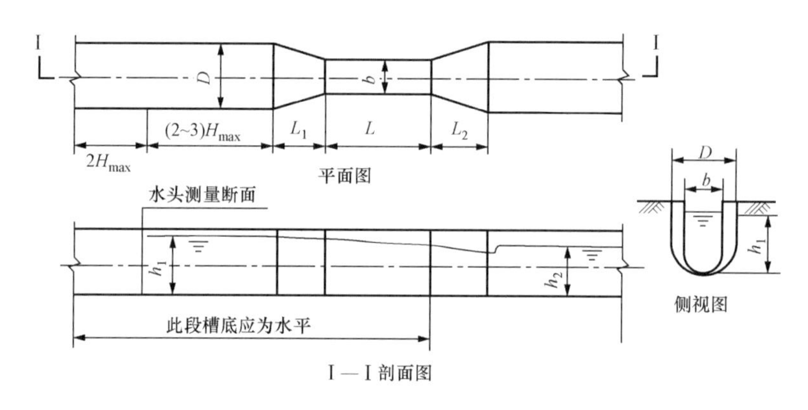

图 8-48 U 形长喉道量水槽结构

喉道宽度 $b=\lambda D$，D 为 U 形渠道的宽度，λ 为收缩比，其值范围为 0.571～0.763；

喉道长度 $L>2H_{max}$，进口渐缩段长度 $L_1=1.5(D-b)$；出口渐扩段长度 $L_2=3(D-b)$。

测流断面设在渐缩段上游（2～3）H_{max}处，水尺零点处于喉道段底部，U 形长喉道槽内比降为零，槽底为水平，长度为 $2H_{max}+$（2～3）$H_{max}+L_1+L+L_2$。

(2) 流量计算（略）。

(3) 设计。合理确定喉道宽度 b，不得小于 0.1m，以便水槽在自由流下运行。渠上水头不得小于 0.06m。

5. 梯形长喉道槽

梯形长喉道槽是巴歇尔槽的替代品。其特点为：结构简单，成本低，易于施工，水头损失小，临界淹没界限高达 0.95 等。此外，其喉道断面可根据流量的变化、水力条件，采取多种形状，如矩形、三角形、梯形、U 形多种形式。

（1）结构仍与上述介绍的槽类似，由上游收缩段、喉道、下游渐扩段及水尺四部分组成，图 8-49 所示为梯形截面喉道。上游收缩段用 1∶3 斜坡与渠道相连。喉道断面可根据渠道流量变化的幅度采取矩形、三角形、U 形、梯形多种形状，长度为（1～1.5）h_{max}，h_{max}为堰上水头，下游扩散段采用 1∶6 斜面与渠底相连，即使水头损失较大也不致淹没斜面，测流断面置于喉道前（2～3）h_{max}处。

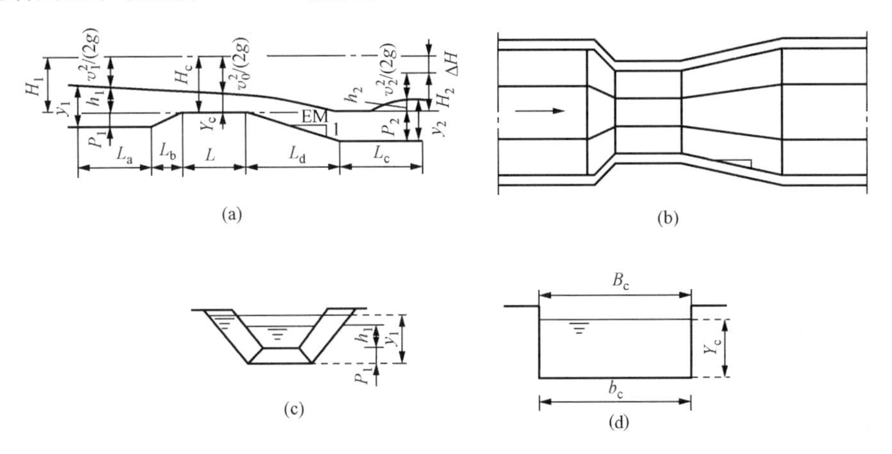

(c)

(d)

图 8-49　梯形长喉道槽

（a）中心纵剖面图；（b）俯视图；（c）左视图；（d）喉部断面图

（2）流量 Q 计算（喉部为矩形断面）。

$$Q = C_d C_v \frac{2}{3}\left(\frac{2}{3}g\right)^{0.5} b_c h_1^{1.5} \tag{8-34}$$

式中　b_c——矩形喉口断面底宽；

h_1——测流断面实测水位（水头）；

C_d——流量系数，反映了水头损失，流速分布实验表明，它与 H_1/L 有关。

$$C_d = (H_1/L - 0.07)^{0.018} \tag{8-35}$$

使用条件：$0.1 \leqslant H_1/L \leqslant 1.0$。

C_v为流速系数，用以修正因实测 h_1代替全水头 H_1带来的误差。其计算式为

$$C_v = (H_1/h_1)^u = \left(1 + \frac{a_1 v_1^2}{2gh_1}\right)^u \tag{8-36}$$

式（8-36）中 u 是公式中 h_1的幂，取决于断面形状，对于矩形和梯形，$u=1.5$；对于三角形，$u=2.5$；对于抛物线形，$u=2.0$。其他见表 8-8。

表 8-8　　长喉道量水槽水位流量关系

喉部断面形状	水位—流量关系	相应的 Y_c
B_c　Y_c　b_c	$Q = C_d C_v \frac{2}{3}\left(\frac{2}{3}g\right)^{\frac{1}{2}} b_c h_1^{\frac{3}{2}}$	$Y_c = \frac{2}{3}H_1$

续表

喉部断面形状	水位—流量关系	相应的 Y_c
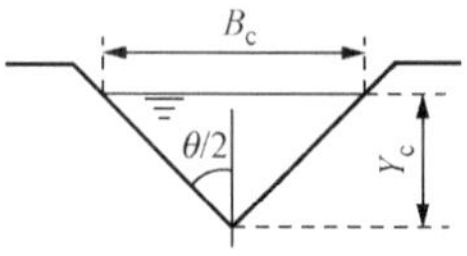	$Q=C_dC_v\frac{16}{25}\left(\frac{2}{5}g\right)^{\frac{1}{2}}\left(\tan\frac{Q}{2}\right)h_1^{5/2}$	$Y_c=\frac{4}{5}H_1$
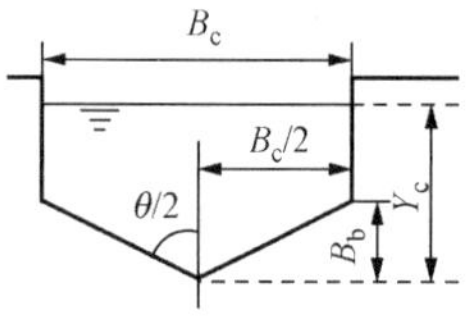	若 $H_1\leqslant1.25H_b$ $Q=C_dC_v\frac{16}{25}\left(\frac{2}{5}g\right)^{\frac{1}{2}}\left(\tan\frac{Q}{2}\right)h_1^{5/2}$ 若 $H_1\geqslant1.25H_b$ $Q=C_dC_v\frac{2}{3}\left(\frac{2}{3}g\right)^{\frac{1}{2}}B_1\left(h_1-\frac{1}{2}H_b\right)^{1/2}$	$Y_c=\frac{4}{5}H_1$ $Y_c=\frac{2}{3}H_1+\frac{1}{6}H_b$
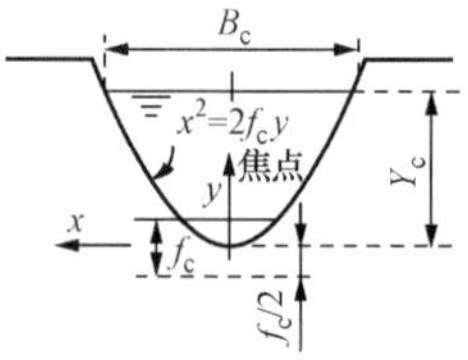	$Q=C_dC_v\left(\frac{3}{4}f_cg\right)^{1/2}h_1$	$Y_c=\frac{3}{4}H_1$

（3）设计。主要是根据设计流量、断面尺寸初定一个喉部断面形式与尺寸，反复比较，计算过堰流量误差要小，水头损失也应最小。

1）喉口断面形状。

一般来说，测流幅度小于 $35m^3/s$ 时选矩形，大于 $35m^3/s$ 可选 U 形、三角形，喉口形状应尽可能与明渠断面形状一致。

矩形喉道适用于流量变化较小的河渠、梯形，U 形喉口适用于流量变化较大的河渠。

2）喉口断面尺寸。

a）当 $0.1\leqslant H_1/L\leqslant0.7$ 时，堰顶长度 L 可取（0.6～0.68）H_1，计算时可用 h_1 代替 H_1。

b）上游水头测量断面到收缩段的长度 $L_a=$（1～2）H_{1max}，H_{1max}是上游最大全水头。

c）喉口的宽度。确定过流能力的重要参数，取决于断面收缩比 ε，一般不应大于 0.7。

6. P-B 槽

1936 年由 Palmer H. K 和 Boulus F. B（美）发明，已广泛用于城市排水管道。

（1）构造。如图 8-50 所示，P-B 槽为一圆形水槽，但喉部为梯形，底部略抬高一个 t 值，t 值将随管径增大，相关尺寸列入表 8-9 中。

P-B 槽为临界流槽。过槽流量仅与喉道前水位有关，流量公式为

$$Q=kh^{2.02} \tag{8-37}$$

式中 h——测流断面水位；

k——常数，取决于管径。

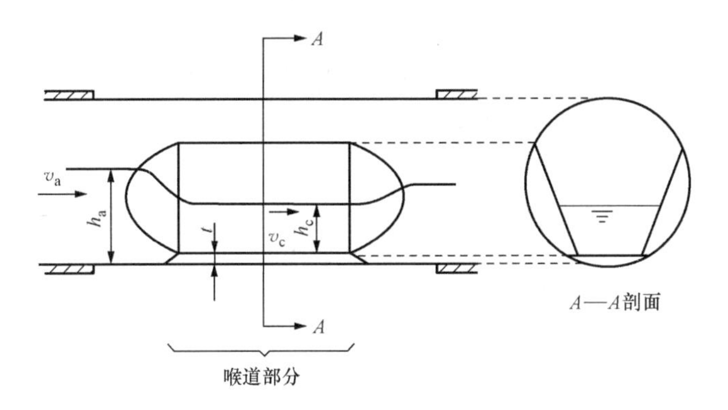

图 8-50　P-B槽的构造及原理

表 8-9　　常用 P-B 槽的结构尺寸与最大流量范围　　mm

管径 D	总长度 L	进口段长度 A	喉段长度 B	出口段长度 C	堰高 t	测流断面距喉段进口端距离 F	最大流量（m^3/h）
300	970	390	290	230	15	178	80～200
350	980	405	340	230	17	211	100～290
400	1080	435	390	250	20	242	150～385
450	1080	380	440	250	22	182	200～680
500	1110	395	480	285	24	199	250～680
600	1110	460	350	290	29	241	400～1080
700	1300	510	410	340	34	283	600～1600
800	1370	550	470	370	39	324	800～2240
900	1520	600	530	380	44	366	2300～3020
1000	1670	650	580	430	49	404	2900～3940
1100	1830	700	640	475	54	444	3600～5790
1200	1980	750	700	515	58	482	4500～6250

（2）安装。

P-B槽的公称口径与混凝土管相一致，长度为公称口径的 2～4 倍，安装在探井中，水位测量采用超声波水位计，处于距喉道进口 F 处。

安装的坡度应小于 2/100，下游水深不得超过上游水深的 85%，以保证为自由流。

上游侧直管段长度应大于 10 倍管径，下游侧不允许有倒坡。系统流量准确度可达±3%。

7. 其他

（1）直壁式量水槽。适用于底弧直径小于 0.8m 的小型渠道，自由流。

（2）文丘里水槽。多用于缓坡渠道，可应用于高淹没条件，准确度可达±5%。

（3）机翼形水槽。可应用于矩形及 U 形渠槽，具有安装工程简便、过流顺畅等特点，准确度可达±3%。

三、堰

在明渠中安置一个壅水物（挡板），它可以是一个有缺口的板，或是一个具有不同形状的底坎，在此统称为堰。堰因阻挡了水流，抬高了堰前的水流水位 H，使流过的流量与抬高的水位成正比，测水位 H 可知流量 Q。

根据堰上游抬高的水位 H 与堰坎的厚度 δ 可分为薄壁堰、实用堰及宽顶堰三种。

（1）薄壁堰：$\delta/H<0.67$，堰顶水流形状不受堰厚度 δ 的影响，水舌与堰顶只有线的接触，水面为单一的曲线［见图 8-51 中（a）、（b）］。

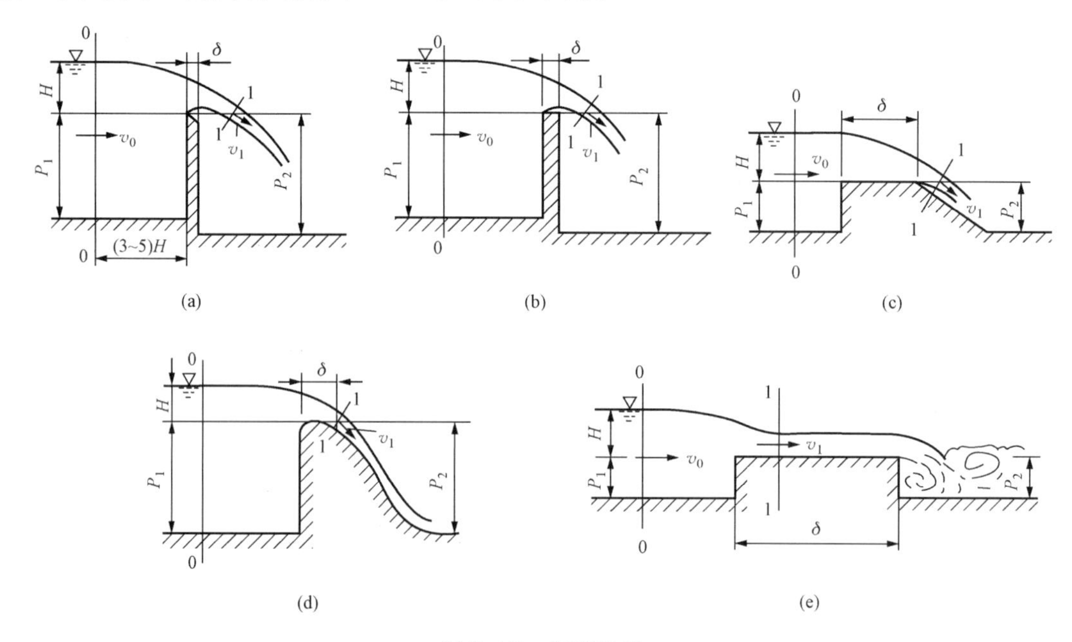

图 8-51　堰流类型

（a）薄壁堰一；（b）薄壁堰二；（c）实用堰一；（d）实用堰二；（e）宽顶堰

（2）实用堰：$0.67<\delta/H<2.5$，水舌下缘与堰顶面接触［见图 8-51 中（c）、（d）］，水尺受到堰顶的顶托和约束，三角形剖面堰属于这类。

（3）宽顶堰：$2.5<\delta/H<10$，堰坎厚度对水流的顶托作用十分明显，在堰的进口处即形成了水位下降，而后由于堰顶对水流的顶托，有一段水面与堰顶几乎平行，当下游水位较低时，水流水位将会产生第二次下降［见图 8-51（e）］。

1. 三角形薄壁堰

构造简单，准确度高，适用于实验室测小流量，最小可测 1L/s，缺点是流量范围小、壅水高。

（1）构造［见图 8-51（a）、（b）］。

堰的过水断面为三角形缺口，角度有 45°、60°、90°、120°等多种，但常用的多是 90°，堰口为锐缘，角度为 45°，厚度为 1～2mm。小型薄壁堰采用钢板，加工后现场安装，大型应先做好混凝土基座，将加工好的堰嵌于基座上。

堰的上游应有约 10 倍渠宽的平直段，如堰顶宽 b 与明渠宽 B 之比小于 0.5 时，可适当缩短，水位 h 测点应处于堰板上游 b 的 3～5 倍处。

（2）流量 Q 计算（仅介绍堰口顶角为 90°）。

当堰口顶角 $\theta=90^{\circ}$时

$$Q = 1.4h^{2.5} \tag{8-38}$$

条件：$B>5h$，$h/P<0.5$ 和 $h=0.06\sim0.65\text{m}$。

淹没流的流量计算

$$Q = 1.4\sigma h_s^{2.5} \tag{8-39}$$

$$\sigma = [0.756-(h_x/h_s-0.13)^2]^{1/2}+0.145 \tag{8-40}$$

式中　h_s——上游水位（水尺），m；

h_x——下游水位（水尺），m；

σ——淹没系数。

（3）堰板设计（见图 8-52）。

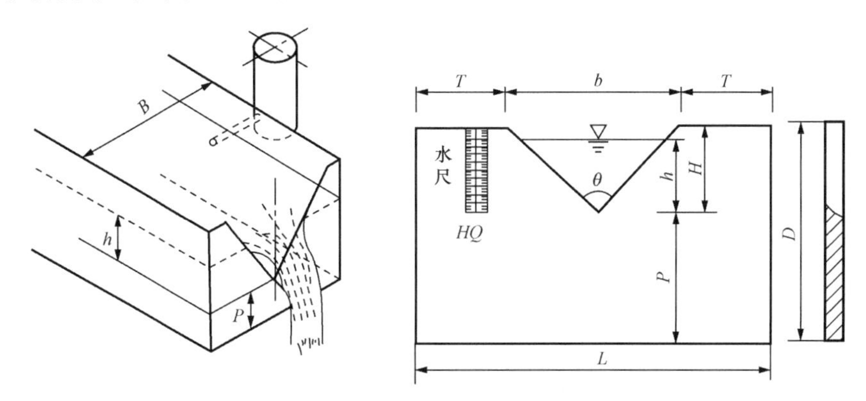

图 8-52　直角三角形薄壁堰结构尺寸

根据流量 Q、水深、渠底比降选择最合理的三角缺口，要求不令堰板上游水位壅塞值过高，基本原则 $T\geqslant H$，$P\geqslant H$，$h=H+5$，$L=2T+b$，$b=2h\tan\dfrac{\theta}{2}$。

2. 矩形薄壁堰

矩形薄壁堰（见图 8-53）是研究最早且较成熟的堰型。特点是：过流能力大，准确度高，结构简单，施工容易。广泛用于实验室、工厂供水及水利工程中。

（1）构造。堰板缺口为矩形，缺口为向下游倾斜的锐角薄壁，缺口与渠道中心线对称，堰板与渠底垂直，堰顶水平与缺口两侧光滑平整。对于全宽矩形薄壁堰，需在下游两侧开一个通气孔，以保证水舌通气良好，通气孔面积应为过水断面积的 1/10～1/20。堰板上游的渠道两侧墙应垂直渠底，并相互平行，表面光滑。堰板下游渠道两侧墙延伸的距离应大于最大水头的 0.3 倍，当 $p<0.1\text{m}$ 或（h_{max}/p）>1 时，下游底板也要求平直光滑。

矩形薄壁堰宜用于渠道水头比降较大，且水质较好的场合，以防止壅水过高及渠道淤积。为确保较高准确度，渠道堰上水头应大于 0.15m，流量大于 100L/s。

（2）流量计算（略）。

（3）设计。因矩形薄壁堰有较高的壅水，适用于比降较大的河渠，尺寸的确定应注意勿令上游壅水高度超出允许范围，有收缩的薄壁堰适用于具有较宽阔的水面取水河渠。

3. 梯形薄壁堰

梯形薄壁堰（见图 8-54）多用于大型灌溉渠道，效果较好。

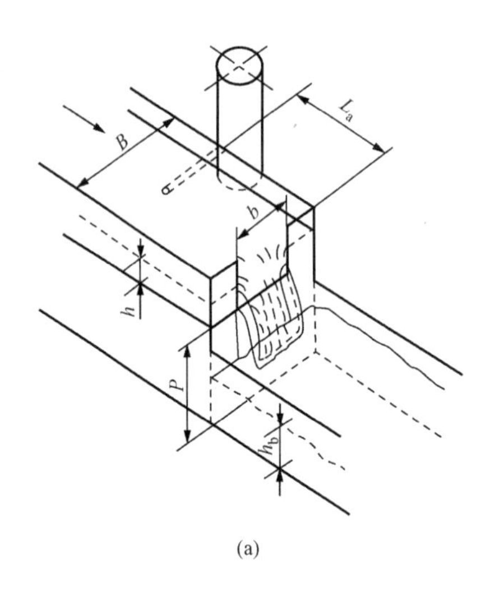

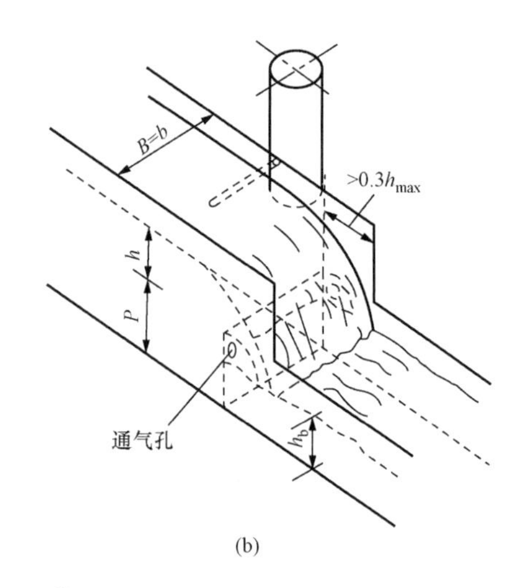

图 8-53　矩形薄壁堰

(a) 侧收缩堰；(b) 无侧收缩堰

(1) 构造。缺口为一等腰梯形，坡比 1∶0.25。上、下游水位尺分别置于堰板上、下游，距离约 3～4 倍最大过堰水深处，水尺零点与堰高应处于同一水平面上。

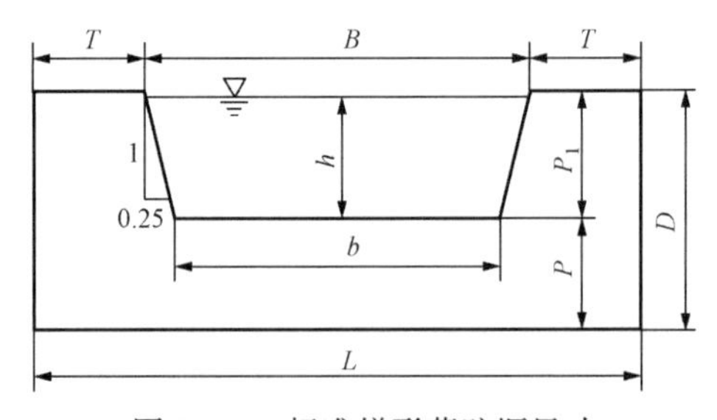

图 8-54　标准梯形薄壁堰尺寸

(2) 计算。

1) 自由流　$Q = 1.86bh^{1.5}$　(8-41)

2) 淹没流　$Q = 1.86\delta_n bh^{1.5}$　(8-42)

式中　δ_n——淹没系数。

$$\delta_n = \left[1.23 - \left(\frac{h_n}{h}\right)^2\right]^{1/2} - 0.127 \quad (8-43)$$

式中　h——过堰水深，m；

h_n——下游水面高出堰顶水位，m。

适用条件：$0.1b \leqslant h \leqslant b/3$，$T = b/3$，$p \geqslant b/3$。

(3) 应用：基本同矩形薄壁堰。

4. 三角形剖面堰

特点是水头损失小，测量准确度高，淹没限及测流范围大，流量系数稳定（$h >$ 10cm），坚固耐用，易于修建，挟泥沙也可以通过，已有国际标准。

这种堰主要有锐缘三角形（见图 8-55）及流线三角形，后者应用表明，淹没限及流量系数均较锐缘三角堰高，且在淹没流情况，测量无须堰顶导水孔测堰顶水头，只需测下游水位就可以，流线型三角堰顶角是一个圆弧 R_c，它的大小取决于三角顶点距槽底的高度 p^*。

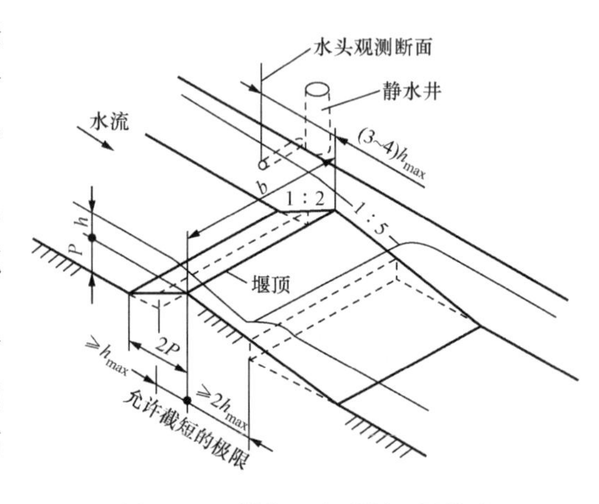

图 8-55　锐缘三角形剖面堰构造

三角堰虽可以在淹没流态下运行，但需

测堰顶的水头，设计、管理都较烦琐，所以最好只用于自由流，且应建于矩形河渠上，如要在非矩形河渠上应用，则在渠前应修一段渐变段使水流平稳地进入测流段，上游壅高水位应处于允许值内。

5. V 形堰

V 形堰（见图 8-56）是在三角堰基础上发展起来的，它的纵剖面是三角形，而横剖面也是 V 形，这种独特的堰形，使其既可准确地测小流量，又可测大流量。流量范围大的特点可令其适用于大起大落的山间溪流，1992 年已列入我国的堰槽测流规范“SL-24-31”中。

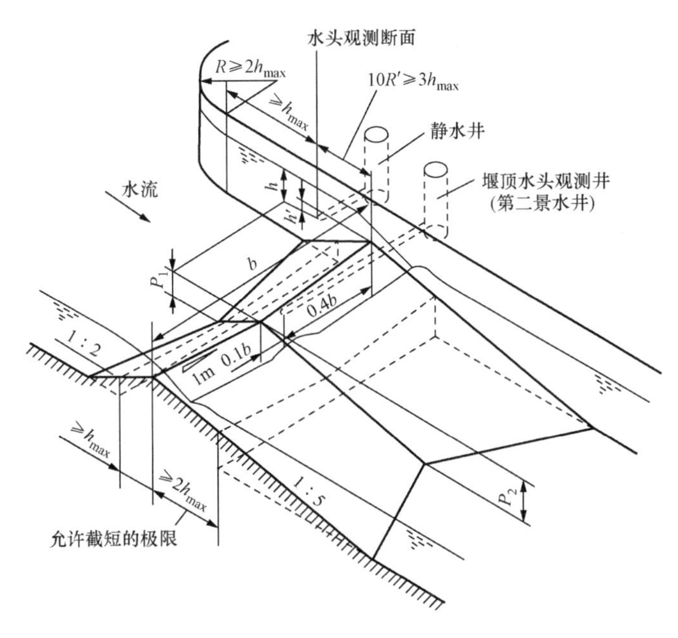

图 8-56　平坦 V 形堰

V 形堰在结构上有平坦堰及宽顶堰两种，后者的纵剖面不是三角形而是矩形，由于其淹没限可达 0.8，所以适用于缓坡河渠上，有两种过流情况：其一是未满流，水面处于三角形范围内；其二是已满流，水面已超过三角形面积范围，两者的计算方法有差别。宽顶堰可在自由流及淹没流中使用，非淹没限为 0.8。

堰多用较大的渠道及河流，相关资料可以在水文水利专业资料中查阅，本节仅做简要介绍。

四、速度—面积法

这是一种既古老又经典的明渠测流量的方法（见图 8-57）。其基本定义为：通过某一断面的流量等于该断面的平均流速与该断面面积的乘积。这种方法在封闭管道中至今也常用来测大管径的流量。本书第六章已有详细介绍，而本章用以测河水流的流量，在测河流断面面积及流速计上会有些不同。

明渠速度—面积法测流速可采用以下方法：转子式（旋桨或旋杯流速仪），声学流速仪（多普勒超声、时差法超声），光学流速仪，电磁流速仪等。

测断面面积，则通过在测量断面上，根据河渠宽度及河床是否平整采用多段测量河渠的

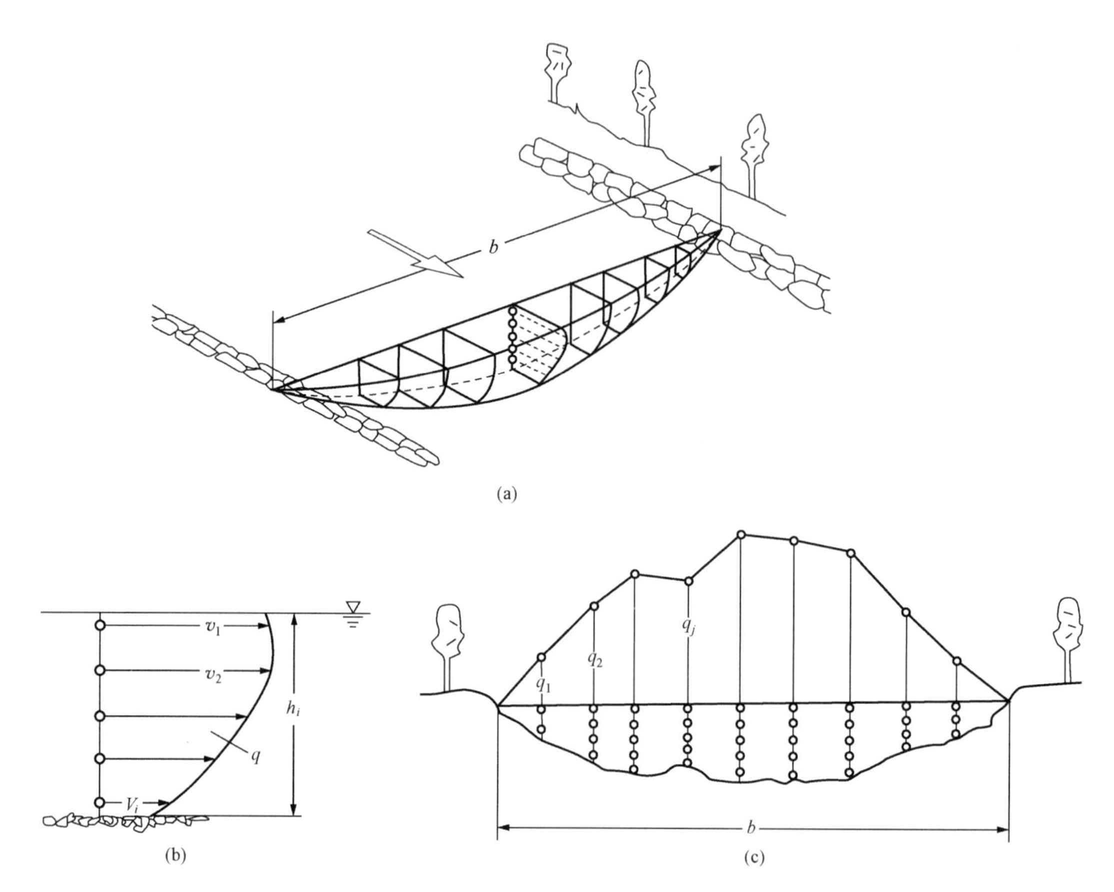

图 8-57　速度—面积法测河渠流量原理

(a) 速度—面积法测流速原理示意；(b) 速度分布示意；(c) 测量河渠深度示意

深度［见图 8-57 (c)］，确定垂线的数目（见表 8-10)，然后用水位计（如水尺、超声水位计等多种水位计）测每一段的水位，据此计算河渠断面积。

表 8-10　　我国对河渠深度垂线数目的规定

水面宽（m）	<5.0	5.0	50	100	300	1000	>1000
精测法	5	6	10	12～15	15～20	15～25	>25
常测法	3～5	5	6～8	7～9	8～13	8～13	>13

有关详细的介绍，读者可阅有关专业书刊。

五、水位（水头）测量

明渠测流量占主导地位的槽、堰都是通过水位（即水头）来了解流量的大小，水位计相当于明渠流量测量的二次表，也是这种方法的重要组成部分。测水位的方法最简单的是水尺，虽简而易行，但必须管理人员定时在现场观测、记录，缺乏连续性。目前，已开始采用各种自动检测的水位计，可以连续检测、记录，并将水位信息发送到管理室，以下简要介绍主要的相关水位计。

1. 浮子式水位计

（1）机械水位记录仪（见图8-58）。由浮子感受水位的高低，通过传动机构、悬索将水位的信号传至水位记录的滚筒。水位计上配有时钟可记录时间，并将水位记录线换算成流量过程线，这种日记式水位计，具有结构简单、操作方便、无须电源、工作可靠等特点。

（2）数字式水位计。与上述机械式不同的是，数字式水位计改善了水位的变送器，仍保留了水位传感器——浮子，用浮子感受的水位通过水位编码器和数字记录仪，将水位信息转换为数字信息，传送给记录仪或计算机。

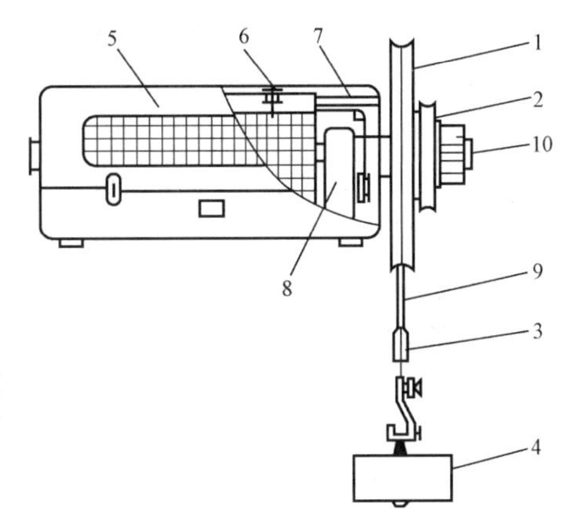

图8-58　模拟划线式浮子水位计结构原理示意

1、2—水位轮；3—平衡锤；4—浮子；5—记录纸及滚筒；6—笔架；7—导杆；8—自记钟机；9—悬索；10—定位螺母

编码器有机械编码与光电编码两种形式。

2. 压力式水位计

通过测量某一点的压力来了解该点的水深，如该点压力为 p（kgf/cm^2），水的密度为 ρ（kg/cm^3），则水深 H 为 $H=P/\rho$。

压力式水位计由传感器及显示器两部分组成，传感器的主要形式采用压阻式，在硅片上集成四个薄膜电阻组成电桥，有压力时电桥失去平衡，输出电压，其大小与压力即水位成正比。其特点是灵敏度高，分辨率好，具有频率响应快、体积小、工作可靠、使用寿命长、准确度高等优点。二次仪表可将压力值转换为水位、流量值，并通过RS232、RS485通信系统远传至管理室。

3. 超声波水位计

按声波在哪一种介质中传播可分为液介及气介两种。由于水温在4～35℃的应用范围内，声速的变化约6%，加上将超声换能器安装在水下，安装维护都较困难，所以应用中以气介方式为主。

（1）原理。超声波水位计置于河渠水面上，定向向水面发射超声波，此声波到达水面后反射回来，又被水位计接受，通过测发射、反射回来的时间，即可知水位的大小。

（2）结构。一般由换能器、收发控制、显示记录三部分组成。液介式通常将三部分组合成一个整体；而气介式一般将换能器与其他两部分分开，形成两部分，以便于操作、维护。

1）换能器：气介式采用静电式，频率为40～50kHz，液介式采用压电陶瓷，频率为40～200Hz，通常换能器都具有发射及接受双重功能，以简化机械设计，减少体积。

2）收发控制器：主要功能是产生一定频率的超声信号，加至换能器，定时发射出去，接收器接受返回的回波微弱信号，将其放大后，然后经检波、滤波后处理为一个脉冲信号。

通常将换能、收控部分及数据处理三部分组成一体，称超声传感器。

3）显示器记录仪：具有数据显示、储存及打印功能。

（3）特点。由于超声水位计完全不与水面相接触，不受水面漂浮物、水质变化、高速水流冲击影响，并无任何机械可动部件，工作可靠，准确度高，十分适用于河、渠的自动监测，水库坝前、坝下水位监测，调压塔水位监测、潮水监测，城市供水、污水排放水位监测。

4. 雷达水位计

利用电磁波的传播速度不受空气湿度、温度、雨雪、风沙、气压等因素的影响，因而在其工作范围内有很高的准确度，且安装、维护都较简单。

（1）构成。由微波发射接收天线、发射、接受控制部分及记录通信、电源等组成一体。

（2）技术指标（以德国 SEBAPULS 雷达水位计为例）。

准确度：±3mm；分辨率：1mm；量程：0～20m、30m、70m；温度范围：－40～70℃；输出电流：4～20mA。

六、选用、安装、使用注意事项

明渠流量计多用于水利、水电、水文等行业，测量江、河、大型明渠的流量，内容极为丰富。本书定位于流程工业，仅简要介绍了相关技术的特点，无法应对使用中所需的许多知识。读者如需进一步了解，可去参考相关书籍。

1. 选用

（1）选前的准备：①水路的大小和形状，最大和最小流量，流速范围；②对测量准确度的要求；③设置流量计的环境条件；④液体的状况，如洁净程度、固相容积含固率、腐蚀性；⑤现场允许落差（或升高的水位）和渠道的坡度；⑥仪表零件与液体接触的材料；⑦被测液体的浊度及导电率；⑧预估水位的高度。采用堰槽测量方法，均需抬高上游水位，应估算在最大流量时，抬高的水位是否会溢出渠道。

（2）明渠流量仪表的性能比较，见表 8-11。

表 8-11　渠用流量仪表性能比较（仅供参考，以厂家最新产品说明书为准）

测量方法 比较项目	堰法（薄壁堰）	P 槽法	PB 槽法	流速—水位法	潜水电磁法
适用渠道类型	明渠	明渠	圆形暗渠	明渠、暗渠	明渠、暗渠
流量检测结构特征	渠道要截流，检测件结构简单	渠道一段要装入槽，检测件结构较复杂	渠道一段要装入槽，检测件结构较复杂	不必改动渠道，流量检测需用流速计	渠道要截流，检测件为本体，分流模型扩大流量
检测仪表	液位计	液位计	液位计	流速计＋液位计	本仪表直接测量
渠宽、喉宽或口径（mm）	渠宽：450～8000	喉宽：25～240（15200）	口径：150～1800（3000）	渠宽：300～10000 口径：300～500	口径：50～400（600）
流量或流速范围	15～40000m³/h 三角堰小流量 矩形堰中流量 等宽堰大流量	流量：30～15000（330000）m³/h	流量：20～12000（42000）m³/h	流速：0～20m/s	流量：10～5000m³/h
测量准确度（%FS）	1～3	3～5	3～5	3～5	单独传感器：1.5 带分流模型：2.5

续表

测量方法 比较项目	堰法（薄壁堰）	P 槽法	PB 槽法	流速—水位法	潜水电磁法
流量范围度	（10～20）：1	（20～30）：1	（20～30）：1	（20～100）：1	10：1
抬高水位（mm）	200（120）～800	75～200	口径的（1/20～1/10）	无	100～500
上游侧固态物是否沉积和排泄程度	会沉积，不会排泄，要定期清除	不会沉积，随流排泄	不会沉积，随流排泄	不会沉积，随流排泄	会沉积，能部分随流排泄
上游直渠段长度要求（mm）	1500～24000（其中整流部690～12000）	300～20000	上游侧：≥（5～10）倍喉宽 下游侧：≥2倍喉宽	上游侧：≥（10～15）倍渠宽（或口径） 下游侧：≥5倍渠宽（或口径）	
对液体的要求	无特殊要求	无特殊要求	无特殊要求	传播时间法超声流速计：浊度≤5000mg/L 多普勒法超声流速计：浊度60～50000mg/L	液体导电≥10^{-4} S/cm 测量废水、下水不存在问题

2. 安装

（1）堰。

1）整流段：要保证堰的上游流动具有一定的规律，水路应设置整流段；如不设置，整流段长度应具有不少于渠宽 B 的 10 倍。整流段底部与侧面垂直，轴线应为直线。

2）导流段：导流段位于整流段上游，储水容量应尽量大一点，侧壁应比整流段高，以防止水位上涨时溢出，宽度与整流段相等。

3）堰板下游水位，应低于堰缺口 150mm 以上，以防止下游水位上升，漫过堰缺口。

（2）槽。

上游流入侧的流速分布将影响测量准确度，因此应注意以下几点：

1）上游必须具有一段不少于 5～10 倍喉宽长度的直管段，尽可能再长一点。

2）渠道与槽本体连接部位底平面应上升有 1：4 的斜坡，侧壁要有曲率半径，大小为 2 倍以上最大流量时水位高度，或与中心线成 45°的倾斜面，尽量使水流圆滑进入槽道不产生旋涡。

3）槽体应远离渠道产生水跃现象的地区，距离不少于 30 倍 h_a（h_a 为最大流量水位高度，见图 8-45）。

4）整流板。改善流动条件，提高测量准确度，安装在上游测量点前约 10 倍 h_a 的地方。

5）改善渠道。为防止流量大时，水流溢出渠道，必要时按现场条件挖深渠道或加高渠的侧壁。

参 考 文 献

[1] 蔡武昌，应启戛．新型流量检测仪表．北京：化学工业出版社，2006.
[2] 蔡武昌，孙淮清．流量测量方法和仪表选用．北京：化学工业出版社，2006.
[3] 日本计量机器工业联合会．流量计测 A to Z．1995.
[4] 王池，王自和，张宝珠，等．流量测量技术全书．北京：化学工业出版社，2012.
[5] 日本计量机器工业联合会．流量测量指南．东京：工业技术社，1995.
[6] E+H 公司．Flow Handbook．2004.
[7] 川田裕郎．流量测量手册．北京：计量出版社，1982.
[8] 王长德．量水技术与设施．北京：中国水利电力出版社，2006.
[9] 赵志员，等．水文测量学．郑州：黄河水利出版社，2005.
[10] 蔡勇，等．灌区量水实用技术指南．北京：中国水利电力出版社，2001.
[11] 吴持恭．水力学．北京：高教出版社，2008.
[12] 姚永熙．明渠流量测量方法和自动测流技术．水利水电自动化，2003.
[13]〈王锦生水文测验文集〉编委会．王锦生水文测验文集．北京：水利电力出版社，2008.

第九章

流 量 试 验 装 置

第一节 概 述

一、必要性

流量是一个推导量，是由几个基本量（长度、质量、时间）所组成；同时，又是一个动态量，只有当流体流动时，才会产生流量。因此，它又和流动的状态密切有关。影响流量的因素很多，有些因素如流速、管径的影响，可以通过相应的流量公式确定，而且不同原理的流量仪表，其计算公式与影响因素也是不相同的。如果不考虑这些不明确的影响因素，仅按计算公式来确定流量，将会对测量值带来很大的误差。为提高流量测量值的精确度，目前都会引入一个流量系数 C 予以修正，这个流量系数 C 无法用理论推导获得，必须通过流量标准试验装置进行测试，测得流量值 Q_s，如通过公式计算的理论流量值为 Q_i，则

$$\text{流量系数 } C = Q_s/Q_i \tag{9-1}$$

目前了解到的所有流量仪表，其流量系数大多小于 1，说明了不进行修正，仅按公式计算流量会带来很大的测量误差。所以，标准流量试验装置，可以保证流量仪表的准确度，保证流量值的量值传递与统一。

由于建立流量实验室将耗费较大的资金，校验过程也较烦琐，人们百年来一直在寻求流量仪表的干标。所谓干标，就是无须通过流量装置的实流标定，只需严格按照一定的规程确保流量仪表的几何尺寸，就可以得到较准确的流量值，如经典节流装置。但要说明的是，首先，它必须建立在数以万计的有效测试数据基础上，通过了一二十年的努力，才得以完成；其次，取得干标必须遵循不少条款，应用时难以全部满足，因此达不到预期的准确度（详见第五章）。要想取得较高准确度，仍然需要依靠试验装置进行校验。

二、分类

按不同的原则，有以下一些分类。

（1）按介质划分，是较传统的方式，按此原则，有空气、水、油品、天然气、蒸汽、两相（或多相）流等。

（2）按量值传递方式，主要有两大类：

1）原始基准，直接测量构成流量的基本量（长度、质量、时间），综合计算后得到的流量作为标准流量装置的流量基准。

2）传递标准，以标准表作为标准流量装置的流量基准，标准表的流量系数一般通过原始基准传递。这两种流量标准装置的分类，如图 9-1 所示。

（3）按试验目的分类。

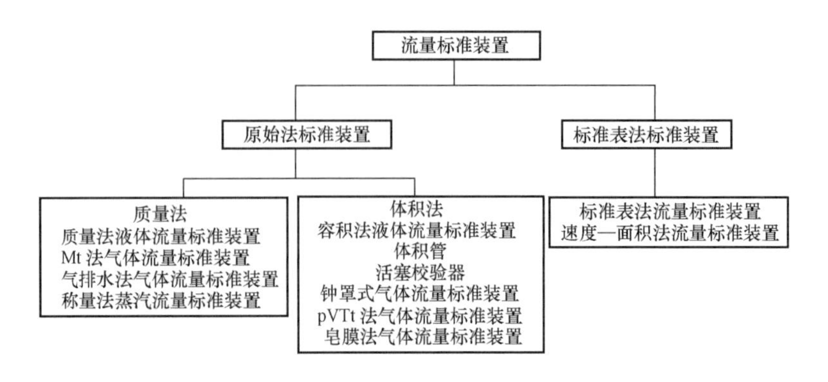

图 9-1　流量标准装置分类

1）标准试验装置。它必按相关的规程建立，以保证量值传递的准确，这种是我国当前最主要的流量试验装置，流量仪表通过这种装置校验后，可以取得最基本的技术参数，如准确度、重复性等。

2）性能试验装置。影响流量仪表准确度的因素，除了仪表结构、原理外，还与应用条件（如流体的物性、性状及流动状态）密切相关。这些条件在上述标准试验装置中都做了严格的规定，但仪表应用的现场条件却无法完全满足这些规定，这些差异影响有多大，有没有办法进行修正、补偿以提高其准确度等，对此类装置应给予必要的关注。

比较典型的例子是 21 世纪初，由于工程中管径日益增大，已无法满足经典节流装置所需的安装直管段长度，这时在我国推出了内锥式、多孔孔板（也称平衡式、整流式、调整式）新型节流装置，声称仅需安装长度 0～$3D$ 可保证 0.5%的准确度，但并没有严谨测试数据予以说明，使用中出现了不少问题。后经实测，要取得 0.5%的准确度，前安装直管段长度应达到 $10D$。如果我国有安装长度（即流场）对流量仪表准确度的性能试验室，就会避免发生这些问题。据了解，国外早在 30 多年前就已进行了这方面的测试研究。

所以，发现流量仪表在现场遇到的问题，应通过试验设备用数据来说明这些因素对仪表特性的影响，评估应以测试数据为准。除了上述的安装长度对节流装置的影响外，还可以有振动对涡街、科氏流量计的影响，噪声对超声波流量计的影响，黏度对容积式流量计的影响，电磁干扰对电磁流量计的影响，等等。

（4）按试验地点分类。

1）在试验室进行，这是当前最通用的方式，需校验的流量仪表（新产品，或从现场拆下的）送到计量技术监督部门或授权的标准流量试验室进行校验，取得流量系数并评定准确度等级，由于被校流量计的准确度包含了标准流量试验室的不确定等级，所以应尽可能地选择资质较高的标准流量试验室进行校验。

2）在现场进行。

a）特殊介质。由于无法获得（或处理）较大流量的特殊介质（如天然气、原油），为追求高准确度，又不能用空气或水来代替，多将天然气（或原油）的输送管线，切开一段，建立一个“回路”；在回路中建立一个流量试验室，从干线中引入天然气（或原油），完成试验后，再回到干线中去。

b）特大管道。如火电厂的一、二次风管道，由于管道太大，难以拆卸；又没有这么大的试验室进行校验，且因直管段太短，流场过于复杂，即使有试验室可校验，由于流场不同，校验也毫无意义，这种情况标定多在现场，在工况条件下，采用速度—面积法进行校验。

c）特殊仪表。有些流量仪表在工艺运行中处于重要的地位，不允许工艺中断，且要求保证在现场运行条件下的准确度，如输油（或输气）干线上的贸易核算流量计，多在现场采用标准体积管进行校验。

（5）模拟测试。

无论什么原理的流量仪表，在校验过程都强调必须按原尺寸送检，管径的偏差会较大地影响准确度，这在许多检定规程中都有明文规定。

但具体到火电厂的风量校验，我们不得不打破常规，因为火电厂一、二次风的管道特点是管径特别大，安装直管段的几乎没有，流速分布异常复杂，即使进行现场实现校验，由于工作环境恶劣，测量面积特别大，运行费用昂贵，不允许测试人员耐心细致地进行，只能草草收兵，提出一些改进措施也难以在实体上反复改进、测试。

由于流体力学的相似准则，可以将火电厂某一关键、典型的管道按比例缩小（一般不能小于 1/5），进行细致的测试，并采取一定的改进措施。如果对提高准确度有效果，则可推广到大量同类型管道中去。这并非是一个设想，美国 AM 公司已这么做，取得了很好的效果。

三、装置的基本条件

流量试验装置种类很多，但都应具备以下的基本条件。

（1）动力，流体在通道中流动才形成流量，流量试验装置必须有动力设备使流体流动，这种动力设备如介质为气体多用各种风机、压缩机，如采用负压法可用真空风机；如介质为液体则用水泵、油泵。如因功率限制，动力设备的流量达不到设备所需的流量，可采用暂冲式，将流体注入某一容器中，在有限的时间释放出来。

（2）流量基准，在校验（或试验）过程中，以此确定流量值。如用于确定流量系数的流量标准装置，则应要求流量基准具有较高的准确度等级；如用于特性试验则应考虑使用方便，多采用准确度较高的标准表进行比对。

（3）流场，流量仪表（除容积、科氏流量计）的特性，特别是流量系数都与所处的流场密切相关，意味着装置中仪表所处的流场应与实际应用的流场相同或十分接近，所以长期以来，装置都要求具有充分发展管流，在实际应用时也要求较长的安装直管段。用风洞的直匀流标定的流量系数，由于应用现场无法提供直匀流，是毫无意义的，直匀流只能校验流速计。

（4）试验管道，如果是通过标准装置以获得流量系数，要求校验装置具有被校流量仪表相同形状及口径的试验管道；如果是特性试验装置，允许试验装置采用较小口径的管道，形状多用圆形。但对于暖通及火电行业，主要采用矩形管道，这方面的研究应引起重视。

（5）变频调速设备，调整动力设备的负载，以改变设备的流量，并要求在试验过程中稳定不变。

（6）数据处理，在校验（或试验）过程中，为减小误差，同一点应重复测量不少于三次，流量范围不少于七次，确定一个流量值，必须测取较多参数，因此实验室应利用先进的计算机技术进行数据的采集及处理。

第二节　气体流量标准装置

一、速度—面积法（V-A）气体流量校验装置

（一）概述

随着工业现场管径日益增大，在流程工业中，特别是火电厂中，流量仪表十之八九都将面临非充分发展紊流。若要提高火电厂一、二风的测量准确度，比较现实的是采用速度—面积法流量校验装置，虽已有相关的国际标准，如ISO 3354，ISO 3396，ISO 7194，但按这些标准存在以下一些不足之处。

（1）烦琐。确定一个流量要在通道截面上测几十点流速，在流程工业中难以应用。

（2）流场要求有规则。要求前直管段长度达30D～50D，实际现场多达不到，误差可达30%以上，已失去测量意义。

（3）紊流度较大。影响流速测量准确性。

（4）边界层影响。未经实测，各标准仅通过中心流速分布的斜率估算它的影响。

如按上述国际标准化组织所公布的速度—面积法来建试验室，显然达不到要求。

本书推荐的是采用由风洞直匀流与标准皮托管所组成的V-A法流量试验装置，它简单而易行，可适用于很大的管道，风洞的直匀流还可以校验流速计，这种试验室在我国已于1981年建成，并投入运行，见图9-2。

图9-2　大口径气体流量试验室

（二）V-A法的流量基准（采用风洞技术建立直匀流）

在维氏收缩段的出口截面上，可以得到流向一致、大小相等的直匀流。用标准皮托管测该截面上任一点的流速，与截面面积相乘就可准确地得到流量，但实际上还要考虑两个问题。

（1）流场流速的不均匀度。理论上是应得到直匀流，而实际上因计算、加工、安装等问题，出口截面的流速并非完全相等，还略有差异；为减少这部分的影响，可以测出截面上不少于25点的流速取其平均值，再按GB 10184取代表点的方法（见第六章第七节），以减小流场流速不够一致的误差。

（2）附面层的修正：采用风洞技术在收缩段的出口可得到直匀流，但只限于中心80%～90%的地区。作为试验装置的流量基准就不能回避边界存在附面层的事实，必须进行修正以

提高流量基准的准确度。

这个修正在对附面层进行大量的测试，得出了附面层位移厚度 δ^*（见图 9-3）与雷诺数 Re 的关系式，即

$$\delta^* = \frac{1}{n+1} lARe^B \tag{9-2}$$

$$q_V = \pi d\left(\frac{d}{4} - \delta^*\right)v_0 \tag{9-3}$$

式中　A、B——系数，应根据大量的测试数据归纳整理求得；

n——指数，见式（6-3）；

l——喉部至测点的距离；

d——管道直径。

（3）不进行附面层修正的影响。当直径为 600mm 管道时，测附面层的厚度大致为 5～8mm，如果不进行修正，流量误差约+0.6%的流量；如果直径为 300mm，附面层厚度不会因此变化，如不进行修正，流量误差约+1.3%。

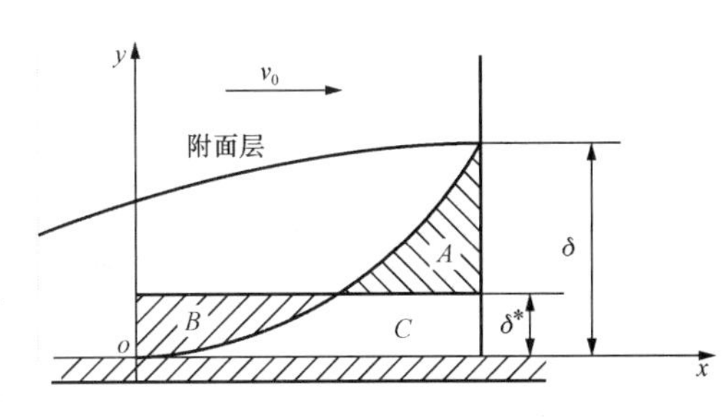

图 9-3　附面层位移厚度 δ^*

（4）流速基准采用标准皮托管，如经国家一级检定部门检定，其流速准确度可达 0.1%，皮托管的迎风截面积 $d \times H$（d 为皮托管的直径，H 为插入深度）与测量截面之比不得大于 0.02，以消除阻塞比的影响。

（三）V-A 法装置构成

V-A 法气体流量试验装置见图 9-4。

图 9-4　V-A 法气体流量试验装置

在同一装置包含了五种流场：直匀流；圆管、方管充分发展紊流；圆管、方管非充分发展紊流。

1. 直匀流

（1）整流段。为保证收缩段能取得直匀流，在它之前应对流体的流动进行处理，消除旋涡并减少紊流度，由以下两个部件完成：

1）格栅。其作用是消除来自扩张段的旋涡。形式主要为六角形蜂窝及正方格两种形式，前者效果好，压损小，后者易于加工。

2）网格。其作用是减少气流的紊流度，采用不锈钢丝的网格，一般采用三道已可达到目的。减少紊流度可提高流速测量的准确度，据 ISO 3966 评估，若紊流度为 10%，引起流速测量的误差可达−0.5%。为减少压损，整流段中的流速应小于 10m/s。

（2）收缩段（见图 9-5）。

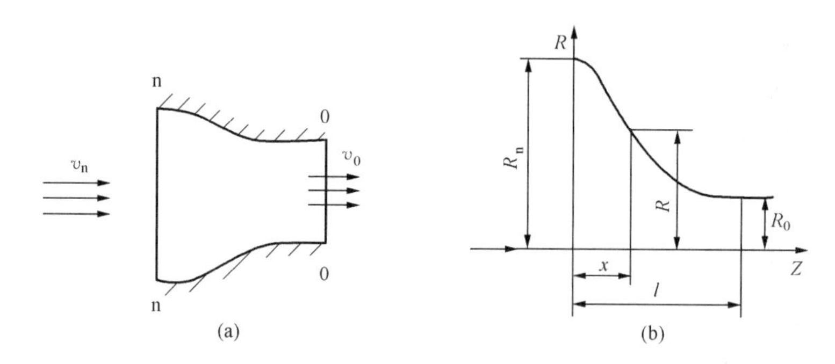

图 9-5　校准风洞的收缩段

（a）简图；（b）维托辛斯基型面

1）作用与计算。将整流段处理后的气流通过特殊型面的收缩加速，在其出口可得到在整个截面上流速大小相等、方向一致的直匀流，其型面按波兰学者维托辛斯基（Витощинский）提出的公式进行计算，即

$$R=\frac{R_0}{\sqrt{1-\left[1-\left(\frac{R_0}{R}\right)^2\right]\frac{\left(1-\frac{3x^2}{l'^2}\right)^2}{\left(1+\frac{x^2}{l'^2}\right)^3}}}\tag{9-4}$$

式（9-4）中各参数意义见图 9-5，$l'=\sqrt{3}l$。为使气流得以平滑加速，收缩段如太短，加速过快气流会有惯性收缩现象，影响出口直匀流的质量，一般长度 $l=1.5D_n\sim2.5D_n$，D_n 是收缩段进口直径。

2）结构。按截面形状有四种：

a）圆形。流动没有死角，情况最好，但加工型面较困难，尤其是其后试验段多为方形（或矩形）截面，改变截面将会破坏流场，很少采用。

b）矩形。收缩段的型面。仅相对的两面收缩，加工最简易，效果也略显逊色，矩形四角流动为死角。

c）方形。收缩段型面。四面均收缩，效果较矩形好，流动仍存在死角。

d）八角形。将上述几种取长补短，在方形四角切去一小块，形成八角，消除了流动死角，也方便与后面的测量段相连接，是目前较流行的一种形式。

3）收缩段进出口面积比以 2.5～3 为宜。

4）材质。用于空气动力学试验室的风洞多采用木质结构，特大的航空航天测试风洞采用钢筋水泥，气体流量校验装置相对于它们小得多，为便于加工，多采用钢板。

（3）试验段。

处于收缩段之后，应与其平滑（无突出及凹陷）连接，以保证不破坏收缩段出口直匀流的质量。在风洞试验中，被测试件应置于试验段中，进行各项试验、测试，是装置中的重要部件。

在流量试验室中，它有以下两项作用：①可以用于流速计的校验。②可以作为流量基准，在代表点上测流速乘以截面面积，即应等于流量。注意应考虑附面层的影响，扣除附面层位移厚度所占面积。

2. 充分发展紊流

（1）矩形管。在火电厂测风量多为矩形管道，流量计则为 V - A 原理，多为插入式，矩形管道及其流量计都有其特殊性。而国内外都罕见矩形管道流量试验室，因此更有必要开展这方面的研究。矩形管道的长度为 1D、2D、3D、4D、5D、10D 等长度组成（D 为当量直径），这样安排，可组合成各种长度，以测试需要多少长度才能达到充分发展紊流，取得必要的准确度。如试验室场地有限，可考虑安装流动调整器以缩短长度，以达到充分发展紊流，但会付出增加压损的代价。

（2）圆管。圆管是工业中最常见的管道，提供圆管充分发展紊流是流量试验室最基本的条件，同上述理由，也应准备不同长度的管段，以组合成不同安装长度，总长不应小于 25D。如还未达到充分发展紊流，可考虑安装流动调整器。

3. 非充分发展紊流

由于当前流程工业中十之八九为非充分发展紊流，火电厂尤为突出，有关标准脱离实际地要求流量仪表前应有 30D～50D 的安装直管段长度，现场达不到也无法执行。上节已强调了建立阻力件影响流量试验室的必要性，用测试数据公正地说明了流量计的安装技术特性。欧美国家近三十多年来已成功开展了这方面的研究，取得了不少成果。美国石油学会的 MPMS 测试备忘录及英国学者 Salami L. A 都提出了在试验室被校流量仪表的上游安装“流场干扰器”，人为地制造各种复杂的流场，以测试流量仪表的抗干扰能力。基本上有以下几种形式：

（1）圆缺孔板（或用闸阀代替）。通过旋转圆缺孔板的安装位置可以制造多种不对称流［见图 9 - 6（b）］。

（2）不同平面多个弯头［见图 9 - 6（a）］。不仅产生不对称流动，而且还会产生旋涡，更换安装角度，可产生多种复杂流场。

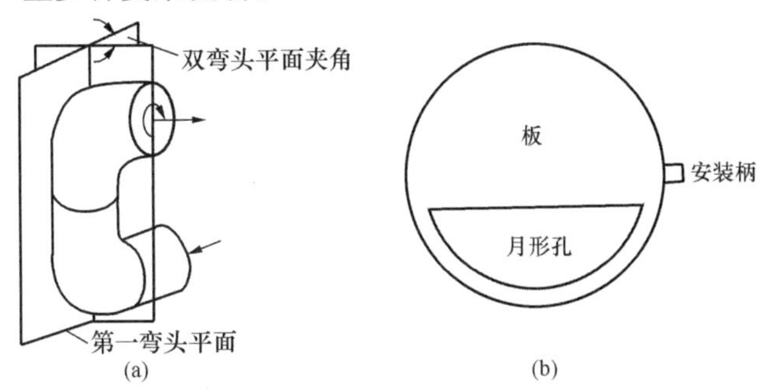

图 9 - 6　流场干扰器

（a）双 90°弯头阻力件；（b）半月形阻力件

（3）旋涡发生器。产生的主要是较大的旋涡。

将这三种流场干扰器安装在上游，可调整被校流量仪表不同的前直管段安装长度，以测试仪表的抗流场干扰能力。

(4) 挡风板。火电厂多用百叶窗式的风门调节流量，开度较小时对流场干扰较大，可以考虑用它做流场干扰器，取代旋涡发生器。

V-A法气体流量试验装置的特点，是充分认识到管内流动对流量仪表性能（特别是准确度）的影响，因此将直匀流、充分发展紊流、非充分发展紊流同时串联安装在一条管线上，如为了节约动力及场地，装置安装可采用积木式，可根据需要拆卸某一部分，通过变径管将不同功能部分连接在一起。

4. 附件

(1) 进气口。处于风机前，进气端为一个喇叭口，使来自大气中的空气顺利进入，沿其轴向进入风机。进气口中应有一个网格，以防止杂物进入风机。进气口还可以采用端头节流装置，如果风机不漏气，可成为装置的参比流量基准，Salami L. A. 三十多年前就采用端头节流装置作为试验装置的参比流量基准。

(2) 风机。主要有轴流式和离心式两种形式，轴流式风量大，出口压头较离心式低。风洞试验压损不大，多采用轴流式；而流量试验由于有些被校流量计（如节流装置）压损较大，多采用离心式。目前，轴流式已有两级轴流风扇，出口压力增大许多，且占地不大，结构紧凑，颇有优势，但要注意如被校流量仪表压损较大时，选用应慎重。

(3) 隔振段。风机多少都有些机械振动，如果管道全部采取刚性连接，则将影响流量仪表的测试，所以风机出口应安装一个软连接的隔振段，以隔断来自风机的机械振动。

(4) 消声器。消声器的作用主要是消除风机的噪声，特别是离心风机，噪声较大。如果条件允许，风机应安装在靠近试验室的单独机房中，机房采取厚壁隔声。轴流式风机噪声相对较小一点，可视情况是否安装。

(5) 扩张段。原则要求收缩段进出口面积应为2.5～3.5倍，如二次收缩，则将达到10∶1，而风机出口管径一般小于整流器，必须通过扩张段连接。如果相差较大，扩张角又必须小于12°以避免分离产生旋涡，可以在扩张段中间采用几个同心渐扩管，既缩短了扩张段的长度，又防止因扩张角过大引起旋涡。

(6) 流量基准。在第一节已述流量试验室中高精确流量基准的重要性，不再赘述。

流量基准可采用：①V-A法，在试验段进口靠近收缩段出口截面测点（或多点）流速，以确定流量；②标准流量计，如经典文丘里管、端头节流装置、气体涡轮流量计。

(7) 标准皮托管。可选用ISO 3966所推荐的三种皮托管中的一种（NPL、AMCA、CETIAT），并在国家一级的流速检验装置中进行标定，以保证取得较高的流速测量准确度。

(8) 变频器。通过变频器改变风机的转速，以达到调节设备流量大小的目的，要求风机在某一流量的测试过程中稳定不变。

(9) 数据采集系统。根据需要，通过变送器采集各部件（如端头节流装置、皮托管、被校流量计、经典文丘利管等）输出的差压、频率信号及该处的温度、压力信号，经I/V转换，A/D转换至计算机。由计算机对输入数据进行诊断分析、计算、贮存、制表、打印，得到校验结果。

(10) 变送器。各种量程的差压、温度、压力变送器，准确度应不低于0.2级。

(11) 连接管件。根据测试需要，可以将不同的部件组合成一个整体，如管径、管道外形不符时可通过变径管、方转圆、圆转方等管段达成一体。

（12）出口扩张段。气体经过试验后，排出时应通过一个扩张段，使出口的流速低于5m/s，不仅节约能量，而且可以降低噪声。

（四）装置性能评估

1. 风机风量的稳定性

在检定流量仪表时需要一定的时间，在这段时间内装置的风量应稳定不变，主要是评定变频器与风机的性能。

以装置最大流量 $q_{V\max}$ 为准，按 20%、50%、60%、70%、80%、90%、100%共 7 点通过变频器，按上述 7 点调整风机流量，每点停 5min，每 0.5min 测第二试验段皮托管的输出差压 Δp_2 及标准文丘里管的输出差压 Δp，共 10 个差压数据 Δp_{2i}（或 Δp_{1i}）。

取平均值，得

$$\overline{\Delta p_2} = \frac{\sum \Delta p_{2i}}{10} \tag{9-5}$$

取差值求稳定性误差，得

$$\sigma_{\omega_2} = \left[\frac{1}{n-1}\sum(\overline{\Delta p_2} - \Delta p_{2i})^2\right]^{1/2} \tag{9-6}$$

同理也可以用文丘里管来评定风机稳定性。

2. 测量段流场分布的不均匀性

距边壁 60mm 取上中下左中右共 9 点，流速测量分别约为 10、20、30m/s，在每一点上测 3 次取其平均值，以减少随机误差，共 9 点流速，取平均值

$$\bar{v}_1 = \frac{1}{9}\sum v_{1i} \tag{9-7}$$

流场不均匀性

$$\sigma_v = \left[\frac{1}{n-1}\sum(\bar{v}_1 - v_{1i})^2\right]^{1/2} \tag{9-8}$$

同理求 v=20、30m/s 的流场不均匀性 σ_v。

如 σ_v 超过 0.1%，则可以按 GB 10184 找代表点以减少流场不均匀性带来的流量误差。如 9 点所测数据不均匀度超过 0.1%，则应将测点增加至 16 点或 25 点，以寻找等于（或接近）平均流速的代表点。

3. 标准流量基准的计算

（1）直接法。通过位移厚度 δ^* 修正确定流量，尽管附面层很薄，但不除去它的影响，很难取得较高的准确度。如何取得，简述如下：

1）测试取不同的流速（5～7 个）下，在收缩段测量截面上下左右四面用附面层总压管测附面层厚度（静压取自壁面）。

2）数据整理。将所测数据画在纵坐标为 δ/l，横坐标为 $\lg Re$ 上。

3）通过上述特性曲线，可求得式（9-2）$\delta^* = \frac{1}{n+1} lARe^B$ 中的系数 A、B 的大小。

以后测试时只要确定了流速及流体温度就可知 Re 大小，从式（9-2）可得位移厚度 δ^*。

4）求流量。流量应为主流面积减去位移面积，乘主流流速 v_0。

圆管：

$$q_V = \left(\frac{\pi d^2}{4} - \pi d\delta^*\right)v_0 = \pi d\left(\frac{d}{4} - \delta^*\right)v_0 \tag{9-9}$$

方管：

$$q_V = [HL - (2H\delta^* + 2L\delta^*)]v_0 = [HL - 2\delta^*(H+L)]v_0 \tag{9-10}$$

式中　H、L——测量截面的高与宽。

（2）间接法。通过标准流量计修正 V-A 法的流量值，这样可省去上述烦琐的测量附面

层程序。标准流量计应在资质较高的流量装置校验，具有较高的准确度。

1）设皮托管在测量段所测量流量为 q_{V1}。

2）标准流量计所测流量为 q_{V0}。

3）由于管道串联，这两个流量应相等，附面层未修正则 q_{V1} 应大于 q_{V0}，可通过流量系数 K 修正。

4）修正系数 K：

$$K = \frac{q_{V0}}{q_{V1}} \tag{9-11}$$

5）流量准确度：

$$\delta_{q_{V1}} = \sqrt{\delta^2 q_{V0} + \delta^2 q_{V1}} \tag{9-12}$$

是文丘里管的误差与皮托管测量的误差的组合。

上述两个方法，前者的准确度不受制于标准流量仪表准确度的影响，准确度应高于后者。但要取得经验公式，需经烦琐的测试、整理；后者可较简便地取得流量系数，但准确度将低于标准流量计，用户可根据自身的条件取其一。

（五）误差分析

1. 采用速度—面积法作基准

计算公式为

$$q_V = \pi d\left(\frac{d}{4} - \delta^*\right)V_0 \tag{9-13}$$

流量相对标准误差为

$$\frac{\sigma_{q_V}}{q_V} = \left[\left(\frac{d}{q_V} \cdot \frac{\partial q_V}{\partial d}\right)^2 \left(\frac{\sigma_d}{d}\right)^2 + \left(\frac{\delta^*}{q_V} \cdot \frac{\partial q_V}{\partial \delta^*}\right)^2 \left(\frac{\sigma_\delta{}^*}{\delta^*}\right)^2 + \left(\frac{v_0}{q_V} \cdot \frac{\partial q_V}{\partial v_0}\right)^2 \left(\frac{\sigma v_0}{v_0}\right)^2\right]^{\frac{1}{2}} \tag{9-14}$$

以下逐项分析：

（1）管道内径 d（或矩形长 L 与宽 H）：

$\frac{d}{q_V} \cdot \frac{\partial q_V}{\partial d} \approx 2$，$\frac{\sigma_d}{d}$ 根据计量部门检测为 0.075%。

（2）附面层厚度 δ^*：

$\frac{\delta^*}{q_V} \cdot \frac{\partial q_V}{\partial \delta^*}$ 前已估算，虽然 δ^* 很薄，但它所处的位置是最外缘周长，约占管道截面的 1%，而 $\frac{\sigma_\delta{}^*}{\delta^*}$ 由于测量极为困难，误差较大，$\frac{\sigma_\delta{}^*}{\delta^*}$ 可达 10%，两者相乘为 0.1%。

（3）流速 v_0：

$$\frac{v_0}{q_V} \cdot \frac{\partial\, q_V}{\partial\, v_0} = 1 \quad v_0 = \left(\frac{2\Delta p}{\rho}\right)^{\frac{1}{2}} \tag{9-15}$$

$$\frac{\sigma_{v_0}}{v_0} = \left[\left(\frac{\partial v_0}{\partial_p} \cdot \frac{\sigma_{\Delta p}}{\Delta p}\right)^2 + \left(\frac{\partial v_0}{\partial \rho} \cdot \frac{\sigma_\rho}{\rho}\right)^2 + \left(\frac{\partial v_0}{\partial_\varepsilon} \cdot \frac{\sigma_\varepsilon}{\varepsilon}\right)^2 + \left(\frac{\partial v_0}{\partial b} \cdot \frac{\sigma_b}{b}\right)^2 + \left(\frac{\partial v_0}{\partial_{k_p}} \cdot \frac{\sigma_{k_p}}{k_p}\right)^2 + \left(\frac{\partial v_0}{\partial \Delta v} \cdot \frac{\sigma \Delta v}{\Delta v}\right)^2 + \left(\frac{\partial v_0}{\partial \omega} \cdot \frac{\sigma_\omega}{\omega}\right)^2\right]^{\frac{1}{2}} \tag{9-16}$$

依次分析：

1）差压 Δp 的影响。$\frac{\partial v_0}{\partial \Delta p} = \frac{1}{4}$，$\frac{\sigma_{\Delta p}}{\Delta p}$ 当前差压变送器准确度可达 0.2%。

2）密度 ρ 的影响。$\frac{\partial v_0}{\partial \rho}=\frac{1}{4}$，$\frac{\sigma_\rho}{\rho}$ 可达 0.2%。

3）可压缩性 ε 的影响。$\frac{\partial v_0}{\partial \varepsilon}=1$，$\frac{\sigma_\varepsilon}{\varepsilon}$ 最大为 0.05%。

4）阻塞性 b 的影响。$\frac{\partial v_0}{\partial b}=1$，如用标准皮托管，直径仅 6～8mm，伸入长度不到 $0.5d$。阻塞系数小于 0.02，可以忽略不计，此处考虑按 $\frac{\sigma_b}{b}$ 为 0.05%。

5）流场不均匀性影响。$\frac{\partial v_0}{\partial \Delta v}=1$，流场不均匀带来的流量误差，按 0.1%考虑。如大于 0.1%，则用找代表点来提高准确度，$\frac{\sigma_{\Delta v}}{\Delta v}$ 仍按 0.1%考虑。

6）皮托管测量准确度影响。$\frac{\partial v_0}{\partial k_p}=1$，按国家一级标定$\frac{\sigma_{k_p}}{k_p}$，可控制 0.1%以内。

7）由风机引起的流量波动。$\frac{\partial v_0}{\partial \omega}=1$，由于测取一个流量值的时间仅不到 1min，$\frac{\sigma_\omega}{\omega}$ 仅按 0.05%考虑。

将各数值带入式（9-16），得

$$\frac{\sigma_{v_0}}{v_0}=\left[\left(\frac{1}{4}\times 2\right)^2+\left(\frac{1}{4}\times 2\right)^2+0.25+0.25+1+1+0.25\right]^{1/2}\times 10^{-3}\approx 0.1803\% \tag{9-17}$$

流量相对误差$\frac{\sigma_{q_V}}{q_V}$

$$\frac{\sigma_{q_V}}{q_V}=[(4\times 0.75^2)+(1\times 1)+(1\times 1.803^2)]^{1/2}\times 10^{-3}\approx 0.25497\% \tag{9-18}$$

在 95%的置信度下，采用直匀流做流量基准的 V-A 法，流量不确定度为

$$\delta_{q_V}=2\frac{\sigma_{q_V}}{q_V}=0.50994\%\approx 0.5\% \tag{9-19}$$

2. 采用标准流量计作流量基准

其本身的误差已达到±0.5%，还要考虑其他一些因素，装置不确定度只可能达到±1%。

二、钟罩气体流量标准装置

1. 典型结构

一种典型的钟罩式装置如图 9-7 所示，钟罩是一个倒置浸入液槽的容器，上端密闭，下部开口，液槽中放入液体（水或轻质油），起到钟罩与大气密封的作用。导气管一端穿过密封液与液槽，接入钟罩内部；另一端与试验管路、被检流量计相连后，通向大气。在钟罩的内部及两侧都安装有滑轮，以避免钟罩上下运行中产生摇晃，配重的重量可以增减，通过配重，以改变钟罩的重量，以此调节钟罩内的压力，而配重及压力补偿机构则可使钟罩在上升、下降过程中维持钟罩内压力不变。

温度计及压力计分别测取钟罩内及被检流量计前的温度和压力。

钟罩上装有标尺及上、下挡板，光电发讯器，用以测量钟罩标定时的容积及时间。

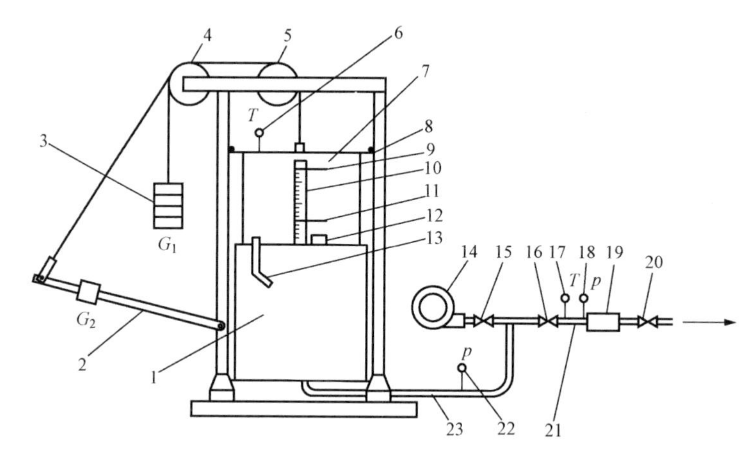

图 9-7　一种典型的钟罩式装置

1—液槽；2—压力补偿机构；3—配重物 G_1；4、5—定滑轮；6、17—温度计；7—钟罩；8—滑轮；9—上挡板；10—标尺；11—下挡板；12—光电发讯器；13—液位计；14—鼓风机；15、16—开关阀；18、22—压力计；19—被检流量计；20—调节阀；21—试验管；23—导气管

鼓风机用于向钟罩内充气令其上升到指定的位置，开关阀及调节阀，用以调控检定的程序及检定的流量。

2. 工作原理

（1）准备，开启阀门 15，关闭阀门 16，启动鼓风机，鼓风机将空气注入钟罩令其上升至一定的位置，当钟罩的下挡板通过光电发讯器时，光电发讯器给出信号，关闭鼓风机。尚需一定时间，待钟罩内温度均衡后才可校验。

（2）检定，开启阀门 16 和调节阀 20，钟罩因自身重量超过了其他力（液体浮力，配重 G_1 补偿机构拉力之和）徐徐下降，下降过程中将钟罩的气体通过导气管、被检流量计排向大气，调节阀的作用是调节出口的阻力，以改变钟罩下降的速度，即意味着改变了流量。当钟罩上的下挡板通过光电发讯器时，光电发讯器启动，记下起始时间，并开始以记脉冲数形式记录钟罩的行程。钟罩上的上挡板通过光电发讯器时，光电发讯器停止工作，记下了通过上、下挡板的时间 Δt 及行程。行程意味钟罩的容积 V（m^3），则知校验流量 Q_V，即流量原始基准。流量 $q_V = Q_V/\Delta t$。

（3）特点，技术比较成熟，已有国际标准及国家标准 JJG 165—2005《钟罩式气体流量标准装置检定规程》为依据。不确定度约可达 0.5%，已有定型商品出售，容积最小 20L，最大 $2m^3$；$2m^3$ 钟罩所校验的流量计口径可达 50mm，更大容积可特殊定制如 $10m^3$（最大可达 $16m^3$）。$16m^3$ 钟罩可校流量计口径只能达到 150mm，因此钟罩气体流量标准装置只适用于中小口径低压气体流量计的校验。

三、pVTt 法气体流量标准装置

这是一种间接测量质量流量的标准装置，主要测量的参数有：一个严格标定的容积 V；当气体在一定的时间间隔 t 内流进（或流出）容积的过程中，气体的质量（通过测量气体的压力 p 及温度 T）将发生变化，这个气体质量的差除以时间间隔 t 就是质量流量 q_m。由于它必须测量这四个基本参数，所以以这四个参数 pVTt 命名。在运行测量过程中比较烦琐但准确度较高，因此多用于校验标准流量计，用得最多的是临界流喷嘴（即音速喷嘴）。

这类流量标准装置分类较多，如按气源压力、动力设备、气体的处理、换向方式，以及标准容器的数量与安置等。按进排气及容器压力有以下几种：进、排气的区别是在检定过程中，排气是气体从标准容器中排出过程中校验标准流量计；而进气是气体先通过被检流量计再进入标准容器；进气又有高压及常压两种。以下简要介绍这三种 pVTt 法标准装置。

1. 高压进气 pVTt 法装置

高压进气 pVTt 法装置见图 9-8。

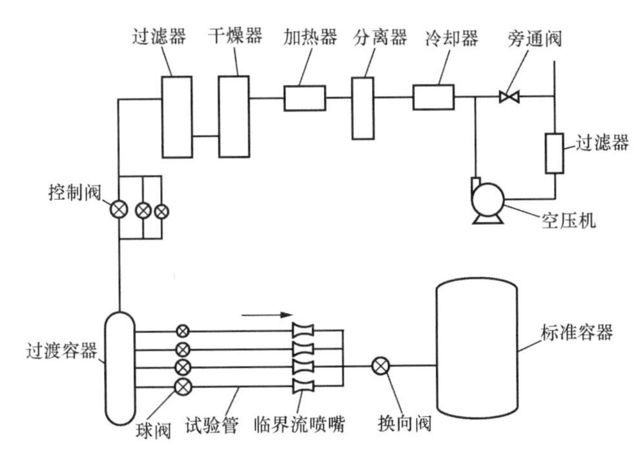

图 9-8　高压进气 pVTt 法装置

（1）气源包括动力设备、空气处理设备、气流控制设备三部分。

1）动力设备。空气经压缩机增压后进入处理设备，动力设备流量应大于设备最大流量，如不足可几台并联。

2）处理设备。空气首先进入冷却器，使空气中所含的水蒸气冷凝成水，再进入分离器，排除析出的冷凝水等液体，然后在干燥器去湿，过滤器中去污，经上述一系列处理后可得到干燥洁净的空气。

3）气流控制设备。空气压缩机的出口压力不大，即或有一些波动也可通过过渡容器（也称汇管）消除。加热器本身就是恒温器，环境温度也有助于维持管内温度恒定。临界流喷嘴有助于使流量恒定不变。

（2）试验管路（见图 9-8）。不同管径的试验管路并联安装在汇管的出口，只需打开某条管路上的球阀，就可以校验这条管路上的临界流喷嘴，对管路的要求是整个系统必须密封不得漏气，被检流量计到标准容器之间距离尽可能短；尽量准确测量试验管路上的温度与压力。

（3）标准容器。标准容器是该装置最关键的设备，装置的准确度取决于这个装置中各参数的测量准确度。它包括：①标准容器的固定容积 V；②标准容器内的空气静压 p，流体在静止状态有压力均衡的特性，较易取得较高的准确度；③测量检定时间 t 的计时器；④整个容器内空气的温度 T，这是该装置的一个难点，需要测容器上多个断面，在每个断面上还要安排多支温度计，并辅以风机促进温度均衡，以提高温度平均值的测量准确度。

2. 常压进气 pVTt 法装置

常压进气 pVTt 法装置（见图 9-9）是最简单的一种 pVTt 流量标准装置，由临界文丘里喷嘴、光电发讯开关阀、计时器、标准容器及安装其中的压力计、温度计，以及真空阀、真空泵等组成。

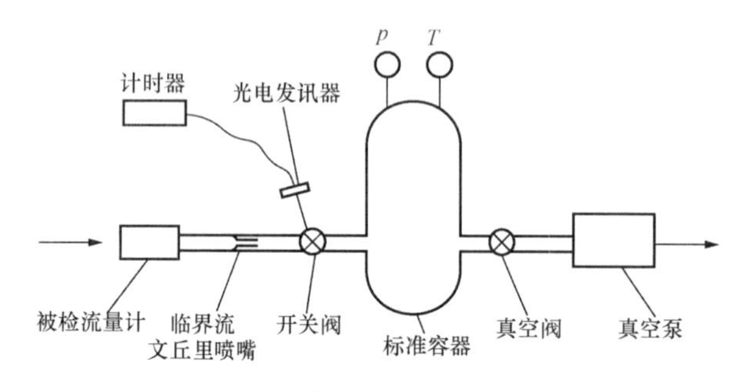

图 9-9 单容器型常压进气 pVTt 法装置

(1) 原理。检定前打开真空阀启动真空泵，抽出标准容器中的空气，然后关闭真空泵、真空阀，测取容器中空气的温度和压力。检定开始时，打开开关阀，开始计时，只要容器中的压力与大气压之比小于 0.52，则流经喷嘴时的速度为声速，而且流量不受下游（容器内）压力的变化的影响始终维持不变，喷嘴成为最好的流量调节器。在校验中，由于空气不断注入，容器内压力将不断升高，只要不高于 0.5283 个大气压，检定即可正常进行。检定时间取决于检定前容器内压力及容量、校验的流量等因素。其校验过程较短暂，难以连续进行，称为暂冲式。校验停止时，开关阀关闭，再次记录时间，可知校验时间 t，再次测量容器内的温度、压力，可知校验过程流入的质量空气总量 Q_m 除以 t 可知流量 q_m。

(2) 特点。

1) 优点：设备少，占地面积小，投资不多，见效快，节约能源，仅需一台功率不大的真空泵。

2) 缺点：受天气变化影响，温度应进行修正；不能检定高压工作的流量计，流量受制于临界流喷嘴，一个喷嘴只有一个流量，要检定另一个流量必须更换另一个喷嘴。

3. 排气式 pVTt 法装置

排气式 pVTt 法与上述进气式 pVTt 法的区别在于：排气式 pVTt 校验时气体是从标准容器中排向大气，而进气式 pVTt 是进入标准容器。在结构上排气式的容器既是标准容器又是储气容器（气源），容器的数量可以单个也可多个并联。

该装置的原理及检验流程（见图 9-10）如下：

(1) 校前准备，打开阀门 1，关闭阀门 2，启动空气压缩机，将来自大气的空气增压后，通过空气处理设备，进行除湿除尘处理后的干燥洁净空气进入标准容器，达到预定的压力后关闭阀门 1，空气压缩机，待标准容器内的空气、温度、压力均衡后，即可开始校验。

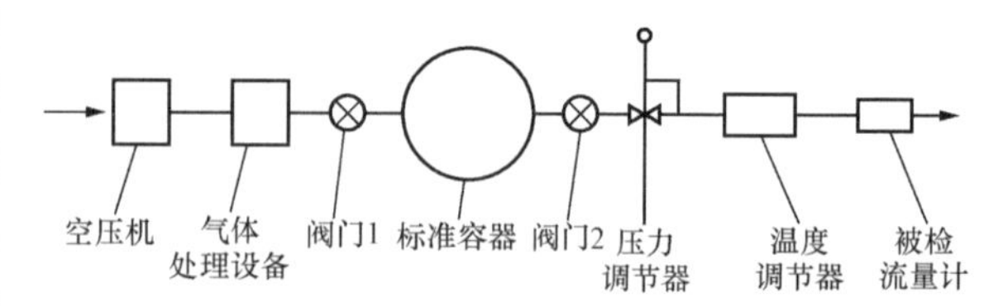

图 9-10 单容器型排气式 pVTt 法装置原理

(2) 校验：

1) 测量标准容器内的温度 T_1、压力 p_1，及标准容器的容积 V。

2) 打开阀门 2 同时计时 t_1，容器内的高压空气经阀门 2，以及压力调节器、温度调节器后，通过被检流量计排向大气；由于气体通过温度、压力调节，数值稳定。

3) 到达预定的校验时间，关闭阀门 2，同时计时 t_2，测量标准容器内气体的温度 T_2 及压力 p_2，根据 p_1T_1V 可计算起始容器内的空气质量 m_1，由 p_2T_2V 计算容器内所剩空气的质量 m_2，在 t 时间 $\Delta t=t_1-t_2$ 时流出的空气质量总量为 $Q_m=m_1-m_2$，被校流量的基准为 $q_m=Q_m/\Delta t$。

4. pVTt 法装置与其他装置的比较

（1）pVTt 法与钟罩。

1）pVTt 法准确度高。钟罩是通过一定时间 t 内测体积 V 的变化来推算流量的校验装置（简称 Vt 法），由于动态测容积准确度较低，pVTt 法的体积是固定的。所以，pVTt 法比 Vt 法准确度高。

2）Vt 法由于需液体密封，所以空气中湿度较高，pVTt 法气体都经干燥处理，不受湿度影响。

3）Vt 法容积小，又是常压，所以只能用于校验小流量、常压的流量计。

4）Vt 法较便宜，有商品可购买。

（2）pVTt 法与 Vρt 法。

所谓 Vρt 法就是直接用密度计来测量标准容积校验前后的密度，以取代测温度 T、压力 p，测量准确度主要取决于密度测量的准确度，而直接测密度更适用于混合气体。

（3）pVTt 法与 mt 法。

mt 法是用称重的方法直接测量容器内气体质量 m 在校验时间 t 内变化，由于称重准确度可以达到万分之几，所以 mt 法是气体流量标准装置中最准确的方法，而 pVTt 法的误差源不仅多，而且准确度也差。但 mt 法要求气体的压力较高，这样才有可能分辨校验前后容积内气体质量的变化，因此投资较高。

四、称量法气体流量标准装置

采用称重方法测定检定前后标准容器内的气体质量变化，简称 mt 法，一般采用正压进气式。

1. 结构

如图 9-11 所示，空气经空压机增压后，送入空气处理设备，进行处理，处理后的洁净、干燥的气体送入储气罐待用，储气罐的作用是储存较多的高压气体，可供多次检定，以减少空压机启停的次数。减压阀是将储气罐中的高压空气减压至流程所设定的压力存入稳压容器备用，稳压容器起到减小压力脉动的作用，被校流量计一般是临界流喷嘴，即使是校验其他流量计，也必须安装临界流喷嘴，因其有稳定流量的作用。换向系统由两个联动球阀组成，所谓联动就是打开一个阀时，另一个阀必须关闭，以保证空气不是进入称量容器，就应排向大气。脱开装置的作用是在检定时将标准容器置于电子称重秤，不检定时应移开，以保护称重秤的灵敏度与准确度，它由一组气动球阀与密封系统组成，称量容器可以承受的最高压力为 10MPa；从强度考虑，一般做成球形，电子秤的准确度可达万分之几，灵敏度极高（一个 10t 的容器，可以感受 2g 的质量变化，测量读数误差为 5g）。

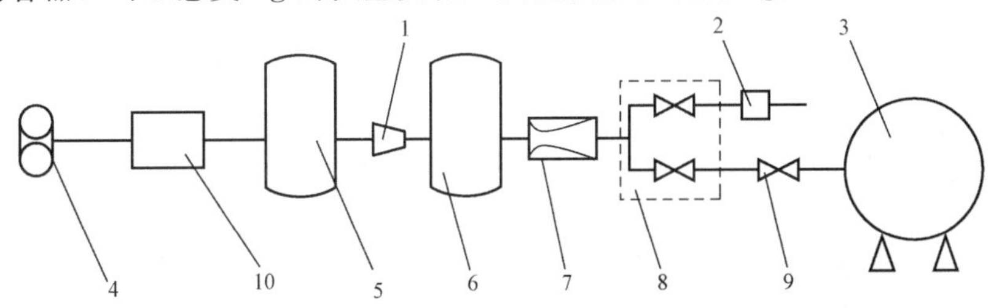

图 9-11　称量法装置原理

1—减压阀；2—消声器；3—称量容器和秤；4—空压机；5—储气罐；6—稳压容器；7—声速喷嘴；8—换向系统；9—脱开装置；10—空气净化设备

2. 检定过程

(1) 检前准备。启动换向设备，将空气排向大气，启动空压机，脱开装置将标准容器放在称重秤上，称重标准容器的毛重 m_1。

(2) 检定。换向系统换向同时计时 t_1，使稳压容器中的气体经声速喷嘴（或其他送检流量计）后，进入标准容器，记录喷嘴上、下游的压力 p_1、p_2，温度 T_1、T_2。

(3) 检定停止。当上游压力 p_1 与不断上升的下游压力 p_2 之比 p_2/p_1 接近 0.52 临界值时，再次启动换向机构（及时计时 t_2）。气体再流向大气，记录喷嘴上、下游的温度、压力；脱开系统将标准容器与管路脱开，放在称重秤上，记录进入空气后标准容器的总重量 m_2，称重后排出空气。

(4) 计算。将标准容器的总重 m_2 减去毛重 m_1，即为标定过程注入的气体质量 Q_m，mt 法的标准流量 $q_m=Q_m/(t_2-t_1)$，所测参数只有 m、t，少而准确，影响因素极少，所以 mt 法是当前气体流量标准装置最准确（即不确定最小）的流量装置。

五、活塞式气体流量标准装置

1. 结构

活塞式气体流量标准装置（见图 9-12）的主要部件为伺服电机、减速机构、丝杠、光栅、活塞缸、活塞、温度测量系统、压力测量系统、进气管路、出气管路、被校流量计、计算机数据采集和控制系统、阀门等。

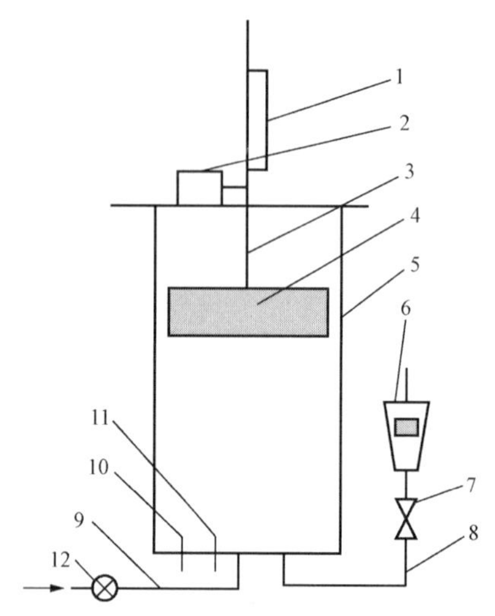

图 9-12 活塞式气体流量标准装置原理

1—光栅；2—电机；3—滚珠丝杠；4—活塞；5—活塞缸；6—流量计；7—出气阀门；8—出气管路；9—进气管路；10—压力传感器；11—温度传感器；12—进气阀门

2. 工作原理

按检定所需流量计算活塞下降速度、电机转速所需电压值，由控制系统输出电机的工作电压，电机通过减速器降低转速后带动丝杠，使固定在丝杠一端的活塞以等速向下运动挤压活塞下的空气通过气缸下排气孔，经排气管路到被校流量计。气缸起始向下运动时，其下的气体压力将短暂上升，但很快会达到稳定值，可认为以后压力、温度值将不再变化。由于气缸内径已准确测试，活塞下降的距离通过光栅测试，可以计算出活塞运行一定距离所排出的容积流量，该流量为标准流量，以此检定流量计。

3. 运行程序

(1) 准备。关闭出气阀门，打开进气阀门，启动电机，将活塞提升至缸体最高处，空气经进气阀门进入缸体，然后关闭进气阀门。

(2) 检定。按所需流量设定电机电压，电机启动，带动活塞向下运行，同时打开出气管路上的出气阀门，排出气体检定流量计。

(3) 测试。当活塞开始运行时，记下气缸内的温度、压力，光栅记下活塞下降的距离，及经所设定距离的时间 t 等数据，当活塞下降到预定值时，控制系统关闭电机，完成一次检定。

(4) 计算。按活塞下降的有效高度，计算排出的气体容积值 Q_V，活塞通过有效高度所

需时间 t，标准容积流量 $q_V = Q_V / t$。

六、其他气体流量标准装置

（1）皂膜气体流量标准装置。用于校验微小的气体流量，最大流量不超过 $0.36m^3/h$，装置小而简单，技术比较成熟，我国制定了 JJG 586—2006《皂膜流量计检定规程》。当前是我国校验微小气体流量最主要的设备。

（2）体积管气体流量检定装置。主要用于校验油品，国内已开始生产。国外已有产品用于校验气体（主要是天然气），有车载及固定两种主要型式。

第三节　液体流量标准装置

主要有静态与动态两大类，静态是测量在一定时间间隔 t 内注入某一容器的液体，称其重量为称重法，量其体积为容积法，流量值需待校验完成后，除以时间间隔 t 才可知流量；而动态法是在校验过程中即可知流量，如标准体积管、标准表比对法。

一、静态质量法

1. 构成

静态质量法液体流量装置如图 9 - 13 所示，校验装置工作时，液泵将液体自储液池中抽出，加压注入稳压容器，消除高频脉动后，依次通过管道、被检流量计、调节阀至喷嘴。液体流向何处，取决于喷嘴与换向器的相对位置，不校验时，喷嘴位于左边换向器，液体流向储液池，校验时喷嘴位于右边换向器，液体流入称量容器，称量容器置于电子秤上。

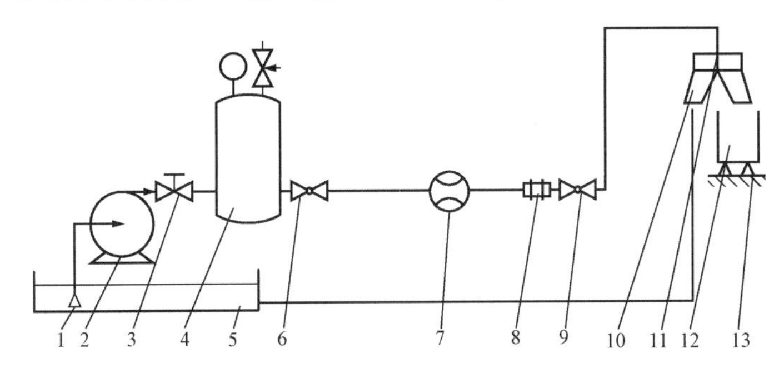

图 9 - 13　静态质量法液体流量装置

1—底阀；2—液泵；3、6—开关阀；4—稳压容器；5—储液池；7—被检流量计；8—伸缩器；9—调节阀；10—换向器；11—喷嘴；12—称量容器；13—电子秤

2. 校验程序

（1）校前准备。换向器置于旁路左方，确定称量容器起始重量，打开底阀，启动液泵，调节阀调节至校验所需流量。

（2）校验。待流量稳定后，启动换向器，令喷嘴置于右方，使液体流入流量容器；换向同时启动计时器；开始计时；待到达设定的校验时，换向器再次换向，令喷嘴流出的液体经左路流回储液池，计时器终止计时，可知校验时间 t。

（3）测重。由电子秤称出在校验时间内注入液体的质量 m，除以校验时间 t，即流量 $q_m = m/t$。

3. 主要部件

(1) 称量系统。在装置中是量值的主要依据，目前最常用是电子秤，它应安放在水平的坚实地基上，应防震，避免外界气流的干扰，称量容器的重心应与秤的几何中心吻合。

电子秤使用一定期限后，需进行校验，以确保其准确度不下降。

(2) 稳压技术。在校验过程中应确保流量的稳定，以提高校验的准确度。长期以来，水流量校验装置都是通过水塔的固定压头保证流量的稳定性，因水头过高时会溢出水塔，确保压头不变，但建设水塔影响了压头的提高，投资、占地大，这种形式已基本不再采用。

目前常用的是稳压容器是一个密封金属容器，里面的金属网格可以吸收脉动的动能，待稳定后翻过隔板待用。容器的上方一般应留有一定空间储存空气，由于空气的可压缩性，可以很好地消除压力脉动。

(3) 换向器。也是校验装置的重要部件，与光电发生器、计时器组成一体，换向器有开式（见图 9-14）、闭式（见图 9-15）两种形式。开式换向器的优点是出口与大气相连，压损小，换向时不致影响管道中的流速，驱动功率较小；而闭式换向器不会引起液流飞溅引起的误差，但有较大的压力损失。

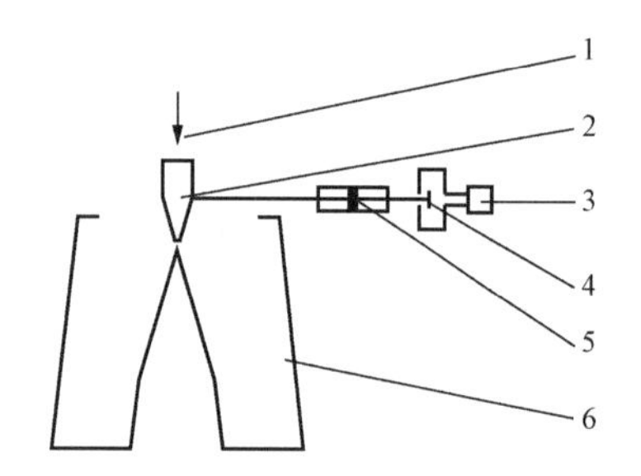

图 9-14　开式换向器结构示意

1—液流；2—喷嘴；3—计时器；

4—光电信号发生器；5—汽缸；6—导流器

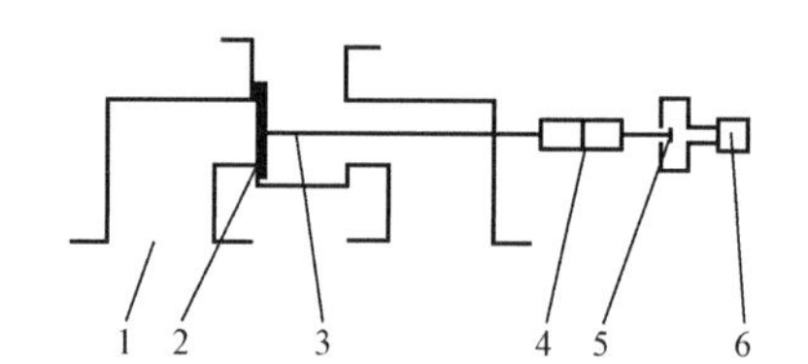

图 9-15　闭式换向器结构示意

1—通道；2—隔板；3—连杆；

4—汽缸；5—光电信号发生器；6—计时器

4. 特点

液体在静态下称重，消除动态影响，准确度较高；可以直接输出电信号，易于实现装置的自动化。

二、静态容积法

1. 检定程序

如图 9-16 所示，静态容积法工作原理与静态称重法十分相似，差别仅在于静态容积法将标准容器取代了称量容器及电子秤。检定开始前先将液体注入标准容器，使液位到达底部起始位置，然后换向器置于旁路。检定时，先用调节阀调节流量到设定值，待流量稳定后，启动换向器将液体注入标准容器，同时启动计时器开始计时，待注入液体到达上设定位置时，再次启动换向器，使液体流入旁路，同时关闭计时器停止计时。

标准容器上、下设定位置之间的容积 V 已预先经过准确检定，了解通过的时间 t，即可知流量大小。

2. 特点

准确度较高，价格适中，直接检定容积流量，如需换算为质量流量，应准确测量液体密度。容积大小会受温度影响，应予以修正，设备较简单，易于掌握。

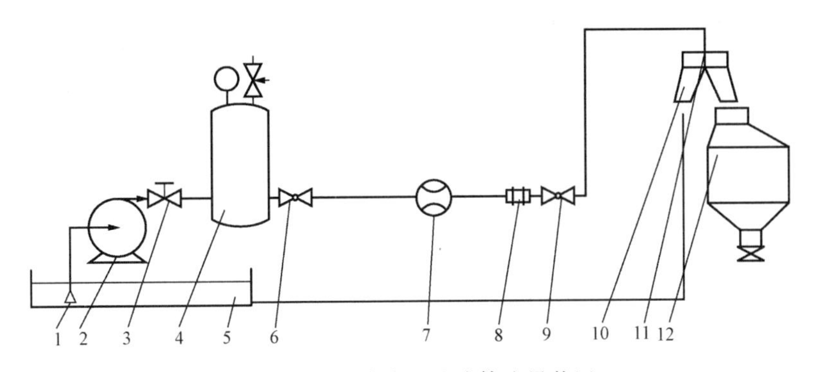

图 9-16　静态容积法液体流量装置

1—底阀；2—液泵；3、6—开关阀；4—稳压容器；5—水池；7—被检流量计；8—伸缩器；9—调节阀；10—换向器；11—喷嘴；12—工作量器

三、动态质量法

动态质量法液体流量标准装置如图 9-17 所示，动态质量法与静态法的区别在于：①无换向设备，②在测量质量（或容积）总量时，是在动态中进行的。

1. 校验过程

（1）校验前准备。启动液泵，用调节阀调节流量稳定在预定值，此时进入称量容器中的液体将通过其下端的放水阀经回流管回到蓄水池。

（2）检定。当流量稳定后，关闭放水阀，流入的液体不再流出，开始积累，液体质量到达某一预定值 m_1 时，启动计时器开始计时，液体继续稳定流入，到达第二个预定值 m_2 时，关闭计时器；如计时为 Δt，校验的标准质量流量 $q_m=(m_2-m_1)/\Delta t$。

2. 特点

动态质量法的优点在于无换向器，不仅减少了投资，而且剔除了因换向器引入的误差，装置本身易于密封，可用于校验易挥发、有毒、有害的液体。由于动态法称量准确度比静态法差，准确度略逊于静态法，为 0.2%～0.5%，测小流量（即流速较低情况），准确度较高。

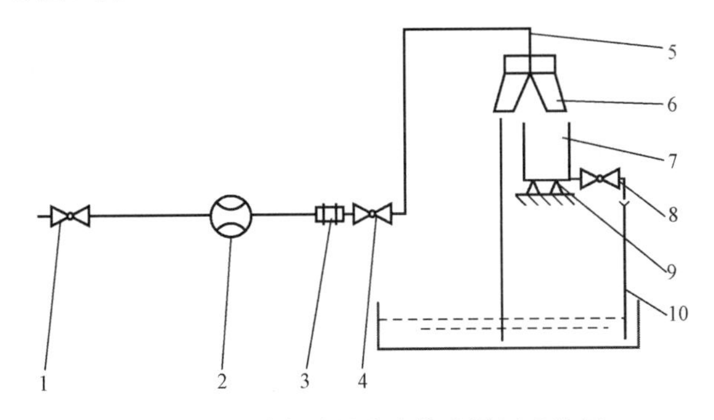

图 9-17　动态质量法液体流量标准装置

1—开关阀；2—被检流量计；3—伸缩器；4—调节阀；5—喷嘴；6—换向器；7—称量容器；8—放水阀；9—电子秤；10—回流管

四、动态容积法

动态容积法原理、程序与上述动态质量法基本相同，不同点只是用标准容器取代了称量

容器，称量容器上下各有一小段截面积较小的部分，以提高容积的测量准确度，在上下缩颈部分，各设定了一个水位线，两个水位线之间的容积，准确标定为标准容积 V，当液位上升至下液位线时启动计时器，到达上液位线时停止计时，测得时间差 Δt，容积流量 $q_V=V/\Delta t$。

动态容积法流量标准装置准确度也可达到 0.2%～0.5%。

五、标准体积管

1. 原理

如图 9-18 所示，标准体积管由一根内径精密加工的 U 形钢管、移动器（球或活塞）、阀门、检测开关、检测计时器等组成。为节约场地，便于操作，钢管多做成 U 形，在 U 形管的两侧各安装了一个检测开关，两个检测开关之间的容积经精确测定为 V，待球移动至第一个检测开关时，启动计时器开始计时，移动到第二个检测开关时关闭计时器，球在二个检测器移动的时间为 Δt，球移动置换的流量 $q_V=V/\Delta t$。

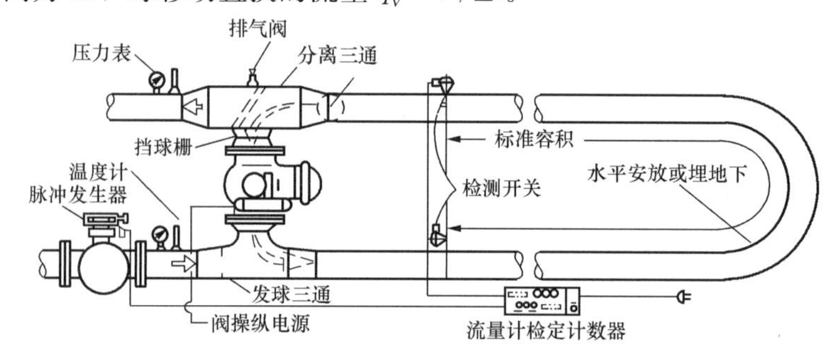

图 9-18　单向型标准体积管

2. 形式

（1）按球运动的方向，有单向及双向之分。图 9-18 所示为单向型。对于双向型，球将往返一次，两次通过检测开关，被校流量是两次置换空间之和。双向型结构将复杂一些，可更好地利用设备。

（2）按标准体积管安装的地点，有固定式及车载式两种；固定式与上述所介绍的流量标准装置一样，安装在固定地点，流量计必须拆下送检；而车载式标准体积管可以移动至不同现场，在线检定，特别有利于油田的流量仪表在线检定。

3. 技术参数

（1）流体：最适用于油品，因其有润滑性，减小磨损，有利于球的运动，当然也可用于其他液体。国外也有应用于气体的标准体积管，技术难度会更大一些。

（2）温度：环境温度 5～40℃，适用流体温度 15～85℃。

（3）压力：1.6～6.3MPa。

（4）准确度：±0.1%。

（5）量程比：40∶1。

第四节　标准表法流量校验装置

采用标准流量计作为流量标准来校验其他流量计，便于量值传递，简而易行，投资少，操作简便，校验效率高，多为中小企业所接受。但不足之处在于被校流量计的准确度受制于标准流量计，所以标准流量计应选择准确度高、性能稳定的流量仪表。

一、结构与原理

原理比较简单，按流体力学的连续方程，在一条直管上如无流体加入或排出，则流量应是一致的，所以只要将标准表与被校流量表安装在同一管道上，标准表就是被校流量计的流量基准。

结构如图 9-19 所示，动力源为风机（或泵），将流体加压后，通过阀门 2、3，进入标准表组合 4，由于任何流量计都只能在一定的流量范围内维持较高的准确度，将一组标准流量并联组合在一起，可以扩大量程比，并保持较高的准确度。被校流量计安装在标准表之后，应处于充分发展紊流中，被校表前应有较长的直管段。所以被校表不推荐采用并联组合形式，可以用变径管与标准表组合出口相连，如还达不到必要的安装长度，可以在之前安装流动调整器，以缩短安装长度，但最少也应有 15D 的安装长度（D 为管道内径）。

液体的标准表法：在泵与标准表组合之间应加一个稳压器，以减少压力脉动。

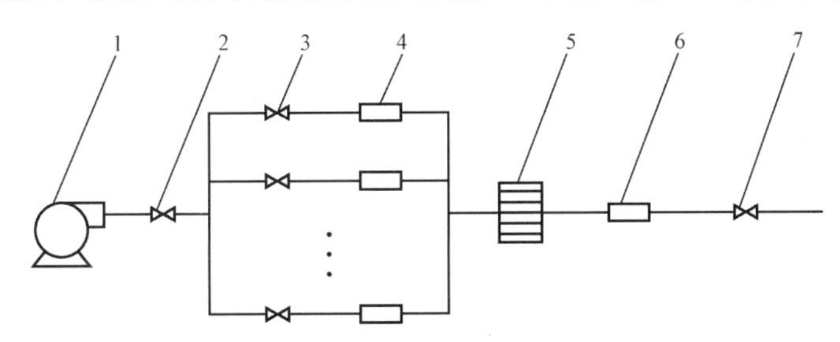

图 9-19　标准表法流量校验装置流程

1—风机（泵）；2、3、7—阀门；4—标准流量计；5—流动调整器；6—被校流量计

二、标准流量计

标准流量计是标准法中最关键的部件，决定了整个装置的技术性能，它应符合以下条件：

（1）准确度较高，应不低于±0.5%，这样所校流量仪表一般也只能达到±1%的准确度。符合条件的仪表有电磁、容积、涡轮、超声、科氏、文丘里管、临界喷嘴等。

（2）长期稳定性良好。有些仪表由于有运动件，或结构上的问题，长期运行后因易于磨损，准确度等技术性能会下降，如涡轮、容积式及孔板，都不宜选用为标准表。

（3）压损小。如标准表压损过大，必须增加装置的动力源功率，增加运行费用，不利于节能，科氏、容积、孔板压损都较大，不宜选用。

由上所述，液体标准表流量装置宜采用电磁、超声、文丘里管为标准表；而用于气体的标准表，最适合的是临界喷嘴（或临界文丘里喷嘴）。

临界喷嘴气体流量装置，由于有以下一些优点，多用于做标准流量计。

准确度可达±0.2%；无可动部件，结构简单、耐磨损、易于复制、技术性能稳定，如采用出口扩张角（2°～6°）的文丘里喷嘴，因压力可在扩张段恢复，上、下游压力比可达到 0.9，用它做标准表的试验室占地小，准确度高，经济实惠，已有定型产品出售（见图 9-20）。

1）负压法声速喷嘴装置（见图 9-21）。装置由真空泵、真空罐、声速喷嘴组、塞阀、

图 9-20　负压法临界喷嘴气体流量校验装置

阀门、被检流量计组成。检定前每个被检流量计及声速喷嘴上的阀门、塞阀都应处于关闭状态，不得漏气。

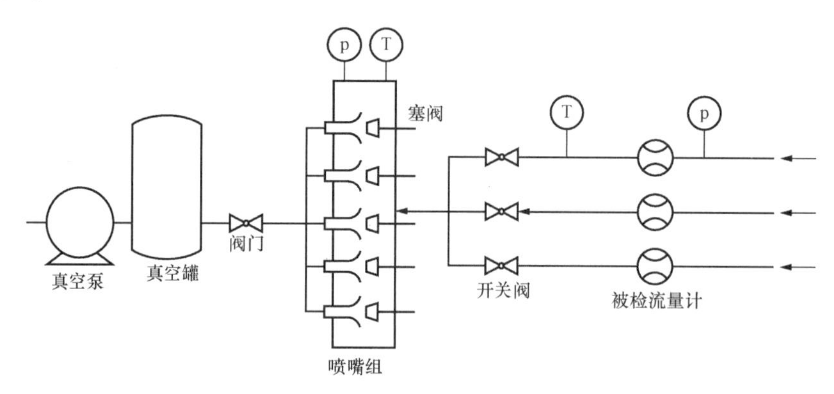

图 9-21　负压法声速喷嘴装置原理示意图

检定时，按检定所需流量确定需打开哪一组声速喷嘴上的塞阀，打开被检流量计管线上的阀门，启动真空泵，当真空罐中的压力不断下降，使各声速喷嘴上、下游压力值达到临界值时，通过声速喷嘴的流量值保持稳定，即使真空罐中的压力继续下降，也不会改变。待流量稳定后，开始记录声速喷嘴上游的滞止温度、压力及被检流量计的输出值、其上游的温度及压力，记录各参数后，校验过程终止，关闭所用开启的声速喷嘴塞阀。如检定其他流量值，则开启另一组声速喷嘴，按上述步骤，开始下一个检定。

负压法声速喷嘴流量检验装置投资小，准确度高可达±0.2%，消耗动力小，运行费用较低，是我国当前采用较多的一种气体流量校验装置，口径可达 400mm，流量最大为 10000m^3/h，装置不确定度为 0.3%，已有定型产品出售。而我国浙江余姚某公司自行研发的负压音速喷嘴装置，由于采用了闭环空气循环，装置不确定度可达 0.25%，最大流量为 15000m^3/h。

2）正压法声速喷嘴装置（见图 9-22）。

装置在线应用，则由现场提供只有一定压力的气体（空气、天然气等）；如在试验室离线应用，则需自备压缩机及气体处理设备（干燥过滤）。

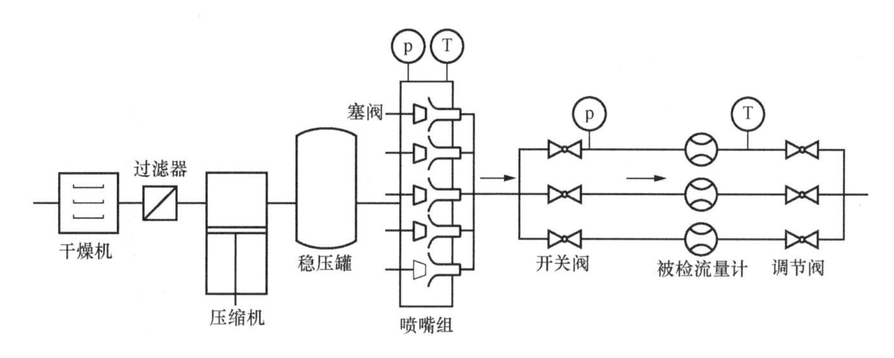

图 9-22　正压法声速喷嘴装置原理示意

检定过程与上述负压法十分类似，检定前需要关闭被检流量计管线上所有阀门及喷嘴组中的塞阀。

检定时，先打开被检流量计管线上的阀门，再按所需流量打开所需声速喷嘴上的塞阀，启动气体压缩机，待喷嘴上下游压力值达到临界值流量稳定后，记录所需检定参数，记录后完成这个流量值的检定，关闭所选喷嘴的塞阀，按下一流量值打开另一组声速喷嘴上的塞阀，开启下一流量值的校验。

第五节　蒸汽流量校验装置

节能减排已成为我国的重要国策，对于火电厂推动汽轮机的载能工质的水蒸气，则要求准确测量，以评估热电效果，按 GB 17167—2006《用能单位能源计量器具配备和管理通则》的要求，蒸汽流量准确度不应低于 2%，为此，有必要建立相应的流量校验装置。我国近年来建立了不少蒸汽流量校验装置，基本可归纳为称重法、容积法、标准表法三类，以下按称重法介绍其结构原理。

一、原理与结构

（1）如图 9-23 所示，水泵 11 将水池中的洁净水注入锅炉，产生的水蒸气经汽水分离器分离，排出了水，成为单相的水蒸气，经压力调节器及流量调压阀，将水蒸气调节为一定压力及流量后进入被校蒸汽流量计，进入前应测量水蒸气的温度 T、压力 p。

（2）通过被检流量计的水蒸气进入热交换器，将热量传给冷却水，被冷却后的水蒸气完全成为单相的冷凝水，以便称重。

（3）冷凝水注入电子秤，在电子秤上设定两个重量刻度 G_1、G_2，当注入的冷凝水达到重量 G_1 时，启动计时器，到达第 2 个重量 G_2 关闭计时器，计时器记下通过 G_1、G_2 两个重量所需时间 Δt。

流量的基准 $q_{mn}=(G_2-G_1)/\Delta t$，被校流量计的流量系数 $K=q_{mn}/q_{m1}$。

二、装置的功能

（1）蒸汽的产生与处理。通常可由锅炉产生水蒸气（如在热电厂附近，可以就近引入水蒸气），水蒸气通过汽水分离器，将其中水分分离出来并排出。

（2）控制，用压力调节器调节水蒸气的压力，流量调节阀调节流量，使进入被校蒸汽流量计的蒸汽具有预定的压力和流量。

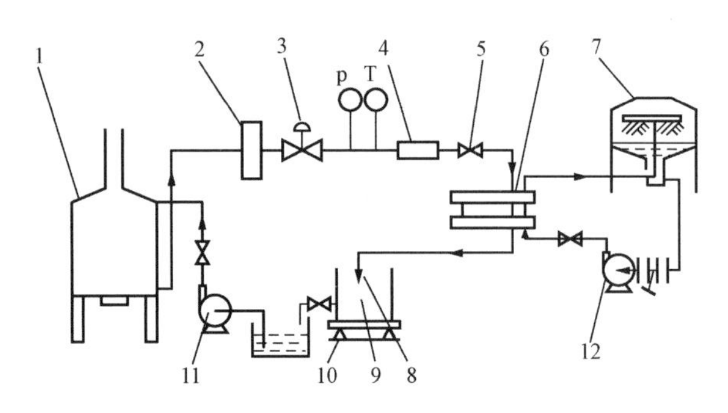

图 9-23 蒸汽装置的原理

1—蒸汽发生器；2—汽水分离器；3—压力调节器；4—被检蒸汽流量计；5—流量调压阀；6—热交换器；7—冷却塔；8—出水口；9—称量容器；10—电子秤；11、12—水泵

(3) 冷却与加热。热交换器的作用是将通过被检蒸汽流量计的水蒸气冷却，完全变成冷凝水以备计量，通过换热器被水蒸气加热了的冷却水，经过冷却塔的喷洒与空气充分接触，将热量释放给空气后，温度下降再进入水泵 12，循环使用。

(4) 计量。

1) 测量进入被检蒸汽流量计水蒸气的温度 T 及压力 p，以便计算质量流量 q_{m1}。

2) 通过热交换器的水蒸气完全冷却为冷凝水后，通过电子秤称的流量为基准质量流量 q_{mn}。

三、准确度

为减少误差应注意：

(1) 单相水蒸气进入被检蒸汽流量计之前，应彻底将其中的水分排出，为此，有时将水蒸气处理成饱含蒸汽或微过热蒸汽，避免因两相流带来的误差。

(2) 冷凝水，通过热交换器后的水蒸气应保证得到充分的冷却，完全转换为冷凝水，否则如果残留有气相，则将在进入称量容器时蒸发，会带来误差。

(3) 泄漏，水蒸气从进入被校流量计开始，通过热交换器转换为冷凝水进入称量系统的整个过程中，无论是气相还是液相，都以质量不变为前提，如有泄漏，便会带来误差。

第六节　多相流流量标准装置

在自然界及工业过程中，涉及多相流比比皆是，特别是近几十年以来，动力、核电、石化等频频因高参数而出现的多相流，引起了世界各国的关注，进行研究。首先要解决的就是多相流参数的检测与检定。

一、多相流的定义与特点

1. 定义

多相流是指具有两种以上不同相物质一起流动，通常指气、固、液三相的组合；在火电厂常见的进入锅炉燃烧过程的气、固（风/煤粉）两相流，以及锅炉生成的水蒸气的气、液两相流。

2. 多相流的特点

多相流的特点主要表现为：

（1）流态：两相之间存在随机可变的相界面，致使流动形式呈现多样性，十分复杂，它不仅受各相比例的影响，还受流动方向、流体参数（温度、压力、密度、黏度等）的影响。

（2）速差：在流动过程中，各相的流速一般来说是有差异的，未必同步。所以，在测量时，切勿将载体（如空气或水）的流速认定为被测物质（煤、矿石、化学产品等）的流速。速差受固相粒度的大小、比重、比例（浓度）的影响。

二、多相流校验装置的特点

（1）专业性。由于多相流因不同相的比例，将会形成十分复杂的流态，影响着流量测量的方法与准确度，所以很难要求一个多相流流量标准装置具有很大的通用性，一般在建立时应十分明确目的，它是为哪个工业流程解决什么问题而建立的。

（2）基本流程。多相流流量标准装置虽然有许多形式，但归纳起来基本流程大体相近，就是分以下几步：分相计量→混合为多相→检定多相流量计→将多相流分离为单相，空气放空，液、固相物质回收，循环使用。这样做的优点是准确计量了单相流量，有效地控制了多相流各相的比例。

（3）管道布局。单相流量标准装置的管道布局为操作安装方便，基本上是水平的，但对于多相流量标准装置来说，由于多相流的流态与管道布局密切有关，所以除了水平管道外，还应根据课题的目的考虑垂直，甚至不同倾斜角的管道布局。

（4）标准表组。测量单相流体的标准流量计多以多台并联组成，以扩大量程比，组成较多类型的多相流。固相的称量，不能用静态的称重电子秤，应采用动态称量的冲量电子秤或微波固体流量计。

三、工作原理

以油气水多相流标准装置工作流程为例（见图 9-24），介绍其工作原理。

油、水分别由油泵、水泵，将油、水从油箱、水箱中抽出，经稳压罐和过滤器过滤后进入标准流量计，经流量调节阀后，进入油水混合器混合，再进入气液混合器，再次混合。空

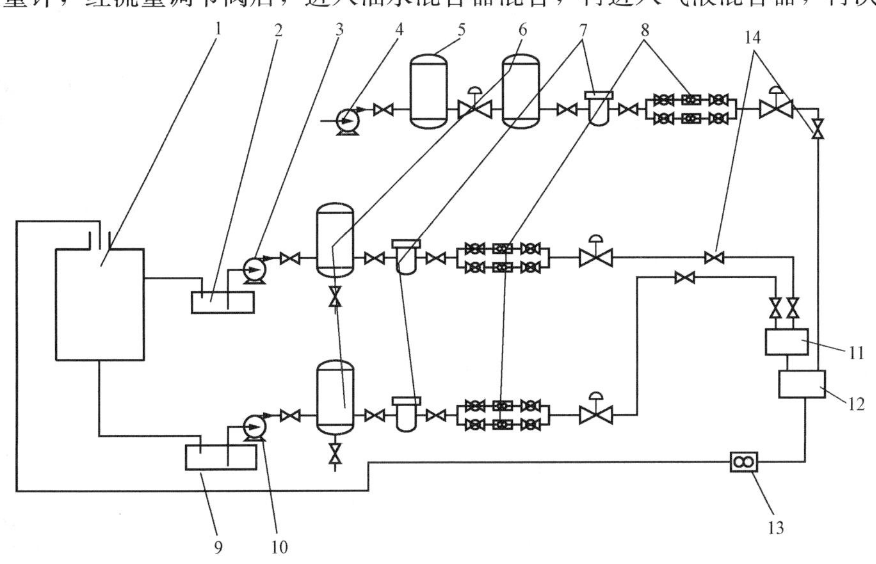

图 9-24　油、气、水三组分混合流体标准装置

1—分离器；2—油箱；3—油泵组；4—气泵组；5—储气罐；6—稳压罐；7—过滤器；8—标准表组；9—水箱；10—水泵组；11—油水混合器；12—气液混合器；13—多相流量计（或试件）；14—流量调节阀

气则由空压机，将空气送入储气罐、稳压罐、过滤器，经标准流量计组后，至气液混合器，与经油水混合器混合好的液态相，进入气液混合器，再次混合为所设定比例的油水气三相流体，进入三相流试验管道。各相在多相流中的比例，由流量调节器在各单相管道中调节。图 9-24 所示试验管道中的 13 注明为多相流量计，其实也可以是其他试件，如阻力件，研究不同阻力件在三相流中的阻力系数，也还可以是传热器，研究其在三相流中传热系数的变化规律等。

三相流通过多相流量计后，完成检定（或研究）测试目的，回到分离器，首先进行气液分离，分离出来的空气排放到大气；再进行油水分离，分离出来的油水分别进入油箱、水箱。

多相流流量标准装置的原理，简言之就是混合、分离，单相进行测试，准确确定单相在多相流中的比例；将单相混合成多相进行检定，检定后再分离成单相，循环使用。

参 考 文 献

[1] 毛新业. 用均匀流场准确校验气体大流量. 仪器仪表学报，1986，下卷（3）：312-318.

[2] 郑洽馀，等. 流体力学. 北京：机械工业出版社，1980.

[3] 王自和，等. 气体流量标准装置. 北京：中国计量出版社，1994.

[4] 叶大均. 热力机械测试技术. 北京：机械工业出版社，1980.

[5] 毛新业. 准确测量风量，提高火电锅炉燃烧效率. 2012 电站锅炉优化运行技术研讨会论文集，177-183.

[6] 毛新业. 流场——流量系数的传递平台. 工业计量，2007.

[7] 毛新业. 先进、高效、准确的三维现场校验技术. 工业计量，2011，（4）：8-11.

[8] 美国石油学会. 石油测量标准手册. 2005.

[9] Salami L. A. On Velocity-area Method of Asymmetric Profiles Design and Commissioning of Experimental Rig，Mech Eng. Report ME/72/36. University of Southampton，July，1972.

[10] Salami L. A. Errors in the Velocity-area Measuring Asymmetric Flow in Circular Pipes. Modern Development in Flow Measurement，Clayton，London.

[11] 王池，王自和，张宝珠，等. 流量测量技术全书. 北京：化学工业出版社，2012.

[12] 朱家顺. 高稳定低能耗气体流量标准装置的探讨，2012 年全国流量测量学术交流会论文集. 上海.

[13] 日本计量机器联合会. 流量计测 A to Z. 东京：工业技术社，1995.

[14] 国家计量局. 流量检定规程汇编. 北京：计量出版社，1982.

[15] 姚海元，宫敬. 多相流流量计及其检定装置. 油气田地面工程，2004，9.

[16] 许英，李涛. Research on the Oil-gas-water Three-phase Flow Experimental Apparatus. Advanced Materials Research，2011，328-330.

第十章

流量测量标准规范

第一节　概　　述

一、标准及其类别

所谓“标准”，是经协商一致制定，并由公认机构批准，提供要求、规范、导则或规定特性的一种规范性文件。通过这些文件的严格使用，可确保材料、产品、过程和服务满足其功用。标准必须具备“共同使用和重复使用”的特点，制定标准的目的是获得最佳秩序，以便促进共同的效益。因此，国际标准化组织（ISO）和国际电工委员会（IEC）特别强调，标准宜以科学、技术和经验的综合成果为基础，以促进最佳的共同效益为目的。

依据制定标准的参与者所涉及的范围或标准的适用范围，通常将标准分为国际标准、区域标准、国家标准、行业标准、地方标准、团体标准、企业标准等。其中，区域标准是指由几个国家或地区共同制定的标准，如欧洲标准化委员会（CEN）或欧洲电工标准化委员会（CENELEC）制定的标准等。以下重点介绍国际标准、国家标准和行业标准。

1. 国际标准

ISO（International Organization for Standardization，国际标准化组织）、IEC（International Electrotechnical Commission，国际电工委员会）和 ITU（International Telecommunication Union，国际电信联盟）是世界上三大权威的国际标准制定组织。按国家标准GB/T 20000.2—2009《标准化工作指南　第 2 部分：采用国际标准》的定义，所谓的“国际标准”，是指“国际标准化组织（ISO）、国际电工委员会（IEC）和国际电信联盟（ITU）以及 ISO 确认并公布的其他国际组织制定的标准。”与工业界相关的主要是 ISO 和 IEC，ISO 创建于 1947 年 2 月，IEC 创建于 1906 年 6 月。IEC 负责制定电气、电子领域的标准，其他领域的标准由 ISO 负责制定。ISO 确认并公布的其他国际组织有 OIML（International Organization of Legal Metrology，国际法制计量组织）、IGU（International Gas Union，国际天然气联合会）、CEN（欧洲标准化委员会）等。国际标准发布后在世界范围内适用，作为世界各国进行贸易和技术交流的基本准则和统一要求。

值得一提的是，在一些专业领域中，某些知名、权威机构（如美国机械工程师协会 ASME）所发布的标准在世界范围具有广泛的影响，它们不仅代表着该领域的先进技术，左右着国际市场的技术格局，而且已经被众多国家和产业界广泛应用，通常称这些标准为“事实上的国际标准”。发布这些标准的与流量测量有关的、技术权威性高、国际公认的主要国家专业机构有 API（the American Petroleum Institute，美国石油学会），AGA（the American Gas Association，美国气体学会），SPE（the Society of Petroleum Engineers，美国石油工程师协会），ASME（the American Society of Mechanical Engineers，美国机械工程师协会），GPA（the Gas Processors Association，美国气体加工者协会），ISA（the International Society of Automation，国际自动化学会），ANSI（the American National Standards Institute，美国国家标准学会），ASTM（the American Society for Testing and Materials，美国材料与试验协会），BSI（the British Standards Institute，英国标准学会）等。

2. 国家标准

国家标准是指“由国家标准机构通过并公开发布的标准。”在我国，国家标准是指由国家标准化行政主管部门组织制定，并对全国国民经济和技术发展有重大意义，需要在全国范围内统一的标准。

国家标准通常由全国专业标准化技术委员会负责起草、审查，并由国家标准化行政主管部门统一审批、编号和发布。

我国国家标准按照实施力度的约束性分为强制性标准和推荐性标准。保障人身健康和生命财产安全、国家安全、生态环境安全和满足社会经济管理基本要求的标准和法律、行政法规规定强制执行的标准是强制性标准，其他标准是推荐性标准。对于其他需要标准化但尚未完全成熟的对象，或有标准化价值但不急于强求统一，或需要结合具体情况灵活执行，不宜全面统一的对象等，也可制定标准化指导性技术文件。

3. 行业标准

行业标准是指在国家的某个行业通过并公开发布的标准。

在我国，行业标准是对没有国家标准而又需要在全国某个行业范围内统一的技术要求所制定的标准。行业标准由行业标准归口部门审批、编号和发布。同国家标准一样，其标准性质也分为强制性行业标准和推荐性行业标准。

二、流量测量标准规范的作用及应用

毋庸多言，标准规范可以起到确保产品和服务是安全的、可靠的和高质量的。例如，对于流量测量仪表制造商而言，采用相关的标准规范，可以减少浪费、降低失误、增加生产力、控制生产成本。对于国际贸易而言，采用国际公认的标准规范，可促进公平、公正和自由的全球贸易。在实际应用中，流量测量若符合相应的标准或规范，说明它是建立在科学、技术和经验的综合成果基础上的，有比较可靠的试验及正确使用经验的支撑，流量测量具有高的可信度。而不符合国际标准、国家或行业法规、标准或规范的流量测量技术则不宜在未经过大量试验并获得成功前大面积推广应用，否则后患无穷。以国外某厂生产的新型差压式流量计为例，在没有相应的工程建设标准规范，且未经过大量试验前，即在国内某石化公司的 220 万 t/年连续重整联合装置上应用了一百多台。2008 年 9 月 12 日，其中一个流量装置锥体及附件在逆向高速气流条件下脱落，直接撞击管线弯头，导致弯头出现机械破裂，管线内氢气泄漏，继而发生闪爆，造成了 1 人死亡、1 人重伤的生产事故。考虑到该新型流量装置内件脱落可能存在的风险，该石化公司决定今后不再使用该种类型的流量计，已使用的也逐一进行了更换。

在流量测量标准规范的实际应用中，要注意以下几点概念。

（1）标准的适用地域范围。如前所言，标准按适用范围分为国际标准、区域标准、国家标准、行业标准、地方标准（指在国家的某个地区通过并公开发布的标准）、团体标准（学会、协会、商会、联合会等社会组织和产业技术联盟制定，供市场自愿选用的标准）、企业标准（针对企业范围内需要协调、统一的技术要求、管理要求和工作要求所制定的标准）。通过区分标准的国际、区域、国家、行业、地方、企业属性，即可知晓其适用的地域范围。

（2）对于声明采用国际标准的国内标准，应注意区分其采用国际标准的程度。按我国标准化工作规定，对于采用国际标准的国家标准，应准确标示出国家标准与国际标准的一致性程度代号，即代号“IDT”表示“等同”，“MOD”表示“修改”，“NEQ”表示“非等效”。对于“等同”采用，表示国家标准与国际标准的技术内容和文本结构相同，仅允许包含最小限度的编辑性修改；对于“修改”采用，一定要注意国家标准中所明示的与国际标准存在差异的部分及其原因；与国际标准一致性程度为“非等效”的国家标准，严格意义上不属于采用国际标准。

（3）从技术水平上看，通常按照国家标准、行业标准、地方标准、企业标准的顺序，其技术要求是逐次上升的。

（4）在应用中应注意我国标准的性质，即强制性、推荐性和指导性。强制性标准代号是在标准代码后无标志，推荐性标准代号是在标准代码后加“/T”，指导性标准代号是在标准代码后加“/Z”，如强制性国家标准代号为“GB”，推荐性国家标准代号为“GB/T”，指导性国家标准代号为“GB/Z”。强制性标准或条文按国家法律要求即是技术法规，必须强制、严格执行。推荐性标准或条文的执行是自愿性的，其内容只有通过法规或合同规定才能强制执行。指导性标准是为给仍处于技术发展过程中的标准化工作提供指南或信息，供科研、设计、生产、使用和管理等有关人员参考使用而制定的标准文件。从严格意义上讲，指导性标准并不是真正的规范性文件。国家标准化指导性技术文件发布三年内必须复审，以决定继续有效、转化为国家标准或撤销。

国际标准通常是全球工业界、研究人员、消费者和法规制定部门经验的结晶，包含了各国的共同需要，因此在世界贸易组织（WTO）的“技术性贸易壁垒协议”（WTO/TBT 协议）中明确：采用国际标准是消除技术性贸易壁垒的重要基础之一。在对外贸易中，熟悉、采用和使用国际标准十分重要。

自从改革开放以来，特别是我国于 2001 年加入 WTO（世界贸易组织）后，国内外工程技术交流增多，工程界对国外发达国家的标准规范关注度和使用频率明显上升。在国际工程项目招标书中，出现的有关流量测量方面的国际通用标准规范相当多，如不能很好地了解，则对于工程的投标、项目的执行都会带来不少的不利影响。为此，本章重点介绍了与流量测量相关的 ISO、IEC、AGA、API、ASME、ASTM、ISA、OIML 等国际或区域标准。

第二节　ISO 流量测量标准

在 ISO 组织中，按其分工，主要由 ISO/TC 30——Measurement of fluid flow in closed conduits（封闭管道流体流量测量技术委员会）和 ISO/TC 113——Hydrometry（水文测量技术委员会）来负责相关 ISO 流体流量测量标准的制定。其他技术委员会，如 ISO/TC 28——Petroleum and related products, fuels and lubricants from natural or synthetic sources（石油和相关产品、天然或合成的燃料和润滑剂技术委员会）、ISO/TC 112——Vacuum technology（真空技术技术委员会）、ISO/TC 115——Pumps（泵技术委员会）、ISO/

TC 117——Fans（风机技术委员会）、ISO/TC 118——Compressors and pneumatic tools, machines and equipment（压缩机和气动工具、机器和设备技术委员会）等，也涉及相关的少量流量测量标准的制定。

ISO发布的相关流量测量标准简要介绍如下（需提醒注意的是，ISO标准的标龄，即标准有效期规定为5年。自标准发布之日起，通常由其所负责的技术委员会每五年复审一次，以确认原标准是继续有效、修订或废止）。

一、ISO/TC 30制定的封闭管道内流体流量测量标准

ISO/TC 30技术委员会成立于1947年，参与国除中国外，还有美国、英国、德国、日本、俄罗斯等19个国家，观察国有法国、加拿大、印度等29个国家，秘书处设在BSI(英国标准学会)。其工作范围是封闭管道内流体流量测量规则和方法的标准化，主要内容包括流体流量测量的术语及定义；检验、安装和运行的规定；所需仪表和设备的施工；测量所需条件；测量数据（包括误差）的收集、判定和评估规则等。

截至2017年初，ISO/TC 30所制定的封闭管道内流体流量测量标准主要有：

1. ISO 2186标准

该标准最早发布于1973年3月，2007年发布第2版，2015年9月ISO复审确认2007年版本继续有效，即有效版本为ISO 2186：2007，标准名称为“Fluid flow in closed conduits——Connections for pressure signal transmissions between primary and secondary elements”(封闭管道中流体流量的测量　一次装置和二次装置之间压力信号传送的连接法)。国家标准GB/T 26801—2011等同采用ISO 2186：2007标准。

该标准规定了基于压力的流量测量法的压力信号传输系统的设计、布置和安装方面的技术要求，以使取自流量测量一次装置（如流量测量孔板、喷嘴、文丘里管等）的压力信号能正确、安全、真实地传输到流量测量二次装置（如变送器、过程驱动开关、就地指示表等）。例如，对在水平或垂直管道上不同介质（包括气体、液体、蒸汽等）取样点位置、取样管规格、隔离阀、仪表阀组、冷凝罐、均压环等的选取、安装、保温隔热均做出了相关要求，并附有相关的安装示意图和高程压头计算公式等。

2. ISO 2975-1标准

该标准于1974年5月发布，至今尚未修订。2013年ISO确认原标准继续有效，即有效标准编号为ISO 2975-1：1974，标准名称为“Measurement of water flow in closed conduits—Tracer methods—Part 1：General”（封闭管道内水流量测量　示踪法　第1部分：总则）。

示踪法主要适用于可将含有示踪物的溶液注入流体管道中，并且该溶液可与管道中的被测流体充分有效混合的场合。该标准中规定了方法选择、示踪物选取、测量长度选取、合适的混合距离、可能的误差（包括系统误差和随机误差）等技术要求。

在方法选择中，该标准比较了稀释法和基于传输时间法的优劣，比较了两种稀释法［即恒速注入法和集中注入（突然注入）法］各自的优点。

3. ISO 2975-2标准

该标准于1975年8月发布，至今尚未修订。2013年ISO确认原标准继续有效，即有效标准编号为ISO 2975-2：1975，标准名称为“Measurement of water flow in closed conduits—Tracer methods—Part 2：Constant rate injection method using non-radioactive tracers”（封闭管道内水流量测量　示踪法　第 2 部分：用非放射性示踪物的恒速注入法）。

该标准解释了恒速注入法的原理，规定了所需的条件（如示踪物、注入持续时间等）、测量长度选取（包括混合距离、实验校验等）、测量步骤（包括浓溶液的准备、注入、注入率测量、取样、注入率误差计算等）、流量测量误差、分析方法等技术要求。

4. ISO 2975 - 3 标准

该标准于 1976 年 8 月发布，至今尚未修订。2013 年 ISO 确认原标准继续有效，即有效标准编号为 ISO 2975 - 3：1976，标准名称为“Measurement of water flow in closed conduits—Tracer methods—Part 3：Constant rate injection method using radioactive tracers”（封闭管道内水流量测量　示踪法　第 3 部分：用放射性示踪物的恒速注入法）。

该标准解释了恒速注入法的原理，规定了所需的条件（如示踪物、注入持续时间等）、测量长度选取（包括混合距离、实验校验等）、测量步骤（包括放射同位素的处理、浓溶液准备、浓溶液注入、注入率测量、取样、稀释溶液等）、分析和计算方法、放射性示踪物选取、误差估计等技术要求，并附有流量计算的示例。

5. ISO 2975 - 6 标准

该标准于 1977 年 2 月发布，至今尚未修订。2013 年 ISO 确认原标准继续有效，即有效标准编号为 ISO 2975 - 6：1977，标准名称为“Measurement of water flow in closed conduits—Tracer methods—Part 6：Transit time method using non-radioactive tracers”（封闭管道内水流量测量　示踪法　第 6 部分：用非放射性示踪物的传输时间法）。

该标准说明了传输时间法的原理，规定了所需的条件（如示踪物、示踪物的混合、试验步骤等）、测量长度选取（包括注入点和第一个检测器间管道长度、检测器位置间管道长度、测量段等）、测量步骤（包括注入点位置、注入溶液准备、浓溶液注入、示踪物的检测、连续注入点数量、传输时间计算、测量段容积测量等）、流量测量的不确定性估计等技术要求，并附有流量计算的示例。

6. ISO 2975 - 7 标准

该标准于 1977 年 12 月发布，至今尚未修订。2013 年 ISO 确认原标准继续有效，即有效标准编号为 ISO 2975 - 7：1977，标准名称为“Measurement of water flow in closed conduits—Tracer methods—Part 7：Transit time method using radioactive tracers”（封闭管道内水流量测量　示踪法　第 7 部分：用放射性示踪物的传输时间法）。

该标准阐述了传输时间法的原理，规定了所需的条件（如示踪物、示踪物的混合、试验步骤等）、测量长度选取（包括注入点和第一个检测器间管道长度、检测器位置间管道长度、测量段等）、测量步骤（包括放射性同位素的处理、注入点位置、注入溶液准备、浓溶液注入、示踪物的检测、连续注入点数量、传输时间计算、测量段容积确定等）、示踪物的选择、流量测量的不确定性估计等技术要求，并附有流量计算的示例。

7. ISO/TR 3313 标准

该标准首次发布于 1974 年，第 2 版发布于 1992 年，第 3 版发布于 1998 年，标准名称为“Measurement of fluid flow in closed conduits—Guidelines on the effects of flow pulsations on flow-measurement instruments”（封装管道流体流量测量　流量脉动对流量测量仪表的影响指南）。在该标准中说明了脉动流的现象、成因、发生及探测，采用节流孔板、喷嘴、文丘里管、涡轮流量计、涡街流量计如何测量脉动流的平均流速等。2013 年 12 月 ISO

宣布该标准第 3 版作废，当前无有效版本。随后 ISO 启动了标准修改工作，2017 年 1 月已完成初稿，当前正处于技术委员会投票审查阶段。

8. ISO 3354 标准

该标准首次发布于 1975 年，第 2 版发布于 1988 年，第 3 版发布于 2008 年。2017 年 1 月 ISO 刚启动了新一轮复审。当前有效标准编号为 ISO 3354：2008，标准名称为"Measurement of clean water flow in closed conduits—Velocity-area method using current-meters in full conduits and under regular flow conditions"（封闭管道内净水流量测量　在满管和规则流工况下采用流速计的速度—面积法）。

该标准所针对的流速计是指带有转子的流速测量装置，且转子的转动频率是装置插入流体处局部流体流速的函数，如螺旋桨式流速计。该标准规定了采用上述流速计通过速度—面积法进行封闭管道内体积流量测量的方法，且要求工况为规则速度分布、满管流、稳定流、被测介质为净水或可视为净水的水。

9. ISO 3966 标准

该标准首次发布于 1977 年，第 2 版发布于 2008 年。2017 年 1 月 ISO 刚启动了新一轮复审。当前有效标准编号为 ISO 3966：2008，标准名称为"Measurement of fluid flow in closed conduits—Velocity area method using Pitot static tubes"（封闭管道内流体流量测量　用皮托静压管的速度—面积法）。

该标准规定了采用皮托静压管测量封闭管道中规则流体积流量的方法。所要求的规则流应满足以下 4 个条件：①流体密度不变或马赫数不超过 0.25；②被测横截面处驻点温度相同；③流体充满管道；④稳定流。

该标准重点阐述了皮托静压管的原理、设计和维护，通过被测差压计算局部流速和通过流速积分计算流量的方法及要求等。

10. ISO 4006 标准

该标准首次发布于 1977 年，第 2 版发布于 1991 年。ISO 于 2014 年 6 月复审确认第 2 版继续有效，即有效标准编号为 ISO 4006：1991，标准名称为"Measurement of fluid flow in closed conduits—Vocabulary and symbols"（封闭管道内流体流量测量　术语和符号）。国家标准 GB/T 17611—1998 等同采用 ISO 4006：1991。

该标准规定了使用于封闭管道中流体流量测量场合的术语和相应的符号。该标准未定义其义自明的术语和与十分特殊的测量方法有关的难以标准化的术语。

11. ISO 4064 - 1 标准

该标准首次发布于 1977 年，第 2 版发布于 1993 年，第 3 版发布于 2005 年，第 3 版取消并代替了该标准第 2 版（ISO 4064 - 1：1993）和 ISO 7858 - 1：1998、ISO 10385 - 1：2000 另两个标准。国家标准 GB/T 778.1—2007 等同采用 ISO 4064 - 1：2005 标准。最新版本为 2014 年 5 月发布的第 4 版，即有效标准编号为 ISO 4064 - 1：2014，标准名称为"Water meters for cold potable water and hot water—Part 1：Metrological and technical requirements"（饮用冷水和热水水表　第 1 部分：计量及技术要求）。

该标准等同采用国际法制计量组织 OIML R 49 - 1：2013 标准，规定了用于封闭满管冷饮用水和热水量测量的水表（包括指示累积流量的装置）计量和技术要求。主要包括准确度等级、最大允许误差，电源，水表材料和结构，调整和修正，安装条件，运行条件，压损，标志和说明，指示装置，保护装置，计量控制等要求。

该标准不仅适用于基于纯机械原理的水表，也适用于基于电气或电子原理的水表和基于机械原理并包含有用于测量冷饮用水和热水量电子装置的水表，以及可选的电子附属装置(如零点设定装置、价格指示装置、重复指示装置、记忆装置、收费控制装置等)。

12. ISO 4064 - 2 标准

该标准首次发布于 1978 年，第 2 版发布于 2001 年，第 3 版发布于 2005 年，第 3 版取消并代替了该标准第 2 版（ISO 4064 - 2：2001）和 ISO 7858 - 2：2000 标准，国家标准 GB/T 778. 2 - 2007 等同采用 ISO 4064 - 2：2005 标准。2014 年 5 月发布第 4 版，有效标准编号为 ISO 4064 - 2：2014，标准名称为“Water meters for cold potable water and hot water—Part 2：Test methods”(饮用冷水和热水水表　第 2 部分：测试方法)。

该标准等同采用国际法制计量组织 OIML R 49 - 2：2013 标准，详细规定了用于各类水表型式评价和首次检定的测试计划、原则、设备和步骤等。包括外观检查（包括基本要求、目的、准备、检查步骤等)、性能测试（包括基本要求、所需条件、静压测试、固有误差的确定、水温测试、过载水温测试、水压测试、逆流测试、压力损失测试、流量扰动测试、耐久性测试、磁场测试、水表附属装置测试、环境测试等)、与干扰因素和扰动相关的性能测试（包括基本要求、干热、寒冷、湿热、电源波动、随机振动、机械冲击、交流电源电压跌落/短时中断/电压波动、信号线/交流电源/直流电源瞬态冲击、静电放电、辐射电磁场、传导电磁场、静态磁场等)、型式评价测试（包括所需样品量，适用于全部水表的性能测试，适用于电子水表、配带电子装置的机械水表及其分离部件的性能测试，水表分离部件的型式评价等)、首次检定测试（包括全部和复式水表的首次检定，水表分离部件的首次检定)、测试报告等。

该标准适用于 ISO 4064 - 1：2014 所规定的水表和装置。

13. ISO 4064 - 3 标准

该标准第 1 版、第 2 版和第 3 版分别发布于 1983、1999、2005 年。第 3 版取消并代替了该标准第 2 版（ISO 4064 - 3：1999）和 ISO 7858 - 3：1992 标准，国家标准 GB/T 778. 3—2007 等同采用 ISO 4064 - 3：2005 标准。当前有效版本为 2014 年发布的第 4 版，标准编号为 ISO 4064 - 3：2014，标准名称为“Water meters for cold potable water and hot water—Part 3：Test report format”(饮用冷水和热水水表　第 3 部分：测试报告格式)。

该标准等同采用国际法制计量组织 OIML R 49 - 3：2013 标准，详细规定了用于 ISO 4064 - 1：2014 和 ISO 4064 - 2：2014 所要求的饮用冷水和热水水表的型式评价报告格式和首次检定报告格式。

14. ISO 4064 - 4 标准

该标准首次发布于 2014 年 5 月，有效标准编号为 ISO 4064 - 4：2014，标准名称为“Water meters for cold potable water and hot water—Part 4：Non-metrological requirements not covered in ISO 4064 - 1”(饮用冷水和热水水表　第 4 部分：未包括在 ISO 4064 - 1 中的非计量要求)。

该标准规定了用于封闭满管冷饮用水和热水水表相关术语、技术性能和压损要求等。适用于满足下列要求的水表：①能承受至少 1MPa 的最大允许工作压力（对用于公称直径大于 500mm 的管道中的水表可取 0. 6MPa)；②最大允许温度对冷饮用水水表为 30℃，热水水表可到 180℃。

该标准不仅适用于基于纯机械原理的水表，也适用于基于电气或电子原理的水表和基于机械原理并包含用于测量冷饮用水和热水量电子装置的水表，以及可选的电子附属装置（如零点设定装置、价格指示装置、重复指示装置、记忆装置、收费控制装置等）。

15. ISO 4064 - 5 标准

该标准首次发布于 2014 年 5 月，有效标准编号为 ISO 4064 - 5：2014，标准名称为“Water meters for cold potable water and hot water—Part 5：Installation requirements”（饮用冷水和热水水表　第 5 部分：安装要求）。

该标准规定了用于封闭满管冷饮用水和热水量测量的水表（包括指示累积流量的装置），包括单个水表、复式水表、同轴水表及其连接管件在内的选择原则，安装等其他特殊要求，以及新水表或修理后水表首次使用的准则，以确保表计测量准确和读数可靠。

该标准适用于基于纯机械原理、基于电气或电子原理及基于机械原理带电子装置、用于测量饮用冷水和热水实际体积流量的水表，还适用于可选的电子辅助装置，也适用于被定义为积算计量仪表、采用任何技术连续测定流过的水体积的水表。

16. ISO 4185 标准

该标准首次发布于 1980 年，1993 年对原标准中的 1.5 条和附录 C 公式（1）错误进行了勘误。ISO 于 2014 年 6 月复审确认该版本继续有效，即有效标准编号为 ISO 4185：1980，标准名称为“Measurement of liquid flow in closed conduits- Weighing method”（封闭管道中液体流量的测量　称重法）。国家标准 GB/T 17612—1998 等同采用 ISO 4185：1980。

该标准规定了通过测量在已知时间间隔内流入称重槽的液体质量来确定液体流量的称重法的相关要求，特别是对测量装置、测量步骤、流量计算方法、测量的不确定度等作了相关规定或说明。该标准不适用于腐蚀或有毒液体的流量测量。

17. ISO 5167 - 1 标准

ISO 5167 标准最早发布于 1980 年，是在原 ISO/R 541：1967 和 ISO/R 781：1968 基础上修订而成的，其标准号为 ISO 5167：1980，标准名称为“Measurement of fluid flow by means of orifice plates，nozzles and Venturi tubes inserted in circular cross-section conduits running full”（流量测量节流装置用孔板、喷嘴和文丘里管测量充满圆管的流体流量）。国家标准 GB 2624—1981 是在 ISO 5167：1980 标准基础上制定的。1991 年 12 月 12 日 ISO 5167：1980 标准作废，被 ISO 5167 - 1：1991，“Measurement of fluid flow by means of pressure differential devices—Part 1：Orifice plates，nozzles and Venturi tubes inserted in circular cross-section conduits running full”（用差压装置测量流量　第 1 部分：安装在充满流体的圆形截面管道中的孔板、喷嘴和文丘里管）标准所替代。国家标准 GB/T 2624—1993 等效采用 ISO 5167 - 1：1991 标准。ISO 于 2003 年 2 月 24 日撤回 ISO 5167 - 1：1991 标准，原标准已被修订为 ISO 5167 - 1：2003～ISO 5167 - 4：2003 标准。

ISO 5167 - 1 标准首次发布于 1991 年，2003 年发布第 2 版，2014 年 2 月 ISO 复审并确认 2003 版仍有效。有效标准编号为 ISO 5167 - 1：2003，标准名称为“Measurement of fluid flow by means of pressure differential devices inserted in circular cross-section conduits running full—Part 1：General principles and requirements”（用安装在圆形截面管道中的差压装置测量满管流体流量　第 1 部分：一般原理和要求）。国家标准 GB/T 2624.1—2006 等同

采用 ISO 5167－1：2003 标准。

该标准规定了差压装置（孔板、喷嘴和文丘里管）的几何形状及其安装在充满流体的管道中测量管道内流体流量的使用方法（安装和工作条件），同时也给出了用于计算流量和其相应不确定度的必要资料。

ISO 5167（所有部分）仅适用于在整个测量段内流体保持亚声速流动，并可认为是单相流的差压装置。该标准不适用于脉动流的测量。此外，每种装置都只能在规定的管道尺寸和雷诺数极限范围内使用。

ISO 5167（所有部分）对所涉及的装置做过大量直接检定试验，试验的数量、分布范围和质量足以使所取得的试验结果和系数能作为相关应用系统的依据，使其具有确定的可预测不确定度限值。

18. ISO 5167－2 标准

该标准首次发布于 2003 年，2014 年 2 月 ISO 复审并确认 2003 版仍有效。有效标准编号为 ISO 5167－2：2003，标准名称为 "Measurement of fluid flow by means of pressure differential devices inserted in circular cross-section conduits running full—Part 2：Orifice plates"（用安装在圆形截面管道中的差压装置测量满管流体流量　第 2 部分：孔板）。国家标准 GB/T 2624.2—2006 等同采用 ISO 5167－2：2003 标准。

该标准规定了孔板的几何尺寸和安装在管道中测量满管流体流量的使用方法（安装和工作条件），也提供了用于计算流量并可配合 ISO 5167－1 规定要求一起使用的相关资料。

该标准适用于由孔板和法兰取压口、角接取压口或 D 和 $D/2$ 取压口组成的一次装置。该标准不适用于缩流取压口和管道取压口等也可与孔板配合使用的其他取压口。该标准仅适用于在整个测量段内保持亚声速流动，且可被认为是单相的流体。该标准不适用于脉动流的测量。该标准不涉及孔板用于管道公称通径小于 50 mm 或大于 1000 mm，或管道雷诺数低于 5000 的场合。

19. ISO 5167－3 标准

该标准首次发布于 2003 年，2014 年 2 月 ISO 复审并确认 2003 版仍有效。有效标准编号为 ISO 5167－3：2003，标准名称为 "Measurement of fluid flow by means of pressure differential devices inserted in circular cross-section conduits running full—Part 3：Nozzles and Venturi nozzles"（用安装在圆形截面管道中的差压装置测量满管流体流量　第 3 部分：喷嘴和文丘里喷嘴）。国家标准 GB/T 2624.3　2006 等同采用 ISO 5167－3：2003 标准。

该标准规定了喷嘴和文丘里喷嘴的几何尺寸和安装在管道中测量满管流体流量的使用方法（安装和工作条件），也提供了用于计算流量并可配合 ISO 5167－1 规定要求一起使用的相关资料。

该标准适用于在整个测量段内流体保持亚声速流动，且可被认为是单相流的喷嘴和文丘里喷嘴。此外，每种装置只能用于规定的管道尺寸和雷诺数。该标准不适用于脉动流的测量。该标准不涉及喷嘴和文丘里喷嘴在尺寸小于 50mm 或大于 630mm，或管道雷诺数低于 10000 的管道中的使用。

该标准涉及两种类型的标准喷嘴（即 ISA 1932 喷嘴和长径喷嘴）、文丘里喷嘴。

两种标准喷嘴和文丘里喷嘴都做过直接检定试验，试验的数量、分布范围和质量足以保证相关应用系统能以具有一定的可预测不确定度限值的检定试验结果和系数作为依据。

20. ISO 5167－4 标准

该标准首次发布于 2003 年，2014 年 ISO 复审并确认 2003 版仍有效。有效标准编号为 ISO 5167－4：2003，标准名称为“Measurement of fluid flow by means of pressure differential devices inserted in circular cross-section conduits running full—Part 4：Venturi tubes”（用安装在圆形截面管道中的差压装置测量满管流体流量　第 4 部分：文丘里管）。国家标准 GB/T 2624.4—2006 等同采用 ISO 5167－4：2003 标准。

该标准规定了文丘里管的几何尺寸和安装在管道中测量满管流体流量的使用方法（安装和工作条件），也提供了用于计算流量并可配合 ISO 5167－1 规定要求一起使用的相关资料。

该标准只适用于在整个测量段内流体保持亚声速流动，且可被认为是单相流的文丘里管。此外，每种装置只能用于规定的管道尺寸、粗糙度、直径比和雷诺数限值。该标准不适用于脉动流的测量。该标准不涉及文丘里管在尺寸小于 50mm 或大于 1200mm，或管道雷诺数低于 200000 的管道中的使用。

该标准涉及三种类型的经典文丘里管，即铸造型、机械加工型、粗焊铁板型。

21. ISO 5167－5 标准

该标准第 1 版发布于 2016 年 3 月，当前有效标准编号为 ISO 5167－5：2016，标准名称为“Measurement of fluid flow by means of pressure differential devices inserted in circular cross-section conduits running full—Part 5：Cone meters”（用安装在圆形截面管道中的差压装置测量满管流体流量　第 5 部分：锥式流量计）。

该标准规定了锥式流量计的几何尺寸和安装在管道中测量满管流体流量的使用方法（安装和工作条件），也提供了用于计算流量并可配合 ISO 5167－1 规定要求一起使用的相关资料。

考虑到对于特定应用场合，未校准的锥式流量计的不确定度可能太高，因此要求宜按该标准第 7 条“锥式流量计的流量校准”的规定进行必要的校准。

该标准只适用于在整个测量段内流体保持亚声速流动，且可被认为是单相流的锥式流量计。未校准的锥式流量计仅可在标准规定的管道尺寸、粗糙度、直径比和雷诺数限值范围内使用。该标准不适用于脉动流的测量。该标准不涉及未校准的锥式流量计在尺寸小于 50mm 或大于 500mm，或管道雷诺数低于 8×10^4 或大于 1.2×10^7 管道场合的使用。

22. ISO 5168 标准

该标准首次发布于 1978 年，1998 年修改为 ISO/TR 5168 技术报告，2005 年发布第 2 版，2015 年 2 月确认第 2 版继续有效，即当前有效标准编号为 ISO 5168：2005，标准名称为“Measurement of fluid flow—Procedures for the evaluation of uncertainties”（流体流量测量　不确定度评定程序）。国家标准 GB/T 27759—2011 等同采用 ISO 5168：2005 标准。

该标准确定并描述了评定流体流量或总量测量不确定度的基本原则和程序，详细规定了不确定度 A 类评定和 B 类评定的总则和计算方法。附录 A 中给出了计算不确定度的步骤。

该标准适用于评定流体流量或总量测量的不确定度。

23. ISO 6817 标准

该标准首次发布于 1992 年，2014 年 12 月启动标准修订。当前有效标准编号为 ISO 6817：1992，标准名称为“Measurement of conductive liquid flow in closed conduits—Method using electromagnetic flowmeters”（封闭管道中导电液体流量的测量　电磁流量计的使

用方法）。国家标准 GB/T 18660—2002 等同采用 ISO 6817：1992 标准。

该标准描述了用于测量充满封闭管道中导电液体流量的工业电磁流量计的原理和主要设计特点，并涉及它们的安装、运行、特性及检定。

该标准不规定流量计在危险环境中应用的安全防护要求。它不适用于导磁性浆液及液态金属的测量，也不适用于有卫生要求的场合。

该标准包括交流励磁型和脉冲直流励磁型两种流量计。

24. ISO 7066 - 2 标准

该标准首次发布于 1988 年，2013 年 7 月 ISO 复审并确认 1988 年版仍有效。当前有效标准编号为 ISO 7066 - 2：1988，标准名称为“Assessment of uncertainty in the calibration and use of flow measurement devices—Part 2：Non-linear calibration relationships”（流量测量装置校验和使用不确定度的评定　第 2 部分：非线性校验关系）。

该标准规定了采用最小二乘方准则，针对校验数据非线性集的二次、三次或更高次多项式的曲线拟合，以及与所获得的校验曲线相关的不确定度的评定要求等。

25. ISO 7194 标准

该标准首次发布于 1983 年，第 2 版发布于 2008 年，2017 年 1 月 ISO 启动了新一轮复审。当前有效标准编号为 ISO 7194：2008，标准名称为“Measurement of fluid flow in closed conduits—Velocity-area methods of flow measurement in swirling or asymmetric flow conditions in circular ducts by means of current-meters or Pitot static tubes”（封闭管道流体流量测量　采用流速计或皮托静压管对圆管内旋涡或不对称流工况进行流量测量的速度—面积法）。

该标准规定了采用流速计或皮托静压管对圆管内旋涡流或不对称流进行流量测量的速度—面积法的相关要求，详细规定了所要求的测量、需采取的预防措施、需进行的修正等要求，并介绍了在对旋涡流或不对称流进行测量时所引入的附加不确定度等。

该标准仅适用于 ISO 3354 和 ISO 3966 所定义的用于测量局部流速的仪表。如采用皮托静压管，则仅适用于局部流速不超过 0.25*Ma*（马赫数）的流体。

26. ISO 8316 标准

该标准首次发布于 1987 年，2014 年 6 月复审确认该版本继续有效。当前有效标准编号为 ISO 8316：1987，标准名称为“Measurement of liquid flow in closed conduits—Method by collection of the liquid in a volumetric tank”（封闭管道内液体流量测量　容积罐内液体收集法）。

该标准规定了在已知时间间隔内，通过测定在容积罐内所收集液体量来测量流量的液体收集法的相关要求，如测量装置、测量步骤、计算流量的方法、与测量相关的不确定度的评定等。

27. ISO 9104 标准

该标准首次发布于 1991 年，2013 年 5 月 ISO 通过复审确认 1991 年版仍有效，2014 年 12 月启动修订工作。当前有效标准编号为 ISO 9104：1991，标准名称为“Measurement of fluid flow in closed conduits—Methods of evaluating the performance of electromagnetic flow-meters for liquids”（封闭管道中导电液体流量的测量　电磁流量计的性能评定方法）。国家标准 GB/T 18659—2002 等同采用 ISO 9104：1991 标准。

该标准推荐了用于测量充满封闭管道中导电液体流量的电磁流量计性能评定的试验方法。它规定了当流量计受到某种影响量影响时检验其性能特征的统一程序和描述性能测量结果的表示方法。

该标准只适用于工业用管装式电磁流量计，不适用于插入式流量计、液态金属流量计和医用流量计。

28. ISO 9300 标准

该标准首次发布于1990年，第2版发布于2005年，2015年2月复审确认第2版继续有效。当前有效标准编号为ISO 9300：2005，标准名称为“Measurement of gas flow by means of critical flow Venturi nozzles”（用临界流文丘里喷嘴测量气体流量）。国家标准GB/T 21188—2007等同采用ISO 9300：2005标准。

该标准规定了测量气体质量流量的临界流文丘里喷嘴（CFVN）的几何尺寸和使用方法（系统中的安装和工作条件），并给出了计算流量及其不确定度所需的资料。

该标准适用于气流在喉部加速到临界速度（等于局部声速）且仅在喉部存在单相气体定常流的文丘里喷嘴。在临界速度下，流过文丘里喷嘴的气体质量流量是实际上游条件下可能达到的最大流量。临界流文丘里喷嘴只能在规定的喷嘴喉部对入口直径之比和喉部雷诺数的限值范围内使用。该标准所涉及的临界流文丘里喷嘴已做过大量的直接检定试验，能保证给出的临界流文丘里喷嘴流出系数在某个可预测的不确定度限值内。

29. ISO 9368-1 标准

该标准首次发布于1990年，2014年6月复审确认继续有效。当前有效标准编号为ISO 9368-1：1990，标准名称为“Measurement of liquid flow in closed conduits by the weighing method— Procedures for checking installations—Part 1：Static weighing systems”（用称重法测量封闭管道中的液体流量　装置的检验程序　第1部分：静态称重系统）。国家标准GB/T 17613.1—1998等同采用ISO 9368-1：1990标准。

该标准规定了静态称重法流量测量的试验安装方法，详细描述了检查运行的程序、总不确定度的计算等，并给出了误差估计、不确定度和流量稳定性评定的各种示例。

30. ISO/TR 9464 标准

该标准首次发布于1998年，第2版发布于2008年。ISO于2013年1月复审确认第2版仍为有效版本，即当前有效标准编号为ISO/TR 9464：2008，标准名称为“Guidelines for the use of ISO 5167：2003”（ISO 5167：2003应用指南）。

该标准提供了ISO 5167：2003（所有部分）的应用指南。包括术语和定义，指南结构与ISO 5167：2003的对应关系，与ISO 5167-1：2003、ISO 5167-2：2003、ISO 5167-3：2003和ISO 5167-4：2003分别对应的应用指南，二次仪表、压力和差压测量、温度测量、密度确定、供电及电气设施等相关信息，并附有测量和计算原理、天然气压缩系数计算、孔板装配等附件。

31. ISO 9951 标准

该标准首次发布于1993年，1994年10月发布了对原标准E.4.2款的勘误。ISO于2016年2月复审确认1993年版仍为有效版本，即当前有效标准编号为ISO 9951：1993，标准名称为“Measurement of gas flow in closed conduits—Turbine meters”（封闭管道中气体流量的测量　涡轮流量计）。国家标准GB/T 18940—2003等同采用ISO 9951：1993标准。

该标准规定了用于气体流量测量的涡轮流量计的尺寸、范围、结构、性能、检定和输出特性。

该标准也涉及安装条件、泄漏试验和压力试验，并提供了包括使用建议、现场检验和流体流动扰动等资料。

32. ISO 10790 标准

该标准首次发布于 1994 年，第 2 版发布于 1999 年，第 3 版发布于 2015 年 4 月。当前有效标准编号为 ISO 10790：2015，标准名称为“Measurement of fluid flow in closed conduits—Guidance to the selection，installation and use of Coriolis flow meters (mass flow，density and volume flow measurements)”[封闭管道中流体流量的测量　科里奥利流量计(质量流量、密度和体积流量测量）的选型、安装和使用指南]。国家标准 GB/T 20728—2006 等同采用 ISO 10790：1999 标准。

该标准给出了当用于测量流体的质量流量和密度时，科里奥利流量计在选型、安装、检定、性能和操作方面的指导原则，也给出了与被测流体相关的需注意事项（如多组分液体、含化学上相互作用或非相互作用组分的混合液体），以及测量体积流量和其他相关流体参数的导则。

科里奥利流量计的主要用途是测量流体的质量流量。但某些科里奥利流量计还具有测量流体的密度和温度的功能。通过测量这三个参数可以测定流体的体积流量和其他相关参数。

该标准主要适用于空气、天然气、水、油、LPG（液化石油气体）、LNG（液化天然气）、制成气体、混合物、浆液等流体的测量。

33. ISO/TR 11583 标准

该标准首次发布于 2012 年。当前有效标准编号为 ISO/TR 11583：2012，标准名称为“Measurement of wet gas flow by means of pressure differential devices inserted in circular cross-section conduits”(通过插入圆形横截面管道内的差压装置测量湿气体流量）。

该标准规定了采用差压表进行湿气体流量测量的要求，适用于气体容积率不低于 95％的液气混合流体的液气两相流量测量。该标准是 ISO 5167 的扩充，包括文丘里管、孔板、示踪技术等各类测量技术具体要求及特点比较，并规定了安装、取样等其他要求。

该标准仅适用于带单一液体的湿气体流量测量，不考虑油、气工业的应用。

34. ISO 11631 标准

该标准首次发布于 1998 年，ISO 于 2015 年 11 月启动修订程序。即当前有效标准编号为 ISO 11631：1998，标准名称为“Measurement of fluid flow—Methods of specifying flowmeter performance”(流体流量测量　流量计性能表述方法）。国家标准GB/T 22133—2008 等同采用 ISO 11631：1998 标准。

该标准适用于流量计制造商发行的技术规范和说明书。

该标准规定了用于封闭管道或明渠的各种流量计的性能表述方法，说明了如何根据流量计的溯源性等级对流量计进行分类，并且详细阐明了制造商应如何表述流量计的溯源性、质量保证和使用条件。

35. ISO 12242 标准

该标准首次发布于 2012 年。当前有效标准编号为 ISO 12242：2012，标准名称为“Measurement of fluid flow in closed conduits—Ultrasonic transit-time meters for liquid”

(封闭管道内流体流量测量 用于液体的传播时间式超声流量计)。

该标准规定了利用超声波信号的传播时间来测量封闭管道内单相同质液体流量的超声液体流量计的技术要求和建议，如流量计性能、校验和输出特性、安装条件等。

该标准对流量计的最小或最大规格不做限制。标准涵盖带有或不带专用校验系统的安装，管道式和夹持式传感器，集成表计本体的仪表和带现场安装传感器的仪表等类型。

36. ISO/TR 12764 标准

该标准首次发布于 1997 年，标准编号为 ISO/TR 12764：1997，标准名称为“Measurement of fluid flow in closed conduits—Flowrate measurement by means of vortex shedding flowmeters inserted in circular cross-section conduits running full”(封闭管道中流体流量的测量 用安装在充满流体的圆形截面管道中的涡街流量计测量流量的方法)。国家标准 GB/T 25922—2010 等同采用 ISO/TR 12764：1997 标准。ISO 于 2013 年已启动对该标准的修订，同年宣布 ISO/TR 12764：1997 作废。2016 年 9 月已完成新修订标准 ISO 问询阶段的投票表决。

1997 年版标准提供了涡街流量计的通用资料，包括术语和一系列确定性能的公式。描述了涡街流量计的典型结构，并规定了检验、认证和设备溯源等方面的要求。除此以外，还向用户提供了涉及涡街流量计选型和应用的技术信息，并提供了检定指南。该版标准阐述了相关术语，并描述了试验步骤、技术规范、应用说明和确定性能特征的公式。

1997 年版标准描述了如何利用旋涡频率实现流体流速的测量；如何实现体积流量、质量流量和标准状态体积流量的测量，以及如何实现指定时间内的累积流量的测量。该标准仅适用于满管式流量计（非插入式），并且仅适用于封闭满管中稳定的或者变化缓慢的单相流体流量。

37. ISO/TR 12767 标准

该标准首次发布于 1998 年，第 2 版发布于 2007 年。ISO 于 2013 年 1 月复审确认第 2 版继续有效。当前有效标准编号为 ISO/TR 12767：2007，标准名称为“Measurement of fluid flow by means of pressure differential devices—Guidelines on the effect of departure from the specifications and operating conditions given in ISO 5167”(用差压装置测量流体流量 偏离 ISO 5167 给出的规范和工作条件所产生的影响指南)。

ISO/TR 12767 提供了采用在 ISO 5167 范围外所构建或运行的差压装置进行流量测量时的流量估计指南。

即使进行校正或额外容许准确度略差也不能必然补偿偏离 ISO 5167（所有部分）所带来的后果。首先，该指南给出了不遵循 ISO 5167 标准的要求所导致的一些后果，并指明了在差压装置制造、安装和维修时必要的关注点。其次，该指南也允许那些不能完全符合标准要求的用户来评估在流量测量上由此所带来的测量误差的大小和方向，尽管这完全是粗略的。

该指南包括流量计算上错误的影响、施工偏差的影响、表计附近管线的影响、管道布置的影响、运行偏离的影响、管道粗糙度的影响等内容。

38. ISO 13359 标准

该标准首次发布于 1998 年，ISO 现正在对其进行修订。当前有效标准编号为 ISO 13359：1998，标准名称为“Measurement of conductive liquid flow in closed conduits—

Flanged electromagnetic flowmeters—Overall length”（封闭管道中导电液体流量的测量　法兰安装电磁流量计　总长度）。国家标准 GB/T 20729—2006 等同采用 ISO 13359：1998 标准。

该标准规定了法兰安装电磁流量计的总长度（法兰面间距），具体有流量计口径、总长度、法兰连接、标志等要求。

39. ISO 14511 标准

该标准首次发布于 2001 年，ISO 于 2012 年 4 月复审确认第 1 版仍有效，即当前有效标准编号为 ISO 14511：2001，标准名称为“Measurement of fluid flow in closed conduits—Thermal mass flowmeters”（封闭管道中流体流量的测量　热式质量流量计）。国家标准 GB/T 20727—2006 等同采用 ISO 14511：2001 标准。

该标准包括热式质量流量计的选型、毛细管热式质量流量计、插入式或管道式热式质量流量计、仪表规格单、标志、检定、安装前的检查和测试、维护等内容，所提出的技术条件、测试、检查、安装、操作和检定指南适用于测量各种气体和混合气体的热式气体质量流量计，不适用于采用热式质量流量计测量液体质量流量。此外，该标准也不适用于测量点速度的热线风速计和其他热膜风速计。

40. ISO/TR 15377 标准

该标准首次发布于 1998 年，2007 年发布第 2 版，ISO 于 2015 年 3 月启动对第 2 版的修订工作，当前有效标准编号为 ISO/TR 15377：2007，标准名称为“Measurement of fluid flow by means of pressure-differential devices—Guidelines for the specification of orifice plates, nozzles and Venturi tubes beyond the scope of ISO 5167”（用差压装置测量流体流量　在ISO 5167 范围外的孔板、喷嘴和文丘里管规范指南）。

该标准介绍了锥形入口孔板、四分之一圆孔板、偏心孔板和带 10.5°收敛角的文丘里管的几何结构和使用方法，也给出了超出 ISO 5167 范围的方缘孔板和喷嘴的相关推荐规范。

41. ISO 17089-1 标准

该标准首次发布于 2010 年，2015 年 1 月启动修订程序。当前有效标准编号为 ISO 17089-1：2010，标准名称为“Measurement of fluid flow in closed conduits-Ultrasonic meters for gas—Part 1：Meters for custody transfer and allocation measurement”（封闭管道中流体流量的测量　气体超声流量计　第 1 部分：贸易计量和流量分配测量用流量计）。

该标准规定了利用声音信号的传播时间来测量封闭管道内的单相同质气体流量的超声气体流量表（USM）的相关规范和推荐要求，包括 USM 的结构、性能、校验、输出特性、安装等内容。该标准规定：对于贸易计量应用，典型的不确定度小于 0.7%；对于流量分配应用，典型的不确定度小于 1.5%。

该标准适用于贸易计量和流量分配计量用传播时间式超声气体流量计，如全管径、缩减面积、高压、低压表计或以上各类的任意组合，对表计的最小或最大规格没有限制，适用于几乎任何气体类型的流量测量，如空气、天然气、乙烷等。

42. ISO 17089-2 标准

该标准首次发布于 2012 年，当前有效标准编号为 ISO 17089-2：2012，标准名称为“Measurement of fluid flow in closed conduits-Ultrasonic meters for gas—Part 2：Meters for industrial applications”（封闭管道中流体流量的测量　气体超声流量计　第 2 部分：工业应

用流量计)。

与ISO 17089-1主要不同之处是，该标准主要规定了用于公用事业和过程工业的工业气体流量测量的USM要求，以及火炬气和排气流量测量要求等。通常来讲，满足ISO 17089-1要求的流量计主要是多通道式，满足ISO 17089-2要求的流量计一般为单通道、插入式表计，家用型、烟囱型和火炬气型表计等。

43. ISO 22158标准

该标准首次发布于2011年，ISO于2016年10月复审确认第1版仍有效，即当前有效标准编号为ISO 22158：2011，标准名称为“Input/output protocols and electronic interfaces for water meters—Requirements”(水表的输入/输出规约和电子接口　要求)。

该标准规定了水表的最低通信要求，要求水表具有通过电子接口交换或提供数据的能力。

ISO 22158：2011标准仅规定了在水表电气和电子连接处的接口条件，没有指定可与水表相连并用于自动水表读数或远程水表读数目的的特定设备，如转发器和感应垫（inductive pad）等。

除以上所提及的对原标准的修订外，ISO正在制定的封闭管道流量测量（MFC）新标准主要有：

(1) ISO 5167-6(第1版)，标准名称为“Measurement of fluid flow by means of pressure differential devices inserted in circular cross-section conduits running full—Part 6：Wedge meters”(用安装在圆形截面管道中的差压装置测量满管流体流量　第6部分：楔式流量计)。2017年2月已完成草稿编写，并已启动技术委员会投票。

(2) ISO 20456(第1版)，标准名称为“Measurement of fluid flow in closed conduits—Guidance for the use of electromagnetic flowmeters for conductive liquids”(封闭管道中流体流量的测量　用电磁流量计测量导电液体指南)。该标准编制已完成，2017年3月21日已进入新编标准的批准程序阶段。

二、ISO/TC 113制定的明渠流量测量标准

ISO/TC 113水文测量技术委员会成立于1964年，参与国除中国外，还有美国、英国、德国、日本、俄罗斯、印度等19个国家，观察国有保加利亚、意大利等16个国家，秘书处设在BIS印度标准局。其工作范围是明渠的水位、流速，地下水的沉淀和蒸发、可利用率和移动等水文测量技术相关的方法、规程、仪表和设备的标准化，主要包括术语及符号，数据的收集、评估、分析、解释和呈现，不确定度的评估等。

截至2017年初，ISO/TC 113所制定的明渠流量测量标准主要有：

1. ISO 748标准

该标准当前有效标准编号为ISO 748：2007，版本为第4版，标准名称为“Hydrometry—Measurement of liquid flow in open channels using current-meters or floats”(水文测量　用流速计或浮子测量明渠液体流量)。2016年11月ISO复审决定对第4版启动修订程序。

该标准规定了明渠内无冰层的水流速度和横截面的流速计或浮子测定方法，及其相应计算明渠流量的方法。该标准包括术语和定义、测量方法的原理、位置选择和分界、横截面测量、流速测量、排放流量计算、流量测量的不确定度等内容。在该标准中仅考虑了流量的单一测量，一段时间内流量的连续记录参见 ISO 1100-1 和 ISO 1100-2 标准。

2. ISO 772 标准

该标准当前有效标准编号为 ISO 772：2011，为第 5 版，标准名称为 “Hydrometry—Vocabulary and symbols”（水文测量　术语和符号）。2017 年 1 月 ISO 开始启动修订程序。

该标准规定了水文测量学方面的标准所采用的术语、定义和符号等。

3. ISO 1070 标准

该标准首次发布于 1973 年，第 2 版发布于 1992 年，1997 年 12 月发布了对第 2 版的 1 号修改单。ISO 于 2015 年 6 月复审决定对该标准进行修编，当前有效标准编号为 ISO 1070：1992，标准名称为 “Liquid flow measurement in open channels—Slope-area method”（明渠液体流量测量　比降面积法）。

该标准中所规定的比降面积法适合于在某些特定条件下不可能采用其他更精确的方法来直接测量流量时所采用。对于有稳定边界、床和侧边的明渠，其测量可获得合理的准确度。该方法不适合用于较大的明渠、有极其平坦地表坡度和高沉淀的明渠或有较大曲度的明渠，否则测量的不确定度较大。标准中包含测量原理、位置选择和分界、坡度测量装置、安装表计和观察的规程、地表坡度计算、水流横截面、流量计算、流量测量不确定度等规定。

4. ISO 1088 标准

该标准当前版本为第 3 版，发布于 2007 年，ISO 于 2012 年 5 月 8 日复审确认第 3 版继续有效，即当前有效标准编号为 ISO 1088：2007。标准名称为 “Hydrometry—Velocity-area methods using current-meters—Collection and processing of data for determination of uncertainties in flow measurement”（水文测量　采用流速计的速度—面积法　用于流量测量不确定度测定的数据收集和处理）。

该标准提供了用于确定采用流速计的速度—面积法测量明渠流量的不确定度的相关数据的收集和处理标准基础。对于速度—面积法明渠流量测量，必须测量速度、深度和宽度等流动分量，从而依此复合计算出总的排放流量。因此，所计算的流量的总的不确定度是所测量分量的不确定度的复合。标准中规定了符号和缩略语、流量测量的误差类型和不确定度的估计步骤、测量分量不确定度判定所需数据的收集和处理等要求。

5. ISO 1100-2 标准

该标准当前版本为第 3 版，发布于 2010 年，2015 年 1 月启动修订程序，当前有效标准编号为 ISO 1100-2：2010。标准名称为 “Hydrometry—Measurement of liquid flow in open channels—Part 2：Determination of the stage-discharge relationship”（水文测量　明渠液体流量测量　第 2 部分：水位—流量关系的确定）。

该标准规定了水位站用于测定水位—流量关系的方法。为满足标准所要求的用于确定水位—流量关系的准确度，需有大量的流量测量数据及相应的水位测量数据。标准中包括符号、水位—流量关系原理、水位站水位—流量检定、水位—流量关系的试验方法、水位—流量关系的不确定度等内容。

6. ISO 1438 标准

该标准首次发布于 1980 年，第 2 版发布于 2008 年，2014 年复审确定修订第 2 版，当前有效标准编号为 ISO 1438：2008。标准名称为 “Hydrometry—Open channel flow measurement using thin-plate weirs”（水文测量　用薄壁堰测量明渠流量）。

该标准规定了采用矩形和三角形薄壁堰测量在自由流动工况下的清水明渠流量的技术要求，包括在淹没流动条件下采用全宽矩形薄壁堰的技术要求。内容包括术语和定义、原理、安装、压头测量、检修、矩形薄壁堰、三角形薄壁堰、流量测量不确定度和实例等。

7. ISO 2425 标准

该标准当前版本为第3版，发布于2010年，ISO已于2016年复审确认继续有效，当前有效标准编号为ISO 2425：2010。标准名称为“Hydrometry—Measurement of liquid flow in open channels under tidal conditions”（水文测量　在潮汐下的明渠液体流量测量）。

该标准推荐了在潮汐条件下的明渠液体流量测量方法（包括潮汐流量单一测量技术、潮汐流量连续测量技术等），包括不确定度的处理等。具体章节包括术语和定义、缩略语、测量方法的原理、特殊考虑和方法选择、潮汐流量测量、潮汐流量测量的不确定度等，并附有容积法潮汐流量测量、适合于潮汐流量条件的测量方法、潮汐河流的速度测量记录、用声音多普勒速度计的潮汐流量测量等附录。

8. ISO 2537 标准

该标准当前版本为第4版，发布于2007年。ISO于2012年5月8日复审确认第4版继续有效，即有效标准编号为ISO 2537：2007。标准名称为“Hydrometry—Rotating-element current-meters”（水文测量　转子式流速计）。

该标准规定了用于测量明渠流速的转子式流速计的工作要求、结构、检定、维护等技术要求。

9. ISO 3454 标准

该标准当前版本为第3版，发布于2008年。ISO于2012年5月8日复审确认第3版继续有效，即有效标准编号为ISO 3454：2008。标准名称为“Hydrometry—Direct depth sounding and suspension equipment”（水文测量　直接测深和悬吊设备）。

该标准规定了用于测量明渠液体流量的直接测深和悬吊设备的功能要求，不包括河岸边的缆道系统。标准章节包括术语和定义、测深设备、悬吊设备、性能要求等。

10. ISO 3455 标准

该标准首次发布于1976年，2007年发布第2版，2016年9月ISO复审决定对第2版进行修订，当前有效标准编号为ISO 3455：2007。标准名称为“Hydrometry—Calibration of current-meters in straight open tanks”（水文测量　直线明槽中流速仪的检定）。

该标准规定了在直线明槽中转子式和静止传感器式（电磁式）流速仪的检定规程，也规定了所用槽的类型及其相关设备的技术要求等。标准中包括术语和定义、检定原理、检定站设计标准、计算机化的数据采集和处理系统、检定步骤等内容。

11. ISO/TS 3716 标准

该技术规范首次发布于2006年，有效标准编号为ISO/TS 3716：2006。名称为“Hydrometry—Functional requirements and characteristics of suspended-sediment samplers”（水文测量　悬移质采样器功能要求与特性），ISO已于2017年1月启动了新一轮复审工作。

该标准规定了不同类型的悬移质采样器的功能要求及特性，包括术语和定义、采样器要求、悬移质采样器的特性、采样器类型、采样器模型等内容。

12. ISO 3846 标准

该标准首次发布于1977年，第2版发布于1989年，第3版发布于2008年。ISO于

2016 年 9 月 28 日复审确认第 3 版继续有效，即有效标准编号为 ISO 3846：2008。标准名称为“Hydrometry—Open channel flow measurement using rectangular broad-crested weirs”（水文测量　用矩形宽顶堰测量明渠流量）。

该标准规定了采用矩形宽顶堰精确测量在自由流动工况下的清水明渠流量的技术要求。标准中包括术语和定义、符号、安装、通用检修要求、压头测量、矩形宽顶堰、流量关系、流量测量的不确定度和示例等内容。

13. ISO 3847 标准

该标准首次发布于 1977 年，ISO 于 2012 年复审确认修订，当前有效标准编号为 ISO 3847：1977，标准名称为“Liquid flow measurement in open channels by weirs and flumes—End-depth method for estimation of flow in rectangular channels with a free overfall”（用堰槽法测量明渠液体流量　在矩形槽上对自由溢流估算的末端深度法）。ISO 已于 2012 年 7 月启动对该标准的修订工作。

该标准规定了在光滑、平直矩形等截面明渠内的垂直降落和自由排放的亚临界清洁水流量的估算方法。通过测量末端深度，采用标准中规定的方法可以估计矩形明渠内的水量。

14. ISO 4359 标准

该标准首次发布于 1983 年，1999 年发布了勘误 1，2013 年 2 月 8 日发布了第 2 版，即有效标准编号为 ISO 4359：2013，标准名称为“Flow measurement structures—Rectangular, trapezoidal and U-shaped flumes”（流量测量结构　矩形、梯形和 U 形测流槽）。

该标准规定了采用特定类型的驻波或临界深度槽测量江河和人工渠内处于稳定或缓慢变化流动工况下的水量的方法，包括槽的类型及工作原理、安装、维护、压头测量、流量通用公式、矩形喉部槽、梯形喉部槽、U 形喉部（圆底）槽、流量测量不确定度、不确定度计算实例等内容。该标准适用于三类广泛应用的矩形喉部、梯形喉部和 U 形喉部测流槽，不适用于文丘里槽。

15. ISO 4360 标准

该标准第 1 版发布于 1979 年，第 2 版发布于 1984 年，当前版本为第 3 版，发布于 2008 年，2016 年 2 月 8 日 ISO 复审决定第 3 版进行修订，当前有效标准编号为 ISO 4360：2008，标准名称为“Hydrometry—Open channel flow measurement using triangular profile weirs”（水文测量　用三角形剖面堰测量明渠流量）。

该标准规定了采用三角形剖面堰测量明渠内处于稳定流工况下的水流量的方法。标准中包括术语和定义、符号、原理、安装、维护、压头测量、流量特性、流量测量不确定度、示例等章节。

16. ISO 4362 标准

该标准第 1 版发布于 1992 年，第 2 版发布于 1999 年。2014 年 9 月 ISO 复审确认第 2 版继续有效，即有效标准编号为 ISO 4362：1999，标准名称为“Hydrometric determinations—Flow measurement in open channels using structures—Trapezoidal broad-crested weirs”（水文测量　用构筑物测量明渠流量　梯形宽顶堰）。

该标准规定了采用梯形宽顶堰测量明渠内处于稳定流工况下的水流量的方法。水流条件仅限于只受上游水头影响的稳定流，不包括与上、下游水位有关的淹没流。

17. ISO 4363 标准

该标准当前版本为第 3 版，发布于 2002 年，ISO 于 2016 年 11 月复审决定对第 3 版进行修订，当前有效标准编号为 ISO 4363：2002，标准名称为“Measurement of liquid flow in open channels—Methods for measurement of characteristics of suspended sediment”（明渠液体流量测量　悬移质特性测量方法）。

该标准规定了测量横截面平均悬移质质量浓度和平均颗粒粒径分布的常规方法和简化方法。常规方法可用于稳定流或缓慢变化流的周期例行测量。简化方法主要用于悬移质测量，以观察悬移质流送的变化过程，并可在困难条件下实施。该标准建立了以实验为基础的通过常规方法和简化方法所测量的横截面平均悬移质质量浓度和平均颗粒粒径分布之间的关系。该标准所规定的方法适用于水文站的悬移质测量。

18. ISO 4364 标准

该标准首次发布于 1977 年，1997 年发布第 2 版，2000 年 8 月 17 日发布对第 2 版的 1 号修改单。ISO 于 2016 年 10 月 17 日复审确认第 2 版继续有效，即有效标准编号为 ISO 4364：1997，标准名称为“Measurement of liquid flow in open channels—Bed material sampling”（明渠水流测量　床质取样）。

该标准提供了主要出于测量明渠内床质粒径频数分布目的，对非黏性砂床材料和黏性床层取样方法的导则。

19. ISO 4365 标准

该标准首次发布于 1985 年，2005 年发布第 2 版，2014 年 ISO 复审确认第 2 版继续有效。当前有效标准编号为 ISO 4365：2005，标准名称为“Liquid flow in open channels—Sediment in streams and canals—Determination of concentration，particle size distribution and relative density”（明渠液体流量　在河流和运河内的沉淀物　含沙量、颗粒分布和相对密度的测定）。

该标准规定了在河流和运河内测定沉淀物的密集度、颗粒粒径分布和相对密度的方法。标准中给出了下列详细分析方法：通过蒸发或过滤测定悬移质密集度、悬移质粒径分析、底沙和床物质沉淀测定、沉淀物相对密度测定、颗粒粒径分布特性测定等。

20. ISO 4366 标准

该标准首次发布于 1979 年，2007 年发布第 2 版，2012 年 5 月 8 日 ISO 复审确认第 2 版继续有效。当前有效标准编号为 ISO 4366：2007，标准名称为“Hydrometry—Echo sounders for water depth measurements”（水文测量　回声测深仪）。

该标准规定了与回声测深仪相关的术语和定义、工作原理、仪表选择、性能标准等技术要求。适用于明渠流量和相关测量的深度检测。

21. ISO 4369 标准

该标准首次发布于 1979 年，标准编号为 ISO 4369：1979，ISO 于 2014 年复审确认原版本继续有效。标准名称为“Measurement of liquid flow in open channels—Moving-boat method”（明渠液体流量测量　动船法）。

该标准规定了采用动船技术测量江、河、渠等排水量的测量方法，包括相关的技术规程和通用设备要求，并附有移动船测量计算实例。

22. ISO 4371 标准

该标准首次发布于 1984 年，2012 年 ISO 复审确认修订，当前有效标准编号为 ISO 4371：1984，标准名称为“Measurement of liquid flow in open channels by weirs and flumes—End depth method for estimation of flow in non-rectangular channels with a free overfall (approximate method)”［用槽堰法测量明渠内液体流量　非矩形渠道自由溢流量估算末端深度法（近似法）］。2012 年 7 月 18 日 ISO 启动对该标准的新一轮复审工作。

该标准规定了在平坦、水平、直明渠内垂直降落和自由排放下的亚临界清洁水流量的估算方法，允许平缓正坡度不大于 1/2000。标准中包括梯形、三角形、抛物线形、圆形横截面类型水舌的明渠。

23. ISO 4373 标准

该标准首次发布于 1979 年，第 2 版发布于 1995 年，第 3 版发布于 2008 年，2012 年 5 月 8 日 ISO 复审确认第 3 版继续有效。当前有效标准编号为 ISO 4373：2008，标准名称为“Hydrometry—Water level measuring devices”（水文测量　水位测量仪器）。

该标准规定了水表面高度测量仪表的功能要求，主要是用于流量测量目的。标准中附录有当前可用的水位测量仪器类型及其相关不确定度指南。

24. ISO 4374 标准

该标准首次发布于 1982 年，第 2 版发布于 1990 年，2016 年 2 月 ISO 复审确认第 2 版继续有效。当前有效标准编号为 ISO 4374：1990，标准名称为“Liquid flow measurement in open channels—Round-nose horizontal broad-crested weirs”（明渠液体流量测量　圆缘宽顶堰）。

该标准规定了采用圆缘宽顶堰测量明渠内处于稳定流工况下的水流量的方法。水流条件仅限于只受上游水头影响的稳定流，不包括与上、下游水位有关的淹没流。

25. ISO 4375 标准

该标准首次发布于 1979 年，第 2 版发布于 2000 年，第 3 版发布于 2014 年 11 月。当前有效标准编号为 ISO 4375：2014，标准名称为“Hydrometry—Cableway systems for stream gauging”（水文测量　水流测量用水文缆道系统）。

该标准规定了水流测量用水文缆道系统的设备、锚件、支架和附件等的技术要求。具体包括缆道系统总说明、缆道部件功能要求、维修/检查/测试等，并附有缆道特性等附件。

26. ISO 4377 标准

该标准首次发布于 1982 年，第 2 版发布于 1990 年，第 3 版发布于 2002 年，第 4 版发布于 2012 年。当前有效标准编号为 ISO 4377：2012，标准名称为“Hydrometric determinations—Flow measurement in open channels using structures—Flat-V weirs”（水文测量　用构筑物测量明渠流量　平坦 V 形堰）。

该标准规定了采用平坦 V 形堰测量明渠内处于稳定流或缓慢变化工况下的水流量的方法。

27. ISO 6416 标准

该标准首次发布于 1985 年，第 2 版发布于 1992 年，第 3 版发布于 2004 年。ISO 已于 2012 年启动对第 3 版的修订工作。当前有效标准编号为 ISO 6416：2004，标准名称为“Hydrometry—Measurement of discharge by the ultrasonic (acoustic) method”［水文测量

用超声波（声波）法测量流量]。

该标准规定了在江河、明渠或封闭管道内连续测量流量所需的超声（传播时间式）测量站的建立和运行等相关技术要求。标准中也说明了该方法所基于的基本原理、相关仪表的运行和性能及调试规范等。该标准仅限于超声脉冲传播时间式技术，不适用于采用多普勒频移或相关测量技术或水位—流量技术的系统。

该标准不适用于结冰的河流流量测量。

28. ISO 6420 标准

该标准首次发布于 1984 年，第 2 版发布于 2016 年。当前有效标准编号为 ISO 6420：2016，标准名称为“Hydrometry—Position fixing equipment for hydrometric boats”（水文测量　水文测船定位设备）。

该标准规定了基于卫星导航系统等水文测船定位方法，适用于电子定位设备和常规测量技术。标准中包括术语和定义、流量测量和沉积物取样用定位设备、形态测量定位设备（包括全球导航卫星系统、电子测量仪表，经纬仪和视距尺等）、不确定度等内容。

29. ISO 8333 标准

该标准首次发布于 1985 年，2012 年 7 月 16 日 ISO 复审确认继续有效，即当前有效标准编号为 ISO 8333：1985，标准名称为“Liquid flow measurement in open channels by weirs and flumes —V-shaped broad-crested weirs”（用槽堰法测量明渠内液体流量　V 形宽顶堰）。

该标准规定了在小型河流和人工渠内采用 V 形宽顶堰测量亚临界液体流量的方法。标准中包括位置选择、安装条件、压头测量、流量公式和流量测量误差等内容，并有 3 个附录。

30. ISO 8368 标准

该标准首次发布于 1985 年，1999 年发布第 2 版，当前有效标准编号为 ISO 8368：1999，标准名称为“Hydrometric determinations—Flow measurements in open channels using structures—Guidelines for selection of structure”（水文测量　用构筑物测量明渠流量　构筑物选择指南）。目前 ISO 正在对该版本进行修订。

该标准给出了用于明渠液体流量测量的流量测量构筑物特殊类型选择指南。标准中包括术语、定义和符号，构筑物类型，影响选择的因素，各类构筑物推荐建议，构筑物选择需考虑的参数等章节。

31. ISO 9123 标准

该标准首次发布于 2001 年，ISO 于 2012 年 11 月 21 日复审确认继续有效，当前有效标准编号为 ISO 9123：2001，标准名称为“Measurement of liquid flow in open channels—Stage-fall-discharge relationships”（明渠液体流量测量　水位—落差—流量关系）。2013 年底 ISO 已启动了新一轮修订工作。

该标准规定了测定存在间歇或连续变化回水的河区水位—落差—流量关系的方法。高度测量要求设置两个测量站（其中一个作为基本参考测量站，另一个作为辅助测量站）。为确保校准准确度要求，标准要求进行多次流量测量。标准包括术语和定义、测量单位、总的考虑、单位—落差法（unit-fall method）、恒定—落差法（constant-fall method）、变量—落差法（variable-fall method）、标定曲线和表格、计算方法、水位—落差—流量关系的周期检查、外推法、不确定度等章节。

32. ISO 9195 标准

该标准首次发布于 1992 年，ISO 于 2016 年 1 月 12 日复审确认继续有效，即有效标准编号为 ISO 9195：1992，标准名称为“Liquid flow measurement in open channels—Sampling and analysis of gravel-bed material”（明渠液体流量测量　沙砾床材料的取样和分析）。

该标准规定了为测定明渠内沙砾床材料粒径分布而进行的表面或地下沙砾床材料的取样和分析规范。包括定义、取样设备和规范、粒度大小分配、频度、粒径和频度分布、取样步骤选择、样品规格测定、误差等内容。

33. ISO 9196 标准

该标准首次发布于 1992 年，ISO 于 2012 年 5 月 11 日复审确认继续有效，即有效标准编号为 ISO 9196：1992，标准名称为“Liquid flow measurement in open channels—Flow measurements under ice conditions”（明渠液体流量测量　冰期流量测量）。

该标准规定了在结冰条件下四种明渠水流量测量方法（即速度—面积法、代表性垂直法、稀释测量法、堰槽法等）、两种明渠水位测量方法（包括离散水位测量、静水井及气动记录仪等）及其相关的流量测量不确定度评估等。该标准不规定测量仪表和设备的技术要求。

34. ISO/TR 9212 标准

该文件发布于 2015 年 6 月，编号为 ISO/TR 9212：2015，名称为“Hydrometry—Methods of measurement of bedload discharge”（水文测量　泥沙量的测量方法）。

该文件描述了直接和间接测量泥沙量技术的当前状态。这些方法主要是基于泥沙颗粒尺寸分布、通道宽度、深度和流速而开展的。文件包括术语和定义、泥沙测量方法、泥沙排放量测量的设计和策略、场地选取、泥沙量取样、采用泥沙取样测量泥沙量的步骤、泥沙的间接测量等。

35. ISO 9555 - 1 标准

该标准首次发布于 1994 年，ISO 于 2016 年 10 月 6 日复审确认继续有效，即有效标准编号为 ISO 9555 - 1：1994，标准名称为“Measurement of liquid flow in open channels—Tracer dilution methods for the measurement of steady flow—Part 1：General”（明渠液体流量测量　稳定流示踪剂稀释法　第 1 部分：总则）。

该标准说明了恒速注入法和集中注入（突然注入）法各自的原理，适用于各种类型示踪剂的注入、取样和分析的原则。

36. ISO 9555 - 3 标准

该标准首次发布于 1992 年，ISO 于 2016 年 10 月 6 日复审确认继续有效，即有效标准编号为 ISO 9555 - 3：1992，标准名称为“Measurement of liquid flow in open channels—Tracer dilution methods for the measurement of steady flow—Part 3：Chemical tracers”（明渠液体流量测量　稳定流示踪剂稀释法　第 3 部分：化学示踪剂）。

该标准规定了所采用的示踪剂（碘化物、氯化物等）、示踪剂测量（包括原理、现场测量和试验室测量）、影响示踪剂的环境因素、示踪剂注入、取样和分析技术、误差源等。

37. ISO 9555 - 4 标准

该标准首次发布于 1992 年，ISO 于 2016 年 10 月 6 日复审确认继续有效，即有效标准编号为 ISO 9555 - 4：1992，标准名称为“Measurement of liquid flow in open channels—Tracer dilution methods for the measurement of steady flow—Part 4：Fluorescent tracers”（明渠液体流量测量　稳定流示踪剂稀释法　第 4 部分：荧光示踪剂）。

该标准规定了所采用的示踪剂（荧光素、罗丹明 B、酸性黄 7、磺基罗丹明 B、吡喃、罗丹明 WT 等）、示踪剂测量（包括原理、现场测量和试验室测量）、影响示踪剂的环境因素、示踪剂注入、取样技术、分析和计算等。

38. ISO/TR 9824 标准

该标准首次发布于 2007 年，标准编号为 ISO/TR 9824：2007，标准名称为“Hydrometry—Measurement of free surface flow in closed conduits”（水文测量　封闭管道自由水面流量测量）。

该标准规定了用于封闭管道非满管流（即有自由水面）流量测量的各种方法。标准中简要说明了每种方法所参考的相应国际标准、每种技术的特性和局限、流量测量可能的不确定度、特殊设备要求等。包括术语和定义、封闭管道系统的特性、方法选择、测量方法（包括容积法、示踪剂和稀释法、流量测量构筑物法、超声多普勒法、传播时间超声流量计法、电磁法、比降面积法、非接触法、点流量测量/评估/验证）、方法最终选择等章节。

39. ISO 9825 标准

该标准首次发布于 1994 年，第 2 版发布于 2005 年，ISO 于 2014 年 10 月复审确认第 2 版继续有效，有效标准编号为 ISO 9825：2005，标准名称为“Hydrometry—Field measurement of discharge in large rivers and rivers in flood”（水文测量　大河及洪水流量测量）。

该标准详细规定了大河及洪水流量测量的技术要求，包括术语和定义、测量单位、适当技术、可能遇到的困难本质、大河流量测量、齐岸水位下的洪水流量测量、超出齐岸水位的洪水流量测量等内容。

40. ISO 9826 标准

该标准首次发布于 1992 年，ISO 于 2013 年 6 月 26 日复审确认继续有效，即有效标准编号为 ISO 9826：1992，标准名称为“Measurement of liquid flow in open channels—Parshall and SANIIRI flumes”（明渠液体流量测量　巴歇尔槽和孙奈利槽）。

该标准规定了用于明渠（如灌渠）内处于稳定或缓慢变化流动工况下的采用巴歇尔槽和孙奈利槽的液体流量测量方法。标准中所规定的槽是按自由流动和淹没条件下工作所设计的。标准中包括术语和定义、槽类型选择、安装、维护总要求、压头测量、巴歇尔槽、孙奈利槽、流量测量不确定度、示例等章节。

41. ISO 9827 标准

该标准发布于 1994 年，标准编号为 ISO 9827：1994，标准名称为“Measurement of liquid flow in open channels by weirs and flumes—Streamlined triangular profile weirs”（用槽堰法测量明渠内液体流量　流线型三角形剖面堰）。ISO 于 2017 年 1 月启动该标准撤回投票程序。

该标准规定了用于明渠内处于稳定流工况下的采用流线型三角形剖面堰的液体流量测量方法。标准中所考虑的流动条件为自由流（即水流仅限于只受上游水头影响）和淹没流（即水流与上、下游水位有关）。标准中包括术语和定义、测量单位、总要求、维护、压头测量、流线型三角形剖面堰、流量计算、流量测量不确定度、示例等章节内容。

42. ISO/TR 11328 标准

该技术报告首次发布于 1994 年，编号为 ISO/TR 11328：1994，名称为“Measurement of liquid flow in open channels—Equipment for the measurement of discharge under ice conditions”（明渠液体流量测量 冰期流量测量设备）。

该文件规定了明渠结冰期间穿透冰层并获取用于测量冰下流量所需的面积、流速及其他信息所需的特殊设备的技术要求。在文件中并未规定测量和计算的技术要求，ISO 9196 规定了冰期流量的测量方法，因此该文件宜与标准 ISO 9196 共同使用。

43. ISO 11329 标准

该标准第 1 版发布于 1998 年，第 2 版发布于 2001 年，ISO 于 2012 年 10 月 18 日复审确认第 2 版继续有效，有效标准编号为 ISO 11329：2001，标准名称为“Hydrometric determinations—Measurement of suspended sediment transport in tidal channels”（水文测量 潮汐河流悬移质泥沙输送测量）。

该标准规定了受潮汐作用影响的天然或人造明渠内悬移质取样和悬移质输送率估计的方法和技术。标准中包括术语和定义、潮汐明渠内悬移质输送的特征、悬移质输送测量和估计指南、潮汐明渠内取样位置选择、测量原理、悬移质输送估计等内容。

44. ISO 11655 标准

该标准首次发布于 1995 年，ISO 于 2015 年启动了新一轮复审程序，但尚未公布复审结果，当前有效标准编号为 ISO 11655：1995，标准名称为“Measurement of liquid flow in open channels—Method of specifying performance of hydrometric equipment”（明渠液体流量测量 规定水文仪器设备性能的方法）。

该标准规定了用于确定水文仪器设备性能的方法，包括在性能框架内的标志，影响不确定度的因素等。该标准适用于除用于水质测量的仪表设备外的用于水文测量的其他全部仪表设备。标准中包含定义、测量单位、目标、设备性能、总体设备性能、数据输出格式、能量要求、用户要求等内容。

45. ISO 11657 标准

该标准首次发布于 2014 年，当前有效标准编号为 ISO 11657：2014，标准名称为“Hydrometry—Suspended sediment in streams and canals—Determination of concentration by surrogate techniques”（水文测量 河流及运河悬浮沉积物 用替代技术测定浓度）。

该标准规定了用替代技术测量河流及运河内悬浮沉积物粒度分布和浓度的方法，包括传输、散射、传输—散射、衍射等各种测量原理，普通光学式（bulk optics）、激光衍射 LD 式、声音反向散射 ABS 式等通用替代技术测量悬浮沉积物浓度的方法、校准及验证等内容。

46. ISO 13550 标准

该标准发布于 2002 年，ISO 于 2013 年 6 月 26 日复审确认继续有效，即有效标准编号为 ISO 13550：2002，标准名称为“Hydrometric determinations—Flow measurements in open channels using structures—Use of vertical underflow gates and radial gates”（水文测量 用构筑物测量明渠流量 采用垂直底流式闸门和弧形闸门）。

该标准规定了用于明渠内处于稳定流工况下的采用位于垂直侧壁间平板水平地面上的垂

直底流式闸门的液体流量测量方法。当测量要求更高准确度时，所采用的构筑物应采用适当的方法用实际流量测量值进行校准。标准中包括术语、定义和符号，测量单位，总要求，维护，压头测量，垂直底流式闸门，流量关系，流量测量不确定度等章节内容。

47. ISO 14139 标准

该标准发布于2000年，ISO于2017年1月9日复审确认继续有效，即有效标准编号为ISO 14139：2000，标准名称为“Hydrometric determinations—Flow measurements in open channels using structures—Compound gauging structures”（水文测量　用构筑物测量明渠流量　组合型水工测流构筑物）。

该标准规定了在组合型水工构筑物内采用标准堰和/或槽的组合体测量明渠流量的方法。堰和/或槽的选择参照ISO 8368标准的相关规定。标准中包括术语、定义和符号，组合测量构筑物的特性，安装，维护，压头测量，流量计算，流量测量误差等章节内容。

48. ISO/TS 15768 标准

该标准首次发布于2000年，ISO已于2017年1月启动新一轮复审，当前有效标准编号为ISO/TS 15768：2000，标准名称为“Measurement of liquid velocity in open channels—Design，selection and use of electromagnetic current meters”（明渠液体流速测量　电磁测流仪的设计、选择和使用）。

该标准给出了用于测定点流速的电磁测流仪的设计、选择和使用指南，以实现采用速度—面积法测量明渠内流量的目的。标准中包括术语和定义、测量单位、电磁测流仪的物理特性、电磁测流仪的使用等内容。

49. ISO 15769 标准

该标准首次发布于2010年，ISO已于2015年复审确认继续有效，即当前有效标准编号为ISO 15769：2010，标准名称为“Hydrometry—Guidelines for the application of acoustic velocity meters using the Doppler and echo correlation methods”（水文测量　基于多普勒和回波相关法的声音流速仪应用指南）。

该标准给出了用于连续流量测量的基于多普勒和回波相关法的流速仪的工作原理、选择和应用指南。该标准适用于明渠流量测量和非满管流流量测量（采用在横截面固定点安装一个或多个仪表的方法）。标准中包括术语、定义和缩略语，工作原理，影响工作和准确度的因素，位置选择，测量，安装、运行和维护，校准、评估和验证，流量测量，流量测量的不确定度，选择设备时需注意事项等内容。

50. ISO 18365 标准

该标准首次发布于2013年12月6日，标准编号为ISO 18365：2013，标准名称为“Hydrometry—Selection，establishment and operation of a gauging station”（水文测量　测量站的选择、建立和运行）。

该标准给出了测量湖、库、河流或运河或其他人工明渠水位或水位和流量测量站的建立和运行要求，也说明了采用所列出测量方法的测量站宜如何运行和维护等。详细规定了水位测量站、水位—流量站和直接流量测量站的相关技术要求，也给出了如结冰等困难条件下的测量要求。

该标准中包括术语、定义和符号，总要求和需考虑事项，水位测量站，水位—流量测量站，采用水工结构的水位—流量测量站，速度—流量测量站，困难条件下的测量，运行和维护等具体章节内容。

51. ISO/TR 19234 标准

该技术报告首次发布于 2016 年 12 月，编号为 ISO/TR 19234：2016，名称为“Hydrometry—Low cost baffle solution to aid fish passage at triangular profile weirs that conform to ISO 4360”（水文测量　符合 ISO 4360 要求的三角形剖面堰处鱼道用低成本隔板解决方案）。

该文件规定了三角形剖面流量测量构筑物的下游面处隔板的集成要求，以有助于鱼类的通过。该文件包括术语和定义、符号、原理、安装、维护等内容。

52. ISO 24155 标准

该标准首次发布于 2016 年，标准编号为 ISO 24155：2016，标准名称为“Hydrometry—Hydrometric data transmission systems—Specification of system requirements”（水文测量　水文测量数据传输系统　系统要求规范）。

该标准规定了水文测量数据传输系统在设计和运行时的技术要求及必要的功能。标准中包括术语和定义、基本要求、系统功能要求、运行要求等内容。

53. ISO/TR 24578 标准

该标准发布于 2012 年 5 月 11 日，标准编号为 ISO/TR 24578：2012，标准名称为“Hydrometry—Acoustic Doppler profiler—Method and application for measurement of flow in open channels”（水文测量　声音多普勒剖面仪　明渠流量测量方法及应用）。ISO 已于 2016 年 1 月启动对该标准的修订工作。

该标准规定了测量无冰层明渠流量所用声音多普勒流速剖面仪（ADCP）的测量方法和应用要求。包括术语和定义、工作原理、测量方法原理、应用垂直安装 ADCP 的位置选择、测量计算、不确定度等内容。

54. ISO/TS 25377 标准

该标准首次发布于 2007 年，标准编号为 ISO/TS 25377：2007，标准名称为“Hydrometric uncertainty guidance (HUG)”[水文测量不确定度指南（HUG）]。ISO 已于 2015 年 7 月决定对该版本启动修订程序。

该标准有助于理解测量不确定度的本质，及其在水文测量中估计测量品质或测量的重要作用。该标准适用于天然或人造明渠流量测量，不适用于降雨量测量。标准中包含术语和定义、符号和缩略语、ISO/IEC 导则 98（GUM）——基本定义和规则、明渠流量—速度面积法、明渠流量—临界深度法、稀释法、水文测量仪表、水文测量标准中不确定度条款起草指南等内容。

55. ISO 26906 标准

该标准首次发布于 2009 年，第 2 版发布于 2015 年，当前有效标准编号为 ISO 26906：2015，标准名称为“Hydrometry—Fishpasses at flow measurement structures”（水文测量　流量测量结构处的鱼道）。

该标准规定了将流量测量结构和鱼道整合的技术要求，识别了具有满意水文测量校准数据的鱼道，并给出了计算组合流量和不确定度的方法。标准中包括术语和定义、符号、原理、安装、鱼道性能、流量计算、测量不确定度计算、示例等内容。

此外，截至 2017 年初，ISO/TC 113 正在制定或修订的明渠流量测量相关新标准主要有：

（1）ISO 772（第6版），标准名称为“Hydrometry—Vocabulary and symbols”（水文测量　术语和符号）。2017年1月ISO开始启动修订程序。

（2）ISO 748（第5版），标准名称为“Hydrometry—Measurement of liquid flow in open channels using velocity measurement devices”（水文测量　用流速测量设备测量明渠液体流量）。2017年3月已进入修编准备程序。

（3）ISO 1070（第3版），标准名称为“Liquid flow measurement in open channels—Slope-area method”（明渠液体流量测量　比降面积法）。2017年3月已进入CD版修改阶段。

（4）ISO 1438（第3版），标准名称为“Hydrometry—Open channel flow measurement using thin-plate weirs”（水文测量　用薄壁堰测量明渠流量），当前标准已修订完成，2017年3月正处于出版阶段。

（5）ISO 3455（第3版），标准名称为“Hydrometry—Calibration of current-meters in straight open tanks”（水文测量　直线明槽中流速仪的检定）。2016年12月开始修编准备。

（6）ISO 4360（第4版），标准名称为“Hydrometry—Open channel flow measurement using triangular profile weirs”（水文测量　用三角形剖面堰测量明渠流量）。2016年2月已进入标准修编阶段。

（7）ISO 6416（第4版），标准名称为“Hydrometry—Measurement of discharge by the ultrasonic transit time (time of flight) method”[水文测量　用超声波时间传输法（时差法）测量流量]，2017年2月已进入批准阶段。

（8）ISO 8368（第3版），标准名称为“Hydrometric determinations—Flow measurements in open channels using structures—Guidelines for selection of structure”（水文测量　用构筑物测量明渠流量　构筑物选择指南）。2016年6月已处于标准修编阶段。

（9）ISO 9123（第2版），标准名称为“Measurement of liquid flow in open channels—Stage-fall-discharge relationships”（明渠液体流量测量　水位—落差—流量关系），2016年5月已进入DIS阶段。

（10）ISO/TR 9210（第2版），标准名称为“Measurement of liquid flow in open channels—Measurement in meandering rivers and in streams with unstable boundaries”（明渠液体流量测量　弯曲河流和不稳定边界河流的测量），2015年4月处于CD版修改阶段。

（11）ISO 11330（第2版），标准名称为“Determination of volume of water and water level in lakes and reservoirs”（湖和水库的水量和水位的确定）。2015年1月已进入标准编制准备阶段。

（12）ISO 18320（第1版），标准名称为“Hydrometry—Determination of the stage-discharge relationship”（水文测量　水位—流量关系的确定）。2015年6月已启动标准制定程序。

（13）ISO 18481（第1版），标准名称为“Hydrometry—Liquid flow measurement using end depth method in channels with a free overfall”（水文测量　在自由溢流渠内采用末端深度法的液体流量测量），2016年7月关闭DIS表决投票。

（14）ISO 21044-1（第1版），标准名称为“Hydrometry—Stream gauging—Part 1:

Fieldwork"（水文测量　流量测量　第1部分：现场工作）。2015年11月已进入CD版修改阶段。

（15）ISO 21044-2（第1版），标准名称为"Hydrometry—Stream gauging—Part 2: Computation of discharge"（水文测量　流量测量　第2部分：流量计算）。2015年12月已进入CD版修改阶段。

（16）ISO 24577（第1版），标准名称为"Hydrometry—Use of non-contact methods for measuring water surface velocity and discharge"（水文测量　用非接触法测量水面速度和流量）。2015年6月已启动制定程序。

（17）ISO 24578（第1版），标准名称为"Hydrometry—Acoustic Doppler profiler—Method and application for measurement of flow in open channels"（水文测量　声音多普勒剖面仪　明渠流量测量方法及应用）。2016年4月已进入制定准备阶段。

（18）ISO 25377（第1版），标准名称为"Hydrometric uncertainty guidance（HUG）"（水文测量的不确定度导则），2017年3月已进入技术委员会CD投票表决阶段。

三、ISO/TC 28 制定的流体流量测量标准

ISO/TC 28石油和相关产品、天然或合成的燃料和润滑剂技术委员会成立于1947年，参与国除中国外，还有美国、英国、德国、日本、巴西等28个国家，观察国有加拿大、俄罗斯等55个国家或地区，秘书处设在巴西（ABNT）和荷兰（NEN）。其工作范围是有关石油、石油产品、石油基润滑油和液压流体、非石油基液体燃料、非石油基润滑油和液压流体等的术语及定义、分类、技术规范、取样方法、测量、分析和试验的标准化。

截至2017年初，ISO/TC 28技术委员会所制定的与流量测量相关的标准主要有：

1. ISO 2714 标准

该标准首次发布于1980年，标准编号为ISO 2714：1980，标准名称为"Liquid hydrocarbons—Volumetric measurement by displacement meter systems other than dispensing pumps"（液态碳氢化合物[1]　用除计量泵以外的容积式仪表系统的体积测量），2013年12月ISO复审确认进行修订，当前处于DIS修订阶段。国家标准GB/T 17288—2009《液态烃体积测量　容积式流量计计量系统》等同采用ISO 2714：1980标准。

该标准规定了容积式仪表系统的特性，给出了测量被测液体需系统考虑的注意事项，仪表系统的安装、选择、性能、运行和维护要求，适用于需测量液体体积流量的场合，不适用于两相液体测量。标准中包括系统设计、表计及附属设备选择、仪表系统的安装、仪表性能、仪表系统的运行和维护等章节。

2. ISO 2715 标准

该标准首次发布于1981年，标准编号为ISO 2715：1981，标准名称为"Liquid hydrocarbons—Volumetric measurement by turbine meter systems"（液态碳氢化合物　用涡轮流量计系统的体积测量）。2013年12月ISO复审修订，当前处于DIS修订阶段。国家标准GB/T 17289—2009《液态烃体积测量　涡轮流量计计量系统》等同采用ISO 2715：1981标准。

该标准规定了涡轮流量计系统的特性，给出了测量被测液体需系统考虑的注意事项，仪

[1] 碳氢化合物，国内也常被称为"烃"。

表系统的安装、选择、性能、运行和维护要求，适用于需测量液态碳氢化合物体积流量的场合，不适用于两相液体测量。标准中包括系统设计、表计及附属设备选择、安装、仪表性能、仪表系统的运行和维护等章节。

3. ISO 4124 标准

该标准首次发布于 1994 年，标准编号为 ISO 4124：1994，标准名称为“Liquid hydrocarbons—Dynamic measurement—Statistical control of volumetric metering systems”（液态碳氢化合物　动态测量　体积测量系统的统计控制）。ISO 于 2016 年进行了新一轮复审。国家标准 GB/T 17287—1998《液态烃动态测量　体积计量系统的统计控制》等同采用 ISO 4124：1994 标准。

在动态测量系统中，用于液态碳氢化合物测量的仪表的性能将随着流动工况（如流体的流量、黏度、温度、压力、密度等）和机械磨损的变化而变化。该标准提供了用于集中或在线校准此类仪表所采用的合适的统计控制规范，给出了建立和监视仪表性能的导则，也提供了收集数据的规范，以此建立相应的控制限值，适用于任何类型的体积或质量流量测量系统。标准中包含总则、统计测量、集中校准、在线校准、二次控制等章节。

4. ISO 4267-2 标准

该标准首次发布于 1988 年，标准编号为 ISO 4267-2：1988，标准名称为“Petroleum and liquid petroleum products—Calculation of oil quantities—Part 2：Dynamic measurement”（石油和液态石油产品　油量计算　第 2 部分：动态测量）。2014 年 ISO 复审修订。国家标准 GB/T 9109.5—2009《石油和液体石油产品油量计算　动态计量》非等效采用 ISO 4267-2：1988 标准。

该标准定义了石油量测量计算中所用的术语，规定了用于修正系数数值计算的公式，给出了计算中所需的顺序、凑整和有效数取值的规则，提供了在不期望通过手工或计算机计算即可方便查阅特定修正系数的表格。该标准适用于通过测量仪表和标准装置进行的液态碳氢化合物（包括液化石油气）的体积测量，不适用于两相流体测量。标准中包括定义、准确度等级、主要修正系数、标准装置容积的计算、仪表校正因数计算、*K* 因数计算、测量票据计算等章节。

5. ISO 5024 标准

该标准首次发布于 1976 年，第 2 版发布于 1999 年，标准编号为 ISO 5024：1999，标准名称为“Petroleum liquids and liquefied petroleum gases—Measurement—Standard reference conditions”（石油液体和液化石油气　测量　标准参比条件）。ISO 于 2015 年 7 月复审决定进行修订。国家标准 GB/T 17291—1998《石油液体和气体计量的标准参比条件》非等效采用 ISO 5024：1976 标准。

该标准规定了用于原油及其产品，包括液化石油气，温度、压力等测量的标准参比条件。不适用于天然气（注意：ISO 13443 给出了天然气的标准参比条件）。

6. ISO 6551 标准

该标准首次发布于 1982 年，标准编号为 ISO 6551：1982，标准名称为“Petroleum liquids and gases—Fidelity and security of dynamic measurement—Cabled transmission of electric and/or electronic pulsed data”[石油液体和气体　动态测量的保真性和安全性　电气和（或）电子脉冲数据的缆式传输]。ISO 于 2016 年结束了新一轮复审。国家标准 GB/T

17746—1999《石油液体和气体动态测量　电和（或）电子脉冲数据电缆传输的保真度和可靠度》等同采用 ISO 6551：1982 标准。

该标准建立了确保流体测量仪表系统所用的脉冲数据缆式传输系统的保真性和安全性的导则，主要目标在于确保一次指示的完整性。该标准未确定具体应用中应采用何种安全等级。该标准包括安全等级、系统设计原则和质量、预防措施、安装、调试和试验、监督和维护等内容。

7. ISO 7278 - 1 标准

该标准首次发布于 1987 年，标准编号为 ISO 7278 - 1：1987，标准名称为"Liquid hydrocarbons—Dynamic measurement—Proving systems for volumetric meters—Part 1：General principles"（液态碳氢化合物　动态测量　体积流量仪表的检定系统　第 1 部分：总则）。ISO 于 2016 年结束了新一轮复审。国家标准 GB/T 17286.1—2016《液态烃动态测量　体积计量流量计检定系统　第 1 部分：一般原则》等同采用 ISO 7278 - 1：1987 标准。

检定仪表的目的在于确定其相对误差或其对应于流量和温度、压力和黏度等其他参数的仪表修正系数。该标准规定了用于液态碳氢化合物动态测量的体积仪表的检定系统的总则，包括标准装置的类型、总的要求、罐式标准装置系统、在线管道标准装置系统、集中标准装置系统、标准仪表系统等章节。

8. ISO 7278 - 2 标准

该标准首次发布于 1988 年，标准编号为 ISO 7278 - 2：1988，标准名称为"Liquid hydrocarbons—Dynamic measurement—Proving systems for volumetric meters—Part 2：Pipe provers"（液态碳氢化合物　动态测量　体积流量仪表的检定系统　第 2 部分：管道标准装置）。ISO 于 2016 年结束了新一轮复审。国家标准 GB/T 17286.2—2016《液态烃动态测量　体积计量流量计检定系统　第 2 部分：体积管》等同采用 ISO 7278 - 2：1988 标准。

该标准提供了管道标准装置（标准体积管）的设计、安装和检定导则。检定和运行标准装置时所用的计算技术详见 ISO 4267 - 2 标准。该标准适用于不同液体和不同类型表计所使用的管道标准装置及在不同使用条件下的检定，不适用于新型的小容量或紧凑型标准装置。该标准包括定义、系统说明、基本性能要求、设备、管道标准装置设计、安装和检定等章节。

9. ISO 7278 - 3 标准

该标准首次发布于 1986 年，1998 年发布第 2 版，当前有效标准版本编号为 ISO 7278 - 3：1998，标准名称为"Liquid hydrocarbons—Dynamic measurement—Proving systems for volumetric meters—Part 3：Pulse interpolation techniques"（液态碳氢化合物　动态测量　体积流量仪表的检定系统　第 3 部分：脉冲内插技术）。ISO 于 2016 年结束了新一轮复审。国家标准 GB/T 17286.3—2010《液态烃动态测量　体积计量流量计检定系统　第 3 部分：脉冲插入技术》等同采用 ISO 7278 - 3：1998 标准。

为改善检定的鉴别力，该标准给出了对管道或小容量标准装置和涡轮流量计或容积式流量计测量时采用脉冲内插技术时的规范和使用条件。标准中说明了常用的三种脉冲内插法及其使用条件，也说明了用于检查脉冲内插系统是否运作满意的设备和试验步骤，以及测量表计不规则脉冲间隔的方法等。该标准包括定义、原则、使用条件、脉冲内插系统的试验、试验报告及标记等章节。

10. ISO 7278－4 标准

该标准首次发布于 1999 年，标准编号为 ISO 7278－4：1999，ISO 于 2012 年复审确认继续有效。标准名称为“Liquid hydrocarbons—Dynamic measurement—Proving systems for volumetric meters—Part 4：Guide for operators of pipe provers”（液态碳氢化合物　动态测量　体积流量仪表的检定系统　第 4 部分：管道标准装置操作者指南）。国家标准 GB/T 17286.4—2006《液态烃动态测量　体积计量流量计检定系统　第 4 部分：体积管操作人员指南》等同采用 ISO 7278－4：1999 标准。

该标准给出了用于检定涡轮流量计和容积式流量计的管道标准装置（标准体积管）的操作指南，适用于 ISO 7278－2 所规定的管道标准装置类型（常称为常规管道标准装置）和其他类型（小容量标准装置或紧凑型管道标准装置）。该标准包括原则、表计和标准装置、安全要求、管道标准装置的运行等章节。

11. ISO 8222 标准

该标准首次发布于 1987 年，第 2 版发布于 2002 年，标准编号为 ISO 8222：2002，标准名称为“Petroleum measurement systems—Calibration—Temperature corrections for use when calibrating volumetric proving tanks”（石油测量系统　校准　用于体积标准罐校准的温度修正）。ISO 于 2013 年进行了新一轮的标准复审工作。

在基准温度下测定标准罐容量期间，从一次测量到罐间传送水时会因温差变化而导致传送水量的变化。该标准规定了上述情况下对所传送水量修正的倍增因数。该标准并未规定校准步骤，也未考虑温度测量的不确定度。标准中包含符号和定义、温度、膨胀系数、修正计算的基础、修正报告及应用等章节。

12. ISO 9200 标准

该标准首次发布于 1993 年，标准编号为 ISO 9200：1993，标准名称为“Crude petroleum and liquid petroleum products—Volumetric metering of viscous hydrocarbons”（原油及液态石油产品　黏稠碳氢化合物的体积流量测量）。ISO 于 2016 年进行了新一轮复审。国家标准 GB/T 20658—2006《原油和液体石油产品　黏稠烃的体积计量》等同采用 ISO 9200：1993 标准。

该标准定义了黏稠碳氢化合物，说明了其温度升高到高温时带来的测量困难，以及高温对仪表、辅助设备及配件的影响，给出了克服或减轻困难的建议和警告。该标准包括定义、测量仪表系统的说明、仪表检定、仪表运行等内容。

四、ISO/TC 112 制定的流体流量测量标准

ISO/TC 112——Vacuum technology（真空技术）技术委员会成立于 1964 年，参与国有中国、美国、英国、德国等 11 个国家，秘书处设在德国。截至 2017 年初，所制定的与流量测量相关的标准有：

1. ISO 1607－1 标准

该标准首次发布于 1980 年，第 2 版发布于 1993 年，标准编号为 ISO 1607－1：1993，标准名称为“Positive-displacement vacuum pumps—Measurement of performance characteristics—Part 1：Measurement of volume rate of flow (pumping speed)”[容积真空泵　性能测量方法　第 1 部分：体积流率（抽速）的测量]，国家标准 GB/T 19956.1—2005 等同采用 ISO 1607－1：1993 标准。

ISO 于 2012 年 4 月 20 日已宣布该标准作废，由 ISO 21360 - 2：2012 代替。

2. ISO 1608 - 1 标准

该标准第 1 版发布于 1980 年，第 2 版发布于 1993 年，标准编号为 ISO 1608 - 1：1993，ISO 于 2017 年 2 月复审确认继续有效。标准名称为“Vapour vacuum pumps—Measurement of performance characteristics—Part 1：Measurement of volume rate of flow（pumping speed)”[蒸汽流真空泵　性能测量方法　第 1 部分：体积流率（抽速）的测量]。国家标准 GB/T 19955.1—2005 等同采用 ISO 1608 - 1：1993 标准。

该标准规定了扩散泵、喷射泵、增压泵等能运行在分子流和层流区的真空泵体积流率的测量方法。

3. ISO 21360 - 1 标准

该标准首次发布于 2012 年，标准编号为 ISO 21360 - 1：2012，标准名称为“Vacuum technology—Standard methods for measuring vacuum-pump performance—Part 1：General description”（真空技术　真空泵性能测量标准方法　第 1 部分：总说明）。

该标准规定了测量真空泵体积流量的三种方法和测量真空泵基准压力、压缩比和临界背压各一种方法。测量体积流量的三种方法：第一种是流通法（the throughput method），即将稳定气流喷射入泵内，同时测量入口压力。第二种方法是孔板法，基于测量由带有圆形孔板的壁分开的两个腔的压力比实现对流量的测量。在极小入口压力（在高或超高真空）下，有极小的流通量。第三种方法是适合于自动测量的基于大容器抽空的抽气法（the pump-down method），其体积流量是通过对从真空泵试验罩容积抽吸间隔前和后的两次压力值的计算而得出的。

4. ISO 21360 - 2 标准

该标准发布于 2012 年，代替标准 ISO 1607 - 1：1993，新标准编号为 ISO 21360 - 2：2012，新标准名称为“Vacuum technology—Standard methods for measuring vacuum-pump performance—Part 2：Positive displacement vacuum pumps”（真空技术　真空泵性能测量标准方法　第 2 部分：容积式真空泵）。

该标准规定了向大气抽气且通常基准压力小于 10kPa 的容积式真空泵的体积流量、基准压力、功耗、最低启动温度等的测量方法，也适用于能向大气排放气体的其他类型的泵的试验。标准中包括术语和定义、符号和缩略语、试验方法等章节。

五、ISO/TC 115 制定的流体流量测量标准

ISO/TC 115——Pumps（泵）技术委员会成立于 1964 年，参与国有中国、美国、英国、德国等 20 个国家，观察国有奥地利、泰国等 19 个国家或地区，秘书处设在法国 AFNOR。

截至 2017 年初，所制定的与流量测量相关的标准有：

1. ISO 5198 标准

该标准首次发布于 1987 年，2015 年复审确认第 1 版继续有效，当前有效标准编号为 ISO 5198：1987，标准名称为“Centrifugal，mixed flow and axial pumps—Code for hydraulic performance tests—Precision grade”（离心式、混流式和轴流泵　水力性能试验规程　精确度等级）。国家标准 GB/T 18149—2000《离心泵、混流泵和轴流泵　水力性能试验规范　精密级》等同采用 ISO 5198：1987 标准。

该标准中规定了试验基本要求、流量测量方法、不确定度的估计和分析，试验结果与规定工作性能的比较等内容。

2. ISO 9906 标准

该标准首次发布于 1999 年，第 2 版发布于 2012 年，当前有效标准编号为 ISO 9906：2012，标准名称为“Rotodynamic pumps—Hydraulic performance acceptance tests—Grades 1，2 and 3”（回转动力泵　水力性能验收试验　等级 1、2 和 3）。国家标准 GB/T 3216—2016《回转动力泵　水力性能验收试验　1 级、2 级和 3 级》等同采用 ISO 9906：2012 标准。

该标准规定了回转动力泵（离心式、混流式和轴流式泵）的水力性能用户验收试验要求。其中包括泵测量和验收准则、试验步骤、结果分析等内容，并附有流量测量原理、流量测量设备等附件。

六、ISO/TC 117 制定的流体流量测量标准

ISO/TC 117——Fans（风机）技术委员会成立于 1964 年，参与国有中国、美国、英国、德国等 17 个国家，观察国有日本、加拿大等 21 个国家或地区，秘书处设在英国 BSI。

截至 2017 年初，所制定的与流量测量相关的标准有：

1. ISO 5801 标准

该标准首次发布于 1997 年，第 2 版发布于 2007 年，当前有效标准编号为 ISO 5801：2007，标准名称为“Industrial fans—Performance testing using standardized airways”（工业风机　采用标准风道的性能试验）。2010 年 ISO 启动修订程序，现处于国际标准 FDIS 阶段。国家标准 GB/T 1236—2000《工业通风机　用标准化风道进行性能试验》等同采用 ISO 5801：1997 标准。

该标准中规定了工业风机流量测量装置、测量区域确定、流量测定［包括管道式流量仪表、横动法（traverse methods）等］、试验结果的计算、不确定度分析、试验方法选择等技术要求。其中第 21 章“流量测定”包括多喷嘴、圆锥或钟形入口、孔板、皮托静压管等内容；第 22 章“用多喷嘴测定流量”包括安装、几何形式、入口区、多喷嘴特性、不确定度等内容；第 23 章“用圆锥形或钟形入口测量流量”规定有几何形式、网筛加载（screen loading）、入口区、圆锥形入口性能、钟形入口性能、不确定度等要求；第 24 章“用节流孔板测量流量”详细规定有安装、节流孔板、风道、取压、质量流量计算、雷诺数、D 和 $D/2$ 取压的风道式孔板、壁式取压的出口孔板等要求；第 25 章“用皮托静压管横向测量流量”规定有基本要求、皮托静压管、风速限值、测量点位置、流量测定、流量系数、测量不确定度等内容；第 27 章“流动整直装置”包括整直装置类型、整直装置使用规则等内容。

2. ISO 5802 标准

该标准首次发布于 2001 年，2012 年复审确认继续有效，即有效标准编号为 ISO 5802：2001，标准名称为“Industrial fans—Performance testing in situ”（工业风机　就地性能测试）。

该标准中规定了工业风机就地性能测试的基本要求和步骤，检测仪表（包括风速、风压、风温、转速、密度等测量和确定），流量测定（包括测量方法选择、测量部位选择、用差压装置测量流量、用速度—面积法测量流量等），不确定度等技术要求。

3. ISO 13350 标准

该标准首次发布于 1999 年，第 2 版发布于 2015 年，当前有效标准编号为 ISO 13350：2015，标准名称为“Fans—Performance testing of jet fans”（风机　射流风机的性能测试）。

该标准中规定了射流风机需测量的特性（包括体积流量、振动等）、风量测量及其仪表（包括基本要求、上游腔室法、上游皮托管横向法、直连式流量测量装置等）、结果表示、误差及转换规则等要求。

七、ISO/TC 118 制定的流体流量测量标准

ISO/TC 118—Compressors and pneumatic tools，machines and equipment（压缩机和气动工具、机器和设备技术委员会）成立于 1965 年，参与国有美国、英国、德国、德国、法国、俄罗斯等 13 个国家，观察国有中国、日本等 20 个国家或地区，秘书处设在瑞典。

截至 2017 年初，ISO/TC 118 所制定的与流量测量相关的标准有：

1. ISO 1217 标准

该标准首次发布于 1975 年，第 2 版发布于 1986 年，第 3 版发布于 1996 年，第 4 版发布于 2009 年，标准编号为 ISO 1217：2009，标准名称为“Displacement compressors—Acceptance tests”（容积式压缩机　验收试验）。2015 年 7 月复审确认第 4 版继续有效。

该标准中规定了容积式压缩机流量、功率要求等相关的验收试验方法，包括与流量相关的术语、定义、符号，流量测量设备、方法和准确度及仪表校验，流量测试步骤及流量的修正，测量不确定度，测试结果与规定值的比较，测试报告等技术要求。

2. ISO 2787 标准

该标准首次发布于 1974 年，第 2 版发布于 1984 年，2017 年 3 月复审确认第 2 版继续有效，有效标准编号为 ISO 2787：1984，标准名称为“Rotary and percussive pneumatic tools—Performance tests”（旋转和冲击式气动工具　验收试验）。

该标准中规定了气动工具供气的技术条件和试验方法，给出了测量耗气量的详细指南和调整测量值至规定工况的手段等。

3. ISO 5389 标准

该标准首次发布于 1992 年，第 2 版发布于 2005 年，当前有效标准编号为 ISO 5389：2005，标准名称为“Turbocompressors—Performance test code”（涡轮压缩机　性能试验规范）。2014 年 12 月结束对第 2 版的复审。

该标准中规定了气体流速、体积流量和质量流量等的测量方法和测量设备，测试结果测量不确定度，试验报告，并附有超出流量相似度的容积流量率的试验、雷诺数对离心压缩机性能影响的修正方法等附件。

4. ISO 7183 标准

该标准首次发布于 1986 年，第 2 版发布于 2007 年，当前有效标准编号为 ISO 7183：2007，标准名称为“Compressed-air dryers—Specifications and testing”（压缩空气干燥装置　规范及试验）。2016 年进行了新一轮复审。

该标准中规定了压力露点、流量等性能试验，仪表准确度，测量不确定度，试验报告等要求，并附有压力测量管等附件。

为避免工程中错误引用 ISO 已宣布作废的国际标准，表 10-1 列出了 ISO 组织已宣布作废撤回的与封闭式和明渠式流体流量测量相关的标准清单（截至 2017 年初），以供参考。

表 10-1 ISO 宣布撤回的与流体流量相关的标准清单

序号	标准编号	标准名称	撤回日期
1	ISO/R 541：1967	Measurement of fluid flow by means of orifice plates and nozzles	1980 年 2 月 1 日
2	ISO 555-1：1973	Liquid flow measurement in open channels—Dilution methods for measurement of steady flow—Part 1：Constant-rate injection method	1993 年 5 月 3 日
3	ISO 555-2：1974	Liquid flow measurement in open channels—Dilution methods for measurement of steady flow—Part 2：Integration (sudden injection) method	1987 年 6 月 1 日
4	ISO 555-2：1987	Liquid flow measurement in open channels—Dilution methods for the measurement of steady flow—Part 2：Integration method	1993 年 5 月 3 日
5	ISO 555-3：1982	Liquid flow measurement in open channels—Dilution methods for measurement of steady flow—Part 3：Constant rate injection method and integration method using radioactive tracers	1993 年 5 月 3 日
6	ISO 748：1979	Liquid flow measurement in open channels—Velocity-area methods	1997 年 7 月 31 日
7	ISO 748：1997	Measurement of liquid flow in open channels—Velocity-area methods	2007 年 10 月 11 日，被 ISO 748：2007 替代
8	ISO 772：1988	Liquid flow measurement in open channels—Vocabulary and symbols	1996 年 4 月 25 日
9	ISO 772：1978	Liquid flow measurement in open channels—Vocabulary and symbols	1988 年 7 月 1 日
10	ISO 772：1996	Hydrometric determinations—Vocabulary and symbols	2011 年 7 月 21 日，被 ISO 772：2011 替代
11	ISO/R 781：1968		1980 年 2 月 1 日
12	ISO 1070：1973	Liquid flow measurement in open channels—Slope-area method	1992 年 6 月 11 日，被 ISO 1070：1992 替代
13	ISO 1088：1973	Liquid flow measurement in open channels—Velocity-area methods—Collection of data for determination of errors in measurement	1985 年 1 月 1 日
14	ISO 1088：1985	Liquid flow measurement in open channels—Velocity-area methods—Collection and processingof data for determination of errors in measurement	2007 年 6 月 22 日，被 ISO 1088：2007 替代
15	ISO 1100：1973		1981 年 10 月 1 日

续表

序号	标准编号	标准名称	撤回日期
16	ISO 1100-1：1981	Liquid flow measurement in open channels—Part 1：Establishment and operation of a gauging station	1996年2月8日
17	ISO 1100-1：1996	Measurement of liquid flow in open channels—Part 1：Establishment and operation of a gauging station	2013年12月6日，被ISO 18365：2013替代
18	ISO 1100-2：1982	Liquid flow measurement in open channels—Part 2：Determination of the stage-discharge relation	1998年5月7日
19	ISO 1100-2：1998	Measurement of liquid flow in open channels—Part 2：Determination of the stage-discharge relation	2010年11月15日，被ISO 1100-2：2010替代
20	ISO 1438：1975	Liquid flow measurement in open channels using thin-plate weirs and Venturi flumes	1991年6月1日
21	ISO 1438-1：1980	Water flow measurement in open channels using weirs and Venturi flumes—Part 1：Thin-plate weirs	2008年4月2日，被ISO 1438：2008替代
22	ISO 2186：1973	Fluid flow in closed conduits—Connections for pressure signal transmissions between primary and secondary elements	2007年2月28日，已被ISO 2186：2007替代
23	ISO 2425：1974	Measurement of flow in tidal channels	1999年4月29日
24	ISO 2425：1999	Measurement of liquid flow in open channels under-tidal conditions	2010年11月18日，被ISO 2425：2010替代
25	ISO 2537：1985	Liquid flow measurement in open channels—Cup-type and propeller-type current-meters	1988年6月8日
26	ISO 2537：1988	Liquid flow measurement in open channels—Rotating element current-meters	2007年4月30日，被ISO 2537：2007替代
27	ISO/TR 3313：1974	Measurement of pulsating fluid flow in a pipe by means of orifice plates，nozzles or Venturi tubes，in particular in the case of sinusoidal or square wave intermittent periodic-type fluctuations	1992年7月9日
28	ISO/TR 3313：1992	Measurement of pulsating fluid flow in a pipe by means of orifice plates，nozzles or Venturi tubes	1998年7月23日
29	ISO/TR 3313：1998	Measurement of fluid flow in closed conduits—Guidelines on the effects of flow pulsations on flow-measurement instruments	2013年12月11日
30	ISO 3354：1975	Measurement of clean water flow in closed conduits—Velocity-area method using current-meters	1988年7月1日
31	ISO 3354：1988	Measurement of clean water flow in closed conduits—Velocity-area method using current-meters in full conduits and under regular flow conditions	2003年3月25日，被ISO 3354：2008替代

续表

序号	标准编号	标准名称	撤回日期
32	ISO 3454：1983	Liquid flow measurement in open channels—Direct depth sounding andsuspension equipment	2008年4月9日，被ISO 3454：2008替代
33	ISO 3455：1976	Liquid flow measurement in open channels—Calibration of rotating-element current-meters in straight open tanks	2007年5月18日，被ISO 3455：2007替代
34	ISO 3846：1977	Liquid flow measurement in open channels by weirs and flumes—Free overfall weirs of finite crest width (rectangular broad-crested weirs)	1989年11月1日
35	ISO 3846：1989	Liquid flow measurement in open channels by weirs and flumes—Rectangular broad-crested weirs	2008年2月7日，被ISO 3846：2008替代
36	ISO 3716：1977	Liquid flow measurement in open channels—Functional requirements and characteristics of suspended sediment load samplers	2006年8月16日，被ISO/TS 3716：2006替代
37	ISO 3966：1977	Measurement of fluid flow in closed conduits—Velocity area method using Pitot static tubes	2003年3月25日，被ISO 3966：2008替代
38	ISO 4006：1977	Measurement of fluid flow in closed conduits—Vocabulary and symbols	1991年5月1日，被ISO 4006：1991替代
39	ISO 4053-1：1977	Measurement of gas flow in conduits—Tracer methods—Part 1：General	2003年3月25日
40	ISO 4053-4：1978	Measurement of gas flow in conduits—Tracer methods—Part 4：Transit time method using radioactive tracers	2003年3月25日
41	ISO 4064-1：1977	Measurement of water flow in closed conduits — Meters for cold potable water—Part 1：Specification	1993年5月20日
42	ISO 4064-1：1993	Measurement of water flow in closed conduits—Meters for cold potable water—Part 1：Specifications	2005年10月21日
43	ISO 4064-1：2005	Measurement of water flow in fully charged closed conduits—Meters for cold potable water and hot water—Part 1：Specifications	2014年5月26日，被ISO 4064-1：2014替代
44	ISO 4064-2：1978	Measurement of water flow in closed conduits—Meters for cold potable water—Part 2：Installation requirements	2001年6月7日
45	ISO 4064-2：2001	Measurement of water flow in closed conduits—Meters for cold potable water—Part 2：Installation requirements and selection	2005年10月21日
46	ISO 4064-2：2005	Measurement of water flow in fully charged closed conduits—Meters for cold potable water and hot water—Part 2：Installation requirements	2014年5月26日，被ISO 4064-5：2014替代

续表

序号	标准编号	标准名称	撤回日期
47	ISO 4064 - 3：1983	Measurement of water flow in closed conduits—Meters for cold potable water—Part 3：Test methods and equipment	1999 年 5 月 6 日
48	ISO 4064 - 3：1999	Measurement of water flow in closed conduits—Meters for cold potable water—Part 3：Test methods and equipment	2005 年 10 月 21 日
49	ISO 4064 - 3：2005	Measurement of water flowin fully charged closed conduits—Meters for cold potable water and hot water—Part 3：Test methods and equipment	2014 年 5 月 26 日，被 ISO 4064 - 2：2014 替代
50	ISO 4359：1983	Liquid flow measurement in open channels—Rectangular，trapezoidal and U-shaped flumes	2013 年 2 月 8 日，被 ISO 4359：2013 替代
51	ISO 4360：1984	Liquid flow measurement in open channels by weirs and flumes—Triangular profile weirs	2008 年 2 月 18 日，被 ISO 4360：2008 替代
52	ISO 4360：1979	Liquid flow measurement in open channels by weirs and flumes—Triangular profile weirs	1984 年 12 月 1 日
53	ISO 4362：1992	Measurement of liquid flow in open channels—Trapezoidal profile weirs	1999 年 9 月 16 日，被 ISO 4362：1999 替代
54	ISO 4363：1977	Liquid flow measurement in open channels—Methods for measurement of suspended sediment	1993 年 11 月 18 日
55	ISO 4363：1993	Measurement of liquid flow in open channels—Methods for measurement of suspended sediment	2002 年 11 月 20 日，被 ISO 4363：2002 替代
56	ISO 4364：1977	Liquid flow measurement in open channels—Bed material sampling	1997 年 10 月 9 日，被 ISO 4364：1997 替代
57	ISO 4365：1985	Liquid flow in open channels—Sediment in streams and canals—Determination of concentration，particle size distribution and relative density	2005 年 1 月 5 日，被 ISO 4365：2005 替代
58	ISO 4366：1979	Echo sounders for water depth measurements	2007 年 5 月 16 日，被 ISO 4366：2007 替代
59	ISO 4373：1979	Measurement of liquid flow in open channels—Water level measuring devices	1995 年 10 月 19 日
60	ISO 4373：1995	Measurement of liquid flow in open channels—Water-level measuring devices	2008 年 10 月 7 日，被 ISO 4373：2008 替代
61	ISO 4374：1982	Liquid flow measurement in open channels—Round-nose horizontal crest weirs	1990 年 3 月 1 日，被 ISO 4374：1990 替代
62	ISO 4375：1979	Measurement of liquid flow in open channels—Cableway system for stream gauging	2000 年 10 月 26 日
63	ISO 4375：2000	Hydrometric determinations—Cableway systems for stream gauging	2014 年 11 月 12 日，被 ISO 4375：2014 替代

续表

序号	标准编号	标准名称	撤回日期
64	ISO 4377：1982	Liquid flow measurement in open channels—Flat-V weirs	1990年2月1日
65	ISO 4377：1990	Liquid flow measurement in open channels—Flat-V weirs	2002年10月17日
66	ISO 4377：2002	Hydrometric determinations—Flow measurement in open channels using structures—Flat-V weirs	2012年7月23日，被ISO 4377：2012替代
67	ISO 5167：1980	Measurement of fluid flow by means of orifice plates，nozzles and Venturi tubes inserted in circular cross-section conduits running full	1991年12月12日
68	ISO 5167-1：1991	Measurement of fluid flow by means of pressure differential devices—Part 1：Orifice plates，nozzles and Venturi tubes inserted in circular cross-section conduits running full	2003年2月24日，被ISO 5167-1：2003替代
69	ISO 5168：1978	Measurement of fluid flow—Estimation of uncertainty of a flow-rate measurement	1998年3月26日
70	ISO/TR 5168：1998	Measurement of fluid flow—Evaluation of uncertainties	2005年6月15日，被ISO 5168：2005替代
71	ISO 6416：1985	Liquid flow measurement in open channels—Measurement of discharge by the ultrasonic (acoustic) method	1992年9月17日
72	ISO 6416：1992	Measurement of liquid flow in open channels—Measurement of discharge by the ultrasonic (acoustic) method	2004年6月28日，被ISO 6416：2004替代
73	ISO 6418：1985	Liquid flow measurement in open channels—Ultrasonic (acoustic) velocity meters	1992年9月17日
74	ISO 6419-1：1984	Hydrometric data transmission systems—Part 1：General	2001年1月4日
75	ISO 6419-2：1992	Hydrometric telemetry systems—Part 2：Specification of system requirements	2001年1月4日
76	ISO 6420：1984	Liquid flow measurement in open channels—Position fixing equipment for hydrometric boats	2016年9月，已被ISO 6420：2016替代
77	ISO/TR 6817：1980	Measurement of conductive fluid flowrate in closed conduits—Method using electromagnetic flowmeters	1992年12月3日
78	ISO 7066-1：1989	Assessment of uncertainty in the calibration and use of flow measurement devices—Part 1：Linear calibration relationships	1997年2月6日

续表

序号	标准编号	标准名称	撤回日期
79	ISO/TR 7066-1：1997	Assessment of uncertainty in calibration and use of flow measurement devices—Part 1：Linear calibration relationships	2013年12月10日
80	ISO 7145：1982	Determination of flowrate of fluids in closed conduits of circular cross-section—Method of velocity measurement at one point of the cross-section	2003年3月25日
81	ISO/TR 7178：1983	Liquid flow measurement in open channels—Velocity-area methods—Investigation of total error	2007年6月22日，被ISO 1088：2007替代
82	ISO 7194：1983	Measurement of fluid flow in closed conduits—Velocity-area methods of flow measurement in swirling or asymmetric flow conditions in circular ducts by means of current-meters or Pitot static tubes	2003年3月25日，被ISO 7194：2008替代
83	ISO 7858-1：1985	Measurement of water flow in closed conduits—Meters for cold potable water—Combination meters—Part 1：Specifications	1998年7月16日
84	ISO 7858-1：1998	Measurement of water flow in closed conduits—Combination meters for cold potable water—Part 1：Specifications	2005年10月21日
85	ISO 7858-2：1987	Measurement of water flow in closed conduits—Meters for cold potable water—Combination meters—Part 2：Installation requirements	2000年10月26日
86	ISO 7858-2：2000	Measurement of water flow in closed conduits—Combination meters for cold potable water—Part 2：Installation requirements	2005年10月21日
87	ISO 7858-3：1992	Measurement of water flow in closed conduits—Meters for cold potable water—Combination meters—Part 3：Test methods	2005年10月21日
88	ISO 8363：1986	Liquid flow measurement in open channels—General guidelines for the selection of methods	1997年9月4日
89	ISO/TR 8363：1997	Measurement of liquid flow in open channels—General guidelines for selection of method	2013年12月6日，被ISO 18365：2013替代
90	ISO 8368：1985	Liquid flow measurement in open channels—Guidelines for the selection of flow gauging structures	1999年4月15日，被ISO 8368：1999替代
91	ISO/TR 9123：1986	Liquid flow measurements in open channels—Stage-fall-discharge relations	2001年11月22日，被ISO 9123：2001替代
92	ISO/TR 9209：1989	Measurement of liquid flow in open channels—Determination of the wetline correction	2013年12月10日

续表

序号	标准编号	标准名称	撤回日期
93	ISO/TR 9210：1992	Measurement of liquid flow in open channels—Measurement in meandering rivers and in streams with unstable boundaries	2013年12月10日
94	ISO/TR 9212：1992	Measurement of liquid flow in open channels—Methods of measurement of bedload discharge	2006年7月21日
95	ISO/TR 9212：2006	Hydrometry—Measurement of liquid flow in open channels—Methods of measurement of bedload discharge	2013年12月10日
96	ISO/TR 9213：1988	Measurement of total discharge—Electromagnetic method using a full-channel-width coil	1992年7月16日
97	ISO 9213：1992	Measurement of total discharge in open channels—Electromagnetic method using a full-channel-width coil	2004年3月26日
98	ISO 9213：2004	Measurement of total discharge in open channels—Electromagnetic method using a full-channel-width coil	2014年6月26日
99	ISO 9300：1990	Measurement of gas flow by means of critical flow Venturi nozzles	2005年8月19日，被ISO 9300：2005替代
100	ISO/TR 9464：1998	Guidelines for the use of ISO 5167 - 1：1991	2008年5月20日，被ISO/TR 9464：2008替代
101	ISO 9555 - 2：1992	Measurement of liquid flow in open channels—Tracer dilution methods for the measurement of steady flow—Part 2：Radioactive tracers	2011年5月10日
102	ISO/TR 9823：1990	Liquid flow measurement in open channels—Velocity-area method using a restricted number of verticals	2012年6月1日
103	ISO/TR 9824 - 1：1990	Measurement of free surface flow in closed conduits—Part 1：Methods	2007年3月26日，被ISO/TR 9824：2007替代
104	ISO/TR 9824 - 2：1990	Measurement of free surface flow in closed conduits—Part 2：Equipment	2007年3月26日，被ISO/TR 9824：2007替代
105	ISO 9825：1994	Measurement of liquid flow in open channels—Field measurement of discharge in large rivers and floods	2005年6月2日，被ISO 9825：2005替代
106	ISO 10385 - 1：2000	Measurement of water flow in closed conduits—Meters for hot water—Part 1：Specifications	2005年10月21日
107	ISO 10790：1994	Measurement of fluid flow in closed conduits—Coriolis mass flowmeters	1999年4月29日
108	ISO 10790：1999	Measurement of fluid flow in closed conduits—Coriolis mass flowmeters	2015年4月2日，被ISO 10790：2015替代
109	ISO 11329：1998	Hydrometric determinations—Measurement of suspended sediment transport in tidal channels	2001年5月24日，被ISO 11329：2001替代

续表

序号	标准编号	标准名称	撤回日期
110	ISO/TR 11330：1997	Determination of volume of water and water level in lakes and reservoirs	2013年12月10日
111	ISO/TR 11332：1998	Hydrometric determinations—Unstable channels and ephemeral streams	2013年12月10日
112	ISO/TR 11627：1998	Measurement of liquid flow in open channels—Computing stream flow using an unsteady flow model	2013年12月10日
113	ISO/TR 11656：1993	Measurement of liquid flow in open channels—Mixing length of a tracer	2013年12月10日
114	ISO/TR 11974：1997	Measurement of liquid flow in open channels—Electromagnetic current meters	2005年2月3日
115	ISO/TR 12764：1997	Measurement of fluid flow in closed conduits—Flowrate measurement by means of vortex shedding flowmeters inserted in circular cross-section conduits running full	2013年12月10日
116	ISO/TR 12765：1998	Measurement of fluid flow in closed conduits—Methods using transit-time ultrasonic flowmeters	2003年3月25日、
117	ISO/TR 12767：1998	Measurement of fluid flow by means of pressure-differential devices—Guidelines to the effect of departure from the specifications and operating conditions given in ISO 5167 - 1	2007年8月28日，被ISO/TR 12767：2007替代
118	ISO/TR 15377：1998	Measurement of fluid flow by means of pressure-differential devices—Guidelines for the specification of nozzles and orifice plates beyond the scope of ISO 5167 - 1	2007年1月18日，被ISO/TR 15377：2007替代
119	ISO/TS 15769：2000	Hydrometric determinations—Liquid flow in open channels and partly filled pipes—Guidelines for the application of Doppler-based flow measurements	2010年4月6日，被ISO 15769：2010替代
120	ISO/TS 24154：2005	Hydrometry—Measuring river velocity and discharge with acoustic Doppler profilers	2013年11月28日
121	ISO/TS 24155：2007	Hydrometry—Hydrometric data transmission systems—Specification of system requirements	2016年1月，被ISO 24155：2016替代
122	ISO 26906：2009	Hydrometry—Fishpasses at flow measurement structures	2015年10月，被ISO 26906：2015替代

第三节　IEC 与流量测量相关的标准

在 IEC（国际电工委员会）组织中，按其分工，主要由 IEC/TC 65——Industrial-process measurement，control and automation（工业过程测量、控制和自动化）技术委员会负责制定用于工业过程测量、控制和自动化的系统和元件的国际标准。

IEC/TC 65 成立于 1968 年，参与国除中国外，还有美国、英国、德国、法国、日本、俄罗斯等 30 个国家，观察国有巴西、印度尼西亚等 17 个国家，秘书处设在法国。截至 2017 年初，IEC 发布的部分现行相关现场仪表标准简要介绍如下。

1. IEC 60770 - 1 标准

该标准首次发布于 1999 年，现行版本为第 2 版，发布于 2010 年 7 月 28 日，标准编号为 IEC 60770 - 1：2010，标准名称为“Transmitters for use in industrial-process control systems—Part 1：Methods for performance evaluation”（工业过程控制系统用变送器　第 1 部分：性能评定方法）。国家标准 GB/T 17614. 1—2015 等同采用 IEC 60770 - 1：2010 标准。

该标准规定了带气压或电气输出信号的变送器性能评定试验的通用方法，适用于具有符合 IEC 60381 - 1 或 IEC 60382 标准的标准化电流输出模拟信号或标准化气压输出模拟信号的变送器。标准中包括术语和定义、试验通用条件、变送器性能分析和分类、通用试验步骤和预防措施、试验步骤和报告、其他需考虑方面、试验报告和文档等章节。

2. IEC 60770 - 2 标准

该标准首次发布于 1989 年，第 2 版发布于 2003 年，现行版本为第 3 版，发布于 2010 年 11 月 10 日，标准编号为 IEC 60770 - 2：2010，标准名称为“Transmitters for use in industrial-process control systems—Part 2：Methods for inspection and routine testing”（工业过程控制系统用变送器　第 2 部分：检查和例行试验方法）。国家标准 GB/T 17614. 2—2015 等同采用 IEC 60770 - 2：2010 标准。

该标准规定了带气压或电气输出信号的变送器检查和例行试验（如验收试验、维修后试验等）的技术方法，适用于具有符合 IEC 60381 - 1 或 IEC 60382 标准的标准化电流输出模拟信号或标准化气压输出模拟信号的变送器。包括术语和定义、试验抽样、性能试验、试验报告和文档等章节。

3. IEC 60770 - 3 标准

该标准首次发布于 2006 年，现行版本为第 2 版，发布于 2014 年 5 月 23 日，标准编号为 IEC 60770 - 3：2014，标准名称为“Transmitters for use in industrial-process control systems—Part 3：Methods for performance evaluation of intelligent transmitters”（工业过程控制系统用变送器　第 3 部分：智能变送器性能评定方法）。国家标准 GB/T 17614. 3—2013 等同采用 IEC 60770 - 3：2006 标准。

该标准规定了检查智能变送器的功能性和智能程度的方法，测试智能变送器运行行为、静态和动态性能的方法，测定其可靠性和用于检测故障的诊断性能的方法，测定智能变送器在通信网络内通信能力的方法等。包括设计评价，性能测试，安全、防护等级、电磁发射等要求，评定报告等内容。

4. IEC/TS 62098 标准

该标准首次发布于 2000 年，标准编号为 IEC/TS 62098：2000，标准名称为“Evaluation methods for microprocessor-based instrument”（基于微处理器仪表的评定方法）。国家标准 GB/T 19767—2005 等同采用 IEC/TS 62098：2000 标准。

该标准的目的是为开发基于微处理器仪表的评定方法提供背景信息。评定是从进出过程的内外信息流、操作员和外部系统等方面对仪表进行分析开始的，然后辨识仪表的主要功能块，通过使用标准所给出的检验项目，能辨识可能嵌入在被评定仪表的功能块中的功能和特性。该标准包括仪表的发展、评定需考虑的事项、评定技术等内容。

5. IEC 62419 标准

该标准首次发布于 2008 年，标准编号为 IEC 62419：2008，标准名称为“Control technology—Rules for the designation of measuring instruments”（控制技术　测量仪表的命名规则）。国家标准 GB/T 26325—2010 等同采用 IEC 62419：2008 标准。

该标准规定了不同类型测量仪表和测量仪表特征的命名规则，以方便不同语言之间的技术交流，适用于测量技术。

除 IEC/TC 65 外，IEC/TC 4 “Hydraulic turbines”（水轮机）技术委员会、IEC/TC 5 “Steam turbines”（蒸汽轮机）技术委员会也制定了水轮机、汽轮机性能试验标准中相关流量测量方面的技术要求。截至 2017 年初，相关有效标准主要有：

IEC 60041：1991（第 3 版），标准名称为“Field acceptance tests to determine the hydraulic performance of hydraulic turbines，storage pumps and pump-turbines”（水轮机、蓄能泵和水泵—水轮机水力性能测定的现场验收试验），1996 年 3 月增加了勘误 1。其中规定有流速计法、皮托管法、压力—时间法、示踪法、堰法、标准差压装置法、容积计法等流量测量技术要求。

IEC 60193：1999（第 2 版），标准名称为“Hydraulic turbines，storage pumps and pump-turbines-Model acceptance tests”（水轮机、蓄能泵和水泵—水轮机—模型验收试验）。其中在排出量测量中规定了一次法［包括称重法、容积法、运动筛法（moving screen）等］、二次法（包括基于流速计或皮托管或示踪法的速度—面积法，薄壁堰和孔板、喷嘴和文丘里管等差压装置，涡轮、电磁、声波或涡街的流量计法等）测量方法的选择、测量准确度、技术要求。

IEC 60953 - 1：1990（第 1 版），标准名称为“Rules for steam turbine thermal acceptance tests— Part 1：Method A-High accuracy for large condensing steam turbines”（蒸汽轮机热力性能验收试验规则　第 1 部分：方法 A——适用于大型凝结式蒸汽轮机的高准确度）。其中流量测量部分规定有测量技术及测量仪表、需测定的流量、一次水量测量、差压装置的安装和位置、差压测量、水流波动、二次流量测量、偶发二次流量、水及蒸汽密度、凝汽器冷却水量测量、试验评价、测量不确定度等技术要求。

IEC 60953 - 2：1990（第 1 版），标准名称“Rules for steam turbine thermal acceptance tests— Part 2：Method B-Wide range of accuracy for various types and sizes of turbines”（蒸汽轮机热力性能验收试验规则　第 2 部分：方法 B——适用于各种类型和规格汽轮机的宽准确度范围）。流量测量部分规定有测量技术及测量仪表、需测定的流量、一次水量测量、差压装置的安装和位置、差压测量、水流波动、二次流量测量、偶发二次流量、水及蒸汽密度、凝汽器冷却水量测量、试验评价、测量不确定度等技术要求。

IEC 60953-3：2001（第1版），标准名称为“Rules for steam turbine thermal acceptance tests—Part 3：Thermal performance verification tests of retrofitted steam turbines”（蒸汽轮机热力性能验收试验规则　第3部分：改造后的蒸汽轮机的热力性能验证试验）。流量测量部分规定有测量技术及测量仪表，需测定的流量、一次流量、二次流量、附加一次流量装置的位置、用于改造前后试验的差压测量、一次流量差压变送器的校准、采用示踪法的要求、试验评价、测量结果的修正、测量不确定度等技术要求。

第四节　其他流量测量国际标准

一、AGA标准

AGA（the American Gas Association，美国气体学会）位于美国哥伦比亚特区华盛顿，成立于1918年，关注重点是天然气。

截至2017年初，AGA所发布的与流量测量相关的标准规范主要有：

1. AGA第3号报告第1部分

编号为AGA XQ1201，名称为“Orifice Metering of Natural Gas and Other Related Hydrocarbon Fluids—Concentric，Square-edged Orifice Meters—Part 1：General Equations and Uncertainty Guidelines”（天然气和其他相关碳氢化合物流体的孔板计量　同心、直角边缘孔板流量计　第1部分：通用公式和不确定度导则），其最新版本为2012年9月发布的第4版，2013年对该版本进行了勘误。该标准由AGA和API共同发布，对应API标准“Manual of Petroleum Measurement Standards—Chapter 14.3.1”（石油测量标准手册　第14.3.1节）。

该标准规定了采用孔板流量计进行流量计算所需的公式及其不确定度，详细内容有应用范围（适用流体、表计类型、测量不确定度）、计算方法、孔板流量公式、经验流量系数、法兰取压孔板流量计的经验膨胀系数、现场校验、流体物理特性、单位换算系数、实用不确定度导则等。

2. AGA第3号报告第2部分

编号为AGA XQ1601，名称为“Orifice Metering of Natural Gas and Other Related Hydrocarbon Fluids—Concentric，Square-edged Orifice Meters—Part 2：Specification and Installation Requirements”（天然气和其他相关碳氢化合物流体的孔板计量　同心、直角边缘孔板流量计　第2部分：规范和安装要求），其最新版本为2016年3月发布的第5版。该标准由AGA和API共同发布，对应API标准“Manual of Petroleum Measurement Standards—Chapter 14.3.2”（石油测量标准手册　第14.3.2节）。

该标准规定了采用同心、直角边缘、法兰取样孔板流量计测量流体流量的设计和安装参数。具体有孔板规范（如孔板端面、孔板厚度、节流孔边缘、节流孔直径、节流孔厚度、孔板斜角等）、测量导管规范（如孔板法兰、孔板配件、取压点、流动调整器等）、安装要求（包括孔板、测量导管、可接受的脉动环境、温度计套管、保温隔热等）等内容。

3. AGA第3号报告第3部分

编号为AGA XQ1304，名称为“Orifice Metering of Natural Gas and Other Related Hydrocarbon Fluids—Concentric，Square-edged Orifice Meters—Part 3：Natural Gas Applications”（天然气和其他相关碳氢化合物流体的孔板计量　同心、直角边缘孔板流量计　第 3 部分：天然气应用），其最新版本为 2013 年 11 月发布的第 4 版，替代原编号为 XQ9210 的 1992 年第 3 版“AGA 第 3 号报告第 3 部分”。该标准由 AGA 和 API 共同发布，对应 API 标准“Manual of Petroleum Measurement Standards—Chapter 14. 3. 3”（石油测量标准手册　第14. 3. 3 节）。

该标准规定有流量测量公式（包括天然气质量流量公式、天然气体积流量公式、参考工况和基准工况的体积换算等）、需额外计算的流量公式中的构件（如直径比、法兰取压孔板的流量系数、雷诺数、膨胀系数等）、气体特性（如物理特性、可压缩性、相对密度、在流动工况下的流体密度等）。此外，还附有流量计校验、流量计算示例等附录。

4. AGA 第 3 号报告第 4 部分

编号为 AGA XQ9211，名称为“Orifice Metering of Natural Gas and Other Related Hydrocarbon Fluids—Part 4：Background，Development，ImplementationProcedure，and Subroutine Documentation for Empirical Flange-Tapped Discharge Coefficient Equation”（天然气和其他相关碳氢化合物流体的孔板计量　第 4 部分：背景、开发、实施程序及建立在实验基础上的法兰取压流量系数公式子程序文档），1992 年发布第 3 版。

该标准介绍了系列相关标准的历史和技术标准研发背景（如历史数据、最近数据收集工作、公式基础、Reader-Harris/Gallagher 公式等的说明介绍等），并提供了质量流量和体积流量测量的实施指导、天然气应用及计算实例等详细内容。

5. AGA 第 4A 号报告

编号为 AGA XQ0904，名称为“Natural Gas Contract—Measurement and Quality Clauses”（天然气合同　测量和品质条款），2009 年发布。

该标准是一个指南文件，建立了合同或贸易结算中有关天然气品质和测量条款的通用框架和工业范围内的参考工具，内容包括基本测量和气体品质概念、合同或贸易结算中通常要求的成分组成和参数值范围、合同和结算中有关气体测量和品质的通用术语定义、合同测量和气体品质条款事项检查清单等。

6. AGA 第 5 号报告

编号为 AGA XQ0901，名称为“Natural Gas Energy Measurement”（天然气能量测量），2009 年 3 月发布。

该标准内容包括有关术语和背景介绍、贸易结算基础、不确定度、热值确定方法（如气相色谱分析、质谱分析、热量计测量、燃料/空气滴定、间接确定法）等。适用于以天然气能量为基础的贸易计量测量。

7. AGA 第 6 号报告

编号为 AGA XQ1302，名称为“Field Proving of Gas Meters Using Transfer Methods”（采用传递法的气表现场检定），2013 年 3 月发布第 1 版。

该标准提供了用于操作人员现场检定气体流量仪表的方法（包括仍在采用的老方法和当前的新方法等），包括采用临界流量装置检定仪表、用标准仪表检定现场仪表、现场检定结果的应用等方面的内容。

8. AGA 第 7 号报告

编号为 AGA XQ0601，名称为“Measurement of Natural Gas by Turbine Meters”（采用涡轮流量计测量天然气流量），最新版发布于 2006 年 2 月。

该标准包括测量原理介绍、工作条件、表计设计要求、性能要求、单表实验、安装规范、表计维修和现场验证检查等内容，适用于测量天然气流量的、2in（1in＝2.54cm）及以上通径的轴流式涡轮流量计。

9. AGA 第 8 号报告

编号为 AGA XQ9212，名称为“Compressibility Factor of Natural Gas and Related Hydrocarbon Gases”（天然气和相关碳氢化合物气体的压缩因数），1994 年发布第 2 版。

该标准提供了用于计算天然气和其他相关碳氢化合物气体气相密度、压缩因数、超压缩因数、不确定度的相关信息（包括公式和计算步骤等）和计算机程序。

10. AGA 第 9 号报告

编号为 AGA XQ0701，名称为“Measurement of Gas by Multipath Ultrasonic Meters”（采用多通道超声流量计测量气体流量），2007 年 4 月发布第 2 版。

该标准规定了运行条件、表计要求（包括表计本体、超声换能器、电子装置、计算程序、文档等）、表计性能要求、表计的测试要求、安装要求、现场验证测试、不确定度的确定等内容，适用于用于天然气测量的、具有至少两对独立的换能器的多通道超声流量计。

11. AGA 第 10 号报告

编号为 AGA XQ0310，名称为“Speed of Sound in Natural Gas and Other Related Hydrocarbon Gases”（天然气和相关碳氢化合物气体中的声速），2003 年 1 月发布。

该标准内容包括不确定度、声速计算公式、临界流量因数的确定、计算流程图、用于程序验证的详细计算输出等，规定有热容量、焓、熵和临界流量系数等相关气体特性的计算步骤等。

12. AGA 第 11 号报告

编号为 AGA XQ1301，名称为“Measurement of Natural Gas by Coriolis Meter”（采用科里奥利流量计测量天然气），2013 年 2 月发布第 2 版。该标准由 AGA 和 API 共同发布，对应 API 标准“Manual of Petroleum Measurement Standards—Chapter 14.9”（石油测量标准手册　第 14.9 节）。

该标准内容包括工作条件、表计要求（如法规、质量保证、表计传感器、电子装置、计算程序、文档、制造商测试要求）、表计尺寸选择标准、性能要求、气体流量校验要求、安装要求、表计验证和流量性能测试、不确定度的确定等，仅适用于单相天然气的测量。

13. AGA XQ9902

编号为 AGA XQ9902，名称为“Guidelines for Using High Differential Pressures for Measuring Natural Gas with Orifice Meters”（孔板流量计测量天然气高差压指南），配套 AGA 第 3 号报告使用，1999 年 1 月发布。

该标准提供了采用孔板流量计测量天然气流量且差压值高于 100in H_2O（约 24.9kPa）的场合下所需的参考资料，包括孔板变形影响、流量公式分析、流出系数公式、膨胀系数、取压孔位置和密封环泄漏等内容。附有误差分析示例、316 不锈钢简单固定孔板相关扩展数据等附件。

14. AGA XQ9106S

编号为 AGA XQ9106S，名称为“Gas Measurement Manual Set”（气体测量手册集），是一套全面的气体测量标准应用指南，包括惯例、计算、理论和历史等内容，分为 15 部分。各部分的编号及名称如下：

XQ1081—Gas Measurement Manuals—Part 1：General (Revised)[气体测量手册　第 1 部分：总的部分（修改版）]

XZ0277—Gas Measurement Manuals—Part 2：Displacement Metering (Revised)[气体测量手册　第 2 部分：容积式表计（修改版）]

XQ9011—Gas Measurement Manuals—Part 3：Orifice Meters（气体测量手册　第 3 部分：孔板表计）

XQ0684—Gas Measurement Manuals—Part 4：Gas Turbine Metering (Revised)[气体测量手册　第 4 部分：气体涡轮表计（修改版）]

XQ0483—Gas Measurement Manuals—Part 5：Other Measurement Methods (Revised)[气体测量手册　第 5 部分：其他测量方法（修改版）]

XQ0779—Gas Measurement Manuals—Part 6：Auxiliary Devices（气体测量手册　第 6 部分：辅助装置）

XQ0379—Gas Measurement Manuals—Part 7：Measurement Calculations and Data Gathering (Revised)[气体测量手册　第 7 部分：测量计算和数据收集（修改版）]

XQ8805—Gas Measurement Manuals—Part 8：Electronic Flow Computers and Transducers (Revised)[气体测量手册　第 8 部分：电子流量计算机和传感器（修改版）]

XQ8803—Gas Measurement Manuals—Part 9：Design of Meter and Regulator Stations (Revised)[气体测量手册　第 9 部分：表计和调节站的设计（修改版）]

XQ0584—Gas Measurement Manuals—Part 10：Pressure and Volume Control (Revised)[气体测量手册　第 10 部分：压力和容量控制（修改版）]

XQ8804—Gas Measurement Manuals—Part 11：Measurement of Gas Properties (Revised)[气体测量手册　第 11 部分：气体特性测量（修改版）]

XQ0278—Gas Measurement Manuals—Part 12：Meter Proving；and Part 13：Distribution Meter Data (Revised)[气体测量手册　第 12 部分：表计检定；第 13 部分：配气表数据（修改版）]

XQ0381—Gas Measurement Manuals—Part 14：Meter Repair and Selection（气体测量手册　第 14 部分：表计维修和选择）

XQ9901— Gas Measurement Manuals—Part 15：Electronic Corrector（气体测量手册　第 15 部分：电子修正装置）

此外，还有 AGA XQ0011S 标准集，收集有 ANSI B109.1—2000（R2008）、ANSI B109.2—2000（R2008）、ANSI B109.3—2000（R2008）、ANSIB109.4—1998（R2008）四个有关气表的标准。

二、API 标准

API 美国石油学会（the American Petroleum Institute）成立于 1919 年 3 月 20 日，原办公室位于纽约，后于 1969 年搬迁至哥伦比亚特区华盛顿，是唯一代表美国石油和天然气工业各个方面的国家级同业公会。

API 所发布的与流量测量相关的标准主要是“Manual of Petroleum Measurement Standards”(API MPMS，石油测量标准手册)。MPMS 是一个综合性的标准手册，API 周期性地发布新的章节或对原有章节进行修订。截至 2017 年初，API 所发布的 MPMS 中与流量测量（包括密度等）相关的主要标准章节有：

第 1 章：“Vocabulary”(术语)。1994 年 7 月发布第 2 版。该部分标准主要规定了 API MPMS 全部范围内的术语和定义。

第 4 章：“Proving Systems”(检定系统)。该部分标准提供了表计检定系统的设计、安装、校准和运行指南。

第 4.1 节：“Introduction”(引言)。2005 年 2 月发布第 3 版，2014 年 6 月复审确认第 3 版继续有效。该部分标准主要是有关检定的总体介绍。第 4 章的要求是基于适用于第 11.1 节所覆盖的原油和产品的多年形成的惯例。标准装置和表计不确定度应适合于被测流体，并被各相关方共同认可。

第 4.2 节：“Displacement Provers”（容积标准装置)。2003 年 9 月发布第 3 版，2011 年 3 月确认第 3 版继续有效，2015 年 2 月增加了补遗 1。该部分标准概述了容积标准装置的基本构成，提供了当前采用的各种类型容积标准装置的设计和安装详细规范。该部分标准适用于单相液态碳氢化合物动态工作工况下的容积标准测量装置。

第 4.4 节：“Tank Provers”(罐式标准装置)。1998 年发布第 2 版，2015 年 5 月确认该版本继续有效。该部分标准规定了通常采用的罐式标准装置的规格特性和校验步骤等。该部分标准不适用于堰式、蒸汽冷凝、双罐水容积或气体容积标准装置。

第 4.5 节：“Master-Meter Provers”（标准表标准装置)。2016 年 6 月发布第 4 版。规定了涵盖将容积式（置换式)、涡轮式、科里奥利、超声流量计作为标准仪表使用的要求。标准中的要求主要针对单相液态碳氢化合物。标准中不包括标准仪表用于标准装置检定的要求。

该部分标准适用于单相液态碳氢化合物，也适用于其他仅需一般贸易结算准确度需求的流体。

第 4.6 节：“Pulse Interpolation”(脉冲插值)。1999 年 5 月发布第 2 版，2007 年 4 月增加了勘误 1，2013 年 10 月复审确认继续有效。该部分标准介绍了用于表计校验的脉冲插值双时间测定法（double-chronometry method)，包括系统运行要求和设备试验等。

第 4.7 节：“Field Standard Test Measures”(现场标准试验量器)。2009 年 4 月发布第 3 版，2014 年 6 月复审继续有效。该部分标准详细规定了现场标准试验量器的基本要求，包括说明、结构要求，以及检查、处理、检定方法等，不考虑底 - 颈标尺（bottom-neck scale）试验量器和标准装置罐。该部分标准仅限于测试量器的“交货容量”（delivered volumes）验证。

第 4.8 节：“Operation of Proving Systems”（检定系统的运行)。2013 年 9 月发布第 2 版。该部分标准规定了单相液态碳氢化合物表计检定系统运行要求。该部分标准基于单相液体多年形成的惯例而制定，主要用于碳氢化合物，但多数要求也可适用于其他液体。

第 4.9.1 节：“Methods of Calibration for Displacement and Volumetric Tank Provers—Part 1：Introduction to the Determination of the Volume of Displacement and Tank Provers”

(容积和体积罐标准装置的检定方法　第1部分：对容积和体积罐标准装置的容积确定的介绍)。2005年10月发布第1版，2015年4月复审确认第1版继续有效。

标准装置属精密装置，是用于验证贸易计量液体体积流量计准确度的体积流量标准。为取得流量计的校正因数，需用容积和体积罐标准装置对流量计进行校验，从而用于修正由仪表测量容积和真实容积之间偏差引起的流量计测量误差。容积或体积罐标准装置的基本容积通过检定确定，并作为判定流量计校正因数的基础。流量计校正因数的准确度受限于设备性能、观测误差、标准装置容量检定误差和计算误差等因素。

第4.9.2节："Methods of Calibration for Displacement and Volumetric Tank Provers—Part 2：Determination of the Volume of Displacement and Tank Provers by the Waterdraw Method of Calibration"(容积和体积罐标准装置的检定方法　第2部分：采用汲水检定法标定容积和体积罐标准装置的容积)。2005年12月发布第1版，2015年5月复审确认第1版继续有效。

所有用于检定表计的标准装置的容积均应通过检定确定，而不是通过理论计算确定。容积标准装置的准确基准容积应采用公认的检定方法进行确定。用于确定该基准容积的技术包括汲水（waterdraw）检定法、标准表计（master meter）检定法和重量分析检定法。该部分标准仅涉及用于精确确定容积和体积罐标准装置的检定容积的汲水检定法。

第4.9.3节："Methods of Calibration for Displacement and Volumetric Tank Provers—Part 3：Determination of the Volume of Displacement Provers by the Master Meter Method of Calibration"(容积和体积罐标准装置的检定方法　第3部分：采用标准表计检定法标定容积标准装置的容积)。2010年4月发布第1版，2015年3月复审继续有效。

该部分标准规定了采用标准表计检定法来计算现场容积标准装置的基准标准装置容积所必需的现场数据的测定规程，适用于在表计测量工况下可认为是清洁、单相、同质的牛顿流体的液体测量。该部分标准中不包括详细的计算程序，如需详细计算，则参照标准第12.2.5节。

第4.9.4节："Methods of Calibration for Displacement and Volumetric Tank Provers—Part 4：Determination of the Volume of Displacement and Tank Provers by the Gravimetric Method of Calibration"(容积和体积罐标准装置的检定方法　第4部分：采用重量分析检定法标定容积和体积罐标准装置的容积)。2010年10月发布第1版，2015年12月复审确认继续有效。

该部分标准规定了采用重量分析检定法来标定容积和体积罐标准装置的基准容积所需的特定步骤、设备和计算等要求。该部分标准考虑了美国通用单位和公制单位两种需求，以方便用户使用。

第5章："Metering"（仪表测量）。该部分标准包括通过仪表和附属设备对液态碳氢化合物的动态测量。

第5.1节："General Considerations for Measurement by Meters"（仪表测量总则）。2005年9月发布第4版，2008年6月发布勘误1，2011年6月发布勘误2。2016年7月复审确认第4版继续有效。

该部分标准提供了用于动态测量液态碳氢化合物的仪表（包括管线等）的规范、安装和运行等建议，从而确保获得可接受的准确度、使用寿命、安全、可靠性和质量控制。该部分标准中也提供了用于改善表计性能和有助于故障查找的相关信息。

第 5.2 节："Measurement of Liquid Hydrocarbons by Displacement Meters"（采用容积式表计测量液态碳氢化合物）。2005 年 10 月发布第 3 版，2015 年 7 月复审确认第 3 版继续有效。

该部分标准与第 5.1 节一起，共同规定了采用容积式表计进行液态碳氢化合物测量应用中如何取得精确测量的方法，包括容积式表计在液态碳氢化合物测量应用的独特性能特性参数。该部分标准不适用于两相流体测量。

第 5.3 节："Measurement of Liquid Hydrocarbons by Turbine Meters"（采用涡轮式表计测量液态碳氢化合物）。2005 年 9 月发布第 5 版，2009 年 7 月发布补遗 1。2014 年 8 月复审确认第 5 版继续有效。

该部分标准确定了涡轮表计的应用准则，并提出了液体测量应注意的几个方面，规定了涡轮表计在液态碳氢化合物测量应用中涡轮表计测量系统的安装、涡轮表计的性能、运行和维修等要求，还提供了"如何选择表计和附属设备"及标准装置连接推荐位置信息等资料。

第 5.4 节："Accessory Equipment for Liquid Meters"（液体测量仪表的辅助设备）。2005 年 9 月发布第 4 版，2015 年 5 月发布勘误 1，2015 年 8 月复审确认第 4 版继续有效。

该部分标准规定了在液态碳氢化合物测量应用中随容积式和涡轮式表计所用的辅助设备的特性，包括电子流量计算机使用指南。

第 5.5 节："Fidelity and Security of Flow Measurement Pulsed-Data Transmission Systems"（流量测量脉冲数据传输系统的保真度和安全性）。2005 年 7 月发布第 2 版，2015 年 8 月复审确认第 2 版继续有效。

该部分标准作为流体测量系统用各种类型的脉冲数据、缆式传输系统的选择、运行和维修指南，从而确保所传输流量脉冲数据达到所期望的高保真度和安全性。

第 5.6 节："Measurement of Liquid Hydrocarbons by Coriolis Meters"（采用科里奥利表计测量液态碳氢化合物）。该部分标准也是 ANSI 美国国家标准，标准编号为 ANSI/API MPMS 5.6。2002 年 10 月发布第 1 版，2013 年 11 月复审确认第 1 版继续有效。

该部分标准规定了当采用科里奥利表计测量液态碳氢化合物时如何取得贸易计量级准确度的方法，包括科里奥利表计运行中适用的 API 标准、用基于质量和基于体积方法的校验和检定，以及表计的安装、运行和维护等内容。该部分标准附录 E 中列出了用于表计校验和量值测定的基于质量和基于体积的计算程序。

第 5.8 节："Measurement of Liquid Hydrocarbons by Ultrasonic Flow Meters"（采用超声流量计测量液态碳氢化合物）。该部分标准也是 ANSI 美国国家标准，标准编号为 ANSI/API MPMS 5.8。2011 年 11 月发布第 2 版，2014 年 2 月发布勘误 1。

该部分标准规定了超声流量计（UFM）的应用准则和与液体测量相关的使用注意事项，包括在液体碳氢化合物测量应用中 UFM 的安装、运行和维护等规定。该部分标准应用场合是液态碳氢化合物的动态测量。尽管该部分标准主要是为贸易计量测量所规定的，但也可用于其他可接受的应用场合，如流量分配测量、表计测量的检查、泄漏检测测量等。该部分标准仅适用于配有固定式超声换能器组件的绕式（spool type）多通道超声流量计。

第 6 章："Metering Assemblies"（仪表测量组件）。该部分标准主要规定在碳氢化合物测量特殊场合下仪表测量系统的设计、安装和运行要求等。

第 6.1 节："Lease Automatic Custody Transfer (LACT) Systems"（井区自动贸易计量系统）。1991 年 5 月发布第 2 版，2012 年 5 月复审确认第 2 版继续有效。

该部分标准提供了 LACT 系统的设计、安装、检定和运行等方面的指南，适用于油气区产出的或定期或不定期运行的传送到管线的碳氢化合物液体的通过表计而实现的无人、自动测量。

第 6.2 节："Loading Rack Metering Systems"（灌装栈桥仪表测量系统）。2004 年 2 月发布第 3 版，2016 年 7 月复审确认第 3 版继续有效。

该部分标准作为用于石油产品，包括液化石油气的灌装栈桥测量系统的选择、安装和运行的指南。

第 6.5 节："Metering Systems for Loading and Unloading Marine Bulk Carriers"（用于装载和卸载海运散装货轮的测量系统）。1991 年 5 月发布第 2 版，2012 年 5 月复审确认第 2 版继续有效。

该部分标准规定了海运散装货轮在装载和卸载期间用于测量的表计、标准装置、集管、检测仪表和附属设备的运行和特殊布置要求。

第 6.6 节："Pipeline Metering Systems"（管线测量系统）。1991 年 5 月发布第 2 版，2012 年 1 月复审确认第 2 版继续有效。

该部分标准提供了用于测量管线油运动的表计类型和大小选择指南，并比较了几种检定表计方法（包括罐式标准装置、常规管子标准装置、小容量标准装置和标准表计等）的优劣，也提供了从管线表计站获取最佳运行结果的建议。

第 6.7 节："Metering Viscous Hydrocarbons"（测量黏性碳氢化合物）。1991 年 5 月发布第 2 版，2012 年 5 月复审确认第 2 版继续有效。

该部分标准提供了用于测量黏性碳氢化合物的表计和辅助设备的设计、安装、运行和校验等指南。定义了黏性碳氢化合物，并指出了当黏性碳氢化合物升到高温时所出现的困难，叙述了温度对表计、辅助设备、配件等的影响，并提出了克服或减轻困难的建议和警告等。

第 9 章："Density Determination"（密度测定）。本部分标准规定了用于测定原油和通常作为液体处理的石油产品的相对密度（比重）的标准方法和工具。

第 9.1 节："Standard Test Method for Density, Relative Density (Specific Gravity), or API Gravity of Crude Petroleum and Liquid Petroleum Products by Hydrometer Method"[用比重法测定原油和液体石油产品的密度、相对密度（比重）或 API 重力的标准试验方法]。2012 年 12 月发布第 3 版，该部分标准为美国国家标准 ANSI/ASTM D1298。

该部分标准规定了采用比重法（实验室测定），包括玻璃杆（glass stem）和其他修正因子在内，测定与原油和液体石油产品的密度、相对密度或 API 重力相关的方法和惯例。

第 9.2 节："Standard Test Method for Density or Relative Density of Light Hydrocarbons by Pressure Hydrometer"（用压力比重计测定轻质碳氢化合物的密度或相对密度的标准试验方法）。2012 年 12 月发布第 3 版，该部分标准为美国国家标准，标准编号为 ANSI/ASTM D1657。

该部分标准推荐了采用压力比重计测定轻质碳氢化合物（包括液化石油气）的密度、相对密度（比重）或 API 重力的指南。

第 9.3 节："Standard Test Method for Density, Relative Density, and API Gravity of

Crude Petroleum and Liquid Petroleum Products by ThermohydrometerMethod”（用温差比重计法测定原油和液体石油产品的密度、相对密度和 API 重力的标准试验方法）。2012 年 12 月发布第 3 版。该部分标准也为美国国家标准，标准编号为 ANSI/ASTM D6822。

该部分标准规定了采用温差比重计法，包括玻璃杆（glass stem）和其他修正因子在内，测定与原油和液体石油产品的密度、相对密度或 API 重力相关的方法和惯例。该试验方法覆盖里德蒸汽压力小于或等于 179kPa 的石油和液体石油产品。

第 11 章：“Physical Properties Data (Volume Correction Factors)”[物理性质数据（体积修正因数）]。该部分标准规定了可直接应用于液体碳氢化合物体积测量的物理数据，提供了表格形式、与温度和压力相关的体积公式、计算机子程序等。其中的计算机子程序也可以电子表格方式获得。

第 12 章：“Calculation of Petroleum Quantities”（石油量的计算）。共分为 Calculation of Static Petroleum Quantities（静态石油量的计算）、Calculation of Petroleum Quantities Using Dynamic Measurement Methods and Volume Correction Factors（用动态测量法和体积修正系数计算石油量）、Calculation of Volumetric Shrinkage from Blending Light Hydrocarbons with Crude Oil（轻质碳氢化合物与原油混合物体积收缩量的计算）三部分。该部分标准规定了计算净标准容量的标准程序，包括修正系数的应用和有效数字的重要性。计算程序标准化的目的是不管是人工或计算机进行计算，都会取得相同的结果。

第 13 章：“Statistical Aspects of Measuring and Sampling”（测量和取样的统计）。石油测量正变得越来越精确，从而其从业者也越来越迫切需要表示剩余不确定度的统计方法，而该部分标准正是规定了石油测量和取样统计方法应用的相关要求。

第 13.1 节：“Statistical Concepts and Procedures in Measurement”（测量方面的统计概念和规程）。1985 年 6 月发布第 1 版，2013 年 7 月发布了勘误 1，2016 年 3 月复审确认第 1 版继续有效。

该部分标准旨在帮助那些进行大宗油量测量的技术人员，正确估计测量中的不确定度或概率误差。

第 13.2 节：“Statistical Methods of Evaluating Meter Proving Data”（评价表计检定数据的统计方法）。1994 年 11 月发布第 1 版，2015 年 10 月发布了勘误 1，2016 年 4 月复审确认第 1 版继续有效。

该部分标准规定了在遵循第 12.2 节要求下所产生的表计校验因数的场合，评价表计性能的规程。第 13.2 节所采用的示例中的数据均为符合 API MPMS 第 4 章、第 5 章和第 6 章要求的容积式或涡轮式流量计进行低蒸汽压力流体贸易结算的计量值。该部分标准中所规定的规程也可用于非贸易结算计量应用及高蒸汽压力和气态流体的贸易结算计量应用，但需取得表计的检定数据。

第 13.3 节：“Measurement Uncertainty”（测量不确定度）。2016 年 5 月发布第 1 版。

该部分标准建立了确定不确定度的方法，并与 ISO GUM 和 NIST 技术备忘 1297 一致。

第 14 章：“Natural Gas Fluids Measurement”（天然气流体测量）。该章规定了测量、取样、测试天然气流体的规范。

第 14.1 节：“Collecting and Handling of Natural Gas Samples for Custody Transfer”（用于贸易结算天然气样品的采集和处理）。2016 年 5 月发布第 7 版。

该部分标准重点关注正确的采样系统和步骤。碳氢化合物的露点对总的准确度有着关键的影响。气体样品分析有着多重功用，并用于各种计算，其中一些对贸易结算计算（数量和品质）的准确度有着直接的影响。

第 14.2 节："Compressibility Factors of Natural Gas and Other Related Hydrocarbon Gases"（天然气和其他相关碳氢化合物气体的压缩因数）。该标准等同于 AGA Report No.8（AGA 第 8 号报告）和 GPA 8185—1990 标准。1994 年 8 月发布第 2 版，2012 年 2 月复审确认第 2 版继续有效。

该标准提供了天然气和其他相关碳氢化合物气体的压缩因数和密度精确计算的详细信息，也包括了不确定度估计的计算和计算机程序列表。

第 14.3.1 节："Concentric，Square-edged Orifice Meters—Part 1：General Equations and Uncertainty Guidelines"（同心、直角边缘孔板流量计　第 1 部分：通用公式和不确定度导则）。2012 年 9 月发布第 4 版，等同于 ANSI/API MPMS 14.3.1 和 AGA 第 3 号报告第 1 部分标准（见本节"AGA 标准"部分）。2013 年 7 月公布了勘误 1。

第 14.3.2 节："Orifice Metering of Natural Gas and Other Related Hydrocarbon Fluids—Concentric，Square-edged Orifice Meters—Part 2：Specification and Installation Requirements"（天然气和其他相关碳氢化合物流体的孔板计量　同心、直角边缘孔板流量计　第2 部分：规范和安装要求），其最新版本为 2016 年 3 月发布的第 5 版。该标准等同于 ANSI/API MPMS 14.3.2 标准和 AGA 第 3 号报告第 2 部分标准（见本节"AGA 标准"部分）。

第 14.3.3 节："Concentric，Square-edged Orifice Meters—Part 3：Natural Gas Applications"（同心、直角边缘孔板流量计　第 3 部分：天然气应用）。2013 年 11 月发布第 4 版。该标准等同于 ANSI/API MPMS 14.3.3 标准、AGA 第 3 号报告第 3 部分标准（见本节"AGA 标准"部分）。

第 14.3.4 节："Concentric，Square-edged Orifice Meters—Part 4：Background，Development，Implementation Procedures and Subroutine Documentation"（同心、直角边缘孔板流量计　第 4 部分：背景、开发、实施程序及子程序文档）。1992 年 11 月发布第 3 版，2011 年 8 月复审确认第 3 版继续有效。该标准等同于 AGA 第 3 号报告第 4 部分标准（见本节"AGA 标准"部分）和 GPA 8185，Part 4 标准。

第 14.4 节："Converting Mass of Natural Gas Liquids and Vapors to Equivalent Liquid Volumes"（液态和气态天然气质量转换为等效液体体积）。1991 年 4 月发布标准第 1 版，2012 年 1 月复审确认第 1 版继续有效。该标准等同于 GPA 8173—1991 标准。

该标准推荐了将在运行工况下所测得的天然气液体或天然气气体质量转换为在 60℉（15.6℃）及相应的平衡压力下的等效液体体积量的方法。

第 14.5 节："Calculation of Gross Heating Value，Relative Density，Compressibility and Theoretical Hydrocarbon Liquid Content for Natural Gas Mixtures for Custody Transfer"（用于贸易结算的天然气混合物的高位发热量、相对密度、压缩率和理论碳氢化合物液体含量的计算）。2009 年 1 月发布第 3 版，该标准等同于美国国家标准 ANSI/API MPMS 14.5 和 GPA 8172—2009 标准。2014 年 2 月复审确认第 3 版继续有效。

该标准规定了在组成物基本工况下，计算天然气混合物的下列特性的步骤：混合物的高位发热量、相对密度（真实和理想）、压缩因数、在美国通常表示为 GPM（加仑液体/千立方英尺气体）的理论碳氢化合物液体含量。要严格计算水对这些计算的影响是十分复杂的，因为该标准主要与贸易结算相关，所以标准中所考虑的水的影响计算为合同可接受的计算。该标准附录 A 中包含了水影响和该标准中所采用公式的详细偏差的详细调查。

第 14.6 节："Continuous Density Measurement"（连续密度测量）。1991 年 4 月发布第 2 版，1998 年 8 月公布勘误 1，2012 年 2 月复审确认第 2 版继续有效。该标准也为美国国家标准，标准编号为 ANSI/API MPMS 14.6。

该标准规定了在石化和天然气工业中用于牛顿流体的连续密度测量系统的设计、安装和运行的标准和规程。该标准仅适用于清洁、同质、单相液体或超临界流体。该标准中的准则和规程已成功应用在 60℉（15.6℃）和饱和压力运行工况下流动密度大于 0.3g/cm^{3}的流体。该标准旨在为使用者提供在大多数应用下密度准确度可达 0.10%的性能。

第 14.7 节："Mass Measurement of Natural Gas Liquids"（天然气液态产物的质量测量）。2012 年 4 月发布该标准第 4 版，该标准等同于 GPA 8182 - 12 标准。

该标准推荐了运行于 351.7～687.8kg/m^3（在 60℉下相对密度为 0.350～0.688）的单相动态液体质量测量系统的选择、设计、安装、运行和维护要求。该标准范围内的质量测量系统包括科里奥利质量测量和推导式质量测量，即在流动工况下所测得的体积量与相同工况下的密度相计算而推导出质量值的测量。

密度低于 351.7kg/m^3 和高于 687.8kg/m^3（在 60℉下相对密度低于 0.350 和高于 0.688）的液体和低温流体 [温度低于约－50.8℉（－46℃）]不属于该标准范畴，但该标准所提及的原则也可适用于上述流体。

该标准中也包含了用于测定所取样物中成分的分析方法、取样设备和技术等标准，提出了用于计算密度的状态方程式和相互关系式，以及用于将质量转换为等同液体体积量的标准。

第 14.8 节："Liquefied Petroleum Gas Measurement"（液化石油气测量）。1997 年 7 月发布第 2 版，2011 年 10 月确认第 2 版继续有效。

该标准规定了用于测量密度范围在 0.30～0.70kg/m^{3}的液化石油气的动态和静态测量系统的相关要求。

第 14.9 节："Measurement of Natural Gas by Coriolis Meter"（采用科里奥利流量计测量天然气）。2013 年 2 月发布第 2 版，等同于标准 AGA Report No. 11 - 2013（详见本节"AGA 标准"部分）。

第 14.10 节："Measurement of Flow to Flares"（至火炬流量的测量）。2007 年 7 月发布第 1 版，2012 年 6 月复审确认第 1 版继续有效。

该标准规定了至火炬的流量测量方面的相关要求，包括应用考虑事项、火炬表计和相关仪表的选择标准和其他事项、安装要求、火炬测量技术的局限、检定、运行、不确定度和误差传递及计算。该标准范围不包括分析仪表。

第 15 章："Guidelines for Use of the International System of Units (SI) in the Petroleum and Allied Industries"［石油及其关联工业国际单位制（SI）应用指南］。2001 年 12 月发布第 3 版，2015 年 2 月复审确认第 3 版继续有效。

该标准规定了 API 推荐的石油工业测量所用的量的单位，并指出了表示为常用单位的量转换为 API 推荐公制单位的量的换算因数。该标准也可适用于类似的过程工业。

第 16 章："Measurement of Hydrocarbon Fluids by Weight or Mass"（通过重量或质量对碳氢化合物流体的测量）。该部分包括通过重量或质量对碳氢化合物流体的静态和动态测量。

第 18 章："Custody Transfer"（贸易计量）。该部分包括应用于特殊的贸易计量场合的其他测量标准。

第 18.1 节："Measurement Procedures for Crude Oil Gathered from Small Tanks by Truck"（对来自油罐车小型油罐原油的测量规程）。1997 年 4 月发布第 2 版，2012 年 2 月复审确认第 2 版继续有效。

该标准推荐了对来自油罐车小型油罐（容量小于或等于 1000 桶）原油的通用贸易计量和实验规程。该标准中包含在现场工况下对原油的数量和品质手动测定的推荐步骤，适用于测量人员、原油生产者和运输者。

第 20 章："Allocation Measurement of Oil and Natural Gas"（油和天然气的配给测量）。

第 20.1 节："Allocation Measurement"（配给测量）。1993 年 8 月发布第 1 版，2013 年 1 月公布了补遗 1，2016 年 11 月公布了补遗 2。2016 年 10 月复审确认第 1 版继续有效。

该标准推荐了液体和气体配给测量系统的设计、运行指南，包括表计测量、静态测量、取样、校验、检定和计算规程等内容。

第 20.2 节："Production Allocation Measurement Using Single-Phase Devices"（采用单相装置进行生产配给测量）。2016 年 11 月发布第 1 版。

该标准规定了采用单相测量装置与两相或三相生产分离器的组合来进行生产配给测量（包括油、气、水和其他成分的流量和流速的测定）的要求。该标准适用于在贸易结算计量点的上游且贸易计量工况不满足时，采用单相测量技术的场合。

第 20.3 节："Measurement of Multiphase Flow"（多相流测量）。2013 年 1 月发布第 1 版。该标准替代了 API 推荐指南 API RP86—2005 标准。

该标准规定了在生产环境下、贸易结算（单相）测量点上游、岸上/离岸或海底所应用的配给测量场合下的多相流测量。对于诸如库区管理、油井探测和流量担保等其他多相流测量应用场合，该标准也可作为参考或指南。但该标准重点关注的是需要配给系统多相流测量准确度的场合应用。该标准中包含多相流测量的原理、多相流测量仪表类型和分类、期望性能的评估、多相流测量系统的选择和运行等内容。此外，也规定了运行要求，包括流量仪表验收、检定标准、流量回路、现场验证及其他特定的不同多相流测量应用的导则等。

RP 85："Use of Subsea Wet-Gas Flowmeters in Allocation MeasurementSystems"（在配给测量系统中海底湿气体测量计的应用）。2003 年 3 月发布该标准第 1 版，2013 年 1 月公布了补遗 1，2013 年 10 月复审确认第 1 版继续有效。

该标准推荐了最适合海底湿气体测量应用的配给法，并公正地考虑了系统内表计间不确定度值的差异，向用户提供了在配给测量系统中海底湿气体测量计使用各个方面的建议，包括运行、异常运行和表计实验等。

第 21 章："Flow Measurement Using Electronic Metering Systems"（用电子仪表系统的流量测量）。该标准规定了用于流量参数测量和记录的电子测量系统的标准惯例和最低规范，包含采用工业认可的一次测量装置应用于天然气流体、石油和石油产品贸易结算应用场合。

第 21.1 节："Flow Measurement Using Electronic Metering Systems—Electronic Gas Measurement"（用电子仪表系统的流量测量　电子气体测量）。2013 年 2 月发布第 2 版。

该标准规定了利用工业认可的一次测量装置，对用于贸易结算的气态碳氢化合物和其他相关流体流量参数测量和记录所采用的电子气体测量系统的最低规范，包括定义、计算算法、数据可利用率、审计和报告要求、设备安装、校准及检定和安全等。

第 21.2 节："Electronic Liquid Volume Measurement Using Positive Displacement and Turbine Meters"（用容积式和涡轮式表计进行电子液体体积测量）。1998 年 6 月发布第 1 版，2016 年 10 月复审确认第 1 版继续有效。

该标准推荐了在后述条件下用于液体碳氢化合物贸易结算测量的电子液体测量系统的有效使用指南。测量系统应用必须满足第 12.2 节规定的范围和应用场合。该标准适用于采用涡轮或容积式表计的系统，适用于采用对液体的温度影响（CTL）和对液体补偿压力影响（CPL）的在线修正系统。该标准中的规范和技术推荐用于新的测量应用。该标准规定了管线贸易结算测量规范和其他电子液体测量系统的设计、选择、使用、审计、报告、检定、校验和安全等。

第 21.2 - A1 节："Addendum 1 to Flow Measurement Using Electronic Metering Systems，Inferred Mass"（用电子仪表系统的流量测量附录 1 推导式质量流量）。2000 年 8 月发布第 1 版，2016 年 10 月复审确认第 1 版继续有效。

第 22 章："Testing Protocols"（测试规约）。该标准规定了以可比较的方式来确定类似设备性能特性的恰当测量和报告方法。

第 22.1 节："General Guidelines for Developing Testing Protocols for Devices Used in the Measurement of Hydrocarbon Fluids"（编制碳氢化合物流体测量所用装置的测试规约的通用导则）。2015 年 8 月发布第 2 版，该标准同时也是 ANSI/API MPMS Ch. 22.1—2015 标准。

该标准提供了测试规约编制导则，并作为记录碳氢化合物流体测量相关装置的性能特征的导则。

第 22.2 节："Testing Protocols—Differential Pressure Flow Measurement Devices"（测试规约　差压流量测量装置）。2005 年 8 月发布第 1 版，2012 年 8 月复审确认第 1 版继续有效。

该标准规定了基于检测在流体中的装置所产生的差压的流量测量装置的测试和报告规约，旨在提供单相流体流量测量装置用于类似运行工况时的能力说明。该标准确保任何差压流量计的使用者明白表计在适用的雷诺数范围或试验所确定的范围内的性能特性，有助于新技术的理解和引入，提供了用于验证制造商性能参数的标准手段，提供了在标准测试规约下的差压测量装置的一次元件的相对性能特性的信息，确定了装置的不确定度数值及定义了所声称的不确定度的运行和安装条件等。

第 22.3 节："Testing Protocol for Flare Gas Metering"（火炬气测量用测试规约）。2015 年 8 月发布第 1 版，该标准同时也是 ANSI/API MPMS Ch. 22.3—2015 标准。

该标准说明了火炬气表的测试规约，包括需进行的测试、如何分析测试数据，以及如何从表计的测试中确定其不确定度。

除上述MPMS标准外，API于2007年1月发布了第1版“Vortex Shedding Flowmeter for Measurement of Hydrocarbon Fluids”（用于碳氢化合物流体测量的涡街流量计）标准草案。该草案中规定了流体流量测量，特别是碳氢化合物流量测量所用的涡街流量计的设计、安装和运行要求。该草案用于表计校验、贸易计量尚需积累经验，但完全可作为非贸易计量场合的应用指南。

2011年3月发布第1版TR 2571：“Fuel Gas Measurement”（燃气测量）。该标准提供了用于燃气耗量测量和报告的基于性能的方法；提供了在下列方面应用的指南，以使用户获得期望的测量不确定度：

（1）流量表计类型（差压式、容积式、超声式、科里奥利式、涡街式、涡轮式、热式和其他类型）的选择。

（2）测量流体特性和流动工况的相关检测仪表，如压力和温度变送器、密度计和气体色谱仪等。

（3）气体组分或其他分析数据的获取和使用。

（4）测量系统的设计和安装要求。

（5）流量仪表及其相关附属仪表的检查、校验和检定惯例。

（6）简化的不确定度计算，并带有阐明其方法的示例。

该标准中也说明了如何评估燃气测量系统每个组成部分的不确定度和整个燃气测量的全部不确定度。

三、ASME标准

美国机械工程师协会（the American Society of Mechanical Engineers）成立于1880年，总部位于纽约，主要工作范围涉及工程领域（特别是机械工程）的科学技术协作、学术共享交流、技能发展及规范和标准的制订工作。ASME是ANSI（美国国家标准学会）的5个发起单位之一，并代表ANSI参加相应的ISO活动。

截至2017年初，ASME所发布的与流量测量相关的标准主要有：

1. ASME MFC-1标准

该标准名称为“Glossary of Terms used in the Measurement of Fluid Flow in Pipes”（管道内流体流量测量术语），当前标准编号为ASME MFC-1—2014。

该标准定义了与管道内流体流量测量相关的技术术语。标准中仅涵盖了通用术语，用于特定表计的具有特定含义的术语在相关流量表计标准中定义。

2. ASME MFC-2M标准

该标准名称为“Measurement Uncertainty for Fluid Flow in Closed Conduits”（封闭管道内流体流量测量不确定度），当前有效标准编号为ASME MFC-2M—1983（R2013），2013年8月ASME复审确认1983年版本继续有效。

该标准以工作大纲形式详细说明了封闭管道内流体流量测量不确定度的估计技术。标准中所应用的统计技术和分析概念适用于大多数测量过程。标准中提供了用于流体流量测量的数学模型示例，每一例子均深入浅出地详细分析了基本误差和统计技术，使之简明易懂。

3. ASME MFC-3M标准

该标准名称为“Measurement of Fluid Flow in Pipes Using Orifice，Nozzle，and Venturi”（用孔板、喷嘴和文丘里测量管道内的流体流量）。有效标准编号为 ASME MFC-3M—2004，ASME 于 2007 年复审确认 2004 年版本继续有效。

该标准规定了安装在封闭管道内用于测定管道内满管流体流量的差压装置（包括，但不限于孔板、喷嘴和文丘里管）的外形结构和使用方法（包括安装和流量工况等）。

4. ASME MFC-4M 标准

该标准名称为“Measurement of Gas Flow by Turbine Meters”（用涡轮流量计测量气体流量）。标准编号为 ASME MFC-4M—1986（R2008），2008 年 ASME 复审确认 1986 版本继续有效。

该标准规定了涡轮流量计的结构、安装、运行、性能特性、数据计算和表示、检定、现场检查等方面的要求，适用于：①配有机械和/或电气输出的轴向全流涡轮流量计，且其转动部件由可压缩流体驱动；②用涡轮流量计实施气体测量。该标准不适用于：①精确测定质量流量或基准体积流量所需的用于测量压力和温度，和/或密度的附属设备，或用于自动计算质量流量或基准体积流量的附件；②蒸汽计量或两相流量测量；③对仪表准确度起副作用的脉动流或波动流的应用。

5. ASME MFC-5.1 标准

该标准名称为“Measurement of Liquid Flow in Closed Conduits Using Transit-Time Ultrasonic Flowmeters”（用传播时间式超声流量计测量封闭管道内液体流量）。标准编号为 ASME MFC-5.1—2011。

该标准说明了传播时间式超声流量计的工作原理和误差来源，规定了通用术语、符号、定义和规格、性能验证规程等要求。该标准仅适用于基于声音信号传播时间测量原理的超声流量计，并仅涉及该类流量计用于测量具有相同的声音特征的且完全充满封闭管道的液体的体积流量的场合。

6. ASME MFC-5.3 标准

该标准名称为“Measurement of Liquid Flow in Closed Conduits Using Doppler Ultrasonic Flowmeters”（用多普勒超声流量计测量封闭管道内液体流量）。标准编号为 ASME MFC-5.3—2013。

该标准规定了完全充满封闭管道的、以液体为主的流体体积流量的测量规范，要求为稳定流或仅随时间缓慢变化的流态，具体内容包括工作原理、不确定度来源及减少措施、应用及选择、检定和诊断等。该标准仅适用于基于声音波反射工作原理，通常称为多普勒流量计的超声流量计。流量测量采用频域或时域技术。

7. ASME MFC-6 标准

该标准名称为“Measurement of Fluid Flow in Pipes Using Vortex FlowMeters”（用旋涡流量计测量管道内流体流量）。有效标准编号为 ASME MFC-6—2013。

该标准规定了旋涡流量计应用于封闭管道内单相液体或气体（包括水汽，如蒸汽等）的满管体积流量测量方面的相关要求，包括物理部件、工作原理、安装、性能、干扰因素、检定等；也规定了旋涡流量计与其他过程测量一起，用于瞬时质量流量、累积质量流量、瞬时基本体积流量、累积基本体积流量和热流计量等的推导测量。该标准仅限于全口径流量计，不包括特殊的插入式流量计。

8. ASME MFC - 7 标准

该标准名称为"Measurement of Gas Flow by Means of Critical Flow Venturis and Critical Flow Nozzles"（用临界流量文丘里和临界流量喷嘴测量气体流量）。标准编号为 ASME MFC - 7—2016。

该标准规定了插入在系统中用于测量气体质量流量的临界流文丘里喷嘴的几何尺寸和使用方法（系统中的安装和工作条件），并给出了计算流量及其不确定度所需的资料。

该标准仅适用于单相气体稳定流，所涉及的测量设备已做过大量的直接检定试验，能保证给出的流量系数在某个可预测的不确定度限值内。临界流文丘里喷嘴只能在规定的喷嘴喉部对入口直径之比和喉部雷诺数等规定的限值范围内使用。该标准适用于在其内流速处于临界的文丘里喷嘴。在临界速度下，流过文丘里喷嘴的气体质量流量是实际上游条件下可能达到的最大流量。在临界流动或阻塞工况下，在喷嘴喉部的平均气体流速非常接近局部声速。该标准中所给出的资料适用于：①文丘里喷嘴上游管道为圆形横截面；②文丘里喷嘴上游可认为是大的空间。

9. ASME MFC - 8M 标准

该标准名称为"Fluid Flow in Closed Conduits：Connections for Pressure Signal Transmissions Between Primary & Secondary Devices"（封闭管道内的流体流量：一次装置和二次装置间的压力信号传输连接）。有效标准编号为 ASME MFC - 8M—2001（R2011），2011 年复审确认 2001 年版本继续有效。

该标准规定了在流量测量系统中允许在压头型一次装置处的压力传输至二次装置的要求和方法，且不会带来不必要的测量不确定度。

10. ASME MFC - 9M 标准

该标准名称为"Measurement of Liquid Flow in Closed Conduits by Weighing Method"（用称重法测量封闭管道内液体流量），标准编号为 ASME MFC - 9M—1988（R2011），ASME 于 2011 年复审确认 1988 年版本继续有效。

该标准规定了通过测量在已知时间间隔内流入称重罐内的液体质量来测量封闭管道内液体流量的测量方法。标准中特别规定了测量装置、测量规程、计算流量和与测量相关的不确定度的方法。标准中所阐述的方法可用于任何液体，只要满足其蒸气压力值从称重罐通过蒸发所逃逸的液体量不足以影响所需的测量准确度的条件即可。该标准不考虑用于具有高蒸气压的液体流量测量的封闭称重罐及其应用。该标准仅考虑测量技术，不考虑因处理相关液体所带来的任何危险。该方法通常是用于固定实验室装置，但从理论上讲，该方法的应用并无限制。但是，出于经济原因考虑，采用该方法的典型液压实验室通常产生 500kg/s 或更小的精确流量。鉴于其潜在的高准确度，通常将该方法用作质量流量测量或体积流量测量的其他流量测量方法或装置的首选检定方法，只需所测液体的密度值满足所需准确度即可。在测量段，必须确保管段内是满管流，且不存在空气或蒸气袋。

11. ASME MFC - 10M 标准

该标准名称为"Method for Establishing Installation Effects on Flow Meters"（确定安装对流量计性能影响的方法），当前有效标准编号为 ASME MFC - 10M—2000（R2011），ASME 于 2011 年复审确认 2000 年版本继续有效。

该标准建立了用于判定安装工况或流态对封闭管道（如圆管、方管等）内流量计性能影响的方法。该标准规定了用于特定流量计流量检定的基准条件的方法和术语；提供了用于未实验的管道工况的安装影响量的内插和外插计算指南。该标准并不替代或取代其他标准所规定的质量鉴定试验或安装试验。

12. ASME MFC - 11 标准

该标准名称为“Measurement of Fluid Flow by Means of Coriolis Mass Flowmeters”（用科里奥利质量流量计测量流体流量），当前有效标准编号为 ASME MFC - 11—2006（R2014），ASME 于 2014 年复审确认 2006 年版本继续有效。

该标准给出了用于测定流体质量流量、密度、体积流量和其他相关参数的科里奥利质量流量计的选择、安装、检定和运行指南。科里奥利质量流量计包含取决于由流经振荡管的流体（液体或气体）所产生的科里奥利力的各种变动设计条件的系列装置。科里奥利质量流量计首要作用是测量质量流量，当然一些流量计也用于测量液体密度和振荡管壁温。从测量角度看，可测定液体或气体的质量流量、液体密度、液体体积流量和其他相关量。

13. ASME MFC - 12M 标准

该标准名称为“Measurement of Fluid Flow in Closed Conduits Using Multiport Averaging Pitot Primary Elements”（用多孔平均皮托管一次元件测量封闭管道内流体流量），当前有效标准编号为 ASME MFC - 12M—2006（R2014），ASME 于 2014 年复审确认 2006 年版本继续有效。该标准中所讲的多孔平均皮托管，国内常称为均速管。

标准中规定了多孔平均皮托管压头型装置用于测量液体和气体方面的技术要求。该标准适用于满管流，且流体流动需同时满足：①为充分发展流态分布；②为稳定流或仅随时间缓慢变化；③测量段处于亚声速；④可认为是单相流。除多孔平均皮托管一次元件外，还必须采用称为二次元件的差压变送器或其他压力测量装置来一起实现流量测量。该标准仅考虑多孔平均皮托管压头型装置用于圆管场合，不考虑非圆管场合的应用。

14. ASME MFC - 13M 标准

该标准名称为“Measurement of Fluid Flow in Closed Conduits: Tracer Methods”（封闭管道内流体流量测量：示踪法），当前有效标准编号为 ASME MFC - 13M—2006（R2014），ASME 于 2014 年复审确认 2006 年版本继续有效。

该标准规定了在封闭管道内测量单相流体（气体或液体）流量的示踪法（包括稀释法和传输时间法）应用技术要求，包括相关术语的定义和应用原则等内容。该测量法仅适用于单相均质流体混合物。

15. ASME MFC - 14M 标准

该标准名称为“Measurement of Fluid Flow Using Small Bore Precision Orifice Meters”（用小孔精密孔板流量计测量流体流量），标准编号为 ASME MFC - 14M—2003（R2008），2008 年复审确认 2003 版本继续有效。

该标准规定了用于测量满管流的、插入管道内的、6～40mm 管道尺寸的孔板流量计的几何尺寸和使用方法（安装和流动工况），并给出了用于计算流量及其相关不确定度的必要信息。

该标准仅适用于差压装置，且在装置内流体通过测量段的速度维持在亚声速，且流体为稳定流或随时间变化较慢，且流体可被认为是单相流体。此外，标准中给出了在管道规格和雷诺数范围内装置的不确定度。

该标准所覆盖的一次流量测量装置包括角接取压孔板、法兰取压孔板、专门设计的带集成配件的孔板流量计。

16. ASME MFC - 16 标准

该标准名称为“Measurement of Liquid Flow in Closed Conduits with Electromagnetic Flowmeters”（用电磁流量计测量封闭管道内的液体流量），当前有效标准编号为 ASME MFC - 16—2014。

该标准适用于带浸入式或非浸入式电极的交流和脉冲直流型工业电磁流量计，用于测量完全充满的、封闭管道内的、导电的、电气同质的、液体或浆液的体积流量。该标准不适用于插入式或医学式电磁流量计，也不考虑工业流量计应用于非导电液体或高导电液体（如液态金属等）的流量测量场合。标准中包括电磁流量计的理论和测量技术，各种类型表计的物理说明、应用注意事项，标注在表计上的规格规范、液体检定规程等，并附有内衬材料导则、电磁流量计准确度规范、计算示例等资料性附录。

17. ASME MFC - 18M 标准

该标准名称为“Measurement of Fluid Flow using Variable Area Meters”（用可变面积流量计测量流体流量），当前有效标准编号为 ASME MFC - 18M—2001（R2011），ASME 于 2011 年复审确认 2001 年版本继续有效。

该标准规定了通用可变面积流量计的相关要求。由于商用可变面积流量计的千差万别，因而该标准并不考虑将其尺寸标准化。该标准仅考虑了基于垂直锥形管且为圆形或修正圆形横截面的可变面积流量计，并未考虑各种用于水平流的翼形流量计或采用弹簧变位以抵抗流量力的流量计。

18. ASME MFC - 19G 标准

该标准名称为“Wet Gas Flowmetering Guideline（Technical Report）”[湿气体流量测量指南（技术报告）]，当前有效标准编号为 ASME MFC - 19G—2008。

该标准基于油气工业 2005 年前对湿气体流量检测的研究成果和实践经验，包括术语及定义、湿气体流量的类型、流态、流态图、用于湿气体流量检测的表计、湿气体取样、压力/体积/温度（PVT）相特性计算、湿气体流量检测常遇实际问题及推荐解决方案、湿气体检测系统的不确定度等内容。

19. ASME MFC - 21. 1 标准

该标准名称为“Measurement of Gas Flow by Means of Capillary Tube Thermal Mass Flowmeters and Mass Flow Controllers”（用毛细管热式质量流量计和质量流量控制器测量气体流量），当前有效标准编号为 ASME MFC - 21. 1—2015。

该标准规定了通用术语，并给出当用于气体质量流量的测量和控制时，毛细管热式质量流量计和控制器的质量、描述，工作原理、选择、操作、安装和流量校准等方面的导则。该标准适用于纯气体和已知成分的气体混合物的单相流动测量。

20. ASME MFC - 21. 2 标准

该标准名称为“Measurement of Fulid Flow by Means of Thermal Dispersion Mass

Flowmeters”（用热分布式质量流量计测量流体流量），当前有效标准编号为 ASME MFC - 21. 2—2010。

该标准规定了用于测量封闭管道内流体的质量流量和体积流量（此种应用范围较小）的热分布式流量计的通用技术术语，并给出了该流量计的质量描述、工作原理、选择、安装、流量检定等导则；也包括仪表安装典型错误、流量调整器应用场合、安装和维修安全注意事项等内容。在标准中给出了强制性附录，详细规定了精确流量检定所需的步骤和设施。该标准适用于对单相纯气体或已知组分的混合气体采用热分布式质量流量计所进行的流量测量，也适用于较为少见的已知组分的单相液体的流量测量。

21. ASME MFC - 22 标准

该标准名称为“Measurement of Liquid by Turbine Flowmeters”（用涡轮流量计测量液体流量），当前有效标准编号为 ASME MFC - 22—2007（R2014），ASME 于 2014 年复审确认 2007 年版本继续有效。

该标准规定了带转动叶片的涡轮流量计用于测量封闭管道内满管液体流量的技术要求，内容包括有关被测液体的注意事项、涡轮流量计系统、安装要求、设计规范、维修、运行和性能、测量不确定度。该标准不涉及精确测定质量流量或基本体积流量所需的用于测量压力、温度和/或密度的附属设备的安装详细内容，也不涉及用于自动计算质量流量或基本体积流量的附件的安装详细内容。

22. ASME MFC - 26 标准

该标准名称为“Measurement of Gas Flow by Bellmouth Inlet Flowmeters”（用喇叭形入口流量计测量气体流量），当前有效标准编号为 ASME MFC - 26—2011。

该标准规定了喇叭形入口流量计（注：有时也称为 airbell 气钟、零 β 比喷嘴、博尔达管等）的几何外形和用于测定流过装置的气体或气体混合物质量流量或体积流量的测量方法和相关技术要求，并给出了计算流量和相关不确定度的必要资料，内容包括符号及定义、测量原理和计算方法、流量调制、通用要求、出口流量系统、测量不确定度等内容。该标准适用于单相气体或气体混合物的稳定流，采用喇叭形入口流量计，且在其测量段流速维持在亚声速，且为稳定流或仅随时间缓慢变化的流体。

23. ASME PTC - 19. 5 标准

该标准名称为“Flow Measurement”（流量测量），当前有效标准编号为 ASME PTC 19. 5—2004，ASME 于 2013 年复审确认 2004 年版本继续有效。

该标准规定并说明了性能试验规程所要求或推荐的适当的流量测量技术和方法。该标准所规定的流量测量技术应遵循该标准发布时有效的全部 ISO 相关流量测量标准。在允许与规程要求有偏差的特殊场合，可以采用具有同等的高准确度的新型流量测量技术作为可选的流量测量手段。该标准是补充文档，并不替代规程中的强制性要求，除非在试验前已取得双方的书面认可。

为避免工程中错误引用 ANSI/ASME 已宣布作废的标准，表 10 - 2 列出了截至 2017 年初 ASME 组织已宣布作废撤回的标准清单，以供参考。

表 10-2　　作废的 ASME 流体流量标准清单

序号	标准编号	标准名称	替代标准
1	ASME MFC-1M—2003	Glossary of Terms used in the Measurement of Fluid Flow in Pipes	2014 年已被 ASME MFC-1—2014 替代
2	ASME MFC-3M—1989	Measurement of Fluid Flow in Pipes Using Orifice, Nozzle and Venturi	被 ASME MFC-3M—2004 替代
3	ASME MFC-5M—1985（R2006）	Measurement of Liquid Flow in Closed Conduits Using Transit-Time Ultrasonic Flowmeters	2011 年 6 月 17 日已被 ASME MFC 5.1—2011 替代
4	ASME MFC-6M—1998（R2005）	Measurement of Fluid Flow in Pipes Using Vortex Flow Meters	2013 年 7 月 31 日已被 ASME MFC-6—2013 替代
5	ASME MFC-7M—1987（R2014）	Measurement of Gas Flow by Means of Critical Flow Venturi Nozzle	已被 ASME MFC-7—2016 替代
6	ASME MFC-8M—1988	Fluid Flow in Closed Conduits - Connections for Pressure Signal Transmissions between Primary and Secondary Devices	已被 ASME MFC-8M—2001（R2011）替代
7	ASME MFC-10M—1994	Method for Establishing Installation Effects on Flowmeters	已被 ASME MFC-10M—2000（R2011）替代
8	ASME MFC-11M—2003	Measurement of Fluid Flow by Means of Coriolis Mass Flowmeters	2006 年已被 ASME MFC-11—2006（R2014）替代
9	ASME MFC-14M—2001	Measurement of Fluid Flow Using Small Bore Precision Orifice Meters	已被 ASME MFC-14M—2003（R2008）替代
10	ASME MFC-16—2007	Measurement of Liquid Flow in Closed Conduits with Electromagnetic Flowmeters	2014 年已被 ASME MFC-16—2014 替代

四、ASTM 标准

ASTM（the American Society for Testing and Materials，美国材料与试验协会）成立于 1898 年，总部位于美国宾夕法尼亚州费城郊区的 West Conshohocken，是国际上成立较早、规模较大、成就显著的学术团体之一。ASTM 现已更名为 ASTM International（ASTM 国际），主要从事工业材料、性能及其测试方法等研究，制订材料技术条件、试验方法、导则和指南等方面的标准。面向对象包括从金属到建造、石油到消费品等各行各业。

截至 2017 年初，ASTM 所发布的与流量测量相关的标准主要有：

1. ASTM D1129 标准

该标准名称为“Standard Terminology Relating to Water”（与水相关的术语标准），当前有效标准编号为 ASTM D1129—2013。

该标准规定了与水相关的术语和定义，包括水的种类、成分、处理、取样、分析、测量等。

2. ASTM D1941 标准

该标准名称为“Standard Test Method for Open Channel Flow Measurement of Water with the Parshall Flume”（用巴歇尔槽测量明渠水流量的标准试验方法），当前有效标准编

号为 ASTM D1941—1991（2013）。

该标准规定了用巴歇尔槽测量明渠内水或废水体积流量的测量方法。相关要求参照 ISO 1438 和 ISO 4359 标准制定。因为巴歇尔槽对中等固体物质输送有一定的自清洁作用，故适合于废水和携带沉淀物流体的流量测量。

3. ASTM D3858 标准

该标准名称为"Standard Test Method for Open-Channel Flow Measurement of Water by Velocity-Area Method"（用速度—面积法测量明渠水流量的标准试验方法），当前有效标准编号为 ASTM D3858—1995（2014）。

该标准规定了用速度—面积法测量明渠内水的体积流量的方法，即通过测定流速和横截面面积，从而计算出体积流量。该标准采用流速计来测量流体流速，通过现场试验获取水位—流量关系，从而可计算得出流量值。该标准不适用于水轮机效率试验用流量测量。

4. ASTM D4409 标准

该标准名称为"Standard Test Method for Velocity Measurements of Water in Open Channels with Rotating Element Current Meters"（用旋转式流速计测量明渠水流速的标准试验方法），当前有效标准编号为 ASTM D4409—1995（2014）。

该标准规定了用于测量明渠内水流速的杯式或叶片式立轴流速计和螺旋桨式水平轴流速计的设计和使用要求，适用于在明渠上使用的流速计，不适用于海洋使用流速计。该标准主要用于测量流量的某一部分或某一束的流速计，即通常用于测量明渠横截面上某一点流速的流速计。

5. ASTM D5089 标准

该标准名称为"Standard Test Method for Velocity Measurements of Water in Open Channels with Electromagnetic Current Meters"（用电磁流速计测量明渠水流速的标准试验方法），当前有效标准编号为 ASTM D5089—1995（2014）。

该标准规定了用于测量明渠内水流速的单轴或双轴电磁流速计的使用要求。该方法特别适用于测量明渠内某一点的流速，并利用速度—面积法测定水的流量。

6. ASTM D5129 标准

该标准名称为"Standard Test Method for Open Channel Flow Measurement of Water Indirectly by Using Width Contractions"（用宽度收缩法间接测量明渠水流量的标准试验方法），当前有效标准编号为 ASTM D5129—1995（2014）。

该标准规定了采用引起宽度收缩的桥（bridge）作为测量装置来计算明渠内水的体积流量的方法。该方法主要适用于不能用流速计获得流速和不能用测深锤测量横截面的条件下间接测量流量，可用于测量如洪水等大流量，所计算得出的流量可用于定义水位—流量关系的高水位段。

7. ASTM D5130 标准

该标准名称为"Standard Test Method for Open-Channel Flow Measurement of Water Indirectly by Slope-Area Method"（用比降面积法间接测量明渠水流量的标准试验方法），当前有效标准编号为 ASTM D5130—1995（2014）。

该标准规定了用比降面积法计算明渠或河流水的体积流量的计算方法，即将代表性的横截面参数、水表面坡度和明渠粗糙系数作为渐变流计算输入量，从而计算得出流量值。该方法特别适合于不能直接用流速计获得流速和不能直接用测深锤测量横截面条件下的流量间接测量。该方法可用于测量如洪水等大流量，所计算得出的流量也可用于定义水位—流量关系的高水位段。

8. ASTM D5242 标准

该标准名称为“Standard Test Method for Open-Channel Flow Measurement of Water with Thin-Plate Weirs”（用薄壁堰测量明渠水流量的标准试验方法），当前有效标准编号为 ASTM D5242—1992（2013）。

该标准规定了采用薄壁堰测量明渠内水或废水体积流量的方法。薄壁堰是一种可实现高准确度流量测量的、较为可靠和简单的装置，尤其适合于对压损要求不是很高，测量水或不含大量固体物的废水流量的场合。该标准所推荐要求是基于 0.008ft^3/s（0.00023m^3/s）到约 50ft^3/s（1.4 m^3/s）的流量试验结果。

9. ASTM D5243 标准

该标准名称为“Standard Test Method for Open-Channel Flow Measurement of Water Indirectly at Culverts”（用涵道间接测量明渠水流量的标准试验方法），当前有效标准编号为 ASTM D5243—1992（2013）。

该标准规定了采用涵道作为测量装置，计算明渠或河流水体积流量的方法，适用于具有有限角度的喇叭形进口涵道，不适用于跌落式进水口的涵道。该标准参照了 ISO 748 和 ISO 1070。

10. ASTM D5388 标准

该标准名称为“Standard Test Method for Indirect Measurements of Discharge by Step-Backwater Method”（用步推回水法间接测量水流量的标准试验方法），当前有效标准编号为 ASTM D5388—1993（2013）。

该标准规定了用步推回水法计算明渠或河流水的体积流量的计算方法，即将代表性的横截面参数、上游最大横截面的水面高度和明渠粗糙系数作为渐变流计算输入量，从而计算得出流量值。该方法特别适合于不能直接用流速计获得流速和不能直接用测深锤测量横截面条件下的流量间接测量。该方法可用于测量如洪水等大流量，所计算得出的流量也可用于定义水位—流量关系。

11. ASTM D5389 标准

该标准名称为“Standard Test Method for Open-Channel Flow Measurement by Acoustic Velocity Meter Systems”（用声速计系统测量明渠流量的标准试验方法），当前有效标准编号为 ASTM D5389—1993（2013）。

该标准规定了明渠、河流、具有自由水面的封闭管道内水流量的测量方法，即通过采用时差或频差技术，利用声音传播来测量沿着一对或多对换能器之间线路的平均水的流速，从而测量水流量的方法。该方法主要用于下列场合：要求流速测量高准确度的场合，或需长时间周期的连续流量测量场合，或由于明渠内的低流速、多变的水位—流量关系、复杂的水位—流量关系或存在水运等原因，不能采用其他流量测量方法的场合。该方法具有无活动部件、不会带来附加压力损失、可提供瞬时读数（每秒 1～100 次读数）等优点。

12. ASTM D5390 标准

该标准名称为“Standard Test Method for Open-Channel Flow Measurement of Water with Palmer-Bowlus Flumes”（用帕尔默-鲍鲁斯槽测量明渠水流量的标准试验方法），当前有效标准编号为 ASTM D5390—1993（2013）。

该标准规定了采用帕尔默-鲍鲁斯槽来测量污水管道和其他明渠内水或废水体积流量的方法。尽管帕尔默-鲍鲁斯槽可用于大多数类型的明渠，但是它特别适合于永久或临时安装在圆形污水管内，较为常见的是用于0.1～1.8m直径污水管的帕尔默-鲍鲁斯槽。设计及运行正确的帕尔默-鲍鲁斯槽能实现流量的精确测量，且只会带来相当小的附加压力损失，并具有较好的悬浮质和沉积物通过特性。

13. ASTM D5413 标准

该标准名称为“Standard Test Methods for Measurement of Water Levels in Open-Water Bodies”（开阔水体的水位测量标准试验方法），当前有效标准编号为 ASTM D5413—1993（2013）。

该标准规定了用于江河湖泊等开阔水体水位测量的设备和规范要求。标准中包括三类设备：试验方法 A——非记录水位测量装置；试验方法 B——记录水位测量装置；试验方法 C——远方查询水位测量装置。

14. ASTM D5541 标准

该标准名称为“Standard Practice for Developing a Stage-Discharge Relation for Open Channel Flow”（建立明渠水位—流量关系的规程），当前有效标准编号为 ASTM D5541—1994（2014）。

该标准规定了建立水位与流量关系曲线的方法。ASTM D3858、D5129、D5130、D5243、D5388 和 D5413 标准已规定了测量流量和水位的要求，该标准利用上述各个标准所测定的流量和水位来建立水位与流量关系曲线，即水位—流量关系或流量曲线。该标准仅适用于具有稳定的水位和流量关系的明渠流量工况场合。标准中所规定的规范仅适用于简单自由流动的明渠流量，不适用于采用多水位输入的具有极低坡度的明渠等复杂水利工况或潮汐工况等。

15. ASTM D5613 标准

该标准名称为“Standard Test Method for Open-Channel Measurement of Time of Travel Using Dye Tracers”（用染色示踪物测量运动时间的标准试验方法），当前有效标准编号为 ASTM D5613—1994（2014）。

该标准规定了通过采用染色示踪物和示踪技术来测量水和水溶性溶解物的运动时间的要求。标准中包括染色示踪物、所用测量设备、现场测量规范、试验室测量规范等内容。

16. ASTM D5614 标准

该标准名称为“Standard Test Method for Open Channel Flow Measurement of Water with Broad-Crested Weirs”（用宽顶堰测量明渠水流量的标准试验方法），当前有效标准编号为 ASTM D5614—1994（2014）。

该标准规定了采用两类水平宽顶堰测量明渠内水的体积流量的方法，一类具有直角（锐角）上游角，另一类具有流线型的上游角。宽顶堰能实现大量程流量的精确测量，其简单和坚固的结构使其尤其适合于现场条件下的大流量测量。由于宽顶堰需垂直侧墙，因此宽顶堰特别适合于矩形人工渠或能在宽顶堰附近易于补加垂直侧墙的自然渠或人工渠。

17. ASTM D5640 标准

该标准名称为“Standard Guide for Selection of Weirs and Flumes for Open-Channel Flow Measurement of Water”(用于明渠水流量测量的堰和槽选择指南),当前有效标准编号为 ASTM D5640—1995(2014)。

该标准给出了在各种现场条件下,用于测量明渠内水和废水体积流量的堰和槽选择指南。该指南侧重于 ASTM 标准所规定的堰和槽,如薄壁堰、宽顶堰、巴歇尔槽、帕尔默-鲍鲁斯槽和其他长喉槽。该标准旨在帮助用户从水力、结构、经济等方面综合考虑选择恰当的堰或槽。当然,并不是所有的明渠流量工况都适合采用堰或槽来进行测量,特别是对于大型河流等特殊场合,宜采用其他更适合的方法来测量流量。

18. ASTM E2029 标准

该标准名称为“Standard Test Method for Volumetric and Mass Flow Rate Measurement in a Duct Using Tracer Gas Dilution”(用示踪气体稀释法测量管道内气体体积流量和质量流量的标准试验方法),当前有效标准编号为 ASTM E2029—2011。

该标准规定了采用示踪气体稀释技术测量管槽、烟囱、管道、矿井隧道或烟道内气体体积流量和质量流量的技术要求。该标准适用于被测气体和示踪气体均可视为理想气体的测量场合。标准中所规定的方法是一种现场测量方法,可用于处于不规则和不均匀流场条件下的烟风道气体质量流量和体积流量的测量。该测量方法尤其适用于由于极低的平均流速或在测量点缺乏足够的上、下游直管段而导致常规皮托管或热式风速计难以采用或不适合采用的场合。

该标准所规定的方法在不需要测定气体组分、温度和水汽含量条件下,即可直接测量出标准条件下的体积流量。

该方法基于质量守恒定律,不需工程假定。测量方法与流动工况(如偏转、涡流、反向等)无关,不需流动校正,也不需要测量烟风道等的面积,适用于测量 HVAC(采暖通风空调)风道、烟道、烟囱和矿井隧道的质量和体积流量,也适用于污染控制装置的模型研究之用。

五、ISA 标准

ISA 于 1945 年成立于美国的匹兹堡,成立之初名称为 ISA——the Instrument Society of America(美国仪表学会),2000 年秋天改名为 ISA——the Instrumentation, Systems, and Automation Society(仪表、系统和自动化学会),2008 年 10 月最后改名为现在的名称 ISA——the International Society of Automation(国际自动化学会)。ISA 是国际上著名的仪表与自动化学术团体之一。

截至 2017 年初,ISA 所发布的与流量测量仪表相关的标准主要有:

1. ISA-RP31.1 标准

该标准名称为“Specification, Installation, and Calibration of Turbine Flowmeters”(涡轮流量计的规范、安装和校验),当前有效标准编号为 ISA-RP31.1—1977。

该标准规定了涡轮流量计最低所需的订货信息;推荐了验收和质量试验方法,包括校验技术;统一了名词术语和制图符号;推荐了带电气输出的体积涡轮流量计的安装技术要求。标准中包含图例符号、规范、单体验收试验和校验、质量试验规范、数据显示、安装、信号调制和系统考虑等章节内容。

2. ISA-TR20.00.01 标准

该标准名称为“Specification Forms for Process Measurement and Control Instruments Part 1：General Considerations”（过程测量和控制仪表规格表　第 1 部分：总要求），当前有效标准编号为 ISA-TR20.00.01—2007。

该标准规定了过程测量和控制仪表的规格表（包括 82 个规格表），以助于过程测量和控制仪表的设计、采购和制造。该标准未考虑如共享控制和共享显示设备所需的功能性或性能规格等系统性规格。

该标准中涵盖的流量类装置有弯管流量计、带或不带仪表管的流量喷嘴、流量孔板、带或不带仪表管的流量孔板集成件、多变量流量变送器、叶片式流量开关或流量计、带或不带插入部件的皮托管、锲式流量元件、V 锥流量元件、带或不带仪表管的文丘里或流量管、带或不带累积流量指示仪的电磁流量计、带或不带开关的超声流量计、带或不带开关的热式质量流量计、热式质量流量开关、带或不带累积流量指示仪的涡街或旋涡流量计、声流量计、直读式容积流量计、带变送器或附件的容积式流量计、带或不带累积流量指示仪的科里奥利质量流量计、流量目视指示器等。

3. ISA-20.00.03 标准

该标准名称为“Specification Forms for Process Measurement and Control Instruments Part 3：Form Requirements and Development Guidelines”（过程测量和控制仪表规格表　第 3 部分：表格要求和扩展指南），当前有效标准编号为 ISA-20.00.03—2001。

该标准规定了 ISA 所发布的仪表规格表的相关要求，旨在帮助相关组织自己开发所用的等同规格表。该标准的规定有助于高效生成与 ISA 规格表相一致的、兼容的规格表。

六、OIML 标准

OIML（the International Organization of Legal Metrology，国际法制计量组织）成立于 1955 年，总秘书处设在法国巴黎，是处理包括衡器在内的法制计量器具和法制计量学的一般问题和基本问题的国际组织。OIML 旨在制定供各国法制计量组织和工业所用的示范规章、标准和相关文件。其中与流体流量测量有关的标准规范主要是由其 TC8——Measurement of quantities of fluids（流体量的测量）技术委员会制定的。

截至 2017 年初，OIML 所发布的与流量测量相关的标准见表 10-3。

表 10-3　OIML 与流体流量相关的标准清单

序号	有效标准编号	标准名称
1	OIML D25：2010	Vortex meters used in measuring systems for fluids
2	OIML D26：2010	Glass delivery measures-Automatic pipettes
3	OIML G14：2011	Density measurement
4	OIML R34：1979	Accuracy classes of measuring instruments
5	OIML R40：1981	Standard graduated pipettes for verification officers
6	OIML R41：1981	Standard burettes for verification officers
7	OIML R43：1981	Standard graduated glass flasks for verification officers
8	OIML R49：2013	Water meters for cold potable water and hot water
9	OIML R50：2014	Continuous totalizing automatic weighing instruments (belt weighers)

续表

序号	有效标准编号	标准名称
10	OIML R51：2006	Automatic catchweighing instruments
11	OIML R63：1994	Petroleum measurement tables
12	OIML R107：2007	Discontinuous totalizing automatic weighing instruments (totalizing hopper weighers)
13	OIML R117：2007	Dynamic measuring systems for liquids other than water
14	OIML R119：1996	Pipe provers for testing of measuring systems for liquids other than water
15	OIML R120：2010	Standard capacity measures for testing measuring systems for liquids other than water
16	OIML R134：2006	Automatic instruments for weighing road vehicles in motion and measuring axle loads
17	OIML R137：2012	Gas meters
18	OIML R138：2007	Vessels for commercial transactions
19	OIML R138 - Amend：2009	Vessels for commercial transactions (Amendment 2009)
20	OIML R139：2014	Compressed gaseous fuel measuring systems for vehicles
21	OIML R140：2007	Measuring systems for gaseous fuel

以上标准主要是有关流量计量的标准。可供参考的主要是 OIML D25 标准，即“Vortex meters used in measuring systems for fluids”（流体测量系统用涡街流量计）。该标准规定了流体测量系统用涡街流量计的通用计量特性和性能，满足实际达到的性能所需的安装和测试条件等。该标准包括计量特性、涡街流量计计量性能评价、安装条件、应用说明等章节。

第五节　国　家　标　准

一、标准化管理及标准分类

在我国，由国务院标准化行政主管部门负责全国标准化的综合管理，并按五个大的应用领域实行按领域的分工管理，具体分工如下：

（1）工、农业产品标准化：由国务院标准化行政主管部门直接负责。

（2）工程建设标准化：由国务院建设行政主管部门分工负责。

（3）环境保护标准化：由国务院环境保护行政主管部门分工负责。

（4）医药、食品卫生标准化：由国务院卫生行政主管部门分工负责。

（5）军工标准化：由中央军委的标准化主管部门统一负责。

在工业界，标准按适用领域通常可分为工程建设类标准和非工程建设类标准（俗称产品类标准）两大类别。

工程建设类标准是指对工程建设领域内各类建设工程的勘察、规划、设计、施工、验收、运行、管理、维护、加固、拆除等活动和结果需要协调统一的事项所制定的共同的、重复使用的，并由公认机构审查批准的技术依据和准则。通常标准顺序号大于 50000 的国家标准就属于工程建设国家标准。工程建设类国家标准由国务院建设行政主管部门（当前为住房和城乡建设部）负责制定、批准和归口管理，并与国家质量监督检验检疫总局联合发布。

非工程建设类标准按ISO、IEC惯例，又可细分为产品类标准、过程类标准和服务类标准等，包括基础、产品、方法、卫生、管理、安全、环保等标准。该类标准由国家标准化管理委员会受国家质量监督检验检疫总局（国务院标准化行政主管部门）委托进行归口管理。国家标准化管理委员会是国务院授权的履行行政管理职能，统一管理全国标准化工作的主管机构，并代表国家参加国际标准化组织（ISO）、国际电工委员会（IEC）和其他国际或区域性标准化组织。

二、与流量测量相关的国家标准

与流量测量相关的现行主要国家标准（截至2017年初）介绍如下，其中等同采用ISO、IEC等国际标准的国家标准的介绍参见本章第二节和第三节。

1. GB/T 778.1标准

该标准名称为《封闭满管道中水流量的测量　饮用冷水水表和热水水表　第1部分：规范》，标准编号为GB/T 778.1—2007，等同采用ISO 4064-1：2005标准。

2. GB/T 778.2标准

该标准名称为《封闭满管道中水流量的测量　饮用冷水水表和热水水表　第2部分：安装要求》，标准编号为GB/T 778.2—2007，等同采用ISO 4064-2：2005标准。

3. GB/T 778.3标准

该标准名称为《封闭满管道中水流量的测量　饮用冷水水表和热水水表　第3部分：试验方法和试验设备》，标准编号为GB/T 778.3—2007，等同采用ISO 4064-3：2005标准。

4. GB/T 2624.1标准

该标准名称为《用安装在圆形截面管道中的差压装置测量满管流体流量　第1部分：一般原理和要求》，标准编号为GB/T 2624.1—2006，等同采用ISO 5167-1：2003标准。

5. GB/T 2624.2标准

该标准名称为《用安装在圆形截面管道中的差压装置测量满管流体流量　第2部分：孔板》，标准编号为GB/T 2624.2—2006，等同采用ISO 5167-2：2003标准。

6. GB/T 2624.3标准

该标准名称为《用安装在圆形截面管道中的差压装置测量满管流体流量　第3部分：喷嘴和文丘里喷嘴》，标准编号为GB/T 2624.3—2006，等同采用ISO 5167-3：2003标准。

7. GB/T 2624.4标准

该标准名称为《用安装在圆形截面管道中的差压装置测量满管流体流量　第4部分：文丘里管》，标准编号为GB/T 2624.4—2006，等同采用ISO 5167-4：2003标准。

8. GB/T 3214标准

该标准名称为《水泵流量的测定方法》，标准编号为GB/T 3214—2007。

该标准规定了水泵流量的测量方法，适用于回转动力泵流量的测定，其他泵也可参照使用。该标准包括术语和定义，符号和单位，孔板、喷嘴和文丘里喷嘴，水堰，容器，涡轮流量计，电磁流量计等章节。

9. GB/T 6968标准

该标准名称为《膜式燃气表》，标准编号为GB/T 6968—2011，修改采用欧洲标准EN

1359：1998（包括 A1：2006）。

该标准规定了最大工作压力不超过 50kPa、最大流量不超过 160m³/h、适应最小工作环境温度范围为－10～＋40℃、适应工作介质温度变化范围不小于 40K、双管或单管接头的 1.5 级膜式燃气表的结构、性能、安全等方面的技术要求及试验方法，适用于安装在有或无轻微震动、冲击、冷凝水及电磁干扰的封闭场所（室内或有防护措施的室外）或露天场所（无任何防护措施的室外）的燃气表（包括安装电子辅助装置、内置机械式气体温度转换装置的燃气表）。

10. GB/T 9109.1 标准

该标准名称为《石油和液体石油产品动态计量　第 1 部分：一般原则》，标准编号为 GB/T 9109.1—2016。该标准于 2016 年 12 月发布，2017 年 7 月 1 日开始实施。

该标准规定了石油和液体石油产品动态交接计量站计量系统的建设、运行和维护方面的基本要求。适用于商品石油和液体石油产品动态交接计量站计量系统。

11. GB/T 9109.2 标准

该标准名称为《石油和液体石油产品动态计量　第 2 部分：流量计安装技术要求》，标准编号为 GB/T 9109.2—2014。

该标准规定了石油和液体石油产品动态计量流量计计量系统的设计和安装技术要求，包括一般要求、流量计及辅助设备在内的系统设计、安装、试运行等内容，适用于商品石油和液体石油产品流量计计量系统的设计和安装。

12. GB/T 9109.3 标准

该标准名称为《石油和液体石油产品动态计量　第 3 部分：体积管安装技术要求》，标准编号为 GB/T 9109.3—2014。

该标准规定了石油和液体石油产品动态计量体积管系统的设计、安装、施工和验收技术要求，包括一般要求、体积管选择、体积管系统设计、水驱法检定系统设计、辅助系统设计、安装、试运行等内容，适用于以石油和液体石油产品为工作介质的在线固定安装的体积管。

13. GB/T 9109.5 标准

该标准名称为《石油和液体石油产品油量计算　动态计量》，标准编号为 GB/T 9109.5—2009，2014 年 12 月复审确认继续有效。非等效采用 ISO 4267-2：1988。

该标准规定了石油和液体石油产品动态计量的油量计算方法，定义并解释了油品动态计量油量计算中使用的术语及符号，规定了配备不同计量器具油品在空气中的重量或在标准参比条件下体积的油量计算公式，并给出了油量计算所涉及的相关计量参数和修正系数及其相应的公式和数表。

该标准仅适用于单相油品的动态计量。所规定的动态油量计算方法，不包括液化石油气和稳定轻烃的油量计算。

14. GB/T 9248 标准

该标准名称为《不可压缩流体流量计性能评定方法》，标准编号为 GB/T 9248—2008。

该标准规定了不可压缩流体流量计的性能评定方法和流量计性能测试结果的表示方法，适用于封闭管道中测量单相不可压缩流体的流量计。特殊工作条件下使用的流量计，除要符合该标准规定的要求外，还应符合其他有关标准规定的要求。标准所规定的某些试验项目或要求可能不适用于某些形式的流量计，而某些形式的流量计又可能需要增加其他的试验项目或要求，因此试验项目可根据流量计不同的品种、形式、结构原理等按有关产品标准规定进行增删。标准中包括术语和定义、基本性能试验、影响量试验、其他试验、评定报告等内容。

15. GB/T 11826 标准

该标准名称为《转子式流速仪》，标准编号为 GB/T 11826—2002。2004 年 10 月复审确认继续有效。

该标准规定了转子式流速仪的组成结构、技术要求、检定、试验方法、检验规则和标志、包装、运输、储存等，适用于江河、湖泊、水库、渠道、管道、水力实验室等流速测验用的转子式流速仪。

16. GB/T 11826.2 标准

该标准名称为《流速流量仪器　第 2 部分：声学流速仪》，标准编号为 GB/T 11826.2—2012。

该标准规定了超声波声脉冲传播时差法测速的声学流速仪的产品分类、要求、试验方法、检测规则及标志、使用说明书、包装、运输、储存等，适用于明渠中进行流速测量的超声波声脉冲传播时差法的声学流速仪，不适用多普勒频移技术的声学流速仪。

17. GB/T 14048.21 标准

该标准名称为《低压开关设备和控制设备　第 5～9 部分：控制电路电器和开关元件　流量开关》，标准编号为 GB/T 14048.21—2013，等同采用 IEC 60947-5—9：2006。

该标准规定了流量开关的定义，分类，特性，产品资料，正常使用、安装和运输条件，结构和性能要求，额定性能验证试验等，适用于用于检测气体、液体或粒状固体流速的流量开关。

18. GB/T 15487 标准

该标准名称为《容积式压缩机流量测量方法》，标准编号为 GB/T 15487—2015。

该标准规定了容积式压缩机流量的测量装置和测量方法，适用于压缩机流量的测量。输气管内流量的测量也可参照使用。该标准不适用于管道内流量不稳定、气体有相变、气体中有固体或液体等物质析出以及节流件上游气体是声速或超声速等情况下流量的测量。

19. GB/T 17286.1 标准

该标准名称为《液态烃动态测量　体积计量流量计检定系统　第 1 部分：一般原则》，标准编号为 GB/T 17286.1—2016，等同采用 ISO 7278-1：1987 标准。2017 年 7 月 1 日实施。

该标准适用于液态烃动态测量，提出了体积计量流量计检定系统的一般原则，包括计量标准器的类型、一般条件、标准量器、在线体积管、中心检定站、标准流量计等内容。

20. GB/T 17286.2 标准

该标准名称为《液态烃动态测量　体积计量流量计检定系统　第 2 部分：体积管》，标准编号为 GB/T 17286.2—2016，等同采用 ISO 7278-2：1988 标准。2017 年 7 月 1 日实施。

该标准为体积管设计、安装和检定提供技术指导。当体积管检定运行时，可使用该标准提供的方法。该标准主要适用于不同液体、不同类型的流量计及使用不同方法检定的体积管，不适用于小容积体积管。该标准包括系统说明、基本性能要求、设备、体积管的设计、安装、检定等内容。

21. GB/T 17286.3 标准

该标准名称为《液态烃动态测量　体积计量流量计检定系统　第3部分：脉冲插入技术》，标准编号为GB/T 17286.3—2010，等同采用ISO 7278-3：1998标准。

该标准给出了在常规体积管或小容积体积管检定涡轮或容积式流量计的系统中，为提高流量计的分辨力，应用脉冲插入技术时应遵守的使用方法和条件。在检定其他形式的流量计时，也可参照该标准提供的方法。在标准中介绍了三种最常用的脉冲插入技术及它们的使用条件，还叙述了检验脉冲插入系统运行状态所使用的设备和校验方法，也叙述了测量流量计脉冲间隔不规则性的一些方法。

22. GB/T 17286.4 标准

该标准名称为《液态烃动态测量　体积计量流量计检定系统　第4部分：体积管操作人员指南》，标准编号为GB/T 17286.4—2006，等同采用ISO 7278-4：1999标准。

该标准提供了用体积管检定涡轮流量计和容积式流量计的操作指南，适用于GB/T 17286.2中所规定的被称为常规体积管的各类体积管和被称为小容积体积管的其他类型体积管。该标准不涉及不同生产厂家制造的结构类似体积管之间的具体差异，包括原理、流量计和体积管、安全要求、操作体积管等内容。

23. GB/T 17288 标准

该标准名称为《液态烃体积测量　容积式流量计计量系统》，标准编号为GB/T 17288—2009，等同采用ISO 2714：1980标准。2014年12月复审确认继续有效。

该标准规定了容积式流量计计量系统选型、安装、操作和维修的一般原则，适用于容积式流量计对液态烃的流量测量，但不适用于两相液体的测量。

24. GB/T 17289 标准

该标准名称为《液态烃体积测量　涡轮流量计计量系统》，标准编号为GB/T 17289—2009，等同采用ISO 2715：1981标准。2014年12月复审确认继续有效。

该标准根据涡轮流量计的特性和被测液体的性质，规定了涡轮流量计计量系统的选择、安装、操作和维修的一般规则。该标准适用于石油工业中，在不同场合下，采用各种涡轮流量计，对不同性质的液态烃进行流量测量，不适用于两相流体的测量。

25. GB/T 17611 标准

该标准名称为《封闭管道中流体流量的测量　术语和符号》，标准编号为GB/T 17611—1998，等同采用ISO 4006：1991标准。2012年4月16日复审确认继续有效。

26. GB/T 17612 标准

该标准名称为《封闭管道中液体流量的测量　称重法》，标准编号为GB/T 17612—1998，等同采用ISO 4185：1980标准。2012年4月16日复审确认继续有效。

27. GB/T 17613.1 标准

该标准名称为《用称重法测量封闭管道中的液体流量　装置的检验程序　第1部分：静态称重系统》，标准编号为GB/T 17613.1—1998，等同采用ISO 9368-1：1990标准。2012年4月16日复审确认继续有效。

28. GB/T 17614.1 标准

该标准名称为《工业过程控制系统用变送器　第1部分：性能评定方法》，标准编号为

GB/T 17614.1—2015，等同采用 IEC 60770-1：2010 标准。

29. GB/T 17614.2 标准

该标准名称为《工业过程控制系统用变送器　第 2 部分：检查和例行试验方法》，标准编号为 GB/T 17614.2—2015，等同采用 IEC 60770-2：2010 标准。

30. GB/T 17805 标准

该标准名称为《柴油机进、排气流量的测量》，标准编号为 GB/T 17805—1999，等同采用 SAE J244：1992 标准。2010 年 7 月 28 日复审确认继续有效。

该标准规定了在稳态试验工况下测量柴油机进气流量的推荐方法。所推荐的测量方法仅限于工业上通常使用的计量系统和相关设备，特别是喷嘴、层流装置和涡街流量计。标准规定了精确度指标，并且阐明了设备的正确使用方法。

31. GB/T 18604 标准

该标准名称为《用气体超声流量计测量天然气流量》，标准编号为 GB/T 18604—2014，非等效采用国际标准 AGA 第 9 号报告（2007 年版）。

该标准规定了气体超声流量计的测量性能要求、流量计本体要求、安装和维护、现场验证测试要求、流量计算方法及测量不确定度估算等。内容包括术语和定义、测量原理、工作条件、测量性能要求、流量计要求、安装要求及维护、现场验证测试要求、流量计算方法及测量不确定度估算等章节。该标准适用于插入式传播时间差法气体超声流量计，一般用于集输装置、输气管线、储存设施、配气系统和用户计量系统中的天然气流量测量。

32. GB/T 18659 标准

该标准名称为《封闭管道中导电液体流量的测量　电磁流量计的性能评定方法》，标准编号为 GB/T 18659—2002，等同采用 ISO 9104：1991 标准。2012 年 10 月 9 日复审确认继续有效。

33. GB/T 18660 标准

该标准名称为《封闭管道中导电液体流量的测量　电磁流量计的使用方法》，标准编号为 GB/T 18660—2002，等同采用 ISO 6817：1992 标准。2012 年 10 月 9 日复审确认继续有效。

34. GB/T 18940 标准

该标准名称为《封闭管道中气体流量的测量　涡轮流量计》，标准编号为 GB/T 18940—2003，等同采用 ISO 9951：1993 标准。2013 年 12 月 24 日复审确认继续有效。

35. GB/T 20727 标准

该标准名称为《封闭管道中流体流量的测量　热式质量流量计》，标准编号为 GB/T 20727—2006，等同采用 ISO 14511：2001 标准。

36. GB/T 20728 标准

该标准名称为《封闭管道中流体流量的测量　科里奥利流量计的选型、安装和使用指南》，标准编号为 GB/T 20728—2006，等同采用 ISO 10790：1999 标准。

37. GB/T 20729 标准

该标准名称为《封闭管道中导电液体流量的测量　法兰安装电磁流量计　总长度》，标准编号为 GB/T 20729—2006，等同采用 ISO 13359：1998 标准。

38. GB/T 21188 标准

该标准名称为《用临界流文丘里喷嘴测量气体流量》，标准编号为 GB/T 21188—2007，等同采用 ISO 9300：2005 标准。

39. GB/T 21391 标准

该标准名称为《用气体涡轮流量计测量天然气流量》，标准编号为 GB/T 21391—2008。该标准参考了欧洲标准 EN 12261：2002《气体流量计　气体涡轮流量计》、AGA 第 7 号报告《采用涡轮流量计测量天然气流量》和 ISO 9951：1993《封闭管道中气体流量的测量　涡轮流量计》等标准。

该标准规定了用于天然气流量测量的气体涡轮流量计的测量条件、要求、性能、安装、实流校准和现场检查。该标准包含术语、定义和符号，测量原理，计量性能，流量计要求，安装要求、使用及维护，流量计算方法及测量不确定度估算等内容。

40. GB/T 21446 标准

该标准名称为《用标准孔板流量计测量天然气流量》，标准编号为 GB/T 21446—2008。该标准参考了 ISO 5167、ANSI/API 2530/AGA 第 3 号报告等标准。

该标准规定了标准孔板的结构形式、技术要求，节流装置的取压方式、使用方法、安装和操作条件、检验要求，天然气在标准参比条件下体积流量和能量流量、质量流量及测量不确定度的计算方法，同时还给出了计算流量及其有关不确定度等方面的必需资料。

该标准适用于取压方式为法兰取压和角接取压的节流装置，用标准孔板对气田或油田采出的以甲烷为主要成分的混合气体的流量测量，不适用于孔板开孔直径小于 12.5mm，测量管内径小于 50mm 和大于 1000mm，直径比小于 0.1 和大于 0.75，管径雷诺数小于 5000 的场合。

41. GB/T 22133 标准

该标准名称为《流体流量测量　流量计性能表述方法》，标准编号为 GB/T 22133—2008，等同采用 ISO 11631：1998 标准。

42. GB/T 25753.2 标准

该标准名称为《真空技术　罗茨真空泵性能测量方法　第 2 部分：零流量压缩比的测量》，标准编号为 GB/T 25753.2—2010。

该标准规定了罗茨真空泵零流量压缩比的测量方法，适用于抽速为 30～20000L/s 的罗茨真空泵。

43. GB/T 25918 标准

该标准名称为《便携式水表校验仪》，标准编号为 GB/T 25918—2010。

该标准规定了便携式水表校验仪的术语和定义、一般要求、计量要求、技术要求、试验方法、试验规则及标志、包装、运输和储存，适用于采用标准表法的最大流量小于 $16m^3/h$ 的便携式水表校验仪。

44. GB/T 25920 标准

该标准名称为《饮用冷水水表塑料表壳及承压件　技术规范》，标准编号为 GB/T 25920—2010。

该标准规定了饮用冷水水表塑料表壳及承压件的术语和定义、技术要求、试验方法和塑料制品回收标志、包装、运输和储存要求，适用于水表口径 DN≤40mm、温度等级不大于

T50、螺纹连接的饮用冷水水表塑料表壳及承压件。

45. GB/T 25922 标准

该标准名称为《封闭管道中流体流量的测量　用安装在充满流体的圆形截面管道中的涡街流量计测量流量的方法》，标准编号为 GB/T 25922—2010，等同采用 ISO/TR 12764：1997 标准。

46. GB/T 26334 标准

该标准名称为《膜式燃气表安装配件》，标准编号为 GB/T 26334—2010。

该标准规定了膜式燃气表安装配件的技术要求、试验方法、检验规则、标志、包装、运输和储存，适用于燃气种类为人工燃气、天然气、液化石油气、最大工作压力为 0.1MPa 的安装配件的设计、制造和验收。

47. GB/T 26794 标准

该标准名称为《膜式燃气表用计数器》，标准编号为 GB/T 26794—2011。

该标准规定了膜式燃气表用计数器的术语和定义、设计与结构、技术要求、试验方法、检验规则、标志、包装、运输和储存，适用于燃气种类为人工燃气、天然气、液化石油气的膜式燃气表用数轮计数型的机械计数器。

48. GB/T 26795 标准

该标准名称为《数控定量水表》，标准编号为 GB/T 26795—2011。

该标准规定了数控定量水表的术语和定义、一般要求、技术要求、试验方法、检验规则、标志、包装、运输和储存的要求，适用于定量控制用水场所，口径为 15～40mm、工作压力等级为 MAP10、水温度等级为 T50 的数控定量水表。

49. GB/T 26801 标准

该标准名称为《封闭管道中流体流量的测量　一次装置和二次装置之间压力信号传送的连接法》，标准编号为 GB/T 26801—2011，等同采用 ISO 2186：2007 标准。

50. GB/T 27759 标准

该标准名称为《流体流量测量　不确定度评定程序》，标准编号为 GB/T 27759—2011，等同采用 ISO 5168：2005 标准。

51. GB/T 28474.1 标准

该标准名称为《工业过程测量和控制系统用压力/差压变送器　第 1 部分：通用技术条件》，标准编号为 GB/T 28474.1—2012。

该标准规定了工业过程测量和控制系统用压力/差压变送器的通用技术条件，包括术语和定义、分类、要求、标志、使用说明书、包装及储存，不适用于气动变送器。

52. GB/T 28474.2 标准

该标准名称为《工业过程测量和控制系统用压力/差压变送器　第 2 部分：性能评定方法》，标准编号为 GB/T 28474.2—2012。

该标准规定了工业过程测量和控制系统用压力/差压变送器的性能评定方法和检验规则，不适用于气动变送器。

53. GB/T 28848 标准

该标准名称为《智能气体流量计》，标准编号为 GB/T 28848—2012。

该标准规定了智能气体流量计的术语、符号、结构、要求、试验设备、试验方法、检验规则、标志、包装、运输及储存，适用于测量封闭管道中的气体流量并具有电子修正装置的流量计，不适用于流量计预付费控制装置。

54. GB/T 29815 标准

该标准名称为《基于 HART 协议的电磁流量计通用技术条件》，标准编号为 GB/T 29815—2013。

该标准规定了电磁流量计应用 HART 协议的术语和定义、要求（包括工作条件、HART 通信协议及测试、电磁兼容性和防爆性能等）和试验方法，适用于应用 HART 协议的电磁流量计。

55. GB/T 29817 标准

该标准名称为《基于 HART 协议的压力/差压变送器通用技术条件》，标准编号为 GB/T 29817—2013。

该标准规定了基于 HART 协议的压力/差压变送器有关 HART 通信的术语和定义、分类、要求和试验方法，适用于基于 HART 协议的压力/差压变送器。

56. GB/T 29818 标准

该标准名称为《基于 HART 协议的质量流量计通用技术条件》，标准编号为 GB/T 29818—2013。

该标准规定了基于 HART 协议的科里奥利质量流量计的有关 HART 通信的术语和定义、分类、要求（包括工作条件、HART 通信协议、电磁兼容性和防爆性能）和试验方法。

57. GB/T 29820.1 标准

该标准名称为《流量测量装置校准和使用不确定度的评估　第 1 部分：线性校准关系》，标准编号为 GB/T 29820.1—2013，修改采用 ISO/TR 7066-1：1997 标准。

该标准描述了获得各种封闭管道或明渠流量测量方法的校准图和评估此类校准不确定度的过程，给出了利用校准图评估测量不确定度的过程，以及同一流量点多次测量平均值的不确定度的计算程序。该标准只考虑线性关系的不确定度评估。

58. GB/T 30243 标准

该标准名称为《封闭管道中流体流量的测量　V 形内锥流量测量节流装置》，标准编号为 GB/T 30243—2013。

该标准规定了安装在充满流体的圆形截面管道中测量流体流量的 V 形内锥流量测量节流装置的术语、产品分类、基本参数、测量与安装要求、技术要求、试验方法、检验规则、标志、包装及储存等。该标准附有可膨胀性系数计算，V 形锥最小上、下游直管段要求等附件。该标准适用于测量单相流的 V 形锥流量计，不适用于测量脉动流的 V 形锥流量计。

59. GB 30439.2 标准

该标准名称为《工业自动化产品安全要求　第 2 部分：压力/差压变送器的安全要求》，标准编号为 GB 30439.2—2013。

该标准规定了工业过程中使用的压力/差压变送器的机械危险、过高温、火焰从变送器内向外蔓延、流体和流体压力的影响、爆炸和内爆的安全要求，适用于依靠低于安全电压的直流电源、电池供电或气动的变送器。

60. GB 30439.5 标准

该标准名称为《工业自动化产品安全要求　第5部分：流量计的安全要求》，标准编号为 GB 30439.5—2013。

该标准规定了工业过程中使用的流量计的电击和电灼伤、机械危险、过高温、火焰从流量计内向外蔓延、流体和流体压力的影响、爆炸和内爆的安全要求，适用于具有电信号输出的流量计，不适用于承受放射性等国家有特定工作条件要求的流量计、差压流量计和超声流量计。

61. GB/T 30500 标准

该标准名称为《气体超声流量计使用中检验　声速检验法》，标准编号为 GB/T 30500—2014。

该标准规定了用声速检验法对气体超声流量计进行使用中检验的方法，包括基本原理，气体条件、气体组成测量、压力测量、温度测量、安装条件等技术要求，声速检验，测量结果处理，检验结果，检验间隔等章节，适用于以传播时间差法为原理、具备自诊断功能的插入式气体超声流量计。

62. GB/T 31130 标准

该标准名称为《科里奥利质量流量计》，标准编号为 GB/T 31130—2014。

该标准规定了科里奥利质量流量计的基本参数、产品分类、要求（包括计量性能、环境温度、恒定湿热、电源电压和频率变化、电磁兼容性能、耐压性能、压力损失、绝缘性能、防爆性能、外壳防护、冲击、平面跌落、外观等）、试验方法、检验规则及标志、包装、储运等，适用于基于科里奥利力原理的科里奥利质量流量计。

63. GB/T 32201 标准

该标准名称为《气体流量计》，标准编号为 GB/T 32201—2015。

该标准规定了气体流量计的术语和定义、计量单位、计量要求、技术要求、标记、操作说明、封印、取压孔的适用性、计量控制、型式评价、首次检定和后续检定。

该标准适用于基于任何测量技术或工作原理、用于测量工作条件下所通过的气态燃料或其他气体体积或质量的流量计，也适用于流量计的附加电子装置、内置修正装置、内置温度补偿装置及其他可能附加的装置，不适用于测量液态气体、多相气体、蒸汽的流量计和压缩天然气（CNG）加气机使用的测量压缩天然气的流量计。对于作为流量计部件或独立产品的转换装置、确定高位热值的装置以及由多个单元组成的气体流量测量系统，其相关要求见 OIML R140。

64. GB 50179 标准

该标准名称为《河流流量测验规范》，标准编号为 GB 50179—2015。

该标准统一了水文站的流量测验方法与分析计算等方面的技术要求，适用于天然河流、湖泊、水库、人工河渠、潮汐影响和建设工程附近河段的流量测验。该标准包括测验河段的选择和断面设立、断面测量、水位级划分与流量测验方式方法、流速仪法测流、流量测验成果检查和分析、流量测验成果精度评定、基本水文站精度类别划分方法、流速仪法、浮标法、流量测验表格式及填制说明、偏角改正表等内容。

此外，为方便查阅参考，表 10-4 列出了截至 2017 年初与流量测量相关的国家计量技术法规清单（包括 JJG 国家计量检定规程和 JJF 国家计量技术规范）。

表 10-4　　　　与流量测量相关的国家计量技术法规清单

序号	法规编号	法规名称	备注
1	JJF 1004—2004	流量计量名词术语及定义	代替 JJF 1004—1986
2	JJF 1240—2010	临界流文丘里喷嘴法气体流量标准装置校准规范	
3	JJF 1314—2011	气体层流流量传感器型式评价大纲	
4	JJF 1354—2012	膜式燃气表型式评价大纲	
5	JJF 1357—2012	湿式气体流量计校准规范	
6	JJF 1358—2012	非实流法校准 DN1000～DN15000 液体超声流量计校准规范	
7	JJF 1510—2015	靶式流量计型式评价大纲	
8	JJF 1522—2015	热水水表型式评价大纲	代替 JJG 686—2006 型式评价大纲部分
9	JJF 1554—2015	旋进旋涡流量计型式评价大纲	
10	JJF 1591—2016	科里奥利质量流量计型式评价大纲	代替 JJG 1038—2008 型式评价大纲部分
11	JJF 1623—2017	热式气体质量流量计型式评价大纲	
12	JJG 34—2008	指示表（指针式、数显式）检定规程	代替 JJG 34—1996
13	JJG 74—2005	工业过程测量记录仪检定规程	代替 JJG 74—1992，JJG 706—1990
14	JJG 162—2009	冷水水表检定规程	代替 JJG 162—2007
15	JJG 164—2000	液体流量标准装置检定规程	代替 JJG 164—1986、JJG 217—1989
16	JJG 165—2005	钟罩式气体流量标准装置检定规程	代替 JJG 165—1989
17	JJG 198—1994①	速度式流量计检定规程	代替 JJG 198—1990、JJG 463—1986、JJG 464—1986、JJG 566—1989、JJG 620—1989
18	JJG 209—2010	体积管检定规程	代替 JJG 209—1994
19	JJG 225—2001	热能表检定规程	代替 JJG 225—1992
20	JJG 257—2007	浮子流量计检定规程	代替 JJG 257—1994
21	JJG 412—2005	水流型气体热量计检定规程	代替 JJG 412—1986
22	JJG 461—2010	靶式流量计检定规程	代替 JJG 461—1986
23	JJG 577—2012	膜式燃气表检定规程	代替 JJG 577—2005
24	JJG 586—2006	皂膜流量计检定规程	代替 JJG 586—1989
25	JJG 619—2005	pVTt 法气体流量标准装置检定规程	代替 JJG 619—1989
26	JJG 620—2008	临界流文丘里喷嘴检定规程	代替 JJG 620—1994
27	JJG 628—1989	SLC9 型直读式海流计检定规程	

续表

序号	法规编号	法规名称	备注
28	JJG 633—2005	气体容积式流量计检定规程	代替 JJG 633—1990
29	JJG 640—1994	差压式流量计检定规程	代替 JJG 640—1990、JJG 271—1984、JJG 311—1983、JJG 267—1982、JJG 621—1989
30	JJG 643—2003	标准表法流量标准装置检定规程	代替 JJG 643—1994、JJG 267—1996
31	JJG 667—2010	液体容积式流量计检定规程	代替 JJG 667—1997
32	JJG 686—2015	热水水表检定规程	代替 JJG 686—2006
33	JJG 711—1990	明渠堰槽流量计试行检定规程	
34	JJG 736—2012	气体层流流量传感器检定规程	JJG 736—1991
35	JJG 794—1992	风量标准装置检定规程	
36	JJG 835—1993	速度—面积法流量装置检定规程	
37	JJG 897—1995②	质量流量计检定规程	
38	JJG 1003—2016	流量积算仪检定规程	
39	JJG 1029—2007	涡街流量计检定规程	代替 JJG 198—1994 中涡街流量部分
40	JJG 1030—2007	超声流量计检定规程	代替 JJG 198—1994 中超声流量部分
41	JJG 1033—2007	电磁流量计检定规程	代替 JJG 198—1994 中电磁流量部分
42	JJG 1037—2008	涡轮流量计检定规程	代替 JJG 198—1994 中涡轮流量计部分
43	JJG 1038—2008③	科里奥利质量流量计检定规程	代替 JJG 897—1995 科里奥利质量流量计部分
44	JJG 1113—2015	水表检定装置检定规程	代替 JJG 164—2000 中“水表检定装置”部分
45	JJG 1118—2015	电子汽车衡（衡器载荷测量仪法）检定规程	
46	JJG 1119—2015	衡器载荷测量仪检定规程	
47	JJG 1121—2015	旋进旋涡流量计检定规程	代替 JJG 198—1994 中旋进旋涡流量计部分
48	JJG 1132—2017	热式气体质量流量计检定规程	
49	JJG 2063—2007	液体流量计量器具检定系统表	代替 JJG 2063—1990
50	JJG 2064—2017	气体流量计量器具检定系统表	代替 JJG 2064—1990

① JJG 198—1994 部分内容已被 JJG 1121—2015、JJG 1029—2007、JJG 1030—2007、JJG 1033—2007 和 JJG 1037—2008 代替。

② JJG 897—1995 科里奥利质量流量计部分内容已被 JJG 1038—2008 代替。

③ JJG 1038—2008 型式评价大纲部分内容已被 JJF 1591—2016 代替。

第六节　行　业　标　准

一、基本概念

依据制定标准的参与者所涉及的范围，标准常被分为国际标准、国家标准、行业标准、地方标准、企业标准等。可见，行业标准也是我国标准中的重要组成部分。

在我国，行业标准的发布部门须由国务院标准化行政主管部门审查确定。凡批准可以发布行业标准的行业，由国务院标准化行政主管部门公布行业标准代号、行业标准的归口部门及其所管理的行业标准范围。

行业标准由行业标准归口部门审批、编号和发布。行业标准发布后，行业标准归口部门将已发布的行业标准送国务院标准化行政主管部门备案（其中，工程建设行业标准由国务院各有关部门负责制定、批准，经国务院建设行政主管部门备案后发布）。

当前，国内行业标准分类为60多个，其中常见的行业标准名称及其代码有机械JB、石油天然气SY、化工HG、电力DL、海洋HY、环境保护HJ、水利SL等。另外，在工程建设领域的部分行业，采用代码后增加字母“J”的方式表示其为工程建设行业标准，如机械行业工程建设领域行业标准代码为“JBJ”。

二、与流量测量相关的主要行业标准

与流量测量仪表或传感器相关的产品类标准归类为机械工业行业标准。截至2017年初，与流量测量相关的机械工业行业标准主要有：

1. JB/T 1997标准

该标准名称为《双波纹管差压计》，标准编号为JB/T 1997—1991。

该标准规定了双波纹管差压计的产品分类、技术要求、试验方法、检验规则、标志、包装和储存，适用于指示、记录、积算型式的差压计，也适用于带有报警和气、电变送差压计的指示部分。

2. JB/T 2274标准

该标准名称为《流量显示仪表》，标准编号为JB/T 2274—2014。

该标准规定了流量显示仪表的产品分类、基本参数、要求、试验方法、检验规则、标志、包装、说明书及储存，适用于与流量传感器或变送器配合使用，进行流量积算、指示、体积修正等的各种各类带微处理器的流量显示仪表。

3. JB/T 5325标准

该标准名称为《均速管流量传感器》，标准编号为JB/T 5325—1991。

该标准规定了均速管流量传感器的术语、产品分类、技术要求、试验方法及检验规则等，适用于测量液体、气体及蒸汽的均速管流量传感器。

4. JB/T 6807标准

该标准名称为《插入式涡街流量传感器》，标准编号为JB/T 6807—1993，当前处于修订状态。

该标准规定了插入式涡街流量传感器的术语、产品分类、技术要求、试验方法、检验规则、标志、包装和储存等内容，适用于脉冲信号输出的液体、气体及蒸汽插入式涡街流量传感器，也适用于带有标准信号输出的插入式涡街流量变送器中的传感器，以及带有流量显示的插入式涡街流量计中的传感器。

5. JB/T 6844 标准

该标准名称为《金属管浮子流量计》，标准编号为 JB/T 6844—2015。

该标准规定了金属管浮子流量计的产品分类、技术要求、试验方法、检验规则和标志、包装及储存等要求，适用于测量封闭管道中液体、气体或蒸汽流量的金属管浮子流量计。

6. JB/T 7385 标准

该标准名称为《气体腰轮流量计》，标准编号为 JB/T 7385—2015。

该标准规定了气体腰轮流量计（又称气体罗茨流量计）的术语、产品分类、技术要求、试验方法、检验规则、标志、包装及储存要求，适用于测量封闭管道中气体流量的气体腰轮流量计。

7. JB/T 9242 标准

该标准名称为《液体容积式流量计　通用技术条件》，标准编号为 JB/T 9242—2015。

该标准规定了液体容积式流量计的术语和定义、正常工作条件、技术要求、试验方法、检验规则和标志、包装及储存要求，适用于由传感器（或变送器）与显示部分组成，能进行累积流量测量和显示的所有液体容积式流量计（包括腰轮流量计、椭圆齿轮流量计、刮板流量计、旋转活塞流量计、往复活塞流量计、圆盘流量计、螺杆流量计、双转子流量计等）。

8. JB/T 9246 标准

该标准名称为《涡轮流量传感器》，标准编号为 JB/T 9246—2016。

该标准规定了涡轮流量传感器的术语和定义、产品分类与基本参数、技术要求、试验方法、检验规则和标志、包装及储存等要求，适用于测量封闭满管道中流体流量的涡轮流量传感器，特殊工作条件下使用的传感器也可参照使用，不适用于插入式涡轮流量传感器。

9. JB/T 9247 标准

该标准名称为《分流旋翼式蒸汽流量计》，标准编号为 JB/T 9247—1999，当前处于修订状态。

该标准规定了分流旋翼式蒸汽流量计的定义、分类、技术要求、试验方法、检验规则等，适用于测量流经管道干饱和蒸汽或微过热蒸汽质量总量的公称通径为 25～150mm 的蒸汽流量计。

10. JB/T 9248 标准

该标准名称为《电磁流量计》，标准编号为 JB/T 9248—2015。

该标准规定了电磁流量计的产品结构和分类、基本参数、技术要求、试验方法、检验规则、标志、包装和运输及储存等要求。适用于测量封闭管道内导电液体流量的电磁流量计，不适用于插入式电磁流量计和用于明渠流量测量的电磁流量计。

11. JB/T 9249 标准

该标准名称为《涡街流量计》，标准编号为 JB/T 9249—2015。

该标准规定了涡街流量计的术语和定义、产品分类与基本参数、工作条件、要求、试验方法、检验规则和标志、包装及储存等要求，适用于测量液体和气体流量的涡街流量计，也适用于作为独立产品的涡街流量传感器。

12. JB/T 9255 标准

该标准名称为《玻璃转子流量计》，标准编号为 JB/T 9255—2015。

该标准规定了玻璃转子流量计的术语和定义、原理和结构、型式、基本参数和尺寸、技术要求、试验方法、检验规则，以及标志和包装等要求；附录给出了玻璃转子流量计的标定和标度值计算方法，以及测量封闭管道中单相、非脉动流动的液体和气体流量时，玻璃转子流量计的选择、安装和使用规则和示值修正方法。适用于由玻璃或其他透明材料制成的锥管和转子（或浮子）组成的直读指示型转子流量计。

13. JB/T 10564 标准

该标准名称为《流量测量仪表基本参数》，标准编号为 JB/T 10564—2006。

该标准规定了流量测量仪表的精确度等级、公称工作压力、公称通径、测量范围上限值、动力和输出信号等基本参数及其单位与符号。适用于工业过程测量和控制系统中封闭管道内流体的流量测量仪表，实验室及其他领域中应用的仪表也应参照使用；不适用于明渠流的仪表。

14. JB/T 12021.2 标准

该标准名称为《智能仪表可靠性试验与评估　第 2 部分：智能涡街流量计可靠性试验与评估》，标准编号为 JB/T 12021.2—2014。

该标准规定了测量流体体积流量的智能涡街流量计可靠性试验与评估的方法。适用于测量流体体积流量的智能涡街流量计的可靠性试验与评估，其他智能涡街流量计可参照使用。

15. JB/T 12263 标准

该标准名称为《射流水流量传感器》，标准编号为 JB/T 12263—2015。

该标准规定了射流水流量传感器的术语和定义、产品分类、基本参数、技术要求、试验方法、检验规则和标志、包装、运输及储存等要求。适用于低压直流（或电池）供电、脉冲信号输出的封闭满管道射流振荡型水流量传感器；也适用于射流冷、热水水表，射流流量计，射流流量变送器等水流量检测仪表中的公称通径小于或等于 DN40、最高允许工作压力大于或等于 1.0 MPa、最高允许工作温度小于 100℃的传感器。

16. JB/T 12390 标准

该标准名称为《水表产品型号编制方法》，标准编号为 JB/T 12390—2015。

该标准规定了水表的术语和定义，以及产品型号的编制方法。适用于封闭满管道中饮用冷水水表和热水水表的型号编制。

17. JB/T 12958 标准

该标准名称为《家用超声波燃气表》，标准编号为 JB/T 12958—2016。

该标准规定了家用超声波燃气表的术语、定义和符号、正常工作条件、计量性能、结构和材料、可选功能、显示信息、标记、应用软件、通信、电池、电磁兼容、超声波（声）噪声干扰、外观、检验规则、包装、运输和储存等要求。适用于安装在无或有轻微震动、冲击、冷凝水以及电磁干扰的封闭场所（室内或有防护措施的室外）或露天场所（无任何防护措施的室外）、最大工作压力不超过 50kPa、最大流量不超过 $10m^3/h$、最小工作环境温度范围为－10～40℃、工作介质温度变化范围不小于 40K、双管接头、电池供电的 1.0 级和 1.5 级燃气表，包括燃气表的辅助装置以及带温度转换装置的燃气表。最大流量超过 $10m^3/h$ 但不超过 $160m^3/h$ 的燃气表可参考执行该标准。

18. JB/T 12959 标准

该标准名称为《液体腰轮流量计》，标准编号为 JB/T 12959—2016。

该标准规定了液体腰轮流量计的术语和定义、基本参数、正常工作条件、技术要求、试验方法、检验规则、标志、包装及储存等要求。适用于由流量传感器（或变送器）与显示部分组成，能进行总量（累积流量）显示和（或）流量（瞬时流量）显示的计量液体介质的腰轮流量计，不适用于计量气体类介质的腰轮流量计。

19. JB/T 12960 标准

该标准名称为《远传膜式燃气表》，标准编号为 JB/T 12960—2016。

该标准规定了远传膜式燃气表的术语和定义、分类、工作条件、要求、试验方法、检验规则以及标志、包装、运输及储存。适用于远传膜式燃气表的设计、生产、试验与验收。

20. JB/T 12961 标准

该标准名称为《钟罩式气体流量标准装置》，标准编号为 JB/T 12961—2016。

该标准规定了钟罩式气体流量标准装置的术语和定义、计量单位、结构、材料和工作原理、通用技术要求、工作条件、计量性能要求、试验方法、检验规则及标志、包装、运输及储存等要求。适用于标准装置的生产制造、检验、安装和使用。

21. JB/T 13111 标准

该标准名称为《热式质量流量传感器》，标准编号为 JB/T 13111—2016。

该标准规定了热式质量流量传感器的术语和定义、基本参数、要求、试验方法、检验规则、标志、包装、运输及储存。适用于热式质量流量传感器。

此外，JB/T 8802—1998《热水水表　规范》、JB/T 50068—1999《涡街流量传感器　可靠性要求与考核方法》、JB/T 57178.2—1994《玻璃转子流量计　可靠性要求与考核方法》、JB/T 57213—1999《涡轮流量传感器　可靠性要求与考核方法》、JB/T 57214—1999《电磁流量计　可靠性要求与考核方法》、JB/T 57216—1999《容积式流量计　可靠性要求与考核方法》已废止。

电力行业基本上没有专门的流量测量行业标准，只是在部分标准中有所涉及。涉及流量测量的电力行业工程建设类标准主要有：

（1）《火力发电厂热工自动化就地设备安装、管路及电缆设计技术规定》，标准编号 DL/T 5182—2004，该标准规定了火电厂热工自动化就地设备安装、管道及电缆的设计要求，适用于单机容量 125～600MW 新建或扩建的凝汽式发电厂，以及高温高压及以上参数供热机组的热电厂的就地设备安装、管道及电缆的设计。其中所涉及的流量检出元件和检测仪表有孔板、喷嘴、文丘里喷嘴、机翼式风量测量装置、复式文丘里风量测量装置、转子流量计、电磁流量计、旋涡（涡街）流量计、涡轮流量计、靶式流量计、均速管流量计、超声流量计、质量流量计等。

（2）《电力建设施工技术规范　第 4 部分：热工仪表及控制装置》，标准编号为 DL 5190.4—2012。该标准规定了热工仪表及控制装置的施工技术规范，适用于新建、扩建或改建的 1000MW 级及以下火力发电、燃机、生物质能发电、垃圾发电等电站和核电常规岛的热工仪表及控制装置的施工。所涉及的流量检出元件和检测仪表有孔板、喷嘴、文丘里喷嘴、均速管流量计、复式文丘里风量测量装置、翼形风量测量装置、靶式流量计、转子流量计、速度式流量计（包括涡轮流量计、涡街流量计、旋涡流量计、电磁流量计、超声波流量计等）、质量流量计等。

（3）《电力建设施工质量验收及评价规程　第 4 部分：热工仪表及控制装置》，标准编号为 DL/T 5210.4—2009。该标准规定了火力发电工程热工仪表及控制装置施工质量验收标准及单项工程质量评价、单台机组质量评价和整体工程质量评价的相关要求，适用于新建、扩建和改建的单机容量 300～1000MW 级火力发电工程热工仪表及控制装置的施工质量验收和工程质量评价。所覆盖的流量检出元件和检测仪表有喷嘴及标准孔板、组合式长径喷嘴、均速管流量计、翼形测速管、转子流量计、椭圆齿轮流量计、靶式流量计、涡轮流量计、旋涡（涡街）流量计、电磁流量计、超声波流量计等。

为方便查阅参考，表 10-5 列出了与流量测量相关的部分行业标准清单（截至 2017 年初）。其中，CJ 为城镇建设行业标准代号，DL 为电力行业标准代号，HG 为化工行业标准代号，HJ 为环境保护行业标准代号，HY 为海洋行业标准代号，JC 为建材行业标准代号，MT 为煤炭行业标准代号，SL 为水利行业标准代号，SY 为石油天然气行业标准代号。

表 10-5　与流量测量相关的部分行业标准清单

标准编号	标准名称	发布部门
CJ/T 122—2000	超声多普勒流量计	建设部
CJ/T 334—2010	集成电路（IC）卡燃气流量计	住房和城乡建设部
CJ/T 364—2011	管道式电磁流量计在线校准要求	住房和城乡建设部
CJ/T 3008.1—1993	城市排水流量堰槽测量标准　三角形薄壁堰	建设部
CJ/T 3008.2—1993	城市排水流量堰槽测量标准　矩形薄壁堰	建设部
CJ/T 3008.3—1993	城市排水流量堰槽测量标准　巴歇尔量水槽	建设部
CJ/T 3008.4—1993	城市排水流量堰槽测量标准　宽顶堰	建设部
CJ/T 3008.5—1993	城市排水流量堰槽测量标准　三角形剖面堰	建设部
CJ/T 3017—1993	潜水电磁流量计	建设部
CJ/T 3063—1997	给排水用超声流量计（传播速度差法）	建设部
DL/T 1522—2016	发电机定子绕组内冷水系统水流量　超声波测量方法及评定导则	国家能源局
HG/T 4598—2014	化工用靶式流量计	工业和信息化部
HJ/T 15—2007	环境保护产品技术要求　超声波明渠污水流量计	环境保护部
HJ/T 366—2007	环境保护产品技术要求　超声波管道流量计	环境保护部
HJ/T 367—2007	环境保护产品技术要求　电磁管道流量计	环境保护部
HJ/T 368—2007	环境保护产品技术要求　标定总悬浮颗粒物采样器用的孔口流量计	环境保护部
HY/T 157—2013	便携式流速流量仪	国家海洋局
JC/T 916—2014	建材工业用滑槽式固体流量计	工业和信息化部
JC/T 918—2014	建材工业用滑槽式固体流量给料机	工业和信息化部
MT/T 525—1995	LCZ-80 型微电脑超声波流量计	煤炭工业部
MT/T 526—1995	LCD 系列多普勒超声波流量计	煤炭工业部
MT/T 840—1999	抽放瓦斯管道流量测定方法　均速管流量传感器测定方法	国家煤炭工业局
MT/T 976—2006	矿用防爆明渠流量仪技术条件	国家发展改革委
QB/T 4770—2014	科里奥利粉体定量给料秤	工业和信息化部
SL/T 232—1999	动态流量与流速标准装置校验方法	水利部

续表

标准编号	标准名称	发布部门
SL 337—2006	声学多普勒流量测验规范	水利部
SL 340—2006	流速流量记录仪	水利部
SY/T 5362—2010	生产测井油气水流量模拟试验装置技术规范	国家能源局
SY 5671—1993	石油及液体石油产品流量计交接计量规程	
SY/T 6658—2006	用旋进旋涡流量计测量天然气流量	国家发展改革委
SY/T 6659—2016	用科里奥利质量流量计测量天然气流量	国家能源局
SY/T 6660—2006	用旋转容积式气体流量计测量天然气流量	国家发展改革委
SY/T 6675—2007	井下流量计校准方法	国家发展改革委
SY/T 6682—2007	用科里奥利流量计测量液态烃流量	国家发展改革委
SY/T 6797—2010	注水井分层流量实时测调仪	国家能源局
SY/T 6890.1—2012	流量计运行维护规程　第1部分：液体容积式流量计	国家能源局
SY/T 6977—2014	注水井分层流量实时测调仪校准方法	国家能源局
SY/T 6999—2014	用移动式气体流量标准装置在线检定流量计的一般要求	国家能源局

第十一章

典型流体的流量测量

第一节 概　　述

流量测量技术与人们的日常生活和工作密切相关，如居家中的家用燃气、自来水等的计量结算，工业中的蒸汽、水、气、油、粉等介质的监视或计量，废水、废气、烟尘等的排放量监测等。过程工业（指电力、石化、冶金、造纸、医药、食品等通过物理变化或化学变化进行连续生产过程的工业，也称流程工业）生产过程或系统相对复杂，对于物料、中间品、废料等的流量测量或计量更是十分普遍，且因生产常常是在高温高压、易燃易爆或有毒的条件下进行，从安全和环保的角度出发，对流量测量和控制提出了更高的要求。因此，本章结合电厂应用，就过程工业中典型流体的流量测量（包括计量）作相应阐述。

一、电厂及其主要生产过程

电厂也常被称为发电厂、发电站或电站，IEC（国际电工委员会）将其定义为：由建（构）筑物、能量转换设备和全部必要的辅助设备组成的用于生产电能的工厂。

按照国际惯例，常见电厂可大体分类为火电厂、水电厂、风电厂、太阳能光伏电厂等。按照国际电工委员会 IEC 60050 标准定义：火电厂（thermal power station）是指通过热能转换而发电的电厂。按此定义，火电厂包括常规火电厂（如燃煤电厂、燃气电厂等）、核电厂、地热电厂、热电联产电厂等。截至 2015 年底，全国发电装机达 15.3 亿 kW，其中火电 10.33 亿 kW（含煤电 9 亿 kW、气电 0.66 亿 kW、核电 0.27 亿 kW、生物质能发电 0.13 亿 kW），水电 3.2 亿 kW（含抽水蓄能 0.23 亿 kW），风电 1.31 亿 kW，太阳能发电 0.42 亿 kW；另据美国能源部信息署（EIA）预测，在未来很长一段时期内，常规火电厂发电量所占的比例将持续超过 60%。由此可见，火电厂在未来一段时间内仍处于重要地位。

根据所用动力设备的类型，火电厂可分为蒸汽动力发电厂、燃气轮机发电厂和内燃机发电厂等。在我国，大多数火电厂为蒸汽动力发电厂。

蒸汽动力发电厂主要是汽轮机发电厂，其主要动力设备是蒸汽发生器（如常规锅炉、余热锅炉、核电蒸汽发生器等）、汽轮机、透平发电机及有关辅助设备、配电装置等。如图 11-1所示，对于燃煤电厂，燃料在锅炉中燃烧放热，将给水加热成蒸汽，蒸汽在汽轮机内膨胀使热能转换为转子转动的机械能，再通过发电机转换成电能，由配电装置分配传送给用户或输入电网。汽轮机排汽进入凝汽器被冷凝成水，由凝结水泵经低压加热器送入除氧器，再经给水泵通过高压加热器送回锅炉，以实现连续不断地电能生产。根据汽轮机的型式，汽轮机发电厂又可分为凝汽式电厂和热电厂两类。前者只向用户供给电能，进入汽轮机的蒸汽基本上都排入凝汽器凝结；后者除供给电能外还利用汽轮机排汽或中间级抽汽向用户供热。后一生产方式也称为热电联产，它比分别在凝汽式电厂生产电能和在地区锅炉房中生产热能可更充分地利用燃料，有更高的经济效益。

燃气轮机发电厂是指用燃气轮机带动发电机的火电厂。现阶段以使用液体或气体燃料为主。主要设备有燃气轮机（包括压气机、燃烧室和燃气透平）、发电机，以及燃料喷射泵、各种换热器和冷却装置等。为提高效率，常由燃气轮机和蒸汽轮机联合组成燃气—蒸汽动力装置的火电厂，也称燃气—蒸汽联合循环发电厂。

内燃机发电厂是指用内燃机作原动机的发电厂。使用液体燃料。主要设备为内燃机、发电机，以及油泵、油罐、空气压缩机、加热和冷却设备等。现阶段用于发电的内燃机主要是柴油机，汽油机和煤气机很少。内燃机发电厂多用于少煤缺水的边远缺电地区，或用于工矿企业的紧急备用电源。

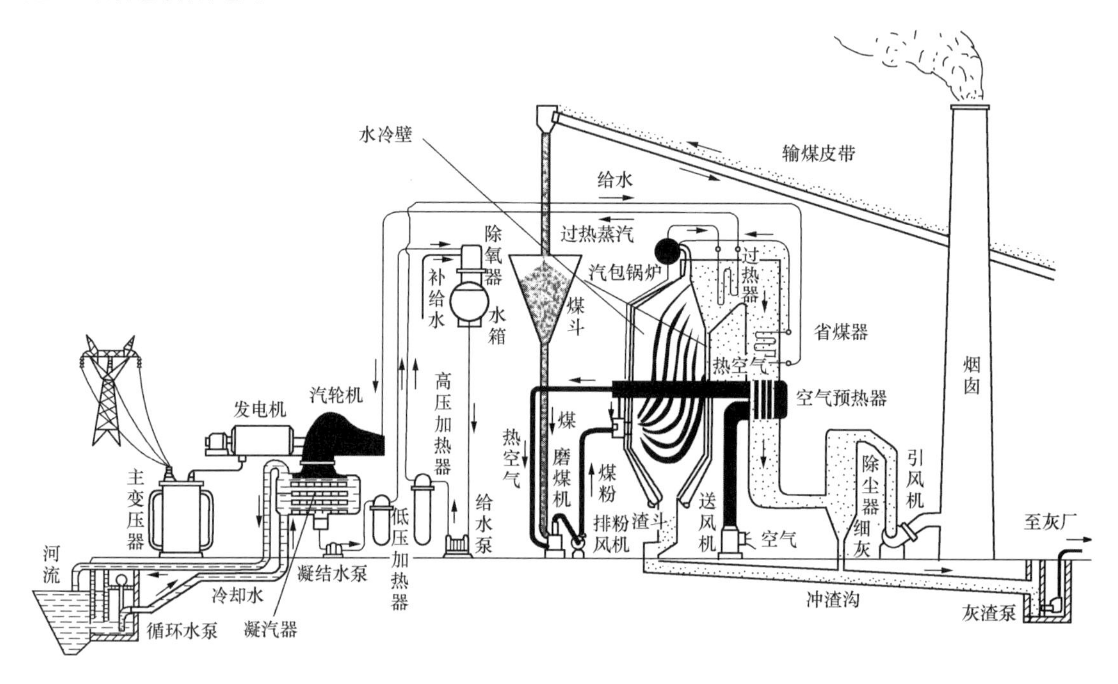

图 11-1　火电厂（燃煤）生产过程简图

二、电厂辅助生产系统

对于常规燃煤蒸汽动力发电厂，通常具有的辅助生产设施有水系统、燃料系统和除灰渣系统三大系统。

1. 水系统

水系统包括供水和水处理两大部分。供水系统的主要任务是保证汽轮机排汽凝结和其他机械、电气设备运转所必需的冷却用水。供水水源多为江河、湖泊、水库、海洋等，也可用地下水。当水源水量可满足需要时，常采用直流冷却水系统，即冷却水经由循环水泵一次流过凝汽器后排掉，不再复用。当水源水量不足时，一般采用循环冷却水系统，以冷却塔或冷却池作为冷却设备，在冷却设备中得到冷却的冷却水，由循环水泵再送回凝汽器循环使用。在少水或缺水地区，通常采用以空气作为冷却介质的干式冷却系统。水处理通常包括水的预处理、预脱盐、锅炉补给水处理、凝结水精处理、冷却水处理、汽水取样、化学加药等。

2. 燃料系统

燃料系统主要包括卸煤装置、带式输送机、具有必要转运机械和设备的储煤场、碎煤机的煤系统，也包括燃油泵房或燃气调压站等的油气系统。经铁路或水路运抵发电厂的煤经卸煤装置卸载后，由皮带输煤机经碎煤机初步破碎后直接送入锅炉间原煤斗，供锅炉燃用，也可送至储煤场储存，待需要时再转运至正常供煤通道送入原煤斗。燃油发电厂的燃料储运设施较简单，主要是燃料油库、油泵房、加热设施和油管道等。燃气发电厂的气体燃料，一般采用压力管道输送，在厂内设调压站，经过滤、调压后接入机组进气管网。

3. 除灰渣系统

除灰渣系统通常包括除灰系统、除渣及石子煤系统、电除尘系统等。以水力清除的为水力除灰；以机械方式清除的为机械除灰；灰与渣分别用水力或机械输送的称为灰渣分除，灰与渣混合在一起用水力或机械输送的则称为灰渣混除。水力除灰系统一般由排渣、碎渣、冲灰渣沟道、灰渣泵等设备及输灰管道组成；机械除灰主要由皮带及运输设备组成。干式除尘器收集的干灰，也可以空气为介质通过管道集中至灰仓，称为气力除灰；再以水力或机械方式外运。气力除灰可以提供干灰，可满足综合利用部门用干灰的要求。

由上可知，电厂常见的典型流体有作为燃料的煤粉、燃气、燃油等，作为冷却介质或工质的水、水蒸气等，作为助燃物或输送介质的空气、烟气等，作为副产品等的灰、渣、废水、废汽、污水、浆液等。

三、常用流量仪表的选择

常用流量仪表有基于节流装置（包括孔板、喷嘴、文丘里管等）的差压流量计、电磁流量计、涡轮流量计、超声流量计、容积式流量计、科里奥利质量流量计、热式质量流量计、涡街流量计等。

流量仪表是过程仪表中种类最多、选择最为复杂的仪表。毫不夸张地讲，至今还没有哪一种流量仪表可以适用于所有流体、任何安装条件下的流量测量。在选择流量仪表时，应综合考虑所需性能（包括流量表规格、测量范围、准确度要求、输出信号等）、被测流体特性（包括压力、温度、黏度、腐蚀性等）、安装条件（连接类型、允许压损等）、使用环境（易燃易爆危险场合、卫生应用等）、综合成本等多个因素。其中，应特别仔细研究各个测量技术的特性，分析其用于不同测量环境下的优劣（常用流量仪表性能一览表见表 11-1）。如此，才会正确和有效地选择到具有恰当性能、可靠性，并适合于应用场合的最佳流量测量仪表。

表 11-1　　常用流量仪表性能一览表

流量仪表	准确度	范围度（可调比）	适用流体	管道通径（in）	最大压力（psig）	温度范围（℉）
节流装置差压流量计	0.5%R～1.5%R	4∶1	液体、气体、固体	1.5～40	8800	−4～2300
电磁流量计	0.2%R～2%R	10∶1	液体、浆液	0.15～60	5000	−40～350
涡轮流量计	0.15%R～1%R	10∶1	液体、气体	0.5～30	6000	−450～600

续表

流量仪表	准确度	范围度（可调比）	适用流体	管道通径（in）	最大压力（psig）	温度范围（℉）
超声(多普勒)流量计	1%R～30%R	50∶1	液体、气体、浆液	0.5～200	6000	−40～250
超声（传播时间式）流量计	0.5%R～5%R	下限可到零流量	液体、气体	1～540	6000	−40～650
涡街流量计	0.5%R～2%R	20∶1	液体、气体、固体	0.5～16	1500	−330～800
容积流量计	0.1%R～2%R	10∶1	液体、气体	0.25～16	2000	−40～600
科里奥利质量流量计	0.1%R～0.3%R	10∶1到80∶1	液体、气体、浆液	0.06～12	5700	−400～800
可变面积流量计	1.5%FS～5%FS	5∶1到25∶1	液体、气体	0.16～10	1500	−112～752
靶式流量计	0.25%FS～2.5%FS	4∶1到15∶1	液体、固体、浆液	0.375以上	15000	−328～932
热式流量计（气体）	1%FS	50∶1	气体	0.125～8	4500	32～572
热式流量计（液体）	0.5%FS	50∶1	液体	0.06～0.25	4500	40～165

注 1. 准确度栏内，FS——满量程；R——测量值。
2. 节流装置栏数据为直角边缘孔板数据。
3. 单位换算：1in＝25mm；1psig＝6.895kPa；$\{t\}_{℃}$＝（$\{t\}_{℉}$－32）×5/9。

第二节　节流装置选型及设计计算

在过程工业中，尽管面临新型流量测量技术的巨大挑战，但目前差压式流量计仍占据统治地位。在电力工业的水、蒸汽及其他高温、高压介质流量测量中，节流装置（特别是标准节流装置）仍是应用主流。为此，本节专门介绍节流装置的选型及标准节流装置的设计计算，以方便设计人员的了解及应用。

一、节流装置选型

所谓标准节流装置通常是指按国际标准规定进行设计、制造、安装和使用的，无须经过实际流体校正，可直接确定流量值，并具有确定的可预测不确定度限值的流量测量用节流装置。在做过大量直接校准实验的基础上，国际标准化组织于1980年首次发布ISO 5167标准，将流量测量节流装置用孔板、喷嘴和文丘里管纳入该标准范畴。而非标准节流装置则是指其结构与标准节流装置不同的节流装置；或在偏离标准所规定条件下工作的标准节流装置。

1. 选型考虑因素

在节流装置选型时应考虑以下几个方面：

（1）考虑到标准节流装置在应用时无须个别校准，只要做到几何相似和动力学相似就可通过标准得出流量值和所测量的不确定度，因而可行时应首选标准节流装置。当标准节流装置不能满足要求时，再选用其他类型，如脏污介质选用楔形孔板、圆缺孔板或偏心孔板等；要求低压损时，选用均速管等；低雷诺数选用1/4圆孔板或锥形入口孔板等。

（2）核实流体条件是否满足节流装置适用条件。例如，标准节流装置要求为牛顿流体，在整个测量段内必须保持亚声速的单相流，流体应充满管道，不适用于脉动流等。

（3）管径、直径比、雷诺数范围、管道内壁粗糙度等限制条件。

（4）测量准确度。

（5）允许的压力损失。

（6）要求的最短直管段长度。

（7）对被测介质侵蚀、磨损和脏污的敏感性。

（8）结构复杂程度和价格。

（9）安装方便性。

（10）使用的长期稳定性。

（11）应用目的（如计量、经济核算首先考虑准确度，调节、控制则以重复性为主）。

2. 节流装置类型比选

常用孔板、喷嘴和文丘里管类型比选如下：

（1）管径与流量范围。大体而言，孔板可应用的管径范围比喷嘴、文丘里管和文丘里喷嘴大；适用的流量测量范围孔板最大，其次是喷嘴，再次是文丘里管。

（2）不确定度。孔板流出系数的不确定度相对较小（即测量准确度较高），喷嘴、文丘里管的较大。但若对喷嘴、文丘里管单独标定，也可取得较高准确度。

（3）压力损失。在同样差压下，经典文丘里管和文丘里喷嘴的压力损失为孔板、喷嘴的1/4～1/6；而在同样流量和同样β值时，喷嘴的压力损失为孔板的30%～50%；三类节流元件中文丘里的压力损失最小，孔板的压力损失最大。

（4）所需最小直管段长度。在相同阻流件类型和β值下，文丘里所需直管段长度比孔板、喷嘴的要小得多。

（5）耐受性。测量易使节流件沾污、磨损及变形的介质时，喷嘴、文丘里管等廓形节流件比孔板要优越。

（6）加工制造。孔板最为简单，喷嘴次之，文丘里管与文丘里喷嘴最复杂，其造价也依次递增。管径越大，这种差别越显著。

（7）安装。孔板最简单，且易检查安装质量；喷嘴、文丘里管则需截断流体，拆下管道才可检查。

（8）长期稳定性。在实际使用过程中，孔板的锐口比较容易磨损；平面度、粗糙度等都会发生一些变化，因此孔板的使用寿命相对较短。

此外，孔板取压类型较多，有径距（$D-D/2$）取压、法兰取压、角接取压等，具体应用中可按下列原则选取：

（1）首选角接取压。角接取压因为有环室（或取压环），结构虽复杂，但当现场工况压力波动较大时，这种取压结构所取的压力信号要平稳一些。而对于小口径孔板（DN50～DN100），取压口尺寸和取压位置的影响显著，建议采用角接环室取压。

（2）当被测介质较脏，易有析出物时，宜采用法兰取压、径距取压，以便于现场清洗、疏通。

（3）应用习惯。一般欧洲及国内电力、冶金行业多用角接取压法；美国及国内石油、化工行业多用法兰取压、径距取压。

3. 设计应注意的其他问题

（1）节流装置节流孔或喉部直径 d。d 与流量为平方关系，其误差对流量测量误差影响较大，标准规定 d 的误差应在±0.05%以内，这是节流装置制造商必须保证的。

（2）流体的密度 ρ。密度 ρ 影响差压 Δp 和流量，在追求差压变送器高准确度等级的同时，也应提高 ρ 的测量准确度，否则 Δp 准确度的提高会被 ρ 的误差增大所抵消。在工程应用中，对于液体，当压力、温度波动不大时，基本可以忽略其带来的影响。但对于蒸汽和气体，就必须用现场所测的温度、压力来修正密度 ρ 值，以提高测量流量的准确度。

（3）β 值的确定。在同样的流量下，β 值越小，差压越高，可获得较高的准确度，但会带来较大的压力损失，且因节流孔径变小，对于孔板入口边缘锐利度钝化影响增大，特别对于中小口径更应注意。反之 β 值较大，会增大流出系数的不确定度，且所需上游直管段长度会更长。故在确定 β 值时，要全面权衡准确度、压力损失、成本等因素。如都可以满足，建议孔板、喷嘴的 β 值选在 0.5～0.6 之间，因为在这个区间中较宽的雷诺数范围内（也可以认为是流量范围），流出系数不确定度一般不超过 0.5%。

（4）差压上限值及变送器量程选取。差压上限值提高，有利于提高测量准确度，缩短所需上游直管段长度，降低流出系数最小雷诺数限制，但会增大压力损失，故应根据实际情况确定最佳取值。在按选定的差压上限值选择差压变送器时，宜选用变送器测量上限值略大于或等于所选差压上限值的变送器，以确保整个流量测量范围内的测量准确度。

4. 非标准节流装置应用特别注意点

由于实际现场工况情况的复杂性（如被测介质较脏、黏度较大、流量较小、雷诺数低、现场直管段长度较短等），标准节流装置有时难以取得理想的测量效果，由此应运而生了一些非标准节流装置（如环形孔板、楔形流量计、平衡流量计等）。但由于非标准节流装置尚未形成通用的标准，且应用时间和试验数据不如标准节流装置充分，故在工程设计应用时，应特别注意以下几点：

（1）出厂前必须单独标定。对于这些非标准节流装置，如何保证其形状、结构的一致性还要做很多工作，实验数据还不充分，因此在出厂前必须单独标定，并有标定测试报告。

（2）标定应在有一定资质的实验室进行。要注意，当实验室与实际应用现场条件不符合时，会带来测量误差，故宜在模拟或接近现场使用条件（如直管段长度等）下进行标定。

（3）当流出系数标定线性度不好，但重复性较好时，可采取分段修正。

（4）严格执行非标准节流装置所规定的对现场直管段长度、管道内径、差压信号管路敷设等的安装和应用要求。不管节流元件是标准的，还是非标准的，对被测流体必须满足的要求大致相同，在使用非标准节流元件进行流量测量时，仍应注意上述问题的影响。

二、基本计算公式

1. 流量计算公式

流量分为质量流量和体积流量，质量流量和体积流量分别是指单位时间内流过节流装置节流孔或喉部的流体质量或体积。对于体积流量，必须说明获得该体积流量时的流体压力和温度。

$$q_m = \frac{C}{\sqrt{1-\beta^4}}\varepsilon \frac{\pi}{4}d^2 \sqrt{2\Delta p\rho} \tag{11-1}$$

$$q_V = \frac{C}{\sqrt{1-\beta^4}}\varepsilon \frac{\pi}{4}d^2 \sqrt{\frac{2\Delta p}{\rho}} \tag{11-2}$$

其中
$$\beta = \frac{d}{D}$$

式中　q_m——质量流量，kg/s；

q_V——体积流量，m^3/s；

C——流出系数，无量纲；

β——直径比，无量纲；

d——工作条件下节流装置节流孔或喉部的直径，m；

D——工作条件下节流装置上游管道内径，m；

ε——膨胀系数，无量纲；

Δp——差压，Pa；

ρ——流体密度，kg/m^3。

2. 管道雷诺数计算公式

管道雷诺数是表示节流装置上游管道中惯性力与黏性力之比的无量纲参数。

$$Re_D = \frac{vD}{\nu} = \frac{vD\rho}{\mu} = \frac{4q_m}{\pi\mu D} = \frac{4q_V\rho}{\pi\mu D} \tag{11-3}$$

式中　Re_D——管道雷诺数，无量纲；

v——管道中流体的平均轴向速度，m/s；

D——工作条件下节流装置上游管道内径，m；

ν——管道中流体的运动黏度，m^2/s；

ρ——管道中流体的密度，kg/m^3；

μ——管道中流体的动力黏度，Pa·s；

q_m——质量流量，kg/s；

q_V——体积流量，m^3/s。

3. 管道内径和节流装置节流孔或喉部直径计算公式

$$D = D_{20}[1+\lambda_D(t-20)] \tag{11-4}$$

$$d = d_{20}[1+\lambda_d(t-20)] \tag{11-5}$$

式中　D、d——管道内径和节流装置节流孔或喉部直径，m；

D_{20}、d_{20}——20℃下管道内径和节流装置节流孔或喉部直径，m；

λ_D、λ_d——管道和节流件材料热膨胀系数，mm/(mm·℃)；

t——工作温度，℃。

4. 流出系数计算公式

（1）标准孔板流出系数：

$$C = 0.5961 + 0.0261\beta^2 - 0.216\beta^8 + 0.000521\left(\frac{10^6\beta}{Re_D}\right)^{0.7} + (0.0188+0.0063A)\beta^{3.5}\left(\frac{10^6}{Re_D}\right)^{0.3} + (0.043+0.080e^{-10L_1} - 0.123e^{-7L_1})(1-0.11A)\frac{\beta^4}{1-\beta^4} - 0.031(M'_2 - 0.8M'^{1.1}_2)\beta^{1.3} \tag{11-6}$$

若 $D<70\text{mm}$（2.8in），应采用下列公式：

$$C=0.5961+0.0261\beta^2-0.216\beta^8+0.000521\left(\frac{10^6\beta}{Re_D}\right)^{0.7}+(0.0188+0.0063A)\beta^{3.5}\left(\frac{10^6}{Re_D}\right)^{0.3}+$$
$$(0.043+0.080\mathrm{e}^{-10L_1}-0.123\mathrm{e}^{-7L_1})(1-0.11A)\frac{\beta^4}{1-\beta^4}-0.031(M_2'-0.8M_2'^{1.1})\beta^{1.3}+$$
$$0.011(0.75-\beta)\left(2.8-\frac{D}{25.4}\right) \tag{11-7}$$

其中
$$\beta=\frac{d}{D}$$
$$A=\left(\frac{19000\beta}{Re_D}\right)^{0.8}$$
$$M_2'=\frac{2L_2'}{1-\beta}$$

式中 C——流出系数，无量纲。
β——直径比，无量纲。
d——工作条件下孔板节流孔直径，mm。
D——工作条件下孔板上游管道内径，mm。
Re_D——根据式（11-3）计算得出的管道雷诺数，无量纲。
L_1——孔板上游端面到上游取压口的距离除以管道内径得出的商。对于角接取压，$L_1=0$；对于 D 和 $D/2$ 取压，$L_1=1$；对于法兰取压，$L_1=25.4/D$，D 单位取 mm。
L_2'——孔板下游端面到下游取压口的距离除以管道内径得出的商。对于角接取压，$L'_2=0$；对于 D 和 $D/2$ 取压，$L'_2=0.47$；对于法兰取压，$L'_2=25.4/D$，D 单位取 mm。

（2）ISA 1932 喷嘴流出系数：

$$C=0.9900-0.2262\beta^{4.1}-(0.00175\beta^2-0.0033\beta^{4.15})\left(\frac{10^6}{Re_D}\right)^{1.15} \tag{11-8}$$

其中
$$\beta=\frac{d}{D}$$

式中 C——流出系数，无量纲；
β——直径比，无量纲；
d——工作条件下标准节流装置喉部直径，mm；
D——工作条件下标准节流装置上游管道内径，mm；
Re_D——根据式（11-3）计算得出的管道雷诺数，无量纲。

（3）长径喷嘴（包括高比值喷嘴和低比值喷嘴）流出系数：

当采用上游管道雷诺数 Re_D 时，流出系数按式（11-9）计算，即

$$C=0.9965-0.00653\sqrt{\frac{10^6\beta}{Re_D}} \tag{11-9}$$

其中
$$\beta=\frac{d}{D}$$

当采用喉部雷诺数 Re_d 时，流出系数按式（11-10）计算，即

$$C = 0.9965 - 0.00653\sqrt{\frac{10^6}{Re_d}} \tag{11-10}$$

式中　C——流出系数，无量纲；

β——直径比，无量纲；

d——工作条件下标准节流装置喉部直径，mm；

D——工作条件下标准节流装置上游管道内径，mm；

Re_D——根据式（11-3）计算得出的管道雷诺数，无量纲；

Re_d——参考式（11-3）计算得出的喉部雷诺数，无量纲。

（4）文丘里喷嘴流出系数：

$$C = 0.9858 - 0.196\beta^{4.5} \tag{11-11}$$

其中

$$\beta = \frac{d}{D}$$

式中　C——流出系数，无量纲；

β——直径比，无量纲；

d——工作条件下标准节流装置喉部直径，mm；

D——工作条件下标准节流装置上游管道内径，mm。

（5）经典文丘里管（包括铸造型、机械加工型、粗焊铁板型）流出系数：

1）铸造型经典文丘里管。在满足 $100\text{mm} \leqslant D \leqslant 800\text{mm}$、$0.3 \leqslant \beta \leqslant 0.75$、$2\times10^5 \leqslant Re_D \leqslant 2\times10^6$ 条件下，流出系数 $C=0.984$。

2）机械加工型经典文丘里管。在满足 $50\text{mm} \leqslant D \leqslant 250\text{mm}$、$0.4 \leqslant \beta \leqslant 0.75$、$2\times10^5 \leqslant Re_D \leqslant 1\times10^6$ 条件下，流出系数 $C=0.995$。

3）粗焊铁板型经典文丘里管。在满足 $200\text{mm} \leqslant D \leqslant 1200\text{mm}$、$0.4 \leqslant \beta \leqslant 0.7$、$2\times10^5 \leqslant Re_D \leqslant 2\times10^6$ 条件下，流出系数 $C=0.985$。

5. 膨胀系数计算经验公式

（1）孔板膨胀系数：

$$\varepsilon = 1 - (0.351 + 0.256\beta^4 + 0.93\beta^8)\left[1 - \left(\frac{p_2}{p_1}\right)^{\frac{1}{\kappa}}\right] \tag{11-12}$$

式中　ε——膨胀系数，无量纲；

β——直径比，无量纲；

p_1——节流件上游侧流体绝对静压，Pa；

p_2——节流件下游侧流体绝对静压，Pa；

κ——等熵指数，无量纲。

式（11-12）适用范围为：采用角接取压、D 和 $D/2$ 取压或法兰取压的标准节流孔板，且 $\frac{p_2}{p_1} \geqslant 0.75$。

（2）各类喷嘴、文丘里管膨胀系数：

$$\varepsilon = \sqrt{\left(\frac{\kappa\tau^{\frac{2}{\kappa}}}{\kappa - 1}\right)\left(\frac{1-\beta^4}{1-\beta^4\tau^{\frac{2}{\kappa}}}\right)\left(\frac{1-\tau^{\frac{\kappa-1}{\kappa}}}{1-\tau}\right)} \tag{11-13}$$

其中 $$\tau = \frac{p_2}{p_1}$$

式中 ε——膨胀系数，无量纲；

κ——等熵指数，无量纲；

τ——节流件下、上游侧流体绝对静压压力比，无量纲；

β——直径比，无量纲；

p_1、p_2——节流件上、下游侧流体绝对静压，Pa。

式（11-13）的适用范围为：标准 ISA 1932 喷嘴、长径喷嘴、文丘里喷嘴、文丘里管，且 $\tau \geqslant 0.75$。

6. 孔板、喷嘴压力损失计算公式

$$\Delta \overline{\omega} = \frac{\sqrt{1-\beta^4(1-C^2)} - C\beta^2}{\sqrt{1-\beta^4(1-C^2)} + C\beta^2} \Delta p \tag{11-14}$$

式中 $\Delta \overline{\omega}$——孔板两端间的压力损失，Pa；

β——直径比，无量纲；

C——流出系数，无量纲；

Δp——差压，Pa。

三、标准节流装置设计计算类型

工程中常见的标准节流装置计算有以下四种类型：

（1）类型 1：已知被测流体动力黏度 μ、被测流体密度 ρ、管道内径 D、节流装置型式及其节流孔或喉部直径 d、仪表所测差压值 Δp，计算被测流体的质量流量 q_m 和体积流量 q_V。主要用于流量检测系统（如计算机控制系统、流量计算机等）计算被测流体的流量值或现场核对流量计的测量值。

（2）类型 2：已知被测流体动力黏度 μ、被测流体密度 ρ、管道内径 D、被测流体的质量流量 q_m、节流装置型式、仪表差压测量上限值 $\Delta p_{\max}$，计算节流装置节流孔或喉部直径 d 和直径比 β。主要用于节流装置的选型设计计算，确定节流装置节流孔或喉部直径大小。

（3）类型 3：已知被测流体动力黏度 μ、被测流体密度 ρ、管道内径 D、节流装置型式及其节流孔或喉部直径 d、被测流体的质量流量 q_m，计算仪表差压值 Δp。主要用于校核流量测量差压仪表的测量值。

（4）类型 4：已知被测流体动力黏度 μ、被测流体密度 ρ、节流装置型式及直径比 β、被测流体的质量流量 q_m、仪表所测差压值 Δp，计算管道内径 D 和节流装置节流孔或喉部直径 d。主要用于确定现场所需要的管道尺寸。

四、计算方法

对于上述四种计算类型，其计算法可分为直接计算法和迭代计算法。

直接计算法即利用各种计算类型中的已知量，根据式（11-1）或式（11-2），直接推导得出所需求的未知量。通常，该方法仅适用于经典文丘里管，这是因为经典文丘里管在标准规定使用条件下，其流出系数为一定值。对于标准孔板和喷嘴，因其流出系数随雷诺数等而变化，不能采用直接计算法求解。

当采用直接计算法不能解题时，需采用迭代计算法求解。四种计算类型的迭代计算完整方案一览详见表 11-2。以下以“计算类型 2”为例，对迭代计算法加以详细阐述。

表 11-2　**迭代计算完整方案总览表**

类别＼计算类型	计算类型 1	计算类型 2	计算类型 3	计算类型 4
问题	$q=?$	$d=?$	$\Delta p=?$	$D=?$
给定量	μ、ρ、D、d、Δp	μ、ρ、D、q_m、Δp	μ、ρ、D、d、q_m	μ、ρ、β、q_m、Δp
需求值	q_m 或 q_V	d 或 β	Δp	D 或 d
已知项	$A_1=\frac{\varepsilon d^2\sqrt{2\Delta p\rho}}{\mu D\sqrt{1-\beta^4}}$	$A_2=\frac{\mu Re_D}{D\sqrt{2\Delta p\rho}}$	$A_3=\frac{8(1-\beta^4)}{\rho}\left(\frac{q_m}{C\pi d^2}\right)^2$	$A_4=\frac{4\varepsilon\beta^2 q_m\sqrt{2\Delta p\rho}}{\pi\mu^2\sqrt{1-\beta^4}}$
迭代方程	$\frac{Re_D}{C}=A_1$	$\frac{C\varepsilon\beta^2}{\sqrt{1-\beta^4}}=A_2$	$\frac{\Delta p}{\varepsilon^{-2}}=A_3$	$\frac{Re_D^2}{C}=A_4$
线性算法中变量	$X_1=Re_D=CA_1$	$X_2=\frac{\beta^2}{\sqrt{1-\beta^4}}=\frac{A_2}{C\varepsilon}$	$X_3=\Delta p=\varepsilon^{-2}A_3$	$X_4=Re_D=\sqrt{CA_4}$
准确度判据（其中 n 由用户自定）	$\left\|\frac{A_1-\frac{X_1}{C}}{A_1}\right\|<1\times10^{-n}$ 或 $\|\delta_n\|$ 小于某规定值	$\left\|\frac{A_2-X_2C\varepsilon}{A_2}\right\|<1\times10^{-n}$ 或 $\|\delta_n\|$ 小于某规定值	$\left\|\frac{A_3-\frac{X_3}{\varepsilon^{-2}}}{A_3}\right\|<1\times10^{-n}$ 或 $\|\delta_n\|$ 小于某规定值	$\left\|\frac{A_4-\frac{X_4^2}{C}}{A_4}\right\|<1\times10^{-n}$ 或 $\|\delta_n\|$ 小于某规定值
初次假定	$C=C_\infty$	$C=0.606$（孔板） $C=1$（其他节流装置） $\varepsilon=0.97$ 或 1	$\varepsilon=1$	$C=C_\infty$ $D=\infty$（若为法兰取压）
结果	$q_m=\frac{\pi}{4}\mu DX_1$ $q_V=\frac{q_m}{\rho}$	$d=D\left(\frac{X_2^2}{1+X_2^2}\right)^{0.25}$ $\beta=\frac{d}{D}$	$\Delta p=X_3$ 若实测流体是液体，则在第 1 循环即可求出 Δp	$D=\frac{4q_m}{\pi\mu X_4}$ $d=\beta D$

1．第 1 步：确定迭代方程式

计算时，原则上先将基本流量方程 $q_m=\frac{C}{\sqrt{1-\beta^4}}\varepsilon\frac{\pi}{4}d^2\sqrt{2\Delta p\rho}$［详见式（11-1）］或 $q_V=\frac{C}{\sqrt{1-\beta^4}}\varepsilon\frac{\pi}{4}d^2\sqrt{\frac{2\Delta p}{\rho}}$［详见式（11-2）］中所有已知量重新组合在一个项内，即已知项 A_m（已知项 A_m 的下标 m 对应不同计算类型，即对于计算类型 1～4，m 分别对应 1～4），置于方程的一边，而将未知量组合在另一项内，即未知项，放置于方程的另一边，最后得出相应的迭代方程式。

对于计算类型 2，已知量为被测流体动力黏度 μ、被测流体密度 ρ、管道内径 D、被测流体的质量流量 q_m、节流装置型式、仪表差压测量上限值 Δp_{max}，未知量为节流装置节流孔或

喉部直径 d 或直径比 β。

在已知条件中没有直接给出差压上限值时，可依下列原则选用差压上限值：

1）若没有给出差压上限值，而只有压损值，可按式（11-15）或式（11-16）先确定差压上限初值，然后再圆整到系列值（系列值为 1.0，1.25，1.6，2.0，2.5，3.2，4.0，5.0，6.3，8.0×10^n，n 为正整数或负整数或零）。对于不采用常规流量测量仪表，而是采用智能流量仪表或变送器的场合，则只需将所确定的差压上限初值取整即可。对于气体和蒸汽，还应检查是否满足 $\frac{p_2}{p_1} \geqslant 0.75$（其中 p_1、p_2 分别为节流件上、下游侧流体绝对静压）的条件，若不满足则调整至满足为止。

对于孔板：

$$\Delta p_{\max} = (2 \sim 2.5)\Delta\omega \tag{11-15}$$

对于喷嘴：

$$\Delta p_{\max} = (2.5 \sim 3.5)\Delta\omega \tag{11-16}$$

式中　$\Delta\omega$——压力损失，单位取压力单位。

2）若没有给出差压上限值，而已知被测流体密度 ρ、管道内径 D、被测流体的最大质量流量 $q_{m\max}$、节流装置型式，则差压上限值 $\Delta p_{\max}$ 可按式（11-17）计算，最后按前述原则再将计算结果圆整到系列值。

$$\Delta p_{\max} = \left(\frac{4q_{m\max}\sqrt{1-\beta^4}}{\pi\beta^2 D^2 C\varepsilon}\right)\frac{1}{2\rho} \tag{11-17}$$

其中，可取 $\beta=0.5$，$C=0.606$（孔板），$C=1$（其他节流装置），$\varepsilon=1$。

以下以“计算类型 2”为例，对其迭代方程式推导过程详细说明如下：

（1）将 $d=\beta D$ 分别代入式（11-1）和式（11-2），分别变换为

$$q_m = \frac{C}{\sqrt{1-\beta^4}}\varepsilon\,\frac{\pi}{4}\beta^2 D^2\sqrt{2\Delta p\rho} \tag{11-18}$$

$$q_V = \frac{C}{\sqrt{1-\beta^4}}\varepsilon\,\frac{\pi}{4}\beta^2 D^2\sqrt{\frac{2\Delta p}{\rho}} \tag{11-19}$$

（2）把式（11-18）和式（11-19）中已知量组合为不变量项 A_2，并置于方程的一边，而将未知量放置于方程的另一边，得出迭代方程式，即

$$\frac{C\varepsilon\beta^2}{\sqrt{1-\beta^4}} = \frac{4q_m}{\pi D^2\sqrt{2\Delta p\rho}} = \frac{\mu Re_D}{D\sqrt{2\Delta p\rho}} = A_2 \tag{11-20}$$

$$\frac{C\varepsilon\beta^2}{\sqrt{1-\beta^4}} = \frac{4q_V}{\pi D^2\sqrt{\frac{2\Delta p}{\rho}}} = \frac{\mu Re_D}{D\sqrt{2\Delta p\rho}} = A_2 \tag{11-21}$$

2. 第 2 步：迭代计算

根据第 1 步所确定的迭代方程式，开展迭代计算。即先赋予一个假定值 X_1，并将其代入迭代方程中的未知项，从而可得到已知项和未知项之差 δ_1；同理，继续代入第 2 个假定值 X_2，可得到 δ_2。然后根据线性算法，将 X_1、X_2、δ_1、δ_2 代入线性算法中，计算出 X_3、…、X_n 和 δ_3、…、δ_n，直至 $|\delta_n|$ 小于某规定值，或者直至 X 或 δ 的两个逐次值处于某个规定的准确度内才终止计算。

在实际计算时，从 $n=3$ 起，可采用式（11 - 22）所推荐的具备快速收敛性能的线性算法，以减少计算次数。

$$X_n = X_{n-1} - \delta_{n-1} \frac{X_{n-1} - X_{n-2}}{\delta_{n-1} - \delta_{n-2}} \tag{11 - 22}$$

准确度判别可采用式（11 - 23），即

$$|E_n| = \left|\frac{\delta_n}{A_m}\right| \tag{11 - 23}$$

有时为简化计算，也可检查是否满足 $\beta_n - \beta_{n-1} < 0.0001$。若满足，则迭代计算可停止。通常进行 3 次左右迭代即可。

对于计算类型 2，由迭代方程式（11 - 20）和式（11 - 21），可推导出线性算法中的变量式，即

$$X_n = \frac{\beta_n^2}{\sqrt{1-\beta_n^4}} = \frac{A_2}{C_{n-1}\varepsilon_{n-1}} \tag{11 - 24}$$

由此，可推导出直径比公式，即

$$\beta_n = \left(\frac{X_n^2}{1+X_n^2}\right)^{0.25} \tag{11 - 25}$$

迭代方程式中已知项和未知项之差为

$$\delta_n = A_2 - C_n\varepsilon_n X_n \tag{11 - 26}$$

随后根据前述迭代计算方法，计算出最终满足要求的 d 或 β 值。

详细计算实例可参见本章第三节和第五节。

五、计算注意事项

在计算中，应特别注意以下几点：

（1）必须知道工作条件下流体的密度和黏度。对于可压缩流体，还必须知道工作条件下流体的等熵指数。

（2）代入公式中计算的 β、d、D 等值均应采用工作条件下的数值。任何在其他条件下进行的测量，都必须对测量期间由于流体的温度和压力值变化所引起一次装置和管道任何可能的膨胀或收缩进行修正。管道内径和节流装置节流孔或喉部直径的修正计算公式分别参见本节式（11 - 4）和式（11 - 5）。切记管道内径不能用公称直径替代。

（3）若孔板及其测量管是采用不同材料制成的，则应考虑由于工作温度所造成的其 β 变化。

（4）应注意核实是否符合标准节流装置的规定使用条件，否则不能保证达到标准所规定的不确定度。各种标准节流装置使用限制条件如下。

1）标准孔板使用条件为：①对于角接取压口或 D 和 $D/2$ 取压口孔板：$d \geqslant 12.5$mm；$50\text{mm} \leqslant D \leqslant 1000\text{mm}$；$0.1 \leqslant \beta \leqslant 0.75$；当 $0.1 \leqslant \beta \leqslant 0.56$ 时，$Re_D \geqslant 5000$；当 $\beta > 0.56$ 时，$Re_D \geqslant 16000\beta^2$。②对于法兰取压口孔板：$d \geqslant 12.5$mm；$50\text{mm} \leqslant D \leqslant 1000\text{mm}$；$0.1 \leqslant \beta \leqslant 0.75$；$Re_D \geqslant 5000$，且 $Re_D \geqslant 170\beta^2 D$。其中 D 以 mm 表示。

孔板上游 $10D$ 内的流体管道内部粗糙度应符合：上游 $10D$ 内管道粗糙度廓形的算术平均偏差值 Ra 应使 $10^4 Ra/D$ 小于表 11 - 3 列出的最大值，并大于表 11 - 4 列出的最小值。粗糙度要求与节流件和上游管道配置有关，下游粗糙度则不做严格要求。

表 11-3　$1\times10^4 Ra/D$ 的最大值

β	Re_D								
	$\leqslant 1\times10^4$	3×10^4	1×10^5	3×10^5	1×10^6	3×10^6	1×10^7	3×10^7	1×10^8
≤0.20	15	15	15	15	15	15	15	15	15
0.30	15	15	15	15	15	15	15	14	13
0.40	15	15	10	7.2	5.2	4.1	3.5	3.1	2.7
0.50	11	7.7	4.9	3.3	2.2	1.6	1.3	1.1	0.9
0.60	5.6	4.0	2.5	1.6	1.0	0.7	0.5	0.5	0.4
≥0.65	4.2	3.0	1.9	1.2	0.8	0.6	0.4	0.3	0.3

表 11-4　$1\times10^4 Ra/D$ 的最小值（需要其中一个）

β	Re_D			
	$\leqslant 3\times10^6$	1×10^7	3×10^7	1×10^8
≤0.50	0.0	0.0	0.0	0.0
0.60	0.0	0.0	0.003	0.004
≥0.65	0.0	0.013	0.016	0.012

2）ISA 1932 喷嘴使用条件为：$50\text{mm}\leqslant D\leqslant 500\text{mm}$；$0.3\leqslant\beta\leqslant 0.8$。

同时 Re_D 在下述限值范围内：当 $0.30\leqslant\beta<0.44$ 时，$7\times10^4\leqslant Re_D\leqslant 1\times10^7$；当 $0.44\leqslant\beta\leqslant 0.80$ 时，$2\times10^4\leqslant Re_D\leqslant 1\times10^7$。

此外，喷嘴上游至少 10D 长度范围内的管道相对粗糙度应符合表 11-5 规定的值。

表 11-5　ISA 1932 喷嘴上游管道相对粗糙度上限值

β	≤0.35	0.36	0.38	0.40	0.42	0.44	0.46	0.48	0.50	0.60	0.70	0.77	0.80
$10^4 Ra/D$	8.0	5.9	4.3	3.4	2.8	2.4	2.1	1.9	1.8	1.4	1.3	1.2	1.2

注　本表所依据的数据多半是在 $Re_D\leqslant 1\times10^6$ 范围内收集到的；在较高雷诺数下，可能需要更为严格的管道粗糙度限值。

3）长径喷嘴使用条件为：$50\text{mm}\leqslant D\leqslant 630\text{mm}$；$0.2\leqslant\beta\leqslant 0.8$；$1\times10^4\leqslant Re_D\leqslant 1\times10^7$；$Ra/D\leqslant 3.2\times10^{-4}$（在上游管道中）。

若喷嘴上游至少 10D 长度范围内的粗糙度在上述极限之内，则也可使用具有较高相对粗糙度的管道。

4）文丘里喷嘴使用条件为：$65\text{mm}\leqslant D\leqslant 500\text{mm}$；$d\geqslant 50\text{mm}$；$0.316\leqslant\beta\leqslant 0.775$；$1.5\times10^5\leqslant Re_D\leqslant 2\times10^6$。

此外，管道粗糙度应符合表 11-6 给出的值。

表 11-6　文丘里喷嘴上游管道相对粗糙度上限值

β	≤0.35	0.36	0.38	0.40	0.42	0.44	0.46	0.48	0.50	0.60	0.70	0.775
$10^4 Ra/D$	8.0	5.9	4.3	3.4	2.8	2.4	2.1	1.9	1.8	1.4	1.3	1.2

若喷嘴上游至少 $10D$ 长度范围内的管道相对粗糙度在表 11-6 给出的限值范围之内，也可使用较高相对粗糙度的管道。

5）经典文丘里管使用条件为：①“铸造”收缩段经典文丘里管：$100\text{mm} \leqslant D \leqslant 800\text{mm}$，$0.3 \leqslant \beta \leqslant 0.75$，$2\times10^5 \leqslant Re_D \leqslant 2\times10^6$，入口段和收缩段内表面粗糙度 $Ra < 1\times10^{-4}D$；②机械加工收缩段经典文丘里管：$50\text{mm} \leqslant D \leqslant 250\text{mm}$，$0.4 \leqslant \beta \leqslant 0.75$，$2\times10^5 \leqslant Re_D \leqslant 1\times10^6$，入口段和收缩段内表面粗糙度 $Ra < 1\times10^{-4}d$；③粗焊铁板收缩段经典文丘里管：$200\text{mm} \leqslant D \leqslant 1200\text{mm}$，$0.4 \leqslant \beta \leqslant 0.7$，$2\times10^5 \leqslant Re_D \leqslant 2\times10^6$，入口段和收缩段内表面粗糙度 $Ra < 5\times10^{-4}D$。

常用管壁等效均匀粗糙度 K 值详见表 5-2。

第三节　蒸汽流量测量

一、蒸汽及其分类

蒸汽，也称水蒸气，是指水沸腾后所形成的气相。类型包括湿蒸汽、饱和蒸汽和过热蒸汽。

在 1 个标准大气压（1.01×10^5Pa）下，水在 100℃沸点开始从其液相转化为气相（蒸汽）。随着系统压力的升高，水的沸点也随之升高。

对一定压力下的水，定压加热，使其产生相变。当气、液两相保持动态平衡时，液面上的蒸汽为饱和蒸汽。湿饱和蒸汽即是指饱和水与饱和蒸汽两相共存的混合物，简称湿蒸汽。当继续加热，水逐渐由部分汽化到全部汽化时，即为干饱和蒸汽。饱和蒸汽的压力称为饱和压力，此状态下的温度称为饱和温度。水完全蒸发，并被加热到高于沸点以上温度的蒸汽为过热蒸汽。

二、蒸汽流量测量仪表

蒸汽是较难测量的流体之一，这是由于蒸汽温度和压力较高，且测量参数随蒸汽类型而变化，且蒸汽极易受到其温度或压力变化的影响，因而从某种程度上讲，蒸汽是一种不稳定的流体。在各种类型的蒸汽中，干饱和蒸汽和过热蒸汽中不含任何水分，而湿蒸汽是含有蒸汽和冷凝热水的混合流体，因而湿蒸汽流量最难以测量。

国内外用于蒸汽流量测量的仪表有差压式流量计、涡街流量计、可变面积流量计、靶式流量计、涡轮流量计、科里奥利质量流量计、超声流量计等流量测量仪表，其中差压式流量计和涡街流量计是常用的两种蒸汽流量测量仪表。

1. *差压式流量计*

在过程工业蒸汽流量测量中，差压式流量计是绝对的主流，其应用份额超出所用蒸汽流量仪表总量的一半以上。可用于测量低温低压、中温中压、高温高压等各个系列等级的蒸汽流量。

差压流量计是以测量流体流经节流装置所产生的静压差来显示流量大小的一种流量计，通常由节流装置、差压信号测量管路和差压仪表三部分组成。其优点是造价相对便宜，安装较为简易，且应用历史较长，实验数据较为完整，设计、安装、调试、运行等经验较多。当采用多变量差压流量变送器时，在测量过程压力、温度变量基础上，经过其内置计算模块，还可输出除体积流量外的质量流量。不足之处是测量范围度（turn-down）小，存在压力损失，对流体流场有干扰，随着使用时间的推移节流装置磨损越来越严重，对孔板尤为严重，从而影响测量准确度。

值得提醒的是，用于测量蒸汽流量的差压流量计的性能及可靠性很大程度上取决于所用的一次元件。因流量喷嘴长于处理高温、高压、高流速介质，故高温高压蒸汽流量测量一次节流元件首选流量喷嘴。其次，孔板也常常用于较低参数的蒸汽流量测量。事实上，包括皮托管、文丘里管、均速管等一次元件也可以用于蒸汽流量测量，只是在具体应用中，应核实其结构、强度等是否可靠，耐热、耐压、抗高流速冲击性能等是否满足要求，固有频率是否接近流体产生的涡街频率等。

2. 涡街流量计

在低温低压或中温中压蒸汽流量测量中，涡街流量计也是较为常用的一种体积流量计。涡街流量计不仅可以测量过热蒸汽，也可以测量饱和蒸汽，包括湿饱和蒸汽等。

在一定的流体雷诺数范围内，体积流量与旋涡的频率呈线性关系。依此关系，涡街流量计通过测量旋涡的频率从而实现对蒸汽体积流量的测量。

涡街流量计具有结构简单、安装维护方便、准确度较高、测量范围宽、压损小（为孔板的 1/2～1/4）等优点。其局限性有：不能用于高温、高压蒸汽测量，不适用于低雷诺数，在低流速、小口径情况下应用受到限制；不能安装在振动和电磁干扰较强的场所，否则应选用特殊的耐振检测方式和电磁屏蔽措施；与差压流量计一样，应根据上游侧不同形式的阻流件配置足够长的直管段等。

若需输出蒸汽质量流量，则需首先测量蒸汽的压力、温度，以求得被测蒸汽的密度。此时，测压点宜设在涡街流量计下游 $3D$～$5D$ 范围内，测温点宜设在涡街流量计下游 $4D$～$8D$ 范围内，如此才不会影响蒸汽流体流场。对于过热蒸汽，需同时进行温度、压力补偿。对于饱和蒸汽，由于其饱和压力和饱和温度有一定的函数关系，只需考虑温度或压力单一补偿即可。由于涡街流量计的输出仅与流过测量管的流体流速成正比，湿蒸汽中所含的水滴对流量测量的影响可忽略不计，故涡街流量计也可实现对湿蒸汽的流量测量。但要注意的是，在可能存在蒸汽大幅度减压（如涡街流量计安装在减压阀后），出现绝热膨胀，致使湿蒸汽变为过热蒸汽的场合，则需同时进行温度、压力补偿。

在 20 世纪末，国外推出了集成 RTD（热电阻）温度传感器和压力传感器于一体的多变量涡街流量计，从而可直接实现蒸汽的体积流量、温度、压力、密度和质量流量的测量和输出。

3. 可变面积流量计

可变面积流量计大多用于现场直观流动指示或测量准确度要求不高的小流量、低温低压或中温中压蒸汽介质流量测量。如需远传输出所测流量信号，则应选用带远传功能的可变面积流量计。

可变面积流量计，也称转子流量计，是利用流体流量与浮子的上升高度（即流量计的流通面积）之间的比例关系来测量流量的。由于可变面积流量计在测量过程中始终保持浮子前后的压力降不变，通过改变流通面积来改变流量，因此又称为恒压降流量计或浮子流量计。

可变面积流量计具有下列特点：适用于小管径（最小可到 DN4）和低流速，在微、小流量测量中应用最多；对上游直管段要求不高；范围度较宽（一般为 10∶1，最高可到 25∶1），输出特性近似线性，压力损失较小，价格便宜等。

在测量蒸汽流量时，考虑到蒸汽温度和压力相对较高，且为防止破碎，应选用蒸汽专用型金属管可变面积流量计，或在标准型流量计上加装带散热片的液体阻尼件、与指示转换部分连接处加装散热片等附加构件。

在安装流量计时要注意，流量计应垂直安装在无振动的管道上，且蒸汽自下而上流过仪表。如必须安装在振动较大的地方，则应加装阻尼装置。如蒸汽含杂质较多，则应在流量计上游安装过滤器。若蒸汽本身有脉动，则需加装缓冲罐或选用有阻尼机构的流量计。若蒸汽压力、温度参数与标定不一致，则须作必要的换算。

4. 靶式流量计

在国内电厂，过去常常用靶式流量计测量燃油流量，后由于科里奥利质量流量计的推广应用，才逐渐退出。但在国外，靶式流量计常用于液体、气体，包括蒸汽的测量场合，特别是用于测量过热蒸汽或饱和蒸汽的蒸汽流量，以及含适量固体颗粒的蒸汽浆液流量。

靶式流量计是在恒定截面直管段中设置一个与流束方向相垂直的靶板，蒸汽流体沿靶板周围通过时，靶板受到推力的作用，推力的大小与流体的动能和靶板的面积成正比。在一定的雷诺数范围内，流过流量计的流量与靶板受到的力成正比，通过检测靶板所受的力即可实现流量的测量。靶式流量计由测量管、靶板、力传感器和信号处理单元组成。

靶式流量计具有以下优点：①无可动部件，结构简单，维护方便，所需上游直管段为$5D\sim10D$，较孔板要求低；②可靠性和准确度较高，准确度可达0.2%；③不需仪表取压脉冲管路，不易堵塞和泄漏；④压力损失较低，约为标准孔板的一半；⑤测量范围宽，适用于大范围温度和压力工况下的蒸汽流量测量，最高工作压力可到100MPa，温度可达500℃；⑥适用于低雷诺数流量测量，雷诺数下限可到1000，流速0.08m/s；⑦基本适合于3/8”以上的任何管径流量测量。其不足之处是靶板易磨损，安装需水平安装，并确保靶板与管道轴线同心，否则会造成流量系数的改变。

5. 涡轮流量计

涡轮流量计是由流动流体的动力驱动涡轮叶片旋转，根据其旋转速度与流体体积流量近似成比例的原理而工作的，广泛用于液体和气体流量测量场合，但有时也用于低温低压的干蒸汽流量测量。

在用于蒸汽流量测量时，特别应注意防止蒸汽中出现冷凝水。当部分蒸汽发生冷凝时，流体变为汽水混合物，形成两相流。其中的冷凝水不仅损伤流量计的叶片，同时也对测量准确度造成不利影响。

较之涡街流量计，涡轮流量计在低流量下测量性能更佳。此外，涡轮流量计还具有准确度高、重复性好、范围度宽（有的产品可达25：1）等优点。其不足是要求蒸汽必须是洁净、单相，不适用于脉动流和混相流的测量。

6. 科里奥利质量流量计

科里奥利质量流量计是基于流体在流量计振动管中流动时产生与质量流量成正比的科里奥利力来实现对流体质量流量的测量的，其具有测量准确度高，不受管道内流场影响，无上、下游直管段长度要求，阻力损失较大，管路振动、测量管路腐蚀与磨损、结垢等影响其测量准确度等特点。

与涡轮流量计一样，科里奥利质量流量计也难以处理蒸汽中的冷凝水。当蒸汽出现冷凝时，形成蒸汽和水的混合两相流，冷凝水的存在会对其流量测量准确度造成不利的影响。因此，科里奥利质量流量计也主要用于干蒸汽流量的测量。

但是由于蒸汽极易受到其温度和压力变化的影响，从而蒸汽流量工况会急剧变化。这一点仍是科里奥利质量流量计难以在蒸汽流量测量中大面积推广的技术难题。

7. 超声流量计

超声流量计主要由换能器、转换器和信号传输三部分组成，具有非侵入式、高准确度、几乎无压降、无可动部件等优点。

超声流量计用于测量蒸汽流量尚存在一些技术困难，其一是当采用夹持式超声流量计时，超声波在金属管壁的传播速度与穿过蒸汽的传播速度存在差异，从而干扰蒸汽流量的精确计算；其二是由于管壁上杂质的沉积或其他介质的集聚程度不同，使得难以获得确切的管壁厚度；其三是当采用固定安装式超声流量计时，由于蒸汽的高温，可能导致与蒸汽直接接触的换能器因过热而损坏。

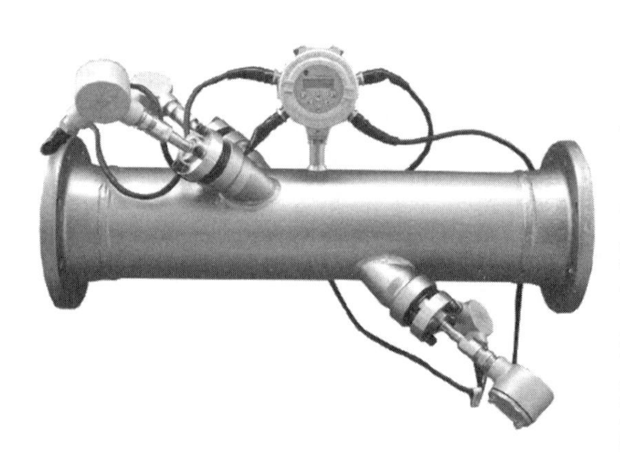

图 11-2　蒸汽流量测量超声流量计

尽管存在以上技术难题，但国外某公司已成功找到解决方案，已推出采用传播时间原理的用于测量饱和蒸汽和过热蒸汽流量的固定安装式超声流量计 DigitalFlow XGS868i（见图 11-2）。该产品换能器采用钛或蒙乃尔或哈氏合金，耐受温度可高达 450℃，压力可高达 24MPa，适合管径 50～1200mm，流速准确度为测量值的±（1%～2%），重复性为测量值的±（0.2%～0.5%），双向流速范围为−46～46m/s，量程比达 1500∶1，可输出蒸汽质量流量、标准或实际体积流量、累积流量、流速等。

综上所述，与液体、气体和空气相比，蒸汽流量是最难测量的流体之一。蒸汽中所含冷凝水给涡轮流量计和科里奥利质量流量计造成困难，蒸汽的高热量也给超声流量计的应用产生难题。因而，涡轮流量计和科里奥利质量流量计只能用于干蒸汽流量的测量。上述流量计要想在蒸汽流量测量领域大面积推广，还需持续不懈的努力和改进。

由于差压式流量计和涡街流量计能承受与蒸汽流量测量相关的高温和高压，因而在蒸汽流量测量中应用最多。应注意的是，差压式流量计的效能取决于所采用的一次元件类型。差压式流量计的一次元件和涡街流量计的旋涡发生体阻流件能承受蒸汽的高温，但其变送器自身并不能忍受来自蒸汽的高热量。

三、过热蒸汽流量测量

在电厂中，过热蒸汽流量的测量基本上是采用基于标准差压装置的节流式差压测量方式，如标准孔板、喷嘴等；有时因安装条件有限或考虑到减少因节流装置造成的压损等原因，也有采用间接推导式测量方式的，如基于汽轮机调节级压力或其他参数间接测量主蒸汽流量等。

（一）节流式差压测量方式

目前国内大型电厂大多为亚临界机组、超临界机组，部分为超超临界机组。各类机组的主蒸汽温度、压力参数为：亚临界机组压力为 15.7～19.6MPa，温度为 540℃左右；超临界及超超临界机组压力为 22.1～31MPa，温度为 540～610℃。各类过热蒸汽管道介质流速通常为：主蒸汽管道 40～60m/s，高温再热蒸汽管道 50～65m/s，低温再热蒸汽管道 30～

45m/s，抽汽或辅助蒸汽管道（过热蒸汽）35～60m/s，去减压减温器蒸汽管道 60～90m/s。可见，电厂中过热蒸汽测量对象属高温、高压、高流速的介质范畴。

流量喷嘴的结构形式决定了流量喷嘴主要用于高温、高压、高流速，易磨损，可能存在汽蚀损伤的流量测量场合。因此，电厂的过热蒸汽流量测量一次元件一般采用喷嘴，对于主蒸汽流量测量通常采用长颈喷嘴。其他无特殊要求的情况下，为了节省投资，一般多用标准孔板。以下结合过热蒸汽流量测量，对节流装置的选型计算、差压流量测量仪表的选型、安装要求作详细说明。

1. 节流装置的选型计算

以过热蒸汽流量测量为例，对节流装置的选型计算，即本章第二节所提及的“计算类型 2”做详细说明。

（1）已知条件。

1）被测流体：过热水蒸气。

2）流体流量：最大流量 $q_{max}=250t/h$，常用流量 $q_{com}=200t/h$，最小流量 $q_{min}=100t/h$。

3）工作参数：工作压力 $p_1=13.1MPa$（绝对压力），工作温度 $t=550℃$。

4）最大差压：$\Delta p_{max}=180kPa$。

5）20℃时管道内径：$D_{20}=221mm$。

6）流体管道：材质 12Cr1MoVG，无缝管，工作温度下的材料线膨胀系数 $\lambda_D=14.16\times10^{-6}mm/(mm\cdot℃)$。

7）采用标准长径喷嘴，配智能差压变送器。

8）节流件（标准长径喷嘴）：材质 1Cr18Ni9Ti，工作温度下的材料线膨胀系数 $\lambda_d=18.20\times10^{-6}mm/(mm\cdot℃)$。

（2）辅助计算。

1）工作状态下流量测量范围上限值：

$$q_{max}=250t/h\approx69.4444kg/s$$

2）工作状态下常用流量值：

$$q_{com}=200t/h\approx55.5555kg/s$$

3）工作状态下流量测量范围下限值：

$$q_{min}=100t/h\approx27.7778kg/s$$

4）工作状态下管道内径：

按式（11-4）求解，得

$$D=D_{20}[1+\lambda_D(t-20)]=221\times[1+14.16\times10^{-6}\times(550-20)]\approx222.6586(mm)$$

5）通过查水蒸气物理性质表可得工作状态下水蒸气密度 $\rho=37.60483kg/m^3$ 和工作状态下水蒸气黏度 $\mu=31.9\times10^{-6}Pa\cdot s$，通过查水蒸气等熵指数图可得工作状态下水蒸气等熵指数 $\kappa=1.28$。

6）根据式（11-3）计算雷诺数：

$$Re_{D com}=\frac{4q_{com}}{\pi\mu D}=\frac{4\times55.5555}{3.14\times31.9\times10^{-6}\times0.2226586}\approx9.960\times10^{6}$$

雷诺数符合规定的长径喷嘴使用限制条件要求。

（注意：考虑到机组主要是在常用流量下运行，故本计算实例基于常用流量值。通常如无特殊要求，宜基于最大流量计算相关数值。）

7）管道粗糙度：查表 5-2 可知，$K<0.03\text{mm}$，$Ra/D=\frac{K/\pi}{D}<\frac{0.03/\pi}{222.6586}\approx 4.29\times 10^{-5}$，管道粗糙度符合规定的长径喷嘴使用限制条件要求。

8）已知 $\Delta p_{max}=180\text{kPa}$，则

$$\Delta p_{com}=\Delta p_{max}\left(\frac{q_{com}}{q_{max}}\right)=180\times\left(\frac{200}{250}\right)^2=115.2(\text{kPa})$$

验算 $\tau=\frac{p_2}{p_1}=\frac{p_1-\Delta p_{com}}{p_1}=\frac{13.1-0.1152}{13.1}\approx 0.9922>0.75$，符合要求。

（3）计算。

1）依据表 11-2 或式（11-20），求已知项 A_2：

$$A_2=\frac{\mu Re_{D\text{com}}}{D\sqrt{2\Delta p_{com}\rho}}=\frac{31.9\times 10^{-6}\times 9.960\times 10^6}{0.2226586\times\sqrt{2\times 115.2\times 10^3\times 37.60483}}\approx 0.484783$$

2）根据表 11-2 及相应公式，求 X_1、β_1、ε_1、C_1、δ_1 值：

根据 $X_n=\frac{A_2}{C_{n-1}\varepsilon_{n-1}}$，令 $C_0=1$，$\varepsilon_0=1$，则

$$X_1=\frac{A_2}{C_0\varepsilon_0}=\frac{0.484783}{1\times 1}=0.484783$$

根据表 11-2 或式（11-25），可求出直径比，得

$$\beta_1=\left(\frac{X_1^2}{1+X_1^2}\right)^{0.25}=\left(\frac{0.484783^2}{1+0.484783^2}\right)^{0.25}\approx 0.660474$$

根据式（11-13），求喷嘴膨胀系数，得

$$\varepsilon_1=\sqrt{\left(\frac{\kappa\tau^{2/\kappa}}{\kappa-1}\right)\left(\frac{1-\beta^4}{1-\beta^4\tau^{2/\kappa}}\right)\left[\frac{1-\tau^{(\kappa-1)/\kappa}}{1-\tau}\right]}$$

$$=\sqrt{\frac{1.28\times 0.9922^{2/1.28}}{1.28-1}\times\frac{1-0.660474^4}{1-0.660474^4\times 0.9922^{2/1.28}}\times\frac{1-0.9922^{(1.28-1)/1.28}}{1-0.9922}}\approx 0.99400$$

根据式（11-9），再求流出系数，得

$$C_1=0.9965-0.00653\sqrt{\frac{10^6\beta}{Re_{D\text{com}}}}$$

$$\approx 0.9965-0.00653\times\sqrt{\frac{10^6\times 0.660474}{9.960\times 10^6}}\approx 0.99482$$

根据式（11-26），再求已知项与未知项的差值，得

$$\delta_1=A_2-X_1C_1\varepsilon_1=0.484783-0.484783\times 0.99482\times 0.99400\approx 0.0054048$$

3）迭代计算 β 值：

a）求 X_2、β_2、ε_2、C_2、δ_2 值。

根据表 11-2 和式（11-25），可得

$$X_2=\frac{A_2}{C_1\varepsilon_1}\approx\frac{0.484783}{0.99482\times 0.99400}\approx 0.4902487$$

$$\beta_2=\left(\frac{X_2^2}{1+X_2^2}\right)^{0.25}=\left(\frac{0.4902487^2}{1+0.4902487^2}\right)^{0.25}\approx 0.663472$$

根据式（11-13），求喷嘴膨胀系数，可得

$$\varepsilon_2=\sqrt{\left(\frac{\kappa\tau^{2/\kappa}}{\kappa-1}\right)\left(\frac{1-\beta^4}{1-\beta^4\tau^{2/\kappa}}\right)\left(\frac{1-\tau^{(\kappa-1)/\kappa}}{1-\tau}\right)}$$

$$=\sqrt{\frac{1.28\times0.9922^{2/1.28}}{1.28-1}\times\frac{1-0.663472^4}{1-0.663472^4\times0.9922^{2/1.28}}\times\frac{1-0.9922^{(1.28-1)/1.28}}{1-0.9922}}$$

$$\approx0.993969$$

根据式（11 - 9），再求流出系数，可得

$$C_2=0.9965-0.00653\sqrt{\frac{10^6\beta}{Re_{D\mathrm{com}}}}$$

$$\approx0.9965-0.00653\times\sqrt{\frac{10^6\times0.663472}{9.960\times10^6}}\approx0.99481$$

根据式（11 - 26），再求已知项与未知项的差值，可得

$$\delta_2=A_2-X_2C_2\varepsilon_2=0.484783-0.4902487\times0.99481\times0.993969\approx0.00002003$$

b）根据线性算法式（11 - 22）及其他公式，求 X_3、β_3、ε_3、C_3、δ_3 值，可得

$$X_3=X_2-\delta_2\frac{X_2-X_1}{\delta_2-\delta_1}=0.4902487-0.00002003\times\frac{0.4902487-0.484783}{0.00002003-0.0054048}\approx0.490269$$

$$\beta_3=\left(\frac{X_3^2}{1+X_3^2}\right)^{0.25}=\left(\frac{0.490269^2}{1+0.490269^2}\right)^{0.25}\approx0.663483$$

根据式（11 - 13），求喷嘴膨胀系数，可得

$$\varepsilon_3=\sqrt{\left(\frac{\kappa\tau^{2/\kappa}}{\kappa-1}\right)\left(\frac{1-\beta^4}{1-\beta^4\tau^{2/\kappa}}\right)\left[\frac{1-\tau^{(\kappa-1)/\kappa}}{1-\tau}\right]}$$

$$=\sqrt{\frac{1.28\times0.9922^{2/1.28}}{1.28-1}\times\frac{1-0.663483^4}{1-0.663493^4\times0.9922^{2/1.28}}\times\frac{1-0.9922^{(1.28-1)/1.28}}{1-0.9922}}$$

$$\approx0.993969$$

根据式（11 - 9），再求流出系数，可得

$$C_3=0.9965-0.00653\sqrt{\frac{10^6\beta}{Re_{D\mathrm{com}}}}\approx0.9965-0.00653\times\sqrt{\frac{10^6\times0.663483}{9.960\times10^6}}\approx0.99481$$

根据式（11 - 26），再求已知项与未知项的差值，可得

$$\delta_3=A_2-X_3C_3\varepsilon_3=0.484783-0.490269\times0.99481\times0.993969\approx3.74\times10^{-8}$$

根据准确度判别式（11 - 23），可得

$|E_3|=\left|\frac{\delta_3}{A_2}\right|=\left|\frac{3.74\times10^{-8}}{0.484783}\right|\approx7.7\times10^{-8}<1\times10^{-7}$，迭代停止。

4）求 d 值：

$d=\beta D=0.663483\times222.6586\approx147.730(\mathrm{mm})$

5）根据式（11 - 1），验算流量：

$$q'_{\mathrm{com}}=\frac{C}{\sqrt{1-\beta^4}}\varepsilon\frac{3.14}{4}d^2\sqrt{2\Delta p\rho}$$

$$=\frac{0.99481}{\sqrt{1-0.663483^4}}\times0.993969\times\frac{3.14}{4}\times0.147730^2\times\sqrt{2\times115.2\times10^3\times37.60483}$$

$$\approx55.5620(\mathrm{kg/s})$$

$\frac{q'_{\mathrm{com}}-q_{\mathrm{com}}}{q_{\mathrm{com}}}=\frac{55.5620-55.5555}{55.5555}\approx1.17\times10^{-4}<0.1\%$，计算合格。

6）求 d_{20} 值：

$$d_{20}=\frac{d}{1+\lambda_d(t-20)}=\frac{147.730}{1+18.20\times10^{-6}\times(550-20)}\approx146.3186(\text{mm})$$

7）求最大压力损失：

根据式（11-14），求出最大压力损失值，得

$$\Delta\bar{\omega}_{max}=\frac{\sqrt{1-\beta^4(1-C)^2}-C\beta^2}{\sqrt{1-\beta^4(1-C^2)}+C\beta^2}\Delta p_{max}$$

$$=\frac{\sqrt{1-0.663483^4\times(1-0.99481^2)}-0.99481\times0.663483^2}{\sqrt{1-0.663483^4\times(1-0.99481^2)}+0.99481\times0.663483^2}\times180$$

$$\approx70(\text{kPa})$$

2. 差压流量测量仪表的选型

差压测量仪表与节流装置配合，可测量管道中各种流体的流量。差压测量仪表一般可分为差压计和差压变送器两大类，其主要特点见表 11-7。

表 11-7　　差压测量仪表类型一览表

类型	最大工作压力（MPa）	准确度等级	主要特点
薄膜式差压计	5	2，2.5	1）测量元件为薄膜膜片，测量差压范围小，承受静压力低； 2）无远传装置； 3）流量刻度不均匀； 4）准确度不高； 5）价格较便宜
膜片式差压计	6.4，16	2.5	1）测量元件为膜片； 2）通常就地无指示，可输出供远传的电信号； 3）性能较稳定； 4）准确度不高
双波纹管差压计	40	1.0，1.5	1）测量元件为两个金属膜盒，测量差压范围大，承受静压力高； 2）有就地指示、积算、记录功能； 3）可输出供远传的电信号； 4）流量刻度不均匀； 5）准确度较高； 6）价格较贵
差压变送器	超低差压：约 0.35； 低、中差压：约 0.35，5，13.8； 大差压：约 31	0.04，0.075，0.1，0.2，0.5，1.0 等	1）测量元件可为电容、单晶硅等，测量差压范围大，承受静压力高； 2）无就地流量指示，可输出供远传的电信号或通信信号； 3）当采用多变量智能差压变送器时，可同时输出体积流量、质量流量、温度、压力等信号； 4）通常具有完善的自诊断功能； 5）准确度高； 6）价格较贵

（1）差压流量测量仪表的选型原则。在差压流量测量仪表选型时，通常应遵循下列原则：

1）在低压管道中测量流量而准确度要求不高且仅需就地指示时，可选用薄膜式差压计；若用在测量高压介质或准确度要求较高，可选用双波纹管差压计。

2）当需要就地指示、积算、报警时，可选用相应型号的双波纹管差压计。

3）当需要远传流量信号，供远方指示、调节、保护、报警时，可选用差压变送器。

4）在爆炸危险场所内，应选择合适的防爆型式；在湿热带或滨海区域，应选用湿热带或防盐雾型；防护等级一般不应低于IP54。

5）对于黏稠、易结晶、腐蚀性、含固体颗粒的介质，应选用适宜的仪表或附带化学密封装置。

6）测蒸汽或高于60℃的介质流量时，应选用耐高温型仪表或安装冷凝罐等冷却设施。

7）测含有粉尘的气体流量时，应选用有防堵功能的仪表或设置相应的除尘防堵设施。

随着差压（流量）变送器性能的不断提高和新型流量测量仪表的不断涌现，现今电厂中采用就地差压流量测量仪表的场合已大幅减少。

（2）差压流量测量仪表准确度等级及量程选择。差压流量测量仪表准确度应按下列原则选定：

1）主要流量指示仪表1级，记录仪表0.5级。

2）经济考核流量仪表不低于0.5级。

3）一般流量指示仪表1.5级，就地流量指示仪表1.5～2.5级。

常见的差压流量计的测量上限系列值有1.0，1.25，1.6，2.0，2.5，3.2，4.0，5.0，6.3，8.0×10^n（其中n为正整数、负整数或零）。在选择差压流量计仪表量程时，其实际最大流量值应接近于流量计的最大刻度值。一般情况下，其额定流量值应在最大刻度的80%～90%范围内。正常运行中的最小流量应不小于最大刻度的1/2。

对于差压变送器的量程选择，则不需要像差压流量计一样靠上限系列值选择，而只需将所测差压值向上取整即可。以表11-8为例，假设被测介质最高工作压力为13MPa，通过计算得出节流装置输出最大差压值为178.8kPa，则可向上圆整取值为179kPa即可。查表11-8可知，差压值179kPa处于“低、中、高差压变送器”量程5，“大差压变送器”量程6及“高静压差压变送器”量程5和量程6范围内，且三种变送器静压值均高于介质工作压力，理论上选型时可选择任一量程范围。但考虑到宜优先选取测量准确度高的型号，故综合考虑后选用“低、中、高差压变送器”的量程范围5。具体应用时，只需将变送器满量程整定值整定为179kPa。当然，若在上述条件下被测介质工作压力高于13.8MPa，考虑到变送器可耐受静压值应大于被测介质最高工作压力的原因，则只能选择“高静压差压变送器”的量程5范围。

3. 节流式差压流量测量仪表系统的安装要求

完整的节流式差压流量测量仪表系统（见图11-3）包括节流装置、测量管路（包括仪表阀门等）、差压流量计或变送器等。

表 11-8　　　　差压变送器基本特性示例

名称	仪表型号	仪表结构	测量范围	仪表基本误差	被测介质压力	允许的环境参数		备注
						温度（℃）	湿度	
微差压变送器	1151DR	电容式差压变送器	0—0.125～1.5kPa （0—12.5～152mmH_2O）	±0.5% （FS）	3.5kPa （绝对压力）～ 6.89MPa	−40～ +104	0～100%	输出信号 4～20mA 通信 HART 协议 工业标准 Bell202 频移键控 （FSK）技术 LCD 表头
低、中、高差压变送器	1151DP		量程 3 0—1.3～7.5kPa （0—127～762mmH_2O） 量程 4 0—6.2～37.4kPa （0—635～3810mmH_2O） 量程 5 0—31.1～186.8kPa （0—3175～19050mmH_2O）	±0.2% （FS）	3.45kPa （绝对压力）～ 13.8MPa	−40～ +104	0～100%	
大差压变送器	1151DP		量程 6 0—117～690kPa （0—1.2～7kgf/cm^2） 量程 7 0—345～2068kPa （0—3.5～21kgf/cm^2） 量程 8 0—1170～6890kPa （0—12～70kgf/cm^2）	±0.25% （FS）	3.45kPa （绝对压力）～ 13.8MPa	−40～ +104	0～100%	
高静压差压变送器	1151HP		量程 4 0—6.2～37.4kPa （0—635～3810mmH_2O） 量程 5 0—31.1～186.8kPa （0—3175～19050mmH_2O） 量程 6 0—117～690kPa （0—1.2～7kgf/cm^2） 量程 7 0—345～2068kPa （0—3.5～21kgf/cm^2）	±0.25% （FS）	≤31.2MPa	−40～ +104	0～100%	

续表

名称	仪表型号	仪表结构	测量范围	仪表基本误差	被测介质压力	允许的环境参数		备注
						温度（℃）	湿度	
远传密封式差压变送器	1151GP	电容式差压变送器	量程 4 0－6.2～37.4kPa （0－635～3810mmH_2O） 量程 5 0－31.1～186.8kPa （0－3175～19050mmH_2O） 量程 6 0－117～690kPa （0－1.2～7kgf/cm^2） 量程 7 0－345～2068kPa （0－3.5～21kgf/cm^2） 量程 8 0－1170～6890kPa （0－12～70kgf/cm^2）					输出信号 4～20mA 通信 HART 协议 工业标准 Bell202 频移键控 （FSK）技术 LCD 表头

（1）基本安装原则。节流式差压流量测量仪表系统在安装时应遵循以下基本原则：

1）充分发展紊流原则。为保证流体是充分发展紊流，应确保满足规定的节流件上、下游直管段最小长度，管道粗糙度等要求。必要时，应加装合适的流动调整器。

2）垂直管线原则。节流件应垂直于管道轴线安装，否则难以达到所规定的测量不确定度。

3）降低干扰及便于维护原则。应尽量安装在不易受到外部干扰且便于维护的位置，如远离振动源、防爆门等。在高压蒸汽管道上安装节流件时，不宜将节流件安装在管道的焊缝或蠕变监察段或热影响区内。

4）排污冲洗原则。对易结晶、沉淀或脏污的介质，应设置排污冲洗管线，以便于对导压管（仪表脉冲管）和检测部位进行清洗。

5）调节阀下游设置原则。当管线上设有调节阀时，该调节阀应安装在流量计下游，并应满足流量测量所需的最小下游直管段长度要求。

有关节流装置的详细安装要求，参见第五章。

（2）取压口位置。节流装置的取压口一般设置在法兰、环室或夹紧环上。取压口的轴线应与管道轴线相交，并应与其成直角。取压口内边缘应与管道内壁平齐。用均压环取压时，上、下游侧取压孔的数量应相等，同一侧的取压孔应在同一截面上均匀设置。不同取压方式的上、下游取压口位置、直径等应符合 GB/T 2624《用安装在圆形截面管道中的差压装置测量满管流体流量》的规定。原则上法兰、环室和夹紧环的安装，应考虑防止脏污物等干扰测量的介质进入导压管。

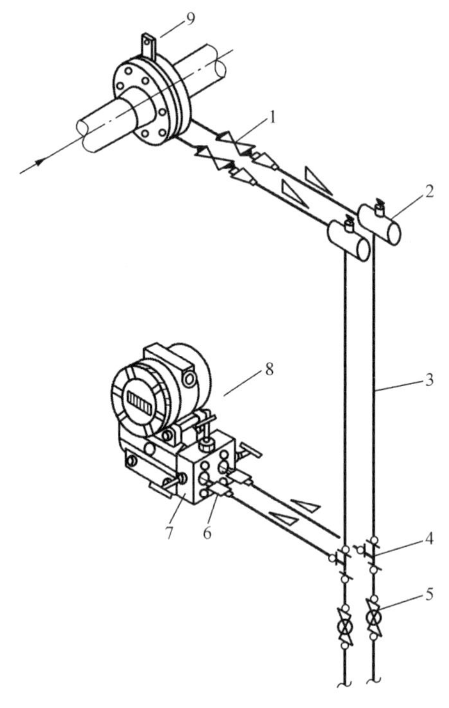

图 11-3　节流式差压（蒸汽）流量测量仪表系统

1—一次门；2—冷凝罐；3—导管；4—三通；5—排污门；6—三阀组接口；7—三阀组；8—变送器；9—节流装置

通常蒸汽流量测量的取压口安装方位应遵循下列原则：

1）安装节流装置的蒸汽主管道水平或倾斜时，取压口安装位置宜处于水平位置，如图 11-3 所示。

2）安装节流装置的蒸汽主管道垂直时，取压口的安装位置在取压装置的平面上，可任意选择。

（3）差压信号管路的设计及安装原则。差压信号管路包括仪表阀门、取压短管、导管及各种管件等。测量管路、取压短管、阀门及管件等的材质和规格，应根据被测介质的类别、参数及管路的安装位置等进行综合考虑后选择。

1）导管选择原则。按国内电力行业标准，一次门前的管路，应按被测介质可能达到的最高压力和最高温度选择，一次门后的管路应能满足可能达到的最高压力和排污时的最高温度的要求。在国内，对于亚临界及以下蒸汽参数，通常按表 11-9 选用；对于超临界参数，通常按表 11-10 选用；对于超超临界参数，通常按表 11-11 选用。各表中 p 均为被测蒸汽介质压力，t 为被测蒸汽介质温度。ASME 标准规定，关断阀和仪表间导管内径不宜小于 9.14mm，壁厚不宜小于 1.25mm。

表 11-9　　亚临界参数管路选用参考表

适用被测介质参数范围	一次门前			一次门后	
	材质	取压短管	管路	材质	管路
p=2.7～14.0MPa t=500～540℃	12Cr1MoV 或与主管道同材质	ϕ25×7 ϕ22×6	ϕ16×3	20G	ϕ14×2
p=16.0～17.5MPa t=500～540℃	12Cr1MoV 或与主管道同材质	ϕ25×7 ϕ22×6	ϕ16×3	20G	ϕ16×3
p=12.0～18.4MPa t=200～235℃	20G	ϕ25×7 ϕ22×6	ϕ16×3	20G	ϕ16×3
p=19.0～28.0MPa t=240～280℃	20G	ϕ25×7 ϕ22×6	ϕ16×3	20G	ϕ16×3
p=3.9MPa t=450℃	20G 或 10G	ϕ25×7 ϕ22×6	ϕ14×2	20G 或 10G	ϕ14×2
p≤7.6MPa t≤175℃	20G 或 10G	ϕ25×7 ϕ22×6	ϕ14×2	20G 或 10G	ϕ14×2

表 11 - 10　　超临界参数管路选用参考表

<table>
<tr><td rowspan="2">被测介质名称</td><td rowspan="2">适用被测介质参数</td><td colspan="3">一次门前</td><td colspan="2">一次门后</td></tr>
<tr><td>材质</td><td>取压短管</td><td>管路</td><td>材质</td><td>管路</td></tr>
<tr><td rowspan="2">主蒸汽</td><td rowspan="2">$p=25.4$MPa
$t=576$℃</td><td rowspan="2">A213 T91</td><td rowspan="2">由配管厂
或管件厂
设计加工</td><td rowspan="2">与取样短管
相同规格
或 φ17×3.5
φ16×3.2</td><td>A213 TP316H</td><td>φ17.1×3.2
φ17×3.5
φ16×3.2</td></tr>
<tr><td>0Cr18Ni9</td><td>* φ17×3.5
** φ16×3.2</td></tr>
<tr><td rowspan="2">热再热蒸汽</td><td rowspan="2">$p=5.42$MPa
$t=574$℃</td><td rowspan="2">A213 T91</td><td rowspan="2">由配管厂
或管件厂
设计加工</td><td rowspan="2">与取样短管
相同规格
或 φ17.1×3.2
φ17×3
φ16×3</td><td>A213 TP316H</td><td>φ17.1×3.2
φ17×3
φ16×3</td></tr>
<tr><td>0Cr18Ni9</td><td>φ17×3
φ16×3</td></tr>
<tr><td rowspan="2">锅炉汽水
分离器</td><td rowspan="2">$p=30.7$MPa
$t=459$℃</td><td>A213
TP316</td><td>由配管厂
或管件厂
设计加工</td><td>与取样短管
相同规格
或 φ18×4
φ17×3.5</td><td>A213 TP316</td><td>φ18×4
φ17×4
φ17×3.5</td></tr>
<tr><td>0Cr18Ni9</td><td></td><td>与取样短管
相同规格
或 φ18×4
φ17×4
* φ17×3.5</td><td>0Cr18Ni9</td><td>φ18×4
φ17×4
* φ17×3.5</td></tr>
</table>

注　1. 带 * 号的管道现场弯制时，当弯曲半径采用 3 倍的管道外径时，壁厚裕量较小，建议管子弯曲半径不宜小于 4 倍的管道外径。带** 号的管道现场弯制时，弯曲半径不应小于 4 倍的管道外径。未标注 * 的管道现场弯制时，弯曲半径不应小于 3 倍的管道外径。

2. 一次门前与取样短管之间的小规格导管只适用于一次门采用一般仪表阀的情况。

表 11 - 11　　超超临界参数管路选用参考表

<table>
<tr><td rowspan="2">被测介质名称</td><td rowspan="2">适用被测介质参数</td><td colspan="3">一次门前</td><td colspan="2">一次门后</td></tr>
<tr><td>材质</td><td>取压短管</td><td>管路</td><td>材质</td><td>管路</td></tr>
<tr><td rowspan="2">主蒸汽</td><td rowspan="2">$p=28.84$MPa
$t=610$℃</td><td rowspan="2">A213 T92</td><td rowspan="2">由配管厂
或管件厂
设计加工</td><td rowspan="2">与取样短管
相同规格</td><td>A213 T92</td><td>** φ18×4
* φ17×4</td></tr>
<tr><td>A213 TP316H</td><td>* φ18×4
* φ17×4</td></tr>
<tr><td rowspan="3">热再热蒸汽</td><td rowspan="3">$p=7.3$MPa
$t=608$℃</td><td rowspan="3">A213 T92</td><td rowspan="3">由配管厂
或管件厂
设计加工</td><td rowspan="3">与取样短管
相同规格</td><td>A213 T92</td><td>φ18×4
φ17.1×3.2
φ17×3</td></tr>
<tr><td>A213 TP316H</td><td>φ18×3
φ17.1×3.2
φ17×3</td></tr>
<tr><td>0Cr18Ni9</td><td>φ18×3
φ17×3</td></tr>
</table>

续表

被测介质名称	适用被测介质参数	一次门前			一次门后	
		材质	取压短管	管路	材质	管路
锅炉汽水分离器	p=30.7MPa t=459℃	A213 TP316	由配管厂或管件厂设计加工	与取样短管相同规格	A213 TP316	$\phi18\times4$ $\phi17\times4$ $\phi17\times3.5$
		0Cr18Ni9		与取样短管相同规格	0Cr18Ni9	$\phi18\times4$ $\phi17\times4$ * $\phi17\times3.5$

注 1. 带 * 号的管道现场弯制时，当弯曲半径采用 3 倍的管道外径时，壁厚裕量较小，建议管子弯曲半径不宜小于 4 倍的管道外径。带** 号的管道现场弯制时，弯曲半径不应小于 4 倍的管道外径。未标注 * 的管道现场弯制时，弯曲半径不应小于 3 倍的管道外径。

2. 一次门前与取样短管之间的小规格导管只适用于一次门采用一般仪表阀的情况。

美国 ASME 标准规定：①取源连接部件：取源连接部件（包括取压短管、管嘴等）应采用至少相当于其所连接管道或容器等级的材料制造。取源连接部件应能承受取源处的设计压力和设计温度，以及由相对位移和振动所施加的额外载荷。当被测介质压力不超过 6200kPa 或温度不超过 425℃时，取源连接部件公称规格应不小于 NPS1/2（相当于 DN15）；当被测介质参数超出上述限值时，其公称规格应不小于 NPS3/4（相当于 DN20）。②导管：关断阀和仪表间导管内径不宜小于 9.14mm，壁厚不宜小于 1.25mm。

当执行 ASME 标准时，应注意该规定中所要求的取源连接部件规格等与国内电力行业标准及惯例的不同。

2）导管壁厚计算。当需核实或计算特殊参数下的所需导管最小要求壁厚时，可按下列要求进行计算和选择。

a）直管的最小壁厚应按下列规定计算：

按直管外径确定时，按式（11 - 27）计算直管的最小壁厚，即

$$S_{\mathrm{m}} = \frac{pD_{\mathrm{o}}}{2[\sigma]^{t}\eta + 2Yp} + a \tag{11 - 27}$$

按直管内径确定时，按式（11 - 28）计算直管的最小壁厚，即

$$S_{\mathrm{m}} = \frac{pD_{\mathrm{i}} + 2[\sigma]^{t}\eta a + 2Ypa}{2[\sigma]^{t}\eta - 2p(1-Y)} \tag{11 - 28}$$

式中 S_{m}——直管的最小壁厚，mm；

p——设计压力（表压力），MPa；

D_{o}——导管外径，取用公称外径，mm；

D_{i}——导管内径，取用最大内径，mm；

$[\sigma]^{t}$——钢材在设计温度下的许用应力，MPa；

η——许用应力的修正系数，仪表导管均为无缝钢管，因此 η=1.0；

a——考虑腐蚀、磨损和机械强度要求的附加厚度，对于仪表导管，可不考虑腐蚀、磨损和机械强度要求的附加厚度（即 a=0），mm；

Y——温度对计算管子壁厚公式的修正系数。

对于铁素体钢，480℃及以下时 $Y=0.4$，510℃时 $Y=0.5$，538℃及以上时 $Y=0.7$；对于奥氏体钢，566℃及以下时 $Y=0.4$，593℃时 $Y=0.5$，621℃及以上时 $Y=0.7$；中间温度的 Y 值，可按内插法计算；当管子的 $D_o/S_m<6$ 时，对于设计温度小于或等于 480℃的铁素体和奥氏体钢，其 Y 值应按下式计算，即

$$Y=\frac{D_i}{D_i+D_o}$$

b）直管的计算壁厚和取用壁厚分别按下列要求选取：

直管的计算壁厚应按式（11 - 29）计算，即

$$S_c=S_m+c \tag{11-29}$$

式中　S_c——直管的计算壁厚，mm；

c——直管壁厚负偏差的附加值，mm。

直管的取用壁厚以公称壁厚表示。对于以外径×壁厚标示的管子，应根据直管的计算壁厚，按管子产品规格中公称壁厚系列选取；对于以最小内径×最小壁厚标示的管子，应根据直管的计算壁厚，遵照制造厂产品技术条件中的有关规定，按管子壁厚系列选取。任何情况下，管子的取用壁厚均不得小于管子的计算壁厚。

c）对于直管壁厚负偏差附加值，应按下列要求选取：

对于管子规格以外径×壁厚标示的无缝钢管，可按式（11 - 30）确定，即

$$c=AS_m \tag{11-30}$$

式中　A——直管壁厚负偏差系数。

对于直管壁厚负偏差系数 A，根据管子产品技术条件中规定的壁厚允许负偏差 $-m\%$ 按公式 $A=\frac{m}{100-m}$ 计算，或按表 11 - 12 取用。

表 11 - 12　　直管壁厚负偏差系数

直管壁厚允许负偏差（%）	−5	−8	−9	−10	−11	−12.5	−15
A	0.053	0.087	0.099	0.111	0.124	0.143	0.176

对于管子规格以最小内径×最小壁厚标示的无缝钢管，壁厚负偏差值等于零。

d）弯管壁厚的选取：

导管在现场安装时，不可避免要进行弯管。因直管的壁厚还需考虑补偿由于导管弯制过程中导致弯管外侧壁厚减薄的因素，故弯制弯管用的直管导管厚度应不小于表 11 - 13 规定的最小壁厚。

表 11 - 13　　弯管弯制前直管导管的最小壁厚

弯曲半径	弯管弯制前直管的最小壁厚	弯曲半径	弯管弯制前直管的最小壁厚
≥6 倍管子外径	$1.06S_m$	4 倍管子外径	$1.14S_m$
5 倍管子外径	$1.08S_m$	3 倍管子外径	$1.25S_m$

当采用以最小内径×最小壁厚标示的直管弯制弯管时，宜采用加大直管壁厚的管子。当

采用以外径×壁厚标示的直管弯制弯管时，宜采用挑选正偏差壁厚的管子进行弯制。

弯管的弯曲半径宜为外径的4～5倍，弯制后的椭圆度不得大于5%。

弯管椭圆度指弯管弯曲部分同一截面上最大外径与最小外径之差与公称外径之比。

3）管路附件的配置及选择原则。在设计时，管路附件的配置应符合下列基本设计原则：

差压流量仪表、变送器应有各自的测量管路、阀门及附件。当需要排污冲管时，宜有各自独立的取源孔。冗余配置的差压流量变送器，应有各自的测量管路、阀门及附件。蒸汽差压流量测量管路上，应装设关断阀（一次门）、二次门、平衡门及排污门。

a）关断阀配置及选择原则。

在靠近节流件的信号管路上应装设关断阀（一次门）。

信号管路上装有冷凝罐时，在靠近冷凝罐的位置应装设关断阀。

关断阀应能承受取源连接部件所附属的管道或容器的设计压力和设计温度，也即关断阀的耐压和耐腐蚀性能应至少与主管道或主设备相同。

关断阀的流通面积不应小于导管的流通面积，关断阀的结构应能防止在其本体中聚积气体或液体。为避免影响差压信号的传送，宜采用直孔式关断阀。当介质参数温度大于100℃时，应采用焊接式连接方式。

b）冷凝罐配置及选择原则。

冷凝罐的作用是使导管中的被测蒸汽冷凝，并使正/负压导管中的冷凝液面有相等的高度且保持恒定。为此，冷凝罐的容积应大于全量程内差压流量计或差压变送器工作空间的最大容积变化的3倍。其水平方向的横截面积不得小于差压流量计或差压变送器的工作面积，以便忽略由于冷凝罐中冷凝液而波动产生的附加误差。

冷凝罐通常在紧邻关断阀后设置，冷凝罐及其连接短管应采用适合于对应于主管道或容器设计压力的饱和蒸汽温度的材料制造。

被测介质为高温、高压（≥20MPa、400℃）蒸汽时，在节流件和冷凝罐之间应装设冷凝水捕集器，以防流量波动很大时，冷凝水返回主管道并使节流件变形。

c）排污阀配置及选择原则。

在导压管的最低点，通常是差压流量计或差压变送器处，应装设排污阀，以便定期排出信号管路中的污物。

按国内电力行业标准规定，排污阀宜按被测介质的压力和温度选择。当介质参数温度大于100℃时，应采用焊接式连接方式。

ASME标准规定：在差压流量计或差压变送器处或靠近差压流量计或差压变送器处所装设的排污阀应采用渐开式。对于亚临界参数以下的蒸汽测量，排污阀的设计压力应不低于管道或容器的设计压力，排污阀的设计温度应不低于饱和蒸汽所对应的饱和温度。除此以外，排污阀的设计压力和设计温度应按不低于管道或容器的设计压力和设计温度而设计。

d）二次仪表阀及其他附件的选择原则。按国内标准，二次仪表阀、平衡阀或三阀组宜按被测介质的压力选择。当公称压力不大于32MPa时，二次仪表阀、平衡阀或三阀组的通径和连接方式均采用DN6通径及外螺纹连接方式。

按ASME规定，当采用排污阀时，仪表处的阀门、在排污阀及流量表计间的任何介入排污的管件或配件应适合至少在管路系统设计压力1.5倍40℃下正常工作，但仪表处的阀门参数规格不必超出排污阀的参数规格。当不采用排污阀时，仪表阀门应按前述排污阀的设计压力和设计温度设计。对于超临界压力工况，管件应能承受主管或容器的设计压力和温度。在非超临界压力工况下，管件应能承受主管或容器压力和相应的饱和蒸汽温度。

4）管路敷设原则。

对于蒸汽流量测量，其节流件上、下游取源部件处的管道或冷凝罐内的液面标高应相等，且不低于取压口。当差压仪表高于节流装置时，冷凝罐应高于差压仪表，冷凝罐至节流装置的管路应保温，以防止冷凝水堵塞节流装置至冷凝罐间的管路。

导管敷设长度宜控制在16m以内，最长不宜超过50m。当导管长度较长时，宜适当增大导管通径。

导管应垂直或倾斜敷设，其倾斜度宜小于1∶12。当差压信号传送距离大于30m时，导管应分段倾斜，并在各高点和低点视需要分别装设排气阀和排污阀（例如，当被测介质为液体时，在敷设导管的各最高点处分别装设排气阀；当被测介质为气体或液体时，在敷设导管的各最低点分别装设排污阀），用于排放曳出气体或固体沉积物，但在流量测量期间不得有流体通过排泄孔和放气孔。排泄孔和放气孔不宜设在一次装置附近，若不能符合此要求，这些孔的直径应小于0.08D，从任意一个孔到同侧一次装置取压口的最小直线距离应大于0.5D。取压口轴线与排泄孔或放气孔轴线彼此之间应相对于管道轴线相差至少30°。

为避免差压信号传送失真，正负压导管应靠近敷设，并保持其环境温度相等。严寒地区导管应加防冻保护措施。用电或蒸汽加热保温时，一是要防止管路内介质的冻结或过热汽化，二是要确保正、负压管受热均匀。

各种典型蒸汽流量测量管路示意见图11-4～图11-7。

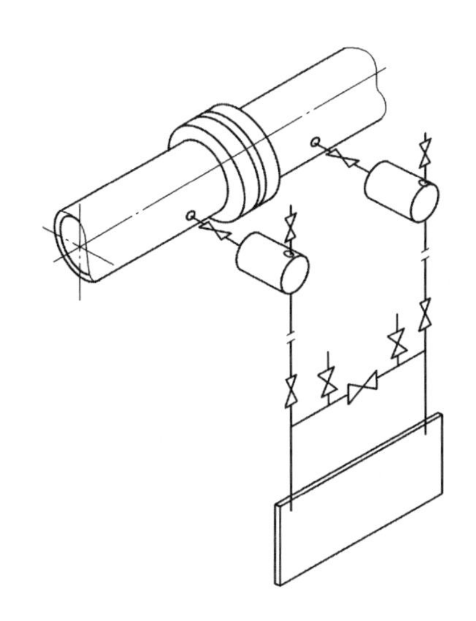

图11-4　典型蒸汽流量测量管路示意
（水平主管道，仪表位于节流装置下方）

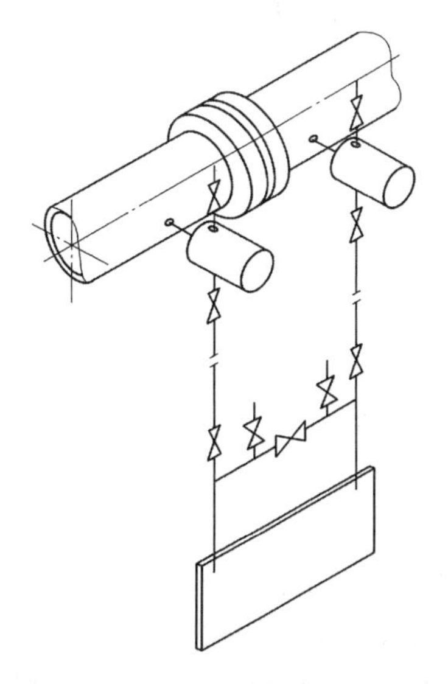

图11-5　典型蒸汽流量测量管路示意
（水平主管道，仪表位于节流装置下方——可选方案）

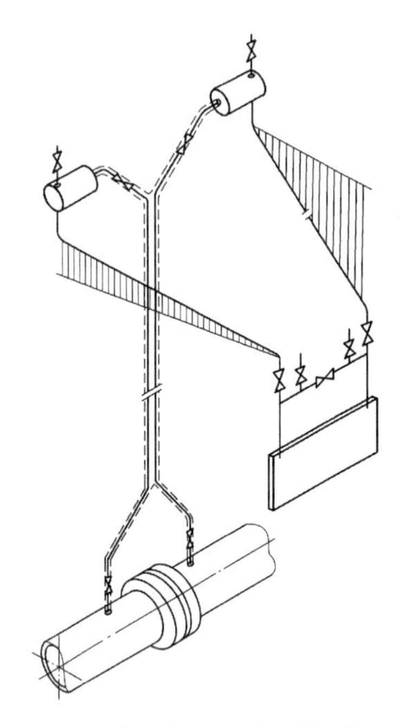

图 11-6 典型蒸汽流量测量管路示意
（水平主管道，仪表位于节流装置上方）

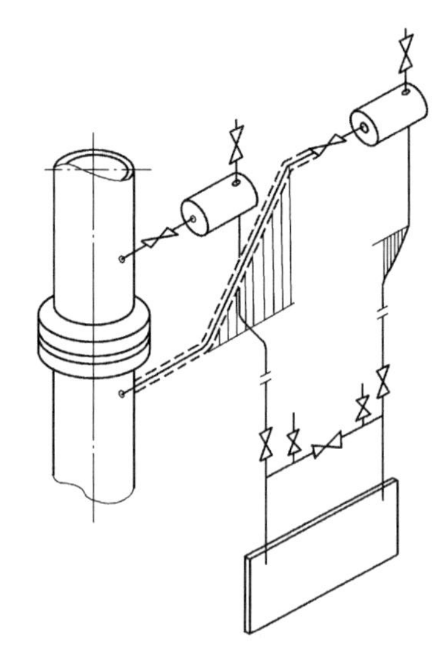

图 11-7 典型蒸汽流量测量管路示意
（垂直主管道，仪表位于节流装置下方）

4. 过热蒸汽密度的确定

对于节流式差压流量测量方式，要获得精确的质量流量值，必须知道准确的节流装置上游取压口处的流体密度值。

流体密度值可以通过密度计直接测量，也可根据取压口处流体的绝对静压、热力学温度和流体成分构成相应的状态方程计算而得。工程中常采用后一种方法，通过测量流体的温度、压力，经计算后求得相应的流体密度，再将求得的密度值与所测体积流量相乘得出质量流量，该方法也常称为温度、压力补偿。

对于蒸汽流量补偿计算，蒸汽密度取决于蒸汽工况（即其温度、压力）值。在饱和态时，蒸汽饱和压力和饱和温度成单值函数关系，其蒸汽密度可由饱和压力或饱和温度求得，故饱和蒸汽流量测量只考虑压力补偿或温度补偿。在过热态时，蒸汽密度取决于蒸汽的压力和温度，故过热蒸汽流量测量需同时考虑压力和温度补偿。

在已知蒸汽压力和温度求取蒸汽密度时，应注意采用国际水和水蒸气热力性质协会（IAPWS）的 IAPWS-IF97 现行有效公式来计算，而不应误用其已作废的 IFC-67 公式。根据 IAPWS 提供的结论：IAPWS-IF97 的准确度要比 IFC-67 高出一个数量级。

（二）间接推导测量方式

1. 基于 Flugel（弗留格尔）公式的间接测量

在电厂中，为简化系统和适应机组运行需要，在机组滑参数运行或者没有条件装设喷嘴流量节流装置时，可基于 Flugel 公式，利用汽轮机调节级后压力或压力级前后的压力差推算出作为控制用的主蒸汽流量信号。应注意的是，当汽轮机旁路投入运行时，最终的主蒸汽流量应为基于 Flugel 公式所算出的汽轮机流量值＋轴封及门杆等漏汽量＋旁路蒸汽流量－

旁路减温水流量综合计算而得。

Flugel 公式的测量原理：多级汽轮机当机组内的级数足够多时，在通流面积（蒸汽流道截面积）不变的情况下，工况变化时，利用调节级后压力或级组前后蒸汽压力与级组蒸汽流量的关系，计算出汽轮机主蒸汽流量。

采用 Flugel 公式计算主蒸汽流量相比节流式差压测量法具有以下特点：①简单、直观，无须专门的测量装置，只是利用汽轮机的有关参数间接换算得出主蒸汽流量，从而节省投资费用；②由于计算流量所用只涉及压力、温度参数，故不会产生因测量而造成的压力损失；③泄漏点大大减少，降低维护工作量和检修费用；④由于汽轮机通流部分在运行中会出现结垢、腐蚀等问题，为最大程度地控制测量误差，必须定期进行试验，并采用相应的措施进行误差修正。

下面详细介绍采用压力级组前后压力测量和调节级后压力测量主蒸汽流量的两种常用方法。

（1）采用压力级组前后压力测量主蒸汽流量。在运用汽轮机调节级后压力测量主蒸汽流量的基础上，为提高测量准确度和扩大适用范围，可采用汽轮机压力级组前后压力差来测量主蒸汽流量。这种流量测量方法的基本理论是 Flugel 公式，其导出公式见式（11-31），即

$$q_1 = q_N \sqrt{\frac{p_1^2 - p_2^2}{p_{1N}^2 - p_{2N}^2}} \sqrt{\frac{T_{1N}}{T_1}} = K \sqrt{\frac{p_1^2 - p_2^2}{T_1}} \tag{11-31}$$

其中

$$K = q_N \sqrt{\frac{T_{1N}}{p_{1N}^2 - p_{2N}^2}}$$

式中　q_1——压力级组前蒸汽流量，t/h；

q_N——额定工况下蒸汽流量，t/h；

p_1——压力级组前蒸汽压力，MPa；

p_2——压力级组后蒸汽压力，MPa；

p_{1N}——压力级组前额定工况下蒸汽压力，MPa；

p_{2N}——压力级组后额定工况下蒸汽压力，MPa；

T_1——压力级组前热力学蒸汽温度，K；

T_{1N}——压力级组前额定工况下热力学蒸汽温度，K；

K——额定工况下蒸汽流量的当量系数。

在实际应用中，p_1 为调节级后压力，p_2 为第一级抽汽压力，两者均易于测得，但下列有关参数则需要由计算或实验确定。

1）主蒸汽流量和调节级后（进入第一压力级）流量。送入汽轮机的主蒸汽流量 q_0 为进入第一压力级流量 q_1 与级前各漏流量 Δq 之和，见式（11-32），即

$$q_0 = q_1 + \Delta q = K \sqrt{\frac{p_1^2 - p_2^2}{T_1}} + \Delta q \tag{11-32}$$

其中

$$K = q_N \sqrt{\frac{T_{1N}}{p_{1N}^2 - p_{2N}^2}}$$

式中　q_0——主蒸汽流量，t/h；

q_1——汽轮机第一压力级流量，t/h；

Δq——主汽门阀杆、调节汽门阀杆，进汽管和高压第一段汽封各漏流量之和，t/h；

p_1——压力级组前蒸汽压力，MPa；

p_2——压力级组后蒸汽压力，MPa；

T_1——压力级组前热力学蒸汽温度，K；

K——额定工况下蒸汽流量的当量系数。

根据汽轮机制造厂热力计算资料，正常运行的汽轮机漏汽量为运行负荷计算用汽量的2%～3%。考虑到漏汽量并为了简化计算，主蒸汽流量可按式（11-33）计算，即

$$q_0 = K_0\sqrt{\frac{p_1^2 - p_2^2}{T_1}} \tag{11-33}$$

式中 q_0——主蒸汽流量，t/h；

p_1——压力级组前蒸汽压力，MPa；

p_2——压力级组后蒸汽压力，MPa；

T_1——压力级组前热力学蒸汽温度，K；

K_0——修正后的当量系数，是计入汽轮机正常漏汽量占主蒸汽流量比值后，使 K 值适当增大的流量当量系数。

2）调节级后蒸汽温度的确定。对于采用喷嘴调节蒸汽量的汽轮机，难以测准调节级后（第一压力级组前）的蒸汽温度，可通过测量第一压力组级（第一段抽汽）的温度 T_2，再按式（11-34）换算成级组前的蒸汽温度 T_1，即

$$T_1 = K_T T_2 \tag{11-34}$$

式中 T_1——级组前的热力学蒸汽温度，K；

T_2——第一压力组级（第一段抽汽）的热力学温度，K；

K_T——温度换算系数。

式（11-34）中 K_T 可取热力计算资料中各工况下 T_1/T_2 的平均值。据此，可将式（11-33）修改为式（11-35），即

$$q_0 = K_0\sqrt{\frac{p_1^2 - p_2^2}{K_T T_2}} \tag{11-35}$$

式中 q_0——主蒸汽流量，t/h；

p_1——压力级组前蒸汽压力，MPa；

p_2——压力级组后蒸汽压力，MPa；

T_2——第一压力组级（第一段抽汽）的热力学温度，K；

K_0——修正后的当量系数。

3）流量当量系数 K_0 的确定。由于汽轮机通流部分制造上的差异，以及长期运行后效率变化等原因，K_0 系数只能通过现场试验来确定。通常是根据热力系数的实际情况，在不同负荷稳定运行的条件下，用凝结水流量或给水流量进行该系统蒸汽流量的在线核算。

（2）采用调节级后压力测量主蒸汽流量。采用汽轮机调节级后压力测量主蒸汽流量的基本理论公式也是基于 Flugel 公式推导的，有

$$q = K\frac{p_1}{\sqrt{T_1}} \tag{11-36}$$

式中 q——主蒸汽流量，t/h；

K——当量比例系数，由汽轮机类型及设计工况所确定；

p_1——调节级后的蒸汽压力，MPa；

T_1——调节级后的热力学蒸汽温度，K。

式（11-36）是由式（11-31）推导而来的。当所取的级组为高压缸的第1级压力级至低压缸的末级时，由于低压缸排汽压力与汽轮机调节级后压力相比要小得多，可忽略不计，则式（11-31）变为式（11-37），即

$$q_1 = q_N \frac{p_1}{p_{1N}} \sqrt{\frac{T_{1N}}{T_1}} \tag{11-37}$$

将式（11-37）中的额定值替换为 K 当量比例系数，即可推导出式（11-36）。

Flugel 公式成立的条件：调节级后的通流面积不变；在调节级后各通流部分的汽压均比例于蒸汽流量；在不同流量条件下，流动过程相同，即多变指数 n 相同，通流部分的效率相同。

事实上，汽轮机是不能完全满足上述条件的，由于运行中下列情况的出现，用级后压力测量蒸汽流量将产生较大的误差。

1）通流部分状况改变的影响：如汽轮机叶片结垢、腐蚀或磨损，轴封间隙的改变，低压旁路阀门及低负荷中间调节阀门开度改变的影响等。

2）回热系统使用情况的影响：如高压加热器、除氧器等的回热抽汽停用及抽汽量的变化等。

3）工况改变的影响：当汽轮机负荷变动时，各级的效率都将变化，尤其是单元机组在低负荷时再热汽温变化较大时的影响。

4）调节级后汽温不真实性的影响：由于直接测量调节级后汽温困难，更难测得级后的平均汽温，因此在应用 Flugel 公式时，一般是用与主汽参数相关的量表达级后汽温的，它仅近似于级后的真实平均汽温。

试验表明，在对上述情况作出估计并采取必要措施的条件下，将测得的调节级后汽压信号经过函数发生器进行非线性校正后，再由主蒸汽温度进行修正，如此处理的结果，即可作为机组控制用的主蒸汽流量信号。其处理方案如图11-8所示。

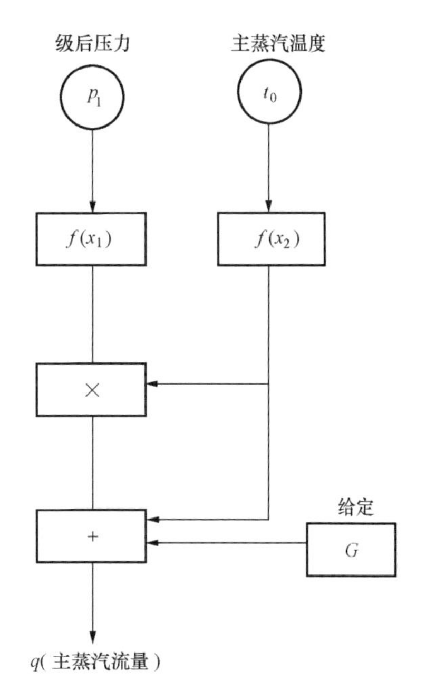

图11-8　主蒸汽流量测量 SAMA 图

此外，再热蒸汽流量也可依据 Flugel 公式，与主蒸汽流量类似推导而出。

2. 基于质量守恒定理的间接测量

当机组处于稳态运行时，根据质量守恒定理，可利用式（11-38）测得主蒸汽质量流量，即

$$q_m = q_{fw} - q_{bl} - q_{ss} + q_{dw} \tag{11-38}$$

式中　q_m——汽轮机主蒸汽质量流量，t/h；

q_{fw}——给水质量流量，t/h；

q_{bl}——锅炉汽水排污质量流量，t/h；

q_{ss}——锅炉自用蒸汽质量流量，t/h；

q_{dw}——锅炉减温水质量流量。

理论上，利用式（11-38）可以求得较为准确的主蒸汽质量流量值。质量守恒法特点是稳态准确度较前述 Flugel 法准确，但在快速反映主蒸汽流量变化趋势的动态特性方面较 Flugel 法差。

第四节　气体流量测量

一、电厂常见气体种类及气体流量测量仪表

在电厂运行中，需要测量流量的气体种类较多，常见的被测对象主要有作为燃料的天然气、煤气等；用于燃烧助燃、燃料或物料干燥或输送或流化的一次风、二次风、三次风、流化风等（上述各类风实质上属于空气类）；燃烧后排放或又作为惰性介质或输送介质的烟气；用于向设备提供运行、检修或维护用的压缩空气，包括厂用压缩空气和仪用压缩空气等；用于发电机冷却的氢气；用于烟气脱硝或脱硫的氨气等。

国内外常用于气体流量测量的仪表主要有容积式流量计、涡轮流量计、超声流量计、差压式流量计、科里奥利质量流量计、热式质量流量计、涡街流量计、可变面积流量计等。以下从应用角度作一简要介绍，详细资料参见第五～第八章。

1. 容积式流量计

容积式流量计，又称定排量流量计（Positive Displacement Flowmeter，PDF），属于最准确的一类流量计，具有结构简单可靠、使用寿命长、重复性优良、准确度长期保持性、对流量计前后直管段无严格要求等优势。不足之处是通常只能用于洁净单相气体流量的测量，且结构复杂，用于大口径流量测量时表计庞大笨重等。

容积式流量计中用于气体流量测量的主要有腰轮式、旋叶式、转筒式和膜式等仪表类型。对于一般气体流量测量，常采用旋叶式、转筒式容积流量计；在煤气、天然气、石油气等流量总量计量中，较常用膜式容积式流量计；在一些准确度要求较高的流量测量中，有时也采用齿轮形气体容积流量计。腰轮气体流量计、旋叶式气体流量计可用于各种中小气体流量测量场合，但旋叶式气体流量计工作较平稳，无振动和噪声。

容积式流量计的安装，应注意避免振动和冲击，安装姿势应确保横平竖直。腰轮气体流量计在应用时，注意不能安装在快开阀或快关阀附近等有急剧流量变化的场合，以免损坏转子或误发流量信号。例如，当用作控制系统的流量检测仪表时，若下游快关阀快关，控制气体突然截止流动，因流量计转子不能及时停转，产生压气机效应，下游压力升高，然后倒流，发出错误流量信号。

2. 涡轮流量计

涡轮流量计与容积式流量计一样，也属于重复性、准确度最好的流量计。此外，涡轮流量计还具有结构简单、质量小、维修方便、加工零部件少、流通能力大、价格较低等优点。

涡轮流量计种类较多，用于气体流量测量的有普通型、机械式和插入型等。用于气体的涡轮流量计国外也常称为轴式流量计。

涡轮流量计与容积式流量计的最大差别之一是涡轮流量计是基于流速测量来计算流体流

量的，而容积式流量计是根据流体充满计量室的次数，通过测量流体体积来计算流体流量的。涡轮流量计长于测量洁净、稳态、中高速的低黏度流体流量，而容积式流量计则长于测量低速流体流量和高黏度流体流量。

在气体流量测量方面，两者与其说是竞争关系，倒不如说是互补关系。例如，容积式气体流量计主要用于小口径管道流量测量，在工业中最常用的容积式气体流量计口径为DN40～DN500。而涡轮式气体流量计在稳定、高速流体流量测量方面最为擅长，故常用于口径DN500以上的管道流体流量测量。在DN100～DN500口径之间，两者都可选用。但在更低口径，如DN6时，只能选用容积式流量计。

工业上常用的气体涡轮流量计有适用于洁净气体（如压缩空气等）的普通型，流体温度范围－20～120℃，压力范围2.5～10MPa；适用于石油气、天然气、煤气、氢气等的燃气型，流体温度范围－10～60℃，压力不大于10MPa。美国气体学会发布的AGA第7号报告"Measurement of Natural Gas by Turbine Meter"（采用涡轮流量计测量天然气流量），详细规定了涡轮流量计用于测量天然气流量的工作条件、表计设计要求、性能要求、单表实验、安装规范、表计维修和现场验证检查等技术要求。该标准为国际上通用的标准，在具体应用中可参照执行。

在选用涡轮流量计时，应注意所测气体应为洁净或基本洁净的气体。当被测气体中可能存在固体杂质时，应在涡轮流量计前安装滤网，且滤网的尺寸应在最大流量下具有最小的压力降，并应确保安装后没有过大的流动畸变。如果被测气体介质中可能含有液体，则流量计宜倾斜安装，以使液体可连续地排出，或者流量计以垂直位置安装。涡轮流量计不宜用在频繁中断或有强烈脉动流或压力脉动的场合。可通过适当缩小范围度来提高流量计的准确度。为延长使用寿命，宜限制最大流量时相应的转速上限。通常可按连续工作式流量计上限取实际最大流量的1.4倍，间歇工作式取实际最大流量的1.3倍。在安装时，一般应确保上游直管段长度不小于$20D$，下游直管段长度不小于$5D$，且安装在无强电磁干扰、管道无振动的场所。在管道中设置有流量调节阀时，涡轮流量计应安装在调节阀的上游。若工作中不允许气源中断，则宜安装旁路，以便可对涡轮流量计进行维护。

3. 超声流量计

超声流量计是近年来市场增长率较快的流量计之一。不像容积式流量计和涡轮流量计，超声流量计没有可动部件，不干扰流场，且与前两种类型流量计和差压式流量计相比，无附加压力损失，特别适合于大管道、大流量测量。此外，超声流量计安装相对简单，维护要求也较低。

超声流量计由换能器、转换器和信号电缆等组成，按换能器安装方式的不同可分为在线式和夹持式两大类。通常气体用换能器频率较低（100～300kHz），较少采用夹持式。超声流量计要求准确度不高时采用单超声束，准确度要求越高则超声束越多。用于计量目的的，常采用在线式四通道、五通道或六通道超声流量计，以满足高准确度的测量要求。

自从AGA于1998年6月首次发布AGA第9号报告以后，超声流量计用于测量天然气等气体流量获得了长足发展。AGA第9号报告"Measurement of Gas by Multipath Ultrasonic Meters"（采用多通道超声流量计测量气体流量）详细规定了超声流量计的运行条件、表计要求（包括表计本体、超声换能器、电子装置、计算程序、文档等）、表计性能要求、表计的测试要求、安装要求、现场验证测试、不确定度的确定等内容，是国际上通用的超声流量计气体测量国际通用标准。我国 GB/T 18604—2014《用气体超声流量计测量天然气流量》即参考 AGA 第 9 号报告而制定。

在工业气体流量测量中所用的超声气体流量计一般为传播时间式，基本误差为±0.5%R～±3%FS，重复性为 0.2%R～0.4%FS。在电厂中，可用于测量天然气、氢气、氧气、煤气、空气等，甚至包括 IGCC（整体煤气化联合循环）电厂的火炬气等。在安装时，超声气体流量计的换能器尽可能安装在与流体管道水平线成±45°角范围内，以避免在测量气体流量时受其气体介质中冷凝液滴或固体沉积颗粒的影响。

4. 差压式流量计

差压式流量计不仅用于测量蒸汽、液体流量，也常用于测量气体流量。差压式流量计由差压变送器和一次流量测量元件所组成。将一次流量测量元件的节流件放置于被测流体的流场中，差压变送器则测量节流件上游和下游之间的压力差。基于伯努利定理，变送器或流量计算机计算流体流量。

常用于气体流量测量的一次流量测量元件类型包括标准孔板、文丘里管、皮托管、均速管、机翼等。文丘里一次流量测量元件特别适用于高速流体，孔板仍然是最常用的一次流量测量元件。但孔板存在压损大，不适用于脏污气体，随应用时间长则磨损加重等不足。美国气体学会发布的 AGA 第 3 号报告“Orifice Metering of Natural Gas and Other Related Hydrocarbon Fluids—Concentric，Square - edged Orifice Meters”（天然气和其他相关碳氢化合物流体的孔板计量　同心、直角边缘孔板流量计）规定了孔板规范、计算方法、测量导管规范、安装要求、现场校验等技术要求。在具体应用孔板时，可参考执行该标准。在电厂进行压缩空气、天然气等测量时，常采用孔板、均速管等；在电厂风量测量中，则常采用机翼、均速管、文丘里管等测风装置。

具体应用时，可分别采购一次流量测量元件和流量变送器，也可整体采购如 Rosemount 等厂商所提供的集成式差压流量仪表（即一次流量测量元件和流量变送器集成于一体，形成完整的流量计）。

5. 科里奥利质量流量计

科里奥利质量流量计以其高准确度而闻名，但科里奥利质量流量计主要用于液体流量测量，这是因为气体较之液体密度更低，且更难测量。然而，国外一些流量仪表厂商已研制出用于气体流量测量的科里奥利质量流量计，已开始在压缩空气、压缩天然气流量测量方面显示出优越性能，形成对涡轮气体流量计的挑战。

AGA 和 API 共同发布了科里奥利流量计气体流量测量标准，即 AGA 发布的第 11 号报告“Measurement of Natural Gas by Coriolis Meter”（采用科里奥利流量计测量天然气）和 API 发布的标准“Manual of Petroleum Measurement Standards—Chapter 14.9”（石油测量标准手册　第 14.9 节），规定了科里奥利流量计的工作条件、表计要求（如法规、质量保证、表计传感器、电子装置、计算程序、文档、制造商测试要求）、表计尺寸选择标准、性能要求、气体流量校验要求、安装要求、表计验证和流量性能测试、不确定度的确定等要求。ISO 10790：2015 标准、GB/T 20728—2006 标准也规定了科里奥利流量计的选型、安装和使用指南，在设计、安装时可参照执行。

在安装时，应按制造厂建议的安装要求进行安装，以防止被测气体中的冷凝水或固体沉淀物影响科里奥利质量流量计的性能。与科里奥利流量计串联的调节阀应安装在流量计的下游，以使科里奥利流量计内维持尽可能高的压力。

6. 热式气体质量流量计

热式质量流量计主要用于测量气体流量，是根据流体与热源之间的热量交换关系，利用传热检测流量的检测仪表，基本分为 CTMF 毛细管热式质量流量计、ITMF 全孔热式质量流量计（包括插入式和管道式）两种类型。相关测量原理、典型结构等详细介绍参见第七章。

工业中常用的热式流量计通常将热量送入流体流场内，然后通过测量其热量散发值来测量流体流量。热量散发值与质量流量成比例。常用的两种热式气体质量流量计工作类型为恒流型和恒温型。

热式质量流量计具有下列特点：无须温度和压力补偿，直接测量质量流量；无活动部件，压力损失小，可靠性高；包括涡街流量计在内的流量计都难以测量低流速流体流量，而热式气体质量流量计则长于测量低流速的气体流量。随着科技发展，热式气体质量流量计的准确度值也得以改善。但其主要不足之处是动态响应慢。

在实际应用中，必须首先确定热式质量流量计的工作条件范围，如工作流量，被测气体的性质、气体的类型或混合气体的成分，过程压力范围，过程温度范围等。在设计时，还应根据热式质量流量计所要承受的温度、压力和管道振动选择合适的流量计，并应要求制造商根据相应的标准用合适的流体进行耐压试验。对于 CTMF 毛细管热式质量流量计而言，CTMF 主要用于测量干燥和清洁气体。在用于蒸汽测量时，应避免饱和蒸汽凝结，以防止堵塞或污染流量检测元件。其最佳安装方位是水平方向。流量计的上游宜配备过滤器或其他防护装置以去除可能引起测量误差的固体颗粒或液滴。与流量计串联的调节阀应靠近流量计安装，以便尽量减少滞留体积。对于 ITMF 插入式热式质量流量计而言，ITMF 主要用于大口径气体管道测量。流量计上、下游直管段长度应满足规定要求（注意：按英国标准 BS 7405 规定：上游直管段要求 $8D$～$10D$，下游直管段要求 $3D$～$5D$），当有一定的流速分布畸变时，宜采用多点插入式 ITMF。当管道上设置调节阀时，调节阀宜尽可能安装在 ITMF 的下游。在安装时，ITMF 应刚性地固定在管壁上，以防止共振。

在电厂中，热式气体质量流量计广泛用于测量烟囱烟气流量。按照环保排放标准要求，必须测量电厂所排放的烟气流量。插入式热式气体质量流量计用于测量 SO_2、NO_x 和其他污染物的流量。在大口径烟囱流量测量中，采用插入式多测量点的热式气体质量流量计最为合适。均速管式差压流量计、超声流量计也常用于烟囱烟气流量测量。此外，热式气体质量流量计也常用于锅炉的一次风、二次风等空气流量的测量，IGCC 火炬气测量，HVAC（采暖通风空调）系统的气体流量测量等。

7. 涡街流量计

涡街流量计是除差压流量计外，可精确测量液体、蒸汽和气体流量的少量流量仪表。涡街流量计特别长于测量蒸汽流量，因其可处理高温介质。但是在工业气体流量测量中也偶有应用。

因气体的体积流量受温度、压力影响较大，涡街流量计制造商所给出的流量计流量测量范围通常是温度 20℃和绝对压力 0.1MPa 标准状态下的体积流量或质量流量。在用于气体流量测量，选择涡街流量计时，应注意工作状态气体流量和标准状态气体流量的换算。在换算后，再确定可测流量范围，选择口径。当流量计口径规格与管道口径不一致时，应连接异形过渡管，并配置一段必要的直管段长度。

有关涡街流量计的具体介绍可参见第七章和本章第三节。

8. 可变面积流量计

当只需现场观察流量时，可变面积流量计是最经济的流量仪表。可变面积流量计大多数只能就地指示，但也有少量厂商生产带变送器的可远传信号的可变面积流量计。

气体用可变面积流量计通常是用低压、室温空气进行标定的，并换算到标准状态下［1个标准大气压（1.01×10^5Pa）、热力学温度 293K］对流量计进行分度。当被测气体的密度、压缩系数、压力、温度与标定条件不同时，宜进行相应的刻度换算。

在用于气体流量测量时，可变面积流量计主要用于小、微气体流量的测量，如电厂氢气流量的测量、压缩空气流量的测量等。在电厂现场，出于安全和可靠性考虑，通常选用就地指示金属管式流量计，而不选用玻璃管式流量计。

二、火电厂风量测量

节能减排是火电厂永恒的追求。锅炉燃烧优化控制是实现火电厂节能减排的重要技术途径之一。对于锅炉而言，运行中的一次风、二次风等配风是否合理将直接影响机组运行的安全性、经济性和环保性。例如，当各个燃烧器一次风、二次风及风粉比过高时，会导致风机等功耗无意义增大，NO_x 等污染物大量生成，易造成风管磨损严重和熄火放炮；当其偏低时，又易造成风粉管堵管、喷口着火，甚至在一次风管内燃烧，会导致锅炉的不完全燃烧，降低锅炉效率，甚至导致锅炉灭火，增大安全隐患。因此，风量的优化控制至关重要，而要实现风量的优化控制，就必须对各风量进行准确的在线测量。

从火电厂实际情况来看，压缩空气、天然气、氢气等流量测量直管段长度容易满足要求，流体流场较为理想，其流量测量的准确性通常是能够得到保证的。而对于风量来讲，因在机务设计时过多考虑优化工艺布置，缩小设备和系统的占位空间，减少管道压力损失，常常造成风量测量装置需求的前、后直管段严重不足，极大地影响了风量测量的准确度。因而，在火电厂风量测量是一个老大难问题。

（一）常用风量测量装置

在火电厂中，常见的风量测量可分为一次热风总风量、一次冷风总风量、二次风总风量、二次风分风量、磨煤机入口一次风量（包括双进双出钢球磨的容量风、旁路风等）、流化床流化风量等类别。所用的风量测量装置主要有文丘里式（包括经典文丘里、风道式文丘里、双文丘里等）、机翼式、差压均速管式、热式、基于动压测量管的多点式等。

经典文丘里式为传统的风量测量方式，即将经典文丘里管安装在风道或风管中，通过测量文丘里管入口部分与喉部之间的静压差来实现风量的测量，是一种基于点风速的流量测量装置。经典文丘里式常用于中小管道（管径 50～1200mm 区间）的风量测量，如双进双出钢球磨的总风和容量风的测量等。经典文丘里管属于标准流量测量装置，具有不需现场实流标定、可靠性高、稳定性好、准确度较高、体积较小、阻力不大、安装较方便等优点，但也具有信号放大倍数小，输出差压信号小，阻力较大，具有一定的压力损失，且对其上游直管段长度有一定要求（见表 5-6），粉尘含量高时取压孔及差压信号管路易堵塞等缺点。

风道式文丘里是一种将整个风道做成文丘里形式的呈大喇叭形的测风装置，故也有人将其俗称为大喇叭形测风装置。从其入口及喉部分别引出测点，取其压差实现流量测量。该方法对气流条件适应性强，但加工工艺复杂，加工精度也不易达到要求，阻力大，增加了风机电耗，压力损失大，所输出的差压值偏小，灵敏度差，应用受到了一定的限制。

双文丘里风量测量装置，也称复式文丘里风量测量装置，是由2只大小不同、型线相似的圆形或矩形文丘里管套装在同一轴线上而制成的（见图11-9）一种基于点风速的流量测量装置。因其外形酷似喇叭而又俗称为双重喇叭形或小喇叭形。其外文丘里管有抽吸与导流作用，内文丘里管的出口正靠近外文丘里管流速最高的低压区，其负压测点取自内文丘里管喉部，故其正、负压测点之间有较大的差压，因而具有差压信号输出值大、灵敏度较高、体积小、压力损失较小、安装相对方便等优点。但对其上游直管段长度也有一定要求（宜大于5倍风道当量直径），否则难以保证气流的均匀性和稳定性，从而测量信号的波动或准确度下降。此外，以上两种喇叭式均需现场实流标定，存在信号管路易堵塞的不足。喇叭式测风装置从20世纪90年代开始在国内电厂应用不少。

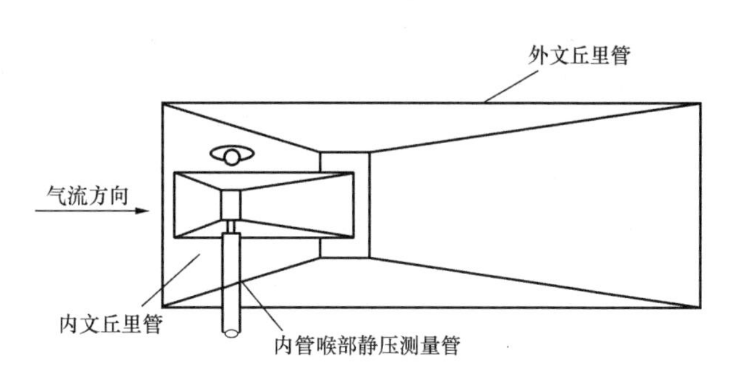

图11-9　双文丘里管外形示意

机翼式是用机翼形结构产生节流效果，从而实现矩形风道流量的测量。机翼测量方式考虑了机翼特有外形的空气动力学性能，有一定的自整流效果，对上、下游直管段长度的要求最低（直管段长度要求：上游大于或等于管道当量直径的0.6倍，下游大于或等于管道当量直径的0.3倍）。该测量方式性能稳定，测量信号随风速变化的线性较好，差压信号输出值较大，但由于其感压孔较小，灰尘只进不出，容易造成测量装置的堵塞，且因测量装置占用面积大而导致截流大，风机电耗明显增加。由于矩形风道的尺寸千差万别，流速分布远比圆管复杂，且机翼测风装置不像标准节流装置一样有丰富完善的实验数据，故机翼测风装置的准确度还须在使用前通过实流标定来保证。又因其体积大，造价高，导致制造和安装经济性差。该测量方式在国内几年前应用较多，在国外电厂（如印度等）应用也较为广泛。

差压均速管（如阿牛巴、威力巴等）是基于皮托管测速原理发展而来的一种属于测量线风速的差压型风量测量装置，具有安装方便、阻力小、压损小、结构简单、质量小、价格低等优点。在测量装置安装直管段满足设计要求（直管段长度要求较长，通常为上游$7D$～$24D$，下游$3D$～$4D$）且不含灰尘的情况下使用情况较好。对于含尘气流的测量，因其感压部分是一个带有感压孔的小空间，灰尘只进不出，容易造成测量装置的堵塞。

常用的热式风量测量装置可分为单点式和多点式。若采用单点式热式质量流量计，则属于点风速型风量测量装置。若采用多点式热式质量流量计，则属于基于线风速的风量测量装置，故也称为热式均速管流量测量装置。热式风量测量装置具有直接输出质量风量、安装简单、量程比大、准确性、可靠性高、损耗低等特点，但加温棒的升温或降温有一个变化的过程，所以它不能及时、快速地反映风量、风速的变化，测量滞后性较大，特别是慎用于测量冷风和热风混合后风温尚未处于稳定值风道段内的混合风风量。此外，当粉尘含量高时，会影响热式传感器的测量效果。

动压平均管是基于靠背测量原理测量风量的，即测量装置一次元件插入风道内，当有气流流过时，迎风面测量气流的动能（全压），背风面测量气流的静压，全压、静压差的大小与风量之间有相互对应关系，利用这一原理就能测出风道内风量。单只动压平均管在测量风量时，要求有足够长的测量直管段：对于直径为 D 的圆管，上游为 $20D$，下游为 $5D$；对于非圆管上游为 80 倍水力半径，下游为 20 倍水力半径。当测量直管段长度不能保证时，有时采用基于速度—面积法的全截面插入多点式风量测量装置（如基于多个靠背管的多点风量测量装置、基于多根均速管的多点风量测量装置等）来减少测量误差，即通过测量出风道截面上多点流速，得出截面上速度分布梯度，再用图解法或数值积分法求出平均流速。按“对数—切比雪夫”法，对于矩形管道截面最少要选择 30 个测点。虽然多点式测风装置有着较多的优点，但是该类装置长期磨损和工作管道由其他原因而导致本身属性特点的变化也会造成风量测量方面的准确性降低。因此，在工作一段时间后应对其进行重新规范标定，以相应修正、调整其流量测量特性方面的变化。另外，需特别提醒注意的是，基于速度—面积法的多点风量测量装置也不是万能的，在应用中也要遵循 ISO 3966、ISO 7194 等标准的相关规定，合理选择测量断面，被测介质也应为规则流，不能有影响测量的旋涡流或涡流存在。当流速分布不规则，超出允许范围时也应装设相应的整流设施。

对于混合风或热风等含尘气流的测量，要长期准确地测量出管内风量，需重点解决测量装置的防堵塞问题。目前常用的防堵措施有利用外加压缩气体进行防堵吹扫，或采用补偿式风压测量装置或加装清灰装置。例如，全截面插入多点式自清灰风量测量装置为了解决测量装置防堵塞的问题，在测量装置垂直段内设计、安装了清灰棒，清灰棒在风道内气流的冲击下做无规则摆动，能够起到一定的自清灰作用。

（二）机翼式测风装置的设计计算

当风量测量直管段长度较短，且被测风含尘较少或装配有效的防堵设施时，采用机翼式测量装置优势明显。另外，在不少的涉外项目合同中，国外电力业主均要求采用机翼式风量测量装置。考虑到以上两点，下面着重介绍常用的机翼式风量测量装置及其设计计算。

机翼式风量测量装置的测量机理：采用流线型对称式机翼，以减弱卡门涡流对翼体绕流流束的扰动。对于黏性很小的亚声速被测风介质，可通过测量机翼驻点 A 处和弦点 B 处的压力差（见图 11 - 10）来实现风量的测量。

机翼流量计算公式为

$$q_m = A_1 \beta \sqrt{\frac{2\Delta p \rho}{C\left(\alpha + \frac{1}{\beta^2}\right)}} \tag{11 - 39}$$

其中

$$\beta = \frac{A_2}{A_1}$$

式中 q_m——空气质量流量，kg/s；

Δp——机翼驻点和弦点差压，Pa；

ρ——空气流体密度，kg/m^3；

C——流量系数，无量纲；

α——待定系数，无量纲；

β——通流截面比，无量纲；

A_1、A_2——工作条件下风道、机翼喉部的通流截面积，m^2。

为简化计算，机翼流量计算公式有时也采用式（11-40），即

$$q_m = aA_1\beta\sqrt{2\Delta p\rho} = CA_1\sqrt{2\Delta p\rho} \quad (11-40)$$

其中

$$C = a\beta$$

$$\beta = \frac{A_2}{A_1}$$

式中　q_m——空气质量流量，kg/s；

Δp——机翼驻点和弦点差压，Pa；

ρ——空气流体密度，kg/m^3；

C——流量系数，无量纲；

a——修正系数，无量纲；

β——通流截面比，无量纲；

A_1、A_2——工作条件下风道、机翼喉部的通流截面积，m^2。

式（11-40）中，C 受 β 等多种因素影响，一般只能通过实验方法测定。有关试验表明，当风道雷诺数 $Re_{DN}>2.5\times10^5$ 时，C 趋于定值。

有关机翼式测风装置的详细介绍见第五章。

火电厂中所用的机翼测风装置主要有单曲线机翼和三曲线机翼两种类型，以下分别介绍。

1. 单曲线机翼

单曲线机翼又称为平面尾翼机翼，其实质是一个采用简化儒可夫斯基对称翼形的带尾空心圆柱体。在圆柱体的前端驻点处有多个取压孔，取出的压力是测风装置的总压，也称为正压；在圆柱体两侧弦点处各开有与总压孔相对的多个静压取压孔，也称为负压，且负压取压孔是相互连接并相通的，这样取出的压力比较均衡和稳定。正压取压孔与负压孔相互对应，且取压孔开孔的位置与数量符合速度-面积法的测量原理。单曲线机翼测风装置具有制造简单，能输出较大差压的优点。图 11-10 所示为一种典型的单曲线机翼测风装置示意图，其翼头直径 $D=2R$，翼长 $l_0=3D$，翼尾夹角 $\theta=22°36'$。

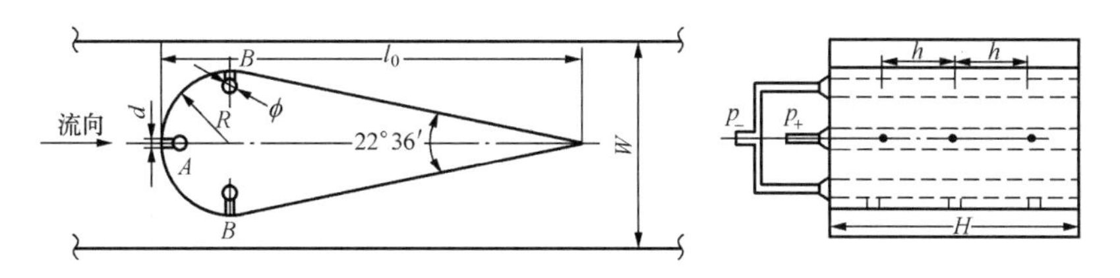

图 11-10　单曲线机翼测风装置示意

2. 三曲线机翼

三曲线机翼测风装置示意如图 11-11 所示，类似于单曲线机翼。只是其翼面呈流线形，更有利于减弱空气流在通过机翼喉部后向两侧膨胀时所产生的涡流作用。其压力分布系数的绝对值比单曲线机翼要小，但由于其形体对流体的动能损失较小，故可在通流截面比 β 值较大的范围内保持其特性的稳定。

图 11-11 中，以 D 表示翼弦高度，在设计三曲线机翼时各点的选用尺寸分别为 $L=4D$，

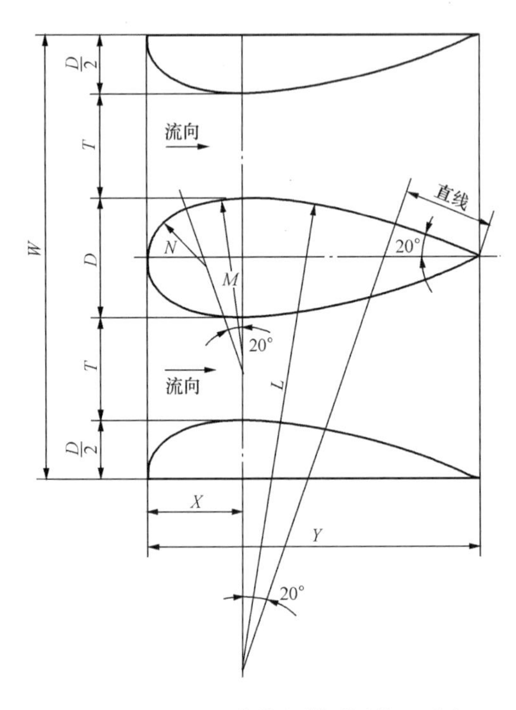

图 11-11　三曲线机翼测风装置示意

$M=1.5D$，$X=0.837D$，$Y=2.92D$。

3. 机翼设计计算步骤

在工程中，必须依据风道几何尺寸、风介质参数和热工检测等要求，通过必要计算，科学确定机翼的通流截面比 β、翼头直径或翼弦高度 D、风道截面所安装的机翼个数 n 等参数。其详细计算步骤如下。

（1）已知条件。

被测介质：空气。

常用风量 q_m（单位 kg/s）：根据运行工况确定。

工作状态下的风温 t（单位℃）：根据运行工况确定。

热工检测要求的输出差压值 Δp（单位 Pa）：若无特殊要求，可选范围为 400～1000Pa。

允许压力损失值 $\Delta\overline{\omega}$（单位 Pa）：由工艺专业根据系统设计要求确定。

矩形风道高 H 和风道宽 W（单位 m）：由工艺专业根据实际工作条件确定。

风道直管段长度（单位 m）：由工艺专业根据系统设计情况确定。

（2）求风道雷诺数 Re_{DN}。

利用式（11-3）求风道雷诺数 Re_{DN}，即 $Re_{DN}=\dfrac{vD_N}{\upsilon}$。

上式中 D_N 为风道当量直径，单位为 m，圆形或矩形风道其取值为：对于圆形风道，D_N 即为风道当量直径；对于矩形风道，$D_N=\dfrac{2HW}{H+W}$。

求出风道雷诺数后，判断 $Re_{DN}>2.5\times10^5$ 是否满足。若不满足，可通过改变机翼上游风道截面尺寸来调整 Re_{DN} 值。若确有困难，可适当放宽要求，但最低 Re_{DN} 不应小于 1.2×10^5，否则风量测量误差较大，其风量测量控制所要求的准确度不能保证。

（3）求通流截面比 β。

根据式（11-40），可求得 $C=\dfrac{q_m}{A_1\sqrt{2\Delta p\rho}}$。

再根据相关经验公式求得通流截面比 β（例如，对于某厂所制造机翼，其经验公式为 $\beta=\dfrac{C-0.0587}{0.7731}$）。

通流截面比 β 在 0.35～0.65 范围内时，机翼流量系数保持稳定。当求得的通流截面比不满足要求时，可通过改变机翼安装风道截面尺寸或原给定差压值来调整 β 值，使其处于规范范围。

（4）核算压力损失。

根据式（11-41）估算压力损失，即

$$\Delta\overline{\omega}_{re}=\xi\frac{v^2}{2}\rho \tag{11-41}$$

式中　$\Delta\overline{\omega}_{re}$——实际压力损失，Pa；

ξ——机翼的阻力系数；

v——在常用风量 q_m 下的风道平均流速，m/s；

ρ——在工作条件下的空气流体密度，kg/m³。

求出实际压力损失值后，再判断是否小于允许的压力损失值。若不满足，可通过调整 β 值来相应调整实际压力损失值。

(5) 确定机翼个数 n 及主要尺寸。

根据最终确定的通流截面比 β 选取机翼个数，通常 $n=2$ 或 $n=3$ 均可。试验证明，在相同的通流截面比 β 下，雷诺数相同，2 或 3 个机翼的阻力也相同。理论上 n 值越大，特性更稳定，所需的上游直管段长度也较短。因此，当风道直管段长度太短不能满足要求时，可通过采取增加机翼个数的方法，使机翼测风装置对直管段长度的要求有所降低。

翼头直径或翼弦高度可按式（11-42）确定，即

$$D_w=\frac{A_1-\beta A_1}{nH} \tag{11-42}$$

式中　D_w——翼头直径或翼弦高度，m；

β——通流截面比，$\beta=\frac{A_2}{A_1}$，无量纲；

A_1、A_2——工作条件下风道截面积、机翼喉部的通流截面积，m²；

n——机翼个数；

H——风道高，m。

（三）其他多点式测风装置及其设计计算

1. 差压式均速管测风装置

差压式均速管是一种适用于测量较大管径流量的差压式流量测量装置，其最大优点是压力损失小、安装维护简易、制造成本不高。

差压均速管是利用切比雪夫积分法，根据管道截面上的流速分布，测得管道中流体的总压、静压差值，从而计算得出流体平均流速，进而再计算出流体流量。有关差压式均速管的检测杆选择、总压孔与静压孔设置、阻塞率计算、误差分析等详见第六章。

差压均速管测量流体质量流量的基本公式为

$$q_m=s\varepsilon\frac{\pi}{4}D^2\sqrt{\Delta p\rho} \tag{11-43}$$

式中　q_m——空气质量流量，kg/s；

s——均速管系数，与均速管类型、结构、雷诺数、管道布置等有关，由现场标定所决定；

Δp——总压与静压之差压，Pa；

ρ——空气流体密度，kg/m³；

D——工作条件下风道直径（对于矩形风道，则为其当量直径），m；

ε——流体流速膨胀系数。

2. 基于速度—面积法的多点式测风装置

对于直管段长度难以满足风量测量要求的风道，为了准确测量其风量，有时按照某种模型将风道整个截面分为若干个单元面积，通过多根测速传感器来实现对每个单元面积内流速的测量，从而得出风道截面上风速的分布廓形，再采用数值积分法或其他方法求出风道内平均流速，最后按式（11-44）或式（11-45）计算出风量。

$$q_V = aA\bar{v} = aA\sqrt{\frac{2\Delta p}{\rho}} \tag{11-44}$$

$$q_m = \rho q_V = aA\sqrt{2\Delta p\rho} \tag{11-45}$$

式中 q_V——空气体积流量，m^3/s；

q_m——空气质量流量，kg/s；

A——工作条件下风道通流截面积，m^2；

Δp——总压与静压间差压，Pa；

ρ——空气流体密度，kg/m^3；

a——修正系数，无量纲；

$\bar{v}$——风道内平均风速，m/s。

流速测点的选择应以某种数学模型为依据。数学模型是在充分发展紊流的条件下建立，并以试验结果来检验，被验证是正确的。这种按实验数据整理的模型和半理论模型主要有“对数—切比雪夫”“对数—线性法”“三次方切比雪夫积分法”等。其中，“对数—切比雪夫”法的核心就是在封闭管道内每一个单元面积上的局部流速在求取封闭管道内平均流速的时候，其权值是相等的。因而，该方法具有在保留速度—面积法高可靠性和高准确度的同时，也具有简便实用的特点，因而在工程中应用最多。

在矩形风道应用中，测点数最少不低于25个测点。除非测点位置按某算术方法进行设置（即采用其他算术方法来计算轴向平均速度测点分布），否则测点位置应位于至少与每一管壁相平行的5条直线的交叉点上。

在圆形风道应用中，被测截面上至少设置12个测点数，即要求圆形横截面的各测点应被设置在同心圆上，在横截面上至少为2个相互正交的直径上，每个半径上至少设置3个测点。

有关速度—面积法的详细介绍，可参考第六章。有关差压流量测量仪表的选型，参见本章第三节。限于篇幅，本处不再赘述。

三、差压式气体流量测量仪表系统的安装要求

与前述节流式差压（蒸汽）流量测量仪表系统类似，差压式气体流量测量仪表系统也是由一次装置（包括孔板、文丘里管、差压式均速管、机翼等）、测量管路（包括仪表阀门等）、二次装置（包括差压流量计或变送器等）三部分构成的，所遵循的安装原则及要求也大体相同，以下重点介绍其不同点。

1. 取压口位置

通常气体流量测量的取压口安装方位应遵循下列原则：

（1）对于水平管道：原则上一次装置取压口应位于管道水平中心线上或接近管道顶部。当为湿气体（即含有少量液体的气体）时，从取压口接出的连接管线应向上倾斜接至二次装置，且其最小斜率宜为1∶12.5。

（2）安装一次装置的气体主管道垂直时，取压口的安装位置在取压装置的平面上，可任意选择。但从取压口接出的连接管线也应如前所述向上倾斜接至二次装置。

2. 气体流量测量差压信号管路的设计及安装原则

（1）导管选择及敷设原则。按国内电力行业标准，气体、烟气信号导管常用规格为$\phi 14\times 2$，材料为钢10或不锈钢。

按国际标准及工程惯例，气体导管内径不应小于6mm，推荐至少为10mm，但不宜超过25mm。导管长度宜控制在16m之内。通常可按下列原则选取导管内径：

1）对于干气体信号管路：当导管长度小于16m时，导管内径可取7～9mm；当导管长度处于16～45m范围时，导管内径可取10mm；当导管长度处于45～90m范围时，导管内径可取13mm。

2）对于湿气体信号管路：当导管长度小于16m时，导管内径可取13mm；当导管长度处于16～45m范围时，导管内径可取13mm；当导管长度处于45～90m范围时，导管内径可取13mm。

3）对于脏气体信号管路：当导管长度小于16m时，导管内径可取25mm；当导管长度处于16～45m范围时，导管内径可取25mm；当导管长度处于45～90m范围时，导管内径可取38mm。

安装设计时，应尽可能减小一次装置和二次装置之间的间距。为了准确传送测量信号，导管应尽可能短直，且正、负压两根导管的长度应相等。

安装导管时只能向上倾斜，若不得已确需改变倾斜方向，则只能改变一次，且应在最低点安装集液器或排污阀。

导管敷设的其他原则可参照本章第三节“蒸汽流量测量”相应部分。

（2）管路附件的配置及选择原则。在设计时，管路附件的配置应符合下列基本设计原则：

1）差压流量仪表、变送器应有各自的测量管路、阀门及附件。

2）冗余配置的差压流量变送器，应有各自的测量管路、阀门及附件。

3）燃气（包括氢气）的差压流量测量管路，应配置一次门、二次门和平衡门，不应配置排污门。

4）微压的烟、风及气粉混合物的差压流量测量管路，可不配置阀门。

5）关断阀（一次门）宜直接安装在一次装置取压口处。对于易燃易爆等危险性气体，应选择合适的阀门形式和密封填料，以确保密封等性能满足要求。

6）为了降低成本，节约安装空间，仪表阀门宜优先选用阀组形式（如三阀组、五阀组等）。但无论选用何种阀门形式，均应避免阀体内残留气泡或液泡造成测量误差。

各种典型干、湿气体流量测量管路示意见图11-12～图11-21。

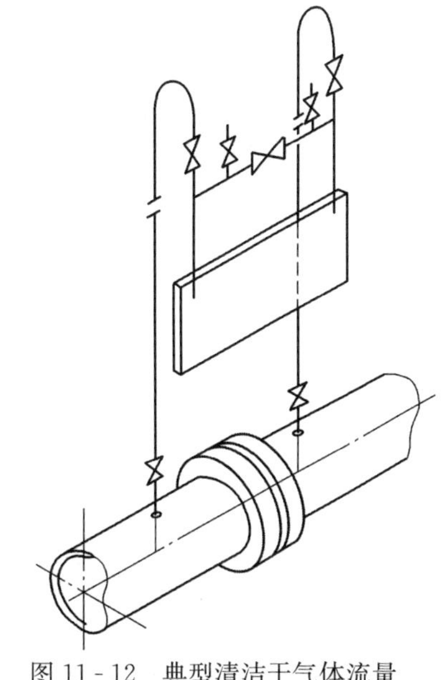

图11-12　典型清洁干气体流量测量管路示意
（水平主管道，仪表位于主管道上方）

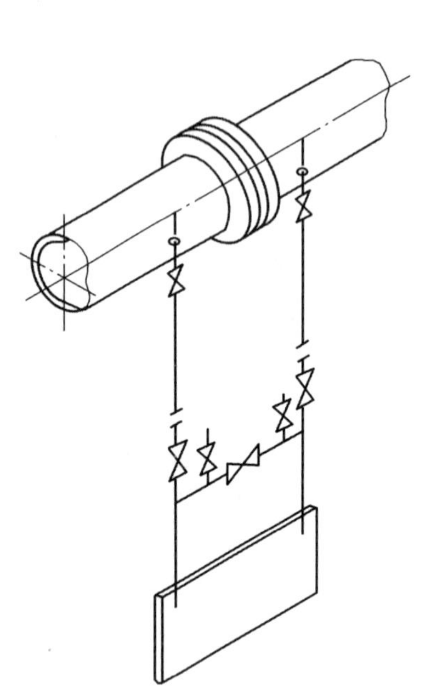

图 11-13　典型清洁干气体流量测量管路示意（水平主管道，仪表位于主管道下方）

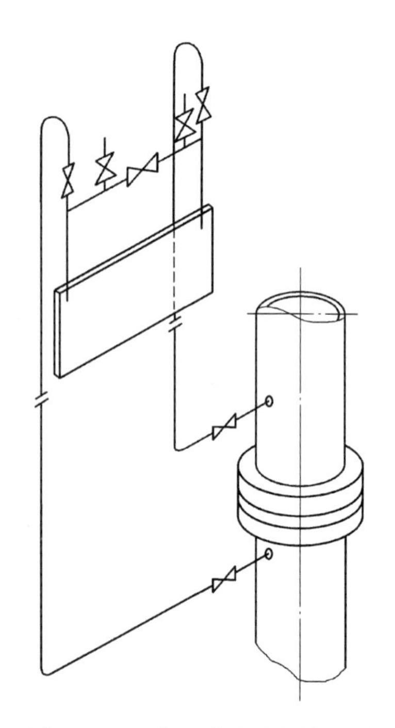

图 11-14　典型清洁干气体流量测量管路示意（垂直主管道，仪表位于取压口上方）

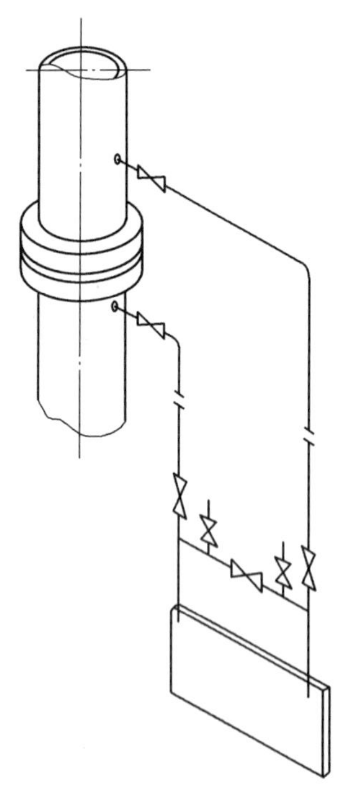

图 11-15　典型清洁干气体流量测量管路示意（垂直主管道，仪表位于取压口下方）

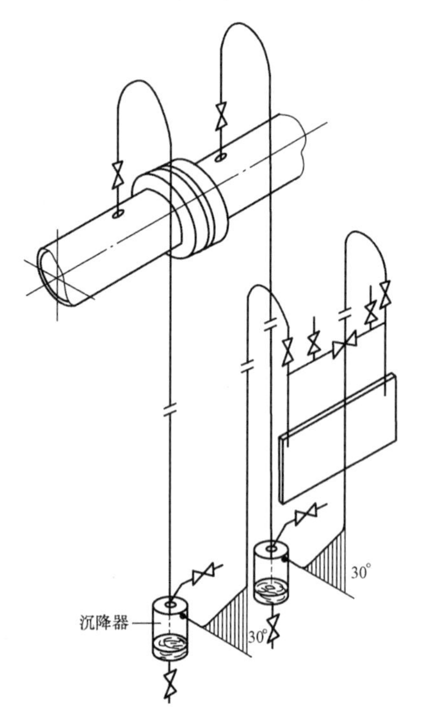

图 11-16　典型清洁湿气体流量测量管路示意（水平主管道，仪表位于主管道下方）

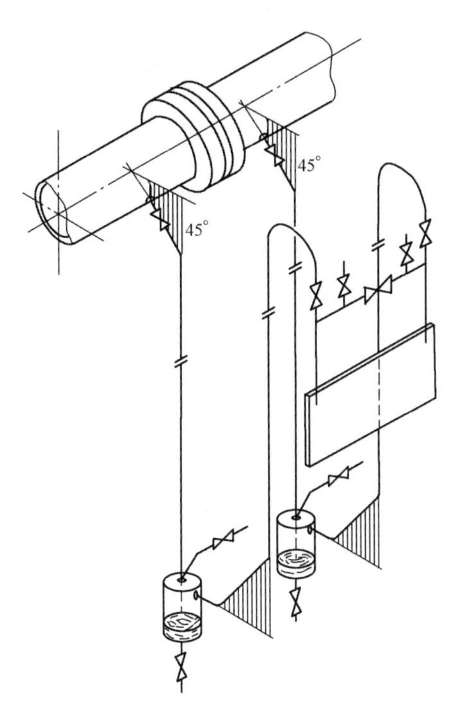

图 11 - 17　典型清洁湿气体流量测量管路示意（水平主管道，仪表位于主管道下方可选方案）

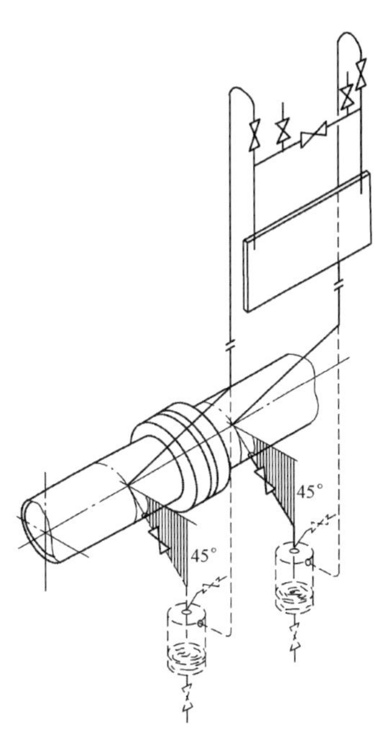

图 11 - 18　典型清洁湿气体流量测量管路示意（水平主管道，仪表位于主管道上方可选方案）

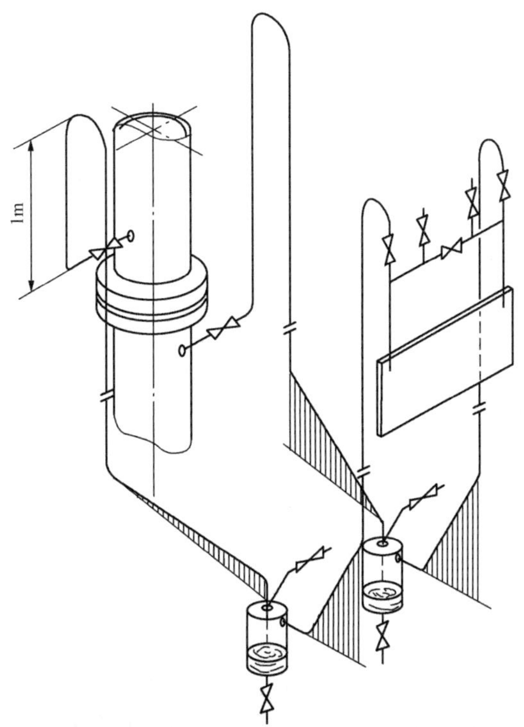

注：1. 因面临取压口堵塞的可能，故不推荐在垂直主管道上测量湿气体流量。
2. 正、负压导管的坡度应相同。

图 11 - 19　典型清洁湿气体流量测量管路示意（垂直主管道，仪表位于取压口下方）

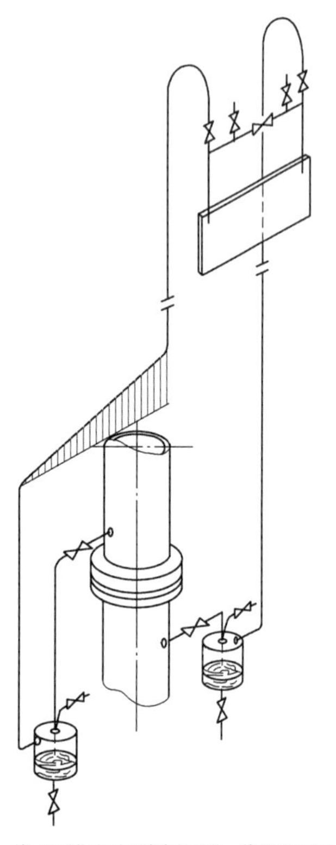

注：因面临取压口堵塞的可能，故不推荐在垂直主管道上测量湿气体流量。

图 11-20　典型清洁湿气体流量测量管路示意
（垂直主管道，仪表位于取压口上方）

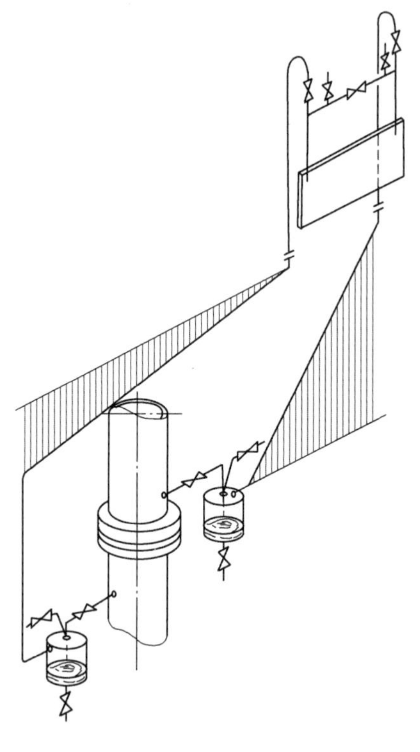

注：1. 因面临取压口堵塞的可能，故不推荐在垂直主管道上测量湿气体流量。
2. 正、负压导管的坡度应相同。

图 11-21　典型清洁湿气体流量测量管路示意
（垂直主管道，仪表位于取压口上方）

第五节　液体流量测量

一、电厂常见液体种类及液体流量测量仪表

在电厂运行中，需要测量流量的液体种类较多，常见的主系统内被测对象主要有：作为汽水循环工质的凝结水、给水、锅炉循环水，作为冷却介质的循环水、冷却水、减温水等，作为燃料、润滑、密封或冷却介质的燃油、润滑油、密封油等。此外，辅助系统（车间）也有不少需测量液体流量的场合，如锅炉补给水系统的阳床、阴床、混床等入口水流量，除盐水流量，酸液或碱液的计量；反渗透脱盐系统的各级进水量、产水量等。

国内外常用于液体流量测量的仪表主要有容积式流量计、涡轮流量计、超声流量计、差压式流量计、科里奥利质量流量计、热式质量流量计、涡街流量计、靶式流量计、可变面积流量计、电磁流量计等。以下从应用角度作一简要介绍，详细资料参见第五章～第八章。

1. 容积式流量计

用于液体流量测量的容积式流量计类型主要有椭圆齿轮式、腰轮式（又称罗茨式）、螺杆式、圆盘式（又称章动流量计）、刮板式和活塞式（包括旋转活塞式、往复活塞式等）等。考虑到固体颗粒易将齿轮卡死，故椭圆齿轮式不适用于含有固体颗粒的液体流量测量，当被测液体中夹杂气体时，也会造成较大的测量误差。容积式流量计中，刮板式容积式流量计对

被测介质的清洁程度要求最低，在测量含有较多杂质、固体粒度较大的介质流量时，也可正常工作，尤其适合测量含有颗粒杂质的脏污流。

对于重油等黏度较高的介质，可采用腰轮式、刮板式容积式流量计。对于轻油等低黏度的油类及水的流量测量，可采用椭圆齿轮式、腰轮式、螺杆式等容积式流量计；当准确度要求不高时，也可采用圆盘式、旋转活塞式、刮板式容积式流量计。液化石油气流量测量，可采用螺杆式容积式流量计。

在电厂，容积式流量计主要用于油类及其他高黏度介质总量计量。过去也常用于锅炉燃油流量的测量，现在基本上已被科里奥利质量流量计所取代。当用于燃油流量测量时，为防止容积式流量计故障造成断油，常并联设置两台容积式流量计，以提高应用可靠性。

在安装时，应防止空气或蒸气通过流量计，也应避免液体的汽化。对于设计为单向流动的流量计，应有防止被测液体逆流的措施。流量计前、后的阀门应选用可迅速而平稳开启与关闭、无冲击的阀门类型。流量计应有相应的防止压力脉动和过大波动、液体热膨胀超压的保护措施。

2. 涡轮流量计

涡轮流量计和容积式流量计常用于水处理场合。相对而言，涡轮流量计更适合于中高速流体和超过 DN250 的大管径流量测量，容积式流量计更适合于包括 DN25 或 DN50 等在内的小管径、低流速流体的流量测量。

涡轮流量计种类较多，用于液体流量测量的有普通型、机械式、耐酸式、高黏度型、插入型等，广泛应用于石油类、有机液体、无机液、液化石油气、低温液体等的流量测量。

普通型：适用于测量低黏度（≤5mPa·s）、温度为－20～120℃、压力低于 6.3MPa 的液体体积流量。常用准确度等级为 0.25～0.5，高准确度型为 0.15 级。

耐腐型：适用于测量稀硫酸、稀盐酸等腐蚀性液体，一般口径范围为 DN20～DN50。

高温型：采用耐温型的检测线圈，适用于 300℃以下的液体流量测量。

低温型：适用于温度低至－250℃的液体介质，如液氨、液氧等。

高黏度型：适用液体黏度范围为 70～400mPa·s（注意：容积式流量计黏度范围远高于涡轮流量计，可达 0.3～2000mPa·s）。

在工程中选用涡轮流量计时，应注意其适用于洁净或基本洁净、单相、低黏度的液体，不能用于测量循环水、污水、燃油等含杂质多的液体，也不能用于液体压力不高、流速较快、有可能产生气穴的场合。在电厂脱硝系统液氨流量测量时，应注意选用配硬质合金轴和宝石轴承的涡轮流量计，因其具有耐侵蚀、腐蚀、耐磨，在易汽化的液体中使用效果较好的特点。

安装中，应确保涡轮流量计安装场所无液体旋涡或影响测量的流速不均匀分布，否则应安装足够长的直管段或加装相应的整流器。流量计前、后的阀门应选用可迅速而平稳开启与关闭、无冲击的阀门类型。流量计应有相应的防止压力脉动和过大波动、液体热膨胀超压的保护措施。可行时，应在流量计下游安装背压阀、节流孔板等限流装置，并应防止被测液体的汽化。

3. 超声流量计

用于液体流量测量的超声流量计按工作原理可分为传播时间法和多普勒效应法两种。传播时间法超声流量计准确度较高，测量液体基本误差为±0.5%R～±5%FS，重复性为

0.1%R～0.3%FS，适用于清洁、单相液体，可应用于电厂的给水、凝结水、循环冷却水流量测量，多联供电厂的热水、冷水计量等。多普勒效应法超声流量计准确度相对较低，测量液体基本误差为±1%R～±10%FS，重复性为0.2%R～1%FS，适用于测量固相含量较多或含有气泡的液体，如电厂湿法脱硫系统的石灰石浆液、灰浆、工业污水或生产污水等流量测量。

超声液体流量计按换能器安装方式的不同可分为夹持式和在线式，在线式又可细分为管段式和现场安装式。夹持式超声液体流量计是将换能器安装在管道外部，不与被测液体直接接触，可适用于高压、易爆、高黏度、易挥发、易结晶、易凝固、强腐蚀、放射性液体的测量，但不能用于衬里或结垢太厚的管道，以及内管壁剥离或锈蚀严重的管道。因夹持式超声液体流量计安装方便，也常用作其他流量计的在线比对仪表。

在设计应用时，应避免用于流速较低、黏度大幅度变化、雷诺数小于5000的油类流量测量。在换能器选型时，应按被测液体温度，选择合适的低、中、高温换能器耐温等级。

在安装时，超声液体流量计的换能器尽可能安装在与流体管道水平线成±45°角范围内，以避免在测量液体流量时受逸出气体或固体沉积颗粒的影响。

4. 差压式流量计

在电厂液体流量测量中，因差压式流量计有着较多的应用经验，且其可靠性、性价比较高，在技术可行时常优先选用。

通常主给水、凝结水流量测量采用喷嘴标准节流装置，一般水介质测量（如补给水、冷却水等）采用标准孔板节流装置，大管径大流量液体流量测量（如循环水等）采用差压式均速管流量计。对于高黏度介质（如重油等）流量测量，需选用专用节流装置（如楔形孔板、圆缺孔板等）和直接安装在取压口处的带安装法兰的隔膜式差压变送器，以提高测量准确度和防止取压导管的堵塞。

有关差压式流量计的详细资料，请参考第五章和第六章。

5. 科里奥利质量流量计

科里奥利质量流量计特别适合高黏度的非牛顿流体的流量测量，即特别适合测量黏稠甚至难于流动的介质，如石灰石浆液、水煤浆、重油等。尽管科里奥利质量流量计准确度较高，范围度较大，但考虑到价格因素和管径适用范围小（绝大多数科里奥利质量流量计适用于DN50管径及以下，尽管有厂家推出DN150～DN300的产品，但体积较大且价格昂贵），在电厂仅限于测量燃油、石灰石浆液流量等少量场合。

关于科里奥利质量流量计的应用，有两点需特别指出：一是有的制造商声称其生产的科里奥利质量流量计准确度可达到0.2%或0.1%。但在实际使用时要注意甄别其适用条件(如温度、压力、密度范围和流量范围等)，在低流量范围一般是达不到上述准确度值的，且特别在使用一段时间后，由于信号漂移等原因，更是难以达到其声称值。二是被测介质密度、黏度等流体特性的变化及压力、温度等过程条件的变化也会影响科里奥利流量计的性能。例如，对于某些结构和尺寸的科里奥利流量计来说，密度变化可导致零流量时科里奥利流量计的输出发生偏移和引起校准系数改变，因此需在工作条件下调整零点以消除此偏移。

在安装时，通常需遵循下列原则：

(1) 宜在科里奥利流量计的上游侧设置滤网、过滤器、消气器、蒸汽分离器或其他保护装置，用于去除可能导致科里奥利流量计损坏或引起测量误差的固体物或蒸汽。

（2）应确保科里奥利流量计的振动管充满被测液体，并设置排空科里奥利流量计中积存气体的手段。

（3）任何时候均应避免科里奥利流量计内（以及紧邻科里奥利流量计的上、下游）出现被测介质的闪蒸和空化。与科里奥利流量计串联的控制阀应安装在下游，使科里奥利流量计内尽可能维持最高压力，从而减少被测液体发生空化和闪蒸的机会。

（4）在有高强度机械振动或流体脉动的场合，宜使用抑止流体脉动的装置、隔振器或采用柔性连接件。

（5）应避免将多台科里奥利流量计紧密安装在一起，以防检测元件间的串扰。

6. 热式质量流量计

热式质量流量计可细分为热式气体质量流量计和热式液体质量流量计，通常大多数产品是用于测量气体流量的热式气体质量流量计。当热式质量流量计用于测量液体流量时，需克服一些测量上的难点。例如，当采用热消散效应测量液体流量时，因液体具有相对于气体较高的导热率，在零流量工况下大多数热量是通过热传导方式而不是所期望的热对流方式由液体带走，从而减弱了液体流量测量的灵敏度。现今，国外已有多家仪表厂推出了用于液体测量的热式质量流量计或热式液体流量开关，并已在工业中得到应用。

热式液体质量流量计具有测量范围度大、可测流量下限小的特点，尤其适用测量超低值的液体流量，如可测量低至0.02mL/min的液体流量，可用于化学加药、汽水取样等微小流量场合。热式液体质量流量开关具有响应时间短（0.5～2.5s）、基本无压力损失、对低流量敏感、高重复性的特点，可用于各类液体或浆液的流量高低报警或泵流量低保护。

7. 涡街流量计

相对于气体流量测量，涡街流量计用于液体测量时较为简单，这是因为液体体积流量受温度、压力影响较小，大多可忽略不计。

在测量液体流量时，应注意液体流速宜不大于6m/s，最小雷诺数不应低于2×10^4，且在下限流量时旋涡强度应大于传感器旋涡强度的允许值，并依此选择确定涡街流量计的口径（其常见口径范围为DN15～DN400）。此外，在选型时，流量测量范围宜处于流量计的最佳工作范围内（即上限流量的1/2～2/3处）。

在安装时，应确保前、后直管段长度满足要求，并将涡街流量计安装于管道较低点或采取相应措施，以避免液体中不凝结气体的干扰。当被测液体有残留气泡或杂质时，宜在流量计前直管段或流动调整器上游装设气体分离器和滤网。另外，安装地点也应避开电磁干扰较强和振动较大的场所。

涡街流量计可用于测量工业水、废水、泥浆、腐蚀性化学液体、高温液体等。目前涡街流量计在国内电厂应用并不多，这主要是习惯使然。

8. 靶式流量计

靶式流量计无可动检测部件，结构简单可靠，可用于测量含有固体颗粒等杂质的脏污液体，如原油、污水、重油、碱液、浆液等。

我国在20世纪70年代就开始采用靶式流量计测量电厂的燃油流量，后由于科里奥利质量流量计的推广应用，才逐渐退出。

在选用靶式流量计时，应注意核实管道最小雷诺数是否满足要求（宜大于4000），以保证靶的阻力系统基本恒定；核算最大流量和最小流量时，靶板受力是否在允许范围内。对于高流速流体测量，因流体在高速冲击靶板后产生涡街，易造成输出信号的振荡，故应采取相应措施确保测量的稳定性。

靶式流量计宜安装在水平管道上，当确须安装在垂直管道上时，流体应自下而上。为便于维修和防止系统启动冲击，靶式流量计应装设旁路及其系统切换阀。在靶式流量计启动前，先开旁路，待流体稳定后再启动流量计并关闭旁路阀。

需提醒注意的是，靶式流量计流量测量范围和流量系数，通常是用水作介质标定而给出的。当实际流体密度、黏度与水不同时，其测量范围和示值需相应改变，有时甚至需实流进行比对或标定。

9. 可变面积流量计

液体用可变面积流量计（即浮子流量计或转子流量计）通常是在室温下用水进行刻度标定的。当被测液体的密度、黏度与标定条件不同时，宜进行刻度转换。

在电厂现场，出于安全和可靠性考虑，液体流量测量通常选用金属管式流量计，而不选用玻璃管式流量计。当被测液体较脏时，应在流量计上游装设滤网。测量时，应将测量管中的气体排尽，使液体充满测量管，并在无流量时校对零位。

10. 电磁流量计

电磁流量计是一种发展迅速的新型流量测量仪表，基于法拉第电磁感应定律测量导电流体的体积流量，已广泛应用于各种酸、碱、海水等腐蚀性液体，各种污水、灰浆、煤浆等脏污流体，循环水、补给水、给排水等大流量流体，冷冻水、冷却介质、除盐水和饮用水等常规液体的流量测量。其口径系列齐全（口径 DN2.5～DN3000），可测流量范围宽（0.0053～305000m^3/h），能正常测量低到 0.1m/s 的小流量。

工业中应用的电磁流量计类型主要为交流励磁型和脉冲直流励磁型。交流励磁型避免了采用直流励磁时电极表面的极化干扰，但易带来正交干扰、同相干扰、零点漂移等电磁干扰。脉冲直流励磁型是在零磁场处采集信号，并且调整零点，但不能区分所有其他杂散信号。尽管直流励磁型也可用于脏污流体的测量，但交流励磁型尤其适合。当前，直流励磁型技术占主流地位。

电磁流量计具有无可动部件和无节流部件，范围度宽，灵敏度高，线性好等优点，但不能用于测量含有大量气体的液体，也不能测量电导率极低的液体介质（如石油等烃类、除盐水等）。由于测量管绝缘衬里受温度的限制，电磁流量计通常也不能用于测量高温高压流体。

在设计选用电磁流量计时，对于不产生结晶、不沾污电极的液体，可选用标准电极，否则选用刮刀式清垢电极或有清洗措施的电极或可换式电极。电极材料应根据被测介质的腐蚀性选择，如海水可选用钛电极等。为节省造价，对于大口径管道流量测量可选用插入式电磁流量计。

几种典型流体流量测量要求如下。

（1）开式循环水、补给水或原水：①常取自江河湖泊等开放式水源，水中常存在附着物、杂质等，宜选用陶瓷、PTFE 等光滑耐腐蚀材料内衬的电磁流量计，以减少附着物、杂质的沉积，减小测量误差；②当不能保证水充满管道时，应按实际工况选用大面积弧形电极、多对电极或底部点检测电极等类型的非满管式电磁流量计；③当流量传感器安装于户外或长期浸泡在水中时，应将传感器外壳严密密封，且连接电缆接头和其接线盒内的端子全部用树脂胶封灌，以确保传感器完全达到 IP68 防护等级；④为便于在线校准，宜预留夹持式超声波流量计或插入式电磁流量计等参比流量计安装位置，特别是当管道埋设于地下而设置流量仪表井时更应注意。在线校验可参照 CJ/T 364—2011《管道式电磁流量计在线校准要求》。

（2）闭式循环水、除盐水、给水、凝结水：①属软化除盐水，电导率较低，应选用适用于低电导率、高流体电阻的专用电磁流量计（如电容式）；②化学加药点宜在流量计下游，否则应距离流量计 30*D*（管道直径）以上，且宜选用高频励磁和高耐腐蚀衬里或氧化铝陶瓷测量管的电磁流量计。

（3）工业污水、生活污水、雨水：①属自流状态，流量变化量大，当不能确保充满管道时，宜选用潜水式电磁流量计或非满管道电磁流量计。②为防止杂质沉积，提高测量准确度，宜选用高频励磁、测量管内壁光滑、硬度高的耐腐蚀、耐磨损电磁流量计。

（4）热量计量：①介质温度高达 150℃左右，需选择 PTFE、PFA 耐高温衬里材料或者采用新型的耐高温树脂绝缘材料。使用 PTFE、PFA，衬里中应夹入非导磁的不锈钢网，以防止温度变化和操作使用中出现的负压，破坏衬里失掉绝缘性。同时也应选择耐高温的线缆。②为防止附着物干扰测量，宜选择衬里和电极表面低等级粗糙度的产品，以有效降低衬里沉积杂质和电极被附着的可能。③考虑到供热计量是季节性应用，停用时间较长，故每次开始投用前，应注意对流量计进行清洗，把附着在衬里和电极表面的污垢处理干净。

在安装时，流量计应避开易产生电导率不均匀、电磁场干扰大的场所。电极不应安装在管道顶部和底部，以免受气泡和沉淀物的影响。对于夹带固体颗粒的液体，应垂直安装，液体自下而上流动，或采取必要的防护措施，以确保衬里磨损均匀分布，且避免固体颗粒沉淀影响测量的正确性。对于夹带气体的液体，应将流量计安装在调节阀的高压一侧或者通过增加液体压力等手段来排除夹带的气体。被测液体应与流量计、地等电位，必须接地。对于满管型液体必须充满测量管。

二、差压式流量计的选型设计计算

1. 标准节流装置的选型计算

标准节流装置的选型计算参见本章第二节。以下以某 1000MW 等级超超临界电厂凝结水流量测量为例，对节流装置及流量变送器的选型计算作详细说明，即通过计算确定节流装置的直径比和流量变送器的差压上限值。

（1）已知条件。

1）被测流体：凝结水。

2）流体流量：最大流量 $q_{max}=2240$t/h，常用流量 $q_{com}=2070$t/h，最小流量 $q_{min}=890$t/h。

3）工作参数：工作压力 $p_1=2.5$MPa（表压力），工作温度 $t=158$℃。

4）20℃时管道规格 $\phi610\times19$，即内径 572mm。

5）流体管道：材质 20 钢，无缝管，工作温度下的材料线膨胀系数 $\lambda_D=11.72\times10^{-6}$mm/(mm·℃)。

6）允许压力损失：≤100kPa。

7）采用标准长径喷嘴，配智能差压变送器。

8）节流件（标准长径喷嘴）：材质 1Cr18Ni9Ti，工作温度下的材料线膨胀系统 $\lambda_d = 16.83\times10^{-6}$mm/(mm·℃)。

（2）辅助计算。

1）工作状态下流量测量范围上限值：$q_{max}\approx622.2222$kg/s。

2）工作状态下常用流量值：$q_{com}=575$kg/s。

3）工作状态下流量测量范围下限值：$q_{min}\approx247.2222$kg/s。

4）工作状态下管道内径：按式（11-4）求解如下。

$$D = D_{20}[1+\lambda_D(t-20)] = 572\times[1+11.72\times10^{-6}\times(158-20)]\approx572.9251(\text{mm})$$

5）通过查有关国际水和水蒸气热力性质协会 IAPWS 水物理性质表可得工作状态下主给水密度 $\rho=910.40925\text{kg/m}^3$ 和工作状态下主给水黏度 $\mu=172.3942\times10^{-6}\text{Pa}\cdot\text{s}$。

6）根据式（11-3）计算雷诺数：

$$Re_{D\min} = \frac{4q_{\min}}{\pi\mu D} = \frac{4\times247.2222}{3.14\times172.3942\times10^{-6}\times0.5729251}\approx3.1870\times10^6$$

$$Re_{D\text{com}} = \frac{4q_{\text{com}}}{\pi\mu D} = \frac{4\times575}{3.14\times172.3942\times10^{-6}\times0.5729251}\approx7.4124\times10^6$$

$$Re_{D\max} = \frac{4q_{\max}}{\pi\mu D} = \frac{4\times622.2222}{3.14\times172.3942\times10^{-6}\times0.5729251}\approx8.0211\times10^6$$

雷诺数符合规定的长径喷嘴使用限制条件要求。

7）管道粗糙度：

查表 5-2 可知，$K<0.10$mm，$Ra/D=\frac{K/\pi}{D}<\frac{0.10/\pi}{572.9251}\approx5.559\times10^{-5}$，管道粗糙度符合规定的长径喷嘴使用限制条件要求。

8）确定差压变送器上限值：

根据表 11-2 中计算类型 3，且 $\varepsilon=1$，设 $\beta=0.4$、$C=1$，可得

$$\Delta p_{\text{com}} = \frac{8(1-\beta^4)}{\rho}\left(\frac{q_{\text{com}}}{C\pi d^2}\right)^2 = \frac{8\times(1-0.4^4)}{910.40925}\times\left[\frac{575}{1\times\pi\times(0.4\times0.5729251)^2}\right]^2$$

$$\approx103990.86(\text{Pa})$$

$$\frac{\Delta p_{\max}}{\Delta p_{\text{com}}} = \left(\frac{q_{\max}}{q_{\text{com}}}\right)^2 = \left(\frac{2240}{2070}\right)^2\approx1.1710$$

$$\Delta p_{\max} = 1.1710\times103990.86\approx121773.297(\text{Pa})$$

圆整后，取 $\Delta p_{max}=120$kPa，得 $\Delta p_{com}\approx102.4765$kPa。

（3）计算。

1）依据表 11-2 或式（11-20），求已知项 A_2：

$$A_2 = \frac{\mu Re_{D\text{com}}}{D\sqrt{2\Delta p_{\text{com}}\rho}} = \frac{172.3942\times10^{-6}\times7.4124\times10^6}{0.5729251\times\sqrt{2\times102.4765\times10^3\times910.40925}}\approx0.163282$$

2）根据表 11-2 及相应公式，求 X_1、β_1、C_1、δ_1 值：

根据 $X_n=\frac{A_2}{C_{n-1}\varepsilon_{n-1}}$，且对于水有 $\varepsilon=1$，令 $C_0=1$，则

$$X_1 = \frac{A_2}{C_0} = \frac{0.163282}{1} = 0.163282$$

依据表 11-2 或式（11-25），求出直径比，可得

$$\beta_1 = \left(\frac{X_1^2}{1+X_1^2}\right)^{0.25} = \left(\frac{0.163282^2}{1+0.163282^2}\right)^{0.25} \approx 0.401432$$

根据式（11-9），再求流出系数，可得

$$C_1 = 0.9965 - 0.00653\sqrt{\frac{10^6\beta}{Re_{D\mathrm{com}}}}$$

$$\approx 0.9965 - 0.00653\times\sqrt{\frac{10^6\times 0.401432}{7.4124\times 10^6}} \approx 0.99498$$

根据式（11-26），再求已知项与未知项的差值，可得

$$\delta_1 = A_2 - X_1C_1 = 0.163282 - 0.163282\times 0.99498 \approx 0.00082166$$

3）迭代计算 β 值：

a）求 X_2、β_2、C_2、δ_2 值。

根据表 11-2 和式（11-25），可得

$$X_2 = \frac{A_2}{C_1} \approx \frac{0.163282}{0.99498} \approx 0.1641058$$

$$\beta_2 = \left(\frac{X_2^2}{1+X_2^2}\right)^{0.25} = \left(\frac{0.1641058^2}{1+0.1641058^2}\right)^{0.25} \approx 0.402417$$

根据式（11-9），再求流出系数，可得

$$C_2 = 0.9965 - 0.00653\sqrt{\frac{10^6\beta}{Re_{D\mathrm{com}}}}$$

$$\approx 0.9965 - 0.00653\times\sqrt{\frac{10^6\times 0.402417}{7.4124\times 10^6}} \approx 0.9949785$$

根据式（11-26），再求已知项与未知项的差值，可得

$$\delta_2 = A_2 - X_2C_2 = 0.163282 - 0.1641058\times 0.9949785 \approx 2.5736\times 10^{-7}$$

b）根据式（11-22）及其他公式，求 X_3、β_3 值。

$$X_3 = X_2 - \delta_2\frac{X_2 - X_1}{\delta_2 - \delta_1} = 0.1641058 - 2.5736\times 10^{-7}\times\frac{0.1641058 - 0.163282}{2.5736\times 10^{-7} - 0.00082166}$$

$$\approx 0.1641060$$

$$\beta_3 = \left(\frac{X_3^2}{1+X_3^2}\right)^{0.25} = \left(\frac{0.1641060^2}{1+0.1641060^2}\right)^{0.25} \approx 0.402418$$

$|\beta_3 - \beta_2| \approx 0.000001 < 0.0001$，迭代停止。

4）求 d 值：

$$d = \beta D = 0.402418\times 572.9251 \approx 230.5554(\mathrm{mm})$$

5）根据式（11-1），验算流量：

$$q'_{\mathrm{com}} = \frac{C}{\sqrt{1-\beta^4}}\varepsilon\frac{\pi}{4}d^2\sqrt{2\Delta p\rho}$$

$$= \frac{0.9949785}{\sqrt{1-0.402418^4}}\times 1\times\frac{\pi}{4}\times 0.2305554^2\times\sqrt{2\times 102.4765\times 10^3\times 910.40925}$$

$$\approx 575.00319(\mathrm{kg/s})$$

$$\frac{q'_{com}-q_{com}}{q_{com}}=\frac{575.00319-575}{575}\approx 5.55\times 10^{-6}(\text{在}\pm 0.1\%\text{范围内})\text{,计算合格。}$$

6）根据式（11-5），求 d_{20} 值：

$$d_{20}=\frac{d}{1+\lambda_d(t-20)}=\frac{230.5554}{1+16.83\times 10^{-6}\times(158-20)}\approx 230.0212(\text{mm})$$

7）求最大压力损失：

根据式（11-14），求出最大压力损失值，可得

$$\Delta\overline{\omega}_{max}=\frac{\sqrt{1-\beta^4(1-C^2)}-C\beta^2}{\sqrt{1-\beta^4(1-C^2)}+C\beta^2}\Delta p_{max}$$

$$=\frac{\sqrt{1-0.402418^4\times(1-0.9949785^2)}-0.9949785\times 0.402418^2}{\sqrt{1-0.402418^4\times(1-0.9949785^2)}+0.9949785\times 0.402418^2}\times 120$$

$$\approx 86.69(\text{kPa})<100\text{kPa}$$

最大压力损失小于允许压力损失，符合要求。

8）确定最小直管段长度：

依据 GB/T 2624.3—2006/ISO 5167-3：2003，根据管道敷设情况，计算确定喷嘴上、下游直管段最小长度。

通过以上计算，可知喷嘴直径比 β 为 0.402418，流量变送器的差压上限值为 120kPa。

有关流量计或差压变送器的选型原则参见本章第三节。

2. 其他差压式流量计的选型计算

有关非标准节流装置（如 1/4 圆孔板、锥形入口孔板、双重孔板、圆缺孔板等）的选型计算，可参考第五章。

均速管等其他型式的流量计选型计算参考第六章。

三、差压式液体流量测量仪表系统的安装要求

差压式液体流量测量仪表系统与前述差压式气体、蒸汽流量测量仪表系统构成基本类同，以下重点介绍其不同点。

1. 取压口位置

通常液体流量测量的取压口安装方位应遵循下列原则：

（1）对于水平管道：一次装置取压口宜位于管道水平中心线上。无论如何，取压口与水平面之间的夹角都不应大于 45°。从取压口接出的连接管线应从一次装置向下倾斜接至二次装置，且没有上倾段或凹陷处。其最小斜率宜为 1∶12.5。

（2）安装一次装置的液体主管道垂直时，取压口的安装位置在取压装置的平面上，可任意选择。但从取压口接出的连接管线也应如前所述向下倾斜接至二次装置。

2. 液体流量测量差压信号管路的设计及安装原则

（1）导管选择及敷设原则。有关导管选择原则及导管壁厚计算参见本章第三节相关内容。

在国内，对于亚临界及以下参数，通常按表 11-14 选用；对于超临界参数，通常按表 11-15 选用；对于超超临界参数，通常按表 11-16 选用。各表中 p 均为被测介质压力，t 为被测介质温度。

表 11 - 14　　亚临界参数管路选用参考表

被测介质名称	适用被测介质参数范围	一次门前			一次门后		备注
		材质	取压短管	管路	材质	管路	
汽、水	p=2.7～14.0MPa t=500～540℃	12Cr1MoV或与主管道同材质	ϕ25×7 ϕ22×6	ϕ16×3	20G	ϕ14×2	
	p=16.0～17.5MPa t=500～540℃	12Cr1MoV或与主管道同材质	ϕ25×7 ϕ22×6	ϕ16×3	20G	ϕ16×3	
	p=12.0～18.4MPa t=200～235℃	20G	ϕ25×7 ϕ22×6	ϕ16×3	20G	ϕ16×3	
	p=19.0～28.0MPa t=240～280℃	20G	ϕ25×7 ϕ22×6	ϕ16×3	20G	ϕ16×3	
	p=3.9MPa t=450℃	20G 或 10G	ϕ25×7 ϕ22×6	ϕ14×2	20G 或 10G	ϕ14×2	
	p≤7.6MPa t≤175℃	20G 或 10G	ϕ25×7 ϕ22×6	ϕ14×2	20G 或 10G	ϕ14×2	
油、灰水		重油、灰水混合物为 ϕ20×2 或 ϕ18×2，10G，其他为 ϕ14×2，10G					

注　1. p 为被测工艺介质压力，t 为被测工艺介质温度。

2. 常温常压盐酸、硫酸介质测量可采用 PVC 塑料管、开泰管，1/2in 或 3/8in（1in=2.54cm）。

3. 工程中 10G、20G 可统一采用 1Cr18Ni9Ti，也可采用 0Cr18Ni9。

4. 管道现场弯制时，弯曲半径不应小于 3 倍的管道外径。

表 11 - 15　　超临界参数管路选用参考表

被测介质名称	适用被测介质参数	一次门前			一次门后	
		材质	取压短管	管路	材质	管路
高压给水	p=38MPa t=193℃或 p=35MPa t=286℃	20G	由配管厂或管件厂设计加工	与取样短管相同规格或 * ϕ17×3.5 * ϕ16×3.2	20G	* ϕ17×3.5 * ϕ16×3.2
		A213 TP316		与取样短管相同规格或 * ϕ17×3.5 * ϕ16×3.2	A213 TP316	ϕ17×3.5 * ϕ16×3.2
		0Cr18Ni9		与取样短管相同规格或 * ϕ17×3.5 * ϕ16×3.2	0Cr18Ni9	* ϕ17×3.5 * ϕ16×3.2

续表

被测介质名称	适用被测介质参数	一次门前			一次门后	
		材质	取压短管	管路	材质	管路
锅炉汽水分离器	p=30.7MPa t=459℃	A213 TP316	由配管厂或管件厂设计加工	与取样短管相同规格或 ϕ18×4 ϕ17×3.5	A213 TP316	ϕ18×4 ϕ17×4 ϕ17×3.5
		0Cr18Ni9		与取样短管相同规格或 ϕ18×4 ϕ17×4 * ϕ17×3.5	0Cr18Ni9	ϕ18×4 ϕ17×4 * ϕ17×3.5

注　1. p 为被测工艺介质压力，t 为被测工艺介质温度。

2. 带 * 号的管道现场弯制时，当弯曲半径采用 3 倍的管道外径时，壁厚裕量较小，建议管子弯曲半径不宜小于 4 倍的管道外径。带 * * 号的管道现场弯制时，弯曲半径不应小于 4 倍的管道外径。未标注 * 的管道现场弯制时，弯曲半径不应小于 3 倍的管道外径。

3. 一次门前与取样短管之间的小规格导管只适用于一次门采用一般仪表阀的情况。

4. 过热减温水和高压旁路减温水系统仪表导管需根据工艺引接位置的参数来决定。

表 11-16　　超超临界参数管路选用参考表

被测介质名称	适用被测介质参数	一次门前			一次门后	
		材质	取压短管	管路	材质	管路
高压给水	p=42MPa t=193℃或 p=38MPa t=302℃	20G	由配管厂或管件厂设计加工	与取样短管相同规格	20G	ϕ18×4 ϕ17×4 * * ϕ17×3.5
		A213 TP316		与取样短管相同规格	A213 TP316	ϕ18×4 ϕ17×4 * ϕ17×3.5
		0Cr18Ni9		与取样短管相同规格	0Cr18Ni9	ϕ18×4 ϕ17×4 * * ϕ17×3.5
锅炉汽水分离器	p=30.7MPa t=459℃	A213 TP316	由配管厂或管件厂设计加工	与取样短管相同规格	A213 TP316	ϕ18×4 ϕ17×4 ϕ17×3.5
		0Cr18Ni9		与取样短管相同规格	0Cr18Ni9	ϕ18×4 ϕ17×4 * ϕ17×3.5

注　1. p 为被测工艺介质压力，t 为被测工艺介质温度。

2. 带 * 号的管道现场弯制时，当弯曲半径采用 3 倍的管道外径时，壁厚裕量较小，建议管子弯曲半径不宜小于 4 倍的管道外径。带 * * 号的管道现场弯制时，弯曲半径不应小于 4 倍的管道外径。未标注 * 的管道现场弯制时，弯曲半径不应小于 3 倍的管道外径。

3. 一次门前与取样短管之间的小规格导管只适用于一次门采用一般仪表阀的情况。

4. 过热减温水和高压旁路减温水系统仪表导管需根据工艺引接位置的参数来决定。

1）美国 ASME 标准规定：

a）取源连接部件：取源连接部件（包括取压短管、管嘴等）应采用至少相当于其所连接管道或容器等级的材料制造。取源连接部件应能承受取源处的设计压力和设计温度，以及由相对位移和振动所施加的额外载荷。当被测介质压力不超过 6200kPa 或温度不超过 425℃时，取源连接部件公称规格应不小于 NPS1/2（相当于 DN15）；当被测介质参数超出上述限值时，其公称规格应不小于 NPS3/4（相当于 DN20）。

b）导管：关断阀和仪表间导管内径不宜小于 9.14mm，壁厚不宜小于 1.25mm。

2）国际标准化组织 ISO 2186 标准规定，推荐按下列原则选取导管内径：

a）对于被测介质为水的信号管路：当导管长度小于 16m 时，导管内径可取 7～9mm；当导管长度处于 16～45m 范围时，导管内径可取 10mm；当导管长度处于 45～90m 范围时，导管内径可取 13mm。

b）对于被测介质为低黏度至中等黏度的油类信号管路：当导管长度小于 16m 时，导管内径可取 13mm；当导管长度处于 16～45m 范围时，导管内径可取 19mm；当导管长度处于 45～90m 范围时，导管内径可取 25mm。

c）对于杂质较多的液体信号管路：当导管长度小于 16m 时，导管内径可取 25mm；当导管长度处于 16～45m 范围时，导管内径可取 25mm；当导管长度处于 45～90m 范围时，导管内径可取 38mm。

安装设计时，应尽可能减小一次装置和二次装置之间的间距（按 ISO 标准及工程惯例，导管长度宜控制在 16m 之内）。为了准确传送测量信号，导管应尽可能短直，且正、负压两根导管的长度应相等。

安装导管时只能向下倾斜，若不得已确需改变倾斜方向，则只能改变一次，且应在最高点安装气体收集器或排气阀。

（2）管路附件的配置及选择原则。在设计时，管路附件的配置应符合下列基本设计原则：

1）差压流量仪表、变送器应有各自的测量管路、阀门及附件。

2）冗余配置的差压流量变送器，应有各自的测量管路、阀门及附件。

3）普通液体介质的差压流量测量管路通常配置有一次门、二次门、平衡门及排污门。燃油等易燃易爆介质的差压流量测量管路，仅配置一次门、二次门和平衡门，不应配置排污门。高黏度或腐蚀性介质的差压流量测量管路，应配置一次门、隔离容器、二次门和平衡门，或采取其他防堵或防腐措施。

4）关断阀（一次门）宜直接安装在一次装置取压口处。对于易燃易爆或腐蚀性等被测液体，应选择合适的阀门形式和密封填料，以确保密封等性能满足要求。

5）为了降低成本，节约安装空间，仪表阀门宜

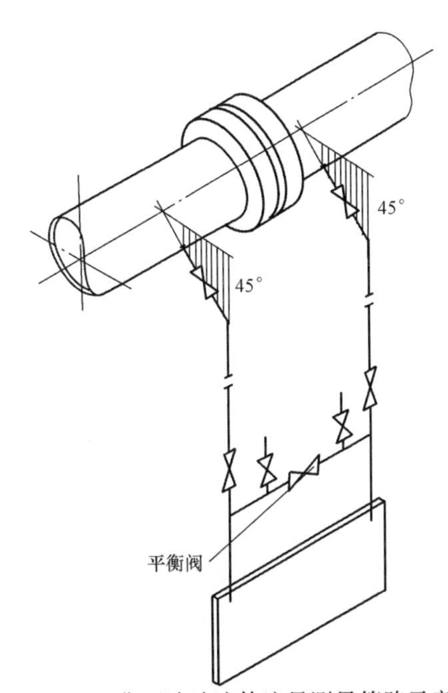

图 11-22　典型清洁液体流量测量管路示意
（水平主管道，仪表位于主管道下方）

优先选用阀组形式（如三阀组、五阀组等）。但是无论选用何种阀门形式，均应避免阀体内残留气泡或液泡造成测量误差。

各种典型液体流量测量管路示意图见图 11-22～图 11-24。

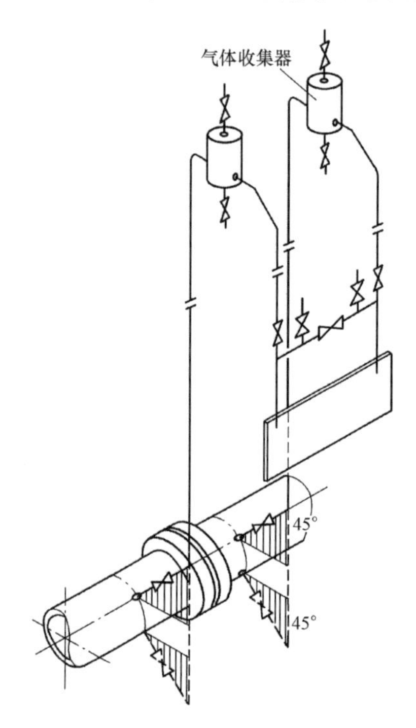

图 11-23　典型清洁液体流量测量管路示意
（水平主管道，仪表位于主管道上方，冷液体）

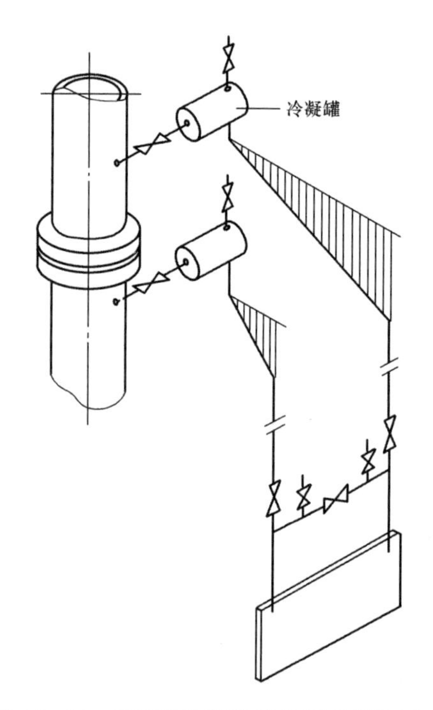

图 11-24　典型清洁液体流量测量管路示意
（垂直主管道，仪表位于主管道下方，热液体）

第六节　固 体 流 量 测 量

一、电厂常见固体物料种类及其量的测量或计量

1. 固体介质种类

电厂运行中，常见需测量或计量质量或流量的固体介质种类主要有：

（1）固体燃料。包括贫煤、褐煤、无烟煤等在内的各类燃煤，年代较短、水分含量极高的泥炭，沉积岩类的油页岩，工业固体废料或生活垃圾，秸秆、林木等生物质燃料等。

（2）生产运行辅料。如作为石灰石—石膏湿法烟气脱硫系统吸收剂的石灰石等。

（3）生产运行形成的副产品。如锅炉燃烧后形成的灰、渣，石灰石—石膏湿法脱硫后形成的石膏等。

2. 固体（流）量的计量或测量

谈及流量测量，通常认为仅涉及液体或气体等流体，但一些由固体粉末或固体颗粒组成的散状物体或物料也具有一定的流动性，故广义上讲流量测量也应包括固体流量测量。即所谓的固体流量测量就是对具有一定流动特性的固体流（如煤粉、飞灰、石灰石粉等）的流量进行测量。

一般来讲，在固体物料的贸易交接点、计量点或关口点，需设置相应的计量仪表或装置。在生产过程中，当固体物料以碎料或粉状等小颗粒形式，由传送带系统或其他输送寄主材料（如压缩空气等）传送时，则会产生固体流量测量的需求，此时通常需设置相应的固体流量检测仪表，测量固体流的瞬时或短时流量状况，以实现对固体流的监视或控制。

电厂中固体物料量的计量主要采用基于称重法的轨道衡、汽车衡、电子吊钩秤、电子皮带秤等计量设备。

固体散料的流量测量则因固体物料种类繁多，固体流的物理性质与液体流和气体流差别较大，具有流动性差、摩擦阻力大、磨损大、密度不均且易变等特点，故其测量难度较大，多采用基于称重原理的各类衡/秤来测量固体的质量流量。此外，在工程中采用的固体流量测量仪表还有基于伯努利方程原理的差压流量计、基于雷达原理和多普勒效应的微波流量计、基于静电感应的静电流量计、基于动量定理的冲击式流量计、基于核密度计和电容速度计的固体质量流量计、基于科里奥利效应的科里奥利固体流量计、基于传热原理或热平衡法的热式固体流量计等。

一般来讲，非力学原理的固体流量测量技术具有非接触测量、结构紧凑等优点，但存在准确度较低、测量原理成熟度相对较差、产品成本较高、应用场合有一定的局限等不足。而力学原理的固体流量测量技术总体来讲比较成熟，市场占有率最高，但在应用上也有相应的缺点和局限性，如以皮带秤为例，存在结构复杂，皮带磨损、物料的附着等均对测量准确度影响较大等缺点。

二、固体量计量或检测

如前所述，尽管当今流量测量技术较之过去有着较大的飞跃，但测量固体的质量流量仍是十分复杂的技术难题。以下以煤量为例，对固体流量的计量或检测作相应说明。

煤是常规燃煤电厂的主要燃料，煤量计量或检测的实时性和准确性对发电经济成本、锅炉燃烧控制及调整、机组性能及热效率计算影响较大。煤量计量可分为在线式和离线式两种方式；根据计量或流量检测装置装设点不同，又可分为入厂煤计量、入炉煤计量、锅炉给煤量检测、各风粉管煤粉量检测等。其中，入厂煤计量是作为煤炭供需双方商务结算依据的；入炉煤计量是用于监视锅炉的燃煤量的；锅炉给煤量检测主要是用于锅炉燃煤量的控制；风粉管煤粉量检测主要是用于监控煤粉分配的均匀性，并为锅炉的安全、环保、经济燃烧调整提供监视手段。入厂煤计量装置有轨道衡、汽车衡和电子吊钩秤等；入炉煤计量装置有皮带秤、煤斗秤、电子散料秤等。如果厂外运煤方式是长距离带式输送机，其计量装置型式与入炉煤计量装置相同。锅炉给煤量检测主要通过采用电子称重式给煤机来实现煤量检测；风粉管煤粉量检测严格意义上属气固两相流检测，常采用差压式、热式、微波式、超声波式、静电式等检测技术，如利用发射进煤粉管内的微波反向散射原理测量煤粉浓度和速度、基于脉冲超声波束衰减量测量煤粉流速、依据煤粉对 β 射线或 γ 射线的吸收测定煤粉流量、通过检测煤粉颗粒碰撞金属棒列而引起的金属机械振动量来间接判定煤粉颗粒的分布、专用静电探头检测煤粉颗粒大小及其分布、采用由低成本的 CCD 摄像机和激光片发生器构成的数字成像装置判定煤粉颗粒分布等，风粉量测量详见本章第七节。此外，国外煤粉量测量也有采用失重秤、转子秤、冲击式流量计、科里奥利固体流量计等固体流量测量装置或仪表。

1. 轨道衡或汽车衡

轨道衡由装有测重传感器的一段路轨及物料量计算显示设备所构成，是计量铁路来煤在线运量的装置，可分为动态衡和静态衡两种。当电厂运煤列车进入轨道衡路轨时，由测重传感器测量列车所装载煤的重量。轨道衡也可装设在翻车机内，测量翻前和翻后的重量差，即可得到煤炭的重量。电厂入厂煤计量用轨道衡，多采用无基坑电子轨道衡，当采用翻车机卸煤时可选用静态衡，将其布置在翻车机平台下方对燃煤进行静态计量。汽车衡是当电厂为公路来煤时，用于载重汽车称重的衡器，也有动态和静态两种。

(1) 静态衡。静态衡是用于车辆处于静止状态下进行称量的衡器。在静态时，衡上受力和力矩均处于平衡状态，铁道线路和车辆状态对静态衡的影响较小，故静态衡的称量准确度较高，其误差可小于实际称量的±0.05%。使用中的基本要求、技术条件等可参照国家标准GB/T 15561—2008《静态电子轨道衡》的规定，计量检定依据JJG 444—2005《标准轨道衡检定规程》。

(2) 动态衡。动态衡也称自动衡，是用于称量运行中的车辆载重量的衡器，属于在车辆运动过程中完成的动态称量。动态称量是在称量系统受力未达到平衡状态前就进行的称量，故须考虑整个称量系统过渡过程的误差及受力与运动的速度、加速度、振动频率等的关系等，其误差可小于±0.5%。具体应用中可参照执行国家标准GB/T 11885—2015《自动轨道衡》，计量检定依据JJG 234—2012《自动轨道衡》、JJG 907—2006《动态公路车辆自动衡器检定规程》。

2. 电子吊钩秤

电子吊钩秤是当电厂为水运来煤时，用于检测轮船运煤量的称量装置。在电子吊钩秤工作状态下，当用抓斗将煤料吊起时，抓斗上方安装的称重传感器就将重量信息由秤体内发射装置发出，再由接收仪表对煤量数据进行接收、处理并显示等。工程应用中可参考执行GB/T 11883—2002《电子吊秤》，计量管理可参照JJG 539—2016《数字指示秤检定规程》，以及JJG 649—2016《数字称重显示器（称重指示器）检定规程》。

3. 皮带秤

皮带秤分接触式和非接触式两大类。电厂中普遍采用的电子皮带秤属接触式在线计量煤秤，而核子秤是后期发展起来的非接触式在线计量秤。

(1) 电子皮带秤。电子皮带秤主要由称重托辊、称重框架、称重传感器、测速传感器和显示仪表组成（见图11-25），是一种测量皮带输煤量的动态连续自动计量设备。电子皮带秤在一小段输煤皮带托辊的两端装有称重传感器（多采用测力传感器，有时也采用LVDT位移传感器），当皮带上有煤时，通过托辊使称重传感器测重并输出与这一段皮带上煤的重量成正比的电压信号，且将该信号输入微处理器中。另外，在拖动输煤皮带的电动机中装有转速传感器，电动机转动时，转速传感器产生与转速成比例的脉冲信号，此信号也送入微处理器中，经过对重量信号和转速信号的综合运算处理，就可得到单位时间及累加的皮带运送的原煤重量。电子皮带秤计量准确、安装方便，适用于各种容量的电厂，其常用准确度等级分为0.5级、1级和2级三个

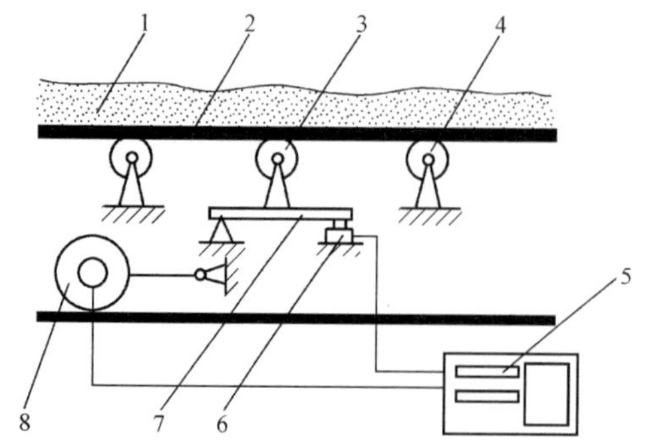

图11-25 电子皮带秤示意

1—被测物料；2—输料皮带；3—称重托辊；4—输送托辊；5—显示仪表；6—称重传感器；7—称重框架；8—测速传感器

级别。工程应用中可参照执行 GB/T 7721—2007《连续累计自动衡器（电子皮带秤）》，计量检定依据 JJG 195—2002《连续累计自动衡器（皮带秤）检定规程》、JJG（电力）02—1996《电子皮带秤实物检测装置》。

（2）核子皮带秤。核子皮带秤由放射源、称重传感器、框架、测速传感器和称重指示器组成。核子皮带秤没有机械称重机构，是一种安装简便、几乎不需维护、不受过载和皮带张力等影响的非接触式连续在线计量装置，基于 γ 射线与物料相互作用而强度被减弱的原理工作。核子秤通常安装在皮带输送机的适当位置上，不与皮带直接接触，实现对散装固体物料自动进行连续累计称重。虽然核子秤受胶带张力、振动、惯性力等因素的影响较小，但称量准确度略低于电子皮带秤，一般为±1%。计量检定依据 JJG 811—1993《核子皮带秤》。

4. 电子散料秤

电子散料秤由储料仓、称量斗及卸料仓构成，可对大宗散装物料进行连续、快速、准确的称量和全过程的自动控制。其储料仓、称量斗及卸料仓按上、中、下叠加而成。工作过程：用皮带输送机将物料送往储料仓。储料仓中储满被称物料。进料时，储料仓底部的进料门打开，物料流入称量斗。称量斗称量所进物料的重量，当达到设定值时，储料仓的进料门自动关闭，此时的重量数值被自动储存并进行累加。随后称量斗底部的放料门打开，物料流入卸料仓内。当称量斗卸完料后，放料门关闭。卸料仓底部的出口很大，能很快将物料卸完。称量斗放料完成后，又可重复进行上述过程。计量管理可参照 JJG 539—2016《数字指示秤检定规程》。

5. 煤斗秤

煤斗秤属于静态料斗秤，由于其本身具有较高的稳定性，所以在电厂煤斗秤主要用于对动态皮带输煤秤进行实煤核验，也可用于对原煤斗或煤粉仓的储煤（粉）量进行称重计量。

煤斗秤安装方式有悬吊式和支撑式（见图 11-26 和图 11-27）。传感器常采用测力（称重）式传感器，传感器输出信号经调制处理后送至显示仪表显示出料秤的瞬时和累计称量，其基本误差不大于±0.2%。

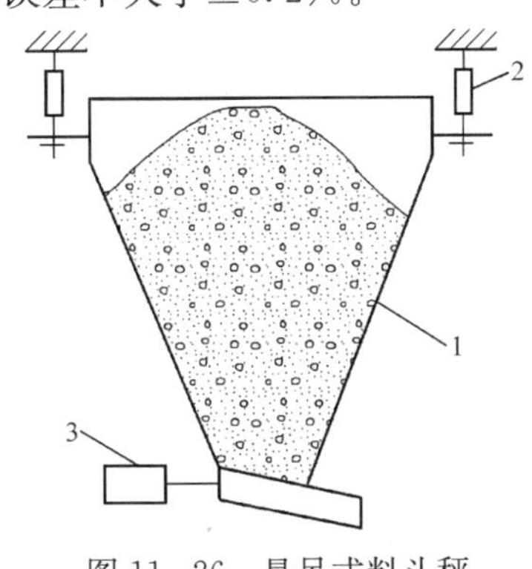

图 11-26　悬吊式料斗秤

1—煤斗；2—称重传感器；3—给煤机

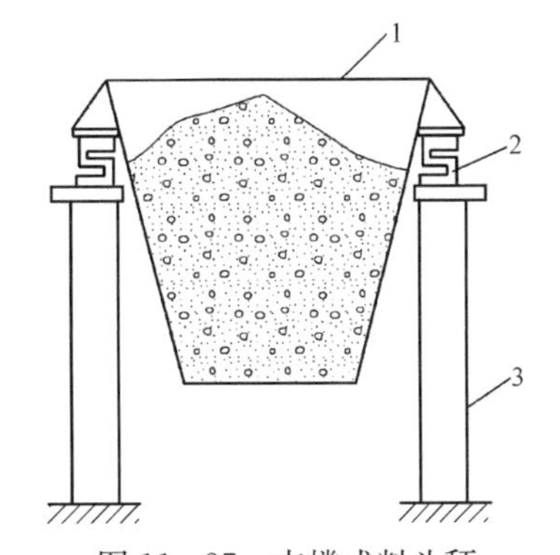

图 11-27　支撑式料斗秤

1—煤斗；2—称重传感器；3—支撑柱

6. 电子称重式给煤机

电厂直吹式制粉系统标配带有电子称重装置和微机控制装置的电子称重给煤机，从而实现精确、定量向磨煤机输送燃料的目的。

由图 11-28 可见，电子称重给煤机由机体、输煤皮带及其电动机驱动装置、称重装置等组成。电子称重给煤机实质上是带有电子称量、自动调速的皮带输送装置，其测量煤量原理类似于皮带秤。电子称重给煤机的称重装置属电子称量方式，主要由装在给煤机进煤口与驱动滚筒之间的3个称重托辊和1对称重传感器组成。3个称重托辊中的2个固定在机壳上，构成一个确定的称重跨距；另1个则处于称重跨距中间，并悬挂于前述1对称重传感器上。称重传感器测出单位长度皮带上的煤量信号，再乘以由编码器测出的皮带转速，得到给煤机的瞬时给煤量。在称重传感器及称重托辊下方，装设有称重校准重块。当电子称重给煤机工作时，校准重块支承在称重臂和偏心盘上，与称重托辊脱开。当称重校准时，转动校重杆手柄，使偏心盘转动，将称重校准重块悬挂在称重传感器上，从而可检查所输出的质量信号是否准确。常规给煤机电子称重装置准确度可达±0.5%。

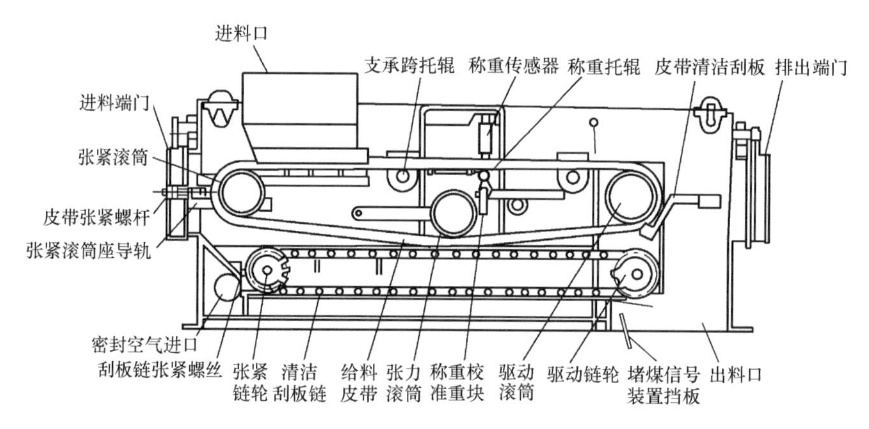

图11-28　电子称重给煤机的结构

7. 失重秤

失重秤也称差分减量秤，是在电子散料秤的基础上发展而来的，主要是通过实时测量称重料斗的重量，计算出单位时间内称重料斗所减少的重量，从而实现对失重秤料斗所释放物料的质量流量的测量。

失重秤主要由储料仓、称量斗、称重传感器、流量控制器等组成（见图11-29）。失重秤通常采用断续进料、连续出料工作方式，其典型工作过程：用皮带输送机将物料送往储料仓。储料仓中储满被称物料。进料时，流量控制器控制储料仓底部的进料门打开，物料快速流入称量斗。称量斗称量所进物料的重量，当称量斗总重量达到上限设定值时，流量控制器控制储料仓底的进料门自动关闭。随后流量控制器控制称量斗底部的排料器启动排料，同时进行流量测量及计算（即在采样间隔时间 Δt 前、后两次测量称量斗重量 W_n 和 W_{n-1}，则物料质量流量 $q_m=\dfrac{W_n-W_{n-1}}{g\Delta t}$，式中 g 为重力加速度）。根据测量计算所得流量值与流量设定值之差，流量控制器实时控制物料排料速度。当称量斗总重量到达下限值时，重复进行上述过程，重新打开储料仓底部的进料门，快速填充称量斗。在填料期间，由于填料和排料同时进行，不能测量物料流量，一般是将上次所测流量作为填料期间的流量。失重秤测量准确度通常为0.5%～1.0%。

8. 转子秤

转子秤是一种通过对载料转子的称重和电动机的调速而集流量测量与控制于一体的装置

(见图 11-30)。其测量机理类似电子皮带秤：电子皮带秤是称重循环运动皮带的某一段物料的重量以确定物料流的线密度，再根据皮带的线速度计算出物料流的质量流量；转子秤则是称重循环转动转子的某一角度段物料的重量以确定旋转物料流的角密度，进而再根据转子的角速度计算出物料流的质量流量，即工作过程为，转子叶片拨动物料通过圆弧路径的测量通道，利用杠杆原理动态称量通道中的物料重量，从而求出圆弧路径物料流的角密度，再通过转速传感器测得转子的转速，从而利用式（11-46）求得物料的质量流量。

$$q_m = \rho\omega \tag{11-46}$$

式中　q_m——物料质量流量，kg/s；

ρ——角密度，单位转角所对应的物料质量，kg/rad；

ω——角速度，单位时间的转角，rad/s。

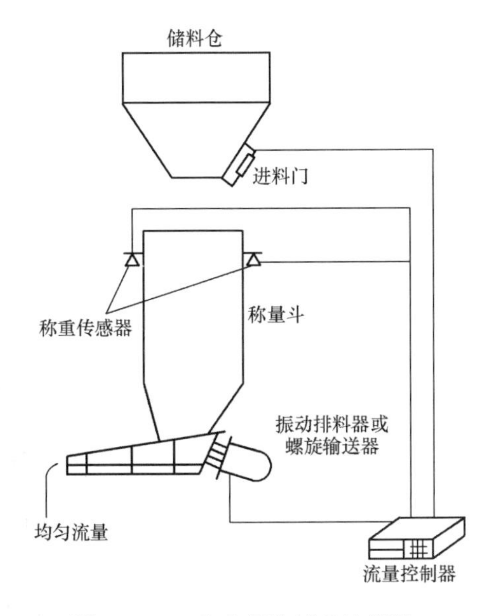

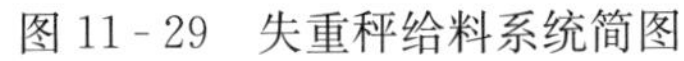
图 11-29　失重秤给料系统简图

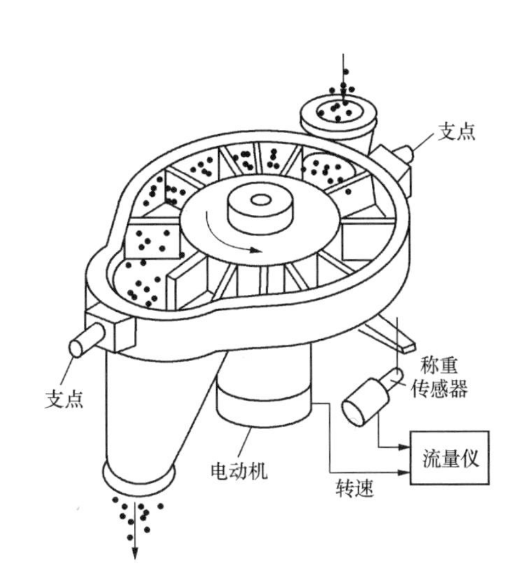

图 11-30　转子秤给料系统简图

转子秤结构紧凑，不存在失重秤的测量盲区，但其摩擦阻力大，功耗高，磨损严重，容量不宜过大，转速也不宜过高，多用于中等以下的流量范围。转子测量控制准确度约为 1%。

9. 冲击式流量计

冲击式流量计又称冲板式流量计或冲量式流量计，是基于动量定理和碰撞理论，通过测量物料对测量挡板的冲击力（该冲击力与物料瞬时质量流量成正比）来实现对物料质量流量的测量的。当前应用较多的是基于测量冲击力水平分力的、可解决零点漂移的冲击式流量计（见图 11-31），其测量基于式（11-47），即

$$F_{\mathrm{m}} = q_m \sin\alpha \sin\beta \sqrt{2gh} \tag{11-47}$$

式中　F_{m}——物料落在冲击板上的冲击力的水平分力大小；

q_m——物料质量流量；

α——落料角；

β——冲击板与水平面的夹角；

h——物料下降距离；

g——重力加速度。

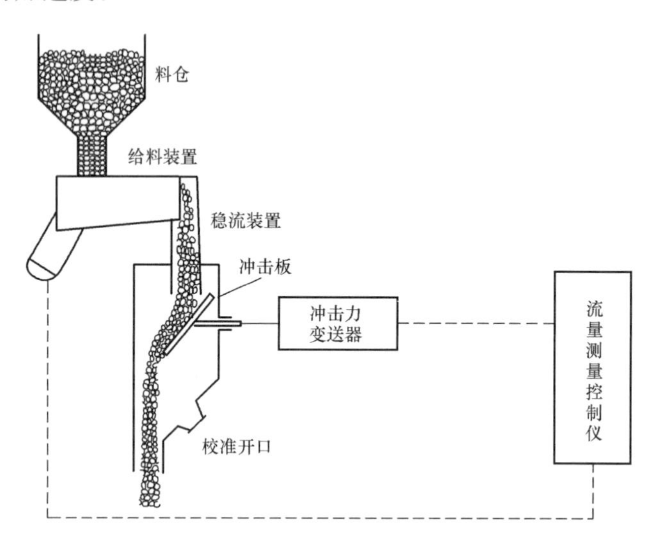

图 11-31　冲击式流量测量系统简图

冲击式流量计具有结构简单，没有动力设备，制造和维护成本低，可适应恶劣的工业环境，对物料流动阻碍作用小，测量易受物料流量变化、湿度变化和粒度变化等因素的影响而偏移等特点。冲击式流量计常应用于粉状、颗粒状或块状等各种固体散料的连续流量测量，有时也应用于浆状、高黏度液体的流量测量。冲击式流量计测量准确度可达 2%。

10. 科里奥利固体质量流量计

科里奥利固体质量流量计也称回转式流量计，是基于科里奥利原理，通过测量物料经过旋转着的测量轮被输送时出现的科里奥利力矩大小而实现物料质量流量的测量。该流量计在原理上对物料密度、下落高度、物料摩擦力等因素不敏感，并具有结构简单、测量准确度高（可达±0.5%）等优点。但其价格昂贵，动态调零困难，维护检修工作量大。

利用科里奥利原理制造的流量测量装置有科氏皮带秤和科氏固体质量流量计等。前者因结构复杂，体积较大，应用受到限制，在工程中应用较多的是后者。图 11-32 所示为德国 Schenck 公司生产的科里奥利固体质量流量计（Coriolis Mass Flow Meter MULTICOR），测量轮是其核心部件，在测量轮上呈辐射状对称分布着 8 块或 16 块导板。物料从进料管落入旋转着的测量轮中，并在离心力作用下沿着导板向外滑动，直至脱离测量轮，物料在运动垂直方向产生的科里奥利力作用于导板上形成科氏力力矩，通过与传动轴相连的测力传感器测量该科氏力力矩，依据该力矩与物料瞬时质量流量所成的正比关系，实现对物料的质量流量的测量。所依据测量公式见式（11-48）。

$$q_m = \frac{M}{\omega R^2} \tag{11-48}$$

式中　q_m——物料质量流量；

M——科氏力对测量轮转动中心产生的力矩；

ω——测量轮旋转角速度；

R——测量通道出口回转半径。

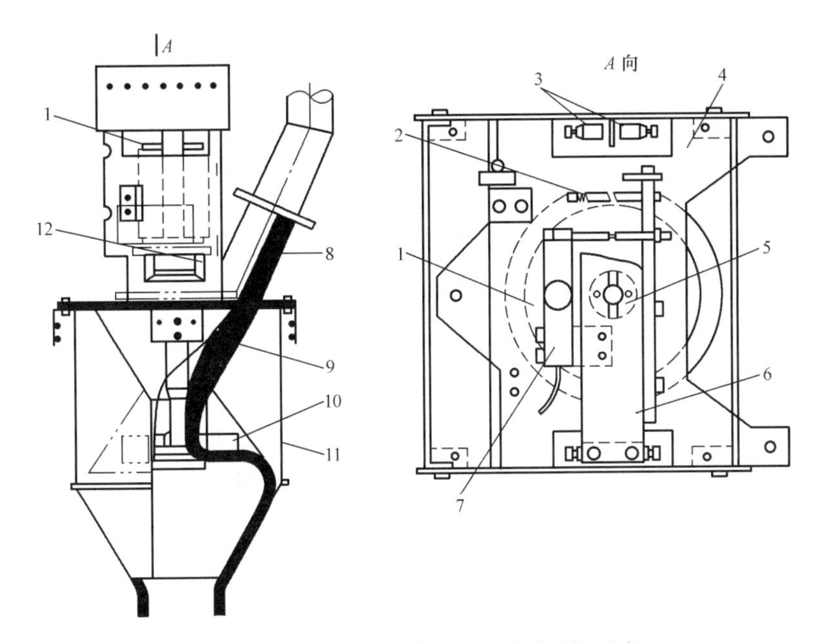

图 11-32 科里奥利固体质量流量计结构示意

1—测量电动机；2—预紧力弹簧；3—限位螺栓；4—机架；5—柔性连接；6—支架梁；7—测力传感器；8—测量物料；9—进口料斗；10—测量轮；11—料斗外壳；12—转速传感器

第七节 两相流流量测量

一、电厂常见两相流种类及两相流流量测量基本原理

1. 两相流种类

两相流属多相流动体系，多相流动体系通常是指由若干种连续介质（连续相）和若干种不连续介质（分散相或离散相）组成的流动体系。多相流是两种或两种以上不同相的介质同时存在的流体，按照流体中物质相数的不同，多相流可分为两相流和三相流。两相流又可细分为气固、气液、液固、液液（指不能混合均匀的液体混合物，如油水等）等两相流（各种气体一般均能混合均匀，组成一种单相气体，故其气体混合物均属单相流，无气气两相流），三相流也可细分为气液固、气液液（如油气水等）等三相流。

在电厂生产过程中，两相流较为常见，如磨煤机出口煤粉管道中的空气一煤粉气固两相流、除灰系统气力输灰管道中的空气—飞灰气固两相流、水力除灰管道中的水—灰渣液固两相流、锅炉蒸发面或供热管线中的蒸汽—冷凝水的气液两相流等。由于两相流各组分之间存在密度、黏度等不同，且其流体流动规律十分复杂，致使其流量测量要比单相流困难得多。到目前为止，工业应用上尚未有完全成熟可靠的两相流流量仪表。与两相流量有关的基本参数和两相流流动形式详见第二章和第三章。

2. 两相流流量测量的基本原理

工业中常见的两相流流量测量可分为两类：一类是测量两相流的总质量流量或总体积流量（即两相混合物的流量）；另一类是测量两相流中指定相或各分相的质量流量或体积流量

（各分相流量之和即为两相混合物流量）。

以下以气液两相流为例，简单介绍各分相流量的测量方法。

（1）管道横截面积 A 已知，分别测得管道截面平均含气率 a_{A}、液相速度 v_{L} 和气相速度 v_{G}，则可按式（11－49）和式（11－50）分别求得液相体积流量 $q_{V\mathrm{L}}$ 和气相体积流量 $q_{V\mathrm{G}}$，即

$$q_{V\mathrm{G}} = a_{\mathrm{A}} A v_{\mathrm{G}} \tag{11-49}$$

$$q_{V\mathrm{L}} = (1 - a_{\mathrm{A}}) A v_{\mathrm{L}} \tag{11-50}$$

若液相密度 ρ_{L} 和气相密度 ρ_{G} 可知，则可按式（11－51）和式（11－52）分别求得液相质量流量 $q_{m\mathrm{L}}$ 和气相质量流量 $q_{m\mathrm{G}}$，即

$$q_{m\mathrm{G}} = a_{\mathrm{A}} A v_{\mathrm{G}} \rho_{\mathrm{G}} \tag{11-51}$$

$$q_{m\mathrm{L}} = (1 - a_{\mathrm{A}}) A v_{\mathrm{L}} \rho_{\mathrm{L}} \tag{11-52}$$

（2）分别测得气液两相流的总质量流量 q_m 和质量含气率（干度）x，则可按式（11－53）和式（11－54）分别求得液相质量流量 $q_{m\mathrm{L}}$ 和气相质量流量 $q_{m\mathrm{G}}$，即

$$q_{m\mathrm{G}} = x q_m \tag{11-53}$$

$$q_{m\mathrm{L}} = q_m - q_{m\mathrm{G}} \tag{11-54}$$

（3）分别测得气液两相流的总体积流量 q_{L} 和容积含气率 a_{q}，则可按式（11－55）和式（11－56）相应求得液相体积流量 $q_{V\mathrm{L}}$ 和气相体积流量 $q_{V\mathrm{G}}$，即

$$q_{V\mathrm{G}} = a_{\mathrm{q}} q_{\mathrm{L}} \tag{11-55}$$

$$q_{V\mathrm{L}} = q_{\mathrm{L}} - q_{V\mathrm{G}} \tag{11-56}$$

两相流流量测量目前仍处于发展完善阶段，工程中常用的两相流流量测量技术可归纳为三大类：第一类是在建立两相流流动模型的基础上，采用传统流量测量仪表（如靶式流量计、涡轮流量计、皮托管、孔板、文丘里管等）在一定范围和程度上解决部分两相流流量测量问题；第二类是采用电磁流量计、超声流量计等新型流量测量仪表，并配以密度测量仪表，或采用科里奥利质量流量计，实现部分两相流流量的测量；第三类是采用激光技术、核磁共振技术、微波技术、过程层析成像技术、微电容测量技术、电导测量技术、静电技术、新型示踪技术等新型多相流流量测量技术，并基于现代信号处理技术，最大程度上解决两相流流量的测量难题。

在具体选择两相流流量测量方法及仪表时，应首先确定应用对象要求（计量、控制、监视及其性能指标等），并综合考虑被测流体特性（如对气固两相流，除考虑与单相流体相同的密度、黏度、腐蚀性等物理特性外，还需考虑两相流的流型或流态，气固比或分相含率，固相形状、粒径大小及不同规格的比率等特性）、仪表适用条件、性能和规范、安装条件、环境条件、运行维护需求、成本及售后服务等多个因素。

二、气固两相流的流量测量

气固两相流在电厂中十分普遍，包括固体燃料的输送、磨制或分离，至燃料器煤粉的气力输送，煤粉燃料火焰中燃料的燃烧过程，锅炉炉膛及对流段灰渣的传输及沉积，除灰系统灰渣的气力输送，除尘器中飞灰颗粒的分离，烟气中飞灰的排放，石灰石粉的气力输送等。气固两相流流量的准确测量对电力生产过程的监视和控制、节能降耗有着重大意义。但由于气固两相流流体性质、流动结构、流动条件、固体颗粒化学组分的复杂性和多变性，加之固体颗粒的磨损性，使得在所有两相流流量测量中其难度最大。

以下以锅炉燃烧系统中通过一次风将煤粉输送至燃烧器的煤粉管中煤粉流量测量为例，

对常用气固两相流流量测量技术作相应说明。

1. 煤粉气固两相流流动特点

输粉管内气力输送的煤粉流具有下列典型特性：

（1）煤粉颗粒物理特性（如含水量、组成成分、密度、颗粒规格和形状等）较大的不确定性。若煤种多变或采用煤粉和生物质燃料的混烧，则使该问题更加复杂。

（2）煤粉管截面煤粉颗粒浓度的不均匀性和速度剖面的不规则性。若采用插入式探头则又对煤粉管内两相流流态产生不利影响。

（3）流态或流型的复杂多变性。多种流型会同时存在或互相转化，且不同流型之间的转化无明显过渡。运行中煤粉浓度随工况变化较大，易出现极低的煤粉浓度（如1%或更低），且在流动时气相和固相易存在流速差。输粉管内极低的煤粉浓度使得多数流量仪表因检测信号过低而不能正常工作。

（4）细小煤粉颗粒在输煤管内壁沉积厚度的不确定性。

（5）煤粉颗粒具有较大的磨损性。其磨损量取决于煤种和一次风速。

2. 差压—速度法测量技术

差压—速度法是将气固两相流视作“均匀流体”，当该流体流经文丘里管、靠背式动压测速管等装置时，会产生与流量相当的压力降。根据流动过程中产生的差压与流体流量间的关系即可测量气固两相流中的固体流量。该方法具有构造简单、成本相对低廉的特点，主要用于稀相气固两相流中固体流量的测量。

当文丘里管用于气固两相流（一次风—煤粉混合物）流量测量时，在斯特劳哈尔数保持不变，固气比小于10，管道尺寸较小时，有

$$\frac{\Delta p_{1m}}{\Delta p_{1g}} = A_1 + B_1 Z \tag{11-57}$$

$$\frac{\Delta p_{2m}}{\Delta p_{2g}} = A_2 + B_2 Z \tag{11-58}$$

式中　Δp_{1m}——文丘里管入口与喉部间气粉混合物差压；

Δp_{1g}——文丘里管入口与喉部间一次风差压；

Δp_{2m}——文丘里管喉部与出口间气粉混合物差压绝对值；

Δp_{2g}——文丘里管喉部与出口间一次风差压绝对值；

Z——煤粉与一次风流速或流量之比，即固气比；

A_1、B_1、A_2、B_2——对于给定文丘里管为常数，可通过实流标定确定。

由此，可得出文丘里管用于气固两相流流量测量的经验公式如下

$$q_{mg} = aS\sqrt{2\rho_g \Delta p_{1g}} \tag{11-59}$$

$$q_{mp} = q_{mg} Z = aS\sqrt{2\rho_g \Delta p_{1g}}\,\frac{KA_1 - A_2\left(\dfrac{\Delta p_{1m}}{\Delta p_{2m}}\right)}{B_2\left(\dfrac{\Delta p_{1m}}{\Delta p_{2m}}\right) - KB_1} \tag{11-60}$$

式中　q_{mg}——一次风质量流量；

q_{mp}——固相（煤粉颗粒）质量流量；

a——流量系数；

S——文丘里管喉部截面积；

ρ_g——一次风密度；

Δp_{1g}——文丘里管喉部与出口间一次风差压绝对值；

K——纯气流时 Δp_{1g} 与 Δp_{2g} 之比，常数。

其他同式（11-57）和式（11-58）。

有关现场实验表明，当 $\beta=0.71$ 时，采用文丘里管测量煤粉流量的误差不大于 5%，基本满足在线煤粉流量测量要求。

3. 速度—浓度法测量技术

速度—浓度法测量技术是对气固两相流中固相流速和固相体积浓度分别测量，再计算得出固相的质量流量。其瞬时和平均固相质量流量计算公式分别如下

$$q_{mp} = A\rho_p v_p c_p \tag{11-61}$$

$$\bar{q}_{mp} = A\rho_p \bar{v}_p \bar{c}_p \tag{11-62}$$

式中 q_{mp}、$\bar{q}_{mp}$——瞬时、平均固相质量流量；

A——管道截面积；

ρ_p——固相真实密度，即单位体积内无空隙固相质量；

v_p、$\bar{v}_p$——瞬时、平均固相流速；

c_p、$\bar{c}_p$——瞬时、平均固相体积浓度。

（1）气固两相流固相颗粒速度测量。在气固两相流中，用于测量固相颗粒速度的测量方法主要有互相关法、多普勒法、空间滤波法、示踪法等。鉴于示踪法为传统的流量测量方法，下面仅介绍前三种方法。

1）互相关法。互相关法是基于流体的流动速度等于沿流程两个固定点之间的距离与流体渡越此距离所用的时间之比，利用流体内部流动“噪声”信号或对外加能量的调制产生的随机信号的相似性原理来实现流速测量的。

实际测量时如图 11-33 所示，沿流体流动方向在流体管道上相距 L 并排安装两只完全相同的传感器，分别测得信号 $x(t)$、$y(t)$。在两个传感器及其信号处理回路的动、静态性能完全一致，且 L 设置合理时，可认为 $x(t)$、$y(t)$ 是互相关信号。由互相关器对两只传感器输出信号在一个测量周期内做处理，即有

$$R_{xy(\tau)} = \frac{1}{T}\int_0^T x(t-\tau)y(t)\mathrm{d}t \tag{11-63}$$

式中 $R_{xy(\tau)}$——上游信号到下游信号延迟时间 τ 的互相关函数值；

T——观测时间；

τ——信号延迟时间或渡越时间。

由此，可计算得出相关流速 v，即

$$v = \frac{L}{\tau} \tag{11-64}$$

互相关法测速的优点是测量范围宽，有较强的适应性。但只有在流动稳定，固相弥散度尽可能均匀，且满足“凝固”流型条件下才会获得对称的具有明确尖峰的互相关函数曲线，否则易出现不清晰的互相关尖峰信号，导致较大的测量误差。有关实验表明：利用互相关法测得的流速值要高于固相实际平均流速值。

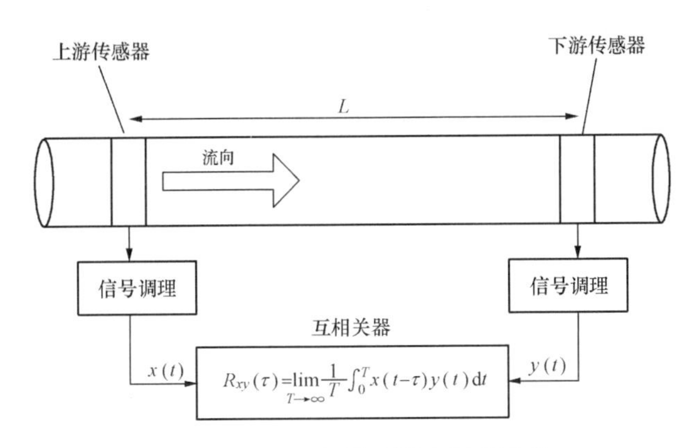

图 11 - 33　互相关法测速原理示意

根据流动信号检测传感方式的不同，气固两相流互相关测速仪表主要有电容式、静电式、超声式、微波式、光学式、辐射式等。其中，静电式在系统重复性、可靠性和安全性等综合指标方面有明显优势，近年来得到广泛应用。

新型的基于静电检测原理的 ECT（Electric Charge Transfer）煤粉流量在线检测装置即属于静电式范畴，它可以实时、在线提供煤粉流速、煤粉颗粒流动速度和煤粉细度的检测与测量。其具有代表性的产品有 ABB 公司的环形、英国 PCME 公司的单杆式、芬兰 TR-Tech 公司的星形杆式和南非 ESKOM 公司的并列杆式产品等（其产品示意图见图 11 - 34）。为最大程度减少插入式电极的磨损，通常需采用耐磨硬质合金电极材料，如 TR-Tech 采用了碳化物合金，ESKOM 采用了碳化钨合金。但即使如此，在运行一段时间后也不可避免需更换磨损坏的插入式电极。在这方面环形电极式静电传感器较之插入式优势明显，且具有不干扰流场、易获取平均流场信号及整体灵敏度较高等特点。但环形电极须置于带法兰的卷筒式安装件内，体积较大且重量较重，使得安装和检修较为困难或不便。相反，插入式则可通过钻孔或开孔方式轻便安装。

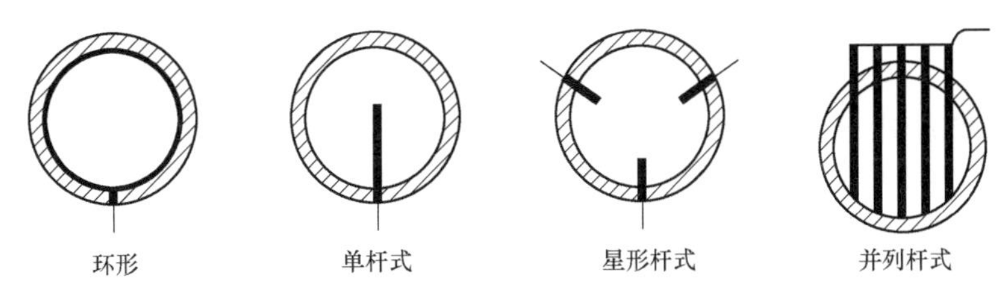

图 11 - 34　四种常用的 ECT 探头配置示意

美国锅炉制造商 FOSTER&WHEELER 和 TR - Tech 合作推广后者生产的 ECT 产品，已在国外 20 多个电厂中应用，应用业绩中单机容量最大的是美国 ARF 电厂的 950MW 切向燃烧锅炉。其煤粉流量测量系统示意见图 11 - 35。

通过对至锅炉燃烧器的各个风粉混合管内煤量的测量，可监视每个燃烧器的煤粉燃料和风的配比，为锅炉实现以单个燃烧器为基础的均衡、充分、高效燃烧提供有力手段，从而大大减少目前出于环保压力而广为采用的锅炉低 NO_x 燃烧系统所带来的未燃尽碳和污染物排放量；通过所计算出的风粉混合管内煤粉流速值，可推导出各个风粉混合管内的绝对煤粉量，从而可以检查一次风量是否适当，是否存在堵粉等现象；通过监视煤粉颗粒度的变化，

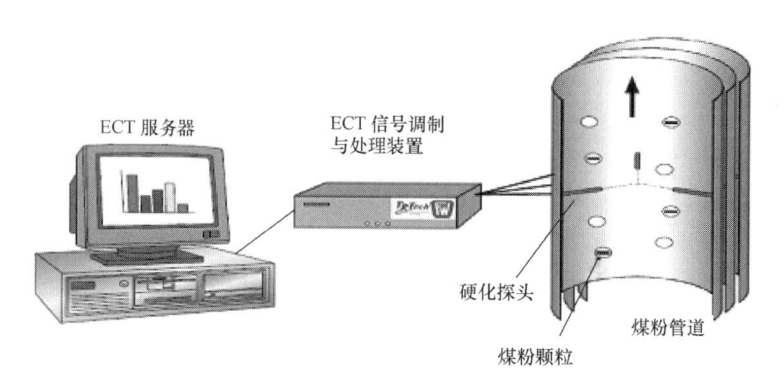

图 11-35 ECT 星形煤粉流量测量系统示意

可依此评判磨煤机工作性能的优劣；通过检测各个粉管内煤粉传输中的诸如粉量突增、突减等非稳定煤流现象，可及时获知燃烧性能劣化和压力的波动。ECT 测量的是风粉混合物固气两相流中由煤粉颗粒相对运动而引起的电荷值，故 ECT 也可用于其他固气或固液两相流体的流量测量。

尽管静电式一定程度上受限于煤粉颗粒的物理和化学特性因素的固有影响，但是采用互相关法的静电式测量技术目前仍是煤粉速度测量最简单、最有效的测量手段，具有测量结果基本不受管道内湿度等环境影响，适应于从稀相到密相的较大流动条件变化，且测量结果与固体颗粒聚集分布等分布状态无关。值得提醒注意的是，虽然互相关法静电式是理想的气固两相流流速测量技术，但从原理上其并不适合用于固体绝对浓度的测量。

2）多普勒法。多普勒法是基于多普勒频移效应实现固体流速测量的。即由发射换能器（固定能源）向被检测流体发射一个固定入射频率为 f_{T} 的电磁波或超声波，经照射域内两相流中固体颗粒散射，使接收换能器接收到频率为 f_{R} 的电磁波，则流体中固体颗粒流速可依式（11-65）计算得出，即

$$v_{\mathrm{p}}=\frac{c(f_{\mathrm{R}}-f_{\mathrm{T}})}{2f_{\mathrm{T}}\cos\theta} \tag{11-65}$$

式中 v_{p}——两相流中固体颗粒运动速度；

c——电磁波或超声波在静止流体中的传播速度；

f_{T}、f_{R}——入射频率和接收频率；

θ——波道角，即传输能量到流体之间的夹角。

基于多普勒频移效应的固体颗粒流速测量仪表可采用激光、微波、超声波等作为能源。其中，激光多普勒测速仪表有差分式、参考光束式等，可实现气固两相管流内固体颗粒速度的点测量，测速范围较宽（0.1～100mm/s），测量准确度较高（可达±0.5%），具有不需标定，测量结果不受气相温度影响，成本较高，管道测量段需设置透明窗口，器件易损坏的特点。微波多普勒测速仪表有收发分置模式、单基模式等形式，具有能够适应恶劣的工业现场环境，结构简单紧凑，价格相对较低等优点。但因微波具有发散性，在测量段内不同角度的多个具有不同移动速度的颗粒多普勒效应的作用下，接收装置获得的信号频率不是单一频率，而是多个频率信号的叠加，故其空间分辨率降低，难以实现点速度测量。此外，在应用时，也应采取措施避免煤粉管内衬材料对微波的吸收。

在煤粉流量测量时，因煤种成分多变，且磨煤机出口煤粉颗粒尺寸和形状的多样性，煤

粉颗粒沿管道截面的浓度和流速分布的非均匀性，加之煤粉颗粒易沉积在煤粉管内，大大增加了多普勒法的测量误差。例如，因煤粉化学成分的多变性，影响煤粉介电性能，从而影响微波测量的准确性。

3）空间滤波法。空间滤波法早期是作为一种对颗粒和物体移动速度进行测量的光学测速方法，具有结构简单，光学及力学性能稳定性好，光源选择范围广等优点，但不足之处是其空间分辨率不高。

随着电子及信号处理技术的发展，一是空间滤波器件已从原始的光栅、光电探测器扩展到现在的光纤、CCD器件等；二是空间滤波法的应用也从早期的光学空间滤波扩展到如今的电容、静电感应等其他传感器空间滤波方面，并采用神经网络、小波变换等现代信号处理技术。

以电容空间滤波为例，其测量两相流中固体颗粒流速的基本原理见式（11-66）。其中a与固体分布、速度分布、颗粒大小、流体均匀性有关，需通过实验确定。

$$v_p = af_0W \tag{11-66}$$

式中　v_p——两相流中固体颗粒运动速度；

a——流量系数；

f_0——滤波信号的带宽；

W——电极的轴向宽度。

电容空间滤波器与现代信号处理技术相结合，可取得更为准确的流速。据相关试验数据表明，基于电容空间滤波效应的固体颗粒速度测量误差在±8%以内。但是，固体颗粒尺寸对传感器的频率特性有重要的影响，因此，在使用该方法时，应进行实流标定。

（2）气固两相流固相颗粒浓度测量。在气固两相流中，用于测量固相颗粒浓度的测量方法主要有电学法（包括电容法、静电法等）、衰减法、层析成像法、共振法、热平衡法等。

1）电容法。电容法测量原理：在气固两相流中，当具有不同介电常数的两相流通过电容敏感空间时，由于固相介电常数一般比气体的大，固相浓度的变化会引起两相流等效介电常数的相应变化，从而使所测得的电容值随之变化。以平板型电容器为例，已知两平行电容器极板间电容值C计算公式为式（11-67）。先通过传感器测出电容值，再按式（11-67）推导得出两相流等效介电常数，最后利用浓度与介质常数的关系，量度出气固两相流中固相的浓度值。

$$C = \frac{\varepsilon_0 \varepsilon A}{d} \tag{11-67}$$

式中　ε_0——真空中介电常数，8.85pF/m；

ε——介质相对介电常数；

A——两电容器极板重叠面积；

d——两电容器极板间距。

常用感应电极的结构有极板式、多极板式、圆环式、四分之一环式、矩形式、针式和螺旋式等，可安装在管道绝缘体内部或外部。检测方法有属直接测量的稳态电容法和间接测量的动态电容法。电容法属非侵入式测量方法，具有不影响流场，结构简单、成本低廉、性价比好、易于安装、响应速度快、实时性好、适用范围广等优点。但也存在应用中的不足：如电容值与相浓度之间成复杂的非线性关系；电容测量值易受相分布及流型变化的影响等。稳态电容法存在的主要问题是基线漂移，灵敏度低，测量值易受固体颗粒堆积、两相流温度、含水量及分相介电常数变化等因素的干扰。可通过改进电容测量电路、增加温度补偿功能、采用动态电容法，并辅以实流模型的在线或离线标定，一定程度上解决上述存在的问题。

2）静电法。静电法是通过检测气固两相流中因固体颗粒间及固体颗粒与输送管壁间的碰撞、摩擦、分离而在颗粒和管道上所积累电荷量或颗粒流动中产生的静电噪声，并采用现代信号处理方法，实现固体颗粒浓度、粒径的实时检测。

静电传感器测量信号与两相流中固体颗粒浓度，颗粒的其他属性（如颗粒形状、大小、分布、粗糙度、化学成分、湿度、体电阻等）和输送管道的材料、布置、输送条件（如管径、流体温度、压力等）等相关。当颗粒属性和流动工况与传感器稳态标定工况相差较大时，测量误差也随之较大。因难以建立颗粒浓度绝对测量值和静电感应信号之间的测量模型，故当前所应用的静电传感器所输出的信号仅是颗粒浓度的相对值，而非绝对值，仅可用于定性分析。尽管如此，因静电法具有结构简单，灵敏度较高，可同时测量浓度、速度、粒径分布等优点，是气固两相流测量最具发展潜力的技术之一，仍受到不少制造商、研发单位的青睐。

有关静电传感器产品及应用详见本节“气固两相流固相颗粒速度测量”部分。

3）衰减法。衰减法是通过发射一束或多束穿入气力输送管道的电磁波或声波，利用流动介质所引起的衰减来检测固相浓度的技术，其理论基础为 Lambert-Beer 定律，计算式为

$$I = I_0 e^{-\mu x} \tag{11-68}$$

式中 I_0、I——电磁波或声波初始入射强度和输出强度；

x——电磁波或声波所穿过介质的有效厚度；

μ——衰减系数，与被穿透介质的固有特性密切相关。

穿越两相流固体颗粒介质的电磁波或声波遵守 Lambert-Beer 定律。基于此定律，将可见光、激光、微波、射线、声波或超声波等射入并穿过被测两相流介质，通过测量因介质的散射和吸收作用而致的电磁波或声波的衰减量（其衰减程度与两相流中流体的含率相关）来检测两相流中各相浓度。此外，也可向两相流射入特定频率的波，但不需穿透流体，而是通过测量固相颗粒介质对波的反射、散射产生的衰减信号来实现固相浓度的测量。

衰减法浓度测量，应针对不同应用场合及测量技术特点，选择适合的传感器。如可见光、激光等光学测量方法具有输出不受被测固体颗粒的水分及其他化学成分的变化影响，但光学系统易受污染，测量准确度随着应用时间的增加而下降。射线测量法属硬场测量，响应速度快，测量范围宽（几乎适用于所有浓度范围），空间分辨率高，测量准确度可达0.2%～1%，但是设备结构复杂、造价昂贵，需采取辐射防护措施以防对人及环境造成污染，不当应用存在造成辐射泄漏的安全隐患。声学测量可以定性测量固相浓度，适合检测流动的有无及泄漏的发生，但不适于固相浓度的绝对测量。微波测量其衰减随湿度、颗粒尺寸的变化而产生显著变化，且颗粒在微波窗口上的沉积会引起衰减的急剧增加而产生较大误差。以下对电厂中所应用的超声仪和微波仪作重点介绍。

电厂应用的煤粉超声仪是通过检测煤粉颗粒对脉冲超声波束的衰减而实现对煤粉管中悬浮在空气中的煤粉浓度的测量的，即将一对超声收发探头安装在煤粉管对边，且超声波束与煤粉流成一定角（如60°），由发射端发出一定频率和强度的超声波，经过煤粉管测量段，到达信号接收端。由于不同大小的颗粒对声波的吸收程度不同，在接收端上得到的声波的衰减

程度也就不一样，根据颗粒大小同声波强度衰减之间的关系，测得风粉混合物中煤粉浓度，同时还可以得到煤粉的颗粒分布。此外，采用传播时间法，通过测量煤粉管中脉冲超声波束顺流和逆流的传播时间差，也可实现对两相流中一次风流速的测量。因超声波束仅穿过管道截面的一部分，不能实现对复杂多变流态的检测。在应用中，应注意超声测量传感器易受煤粉颗粒成分、形状和湿度等参数变化的干扰，煤种变化时宜考虑相应补偿。

电厂煤粉浓度和速度测量中应用较多的微波测量为微波反向散射测量技术，即将低功率微波能量射入被测流场段，通过接收装置检测煤粉颗粒对入射微波的反向散射实现对煤粉参数的测量。微波煤粉流量计在结构上分为发射器/接收器复合式（见图 11 - 36）或分开式（见图 11 - 37）。复合式虽具有易于安装的优点，但不能覆盖整个流场区域。微波仪的流速测量是通过互相关技术实现的。在应用微波测量时，应注意采取措施防止输送管道内衬材料对微波能量的吸收，且尽量避免固体颗粒在管线内的沉积，并对煤种变化带来的介电性能的变化及时修正，以免出现较大的系统测量误差。

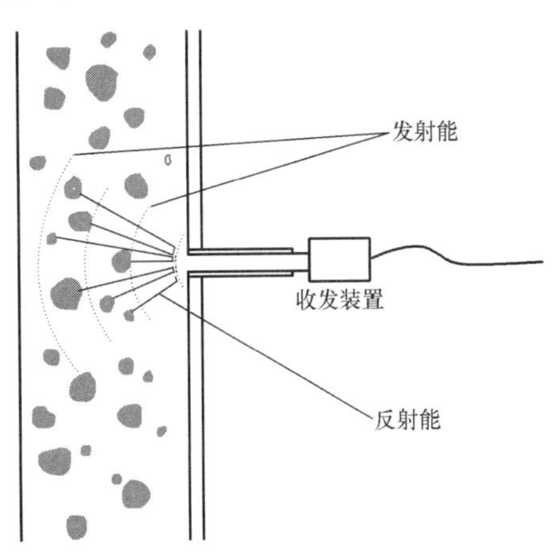

图 11 - 36　微波式颗粒浓度测量仪

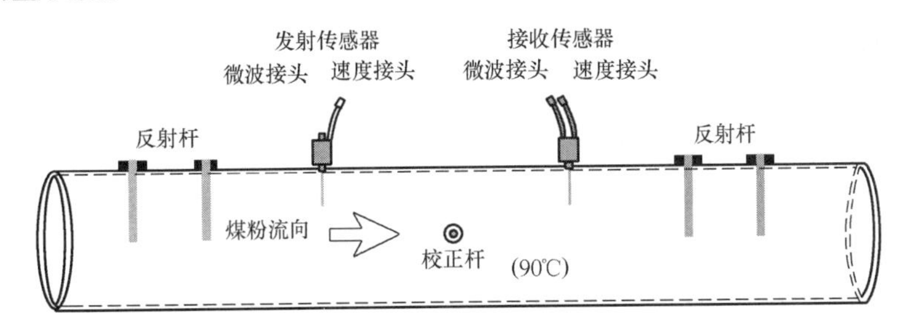

图 11 - 37　德国 Promecon 公司的发射/接收分开式微波测量仪

4）层析成像法。层析成像法是利用与医学 CT 类似的层析成像技术，对两相流中固体颗粒浓度或体积分数的二维或三维分布等过程参数进行在线实时检测的技术。具有不干扰流场，不受固体颗粒浓度限制，多参数测量等优点，属于非侵入式、快速测量技术。

按照测量方式的不同，工业中应用的过程层析成像可细分为电容层析成像（ECT）、电阻层析成像（ERT）、超声波层析成像、X 射线或 γ 射线层析成像、核磁共振成像、光学层析成像、电荷层析成像、微波层析成像、电磁感应层析成像等，主要特点比较如表 11 - 17 所示。其中，电容和电阻层析成像技术工业中应用最为成熟。

表 11 - 17　　常用过程层析成像方法比较

项目	电容	电阻	超声波	X 射线、γ 射线	核磁共振	光学	电磁
检测原理	介电常数	电导率	衰减、相位差	衰减	分子旋磁率	干涉、散射、衰减	电导率、磁导率
结构	简单	简单	简单	复杂	复杂	复杂	较复杂

续表

项目	电容	电阻	超声波	X射线、γ射线	核磁共振	光学	电磁
成像算法	复杂	复杂	复杂	中等	复杂	复杂	复杂
分辨力	低	低	中、低	高	高	高	低
敏感场	软场	软场	软场	硬场	硬场	软场	软场
成本	低	低	中	高	高	高	低
维护	不需要	不需要	不需要	需要	需要	需要	不需要
安全性	安全	安全	安全	需防护	安全	安全	安全
适用性	好	好	中	差	差	中	好

电厂倾向于采用基于ECT、微波、超声波和X射线或γ射线等非侵入式测量技术。

5）共振法。共振法是基于两相流中固体颗粒物在一定条件下有外部能量的激励或注入时发生物理共振的原理而实现浓度测量的，可分为核磁共振法、微波共振法和声学共振法，其原理和特点如下。

核磁共振法：工作原理为当将具有适当频率的电磁场施加于具有净磁矩的物质时，原子核可在其Lamor频率上从场中吸收能量，而使之在磁能级之间发生共振跃迁。为使高频磁场信号能够穿过管道进入流体，要求测量段管道为非金属材质。核磁共振法测相浓度与流体的电导率、温度等物性参数变化无关，属于非接触测量方式，适于测量腐蚀性和高黏度介质且准确度较高，但结构复杂、成本高，经济性差。

微波共振法：工作原理是利用覆盖有金属管的一段柱形绝缘材料构成的微波空腔，通过小孔与微波系统相连，空腔可从微波系统中以特定的共振频率吸收能量。共振频率从腔体为空到有固相物质时的频移与空腔内的固相浓度成正比。不足之处是微波共振频移取决于固相的介电特性，且对固相颗粒的水分和温度的变化极其敏感。

声学共振法：利用适当的几何形状传感器产生声学共振，其共振频率直接正比于声速。基于此，可由测量得到的声学共振频率计算出声速，进而推导出固相浓度。用声学共振法可以获得固体颗粒平均浓度，但输出信号与颗粒尺寸有关，且只对尺寸小于100μm的颗粒敏感。

6）热平衡法。热平衡法是基于热力学第一定律，通过测量混合前的一次风和煤粉热力学参数、混合并达到热平衡状态后的风粉混合物热力学参数，基于能量守恒原理（即在不考虑散热损失的前提下，风粉混合前的一次风热量和煤粉热量之和等于风粉混合后风粉混合物的总热量），从式（11-69）推导得出煤粉浓度。

$$\rho=\frac{c_{a1}t_1-c_{a2}t_2}{c_{p2}t_2-c_{p0}t_0} \tag{11-69}$$

式中 ρ——煤粉浓度（固气比），即煤粉/一次风质量比；

c_{a1}、c_{a2}——风粉混合前、后一次风比热容；

c_{p0}、c_{p2}——风粉混合前、后煤粉比热容；

t_0、t_1、t_2——混合前煤粉、混合前一次风、混合后风粉混合物温度。

热平衡法未考虑风粉摩擦、与外界的换热损失、煤粉颗粒进入控制体时的速度等因素，所得的煤粉浓度值易受煤粉颗粒大小、煤质成分、测点位置、系统散热等影响，且采用热电偶或热电阻插入式温度探头时受煤粉冲刷侵蚀，使用寿命不长。热平衡法只适用于中间仓储式热风送粉系统，不适用于目前应用较广泛的直吹式制粉系统。

7）其他方法。其他用于煤粉流量测量的主流技术还有传热法、机械振动法、数字图像法、软测量法等。

传热法是将电加热的传感探头置入气固两相流中，基于不同流速、浓度及固体颗粒粒径的流体介质与探头的传热关系，通过测量电加热功率和探头的温度来实现两相流测量的。

机械振动法是通过监测煤粉颗粒与插入煤粉管内的金属棒阵列碰撞所引起的机械振动量，并通过神经网络等信号处理技术，实现煤粉颗粒粒径分布的测定的。

数字成像法（见图 11-38）是用激光片发生器发出激光照亮煤粉流，再用 CCD 摄像机捕捉煤粉流场的图像，最后对图像信号进行处理来测定煤粉颗粒粒径分布的。相关试验数据表明，经过标定后，数字成像法准确度可达±1.5%，并具有极佳的重复性。

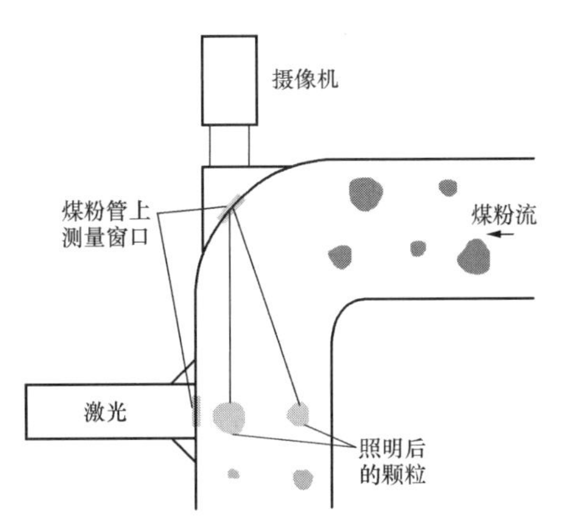

图 11-38　用于煤粉颗粒粒径测量的数字成像法

软测量法是以易测或可测变量（包括过程变量、辅助变量或二次变量等）为基础，建立易测或可测变量和难以准确或直接测量的煤粉流量参数之间的软测量模型，并依此实现对煤粉流量参数的估计测量。所采用的技术有数理统计、模糊数学、神经网络、模式识别、小波变换、CFD（计算流体动力学）、数据融合等多种建模或信号处理技术。软测量法为具复杂性、不确定性、难以建立精确数学模型的多相流参数的测量提供了一条新的解决途径。

鉴于煤粉流量测量（除煤粉浓度外，还包括煤粉流量、细度、粉径分布等）的困难性，当前尚没有一种成熟、可靠、综合性能俱佳的测量技术。因此对煤粉流量的测量还在探索中。

三、液固两相流的流量测量

液固两相流在电厂中也较常见，如石灰石浆液、灰渣浆、煤泥浆、水煤浆、工业和生活污水等（注意：习惯上将固相含量较多的液固两相流称为浆液或浆）。液固两相流与气固两相流一样，其流型十分复杂，不仅受到液固两相分相含率、密度、流速变化、液相和固相流速差、输送管道形状和布置方式等的影响，而且也受到其中的固相颗粒形状、大小、不同颗粒分布状况等的影响。

以下对适用于电厂的液固两相流流量测量技术及仪表选择作相应说明。

（一）液固两相流流量测量方法

用于测量液固两相流流量的方法有差压法、电磁法、多普勒超声法、容积法、科里奥利质量法、互相关法等。

1. 差压法

差压式流量计用于测量液固两相流体的流量已有较长历史。常用于液固两相流体的差压式流量计品种有圆缺孔板、偏心孔板、文丘里管、楔形件等。为确保节流装置不沉积固相颗粒，通常采用文丘里管式。楔形流量计也常用于浆液流量测量，其优点在于楔形件上游面是倾斜的，可减少固相的滞留，且节流锐边的磨损对仪表校准系数影响较小。

差压法主要用于稀相液固两相流流量测量，主要存在节流件的磨蚀和导压管的堵塞等问题。以文丘里管为例，为解决磨蚀问题，常在其喉部装设用耐磨材料制成的可更换圆套筒；为解决固相堵塞导压管问题，常采用带毛细管密封液传压的隔膜式差压变送器而取消导压管，或采用带吹洗液装置的导压管。差压法测量液固两相流误差较单相流大，一般为±5%FS左右。

2. 电磁法

在测量电导率较高的液固两相流流量时，电磁流量计是首选仪表。电磁流量计具有液固流量测量的独特优势，其一是适用范围宽，可适合从含固率较低的污水到含固率较高的水煤浆等液固两相流的测量（据相关资料，根据测量煤粉含量高达65%水煤浆流量的多年应用经验，电磁流量计应用性能最好）；其二是准确度高，比差压式流量计高出若干倍；其三是不存在工艺管路及导压管堵塞等问题（如选用与工艺管道等径的电磁流量传感器，既不存在堵塞，也不增加系统阻力）。

考虑到气固两相流的独特性，在选用流量计时，应选用高频、双频励磁、电容电极式（即无电极式）等耐腐蚀、耐污染的产品。可行时，还宜在测量管处增设耐磨性较强的保护环，并增设内衬磨穿、电极结垢严重等报警功能。例如，在测量石膏浆液、石灰石浆液等具有一定腐蚀性或磨损性的流体时，宜选择加不锈钢网的PFA衬里和哈氏C、钛等材质的电极，或选择高硬度、高耐磨的陶瓷电磁流量计等。对于水煤浆测量，也宜选用具有高耐磨性和内表面镜面抛光的硬质衬里材料的高频电磁流量计，如陶瓷电磁流量计等。

用电磁流量计测量浆液时因存在固液两相间流速差及可能出现固相非均匀分布等影响，其测量不确定度较单相流大。据国外相关资料，当固相含量在14%时，其误差在±3%以内。

测量管段为垂直布置与水平布置相比，固相非均匀分布对仪表的影响相对较小。因此，在安装电磁流量计时，其一次装置应垂直安装，且流体自下而上流动，以防相间分离和固相在测量管段沉淀，并且如此也可确保衬里磨损均匀分布。可行时，也宜在一次装置前加装保护环，以保证流体呈流线型流动。

3. 多普勒超声法

多普勒超声流量计按换能器安装方式可分为夹装式、管段式和现场安装式，可做非接触式测量，无可动易损部件，不干扰流场，不会堵塞，特别适合大管道大流量测量。当采用夹装式换能器时，检测件安装、维修更换极其方便，无须断流进行，且完全不存在仪表的磨蚀和堵塞问题。

多普勒超声流量计通常适用于悬浮固体含量大于50mg/L，且固体颗粒大于35μm的液固两相流测量，也有可测固相体积含量达30%的产品。多普勒测量误差为±3%FS～±10%FS（当固体颗粒含量基本不变时可达±0.5%FS～±3%FS），重复性为0.2%R～1%FS。

考虑到若将换能器安装在水平管道上，易形成相间分离和固相靠管底流动或沉积，造成较大测量误差，因此应尽量将换能器安装在垂直管道上。

4. 容积法

容积式流量计只适用于测量含细粉状颗粒的液固两相流体。过去曾用腰轮式、旋转活塞式、螺杆式及弹性刮板式测量燃油煤粉混合液。从测量元件结构看，弹性刮板式其前端与腔壁为弹性接触，特别适用于含有颗粒杂质的浆液流，且其工作振动及噪声小。因此，液固两相流测量宜选用液固两相专用的弹性刮板式容积流量计。弹性刮板式测量两相流准确度为1%FS～1.5%FS，略低于测量单相流体。

5. 科里奥利质量法

科里奥利质量流量计适用于含粉体或小颗粒浆液的液固两相流质量流量测量（如石灰石浆液等），同时也可测量液固两相流的流体密度和固体浓度（即含固率）。

常见的科里奥利质量流量计，按测量管形状分为弯管型、直管型；按测量管段数分为单管型、双管型；按双管型测量管连接方式分为并联型、串联型。考虑到弯曲测量管的弯曲性存在易堵塞及测量磨损不均匀等缺点，以及并联型双管对浆液易产生非均衡分流而造成测量误差等因素，因此用于浆液测量时应尽可能选择单管直管型或双弯管串联型，并宜采用垂直安装方式。

科里奥利质量流量计能直接测量质量流量。当用于测量均匀液固混合物两相流时测量准确度较高，但当用于非均匀混合的液固两相流测量时则会导致附加的测量误差，甚至在某些场合会导致仪表无法正常工作。例如，当流体黏度较高时会吸收科里奥利激励能量，或当固体颗粒较大或沉积严重时会堵塞测量管，甚至使检测元件测量管停止振动。在工程设计中，一是应注意所设计的科里奥利流量计应能承受由振动管系统、温度、压力和管道振动引起的所有负载；二是考虑到液固两相流体中固体颗粒对测量管的侵蚀（其侵蚀影响取决于科里奥利流量计的尺寸和几何形状、固体含量及颗粒大小、磨蚀物质和流速等）和流体对测量管材料的腐蚀（包括电化腐蚀，会影响检测元件的使用寿命），应选择能与过程流体和清洗液相容且耐磨的检测元件结构材料；加之测量管上的覆盖物会影响测量准确度，因此应选择具有监测测量管过度腐蚀、侵蚀及覆盖物功能的仪表；三是当温度和压力变化超出规定范围时，应考虑必要的补偿措施。

互相关法属发展中的技术，详情可参考气固两相流中的相关内容。此外，也有的应用力学法来测量液固两相流流量，如采用靶式流量计测量浆液、污水或其他含悬浮颗粒的液固两相流流量。

（二）浆液流量测量仪表的选择

浆液是电厂中典型的液固两相流，以下重点介绍浆液流量测量仪表的选择方法。

工程中用于测量浆液流量的方法有前述的差压法、电磁法、多普勒超声法、容积法、科里奥利质量法等。当需测量体积流量时，可直接选用电磁流量计、多普勒超声流量计、容积式流量计、差压流量计等。当需测量质量流量时，可直接选用科里奥利质量流量计，也可选用前述体积流量计和密度计（如放射性密度计或差压式密度计等）的组合。当浆液含固率基本不变时，也可将所测得的体积流量直接乘以密度值来求得质量流量。

浆液流量仪表类型的选择通常应遵循下列原则：

（1）首选电磁流量计。从工程应用经验来看，用电磁流量计测量浆液流量最为合适。除去非导电流体和导磁性浆液等含有铁磁性固相不能用电磁流量计的场合外，其他场合均应首选电磁流量计。

(2) 需临时在线测量流量或管道不允许截断安装流量传感器的场合，则选择夹装式多普勒超声流量计。

(3) 当固相为细粉状，测量准确度要求较高时，宜采用容积式流量计或科里奥利质量流量计。当测量准确度要求不高时，也可采用差压流量计或多普勒超声流量计。

(4) 当固相为小颗粒状，测量准确度要求较高时，宜采用科里奥利质量流量计。

(5) 当测量准确度要求不高，且固相含量较多时，宜采用差压流量计。在固相含量不高时也可采用多普勒超声流量计。

四、气液两相流的流量测量

气液两相流是指液体及其蒸气（即单组分）或组分不同的气体及液体（即多组分）一起流动的流体，由构成组分不同可分为单组分气液两相流和多组分气液两相流。在电厂中主要为汽水混合物单组分气液两相流，如供热管道中常见的水蒸气及其冷凝水形成的气液两相流等。

气液两相流流型十分复杂，不仅在流体物性、管道截面或几何形状、流量大小改变时易引起流体流动形式或结构的变化，而且随其水平、垂直、上升或下降等流动方向的不同，其流动结构也复杂多变。因而迄今为止，尚未有十分成熟可靠的气液两相流流量仪表。

（一）常用气液两相流测量方法

常用的气液两相流测量方法按是否将气液分离进行测量及分离程度分为完全分离、部分分离、直接测量三大类，如图 11 - 39 所示。

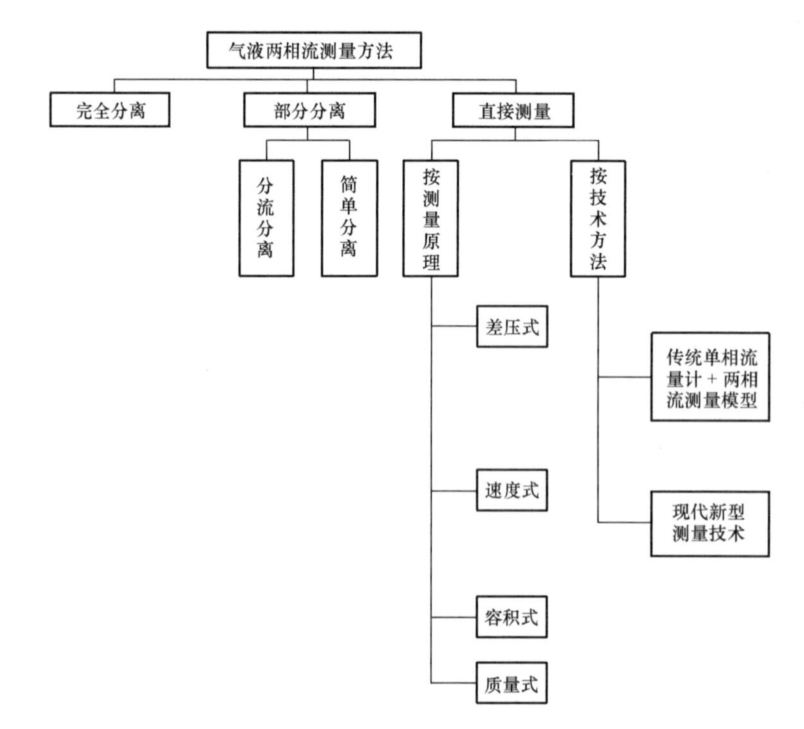

图 11 - 39　常用气液两相流流量测量方法

1. 完全分离

完全分离是将气液两相流通过分离器完全分离为气、液两相后，再用相应的气体或液体流量仪表分别对气相和液相流量进行测量。其准确度较高，但存在分离器体积庞大、笨重，价格昂贵，且无法进行在线测量的不足。

2. 部分分离

部分分离又细分为简单分离与分流分离两种。

(1) 简单分离：采用小型、轻巧的分离器，先将气液两相流进行分离。由于小巧，则分离效果较差，不能达到完全分离的效果，分离出来的气相还含少量的液相，分离出来的液相也含有少量的气相。简单分离器的成本较低，体积约为传统完全分离器的 1/4，仍较为庞大。

(2) 分流分离：取出管道中 5%～20%的两相流，用一个小型分离器分成气、液两相流后，再用气、液单相流量计分别进行测量，将测量结果按分流的比例换算为主管道中的气、液两相流量。该方法减小了分离器的体积重量，降低了成本，较易实施。但取出的这部分流体物性、气液比率是否与主管道一致，流态是否会发生变化，按分流比例换算能否得到必需的准确度等，都是难以确定的。单相大口径流量的测量也采用过类似的方法，从大口径管道中取出部分流量用小口径流量计测量，再按比例推算，由于难以获得必要的准确度，并未推广应用。

3. 直接测量

直接测量无须对气液两相流进行分离，直接用气液两相流量计测出流体流量，不仅具有体积小、成本低、安装方便等优点，还可以实现实时在线测量。

(1) 差压式：是两相流量计中研究最为广泛，工作较为可靠、稳定的一种方法。它以分相、均相、动量、能量流动模型等为基础建立了流量与差压的关系，具体有以下三类：其一是经典节流仪表，如以孔板、文丘里管为测量仪表，是迄今为止参与研究最多、最成熟的一种方法；其二是当两相流体流过等截面直管段，根据摩擦、加速度、重力势能的变化所产生的差压来建立模型；其三是当两相流流经弯头、U 形管等管件时，利用动量矩、离心力所产生的动压来测量气、液分相流量或混合流量。以上这些方法，国内外厂家以应用文丘里管较为成熟，如表 11-18 所示。

表 11-18　文丘里管两相流差压流量计产品一览表

公司	所用技术	公司	所用技术
Roxar	微波技术＋文丘里管（或内锥流量计）	Schlumberger	文丘里管＋微波相关流量计
ISA DualStream I	示踪法＋文丘里管	海默	文丘里管＋相关流量计
ISA DualStream II	混合器＋文丘里管＋差压装置	国产 T 型	文丘里管＋内锥

(2) 速度式：通过测量两相流的流速来测量气、液两分相流量或混合流量，广泛采用了新技术，例如，力学法——利用流体的动压、动力矩、离心力测流速；互相关法——通过两点的相关函数测流速；光学法——采用激光多普勒效应或光纤技术测流速；热学法——采用热线风速仪测流速；电磁法——利用电磁感应测流速；核磁共振法——通过核磁共振原理测流速；虚拟测量法——通过采用神经网络、模式识别或统计信号处理系统等分析压力、声音等传感器输出的时变信号来估算流速等。

(3) 容积式：通过气、液相的流体基本特性的差异达到测量分相的流量。例如，气相体积流量与流动状态下的压力密切有关，而液相的体积流量与流动状态下的压力基本无关。根据总体积流量、压力、温度三个参数与被测介质的热力性质可推算各分相的体积流量。

（4）质量式：流体在流动中如果温度、压力频繁变化，将导致密度的变化，使其容积流量不能反映质量流量的大小（气体尤为突出），而贸易的结算、管理的核算主要的依据应是质量流量，所以两相流量更希望得到的是分相的质量流量。目前，科里奥利质量流量计在两相流量测量中日益引人注目。

（二）气液两相流流量测量仪表的选择

石化、天然气行业常在天然气井、油气田等场所采用前述的气液两相流分离法，利用分离设备将气液分离，然后再分别测量液相和气相流量。电力行业则主要是采用直接测量法，采用一些可用来测量离散相浓度不高的两相流流量计来测量气液两相流总流量，但目前使用的流量计都是在单相流动状态下评定其测量性能的，还没有以单相流标定的流量计用来测量两相流时系统变化的评定标准，故其测量的不确定度难以确定。若在工程中确需分别测量分相流量（即气相流量和液相流量），则可采用流量计＋密度计的组合方式，由流量计测得总的体积流量或质量流量，由密度计（如 γ 射线式、电阻抗式或微波式工业密度计或浓度计）测得容积含气率或质量含气率，再分别根据式（11-53）～式（11-56）计算求得相应的气相流量和液相流量。

气液两相流流量测量仍在发展中，下面仅介绍几种用得较多的仪表。

1. 电磁流量计

电磁流量计可应用于含少量气体且呈微小气泡状的导电气液两相流的体积流量测量（注：电磁流量计工作的最低电导率值通常对于接液电极式为 5μS/cm，对于电容电极式为 0.01μS/cm，具体选择仪表时宜查询相关制造厂所提供的资料），不能用于非导电（如水蒸气/凝结水/油烃类）或导磁性或气泡多且几何尺寸较大的气液两相流的测量。因为当大量气泡存在或气泡尺寸大于电磁流量计电极端面时，易将电极覆盖，造成流量计不能正常工作。电磁流量计测量的不确定度与气液两相流中容积含气率、气泡的不均匀分布、气泡集中在 $B\times W$（磁感应强度×权重函数）乘积高或乘积低部位等直接相关。在易出现气相与液相分离的场合，流量计应垂直安装，且流体自下而上流动，以免气液分离造成测量误差。

2. 科里奥利质量流量计

科里奥利质量流量计可用于测量含少量气体的均匀气液两相流参数。当用于非均匀混合的气液两相流时，则会带来附加测量误差，其误差取决于气泡的大小、在流体中的分布和结合情况等，严重时甚至导致流量计无法正常工作。意大利计量院对 7 种型号科里奥利质量流量计的试验表明：含气泡体积比为 1%时，有些型号无明显影响，有的型号误差为 1%～2%，而其中某一双管式型号则高达 10%～15%；含气泡体积比为 10%时，误差普遍增加到 15%～20%，个别型号甚至高达 80%。

3. 多普勒超声流量计

多普勒超声流量计是基于流体中散射体（如气泡或悬浮颗粒）对超声波信号的散射而致的多普勒频移效应而工作的，其输出信号为流体的平均流速或体积流量。鉴于多普勒超声流量计检测的是两相流中气泡的流速，由于超声波照射域内管道截面中气泡大小和分布的不确定性，从而使得其输出信号相对于管道平均流速存在不确定性，导致其测量性能不佳。其基本误差为±1%R～±10%FS，重复性为 0.2%R～1%FS。

尽管多普勒超声流量计需依靠气泡散射而工作，但气液两相流体中气泡也不能太多，特别是对于气泡含量过高的大管径流，否则易造成超声信号严重衰减，甚至导致流量计不能正常工作。因此，在选择具体仪表时，需事先向制造商核实仪表允许的气泡含量上限，并结合气液两相流实情谨慎选用。

4. 互相关流量计

互相关流量计是基于互相关测量方法，利用两相邻截面上测得的某相含量信号之间的相互关系，并经信号处理后求得管道内气液两相流体的流速或体积流量的（详见本章气固两相流测量互相关部分）。如需两相流的质量流量，则需增设密度计测量密度，再通过计算求得。互相关测量法常采用电磁、射线、微波、电容、电导、超声信号进行测量，尽管适应面广，但因装置及信号处理较为复杂，价格较高，在工程中应用还不普遍。

5. 其他

靶式流量计：靶式流量计属流体阻力式流量计，作用在靶上的总力由气相作用力和液相作用力两部分构成。在由密度计测得流体密度，且已知两相流阻力系数时，可通过靶式流量计测得两相流的平均流速，进而求得两相流体积流量或质量流量。测量准确度除取决于靶式流量计自身性能外，还取决于密度计、阻力系数、气相和液相流速差等多个因素。

容积式流量计或涡轮流量计：两种流量计通常用于测量气液两相流的总体积流量，也可配合分离技术，或基于流动模型并通过其他仪表测得气液比，单独测量气相或液相的分相体积流量。

差压流量计：在两相流为均相流动，且流经节流装置时不发生相变下，可近似将气液两相流视做单相流，采用孔板、文丘里等节流装置进行流量测量。或基于其他各种流动模型（如动量流动模型、能量能动模型等）和修正系数，并配合密度计等仪表，通过测量计算求得两相流总流量或各分相流量。

间接测量计算：在某些场合，可先在单相流处用单相流测量技术精确测得流体总流量，再在两相流处通过密度计等仪表测得气液两相流的含气率或干度，最后通过计算即可获得气相或液相各分相流量。如亚临界机组的汽包或超临界机组的气水分离器出口的湿蒸汽为气水两相流，经过各级过热器后变为单相的过热蒸汽，过热蒸汽流量即可通过长径喷嘴精确测得，在稳态时过热蒸汽流量即等于湿蒸汽流量。对于直流锅炉而言，稳态时气水分离器出口的湿蒸汽、过热蒸汽流量也等于锅炉入口的给水流量，而给水流量也可通过单相流量计精确测得。间接测量计算法时延较大，在稳态时准确度高，但在动态时准确度难以保证。

参　考　文　献

[1] Jesse Yoder. 7 Technologies for steam flow：Pros & cons of leading measurement methods. Flow control，2008，5：30-32.

[2] 孙淮清，王建中. 流量测量节流装置设计手册. 北京：化学工业出版社，2005.

[3] 能源部西安热工研究所. 热工技术手册. 第5卷：热工仪表与自动化. 北京：水利电力出版社，1992.

[4] 刘吉臻，闫姝，曾德良，等. 主蒸汽流量的测量模型研究. 动力工程学报，2011，31(10)：734-738.

[5] 吴占松，谢菲. 用于管道煤粉流量测量的文丘里管型设计及优化. 清华大学学报（自然科学版），2007，47（5）：666-669.
[6] Thorn R，Beck M S，Green R G. Non-intrusive methods of velocity measurement in pneumatic conveying. Journal of Physics E：Scientific Instruments，1982，15：1131-1139.
[7] 周宾. 气固两相流动静电—ECT测量方法的研究. 南京：东南大学，2008.
[8] DTI. Multiphase flow technologies in coal - fired power plant. Oxfordshire：Department for business - innovation - skills，2004.
[9] 蔡武昌. 液固两相流量测量方法和仪表选择. 世界仪表与自动化，2001，5（6）：42-44，62.
[10] 纪纲. 流量测量仪表应用技巧. 北京：化学工业出版社，2003.